Estatística Aplicada e Probabilidade para Engenheiros

Sétima Edição

O GEN | Grupo Editorial Nacional – maior plataforma editorial brasileira no segmento científico, técnico e profissional – publica conteúdos nas áreas de ciências exatas, humanas, jurídicas, da saúde e sociais aplicadas, além de prover serviços direcionados à educação continuada e à preparação para concursos.

As editoras que integram o GEN, das mais respeitadas no mercado editorial, construíram catálogos inigualáveis, com obras decisivas para a formação acadêmica e o aperfeiçoamento de várias gerações de profissionais e estudantes, tendo se tornado sinônimo de qualidade e seriedade.

A missão do GEN e dos núcleos de conteúdo que o compõem é prover a melhor informação científica e distribuí-la de maneira flexível e conveniente, a preços justos, gerando benefícios e servindo a autores, docentes, livreiros, funcionários, colaboradores e acionistas.

Nosso comportamento ético incondicional e nossa responsabilidade social e ambiental são reforçados pela natureza educacional de nossa atividade e dão sustentabilidade ao crescimento contínuo e à rentabilidade do grupo.

Estatística Aplicada e Probabilidade para Engenheiros

Sétima Edição

DOUGLAS C. MONTGOMERY
Arizona State University

GEORGE C. RUNGER
Arizona State University

Tradução e Revisão Técnica

VERONICA CALADO
Professora Titular da Escola de Química da
Universidade Federal do Rio de Janeiro (UFRJ)

ANTONIO HENRIQUE MONTEIRO DA FONSECA THOMÉ DA SILVA
Problemas Reservados referentes aos Capítulos 5, 6, 7, 8, 9 e 10
Professor Associado da Escola de Engenharia da
Universidade Federal Fluminense (UFF)

- Os autores deste livro e a editora empenharam seus melhores esforços para assegurar que as informações e os procedimentos apresentados no texto estejam em acordo com os padrões aceitos à época da publicação, *e todos os dados foram atualizados pelos autores até a data de fechamento do livro*. Entretanto, tendo em conta a evolução das ciências, as atualizações legislativas, as mudanças regulamentares governamentais e o constante fluxo de novas informações sobre os temas que constam do livro, recomendamos enfaticamente que os leitores consultem sempre outras fontes fidedignas, de modo a se certificarem de que as informações contidas no texto estão corretas e de que não houve alterações nas recomendações ou na legislação regulamentadora.

- Data do fechamento do livro: 10/01/2021

- Os autores e a editora se empenharam para citar adequadamente e dar o devido crédito a todos os detentores de direitos autorais de qualquer material utilizado neste livro, dispondo-se a possíveis acertos posteriores caso, inadvertida e involuntariamente, a identificação de algum deles tenha sido omitida.

- **Atendimento ao cliente: (11) 5080-0751 | faleconosco@grupogen.com.br**

- Traduzido de
APPLIED STATISTICS AND PROBABILITY FOR ENGINEERS, SEVENTH EDITION
Copyright © 2018, 2014, 2011, 2008, 2005 John Wiley & Sons, Inc.
All Rights Reserved. This translation published under license with the original publisher John Wiley & Sons Inc.
ISBN: 978-1-119-23194-3

- Direitos exclusivos para a língua portuguesa
Copyright © 2021, 2023 (2ª impressão) by
LTC | Livros Técnicos e Científicos Editora Ltda.
Uma editora integrante do GEN | Grupo Editorial Nacional
Travessa do Ouvidor, 11
Rio de Janeiro – RJ – 20040-040
www.grupogen.com.br

- Reservados todos os direitos. É proibida a duplicação ou reprodução deste volume, no todo ou em parte, em quaisquer formas ou por quaisquer meios (eletrônico, mecânico, gravação, fotocópia, distribuição pela Internet ou outros), sem permissão, por escrito, da LTC | Livros Técnicos e Científicos Editora Ltda.

- Capa: Joanna Vieira
- Imagem de capa: © Gio_tto/Getty Images
- Editoração eletrônica: IO Design

- Ficha catalográfica

CIP-BRASIL. CATALOGAÇÃO NA PUBLICAÇÃO
SINDICATO NACIONAL DOS EDITORES DE LIVROS, RJ

M791e

7. ed.

    Montgomery, Douglas C.

    Estatística aplicada e probabilidade para engenheiros / Douglas C. Montgomery, George C. Runger ; tradução e revisão técnica Veronica Calado, Antonio Henrique Monteiro da Fonseca Thomé da Silva . - 7. ed. [2ª Reimp.] - Rio de Janeiro : LTC, 2023.
    : il. ; 28 cm.

    Tradução de: Applied statistics and probability for engineers

    Apêndice
    Inclui índice
    Glossário
    ISBN 978-85-216-3733-2

    1. Estatística. 2. Probabilidades. I. Runger, George C. II. Calado, Veronica. III. Silva, Antonio Henrique Monteiro da Fonseca Thomé da. IV. Título.

20-6790   CDD: 519.5
                                    CDU: 519.2

Leandra Felix da Cruz Candido - Bibliotecária - CRB-7/6135

Prefácio

PÚBLICO-ALVO

Este é um livro-texto introdutório para um primeiro curso em estatística aplicada e probabilidade para estudantes de bacharelado em engenharia e ciências físicas ou químicas. Esses futuros profissionais desempenham um papel significativo no planejamento e no desenvolvimento de novos produtos e de sistemas e processos de fabricação e também melhoram os sistemas existentes. Os métodos estatísticos são ferramentas importantes nessas atividades por fornecerem ao engenheiro os métodos descritivos e analíticos para lidar com a variabilidade nos dados observados. Embora muitos dos métodos que apresentamos sejam fundamentais para uma análise estatística em outras disciplinas, tais como negócios e administração, ciências da vida e ciências sociais, elegemos focar em um público voltado para engenharia. Acreditamos que essa abordagem servirá melhor aos estudantes de engenharia e de ciências químicas/físicas e permitirá que eles se concentrem nas muitas aplicações de estatística nessas disciplinas. Trabalhamos muito para assegurar que nossos exemplos e exercícios fossem baseados em engenharia e em ciências, e em quase todos os casos usamos exemplos de dados reais — tanto tomados de uma fonte publicada quanto baseados em nossas experiências de consultores.

Acreditamos que todos os graduandos das diversas especialidades de engenharia deveriam fazer, no mínimo, mais de um curso de estatística, mas, infelizmente, em razão de outras necessidades, a maioria deles fará apenas um. Este livro pode ser usado para um único curso, embora tenhamos fornecido material suficiente para dois cursos na esperança de que mais estudantes vejam as aplicações importantes de estatística em cotidiano profissional e escolham fazer um segundo curso. Temos fé de que este livro servirá também como uma referência útil.

Mantivemos o nível relativamente básico de matemática das cinco primeiras edições. Percebemos que os estudantes de engenharia que completaram um ou dois semestres de cálculo e tenham algum conhecimento de álgebra matricial não deveriam ter dificuldade lendo quase todo o texto. Assim, é nossa intenção dar ao leitor não apenas a teoria matemática, mas um entendimento da metodologia e de como aplicá-la. Fizemos muitas melhorias nesta edição, incluindo a reorganização e a reescrita da maior parte do livro, e adicionamos novos exercícios.

ORGANIZAÇÃO DO LIVRO

Talvez a crítica mais comum sobre os textos de estatística para engenharia seja a de que eles são muito longos. Tanto os professores quanto os estudantes reclamam que é impossível cobrir todos os tópicos em um ou mesmo dois semestres. Para os autores, essa é uma questão séria, porque há grande variedade tanto no conteúdo quanto no nível desses cursos, e não é fácil decidir acerca de que material deve ser cortado sem limitar o valor do texto. Assim, a decisão sobre a seleção de tópicos a incluir nesta edição foi baseada em uma pesquisa com professores.

O Capítulo 1 é uma introdução ao campo de estatística e de como engenheiros usam a metodologia dela como parte do processo de resolução de problemas de engenharia. Esse capítulo apresenta também ao leitor algumas aplicações de estatística, incluindo construção de modelos empíricos, planejamento de experimentos de engenharia e monitoramento de processos de fabricação. Esses tópicos serão discutidos em mais profundidade nos capítulos subsequentes.

Os Capítulos 2, 3, 4 e 5 cobrem os conceitos básicos de probabilidade, variáveis aleatórias discretas e contínuas, distribuições de probabilidades, valores esperados, distribuições de probabilidades conjuntas e independência. Demos um tratamento razoavelmente completo a esses tópicos, porém evitamos muitos dos detalhes matemáticos ou mais teóricos.

O Capítulo 6 começa o tratamento de métodos estatísticos com amostragem aleatória, resumo de dados e técnicas de descrição, incluindo diagramas de ramo e folhas, histogramas, diagramas de caixa e gráficos de probabilidade e vários tipos de gráficos de séries temporais. O Capítulo 7 discute distribuições amostrais, teorema central do limite e estimação pontual de parâmetros. Esse capítulo apresenta também algumas das propriedades importantes de estimadores, o método da máxima verossimilhança, o método dos momentos e a estimação bayesiana.

O Capítulo 8 discute o intervalo estatístico para uma única amostra. Os tópicos incluídos são intervalos de confiança para as médias, variâncias ou desvios-padrão e proporções e intervalos de previsão e de tolerância. O Capítulo 9 discute os testes de hipóteses para uma única amostra. O Capítulo 10 apresenta testes e intervalos de confiança para duas amostras. Esse material foi reescrito e reorganizado detalhadamente. Há informações minuciosas e exemplos de métodos para determinar tamanhos apropriados de amostras. Queremos que o estudante fique familiarizado com a maneira pela qual essas técnicas são usadas na resolução de problemas de engenharia do mundo real e adquira algum entendimento dos conceitos que estão por trás delas. Damos um desenvolvimento lógico e heurístico aos procedimentos em vez de um desenvolvimento matemático formal. Incluímos também nesses capítulos algum material sobre métodos não paramétricos.

Os Capítulos 11 e 12 apresentam as regressões lineares simples e múltipla, incluindo a verificação da adequação do modelo, o diagnóstico da regressão do modelo e uma introdução à regressão logística. Usamos álgebra matricial em todo o material de regressão múltipla (Capítulo 12), porque ela é a única maneira simples de entender os conceitos apresentados. Apresentações de aritmética escalar de regressão múltipla são, na melhor das hipóteses, incômodas. Percebemos que os estudantes de graduação em engenharia são capazes de entendê-las, uma vez que já tiveram bastante contato com álgebra matricial.

Os Capítulos 13 e 14 lidam com experimentos com um único fator e com múltiplos fatores, respectivamente. As noções de aleatorização, blocagem, planejamentos fatoriais, interações, análise gráfica de dados e fatoriais fracionários são enfatizadas. O Capítulo 15 aborda o controle estatístico da qualidade, com ênfase no gráfico de controle e nos fundamentos de controle estatístico de processos.

O QUE É NOVO NESTA EDIÇÃO

É altamente gratificante que a sexta edição do livro foi a edição mais amplamente usada em sua história. Para esta sétima edição, focamos nas revisões e nos melhoramentos objetivando *baixar os custos para os estudantes, melhorar o engajamento dos estudantes no processo de aprendizado e prover um maior suporte para os professores.*

CARACTERÍSTICAS DESTE LIVRO

Definições, Conceitos Importantes e Equações
Em todo o livro, definições, conceitos importantes e equações são realçados por uma caixa, de modo a enfatizar sua importância.

Objetivos da Aprendizagem
Os Objetivos da Aprendizagem no começo de cada capítulo guiam os estudantes no que se espera que eles devam extrair do respectivo capítulo e servir como uma referência de estudo.

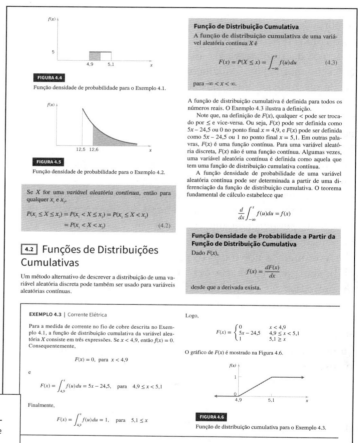

Procedimento em Sete Etapas para o Teste de Hipóteses
O livro introduz uma sequência de sete etapas na metodologia de aplicação do teste de hipóteses e exibe explicitamente esse procedimento nos exemplos.

> **9.1.6 Procedimento Geral para Testes de Hipóteses**
>
> Este capítulo desenvolve os procedimentos de testes de hipóteses para muitos problemas práticos. O uso da seguinte sequência de etapas na metodologia de aplicação de testes de hipóteses é recomendado.
>
> 1. **Parâmetro de interesse:** A partir do contexto do problema, identifique o parâmetro de interesse.
> 2. **Hipótese nula, H_0:** Estabeleça a hipótese nula H_0.
> 3. **Hipótese alternativa, H_1:** Especifique uma hipótese alternativa apropriada, H_1.
> 4. **Estatística de teste:** Determine uma estatística apropriada de teste.
> 5. **Rejeita H_0 se:** Estabeleça os critérios de rejeição para a hipótese nula.
> 6. **Cálculos:** Calcule quaisquer grandezas amostrais necessárias, substitua-as na equação para a estatística de teste e calcule esse valor.
> 7. **Conclusões:** Decida se H_0 deve ou não ser rejeitada e reporte isso no contexto do problema.

Figuras
Inúmeras figuras em todo o livro ilustram conceitos estatísticos em múltiplos formatos.

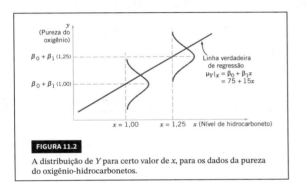

FIGURA 11.2
A distribuição de Y para certo valor de x, para os dados da pureza do oxigênio-hidrocarbonetos.

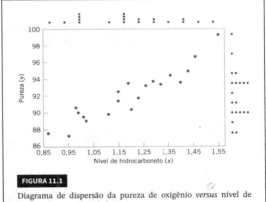

FIGURA 11.1
Diagrama de dispersão da pureza de oxigênio *versus* nível de hidrocarbonetos da Tabela 11.1.

Resultado
Exemplos, ao longo de todo o livro, usam resultados de computador para ilustrar o papel de modernos programas estatísticos.

Ramo e folhas da Resistência		
$N = 80$	Ramo	Unidade = 1,0
1	7	6
2	8	7
3	9	7
5	10	1 5
8	11	0 5 8
11	12	0 1 3
17	13	1 3 3 4 5 5
25	14	1 2 3 5 6 8 9 9
37	15	0 0 1 3 4 4 6 7 8 8 8 8
(10)	16	0 0 0 3 3 5 7 7 8 9
33	17	0 1 1 2 4 4 5 6 6 8
23	18	0 0 1 1 3 4 6
16	19	0 3 4 6 9 9
10	20	0 1 7 8
6	21	8
5	22	1 8 9
2	23	7
1	24	5

FIGURA 6.5
Um diagrama de ramos e folhas típico gerado por computador.

viii Prefácio

Exemplos
Uma série de exemplos permite que o estudante tenha acesso a soluções detalhadas e comentários para situações interessantes do mundo real. Breves interpretações práticas foram adicionadas nesta edição.

EXEMPLO 10.1 | Tempo de Secagem de uma Tinta

Uma pessoa que desenvolve produtos está interessada em reduzir o tempo de secagem do zarcão. Duas formulações de tinta são testadas: a formulação 1 tem uma química-padrão, e a formulação 2 tem um novo ingrediente que deve reduzir o tempo de secagem. Da experiência, sabe-se que o desvio-padrão do tempo de secagem é igual a oito minutos, e essa variabilidade inerente não deve ser afetada pela adição do novo ingrediente. Dez espécimes são pintados com a formulação 1, e outros dez espécimes são pintados com a formulação 2. Os 20 espécimes são pintados em uma ordem aleatória. Os tempos médios de secagem das duas amostras são $\bar{x}_1 = 121$ minutos e $\bar{x}_2 = 112$ minutos, respectivamente. Quais as conclusões que o idealizador de produtos pode tirar sobre a eficiência do novo ingrediente, usando $\alpha = 0{,}05$?

Aplicamos o procedimento das sete etapas para resolver esse problema, conforme mostrado a seguir.

1. **Parâmetro de interesse:** A grandeza de interesse é a diferença nos tempos médios de secagem, $\mu_1 - \mu_2$ e $\Delta_0 = 0$.
2. **Hipótese nula:** H_0: $\mu_1 - \mu_2 = 0$ ou H_0: $\mu_1 = \mu_2$.
3. **Hipótese alternativa:** H_1: $\mu_1 > \mu_2$. Queremos rejeitar H_0 se o novo ingrediente reduzir o tempo médio de secagem.

4. **Estatística de teste:** A estatística de teste é
$$z_0 = \frac{\bar{x}_1 - \bar{x}_2 - 0}{\sqrt{\frac{\sigma_1^2}{n_1} + \frac{\sigma_2^2}{n_2}}}$$
em que $\sigma_1^2 = \sigma_2^2 = (8)^2 = 64$ e $n_1 = n_2 = 10$.

5. **Rejeite H_0 se:** Rejeite H_0: $\mu_1 = \mu_2$, se o valor P for menor que 0,05.
6. **Cálculos:** Uma vez que $\bar{x}_1 = 121$ minutos e $\bar{x}_2 = 112$ minutos, a estatística de teste é
$$z_0 = \frac{121 - 112}{\sqrt{\frac{(8)^2}{10} + \frac{(8)^2}{10}}} = 2{,}52$$

7. **Conclusão:** Já que $z_0 = 2{,}52$, o valor P é $P = 1 - \Phi(2{,}52) = 0{,}0059$; logo, rejeitamos H_0, com $\alpha = 0{,}05$.

Interpretação Prática: Concluímos que a adição do novo ingrediente à tinta reduz significativamente o tempo de secagem. Essa é uma conclusão forte.

Exercícios
Cada capítulo tem uma extensa coleção de exercícios, disponíveis *online*, incluindo **exercícios de final de seção**, que enfatizam o material naquela seção; **exercícios suplementares**, no final de cada capítulo, que cobrem o escopo dos tópicos do capítulo e requerem uma decisão do estudante quanto à abordagem utilizada para resolver o problema; e **problemas reservados**, nos quais o estudante é frequentemente solicitado a complementar de algum modo o material do livro ou a aplicá-lo em uma nova situação. No Apêndice C do livro, também *online*, é fornecido, em forma de tabelas, um sumário de intervalos de confiança e equações para testes de hipóteses para aplicações com uma e duas amostras.

Exercícios para a Seção 2.2

2.2.1 Uma amostra de duas placas de circuito impresso é selecionada sem reposição a partir de uma batelada. Descreva o espaço amostral (ordenado) para cada uma das seguintes bateladas:
  a. A batelada contém 90 placas que são não defeituosas, oito placas com pequenos defeitos e duas placas com grandes defeitos.
  b. A batelada contém 90 placas que são não defeituosas, oito placas com pequenos defeitos e uma placa com grandes defeitos.

2.2.6 Um processo de fabricação consiste em dez operações que podem ser completadas em qualquer ordem. Quantas sequências diferentes de produção são possíveis?

2.2.7 Um lote de 140 *chips* semicondutores é inspecionado, escolhendo-se uma amostra de cinco *chips*, sem reposição. Suponha que dez *chips* não obedeçam aos requerimentos dos consumidores.

Exercícios Suplementares para o Capítulo 2

2.S4 Amostras de vidrarias de laboratório são embaladas em pacotes pequenos e leves ou em pacotes grandes e pesados. Suponha que 2 % e 1 % da amostra despachada em pequenos e grandes pacotes, respectivamente, se quebrem durante o transporte. Se 60 % das amostras forem despachados em grandes pacotes e 40 % delas forem despachados em pequenos pacotes, qual será a proporção de amostras que se quebrarão durante o transporte?

2.S5 Amostras de uma peça de alumínio fundido são classificadas com base no acabamento (em micropolegadas) na superfície e nas bordas. Os re

Suponha que três moldes sejam selecionados ao acaso, sem reposição, do lote de 40. Além da definição dos eventos A e B, seja C o evento em que o terceiro molde selecionado seja proveniente do fornecedor local. Determine:

  e. $P(A \cap B \cap C)$ f. $P(A \cap B \cap C')$

2.S7 Se A, B e C forem eventos mutuamente excludentes, é possível que $P(A) = 0{,}3$, $P(B) = 0{,}4$ e $P(C) = 0{,}5$? Por que sim ou por que não?

Exercícios Suplementares Reservados, Capítulo 5, Problema 10

Mostre que, se $X_1, X_2, \ldots, X_p$ são variáveis aleatórias contínuas independentes, $P(X_1 \in A_1, X_2 \in A_2, \ldots, X_p \in A_p) = P(X_1 \in A_1) \, P(X_2 \in A_2) \ldots P(X_p \in A_p)$ para quaisquer regiões $A_1, A_2, \ldots, A_p$ no intervalo de $X_1, X_2, \ldots, X_p$, respectivamente. Para tanto, complete a seguinte derivação selecionando as respostas corretas.

Com base em _____, $P(X_1 \in A_1, X_2 \in A_2, \ldots, X_p \in A_p) =$
$\int_{A_1} \int_{A_2} \ldots \int_{A_p} f_{X_1 X_2 \ldots X_p}(x_1, x_2, \ldots, x_p) \, dx_1 dx_2 \ldots dx_p$

A partir de _____, $f_{X_1 X_2 \ldots X_p}(x_1, x_2, \ldots, x_p) = f_{X_1}(x_1) f_{X_2}(x_2) \ldots f_{X_p}(x_p)$

Portanto,
$\int_{A_1} \int_{A_2} \ldots \int_{A_p} f_{X_1 X_2 \ldots X_p}(x_1, x_2, \ldots, x_p) \, dx_1 dx_2 \ldots dx_p =$
$\left[\int f_{X_1}(x_1) dx_1\right] \left[\int f_{X_2}(x_2) dx_2\right] \ldots \left[\int f_{X_p}(x_p) dx_p\right]$

e $0 < y < b$. Suponha também que a função densidade de probabilidade conjunta $f_{XY}(x, y) = g(x)h(y)$, em que $g(x)$ é uma função apenas de x e $h(y)$ é uma função apenas de y. Mostre que X e Y são independentes.

Exercícios Suplementares Reservados, Capítulo 5, Problema 14
Este exercício estende a distribuição hipergeométrica para múltiplas variáveis. Considere uma população com N itens de k tipos diferentes. Assuma que existem N_1 itens do tipo 1, N_2 itens do tipo 2, ..., N_k itens do tipo k, de forma que $N_1 + N_2 + \ldots + N_k = N$. Suponha que uma amostra aleatória de tamanho n seja selecionada, sem reposição, a partir da população. Sejam $X_1, X_2, \ldots, X_k$ os números de itens de cada tipo na amostra tal que $X_1 + X_2 + \ldots + X_k = n$. Mostre que, para valores factíveis de n, $x_1, x_2, \ldots, x_k$, $N_1, N_2, \ldots, N_k$, a probabilidade é
$$P(X_1 = x_1, X_2 = x_2, \ldots, X_k = x_k) = \frac{\binom{N_1}{x_1}\binom{N_2}{x_2}\cdots\binom{N_k}{x_k}}{\binom{N}{n}}$$

Exercícios Suplementares Reservados, Capítulo 5, Problema 15
Use as propriedades das funções geradoras de momento para mostrar

---

Termos e Conceitos Importantes
No final de cada capítulo, há uma lista de termos e conceitos importantes para uma fácil autoavaliação e como ferramenta de estudo.

Termos e Conceitos Importantes

- Distribuição amostral
- Distribuição anterior
- Distribuição normal como a distribuição amostral da diferença em duas médias amostrais
- Distribuição normal como a distribuição amostral de uma média amostral
- Distribuição posterior
- Erro-padrão e erro-padrão estimado de um estimador
- Erro quadrático médio de um estimador
- Estatística
- Estimação de parâmetros
- Estimador de Bayes
- Estimador de máxima verossimilhança
- Estimador de momento
- Estimador não tendencioso
- Estimador não tendencioso de mínima variância
- Estimador pontual
- Estimador *versus* estimativa
- Função de verossimilhança
- Inferência estatística
- Método *bootstrap*
- Momentos da amostra
- Momentos da população ou da distribuição
- Tendência em estimação de parâmetros
- Teorema central do limite

SUGESTÕES DE EMENTAS PARA O CURSO

Este é um livro-texto muito flexível porque as ideias dos professores sobre o que deveria ser um primeiro curso em estatística para engenheiros variam bastante, assim como as habilidades de diferentes grupos de estudantes. Consequentemente, hesitamos em dar muitos conselhos, mas explicamos como usamos o livro.

Acreditamos que um primeiro curso de estatística para engenheiros deveria ser principalmente um curso em estatística aplicada e não um curso de probabilidade. Em nosso curso de um semestre, cobrimos todo o Capítulo 1 (em uma ou duas aulas); fornecemos uma visão geral do material de probabilidade, enfatizando mais a distribuição normal (seis a oito aulas); discutimos a maior parte dos Capítulos 6 a 10 que tratam dos intervalos de confiança e testes (doze a quatorze aulas); introduzimos os modelos de regressão no Capítulo 11 (quatro aulas); fornecemos uma introdução ao planejamento de experimentos a partir dos Capítulos 13 e 14 (seis aulas); e apresentamos os conceitos básicos de controle estatístico de processo, incluindo o gráfico de controle de Shewhart no Capítulo 15 (quatro aulas). Isso deixa cerca de três a quatro encontros para provas e revisão. Vamos enfatizar que a finalidade deste curso é mostrar aos engenheiros como a estatística pode ser usada para resolver problemas de engenharia do mundo real sem excluir os estudantes com menos habilidades matemáticas. Todavia, este curso não é o trivial geralmente ensinado aos engenheiros.

Se for viável um segundo semestre, será possível cobrir o livro inteiro, incluindo muito do material suplementar, conforme o público-alvo. Seria concebível trabalhar em classe muitos dos problemas propostos, de modo a reforçar o entendimento dos conceitos. Obviamente, regressão múltipla e mais planejamento de experimentos seriam os principais tópicos em um segundo curso.

USANDO O COMPUTADOR

Na prática, engenheiros usam computadores com o objetivo de aplicar métodos estatísticos para resolver problemas. Logo, recomendamos com veemência que o computador seja incorporado às aulas. Em todo o livro, apresentamos saídas computacionais como exemplos típicos do que pode ser feito com os programas estatísticos modernos. Nas aulas, temos usado outros pacotes computacionais, incluindo Minitab, Statgraphics, JMP e Statistica. Não enchemos o livro com detalhes operacionais desses diferentes pacotes porque a maneira como o professor incorpora o programa computacional às aulas é, de fato, mais importante do que o pacote utilizado. Todos os dados do livro estão disponíveis *online*.

Em nossas próprias salas de aula, usamos o computador em quase todas as aulas e demonstramos como a técnica é implementada no pacote computacional, tão logo ela seja discutida em aula. Muitas instituições educacionais têm licenças para *softwares* estatísticos e os estudantes podem acessá-los para uso em classe. Versões de estudante de muitos desses pacotes estão disponíveis a preços mais acessíveis, e os alunos podem optar por comprar uma cópia ou usar os produtos nos computadores pessoais de redes locais. Achamos que isso melhora o andamento do curso e o entendimento do material por parte do estudante.

Os leitores devem estar cientes de que as respostas finais podem diferir levemente devido a diferentes precisões numéricas e formas de arredondamento de números entre os pacotes computacionais.

AGRADECIMENTOS

Gostaríamos de expressar nossa gratidão a muitas organizações e indivíduos que contribuíram para este livro. Muitos professores que usaram as edições prévias forneceram excelentes sugestões as quais tentamos incorporar nesta revisão.

Gostaríamos de agradecer às seguintes pessoas que contribuíram revendo o material para o curso na *WileyPLUS*:[*]

Michael DeVasher, *Rose-Hulman Institute of Technology*

Craig Downing, *Rose-Hulman Institute of Technology*

Julie Fortune, *University of Alabama in Huntsville*

Rubin Wei, *Texas A&M University*

Gostaríamos de agradecer também às seguintes pessoas por sua ajuda na verificação da precisão e integridade dos exercícios e suas soluções.

Dr. Abdelaziz Berrado

Dr. Connie Borror

Aysegul Demirtas

Kerem Demirtas

Patrick Egbunonu, Sindhura Gangu

James C. Ford

Dr. Alejandro Heredia-Langner

Dr. Jing Hu

Dr. Busaba Laungrungrong

Dr. Fang Li

Dr. Nuttha Lurponglukana

Sarah Street Yolande Tra

Dr. Lora Zimmer

Somos gratos também ao Dr. Smiley Cheng pela permissão para adaptar muitas das tabelas estatísticas de seu excelente livro (com o Dr. James Fu), *Statistical Tables for Classroom and Exam Room*. Agradecemos também a John Wiley and Sons, a Prentice Hall, ao Institute of Mathematical Statistics e aos editores da Biometrics, que nos permitiram usar material protegido por direitos autorais.

DOUGLAS C. MONTGOMERY
GEORGE C. RUNGER

---

[*]Disponível apenas na edição norte-americana. (N.E.)

Material Suplementar

Este livro conta com os seguintes materiais suplementares:

Para todos os leitores:

- Apêndices A a C: Apêndices da obra com tabelas para enriquecimento do aprendizado, em (.pdf) (requer PIN).
- Conjuntos de dados: arquivos de dados em Minitab, Text Format, Excel (em .xls) e JMP (requer PIN).
- Exercícios Complementares: exercícios para os capítulos do livro, em (.pdf) (requer PIN).
- Problemas Reservados: problemas extras para serem utilizados em provas e avaliações de aprendizagem, em (.pdf) (requer PIN).

Para docentes:

- Ilustrações da obra em formato de apresentação, em (.pdf) (restrito a docentes cadastrados).
- Lecture PowerPoints: apresentações em inglês para uso em sala de aula, em (.pdf) (restrito a docentes cadastrados).
- Soluções dos Problemas Reservados: soluções para os problemas extras, em (.pdf) (restrito a docentes cadastrados).
- Solutions Manual: arquivo contendo manual de soluções, em (.pdf) (restrito a docentes cadastrados).

Os professores terão acesso a todos os materiais relacionados acima (para leitores e restritos a docentes). Basta estarem cadastrados no GEN.

O acesso ao material suplementar é gratuito. Basta que o leitor se cadastre, faça seu *login* em nosso *site* (www.grupogen.com.br) e, após, clique em Ambiente de aprendizagem. Em seguida, insira no canto superior esquerdo o código PIN de acesso localizado na orelha deste livro.

O acesso ao material suplementar online fica disponível até seis meses após a edição do livro ser retirada do mercado.

Caso haja alguma mudança no sistema ou dificuldade de acesso, entre em contato conosco (gendigital@grupogen.com.br).

Sumário

1 O Papel da Estatística em Engenharia 1

- 1.1 O Método de Engenharia e o Pensamento Estatístico 2
  - 1.1.1 Variabilidade 2
  - 1.1.2 Populações e Amostras 4
- 1.2 Coletando Dados de Engenharia 4
  - 1.2.1 Princípios Básicos 4
  - 1.2.2 Estudo Retrospectivo 4
  - 1.2.3 Estudo de Observação 5
  - 1.2.4 Experimentos Planejados 5
  - 1.2.5 Observando Processos ao Longo do Tempo 7
- 1.3 Modelos Mecanicistas e Empíricos 9
- 1.4 Probabilidade e Modelos de Probabilidade 11

2 Probabilidade 13

- 2.1 Espaços Amostrais e Eventos 14
  - 2.1.1 Experimentos Aleatórios 14
  - 2.1.2 Espaços Amostrais 15
  - 2.1.3 Eventos 16
- 2.2 Técnicas de Contagem 18
- 2.3 Interpretações e Axiomas de Probabilidade 20
- 2.4 União de Eventos e Regras de Adição 22
- 2.5 Probabilidade Condicional 24
- 2.6 Interseção de Eventos e Regras da Multiplicação e da Probabilidade Total 26
- 2.7 Independência 27
- 2.8 Teorema de Bayes 29
- 2.9 Variáveis Aleatórias 30

3 Variáveis Aleatórias Discretas e Distribuições de Probabilidades 32

- 3.1 Distribuições de Probabilidades e Funções de Probabilidade 33
- 3.2 Funções de Distribuição Cumulativa 35
- 3.3 Média e Variância de uma Variável Aleatória Discreta 35
- 3.4 Distribuição Discreta Uniforme 38
- 3.5 Distribuição Binomial 39
- 3.6 Distribuições Geométrica e Binomial Negativa 42
- 3.7 Distribuição Hipergeométrica 45
- 3.8 Distribuição de Poisson 48

4 Variáveis Aleatórias Contínuas e Distribuições de Probabilidades 51

- 4.1 Distribuições de Probabilidades e Funções Densidades de Probabilidade 52
- 4.2 Funções de Distribuições Cumulativas 54
- 4.3 Média e Variância de uma Variável Aleatória Contínua 55
- 4.4 Distribuição Contínua Uniforme 55
- 4.5 Distribuição Normal 56
- 4.6 Aproximação das Distribuições Binomial e Poisson pela Distribuição Normal 61
- 4.7 Distribuição Exponencial 63
- 4.8 Distribuições de Erlang e Gama 66
- 4.9 Distribuição de Weibull 68
- 4.10 Distribuição Lognormal 68
- 4.11 Distribuição Beta 69

5 Distribuições de Probabilidades Conjuntas 72

- 5.1 Distribuições de Probabilidades Conjuntas para Duas Variáveis Aleatórias 73
- 5.2 Distribuições de Probabilidades Condicionais e Independência 77
- 5.3 Distribuições de Probabilidades Conjuntas para Mais de Duas Variáveis Aleatórias 81
- 5.4 Covariância e Correlação 84
- 5.5 Distribuições Conjuntas Comuns 86
  - 5.5.1 Distribuição Multinomial de Probabilidades 86
  - 5.5.2 Distribuição Normal Bivariada 87
- 5.6 Funções Lineares de Variáveis Aleatórias 89
- 5.7 Funções Gerais de Variáveis Aleatórias 90
- 5.8 Funções Geradoras de Momento 92

6 Estatística Descritiva 95

- 6.1 Resumos Numéricos de Dados 96
- 6.2 Diagramas de Ramo e Folhas 99
- 6.3 Distribuições de Frequências e Histogramas 102
- 6.4 Diagramas de Caixa 105
- 6.5 Diagramas Sequenciais Temporais 106
- 6.6 Diagramas de Dispersão 106
- 6.7 Gráficos de Probabilidade 109

7 Estimação Pontual de Parâmetros e Distribuições Amostrais 112

- 7.1 Estimativa Pontual 113
- 7.2 Distribuições Amostrais e Teorema Central do Limite 114
- 7.3 Conceitos Gerais de Estimação Pontual 118
  - 7.3.1 Estimadores Não Tendenciosos 118
  - 7.3.2 Variância de um Estimador Pontual 119
  - 7.3.3 Erro-Padrão: Reportando uma Estimativa Pontual 120
  - 7.3.4 Erro-Padrão pela Técnica Bootstrap 121
  - 7.3.5 Erro Médio Quadrático de um Estimador 121
- 7.4 Métodos de Estimação Pontual 122
  - 7.4.1 Método dos Momentos 122
  - 7.4.2 Método da Máxima Verossimilhança 123
  - 7.4.3 Estimação Bayesiana de Parâmetros 126

8 Intervalos Estatísticos para uma Única Amostra 129

- 8.1 Intervalo de Confiança para a Média de uma Distribuição Normal, Variância Conhecida 131
  - 8.1.1 Desenvolvimento do Intervalo de Confiança e Suas Propriedades Básicas 131
  - 8.1.2 Escolha do Tamanho da Amostra 133
  - 8.1.3 Limites Unilaterais de Confiança 133
  - 8.1.4 Método Geral para Deduzir um Intervalo de Confiança 133
  - 8.1.5 Intervalo de Confiança para μ, Amostra Grande 134
- 8.2 Intervalo de Confiança para a Média de uma Distribuição Normal, Variância Desconhecida 136
  - 8.2.1 Distribuição t 136
  - 8.2.2 Intervalo de Confiança t para μ 137
- 8.3 Intervalo de Confiança para a Variância e para o Desvio-Padrão de uma Distribuição Normal 138
- 8.4 Intervalo de Confiança para a Proporção de uma População, Amostra Grandel 140
- 8.5 Roteiro para a Construção de Intervalos de Confiança 142
- 8.6 Intervalo de Confiança pela Técnica *Bootstrap* 142
- 8.7 Intervalos de Tolerância e de Previsão 143
  - 8.7.1 Intervalo de Previsão para uma Observação Futura 143
  - 8.7.2 Intervalo de Tolerância para uma Distribuição Normal 144

9 Testes de Hipóteses para uma Única Amostra 146

- 9.1 Testes de Hipóteses 147
  - 9.1.1 Hipóteses Estatísticas 147
  - 9.1.2 Testes de Hipóteses Estatísticas 148
  - 9.1.3 Hipóteses Unilaterais e Bilaterais 152
  - 9.1.4 Valores P nos Testes de Hipóteses 153
  - 9.1.5 Conexão entre Testes de Hipóteses e Intervalos de Confiança 155
  - 9.1.6 Procedimento Geral para Testes de Hipóteses 155
- 9.2 Testes para a Média de uma Distribuição Normal, Variância Conhecida 156
  - 9.2.1 Testes de Hipóteses para a Média 156
  - 9.2.2 Erro Tipo II e Escolha do Tamanho da Amostra 159
  - 9.2.3 Teste para uma Amostra Grande 162
- 9.3 Testes para a Média de uma Distribuição Normal, Variância Desconhecida 162
  - 9.3.1 Testes de Hipóteses para a Média 162
  - 9.3.2 Erro Tipo II e Escolha do Tamanho da Amostra 165
- 9.4 Testes para a Variância e para o Desvio-Padrão de uma Distribuição Normal 167
  - 9.4.1 Testes de Hipóteses 167
  - 9.4.2 Erro Tipo II e Escolha da Amostra 168
- 9.5 Testes para a Proporção de uma População 169
  - 9.5.1 Testes para uma Proporção, Amostra Grande 169
  - 9.5.2 Erro Tipo II e Escolha do Tamanho da Amostra 171
- 9.6 Tabela com um Sumário dos Procedimentos de Inferência para uma Única Amostra 172
- 9.7 Testando a Adequação de um Ajuste 172
- 9.8 Testes para a Tabela de Contingência 175
- 9.9 Procedimentos Não Paramétricos 176
  - 9.9.1 Teste dos Sinais 177
  - 9.9.2 Teste de Wilcoxon do Posto Sinalizado 180
  - 9.9.3 Comparação com o Teste t 181
- 9.10 Teste de Equivalência 181
- 9.11 Combinando Valores P 182

10 Inferência Estatística para Duas Amostras 184

- 10.1 Inferência para a Diferença de Médias de Duas Distribuições Normais, Variâncias Conhecidas 185
  - 10.1.1 Testes de Hipóteses para a Diferença de Médias, Variâncias Conhecidas 186
  - 10.1.2 Erro Tipo II e Escolha do Tamanho da Amostra 187
  - 10.1.3 Intervalo de Confiança para a Diferença de Médias, Variâncias Conhecidas 189
- 10.2 Inferência para a Diferença de Médias de Duas Distribuições Normais, Variâncias Desconhecidas 190

- 10.2.1 Testes de Hipóteses para a Diferença de Médias, Variâncias Desconhecidas 190
- 10.2.2 Erro Tipo II e Escolha do Tamanho da Amostra 194
- 10.2.3 Intervalo de Confiança para a Diferença de Médias, Variâncias Desconhecidas 195

10.3 Um Teste Não Paramétrico para a Diferença entre Duas Médias 197
- 10.3.1 Descrição do Teste de Wilcoxon da Soma dos Postos Sinalizados 197
- 10.3.2 Aproximação para Amostras Grandes 197
- 10.3.3 Comparação com o Teste t 198

10.4 Teste t Pareado 198

10.5 Inferência para as Variâncias de Duas Distribuições Normais 202
- 10.5.1 Distribuição F 202
- 10.5.2 Testes de Hipóteses para a Razão de Duas Variâncias 203
- 10.5.3 Erro Tipo II e Escolha do Tamanho da Amostra 204
- 10.5.4 Intervalo de Confiança para a Razão de Duas Variâncias 205

10.6 Inferência de Proporções de Duas Populações 205
- 10.6.1 Testes para a Diferença nas Proporções de uma População, Amostras Grandes 206
- 10.6.2 Erro Tipo II e Escolha do Tamanho da Amostra 207
- 10.6.3 Intervalo de Confiança para a Diferença de Proporções de Populações 208

10.7 Tabela com um Sumário e Roteiros dos Procedimentos de Inferência para Duas Amostras 209

11 Regressão Linear Simples e Correlação 210

11.1 Modelos Empíricos 211
11.2 Regressão Linear Simples 213
11.3 Propriedades dos Estimadores de Mínimos Quadrados 216
11.4 Testes de Hipóteses na Regressão Linear Simples 216
- 11.4.1 Uso de Testes t 216
- 11.4.2 Abordagem de Análise de Variância para Testar a Significância da Regressão 217

11.5 Intervalos de Confiança 219
- 11.5.1 Intervalos de Confiança para os Coeficientes Linear e Angular 219
- 11.5.2 Intervalo de Confiança para a Resposta Média 220

11.6 Previsão de Novas Observações 220

11.7 Adequação do Modelo de Regressão 222
- 11.7.1 Análise Residual 222
- 11.7.2 Coeficiente de Determinação (R^2) 224

11.8 Correlação 224
11.9 Regressão para Variáveis Transformadas 227
11.10 Regressão Logística 229

12 Regressão Linear Múltipla 233

12.1 Modelo de Regressão Linear Múltipla 234
- 12.1.1 Introdução 234
- 12.1.2 Estimação dos Parâmetros por Mínimos Quadrados 236
- 12.1.3 Abordagem Matricial para a Regressão Linear Múltipla 237
- 12.1.4 Propriedades dos Estimadores por Mínimos Quadrados 241

12.2 Testes de Hipóteses para a Regressão Linear Múltipla 242
- 12.2.1 Teste para a Significância da Regressão 242
- 12.2.2 Testes para os Coeficientes Individuais de Regressão e Subconjuntos de Coeficientes 244

12.3 Intervalos de Confiança para a Regressão Linear Múltipla 247
- 12.3.1 Intervalos de Confiança para os Coeficientes Individuais de Regressão 247
- 12.3.2 Intervalo de Confiança para a Resposta Média 248

12.4 Previsão de Novas Observações 248
12.5 Verificação da Adequação do Modelo 250
- 12.5.1 Análise Residual 250
- 12.5.2 Observações Influentes 251

12.6 Aspectos da Modelagem por Regressão Múltipla 252
- 12.6.1 Modelos Polinomiais de Regressão 252
- 12.6.2 Regressores Categóricos e Variáveis Indicativas 254
- 12.6.3 Seleção de Variáveis e Construção de Modelos 256
- 12.6.4 Multicolinearidade 261

13 Planejamento e Análise de Experimentos com um Único Fator: A Análise de Variância 264

13.1 Planejando Experimentos de Engenharia 265
13.2 Experimento Completamente Aleatorizado com um Único Fator 265
- 13.2.1 Exemplo: Resistência à Tração 265
- 13.2.2 Análise de Variância 266

13.2.3 Comparações Múltiplas em Seguida à ANOVA 270
13.2.4 Análise Residual e Verificação do Modelo 272
13.2.5 Determinando o Tamanho da Amostra 273
13.3 Modelo com Efeitos Aleatórios 275
13.3.1 Fatores Fixos Versus Aleatórios 275
13.3.2 ANOVA e Componentes de Variância 275
13.4 Planejamento com Blocos Completos Aleatorizados 277
13.4.1 Planejamento e Análise Estatística 277
13.4.2 Comparações Múltiplas 280
13.4.3 Análise Residual e Verificação do Modelo 281

14 Planejamento de Experimentos com Vários Fatores 283

14.1 Introdução 284
14.2 Experimentos Fatoriais 285
14.3 Experimentos Fatoriais com Dois Fatores 288
14.3.1 Análise Estatística 288
14.3.2 Verificação da Adequação do Modelo 291
14.3.3 Uma Observação por Célula 292
14.4 Experimentos Fatoriais em Geral 293
14.5 Planejamentos Fatoriais 2^k 294
14.5.1 Planejamento 2^2 294
14.5.2 Planejamento 2^k para $k \geq 3$ Fatores 298
14.6 Réplica Única do Planejamento 2^k 303
14.7 Adição de Pontos Centrais a um Planejamento 2^k 306
14.8 Blocagem e Superposição no Planejamento 2^k 307
14.9 Uma Meia-Fração do Planejamento 2^k 312
14.10 Frações Menores: o Fatorial Fracionário 2^{k-p} 317
14.11 Métodos de Superfície de Resposta e Planejamentos 322

15 Controle Estatístico da Qualidade 330

15.1 Melhoria da Qualidade e Estatística 331
15.1.1 Controle Estatístico da Qualidade 332
15.1.2 Controle Estatístico de Processo 332
15.2 Introdução aos Gráficos de Controle 332
15.2.1 Princípios Básicos 332
15.2.2 Projeto de um Gráfico de Controle 335
15.2.3 Subgrupos Racionais 336
15.2.4 Análise de Padrões nos Gráficos de Controle 336
15.3 Gráficos de Controle para $\bar{X}$ e R ou S 337
15.4 Gráficos de Controle para Medidas Individuais 342
15.5 Capacidade de Processo 344
15.6 Gráficos de Controle para Atributos 347
15.6.1 Gráfico P (Gráfico de Controle para Proporções) 347
15.6.2 Gráfico U (Gráfico de Controle para Defeitos por Unidade) 348
15.7 Desempenho dos Gráficos de Controle 350
15.8 Gráficos Ponderados no Tempo 351
15.8.1 Gráfico de Controle para a Média Móvel Ponderada Exponencialmente 351
15.8.2 Gráfico de Controle para Soma Cumulativa 354
15.9 Outras Ferramentas para a Solução de Problemas de CEP 358
15.10 Teoria de Decisão 359
15.10.1 Modelos de Decisão 359
15.10.2 Critérios de Decisão 360
15.11 Implementando CEP 362

APÊNDICE A* Tabelas e Gráficos Estatísticos (capítulo *online* disponível integralmente no Ambiente de aprendizagem) 367

Tabela I   Sumário de Distribuições Comuns de Probabilidade 368
Tabela II Probabilidades Cumulativas Binomiais $P(X \leq x)$ 369
Tabela III Distribuição Cumulativa Normal Padrão 372
Tabela IV Pontos Percentuais $\chi^2_{\alpha,v}$ da Distribuição Qui-Quadrado 374
Tabela V   Pontos Percentuais $t_{\alpha,v}$ da Distribuição t 375
Tabela VI Pontos Percentuais f_{α,v_1,v_2} da Distribuição F 376
Gráfico VII Curvas Características Operacionais 381
Tabela VIII Valores Críticos para o Teste do Sinal 390
Tabela IX Valores Críticos para o Teste de Wilcoxon do Posto Sinalizado 390
Tabela X   Valores Críticos para o Teste de Wilcoxon da Soma dos Postos Sinalizados 391
Tabela XI Fatores para Construção de Gráficos de Controle para Variáveis 392
Tabela XII Fatores para Intervalos de Tolerância 393

APÊNDICE B* Bibliografia (capítulo *online* disponível integralmente no Ambiente de aprendizagem) 395

APÊNDICE C* Sumário de Intervalos de Confiança e Equações para Testes de Hipóteses para Aplicações com Uma e Duas Amostras (capítulo *online* disponível integralmente no Ambiente de aprendizagem) 397

GLOSSÁRIO 403

ÍNDICE ALFABÉTICO 411

---
*Apêndices online, disponíveis integralmente no Ambiente de aprendizagem do GEN | Grupo Editorial Nacional. (N.E.)

Estatística Aplicada e Probabilidade para Engenheiros

Sétima Edição

CAPÍTULO 1

O Papel da Estatística em Engenharia

OBJETIVOS DA APRENDIZAGEM

Depois de um cuidadoso estudo deste capítulo, você deve ser capaz de:

1. Identificar o papel que a estatística pode desempenhar no processo de resolução de problemas de engenharia
2. Discutir como a variabilidade afeta os dados coletados e usados para tomar decisões de engenharia
3. Explicar a diferença entre estudos enumerativos e analíticos
4. Discutir os métodos diferentes que engenheiros usam para coletar dados
5. Identificar as vantagens que os experimentos planejados têm em comparação a outros métodos de coleta de dados de engenharia
6. Explicar as diferenças entre modelos mecanicistas e modelos empíricos
7. Discutir como probabilidade e modelos de probabilidade são usados em engenharia e em ciência

SUMÁRIO DO CAPÍTULO

1.1 O Método de Engenharia e o Pensamento Estatístico
    1.1.1 Variabilidade
    1.1.2 Populações e Amostras

1.2 Coletando Dados de Engenharia
    1.2.1 Princípios Básicos
    1.2.2 Estudo Retrospectivo
    1.2.3 Estudo de Observação
    1.2.4 Experimentos Planejados
    1.2.5 Observando Processos ao Longo do Tempo

1.3 Modelos Mecanicistas e Empíricos

1.4 Probabilidade e Modelos de Probabilidade

Estatística é a ciência que nos ajuda a tomar decisões e a tirar conclusões na presença de variabilidade. Por exemplo, engenheiros civis trabalhando no campo de transportes estão preocupados com a capacidade de sistemas regionais de rodovias. Um problema comum envolveria dados sobre o número de viagens de *trailers*, o número de pessoas por moradia e o número de veículos por moradia. O objetivo seria produzir um modelo de geração de viagens relacionando viagens com o número de pessoas e o de veículos por moradia. Uma técnica estatística chamada de *análise de regressão* pode ser usada para construir esse modelo. O modelo de geração de viagens é uma ferramenta importante para planejar sistemas de transporte. Métodos de regressão estão entre as técnicas estatísticas mais amplamente usadas em engenharia. Elas são apresentadas nos Capítulos 11 e 12.

O departamento de emergência hospitalar (DEH) é parte importante do sistema de saúde. O processo pelo qual os pacientes chegam a um DEH é altamente variável e pode depender da hora do dia e do dia da semana, assim como das variações cíclicas a longo prazo. O processo de serviço é altamente variável, dependendo dos tipos de serviços que os pacientes requeiram, do número de pacientes no DEH, de como o DEH está organizado e do número de funcionários. A capacidade de um DEH é também limitada; consequentemente, alguns pacientes experimentam longos períodos de espera. Quanto tempo os pacientes esperam, em média? Essa é uma questão importante para provedores de serviços de saúde. Se os tempos de espera se tornarem excessivos, alguns pacientes deixarão o local sem receber tratamento (PST). Esses pacientes são um sério problema, uma vez que não registraram suas aflições médicas, constituindo assim um risco para problemas e complicações futuros. Por conseguinte, outra questão importante é: Que proporção de pacientes PST é de DEH? Essas questões podem ser resolvidas empregando modelos de probabilidade para descrever o DEH e, a partir desses modelos, estimativas mais precisas de tempos de espera e de número de pacientes PST podem ser obtidas. Modelos de probabilidade que podem ser usados para resolver esses tipos de problemas serão discutidos nos Capítulos 2 a 5.

Os conceitos de probabilidade e de estatística são poderosos e contribuem extensivamente para as soluções de muitos tipos de problemas de engenharia. Você encontrará muitos exemplos dessas aplicações neste livro.

1.1 O Método de Engenharia e o Pensamento Estatístico

Um engenheiro é alguém que resolve problemas de interesse da sociedade, pela aplicação eficiente de princípios científicos. Os engenheiros executam isso por meio do refinamento do produto ou do processo existente ou pelo projeto de um novo produto ou processo que encontre as necessidades dos consumidores. O **método de engenharia**, ou **científico**, é a abordagem para formular e resolver esses problemas. As etapas no método de engenharia são dadas a seguir:

1. Desenvolver uma descrição clara e concisa do problema.
2. Identificar, ou pelo menos tentar identificar, os fatores importantes que afetam esse problema ou que possam desempenhar um papel em sua solução.
3. Propor um modelo para o problema, usando conhecimento científico ou de engenharia do fenômeno estudado. Estabelecer quaisquer limitações ou suposições do modelo.
4. Conduzir experimentos apropriados e coletar dados para testar ou validar o modelo-tentativa ou conclusões feitas nas etapas 2 e 3.
5. Refinar o modelo com base nos dados observados.
6. Manipular o modelo de modo a ajudar o desenvolvimento da solução do problema.
7. Conduzir um experimento apropriado para confirmar que a solução proposta para o problema é efetiva e eficiente.
8. Tirar conclusões ou fazer recomendações baseadas na solução do problema.

As etapas no método de engenharia são mostradas na Figura 1.1. Muitas das ciências de engenharia empregam o método de engenharia: as ciências mecânicas (estática, dinâmica), a ciência dos fluidos, a ciência térmica, a ciência elétrica e a ciência dos materiais. Note que o método de engenharia caracteriza uma forte relação recíproca entre o problema, os fatores que podem influenciar sua solução, um modelo do fenômeno e a experiência para verificar a adequação do modelo e da solução proposta para o problema. As etapas 2-4 na Figura 1.1 são envolvidas por um quadrado, indicando que vários ciclos ou iterações dessas etapas podem ser requeridos para obter a solução final. Consequentemente, engenheiros têm de saber como planejar, eficientemente, os experimentos, coletar dados, analisar e interpretar os dados e entender como os dados observados estão relacionados com o modelo que eles propuseram para o problema sob estudo.

O campo da **estatística** lida com a coleta, apresentação, análise e uso dos dados para tomar decisões, resolver problemas e planejar produtos e processos. Em termos simples, **estatística é a ciência de dados**. Em razão de muitos aspectos da prática de engenharia envolverem o trabalho com dados, obviamente algum conhecimento de estatística é importante para qualquer engenheiro. Especificamente, técnicas estatísticas podem ser uma ajuda poderosa no planejamento de novos produtos e sistemas, melhorando os projetos existentes e planejando, desenvolvendo e melhorando os processos de produção.

1.1.1 Variabilidade

Métodos estatísticos são usados para nos ajudar a entender **variabilidade**. Por variabilidade, queremos dizer que sucessivas observações de um sistema ou de um fenômeno não produzem exatamente o mesmo resultado. Todos nós encontramos variabilidade em nosso dia a dia e o **pensamento estatístico** pode nos proporcionar uma maneira útil para incorporar essa variabilidade em nossos processos de tomada de decisão. Por exemplo, considere o desempenho de consumo de gasolina de seu carro. Você sempre consegue exatamente o mesmo desempenho de consumo em cada tanque de combustível?

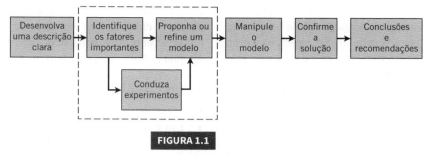

FIGURA 1.1

O método de engenharia.

Naturalmente não – na verdade, algumas vezes o desempenho varia consideravelmente. Essa variabilidade observada no consumo de gasolina depende de muitos fatores, tais como o tipo de estrada mais usada recentemente (cidade ou autoestrada), as mudanças na condição do veículo ao longo do tempo (que poderiam incluir fatores, como desgaste do pneu, compressão do motor ou desgaste da válvula), a marca e/ou número de octanagem da gasolina usada, ou mesmo, possivelmente, as condições climáticas experimentadas recentemente. Esses fatores representam **fontes potenciais de variabilidade** no sistema. A Estatística nos fornece uma estrutura para descrever essa variabilidade e para aprender sobre quais fontes potenciais de variabilidade são mais importantes ou quais têm maior impacto no desempenho de consumo de gasolina.

O exemplo seguinte ilustra como encontramos variabilidade ao lidarmos com problemas em engenharia.

Pelo fato de as medidas da força de remoção exibirem variabilidade, consideramos a força de remoção como uma **variável aleatória**. Uma maneira conveniente de pensar sobre uma variável aleatória, digamos X, que representa uma medida, é usar o modelo

$$X = \mu + \epsilon \qquad (1.1)$$

em que μ é uma constante e ϵ é uma perturbação aleatória. A constante permanece a mesma em cada medida, porém pequenas mudanças no ambiente, no equipamento de teste, diferenças nas próprias peças individuais etc. podem mudar o valor de ϵ. Se não houvesse perturbações, ϵ seria sempre igual a zero e X seria igual à constante μ. Entretanto, isso nunca acontece no mundo real, de modo que as medidas reais de X exibem variabilidade. Frequentemente necessitamos descrever, quantificar e finalmente reduzir a variabilidade.

A Figura 1.2 apresenta um **diagrama de pontos** desses dados. O diagrama de pontos é um gráfico muito útil para exibir um pequeno conjunto de dados – isto é, cerca de 20 observações. Esse gráfico nos permitirá ver facilmente duas características dos dados: a **localização**, ou o meio, e a **dispersão** ou **variabilidade**. Quando o número de observações é pequeno, geralmente é difícil identificar qualquer padrão específico na variabilidade, embora o diagrama de pontos seja uma maneira conveniente de ver qualquer característica incomum nos dados.

A necessidade de um pensamento estatístico aparece frequentemente na solução de problemas de engenharia. Considere o engenheiro projetando o conector. A partir de testes em protótipo, ele sabe que uma estimativa razoável da força média de remoção seria 13,0 lbf. Entretanto, ele pensa que esse valor pode ser muito baixo para a aplicação pretendida; assim, ele decide considerar um projeto alternativo com uma espessura maior de parede, 1/8 polegada. Oito protótipos desse projeto são construídos e as medidas observadas da força de remoção são: 12,9; 13,7; 12,8; 13,9; 14,2; 13,2; 13,5 e 13,1. A média é 13,4. Resultados para ambas as amostras são plotados como diagramas de pontos na Figura 1.3. Esse

---

EXEMPLO 1.1 | Variabilidade na Força de Remoção de um Conector

Suponha que um engenheiro esteja projetando um conector de náilon para ser usado em uma aplicação automotiva. O engenheiro estabelece como especificação do projeto uma espessura de parede de 3/32 polegada, mas está, de algum modo, inseguro acerca do efeito dessa decisão na força de remoção do conector.

Se a força de remoção for muito baixa, o conector pode falhar se ele for instalado no motor. Oito unidades do protótipo são produzidas e suas forças de remoção são medidas, resultando nos seguintes dados (em libras-força): 12,6; 12,9; 13,4; 12,3; 13,6; 13,5; 12,6; 13,1. Como antecipamos, nem todos os protótipos têm a mesma força de remoção. Dizemos que existe variabilidade nas medidas da força de remoção.

FIGURA 1.2

Diagrama de pontos dos dados da força de remoção, quando a espessura da parede for 3/32 polegada.

FIGURA 1.3

Diagrama de pontos da força de remoção para duas espessuras de parede.

gráfico fornece a impressão de que o aumento da espessura da parede levou a um aumento da força de remoção. Porém, há algumas questões óbvias a perguntar. Por exemplo, como sabemos se outra amostra de protótipos não dará resultados diferentes? A amostra de oito protótipos é adequada para fornecer resultados confiáveis? Se usarmos os resultados obtidos dos testes até agora para concluir que aumentando a espessura da parede aumenta a resistência, quais os riscos que estão associados a essa decisão? Por exemplo, será possível que o aumento aparente da força de remoção observado nos protótipos mais espessos seja apenas causado pela variabilidade aparente no sistema e que o aumento da espessura da peça (e seu custo) realmente não afete a força de remoção?

1.1.2 Populações e Amostras

Frequentemente, leis físicas (tais como a Lei de Ohm e a lei dos gases ideais) são aplicadas para ajudar no projeto de produtos e de processos. Estamos familiarizados com esse raciocínio a partir de leis gerais para casos específicos. Porém, também é importante raciocinar a partir de um conjunto específico de medidas para casos mais gerais de modo a responder às questões prévias. Esse raciocínio é de uma **amostra** (tal como os oito conectores) para uma **população** (tal como os conectores que serão vendidos aos consumidores). O raciocínio é referido como **inferência estatística**. Veja a Figura 1.4. Historicamente, medidas foram obtidas de uma amostra de pessoas e generalizadas para uma população, mantendo-se a terminologia. Claramente, o raciocínio baseado nas medidas de alguns objetos para medidas de todos os objetos pode resultar em erros (chamados de *erros de amostragem*). No entanto, se a amostra for selecionada adequadamente, esses riscos poderão ser quantificados e um tamanho apropriado de amostra pode ser determinado.

1.2 Coletando Dados de Engenharia

1.2.1 Princípios Básicos

Na seção anterior, ilustramos alguns métodos simples para sumarizar dados. Algumas vezes, os dados são todos das observações nas populações. O resultado dessa coleta é um **censo**. Entretanto, no ambiente de engenharia, os dados são quase sempre uma **amostra** que foi selecionada a partir de alguma população. Três métodos básicos de coletar dados são

- Um **estudo retrospectivo** usando dados históricos
- Um **estudo de observação**
- Um **experimento planejado**

Um procedimento efetivo de coleta de dados pode simplificar grandemente a análise e conduzir a um melhor entendimento da população ou do processo que está sendo estudado. Agora, consideraremos alguns exemplos desses métodos de coleta de dados.

1.2.2 Estudo Retrospectivo

Montgomery, Peck e Vining (2012) descrevem uma coluna de destilação acetona-álcool butílico, para a qual a concentração de acetona no destilado (ou na corrente de saída do produto) é uma variável importante. Fatores que afetam o destilado são a temperatura do refervedor, a temperatura do condensado e a taxa de refluxo. A equipe da produção obtém e arquiva os seguintes registros:

- A concentração de acetona em uma amostra de teste do produto de saída, a cada hora
- O relatório da temperatura do refervedor, que é um gráfico dessa temperatura ao longo do tempo
- O relatório de controle da temperatura do condensador
- A taxa nominal do refluxo, a cada hora

A taxa de refluxo deve ser mantida constante para esse processo. Consequentemente, a equipe da produção raramente a altera.

Um estudo retrospectivo usaria tudo ou uma amostra dos dados históricos arquivados do processo ao longo de certo período de tempo. O objetivo do estudo pode ser descobrir as relações entre as duas temperaturas e a taxa de refluxo sobre a concentração de acetona na corrente de saída do produto. Entretanto, esse tipo de estudo apresenta alguns problemas:

1. Podemos não ser capazes de ver uma relação entre a taxa de refluxo e a concentração de acetona, em função da taxa de refluxo não variar muito ao longo do período histórico.
2. Os dados arquivados das duas temperaturas (que são registradas quase continuamente) não correspondem perfeitamente às medidas de concentração de acetona (que são feitas de hora em hora). Pode não ser óbvio como construir uma correspondência aproximada.
3. A produção mantém as duas temperaturas tão próximas quanto possível das temperaturas desejadas ou estabelecidas. Uma vez que a temperatura varia tão pouco, pode ser difícil estimar seu impacto real sobre a concentração de acetona.

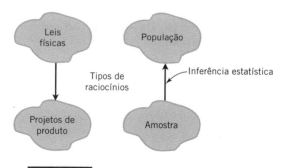

FIGURA 1.4 Inferência estatística é um tipo de raciocínio.

4. Dentro das estreitas faixas nas quais elas variam, a temperatura do condensado tende a aumentar com a temperatura do refervedor. Logo, os efeitos dessas duas variáveis de processo sobre a concentração de acetona podem ser difíceis de separar.

Como você pode ver, um estudo retrospectivo pode envolver uma porção de **dados**; porém esses dados podem conter **informação** relativamente de pouca utilidade sobre o problema. Além disso, alguns dos dados relevantes podem estar omissos, é possível haver erros de transcrição ou de registro, resultando em *outliers* (ou valores não usuais), ou dados de outros fatores importantes eventualmente não foram coletados e arquivados. Na coluna de destilação, por exemplo, as concentrações específicas de álcool butílico e de acetona na corrente de alimentação são um fator muito importante; porém, eles não são arquivados porque as concentrações são muito difíceis de serem obtidas rotineiramente. Como resultado desses tipos de situações, a análise estatística de dados históricos identifica algumas vezes fenômenos interessantes; entretanto, explicações sólidas e confiáveis dos mesmos são frequentemente difíceis de serem obtidas.

1.2.3 Estudo de Observação

Em um estudo de observação, o engenheiro observa o processo ou a população, perturbando-o tão pouco quanto possível, e registra as grandezas de interesse. Pelo fato de esses estudos serem geralmente conduzidos por um período relativamente curto, por vezes variáveis que não são rotineiramente medidas podem ser incluídas. Na coluna de destilação, o engenheiro planejaria uma forma de registrar as duas temperaturas e a taxa de refluxo quando as medidas de concentração de acetona fossem feitas. Poderia até ser possível medir as concentrações da corrente de alimentação, de modo que o impacto desse fator pudesse ser estudado.

Geralmente, um estudo de observação tende a resolver os problemas 1 e 2, mencionados anteriormente, e seguir um longo caminho em direção à obtenção de dados acurados e confiáveis. No entanto, estudos de observação podem não ajudar a resolver os problemas 3 e 4.

1.2.4 Experimentos Planejados

Em um experimento planejado, o engenheiro faz *variações deliberadas* ou *propositais* nas variáveis controláveis do sistema ou do processo, observa os dados de saída do sistema resultante e então faz uma inferência ou decisão acerca de quais variáveis são responsáveis pelas mudanças observadas no desempenho de saída. O exemplo do conector de plástico na Seção 1.1 ilustra um experimento planejado; ou seja, uma mudança deliberada foi feita na espessura da parede do conector com o objetivo de descobrir se uma força de remoção maior poderia ser ou não obtida. Experimentos planejados com princípios básicos, tais como **aleatorização**, são necessários para estabelecer as relações de **causa e efeito**.

Muito do trabalho que conhecemos nas ciências de engenharia e de físico-química é desenvolvido por meio de testes ou experimentos. Frequentemente, engenheiros trabalham em áreas de problemas em que nenhuma teoria científica ou de engenharia é diretamente ou completamente aplicável; assim, experimentos e observação dos dados resultantes constituem a única maneira de resolver o problema. Mesmo quando há uma boa teoria científica básica em que possamos confiar para explicar os fenômenos de interesse, é quase sempre necessário conduzir testes ou experimentos para confirmar se a teoria, na verdade, funciona na situação ou no ambiente na qual está sendo aplicada. O pensamento estatístico e os métodos estatísticos desempenham um papel importante no planejamento, na condução e na análise de dados provenientes de experimentos de engenharia. Experimentos planejados desempenham um papel muito importante no projeto e no desenvolvimento de engenharia e na melhoria dos processos de fabricação.

Por exemplo, considere o problema envolvendo a escolha da espessura da parede para o conector de plástico. Essa é uma ilustração simples de um experimento planejado. O engenheiro escolheu duas espessuras de parede para o conector e fez uma série de testes de modo a obter as medidas da força de remoção em cada espessura de parede. Nesse simples **experimento comparativo**, o engenheiro está interessado em determinar se existe qualquer diferença entre os projetos 3/32 e 1/8 de polegada. Uma abordagem que poderia ser usada na análise dos dados a partir desse experimento é comparar a força média de remoção para o projeto com 3/32 polegada com a força média de remoção para o projeto com 1/8 de polegada usando **testes** estatísticos **de hipóteses**, que serão discutidos em detalhes nos Capítulos 9 e 10. Geralmente, **hipótese** é uma afirmação acerca de algum aspecto do sistema no qual estamos interessados. Por exemplo, o engenheiro pode querer saber se a força média de remoção de um projeto de 3/32 polegada excede a carga máxima típica encontrada nessa aplicação, digamos 12,75 lbf. Assim, estaríamos interessados em testar a hipótese de que a resistência média excede 12,75 lbf. Isso é chamado de **problema de teste de hipóteses para uma única amostra**. O Capítulo 9 apresenta técnicas para esse tipo de problema. Por outro lado, o engenheiro pode estar interessado em testar a hipótese de que aumentando a espessura da parede de 3/32 para 1/8 de polegada resulta em aumento da força média de remoção. Esse é um exemplo de **problema de teste de hipóteses para duas amostras**. Problemas de teste de hipóteses para duas amostras serão discutidos no Capítulo 10.

Experimentos planejados são uma abordagem muito poderosa para estudar sistemas complexos, tal como uma coluna de destilação. Esse processo tem três fatores — as duas temperaturas e a taxa de refluxo — e queremos investigar o efeito desses três fatores sobre a concentração de saída da acetona. Um bom planejamento de experimentos para esse problema tem de assegurar que podemos separar os efeitos de todos os três fatores sobre a concentração de acetona. Os valores especificados dos três fatores usados no experimento são chamados de **níveis dos fatores**. Geralmente, usamos um número pequeno de níveis para cada fator, tais como dois ou três. Para o problema da coluna de destilação, suponha que usemos dois níveis, "alto" e "baixo" (denotados por +1 e −1, respectivamente) para cada um dos três fatores. Uma estratégia muito razoável de planejar

TABELA 1.1 O Experimento Planejado (Planejamento Fatorial) para a Coluna de Destilação

Temperatura do Refervedor	Temperatura do Condensado	Taxa de Refluxo
−1	−1	−1
+1	−1	−1
−1	+1	−1
+1	+1	−1
−1	−1	+1
+1	−1	+1
−1	+1	+1
+1	+1	+1

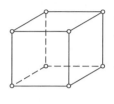 

FIGURA 1.5

O planejamento fatorial para a coluna de destilação.

um experimento usa cada combinação possível dos níveis dos fatores para formar um experimento básico com oito cenários diferentes para o processo. Esse tipo de experimento é chamado de **experimento fatorial**. A Tabela 1.1 apresenta esse planejamento de experimentos.

A Figura 1.5 ilustra que esse planejamento forma um cubo em termos desses níveis altos e baixos. Com cada cenário das condições do processo, deixamos a coluna atingir o equilíbrio, tiramos uma amostra da corrente do produto e determinamos a concentração de acetona. Podemos então extrair inferências específicas acerca do efeito desses fatores. Tal abordagem nos permite estudar proativamente uma população ou um processo.

Uma vantagem importante de experimentos fatoriais é que eles permitem detectar uma **interação** entre os fatores. Considere somente as duas temperaturas como fatores no experimento de destilação. Suponha que a concentração de resposta seja pobre quando a temperatura do refervedor for *baixa*, independentemente da temperatura do condensado. Ou seja, a temperatura do condensado não terá efeito quando a temperatura do refervedor for *baixa*. Entretanto, quando a temperatura do refervedor for *alta*, uma *alta* temperatura do condensado gerará uma boa resposta, enquanto uma *baixa* temperatura do condensado gerará uma resposta pobre. Em outras palavras, a temperatura do condensado alterará a resposta quando a temperatura do refervedor for *alta*. O efeito da temperatura do condensado depende do cenário da temperatura do refervedor, indicando então que esses dois fatores interagem nesse caso. Se as quatro combinações de temperaturas *alta* e *baixa* do refervedor e do condensado não fossem testadas, tal interação não seria detectada.

Podemos facilmente estender a estratégia fatorial para mais fatores. Suponha que o engenheiro queira considerar um quarto fator, por exemplo, tipo de coluna de destilação. Existem dois tipos: o padrão e um novo projeto. A Figura 1.6 ilustra como todos os quatro fatores – temperatura do refervedor, temperatura do condensado, taxa de refluxo e tipo de coluna – poderiam ser investigados em um planejamento fatorial. Desde que todos os quatro fatores tenham ainda dois níveis, o planejamento de experimentos pode ainda ser representado geometricamente como um cubo (na verdade, um *hipercubo*). Note que, como em qualquer planejamento fatorial, todas as combinações possíveis dos quatro fatores são testadas. O experimento requer 16 testes.

Geralmente, se há k fatores e cada um tem dois níveis, um planejamento fatorial de experimentos irá requerer 2^k corridas. Por exemplo, com $k = 4$, o planejamento 2^4 na Figura 1.6 irá requerer 16 testes. Claramente, à medida que o número de fatores aumenta, o número requerido de testes no experimento fatorial aumenta rapidamente; por exemplo, oito fatores, cada um com dois níveis, iriam requerer 256 experimentos. Isso rapidamente se torna inviável, do ponto de vista de tempo e de outros recursos. Felizmente, quando existem quatro a cinco ou mais fatores, não é geralmente necessário testar todas as combinações possíveis dos níveis dos fatores. Um **experimento fatorial fracionário** é uma variação do arranjo básico fatorial em que somente um subconjunto das combinações dos fatores é realmente testado. A Figura 1.7 mostra um planejamento fatorial fracionário para a coluna de destilação. As combinações de teste circuladas são as únicas que necessitam ser corridas. Esse planejamento de experimentos requer somente oito corridas em vez das 16 originais; consequentemente, seria chamado

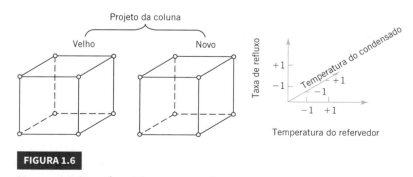

FIGURA 1.6

Um experimento fatorial com quatro fatores para a coluna de destilação.

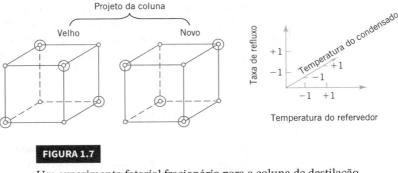

FIGURA 1.7
Um experimento fatorial fracionário para a coluna de destilação.

de **meia fração**. Esse é um excelente planejamento de experimentos para estudar todos os quatro fatores. Ele fornecerá boa informação sobre os efeitos individuais dos quatro fatores e alguma informação acerca de como esses fatores interagem.

Experimentos fatoriais e fatoriais fracionários são amplamente usados por engenheiros e cientistas em pesquisa e desenvolvimento industriais, nos quais novas tecnologias, novos produtos e novos processos são planejados e desenvolvidos e produtos e processos existentes são melhorados. Uma vez que tanto trabalho de engenharia envolve testes e experimentação, é essencial que todos os engenheiros entendam os princípios básicos de planejar experimentos eficientes e efetivos. Discutiremos esses princípios no Capítulo 13. O Capítulo 14 se concentra em fatoriais e fatoriais fracionários que introduzimos aqui.

1.2.5 Observando Processos ao Longo do Tempo

Frequentemente, dados são coletados ao longo do tempo. Nesse caso, é geralmente muito útil plotar os dados *versus* tempo em um **gráfico de séries temporais**. Fenômenos que possam afetar o sistema ou o processo se tornam frequentemente mais visíveis em um gráfico orientado no tempo e o conceito de estabilidade pode ser mais bem julgado.

A Figura 1.8 é um diagrama de pontos das leituras da concentração de acetona, tomadas de hora em hora da coluna de destilação descrita na Seção 1.2.2. A grande variação mostrada no diagrama de pontos indica muita variabilidade na concentração; porém, o gráfico não ajuda a explicar a razão para a variação. O gráfico de série temporal é mostrado na Figura 1.9. Uma mudança no nível médio do processo é visível no gráfico e uma estimativa do tempo da mudança pode ser obtida.

FIGURA 1.8
O diagrama de pontos ilustra a variação, mas não identifica o problema.

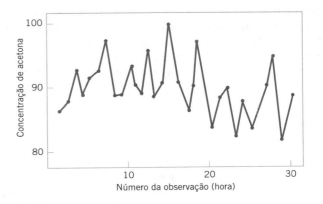

FIGURA 1.9
Um diagrama de séries temporais de concentração fornece mais informações do que o diagrama de pontos.

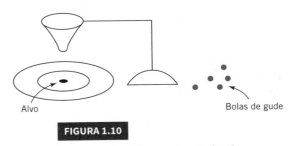

FIGURA 1.10
O experimento de Deming do funil.

W. Edwards Deming, um estatístico industrial muito influente, reforçou que é importante conhecer a natureza da variabilidade em processos e sistemas ao longo do tempo. Ele conduziu um experimento em que tentou soltar bolas de gude tão próximas quanto possível de um alvo em uma mesa. Usou um funil montado em um suporte anelado e soltou as bolas por esse funil. Veja a Figura 1.10. O funil foi alinhado, o melhor possível, com o centro do alvo. Deming usou então duas estratégias diferentes para operar o processo: (1) Ele nunca moveu o funil. Ele apenas soltou uma bola após outra e registrou a distância em relação ao alvo. (2) Ele soltou a primeira bola e registrou sua localização relativa ao alvo. Ele então moveu o funil de uma distância igual, mas oposta, na tentativa de compensar o erro. Ele continuou a fazer esse tipo de ajuste depois de soltar cada bola.

Depois que ambas as estratégias foram completadas, Deming notou que a variabilidade da distância para o alvo no caso da estratégia 2 foi aproximadamente duas vezes maior do que para a estratégia 1. O ajuste do funil aumentou os desvios em relação ao alvo. A explicação é que o erro (o desvio da posição da bola de gude em relação ao alvo) para uma bola de gude não fornece informação a respeito do erro que ocorrerá para a próxima bola. Logo, os ajustes do funil não diminuíram os erros futuros. Em vez disso, eles tenderam a mover o funil para mais longe do alvo.

Esse experimento interessante sinaliza que ajustes em um processo, baseados em perturbações aleatórias, podem na verdade *aumentar* a variação do processo. Isso é chamado de **controle excessivo** (*overcontrol*) ou **interferência** (*tampering*). Ajustes devem ser aplicados somente para compensar uma mudança não aleatória no processo – então eles podem ajudar. Uma simulação computacional pode ser usada para demonstrar as lições do experimento do funil. A Figura 1.11 mostra um gráfico com o tempo para 100 medidas (denotadas como *y*) de um processo em que somente perturbações aleatórias estão presentes. O valor alvo para o processo é igual a 10 unidades. A figura mostra os dados com e sem ajustes que são aplicados à média do processo, na tentativa de produzir dados mais próximos do alvo. Cada ajuste é igual e oposto ao desvio da medida prévia em relação ao alvo. Por exemplo, quando a medida é 11 (uma unidade acima do alvo), a média é reduzida de uma unidade antes de a próxima medida ser gerada. O controle excessivo aumenta os desvios em relação ao alvo.

A Figura 1.12 mostra os dados sem o ajuste da Figura 1.11, exceto para as medidas depois da observação de número 50 que são aumentadas de duas unidades com o objetivo de simular o efeito de mudança na média do processo. Quando há mudança verdadeira na média de um processo, um ajuste pode ser útil. A Figura 1.12 mostra também os dados obtidos quando um ajuste (uma diminuição de duas unidades) é aplicado à média depois de a mudança ser detectada (na observação de número 57). Note que o ajuste diminuiu os desvios em relação ao alvo.

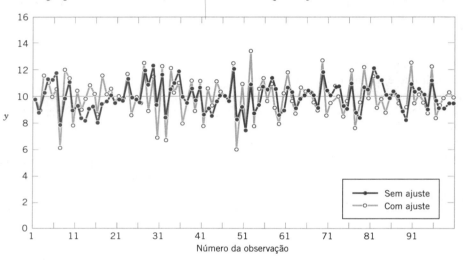

FIGURA 1.11

Ajustes aplicados a perturbações aleatórias controlam em demasia o processo e aumentam os desvios em relação ao alvo.

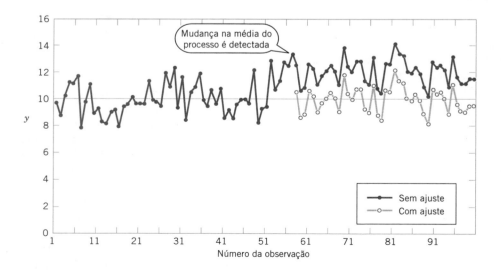

FIGURA 1.12

A mudança da média do processo é detectada na observação de número 57 e um ajuste (uma diminuição de duas unidades) reduz os desvios em relação ao alvo.

A questão de quando aplicar ajustes (e com que intensidade) começa com um entendimento dos tipos de variação que afetam um processo. Um **gráfico de controle** é uma maneira valiosa de examinar a variabilidade em dados orientados no tempo. A Figura 1.13 apresenta um gráfico de controle para os dados de concentração da Figura 1.9. A **linha central** do gráfico de controle é apenas a média das medidas de concentração para as 20 primeiras amostras ($\bar{x} = 91,5$ g/L) quando o processo está estável. O **limite superior de controle** e o **limite inferior de controle** representam um par de limites derivados estatisticamente que refletem a variabilidade inerente ou natural no processo. Esses limites estão localizados a três desvios-padrão dos valores de concentração acima e abaixo da linha central. Se o processo estiver operando como deveria, sem quaisquer fontes externas de variabilidade presentes no sistema, as medidas de concentração deverão flutuar aleatoriamente ao redor da linha central e quase todos os pontos deverão cair entre os limites de controle.

No gráfico de controle da Figura 1.13, a estrutura visual de referência, provida pela linha central e pelos limites de controle, indica que algum transtorno ou distúrbio atingiu o processo, em torno da amostra 20, porque todas as observações seguintes estão abaixo da linha central e duas delas realmente caem abaixo do limite inferior de controle. Esse é um sinal muito forte de que uma ação corretiva é necessária nesse processo. Se pudermos encontrar e eliminar a causa básica desse distúrbio, poderemos melhorar, consideravelmente, o desempenho do processo.

Além disso, Deming afirmou que os dados de um processo são usados para diferentes tipos de conclusões. Por vezes, coletamos dados de um processo para avaliar a produção atual. Por exemplo, podemos amostrar e medir a resistividade de três pastilhas de semicondutores, selecionadas de um lote e usadas para avaliá-lo. Isso é chamado de **estudo enumerativo**. No entanto, em muitos casos, usamos dados provenientes de uma produção corrente para avaliar uma produção futura. Aplicamos conclusões a uma população conceitual futura. Deming chamou isso de **estudo analítico**. Claramente, isso requer uma suposição de um processo **estável** e Deming enfatizou que gráficos de controle foram necessários para justificar essa suposição. Veja a Figura 1.14, que ilustra esse processo.

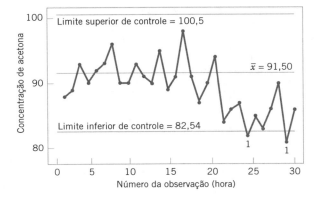

FIGURA 1.13

Um gráfico de controle para os dados de concentração de um processo químico.

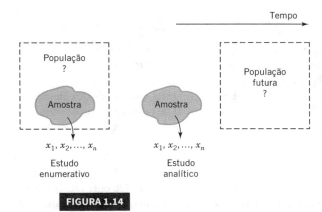

FIGURA 1.14

Estudo enumerativo *versus* estudo analítico.

Gráficos de controle são uma aplicação importante de estatística para monitorar, controlar e melhorar um processo. O ramo da estatística que faz uso de gráficos de controle é chamado de **controle estatístico de processo** ou **CEP**. Discutiremos CEP e gráficos de controle no Capítulo 15.

1.3 Modelos Mecanicistas e Empíricos

Modelos desempenham importante papel na análise de praticamente todos os problemas de engenharia. Muito da educação formal de engenheiros envolve o aprendizado de modelos relevantes para técnicas e campos específicos de aplicação dos mesmos na formulação e solução de problemas. Como um simples exemplo, suponha que estejamos medindo a corrente em um fio fino de cobre. Nosso modelo para esse fenômeno pode ser a Lei de Ohm:

$$\text{Corrente} = \text{Voltagem}/\text{Resistência}$$

ou

$$I = E/R \quad (1.2)$$

Chamamos esse tipo de modelo de **modelo mecanicista**, porque ele é construído a partir de nosso conhecimento do mecanismo físico básico que relaciona essas variáveis. No entanto, se fizermos esse processo de medição mais de uma vez, talvez em períodos de tempo diferentes, ou mesmo em dias diferentes, a corrente observada poderá diferir levemente por causa de pequenas mudanças ou variações em fatores que não estejam completamente controlados, tais como mudanças na temperatura ambiente, flutuações no desempenho do medidor, pequenas impurezas presentes em diferentes localizações do fio e impulsos na voltagem. Logo, um modelo mais realista da corrente observada pode ser

$$I = E/R + \epsilon \quad (1.3)$$

em que ϵ é um termo adicionado ao modelo para considerar o fato de que os valores observados da corrente não seguem perfeitamente o modelo mecanicista. Podemos pensar em ϵ como um termo que inclui os efeitos de todas as fontes não modeladas de variabilidade que afetam esse sistema.

Algumas vezes, os engenheiros trabalham com problemas para os quais não há modelo mecanicista simples ou bem entendido que explique o fenômeno. Por exemplo, suponha que estejamos interessados na massa molar média (M_n) de um polímero. Agora, sabemos que M_n está relacionada com a viscosidade (V) do material e também depende da quantidade de catalisador (C) e da temperatura (T) no reator de polimerização quando o material é fabricado. A relação entre M_n e essas variáveis é

$$M_n = f(V, C, T) \quad (1.4)$$

em que a *forma* da função f é desconhecida. Talvez um modelo de trabalho pudesse ser desenvolvido a partir de uma expansão em série de Taylor, considerando apenas o termo de primeira ordem, produzindo assim um modelo da forma

$$M_n = \beta_0 + \beta_1 V + \beta_2 C + \beta_3 T \quad (1.5)$$

em que β's são os parâmetros desconhecidos. Agora, assim como na Lei de Ohm, esse modelo não descreverá exatamente o fenômeno, de modo que devemos considerar outras fontes de variabilidade que possam afetar a massa molar. Desse modo, adicionamos outro termo ao modelo, resultando em

$$M_n = \beta_0 + \beta_1 V + \beta_2 C + \beta_3 T + \epsilon \quad (1.6)$$

esse é o modelo que usaremos para relacionar a massa molar com as outras três variáveis. Esse tipo de modelo é chamado de **modelo empírico**; ou seja, ele usa nosso conhecimento de engenharia e científico do fenômeno, porém não é diretamente desenvolvido a partir de nosso conhecimento teórico ou dos primeiros princípios do mecanismo básico.

Com o objetivo de ilustrar essas ideias com um exemplo específico, considere os dados da Tabela 1.2. Essa tabela contém dados das três variáveis, que foram coletados em um estudo de observação em uma planta de fabricação de semicondutores. Nessa planta, o semicondutor final é um fio colado a uma estrutura. As variáveis reportadas são a resistência à tração (uma medida da força requerida para romper a cola), o comprimento do fio e a altura do molde. Gostaríamos de

TABELA 1.2 Dados sobre Resistência de Tração do Fio Colado

Número da Observação	Resistência à Tração y	Comprimento do Fio x_1	Altura do Molde x_2
1	9,95	2	50
2	24,45	8	110
3	31,75	11	120
4	35,00	10	550
5	25,02	8	295
6	16,86	4	200
7	14,38	2	375
8	9,60	2	52
9	24,35	9	100
10	27,50	8	300
11	17,08	4	412
12	37,00	11	400
13	41,95	12	500
14	11,66	2	360
15	21,65	4	205
16	17,89	4	400
17	69,00	20	600
18	10,30	1	585
19	34,93	10	540
20	46,59	15	250
21	44,88	15	290
22	54,12	16	510
23	56,63	17	590
24	22,13	6	100
25	21,15	5	400

encontrar um modelo relacionando com a resistência com a tração ao comprimento do fio e a altura do molde. Infelizmente, não há mecanismo físico que possamos facilmente aplicar aqui. Por conseguinte, não parece provável que a abordagem de modelo mecanicista possa ser usada com sucesso.

A Figura 1.15 apresenta um gráfico tridimensional de todas as 25 observações da resistência à tração, comprimento do fio e altura do molde. Examinando esse gráfico, vemos que a resistência à tração aumenta quando o comprimento do fio e a altura do molde aumentam. Além disso, parece razoável pensar que um modelo tal como

Resistência à tração = $\beta_0 + \beta_1$ (comprimento do fio) + β_2 (altura do molde) + ϵ

seria apropriado como um modelo empírico para essa relação. Em geral, esse tipo de modelo empírico é chamado de **modelo de regressão**. Nos Capítulos 11 e 12, mostraremos como construir esses modelos e testar se eles são adequados como funções de aproximação. Usaremos um método para estimar os parâmetros nos modelos de regressão, chamado de **mínimos quadrados**, que se originou do trabalho de Karl Gauss. Essencialmente, esse método escolhe os parâmetros do modelo empírico (β's) para minimizar a soma dos quadrados das distâncias entre cada ponto dado e o plano representado pela equação do modelo. Aplicando essa técnica aos dados da Tabela 1.2 resulta em

$$\widehat{\text{Resistência à tração}} = 2{,}26 + 2{,}74 \text{ (comprimento do fio)} + 0{,}0125 \text{ (altura do molde)} \quad (1.7)$$

em que o "chapéu" ou circunflexo sobre a resistência à tração indica que essa é uma grandeza estimada ou prevista.

A Figura 1.16 é um gráfico dos valores previstos da resistência à tração *versus* o comprimento do fio e a altura do molde, obtido a partir da Equação 1.7. Note que os valores previstos estão no plano acima do espaço comprimento do fio-altura do molde. A partir dos gráficos dos dados na Figura 1.15, esse modelo parece razoável. O modelo empírico na Equação 1.7 poderia ser usado para prever valores da resistência à tração para várias combinações de comprimento de fio e altura do molde que sejam de interesse. Essencialmente, o modelo empírico poderia ser usado por um engenheiro exatamente da mesma maneira que um modelo mecanicista poderia ser usado.

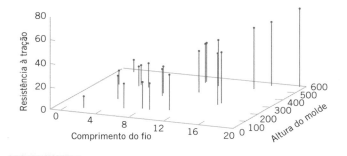

FIGURA 1.15

Gráfico tridimensional dos dados da resistência à tração do fio colado.

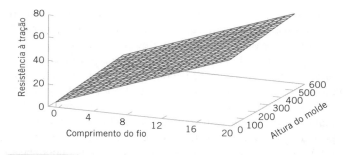

FIGURA 1.16

Gráfico de valores previstos da resistência à tração, a partir do modelo empírico.

1.4 Probabilidade e Modelos de Probabilidade

Na Seção 1.1, foi mencionado que decisões frequentemente necessitam estar baseadas nas medidas de somente um subconjunto de objetos selecionados em uma amostra. Esse processo de pensar a partir de uma amostra de objetos de modo a concluir para uma população de objetos foi referido como uma *inferência estatística*. Uma amostra de três pastilhas selecionadas provenientes de um grande lote de produção de pastilhas na fabricação de semicondutores foi um exemplo mencionado. Para tomar boas decisões, uma análise de quão bem uma amostra representa uma população é claramente necessária. Se o lote contiver pastilhas defeituosas, quão bem a amostra detectará isso? Como podemos quantificar o critério "detectar bem"? Basicamente, como podemos quantificar os riscos de decisões baseadas nas amostras? Além disso, como as amostras deveriam ser selecionadas para fornecer boas decisões – aquelas com riscos aceitáveis? **Modelos de probabilidade** ajudam a quantificar os riscos envolvidos em inferência estatística, isto é, os riscos envolvidos em decisões feitas todo dia.

Mais detalhes são úteis para descrever o papel de modelos de probabilidade. Suponha que um lote de produção contenha 25 pastilhas. Se todas elas forem defeituosas ou todas boas, claramente qualquer amostra gerará todas as pastilhas defeituosas ou todas boas, respectivamente. No entanto, suponha somente que uma pastilha no lote seja defeituosa. Então, uma amostra pode ou não detectar (incluir) a pastilha. Um modelo de probabilidade, juntamente com um método para selecionar a amostra, pode ser usado para quantificar os riscos de que a pastilha defeituosa seja ou não detectada. Baseado nessa análise, o tamanho da amostra deve ser aumentado (ou diminuído). O risco aqui pode ser interpretado como segue. Suponha que uma série de lotes seja amostrada, cada qual com exatamente uma pastilha defeituosa. Os detalhes do método usado para selecionar a amostra serão adiados até que a aleatoriedade seja discutida no próximo capítulo. Contudo, considere que o mesmo tamanho de amostra (tal como três pastilhas) seja selecionado da mesma maneira a partir de cada lote. A proporção dos lotes em que a pastilha defeituosa é incluída na amostra, ou, mais especificamente, o limite dessa proporção quando o número de lotes nas séries tende a infinito, é interpretado como a probabilidade de que a pastilha defeituosa seja detectada.

Um modelo de probabilidade é usado para calcular essa proporção sob suposições razoáveis para a maneira pela qual a amostra é selecionada. Isso é favorável porque não queremos tentar amostrar a partir de uma série infinita de lotes. Problemas desse tipo serão trabalhados nos Capítulos 2 e 3. Mais importante, baseando-se na amostra, essa probabilidade fornece informação quantitativa valiosa em relação a qualquer decisão acerca da qualidade do lote.

Lembre-se, da Seção 1.1, de que a população deve ser conceitual, como em um estudo estatístico que aplica inferência estatística à futura produção baseando-se nos dados da produção corrente. Quando populações são estendidas dessa maneira, o papel da inferência estatística e os modelos associados de probabilidades se tornam ainda mais importantes.

No exemplo anterior, cada pastilha na amostra foi classificada apenas como defeituosa ou não. Em vez disso, uma medida contínua deve ser obtida de cada pastilha. Na Seção 1.2.5, medidas de concentração foram tomadas em intervalos periódicos de um processo de produção. A Figura 1.8 mostra que a variabilidade está presente nas medidas, devendo então haver preocupação com relação à possibilidade de mudança do alvo estabelecido para a concentração. De modo similar ao da pastilha defeituosa, deve-se querer quantificar nossa habilidade de detectar mudança no processo baseando-se em dados das amostras. Limites de controle foram mencionados na Seção 1.2.5 como regras de decisão para ajustarem ou não um processo. A probabilidade de que determinada mudança no processo seja detectada pode ser calculada com um modelo de probabilidade para medidas de concentração. Modelos para medidas contínuas são desenvolvidos baseados nas suposições plausíveis para os dados e em um resultado, conhecido como *teorema central do limite*, e a distribuição normal associada é um modelo de probabilidade particularmente valioso para inferência estatística. Naturalmente, uma verificação de suposições é importante. Esses tipos de modelos de probabilidade serão discutidos no Capítulo 4. O objetivo é, ainda, quantificar os riscos inerentes na inferência feita a partir de dados das amostras.

Ao longo dos Capítulos 6 a 15, decisões serão baseadas em inferência estatística dos dados das amostras. Modelos contínuos de probabilidade, especificamente a distribuição normal, são usados extensivamente para quantificar os riscos nessas decisões e avaliar maneiras de coletar os dados e de quão grande uma amostra deve ser.

Termos e Conceitos Importantes

Aleatorização
Amostra
Causa e efeito
Controle estatístico de processo
Controle excessivo
Estudo analítico
Estudo de observação
Estudo enumerativo
Estudo retrospectivo

Experimento fatorial
Experimento fatorial fracionário
Experimento planejado
Hipóteses
Inferência estatística
Interação
Interferência
Método científico
Método de engenharia

Modelo de probabilidade
Modelo empírico
Modelo mecanicista
Pensamento estatístico
População
Série temporal
Teste de hipóteses
Variabilidade
Variável aleatória

CAPÍTULO 2

Probabilidade

OBJETIVOS DA APRENDIZAGEM

Depois de um cuidadoso estudo deste capítulo, você deve ser capaz de:

1. Entender e descrever espaços amostrais e eventos para experimentos aleatórios com gráficos, tabelas, listas ou diagramas em forma de árvore
2. Interpretar probabilidades e usar probabilidades de resultados para calcular probabilidades de eventos em espaços amostrais discretos
3. Usar permutação e combinações para contar o número de resultados tanto em um evento como no espaço amostral
4. Calcular as probabilidades de eventos conjuntos, tais como uniões e interseções, a partir das probabilidades de eventos individuais
5. Interpretar e calcular probabilidades condicionais de eventos
6. Determinar a independência de eventos e usar a independência para calcular probabilidades
7. Usar o teorema de Bayes para calcular probabilidades condicionais
8. Descrever variáveis aleatórias e a diferença entre variáveis aleatórias contínuas e discretas.

SUMÁRIO DO CAPÍTULO

2.1 **Espaços Amostrais e Eventos**
    2.1.1 Experimentos Aleatórios
    2.1.2 Espaços Amostrais
    2.1.3 Eventos
2.2 **Técnicas de Contagem**
2.3 **Interpretações e Axiomas de Probabilidade**
2.4 **União de Eventos e Regras de Adição**
2.5 **Probabilidade Condicional**
2.6 **Interseção de Eventos e Regras da Multiplicação e da Probabilidade Total**
2.7 **Independência**
2.8 **Teorema de Bayes**
2.9 **Variáveis Aleatórias**

Uma mulher atlética, de seus 20 anos, chega a uma emergência reclamando de tontura depois de correr em um dia quente. Um eletrocardiograma é usado para checar um ataque cardíaco, e a paciente apresenta resultado anormal. O teste tem uma taxa de falso positivo de 0,1 (a probabilidade de um resultado anormal quando a paciente está normal) e uma taxa de falso negativo de 0,1 (a probabilidade de um resultado normal quando a paciente está anormal). Além disso, deve-se considerar que a primeira probabilidade de um ataque cardíaco para essa paciente é de 0,001. Embora o teste anormal seja uma preocupação, você deve estar surpreso em aprender que a probabilidade de um ataque cardíaco dada por um resultado de um eletrocardiograma é ainda menor que 0,01. Veja "Why Clinicians Are Natural Bayesians" (2005, *www.bmj.com/content/330/7499/1080*) para detalhes desse e de outros exemplos.

A chave é combinar apropriadamente as probabilidades dadas. Além disso, a mesma análise exata usada para esse exemplo médico pode ser aplicada a testes de produtos de engenharia. Consequentemente, o conhecimento de como manipular probabilidades para avaliar riscos e tomar as melhores decisões é importante em todas as disciplinas científicas e de engenharia. Neste capítulo, as leis de probabilidade estarão presentes e serão usadas para avaliar riscos em casos tais como esse e numerosos outros.

2.1 Espaços Amostrais e Eventos

2.1.1 Experimentos Aleatórios

Se medirmos a corrente em um fio fino de cobre, estaremos conduzindo um experimento. Entretanto, em repetições diárias da medida, os resultados poderão diferir levemente, por causa de pequenas variações em variáveis que não estejam controladas em nosso experimento, incluindo variações nas temperaturas ambientes, leves variações nos medidores e pequenas impurezas na composição química do fio, se diferentes localizações forem selecionadas e se a fonte da corrente oscilar. Consequentemente, esse experimento (assim como muitos que conduzimos) é dito ter um componente *aleatório*. Em alguns casos, as variações aleatórias que experimentamos são suficientemente pequenas, relativas aos nossos objetivos experimentais, que podem ser ignoradas. No entanto, não importa quão cuidadosamente nosso experimento tenha sido planejado e conduzido; a variação está quase sempre presente e sua magnitude pode ser suficientemente grande, de modo que as conclusões importantes de nosso experimento podem não ser óbvias. Nesses casos, os métodos apresentados neste livro para modelar e analisar resultados experimentais são bem valiosos.

Nosso objetivo é compreender, quantificar e modelar o tipo de variações que encontramos com frequência. Quando incorporamos a variação em nosso pensamento e análises, podemos fazer julgamentos baseados em nossos resultados que não sejam invalidados pela variação.

Modelos e análises que incluem variação não são diferentes dos modelos usados em outras áreas de engenharia e de ciência. A Figura 2.1 apresenta os componentes importantes. Um modelo (ou abstração) matemático do sistema físico é desenvolvido. Ele não necessita ser uma abstração perfeita. Por exemplo, as leis de Newton não são descrições perfeitas de nosso universo físico. Além disso, elas são modelos úteis que podem ser estudados e analisados para quantificar aproximadamente o desempenho de uma ampla faixa de produtos de engenharia. Dada uma abstração matemática que seja válida com medidas de nosso sistema, podemos usar o modelo para entender, descrever e quantificar aspectos importantes do sistema físico e prever a resposta do sistema à alimentação de dados (*inputs*).

Ao longo de todo este texto, discutiremos modelos que permitirão variações nas saídas (*outputs*) de um sistema, embora as variáveis que controlamos não estejam variando propositalmente durante nosso estudo. A Figura 2.2 apresenta graficamente o modelo que incorpora uma alimentação incontrolável (ruído) que combina com uma alimentação controlável para produzir a saída de nosso sistema. Por causa da alimentação incontrolável, os mesmos cenários para a alimentação controlável não resultam em saídas idênticas cada vez que o sistema for medido.

Experimento Aleatório

Um experimento que pode fornecer diferentes resultados, embora seja repetido toda vez da mesma maneira, é chamado de **experimento aleatório**.

Para o exemplo da medição de corrente em um fio de cobre, nosso modelo para o sistema deve, simplesmente, ser a lei de Ohm. Por causa das entradas não controláveis, são esperadas variações nas medidas. Entretanto, se as variações forem grandes relativas ao uso pretendido do equipamento sob estudo, talvez necessitemos estender nosso modelo para incluir a variação. Veja a Figura 2.3.

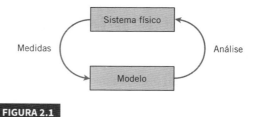

FIGURA 2.1

Interação contínua entre o modelo e o sistema físico.

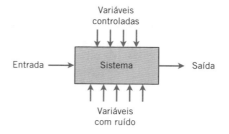

FIGURA 2.2

Variáveis com ruído afetam a transformação de entradas em saídas.

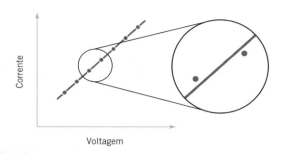

FIGURA 2.3

Um exame detalhado do sistema identifica desvios do modelo.

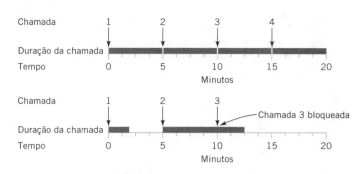

FIGURA 2.4

Variação causa interrupções no sistema.

Como outro exemplo, no projeto de um sistema de comunicação, tal como uma rede de computadores ou uma rede de telefonia, a capacidade de informação disponível para serviços individuais usando a rede é uma consideração importante de projeto. Para a telefonia, suficientes linhas externas necessitam ser compradas de uma companhia telefônica, de modo a encontrar as necessidades de um negócio. Supondo que cada linha possa suportar somente uma conversação simples, quantas linhas devem ser compradas? Se poucas linhas forem compradas, chamadas podem ser atrasadas ou perdidas. A compra de excessivas linhas aumenta o custo. Cada vez mais, o desenvolvimento de projeto e de produto é solicitado para encontrar as necessidades dos consumidores *a um custo competitivo*.

No projeto do sistema de telefonia, um modelo é necessário para o número de chamadas e para a duração delas. Não é suficiente saber que, em média, chamadas ocorrem a cada cinco minutos e que elas duram cinco minutos. Se chamadas chegassem precisamente a cada intervalo de cinco minutos e durassem exatamente cinco minutos, então uma linha telefônica seria suficiente. No entanto, a mais leve variação no número de chamadas ou na duração resultaria em algumas chamadas sendo bloqueadas por outras. Veja a Figura 2.4. Um sistema projetado sem considerar variação será pesarosamente inadequado para uso prático. Nosso modelo para o número e a duração das chamadas necessita incluir a variação como um componente integral.

2.1.2 Espaços Amostrais

Para modelar e analisar um experimento aleatório, temos de entender o conjunto de **resultados** possíveis de um experimento. Nesta introdução à probabilidade, fazemos uso dos conceitos básicos de conjuntos e operações com conjuntos. Considera-se que o leitor esteja familiarizado com esses tópicos.

> **Espaço Amostral**
>
> O conjunto de todos os resultados possíveis de um experimento aleatório é conhecido como **espaço amostral** do experimento. O espaço amostral é denotado por S.

Um espaço amostral é usualmente definido baseado nos objetivos da análise. O exemplo seguinte ilustra várias alternativas.

É útil distinguir entre dois tipos de espaços amostrais.

> **Espaços Amostrais Discretos e Contínuos**
>
> Um espaço amostral é **discreto** se ele consiste em um conjunto finito ou infinito contável de resultados.
>
> Um espaço amostral é **contínuo** se ele contém um intervalo (tanto finito como infinito) de números reais.

EXEMPLO 2.1 | Câmera *Flash*

Considere um experimento em que você seleciona uma câmera de telefone celular e registra o tempo de recarga de um *flash* (o tempo necessário para aprontar a câmera para outro *flash*). Os valores possíveis para esse tempo dependem da resolução do temporizador e dos tempos máximo e mínimo de recarga. Entretanto, pode ser conveniente definir o espaço amostral como simplesmente a linha real positiva

$$S = R^+ = \{x \mid x > 0\}$$

Se é sabido que todos os tempos de recarga estão entre 1,5 e 5 segundos, o espaço amostral pode ser

$$S = \{x \mid 1{,}5 < x < 5\}$$

Se o objetivo da análise for considerar apenas o fato de o tempo de recarga ser baixo, médio ou alto, então o espaço amostral poderá ser considerado como o conjunto de três resultados

$$S = \{baixo, médio, alto\}$$

Se o objetivo da análise for considerar apenas o fato de a câmera particular satisfazer ou não as especificações do tempo de recarga mínimo, então o espaço amostral poderá ser simplificado para um conjunto de dois resultados

$$S = \{sim, não\}$$

que indica se a câmera satisfaz ou não.

No Exemplo 2.1, a escolha de $S = R^+$ é um exemplo de um espaço amostral contínuo, enquanto $S = \{sim, não\}$ é um espaço amostral discreto. Conforme mencionado, a melhor escolha de um espaço amostral depende dos objetivos do estudo. Como questões específicas ocorrerão mais adiante no livro, espaços amostrais apropriados serão discutidos.

Espaços amostrais podem também ser descritos graficamente com **diagramas em forma de árvore**. Quando um espaço amostral puder ser construído em várias etapas ou estágios, podemos representar cada uma das n_1 maneiras de completar a primeira etapa como um ramo de uma árvore. Cada uma das maneiras de completar a segunda etapa pode ser representada por n_2 ramos, começando das extremidades dos ramos originais, e assim por diante.

2.1.3 Eventos

Frequentemente, estamos interessados, a partir de um experimento aleatório, em uma coleção de resultados relacionados que podem ser descritos por subconjuntos do espaço amostral.

Evento

Evento é um subconjunto do espaço amostral de um experimento aleatório.

Podemos também estar interessados em descrever novos eventos a partir de combinações de eventos existentes. Pelo fato de eventos serem subconjuntos, podemos usar operações básicas

---

EXEMPLO 2.2 | Especificações da Câmera

Suponha que os tempos de recarga das duas câmeras sejam registrados. A extensão da linha real positiva R é considerar o espaço amostral como o quadrante positivo do plano

$$S = R^+ \times R^+$$

Se o objetivo da análise for considerar apenas o fato de as câmeras satisfazerem ou não as especificações de fabricação, cada câmera poderá ou não satisfazer. Abreviamos *sim* e *não* por *s* e *n*. Se o par ordenado *sn* indicar que a primeira câmera satisfaz e a segunda não, o espaço amostral poderá ser representado por quatro resultados:

$$S = \{ss, sn, ns, nn\}$$

Se estivermos interessados somente no número de câmeras conforme na amostra, podemos resumir o espaço amostral como

$$S = \{0, 1, 2\}$$

Como outro exemplo, considere um experimento em que câmeras sejam testadas até que o tempo de recarga do *flash* não mais encontre as especificações. O espaço amostral pode ser representado por

$$S = \{n, sn, ssn, sssn, ssssn, \text{ e assim por diante}\}$$

e esse é um exemplo de um espaço amostral discreto que é infinito contável.

EXEMPLO 2.3 | Atrasos nas Mensagens

Cada mensagem em um sistema digital de comunicação será classificada dependendo de ela ser recebida dentro de um tempo especificado pelo projeto do sistema. Se três mensagens forem classificadas, aplique um diagrama em forma de árvore para representar o espaço amostral de resultados possíveis.

Cada mensagem pode ser recebida em tempo ou atrasada. Os resultados possíveis para três mensagens podem ser mostrados por meio dos oito ramos no diagrama em forma de árvore mostrado na Figura 2.5.

Interpretação Prática: Um diagrama em forma de árvore pode representar efetivamente um espaço amostral. Mesmo se uma árvore se tornar muito grande para ser construída, ela ainda pode clarificar conceitualmente o espaço amostral.

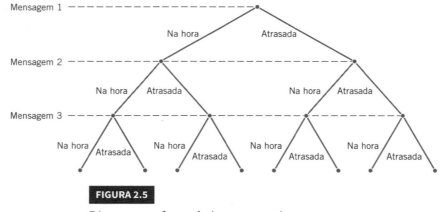

FIGURA 2.5

Diagrama em forma de árvore para três mensagens.

de conjuntos, tais como uniões, interseções e complementos, para formar outros eventos de interesse. Algumas das operações básicas de conjuntos são resumidas a seguir, em termos de eventos:

- A *união* de dois eventos é o evento que consiste em todos os resultados que estão contidos em cada um dos dois eventos. Denotamos a união por $E_1 \cup E_2$.
- A *interseção* de dois eventos é o evento que consiste em todos os resultados que estão contidos nos dois eventos, simultaneamente. Denotamos a interseção por $E_1 \cap E_2$.
- O *complemento* de um evento em um espaço amostral é o conjunto dos resultados no espaço amostral que não estão no evento. Denotamos o complemento do evento E por E'.

A notação E^c é também usada em outra literatura para denotar o complemento.

Os diagramas são frequentemente usados para retratar relações entre conjuntos, sendo esses diagramas também usados para descrever relações entre eventos. Podemos usar os **diagramas de Venn** para representar um espaço amostral e eventos em um espaço amostral. Por exemplo, na Figura 2.6(a), o espaço amostral do experimento aleatório é representado como pontos no retângulo S. Os eventos A e B são os subconjuntos dos pontos nas regiões indicadas. As Figuras 2.6(b) a 2.6(d) ilustram eventos conjuntos adicionais. A Figura 2.7 ilustra dois eventos com nenhum resultado em comum.

EXEMPLO 2.4 | Eventos

Considere o espaço amostral $S = \{ss, sn, ns, nn\}$ do Exemplo 2.2. Suponha que seja denotado como E_1 o subconjunto de resultados para os quais, no mínimo, uma peça seja conforme. Então,

$$E_1 = \{ss, sn, ns\}$$

O evento em que ambas as peças são não conformes, denotado como E_2, contém somente o único resultado, $E_2 = \{nn\}$. Outros exemplos de eventos são $E_3 = \varnothing$, o conjunto nulo, e $E_4 = S$, o espaço amostral. Se $E_5 = \{sn, ns, nn\}$,

$$E_1 \cup E_5 = S \quad E_1 \cap E_5 = \{sn, ns\} \quad E_1' = \{nn\}$$

Interpretação Prática: Eventos são usados para definir resultados de interesse a partir de um experimento aleatório. Alguém está frequentemente interessado nas probabilidades de eventos específicos.

EXEMPLO 2.5 | Tempo de Recarga de uma Câmera

Como no Exemplo 2.1, os tempos de recarga de câmeras devem utilizar o espaço amostral $S = R^+$, o conjunto de números reais positivos. Sejam

$$E_1 = \{x \mid 10 \leq x < 12\} \text{ e } E_2 = \{x \mid 11 < x < 15\}$$

Então,

$$E_1 \cup E_2 = \{x \mid 10 \leq x < 15\}$$

e

$$E_1 \cap E_2 = \{x \mid 11 < x < 12\}$$

Também,

$$E_1' = \{x \mid x < 10 \text{ ou } 12 \leq x\}$$

e

$$E_1' \cap E_2 = \{x \mid 12 \leq x < 15\}$$

EXEMPLO 2.6 | Visitas a Emergências de Hospitais

A tabela seguinte resume as visitas a departamentos de emergência de quatro hospitais no Arizona. Pessoas podem sair sem serem examinadas por um médico; essas visitas são denominadas PNEM. As visitas restantes são encaminhadas ao departamento de emergência e o paciente pode ou não ficar internado no hospital.

Seja A o evento em que uma visita é para o Hospital 1 e seja B o evento em que o resultado da visita é PNEM. Calcule o número de resultados em $A \cap B$, A' e $A \cup B$.

O evento $A \cap B$ consiste nas 195 visitas ao Hospital 1 que resultam em PNEM. O evento A' consiste nas visitas aos Hospitais 2, 3 e 4 e contém 6991+ 5640 + 4329 = 16.960 visitas.

O evento $A \cup B$ consiste nas visitas ao Hospital 1 ou nas visitas que resultam em PNEM, ou ambos, e contém 5292 + 270 + 246 + 242 = 6050 visitas. Note que o último resultado pode também ser calculado como o número de visitas em A mais o número de visitas em B menos o número de visitas $A \cap B$ (que seria, do contrário, contado duas vezes) = 5292 + 953 − 195 = 6050.

Interpretação Prática: Hospitais rastreiam as visitas que resultam em PNEM para entender o recurso necessário e melhorar os serviços aos pacientes.

	Hospital				
	1	2	3	4	Total
Total	5292	6991	5640	4329	22.252
PNEM	195	270	246	242	953
Admitidos	1277	1558	666	984	4485
Não admitidos	3820	5163	4728	3103	16.814

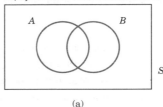
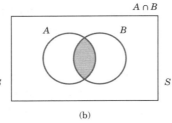
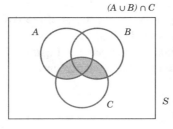
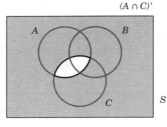

FIGURA 2.6

Diagramas de Venn.

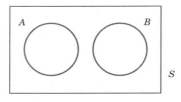

FIGURA 2.7

Eventos mutuamente exclusivos.

Eventos Mutuamente Excludentes

Dois eventos, denotados por E_1 e E_2, tal que

$$E_1 \cap E_2 = \emptyset$$

são chamados de **mutuamente excludentes**.

Resultados adicionais envolvendo eventos são resumidos a seguir. A definição do complemento de um evento implica que

$$(E')' = E$$

A lei distributiva para operações com conjuntos implica que

$$(A \cup B) \cap C = (A \cap C) \cup (B \cap C) \quad \text{e}$$

$$(A \cap B) \cup C = (A \cup C) \cap (B \cup C)$$

A lei de DeMorgan implica que

$$(A \cup B)' = A' \cap B' \quad \text{e} \quad (A \cap B)' = A' \cup B'$$

Também, lembre-se de que

$$A \cap B = B \cap A \quad \text{e} \quad A \cup B = B \cup A$$

2.2 Técnicas de Contagem

Em muitos dos exemplos neste capítulo, é fácil determinar o número de resultados em cada evento. Em exemplos mais complicados, a determinação de resultados que compreendem o espaço amostral (ou um evento) se torna mais difícil. Em vez disso, a contagem dos números de resultados no espaço amostral e os vários eventos são usados para analisar os experimentos aleatórios. Esses métodos são referidos como **técnicas de contagem**. Algumas regras simples podem ser usadas para simplificar os cálculos.

O diagrama em forma de árvore, da Figura 2.5, descreve o espaço amostral de todos os tipos possíveis de veículos. O tamanho do espaço amostral é igual ao número de ramos no último nível da árvore, sendo então igual a $2 \times 2 \times 2 = 8$. Isso leva ao seguinte resultado útil.

Regra da Multiplicação
(para técnicas de contagem)

Considere que uma operação possa ser descrita como uma sequência de k etapas e que

- o número de maneiras de completar a etapa 1 é n_1 e
- o número de maneiras de completar a etapa 2 é n_2 para cada maneira de completar a etapa 1 e
- o número de maneiras de completar a etapa 3 é n_3 para cada maneira de completar a etapa 2, e assim por diante.

O número total de maneiras de completar a operação é

$$n_1 \times n_2 \times ... \times n_k$$

EXEMPLO 2.7 | Projeto de um *Site* na Internet

O projeto de um *site* na internet consiste em quatro cores, três fontes e três posições para uma imagem. Da regra da multiplicação, $4 \times 3 \times 3 = 36$ projetos diferentes são possíveis.

Interpretação Prática: O uso da regra da multiplicação e de outras técnicas de contagem nos capacita a determinar facilmente o número de resultados em um espaço amostral ou eventos, e isso, por sua vez, permite calcular as probabilidades dos eventos.

Permutações Outro cálculo útil é o número de sequências ordenadas dos elementos de um conjunto. Considere um conjunto de elementos, tal como $S = \{a, b, c\}$. Uma **permutação** dos elementos é uma sequência ordenada dos elementos. Por exemplo, abc, acb, bac, cab e cba são todas permutações dos elementos de S.

O número de **permutações** de n elementos diferentes é $n!$, sendo

$$n! = n \times (n-1) \times (n-2) \times \ldots \times 2 \times 1 \quad (2.1)$$

Esse resultado é decorrente da regra da multiplicação. Uma permutação pode ser construída colocando-se o elemento na primeira posição da sequência de n elementos, selecionando então o elemento para a segunda posição dos $n - 1$ elementos restantes, colocando o elemento na terceira posição dos $n - 2$ elementos restantes, e assim por diante. Permutações tais como essas são referidas algumas vezes como *permutações lineares*.

Em algumas situações, estamos interessados no número de arranjos de somente alguns dos elementos de um conjunto. O seguinte resultado é decorrente também da regra da multiplicação e da discussão prévia.

Permutações de Subconjuntos

O número de permutações de subconjuntos de r elementos selecionados de um conjunto de n elementos diferentes é

$$P_r^n = n \times (n-1) \times (n-2) \times \cdots \times (n-r+1) = \frac{n!}{(n-r)!}$$

$$(2.2)$$

Algumas vezes estamos interessados em contar o número de sequências ordenadas para objetos que não são todos diferentes. O seguinte resultado é um cálculo útil e geral.

Permutações de Objetos Similares

O número de permutações de $n = n_1 + n_2 + \cdots + n_r$ objetos dos quais n_1 são de um tipo, n_2 são de um segundo tipo, ..., e n_r são de r-ésimo tipo é

$$\frac{n!}{n_1! n_2! n_3! \ldots n_r!} \quad (2.3)$$

Combinações Outro problema de contagem de interesse é o número de subconjuntos de r elementos que pode ser selecionado a partir de um conjunto de n elementos. Aqui, a ordem não é importante. Esses problemas são chamados de **combinações**.

Cada subconjunto de r elementos pode ser indicado pela listagem dos elementos no conjunto e marcando cada elemento com um "*", se for para incluí-lo no subconjunto. Consequentemente, cada permutação de r*'s e $n - r$ vazios indica um subconjunto diferente, e o número desses é obtido da Equação 2.3. Por exemplo, se o conjunto for $S = \{a, b, c, d\}$, o subconjunto $\{a, c\}$ poderá ser indicado como

$$\begin{array}{cccc} a & b & c & d \\ * & & * & \end{array}$$

Combinações

O número de combinações, subconjuntos de tamanho r que podem ser selecionados a partir de um conjunto de n elementos, é denotado como $\binom{n}{r}$ ou C_r^n e

$$C_r^n = \binom{n}{r} = \frac{n!}{r!(n-r)!} \quad (2.4)$$

EXEMPLO 2.8 | Placa de Circuito Impresso

Uma placa de circuito impresso tem oito localizações diferentes em que um componente pode ser colocado. Se quatro componentes diferentes forem colocados na placa, quantos projetos diferentes serão possíveis?

Cada projeto consiste em selecionar uma localização das oito localizações para o primeiro componente, uma localização das sete restantes para o segundo componente, uma localização das seis restantes para o terceiro componente e uma localização das cinco restantes para o quarto componente. Portanto,

$$P_4^8 = 8 \times 7 \times 6 \times 5 = \frac{8!}{4!}$$

$= 1680$ projetos diferentes são possíveis.

EXEMPLO 2.9 | Programação de um Hospital

Um centro cirúrgico de um hospital necessita programar três cirurgias de joelho e duas cirurgias de quadris em um dia. Denotamos uma cirurgia de joelho e de quadris como j e q, respectivamente. O número de sequências possíveis das três cirurgias de joelho e das duas cirurgias de quadris é

$$\frac{5!}{2!3!} = 10$$

As 10 sequências são facilmente sumarizadas:

$\{jjjqq, jjqjq, jjqqj, jqjjq, jqjqj, jqqjj, qjjjq,$
$qjjqj, qjqjj, qqjjj\}$

EXEMPLO 2.10 | Disposição de Placa de Circuito Impresso

Um componente pode ser colocado em oito localizações diferentes em uma placa de circuito impresso. Se cinco componentes idênticos forem colocados na placa, quantos projetos diferentes serão possíveis?

Cada projeto é um subconjunto das oito localizações que devem conter os componentes. Da Equação 2.4, o número de projetos possíveis é

$$\frac{8!}{5!3!} = 56$$

EXEMPLO 2.11 | Amostragem sem Reposição

Um silo com 50 itens fabricados contém três itens defeituosos e 47 itens não defeituosos. Uma amostra de seis itens é selecionada a partir dos 50 itens. Os itens selecionados não são repostos. Ou seja, cada item pode somente ser selecionado uma única vez e a amostra é um subconjunto dos 50 itens. Quantas amostras diferentes existem, de tamanho seis, que contêm exatamente dois itens defeituosos?

Um subconjunto contendo exatamente dois itens defeituosos pode ser formado escolhendo primeiro os dois itens defeituosos a partir dos três itens defeituosos. Usando a Equação 2.4, essa etapa pode ser concluída em

$$\binom{3}{2} = \frac{3!}{2!1!} = 3$$

Então, a segunda etapa é selecionar os quatro itens restantes dos 47 itens aceitáveis no silo. A segunda etapa pode ser completada de

$$\binom{47}{4} = \frac{47!}{4!43!} = 178.365$$

Por conseguinte, da regra da multiplicação, o número de subconjuntos de tamanho seis que contêm exatamente dois itens defeituosos é

$$3 \times 178.365 = 535.095$$

Como um cálculo adicional, o número total de subconjuntos diferentes de tamanho seis é

$$\binom{50}{6} = \frac{50!}{6!44!} = 15.890.700$$

Em experimentos aleatórios em que itens são selecionados a partir de uma batelada, um item pode ou não ser reposto antes de o próximo ser selecionado. Isso é referido como amostragem **com** ou **sem reposição**, respectivamente. O exemplo seguinte usa a regra da multiplicação em combinação com a Equação 2.4 para responder uma pergunta mais difícil, porém comum, para amostragem sem reposição.

2.3 Interpretações e Axiomas de Probabilidade

Neste capítulo, introduzimos probabilidade para *espaços amostrais discretos* – aqueles com somente um conjunto finito (ou infinito contável) de resultados. A restrição para esses espaços amostrais nos capacita a simplificar os conceitos e a apresentação sem matemática excessiva.

Probabilidade é utilizada para quantificar a possibilidade ou chance de ocorrência de um resultado de um experimento aleatório. "A chance de chover hoje é de 30 %" é uma afirmação que quantifica nosso sentimento acerca da possibilidade de chuva. A possibilidade de um resultado é quantificada atribuindo-se um número do intervalo [0, 1] ao resultado (ou uma percentagem de 0 % a 100 %). Números maiores indicam que o resultado é mais provável que números menores. Um zero indica que um resultado não ocorrerá. Uma probabilidade de 1 indica que um resultado ocorrerá com certeza.

A probabilidade de um resultado pode ser interpretada como a nossa probabilidade subjetiva, ou *grau de crença*, de que o resultado ocorrerá. Indivíduos diferentes não duvidarão em atribuir probabilidades diferentes para os mesmos resultados.

Outra interpretação de probabilidade está baseada no modelo conceitual de réplicas repetidas do experimento aleatório. A probabilidade de um resultado é interpretada como o valor limite da proporção de vezes que o resultado ocorre em n repetições do experimento aleatório, à medida que n aumenta além de todos os limites. Por exemplo, se atribuirmos uma probabilidade de 0,2 ao resultado que contém um pulso corrompido em um sinal digital, podemos interpretar isso como implicando que, se analisarmos muitos pulsos, aproximadamente 20 % deles estarão corrompidos. Esse exemplo fornece uma interpretação de probabilidade como uma *frequência relativa*. A proporção, ou frequência relativa, de réplicas do experimento é 0,2. Probabilidades são escolhidas de modo que a soma das probabilidades de todos os resultados em um experimento seja 1. Essa convenção facilita a interpretação de frequência relativa como probabilidade. A Figura 2.8 ilustra o conceito de frequência relativa.

As probabilidades para um experimento aleatório são frequentemente atribuídas com base em um modelo razoável do sistema sob estudo. Uma abordagem é basear as designações de probabilidade no conceito simples de resultados igualmente prováveis. Por exemplo, suponha que selecionaremos aleatoriamente um diodo a *laser* de uma batelada de 100. *Aleatoriamente* implica que é razoável considerar que cada diodo na batelada tem uma chance igual de ser selecionado. Visto que a soma das probabilidades tem de ser igual a 1, o modelo de probabilidade para esse experimento atribui uma probabilidade de 0,01 para cada um dos 100 resultados. Podemos interpretar a probabilidade imaginando muitas réplicas do experimento. Cada vez começamos com todos os 100 diodos e selecionamos um ao acaso. A probabilidade de 0,01 atribuída a um diodo

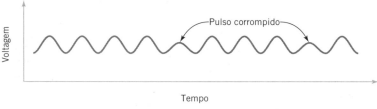

FIGURA 2.8
Frequência relativa dos pulsos corrompidos enviados por um canal de comunicação.

particular representa a proporção de réplicas em que um diodo particular seja selecionado. Quando o modelo de **resultados igualmente prováveis** é considerado, as probabilidades são escolhidas iguais.

Resultados Igualmente Prováveis

Toda vez que um espaço amostral consistir em N resultados possíveis que forem igualmente prováveis, a probabilidade de cada resultado é $1/N$.

É frequentemente necessário atribuir probabilidades a eventos que sejam compostos por vários resultados do espaço amostral. Isso é direto para um espaço amostral discreto.

Para um espaço amostral discreto, a probabilidade de um evento pode ser definida pelo raciocínio usado no exemplo anterior.

Probabilidade de um Evento

Para um espaço amostral discreto, a *probabilidade de um evento* E, denotada por $P(E)$, é igual à soma das probabilidades dos resultados em E.

Como outro exemplo, considere um experimento aleatório em que mais de um item é selecionado a partir de uma batelada. Nesse caso, *aleatoriamente* selecionado implica que cada subconjunto possível de itens seja igualmente provável.

EXEMPLO 2.12 | Diodos a *Laser*

Considere que 30 % dos diodos a *laser* em uma batelada de 100 satisfazem os requerimentos mínimos de potência de um consumidor específico. Se um diodo a *laser* for selecionado ao acaso, isto é, se cada diodo a *laser* for igualmente provável de ser selecionado, nosso sentimento intuitivo será de que a probabilidade de satisfazer os requerimentos do consumidor é 0,30.

Seja E o evento em que o diodo selecionado satisfaça os requerimentos do consumidor. Então E é o subconjunto de 30 diodos que satisfaz os requerimentos do consumidor. Visto que E contém 30 resultados e cada um deles tem a probabilidade igual a 0,01, concluímos que a probabilidade de E é 0,3. A conclusão coincide com nossa intuição. A Figura 2.9 ilustra este exemplo.

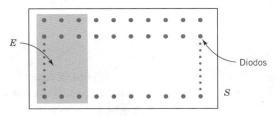

$P(E) = 30(0,01) = 0,30$

FIGURA 2.9
A probabilidade do evento E é a soma das probabilidades dos resultados em E.

EXEMPLO 2.13 | Probabilidades de Eventos

Um experimento aleatório pode resultar em um dos resultados $\{a, b, c, d\}$ com probabilidades 0,1; 0,3; 0,5 e 0,1, respectivamente. Seja A o evento $\{a, b\}$, seja B o evento $\{b, c, d\}$ e seja C o evento $\{d\}$. Então,

$$P(A) = 0,1 + 0,3 = 0,4$$

$$P(B) = 0,3 + 0,5 + 0,1 = 0,9$$

$$P(C) = 0,1$$

Igualmente, $P(A') = 0,6$, $P(B') = 0,1$ e $P(C') = 0,9$. Além disso, como $A \cap B = \{b\}$, $P(A \cap B) = 0,3$. Porque $A \cup B = \{a, b, c, d\}$, $P(A \cup B) = 0,1 + 0,3 + 0,5 + 0,1 = 1$. Pelo fato de $A \cap C$ ser o conjunto nulo, $P(A \cap C) = 0$.

EXEMPLO 2.14 | Inspeção de Fabricação

Considere a inspeção descrita no Exemplo 2.11. A partir de um silo com 50 itens, seis deles são selecionados aleatoriamente sem reposição. O silo contém três itens defeituosos e 47 não defeituosos. Qual é a probabilidade de que exatamente dois itens defeituosos sejam selecionados na amostra?

O espaço amostral consiste em todos os pares (desordenados) possíveis selecionados sem reposição. Como mostrado no Exemplo 2.11, o número de subconjuntos de tamanho seis que contêm exatamente dois itens defeituosos é 535.095 e o número total de subconjuntos de tamanho seis é 15.890.700. A probabilidade de um evento é determinada como a razão entre o número de resultados no evento e o número de resultados no espaço amostral (para resultados igualmente prováveis). Por conseguinte, a probabilidade de que uma amostra contenha exatamente dois itens defeituosos é

$$\frac{535.095}{15.890.700} = 0,034$$

Um subconjunto sem itens defeituosos ocorre quando todos os seis itens são selecionados a partir dos 47 itens não defeituosos. Consequentemente, o número de subconjuntos sem itens defeituosos é

$$\frac{47!}{6!41!} = 10.737.573$$

e a probabilidade de que nenhum item defeituoso seja selecionado é

$$\frac{10.737.573}{15.890.700} = 0,676$$

Logo, a amostra de tamanho seis é provavelmente para omitir os itens defeituosos. Este exemplo ilustra a distribuição hipergeométrica estudada no Capítulo 3.

Agora que a probabilidade de um evento foi definida, as suposições que fizemos relativas às probabilidades podem ser coletadas em uma série de **axiomas que as probabilidades** têm de satisfazer em qualquer experimento aleatório. Os axiomas asseguram que as probabilidades atribuídas a um experimento podem ser interpretadas como frequências relativas e que as atribuições são consistentes com nosso entendimento intuitivo das relações entre frequências relativas. Por exemplo, se o evento A estiver contido no evento B, então deveremos ter $P(A) \leq P(B)$. Os *axiomas não determinam probabilidades*; as probabilidades são atribuídas, com base no nosso conhecimento do sistema sob estudo. No entanto, os axiomas nos capacitam a calcular facilmente as probabilidades de alguns eventos, a partir do conhecimento das probabilidades de outros eventos.

Axiomas de Probabilidade

Probabilidade é um número que é atribuído a cada membro de uma coleção de eventos, a partir de um experimento aleatório que satisfaça as seguintes propriedades:

1. $P(S) = 1$ em que S é o espaço amostral
2. $0 \leq P(E) \leq 1$ para qualquer evento E
3. Para dois eventos E_1 e E_2 com $E_1 \cap E_2 = \emptyset$

$$P(E_1 \cup E_2) = P(E_1) + P(E_2)$$

A propriedade de que $0 \leq P(E) \leq 1$ é equivalente à necessidade de que uma frequência relativa tenha de estar entre 0 e 1. A propriedade de que $P(S) = 1$ é uma consequência do fato de um resultado do espaço amostral ocorrer em cada tentativa de um experimento. Consequentemente, a frequência relativa de S é 1. A propriedade 3 implica que se os eventos E_1 e E_2 não tiverem resultados em comum, então a frequência relativa dos resultados em $E_1 \cup E_2$ será a soma das frequências relativas dos resultados em E_1 e E_2.

Esses axiomas implicam os resultados a seguir. As deduções são deixadas como exercícios no final desta seção. Agora,

$$P(\emptyset) = 0$$

e para qualquer evento E,

$$P(E') = 1 - P(E)$$

Por exemplo, se a probabilidade do evento E for 0,4, nossa interpretação de frequência relativa implica que a frequência relativa de E' será 0,6. Além disso, se o evento E_1 estiver contido no evento E_2,

$$P(E_1) \leq P(E_2)$$

2.4 União de Eventos e Regras de Adição

Eventos conjuntos são gerados pela aplicação de operações básicas de conjuntos a eventos individuais. Uniões de eventos, tais como $A \cup B$, interseções de eventos, tais como $A \cap B$, e complementos de eventos, tais como A' – são comumente de interesse. A probabilidade de um evento conjunto pode frequentemente ser determinada a partir de probabilidades dos eventos individuais que o compreendem. Operações básicas de conjuntos são também, algumas vezes, úteis na determinação da probabilidade de um evento conjunto. Nesta seção, o foco está nas uniões de eventos.

O exemplo precedente ilustra que a probabilidade de A ou B é interpretada como $P(A \cup B)$ e que a seguinte **regra geral de adição** se aplica.

Probabilidade de uma União

$$P(A \cup B) = P(A) + P(B) - P(A \cap B) \qquad (2.5)$$

EXEMPLO 2.15 | Pastilhas de Supercondutores

A Tabela 2.1 lista a história de 940 pastilhas em um processo de fabricação de semicondutores. Suponha que uma pastilha seja selecionada ao acaso. Seja H o evento em que a pastilha contém altos níveis de contaminação. Então,

$$P(H) = 358/940$$

Seja C o evento em que a pastilha esteja no centro de uma ferramenta de recobrimento. Então, $P(C) = 626/940$. Também, $P(H \cap C)$ é a probabilidade de a pastilha ser proveniente do centro da ferramenta de recobrimento e conter altos níveis de contaminação. Logo,

$$P(H \cap C) = 112/940$$

O evento $H \cup C$ é aquele em que uma pastilha é proveniente do centro da ferramenta de recobrimento ou contém altos níveis de contaminação (ou ambos). Da tabela, $P(H \cup C) = 872/940$. Um cálculo alternativo de $P(H \cup C)$ pode ser obtido como segue. As 112 pastilhas que compreendem o evento $H \cap C$ estão incluídas uma vez no cálculo de $P(H)$ e novamente no cálculo de $P(C)$. Desse modo, $P(H \cup C)$ pode ser encontrado como

$$P(H \cup C) = P(H) + P(C) - P(H \cap C)$$

$$= \frac{358}{940} + \frac{626}{940} - \frac{112}{940} = \frac{872}{940}$$

Interpretação Prática: Para entender melhor as fontes de contaminação, rendimento proveniente de diferentes localizações é rotineiramente agregado.

TABELA 2.1 Pastilhas na Fabricação de Semicondutores Classificadas por Contaminação e Localização

Contaminação	Localização na Ferramenta de Pulverização		
	Centro	Borda	Total
Baixa	514	68	582
Alta	112	246	358
Total	626	314	

Lembre-se de que dois eventos A e B são mutuamente excludentes se $A \cap B = \emptyset$. Logo, $P(A \cap B) = 0$ e o resultado geral para a probabilidade de $A \cup B$ se reduz ao terceiro axioma da probabilidade.

Se A e B são eventos mutuamente excludentes,

$$P(A \cup B) = P(A) + P(B) \quad (2.6)$$

Três ou Mais Eventos Probabilidades mais complicadas, tais como $P(A \cup B \cup C)$, podem ser determinadas pelo uso repetido da Equação 2.5 e pelo uso de algumas operações básicas. Por exemplo,

$$P(A \cup B \cup C) = P[A \cup B) \cup C)] = P[A \cup B) + P(C) - P[A \cup B) \cap C\,]$$

Expandindo $P(A \cup B)$ por meio da Equação 2.5 e usando a regra distributiva para operações de conjunto para simplificar $P[(A \cup B) \cap C]$, obtemos

$$P(A \cup B \cup C) = P(A) + P(B) + P(C) - P(A \cap B) - P(A \cap C) - P(B \cap C)] + P(A \cap B \cap C) \quad (2.7)$$

Resultados para três ou mais eventos são consideravelmente simplificados se os eventos forem mutuamente excludentes.

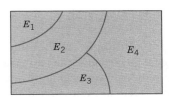

FIGURA 2.10

Diagrama de Venn de quatro eventos mutuamente exclusivos.

Em geral, uma coleção de eventos, $E_1, E_2, \ldots, E_k$, é dito ser mutuamente excludente se não houver superposição entre qualquer um deles. O diagrama de Venn para vários eventos mutuamente excludentes é mostrado na Figura 2.10. Generalizando o raciocínio para a união de dois eventos, o seguinte resultado pode ser obtido:

Eventos Mutuamente Excludentes

Uma coleção de eventos, $E_1, E_2, \ldots, E_k$, é dita **mutuamente excludente** se, para todos os pares,

$$E_i \cap E_j = \emptyset$$

Para uma coleção de eventos mutuamente excludentes,

$$P(E_1 \cup E_2 \cup \cdots \cup E_k) = P(E_1) + P(E_2) + \cdots P(E_k) \quad (2.8)$$

EXEMPLO 2.16 | pH

Um exemplo simples de eventos mutuamente excludentes será usado bem frequentemente. Seja X o pH de uma amostra. Considere o evento em que X seja maior do que 6,5, porém menor que ou igual a 7,8. Essa probabilidade é a soma de qualquer coleção de eventos mutuamente excludentes com união igual à mesma faixa para X. Um exemplo é

$$P(6,5 < X \leq 7,8) = P(6,5 < X \leq 7,0) + P(7,0 < X \leq 7,5) + P(7,5 < X \leq 7,8)$$

Outro exemplo é

$$P(6,5 < X \leq 7,8) = P(6,5 < X \leq 6,6) + P(6,6 < X \leq 7,1) + P(7,1 < X \leq 7,4) + P(7,4 < X \leq 7,8)$$

A melhor escolha depende das probabilidades particulares disponíveis.

Interpretação Prática: A partição de um evento em subconjuntos mutuamente excludentes será largamente utilizada em capítulos posteriores para calcular probabilidades.

2.5 Probabilidade Condicional

Algumas vezes, probabilidades necessitam ser reavaliadas, à medida que informações adicionais se tornam disponíveis. Uma maneira útil de incorporar informação adicional em um modelo de probabilidade é considerar o resultado que será gerado como um membro de determinado evento. Esse evento, digamos A, define as condições em que se sabe será o resultado satisfatório. Então, as probabilidades podem ser revistas de modo a incluir esse conhecimento. A probabilidade de um evento B, sabendo qual será o resultado do evento A, é denotada por

$$P(B \mid A)$$

e é chamada de **probabilidade condicional** de B dado A.

Um canal digital de comunicação tem taxa de erro de um *bit* por 1000 transferidos. Erros são raros, mas quando ocorrem tendem a acontecer em explosão que afetam muitos *bits* consecutivos. Se um único *bit* for transmitido, poderemos modelar a probabilidade de um erro como 1/1000. No entanto, se o *bit* anterior estivesse com erro por causa da explosão, poderíamos acreditar que a probabilidade de que o próximo *bit* estivesse com erro seria maior que 1/1000.

Em um processo de fabricação de um filme fino, a proporção de itens que não são aceitos é de 2 %. Entretanto, o processo é sensível a problemas de contaminação que possam aumentar a taxa de itens que não sejam aceitáveis. Se soubéssemos que durante uma mudança particular tivesse havido problemas com os filtros usados para controlar contaminação, estimaríamos a probabilidade de um item sendo inaceitável como maior que 2 %.

Em um processo de fabricação, 10 % dos itens contêm falhas visíveis na superfície e 25 % dos itens com falhas na superfície são itens (funcionalmente) defeituosos. Entretanto, somente 5 % dos itens sem falhas na superfície são defeituosos. A probabilidade de um item defeituoso depende do nosso conhecimento da presença ou ausência de uma falha na superfície. Seja D o evento em que um item seja defeituoso e F o evento em que um item tenha uma falha na superfície. Então, denotamos a probabilidade de D, dado ou considerando que um item tenha uma falha na superfície, como $P(D \mid F)$. Pelo fato de 25 % das peças com falhas na superfície serem defeituosas, nossa conclusão pode ser estabelecida

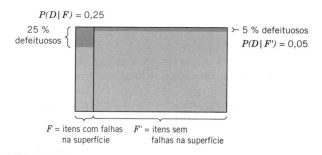

FIGURA 2.11

Probabilidades condicionais para itens com falhas na superfície.

como $P(D \mid F) = 0,25$. Além disso, porque F' denota o evento em que um item não tem uma falha na superfície e porque 5 % dos itens sem falhas na superfície são defeituosos, temos que $P(D \mid F') = 0,05$. Esses resultados são mostrados graficamente na Figura 2.11.

No Exemplo 2.17, as probabilidades condicionais foram calculadas diretamente. Essas probabilidades podem também ser determinadas a partir da definição formal de probabilidade condicional.

Probabilidade Condicional

A **probabilidade condicional** de um evento B, dado um evento A, denotada como $P(B \mid A)$, é

$$P(B \mid A) = \frac{P(A \cap B)}{P(A)} \qquad (2.9)$$

para $P(A) > 0$.

Essa definição pode ser entendida em um caso especial em que todos os resultados de um experimento aleatório são igualmente prováveis. Se houver N resultados totais,

$$P(A) = (\text{número de resultados em } A)/N$$

Também,

$$P(A \cap B) = (\text{número de resultados em } A \cap B)/N$$

EXEMPLO 2.17 | Falhas e Defeitos na Superfície

A Tabela 2.2 fornece um exemplo de 400 itens classificados por falhas na superfície e como defeituosos (funcionalmente). Para essa tabela, as probabilidades condicionais coincidem com aquelas previamente discutidas nesta seção. Por exemplo, dos itens com falhas na superfície (40 itens), o número de itens defeituosos é 10. Logo,

$$P(D \mid F) = 10/40 = 0{,}25$$

Dos itens sem falhas na superfície (360 itens), o número de itens defeituosos é 18. Consequentemente,

$$P(D \mid F') = 18/360 = 0{,}05$$

Interpretação Prática: A probabilidade de itens defeituosos é cinco vezes maior para itens com falhas na superfície. Esse

TABELA 2.2 Itens Classificados

		Falhas na Superfície		
		Sim (evento F)	Não	Total
Defeituoso	Sim (evento D)	10	18	28
	Não	30	342	372
	Total	40	360	400

cálculo ilustra como probabilidades são ajustadas para informações adicionais. O resultado sugere também que pode haver uma ligação entre falhas na superfície e itens funcionalmente defeituosos que deveria ser investigada.

EXEMPLO 2.18 | Diagrama em Forma de Árvore

Novamente, considere os 400 itens da Tabela 2.2. Dessa tabela,

$$P(D \mid F) = \frac{P(D \cap F)}{P(F)} = \frac{10}{400} \bigg/ \frac{40}{400} = \frac{10}{40}$$

Note que neste exemplo todas as quatro probabilidades seguintes são diferentes:

$P(F) = 40/400 \qquad P(F \mid D) = 10/28$

$P(D) = 28/400 \qquad P(D \mid F) = 10/40$

Aqui, $P(D)$ e $P(D \mid F)$ são as probabilidades do mesmo evento, porém elas são calculadas sob dois diferentes estados de conhecimento. Da mesma forma, $P(F)$ e $P(F \mid D)$ são calculadas sob dois diferentes estados de conhecimento.

O diagrama em forma de árvore da Figura 2.12 pode também ser empregado para dispor as probabilidades condicionais. O primeiro ramo está na falha na superfície. Dos 40 itens com falhas na superfície, 10 são funcionalmente defeituosos e 30 não são. Portanto,

$$P(D \mid F) = 10/40 \quad \text{e} \quad P(D' \mid F) = 30/40$$

Dos 360 itens sem falhas na superfície, 18 são funcionalmente defeituosos e 342 não são. Consequentemente,

$$P(D \mid F') = 18/360 \quad \text{e} \quad P(D' \mid F') = 342/360$$

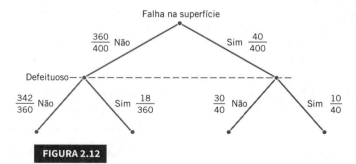

FIGURA 2.12 Diagrama em forma de árvore para classificação de itens.

Logo,

$$\frac{P(A \cap B)}{P(A)} = \frac{\text{número de resultados em } A \cap B}{\text{número de resultados em } A}$$

Por conseguinte, $P(B \mid A)$ pode ser interpretado como a frequência relativa do evento B entre as tentativas que produzem um resultado no evento A.

Amostras Aleatórias e Probabilidade Condicional

Quando espaços amostrais foram apresentados anteriormente neste capítulo, as amostragens com e sem reposição foram definidas e ilustradas para o caso simples de uma batelada com três itens $\{a, b, c\}$. Se dois itens forem selecionados aleatoriamente dessa batelada sem reposição, cada um dos seis resultados em um espaço amostral ordenado $\{ab, ac, ba, bc, ca, cb\}$ tem probabilidade igual a 1/6. Se o espaço amostral desordenado for usado, cada um dos três resultados em $\{\{a,b\}, \{a,c\}, \{b,c\}\}$ terá probabilidade igual a 1/3.

Quando uma amostra é selecionada aleatoriamente a partir de uma batelada grande, é geralmente mais fácil evitar a numeração do espaço amostral e calcular probabilidades a partir de probabilidades condicionais. Por exemplo, suponha que uma batelada contenha 10 itens da ferramenta 1 e 40 itens da ferramenta 2. Se dois itens forem selecionados aleatoriamente, sem reposição, qual será a probabilidade condicional de que um item da ferramenta 2 seja selecionado na segunda retirada, dado que um item da ferramenta 1 tenha sido selecionado primeiro?

Embora a resposta possa ser determinada a partir desse início, esse tipo de questão pode ser respondida mais facilmente com o resultado a seguir.

> **Amostras Aleatórias**
>
> Selecionar *aleatoriamente* implica que, em cada etapa da amostragem, os itens que permanecem na batelada são igualmente prováveis de serem selecionados.

Se um item da ferramenta 1 fosse selecionado na primeira retirada, 49 itens restariam: nove da ferramenta 1 e 40 da ferramenta 2. Eles teriam a mesma probabilidade de ser escolhidos. Consequentemente, a probabilidade de que um item da ferramenta 2 fosse selecionado na segunda retirada, dada a primeira retirada, seria

$$P(E_2 \mid E_1) = 40/49$$

Dessa maneira, outras probabilidades podem também ser simplificadas. Por exemplo, considere E o evento que consiste nos resultados contendo o primeiro item selecionado proveniente da ferramenta 1 e o segundo item proveniente da ferramenta 2. Para determinar a probabilidade de E, considere cada etapa. A probabilidade de um item proveniente da ferramenta 1 ser selecionado na primeira retirada é $P(E_1) = 10/50$. A probabilidade condicional de que um item proveniente da ferramenta 2 seja selecionado na segunda retirada, dado que um item da ferramenta 1 é selecionado primeiro, é $P(E_2 \mid E_1) = 40/49$. Assim,

$$P(E) = P(E_2 \mid E_1) P(E_1) = \frac{40}{49} \cdot \frac{10}{50} = \frac{8}{49}$$

EXEMPLO 2.19 | Estágios de Usinagem

A probabilidade de que o primeiro estágio de uma operação, numericamente controlada, de usinagem para pistões com alta rpm atenda às especificações é igual a 0,90. Falhas são causadas por variações no metal, alinhamento de acessórios, condição da lâmina de corte, vibração e condições ambientais. Dado que o primeiro estágio atende às especificações, a probabilidade de que o segundo estágio de usinagem atenda às especificações é de 0,95. Qual é a probabilidade de ambos os estágios atenderem às especificações?

Sejam A e B os eventos em que o primeiro e o segundo estágios atendem às especificações, respectivamente. A probabilidade requerida é

Algumas vezes, uma partição da questão em sucessivas retiradas é um método mais fácil para resolver o problema.

2.6 Interseção de Eventos e Regras da Multiplicação e da Probabilidade Total

Frequentemente, necessita-se calcular a probabilidade da interseção de dois eventos. A definição de probabilidade condicional na Equação 2.9 pode ser reescrita para prover uma fórmula conhecida como **regra da multiplicação** para probabilidades.

> **Regra da Multiplicação**
>
> $$P(A \cap B) = P(B \mid A)P(A) = P(A \mid B)P(B) \quad (2.10)$$

A última expressão na Equação 2.10 é obtida trocando A por B.

Algumas vezes, a probabilidade de um evento é dada sujeita a cada uma das várias condições. Com o suficiente dessas probabilidades condicionais, a probabilidade do evento pode ser recuperada. Por exemplo, suponha que na fabricação de semicondutores a probabilidade de um *chip*, que está sujeito a altos níveis de contaminação durante a fabricação, causar uma falha no produto seja de 0,10. A probabilidade de um *chip*, que não esteja sujeito a altos níveis de contaminação durante a fabricação, causar uma falha no produto seja de 0,005. Em uma batelada particular de produção, 20 % dos *chips* estão sujeitos a altos níveis de contaminação. Qual é a probabilidade de um produto usando um desses *chips* vir a falhar?

Claramente, a probabilidade requerida depende de se o *chip* foi ou não exposto a altos níveis de contaminação. Para qualquer evento B, podemos escrever B como uma união da parte de B em A e a parte de B em A'. Isto é,

$$B = (A \cap B) \cup (A' \cap B)$$

Esse resultado é mostrado no diagrama de Venn na Figura 2.13. Pelo fato de A e A' serem mutuamente excludentes, $A \cap B$ e $A' \cap B$ serão mutuamente excludentes. Consequentemente,

$$P(A \cap B) = P(B \mid A)P(A) = 0,95(0,90) = 0,855$$

Embora também seja verdade que $P(A \cap B) = P(A \mid B)P(B)$, a informação fornecida no problema não coincide com essa segunda formulação.

Interpretação Prática: A probabilidade de que ambos os estágios atendam às especificações é aproximadamente 0,85, e se estágios adicionais fossem necessários para completar um pistão, a probabilidade diminuiria mais. Consequentemente, a probabilidade de que cada estágio seja completado com sucesso necessita ser grande para que um pistão atenda a todas as especificações.

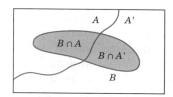

FIGURA 2.13

Dividindo um evento em dois subconjuntos mutuamente excludentes.

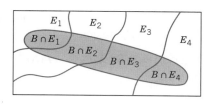

$B = (B \cap E_1) \cup (B \cap E_2) \cup (B \cap E_3) \cup (B \cap E_4)$

FIGURA 2.14

Dividindo um evento em vários subconjuntos mutuamente excludentes.

por meio do emprego do resultado para a probabilidade da união de eventos mutuamente excludentes na Equação 2.6 e pela regra da multiplicação na Equação 2.10, a seguinte **regra da probabilidade total** é obtida.

Regra da Probabilidade Total (Dois Eventos)

Para quaisquer eventos A e B,

$$P(B) = P(B \cap A) + P(B \cap A') = P(B \mid A)P(A) + P(B \mid A')P(A') \qquad (2.11)$$

O raciocínio usado para desenvolver a Equação 2.11 pode ser aplicado de forma mais geral. Pelo fato de que $A \cup A' = S$, sabemos que $(A \cap B) \cup (A' \cap B)$ é igual a B e, por causa de $A \cap A' = 0$, sabemos que $A \cap B$ e $A' \cap B$ são mutuamente excludentes. Em geral, uma coleção de conjuntos $E_1, E_2, ..., E_k$, tal que $E_1 \cup E_2 \cup ... \cup E_k = S$, é dita ser *exaustiva*. Um gráfico da divisão de um evento B entre uma coleção de eventos mutuamente excludentes e exaustivos é mostrado na Figura 2.14.

Regra da Probabilidade Total (Múltiplos Eventos)

Suponha que $E_1, E_2, ..., E_k$ sejam k conjuntos mutuamente excludentes e exaustivos. Então

$$\begin{aligned}P(B) &= P(B \cap E_1) + P(B \cap E_2) + ... + P(B \cap E_k) \\ &= P(B \mid E_1)P(E_1) + P(B \mid E_2)P(E_2) \\ &\quad + ... + P(B \mid E_k)P(E_k)\end{aligned} \qquad (2.12)$$

2.7 Independência

Em alguns casos, a probabilidade condicional de $P(B \mid A)$ pode ser igual a $P(B)$. Nesse caso especial, o conhecimento de que o resultado do experimento esteja no evento A não afeta a probabilidade de que o resultado esteja no evento B.

EXEMPLO 2.20 | Contaminação de Semicondutores

Considere a contaminação discutida no início desta seção. A informação é resumida aqui.

Probabilidade de Falha	Nível de Contaminação	Probabilidade do Nível
0,1	Alto	0,2
0,005	Não Alto	0,8

Seja F o evento em que o produto falha e seja H o evento em que o *chip* é exposto a altos níveis de contaminação. A probabilidade solicitada é $P(F)$ e a informação fornecida pode ser representada como

$$P(F \mid H) = 0{,}10 \quad \text{e} \quad P(F \mid H') = 0{,}005$$
$$P(H) = 0{,}20 \quad \text{e} \quad P(H') = 0{,}80$$

Da Equação 2.11,

$$P(F) = 0{,}10(0{,}20) + 0{,}005(0{,}80) = 0{,}024$$

que pode ser interpretada como precisamente a média ponderada das duas probabilidades de falha.

EXEMPLO 2.21 | Amostragem com Reposição

Considere a inspeção descrita no Exemplo 2.11. Seis itens são selecionados aleatoriamente de um silo com 50 itens, mas considere que o item selecionado seja reposto antes de o próximo ser selecionado. O silo contém três itens defeituosos e 47 itens não defeituosos. Qual é a probabilidade de que o segundo item seja defeituoso, dado que o primeiro item é defeituoso?

Em notação taquigráfica, a probabilidade solicitada é $P(B \mid A)$, em que A e B são eventos em que o primeiro e o segundo itens são defeituosos, respectivamente. Pelo fato de o primeiro item ser reposto antes de se selecionar o segundo item, o silo ainda contém 50 itens, três dos quais são defeituosos. Assim, a probabilidade de B não depende do primeiro item ser ou não defeituoso. Ou seja,

$$P(B \mid A) = \frac{3}{50}$$

Também, a probabilidade de que ambas as peças sejam defeituosas é

$$P(A \cap B) = P(B \mid A)P(A) = \frac{3}{50} \cdot \frac{3}{50} = \frac{9}{2500}$$

O exemplo precedente ilustra as conclusões seguintes. No caso especial de $P(B \mid A) = P(B)$, obtemos

$$P(A \cap B) = P(B \mid A)P(A) = P(B)P(A)$$

e

$$P(A \mid B) = \frac{P(A \cap B)}{P(B)} = \frac{P(A)P(B)}{P(B)} = P(A)$$

Essas conclusões levam a uma definição importante.

Independência (dois eventos)

Dois eventos são **independentes** se qualquer uma das seguintes afirmações for verdadeira:

(1) $P(A \mid B) = P(A)$
(2) $P(B \mid A) = P(B)$
(3) $P(A \cap B) = P(A)P(B)$ \hfill (2.13)

É deixada, como exercício para expandir a mente, a demonstração de que independência implica resultados relacionados, tais como

$$P(A' \cap B') = P(A')P(B')$$

O conceito de independência é uma importante relação entre eventos, sendo empregado ao longo de todo este livro.

Uma relação mutuamente excludente entre dois eventos é baseada somente nos resultados que compreendem os eventos. No entanto, uma relação de independência depende do modelo de probabilidade usado para o experimento aleatório. Frequentemente, a independência é considerada parte do experimento aleatório que descreve o sistema físico em estudo.

Quando considerando três ou mais eventos, podemos estender a definição de independência com o seguinte resultado geral.

Independência (múltiplos eventos)

Os eventos $E_1, E_2, ..., E_n$ são independentes se e somente se para qualquer subconjunto $E_{i_1}, E_{i_2}, ..., E_{i_k}$

$$P(E_{i_1} \cap E_{i_2} \cap \cdots \cap E_{i_k}) = P(E_{i_1}) \times P(E_{i_2}) \times \cdots \times P(E_{i_k}) \quad (2.14)$$

Essa definição é tipicamente considerada para calcular a probabilidade de vários eventos ocorrerem, considerando que eles sejam independentes e que as probabilidades dos eventos individuais sejam conhecidas. O conhecimento de que os eventos são independentes geralmente é proveniente do entendimento fundamental do experimento aleatório.

EXEMPLO 2.22

Considere a inspeção descrita no Exemplo 2.11. Seis itens são selecionados aleatoriamente sem reposição, a partir de um silo com 50 itens. O silo contém três itens defeituosos e 47 itens não defeituosos. Sejam A e B os eventos em que o primeiro e o segundo itens sejam defeituosos, respectivamente.

Suspeitamos que esses dois eventos não são independentes, porque o conhecimento de que o primeiro item é defeituoso sugere que é menos provável que o segundo item selecionado seja defeituoso. Na verdade, $P(B \mid A) = 2/49$. Agora, qual é $P(B)$? Encontrar a probabilidade não condicional $P(B)$ é difícil, de algum modo, porque os valores possíveis da primeira seleção necessitam ser considerados:

$$P(B) = P(B \mid A)P(A) + P(B \mid A')P(A')$$
$$= \frac{2}{49} \cdot \frac{3}{50} + \frac{3}{49} \cdot \frac{47}{50} = \frac{3}{50}$$

Um fato interessante é que a probabilidade não condicional, $P(B)$, de que a segunda peça seja defeituosa, sem qualquer conhecimento da primeira peça, é a mesma que a probabilidade de a primeira peça selecionada ser defeituosa. Nosso objetivo é provar independência. Pelo fato de $P(B \mid A)$ não ser igual a $P(B)$, os dois eventos não são independentes, como suspeitávamos.

EXEMPLO 2.23 | Circuito em Série

O seguinte circuito opera somente se houver uma rota de dispositivos funcionais da esquerda para a direita. A probabilidade de cada dispositivo funcionar é mostrada no diagrama. Suponha que os dispositivos falhem independentemente. Qual é a probabilidade de o circuito operar?

[0,8] — [0,9]

Sejam E e D os eventos em que os dispositivos da esquerda e da direita operem, respectivamente. Há somente uma rota se ambos operam. A probabilidade de o circuito operar é

$$P(E \text{ e } D) = P(E \cap D) = P(E)P(D) = 0,80(0,90) = 0,72$$

Interpretação Prática: Note que a probabilidade de o circuito operar diminui para aproximadamente 0,7 quando todos os dispositivos tiverem de ser funcionais. A probabilidade de cada dispositivo ser funcional necessita ser grande para um circuito operar quando muitos dispositivos são conectados em série.

EXEMPLO 2.24 | Circuito Paralelo

O circuito mostrado a seguir opera somente se houver uma rota de dispositivos funcionais, da esquerda para a direita. A probabilidade de cada dispositivo funcionar é mostrada no diagrama. Suponha que os dispositivos falhem independentemente. Qual será a probabilidade de o circuito operar?

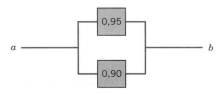

Sejam S e I os eventos em que os dispositivos da parte superior e da parte inferior operem, respectivamente. Haverá uma rota se, no mínimo, um dispositivo operar. A probabilidade de o circuito operar é

$$P(S \text{ ou } I) = 1 - P[(S \text{ ou } I)'] = 1 - P(S' \text{ e } I')$$

Uma fórmula simples para a solução pode ser deduzida a partir dos complementos S' e I'. Da suposição de independência,

$$P(S' \text{ e } I') = P(S')P(I') = (1 - 0{,}95)(1 - 0{,}90) = 0{,}005$$

de modo que

$$P(S \text{ ou } I) = 1 - 0{,}005 = 0{,}995$$

Interpretação Prática: Note que a probabilidade de o circuito operar é maior do que a probabilidade de cada dispositivo ser funcional. Essa é uma vantagem de uma arquitetura em paralelo. Uma desvantagem é que múltiplos dispositivos são necessários.

EXEMPLO 2.25 | Circuito Avançado

O circuito mostrado a seguir opera somente se houver uma rota de dispositivos funcionais, da esquerda para a direita. A probabilidade de cada aparelho funcionar é mostrada no diagrama. Suponha que os dispositivos falhem independentemente. Qual será a probabilidade de o circuito operar?

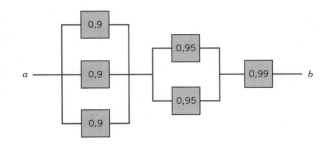

A solução pode ser obtida da partição do diagrama em três colunas. Seja E o evento em que existe uma rota de dispositivos funcionais somente através das três unidades da esquerda. A partir da independência e baseando-se no exemplo anterior,

$$P(E) = 1 - 0{,}1^3$$

Similarmente, seja M o evento em que existe uma rota de dispositivos funcionais somente através das duas unidades do meio. Então,

$$P(M) = 1 - 0{,}05^2$$

A probabilidade de haver uma rota de dispositivos funcionais somente através de uma unidade da direita é simplesmente a probabilidade de que o dispositivo funcione, isto é, 0,99. Logo, com a suposição de independência usada novamente, a solução é

$$(1 - 0{,}1^3)(1 - 0{,}05^2)(0{,}99) = 0{,}987$$

2.8 Teorema de Bayes

Os exemplos deste capítulo indicam que informação é frequentemente apresentada em termos de probabilidades condicionais. Essas probabilidades condicionais comumente fornecem a probabilidade de um evento (tal como falha), dada uma condição (tal como alta ou baixa contaminação). Mas, depois de um experimento aleatório gerar um resultado, estamos naturalmente interessados na probabilidade de uma condição estar presente (alta contaminação), dado um resultado (uma falha no semicondutor). Thomas Bayes tratou essa questão essencial nos anos 1700 e desenvolveu o resultado fundamental, conhecido como **teorema de Bayes**. Não permita que a simplicidade da matemática oculte a importância. Existe amplo interesse em tais probabilidades em uma análise moderna de estatística.

Da definição de probabilidade condicional,

$$P(A \cap B) = P(A \mid B)P(B) = P(B \cap A) = P(B \mid A)P(A)$$

Agora, considerando o segundo e o último termos na expressão anterior, podemos escrever

$$P(A \mid B) = \frac{P(B \mid A)P(A)}{P(B)} \quad \text{para} \quad P(B) > 0 \quad (2.15)$$

Esse é um resultado útil, que nos capacita a resolver $P(A \mid B)$ quanto a $P(B \mid A)$.

Em geral, se $P(B)$, no denominador da Equação 2.15, for escrito usando a regra da probabilidade total da Equação 2.12, obteremos o seguinte resultado geral, que é conhecido como **teorema de Bayes**.

EXEMPLO 2.26

Reconsidere o Exemplo 2.20. Deve-se determinar a probabilidade condicional de um alto nível de contaminação existir quando uma falha ocorrer. A informação do Exemplo 2.20 é resumida aqui.

Probabilidade de Falha	Nível de Contaminação	Probabilidade do Nível
0,1	Alto	0,2
0,005	Não Alto	0,8

A probabilidade $P(H|F)$ é determinada a partir de

$$P(H \mid F) = \frac{P(F \mid H)P(H)}{P(F)} = \frac{0{,}10(0{,}20)}{0{,}024} = 0{,}83$$

O valor de $P(F)$ no denominador de nossa solução foi encontrado a partir de $P(F) = P(F \mid H)P(H) + P(F \mid H')P(H')$.

EXEMPLO 2.27 | Diagnóstico Médico

Pelo fato de um novo procedimento médico ter se mostrado efetivo na detecção prévia de uma doença, propôs-se um rastreamento médico da população. A probabilidade de o teste identificar corretamente alguém com a doença, dando positivo, é 0,99, e a probabilidade de o teste identificar corretamente alguém sem a doença, dando negativo, é 0,95. A incidência da doença na população em geral é 0,0001. Você fez o teste e o resultado foi positivo. Qual é a probabilidade de você ter a doença?

Seja D o evento em que você tem a doença e seja S o evento em que o teste é positivo. A probabilidade requerida pode ser denotada como $P(D \mid S)$. A probabilidade de o teste identificar corretamente alguém sem a doença, dando negativo, é de 0,95. Consequentemente, a probabilidade de um teste positivo sem a doença é

$$P(S \mid D') = 0{,}05$$

Do teorema de Bayes,

$$\begin{aligned} P(D \mid S) &= \frac{P(S \mid D)P(D)}{P(S \mid D)P(D) + P(S \mid D')P(D')} \\ &= \frac{0{,}99(0{,}0001)}{0{,}99(0{,}0001) + 0{,}05(1 - 0{,}0001)} \\ &= 1/506 = 0{,}002 \end{aligned}$$

Interpretação Prática: A probabilidade de você ter a doença, dado um resultado positivo do teste, é somente de 0,002. Surpreendentemente, embora o teste seja efetivo, no sentido de que a sensibilidade e a especificidade são ambas altas, por causa da incidência da doença na população em geral ser baixa, as chances são bem pequenas de você realmente ter a doença, mesmo se o teste for positivo.

Teorema de Bayes

Se $E_1, E_2, ..., E_k$ forem eventos mutuamente excludentes e exaustivos e B for qualquer evento, então

$$P(E_1 \mid B) = \frac{P(B \mid E_1)P(E_1)}{P(B \mid E_1)P(E_1) + P(B \mid E_2)P(E_2) + \cdots + P(B \mid E_k)P(E_k)}$$

(2.16)

para $P(B) > 0$.

Note que o numerador é sempre igual a um dos termos da soma no denominador.

2.9 Variáveis Aleatórias

Estamos frequentemente interessados em resumir o resultado de um experimento aleatório por meio de um simples número. Em muitos exemplos de experimentos aleatórios que temos considerado, o espaço amostral foi apenas uma descrição de resultados possíveis. Em alguns casos, descrições de resultados são suficientes, mas em outros é útil associar um número a cada resultado no espaço amostral. Pelo fato de o resultado particular do experimento não ser conhecido *a priori*, o valor resultante de nossa variável não será conhecido *a priori*. Por essa razão, a variável que associa um número ao resultado de um experimento aleatório é referida como uma **variável aleatória**.

Variável Aleatória

Uma **variável aleatória** é uma função que confere um número real a cada resultado no espaço amostral de um experimento aleatório.

A notação é usada para distinguir entre uma variável aleatória e o número real.

Notação

Uma variável aleatória é denotada por uma letra maiúscula, tal como X. Depois de um experimento ser conduzido, o valor medido da variável aleatória é denotado por uma letra minúscula, tal como $x = 70$ miliampères.

Algumas vezes, uma medida (tal como a corrente em um fio de cobre ou o comprimento de uma peça usinada) pode assumir qualquer valor em um intervalo de números reais (no mínimo teoricamente). Então, é possível haver precisão arbitrária na medida. Naturalmente, na prática, podemos arredondar para o décimo ou centésimo mais próximo de uma unidade. A variável aleatória que representa essa medida é dita ser uma **variável aleatória contínua**. A faixa de X inclui todos os valores em um intervalo de números reais; ou seja, a faixa de X pode ser pensada como um contínuo.

Em outros experimentos, podemos registrar uma conta, tal como o número de *bits* transmitidos que são recebidos com erro. Então, a medida é limitada a inteiros. Ou devemos registrar que uma proporção, tal como 0,0042 dos 10.000 *bits* transmitidos, foi recebida com erro. Então, a medida é fracionária, porém é ainda limitada a pontos discretos na linha real. Quando acontece de a medida ser limitada a pontos discretos na linha real, a variável aleatória é dita ser uma **variável aleatória discreta**.

Em alguns casos, a variável aleatória X é realmente discreta; porém, por causa de a faixa de valores possíveis ser muito grande, pode ser mais conveniente analisar X como uma variável aleatória contínua. Por exemplo, suponha que as medidas de corrente sejam lidas a partir de um instrumento digital que mostra a corrente com a precisão de um centésimo de miliampère. Pelo fato de as medidas possíveis serem limitadas, a variável aleatória é discreta. No entanto, pode ser uma aproximação mais conveniente e simples considerar que as medidas da corrente sejam valores de uma variável aleatória contínua.

Variáveis Aleatórias Discretas e Contínuas

Uma **variável aleatória discreta** é uma variável aleatória com uma faixa finita (ou infinita contável).

Uma **variável aleatória contínua** é uma variável aleatória com um intervalo (tanto finito como infinito) de números reais para sua faixa.

Exemplos de Variáveis Aleatórias

Exemplos de variáveis aleatórias **contínuas**:

   corrente elétrica, comprimento, pressão, temperatura, tempo, voltagem, peso

Exemplos de variáveis aleatórias **discretas**:

   número de arranhões em uma superfície, proporção de partes defeituosas entre 1000 testadas, número de *bits* transmitidos que foram recebidos com erro

---

Termos e Conceitos Importantes

Amostras aleatórias
Axiomas da probabilidade
Com ou sem reposição
Combinação
Diagrama de Venn
Diagrama em forma de árvore
Espaços amostrais – discreto e contínuo

Evento
Eventos mutuamente excludentes
Independência
Permutação
Probabilidade
Probabilidade condicional
Regra da multiplicação

Regra da probabilidade total
Regra de adição
Resultado
Resultados igualmente prováveis
Técnicas de contagem
Teorema de Bayes
Variáveis aleatórias – discreta e contínua

CAPÍTULO 3

Variáveis Aleatórias Discretas e Distribuições de Probabilidades

OBJETIVOS DA APRENDIZAGEM

Depois de um cuidadoso estudo deste capítulo, você deve ser capaz de:

1. Determinar probabilidades a partir de funções de probabilidade e vice-versa
2. Determinar probabilidades a partir de funções de distribuição cumulativa e funções de distribuição cumulativa a partir de funções de probabilidade e vice-versa
3. Calcular médias e variâncias para variáveis aleatórias discretas
4. Entender as suposições para cada uma das distribuições discretas de probabilidades apresentadas
5. Calcular probabilidades e determinar médias e variâncias para algumas distribuições discretas comuns de probabilidades

SUMÁRIO DO CAPÍTULO

3.1 **Distribuições de Probabilidades e Funções de Probabilidade**

3.2 **Funções de Distribuição Cumulativa**

3.3 **Média e Variância de uma Variável Aleatória Discreta**

3.4 **Distribuição Discreta Uniforme**

3.5 **Distribuição Binomial**

3.6 **Distribuições Geométrica e Binomial Negativa**

3.7 **Distribuição Hipergeométrica**

3.8 **Distribuição de Poisson**

Um conjunto redundante de discos independentes (RAID – Redundant Array of Independent Disks) usa múltiplos discos físicos como uma unidade lógica em um sistema de computadores. O conjunto pode melhorar o desempenho e a robustez em relação a uma falha do disco. Cópias de dados podem ser escritas simultaneamente em múltiplos discos (conhecidos como espelhos) para fornecer backup imediato e serem capazes de recuperar a partir de falhas, porém com menos capacidade de estocagem que os atualmente disponíveis. Alternativamente, de modo a melhorar o desempenho, os dados podem ser distribuídos entre os múltiplos discos com somente uma fração dos dados sobre cada um (conhecida como distribuição). Mas uma falha, mesmo em um único disco, pode levar à perda de dados. Um projeto alternativo é distribuir os dados-fonte juntamente com dados adicionais (conhecido como dados paritários) por meio de múltiplos discos. Com os dados paritários, os dados-fonte podem ser recuperados, mesmo com falhas nos discos. Em particular, o projeto RAID 5 usa a distribuição e a paridade para ser capaz de recuperar os dados-fonte se um disco no conjunto falhar, enquanto o projeto RAID 6 permite a recuperação de dados, mesmo se os dois discos falharem. Falhas nos discos causadas por mau funcionamento da máquina (hardware) são frequentemente consideradas independentes com probabilidade constante. Com um grande número de discos em um conjunto, o risco de perda de dados e o projeto apropriado do conjunto, para encontrar o desempenho do sistema, disponibilidade e critérios de custo, são importantes. O número de discos com falhas pode ser modelado como uma variável aleatória discreta e o risco de perda de dados em um sistema redundante é somente um exemplo do uso de tópicos neste capítulo.

3.1 Distribuições de Probabilidades e Funções de Probabilidade

Muitos sistemas físicos podem ser modelados pelos mesmos ou similares experimentos aleatórios e variáveis aleatórias. A distribuição das variáveis aleatórias envolvidas em cada um desses sistemas comuns pode ser analisada e os resultados dessa análise podem ser usados em diferentes aplicações e exemplos. Neste capítulo, apresentaremos a análise de vários experimentos aleatórios e **variáveis aleatórias discretas**, que frequentemente aparecem em aplicações.

Variáveis aleatórias são tão importantes em experimentos aleatórios que algumas vezes ignoramos essencialmente o espaço amostral original do experimento e focamos na distribuição de probabilidades da variável aleatória. No Exemplo 3.1, poderíamos ter resumido o experimento aleatório em termos dos três valores possíveis de X, isto é, $\{0, 1, 2\}$. Assim, uma variável aleatória pode simplificar a descrição e a análise de um experimento aleatório.

Distribuição de probabilidades de uma variável aleatória X é uma descrição das probabilidades associadas aos valores possíveis de X. Para uma variável aleatória discreta, a distribuição é frequentemente especificada por apenas uma lista de valores possíveis, juntamente com a probabilidade de cada um. Para outros casos, é conveniente expressar a probabilidade em termos de uma fórmula.

EXEMPLO 3.1 | Tempo de Recarga de *Flash*

O tempo para recarregar o *flash* é testado em três câmeras de celulares. A probabilidade de uma câmera passar no teste é de 0,8; as câmeras trabalham independentemente. O espaço amostral para o experimento e as probabilidades associadas são mostrados na Tabela 3.1. Por exemplo, uma vez que as câmeras são independentes, a probabilidade de a primeira e a segunda câmeras passarem no teste e de a terceira falhar, denotada por *ppf*, é

$$P(ppf) = (0,8)(0,8)(0,2) = 0,128$$

A variável aleatória X é definida como igual ao número de pastilhas que passam. A última coluna da tabela mostra os valores de X que são atribuídos a cada resultado no experimento.

TABELA 3.1 Testes do *Flash* de Câmeras

Câmera	Câmera	Câmera	Probabilidade	X
Passa	Passa	Passa	0,512	3
Falha	Passa	Passa	0,128	2
Passa	Falha	Passa	0,128	2
Falha	Falha	Passa	0,032	1
Passa	Passa	Falha	0,128	2
Falha	Passa	Falha	0,032	1
Passa	Falha	Falha	0,032	1
Falha	Falha	Falha	0,008	0

EXEMPLO 3.2 | Partículas de Contaminação

Defina a variável aleatória X como o número de partículas de contaminação em uma pastilha em um processo de fabricação de semicondutores. Embora as pastilhas possuam um número de características, a variável aleatória X descreve a pastilha somente em termos do número de partículas.

Os valores possíveis de X são inteiros de zero até algum valor grande que represente o número máximo de partículas que podem ser encontradas em uma das pastilhas. Se esse número máximo for muito grande, deveremos simplesmente considerar que a faixa de X será o conjunto de inteiros de zero até infinito.

Note que mais de uma variável aleatória pode ser definida em um experimento. Devemos definir a variável aleatória Y como o número de *chips* de uma pastilha que falha no teste final.

EXEMPLO 3.3 | Canal Digital

Há uma chance de que um *bit* transmitido por meio de um canal de transmissão digital seja recebido com erro. Seja X o número de *bits* com erro nos quatro próximos *bits* transmitidos. Os valores possíveis para X são $\{0, 1, 2, 3, 4\}$. Baseando-se em um modelo para os erros (que será apresentado na seção seguinte), as probabilidades para esses valores serão determinadas. Suponha que as probabilidades sejam

$$P(X=0) = 0{,}6561 \quad P(X=1) = 0{,}2916$$
$$P(X=2) = 0{,}0486 \quad P(X=3) = 0{,}0036$$
$$P(X=4) = 0{,}0001$$

A distribuição de probabilidades de X é especificada pelos valores possíveis, juntamente com a probabilidade de cada um. Uma descrição gráfica da distribuição de probabilidades de X é mostrada na Figura 3.1.

Interpretação Prática: Um experimento aleatório pode frequentemente ser resumido com uma variável aleatória e sua distribuição. Os detalhes do espaço amostral geralmente podem ser omitidos.

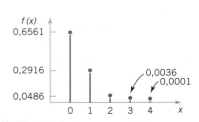

FIGURA 3.1
Distribuição de probabilidades para *bits* com erros.

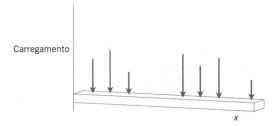

FIGURA 3.2
Carregamentos em pontos discretos, em uma viga longa e delgada.

Suponha que um carregamento em uma viga longa e delgada coloque massa somente em pontos discretos. Veja a Figura 3.2. O carregamento pode ser descrito por uma função que especifica a massa em cada um dos pontos discretos. Similarmente, para uma variável aleatória discreta X, sua distribuição pode ser descrita por uma função que especifica a probabilidade de cada um dos valores discretos possíveis para X.

Para os *bits* com erro no Exemplo 3.3, $f(0) = 0{,}6561, f(1) = 0{,}2916, f(2) = 0{,}0486, f(3) = 0{,}0036$ e $f(4) = 0{,}0001$. Verifique se essa soma de probabilidades é igual a 1.

Função de Probabilidade

Para uma variável aleatória discreta X, com valores possíveis $x_1, x_2, \ldots, x_n$, a **função de probabilidade** é uma função tal que

(1) $f(x_i) \geq 0$

(2) $\sum_{i=1}^{n} f(x_i) = 1$

(3) $f(x_i) = P(X = x_i)$ \hfill (3.1)

EXEMPLO 3.4 | Contaminação de Pastilhas

Seja a variável aleatória X o número de pastilhas de semicondutores que necessitam ser analisadas, de modo a detectar uma grande partícula de contaminação. Considere que a probabilidade de uma pastilha conter uma grande partícula seja 0,01 e que as pastilhas sejam independentes. Determine a distribuição de probabilidades de X.

Seja p uma pastilha em que uma grande partícula esteja presente e seja a uma pastilha em que essa partícula esteja ausente. O espaço amostral do experimento é infinito, podendo ser representado como todas as sequências possíveis que comecem com um conjunto de caracteres de a's e terminem com p. Ou seja,

$$s = \{p, ap, aap, aaap, aaaap, aaaaap, \text{ e assim por diante}\}$$

Considere alguns poucos casos especiais. Temos $P(X = 1) = P(p) = 0{,}01$. Também, usando a suposição de independência,

$$P(X = 2) = P(ap) = 0{,}99(0{,}01) = 0{,}0099$$

Uma fórmula geral é

$$P(X = x) = P(\underbrace{aa \ldots a}_{(x-1)a\text{'s}} p) = 0{,}99^{x-1}(0{,}01), \text{ para } x = 1, 2, 3, \ldots$$

Descrever as probabilidades associadas a X em termos dessa fórmula é o método mais simples de descrever a distribuição de X neste exemplo. Claramente $f(x) \geq 0$. O fato de que a soma das probabilidades é igual a 1 é deixado como um exercício.

Este é um exemplo de variável aleatória geométrica, e detalhes serão fornecidos mais adiante neste capítulo.

Interpretação Prática: O experimento aleatório aqui tem um número ilimitado de resultados, mas ele pode ser convenientemente modelado com uma variável aleatória discreta com uma faixa infinita (contável).

3.2 Funções de Distribuição Cumulativa

Um método alternativo para descrever uma distribuição de probabilidade de uma variável aleatória é usar probabilidades cumulativas, tal como $P(X \leq x)$. Além disso, probabilidades cumulativas podem ser usadas para encontrar a função de probabilidade de uma variável discreta. Considere o Exemplo 3.5.

Em geral, para qualquer variável aleatória com valores possíveis $x_1, x_2, ..., x_n$, os eventos $\{X = x_1\}$, $\{X = x_2\}$, ... são mutuamente excludentes. Logo, $P(X \leq x) = \sum_{x_i \leq x} P(X = x_i)$. Que leva à seguinte definição.

Função de Distribuição Cumulativa

A **função de distribuição cumulativa** de uma variável aleatória discreta X, denotada por $F(x)$, é

$$F(x) = P(X \leq x) = \sum_{x_i \leq x} f(x_i)$$

Para uma variável aleatória discreta X, $F(x)$ satisfaz as seguintes propriedades:

(1) $F(x) = P(X \leq x) = \sum_{x_i \leq x} f(x_i)$

(2) $0 \leq F(x) \leq 1$

(3) Se $x \leq y$, então $F(x) \leq F(y)$ \hfill (3.2)

As propriedades (1) e (2) de uma função de distribuição cumulativa são provenientes da definição. A propriedade (3) vem do fato de que, se $x \leq y$, então o evento em que $\{X \leq x\}$ está contido no evento $\{X \leq y\}$. Assim como a função de probabilidade, uma função de distribuição cumulativa fornece probabilidades.

Note que mesmo se uma variável aleatória X puder ter somente valores inteiros, a função de distribuição cumulativa poderá ser definida em valores não inteiros. No Exemplo 3.5, $F(1,5) = P(X \leq 1,5) = P\{X = 0\} + P(X = 1) = 0,6561 + 0,2916 = 0,9477$. Também, $F(x) = 0,9477$ para todo o intervalo $1 \leq x < 2$ e

$$F(x) = \begin{cases} 0 & x < 0 \\ 0,6561 & 0 \leq x < 1 \\ 0,9477 & 1 \leq x < 2 \\ 0,9963 & 2 \leq x < 3 \\ 0,9999 & 3 \leq x < 4 \\ 1 & 4 \leq x \end{cases}$$

Ou seja, $F(x)$ é uma constante por partes entre os valores $x_1, x_2, ...$

Além disso, $P(X = x_i)$ pode ser determinado a partir de um *salto* no valor de x_i. Mais especificamente,

$$P(X = x_i) = F(x_i) - \lim_{x \uparrow x_i} F(x)$$

e essa expressão calcula a diferença entre $F(x_i)$ e o limite quando x aumenta para x_i.

3.3 Média e Variância de uma Variável Aleatória Discreta

Dois números são frequentemente usados para resumir uma distribuição de probabilidades para uma variável aleatória X. A *média* é uma medida do centro ou meio da distribuição de probabilidades e a *variância* é uma medida da dispersão ou variabilidade na distribuição. Essas duas medidas não identificam unicamente uma distribuição de probabilidades. Ou seja, duas distribuições diferentes podem ter a mesma média e variância. Além disso, essas medidas são simples e úteis resumos da distribuição de probabilidades de X.

EXEMPLO 3.5 | Canal Digital

No Exemplo 3.3, estávamos interessados na probabilidade de encontrarmos três ou menos *bits* com erro. Essa questão pode ser expressa como $P(X \leq 3)$.

O evento $\{X \leq 3\}$ é a união dos eventos $\{X = 0\}$, $\{X = 1\}$, $\{X = 2\}$ e $\{X = 3\}$. Claramente, esses três eventos são mutuamente excludentes. Logo,

$P(X \leq 3) = P(X = 0) + P(X = 1) + P(X = 2) + P(X = 3)$
$= 0,6561 + 0,2916 + 0,0486 + 0,0036 = 0,9999$

Essa abordagem pode ser usada para determinar

$P(X = 3) = P(X \leq 3) - P(X \leq 2) = 0,0036$

EXEMPLO 3.6 | Função de Distribuição Cumulativa

Determine a função de probabilidade de X, a partir da seguinte função de distribuição cumulativa:

$$F(x) = \begin{cases} 0 & x < -2 \\ 0,2 & -2 \leq x < 0 \\ 0,7 & 0 \leq x < 2 \\ 1 & 2 \leq x \end{cases}$$

A Figura 3.3 apresenta um gráfico de $F(x)$. A partir dele, pode-se ver que os únicos pontos que recebem probabilidade diferente de zero são –2, 0 e 2. A função de probabilidade em cada ponto é a mudança na função de distribuição cumulativa no ponto. Logo,

$$f(-2) = 0,2 - 0 = 0,2$$
$$f(0) = 0,7 - 0,2 = 0,5$$
$$f(2) = 1,0 - 0,7 = 0,3$$

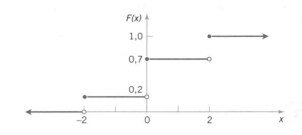

FIGURA 3.3

Função de distribuição cumulativa para o Exemplo 3.6.

Média, Variância e Desvio-Padrão

A **média** ou **valor esperado** de uma variável aleatória discreta X, denotada(o) como μ ou $E(X)$, é

$$\mu = E(X) = \sum_x x f(x) \quad (3.3)$$

A **variância** de X, denotada por σ^2 ou $V(X)$, é

$$\sigma^2 = V(X) = E(X - \mu)^2 = \sum_x (x - \mu)^2 f(x) = \sum_x x^2 f(x) - \mu^2$$

O **desvio-padrão** de X é $\sigma = \sqrt{\sigma^2}$.

A média de uma variável aleatória X é uma média ponderada dos valores possíveis de X, com pesos iguais às probabilidades. Se $f(x)$ é a função de probabilidade de uma carga em uma longa e delgada viga, $E(X)$ é o ponto no qual a viga se equilibra. Logo, $E(X)$ descreve o "centro" da distribuição de X, em uma maneira similar ao ponto de equilíbrio de uma carga. Veja a Figura 3.4.

A variância de uma variável aleatória X é uma medida de dispersão ou espalhamento nos valores possíveis para X. A variância de X usa o peso $f(x)$ como o multiplicador de cada desvio quadrático possível $(x - \mu)^2$. A Figura 3.4 ilustra as distribuições de probabilidades com médias iguais, porém variâncias diferentes. As propriedades de somatórios e a definição de μ podem ser usadas com o objetivo de mostrar a igualdade das fórmulas para a variância na Equação 3.3.

$$V(X) = \sum_x (x - \mu)^2 f(x) = \sum_x x^2 f(x) - 2\mu \sum_x x f(x) + \mu^2 \sum_x f(x)$$

$$= \sum_x x^2 f(x) - 2\mu^2 + \mu^2 = \sum_x x^2 f(x) - \mu^2$$

Qualquer fórmula para $V(X)$ pode ser usada. A Figura 3.5 ilustra que duas distribuições de probabilidades podem diferir, embora elas tenham médias e variâncias idênticas.

A variância de uma variável aleatória X pode ser considerada como o valor esperado de uma função específica de X, isto é, $h(X) = (X - \mu)^2$. Em geral, o valor esperado de qualquer função $h(X)$ de uma variável aleatória discreta é definido de maneira similar.

Valor Esperado de uma Função de Variável Aleatória Discreta

Se X é uma variável aleatória discreta com função de probabilidade $f(x)$,

$$E[h(X)] = \sum_x h(x) f(x) \quad (3.4)$$

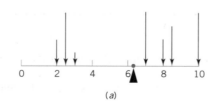
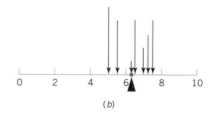

(a) (b)

FIGURA 3.4

Uma distribuição de probabilidades pode ser vista como um carregamento com a média igual ao ponto de equilíbrio. As partes (a) e (b) ilustram médias iguais, porém (a) ilustra uma variância maior.

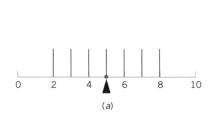
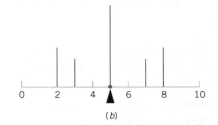

FIGURA 3.5
As distribuições de probabilidades ilustradas em (a) e em (b) diferem, muito embora elas tenham médias e variâncias iguais.

EXEMPLO 3.7 | Canal Digital

No Exemplo 3.3, houve uma chance de que um *bit* transmitido por meio de um canal digital de transmissão fosse recebido com erro. Seja X o número de *bits* com erro nos quatro próximos *bits* transmitidos. Os valores possíveis para X são $\{0, 1, 2, 3, 4\}$. Baseado no modelo para os erros, apresentado na seção seguinte, as probabilidades para esses valores serão determinadas. Suponha que as probabilidades sejam

$P(X = 0) = 0,6561$ $P(X = 2) = 0,0486$ $P(X = 4) = 0,0001$
$P(X = 1) = 0,2916$ $P(X = 3) = 0,0036$

Agora

$$\mu = E(X) = 0f(0) + 1f(1) + 2f(2) + 3f(3) + 4f(4)$$
$$= 0(0,6561) + 1(0,2916) + 2(0,0486) + 3(0,0036)$$
$$+ 4(0,0001)$$
$$= 0,4$$

Embora X nunca seja 0,4, a média ponderada dos valores possíveis é 0,4.

x	$x - 0,4$	$(x - 0,4)^2$	$f(x)$	$f(x)(x - 0,4)^2$
0	−0,4	0,16	0,6561	0,104976
1	0,6	0,36	0,2916	0,104976
2	1,6	2,56	0,0486	0,124416
3	2,6	6,76	0,0036	0,024336
4	3,6	12,96	0,0001	0,001296

Para calcular $V(X)$, uma tabela é conveniente.

$$V(X) = \sigma^2 = \sum_{i=1}^{5} f(x_i)(x_i - 0,4)^2 = 0,36$$

A fórmula alternativa para a variância poderia ser usada para obter o mesmo resultado.

Interpretação Prática: A média e a variância resumem a distribuição de uma variável aleatória. A média é uma ponderação dos valores e a variância mede a dispersão dos valores em relação à média. Distribuições diferentes devem ter mesmas média e variância.

EXEMPLO 3.8 | Marketing

Dois novos projetos de produto devem ser comparados, baseando-se no potencial de retorno. O setor de comercialização (*marketing*) sente que o retorno do Projeto A pode ser previsto bem acuradamente como US$ 3 milhões de dólares. O potencial de retorno do Projeto B é mais difícil de estimar. O setor de comercialização conclui que há uma probabilidade de 0,3 de que o retorno do Projeto B seja de US$ 7 milhões de dólares, mas há uma probabilidade igual a 0,7 de que o retorno seja de apenas US$ 2 milhões de dólares. Qual projeto você prefere?

Seja X o retorno do Projeto A. Em razão da certeza no retorno do Projeto A, podemos modelar a distribuição da variável aleatória X como US$ 3 milhões de dólares, com probabilidade igual a 1. Por conseguinte, $E(X) = 3$ milhões de dólares.

Seja Y o retorno do Projeto B. O valor esperado de Y, em milhões de dólares, é

$$E(Y) = US\$\ 7(0,3) + US\$\ 2(0,7) = US\$\ 3,5$$

Pelo fato de $E(Y)$ exceder $E(X)$, poderíamos preferir o Projeto B. No entanto, a variabilidade do resultado do Projeto B é maior. Ou seja,

$$\sigma^2 = (7 - 3,5)^2(0,3) + (2 - 3,5)^2(0,7)$$
$$= 5,25 \text{ milhões de dólares ao quadrado}$$

Em virtude de as unidades das variáveis neste exemplo serem em milhões de dólares e por causa da variância de uma variável aleatória ser o quadrado dos desvios em relação à média, as unidades de σ^2 serão milhões de dólares ao quadrado. Essas unidades tornam difícil a interpretação.

Pelo fato de as unidades do desvio-padrão serem as mesmas unidades da variável aleatória, o desvio-padrão σ é mais fácil de interpretar. Aqui, $\sigma = \sqrt{5,25} = 2,29$ milhões de dólares e σ é grande em relação a μ.

EXEMPLO 3.9 | Canal Digital

No Exemplo 3.7, X é o número de *bits* com erro nos quatro próximos *bits* transmitidos. Qual é o valor esperado do quadrado do número de *bits* com erro? Agora, $h(X) = X^2$. Consequentemente,

$$E[h(X)] = 0^2 \times 0{,}6561 + 1^2 \times 0{,}2916 + 2^2 \times 0{,}0486 \\ + 3^2 \times 0{,}0036 + 4^2 \times 0{,}0001 = 0{,}52$$

Interpretação Prática: O valor esperado de uma função de uma variável aleatória é simplesmente uma média ponderada da função avaliada nos valores da variável aleatória.

No Exemplo 3.9, o valor esperado de $h(X) = X^2$ não iguala $h[E(X)]$. No entanto, no caso especial de $h(X) = aX + b$ (para quaisquer constantes a e b), o seguinte fato pode ser mostrado a partir das propriedades de somas na definição da Equação 3.4.

$$E(aX + b) = aE(X) + b$$

e

$$V(aX + b) = a^2 V(X)$$

No Exemplo 3.8, suponhamos que o retorno para o Projeto B tenha aumentado 10 %. Seja U a variável aleatória que denote o novo retorno. Então, $U = h(Y) = 1{,}1Y$ e

$$E(U) = 1{,}1E(Y) = 1{,}1(3{,}5) = 3{,}85$$

em milhões de dólares e

$$V(U) = 1{,}1^2 V(Y) = 1{,}1^2 (5{,}25) = 6{,}35$$

em milhões de dólares ao quadrado.

3.4 Distribuição Discreta Uniforme

A variável aleatória discreta mais simples é aquela que assume somente um número finito de valores possíveis, cada um com igual probabilidade. Uma variável aleatória X que assume cada um dos valores $x_1, x_2, ..., x_n$, com igual probabilidade $1/n$, é frequentemente de interesse.

Distribuição Discreta Uniforme

Uma variável aleatória X tem uma **distribuição discreta uniforme** se cada um dos n valores em sua faixa, isto é, $x_1, x_2, ..., x_n$, tiver igual probabilidade. Então,

$$f(x_i) = \frac{1}{n} \quad (3.5)$$

Suponha que a faixa da variável aleatória discreta X sejam os inteiros consecutivos $a, a+1, a+2, ..., b$, para $a \leq b$. A faixa de X contém $b - a + 1$ valores, cada um com probabilidade igual a $1/(b - a + 1)$. Agora,

$$\mu = \sum_{k=a}^{b} k \left(\frac{1}{b - a + 1} \right)$$

A identidade algébrica $\sum_{k=a}^{b} k = \dfrac{b(b+1) - (a-1)a}{2}$ pode ser usada para simplificar o resultado para $\mu = (b + a)/2$. A dedução para a variância é deixada como um exercício.

Média e Variância

Suponha que X seja uma variável aleatória discreta uniforme sobre os inteiros consecutivos $a, a+1, a+2, ..., b$, para $a \leq b$. A média de X é

$$\mu = E(X) = \frac{b + a}{2}$$

A variância de X é

$$\sigma^2 = \frac{(b - a + 1)^2 - 1}{12} \quad (3.6)$$

EXEMPLO 3.10 | Número Serial

O primeiro dígito de um número serial de uma peça é igualmente provável de ser qualquer um dos dígitos de 0 a 9. Se uma peça for selecionada de uma grande batelada e X for o primeiro dígito do número serial, então X terá uma distribuição discreta uniforme, com probabilidade igual a 0,1 para cada valor em $R = \{0, 1, 2, ..., 9\}$. Isto é,

$$f(x) = 0{,}1$$

para cada valor em R. A função de probabilidade de X é mostrada na Figura 3.6.

FIGURA 3.6

Função de probabilidade para uma variável aleatória discreta uniforme.

EXEMPLO 3.11 | Número de Linhas com Vozes

Seja a variável aleatória X o número das 48 linhas telefônicas que estão em uso em certo tempo. Considere que X seja uma variável aleatória discreta uniforme, com uma faixa de 0 a 48. Então,

$$E(X) = (48 + 0)/2 = 24$$

e

$$\sigma = \sqrt{\frac{(48-0+1)^2 - 1}{12}} = 14{,}14$$

Interpretação Prática: O número médio de linhas em uso é 24, mas a dispersão (medida por σ) é grande. Portanto, muitas vezes, muito mais de ou muito menos de 24 linhas estão em uso.

A Equação 3.6 é mais útil do que aparenta inicialmente. Por exemplo, admita que a variável aleatória discreta Y tenha uma faixa de 5, 10, ..., 30. Então, $Y = 5X$, em que X tem uma faixa de 1, 2, ..., 6. A média e variância de Y são obtidas a partir das fórmulas para uma função linear de X da Seção 3.3 como

$$E(Y) = 5E(X) = 5\left(\frac{1+6}{2}\right) = 17{,}5$$

$$V(Y) = 5^2 V(X) = 25\left[\frac{(6-1+1)^2 - 1}{12}\right] = 72{,}92$$

3.5 Distribuição Binomial

Considere os seguintes experimentos aleatórios e variáveis aleatórias:

1. Jogue uma moeda 10 vezes. Seja $X =$ número obtido de caras.
2. Um tear produz 1 % de itens defeituosos. Seja $X =$ número de itens defeituosos nos próximos 25 itens produzidos.
3. Cada amostra de ar tem 10 % de chance de conter uma molécula rara particular. Seja $X =$ número de amostras de ar que contêm a molécula rara nas próximas 18 amostras analisadas.
4. De todos os *bits* transmitidos por um canal digital de transmissão, 10 % são recebidos com erro. Seja $X =$ número de *bits* com erro nos próximos 5 *bits* transmitidos.
5. Um teste de múltipla escolha contém 10 questões, cada qual com quatro escolhas. Você tenta adivinhar cada questão. Seja $X =$ número de questões respondidas corretamente.
6. Nos próximos 20 nascimentos em um hospital, seja $X =$ número de nascimentos de meninas.
7. De todos os pacientes sofrendo de determinada doença, 35 % deles experimentam melhora proveniente de uma medicação particular. Nos próximos 100 pacientes administrados com a medicação, seja $X =$ número de pacientes que experimentam melhora.

Esses exemplos ilustram que um modelo geral de probabilidade, que incluísse esses experimentos como casos particulares, seria muito útil. Cada um desses experimentos aleatórios pode ser pensado como consistindo em uma série de tentativas aleatórias e repetidas: 10 arremessos da moeda no experimento 1, a produção de 25 itens no experimento 2, e assim por diante. A variável aleatória em cada caso é uma contagem do número de tentativas que encontram um critério especificado. O resultado de cada tentativa satisfaz ou não o critério que X conta; consequentemente, cada tentativa pode ser resumida como resultando em sucesso ou falha, respectivamente. Por exemplo, em um experimento de múltipla escolha, para cada questão somente a escolha que seja correta é considerada um sucesso. Escolher qualquer uma das três opções incorretas resulta em uma tentativa resumida como falha.

Os termos *sucesso* e *falha* são apenas designações. Podemos também usar apenas A e B ou 0 ou 1. Infelizmente, as designações usuais podem algumas vezes ser enganosas. No experimento 2, em razão de X contar itens defeituosos, a produção de um item defeituoso é chamada de *sucesso*.

Uma tentativa com somente dois resultados possíveis é usada tão frequentemente como um bloco formador de um experimento aleatório, que é chamada de **tentativa de Bernoulli**. Geralmente, considera-se que as tentativas que constituem o experimento aleatório sejam *independentes*. Isso implica que o resultado de uma tentativa não tem efeito no resultado a ser obtido a partir de outra tentativa. Além disso, é frequentemente razoável supor que a *probabilidade de um sucesso em cada tentativa seja constante*. No experimento de múltipla escolha, se a pessoa que fizer o teste não tiver conhecimento do material e somente adivinhar cada questão, poderemos assumir que a probabilidade de uma resposta correta será 1/4 para cada questão.

EXEMPLO 3.12 | Proporção de Linhas com Vozes

Seja a variável aleatória Y a proporção das 48 linhas telefônicas que estão em uso em certo tempo. Seja X o número de linhas que estão em uso em certo tempo. Então, $Y = X/48$. Portanto,

$$E(Y) = E(X)/48 = 0{,}5$$

e

$$V(Y) = V(X)/48^2 = 0{,}087$$

EXEMPLO 3.13 | Canal Digital

A chance de que um *bit* transmitido por um canal digital de transmissão seja recebido com erro é de 0,1. Suponha também que as tentativas de transmissão sejam independentes. Seja X = número de *bits* com erro nos próximos quatros *bits* transmitidos. Determine $P(X = 2)$.

Seja a letra E um *bit* com erro e seja a letra O um *bit* que esteja bom, ou seja, recebido sem erro. Podemos representar os resultados desse experimento como uma lista de quatro letras, que indicam os *bits* que estão com erro e aqueles que estão bons. Por exemplo, o resultado $OEOE$ indica que o segundo e o quarto *bits* estão com erro e que os outros dois *bits* estão sem erro (bons). Os valores correspondentes para x são

Outcome	x	Outcome	x
OOOO	0	EOOO	1
OOOE	1	EOOE	2
OOEO	1	EOEO	2
OOEE	2	EOEE	3
OEOO	1	EEOO	2
OEOE	2	EEOE	3
OEEO	2	EEEO	3
OEEE	3	EEEE	4

O evento em que $X = 2$ consiste em seis resultados:

$$\{EEOO, EOEO, EOOE, OEEO, OEOE, OOEE\}$$

Usando a suposição de que as tentativas sejam independentes, a probabilidade de $\{EEOO\}$ é

$$P(EEOO) = P(E)P(E)P(O)P(O) = (0,1)^2(0,9)^2 = 0,0081$$

Além disso, qualquer dos seis resultados mutuamente excludentes, em que $X = 2$, tem a mesma probabilidade de ocorrer. Logo,

$$P(X = 2) = 6(0,0081) = 0,0486$$

Em geral, $P(X = x)$ = (número de resultados decorrentes de x erros) $\times (0,1)^x(0,9)^{4-x}$.

Para completar uma fórmula geral de probabilidade, necessita-se somente de uma expressão para o número de resultados que contêm x erros. Um resultado que contenha x erros pode ser construído dividindo as quatro tentativas (letras) no resultado em dois grupos. Um grupo tem tamanho x e contém os erros, e o outro grupo tem tamanho $n - x$ e consiste nas tentativas que estão sem erros. O número de maneiras de dividir quatro objetos em dois grupos, um dos quais com tamanho x, é $\binom{4}{x} = \frac{4!}{x!(4-x)!}$. Por conseguinte, neste exemplo

$$P(X = x) = \binom{4}{x}(0,1)^x(0,9)^{4-x}$$

Note que $\binom{4}{2} = 4!/[2!2!] = 6$, como encontrado anteriormente.

A função de probabilidade de X foi mostrada no Exemplo 3.3 e na Figura 3.1.

O exemplo prévio motiva o resultado a seguir.

Distribuição Binomial

Um experimento aleatório consiste em n tentativas de Bernoulli, de modo que

(1) As tentativas sejam independentes.
(2) Cada tentativa resulte em somente dois resultados possíveis, designados como "sucesso" e "falha".
(3) A probabilidade de um sucesso em cada tentativa, denotada por p, permaneça constante.

A variável aleatória X, que é igual ao número de tentativas que resultam em sucesso, é uma **variável aleatória binomial** com parâmetros $0 < p < 1$ e $n = 1, 2, \ldots$. A função de probabilidade de X é

$$f(x) = \binom{n}{x} p^x (1-p)^{n-x} \quad x = 0, 1, \ldots, n \quad (3.7)$$

Como no Exemplo 3.13, $\binom{n}{x}$ é igual ao número total de sequências diferentes de tentativas que contêm x sucessos e $n - x$ falhas. O número total de sequências diferentes de tentativas que contêm x sucessos e $n - x$ falhas vezes a probabilidade de cada sequência é igual a $P(X = x)$.

A expressão anterior, de probabilidade, é uma fórmula muito útil que pode ser aplicada em vários exemplos. O nome da distribuição é proveniente da *expansão binomial*. Para as constantes a e b, a expansão binomial é

$$(a + b)^n = \sum_{k=0}^{n} \binom{n}{k} a^k b^{n-k}$$

Seja p a probabilidade de sucesso de uma única tentativa. Então, usando a expansão binomial com $a = p$ e $b = 1 - p$, vemos que a soma das probabilidades para uma variável aleatória binomial é igual a 1. Além disso, pelo fato de cada tentativa no experimento ser classificada em dois resultados, {*sucesso, falha*}, a distribuição é chamada de "bi"-nomial. Uma distribuição mais geral, que inclui a binomial como um caso especial, é a distribuição multinomial, que será apresentada no Capítulo 5.

Exemplos de distribuições binomiais são mostrados na Figura 3.7. Para um n fixo, a distribuição se torna mais simétrica à medida que p aumenta de 0 a 0,5 ou diminui de 1 a 0,5. Para um p fixo, a distribuição se torna mais simétrica à medida que n aumenta.

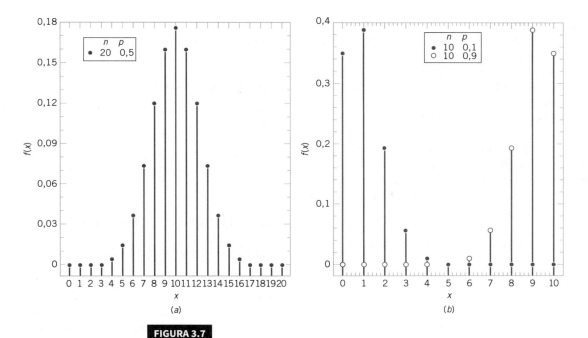

FIGURA 3.7

Distribuições binomiais para valores selecionados de n e p.

EXEMPLO 3.14 | Coeficiente Binomial

Vários exemplos usando o coeficiente binomial $\binom{n}{x}$ são dados a seguir.

$\binom{10}{3} = 10!/[3!7!] = (10 \cdot 9 \cdot 8)/(3 \cdot 2) = 120$

$\binom{15}{10} = 15!/[10!5!] = (15 \cdot 14 \cdot 13 \cdot 12 \cdot 11)/(5 \cdot 4 \cdot 3 \cdot 2)$
$= 3003$

$\binom{100}{4} = 100!/[4!96!] = (100 \cdot 99 \cdot 98 \cdot 97)/(4 \cdot 3 \cdot 2)$
$= 3.921.225$

Lembre-se de que $0! = 1$.

EXEMPLO 3.15 | Poluição Orgânica

Cada amostra de água tem 10 % de chance de conter determinado poluente orgânico. Considere que as amostras sejam independentes com relação à presença do poluente. Encontre a probabilidade de que nas próximas 18 amostras, exatamente duas contenham o poluente.

Seja X = número de amostras que contêm o poluente nas próximas 18 amostras analisadas. Então, X é a variável aleatória binomial com $p = 0,1$ e $n = 18$. Assim,

$$P(X = 2) = \binom{18}{2}(0,1)^2(0,9)^{16}$$

Agora $\binom{18}{2} = 18!/[2!16!] = 18(17)/2 = 153$. Consequentemente,

$$P(X = 2) = 153(0,1)^2(0,9)^{16} = 0,284$$

Determine a probabilidade de que, no mínimo, quatro amostras contenham o poluente. A probabilidade requerida é

$$P(X \geq 4) = \sum_{x=4}^{18}\binom{18}{x}(0,1)^x(0,9)^{18-x}$$

No entanto, é mais fácil usar o evento complementar,

$$P(X \geq 4) = 1 - P(X < 4) = 1 - \sum_{x=0}^{3}\binom{18}{x}(0,1)^x(0,9)^{18-x}$$
$$= 1 - [0,150 + 0,300 + 0,284 + 0,168] = 0,098$$

Determine a probabilidade de que $3 \leq X < 7$. Agora,

$$P(3 \leq X < 7) = \sum_{x=3}^{6}\binom{18}{x}(0,1)^x(0,9)^{18-x}$$
$$= 0,168 + 0,070 + 0,022 + 0,005$$
$$= 0,265$$

Interpretação Prática: Variáveis aleatórias binomiais são usadas para modelar muitos sistemas físicos, e as probabilidades para tais modelos podem ser obtidas a partir da função binomial de probabilidade.

Uma tabela de probabilidades binomiais cumulativas é fornecida no Apêndice A, simplificando alguns cálculos. Como exemplo, a distribuição binomial no Exemplo 3.13 tem $p = 0,1$ e $n = 4$. Uma probabilidade tal como $P(X = 2)$ pode ser calculada a partir da tabela como

$$P(X = 2) = P(X \leq 2) - P(X \leq 1) = 0,9963 - 0,9477 = 0,0486$$

o que concorda com o resultado obtido previamente.

A média e a variância de uma variável aleatória binomial podem ser obtidas a partir de uma análise das tentativas independentes que compreendem o experimento binomial. Defina novas variáveis aleatórias

$$X_i = \begin{cases} \text{se a } i\text{-ésima tentativa for um sucesso} \\ \text{caso contrário} \end{cases}$$

para $i = 1, 2, \ldots, n$. Então,

$$X = X_1 + X_2 + \ldots + X_n$$

Também, é fácil deduzir a média e a variância de cada X_i como

$$E(X_i) = 1p + 0(1 - p) = p$$

e

$$V(X_i) = (1 - p)^2 p + (0 - p)^2 (1 - p) = p(1 - p)$$

Somas de variáveis aleatórias serão discutidas no Capítulo 5, e lá o resultado intuitivamente razoável de que

$$E(X) = E(X_1) + E(X_2) + \ldots + E(X_n)$$

será obtido. Além disso, para as tentativas independentes de um experimento binomial, é também mostrado no Capítulo 5 que

$$V(X) = V(X_1) + V(X_2) + \ldots + V(X_n)$$

Uma vez que $E(X_i) = p$ e $V(X_i) = p(1 - p)$, obtemos a solução $E(X) = np$ e $V(X) = np(1 - p)$.

Média e Variância

Se X for uma variável aleatória binomial com parâmetros p e n,

$$\mu = E(X) = np \quad \text{e} \quad \sigma^2 = V(X) = np(1 - p) \quad (3.8)$$

3.6 Distribuições Geométrica e Binomial Negativa

Distribuição Geométrica Considere um experimento aleatório que esteja bem relacionado com aquele usado na definição de uma distribuição binomial. Novamente, suponha uma série de tentativas de Bernoulli (tentativas independentes, com probabilidade constante p de sucesso em cada tentativa). Entretanto, em vez de serem em número fixo, as tentativas são agora realizadas até que um sucesso seja obtido. Seja a variável aleatória X o número de tentativas até que o primeiro sucesso seja atingido. No Exemplo 3.4, pastilhas sucessivas são analisadas até que uma partícula grande seja detectada. Então, X é o número de pastilhas analisadas.

Distribuição Geométrica

Em uma série de tentativas de Bernoulli (tentativas independentes, com probabilidade constante p de um sucesso), seja a variável aleatória X o número de tentativas até que o primeiro sucesso ocorra. Então X é uma **variável aleatória geométrica**, com parâmetro $0 < p < 1$ e

$$f(x) = (1 - p)^{x-1} p \quad x = 1, 2, \ldots \quad (3.9)$$

EXEMPLO 3.16 | Média e Variância

Para o número de *bits* transmitidos recebidos com erro no Exemplo 3.13, $n = 4$ e $p = 0,1$; assim,

$$E(X) = 4(0,1) = 0,4 \text{ e } V(X) = 4(0,1)(0,9) = 0,36$$

e esses resultados coincidem com aqueles obtidos a partir do cálculo direto no Exemplo 3.7.

EXEMPLO 3.17 | Canal Digital

A probabilidade de que um *bit* transmitido por um canal digital de transmissão seja recebido com erro é de 0,1. Considere que as transmissões sejam eventos independentes, e seja a variável aleatória X o número de *bits* transmitidos *até* que o primeiro erro seja encontrado.

Então, $P(X = 5)$ é a probabilidade de os quatro primeiros *bits* serem transmitidos corretamente e o quinto *bit* ter erro. Esse evento pode ser denotado por $\{OOOOE\}$, em que O denota um *bit* correto. Pelo fato de as tentativas serem independentes e a probabilidade de uma transmissão correta ser 0,9,

$$P(X = 5) = P(OOOOE) = 0,9^4 \, 0,1 = 0,066$$

Note que há alguma probabilidade de X ser igual a qualquer valor inteiro. Também, se a primeira tentativa for um sucesso, então $X = 1$. Logo, a faixa de X é $\{1, 2, 3, \ldots\}$, isto é, todos os inteiros positivos.

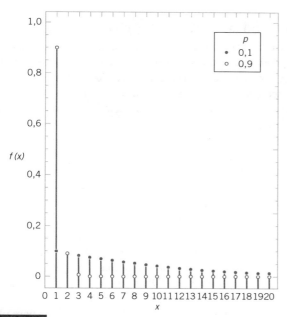

FIGURA 3.8

Distribuições geométricas para valores selecionados do parâmetro p.

Exemplos de funções de probabilidade para variáveis aleatórias geométricas são mostrados na Figura 3.8. Note que a altura da linha em x é $(1-p)$ vezes a altura da linha em $x-1$. Ou seja, as probabilidades diminuem em uma progressão geométrica. A distribuição tem esse nome por causa desse resultado.

A média de uma variável aleatória geométrica é

$$\mu = \sum_{k=1}^{\infty} kp(1-p)^{k-1} = p\sum_{k=1}^{\infty} kq^{k-1}$$

em que $q = p - 1$. O lado direito da equação prévia é a derivada parcial com relação a q de

$$p\sum_{k=1}^{\infty} q^k = \frac{pq}{1-q}$$

sendo a última igualdade obtida a partir da soma conhecida de uma série geométrica. Logo,

$$\mu = \frac{\partial}{\partial q}\left[\frac{pq}{1-q}\right] = \frac{p}{(1-q)^2} = \frac{p}{p^2} = \frac{1}{p}$$

e a média é deduzida. De modo a obter a variância de uma variável aleatória geométrica, primeiro deduzimos $E(X^2)$ com uma abordagem similar. Isso pode ser obtido a partir de derivadas parciais de segunda ordem com relação a q. Então, a fórmula $V(X) = E(X^2) - (E(X))^2$ é aplicada. Os detalhes dão um pouco mais de trabalho e são deixados como exercício para expandir a mente.

> **Média e Variância**
>
> Se X for uma variável aleatória geométrica com parâmetro p,
>
> $$\mu = E(X) = 1/p \text{ e } \sigma^2 = V(X) = (1-p)/p^2 \quad (3.10)$$

Propriedade de Falta de Memória Uma variável aleatória geométrica foi definida como o número de tentativas até que o primeiro sucesso fosse encontrado. No entanto, pelo fato de as tentativas serem independentes, a contagem do número de tentativas até o próximo sucesso pode ser iniciada em qualquer tentativa, sem mudar a distribuição de probabilidades da variável aleatória. Por exemplo, na transmissão de *bits*, se 100 *bits* forem transmitidos, a probabilidade de o primeiro erro, depois do centésimo *bit*, ocorrer no *bit* 106 é a probabilidade de que os próximos

---

EXEMPLO 3.18 | Contaminação de Pastilhas

A probabilidade de uma pastilha conter uma partícula grande de contaminação é de 0,01. Se for considerado que as pastilhas sejam independentes, qual será a probabilidade de que exatamente 125 pastilhas necessitem ser analisadas antes que uma partícula grande seja detectada?

Seja X o número de amostras analisadas até que uma partícula grande seja detectada. Então X é uma variável aleatória geométrica, com $p = 0{,}01$. A probabilidade requerida é

$$P(X = 125) = (0{,}99)^{124}\,0{,}01 = 0{,}0029$$

EXEMPLO 3.19 | Média e Desvio-Padrão

Considere a transmissão de *bits* no Exemplo 3.17. Aqui, $p = 0{,}1$. O número médio de transmissões até que o primeiro erro seja encontrado é igual $1/0{,}1 = 10$. O desvio-padrão do número de transmissões antes do primeiro erro é

$$\sigma = [(1-0{,}1)/0{,}1^2]^{1/2} = 9{,}49$$

Interpretação Prática: O desvio-padrão aqui é aproximadamente igual à média e isso ocorre quando p é pequeno. O número de tentativas até o primeiro sucesso pode ser muito diferente da média quando p é pequeno.

seis resultados sejam *OOOOOE*. Essa probabilidade é $(0,9)^5(0,1) = 0,059$, que é idêntica à probabilidade de que o erro inicial ocorra no *bit* 6.

A implicação de usar um modelo geométrico é que o sistema presumivelmente não será desgastado. A probabilidade de erro permanece constante para todas as transmissões. Nesse sentido, a distribuição geométrica é dita faltar qualquer memória. A **propriedade de falta de memória** será discutida novamente no contexto de uma variável aleatória exponencial em um capítulo mais adiante.

Distribuição Binomial Negativa Uma generalização de uma distribuição geométrica em que a variável aleatória é o número de tentativas de Bernoulli requerido para obter r sucessos resulta na **distribuição binomial negativa**.

Em geral, as probabilidades para X podem ser determinadas como a seguir. Aqui, $P(X = x)$ implica que $r - 1$ sucessos ocorrem nas $x - 1$ primeiras tentativas e r-ésimo sucesso ocorre na tentativa x. A probabilidade de que $r - 1$ sucessos ocorram nas $x - 1$ primeiras tentativas é obtida a partir da distribuição binomial

$$\binom{x-1}{r-1} p^{r-1}(1-p)^{x-r}$$

para $r \leq x$. A probabilidade de que a tentativa x seja um sucesso é p. Pelo fato de essas tentativas serem independentes, essas probabilidades são multiplicadas de modo que

$$P(X = x) = \binom{x-1}{r-1} p^{r-1}(1-p)^{x-r} p$$

Isso leva ao resultado a seguir.

Distribuição Binomial Negativa

Em uma série de tentativas de Bernoulli (tentativas independentes, com probabilidade constante p de sucesso), seja a variável aleatória X o número de tentativas até que r sucessos ocorram. Então X é uma **variável aleatória binomial negativa**, com parâmetros $0 < p < 1$ e $r = 1, 2, 3, \ldots$, e

$$f(x) = \binom{x-1}{r-1}(1-p)^{x-r} p^r \qquad x = r, r+1, r+2, \ldots$$

(3.11)

Pelo fato de, no mínimo, r tentativas serem requeridas para obter r sucessos, a faixa de X é de r a ∞. No caso especial em que $r = 1$, uma variável aleatória binomial negativa é uma variável aleatória geométrica. Distribuições binomiais negativas selecionadas são ilustradas na Figura 3.9.

Seja X o número total de tentativas requeridas para obter r sucessos. Seja X_1 o número de tentativas requeridas para obter o primeiro sucesso; seja X_2 o número de tentativas extras requeridas para obter o segundo sucesso; seja X_3 o número requerido de tentativas extras para obter o terceiro sucesso, e assim por diante. Então, o número total de tentativas requeridas para obter r sucessos é $X = X_1 + X_2 + \ldots + X_r$. Por causa da propriedade de falta de memória, cada uma das variáveis aleatórias $X_1, X_2, \ldots, X_r$ tem uma distribuição geométrica, com o mesmo valor de p. Consequentemente, uma variável aleatória binomial negativa pode ser interpretada como a soma de r variáveis aleatórias geométricas. Esse conceito é ilustrado na Figura 3.10.

Lembre-se de que uma variável aleatória binomial é uma contagem do número de sucessos em n tentativas de Bernoulli. Ou seja, o número de tentativas é predeterminado, e o número de sucessos é aleatório. Uma variável aleatória binomial negativa é uma contagem do número requerido de tentativas

---

EXEMPLO 3.20 | Propriedade de Falta de Memória

No Exemplo 3.17, a probabilidade de um *bit* ser transmitido com erro foi igual a 0,1. Suponha que 50 *bits* tenham sido transmitidos. O número médio de *bits* até o próximo erro é igual a $1/0,1 = 10$ – o mesmo resultado que o número médio de *bits* até o primeiro erro.

EXEMPLO 3.21 | Canal Digital

Como no Exemplo 3.17, suponha que a probabilidade de um *bit* transmitido por um canal digital de transmissão ser recebida com erro seja igual a 0,1. Considere que as transmissões sejam eventos independentes e que a variável aleatória X seja o número de *bits* transmitidos até o *quarto* erro.

Então, X tem uma distribuição binomial negativa, com $r = 4$. Probabilidades envolvendo X podem ser encontradas como segue. Por exemplo, $P(X = 10)$ é a probabilidade de que exatamente três erros ocorram nas nove primeiras tentativas, e então a décima tentativa resulte no quarto erro. A probabilidade de que exatamente três erros ocorram nas nove primeiras tentativas é determinada a partir da distribuição binomial como

$$\binom{9}{3}(0,1)^3(0,9)^6$$

Uma vez que as tentativas são independentes, a probabilidade de que exatamente três erros ocorram nas nove primeiras tentativas e de que a décima tentativa resulte no quarto erro é o produto das probabilidades desses dois eventos; isto é,

$$\binom{9}{3}(0,1)^3(0,9)^6(0,1) = \binom{9}{3}(0,1)^4(0,9)^6$$

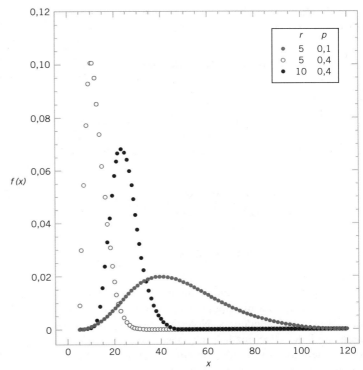

FIGURA 3.9
Distribuições binomiais negativas para valores selecionados dos parâmetros r e p.

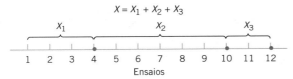

FIGURA 3.10
Variável aleatória binomial negativa representada como uma soma de variáveis aleatórias geométricas.

para obter r sucessos. Isto é, o número de sucessos é predeterminado e o número de tentativas é aleatório. Nesse sentido, uma variável aleatória binomial negativa pode ser considerada o oposto, ou o negativo, de uma variável aleatória binomial, embora o nome seja baseado no resultado intuitivo de que a função de distribuição de probabilidade pode ser escrita de modo a parecer similar à binomial se parâmetros negativos forem usados.

A descrição de uma variável aleatória binomial negativa como uma soma de variáveis aleatórias geométricas conduz aos seguintes resultados para a média e a variância.

Média e Variância

Se X for uma variável aleatória binomial negativa, com parâmetros p e r,

$$\mu = E(X) = r/p \quad \text{e} \quad \sigma^2 = V(X) = r(1-p)/p^2 \quad (3.12)$$

3.7 Distribuição Hipergeométrica

A produção diária de 850 itens fabricados contém 50 itens que não satisfazem as requisições dos consumidores. Dois itens são selecionados ao acaso, sem reposição, da produção do dia. Sejam A e B os eventos em que o primeiro e o segundo itens são não conformes, respectivamente. Da contagem de itens no espaço amostral, encontramos $P(B|A) = 49/849$ e $P(A) = 50/850$. Logo, o conhecimento de que o primeiro item é não conforme sugere que é menos provável que o segundo item selecionado seja não conforme.

EXEMPLO 3.22 | *Flashes* de Câmeras

Considere o tempo de recarga do *flash* do Exemplo 3.1. A probabilidade de que uma câmera passe no teste é 0,8 e as câmeras atuam independentemente. Qual é a probabilidade de que a terceira falha seja obtida em cinco ou menos testes?

Seja X o número de câmeras testadas até que três falhas tenham sido obtidas. A probabilidade solicitada é $P(X \leq 5)$.

Aqui, X tem uma distribuição binomial negativa, com $p = 0,2$ e $r = 3$. Logo,

$$P(X \leq 5) = \sum_{x=3}^{5} \binom{x-1}{2} 0,2^3 (0,8)^{x-3}$$

$$= 0,2^3 + \binom{3}{2} 0,2^3 (0,8) + \binom{4}{2} 0,2^3 (0,8)^2 = 0,058$$

Seja X igual ao número de itens não conformes na amostra. Então,

$P(X = 0) = P(\text{ambos os itens são conformes}) = \dfrac{800}{850} \cdot \dfrac{799}{849} = 0{,}886$

$P(X = 1) = P$ (o primeiro item selecionado é conforme e o segundo item selecionado não é conforme, ou o primeiro item selecionado não é conforme e o segundo item selecionado é conforme)

$= \dfrac{800}{850} \cdot \dfrac{50}{849} + \dfrac{50}{850} \cdot \dfrac{800}{849} = 0{,}111$

$P(X = 2) = (\text{ambos os itens não são conformes}) \; \dfrac{50}{850} \cdot \dfrac{49}{849} = 0{,}003$

Esse experimento é fundamentalmente diferente dos exemplos baseados na distribuição binomial. Aqui, as tentativas não são independentes. Note que, no caso não usual de cada unidade selecionada ser reposta antes da próxima seleção, as tentativas são independentes e há uma probabilidade constante de um item não conforme em cada tentativa. Então, o número de itens não conformes na amostra é uma variável aleatória binomial.

Mas amostras são frequentemente selecionadas sem reposição. Embora probabilidades possam ser determinadas pelo raciocínio usado no exemplo anterior, uma fórmula geral para calcular probabilidades, quando amostras são selecionadas sem reposição, é bem útil. As regras de contagem apresentadas no Capítulo 2 podem ser usadas para justificar a fórmula dada a seguir.

Distribuição Hipergeométrica

Um conjunto de N objetos contém
K objetos classificados como sucessos
$N - K$ objetos classificados como falhas
Uma amostra com n objetos é selecionada aleatoriamente (sem reposição) a partir de N objetos, em que $K \leq N$ e $n \leq N$.

A variável aleatória X que iguala o número de sucessos na amostra é uma **variável aleatória hipergeométrica** e

$$f(x) = \dfrac{\binom{K}{x}\binom{N-K}{n-x}}{\binom{N}{n}}$$

$x = \text{máx}\{0, n + K - N\}$ para $\text{mín}\{K, n\}$ (3.13)

A expressão $\text{mín}\{K, n\}$ é usada na definição da faixa de X porque o número máximo de sucessos que pode ocorrer na amostra é o menor número entre o tamanho da amostra, n, e o número de sucessos disponíveis, K. Igualmente, se $n + K > N$, no mínimo $n + K - N$ sucessos têm de ocorrer na amostra. Distribuições hipergeométricas selecionadas são ilustradas na Figura 3.11.

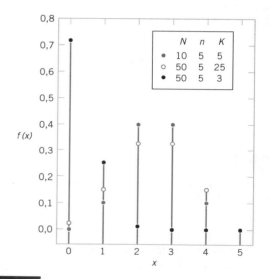

FIGURA 3.11

Distribuições hipergeométricas para valores selecionados dos parâmetros N, K e n.

EXEMPLO 3.23 | Amostragem sem Reposição

Os cálculos no começo desta seção podem ser analisados novamente, usando a expressão geral na definição de uma variável aleatória hipergeométrica. Ou seja,

$P(X = 0) = \dfrac{\binom{50}{0}\binom{800}{2}}{\binom{850}{2}} = \dfrac{319.600}{360.825} = 0{,}886$

$P(X = 1) = \dfrac{\binom{50}{1}\binom{800}{1}}{\binom{850}{2}} = \dfrac{40.000}{360.825} = 0{,}111$

$P(X = 2) = \dfrac{\binom{50}{2}\binom{800}{0}}{\binom{850}{2}} = \dfrac{1.225}{360.825} = 0{,}003$

EXEMPLO 3.24 | Peças Provenientes de Fornecedores

Uma batelada de peças contém 100 peças de um fornecedor local de tubos e 200 peças de um fornecedor de tubos de um estado vizinho. Se quatro peças forem selecionadas, ao acaso e sem reposição, qual será a probabilidade de que elas sejam todas provenientes do fornecedor local?

Seja X o número de peças na amostra do fornecedor local. Então, X tem uma distribuição hipergeométrica e a probabilidade requerida é $P(X = 4)$. Por conseguinte,

$$P(X = 4) = \frac{\binom{100}{4}\binom{200}{0}}{\binom{300}{4}} = 0,0119$$

Qual é a probabilidade de duas ou mais peças na amostra serem provenientes do fornecedor local?

$$P(X \geq 2) = \frac{\binom{100}{2}\binom{200}{2}}{\binom{300}{4}} + \frac{\binom{100}{3}\binom{200}{1}}{\binom{300}{4}} + \frac{\binom{100}{4}\binom{200}{0}}{\binom{300}{4}}$$

$$= 0,298 + 0,098 + 0,0119 = 0,407$$

Qual é a probabilidade de no mínimo uma peça na amostra ser proveniente do fornecedor local?

$$P(X \geq 1) = 1 - P(X = 0) = 1 - \frac{\binom{100}{0}\binom{200}{4}}{\binom{300}{4}} = 0,804$$

Interpretação Prática: A amostragem sem reposição é frequentemente utilizada para inspeção, e a distribuição hipergeométrica simplifica os cálculos.

A média e a variância de uma variável aleatória hipergeométrica podem ser determinadas considerando as tentativas que compreendem o experimento. No entanto, as tentativas não são independentes, e assim os cálculos são mais difíceis do que para uma distribuição binomial. Os resultados são estabelecidos a seguir.

Média e Variância

Se X for uma variável aleatória hipergeométrica, com parâmetros N, K e n, então

$$\mu = E(X) = np \text{ e } \sigma^2 = V(X) = np(1-p)\left(\frac{N-n}{N-1}\right) \quad (3.14)$$

sendo $p = K/N$.

Aqui, p é interpretada como a proporção de sucessos no conjunto de N objetos.

Para uma variável aleatória hipergeométrica, $E(X)$ é similar ao resultado para uma variável aleatória binomial. Também, $V(X)$ difere do resultado para uma variável aleatória binomial somente pelo termo mostrado a seguir.

Fator de Correção para População Finita

O termo na variância de uma variável aleatória hipergeométrica

$$\frac{N-n}{N-1} \quad (3.15)$$

é chamado de **fator de correção para população finita**.

A amostragem com reposição é equivalente à amostragem proveniente de um conjunto infinito porque a proporção de sucesso permanece constante para cada tentativa no experimento. Como mencionado anteriormente, se a amostragem fosse feita com reposição, então X seria uma variável aleatória binomial e sua variância seria $np(1-p)$. Logo, a correção para população finita representa a correção para a variância binomial que resulta porque a amostragem é sem reposição a partir de um conjunto finito de tamanho N.

Se n for pequeno em relação a N, então a correção será pequena e a distribuição hipergeométrica será similar à binomial. Nesse caso, uma distribuição binomial pode efetivamente ser usada para aproximar a distribuição do número de unidades de um tipo especificado na amostra. Um caso é ilustrado na Figura 3.12.

EXEMPLO 3.25 | Média e Variância

No Exemplo 3.24, o tamanho da amostra foi quatro. A variável aleatória X foi o número de peças na amostra do fornecedor local. Então, $p = 100/300 = 1/3$. Consequentemente,

$$E(X) = 4\left(\frac{100}{300}\right) = 1,33$$

e

$$V(X) = 4\left(\frac{1}{3}\right)\left(\frac{2}{3}\right)\left(\frac{300-4}{299}\right) = 0,88$$

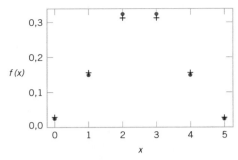

	0	1	2	3	4	5
Probabilidade hipergeométrica	0,025	0,149	0,326	0,326	0,149	0,025
Probabilidade binomial	0,031	0,156	0,312	0,312	0,156	0,031

FIGURA 3.12
Comparação das distribuições hipergeométrica e binomial.

3.8 Distribuição de Poisson

Uma distribuição largamente usada emerge à medida que o número de tentativas em um experimento binomial aumenta até infinito, enquanto a média da distribuição permanece constante. Considere o exemplo a seguir.

O Exemplo 3.26 pode ser generalizado para incluir uma ampla série de experimentos aleatórios. O intervalo que foi dividido foi um comprimento do fio. Entretanto, o mesmo raciocínio pode ser aplicado para qualquer intervalo, incluindo um intervalo de tempo, uma área ou um volume. Por exemplo, contagens de (1) partículas de contaminação na fabricação de semicondutores, (2) falhas em rolos de tecidos, (3) chamadas para uma troca de telefone, (4) interrupção de energia e (5) partículas atômicas emitidas a partir de um espécime têm sido, todas, modeladas com sucesso pela função de probabilidade na definição a seguir.

Em geral, considere um intervalo T de números reais, dividido em subintervalos com comprimentos pequenos Δt, e considere que quando Δt tende a zero,

1. A probabilidade de mais de um evento em um subintervalo tende a zero.
2. A probabilidade de um evento em um subintervalo tende a $\lambda \Delta t$.
3. O evento em cada subintervalo é independente de outros subintervalos.

EXEMPLO 3.26 | Falhas em um Fio

Falhas ocorrem ao acaso ao longo do comprimento de um fio delgado de cobre. Seja X a variável aleatória que conta o número de falhas em um comprimento de T milímetros de fio e suponha que o número médio de falhas por milímetro seja λ.

Esperamos $E(X) = \lambda T$ da definição de λ. A distribuição de probabilidade de X é determinada como segue. Parta o comprimento do fio em n subintervalos de pequenos comprimentos $\Delta t = T/n$ (digamos, um micrômetro cada). Se os subintervalos forem escolhidos pequenos o suficiente, a probabilidade de que mais de uma falha ocorra em um subintervalo é desprezível. Além disso, podemos interpretar que a suposição de falhas ocorrerem ao acaso implica que cada subintervalo tem a mesma probabilidade de conter uma falha, isto é, p. Também, a ocorrência de uma falha em um subintervalo é considerada independente de falhas em outros subintervalos.

Então, podemos modelar a distribuição de X como aproximadamente uma variável aleatória binomial. Cada subintervalo gera um evento (falha) ou não. Consequentemente,

$$E(X) = \lambda T = np$$

e se pode resolver para p, de modo a obter

$$p = \frac{\lambda T}{n}$$

Da distribuição binomial aproximada,

$$P(X = x) \approx \binom{n}{x} p^x (1-p)^{n-x}$$

Com subintervalos pequenos o suficiente, n é grande e p é pequeno. Propriedades básicas de limites podem ser usadas para mostrar que quando n aumenta

$$\binom{n}{x}\left(\frac{\lambda T}{n}\right)^x \to \frac{(\lambda T)^x}{x!} \quad \left(1 - \frac{\lambda T}{n}\right)^{-x} \to 1 \quad \left(1 - \frac{\lambda T}{n}\right)^n \to e^{-\lambda T}$$

Por conseguinte,

$$\lim_{n \to \infty} P(X = x) = \frac{e^{-\lambda T}(\lambda T)^x}{x!}, \; x = 0, 1, 2, \ldots$$

Uma vez que o número de subintervalos tende a infinito, a faixa de X (o número de falhas) pode ser igual a qualquer inteiro não negativo.

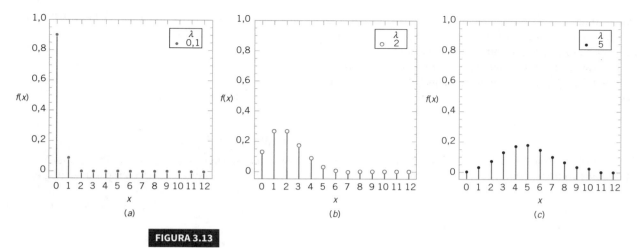

FIGURA 3.13
Distribuições de Poisson para valores selecionados dos parâmetros.

Um experimento aleatório com essas propriedades é chamado de **processo de Poisson**.

Essas suposições implicam que os subintervalos podem ser pensados como tentativas independentes aproximadas de Bernoulli, com o número de tentativas igual a $n = T/\Delta t$ e com probabilidade de sucesso $p = \lambda \Delta t = \lambda T/n$. Isso leva ao seguinte resultado.

Distribuição de Poisson

A variável aleatória X, que é igual ao número de eventos no intervalo, é uma **variável aleatória de Poisson**, com parâmetro $0 < \lambda$ e

$$f(x) = \frac{e^{-\lambda T}(\lambda T)^x}{x!} \quad x = 0, 1, 2, \ldots$$

A soma de probabilidades é 1 porque

$$\sum_{x=0}^{\infty} \frac{e^{-\lambda T}(\lambda T)^x}{x!} = e^{-\lambda T} \sum_{x=0}^{\infty} \frac{(\lambda T)^x}{x!}$$

e o somatório do lado direito da equação prévia é reconhecido como expansão de Taylor de e^x, avaliado em λT. Por conseguinte, o somatório é igual a $e^{\lambda T}$ e o lado direito é igual a 1. A Figura 3.13 ilustra as distribuições de Poisson para os valores selecionados do parâmetro. A distribuição é chamada assim, em homenagem ao seu criador Siméon-Denis Poisson.

Historicamente, o termo *processo* foi usado para sugerir a observação de um sistema ao longo do tempo. Em nosso exemplo com o fio de cobre, mostramos que a distribuição de Poisson poderia também se aplicar a intervalos, tais como comprimentos, e também a áreas.

O parâmetro λ é o número médio de eventos por unidade de comprimento. É importante *usar unidades consistentes* para λ e T. Por exemplo, se $\lambda = 2,3$ falhas por milímetro, então T deve ser expresso em milímetros. Se $\lambda = 7,1$ falhas por centímetro quadrado, então uma área de 4,5 polegadas quadradas deve ser expressa como $T = 4,5(2,54^2) = 29,03$ centímetros quadrados.

A média de uma variável aleatória de Poisson é

$$E(X) = \sum_{x=1}^{\infty} x \frac{e^{-\lambda T}(\lambda T)^x}{x!} = \lambda T \sum_{x=1}^{\infty} \frac{e^{-\lambda T}(\lambda T)^{x-1}}{(x-1)!}$$

EXEMPLO 3.27 | Cálculos para Falhas no Fio

Para o caso do fio delgado de cobre, suponha que o número de falhas siga a distribuição de Poisson, com uma média de 2,3 falhas por milímetro.

Determine a probabilidade de existirem 10 falhas em 5 milímetros de fio. Seja X o número de falhas em 5 milímetros de fio. Então, X tem uma distribuição de Poisson com

$$\lambda T = 2,3 \text{ falhas/mm} \times 5 \text{ mm} = 11,5 \text{ falhas}$$

Consequentemente,

$$P(X = 10) = e^{-11,5} \frac{11,5^{10}}{10!} = 0,113$$

Determine a probabilidade de existir, no mínimo, uma falha em 2 milímetros de fio. Seja X o número de falhas em 2 milímetros de fio. Então, X tem uma distribuição de Poisson com

$$\lambda T = 2,3 \text{ falhas/mm} \times 2 \text{ mm} = 4,6 \text{ falhas}$$

Logo,

$$P(X \geq 1) = 1 - P(X = 0) = 1 - e^{-4,6} = 0,9899$$

Interpretação Prática: Dadas as suposições para um processo de Poisson e dado um valor para λ, as probabilidades podem ser calculadas para intervalos arbitrários de comprimento. Tais cálculos são largamente usados para estabelecer as especificações do produto, processos de controle e recursos do plano.

em que o somatório pode começar em $x = 1$, visto que o termo de $x = 0$ é zero. Se uma mudança de variável $y = x - 1$ for usada, o somatório no lado direito da equação prévia será a soma das probabilidades de uma variável aleatória de Poisson, sendo igual a 1. Consequentemente, a equação prévia simplifica para

$$E(X) = \lambda T$$

Para obter a variância de uma variável aleatória de Poisson, podemos começar com $E(X^2)$, que é igual a

$$E(X^2) = \sum_{x=1}^{\infty} x^2 \frac{e^{-\lambda T}(\lambda T)^x}{x!} = \lambda T \sum_{x=1}^{\infty} x \frac{e^{-\lambda T}(\lambda T)^{x-1}}{(x-1)!}$$

Escreva $x = (x - 1) + 1$ de modo a obter

$$E(X^2) = \lambda T \sum_{x=1}^{\infty} (x-1) \frac{e^{-\lambda T}(\lambda T)^{x-1}}{(x-1)!} + \lambda T \sum_{x=1}^{\infty} \frac{e^{-\lambda T}(\lambda T)^{x-1}}{(x-1)!}$$

O somatório no primeiro termo do lado direito da equação prévia é a média de X, que é igual a λT; logo, o primeiro termo é $(\lambda T)^2$. O somatório no segundo termo do lado direito é a soma das probabilidades, sendo igual a 1. Logo, a equação prévia é simplificada para $E(X^2) = (\lambda T)^2 + \lambda T$. Uma vez que $V(X) = E(X^2) - (EX)^2$, temos

$$V(X) = (\lambda T)^2 + \lambda T - (\lambda T)^2 = \lambda T$$

sendo a variância assim deduzida.

Média e Variância

Se X for uma variável aleatória de Poisson ao longo de um intervalo de comprimento T com parâmetro λ, então

$$\mu = E(X) = \lambda T \quad \text{e} \quad \sigma^2 = V(X) = \lambda T \quad (3.16)$$

A média e a variância de uma variável aleatória de Poisson são iguais. Por exemplo, se a contagem de partículas seguir a distribuição de Poisson, com uma média de 25 partículas por centímetro quadrado, então a variância é também 25 e o desvio-padrão das contagens será 5 por centímetro quadrado. Assim, informação sobre a variabilidade é muito facilmente obtida. Contrariamente, se a variância dos dados de contagem for muito maior que a média dos mesmos dados, então a distribuição de Poisson não será um bom modelo para a distribuição da variável aleatória.

Termos e Conceitos Importantes

Desvio-padrão – variável aleatória discreta
Distribuição binomial
Distribuição binomial negativa
Distribuição de Poisson
Distribuição de probabilidades – variável aleatória discreta
Distribuição discreta uniforme

Distribuição geométrica
Distribuição hipergeométrica
Fator de correção para uma população finita
Função de distribuição de probabilidades cumulativas – variável aleatória discreta
Função de probabilidade
Média – variável aleatória discreta

Processo de Poisson
Propriedade de falta de memória – variável aleatória discreta
Tentativa de Bernoulli
Valor esperado de uma função de uma variável aleatória
Variância – variável aleatória discreta

CAPÍTULO 4

Variáveis Aleatórias Contínuas e Distribuições de Probabilidades

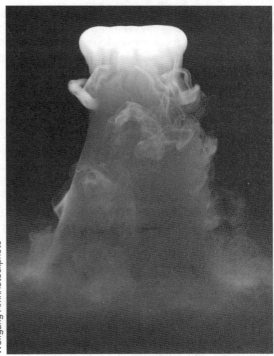
Wolfgang Amri/iStockphoto

OBJETIVOS DA APRENDIZAGEM

Depois de um cuidadoso estudo deste capítulo, você deve ser capaz de:

1. Determinar probabilidades a partir de funções densidades de probabilidade
2. Determinar probabilidades a partir de funções de distribuição cumulativa e funções de distribuição cumulativa a partir de funções densidades de probabilidade, e o contrário
3. Calcular médias e variâncias para variáveis aleatórias contínuas
4. Entender as suposições para algumas distribuições contínuas de probabilidades comuns
5. Calcular probabilidades, determinar médias e variâncias para algumas distribuições contínuas de probabilidades comuns
6. Probabilidades aproximadas para as distribuições binomial e de Poisson

SUMÁRIO DO CAPÍTULO

4.1 **Distribuições de Probabilidades e Funções Densidades de Probabilidade**

4.2 **Funções de Distribuições Cumulativas**

4.3 **Média e Variância de uma Variável Aleatória Contínua**

4.4 **Distribuição Contínua Uniforme**

4.5 **Distribuição Normal**

4.6 **Aproximação das Distribuições Binomial e de Poisson pela Distribuição Normal**

4.7 **Distribuição Exponencial**

4.8 **Distribuições de Erlang e Gama**

4.9 **Distribuição de Weibull**

4.10 **Distribuição Lognormal**

4.11 **Distribuição Beta**

A teoria cinética dos gases fornece uma ligação entre a estatística e os fenômenos físicos. O físico James Maxwell usou algumas suposições básicas para determinar a distribuição de velocidade molecular em um gás em equilíbrio. Como resultado de colisões moleculares, todas as direções de choque são igualmente prováveis. A partir desse conceito, ele considerou probabilidades iguais em todas as direções x, y e z e também independência dessas componentes de velocidade. Somente isso é suficiente para mostrar que a distribuição de probabilidades da velocidade em uma direção particular é a distribuição contínua de probabilidade, conhecida como distribuição normal. Essa distribuição fundamental de probabilidade pode ser deduzida a partir de outras direções (tais como o teorema central do limite, a ser discutido em um capítulo mais adiante), mas a teoria cinética pode ser a mais parcimoniosa. Esse papel para a distribuição normal ilustra um exemplo da importância das distribuições contínuas de probabilidades dentro da ciência e da engenharia.

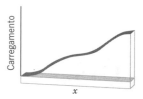

FIGURA 4.1

Função densidade de uma carga ao longo de uma viga longa e delgada.

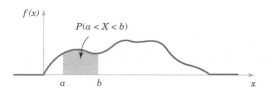

FIGURA 4.2

Probabilidade determinada a partir da área sob $f(x)$.

4.1 Distribuições de Probabilidades e Funções Densidades de Probabilidade

Suponha que um comprimento seja medido em uma peça manufaturada e selecionada a partir de um dia de produção. Na prática, pode haver pequenas variações nas medidas em razão de muitas causas, tais como vibrações, flutuações na temperatura, diferenças nos operadores, calibrações, desgaste da ferramenta de corte, desgaste do mancal e variações na matéria-prima. Em um experimento como esse, a medida é naturalmente representada como uma variável aleatória X e é razoável modelar a faixa de valores possíveis de X com um intervalo de números reais. Lembre-se, do Capítulo 2, de que uma **variável aleatória contínua** é uma variável aleatória com um intervalo (finito ou infinito) de números reais para sua faixa. O modelo é adequado para qualquer precisão em medidas de comprimento.

Pelo fato de o número de valores possíveis de X ser infinito incontável, X tem distribuição distintamente diferente das variáveis aleatórias discretas previamente estudadas. Porém, como no caso discreto, muitos sistemas físicos podem ser modelados pelas mesmas variáveis aleatórias contínuas. Essas variáveis aleatórias são descritas, e exemplos de cálculos de probabilidades, de médias e de variâncias são fornecidos nas seções ao longo deste capítulo.

Funções densidades são comumente usadas em engenharia para descrever sistemas físicos. Por exemplo, considere a densidade de uma carga em uma longa e delgada viga, conforme mostrado na Figura 4.1. Para qualquer ponto x ao longo da viga, a densidade pode ser descrita por uma função (em g/cm). Intervalos com grandes cargas correspondem a valores grandes para a função. A carga total entre os pontos a e b é determinada como uma integral da função densidade, de a a b. Essa integral é a área sob a função densidade ao longo desse intervalo, podendo ser aproximadamente interpretada como a soma de todas as cargas ao longo desse intervalo.

Similarmente, uma **função densidade de probabilidade** $f(x)$ pode ser usada para descrever a distribuição de probabilidades de uma variável aleatória contínua X. Se for provável de um intervalo conter um valor para X, então sua probabilidade é grande e ela corresponde a valores grandes para $f(x)$. A probabilidade de X estar entre a e b é determinada pela integral de $f(x)$ de a a b. Veja a Figura 4.2.

> **Função Densidade de Probabilidade**
>
> Para uma variável aleatória contínua X, uma **função densidade de probabilidade** é uma função tal que
>
> (1) $f(x) \geq 0$
>
> (2) $\int_{-\infty}^{\infty} f(x)\,dx = 1$
>
> (3) $P(a \leq X \leq b) = \int_{a}^{b} f(x)\,dx = $ área sob $f(x)$, de a a b
>
> para qualquer a e b (4.1)

Uma função densidade de probabilidade fornece uma descrição simples das probabilidades associadas a uma variável aleatória. Desde que $f(x)$ seja não negativa e $\int_{-\infty}^{\infty} f(x)\,dx = 1$, $0 \leq P(a < X < b) \leq 1$, de modo que as probabilidades sejam apropriadamente restritas. Uma função densidade de probabilidade é zero para valores de x que não possam ocorrer e é considerada igual a zero onde ela não for especificamente definida.

Um **histograma** é uma aproximação da função densidade de probabilidade. Veja a Figura 4.3. Para cada intervalo do histograma, a área da barra é igual à frequência

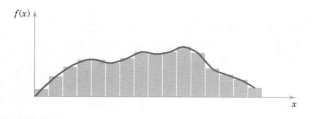

FIGURA 4.3

O histograma aproxima a função densidade de probabilidade.

relativa (proporção) das medidas no intervalo. A frequência relativa é uma estimativa da probabilidade de a medida cair no intervalo. Similarmente, a área sob $f(x)$ ao longo de qualquer intervalo é igual à probabilidade verdadeira de a medida cair no intervalo.

O ponto importante é que $f(x)$ *é usada para calcular uma área* que representa a probabilidade de X assumir um valor em $[a, b]$. Para o exemplo da medida de corrente, a probabilidade de X resultar em [14 mA; 15 mA] é a integral da função densidade de probabilidade de X, $f(x)$, ao longo desse intervalo. A probabilidade de X resultar em [14,5 mA; 14,6 mA] é a integral da mesma função, $f(x)$, ao longo de um intervalo menor. Pela escolha apropriada da forma de $f(x)$, podemos representar as probabilidades associadas a qualquer variável aleatória contínua X. A forma de X determina como a probabilidade de X assumir um valor em [14,5 mA; 14,6 mA] se compara à probabilidade de qualquer outro intervalo de comprimento igual ou diferente.

Para a função densidade de probabilidade de uma carga em uma viga longa e delgada, a carga em qualquer ponto é zero, em razão de cada ponto ter largura zero. Similarmente, para uma variável aleatória contínua X e *qualquer* valor x,

$$P(X = x) = 0$$

Com base nesse resultado, pode parecer que nosso modelo de variável aleatória contínua seja inútil. No entanto, na prática, quando uma medida particular de corrente for observada, tal como 14,47 miliampères, esse resultado poderá ser interpretado como o valor arredondado de uma medida da corrente, que está realmente na faixa $14{,}465 \le x \le 14{,}475$. Portanto, a probabilidade de que o valor arredondado 14,47 seja observado como o valor para X é a probabilidade de X ser um valor no intervalo [14,465; 14,475], que não é zero. Similarmente, uma vez que cada ponto tem probabilidade zero, não é necessário distinguir entre desigualdades, tais como < ou ≤, para variáveis aleatórias contínuas.

EXEMPLO 4.1 | Corrente Elétrica

Seja a variável aleatória contínua X a corrente em um fio delgado de cobre, medida em miliampères. Suponha que a faixa de X seja [4,9; 5,1 mA] e considere que a função densidade de probabilidade de X seja $f(x) = 5$ para $4{,}9 \le x \le 5{,}1$. Qual é a probabilidade de uma medida da corrente ser menor que 5 miliampères?

A função densidade de probabilidade é mostrada na Figura 4.4. Suponhamos que $f(x) = 0$, onde quer que ela não esteja definida especificamente. A probabilidade requerida é indicada pela área sombreada na Figura 4.4.

$$P(X < 5) = \int_{4,9}^{5} f(x)\,dx = \int_{4,9}^{5} 5\,dx = 0{,}5$$

Como outro exemplo,

$$P(4{,}95 < X < 5{,}1) = \int_{4,95}^{5,1} f(x)\,dx = 0{,}75$$

EXEMPLO 4.2 | Diâmetro do Orifício

Seja a variável aleatória contínua X o diâmetro de um orifício perfurado em uma placa metálica. O diâmetro alvo é de 12,5 milímetros. A maior parte dos distúrbios aleatórios no processo resulta em diâmetros maiores. Dados históricos demonstram que a distribuição de X pode ser modelada por uma função densidade de probabilidade $f(x) = 20e^{-20(x-12,5)}$, para $x \ge 12{,}5$.

Se uma peça com um diâmetro maior que 12,60 milímetros for descartada, qual será a proporção de peças descartadas? A função densidade e a probabilidade requerida são mostradas na Figura 4.5. Uma peça é descartada se $X > 12{,}60$. Agora,

$$P(X > 12{,}60) = \int_{12,6}^{\infty} f(x)\,dx = \int_{12,6}^{\infty} 20e^{-20(x-12,5)}\,dx$$

$$= -e^{-20(x-12,5)}\Big|_{12,6}^{\infty} = 0{,}135$$

Que proporção de peças está entre 12,5 e 12,6 milímetros? Agora,

$$P(12{,}5 < X < 12{,}6) = \int_{12,5}^{12,6} f(x)\,dx$$

$$= -e^{-20(x-12,5)}\Big|_{12,5}^{12,6} = 0{,}865$$

Uma vez que a área total sob $f(x)$ é igual a 1, podemos também calcular $P(12{,}5 < X < 12{,}6) = 1 - P(X > 12{,}6) = 1 - 0{,}135 = 0{,}865$.

Interpretação Prática: Pelo fato de 0,135 ser a proporção de peças com diâmetros maiores do que 12,60 mm, uma grande proporção de peças é descartada. Melhorias no processo são necessárias para aumentar a proporção de peças com dimensões próximas de 12,50 mm.

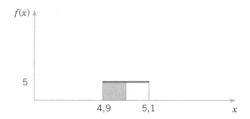

FIGURA 4.4

Função densidade de probabilidade para o Exemplo 4.1.

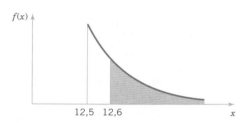

FIGURA 4.5

Função densidade de probabilidade para o Exemplo 4.2.

Se X for uma *variável aleatória contínua*, então para qualquer x_1 e x_2,

$$P(x_1 \leq X \leq x_2) = P(x_1 < X \leq x_2) = P(x_1 \leq X < x_2)$$
$$= P(x_1 < X < x_2) \quad (4.2)$$

4.2 Funções de Distribuições Cumulativas

Um método alternativo de descrever a distribuição de uma variável aleatória discreta pode também ser usado para variáveis aleatórias contínuas.

Função de Distribuição Cumulativa

A **função de distribuição cumulativa** de uma variável aleatória contínua X é

$$F(x) = P(X \leq x) = \int_{-\infty}^{x} f(u)\,du \quad (4.3)$$

para $-\infty < x < \infty$.

A função de distribuição cumulativa é definida para todos os números reais. O Exemplo 4.3 ilustra a definição.

Note que, na definição de $F(x)$, qualquer < pode ser trocado por ≤ e vice-versa. Ou seja, $F(x)$ pode ser definida como $5x - 24,5$ ou 0 no ponto final $x = 4,9$, e $F(x)$ pode ser definida como $5x - 24,5$ ou 1 no ponto final $x = 5,1$. Em outras palavras, $F(x)$ é uma função contínua. Para uma variável aleatória discreta, $F(x)$ não é uma função contínua. Algumas vezes, uma variável aleatória contínua é definida como aquela que tem uma função de distribuição cumulativa contínua.

A função densidade de probabilidade de uma variável aleatória contínua pode ser determinada a partir de uma diferenciação da função de distribuição cumulativa. O teorema fundamental de cálculo estabelece que

$$\frac{d}{dx}\int_{-\infty}^{x} f(u)\,du = f(x)$$

Função Densidade de Probabilidade a Partir da Função de Distribuição Cumulativa

Dado $F(x)$,

$$f(x) = \frac{dF(x)}{dx}$$

desde que a derivada exista.

EXEMPLO 4.3 | Corrente Elétrica

Para a medida de corrente no fio de cobre descrita no Exemplo 4.1, a função de distribuição cumulativa da variável aleatória X consiste em três expressões. Se $x < 4,9$, então $f(x) = 0$. Consequentemente,

$$F(x) = 0, \quad \text{para} \quad x < 4,9$$

e

$$F(x) = \int_{4,9}^{x} f(u)\,du = 5x - 24,5, \quad \text{para} \quad 4,9 \leq x < 5,1$$

Finalmente,

$$F(x) = \int_{4,9}^{x} f(u)\,du = 1, \quad \text{para} \quad 5,1 \leq x$$

Logo,

$$F(x) = \begin{cases} 0 & x < 4,9 \\ 5x - 24,5 & 4,9 \leq x < 5,1 \\ 1 & 5,1 \geq x \end{cases}$$

O gráfico de $F(x)$ é mostrado na Figura 4.6.

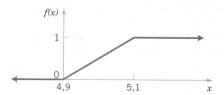

FIGURA 4.6

Função de distribuição cumulativa para o Exemplo 4.3.

EXEMPLO 4.4 | Tempo de Reação

O tempo (em milissegundos) até que uma reação química esteja completa é aproximado pela função de distribuição cumulativa.

$$F(x) = \begin{cases} 0 & x < 0 \\ 1 - e^{-0{,}01x} & 0 \leq x \end{cases}$$

Determine a função densidade de probabilidade de X. Que proporção de reações é completada dentro de 200 milissegundos?

Usando o resultado de que a função densidade de probabilidade é a derivada de $F(x)$, obtemos

$$f(x) = \begin{cases} 0 & x < 0 \\ 0{,}01e^{-0{,}01x} & 0 \leq x \end{cases}$$

A probabilidade de a reação se completar dentro de 200 milissegundos é

$$P(X < 200) = F(200) = 1 - e^{-2} = 0{,}8647$$

4.3 Média e Variância de uma Variável Aleatória Contínua

A média e a variância podem também ser definidas para uma variável aleatória contínua. A integração substitui a soma nas definições discretas. Se uma função densidade de probabilidade for vista como um carregamento em uma viga, como na Figura 4.1, a média será o ponto de balanço.

Média e Variância

Suponha que X seja uma variável aleatória contínua, com função densidade de probabilidade $f(x)$. A **média** ou o **valor esperado** de X, denotados por μ ou $E(X)$, são

$$\mu = E(X) = \int_{-\infty}^{\infty} x f(x) dx \quad (4.4)$$

A **variância** de X, denotada por $V(X)$ ou σ^2, é

$$\sigma^2 = V(X) = \int_{-\infty}^{\infty} (x - \mu)^2 f(x) dx = \int_{-\infty}^{\infty} x^2 f(x) dx - \mu^2$$

O **desvio-padrão** de X é $\sigma = \sqrt{\sigma^2}$.

A equivalência das duas fórmulas para a variância pode ser deduzida a partir da mesma abordagem usada para variáveis aleatórias discretas.

O valor esperado de uma função $h(X)$ de uma variável aleatória contínua é também definido de maneira direta.

Valor Esperado de uma Função de uma Variável Aleatória Contínua

Se X é uma variável aleatória contínua, com função densidade de probabilidade $f(x)$,

$$E[h(X)] = \int_{-\infty}^{\infty} h(x) f(x) dx \quad (4.5)$$

No caso especial de $h(X) = aX + b$ para quaisquer constantes a e b, $E[h(X)] = aE(X) + b$. Isso pode ser mostrado a partir das propriedades de integrais.

4.4 Distribuição Contínua Uniforme

A distribuição contínua mais simples é análoga à sua correspondente discreta.

EXEMPLO 4.5 | Corrente Elétrica

Para a medida da corrente no fio de cobre no Exemplo 4.1, a média de X é

$$E(X) = \int_{4,9}^{5,1} x f(x) dx = \left. \frac{5x^2}{2} \right|_{4,9}^{5,1} = 5$$

A variância de X é

$$V(X) = \int_{4,9}^{5,1} (x - 5)^2 f(x) dx = \left. \frac{5(x - 5)^3}{3} \right|_{4,9}^{5,1} = 0{,}0033$$

EXEMPLO 4.6

No Exemplo 4.1, X foi a corrente medida em miliampères. Qual será o valor esperado da potência quando a resistência for 100 ohms? Use o resultado de que a potência, em watts, é dada por $P = 10^{-6} R I^2$, em que I é a corrente em miliampères e R é a resistência em ohms. Agora, $h(X) = 10^{-6} 100 X^2$. Logo,

$$E[h(X)] = 10^{-4} \int_{4,9}^{5,1} 5x^2 dx = 0{,}0001 \left. \frac{x^3}{3} \right|_{4,9}^{5,1} = 0{,}0025 \text{ watts}$$

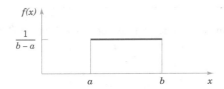

FIGURA 4.7
Função densidade de probabilidade contínua uniforme.

Distribuição Contínua Uniforme

Uma variável aleatória contínua X, com função densidade de probabilidade

$$f(x) = 1(b - a), \quad a \leq x \leq b \quad (4.6)$$

tem uma **distribuição contínua uniforme**.

A função densidade de probabilidade de uma variável aleatória contínua uniforme é mostrada na Figura 4.7. A média de uma variável aleatória contínua uniforme X é

$$E(X) = \int_a^b \frac{x}{b-a} dx = \left.\frac{0.5x^2}{b-a}\right|_a^b = \frac{(a+b)}{2}$$

A variância de X é

$$V(X) = \int_a^b \frac{\left(x - \frac{(a+b)}{2}\right)^2}{b-a} dx = \left.\frac{\left(x - \frac{(a+b)}{2}\right)^3}{3(b-a)}\right|_a^b = \frac{(b-a)^2}{12}$$

Esses resultados estão sumarizados a seguir.

Média e Variância

Se X é uma variável aleatória contínua uniforme para $a \leq x \leq b$,

$$\mu = E(X) = \frac{a+b}{2} \quad \text{e} \quad \sigma^2 = V(X) = \frac{(b-a)^2}{12} \quad (4.7)$$

A função de distribuição cumulativa de uma variável aleatória contínua uniforme é obtida por integração. Se $a < x < b$,

$$F(x) = \int_a^x \frac{1}{b-a} du = \frac{x-a}{b-a}$$

Por conseguinte, a descrição completa da função de distribuição cumulativa de uma variável aleatória contínua uniforme é

$$F(x) = \begin{cases} 0 & x < a \\ \dfrac{x-a}{b-a} & a \leq x < b \\ 1 & b \leq x \end{cases}$$

Um exemplo de $F(x)$ para uma variável aleatória contínua uniforme é mostrado na Figura 4.6.

4.5 Distribuição Normal

Indubitavelmente, o modelo mais largamente utilizado para uma medida contínua é uma **variável aleatória normal**. Toda vez que um experimento aleatório for replicado, a variável aleatória que for igual ao resultado médio (ou total) das réplicas tenderá a ter uma distribuição normal, à medida que o número de réplicas se torne grande. De Moivre apresentou esse resultado fundamental, conhecido como o **teorema central do limite**, em 1733. Infelizmente, seu trabalho ficou perdido por algum tempo, e Gauss, independentemente, desenvolveu uma distribuição normal, cerca de 100 anos depois. Embora De Moivre tivesse recebido posteriormente o crédito pela dedução, uma distribuição normal é também referida como uma **distribuição gaussiana**.

Quando fazemos a média (ou totalizamos) dos resultados? Quase sempre. Por exemplo, um engenheiro de automóveis pode planejar um estudo para obter a média das medidas de força de remoção de vários conectores. Se considerarmos que cada medida seja proveniente de uma réplica de um experimento aleatório, a distribuição normal poderá ser usada para tirar conclusões aproximadas em torno dessa média. Essas conclusões serão os tópicos principais dos capítulos subsequentes deste livro.

EXEMPLO 4.7 | Corrente Uniforme

No Exemplo 4.1, a variável aleatória X tem uma distribuição contínua uniforme para a faixa [4,9; 5,1]. A função densidade de probabilidade de X é $f(x) = 5$, $4,9 \leq x \leq 5,1$.

Qual é a probabilidade de a medida da corrente estar entre 4,95 e 5,0 miliampères? A probabilidade requerida é mostrada como a área sombreada na Figura 4.8.

$$P(4,95 < x < 5,0) = \int_{4,95}^{5,0} f(x)dx = 5(0,05) = 0,25$$

As fórmulas da média e da variância podem ser usadas com $a = 4,9$ e $b = 5,1$. Por conseguinte,

$$E(X) = 5 \text{ mA} \quad \text{e} \quad V(X) = 0,2^2/12 = 0,0033 \text{ mA}^2$$

Consequentemente, o desvio-padrão de X é 0,0577 mA.

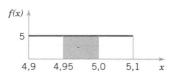

FIGURA 4.8
Probabilidade para o Exemplo 4.7.

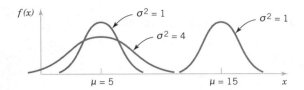

FIGURA 4.9

Funções densidade de probabilidade normal para valores selecionados dos parâmetros μ e σ^2.

Além disso, algumas vezes o teorema central do limite é menos óbvio. Por exemplo, considere que o desvio (ou erro) no comprimento de uma peça usinada seja a soma de um grande número de efeitos infinitesimais, tais como pulsos na temperatura e na umidade, vibrações, variações no ângulo de corte, desgaste da ferramenta de corte, desgaste do mancal, variações na velocidade rotacional, variações de montagem e fixação, variações nas inúmeras características das matérias-primas e variação nos níveis de contaminação. Se os erros dos componentes forem independentes e igualmente prováveis de serem positivos ou negativos, então se pode mostrar que o erro total terá uma distribuição normal aproximada. Além disso, a distribuição normal aparece no estudo de numerosos fenômenos físicos básicos. Por exemplo, o físico James Maxwell desenvolveu uma distribuição normal a partir de suposições simples, considerando as velocidades das moléculas. Nosso objetivo agora é calcular as probabilidades para uma variável aleatória normal. O teorema central do limite será estabelecido mais cuidadosamente no Capítulo 5.

A Figura 4.9 ilustra as várias funções densidades de probabilidade, com valores selecionados de μ e σ^2. Cada uma tem a curva característica simétrica e em forma de sino, porém os centros e as dispersões diferem. A seguinte definição fornece a fórmula para funções densidades de probabilidade normal.

Distribuição Normal

Uma variável aleatória X, com função densidade de probabilidade

$$f(x) = \frac{1}{\sqrt{2\pi}\sigma} e^{\frac{-(x-\mu)^2}{2\sigma^2}} \quad -\infty < x < \infty \quad (4.8)$$

é uma **variável aleatória normal**, com parâmetros μ, em que $-\infty < \mu < \infty$, e $\sigma > 0$. Também,

$$E(X) = \mu \quad \text{e} \quad V(X) = \sigma^2 \quad (4.9)$$

e a notação $N(\mu, \sigma^2)$ é usada para denotar a distribuição.

A média e a variância de X são mostradas como iguais a μ e σ^2, respectivamente, em um exercício *online* do Capítulo 5, disponível no Ambiente de aprendizagem do GEN | Grupo Editorial Nacional.

As seguintes equações e a Figura 4.11 resumem alguns resultados úteis relativos à distribuição normal. Para qualquer variável aleatória normal,

$$P(\mu - \sigma < X < \mu + \sigma) = 0{,}6827$$
$$P(\mu - 2\sigma < X < \mu + 2\sigma) = 0{,}9545$$
$$P(\mu - 3\sigma < X < \mu + 3\sigma) = 0{,}9973$$

Além disso, da simetria de de $P(X < \mu) = P(X > \mu) = 0{,}5$. Como $f(x)$ é positiva para todo x, esse modelo atribui alguma probabilidade para cada intervalo da linha real. Entretanto, a função densidade de probabilidade diminui quando x se move para mais longe de μ. Consequentemente, é pequena a probabilidade de a medida cair longe de μ; a alguma distância de μ, a probabilidade de um intervalo pode ser aproximada como zero.

EXEMPLO 4.8

Suponha que as medidas da corrente em um pedaço de fio sigam a distribuição normal, com uma média de 10 miliampères e uma variância de 4 (miliampères)^2. Qual é a probabilidade de a medida exceder 13 miliampères?

Seja X a corrente em miliampères. A probabilidade requerida pode ser representada por $P(X > 13)$. Essa probabilidade é mostrada como a área sombreada sob a função densidade de probabilidade normal na Figura 4.10. Infelizmente, não há uma expressão exata para a integral de uma função densidade de probabilidade normal, sendo as probabilidades, baseadas na distribuição normal, tipicamente encontradas numericamente ou a partir de uma tabela (que apresentaremos mais adiante).

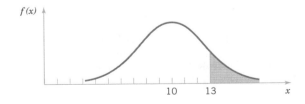

FIGURA 4.10

Probabilidade de $X > 13$ para uma variável aleatória normal, com $\mu = 10$ e $\sigma^2 = 4$.

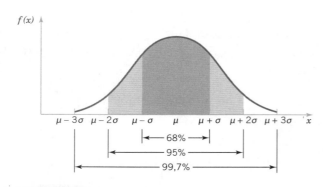

FIGURA 4.11
Probabilidades associadas com uma distribuição normal.

Variável Aleatória Normal Padrão

Uma variável aleatória normal com

$$\mu = 0 \quad \text{e} \quad \sigma^2 = 1$$

é chamada de **variável aleatória normal padrão** e é denotada por Z. A função de distribuição cumulativa de uma variável aleatória normal padrão é denotada por

$$\Phi(z) = P(Z \leq z)$$

Além de 3σ da média, a área sob a função densidade de probabilidade normal é bem pequena. Esse fato é conveniente para esquemas aproximados e rápidos de uma função densidade de probabilidade normal. Os esquemas nos ajudam a determinar probabilidades. Pelo fato de mais de 0,9973 da probabilidade de uma distribuição normal estar dentro do intervalo $(\mu - 3\sigma, \mu + 3\sigma)$, 6σ é frequentemente referida como a **largura** de uma distribuição normal. Métodos avançados de integração podem ser usados para mostrar que a área sob a função densidade de probabilidade normal de $-\infty < x < \infty$ é igual a 1.

A Tabela III do Apêndice apresenta probabilidades cumulativas para uma variável aleatória normal padrão. Funções de distribuição cumulativa para variáveis aleatórias normais são também amplamente disponíveis em pacotes computacionais. Eles podem ser usados da mesma maneira que a Tabela III do Apêndice para obter probabilidades para essas variáveis aleatórias. O uso da Tabela III é ilustrado pelo exemplo a seguir.

As probabilidades de que não estejam na forma $P(Z \leq z)$ são encontradas usando as regras básicas de probabilidade e a simetria da distribuição normal, juntamente com a Tabela III do Apêndice. Os exemplos seguintes ilustram o método.

EXEMPLO 4.9 | Distribuição Normal Padrão

Considere que Z seja uma variável aleatória normal padrão. A Tabela III do Apêndice fornece probabilidades na forma $\Phi(z) = P(Z \leq z)$. O uso da Tabela III para encontrar $P(Z \leq 1,5)$ é ilustrado na Figura 4.12. Leia a coluna z para baixo até encontrar o valor 1,5.

A probabilidade de 0,93319 é lida na coluna adjacente, marcada como 0,00.

O topo das colunas se refere às casas centesimais do valor de z em $P(Z \leq z)$. Por exemplo, $P(Z \leq 1,53)$ é encontrado lendo a coluna de z até a linha 1,5 e então selecionando a coluna marcada como 0,03, encontrando-se assim a probabilidade de 0,93699.

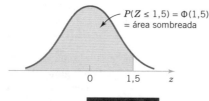

z	0,00	0,01	0,02	0,03
0	0,50000	0,50399	0,50800	0,51197
⋮		⋮		
1,5	0,93319	0,93448	0,93574	0,93699

FIGURA 4.12
Função densidade de probabilidade normal padrão.

EXEMPLO 4.10 | Cálculos de Distribuição Normal

Os cálculos a seguir são mostrados de forma diagramática na Figura 4.13. Na prática, uma probabilidade é frequentemente arredondada para um ou dois algarismos significativos.

1. $P(Z > 1,26) = 1 - P(Z \leq 1,26) = 1 - 0,89616 = 0,10384$.
2. $P(Z < -0,86) = 0,19490$.
3. $P(Z > -1,37) = P(Z < 1,37) = 0,91465$.
4. $P(-1,25 < Z < 0,37)$. Essa probabilidade pode ser encontrada da diferença de duas áreas, $P(Z < 0,37) - P(Z < -1,25)$. Agora,

$$P(Z < 0,37) = 0,64431$$

e

$$P(Z < -1,25) = 0,10565$$

Por conseguinte,

$$P(-1,25 < Z < 0,37) = 0,64431 - 0,10565 = 0,53866$$

5. $P(Z \leq -4,6)$ não pode ser encontrada exatamente a partir da Tabela III do Apêndice. No entanto, a última entrada na tabela pode ser usada para encontrar que $P(Z \leq -3,99) = 0,00003$. Pelo fato de $P(Z \leq -4,6) < P(Z \leq -3,99)$, $P(Z \leq -4,6)$ é aproximadamente zero.
6. Encontre o valor z tal que $P(Z > z) = 0,05$. Essa expressão de probabilidade pode ser escrita como $P(Z \leq z) = 0,95$. Agora, a Tabela III é usada ao contrário. No meio das probabilidades, procuramos encontrar o valor que corresponde a 0,95. A solução é ilustrada na Figura 4.13. Não encontramos exatamente 0,95; o valor mais próximo é 0,95053, correspondendo a $z = 1,65$.
7. Encontre o valor de z tal que $P(-z < Z < z) = 0,99$. Por causa da simetria da distribuição normal, se a área da região sombreada na Figura 4.13(7) for igual a 0,99, então a área em cada extremidade da distribuição deverá ser igual a 0,005. Logo, o valor de z corresponde a uma probabilidade de 0,995 na Tabela III. A probabilidade mais próxima desse valor na Tabela III é 0,99506, quando $z = 2,58$.

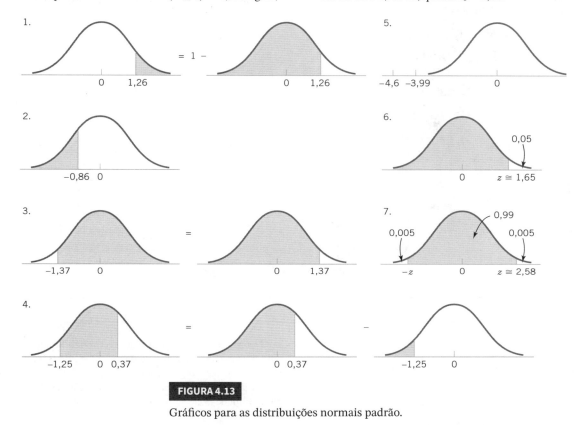

FIGURA 4.13
Gráficos para as distribuições normais padrão.

Os casos no Exemplo 4.10 mostram como calcular as probabilidades para as variáveis aleatórias normais padrão. Usar a mesma abordagem para uma variável aleatória normal padrão arbitrária necessitaria de uma tabela em separado para cada par possível de valores de μ e σ. Felizmente, todas as distribuições normais estão relacionadas algebricamente, e a Tabela III do Apêndice pode ser usada para encontrar as probabilidades associadas a uma variável aleatória normal arbitrária usando primeiro uma transformação simples.

A criação de uma nova variável aleatória por essa transformação é referida como **padronização**. A variável aleatória Z representa a distância de X a partir de sua média em termos dos desvios-padrão. Essa é a etapa chave para calcular a probabilidade para uma variável aleatória normal arbitrária.

Padronizando uma Variável Aleatória Normal

Se X for uma variável aleatória normal com $E(X) = \mu$ e $V(X) = \sigma^2$, a variável aleatória

$$Z = \frac{X - \mu}{\sigma} \quad (4.10)$$

será uma variável aleatória normal, com $E(Z) = 0$ e $V(Z) = 1$. Ou seja, Z é uma variável aleatória normal padrão.

Padronizando para Calcular uma Probabilidade

Suponha que X seja uma variável aleatória normal, com média μ e variância σ^2. Então,

$$P(X \leq x) = P\left(\frac{X - \mu}{\sigma} \leq \frac{x - \mu}{\sigma}\right) = P(Z \leq z) \quad (4.11)$$

em que Z é uma **variável aleatória normal padrão** e $z = \frac{(x - \mu)}{\sigma}$ é o **valor z**, obtido pela **padronização** de X.
A probabilidade é obtida entrando na Tabela III do Apêndice com $z = (x - \mu)/\sigma$.

EXEMPLO 4.11 | Corrente Distribuída Normalmente

Suponha que as medidas da corrente em um pedaço de fio sigam a distribuição normal, com uma média de 10 miliampères e uma variância de 4 (miliampères)^2. Qual é a probabilidade de a medida exceder 13 miliampères?

Seja X a corrente em miliampères. A probabilidade requerida pode ser representada por $P(X > 13)$. Seja $Z = (X - 10)/2$. A relação entre os vários valores de X e os valores transformados de Z é mostrada na Figura 4.14. Podemos observar que $X > 13$ corresponde a $Z > 1,5$. Assim, da Tabela III do Apêndice,

$$P(X > 13) = P(Z > 1,5) = 1 - P(Z \leq 1,5)$$
$$= 1 - 0,93319 = 0,06681$$

Em vez de usar a Figura 4.14, a probabilidade pode ser encontrada a partir da desigualdade $X > 13$. Isto é,

$$P(X > 13) = P\left(\frac{X - 10}{2} > \frac{13 - 10}{2}\right)$$
$$= P(Z > 1,5) = 0,06681$$

Interpretação Prática: Probabilidades para qualquer variável aleatória normal podem ser calculadas com uma simples transformação para uma variável aleatória normal padrão.

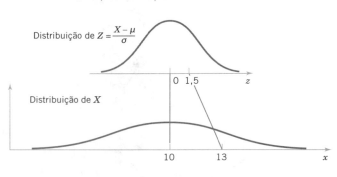
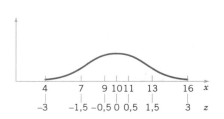

FIGURA 4.14
Padronizando uma variável aleatória normal.

EXEMPLO 4.12 | Corrente Distribuída Normalmente

Continuando com o Exemplo 4.11, qual é a probabilidade de a medida da corrente estar entre 9 e 11 miliampères? Da Figura 4.14, ou procedendo algebricamente, temos

$$P(9 < X < 11) = P\left(\frac{9 - 10}{2} < \frac{X - 10}{2} < \frac{11 - 10}{2}\right)$$
$$= P(-0,5 < Z < 0,5)$$
$$= P(Z < 0,5) - P(Z < -0,5)$$
$$= 0,69146 - 0,30854 = 0,38292$$

Determine o valor para o qual a probabilidade de uma medida da corrente estar abaixo desse valor seja 0,98. O valor requerido é mostrado graficamente na Figura 4.15. O valor de x é tal que $P(X < x) = 0,98$. Pela padronização, essa expressão de probabilidade pode ser escrita como

$$P(X < x) = P\left(\frac{X - 10}{2} < \frac{x - 10}{2}\right)$$
$$= P\left(Z < \frac{x - 10}{2}\right) = 0,98$$

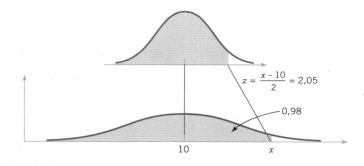

FIGURA 4.15
Determinando o valor de x para encontrar a probabilidade especificada.

A Tabela III do Apêndice é usada para encontrar o valor de z, tal que $P(Z < z) = 0,98$. A probabilidade mais próxima a partir da Tabela III resulta em

$$P(Z < 2,06) = 0,980301$$

Consequentemente, $(x - 10)/2 = 2,06$, e a transformação padronizada é usada ao contrário para determinar x. O resultado é

$$x = 2(2,06) + 10 = 14,1 \text{ mA}$$

No Exemplo 4.11, o valor 13 é transformado para 1,5, por meio da padronização, e 1,5 é frequentemente referido como o **valor z** associado a uma probabilidade. O quadro seguinte sumariza o cálculo das probabilidades deduzidas das variáveis aleatórias normais.

4.6 Aproximação das Distribuições Binomial e de Poisson pela Distribuição Normal

Começamos nossa seção sobre a distribuição normal com o teorema central do limite e a distribuição normal como uma aproximação para uma variável aleatória binomial, com um grande número de tentativas. Consequentemente, não seria surpresa usar a distribuição normal para aproximar as probabilidades binomiais para casos em que n seja grande. O exemplo seguinte ilustra que, para muitos sistemas físicos, o modelo binomial é apropriado com um valor extremamente grande de n. Nesses casos, é difícil calcular probabilidades usando a distribuição binomial. Felizmente, a **aproximação pela normal** é mais efetiva nesses casos. Uma ilustração é dada na Figura 4.16. A área de cada barra é igual à probabilidade binomial de x. Note que a área das barras pode ser aproximada pelas áreas sob a função densidade normal.

Na Figura 4.16, pode ser visto que uma probabilidade, tal como $P(3 \leq X \leq 7)$, é mais bem aproximada pela área sob a

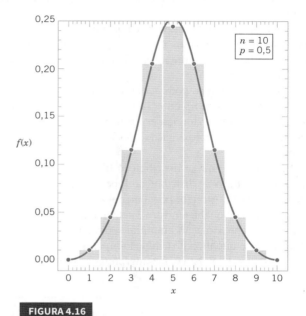

FIGURA 4.16

Aproximação da distribuição binomial pela normal.

curva normal de 2,5 a 7,5. Essa observação fornece um método para melhorar a aproximação de probabilidades binomiais. Pelo fato de uma distribuição contínua normal ser usada para aproximar uma distribuição discreta binomial, a modificação é referida como uma **correção de continuidade**.

EXEMPLO 4.13

Em um canal digital de comunicação, suponha que o número de *bits* recebidos com erro possa ser modelado por uma variável aleatória binomial. Suponha que a probabilidade de um *bit* ser recebido com erro seja de 1×10^{-5}. Se 16 milhões de *bits* forem transmitidos, qual será a probabilidade de haver 150 ou menos erros?

Seja a variável aleatória X o número de erros. Então X é uma variável aleatória binomial e

$$P(X \leq 150) = \sum_{x=0}^{150} \binom{16.000.000}{x} (10^{-5})^x (1 - 10^{-5})^{16.000.000-x}$$

Interpretação Prática: Claramente, essa probabilidade é difícil de calcular. Felizmente, a distribuição normal pode ser usada para prover uma excelente aproximação neste exemplo.

Aproximação da Distribuição Binomial pela Normal

Se X for uma variável aleatória binomial com parâmetros n e p,

$$Z = \frac{X - np}{\sqrt{np(1-p)}} \quad (4.12)$$

será aproximadamente uma variável aleatória normal padrão. De modo a aproximar uma probabilidade binomial por uma distribuição normal, uma **correção de continuidade** é aplicada como a seguir.

$$P(X \leq x) = P(X \leq x + 0,5) \approx P\left(Z \leq \frac{x + 0,5 - np}{\sqrt{np(1-p)}}\right)$$

e

$$P(x \leq X) = P(x - 0,5 \leq X) \approx P\left(\frac{x - 0,5 - np}{\sqrt{np(1-p)}} \leq Z\right)$$

A aproximação é boa para $np > 5$ e $n(1-p) > 5$.

Lembre-se de que, para uma variável binomial X, $E(X) = np$ e $V(X) = np(1 - p)$. Consequentemente, a expressão na Equação 4.12 nada mais é do que uma fórmula para padronizar a variável aleatória X. As probabilidades envolvendo X podem ser aproximadas usando uma distribuição normal padrão. A aproximação será boa quando n for grande em relação ao valor de p.

Uma maneira de lembrar a aproximação é escrever a probabilidade em termos de $\leq$ ou $\geq$ e então adicionar ou subtrair o fator de correção 0,5 de modo a tornar a probabilidade maior.

O fator de correção pode ser usado para melhorar a aproximação. Entretanto, se np ou $n(1-p)$ for pequeno, a distribuição binomial será bem distorcida e a distribuição normal simétrica não será uma boa aproximação. Dois casos são ilustrados na Figura 4.17.

Lembre-se de que a distribuição binomial é uma aproximação satisfatória da distribuição hipergeométrica quando n, o tamanho da amostra, for pequeno em relação a N, o tamanho da população da qual a amostra é selecionada. Uma regra prática é que a aproximação binomial será efetiva se $n/N < 0,1$. Lembre-se de que uma distribuição hipergeométrica p é definida como $p = K/N$. Isto é, p é interpretado como o número de

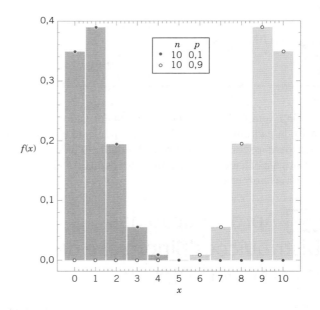

FIGURA 4.17

A distribuição binomial não será simétrica se p estiver perto de 0 ou 1.

EXEMPLO 4.14

O problema de comunicação digital no Exemplo 4.13 é resolvido como segue:

$$P(X \leq 150) = P(X \leq 150,5)$$
$$= P\left(\frac{X - 160}{\sqrt{160(1 - 10^{-5})}} \leq \frac{150,5 - 160}{\sqrt{160(1 - 10^{-5})}}\right)$$
$$\approx P(Z \leq -0,75) = 0,227$$

Porque $np = (16 \times 10^6)(1 \times 10^{-5}) = 160$ e $n(1 - p)$ é muito maior, espera-se que a aproximação funcione bem nesse caso.

Interpretação Prática: Probabilidades binomiais que sejam difíceis de calcular exatamente podem ser aproximadas com facilidade para calcular probabilidades baseadas na distribuição normal.

EXEMPLO 4.15 | Aproximação da Binomial pela Normal

Considere novamente a transmissão de *bits* no Exemplo 4.14. Para julgar quão bem a distribuição normal funciona, suponha que somente $n = 50$ *bits* devam ser transmitidos e que a probabilidade de um erro seja $p = 0,1$. A probabilidade exata de que dois ou menos erros ocorram é

$$P(X \leq 2) = \binom{50}{0} 0,9^{50} + \binom{50}{1} 0,1(0,9^{49})$$
$$+ \binom{50}{2} 0,1^2(0,9^{48}) = 0,112$$

Com base na aproximação normal,

$$P(X \leq 2) = P\left(\frac{X - 5}{\sqrt{50(0,1)(0,9)}} \leq \frac{2,5 - 5}{\sqrt{50(0,1)(0,9)}}\right)$$
$$\approx P(Z < -1,18) = 0,119$$

Podemos também aproximar $P(X = 5)$ como

$$P(5 \leq X \leq 5) = P(4,5 \leq X \leq 5,5)$$
$$\approx P\left(\frac{4,5 - 5}{2,12} \leq Z \leq \frac{5,5 - 5}{2,12}\right)$$
$$= P(-0,24 \leq Z \leq 0,24) = 0,19$$

e esse valor é aproximadamente igual à resposta exata de 0,1849.

Interpretação Prática: Mesmo para uma amostra tão pequena quanto 50 *bits*, a aproximação normal é razoável, quando $p = 0,1$.

$$\text{Distribuição hipergeométrica} \quad \underset{\frac{n}{N} < 0{,}1}{\approx} \quad \text{Distribuição binomial} \quad \underset{\substack{np > 5 \\ n(1-p) > 5}}{\approx} \quad \text{Distribuição normal}$$

FIGURA 4.18

Condições para aproximar as probabilidades hipergeométrica e binomial.

sucessos na população. Por conseguinte, a distribuição normal pode prover uma aproximação efetiva das probabilidades hipergeométricas quando $n/N < 0{,}1$, $np > 5$ e $n(1-p) > 5$. A Figura 4.18 fornece um sumário dessas normas.

Lembre-se de que a distribuição de Poisson foi desenvolvida como o limite de uma distribuição binomial à medida que o número de tentativas aumentava até infinito. Assim, não seria surpresa encontrar que a distribuição normal pode ser usada para aproximar probabilidades de uma variável aleatória de Poisson.

Aproximação da Distribuição de Poisson pela Normal

Se X for uma variável aleatória de Poisson, com $E(X) = \lambda$ e $V(X) = \lambda$,

$$Z = \frac{X - \lambda}{\sqrt{\lambda}} \qquad (4.13)$$

será aproximadamente uma variável aleatória normal padrão. A mesma correção de continuidade usada para a distribuição binomial pode ser aplicada. A aproximação é boa para

$$\lambda > 5$$

4.7 Distribuição Exponencial

A discussão da distribuição de Poisson definiu uma variável aleatória como o número de falhas ao longo do comprimento de um fio de cobre. A distância entre as falhas é outra variável aleatória que é frequentemente de interesse.

Seja a variável aleatória X o comprimento de qualquer ponto inicial no fio até o ponto em que uma falha seja detectada. Como você pode esperar, a distribuição de X pode ser obtida a partir do conhecimento da distribuição do número de falhas. A chave para a relação é o seguinte conceito: A distância para a primeira falha excederá 3 milímetros se, e somente se, houver falhas dentro de um comprimento de 3 milímetros – simples, mas suficiente para uma análise da distribuição de X.

Em geral, seja a variável aleatória N o número de falhas em x milímetros de fio. Se o número médio de falhas for λ por milímetro, então N terá uma distribuição de Poisson, com média λx. Vamos considerar que o fio seja mais longo do que o valor de x. Agora,

$$P(X > x) = P(N = 0) = \frac{e^{-\lambda x}(\lambda x)^0}{0!} = e^{-\lambda x}$$

Logo,

$$F(x) = P(X \leq x) = 1 - e^{-\lambda x},\ x \geq 0$$

é a função de distribuição cumulativa de X. Diferenciando $F(x)$, a função densidade de probabilidade de X é calculada como

$$f(x) = \lambda e^{-\lambda x},\ x \geq 0$$

A derivação da distribuição de X depende somente da suposição de as falhas no fio seguirem o **processo de Poisson**. Também, o ponto inicial para medir X não importa, porque a probabilidade do número de falhas em um intervalo de um processo de Poisson depende somente do comprimento do intervalo e não da localização. Para qualquer processo de Poisson, o seguinte resultado geral se aplica.

EXEMPLO 4.16 | Aproximação de Poisson pela Normal

Considere que o número de partículas de asbestos em um metro quadrado de poeira em uma superfície siga a distribuição de Poisson, com uma média de 1000. Se um metro quadrado de poeira for analisado, qual será a probabilidade de que 950 ou menos partículas sejam encontradas?

Essa probabilidade pode ser expressa exatamente como

$$P(X \leq 950) = \sum_{x=0}^{950} \frac{e^{-1000} 1000^x}{x!}$$

A dificuldade computacional é clara. A probabilidade pode ser aproximada por

$$P(X \leq 950) = P(X \leq 950{,}5) \approx P\left(Z \leq \frac{950{,}5 - 1000}{\sqrt{1000}}\right)$$

$$= P(Z \leq -1{,}57) = 0{,}058$$

Interpretação Prática: Probabilidades de Poisson, que são difíceis de calcular exatamente, podem ser aproximadas com facilidade de modo a calcular probabilidades baseadas na distribuição normal.

Distribuição Exponencial

A variável aleatória X, que é igual à distância entre contagens sucessivas de um processo de Poisson, com média $\lambda > 0$, é uma **variável aleatória exponencial** com parâmetro λ. A função densidade de probabilidade de X é

$$f(x) = \lambda e^{-\lambda x} \quad \text{para} \quad 0 \leq x < \infty \qquad (4.14)$$

A distribuição exponencial tem esse nome por causa da função exponencial na função densidade de probabilidade. Gráficos da distribuição exponencial para valores selecionados de λ são mostrados na Figura 4.19. Para qualquer valor de λ, a distribuição exponencial é bem distorcida. Os seguintes resultados são facilmente obtidos e são deixados como um exercício.

Média e Variância

Se a variável aleatória X tiver uma distribuição exponencial, com parâmetro λ,

$$\mu = E(X) = \frac{1}{\lambda} \quad \text{e} \quad \sigma^2 = V(X) = \frac{1}{\lambda^2} \qquad (4.15)$$

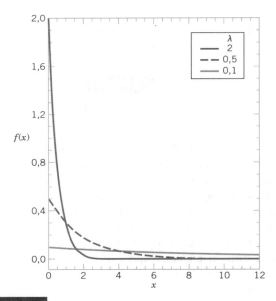

FIGURA 4.19

Função densidade de probabilidade de uma variável aleatória exponencial, para valores selecionados de λ.

É importante *usar unidades consistentes* para expressar intervalos, X e λ. O seguinte exemplo ilustra as conversões de unidades.

EXEMPLO 4.17 | Uso de Computador

Em uma grande rede corporativa de computadores, as conexões dos usuários ao sistema podem ser modeladas como um processo de Poisson, com uma média de 25 conexões por hora. Qual é a probabilidade de não haver conexões em um intervalo de seis minutos?

Seja X o tempo, em horas, do início do intervalo até a primeira conexão. Então, X tem uma distribuição exponencial, com $\lambda = 25$ conexões por hora. Estamos interessados na probabilidade de X exceder seis minutos. Uma vez que λ é dado em conexões por hora, expressamos todas as unidades de tempo em horas. Ou seja, 6 minutos = 0,1 hora. Logo,

$$P(X > 0,1) = \int_{0,1}^{\infty} 25 e^{-25x} dx = e^{-25(0,1)} = 0,082$$

A função distribuição cumulativa também pode ser usada para obter o mesmo resultado, como segue:

$$P(X > 0,1) = 1 - F(0,1) = e^{-25(0,1)}$$

Uma resposta idêntica é obtida expressando o número médio de conexões como 0,417 conexão por minuto e calculando a probabilidade de o tempo exceder seis minutos até a próxima conexão. Tente.

Qual é a probabilidade de que o tempo até a próxima conexão esteja entre dois e três minutos? Convertendo todas as unidades para horas,

$$P(0,033 < X < 0,05) = \int_{0,033}^{0,05} 25 e^{-25x} dx$$
$$= -e^{-25x}\Big|_{0,033}^{0,05} = 0,152$$

Uma solução alternativa é

$$P(0,033 < X < 0,05) = F(0,05) - F(0,033) = 0,152$$

Determine o intervalo de tempo tal que a probabilidade de nenhuma conexão ocorrer no intervalo seja 0,90. A questão é saber o comprimento de tempo x tal que $P(X > x) = 0,90$. Agora,

$$P(X > x) = e^{-25x} = 0,90$$

Aplique os logaritmos neperianos de ambos os lados, de modo a obter $-25x = \ln(0,90) = -0,1054$. Consequentemente,

$$x = 0,00421 \text{ hora} = 0,25 \text{ minuto}$$

Além disso, o tempo médio até a próxima conexão é

$$\mu = 1/25 = 0,04 \text{ hora} = 2,4 \text{ minutos}$$

O desvio-padrão do tempo até a próxima conexão é

$$\sigma = 1/25 \text{ hora} = 2,4 \text{ minutos}$$

Interpretação Prática: Probabilidades para variáveis aleatórias exponenciais são largamente utilizadas por organizações para avaliar níveis de recursos e de pessoal, de modo a encontrar as necessidades dos consumidores.

No Exemplo 4.17, a probabilidade de não haver conexões em um intervalo de seis minutos foi igual a 0,082, independente do tempo inicial do intervalo. Um processo de Poisson supõe que eventos ocorram uniformemente por meio do intervalo de observação; isto é, não há agrupamento de eventos. Se as conexões forem bem modeladas por um processo de Poisson, a probabilidade de que a primeira conexão após o meio-dia ocorra depois de 12h6min é a mesma probabilidade com que a primeira conexão após as 15h ocorra depois das 15h6min. E se alguém se conectar às 14h22min, a probabilidade de a próxima conexão ocorrer depois das 14h28min será ainda 0,082.

Nosso ponto inicial de observação no sistema não importa. Entretanto, se houver períodos de uso intenso durante o dia, tal como imediatamente depois das 8h, seguido de um período de baixo uso, um processo de Poisson não será um modelo apropriado para as conexões, e a distribuição não será apropriada para calcular probabilidades. Pode ser razoável modelar cada um dos períodos de uso intenso e uso baixo por um processo separado de Poisson, empregando um valor grande de λ, durante os períodos de uso intenso, e um valor menor, caso contrário. Então, uma distribuição exponencial com o valor correspondente de λ pode ser usada para calcular as probabilidades de conexão para os períodos de alto e baixo usos.

Propriedade de Falta de Memória Uma propriedade ainda mais interessante de uma variável aleatória exponencial está relacionada com as probabilidades condicionais.

O Exemplo 4.18 ilustra a **propriedade de falta de memória** de uma variável aleatória exponencial, e uma afirmação geral da propriedade é dada a seguir. De fato, a distribuição exponencial é a única distribuição contínua com essa propriedade.

> **Propriedade de Falta de Memória**
> Para uma variável aleatória exponencial X,
> $$P(X < t_1 + t_2 \mid X > t_1) = P(X < t_2) \qquad (4.16)$$

A Figura 4.20 ilustra graficamente a propriedade de falta de memória. A área da região A dividida pela área total sob a função densidade de probabilidade ($A + B + C + D = 1$) é igual a $P(X < t_2)$. A área da região C dividida pela área $C + D$ é igual a $P(X < t_1 + t_2 \mid X > t_1)$. A propriedade de falta de memória implica que a proporção da área total que está em A é igual à proporção da área em C e D que está em C.

A propriedade de falta de memória não é surpresa quando você considera o desenvolvimento de um processo de Poisson. Nesse desenvolvimento, consideramos que um intervalo poderia ser dividido em pequenos intervalos que fossem independentes. Esses subintervalos são similares às tentativas independentes de Bernoulli, que compreendem um processo binomial; o conhecimento dos resultados prévios não afeta as

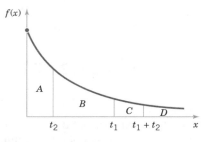

FIGURA 4.20
Propriedade de falta de memória de uma distribuição exponencial.

EXEMPLO 4.18 | Propriedade de Falta de Memória

Seja X o tempo entre detecções de uma partícula rara em um contador Geiger e considere que X tenha uma distribuição exponencial com $E(X) = 1{,}4$ minuto. A probabilidade de detectarmos uma partícula dentro de 30 segundos a partir do começo da contagem é

$$P(X < 0{,}5) = F(0{,}5) = 1 - e^{-0{,}5/1{,}4} = 0{,}30$$

Agora, suponha que liguemos o contador Geiger e esperemos três minutos sem detectar uma partícula. Qual é a probabilidade de uma partícula ser detectada nos próximos 30 segundos?

Visto que já esperamos três minutos, sentimos que já é tempo suficiente. Isto é, a probabilidade de uma detecção nos próximos 30 segundos deveria ser maior do que 0,3. No entanto, para uma distribuição exponencial, isso não é verdade. A probabilidade requerida pode ser expressa como a probabilidade condicional de que $P(X < 3{,}5 \mid X > 3)$. Da definição de probabilidade condicional,

$$P(X < 3{,}5 \mid X > 3) = P(3 < X < 3{,}5)/P(X > 3)$$

em que

$$P(3 < X < 3{,}5) = F(3{,}5) - F(3)$$
$$= [1 - e^{-3{,}5/1{,}4}] - [1 - e^{-3/1{,}4}] = 0{,}035$$

e

$$P(X > 3) = 1 - F(3) = e^{-3/1{,}4} = 0{,}117$$

Assim,

$$P(X < 3{,}5 \mid X > 3) = 0{,}035/0{,}117 = 0{,}30$$

Interpretação Prática: Depois de esperar por três minutos sem uma detecção, a probabilidade de uma detecção nos próximos 30 segundos é a mesma probabilidade de uma detecção nos 30 segundos imediatamente depois de começar a contagem. O fato de que você esperou três minutos sem uma detecção não muda a probabilidade de uma detecção nos próximos 30 segundos.

probabilidades de eventos em futuros subintervalos. Uma variável aleatória exponencial é a análoga, no caso contínuo, à variável aleatória geométrica, no caso discreto, e elas compartilham uma propriedade similar de falta de memória.

A distribuição exponencial é frequentemente usada em estudos de confiabilidade como o modelo para o tempo até a falha de um equipamento. Por exemplo, o tempo de vida de um *chip* semicondutor pode ser modelado como uma variável aleatória exponencial, com uma média de 40.000 horas. A propriedade de falta de memória da distribuição exponencial implica que o equipamento não se desgasta. Ou seja, independente de quanto tempo o equipamento tenha operado, a probabilidade de uma falha nas próximas 1000 horas é a mesma que a probabilidade de uma falha nas primeiras 1000 horas de operação. O tempo de vida L de um equipamento com falhas causadas pelos impactos aleatórios pode ser modelado apropriadamente como uma variável aleatória exponencial.

Entretanto, o tempo de vida L de um equipamento que sofre lento desgaste mecânico, como desgaste no mancal, é mais bem modelado por uma distribuição, tal que $P(L < t + \Delta t \mid L > t)$ aumenta com o tempo. Distribuições, como a distribuição de Weibull, são frequentemente usadas, na prática, para modelar o tempo de falha desse tipo de equipamento. A distribuição de Weibull será apresentada em uma seção mais adiante.

4.8 Distribuições de Erlang e Gama

Uma variável aleatória exponencial descreve o comprimento até que a primeira contagem seja obtida em um processo de Poisson. Uma generalização da distribuição exponencial é o comprimento até que r contagens ocorram em um processo de Poisson.

O exemplo prévio pode ser generalizado para demonstrar que, se X é o tempo até o r-ésimo evento em um processo de Poisson, então

$$P(X > x) = \sum_{k=0}^{r-1} \frac{e^{-\lambda x}(\lambda x)^k}{k!} \qquad (4.17)$$

Uma vez que $P(X > x) = 1 - F(x)$, a função densidade de probabilidade de X iguala a derivada negativa do lado direito da equação prévia. Depois de uma simplificação algébrica intensa, a função densidade de probabilidade de X é igual a

$$f(x) = \frac{\lambda^r x^{r-1} e^{-\lambda x}}{(r-1)!} \quad \text{para } x > 0 \text{ e } r = 1, 2, \ldots .$$

Essa função densidade de probabilidade define uma **distribuição variável de Erlang**. Claramente, uma variável aleatória de Erlang com $r = 1$ é uma variável aleatória exponencial.

É conveniente generalizar a distribuição de Erlang para permitir r ser qualquer valor não negativo. Então, a distribuição de Erlang e algumas outras comuns se tornam casos especiais dessa distribuição generalizada. Para completar essa etapa, a função fatorial $(r-1)!$ tem de ser generalizada para ser aplicada a qualquer valor não negativo de r; porém, a função generalizada deveria ainda ser igual a $(r-1)!$ quando r for um inteiro positivo.

> **Função Gama**
>
> A **função gama** é
>
> $$\Gamma(r) = \int_0^\infty x^{r-1} e^{-x} dx, \text{ para } r > 0 \qquad (4.18)$$

Pode-se mostrar que a integral na definição de $\Gamma(r)$ é finita. Além disso, integrando por partes, demonstra-se que

$$\Gamma(r) = (r-1)\Gamma(r-1)$$

Esse resultado é deixado como exercício. Assim, se r for um inteiro positivo (como na distribuição de Erlang),

$$\Gamma(r) = (r-1)!$$

Também, $\Gamma(1) = 0! = 1$ e pode ser mostrado que $\Gamma(1/2) = \pi^{1/2}$. Agora a distribuição de Erlang pode ser generalizada.

EXEMPLO 4.19 | Falha em um Processador

As falhas das unidades de um processador central de grandes sistemas computacionais são frequentemente modeladas como um processo de Poisson. Tipicamente, as falhas não são causadas por componentes desgastados, porém mais por falhas aleatórias do grande número de circuitos de semicondutores nas unidades. Suponha que as unidades que falham sejam reparadas imediatamente e considere que o número médio de falhas por hora seja 0,0001. Seja X o tempo até que quatro falhas ocorram em um sistema. Determine a probabilidade de X exceder 40.000 horas.

Seja a variável aleatória N o número de falhas em 40.000 horas de operação. O tempo até que quatro falhas ocorram excederá 40.000 horas se, e somente se, o número de falhas em 40.000 horas for três ou menos. Assim,

$$P(X > 40.000) = P(N \leq 3)$$

A suposição de que as falhas seguem um processo de Poisson implica que N tenha uma distribuição de Poisson com

$$E(N) = \lambda T = 0,0001(40.000) = 4$$

falhas por 40.000 horas. Logo,

$$P(X > 40.000) = P(N \leq 3) = \sum_{k=0}^{3} \frac{e^{-4} 4^k}{k!} = 0,433$$

Distribuição Gama

A variável aleatória X, com função densidade de probabilidade,

$$f(x) = \frac{\lambda^r x^{r-1} e^{-\lambda x}}{\Gamma(r)}, \text{ para } x > 0 \quad (4.19)$$

é uma **variável aleatória gama**, com parâmetros $\lambda > 0$ e $r > 0$. Se r for um inteiro, então X terá uma distribuição de Erlang.

Os parâmetros λ e r são frequentemente chamados de parâmetros de *escala* e de *forma*, respectivamente. No entanto, devemse verificar as definições que são usadas nos programas computacionais comerciais. Por exemplo, alguns pacotes estatísticos definem o parâmetro de escala como $1/\lambda$. Esboços da distribuição gama para vários valores de λ e r são mostrados na Figura 4.21. Muitas formas diferentes podem ser geradas a partir de mudanças nos parâmetros. Além disso, a mudança de variável $u = \lambda x$ e a definição da função gama podem ser usadas para mostrar que a integral da densidade é igual a 1.

Para o caso especial em que r for um inteiro e o valor de r não for grande, a Equação (4.17) poderá ser aplicada para calcular probabilidades para uma variável aleatória gama. Entretanto, em geral, a integral da função densidade de probabilidade gama é difícil de avaliar; logo, pacotes computacionais são usados para determinar probabilidades.

Lembre-se de que para uma distribuição exponencial, com parâmetro l, a média e a variância são $1/\lambda$ e $1/\lambda^2$, respectivamente. Uma variável aleatória de Erlang é o tempo até que o r-ésimo evento em um processo de Poisson e o tempo entre eventos sejam independentes. Por conseguinte, é plausível que a média e a variância de uma variável aleatória gama sejam multiplicadas pelos resultados da exponencial, ou seja, por r. Isso motiva as conclusões seguintes. Integrações repetidas por partes podem ser usadas para deduzir isso, mas os detalhes são longos e foram omitidos.

Média e Variância

Se X for uma **variável aleatória gama**, com parâmetros λ e r,

$$\mu = E(X) = r/\lambda \quad \text{e} \quad \sigma^2 = V(X) = r/\lambda^2$$

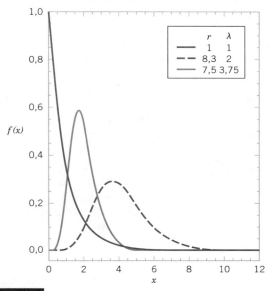

FIGURA 4.21

Funções densidades de probabilidade gama, para valores selecionados de λ e r.

EXEMPLO 4.20

O tempo para preparar uma transparência sobre microarranjo para um estudo de genes em alta produção é um processo de Poisson, com média de duas horas por transparência. Qual é a probabilidade de 10 transparências necessitarem de mais de 25 horas para serem preparadas?

Seja X o tempo para preparar 10 transparências. Por causa da suposição de um processo de Poisson, X tem uma distribuição gama, com $\lambda = 1/2$, $r = 10$, sendo a probabilidade requerida $P(X > 25)$. A probabilidade pode ser obtida a partir de um programa computacional que forneça as probabilidades cumulativas de Poisson ou as probabilidades de gama. Para as probabilidades cumulativas de Poisson, usamos o método do Exemplo 4.19 de modo a obter

$$P(X > 25) = \sum_{k=0}^{9} \frac{e^{-12,5}(12,5)^k}{k!}$$

Em *software*, estabelecemos a média = 12,5 e a entrada = 9 para obter $P(X > 25) = 0{,}2014$.

Quais são a média e o desvio-padrão do tempo para preparar 10 transparências? O tempo médio é

$$E(X) = r/\lambda = 10/0{,}5 = 20$$

A variância do tempo é

$$V(X) = r//\lambda^2 = 10/0{,}5^2 = 40$$

de modo que o desvio-padrão é $40^{1/2} = 6{,}32$ horas.

Em que tempo as transparências serão completadas com uma probabilidade de 0,95? A questão é saber o valor de x, de tal modo que

$$P(X \leq x) = 0{,}95$$

em que X é gama com $\lambda = 0{,}5$ e $r = 10$. No pacote estatístico, usamos a função de probabilidade cumulativa inversa de gama e estabelecemos o parâmetro de forma igual a 10, o parâmetro de escala igual a 0,5 e a probabilidade igual a 0,95. A solução calculada é

$$P(X \leq 31{,}41) = 0{,}95$$

Interpretação Prática: Com base nesse resultado, um horário que permita 31,41 horas para preparar 10 transparências deveria ser encontrado em 95 % das ocasiões.

Além disso, a **distribuição qui-quadrado** é um caso especial da distribuição gama, em que $\lambda = 1/2$ e r é igual a um dos valores 1/2, 1, 3/2, 2, ... Essa distribuição é usada extensivamente em estimação de intervalo e em testes de hipóteses que serão tratados em capítulos subsequentes. Também a distribuição qui-quadrado será discutida em capítulos subsequentes.

4.9 Distribuição de Weibull

Como mencionado anteriormente, a distribuição de Weibull é frequentemente usada para modelar o tempo até a falha de muitos sistemas físicos diferentes. Os parâmetros na distribuição fornecem grande flexibilidade para modelar sistemas em que o número de falhas aumenta com o tempo (desgaste de rolamento), diminui com o tempo (alguns semicondutores) ou permanece constante com o tempo (falhas causadas pelos choques externos ao sistema).

Distribuição de Weibull

A variável aleatória X, com função densidade de probabilidade

$$f(x) = \frac{\beta}{\delta}\left(\frac{x}{\delta}\right)^{\beta-1} \exp\left[-\left(\frac{x}{\delta}\right)^{\beta}\right], \quad \text{para} \quad x > 0 \quad (4.20)$$

é uma **variável aleatória de Weibull**, com parâmetro de escala $\delta > 0$ e parâmetro de forma $\beta > 0$.

A flexibilidade da distribuição de Weibull é ilustrada pelos gráficos das funções densidades de probabilidade selecionadas na Figura 4.22. Por inspeção da função densidade de probabilidade, vê-se que, quando $\beta = 1$, a distribuição de Weibull é idêntica à distribuição exponencial. Também, a **distribuição de Raleigh** é um caso especial, quando o parâmetro de forma é 2.

A função de distribuição cumulativa é frequentemente usada para calcular as probabilidades. O resultado seguinte pode ser obtido.

Função de Distribuição Cumulativa

Se X tiver uma distribuição de Weibull, com parâmetros δ e β, então a função de distribuição cumulativa de X será

$$F(x) = 1 - e^{-\left(\frac{x}{\delta}\right)^{\beta}}$$

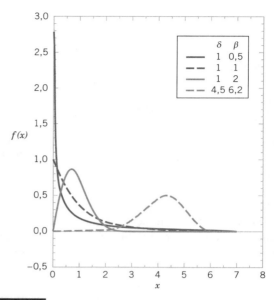

FIGURA 4.22

Funções densidades de probabilidade de Weibull, para valores selecionados de δ e β.

Também, o resultado seguinte pode ser obtido.

Média e Variância

Se X tiver uma distribuição de Weibull, com parâmetros δ e β,

$$\mu = E(X) = \delta\Gamma\left(1 + \frac{1}{\beta}\right)$$

e

$$\sigma^2 = V(X) = \delta^2\Gamma\left(1 + \frac{2}{\beta}\right) - \delta^2\left[\Gamma\left(1 + \frac{1}{\beta}\right)\right]^2 \quad (4.21)$$

4.10 Distribuição Lognormal

Variáveis em um sistema seguem, algumas vezes, uma relação exponencial, como $x = \exp(w)$. Se o expoente for uma variável aleatória W, então $X = \exp(W)$ será uma variável aleatória

---

EXEMPLO 4.21 | Desgaste de Mancal

O tempo de falha (em horas) de um mancal em um eixo mecânico é satisfatoriamente modelado como uma variável aleatória de Weibull, com $\beta = 1/2$ e $\delta = 5000$ horas. Determine o tempo médio até falhar.

Da expressão para a média,

$$E(X) = 5000\Gamma[1 + (1/2)] = 5000\Gamma[1,5] = 5000 \times 0,5\sqrt{\pi}$$
$$= 4431,1 \text{ horas}$$

Determine a probabilidade de um mancal durar no mínimo 6000 horas. Agora,

$$P(X > 6000) = 1 - F(6000) = \exp\left[-\left(\frac{6000}{5000}\right)^2\right]$$
$$= e^{-1,44} = 0,237$$

Interpretação Prática: Consequentemente, 23,7 % de todos os mancais duram no mínimo 6000 horas.

com uma distribuição de interesse. Um importante caso especial ocorre quando W tem uma distribuição normal. Nesse caso, a distribuição de X é chamada de **distribuição lognormal**. O nome provém da transformação $\ln(X) = W$. Ou seja, o logaritmo natural de X é normalmente distribuído.

Probabilidades para X são obtidas a partir da transformação da distribuição normal. Suponha que W seja normalmente distribuída, com média θ e variância ω^2; então, a função de distribuição cumulativa para X é

$$F(x) = P[X \leq x] = P[\exp(W) \leq x] = P[W \leq \ln(x)]$$
$$= P\left[Z \leq \frac{\ln(x) - \theta}{\omega}\right] = \Phi\left[\frac{\ln(x) - \theta}{\omega}\right]$$

para $x > 0$, em que Z é uma variável aleatória normal padrão e $\Phi(\cdot)$ é a função de distribuição cumulativa da distribuição normal padrão. Portanto, a Tabela III do Apêndice pode ser utilizada para determinar a probabilidade. Também, $F(x) = 0$, para $x \leq 0$.

A função densidade de probabilidade de X pode ser obtida a partir da derivada de $F(x)$. Uma vez que $\Phi(\cdot)$ é a integral da função densidade normal padrão, o teorema fundamental de cálculo é usado para calcular a derivada. Além disso, a partir da função densidade de probabilidade, a média e a variância de X podem ser deduzidas. Os detalhes são omitidos, mas segue um sumário dos resultados.

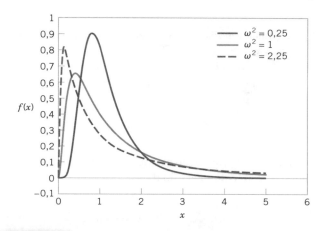

FIGURA 4.23

Funções densidades de probabilidade lognormal com $\theta = 0$ para valores selecionados de ω^2.

Os parâmetros de uma distribuição lognormal são θ e ω^2; porém, é necessário cuidado para interpretar que eles são a média e a variância da variável aleatória normal W. A média e a variância de X são funções desses parâmetros mostrados na Equação (4.22). A Figura 4.23 ilustra as distribuições lognormais para valores selecionados dos parâmetros.

O tempo de vida de um produto que degrada ao longo do tempo é frequentemente modelado por uma variável aleatória lognormal. Por exemplo, essa é uma distribuição comum para o tempo de vida de um *laser* semicondutor. Uma distribuição de Weibull pode ser usada nesse tipo de aplicação e, com uma escolha apropriada de parâmetros, pode aproximar uma distribuição lognormal selecionada. Entretanto, uma distribuição lognormal é deduzida a partir de uma simples função exponencial de uma variável aleatória normal; assim, é fácil entender e avaliar as probabilidades.

4.11 Distribuição Beta

Uma distribuição contínua que seja flexível, mas limitada ao longo de uma faixa finita, é útil para modelos de probabilidade. A proporção de radiação solar absorvida por um material ou a proporção (do tempo máximo) requerida para completar

---

Distribuição Lognormal

Seja W tendo distribuição normal, com média θ e variância ω^2; então, $X = \exp(W)$ é uma **variável aleatória lognormal**, com função densidade de probabilidade

$$f(x) = \frac{1}{x\omega\sqrt{2\pi}} \exp\left[-\frac{(\ln(x) - \theta)^2}{2\omega^2}\right] \quad 0 < x < \infty$$

A média e a variância de X são

$$E(X) = e^{\theta + \omega^2/2} \quad \text{e} \quad V(X) = e^{2\theta + \omega^2}(e^{\omega^2} - 1) \quad (4.22)$$

EXEMPLO 4.22 | *Laser* Semicondutor

O tempo (em horas) de vida de um *laser* semicondutor tem uma distribuição lognormal, com $\theta = 10$ e $\omega = 1{,}5$ hora. Qual é a probabilidade de o tempo de vida exceder 10.000 horas?

Da função de distribuição cumulativa para X,

$$P(X > 10.000) = 1 - P[\exp(W) \leq 10.000]$$
$$= 1 - P[W \leq \ln(10.000)]$$
$$= 1 - \Phi\left(\frac{\ln(10.000) - 10}{1{,}5}\right) = 1 - \Phi(-0{,}52)$$
$$= 1 - 0{,}30 = 0{,}70$$

Qual o tempo de vida que é excedido por 99 % dos *lasers*? A questão é determinar x, tal que $P(X > x) = 0{,}99$. Logo,

$$P(X > x) = P[\exp(W) > x] = P[W > \ln(x)]$$
$$= 1 - \Phi\left(\frac{\ln(x) - 10}{1{,}5}\right) = 0{,}99$$

Da Tabela III do Apêndice, $1 - \Phi(z) = 0{,}99$ quando $z = -2{,}33$. Consequentemente,

$$\frac{\ln(x) - 10}{1{,}5} = -2{,}33 \quad \text{e} \quad x = \exp(6{,}505) = 668{,}48 \text{ horas}$$

Determine a média e o desvio-padrão do tempo de vida. Agora,

$$E(X) = e^{\theta + \omega^2/2} = e^{(10+1,125)} = 67.846,3$$
$$V(X) = e^{2\theta + \omega^2}(e^{\omega^2} - 1) = e^{(20+2,25)}(e^{2,25-1})$$
$$= 39.070.059.886,6$$

Logo, o desvio-padrão de X é 197.661,5 horas.

Interpretação Prática: O desvio-padrão de uma variável aleatória lognormal pode ser grande em relação à média.

---

uma tarefa em um projeto são exemplos de variáveis aleatórias contínuas ao longo do intervalo [0, 1].

A variável aleatória X com função densidade de probabilidade

$$f(x) = \frac{\Gamma(\alpha + \beta)}{\Gamma(\alpha)\Gamma(\beta)} x^{\alpha-1}(1-x)^{\beta-1}, \quad \text{para } x \text{ in } [0, 1]$$

é uma **variável aleatória beta** com parâmetros $\alpha > 0$ e $\beta > 0$.

Os parâmetros de forma α e β permitem que a função densidade de probabilidade assuma muitas formas diferentes. A Figura 4.24 fornece alguns exemplos. Se $\alpha = \beta$, a distribuição é simétrica em torno de $x = 0,5$, e se $\alpha = \beta = 1$, a distribuição beta é igual à distribuição contínua uniforme. A figura ilustra que outras escolhas de parâmetros geram distribuições não simétricas.

Em geral, não há uma expressão exata para a função distribuição cumulativa, e probabilidades para variáveis aleatórias beta precisam ser calculadas numericamente. Os exercícios fornecem alguns casos especiais em que a função densidade de probabilidade é mais facilmente manuseada.

Se $\alpha > 1$ e $\beta > 1$, a moda (pico da densidade) está no interior de [0, 1] e é igual a

$$\text{moda} = \frac{\alpha - 1}{\alpha + \beta - 2}$$

Essa expressão é útil para relacionar o pico da função de densidade de probabilidade com os parâmetros. Para a distribuição usada previamente para a proporção do tempo necessário para completar uma tarefa, $\alpha = 2,5$ e $\beta = 1$. A moda dessa distribuição é $(2,5 - 1)/(3,5 - 2) = 1$. A média e a variância de

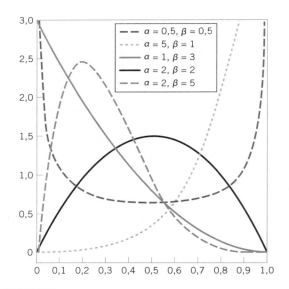

FIGURA 4.24

Funções densidade de probabilidade beta para valores selecionados dos parâmetros α e β.

uma distribuição beta podem ser obtidas a partir das integrais, mas os detalhes são deixados como um exercício.

Além disso, embora uma variável aleatória beta X seja definida ao longo do intervalo [0, 1], uma variável aleatória W definida ao longo do intervalo finito $[a, b]$ pode ser construída a partir de $W = a + (b - a)X$.

Média e Variância

Se X tem uma distribuição beta com parâmetros α e β,

$$\mu = E(X) = \frac{\alpha}{\alpha + \beta} \quad \text{e} \quad \sigma^2 = V(X) = \frac{\alpha\beta}{(\alpha + \beta)^2 (\alpha + \beta + 1)}$$

EXEMPLO 4.23

Considere o tempo para completar um grande desenvolvimento comercial. A proporção do tempo máximo permitido para completar uma tarefa é modelada como uma variável aleatória beta, com $\alpha = 2,5$ e $\beta = 1$. Qual é a probabilidade de a proporção do tempo máximo exceder 0,7?

Suponha que X denote a proporção do tempo máximo necessário para completar a tarefa. A probabilidade é

$$P(X > 0,7) = \int_{0,7}^{1} \frac{\Gamma(\alpha + \beta)}{\Gamma(\alpha)\Gamma(\beta)} x^{\alpha-1}(1-x)^{\beta-1}$$

$$= \int_{0,7}^{1} \frac{\Gamma(3,5)}{\Gamma(2,5)\Gamma(1)} x^{1,5} = \frac{2,5(1,5)(0,5)\sqrt{\pi}}{(1,5)(0,5)\sqrt{\pi}} \left. \frac{x^{2,5}}{2,5} \right|_{0,7}^{1}$$

$$= 1 - 0,7^{2,5} = 0,59$$

Termos e Conceitos Importantes

Aproximação das probabilidades binomial e de Poisson pela normal
Correção de continuidade
Desvio-padrão – variável aleatória contínua
Distribuição de probabilidades – variável aleatória contínua
Distribuição de Raleigh
Distribuição gaussiana
Distribuição qui-quadrado
Função de distribuição cumulativa
Função densidade de probabilidade

Função gama
Média – função de uma variável aleatória contínua
Média – variável aleatória contínua
Padronização
Processo de Poisson
Propriedade de falta de memória – variável aleatória contínua
Valor esperado de uma função de uma variável aleatória
Variância – variável aleatória contínua

Variável aleatória beta
Variável aleatória contínua
Variável aleatória contínua uniforme
Variável aleatória de Erlang
Variável aleatória de Weibull
Variável aleatória exponencial
Variável aleatória gama
Variável aleatória lognormal
Variável aleatória normal
Variável aleatória normal padrão

CAPÍTULO 5

Distribuições de Probabilidades Conjuntas

OBJETIVOS DA APRENDIZAGEM

Depois de um cuidadoso estudo deste capítulo, você deve ser capaz de:

1. Usar as funções de probabilidade conjunta e as funções densidades de probabilidade conjunta para calcular probabilidades
2. Calcular as distribuições de probabilidades condicionais a partir de distribuições de probabilidades conjuntas e estimar a independência de variáveis aleatórias
3. Interpretar e calcular covariâncias e correlações entre variáveis aleatórias
4. Usar a distribuição multinomial para determinar probabilidades e entender as propriedades de uma distribuição normal bivariada e ser capaz de desenhar curvas de nível para a função densidade de probabilidade.
5. Calcular médias e variâncias para combinações lineares de variáveis aleatórias e calcular probabilidades para combinações lineares de variáveis aleatórias normalmente distribuídas
6. Determinar a distribuição de uma função geral de uma variável aleatória
7. Calcular as funções geradoras de momento e usar as funções para determinar momentos e distribuições

SUMÁRIO DO CAPÍTULO

5.1 Distribuições de Probabilidades Conjuntas para Duas Variáveis Aleatórias

5.2 Distribuições de Probabilidades Condicionais e Independência

5.3 Distribuições de Probabilidades Conjuntas para Mais de Duas Variáveis Aleatórias

5.4 Covariância e Correlação

5.5 Distribuições Conjuntas Comuns

    5.5.1 Distribuição Multinomial de Probabilidades

    5.5.2 Distribuição Normal Bivariada

5.6 Funções Lineares de Variáveis Aleatórias

5.7 Funções Gerais de Variáveis Aleatórias

5.8 Funções Geradoras de Momento

Estações de monitoramento da qualidade do ar são mantidas em todo o Condado de Maricopa, área metropolitana do Arizona e de Fênix. Medidas para material particulado e para ozônio são feitas a cada hora. Material particulado (conhecido como PM10) é uma medida (em $\mu g/m^3$) de partículas sólidas e líquidas no ar com diâmetros menores que 10 micrômetros. Ozônio é um gás incolor, com moléculas que têm três átomos de oxigênio que o tornam muito reativo. Ozônio é formado em uma reação complexa a partir de calor, luz do Sol e de outros poluentes, especialmente compostos orgânicos voláteis. A Agência de Proteção Ambiental dos Estados Unidos estabelece limites para PM10 e ozônio. Por exemplo, o limite para ozônio é 0,075 ppm. A probabilidade de um dia em Fênix exceder os limites para PM10 e para ozônio é importante para ações de conformidade e de remediação com o condado e a cidade. Mas isso pode ser mais complexo que o produto das probabilidades para cada poluente separadamente. Pode ser que dias com altas medidas de PM10 também tendam a ter valores de ozônio. Ou seja, as medidas devem ser independentes e é a relação conjunta entre essas medidas que se torna importante. O estudo de distribuições de probabilidades para mais de uma variável aleatória é o foco deste capítulo, e os dados de qualidade do ar se referem apenas a uma ilustração da enorme necessidade de estudar variáveis conjuntamente.

5.1 Distribuições de Probabilidades Conjuntas para Duas Variáveis Aleatórias

Nos Capítulos 3 e 4, estudamos as distribuições de probabilidades para uma única variável aleatória. Entretanto, é frequentemente útil ter mais de uma variável aleatória definida em um experimento aleatório. Por exemplo, a variável aleatória X pode denotar o comprimento de uma dimensão de uma peça moldada por injeção, enquanto a variável aleatória contínua Y pode denotar o comprimento de outra dimensão. Podemos estar interessados em probabilidades que possam ser expressas em termos de X e Y. Caso as especificações para X e Y sejam (2,95 a 3,05) e (7,60 a 7,80) milímetros, respectivamente, então podemos estar interessados na probabilidade de uma peça satisfazer ambas as especificações; ou seja, $P(2,95 < X < 3,05$ e $7,60 < Y < 7,80)$.

Pelo fato de duas variáveis aleatórias serem medidas da mesma peça, pequenas perturbações no processo de injeção-moldagem, tais como variações de pressão e de temperatura, podem ser mais prováveis de gerar valores para X e Y em regiões específicas do espaço bidimensional. Por exemplo, um pequeno aumento de pressão pode gerar peças com X e Y maiores do que seus valores alvos. Logo, com base em variações de pressão, esperamos que seja pequena a probabilidade de uma peça com X muito maior do que seu alvo e Y muito menor do que seu alvo.

Em geral, se X e Y forem duas variáveis aleatórias, a distribuição de probabilidades que define seus comportamentos simultâneos é chamada de **distribuição de probabilidades conjuntas**. Neste capítulo, investigaremos algumas propriedades importantes dessas distribuições conjuntas. Por simplicidade, começamos considerando experimentos aleatórios, em que somente duas variáveis aleatórias são estudadas. Nas seções seguintes, generalizaremos a apresentação para distribuição de probabilidades conjuntas de mais de duas variáveis aleatórias.

Função de Probabilidade Conjunta Se X e Y são variáveis aleatórias discretas, a distribuição de probabilidades conjuntas

---

EXEMPLO 5.1 | Tempo de Resposta de um Celular

O tempo de resposta é a velocidade de baixar páginas, sendo crítico para um *site* da internet no celular. Quando o tempo de resposta aumenta, consumidores se tornam mais frustrados e potencialmente trocam o *site* por outro concorrente. Seja X o número de barras de serviço e seja Y o tempo de resposta (para o segundo mais próximo) para um usuário e *sites* particulares.

Especificando a probabilidade de cada um dos pontos na Figura 5.1, especificamos a distribuição de probabilidades conjuntas de X e Y. Similarmente para uma variável aleatória individual, definimos a faixa das variáveis aleatórias (X, Y) como o conjunto de pontos (x, y) no espaço bidimensional para o qual a probabilidade de $X = x$ e $Y = y$ é positiva.

y = Tempo de Resposta (segundo mais próximo)	x = Número de Barras de Serviço		
	1	2	3
4	0,15	0,1	0,05
3	0,02	0,1	0,05
2	0,02	0,03	0,2
1	0,01	0,02	0,25

FIGURA 5.1

Distribuição de probabilidades conjuntas de X e Y no Exemplo 5.1.

de X e de Y é uma descrição da série de pontos (x, y) na faixa de (X, Y), juntamente com a probabilidade de cada ponto. Também, $P(X = x$ e $Y = y)$ é geralmente escrita como $P(X = x, Y = y)$. A distribuição de probabilidades conjuntas de duas variáveis aleatórias é algumas vezes referida como **distribuição bivariada de probabilidades** ou **distribuição bivariada** de variáveis aleatórias. Uma maneira de descrever a distribuição de probabilidades conjuntas de duas variáveis aleatórias é por meio da função de probabilidade conjunta $f(x, y) = P(X = x, Y = y)$.

Função de Probabilidade Conjunta

A **função de probabilidade conjunta** das variáveis aleatórias discretas X e Y, denotada por $f_{XY}(x, y)$, satisfaz

(1) $f_{XY}(x, y) \geq 0$

(2) $\sum_X \sum_Y f_{XY}(x, y) = 1$

(3) $f_{XY}(x, y) = P(X = x, Y = y)$ (5.1)

Assim como a função de probabilidade de uma única variável aleatória X é considerada zero em todos os valores fora da faixa de X, a função de probabilidade conjunta de X e Y é zero nos valores para os quais uma probabilidade não é especificada.

Função Densidade de Probabilidade Conjunta A distribuição de probabilidade conjunta de duas variáveis aleatórias contínuas X e Y pode ser especificada fornecendo um método para calcular a probabilidade de X e Y assumir um valor em qualquer região R do espaço bidimensional. Análoga à função densidade de probabilidade de uma única variável aleatória contínua, uma **função densidade de probabilidade conjunta** pode ser definida no espaço bidimensional. A integral dupla de $f_{XY}(x, y)$, ao longo de uma região R, fornece a probabilidade de (X, Y) assumir um valor em R. Essa integral pode ser interpretada como o volume abaixo da superfície $f_{XY}(x, y)$ ao longo da região R. Tipicamente, $f_{XY}(x, y)$ é definida ao longo de todo o espaço bidimensional, considerando que $f_{XY}(x, y) = 0$ para todos os pontos para os quais $f_{XY}(x, y)$ não é especificado.

Uma função densidade de probabilidade conjunta para X e Y é mostrada na Figura 5.2. A probabilidade de (X, Y) assumir um valor na região R é igual ao volume da região sombreada na Figura 5.2. Dessa maneira, uma função densidade de probabilidade conjunta é usada para determinar probabilidades para X e Y.

Função Densidade de Probabilidade Conjunta

Uma **função densidade de probabilidade conjunta** para as variáveis aleatórias contínuas X e Y, denotada como $f_{XY}(x, y)$, satisfaz as seguintes propriedades:

(1) $f_{XY}(x, y) \geq 0$ para todo x, y

(2) $\int_{-\infty}^{\infty} \int_{-\infty}^{\infty} f_{XY}(x, y) \, dx \, dy = 1$

(3) Para qualquer região R do espaço bidimensional,

$$P((X, Y) \in R) = \iint_R f_{XY}(x, y) \, dx \, dy \quad (5.2)$$

No início deste capítulo, os comprimentos de dimensões diferentes de uma peça moldada por injeção foram apresentados como exemplo de duas variáveis aleatórias. Entretanto, pelo fato de as medidas serem da mesma peça, as variáveis aleatórias são tipicamente não independentes. Se as especificações para X e Y forem [2,95; 3,05] e [7,60; 7,80] milímetros, respectivamente, poderemos estar interessados na probabilidade de que uma peça satisfaça ambas as especificações; ou seja, $P(2,95 < X < 3,05, 7,60 < Y < 7,80)$. Suponha que $f_{XY}(x, y)$ seja mostrada na Figura 5.3. A probabilidade requerida é o volume de $f_{XY}(x, y)$ dentro das especificações. Frequentemente uma probabilidade tal qual essa tem de ser determinada a partir de uma integração numérica.

Distribuições de Probabilidades Marginais Se mais de uma variável aleatória for definida em um experimento aleatório, será importante distinguir entre a distribuição de probabilidades conjuntas de X e Y e a distribuição de probabilidades de cada variável individualmente. A distribuição individual

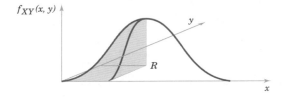

FIGURA 5.2

Função densidade de probabilidade conjunta para variáveis aleatórias X e Y. A probabilidade de (X, Y) estar na região R é determinada pelo volume de $f_{XY}(x, y)$ sobre a região R.

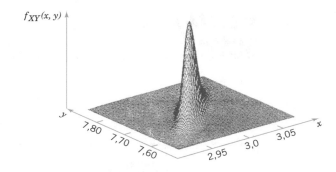

FIGURA 5.3

Função densidade de probabilidade conjunta para os comprimentos de dimensões diferentes de uma peça moldada por injeção.

EXEMPLO 5.2 | Tempo de Acesso a um Servidor

Seja X uma variável aleatória que denota o tempo (em milissegundos) até um servidor de computador se conectar à sua máquina, e seja Y o tempo (em milissegundos) até o servidor autorizá-lo como um usuário válido. Cada uma dessas variáveis aleatórias mede a espera a partir de um tempo inicial comum e $X < Y$. Considere que a função densidade de probabilidade conjunta para X e Y seja

$$f_{XY}(x, y) = 6 \times 10^{-6} \exp(-0{,}001x - 0{,}002y) \quad \text{para} \quad x < y$$

Suposições razoáveis podem ser usadas para desenvolver tal distribuição; mas, por ora, nosso foco está somente na função densidade de probabilidade conjunta.

A região com probabilidade não zero está sombreada na Figura 5.4. A propriedade de a integral dessa função densidade de probabilidade conjunta ser igual a 1 pode ser verificada pela integral de $f_{XY}(x, y)$ ao longo dessa região, como apresentado a seguir.

$$\int_{-\infty}^{\infty} \int_{-\infty}^{\infty} f_{XY}(x, y)\, dy\, dx = \int_{0}^{\infty} \left(\int_{x}^{\infty} 6 \times 10^{-6} e^{-0{,}001x - 0{,}002y}\, dy \right) dx$$

$$= 6 \times 10^{-6} \int_{0}^{\infty} \left(\int_{x}^{\infty} e^{-0{,}002y}\, dy \right) e^{-0{,}001x}\, dx$$

$$= 6 \times 10^{-6} \int_{0}^{\infty} \left(\frac{e^{-0{,}002x}}{0{,}002} \right) e^{-0{,}001x}\, dx$$

$$= 0{,}003 \left(\int_{0}^{\infty} e^{-0{,}003x}\, dx \right) = 0{,}003 \left(\frac{1}{0{,}003} \right) = 1$$

A probabilidade de $X < 1000$ e $Y < 2000$ é determinada como a integral sobre a área sombreada mais escura na Figura 5.5.

$$P(X \leq 1000, Y \leq 2000) = \int_{0}^{1000} \int_{x}^{2000} f_{XY}(x, y)\, dy\, dx$$

$$= 6 \times 10^{-6} \int_{0}^{1000} \left(\int_{x}^{2000} e^{-0{,}002y}\, dy \right) e^{-0{,}001x}\, dx$$

$$= 6 \times 10^{-6} \int_{0}^{1000} \left(\frac{e^{-0{,}002x} - e^{-4}}{0{,}002} \right) e^{-0{,}001x}\, dx$$

$$= 0{,}003 \int_{0}^{1000} e^{-0{,}003x} - e^{-4} e^{-0{,}001x}\, dx$$

$$= 0{,}003 \left[\left(\frac{1 - e^{-3}}{0{,}003} \right) - e^{-4} \left(\frac{1 - e^{-1}}{0{,}001} \right) \right]$$

$$= 0{,}003 (316{,}738 - 11{,}578) = 0{,}915$$

Interpretação Prática: Uma função densidade de probabilidade conjunta permite que probabilidades para duas (ou mais) variáveis aleatórias sejam calculadas como nesses exemplos.

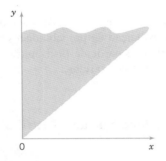

FIGURA 5.4
A função densidade de probabilidade conjunta de X e Y não é zero ao longo da área sombreada.

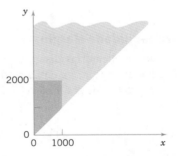

FIGURA 5.5
A região de integração para a probabilidade de $X < 1000$ e $Y < 2000$ é a área sombreada mais escura.

---

de probabilidade de uma variável aleatória é referida como **distribuição de probabilidades marginais**.

A distribuição de probabilidades marginais de X pode ser determinada a partir da distribuição de probabilidades conjuntas de X e de outras variáveis aleatórias. Por exemplo, considere X e Y variáveis aleatórias discretas. Para determinar $P(X = x)$, somamos $P(X = x, Y = y)$ em todos os pontos na faixa de (X, Y), para os quais $X = x$. Os subscritos nas funções de probabilidade são usados para distinguir as variáveis aleatórias.

EXEMPLO 5.3 | Distribuição Marginal

A distribuição de probabilidades conjuntas de X e Y na Figura 5.1 pode ser usada para encontrar a distribuição de probabilidades marginais de X. Por exemplo,

$$f_X(3) = P(X = 3) = P(X = 3, Y = 1) + P(X = 3, Y = 2)$$
$$+ P(X = 3, Y = 3) + P(X = 3, Y = 4)$$
$$= 0{,}25 + 0{,}2 + 0{,}05 + 0{,}05 = 0{,}55$$

A distribuição de probabilidades marginais para X é encontrada somando-se as probabilidades em cada coluna, enquanto a distribuição de probabilidades marginais para Y é encontrada somando-se as probabilidades em cada linha. Os resultados são mostrados na Figura 5.6.

y = Tempo de Resposta (arredondados para o segundo mais próximo)	\multicolumn{3}{c	}{x = Número de Barras da Potência}	Distribuição de Probabilidades Marginais de Y
	1	2	3	
4	0,15	0,1	0,05	**0,3**
3	0,02	0,1	0,05	**0,17**
2	0,02	0,03	0,2	**0,25**
1	0,01	0,02	0,25	**0,28**
	0,2	**0,25**	**0,55**	
\multicolumn{5}{c}{Distribuição de Probabilidades Marginais de X}

FIGURA 5.6
Distribuições de probabilidades marginais de X e Y da Figura 5.1.

Para variáveis aleatórias contínuas, uma abordagem análoga é usada para determinar as distribuições de probabilidades marginais. No caso contínuo, uma integral substitui o somatório.

Função de Probabilidade Marginal

Se X e Y são variáveis aleatórias discretas, com função de probabilidade conjunta $f_{XY}(x, y)$, então as **funções de probabilidade marginal** de X e Y são

$$f_X(x) = \int f_{XY}(x,y)\, dy \quad \text{e} \quad f_Y(y) = \int f_{XY}(x,y)\, dx$$

(5.3)

em que o primeiro somatório é feito para todos os pontos na faixa de (X, Y) para o qual $X = x$, e o segundo somatório é feito para todos os pontos na faixa de (X, Y) para o qual $Y = y$.

Uma probabilidade para somente uma variável aleatória, digamos, por exemplo, $P(a < X < b)$, pode ser encontrada a partir da distribuição de probabilidades marginais de X ou a partir da integral da distribuição de probabilidades conjuntas de X e Y como

$$P(a < X < b) = \int_a^b f_X(x)\, dx = \int_a^b \left[\int_{-\infty}^{\infty} f_{XY}(x,y)\, dy\right] dx$$

$$= \int_a^b \int_{-\infty}^{\infty} f_{XY}(x,y)\, dy dx$$

Além disso, $E(X)$ e $V(X)$ podem ser obtidos calculando primeiro a distribuição de probabilidades marginais de X da maneira usual ou a partir da distribuição de probabilidades conjuntas de X e Y, como segue.

Média e Variância de uma Distribuição Conjunta

$$E(X) = \int_{-\infty}^{\infty} x f_X(x)\, dx = \int_{-\infty}^{\infty}\int_{-\infty}^{\infty} x f_{X,Y}(x,y)\, dy dx$$

e

$$V(X) = \int_{-\infty}^{\infty} (x - \mu_X)^2 f_X(x)\, dx$$

$$= \int_{-\infty}^{\infty}\int_{-\infty}^{\infty} (x - \mu_X)^2 f_{X,Y}(x,y)\, dy dx \quad (5.4)$$

Na Figura 5.6, a distribuição de probabilidades marginais de X é usada para obter a média como

$$E(X) = 1(0,2) + 2(0,25) + 3(0,55) = 2,35$$
$$E(Y) = 1(0,28) + 2(0,25) + 3(0,17) + 4(0,3) = 2,49$$

EXEMPLO 5.4 | Tempo de Acesso a um Servidor

Para as variáveis aleatórias que denotam tempos de vida no Exemplo 5.2, calcule a probabilidade de Y exceder 2000 milissegundos.

Essa probabilidade é determinada como a integral de $f_{xy}(x,y)$ sobre a região fortemente sombreada na Figura 5.7. A região é dividida em duas partes, e diferentes limites de integração são determinados para cada parte.

$$P(Y > 2000) = \int_0^{2000} \left(\int_{2000}^{\infty} 6 \times 10^{-6} e^{-0,001x - 0,002y} \, dy \right) dx$$
$$+ \int_{2000}^{\infty} \left(\int_x^{\infty} 6 \times 10^{-6} e^{-0,001x - 0,002y} \, dy \right) dx$$

A primeira integral é

$$6 \times 10^{-6} \int_0^{2000} \left(\frac{e^{-0,002y}}{-0,002} \bigg|_{2000}^{\infty} \right) e^{-0,001x} \, dx = \frac{6 \times 10^{-6}}{0,002} e^{-4}$$
$$\times \int_0^{2000} e^{-0,001x} \, dx = \frac{6 \times 10^{-6}}{0,002} e^{-4} \left(\frac{1 - e^{-2}}{0,001} \right) = 0,0475$$

A segunda integral é

$$6 \times 10^{-6} \int_{2000}^{\infty} \left(\frac{e^{-0,002y}}{-0,002} \bigg|_x^{\infty} \right) e^{-0,001x} \, dx = \frac{6 \times 10^{-6}}{0,002} \cdot$$
$$\times \int_{2000}^{\infty} e^{-0,003x} \, dx = \frac{6 \times 10^{-6}}{0,002} \cdot \left(\frac{e^{-6}}{0,003} \right) = 0,0025$$

FIGURA 5.7
A região de integração para a probabilidade de $Y > 2000$ é a área sombreada mais escura, sendo dividida em duas regiões com $x < 2000$ e $x > 2000$.

Logo,

$$P(Y > 2000) = 0,0475 + 0,0025 = 0,05$$

Alternativamente, a probabilidade pode ser calculada a partir da distribuição de probabilidades marginais de Y, como segue. Para $y > 0$,

$$f_Y(y) = \int_0^y 6 \times 10^{-6} e^{-0,001x - 0,002y} \, dx = 6 \times 10^{-6} e^{-0,002y}$$
$$\times \int_0^y e^{-0,001x} \, dx = 6 \times 10^{-6} e^{-0,002y} \left(\frac{e^{-0,001x}}{-0,001} \bigg|_0^y \right)$$
$$= 6 \times 10^{-6} e^{-0,002y} \left(\frac{1 - e^{-0,001y}}{0,001} \right)$$
$$= 6 \times 10^{-3} e^{-0,002y} (1 - e^{-0,001y}) \quad \text{para } y > 0$$

Obtivemos a função densidade de probabilidade marginal de Y. Agora,

$$P(Y > 2000) = 6 \times 10^{-3} \int_{2000}^{\infty} e^{-0,002y} (1 - e^{-0,001y}) \, dy$$
$$= 6 \times 10^{-3} \left[\left(\frac{e^{-0,002y}}{-0,002} \bigg|_{2000}^{\infty} \right) - \left(\frac{e^{-0,003y}}{-0,003} \bigg|_{2000}^{\infty} \right) \right]$$
$$= 6 \times 10^{-3} \left[\frac{e^{-4}}{0,002} - \frac{e^{-6}}{0,003} \right] = 0,05$$

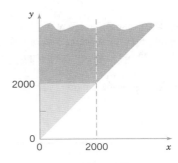

5.2 Distribuições de Probabilidades Condicionais e Independência

Quando duas variáveis aleatórias são definidas em um experimento aleatório, o conhecimento de uma delas pode mudar as probabilidades que associamos aos valores da outra. Lembre-se de que, no Exemplo 5.1, X denotou o número de barras de serviço e Y denotou o número de vezes em que você necessitou dizer o nome da cidade de sua partida. Espera-se que a probabilidade de $Y = 1$ seja maior em $X = 3$ barras do que em $X = 1$ barra. A partir da notação para probabilidade condicional do Capítulo 2, podemos escrever essas probabilidades condicionais como $P(Y = 1 \mid X = 3)$ e $P(Y = 1 \mid X = 1)$. Logo, as variáveis aleatórias X e Y podem ser consideradas dependentes. O conhecimento do valor obtido para X muda as probabilidades associadas aos valores de Y.

EXEMPLO 5.5 | Probabilidades Condicionais para o Tempo de Resposta de um Celular

Para o Exemplo 5.1, X e Y denotam o número de barras de serviço e o tempo de resposta, respectivamente. Então,

$$P(Y=1 \mid X=3) = \frac{P(X=3, Y=1)}{P(X=3)} = \frac{f_{XY}(3,1)}{f_X(3)}$$
$$= \frac{0{,}25}{0{,}55} = 0{,}454$$

A probabilidade de $Y = 2$, dado que $X = 3$, é

$$P(Y=2 \mid X=3) = \frac{P(X=3, Y=2)}{P(X=3)} = \frac{f_{XY}(3,2)}{f_X(3)}$$
$$= \frac{0{,}2}{0{,}55} = 0{,}364$$

Continuando, pode-se mostrar que

$$P(Y=3 \mid X=3) = 0{,}091$$

e

$$P(Y=4 \mid X=3) = 0{,}091$$

Pode-se observar que $P(Y=1 \mid X=3) + P(Y=2 \mid X=3) + P(Y=3 \mid X=3) + P(Y=4 \mid X=3) = 1$. Esse conjunto de probabilidades define a distribuição de probabilidades condicionais de Y, dado que $X = 3$.

Lembre-se de que a definição de probabilidades condicionais para os eventos A e B é $P(B \mid A) = P(A \cap B)/P(A)$. Essa definição pode ser aplicada com o evento A definido como $X = x$ e o evento B definido como $Y = y$.

O Exemplo 5.5 ilustra que as probabilidades condicionais de Y, dado que $X = x$, podem ser pensadas como uma nova distribuição de probabilidades, chamada de **função densidade de probabilidade conjunta** para Y, dado que $X = x$. A seguinte definição aplica esses conceitos para as variáveis aleatórias contínuas. Para o Exemplo 5.5, a função de probabilidade condicional para Y, dado que $X = 3$, consiste nas quatro probabilidades $f_{Y|3}(1) = 0{,}454$, $f_{Y|3}(2) = 0{,}364$, $f_{Y|3}(3) = 0{,}091$, $f_{Y|3}(4) = 0{,}091$.

A seguinte definição aplica esses conceitos para variáveis aleatórias.

Função Densidade de Probabilidade Condicional

Dadas as variáveis aleatórias discretas X e Y, com função de probabilidade conjunta $f_{XY}(x, y)$, a **função densidade de probabilidade condicional** de Y, considerando que $X = x$, é

$$f_{Y|x}(y) = \frac{f_{XY}(x,y)}{f_X(x)} \quad \text{para} \quad f_X(x) > 0 \quad (5.5)$$

A função densidade de probabilidade condicional fornece as probabilidades condicionais para os valores de Y, dado que $X = x$.

Uma vez que a função densidade de probabilidade condicional $f_{Y|x}(y)$ é uma função de densidade de probabilidade para todo y em R_x, as seguintes propriedades são satisfeitas:

(1) $f_{Y|x}(y) \geq 0$

(2) $\int f_{Y|x}(y)\, dy = 1$

(3) $P(Y \in B \mid X=x) = \int_B f_{Y|x}(y)\, dy$ para qualquer conjunto B na faixa de Y

(5.6)

É importante estabelecer a região em que a função densidade de probabilidade conjunta, condicional ou marginal não é zero. O exemplo seguinte ilustra isso.

EXEMPLO 5.6 | Probabilidade Condicional

Para as variáveis aleatórias que denotam tempos no Exemplo 5.2, determine a função densidade de probabilidade condicional para Y, dado que $X = x$.

Primeiro, a função densidade marginal de x é determinada. Para $x > 0$,

$$f_X(x) = \int_x^\infty 6 \times 10^{-6} e^{-0{,}001x - 0{,}002y}\, dy$$

$$= 6 \times 10^{-6} e^{-0{,}001x} \left(\frac{e^{-0{,}002y}}{-0{,}002} \bigg|_x^\infty \right)$$

$$= 6 \times 10^{-6} e^{-0{,}001x} \left(\frac{e^{-0{,}002x}}{0{,}002} \right)$$

$$= 0{,}003 e^{-0{,}003x} \quad \text{para} \quad x > 0$$

Essa é uma distribuição exponencial com $\lambda = 0{,}003$. Agora, para $0 < x$ e $x < y$, a função densidade de probabilidade condicional é

$$f_{Y|x}(y) = \frac{f_{XY}(x,y)}{f_x(x)} = \frac{6 \times 10^{-6} e^{-0{,}001x - 0{,}002y}}{0{,}003 e^{-0{,}003x}}$$

$$= 0{,}002 e^{0{,}002x - 0{,}002y} \quad \text{para} \quad 0 < x \text{ e } x < y$$

A função densidade de probabilidade condicional de Y, dado que $X = 1500$, não é zero na linha sólida na Figura 5.8.

Determine a probabilidade de Y exceder 2000 horas, considerando que $x = 1500$. Ou seja, determine $P(Y > 2000 \mid X = 1500)$. A função densidade de probabilidade condicional é integrada como segue:

$$P(Y > 2000 \mid X = 1500) = \int_{2000}^{\infty} f_{Y|1500}(y)\,dy$$

$$= \int_{2000}^{\infty} 0{,}002 e^{0{,}002(1500) - 0{,}002y}\,dy$$

$$= 0{,}002 e^{3} \left(\left. \frac{e^{-0{,}002y}}{-0{,}002} \right|_{2000}^{\infty} \right)$$

$$= 0{,}002 e^{3} \left(\frac{e^{-4}}{0{,}002} \right) = 0{,}368$$

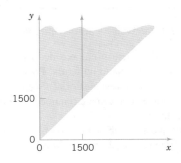

FIGURA 5.8

A função densidade de probabilidade condicional para Y, dado que $x = 1500$, não é zero ao longo da linha sólida.

Média e Variância Condicionais

A **média condicional** de Y, dado que $X = x$, denotada como $E(Y \mid x)$ ou $\mu_{Y|x}$, é

$$E(Y \mid x) = \int_y y f_{Y|x}(y) \tag{5.7}$$

e a **variância condicional** de Y, dado que $X = x$, denotada como $V(Y \mid x)$ ou $\sigma^2_{Y|x}$, é

$$V(Y \mid x) = \int_y (y - \mu_{Y|x})^2 f_{Y|x}(y) = \int_y y^2 f_{Y|x}(y) - \mu^2_{Y|x}$$

EXEMPLO 5.7 | Média e Variância Condicionais

Para as variáveis aleatórias que denotam tempos no Exemplo 5.2, determine a média condicional para Y, dado que $x = 1500$.

A função densidade de probabilidade condicional para Y foi determinada no Exemplo 5.6. Porque $f_{Y|1500}(y)$ não é zero para $y > 1500$,

$$E(Y \mid X = 1500) = \int_{1500}^{\infty} y(0{,}002 e^{0{,}002(1500) - 0{,}002y})\,dy$$

$$= 0{,}002 e^{3} \int_{1500}^{\infty} y e^{-0{,}002y}\,dy$$

Integrando por partes como segue,

$$\int_{1500}^{\infty} y e^{-0{,}002y}\,dy = y \left. \frac{e^{-0{,}002y}}{-0{,}002} \right|_{1500}^{\infty} - \int_{1500}^{\infty} \left(\frac{e^{-0{,}002y}}{-0{,}002} \right) dy$$

$$= \frac{1500}{0{,}002} e^{-3} - \left(\left. \frac{e^{-0{,}002y}}{(-0{,}002)(-0{,}002)} \right|_{1500}^{\infty} \right)$$

$$= \frac{1500}{0{,}002} e^{-3} + \frac{e^{-3}}{(0{,}002)(0{,}002)}$$

$$= \frac{e^{-3}}{0{,}002}(2000)$$

Com a constante $0{,}002 e^{3}$ reaplicada,

$$E(Y \mid X = 1500) = 2000$$

Interpretação Prática: Se o tempo de conexão for de 1500 ms, então o tempo esperado para ser autorizado é de 2000 ms.

Para as variáveis aleatórias discretas no Exemplo 5.1, a média condicional de Y, dado que $X = 3$, é obtida a partir da distribuição condicional no Exemplo 5.5.

$$E(Y \mid 3) = \mu_{Y|3} = 1(0{,}494) + 2(0{,}364) + 3(0{,}091) + 4(0{,}091) = 1{,}86$$

A média condicional é interpretada como o tempo de resposta esperado, dado que uma barra de sinais está presente. A variância condicional de Y, dado que $X = 3$, é

$$V(Y \mid 3) = (1-1{,}86)^2\, 0{,}494 + (2-1{,}86)^2\, 0{,}364 + (3-1{,}86)^2\, 0{,}091 + (4-1{,}86)^2\, 0{,}091 = 0{,}91$$

EXEMPLO 5.8 | Variáveis Aleatórias Independentes

Um ortopedista considera o número de erros em uma fatura e o número de raios X listado na fatura. Pode ou não haver uma relação entre essas variáveis aleatórias. Sejam as variáveis aleatórias X e Y o número de erros e o número de raios X na conta, respectivamente.

Considere que a distribuição de probabilidades conjuntas de X e Y seja definida por $f_{XY}(x, y)$ na Figura 5.9(a). As distribuições de probabilidades marginais de X e Y são também mostradas na Figura 5.9(a). Note que

$$f_{XY}(x, y) = f_X(x) f_Y(y).$$

A função de probabilidade condicional $f_{Y|x}(y)$ é mostrada na Figura 5.9(b). Note que, para qualquer x, $f_{Y|x}(y) = f_Y(y)$. Ou seja, o conhecimento de se a fatura tem ou não erros não muda a probabilidade do número de raios X listados na fatura.

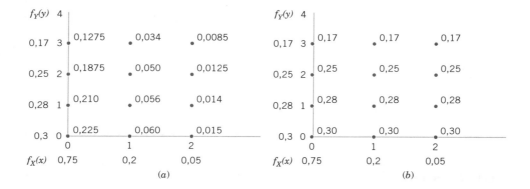

FIGURA 5.9
(a) Distribuições de probabilidades conjuntas e marginais de X e Y. (b) Distribuições de probabilidades condicionais de Y, dado que $X = x$.

Independência Em alguns experimentos aleatórios, o conhecimento dos valores de X não altera nenhuma das probabilidades associadas aos valores para Y. Nesse caso, as distribuições de probabilidades marginais podem ser usadas para calcular mais facilmente as probabilidades.

Por analogia com eventos independentes, definimos duas variáveis aleatórias como **independentes**, se $f_{XY}(x, y) = f_X(x) f_Y(y)$ para todo x e y. Observe que independência implica que $f_{XY}(x, y) = f_X(x) f_Y(y)$ para *todo* x e y. Se encontrarmos um par de x e y em que a igualdade falhe, então X e Y não serão independentes.

Se duas variáveis aleatórias forem independentes, então para $f_X(x) > 0$,

$$f_{Y|x}(y) = \frac{f_{XY}(x, y)}{f_X(x)} = \frac{f_X(x) f_Y(y)}{f_X(x)} = f_Y(y)$$

Com cálculos similares, as seguintes afirmações equivalentes podem ser mostradas.

Independência

Para variáveis aleatórias discretas X e Y, se qualquer uma das seguintes propriedades for verdadeira, então as outras serão também verdadeiras e X e Y serão **independentes**.

(1) $f_{XY}(x, y) = f_X(x) f_Y(y)$ para todo x e y
(2) $f_{Y|x}(y) = f_Y(y)$ para todo x e y, com $f_X(x) > 0$
(3) $f_{X|y}(x) = f_X(x)$ para todo x e y, com $f_Y(y) > 0$
(4) $P(X \in A, Y \in B) = P(X \in A) P(Y \in B)$ para quaisquer conjuntos A e B, na faixa de X e Y, respectivamente.

(5.8)

Faixa Retangular para (X, Y) Seja D o conjunto de pontos em um espaço bidimensional que recebe probabilidade positiva sob $f_{XY}(x, y)$. Se D não é retangular, X e Y não são independentes, porque o conhecimento de X pode restringir a faixa de valores de Y que recebe probabilidade positiva. Se D é retangular, a independência é possível, porém não demonstrada. Uma das condições na Equação 5.8 tem de ser ainda verificada.

As variáveis no Exemplo 5.2 não são independentes. Isso pode ser rapidamente determinado porque a faixa de (X, Y) mostrada na Figura 5.4 não é retangular. Consequentemente, o conhecimento de X muda o intervalo de valores para Y com probabilidade não zero.

Frequentemente, baseando-se no conhecimento do sistema sob estudo, variáveis aleatórias são consideradas independentes. Então, as probabilidades envolvendo ambas as variáveis podem ser determinadas a partir das distribuições de probabilidades marginais. Por exemplo, o tempo para completar uma busca no computador deve ser independente da estatura de um adulto.

EXEMPLO 5.9 | Variáveis Aleatórias Independentes

Suponha o Exemplo 5.2 ser modificado para que a função densidade de probabilidade conjunta de X e Y seja $f_{XY}(x,y) = 2 \times 10^{-6}$ exp $(-0{,}001x - 0{,}002y)$, para $x \geq 0$ e $y \geq 0$. Mostre que X e Y são independentes e determine $P(X > 1000, Y < 1000)$.

Note que a faixa de probabilidade positiva é retangular; logo, independência é possível, mas ainda não foi demonstrada. A função densidade de probabilidade marginal de X é

$$f_X(x) = \int_0^\infty 2 \times 10^{-6} e^{-0{,}001x - 0{,}002y} \, dy$$

$$= 0{,}001 e^{-0{,}001x} \quad \text{para} \quad x > 0$$

A função densidade de probabilidade marginal de Y é

$$f_Y(y) = \int_0^\infty 2 \times 10^{-6} e^{-0{,}001x - 0{,}002y} \, dx$$

$$= 0{,}002 e^{-0{,}002y} \quad \text{para} \quad y > 0$$

Consequentemente, $f_{XY}(x,y) = f_X(x)f_Y(y)$ para todo x e y, e X e Y são independentes.

Para determinar a probabilidade requerida, a propriedade (4) da Equação 5.8 e o fato de que cada variável aleatória tem uma distribuição exponencial podem ser aplicados. Logo,

$$P(X > 1000, Y < 1000) = P(X > 1000)\,P(Y < 1000)$$
$$= e^{-1}(1 - e^{-2}) = 0{,}318$$

EXEMPLO 5.10 | Dimensões Usinadas

Sejam as variáveis aleatórias X e Y os comprimentos de duas dimensões de uma peça usinada, respectivamente. Suponha que X e Y sejam variáveis aleatórias independentes; suponha também que a distribuição de X seja normal, com média de 10,5 milímetros e variância de 0,0025 (mm²) e que a distribuição de Y seja normal, com média de 3,2 milímetros e variância de 0,0036 (mm²). Determine a probabilidade de $10{,}4 < X < 10{,}6$ e $3{,}15 < Y < 3{,}25$.

Como X e Y são independentes,

$$P(10{,}4 < X < 10{,}6, 3{,}15 < Y < 3{,}25)$$
$$= P(10{,}4 < X < 10{,}6)$$
$$\times P(3{,}15 < Y < 3{,}25)$$

$$= P\left(\frac{10{,}4 - 10{,}5}{0{,}05} < Z < \frac{10{,}6 - 10{,}5}{0{,}05}\right)$$
$$\times P\left(\frac{3{,}15 - 3{,}2}{0{,}06} < Z < \frac{3{,}25 - 3{,}2}{0{,}06}\right)$$
$$= P(-2 < Z < 2)\,P(-0{,}833 < Z < 0{,}833)$$
$$= 0{,}568$$

sendo Z uma variável aleatória normal padrão.

Interpretação Prática: No caso de variáveis aleatórias serem independentes, probabilidades para variáveis múltiplas poderão ser frequentemente mais fáceis de calcular.

5.3 Distribuições de Probabilidades Conjuntas para Mais de Duas Variáveis Aleatórias

Mais de duas variáveis aleatórias podem ser definidas em um experimento aleatório. Resultados para variáveis aleatórias múltiplas são extensões diretas daquelas para duas variáveis aleatórias. Um resumo é fornecido aqui.

A distribuição de probabilidades conjuntas das variáveis aleatórias $X_1, X_2, X_3, ..., X_p$ pode ser especificada com um método para determinar a probabilidade de $X_1, X_2, X_3, ..., X_p$ assumir um valor em qualquer região R do espaço com p dimensões. Para variáveis aleatórias contínuas, uma **função densidade de probabilidade conjunta** $f_{X_1, X_2, ..., X_p}(x_1, x_2, ..., x_p)$ é usada para determinar a probabilidade de $(X_1, X_2, X_3, ..., X_p) \in R$, pela integral múltipla de $f_{X_1, X_2, ..., X_p}(x_1, x_2, ..., x_p)$ sobre a região R.

Função Densidade de Probabilidade Conjunta

Uma **função densidade de probabilidade conjunta** para as variáveis aleatórias contínuas $X_1, X_2, X_3, ..., X_p$, denotada como $f_{X_1, X_2, ..., X_p}(x_1, x_2, ..., x_p)$ satisfaz as seguintes propriedades:

(1) $f_{X_1, X_2, ..., X_p}(x_1, x_2, ..., x_p) \geq 0$

(2) $\int_{-\infty}^{\infty}\int_{-\infty}^{\infty}\cdots\int_{-\infty}^{\infty} f_{X_1 X_2 ... X_p}(x_1, x_2, ..., x_p)\, dx_1 dx_2 ... dx_p = 1$

(3) Para qualquer região B de um espaço com p dimensões,

$$P[(X_1, X_2, ..., X_p) \in B] =$$

$$= \iint_B f_{X_1 X_2 ... X_p}(x_1, x_2, ..., x_p)\, dx_1 dx_2 ... dx_p \quad (5.9)$$

EXEMPLO 5.11 | Dimensões Usinadas

Muitas dimensões de uma peça usinada são medidas rotineiramente durante a produção. Sejam as variáveis aleatórias X_1, X_2, X_3 e X_4 os comprimentos de quatro dimensões de uma peça. Então, no mínimo quatro variáveis aleatórias são de interesse neste estudo.

EXEMPLO 5.12 | Tempos de Vida de Componentes

Em um arranjo eletrônico, sejam as variáveis aleatórias X_1, X_2, X_3 e X_4 os tempos (em horas) de vida de quatro componentes. Suponha que a função densidade de probabilidade conjunta dessas variáveis seja

$$f_{X_1 X_2 X_3 X_4}(x_1, x_2, x_3, x_4) = 9 \times 10^{-12} e^{-0,001 x_1 - 0,002 x_2 - 0,0015 x_3 - 0,003 x_4}$$

para $x_1 \geq 0, x_2 \geq 0, x_3 \geq 0, x_4 \geq 0$

Qual é a probabilidade de o equipamento operar por mais de 1000 horas sem nenhuma falha? A probabilidade requerida é $P(X_1 > 1000, X_2 > 1000, X_3 > 1000, X_4 > 1000)$, que é igual à integral múltipla de $f_{X_1, X_2, X_3, X_4}(x_1, x_2, x_3, x_4)$ na região de $x_1 > 1000$, $x_2 > 1000, x_3 > 1000, x_4 > 1000$. A função densidade de probabilidade conjunta pode ser escrita como um produto de funções exponenciais, e cada integral é a integral simples de uma função exponencial. Consequentemente,

$$P(X_1 > 1000, X_2 > 1000, X_3 > 1000, X_4 > 1000)$$
$$= e^{-1-2-1,5-3} = 0,00055$$

Tipicamente, $f_{X_1, X_2, \ldots, X_p}(x_1, x_2, \ldots, x_p)$ é definida em todo o espaço com p dimensões, supondo que $f_{X_1, X_2, \ldots, X_p}(x_1, x_2, \ldots, x_p) = 0$ para todos os pontos nos quais $f_{X_1, X_2, \ldots, X_p}(x_1, x_2, \ldots, x_p)$ não seja especificada.

Suponha que a função densidade de probabilidade conjunta de muitas variáveis aleatórias contínuas seja uma constante c em uma região R (e zero em qualquer outro lugar). Nesse caso especial,

$$\iint_R \cdots \int f_{X_1 X_2 \ldots X_p}(x_1, x_2, \ldots, x_p) dx_1\, dx_2 \ldots dx_p =$$
$$c \times (\text{volume da região } R) = 1$$

pela propriedade (2) da Equação 5.9. Por conseguinte, $c = 1/(\text{volume da região } R)$. Além disso, pela propriedade (3) da Equação 5.9, $P[(X_1, X_2, \ldots, X_p) \in B]$

$$= \iint_B \cdots \int f_{X_1 X_2 \ldots X_p}(x_1, x_2, \ldots, x_p) dx_1\, dx_2 \ldots dx_p =$$

$$c \times \text{volume } (B \cap R) = \frac{\text{volume } (B \cap R)}{\text{volume } (R)}$$

Quando a função densidade de probabilidade conjunta for constante, a probabilidade de as variáveis aleatórias assumirem um valor na região B é apenas a relação entre o volume da região $B \cap R$ e o volume da região R, para os quais a probabilidade é positiva.

Função Densidade de Probabilidade Marginal

Se a função densidade de probabilidade conjunta de variáveis aleatórias contínuas $X_1, X_2, \ldots, X_p$ for $f_{X_1, X_2, \ldots, X_p}(x_1, x_2, \ldots, x_p)$, então a **função densidade de probabilidade marginal** de X_i será

$$f_{X_i}(x_i) = \iint \cdots \int f_{X_1 X_2 \ldots X_p}(x_1, x_2, \ldots, x_p)\, dx_1 dx_2$$
$$\ldots dx_{i-1} dx_{i+1} \ldots dx_p \qquad (5.10)$$

em que a integral é ao longo de todos os pontos na faixa de $X_1, X_2, \ldots, X_p$, para a qual $X_i = x_i$.

Como no caso de duas variáveis aleatórias, uma probabilidade envolvendo somente uma variável aleatória, por exemplo, $P(a < X_i < b)$, pode ser determinada a partir da distribuição de probabilidades marginais de X_i ou a partir da distribuição de probabilidades conjuntas de $X_1, X_2, \ldots, X_p$. Isto é,

$$P(a < X_i < b) = P(-\infty < X_1 < \infty, \ldots,$$
$$-\infty < X_{i-1} < \infty, a < X_i < b,$$
$$-\infty < X_{i+1} < \infty, \ldots, -\infty < X_p < \infty)$$

Além disso, $E(X_i)$ e $V(X_i)$, para $i = 1, 2, \ldots, p$, podem ser determinados a partir da distribuição de probabilidades marginais de X_i ou a partir da distribuição de probabilidades conjuntas de $X_1, X_2, \ldots, X_p$, tal como segue.

EXEMPLO 5.13 | Probabilidade como uma Razão de Volumes

Suponha a função densidade de probabilidade conjunta das variáveis aleatórias contínuas X e Y como uma constante na região $x^2 + y^2 \leq 4$. Determine a probabilidade de $X^2 + Y^2 \leq 1$.

A região que recebe probabilidade positiva é um círculo de raio 2. Desse modo, a área dessa região é 4π. A área da região $x^2 + y^2 \leq 1$ é π. Assim, a probabilidade requerida é $\pi/(4\pi) = 1/4$.

Média e Variância de Distribuição Conjunta

$$E(X_i) = \int_{-\infty}^{\infty}\int_{-\infty}^{\infty}\cdots\int_{-\infty}^{\infty} x_i f_{X_1 X_2 \ldots X_p}(x_1, x_2, \ldots, x_p) dx_1 dx_2 \ldots dx_p$$

$$= \int_{-\infty}^{\infty} x_i f_{X_i}(x_i) dx_i \qquad (5.11)$$

e

$$V(X_i) = \int_{-\infty}^{\infty}\int_{-\infty}^{\infty}\cdots\int_{-\infty}^{\infty} (x_i - \mu_{X_i})^2 f_{X_1 X_2 \ldots X_p}(x_1, x_2, \ldots, x_p)$$

$$dx_1 dx_2 \ldots dx_p = \int_{-\infty}^{\infty} (x_i - \mu_{X_i})^2 f_{X_i}(x_i) dx_i$$

Com muitas variáveis aleatórias, podemos estar interessados na distribuição de probabilidades de algum subconjunto da coleção de variáveis. A distribuição de probabilidade de $X_1, X_2, \ldots, X_k$, $k < p$ pode ser obtida a partir da distribuição de probabilidades conjuntas de $X_1, X_2, X_3, \ldots, X_p$, como segue.

Distribuição de um Subconjunto de Variáveis Aleatórias

Se a função densidade de probabilidade conjunta de variáveis aleatórias contínuas $X_1, X_2, \ldots, X_p$ for $f_{X_1, X_2, \ldots, X_p}(x_1, x_2, \ldots, x_p)$, então a função de probabilidade conjunta de $X_1, X_2, \ldots, X_k$, $k < p$ será

$$f_{X_1 X_2 \ldots X_k}(x_1, x_2, \ldots, x_k) = \iint \cdots \int f_{X_1 X_2 \ldots X_p}(x_1, x_2, \ldots, x_p)$$

$$dx_{k+1} dx_{k+2} \ldots dx_p \qquad (5.12)$$

em que a integral é feita ao longo de todos os pontos R na faixa de $X_1, X_2, \ldots, X_p$, para os quais $X_1 = x_1$, $X_2 = x_2, \ldots, X_k = x_k$.

Distribuição de Probabilidades Condicionais As distribuições de probabilidades condicionais podem ser desenvolvidas para múltiplas variáveis aleatórias, estendendo as ideias usadas para duas variáveis aleatórias. Por exemplo, a distribuição de probabilidades condicionais conjuntas de X_1, X_2 e X_3, considerando $(X_4 = x_4, X_5 = x_5)$, é

$$f_{X_1 X_2 X_3 | x_4 x_5}(x_1, x_2, x_3) = \frac{f_{X_1 X_2 X_3 X_4 X_5}(x_1, x_2, x_3, x_4, x_5)}{f_{X_4 X_5}(x_4, x_5)}$$

$$\text{para} \quad f_{X_4 X_5}(x_4, x_5) > 0.$$

O conceito de independência pode ser estendido para múltiplas variáveis aleatórias.

Independência

Variáveis aleatórias $X_1, X_2, \ldots, X_p$ são **independentes** se, e somente se,

$$f_{X_1 X_2 \ldots X_p}(x_1, x_2, \ldots, \ldots, x_p) = f_{X_1}(x_1) f_{X_2}(x_2) \ldots f_{X_p}(x_p)$$

$$\text{para } todo \quad x_1, x_2, \ldots, x_p \qquad (5.13)$$

EXEMPLO 5.14 | Distribuição de Probabilidades Marginais

Pontos que têm probabilidade positiva na distribuição de probabilidades conjuntas de três variáveis aleatórias X_1, X_2, X_3 são mostrados na Figura 5.10. Suponha que 10 pontos estejam igualmente espaçados, cada um tendo probabilidade igual a 0,1. A faixa é de inteiros não negativos, com $x_1 + x_2 + x_3 = 3$. A distribuição de probabilidades marginais de X_2 é encontrada como a seguir.

$$P(X_2 = 0) = f_{X_1 X_2 X_3}(3, 0, 0) + f_{X_1 X_2 X_3}(0, 0, 3)$$
$$+ f_{X_1 X_2 X_3}(1, 0, 2) + f_{X_1 X_2 X_3}(2, 0, 1) = 0,4$$

$$P(X_2 = 1) = f_{X_1 X_2 X_3}(2, 1, 0) + f_{X_1 X_2 X_3}(0, 1, 2)$$
$$+ f_{X_1 X_2 X_3}(1, 1, 1) = 0,3$$

$$P(X_2 = 2) = f_{X_1 X_2 X_3}(1, 2, 0) + f_{X_1 X_2 X_3}(0, 2, 1) = 0,2$$

$$P(X_2 = 3) = f_{X_1 X_2 X_3}(0, 3, 0) = 0,1$$

Além disso, $E(X_2) = 0(0,4) + 1(0,3) + 2(0,2) + 3(0,1) = 1$

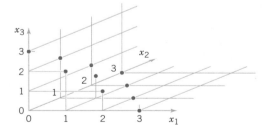

FIGURA 5.10

Distribuição de probabilidades conjuntas de X_1, X_2 e X_3. Pontos são igualmente prováveis.

EXEMPLO 5.15 | Distribuição Binomial Negativa

No Capítulo 3, mostramos que uma variável aleatória binomial negativa, com parâmetros p e r, pode ser representada como uma soma de r variáveis aleatórias geométricas $X_1, X_2, \ldots, X_r$.

Cada variável aleatória geométrica representa as tentativas adicionais requeridas para se obter o próximo sucesso. Uma vez que as tentativas em um experimento binomial são independentes, $X_1, X_2, \ldots, X_r$ são variáveis aleatórias independentes.

De forma análoga ao resultado para somente duas variáveis aleatórias, independência implica que a Equação 5.13 se mantém para *todos* os $x_1, x_2, \ldots, x_p$. Se encontrarmos um ponto para o qual a igualdade falhe, então $X_1, X_2, \ldots, X_p$ não serão independentes. É deixado como um exercício mostrar que, se $X_1, X_2, \ldots, X_p$ são independentes, então

$$P(X_1 \in A_1, X_2 \in A_2, \ldots, X_p \in A_p) =$$
$$P(X_1 \in A_1)\, P(X_2 \in A_2) \ldots P(X_p \in A_p)$$

para *quaisquer* regiões $A_1, A_2, \ldots, A_p$, na faixa de $X_1, X_2, \ldots, X_p$, respectivamente.

5.4 Covariância e Correlação

Quando duas ou mais variáveis aleatórias são definidas em um espaço probabilístico, é útil descrever como elas variam conjuntamente; ou seja, é útil medir a relação entre as variáveis. Uma medida comum da relação entre duas variáveis aleatórias é a **covariância**. De modo a definir a covariância, necessitamos descrever o valor esperado de uma função de duas variáveis aleatórias $h(X, Y)$. A definição simplesmente é uma extensão daquela usada para uma função de uma variável aleatória simples.

Valor Esperado de uma Função de Duas Variáveis Aleatórias

$$E[h(X,Y)] = \begin{cases} \sum\sum h(x,y) f_{XY}(x,y) & X, Y \text{ discretas} \\ \iint h(x,y) f_{XY}(x,y)\, dx\, dy & X, Y \text{ contínuas} \end{cases}$$

(5.14)

Isto é, $E[h(X, Y)]$ pode ser pensado como a média ponderada de $h(x, y)$ para cada ponto na faixa de (X, Y). O valor de $E[h(X, Y)]$ representa o valor médio de $h(X, Y)$ que é esperado em uma longa sequência de tentativas repetidas do experimento aleatório.

A covariância é definida tanto para variáveis aleatórias discretas como para contínuas pela mesma fórmula.

Covariância

A **covariância** entre as variáveis aleatórias X e Y, denotada por $\mathrm{cov}(X, Y)$ ou σ_{XY}, é

$$\sigma_{XY} = E[(X - \mu_X)(Y - \mu_Y)] = E(XY) - \mu_X \mu_Y \quad (5.15)$$

Se os pontos na distribuição de probabilidades conjuntas de X e Y, que recebem probabilidade positiva, tenderem a cair ao longo de uma linha de inclinação positiva (ou negativa), então σ_{XY} será positiva (ou negativa). Se os pontos tenderem a cair ao longo de uma linha de inclinação positiva, X tenderá a ser maior que μ_X, quando Y for maior que μ_Y. Consequentemente, o produto dos dois termos $x - \mu_X$ e $y - \mu_Y$ tenderá a ser positivo. Entretanto, se os pontos tenderem a cair ao longo de uma linha de inclinação negativa, $x - \mu_X$ tenderá a ser positivo, quando $y - \mu_Y$ for negativo, e vice-versa. Portanto, o produto de $x - \mu_X$ e $y - \mu_Y$ tenderá a ser negativo. Nesse sentido, a covariância entre X e Y descreve a variação entre duas variáveis aleatórias. A Figura 5.11 mostra exemplos de pares de variáveis aleatórias com covariância positiva, negativa e nula.

Covariância é uma medida de *relação linear* entre as variáveis aleatórias. Se a relação entre as variáveis aleatórias for não linear, a covariância pode não ser sensível à relação. Isso é ilustrado na Figura 5.11(d). Os únicos pontos com probabilidade não zero são os pontos no círculo. Há uma relação identificável entre as variáveis, embora a covariância seja zero.

EXEMPLO 5.16 | Valor Esperado de uma Função de Duas Variáveis Aleatórias

Para a distribuição de probabilidades conjuntas das duas variáveis aleatórias no Exemplo 5.1, calcule $E[(X - \mu_X)(Y - \mu_Y)]$.

O resultado é obtido multiplicando $x - \mu_X$ vezes $y - \mu_Y$ vezes $f_{XY}(x, y)$, para cada ponto na faixa de (X, Y). Primeiro, μ_X e μ_Y são determinados a partir das distribuições de probabilidades marginais para X e Y:

$$\mu_X = 2{,}35$$

e

$$\mu_Y = 2{,}49$$

Logo,

$$E[(X - \mu_X)(Y - \mu_Y)] = (1 - 2{,}35)(1 - 2{,}49)(0{,}01)$$
$$+ (2 - 2{,}35)(1 - 2{,}49)(0{,}02) + (3 - 2{,}35)(1 - 2{,}49)(0{,}25)$$
$$+ (1 - 2{,}35)(2 - 2{,}49)(0{,}02) + (2 - 2{,}35)(2 - 2{,}49)(0{,}03)$$
$$+ (3 - 2{,}35)(2 - 2{,}49)(0{,}2) + (1 - 2{,}35)(3 - 2{,}49)(0{,}02)$$
$$+ (2 - 2{,}35)(3 - 2{,}49)(0{,}1) + (3 - 2{,}35)(3 - 2{,}49)(0{,}05)$$
$$+ (1 - 2{,}35)(4 - 2{,}49)(0{,}15) + (2 - 2{,}35)(4 - 2{,}49)(0{,}1)$$
$$+ (3 - 2{,}35)(4 - 2{,}49)(0{,}05) = -0{,}5815$$

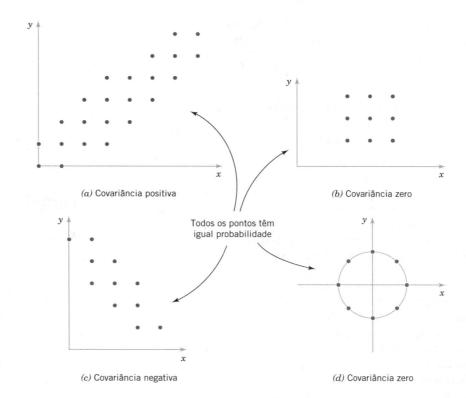

FIGURA 5.11
Distribuições de probabilidades conjuntas e o sinal da covariância entre X e Y.

(a) Covariância positiva
(b) Covariância zero
(c) Covariância negativa
(d) Covariância zero

Todos os pontos têm igual probabilidade

A igualdade das duas expressões para a covariância na Equação 5.15 é mostrada para variáveis aleatórias contínuas, conforme segue. Escrevendo os valores esperados como integrais,

$$E[(Y-\mu_Y)(X-\mu_X)] = \int_{-\infty}^{\infty}\int_{-\infty}^{\infty}(x-\mu_X)(y-\mu_Y)f_{XY}(x,y)\,dx\,dy$$

$$= \int_{-\infty}^{\infty}\int_{-\infty}^{\infty}[xy-\mu_X y - x\mu_Y + \mu_X\mu_Y]f_{XY}(x,y)\,dx\,dy$$

Agora

$$\int_{-\infty}^{\infty}\int_{-\infty}^{\infty}\mu_X y f_{XY}(x,y)\,dx\,dy = \mu_X\left[\int_{-\infty}^{\infty}\int_{-\infty}^{\infty}y f_{XY}(x,y)\,dx\,dy\right] =$$

$$= \mu_X\mu_Y$$

Consequentemente,

$$E[(X-\mu_X)(Y-\mu_Y)] =$$

$$= \int_{-\infty}^{\infty}\int_{-\infty}^{\infty} xy f_{XY}(x,y)\,dx\,dy - \mu_X\mu_Y - \mu_X\mu_Y + \mu_X\mu_Y$$

$$= \int_{-\infty}^{\infty}\int_{-\infty}^{\infty} xy f_{XY}(x,y)\,dx\,dy - \mu_X\mu_Y = E(XY) - \mu_X\mu_Y$$

Há outra medida da relação entre duas variáveis aleatórias que é frequentemente mais fácil de interpretar do que a covariância.

Correlação

A **correlação** entre as variáveis aleatórias X e Y, denotada por ρ_{XY}, é

$$\rho_{XY} = \frac{\text{cov}(X,Y)}{\sqrt{V(X)V(Y)}} = \frac{\sigma_{XY}}{\sigma_X\sigma_Y} \quad (5.16)$$

EXEMPLO 5.17

No Exemplo 5.1, as variáveis aleatórias X e Y são o número de barras de sinal e o tempo de resposta (para o segundo mais próximo), respectivamente. Interprete a covariância entre X e Y como positiva ou negativa.

À medida que as barras de sinal aumentam, o tempo de resposta tende a diminuir. Por conseguinte, X e Y têm uma covariância negativa. A covariância foi calculada como –0,5815 no Exemplo 5.16.

Em razão de $\sigma_X > 0$ e $\sigma_Y > 0$, se a covariância entre X e Y for positiva, negativa ou zero, a correlação entre X e Y será positiva, negativa ou zero, respectivamente. O seguinte resultado pode ser mostrado.

> Para quaisquer duas variáveis aleatórias X e Y,
> $$-1 \leq \rho_{XY} \leq +1 \qquad (5.17)$$

A correlação só escalona a covariância através do desvio-padrão de cada variável. Assim, a correlação é uma grandeza adimensional que pode ser usada para comparar as relações lineares entre pares de variáveis em diferentes unidades.

Se os pontos na distribuição de probabilidades conjuntas de X e Y que recebem probabilidades positivas tenderem a cair ao longo de uma linha de inclinação positiva (ou negativa), então ρ_{XY} será próximo de $+1$ ou (-1). Se ρ_{XY} for igual a $+1$ ou -1, poderá ser mostrado que os pontos na distribuição de probabilidades conjuntas que recebem probabilidades positivas caem exatamente ao longo de uma linha reta. Duas variáveis aleatórias com correlação não zero são ditas **correlacionadas**. Similar à covariância, a correlação é uma medida da relação linear entre as variáveis aleatórias.

Para variáveis aleatórias independentes, não esperamos nenhuma relação em sua distribuição de probabilidades conjuntas. O seguinte resultado é deixado como um exercício.

> Se X e Y forem variáveis aleatórias independentes,
> $$\sigma_{XY} = \rho_{XY} = 0 \qquad (5.18)$$

No entanto, se a correlação entre duas variáveis aleatórias for zero, *não podemos* concluir imediatamente que as variáveis aleatórias sejam independentes. A Figura 5.11(d) fornece um exemplo.

5.5 Distribuições Conjuntas Comuns

5.5.1 Distribuição Multinomial de Probabilidades

Uma distribuição de probabilidades conjuntas para múltiplas variáveis aleatórias discretas, que é bem útil, é uma extensão da binomial. O experimento aleatório que gera a distribuição de probabilidades consiste em uma série de tentativas independentes. Entretanto, os resultados de cada tentativa podem ser categorizados em uma das k classes. As variáveis aleatórias de interesse contam o número de resultados em cada classe.

EXEMPLO 5.18 | Correlação

Para as variáveis aleatórias descrevendo as barras de sinais e o tempo de resposta no Exemplo 5.1, determine a correlação entre as variáveis aleatórias X e Y.

A covariância foi definida, em um exemplo anterior, como sendo igual a $-0,5815$. A partir da distribuição marginal de X e de Y na Figura 5.6, pode ser mostrado que $V(X) = 0,6275$ e $V(Y) = 1,4099$.

Logo,
$$\rho_{XY} = \frac{\sigma_{XY}}{\sigma_X \sigma_Y} = \frac{-0,5815}{\sqrt{0,6275}\sqrt{1,4099}} = -0,62$$

EXEMPLO 5.19 | Relação Linear

Suponha que a variável aleatória X tenha a seguinte distribuição: $P(X=1) = 0,2$, $P(X=2) = 0,6$, $P(X=3) = 0,2$. Seja $Y = 2X + 5$. Ou seja, $P(Y=7) = 0,2$, $P(Y=9) = 0,6$, $P(Y=11) = 0,2$, e assim por diante. Determine a correlação entre X e Y.

Como X e Y estão linearmente relacionados, $\rho = 1$. Isso pode ser verificado por cálculos diretos. Tente.

EXEMPLO 5.20 | Canal Digital

Podemos estar interessados em uma probabilidade tal qual a seguinte. Dos 20 *bits* recebidos, qual é a probabilidade de 14 serem excelentes, três serem bons, dois serem razoáveis e um ser ruim? Considere que as classificações de *bits* individuais sejam eventos independentes e que as probabilidades de E, B, R e Ru sejam iguais a 0,6; 0,3; 0,08 e 0,02, respectivamente. Uma sequência de 20 *bits* que produz os números especificados de *bits* em cada classe pode ser representada como

$$EEEEEEEEEEEEEEBBBRRRu$$

Usando independência, encontramos que a probabilidade dessa sequência é

$$P(EEEEEEEEEEEEEEBBBRRRu) = 0,6^{14} 0,3^3 0,08^2 0,02^1$$
$$= 2,708 \times 10^{-9}$$

Claramente, todas as sequências que consistem nos mesmos números de E's, B's, R's e Ru's têm a mesma probabilidade. Consequentemente, a probabilidade requerida pode ser encontrada multiplicando $2,708 \times 10^{-9}$ pelo número de sequências com 14 *E*'s, três *B*'s, dois *R*'s e um *Ru*. O número de sequências é encontrado a partir do Capítulo 2, como

$$\frac{20!}{14!\,3!\,2!\,1!} = 2.325.600$$

Por conseguinte, a probabilidade requerida é

$P(14\ E\text{'s, três }B\text{'s, dois }R\text{'s e um }Ru) = 2.325.600(2{,}708 \times 10^{-9})$
$= 0{,}0063$

Esse exemplo conduz à seguinte generalização de um experimento binomial e uma distribuição binomial.

Distribuição Multinomial

Suponha que um experimento aleatório consiste em uma série de *n* tentativas. Considere que

(1) O resultado de cada tentativa é classificado em uma das *k* classes.
(2) A probabilidade de uma tentativa gerando um resultado na classe 1, na classe 2, ..., na classe *k* é constante ao longo das tentativas e igual a $p_1, p_2, \ldots, p_k$, respectivamente.
(3) As tentativas são independentes.

As variáveis aleatórias $X_1, X_2, \ldots, X_k$, que denotam o número de tentativas que resultam na classe 1, classe 2, ..., classe *k*, respectivamente, têm uma **distribuição multinomial**, e a função de probabilidade conjunta é

$$P(X_1 = x_1, X_2 = x_2, \ldots, X_k = x_k)$$
$$= \frac{n!}{x_1!\,x_2!\,\ldots\,x_k!}\,p_1^{x_1}\,p_2^{x_2}\,\ldots\,p_k^{x_k} \quad (5.19)$$

para $x_1 + x_2 + \ldots + x_k = n$ e $p_1 + p_2 + \ldots + p_k = 1$.

A distribuição multinomial é considerada uma extensão multivariável da distribuição binomial.

Cada tentativa em um experimento aleatório multinomial pode ser considerada como gerando ou não gerando um resultado na classe *i*, para cada *i* = 1, 2, ..., *k*. Em razão de a variável aleatória X_i ser o número de tentativas que resultam na classe *i*, X_i tem uma distribuição binomial.

Média e Variância

No caso de $X_1, X_2, \ldots, X_k$ terem uma distribuição multinomial, a distribuição de probabilidades marginais de X_i será binomial, com

$$E(X_i) = np_i \quad \text{e} \quad V(X_i) = np_i(1 - p_i) \quad (5.20)$$

5.5.2 Distribuição Normal Bivariada

Uma extensão de distribuição normal para duas variáveis aleatórias é uma importante distribuição bivariada de probabilidades. A distribuição de probabilidades conjuntas pode ser definida de modo a lidar com correlação positiva, negativa ou zero entre as variáveis aleatórias.

Função Densidade de Probabilidade Normal Bivariada

A função densidade de probabilidade de uma **distribuição normal bivariada** é

$$f_{XY}(x, y; \sigma_X, \sigma_Y, \mu_X, \mu_Y, \rho) = \frac{1}{2\pi\sigma_X\sigma_Y\sqrt{1-\rho^2}}$$

$$\times \exp\left\{\frac{-1}{2(1-\rho^2)}\left[\frac{(x-\mu_X)^2}{\sigma_X^2} - \frac{2\rho(x-\mu_X)(y-\mu_Y)}{\sigma_X\sigma_Y} + \frac{(y-\mu_Y)^2}{\sigma_Y^2}\right]\right\}$$

(5.21)

para $-\infty < x < \infty$ e $-\infty < y < \infty$, com os parâmetros $\sigma_X > 0$, $\sigma_Y > 0$, $-\infty < \mu_X < \infty$, $-\infty < \mu_Y < \infty$ e $-1 < \rho < 1$.

EXEMPLO 5.21 | Canal Digital

No Exemplo 5.20, considere as variáveis aleatórias X_1, X_2, X_3 e X_4 como o número de *bits* que são *E*, *B*, *R* e *Ru*, respectivamente, em uma transmissão de 20 *bits*. A probabilidade de que 12 dos *bits* recebidos sejam *E*, seis sejam *B*, dois sejam *R* e 0 seja *Ru* é

$P(X_1 = 12, X_2 = 6, X_3 = 2, X_4 = 0)$
$= \dfrac{20!}{12!\,6!\,2!\,0!}\,0{,}6^{12}\,0{,}3^6\,0{,}08^2\,0{,}02^0 = 0{,}0358$

EXEMPLO 5.22 | Distribuição Normal Bivariada

No começo deste capítulo, o comprimento de diferentes dimensões de uma peça moldada por injeção foi apresentado como exemplo de duas variáveis aleatórias. Se as especificações para *X* e *Y* forem 2,95 a 3,05 e 7,60 a 7,80 milímetros, respectivamente, então podemos estar interessados na probabilidade de uma peça satisfazer ambas especificações; ou seja, $P(2{,}95 < X < 3{,}05, 7{,}60 < Y < 7{,}80)$. Cada comprimento pode ser modelado por uma distribuição normal. Entretanto, em razão de as medidas serem provenientes da mesma peça, as variáveis aleatórias serão tipicamente não independentes. Consequentemente, uma distribuição de probabilidades para duas variáveis aleatórias normais que não sejam independentes é importante em muitas aplicações.

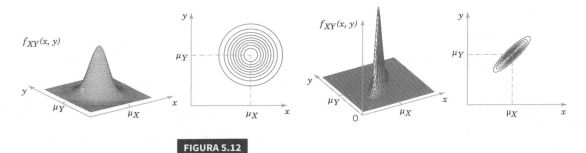

FIGURA 5.12

Exemplos de distribuições normais bivariadas.

O resultado de que a integral de $f_{XY}(x, y; \sigma_X, \sigma_Y, \mu_X, \mu_Y, \rho)$ é igual a 1 é deixado como exercício. Também, a função densidade de probabilidade normal bivariada é positiva em todo o plano de números reais.

Dois exemplos de distribuições normais bivariadas são ilustrados na Figura 5.12, juntamente com as correspondentes *curvas de nível*. Cada curva nas curvas de nível é um conjunto de pontos para o qual a função densidade de probabilidade é constante. Como visto nas curvas de nível, a função densidade de probabilidade normal bivariada é constante nas elipses no plano (x, y). Podemos considerar um círculo como um caso especial de uma elipse. O centro de cada elipse está no ponto (μ_X, μ_Y). Se $\rho > 0$ ($\rho < 0$), o eixo maior de cada elipse tem inclinação positiva (negativa), respectivamente. Se $\rho = 0$, o eixo maior da elipse está alinhado com os eixos coordenados x e y.

Os seguintes resultados podem ser mostrados para uma distribuição normal bivariada. Os detalhes são deixados como exercício.

Distribuição Condicional de Variáveis Aleatórias Normais Bivariadas

Se X e Y tiverem uma distribuição normal bivariada, com densidade de probabilidade conjunta $f_{XY}(x, y, \sigma_X, \sigma_Y, \mu_X, \mu_Y, \rho)$, a distribuição de probabilidades condicionais de Y, dado que $X = x$, é normal, com média

$$\mu_{Y|x} = \mu_Y + \rho \frac{\sigma_Y}{\sigma_X}(x - \mu_X)$$

e variância

$$\sigma^2_{Y|x} = \sigma^2_Y (1 - \rho^2)$$

Além disso, como a notação sugere, ρ representa a correlação entre X e Y. O resultado a seguir é deixado como exercício.

Distribuições Marginais de Variáveis Aleatórias Normais Bivariadas

Se X e Y tiverem uma distribuição normal bivariada, com densidade de probabilidade conjunta $f_{XY}(x, y, \sigma_X, \sigma_Y, \mu_X, \mu_Y, \rho)$, então as distribuições de probabilidades marginais de X e Y são normais, com médias μ_X e μ_Y e desvios-padrão σ_X e σ_Y, respectivamente. (5.22)

Correlação entre Variáveis Aleatórias Normais Bivariadas

No caso de X e Y possuírem uma distribuição normal bivariada, com função de densidade de probabilidade conjunta $f_{XY}(x, y, \sigma_X, \sigma_Y, \mu_X, \mu_Y, \rho)$, então a correlação entre X e Y será ρ. (5.23)

EXEMPLO 5.23

A função densidade de probabilidade conjunta

$$f_{XY}(x, y) = \frac{1}{2\pi} e^{-0,5(x^2+y^2)}$$

é um caso especial de distribuição normal bivariada, com $\sigma_X = 1$, $\sigma_Y = 1$, $\mu_X = 0$, $\mu_Y = 0$ e $\rho = 0$. Essa função densidade de probabilidade está ilustrada na Figura 5.13. Note que as curvas de nível consistem em círculos concêntricos em torno da origem.

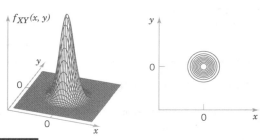

FIGURA 5.13

Função densidade de probabilidade normal bivariada com $\sigma_X = 1$, $\sigma_Y = 1$, $\rho = 0$, $\mu_X = 0$ e $\mu_Y = 0$.

As curvas de nível na Figura 5.12 ilustram que, à medida que ρ se move de 0 (gráfico esquerdo) para 0,9 (gráfico direito), as elipses se estreitam em torno do maior eixo. A probabilidade está mais concentrada em torno da linha no plano (x, y) e graficamente apresenta maior correlação entre as variáveis. Se $\rho = -1$ ou $+1$, então toda a probabilidade estará concentrada na linha no plano (x, y). Ou seja, a probabilidade de X e Y assumirem um valor que não esteja na linha é zero. Nesse caso, a densidade de probabilidade normal bivariada não é definida.

Em geral, correlação zero não implica independência. Porém, no caso especial de X e Y terem uma distribuição normal bivariada, se $\rho = 0$, então X e Y serão independentes. Os detalhes são deixados como um exercício.

Para Variáveis Aleatórias Normais Bivariadas, Correlação Zero Implica Independência

Se X e Y tiverem uma distribuição normal bivariada, com $\rho = 0$, então X e Y serão independentes. (5.24)

Um importante uso da distribuição normal bivariada é calcular as probabilidades envolvendo duas variáveis aleatórias normais correlacionadas.

5.6 Funções Lineares de Variáveis Aleatórias

Uma variável aleatória é algumas vezes definida como uma função de uma ou mais variáveis aleatórias. Nesta seção, resultados para funções lineares são realçados por causa de sua importância no restante do livro. Por exemplo, se as variáveis aleatórias X_1 e X_2 denotarem o comprimento e a largura, respectivamente, de uma peça fabricada, então $Y = 2X_1 + 2X_2$ é uma variável aleatória que representa o perímetro da peça. Como outro exemplo, lembre-se de que a variável aleatória binomial negativa foi representada como a soma de muitas variáveis aleatórias geométricas.

Nesta seção, desenvolveremos resultados para as variáveis aleatórias que sejam combinações lineares de variáveis aleatórias.

Combinação Linear

Dadas as variáveis aleatórias $X_1, X_2, \ldots, X_p$ e as constantes $c_0, c_1, c_2, \ldots, c_p$, então

$$Y = c_0 + c_1 X_1 + c_2 X_2 + \cdots + c_p X_p \quad (5.25)$$

é uma **combinação linear** de $X_1, X_2, \ldots, X_p$.

Agora, $E(Y)$ pode ser encontrado a partir da distribuição de probabilidades conjuntas de $X_1, X_2, \ldots, X_p$, como a seguir. Suponha que $X_1, X_2, \ldots, X_p$ sejam variáveis aleatórias contínuas. Um cálculo análogo pode ser usado para variáveis aleatórias discretas.

$$E(Y) = \int_{-\infty}^{\infty}\int_{-\infty}^{\infty}\cdots\int_{-\infty}^{\infty}(c_0 + c_1 x_1 + c_2 x_2 + \cdots + c_p x_p)$$

$$f_{X_1 X_2 \ldots X_p}(x_1, x_2, \ldots, x_p)\, dx_1\, dx_2 \ldots dx_p$$

$$= c_0 + c_1 \int_{-\infty}^{\infty}\int_{-\infty}^{\infty}\cdots\int_{-\infty}^{\infty} x_1 f_{X_1 X_2 \ldots X_p}(x_1, x_2, \ldots, x_p)$$

$$dx_1\, dx_2 \ldots dx_p$$

$$+ c_2 \int_{-\infty}^{\infty}\int_{-\infty}^{\infty}\cdots\int_{-\infty}^{\infty} x_2 f_{X_1 X_2 \ldots X_p}(x_1, x_2, \ldots, x_p)\, dx_1\, dx_2 \ldots dx_p$$

$$+ , \ldots ,$$

$$+ c_p \int_{-\infty}^{\infty}\int_{-\infty}^{\infty}\cdots\int_{-\infty}^{\infty} x_p f_{X_1 X_2 \ldots X_p}(x_1, x_2, \ldots, x_p)\, dx_1\, dx_2 \ldots dx_p$$

Usando a Equação 5.11 para cada um dos termos nessa expressão, obtemos o seguinte.

Média de uma Função Linear

Se $Y = c_0 + c_1 X_1 + c_2 X_2 + \cdots + c_p X_p$,

$$E(Y) = c_0 + c_1 E(X_1) + c_2 E(X_2) + \cdots + c_p E(X_p) \quad (5.26)$$

É deixado como exercício mostrar o seguinte.

Variância de uma Função Linear

Se $X_1, X_2, \ldots, X_p$ forem variáveis aleatórias e $Y = c_0 + c_1 X_1 + c_2 X_2 + \ldots + c_p X_p$, então em geral

$$V(Y) = c_1^2 V(X_1) + c_2^2 V(X_2) + \cdots$$
$$+ c_p^2 V(X_p) + 2 \sum\sum_{i<j} c_i c_j \operatorname{cov}(X_i, X_j) \quad (5.27)$$

Se $X_1, X_2, \ldots, X_p$ forem *independentes*,

$$V(Y) = c_1^2 V(X_1) + c_2^2 V(X_2) + \cdots + c_p^2 V(X_p) \quad (5.28)$$

EXEMPLO 5.24 | Peça Moldada por Injeção

Suponha que X e Y sejam as dimensões de uma peça moldada por injeção e tenham distribuição normal bivariada com $\sigma_X = 0{,}04$, $\sigma_Y = 0{,}08$, $\mu_X = 3{,}00$, $\mu_Y = 7{,}70$ e $\rho = 0{,}8$. Então, a probabilidade de a peça satisfazer ambas as especificações é

$$P(2{,}95 < X < 3{,}05,\ 7{,}60 < Y < 7{,}80)$$

Essa probabilidade pode ser obtida integrando $f_{xy}(x, y, \sigma_X, \sigma_Y, \mu_X, \mu_Y, \rho)$ na região $2{,}95 < x < 3{,}05$ e $7{,}60 < y < 7{,}80$, conforme mostrado na Figura 5.3. Infelizmente, não há frequentemente uma solução exata para probabilidades envolvendo distribuições normais bivariadas. Nesse caso, a integração tem de ser feita numericamente.

EXEMPLO 5.25 | Distribuição Binomial Negativa

No Capítulo 3, encontramos que, se Y era uma variável aleatória binomial negativa com parâmetros p e r, então $Y = X_1 + X_2 + \ldots + X_r$, em que cada X_i era uma variável aleatória geométrica, com parâmetro p. Elas eram independentes. Assim, $E(X_i) = 1/p$ e $V(X_i) = (1 - p)/p^2$. Da Equação 5.26, $E(Y) = r/p$, e, da Equação 5.28, $V(Y) = r(1 - p)/p^2$.

EXEMPLO 5.26 | Propagação de Erros

Um produto semicondutor consiste em três camadas. Se as variâncias na espessura da primeira, segunda e terceira camadas forem iguais a 25, 40 e 30 nanômetros quadrados, qual será a variância da espessura do produto final?

Sejam X_1, X_2, X_3 e X variáveis aleatórias que denotam a espessura das respectivas camadas e do produto final. Então,

$$X = X_1 + X_2 + X_3$$

A variância de X é obtida a partir da Equação 5.28:

$$V(X) = V(X_1) + V(X_2) + V(X_3) = 25 + 40 + 30 = 95 \text{ nm}^2$$

Portanto, o desvio-padrão da espessura do produto final é $95^{1/2} = 9{,}75$ nm, e isso mostra como a variação em cada camada é propagada ao produto final.

Note que o resultado para a variância na Equação 5.28 requer que as variáveis aleatórias sejam independentes. De modo a ver por que a independência é importante, considere o seguinte exemplo simples. Seja X_1 qualquer variável aleatória e defina $X_2 = -X_1$. Claramente, X_1 e X_2 não são independentes. Com efeito, $\rho_{XY} = -1$. Agora, $Y = X_1 + X_2$ é igual a zero, com probabilidade igual a 1. Desse modo, $V(Y) = 0$, independente das variâncias de X_1 e X_2.

Uma abordagem similar àquela aplicada ao Exemplo 5.25 pode ser usada para verificar as fórmulas para a média e a variância de uma variável de Erlang no Capítulo 4. Um importante uso da Equação 5.28 está na **propagação de erros**, e isso é apresentado no Exemplo 5.26.

A função linear particular que representa a média de p variáveis aleatórias, com médias e variâncias idênticas, será usada com frequência em capítulos subsequentes. Realçamos os resultados para esse caso especial.

Média e Variância de uma Média

Se $\overline{X} = (X_1 + X_2 + \ldots + X_p)/p$ com $E(X_i) = \mu$ para $i = 1, 2, \ldots, p$,

$$E(\overline{X}) = \mu \qquad (5.29a)$$

Se $X_1, X_2, \ldots, X_p$ são também independentes, com $V(X_i) = \sigma^2$ para $i = 1, 2, \ldots, p$,

$$V(\overline{X}) = \frac{\sigma^2}{p} \qquad (5.29b)$$

A conclusão para $V(\overline{X})$ é obtida como segue. Usando a Equação 5.28, com $c_i = 1/p$ e $V(X_i) = \sigma^2$, resulta

$$V(\overline{X}) = \underbrace{(1/p)^2 \sigma^2 + \cdots + (1/p)^2 \sigma^2}_{p \text{ termos}} = \sigma^2/p$$

Outro resultado útil relativo a funções lineares de variáveis aleatórias é uma **propriedade reprodutiva** que se mantém para variáveis aleatórias normais independentes.

Propriedade Reprodutiva da Distribuição Normal

Se $X_1, X_2, \ldots, X_p$ são variáveis aleatórias normais independentes, com $E(X_i) = \mu_i$ e $V(X_i) = \sigma^2_i$ para $i = 1, 2, \ldots, p$, então

$$Y = c_0 + c_1 X_1 + c_2 X_2 + \cdots + c_p X_p$$

é uma variável aleatória normal com

$$E(Y) = c_0 + c_1 \mu_1 + c_2 \mu_2 + \cdots + c_p \mu_p$$

e

$$V(Y) = c_1^2 \sigma_1^2 + c_2^2 \sigma_2^2 + \cdots + c_p^2 \sigma_p^2 \qquad (5.30)$$

A média e a variância de Y são provenientes das Equações 5.26 e 5.28. O fato de Y ter uma distribuição normal pode ser obtido a partir de funções geradoras de momento, contidas em uma seção mais adiante deste capítulo.

5.7 Funções Gerais de Variáveis Aleatórias

Em muitas situações em estatística, é necessário deduzir a distribuição de probabilidades de uma função de uma ou mais variáveis aleatórias. Nesta seção, apresentamos alguns resultados que são úteis na resolução desse problema.

EXEMPLO 5.27 | Função Linear de Variáveis Aleatórias Normais Independentes

Sejam as variáveis aleatórias X_1 e X_2 o comprimento e a largura, respectivamente, de uma peça fabricada. Considere que X_1 é normal, com $E(X_1) = 2$ cm e desvio-padrão igual a 0,1 cm; que X_2 é normal, com $E(X_2) = 5$ cm, com desvio-padrão igual a 0,2 cm. Considere também que X_1 e X_2 sejam independentes. Determine a probabilidade de o perímetro exceder 14,5 cm.

Então, $Y = 2X_1 + 2X_2$ é uma variável aleatória que representa o perímetro da peça. A partir da Equação 5.30, $E(Y) = 14$ cm e a variância de Y é

$$V(Y) = 4 \times 0,1^2 + 4 \times 0,2^2 = 0,2 \text{ cm}^2$$

Agora,

$$P(Y > 14,5) = P\left(\frac{Y - \mu_Y}{\sigma_Y} > \frac{14,5 - 14}{\sqrt{0,2}}\right)$$
$$= P(Z > 1,12) = 0,13$$

Suponha que X seja uma variável aleatória discreta, com distribuição de probabilidades $f_X(x)$. Seja $Y = h(X)$ uma função de X que define uma transformação um para um entre os valores de X e Y, e que desejamos encontrar a distribuição de probabilidades de Y. Por uma transformação um para um, queremos dizer que cada valor x está relacionado com um e com um único valor de $y = h(x)$ e que cada valor de y está relacionado com um e com um único valor de x, ou seja, $x = u(y)$, em que $u(y)$ é encontrado resolvendo $y = h(x)$ para x em termos de y.

Agora, a variável aleatória Y é igual a y quando X é igual a $u(y)$. Logo, a distribuição de probabilidades de Y é

$$f_Y(y) = P(Y = y) = P[X = u(y)] = f_X[u(y)]$$

Estabelecemos esse resultado como segue.

Função Geral de uma Variável Aleatória Discreta

Suponha que X seja uma variável aleatória *discreta* com distribuição de probabilidades $f_X(x)$. Seja $Y = h(X)$ uma transformação um para um entre os valores de X e Y, de modo que a equação $y = h(x)$ pode ser resolvida unicamente para x em termos de y. Seja essa solução $x = u(y)$. Então, a função de probabilidade da variável aleatória Y é

$$f_Y(y) = f_X[u(y)] \qquad (5.31)$$

Consideremos agora a situação em que as variáveis aleatórias são contínuas. Seja $Y = h(X)$, com X contínua e a transformação um para um.

Função Geral de uma Variável Aleatória Contínua

Suponha que X seja uma variável aleatória *contínua* com distribuição de probabilidades $f_X(x)$. A função $Y = h(X)$ é uma transformação um para um entre os valores de Y e X, de modo que a equação $y = h(x)$ pode ser resolvida unicamente para x em termos de y. Seja essa solução igual a $x = u(y)$. A distribuição de probabilidades de Y é

$$f_Y(y) = f_X[u(y)]|J| \qquad (5.32)$$

sendo $J = u'(y)$ chamada de **jacobiana** da transformação; o valor absoluto de J é usado.

A Equação 5.32 é mostrada como segue. Seja a função $y = h(x)$ uma função crescente de x. Agora

$$P(Y \leq a) = P[X \leq u(a)] = \int_{-\infty}^{u(a)} f_X(x)\, dx$$

Se mudarmos a variável de integração de x para y utilizando $x = u(y)$, vamos obter $dx = u'(y)dy$ e então

$$P(Y \leq a) = \int_{-\infty}^{a} f_X[u(y)]\, u'(y)\, dy$$

Uma vez que a integral fornece a probabilidade de $Y \leq a$ para todos os valores de a contidos no conjunto factível de valores

---

EXEMPLO 5.28 | Função de uma Variável Aleatória Discreta

Seja X uma variável aleatória geométrica, com distribuição de probabilidades

$$f_X(x) = p(1-p)^{x-1}, \qquad x = 1, 2, \ldots$$

Encontre a distribuição de probabilidades de $Y = X^2$.

Uma vez que $X \geq 0$, a transformação é um para um; ou seja, $y = x^2$ e $x = \sqrt{y}$. Por conseguinte, a Equação 5.31 indica que a distribuição da variável aleatória Y é

$$f_Y(y) = f(\sqrt{y}) = p(1-p)^{\sqrt{y}-1}, \qquad y = 1, 4, 9, 16, \ldots$$

> **EXEMPLO 5.29** | Função de uma Variável Aleatória Contínua
>
> Seja X uma variável aleatória contínua com distribuição de probabilidades
>
> $$f_X(x) = \frac{x}{8}, \quad 0 \leq x < 4$$
>
> Encontre a distribuição de probabilidades de $Y = h(X) = 2X + 4$.
>
> Observe que $y = h(x) = 2x + 4$ é uma função crescente de x. A solução inversa é $x = u(y) = (y - 4)/2$, e daí encontramos a jacobiana como $J = u'(y) = dx/dy = 1/2$. Logo, da Equação 5.32, a distribuição de probabilidades de Y é
>
> $$f_Y(y) = \frac{(y-4)/2}{8}\left(\frac{1}{2}\right) = \frac{y-4}{32}, \quad 4 \leq y \leq 12$$

para y, $f_X[u(y)]u'(y)$ tem de ser uma densidade de probabilidade de Y. Consequentemente, a distribuição de probabilidades de Y é

$$f_Y(y) = f_X[u(y)]\, u'(y) = f_X[u(y)]\, J$$

Se a função $y = h(x)$ for uma função decrescente de x, um argumento similar se manterá.

5.8 Funções Geradoras de Momento

Suponha que X seja uma variável aleatória com média μ. Em todo este livro, usamos a ideia do valor esperado da variável aleatória X e o fato de $E(X) = \mu$. Agora, considere que estejamos interessados no valor esperado de uma função de X, $g(X) = X^r$. O valor esperado dessa função, ou seja, $E[g(X)] = E(X^r)$, é chamado de r-ésimo momento em torno da origem da variável aleatória X, que denotaremos por μ'_r.

> **Definição de Momentos em Torno da Origem**
>
> O r-ésimo **momento em torno da origem** da variável aleatória X é
>
> $$\mu'_r = E(X^r) = \begin{cases} \sum_{x} x^r f(x), & X \text{ discreta} \\ \int_{-\infty}^{\infty} x^r f(x)\,dx, & X \text{ contínua} \end{cases}$$
>
> (5.33)

Note que o primeiro momento em torno da origem é apenas a média, ou seja, $E(X) = \mu'_1 = \mu$. Além disso, uma vez que o segundo momento em torno da origem é $E(X)^2 = \mu'_2$, podemos escrever a variância de uma variável aleatória em termos de momentos em torno da origem, como a seguir.

$$\sigma^2 = E(X^2) - [E(X)]^2 = \mu'_2 - \mu^2$$

Os momentos de uma variável aleatória podem ser frequentemente determinados diretamente a partir da definição na Equação 5.33. Porém, há um procedimento alternativo que é frequentemente útil, o qual usa uma função especial.

> **Definição de uma Função Geradora de Momento**
>
> A **função geradora de momento** da variável aleatória X é o valor esperado de e^{tX} e denotado por $M_X(t)$. Ou seja,
>
> $$M_X(t) = E(e^{tX}) = \begin{cases} \sum_{x} e^{tx} f(x), & X \text{ discreta} \\ \int_{-\infty}^{\infty} e^{tx} f(x)\,dx, & X \text{ contínua} \end{cases}$$
>
> (5.34)

A função geradora de momento $M_X(t)$ existirá somente se a soma ou a integral na definição anterior convergir. Se a função geradora de momento de uma variável aleatória existir, ela pode ser usada para obter todos os momentos em torno da origem da variável aleatória.

> Seja X uma variável aleatória com função geradora de momento $M_X(t)$. Então
>
> $$\mu'_r = \left.\frac{d^r M_X(t)}{dt^r}\right|_{t=0}$$
>
> (5.35)

Admitindo que possamos diferenciar dentro dos sinais de somatório e de integral,

$$\frac{d^r M_X(t)}{dt^r} = \begin{cases} \sum_{x} x^r e^{tx} f(x), & X \text{ discreta} \\ \int_{-\infty}^{\infty} x^r e^{tx} f(x)\,dx, & X \text{ contínua} \end{cases}$$

Agora, se estabelecermos $t = 0$ nessa expressão, encontramos que

$$\left.\frac{d^r M_X(t)}{dt^r}\right|_{t=0} = E(X^r)$$

EXEMPLO 5.30 | Função Geradora de Momento para Variável Aleatória Binomial

Suponha que X tenha uma distribuição binomial, isto é,

$$f(x) = \binom{n}{x} p^x (1-p)^{n-x}, \qquad x = 0, 1, \ldots, n$$

Determine a função geradora de momento e use-a para verificar que a média e a variância da variável aleatória binomial são $\mu = np$ e $\sigma^2 = np(1-p)$.

Da definição de uma função geradora de momento, temos

$$M_X(t) = \sum_{x=0}^{n} e^{tx} \binom{n}{x} p^x (1-p)^{n-x} = \sum_{x=0}^{n} \binom{n}{x} (pe^t)^x (1-p)^{n-x}$$

Esse último somatório é uma expansão binomial de $[pe^t + (1-p)]^n$; assim,

$$M_X(t) = [pe^t + (1-p)]^n$$

Tomando a primeira e a segunda derivadas, obtemos

$$M'_X(t) = \frac{dM_X(t)}{dt} = npe^t [1 + p(e^t - 1)]^{n-1}$$

e

$$M''_X(t) = \frac{d^2 M_X(t)}{dt^2} = npe^t(1 - p + npe^t)[1 + p(e^t - 1)]^{n-2}$$

Se estabelecermos $t = 0$ em $M'_X(t)$, obtemos

$$M'_X(t)\big|_{t=0} = \mu'_1 = \mu = np$$

que é a média da variável aleatória binomial X. Agora, se estabelecermos $t = 0$ em $M''_X(t)$,

$$M''_X(t)\big|_{t=0} = \mu'_2 = np(1 - p + np)$$

Por conseguinte, a variância da variável aleatória binomial é

$$\sigma^2 = \mu'_2 - \mu^2 = np(1 - p + np) - (np)^2$$
$$= np - np^2 = np(1-p)$$

EXEMPLO 5.31 | Função Geradora de Momento para uma Variável Aleatória Normal

Encontre a função geradora de momento da variável aleatória normal e use-a para mostrar que a média e a variância dessa variável aleatória são μ e σ^2, respectivamente.

A função geradora de momento é

$$M_X(t) = \int_{-\infty}^{\infty} e^{tx} \frac{1}{\sigma\sqrt{2\pi}} e^{-(x-\mu)^2/(2\sigma^2)}$$
$$= \int_{-\infty}^{\infty} \frac{1}{\sigma\sqrt{2\pi}} e^{-[x^2 - 2(\mu + t\sigma^2)x + \mu^2]/(2\sigma^2)} dx$$

Se completarmos o quadrado no expoente, teremos

$$x^2 - 2(\mu + t\sigma^2)x + \mu^2 = [x - (\mu + t\sigma^2)]^2 - 2\mu t\sigma^2 - t^2\sigma^4$$

e então

$$M_X(t) = \int_{-\infty}^{\infty} \frac{1}{\sigma\sqrt{2\pi}} e^{-\{[x-(\mu+t\sigma^2)]^2 - 2\mu t\sigma^2 - t^2\sigma^4\}/(2\sigma^2)} dx$$
$$= e^{\mu t + \sigma^2 t^2/2} \int_{-\infty}^{\infty} \frac{1}{\sigma\sqrt{2\pi}} e^{-(1/2)[x-(\mu+t\sigma^2)]^2/\sigma^2} dx$$

Seja $u = [x - (\mu + t\sigma^2)]/\sigma$. Então, $dx = \sigma du$ e a última expressão anterior se torna

$$M_X(t) = e^{\mu t + \sigma^2 t^2/2} \int_{-\infty}^{\infty} \frac{1}{\sqrt{2\pi}} e^{-u^2/2} du$$

Agora, a integral é apenas a área total sob uma densidade normal padrão, que é 1; dessa maneira, a função geradora de momento de uma variável aleatória normal é

$$M_X(t) = e^{\mu t + \sigma^2 t^2/2}$$

Diferenciando essa função duas vezes em relação a t e estabelecendo $t = 0$ no resultado, obtemos

$$\frac{dM_X(t)}{dt}\bigg|_{t=0} = \mu'_1 = \mu \quad \text{e} \quad \frac{d^2 M_X(t)}{dt^2}\bigg|_{t=0} = \mu'_2 = \sigma^2 + \mu^2$$

Logo, a variância da variável aleatória normal é

$$\sigma^2 = \mu'_2 - \mu^2 = \sigma^2 + \mu^2 - \mu^2 = \sigma^2$$

Funções geradoras de momento têm muitas propriedades importantes e úteis. Uma das mais importantes dessas é a *propriedade de singularidade*. Ou seja, a função geradora de momento de uma variável aleatória é única quando ela existe; assim, se temos duas variáveis aleatórias X e Y, digamos, com funções geradoras de momento $M_x(t)$ e $M_y(t)$, então se $M_x(t) = M_y(t)$ para todos os valores de t, X e Y têm a mesma distribuição de probabilidade. Algumas das outras propriedades úteis da função geradora de momento são resumidas a seguir.

EXEMPLO 5.32 | Distribuição de uma Soma de Variáveis Aleatórias de Poisson

Sejam X_1 e X_2 duas variáveis aleatórias independentes de Poisson, com parâmetros λ_1 e λ_2, respectivamente. Determine a distribuição de probabilidade de $Y = X_1 + X_2$.

A função geradora de momento de uma variável aleatória de Poisson com parâmetro λ é

$$M_X(t) = e^{\lambda(e^t-1)}$$

Logo, as funções geradoras de momento de X_1 e X_2 são $M_{X_1}(t) = e^{\lambda_1(e^t-1)}$, $M_{X_2}(t) = e^{\lambda_2(e^t-1)}$ respectivamente. Usando a Equação 5.36, a função geradora de momento de $Y = X_1 + X_2$ é

$$M_Y(t) = M_{X_1}(t)M_{X_2}(t) = e^{\lambda_1(e^t-1)}e^{\lambda_2(e^t-1)} = e^{(\lambda_1+\lambda_2)(e^t-1)}$$

que é reconhecida como a função geradora de momento de uma variável aleatória de Poisson, com parâmetro $\lambda_1 + \lambda_2$. Consequentemente, a soma de duas variáveis aleatórias independentes de Poisson com parâmetros λ_1 e λ_2 é uma variável aleatória de Poisson com parâmetro igual à soma $\lambda_1 + \lambda_2$.

Propriedades de Funções Geradoras de Momento

Se X for uma variável aleatória e a for uma constante, então

(1) $M_{X+a(t)} = e^{at}M_X(t)$

(2) $M_{aX(t)} = M_X(at)$

Se $X_1, X_2, \ldots, X_n$ forem variáveis aleatórias independentes com funções geradoras de momento $M_{X_1}(t), M_{X_2}(t), \ldots, M_{X_n}(t)$, respectivamente, e se $Y = X_1 + X_2 + \ldots + X_n$, então a função geradora de momento de Y é

(3) $M_Y(t) = M_{X_1}(t) \cdot M_{X_2}(t) \cdot \ldots \cdot M_{X_n}(t)$ (5.36)

A propriedade (1) segue de $M_{X+a}(t) = E[e^{t(X+a)}] = e^{at}E[e^{tX}] = e^{at}M_X(t)$. A propriedade (2) segue de $M_{aX}(t) = E[e^{t(aX)}] = E[e^{(ay)X}] = M_X(at)$. Considere a propriedade (3) para o caso em que os X's são variáveis aleatórias contínuas:

$$M_Y(t) = E(e^{tY}) = E[e^{t(X_1+X_2+\cdots+X_n)}]$$
$$= \int_{-\infty}^{\infty}\int_{-\infty}^{\infty}\cdots\int_{-\infty}^{\infty} e^{t(x_1+x_2+\cdots+x_n)}f(x_1,x_2,\ldots,x_n)\,dx_1\,dx_2\ldots dx_n$$

Uma vez que X's são independentes,

$$f(x_1,x_2,\ldots,x_n) = f_{X_1}(x_1) \cdot f_{X_2}(x_2) \cdot \ldots \cdot f_{X_n}(x_n)$$

e pode-se escrever

$$M_Y(t) = \int_{-\infty}^{\infty} e^{tx_1}f_{X_1}(x_1)\,dx_1 \int_{-\infty}^{\infty} e^{tx_2}f_{X_2}(x_2)\,dx_2 \cdots$$
$$\int_{-\infty}^{\infty} e^{tx_n}f_{X_n}(x_n)\,dx_n = M_{X_1}(t) \cdot M_{X_2}(t) \cdot \ldots \cdot M_{X_n}(t)$$

Para o caso em que os X's são variáveis discretas, usamos a mesma abordagem de trocar integrais por somatórios.

A Equação 5.36 é particularmente útil. Em muitas situações, necessitamos encontrar a distribuição da soma de duas ou mais variáveis aleatórias independentes, e frequentemente esse resultado torna o problema muito fácil. Isso é ilustrado no Exemplo 5.32.

Termos e Conceitos Importantes

Correlação
Covariância
Distribuição bivariada
Distribuição de probabilidades conjuntas
Distribuição de probabilidades marginais
Distribuição multinomial
Distribuição normal bivariada

Função de probabilidade condicional
Função de probabilidade conjunta
Função densidade de probabilidade condicional
Função densidade de probabilidade conjunta
Funções geradoras de momento
Funções gerais de uma variável aleatória

Funções lineares de variáveis aleatórias
Independência
Média condicional
Propagação de erros
Propriedade reprodutiva da distribuição normal
Variância condicional

CAPÍTULO 6

Estatística Descritiva

OBJETIVOS DA APRENDIZAGEM

Depois de um cuidadoso estudo deste capítulo, você deve ser capaz de:

1. Calcular e interpretar a média, a variância, o desvio-padrão, a mediana e a amplitude da amostra
2. Explicar os conceitos de média, de variância, de média da população e de variância da população
3. Construir e interpretar a disposição gráfica de dados, incluindo o gráfico de ramo e folhas, o histograma e o diagrama de caixa
4. Explicar o conceito de amostragem aleatória
5. Construir e interpretar os gráficos de probabilidade normal
6. Explicar como usar os diagramas de caixa e outras disposições gráficas de dados, de modo a comparar visualmente duas ou mais amostras de dados
7. Saber como usar gráficos simples de séries temporais, com a finalidade de dispor visualmente as características importantes de dados orientados no tempo
8. Saber como construir e interpretar diagramas de dispersão de duas ou mais variáveis

SUMÁRIO DO CAPÍTULO

6.1 Resumos Numéricos de Dados

6.2 Diagramas de Ramo e Folhas

6.3 Distribuições de Frequências e Histogramas

6.4 Diagramas de Caixa

6.5 Diagramas Sequenciais Temporais

6.6 Diagramas de Dispersão

6.7 Gráficos de Probabilidade

Estatística é a ciência de dados. Um aspecto importante de lidar com dados é organizar e resumi-los em maneiras que facilitem sua interpretação e análise subsequente. Esse aspecto da estatística é chamado de **estatística descritiva** e é o assunto deste capítulo. Por exemplo, no Capítulo 1, apresentamos oito observações feitas sobre a força de remoção de conectores em protótipos de motores de automóveis. As observações (em libras) foram 12,6; 12,9; 13,4; 12,3; 13,6; 13,5; 12,6 e 13,1. Existe, obviamente, variabilidade nos valores da força de remoção. Como deveríamos resumir as informações desses dados? Essa é uma questão geral que consideramos. Métodos para resumir dados deveriam realçar as características importantes deles, tais como a tendência central ou média e a variabilidade, porque essas características são frequentemente mais importantes para tomar decisões em engenharia. Veremos que há métodos numéricos para resumir dados e um número de técnicas gráficas poderosas. As técnicas gráficas são particularmente importantes. Qualquer boa análise estatística de dados deve sempre começar **plotando os dados**.

6.1 Resumos Numéricos de Dados

Resumos e apresentações de dados bem constituídos são essenciais ao bom julgamento estatístico, porque permitem ao engenheiro focar nas características importantes dos dados ou ter discernimento acerca do tipo de modelo que deveria ser usado na solução do problema. O computador se tornou uma ferramenta importante na apresentação e análise de dados. Embora muitas técnicas estatísticas necessitem somente de uma calculadora portátil, isso pode requerer muito tempo e esforço, sendo necessário um computador para realizar as tarefas de forma muito mais eficiente.

A maioria da análise estatística é feita usando uma biblioteca de programas estatísticos escritos *a priori*. O usuário entra com os dados e então seleciona os tipos de análises e apresentações de saída que são de interesse. Pacotes estatísticos estão disponíveis tanto para computadores de grande porte, como para computadores pessoais. Apresentaremos exemplos de saída típica desses pacotes ao longo de todo o livro. Não discutiremos a facilidade de uso de pacotes específicos com relação à entrada e edição de dados ou ao uso dos comandos.

Com frequência é útil descrever **numericamente** as características dos dados. Por exemplo, podemos caracterizar a localização ou a tendência central dos dados por meio da média aritmética comum. Uma vez que quase sempre pensamos em nossos dados como uma amostra, iremos nos referir à média aritmética como a **média da amostra**.

Média da Amostra

Se as n observações em uma amostra forem denotadas por $x_1, x_2, \ldots, x_n$, então a **média da amostra** será

$$\bar{x} = \frac{x_1 + x_2 + \cdots + x_n}{n} = \frac{\sum_{i=1}^{n} x_i}{n} \quad (6.1)$$

A média da amostra é o valor médio de todas as observações do conjunto de dados. Em geral, esses dados representam uma **amostra** de observações que foram selecionadas a partir de alguma **população** maior de observações. Aqui, a população deve consistir em todos os conectores que serão fabricados e vendidos aos consumidores. Lembre-se de que esse tipo de população é chamado de **população conceitual** ou **hipotética**, uma vez que ela não existe fisicamente. Algumas vezes, existe uma população física real, tal como uma porção de pastilhas de silicone produzidas em uma fábrica de semicondutores.

Em capítulos prévios, introduzimos a média de uma distribuição de probabilidades, denotada por μ. Se pensarmos uma distribuição de probabilidades como um modelo para a população, poderemos dizer que a média é o valor médio de todas as observações em uma população. Para uma população finita com N valores igualmente prováveis, a função de probabilidade é $f(x_i) = 1/N$ e a média é

$$\mu = \sum_{i=1}^{N} x_i f(x_i) = \frac{\sum_{i=1}^{N} x_i}{N} \quad (6.2)$$

EXEMPLO 6.1 | Média da Amostra

Vamos considerar as oito observações coletadas nos conectores do protótipo do motor do Capítulo 1. As oito observações são $x_1 = 12{,}6$, $x_2 = 12{,}9$, $x_3 = 13{,}4$, $x_4 = 12{,}3$, $x_5 = 13{,}6$, $x_6 = 13{,}5$, $x_7 = 12{,}6$ e $x_8 = 13{,}1$. A média da amostra é

$$\bar{x} = \frac{x_1 + x_2 + \cdots + x_n}{n} = \frac{\sum_{i=1}^{8} x_i}{8}$$

$$= \frac{12{,}6 + 12{,}9 + \cdots + 13{,}1}{8} = \frac{104}{8} = 13{,}0 \text{ libras}$$

Uma interpretação física da média da amostra como uma medida da localização é mostrada no **diagrama de pontos** dos dados da força de remoção. Veja a Figura 6.1. Note que a média da amostra $\bar{x} = 13{,}0$ pode ser pensada como um "ponto de balanço". Ou seja, se cada observação representar 1 libra de massa colocada no ponto no eixo x, então o fulcro localizado em $\bar{x}$ equilibrará exatamente esse sistema de pesos.

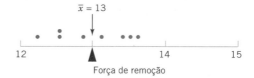

FIGURA 6.1

Diagrama de pontos mostrando a média da amostra como um ponto de balanço para um sistema de pesos.

A média da amostra, $\bar{x}$, é uma estimativa razoável da média da população, μ. Logo, o engenheiro durante o projeto do conector usando uma espessura de parede de 3/32 polegadas concluiria, com base nos dados, que uma estimativa da força de remoção média seria de 13,0 libras.

Embora a média da amostra seja útil, ela não transmite toda a informação acerca de uma amostra de dados. A variabilidade ou dispersão nos dados pode ser descrita pela **variância da amostra** ou pelo **desvio-padrão da amostra**.

Variância da Amostra e Desvio-Padrão da Amostra

Se $x_1, x_2, \ldots, x_n$ for uma amostra de n observações, então a **variância da amostra** será

$$s^2 = \frac{\sum_{i=1}^{n}(x_i - \bar{x})^2}{n-1} \qquad (6.3)$$

O **desvio-padrão da amostra**, s, é a raiz quadrada positiva da variância da amostra.

As unidades de medidas para a variância da amostra são o quadrado das unidades originais da variável. Assim, se x for medido em libras, as unidades para a variância da amostra serão (libras)^2. O desvio-padrão tem a propriedade desejável de variabilidade de medida nas unidades originais da variável de interesse, x.

Como a Variância da Amostra Mede a Variabilidade?

Para verificar como a variância da amostra mede a dispersão ou variabilidade, veja a Figura 6.2, que mostra os desvios $x_i - \bar{x}$ para os dados da força de remoção do conector. Quanto maior for a variabilidade nos dados da força de remoção, maior será o valor absoluto de alguns dos desvios $x_i - \bar{x}$. Uma vez que os desvios $x_i - \bar{x}$ sempre somarão zero, temos de usar uma medida de variabilidade que transforme os desvios negativos em quantidades não negativas. Elevar ao quadrado os desvios é uma abordagem usada na variância da amostra. Consequentemente, se s^2 for pequena, haverá, relativamente, pouca variabilidade nos dados; porém, se s^2 for grande, a variabilidade será relativamente grande.

EXEMPLO 6.2 | Variância da Amostra

A Tabela 6.1 apresenta as grandezas necessárias para determinar a variância e o desvio-padrão da amostra para os dados da força de remoção. Esses dados são plotados na Figura 6.2. O numerador de s^2 é

$$\sum_{i=1}^{8}(x_i - \bar{x})^2 = 1,60$$

assim, a variância da amostra é

$$s^2 = \frac{1,60}{8-1} = \frac{1,60}{7} = 0,2286 \text{ (libra)}^2$$

e o desvio-padrão da amostra é

$$s = \sqrt{0,2286} = 0,48 \text{ libra}$$

TABELA 6.1 Cálculo de Termos para a Variância da Amostra e o Desvio-Padrão da Amostra

i	x_i	$x_i - \bar{x}$	$(x_i - \bar{x})^2$
1	12,6	−0,4	0,16
2	12,9	−0,1	0,01
3	13,4	0,4	0,16
4	12,3	−0,7	0,49
5	13,6	0,6	0,36
6	13,5	0,5	0,25
7	12,6	−0,4	0,16
8	13,1	0,1	0,01
Total	104,0	0,0	1,60

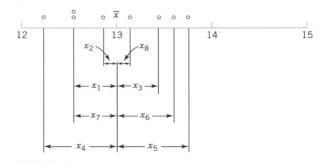

FIGURA 6.2

Como a variância da amostra mede a variabilidade por meio dos desvios $x_i - \bar{x}$.

Cálculo de s^2 O cálculo de s^2 requer o cálculo de $\bar{x}$, n subtrações e n operações de elevar ao quadrado e somar. Se as observações originais ou os desvios $x_i - \bar{x}$ não forem inteiros, poderá ser tedioso trabalhar com os desvios $x_i - \bar{x}$, e vários decimais poderão ter de ser carregados para assegurar a exatidão numérica. Uma fórmula computacional mais eficiente para a variância da amostra é obtida como a seguir.

$$s^2 = \frac{\sum_{i=1}^{n}(x_i - \bar{x})^2}{n-1} = \frac{\sum_{i=1}^{n}\left(x_i^2 + \bar{x}^2 - 2\bar{x}x_i\right)}{n-1}$$

$$= \frac{\sum_{i=1}^{n}x_i^2 + n\bar{x}^2 - 2\bar{x}\sum_{i=1}^{n}x_i}{n-1}$$

e, já que $\bar{x} = (1/n)\sum_{i=1}^{n}x_i$, essa última equação se reduz a

$$s^2 = \frac{\sum_{i=1}^{n}x_i^2 - \frac{\left(\sum_{i=1}^{n}x_i\right)^2}{n}}{n-1} \quad (6.4)$$

Note que a Equação 6.4 requer que se calcule o quadrado de cada x_i, elevando-se então ao quadrado a soma de x_i, subtraindo $\left(\sum x_i\right)^2/n$ de $\sum x_i^2$ e finalmente dividindo por $n-1$. Algumas vezes, isso é chamado de *método abreviado para cálculo de s^2* (ou s).

Análoga à variância da amostra s^2, a variabilidade na população é definida pela **variância da população** (σ^2). Como em capítulos anteriores, a raiz quadrada positiva de σ^2, ou σ, denota o **desvio-padrão da população**. Quando a população for finita e consistir em N valores igualmente prováveis, poderemos definir a variância da população como

$$\sigma^2 = \frac{\sum_{i=1}^{N}(x_i - \mu)^2}{N} \quad (6.5)$$

Observamos previamente que a média da amostra poderia ser usada como uma estimativa da média populacional. Similarmente, a variância da amostra é uma estimativa da variância da população. No Capítulo 7, discutiremos mais formalmente a **estimação de parâmetros**.

Note-se que o divisor da variância da amostra é o tamanho da amostra menos um ($n-1$), enquanto para a variância da população o divisor é o tamanho N da população. Se soubéssemos o valor verdadeiro da **média da população** μ, então poderíamos encontrar a variância da *amostra* como a média dos quadrados dos desvios das observações da amostra em torno de μ. Na prática, o valor de μ quase nunca é conhecido e, dessa forma, a soma dos quadrados dos desvios em torno da média $\bar{x}$ da amostra tem de ser usada. No entanto, as observações x_i tendem a ser mais próximas de seu valor médio, $\bar{x}$, do que da média populacional, μ. Por conseguinte, para compensar isso, usamos $n-1$ como o divisor em vez de n. Se usássemos n como o divisor na variância da amostra, obteríamos uma medida de variabilidade que seria, em média, consistentemente menor que a variância verdadeira σ^2 da população.

Outra maneira de pensar acerca disso é considerar a variância s^2 da amostra como estando baseada em $n-1$ **graus de liberdade**. O termo *graus de liberdade* resulta do fato de que n desvios $x_1 - \bar{x}, x_2 - \bar{x}, \ldots, x_n - \bar{x}$ sempre somam zero; assim, especificar os valores de quaisquer $n-1$ dessas grandezas determina automaticamente aquele restante. Isso foi ilustrado na Tabela 6.1. Dessa forma, somente $n-1$ dos n desvios, $x_i - \bar{x}$, estão livremente determinados. Podemos pensar no número de graus de liberdade como o número de informações independentes nos dados.

Além da variância e do desvio-padrão da amostra, a **amplitude da amostra**, ou a diferença entre as observações maior e menor, é uma medida útil de variabilidade. A amplitude da amostra é definida como segue.

> **Amplitude da Amostra**
>
> Se as n observações em uma amostra forem denotadas por $x_1, x_2, \ldots, x_n$, então a **amplitude da amostra** será
>
> $$r = \text{máx}(x_i) - \text{mín}(x_i) \quad (6.6)$$

Para os dados da força de remoção, a amplitude da amostra é $r = 13{,}6 - 12{,}3 = 1{,}3$. Geralmente, à medida que a variabilidade nos dados da amostra aumenta, a amplitude da amostra aumenta.

EXEMPLO 6.3 | Método Simplificado para Cálculo de s^2

Calcularemos a variância e o desvio-padrão da amostra usando o método simplificado da Equação 6.4. A fórmula fornece

$$s^2 = \frac{\sum_{i=1}^{n}x_i^2 - \frac{\left(\sum_{i=1}^{n}x_i\right)^2}{n}}{n-1} = \frac{1353{,}6 - \frac{(104)^2}{8}}{7}$$

$$= \frac{1{,}60}{7} = 0{,}2286 \text{ (libra)}^2$$

e

$$s = \sqrt{0{,}2286} = 0{,}48 \text{ libra}$$

Esses resultados concordam exatamente com aqueles obtidos previamente.

A amplitude da amostra é fácil de calcular, mas ignora toda a informação contida nos dados entre os valores maior e menor. Por exemplo, as duas amostras 1, 3, 5, 8 e 9 e 1, 5, 5, 5, 9 têm a mesma amplitude ($r = 8$). No entanto, o desvio-padrão da primeira amostra é $s_1 = 3,35$, enquanto o desvio-padrão da segunda amostra é $s_2 = 2,83$. A variabilidade é realmente menor na segunda amostra.

Algumas vezes, quando o tamanho da amostra é pequeno, isto é, $n < 8$ ou 10, a perda de informação associada à amplitude não é muito séria. Por exemplo, a amplitude é largamente utilizada em controle estatístico da qualidade, em que tamanhos de amostra de 4 ou 5 são razoavelmente comuns. Discutiremos algumas dessas aplicações no Capítulo 15.

Na maioria dos problemas de estatística, trabalhamos com uma amostra de observações selecionada a partir de uma população que estamos interessados em estudar. A Figura 6.3 ilustra a relação entre a população e a amostra.

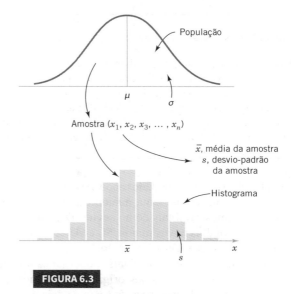

FIGURA 6.3

Relação entre uma população e uma amostra.

6.2 Diagramas de Ramo e Folhas

O diagrama de pontos é uma apresentação útil de dados no caso de amostras pequenas, até cerca de 20 observações. No entanto, quando o número de observações for moderadamente alto, outras apresentações gráficas poderão ser mais úteis.

Por exemplo, considere os dados da Tabela 6.2. Esses dados são as resistências à compressão, em libras por polegada quadrada (psi), de 80 corpos de prova de uma nova liga de alumínio-lítio, submetida à avaliação como um possível material para elementos estruturais de aeronaves. Os dados foram registrados à medida que os testes iam sendo realizados e, nesse formato, eles não contêm muita informação a respeito da resistência compressiva. Questões como "Que percentagem dos corpos de prova cai abaixo de 120 psi?" não são fáceis de responder. Porque existem muitas observações, a construção de um diagrama de pontos, usando esses dados, seria relativamente ineficiente; apresentações mais efetivas estão disponíveis para conjuntos com muitos dados.

Um **diagrama de ramo e folhas** é uma boa maneira de obter uma apresentação visual informativa de um conjunto de dados $x_1, x_2, \ldots, x_n$, em que cada número x_i consiste em, no mínimo, dois dígitos. Para construir um diagrama de ramo e folhas, use as etapas seguintes.

Etapas para Construir um Diagrama de Ramo e Folhas

(1) Divida cada número x_i em duas partes: um **ramo**, consistindo em um ou mais dígitos iniciais, e uma **folha**, consistindo nos dígitos restantes.
(2) Liste os valores do ramo em uma coluna vertical.
(3) Ao lado do ramo, registre a folha para cada observação.
(4) Escreva as unidades para os ramos e folhas no gráfico.

Para ilustrar, se os dados consistirem em informações percentuais, entre 0 e 100, dos defeitos nos lotes de pastilhas de semicondutores, então pode-se dividir o valor 76 no ramo 7 e na folha 6. Em geral, devemos escolher, relativamente, poucos ramos em comparação com o número de observações. Geralmente é melhor escolher entre cinco e 20 ramos.

TABELA 6.2 Resistência à Compressão (em psi) de 80 Corpos de Prova da Liga de Alumínio-Lítio

105	221	183	186	121	181	180	143
97	154	153	174	120	168	167	141
245	228	174	199	181	158	176	110
163	131	154	115	160	208	158	133
207	180	190	193	194	133	156	123
134	178	76	167	184	135	229	146
218	157	101	171	165	172	158	169
199	151	142	163	145	171	148	158
160	175	149	87	160	237	150	135
196	201	200	176	150	170	118	149

EXEMPLO 6.4 | Resistência de uma Liga

Para ilustrar a construção de um diagrama de ramo e folhas, considere os dados da Tabela 6.2, sobre a resistência à compressão de uma liga. Como valores dos ramos, selecionaremos os números 7, 8, 9, ..., 24. O diagrama resultante de ramo e folhas é apresentado na Figura 6.4. A última coluna no diagrama é a frequência do número de folhas associadas a cada ramo. Uma inspeção imediata revela que a maioria das resistências à compressão está entre 110 e 200 psi e que um valor central está em algum lugar entre 150 e 160 psi. Além disso, as resistências estão distribuídas aproximadamente de forma simétrica em torno do valor central. O diagrama de ramo e folhas nos capacita a determinar rapidamente algumas características importantes dos dados, que não foram imediatamente óbvias quando da apresentação original na Tabela 6.2.

Em alguns conjuntos de dados, pode ser desejável prover mais intervalos ou ramos. Uma maneira de fazer isso seria modificar os ramos originais como segue: Dividir o ramo 5 (por exemplo) em dois novos ramos, 5L e 5U. O ramo 5L tem folhas 0, 1, 2, 3 e 4, e o ramo 5U tem folhas 5, 6, 7, 8 e 9. Isso dobrará o número de ramos originais. Poderíamos aumentar quatro vezes o número de ramos originais, definindo cinco novos ramos: 5z com folhas 0 e 1, 5t (para os dois ou os três) com folhas 2 e 3, 5f (para os quatro e os cinco) com folhas 4 e 5, 5s (para os seis e os sete) com folhas 6 e 7, e 5e com folhas 8 e 9.

A Figura 6.5 mostra um típico diagrama de ramo e folhas, gerado pelo computador, dos dados de resistência à compressão da Tabela 6.2. O pacote usa os mesmos ramos que adotamos na Figura 6.4. Note também que o computador ordena as folhas da menor para a maior, em cada ramo. Essa forma do gráfico é geralmente chamada de **diagrama ordenado de ramo e folhas**. Por causa do tempo demandado, isso geralmente não é feito quando o diagrama é construído manualmente. O computador adiciona uma coluna à esquerda dos ramos que provê uma contagem das observações, tanto no ramo como acima dele na metade superior do diagrama, e uma contagem das observações, tanto no ramo como abaixo dele na metade inferior do diagrama. No ramo intermediário 16, a coluna indica o número de observações nesse ramo.

O diagrama ordenado de ramo e folhas torna relativamente fácil encontrar características dos dados, tais como os percentis, os quartis e a mediana. A **mediana de uma amostra** é uma medida de tendência central, que divide os dados em duas partes iguais, metade abaixo da mediana e metade acima. Se o

Ramo	Folha	Frequência
7	6	1
8	7	1
9	7	1
10	5 1	2
11	5 8 0	3
12	1 0 3	3
13	4 1 3 5 3 5	6
14	2 9 5 8 3 1 6 9	8
15	4 7 1 3 4 0 8 8 6 8 0 8	12
16	3 0 7 3 0 5 0 8 7 9	10
17	8 5 4 4 1 6 2 1 0 6	10
18	0 3 6 1 4 1 0	7
19	9 6 0 9 3 4	6
20	7 1 0 8	4
21	8	1
22	1 8 9	3
23	7	1
24	5	1

Ramo: Dígitos das dezenas e das centenas (psi);
Folha: Dígitos das unidades (psi).

FIGURA 6.4

Diagrama de ramo e folhas para os dados de resistência à compressão na Tabela 6.2.

Ramo e folhas da Resistência
N = 80

	Ramo	Unidade = 1,0
1	7	6
2	8	7
3	9	7
5	10	1 5
8	11	0 5 8
11	12	0 1 3
17	13	1 3 3 4 5 5
25	14	1 2 3 5 6 8 9 9
37	15	0 0 1 3 4 4 6 7 8 8 8 8
(10)	16	0 0 0 3 3 5 7 7 8 9
33	17	0 1 1 2 4 4 5 6 6 8
23	18	0 0 1 1 3 4 6
16	19	0 3 4 6 9 9
10	20	0 1 7 8
6	21	8
5	22	1 8 9
2	23	7
1	24	5

FIGURA 6.5

Um diagrama de ramos e folhas típico gerado por computador.

número de observações for par, a mediana estará na metade da distância entre os dois valores centrais. Da Figura 6.5, encontramos o quadragésimo e o quadragésimo primeiro valores da resistência como 160 e 163; logo, a mediana é (160 + 163)/2 = 161,5. Se o número de observações for ímpar, a mediana será o valor central. A **moda de uma amostra** é o valor da observação que ocorre com mais frequência. A Figura 6.5 indica que a moda é 158; esse valor ocorre quatro vezes e nenhum outro valor ocorre tão frequentemente na amostra. Se houvesse mais de um valor ocorrendo quatro vezes, os dados teriam múltiplas modas.

Podemos também dividir os dados em mais de duas partes. Quando um conjunto ordenado de dados é dividido em quatro partes iguais, os pontos de divisão são chamados de **quartis**. O *primeiro quartil* ou *quartil inferior*, q_1, é um valor que tem, aproximadamente, um quarto (25 %) das observações abaixo dele e aproximadamente 75 % das observações acima dele. O *segundo quartil*, q_2, tem, aproximadamente, metade (50 %) das observações abaixo de seu valor. O segundo quartil é exatamente igual à mediana. O *terceiro quartil* ou *quartil superior*, q_3, tem aproximadamente três quartos (75 %) das observações abaixo de seu valor. Como no caso da mediana, os quartis podem não ser únicos. Os dados de resistência à compressão na Figura 6.5 contêm $n = 80$ observações. Então, calcule o primeiro e o terceiro quartis como as $(n + 1)/4$ e $3(n + 1)/4$ observações ordenadas, interpolando quando necessário. Por exemplo, $(80 + 1)/4 = 20,25$ e $3(80 + 1)/4 = 60,75$. Logo, interpolando entre a vigésima e a vigésima primeira observações ordenadas, obtemos $q_1 = 143,50$, e entre a sexagésima e a sexagésima primeira observações ordenadas, obtendo $q_3 = 181,00$. Em geral, o centésimo **percentil** é o valor de modo que aproximadamente $100k$ % das observações estão nesse valor ou abaixo desse valor, e aproximadamente $100(1 - k)$ % deles estão acima dele. Finalmente, podemos usar a **faixa interquartil**, determinada como IQR = $q_3 - q_1$, como uma medida de variabilidade. Em relação à faixa ordinária da amostra, a faixa interquartil é menos sensível a valores extremos na amostra.

EXEMPLO 6.5 | Rendimento Químico

A Figura 6.6 ilustra o diagrama de ramo e folhas para 25 observações sobre os rendimentos de uma batelada de um processo químico. Na Figura 6.6(a), usamos 6, 7, 8 e 9 como os ramos. Isso resulta em muito poucos ramos e o diagrama de ramo e folhas não provê muita informação sobre os dados. Na Figura 6.6(b), dividimos cada ramo em duas partes, resultando em uma apresentação mais adequada dos dados. A Figura 6.6(c) ilustra um diagrama de ramo e folhas, com cada ramo dividido em cinco partes. Há um número excessivo de ramos nesse gráfico, resultando em um diagrama que não nos diz muito acerca da forma dos dados.

Ramo	Folha
6	1 3 4 5 5 6
7	0 1 1 3 5 7 8 8 9
8	1 3 4 4 7 8 8
9	2 3 5

(a)

Ramo	Folha
6L	1 3 4
6U	5 5 6
7L	0 1 1 3
7U	5 7 8 8 9
8L	1 3 4 4
8U	7 8 8
9L	2 3
9U	5

(b)

Ramo	Folha
6z	1
6t	3
6f	4 5 5
6s	6
6e	
7z	0 1 1
7t	3
7f	5
7s	7
7e	8 8 9
8z	1
8t	3
8f	4 4
8s	7
8e	8 8
9z	
9t	2 3
9f	5
9s	
9e	

(c)

FIGURA 6.6

Diagramas de ramo e folhas para o Exemplo 6.5. Ramo: Dezenas; folha: unidades.

Muitos pacotes estatísticos computacionais proveem resumos de dados que incluem essas grandezas. A saída típica para os dados da resistência à compressão da Tabela 6.2 é mostrada na Tabela 6.3.

6.3 Distribuições de Frequências e Histogramas

Uma **distribuição de frequências** é um resumo mais compacto dos dados, em relação ao diagrama de ramo e folhas. Para construir uma distribuição de frequências, precisamos dividir a faixa de dados em intervalos, que são geralmente chamados de **intervalos de classe** ou **células**. Se possível, os intervalos devem ser de iguais larguras, de modo a aumentar a informação visual na distribuição de frequências. Algum julgamento tem de ser usado na seleção do número de intervalos de classes, para que uma apresentação razoável possa ser desenvolvida. O número de intervalos depende do número de observações e da quantidade de espalhamento ou dispersão dos dados. Uma distribuição de frequências não será informativa se usar um número muito baixo ou muito alto de intervalos de classe. Geralmente, achamos que 5 a 20 intervalos são satisfatórios na maioria dos casos e que o número de intervalos deve crescer com n. Vários conjuntos de regras podem ser usados para determinar o número de intervalos de classe em um histograma. Entretanto, a escolha do **número de intervalos de classe** como sendo aproximadamente igual à raiz quadrada do número de observações geralmente funciona bem na prática.

Uma distribuição de frequências para os dados de resistência à compressão da Tabela 6.2 é mostrada na Tabela 6.4. Uma vez que o conjunto de dados contém 80 observações, e como $\sqrt{80} \simeq 9$, suspeitamos que cerca de oito ou nove intervalos de classe fornecerão uma satisfatória distribuição de frequências. O maior e o menor valor dos dados são 245 e 76, respectivamente;

assim, os intervalos têm de cobrir uma faixa de no mínimo 245 – 76 = 169 unidades na escala de psi. Se quisermos que o limite inferior para o primeiro intervalo de classe comece um pouco abaixo do menor valor dos dados e que o limite superior para o último intervalo de classe comece um pouco acima do maior valor dos dados, então podemos começar a distribuição de frequências em 70 e terminá-la em 250. Esse é um intervalo ou faixa de 180 unidades. Nove intervalos, cada um com 20 psi de largura, fornecem uma razoável distribuição de frequências. Logo, a distribuição de frequências na Tabela 6.4 é baseada em nove intervalos de classe.

A segunda linha da Tabela 6.4 contém uma **distribuição de frequências relativas**. As frequências relativas são encontradas dividindo a frequência observada em cada intervalo pelo número total de observações. A última linha da Tabela 6.4 expressa as frequências relativas na base cumulativa. Distribuições de frequências são geralmente mais fáceis de interpretar do que tabelas de dados. Por exemplo, da Tabela 6.4 é muito fácil ver que a maioria dos corpos de prova tem resistências à compressão entre 130 e 190 psi e que 97,5 % dos corpos de prova caem abaixo de 230 psi.

O **histograma** é uma disposição visual da distribuição de frequências. Os estágios para construir um histograma são dados a seguir.

> **Construindo um Histograma (Células com Mesma Largura)**
> (1) Marque os limites da célula (intervalo de classe) em um eixo horizontal.
> (2) Marque e nomeie o eixo vertical com as frequências ou com as frequências relativas.
> (3) Acima de cada célula, desenhe um retângulo em que a altura seja igual à frequência (ou à frequência relativa) correspondente àquela célula.

TABELA 6.3 Sumário das Estatísticas para os Dados de Resistência à Compressão, Provenientes de Pacotes Computacionais

N	Média	Mediana	Desvio-Padrão	Erro-Padrão da Média	Mín	Máx	Q1	Q3
80	162,66	161,50	33,77	3,78	76,00	245,00	143,50	181,00

TABELA 6.4 Distribuição de Frequências para os Dados de Resistência à Compressão da Tabela 6.2

Intervalo de Classe	$70 \leq x < 90$	$90 \leq x < 110$	$110 \leq x < 130$	$130 \leq x < 150$	$150 \leq x < 170$
Frequência	2	3	6	14	22
Frequência relativa	0,0250	0,0375	0,0750	0,1750	0,2750
Frequência relativa cumulativa	0,0250	0,0625	0,1375	0,3125	0,5875
	$170 \leq x < 190$	$190 \leq x < 210$	$210 \leq x < 230$	$230 \leq x < 250$	
Frequência	17	10	4	2	
Frequência relativa	0,2125	0,1250	0,0500	0,0250	
Frequência relativa cumulativa	0,8000	0,9250	0,9750	1,0000	

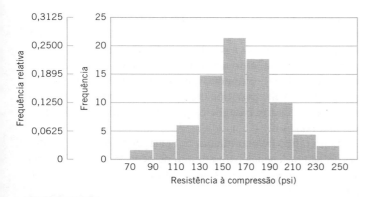

FIGURA 6.7

Histograma da resistência à compressão para 80 corpos de prova da liga alumínio-lítio.

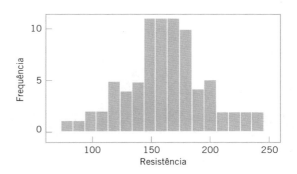

FIGURA 6.8

Um histograma dos dados de resistência à compressão com 17 intervalos de classe.

A Figura 6.7 é o histograma para os dados de resistência à compressão. O histograma, como o **diagrama de ramo e folhas**, fornece uma impressão visual da forma da distribuição das medidas, assim como informação sobre a tendência central e o espalhamento ou dispersão dos dados. Na Figura 6.7, note a distribuição simétrica em forma de sino das medidas de resistência. Essa disposição gráfica fornece, frequentemente, discernimento acerca de possíveis escolhas de distribuições de probabilidades para usar como um modelo para a população. Por exemplo, aqui, gostaríamos de provavelmente concluir que a distribuição normal é um modelo razoável, para a população, de medidas da resistência à compressão.

Algumas vezes, um histograma com **intervalos de classe com larguras desiguais** será empregado. Por exemplo, se os dados têm várias observações extremas ou *outliers*, usar poucos intervalos com larguras iguais resultará em aproximadamente todas as observações se distribuindo em apenas poucos intervalos. Usar muitos intervalos com igual largura resultará em muitos intervalos com frequência zero. Uma escolha melhor é usar intervalos menores na região em que se distribui a maioria dos dados e poucos intervalos largos próximos às observações extremas. Quando os intervalos têm larguras desiguais, a **área** dos retângulos (não sua altura) é proporcional à frequência do intervalo. Isso implica que a altura do retângulo deve ser

$$\text{Altura do retângulo} = \frac{\text{Frequência do intervalo}}{\text{Largura do intervalo}}$$

Durante a passagem dos dados originais ou do diagrama de ramo e folhas para um diagrama de frequências ou histograma, perdemos alguma informação porque não temos mais as observações individuais. Entretanto, essa perda de informação é pequena comparada ao ganho de concisão e de facilidade de interpretação ao usar a **distribuição de frequências e o histograma**.

A Figura 6.8 mostra um histograma dos dados de resistência à compressão com 17 intervalos de classe. Notamos que os histogramas podem ser, relativamente, sensíveis ao número e à largura de seus intervalos. Para conjuntos pequenos de dados, histogramas podem mudar dramaticamente na aparência, se o número e/ou a largura dos intervalos mudarem.

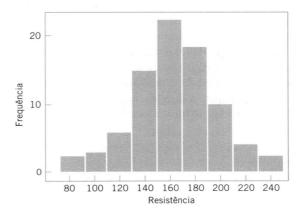

FIGURA 6.9

Um histograma dos dados de resistência à compressão com nove intervalos de classe.

Histogramas são mais estáveis para conjuntos grandes de dados, preferencialmente com 75, 100 ou mais dados. A Figura 6.9 mostra o histograma, com nove intervalos para os dados de resistência à compressão. Ele é similar ao histograma original mostrado na Figura 6.7. Uma vez que o número de observações é moderadamente grande ($n = 80$), a escolha do número de intervalos não é especialmente importante, e ambas as Figuras 6.8 e 6.9 conduzem à informação similar.

A Figura 6.10 mostra uma variação de histograma disponível em alguns pacotes computacionais: o **gráfico de frequência cumulativa**. Nesse gráfico, a altura de cada barra é o número total de observações, que é menor ou igual ao limite superior do intervalo. Distribuições cumulativas são também úteis na interpretação de dados; por exemplo, podemos ler, diretamente da Figura 6.10, que existem, aproximadamente, 70 observações menores que 200 psi ou iguais a 200 psi.

Quando o tamanho da amostra for grande, o histograma poderá ser um indicador confiável da **forma** geral da distribuição ou da população de medidas da qual a amostra foi retirada. A Figura 6.11 apresenta três casos. A mediana é demonstrada por $\tilde{x}$. Geralmente, se os dados forem simétricos, como na Figura 6.11(b), então a média e a mediana coincidirão. Se, além disso, os dados tiverem apenas uma moda (dizemos que os dados são

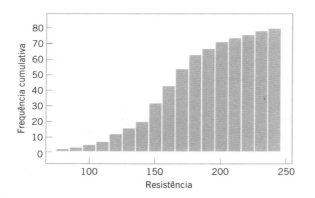

FIGURA 6.10

Um gráfico de distribuição cumulativa dos dados de resistência à compressão.

unimodais), então a média, a mediana e a moda coincidirão. Se os dados estiverem *deslocados* (assimétricos, com uma longa cauda para um lado), como na Figura 6.11(a) e (c), então a média, a mediana e a moda não coincidirão. Usualmente, encontraremos que moda < mediana < média, se a distribuição for deslocada para a direita, enquanto moda > mediana > média, se a distribuição for deslocada para a esquerda.

Distribuições de frequências e histogramas são também usados com dados qualitativos ou categóricos. Em algumas aplicações, haverá uma ordem natural das categorias (tais como calouro, segundo, terceiro e quartanista na universidade), enquanto em outras, a ordem das categorias será arbitrária (tais como macho e fêmea). Quando são usados dados categóricos, os intervalos devem ter a mesma largura.

Um gráfico de ocorrências por categoria (em que as categorias são ordenadas pelo número de ocorrências) é algumas vezes chamado de **diagrama de Pareto**. Um exercício pede para você construir tal gráfico.

Nesta seção, concentramo-nos em métodos descritivos para a situação em que cada observação em um conjunto de pontos é um número único ou pertence a uma categoria. Em muitos casos, trabalhamos com dados em que cada observação consiste em várias medidas. Por exemplo, em um estudo de milhagem de gasolina, cada observação pode consistir em uma medida de milhas por galão, do tamanho do motor no veículo, da potência do motor, do peso do veículo e do comprimento do veículo. Este é um exemplo de **dados multivariados**. Na Seção 6.6, ilustramos uma disposição gráfica simples para os dados multivariados. Em capítulos posteriores, vamos analisar esse tipo de dados.

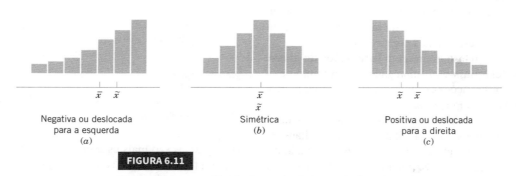

FIGURA 6.11

Histogramas para distribuições simétricas e deslocadas.

EXEMPLO 6.6

A Figura 6.12 apresenta a produção de aeronaves pela Companhia Boeing, em 1985. Observe que o modelo 737 foi o mais popular, seguido pelos modelos 757, 747, 767 e 707.

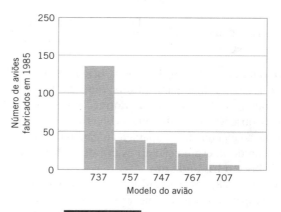

FIGURA 6.12

Produção de aviões em 1985.

6.4 Diagramas de Caixa

O diagrama de ramo e folhas e o histograma fornecem impressões visuais gerais acerca de um conjunto de dados, enquanto grandezas numéricas, tais como $\bar{x}$ ou s, fornecem informação sobre somente uma característica dos dados. O **diagrama de caixa** é uma apresentação gráfica que descreve simultaneamente várias características importantes de um conjunto de dados, tais como centro, dispersão, desvio da simetria e identificação das observações não usuais, ou *outliers*.

Um diagrama de caixa, chamado algumas vezes de *gráficos de caixa e linhas* (*box-plot*), apresenta os três quartis, o mínimo e o máximo dos dados em uma caixa retangular, alinhados horizontalmente ou verticalmente. A caixa inclui a faixa de interquartil (FIQ), com o canto esquerdo (ou inferior) no primeiro quartil, q_1, e o canto direito (ou superior) no terceiro quartil, q_3. Uma linha é desenhada, através da caixa, no segundo quartil (que é o quinquagésimo percentil ou a mediana), $q_2 = \bar{x}$. Uma linha (**whisker**) se estende de cada extremidade da caixa. A linha inferior começa no primeiro quartil, indo até o menor valor do conjunto de pontos dentro das faixas de 1,5 interquartil a partir do primeiro quartil. A linha superior começa no terceiro quartil, indo até o maior valor do conjunto de pontos dentro das faixas de 1,5 interquartil a partir do terceiro quartil. Dados mais afastados da caixa do que as linhas são plotados como pontos individuais. Um ponto além da linha, porém a menos de três faixas interquartis da extremidade da caixa, é chamado de **outlier**. Um ponto a mais de três faixas interquartis da extremidade da caixa é chamado de **outlier extremo**. Veja a Figura 6.13. Ocasionalmente, símbolos diferentes, tais como círculos abertos e fechados, são usados para identificar os dois tipos de *outliers*.

A Figura 6.14 representa o diagrama de caixa típico, gerado por computador, para os dados da resistência da liga à compressão, mostrados na Tabela 6.2. Esse diagrama de caixa indica que a distribuição de resistências compressivas é razoavelmente simétrica em torno do valor central, porque as linhas da direita e da esquerda e os comprimentos das caixas da direita e da esquerda ao redor da mediana são aproximadamente os mesmos. Há também dois suaves *outliers*: um na resistência mais baixa e um na mais alta. A linha superior se estende até a observação 237, uma vez que ela é a maior observação abaixo do limite para *outliers* superiores. Esse limite é $q_3 + 1,5\text{FIQ} = 181 + 1,5(181 - 143,5) = 237,25$. A linha inferior se estende até a observação 97, uma vez que ela é a menor observação acima do limite para *outliers* inferiores. Esse limite é $q_1 - 1,5\text{FIQ} = 143,5 - 1,5(181 - 143,5) = 87,25$. Os diagramas de caixa são muito úteis em comparações gráficas entre conjuntos de dados, uma vez que têm alto impacto visual e são fáceis de entender. Por exemplo, a Figura 6.15 mostra os diagramas de caixa comparativos para o índice de

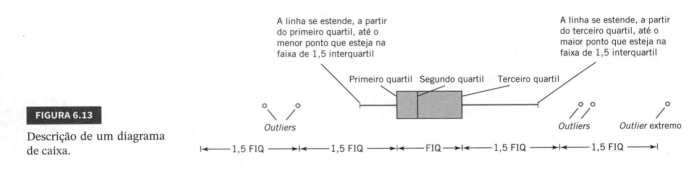

FIGURA 6.13
Descrição de um diagrama de caixa.

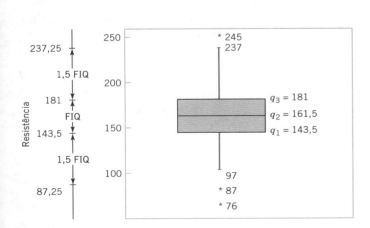

FIGURA 6.14
Diagrama de caixa para os dados de resistência à compressão da Tabela 6.2.

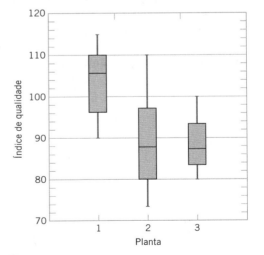

FIGURA 6.15
Diagramas de caixa comparativos de um índice de qualidade em três plantas.

qualidade de fabricação de dispositivos semicondutores, em três plantas de fabricação. A inspeção dessa apresentação revela que existe muito mais variabilidade na planta 2 e que as plantas 2 e 3 precisam melhorar o desempenho de seus índices de qualidade.

6.5 Diagramas Sequenciais Temporais

As apresentações gráficas que temos considerado, como histogramas, diagramas de ramo e folhas e diagramas de caixa, são métodos visuais muito úteis para mostrar a variabilidade dos dados. Entretanto, notamos no Capítulo 1 que o tempo é um fator importante que contribui para a variabilidade dos dados, e os métodos gráficos anteriormente mencionados não levam isso em consideração. Uma **série temporal** ou **sequência temporal** é um conjunto de dados em que as observações são registradas na ordem em que elas ocorrem. Um **gráfico de séries temporais** é aquele em que o eixo vertical denota o valor observado da variável (por exemplo, x) e o eixo horizontal denota o tempo (que poderia ser minutos, dias, anos etc.). Quando as medidas são plotadas como uma série temporal, frequentemente vemos tendências, ciclos ou outras extensas características dos dados que não poderiam ser vistas de outra forma.

Por exemplo, considere a Figura 6.16(a) que apresenta um gráfico de séries temporais das vendas anuais de uma companhia durante os últimos dez anos. A impressão geral desse gráfico é a de que as vendas mostraram uma **tendência** para cima. Existe alguma variabilidade em torno dessa tendência, com algumas vendas anuais aumentando sobre aquelas do último ano e algumas vendas anuais diminuindo. A Figura 6.16(b) mostra os últimos três anos de vendas registradas no trimestre. Esse gráfico indica claramente que as vendas anuais nesse negócio exibem uma variabilidade **cíclica** por trimestre, com as vendas no primeiro e segundo trimestres sendo, geralmente, maiores do que as vendas durante o terceiro e o quarto trimestres.

Algumas vezes, pode ser muito útil combinar um gráfico de séries temporais com algumas outras apresentações gráficas que consideramos previamente. J. Stuart Hunter (*The American Statistician*, Vol. 42, 1988, p. 54) sugeriu combinar o diagrama de ramo e folhas com o gráfico de séries temporais para formar um **gráfico digiponto**.

A Figura 6.17 mostra um gráfico digiponto para as observações de resistência à compressão da Tabela 6.2, considerando que essas observações são registradas na ordem em que elas ocorreram. Esse diagrama apresenta efetivamente a variabilidade global nos dados de resistência à compressão e mostra, simultaneamente, a variabilidade nessas medidas ao longo do tempo. A impressão geral é de que a resistência à compressão varia em torno do valor médio de 162,66, não havendo padrão óbvio forte nessa variabilidade ao longo do tempo.

O gráfico digiponto na Figura 6.18 nos conta um fato diferente. Esse gráfico resume 30 observações de concentração do produto na saída de um processo químico, em que as observações são registradas em intervalos de uma hora. O diagrama indica que, durante as primeiras 20 horas de operação, esse processo produziu concentrações geralmente acima de 85 gramas por litro; porém, depois desse tempo, alguma coisa pode ter ocorrido no processo, que resultou em concentrações mais baixas. Se essa variabilidade na concentração de saída do produto puder ser reduzida, então a operação desse processo poderá ser melhorada. Note que essa mudança aparente na saída do processo não é vista na porção ramo e folhas do diagrama digiponto. O diagrama de ramo e folhas comprime a dimensão tempo para fora dos dados. Isso ilustra por que é sempre importante construir um gráfico de séries temporais para dados relacionados com o tempo.

6.6 Diagramas de Dispersão

Em muitos problemas, engenheiros e cientistas trabalham com dados que são **multivariados** por natureza; ou seja, cada observação consiste em medidas de várias variáveis. Vimos um exemplo disso nos dados de resistência à tração do fio colado na Tabela 1.2. Cada observação consistiu em dados sobre a resistência à tração de determinado fio colado, e sobre o comprimento e a altura do molde. Tais dados são fartamente encontrados. A Tabela 6.5 contém um segundo exemplo de dados multivariados, tirados de um artigo da revista *Journal of the Science of Food and Agriculture*

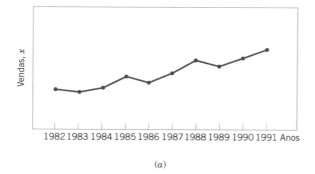
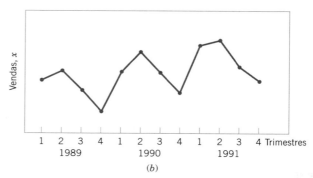

FIGURA 6.16

Vendas anuais da companhia (a) e por trimestre (b).

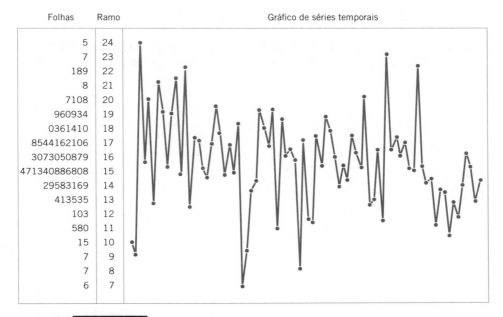

FIGURA 6.17
Gráfico digiponto dos dados de resistência à compressão da Tabela 6.2.

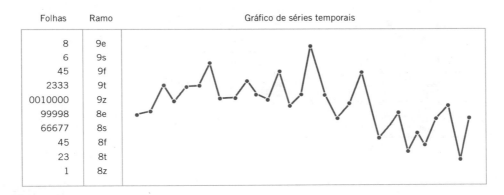

FIGURA 6.18
Gráfico digiponto das leituras de concentração de um processo químico, observadas de hora em hora.

(1974, Vol. 25(11), pp. 1369-1379), de T. C. Somers e M. E. Evans, sobre a qualidade de diferentes vinhos tintos novos. Os autores reportam qualidade juntamente com muitas outras variáveis descritivas. Mostramos somente qualidade, pH, SO_2 total (em ppm), intensidade de cor e cor do vinho para uma amostra de seus vinhos.

Suponha que quiséssemos fazer um gráfico da relação potencial entre qualidade e uma das outras variáveis, por exemplo, cor. O **diagrama de dispersão** é uma maneira útil de fazer isso. Um diagrama de dispersão é construído colocando cada par de observações distribuído nos eixos, sendo uma medida desse par colocada no eixo vertical do gráfico e outra medida no eixo horizontal.

A Figura 6.19 é o diagrama de dispersão de qualidade *versus* a variável descritiva cor. Note que há uma aparente relação entre as duas variáveis com vinhos de cor mais intensa sendo geralmente classificados como vinhos de mais alta qualidade.

Um diagrama de dispersão é uma ferramenta exploratória excelente e pode ser muito útil na identificação de uma relação potencial entre duas variáveis. Dados na Figura 6.19 indicam que pode existir uma relação linear entre qualidade e cor. Vimos no Capítulo 1 um exemplo de diagrama de dispersão tridimensional, em que plotamos a resistência à tração de um fio colado *versus* o comprimento do fio e a altura do molde para os dados de resistência à tração do fio colado.

Quando duas ou mais variáveis existem, a **matriz dos diagramas de dispersão** pode ser útil para olhar todas as relações emparelhadas entre as variáveis na amostra. A Figura 6.20 é a matriz dos diagramas de dispersão (mostrada somente a metade superior) para os dados da qualidade de vinho na Tabela 6.5. A linha do topo do gráfico contém diagramas individuais de dispersão da qualidade *versus* as outras quatro variáveis descritivas; as outras células contêm outros gráficos emparelhados das quatro variáveis descritivas: pH, SO_2,

TABELA 6.5 Dados sobre a Qualidade de Vinhos Tintos Novos

Qualidade	pH	SO$_2$ Total	Intensidade de Cor	Cor
19,2	3,85	66	9,35	5,65
18,3	3,75	79	11,15	6,95
17,1	3,88	73	9,40	5,75
15,2	3,66	86	6,40	4,00
14,0	3,47	178	3,60	2,25
13,8	3,75	108	5,80	3,20
12,8	3,92	96	5,00	2,70
17,3	3,97	59	10,25	6,10
16,3	3,76	22	8,20	5,00
16,0	3,98	58	10,15	6,00
15,7	3,75	120	8,80	5,50
15,3	3,77	144	5,60	3,35
14,3	3,76	100	5,55	3,25
14,0	3,76	104	8,70	5,10
13,8	3,90	67	7,41	4,40
12,5	3,80	89	5,35	3.15
11,5	3,65	192	6,35	3,90
14,2	3,60	301	4,25	2,40
17,3	3,86	99	12,85	7,70
15,8	3,93	66	4,90	2,75

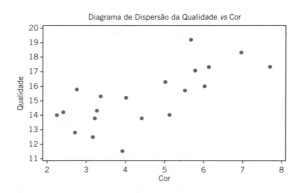

FIGURA 6.19
Diagrama de dispersão da qualidade de vinho e da cor a partir da Tabela 6.5.

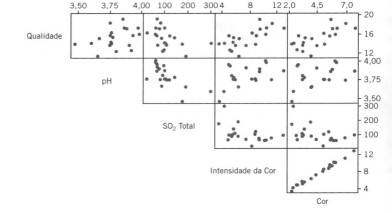

FIGURA 6.20
Matriz de diagramas de dispersão para os dados da qualidade do vinho da Tabela 6.5.

intensidade de cor e cor. Essa disposição indica uma potencial relação linear entre qualidade e pH e algumas relações potenciais mais fortes entre qualidade e intensidade de cor e entre qualidade e cor (o que foi notado previamente na Figura 6.19).

Uma forte relação aparentemente linear entre intensidade de cor e cor existe (isso deve ser esperado).

O **coeficiente de correlação da amostra**, r_{xy}, é uma medida quantitativa da força da relação linear entre duas variáveis aleatórias x e y. O coeficiente de correlação da amostra é definido como

$$r_{xy} = \frac{\sum_{i=1}^{n} y_i(x_i - \bar{x})}{\left[\sum_{i=1}^{n}(y_i - \bar{y})^2 \sum_{i=1}^{n}(x_i - \bar{x})^2\right]^{1/2}} \quad (6.6)$$

Se as duas variáveis forem relacionadas perfeitamente de forma linear com uma inclinação positiva, teremos $r_{xy} = 1$, e se elas forem relacionadas perfeitamente de forma linear com uma inclinação negativa, então teremos $r_{xy} = -1$. Se nenhuma relação linear existir entre as duas variáveis, então $r_{xy} = 0$. O simples coeficiente de correlação é também chamado, algumas vezes, de **coeficiente de correlação de Pearson**, em homenagem a Karl Pearson, um dos gigantes da estatística no final do século 19 e começo do século 20.

O valor do coeficiente de correlação para a amostra é 0,712 entre qualidade e cor, as duas variáveis plotadas no diagrama de dispersão da Figura 6.19. Essa é uma correlação moderadamente forte, indicando uma possível relação linear entre as duas variáveis. Correlações abaixo de |0,5| são geralmente consideradas fracas e correlações acima de |0,8| são geralmente consideradas fortes.

Todas as correlações emparelhadas da amostra entre as cinco variáveis na Tabela 6.5 são dadas a seguir.

Qualidade	Ph	SO$_2$ Total	Cor	Intensidade
pH	0,349			
SO$_2$ Total	−0,445	−0,679		
Intensidade da cor	0,702	0,482	−0,492	
Cor	0,712	0,430	−0,480	0,996

Correlações moderadamente fortes existem entre qualidade e as duas variáveis, cor e intensidade de cor e entre pH e SO$_2$ total (note-se que essa correlação é negativa). A correlação entre cor e intensidade de cor é 0,996, indicando uma relação linear aproximadamente perfeita.

Veja a Figura 6.21 para vários exemplos de diagramas de dispersão, exibindo possíveis relações entre duas variáveis. As figuras (*e*) e (*f*) merecem atenção especial; na figura (*e*), existe provavelmente uma relação quadrática entre *y* e *x*, mas o coeficiente de correlação da amostra é perto de zero, porque o coeficiente de correlação é uma medida de associação **linear**. Na figura (*f*), a correlação é aproximadamente zero porque não existe nenhuma associação entre as duas variáveis.

6.7 Gráficos de Probabilidade

Como sabemos se uma distribuição particular de probabilidades é um modelo razoável para os dados? Algumas vezes, essa é uma questão muito importante porque muitas das técnicas estatísticas apresentadas nos capítulos subsequentes estão baseadas na suposição de que a distribuição de probabilidades segue um tipo específico. Assim, podemos pensar em determinar se os dados são provenientes de uma distribuição específica como **verificação de suposições**. Em outros casos, a forma da distribuição pode fornecer algum discernimento a respeito do mecanismo físico básico gerando os dados. Por exemplo, em engenharia de confiabilidade, a verificação de que os dados de tempo de falha são provenientes de uma distribuição exponencial identifica o **mecanismo de falha**, no sentido de que a taxa de falha é constante com relação ao tempo.

Alguns dos gráficos que temos usado anteriormente, tais como os histogramas, podem fornecer discernimento sobre a forma da distribuição básica. No entanto, histogramas não são, em geral, realmente indicadores confiáveis da forma de distribuição, a menos que o tamanho da amostra seja bem grande.

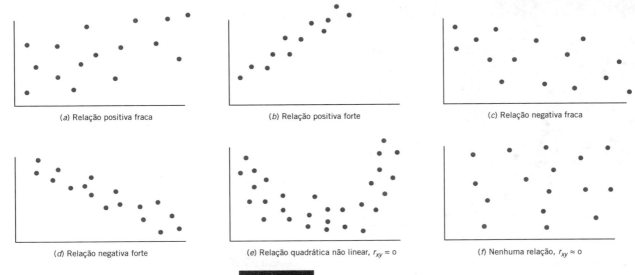

FIGURA 6.21

Relação potencial entre variáveis.

Um **gráfico de probabilidade** é um método para determinar se os dados da amostra obedecem a uma distribuição hipotética, baseada no exame visual subjetivo dos dados. O procedimento geral é muito simples e pode ser feito rapidamente. É também mais confiável do que o histograma para pequenos a moderados tamanhos de amostras. Gráfico de probabilidade utiliza tipicamente eixos especiais que têm sido projetados para a distribuição hipotética. Programa computacional é largamente disponível para as distribuições normal, lognormal, Weibull e várias distribuições qui-quadrado e gama. Focalizamos principalmente nos gráficos de probabilidade normal, uma vez que muitas técnicas estatísticas são apropriadas somente quando a população é (pelo menos, aproximadamente) normal.

Para construir um gráfico de probabilidade, as observações na amostra são primeiro ordenadas da menor para a maior. Ou seja, a amostra $x_1, x_2, \ldots, x_n$ é arrumada como $x_{(1)}, x_{(2)}, \ldots, x_{(n)}$, em que $x_{(1)}$ é a menor observação, $x_{(2)}$ é a segunda menor observação, e assim por diante, com $x_{(n)}$ sendo a maior. As observações ordenadas $x_{(j)}$ são então plotadas contra suas frequências cumulativas observadas $(j - 0,5)/n$ em um papel apropriado de probabilidade. Se a distribuição hipotética descrever adequadamente os dados, os pontos plotados cairão, aproximadamente, ao longo de uma linha reta; se os pontos plotados desviarem significativamente de uma linha reta, então o modelo hipotético não será apropriado. Geralmente, determinar se os dados plotados seguem ou não uma linha reta é algo subjetivo. O procedimento é ilustrado no exemplo seguinte.

Um **gráfico de probabilidade normal** pode também ser construído em eixos usuais, plotando os escores normais padrões z_j contra $x_{(j)}$, em que os escores normais padrões satisfazem

$$\frac{j - 0,5}{n} = P(Z \leq z_j) = \Phi(z_j)$$

Por exemplo, se $(j - 0,5)/n = 0,05$, então $\Phi(z_j) = 0,05$ implica que $z_j = -1,64$. Para ilustrar, considere os dados do Exemplo 6.4. Na última coluna da Tabela 6.6, mostramos os escores normais padrões. A Figura 6.23 apresenta o gráfico de z_j versus $x_{(j)}$. Esse gráfico de probabilidade normal é equivalente ao da Figura 6.22.

Construímos nossos gráficos de probabilidade com uma escala de probabilidade (ou a escala z) no eixo vertical. Alguns pacotes computacionais "giram" o eixo e colocam a escala de probabilidade no eixo horizontal.

O gráfico de probabilidade normal pode ser útil na identificação de distribuições que sejam simétricas, mas que têm

---

EXEMPLO 6.7 | Vida de Bateria

Dez observações sobre o tempo (em minutos) efetivo de vida de serviço de baterias usadas em um computador pessoal são: 176, 191, 214, 220, 205, 192, 201, 190, 183, 185. Imaginemos que a vida da bateria seja modelada adequadamente por uma distribuição normal. Para usar o gráfico de probabilidade de modo a investigar essa hipótese, arranje primeiro as observações em ordem crescente e calcule suas frequências cumulativas $(j - 0,5)/10$, conforme mostrado na Tabela 6.6.

TABELA 6.6	Cálculo para Construção de um Gráfico de Probabilidade Normal		
j	$x_{(j)}$	$(j - 0,5)/10$	z_j
1	176	0,05	−1,64
2	183	0,15	−1,04
3	185	0,25	−0,67
4	190	0,35	−0,39
5	191	0,45	−0,13
6	192	0,55	0,13
7	201	0,65	0,39
8	205	0,75	0,67
9	214	0,85	1,04
10	220	0,95	1,64

Os pares de valores $x_{(j)}$ e $(j - 0,5)/10$ são agora plotados em eixos de probabilidade normal. Esse gráfico é mostrado na Figura 6.22. A maioria dos gráficos de probabilidade normal plota $100(j - 0,5)/n$ na escala vertical da esquerda e $100[1 - (j - 0,5)/n]$ na escala vertical da direita, com o valor da variável plotado na escala horizontal. Uma linha reta, escolhida subjetivamente, foi desenhada através dos pontos plotados. Desenhando a linha reta, você deve estar mais influenciado pelos pontos perto do meio do gráfico do que pelos pontos extremos. Uma boa regra prática é desenhar a linha aproximadamente entre o vigésimo quinto e o setuagésimo quinto percentis. Essa é a maneira como a linha na Figura 6.22 foi determinada. Na estimação de "quão perto" os pontos estão da linha reta, imagine um "lápis gordo" repousando ao longo da linha. Se todos os pontos forem cobertos por esse lápis imaginário, então a distribuição normal descreverá adequadamente os dados. Uma vez que os pontos na Figura 6.22 passaram no teste do "lápis gordo", concluímos que a distribuição normal é um modelo apropriado.

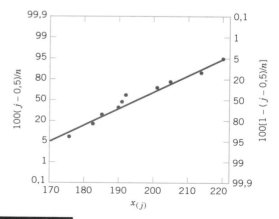

FIGURA 6.22

Gráfico de probabilidade normal para a vida da bateria.

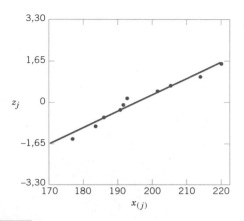

FIGURA 6.23

Gráfico de probabilidade normal, obtido a partir de valores normais padronizados.

extremidades mais "pesadas" ou mais "leves" que o normal. Ele também pode ser útil na identificação de distribuições deslocadas. Quando uma amostra é selecionada a partir de uma distribuição com extremidade leve (tal como a distribuição uniforme), as menores e as maiores observações não são tão extremas como seria esperado em uma amostra proveniente de uma distribuição normal. Assim, se considerarmos a linha reta desenhada através das observações no centro do gráfico de probabilidade normal, as observações no lado esquerdo tenderão a ficar abaixo da linha, enquanto as observações no lado direito tenderão a ficar acima da linha. Isso produzirá um gráfico de probabilidade normal em forma de S, tal como mostrado na Figura 6.24(a). Uma distribuição com extremidade pesada resultará em dados que também produzirão um gráfico de probabilidade normal em forma de S, porém agora as observações no lado esquerdo estarão acima da linha reta e as observações no lado direito estarão abaixo da linha. Veja a Figura 6.24(b). Uma distribuição positivamente deslocada tenderá a produzir um padrão de comportamento, tal como mostrado na Figura 6.24(c), em que os pontos em ambas as extremidades do gráfico tendem a estar abaixo da linha, dando uma forma curvada ao gráfico. Isso ocorre porque as menores e as maiores observações desse tipo de distribuição são maiores do que as esperadas em uma amostra proveniente de uma distribuição normal.

Mesmo quando a população em consideração é exatamente normal, os dados da amostra não estarão exatamente em cima da linha reta. Algum julgamento e experiência são necessários para avaliar o gráfico. Geralmente, se o tamanho da amostra é $n < 30$, pode haver muito desvio da linearidade em gráficos normais; logo, nesses casos, somente um desvio muito severo da linearidade deveria ser interpretado como forte indicação de não normalidade. Quando n aumenta, o padrão linear tenderá a se tornar mais forte e o gráfico da probabilidade normal será mais fácil de interpretar e mais confiável como indicador da forma da distribuição.

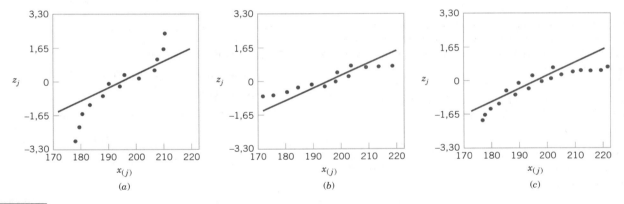

FIGURA 6.24

Gráficos de probabilidade normal, indicando uma distribuição não normal. (a) Distribuição com extremidade leve. (b) Distribuição com extremidade pesada. (c) Uma distribuição com deslocamento positivo (ou para a direita).

Termos e Conceitos Importantes

Amplitude da amostra
Amplitude interquartis
Coeficiente de correlação da amostra
Dados multivariados
Desvio-padrão da amostra
Desvio-padrão da população
Diagrama de caixa
Diagrama de dispersão
Diagrama de ramo e folhas
Distribuição de frequências e histograma

Distribuição de frequências relativas
Gráfico de Pareto
Gráfico de probabilidade
Gráfico de probabilidade normal
Gráfico digiponto
Graus de liberdade
Histograma
Matriz de gráficos de dispersão
Média da amostra
Média da população

Mediana da amostra
Moda amostra
Outliers
Percentis
Quartis e percentis
Séries temporais
Variância da amostra
Variância da população

CAPÍTULO 7

Estimação Pontual de Parâmetros e Distribuições Amostrais

OBJETIVOS DA APRENDIZAGEM

Depois de um cuidadoso estudo deste capítulo, você deve ser capaz de:

1. Explicar os conceitos gerais de estimação de parâmetros de uma população ou de uma distribuição de probabilidades
2. Explicar o papel importante da distribuição normal como uma distribuição amostral e explicar o teorema central do limite
3. Explicar propriedades importantes dos estimadores pontuais, incluindo tendência, variância e erro quadrático médio
4. Construir os estimadores pontuais usando o método dos momentos e o método da máxima verossimilhança
5. Calcular e explicar a precisão com a qual um parâmetro é estimado
6. Construir um estimador pontual usando a abordagem bayesiana

SUMÁRIO DO CAPÍTULO

7.1 Estimativa Pontual

7.2 Distribuições Amostrais e Teorema Central do Limite

7.3 Conceitos Gerais de Estimação Pontual

    7.3.1 Estimadores Não Tendenciosos

    7.3.2 Variância de um Estimador Pontual

    7.3.3 Erro-Padrão: Reportando uma Estimativa Pontual

    7.3.4 Erro-Padrão pela Técnica *Bootstrap*

    7.3.5 Erro Médio Quadrático de um Estimador

7.4 Métodos de Estimação Pontual

    7.4.1 Método dos Momentos

    7.4.2 Método da Máxima Verossimilhança

    7.4.3 Estimação Bayesiana de Parâmetros

Introdução

Métodos estatísticos são usados para tomar decisões e tirar conclusões acerca de populações. Esse aspecto da estatística é geralmente chamado de **inferência estatística**. Essas técnicas utilizam a informação em uma amostra para tirar conclusões. Este capítulo inicia nosso estudo dos métodos estatísticos usados na tomada de decisão.

A inferência estatística pode ser dividida em duas grandes áreas: **estimação de parâmetros** e **teste de hipóteses**. Como exemplo de um problema de estimação de parâmetros, suponha que um engenheiro esteja analisando a resistência à tensão de um componente usado em um chassi de um automóvel. A variabilidade está naturalmente presente entre os componentes individuais por causa das diferenças nas bateladas da matéria-prima, nos processos de fabricação e nos procedimentos de medidas (por exemplo), de modo que o engenheiro quer estimar a resistência média da população de componentes. Na prática, o engenheiro usará os dados da amostra para calcular um número que é, de algum modo, um valor razoável (uma boa tentativa) da média verdadeira da população. Esse número é chamado de **estimativa pontual**. Veremos que existem procedimentos para desenvolver estimativas pontuais de parâmetros que têm boas propriedades estatísticas. Seremos também capazes de estabelecer a precisão da estimativa pontual.

Agora, vamos considerar um tipo diferente de questão. Suponha que duas temperaturas diferentes de reação, t_1 e t_2, possam ser usadas em um processo químico. O engenheiro conjetura que t_1 resultará em rendimentos maiores do que t_2. Se os engenheiros podem demonstrar que t_1 resulta em maiores rendimentos, então a mudança do processo pode ser provavelmente justificada. O teste estatístico de hipóteses é a estrutura para resolver problemas desse tipo. Nesse exemplo, o engenheiro estaria interessado em formular hipóteses que lhe permitam demonstrar que a média resultante usando t_1 é maior do que a média resultante usando t_2. Note-se que não há ênfase em estimar os rendimentos; em vez disso, o foco está em tirar conclusões acerca da hipótese que é relevante para a decisão de engenharia.

Este capítulo e o Capítulo 8 discutem estimação de parâmetros. Os Capítulos 9 e 10 focam nos testes de hipóteses.

7.1 Estimativa Pontual

A inferência estatística está sempre focada em tirar conclusões acerca de um ou mais parâmetros de uma população. Uma parte importante desse processo é obter estimativas dos parâmetros. Suponha que queiramos obter uma estimativa pontual (um valor razoável) de um parâmetro de uma população. Sabemos que, antes de os dados serem coletados, as observações são consideradas variáveis aleatórias, ou seja, $X_1, X_2, \ldots, X_n$. Logo, qualquer função da observação, ou qualquer **estatística**, é também uma variável aleatória. Por exemplo, a média da amostra $\overline{X}$ e a variância da amostra S^2 são estatísticas e são também variáveis aleatórias.

Outra maneira de visualizar isso é dada a seguir. Suponha que tomemos uma média de $n = 10$ observações a partir de uma população e calcule a média amostral, obtendo o resultado $\overline{x} = 10,2$. Agora, repetimos esse processo, tomando uma segunda amostra de $n = 10$ observações a partir da mesma população e a média resultante da amostra seja 10,4. A média da amostra depende da observação na amostra, que difere de amostra para amostra, porque elas são variáveis aleatórias. Consequentemente, a média da amostra (ou qualquer outra função dos dados da amostra) é uma variável aleatória.

Visto que uma estatística é uma variável aleatória, ela terá uma distribuição de probabilidades. Chamamos a distribuição de probabilidades de estatística de uma **distribuição amostral**. A noção de uma distribuição amostral é muito importante e será discutida e ilustrada mais adiante neste capítulo.

Ao discutirmos problemas de inferência, é conveniente termos um símbolo geral para representar o parâmetro de interesse. Usaremos o símbolo grego θ (teta) para representar o parâmetro. O símbolo θ pode representar a média μ, a variância σ^2 ou qualquer parâmetro de interesse para nós. O objetivo da estimação pontual é selecionar um único número, baseado nos dados da amostra, que é o valor mais plausível para θ. O valor numérico de uma estatística amostral será usado como a estimativa pontual.

Em geral, se X for uma variável aleatória com distribuição de probabilidades $f(x)$, caracterizada por um parâmetro desconhecido θ, e se $X_1, X_2, \ldots, X_n$ for uma amostra aleatória de tamanho n de X, então a estatística $\hat{\Theta} = h(X_1, X_2, \ldots, X_n)$ será chamada de um **estimador pontual** de θ. Note que $\hat{\Theta}$ é uma variável aleatória, porque ela é uma função de variáveis aleatórias. Depois de a amostra ter sido selecionada, $\hat{\Theta}$ assume um valor numérico particular $\hat{\theta}$, chamado de **estimativa pontual** de θ.

> **Estimador Pontual**
>
> Uma **estimativa pontual** de algum parâmetro de uma população θ é um único valor numérico $\hat{\theta}$ de uma estatística $\hat{\Theta}$. A estatística $\hat{\Theta}$ é chamada de **estimador pontual**.

Como exemplo, suponha que a variável aleatória X seja normalmente distribuída, com média desconhecida μ. A média da amostra é um estimador pontual da média desconhecida μ da população. Isto é, $\hat{\mu} = \overline{X}$. Depois de a amostra ter sido selecionada, o valor numérico $\overline{x}$ é a estimativa pontual de μ. Assim, se $x_1 = 25, x_2 = 30, x_3 = 29$ e $x_4 = 31$, então a estimativa pontual de μ é

$$\overline{x} = \frac{25 + 30 + 29 + 31}{4} = 28,75$$

Similarmente, se a variância da população σ^2 for também desconhecida, um estimador pontual para σ^2 será a variância da amostra S^2, e o valor numérico $s^2 = 6,9$, calculado a partir dos dados amostrais, é chamado de *estimativa pontual de* σ^2.

Problemas de estimação ocorrem frequentemente em engenharia. Geralmente necessitamos estimar:

- A média μ de uma única população
- A variância σ^2 (ou desvio-padrão σ) de uma única população
- A proporção p de itens em uma população que pertence a uma classe de interesse
- A diferença nas médias de duas populações, $\mu_1 - \mu_2$
- A diferença nas proporções de duas populações, $p_1 - p_2$

Estimativas razoáveis desses parâmetros são dadas a seguir.

- Para μ, a estimativa é $\hat{\mu} = \overline{x}$ a média da amostra.
- Para σ^2, a estimativa é $\hat{\sigma}^2 = s^2$, a variância da amostra.
- Para p, a estimativa é $\hat{p} = x/n$, a proporção da amostra, em que x é o número de itens em uma amostra aleatória de tamanho n que pertence à classe de interesse.
- Para $\mu_1 - \mu_2$, a estimativa é $\hat{\mu}_1 - \hat{\mu}_2 = \overline{x}_1 - \overline{x}_2$, a diferença entre as médias de duas amostras aleatórias independentes.
- Para $p_1 - p_2$, a estimativa é $\hat{p}_1 - \hat{p}_2$, a diferença entre duas proporções amostrais, calculadas a partir de duas amostras aleatórias independentes.

Podemos ter várias escolhas diferentes para o estimador pontual de um parâmetro. Por exemplo, se desejarmos estimar a média de uma população, podemos considerar como estimadores pontuais a média ou a mediana da amostra ou talvez a média das observações menores e maiores da amostra. De modo a decidir qual estimador pontual de um parâmetro particular é o melhor para usar, necessitamos examinar suas propriedades estatísticas e desenvolver algum critério para comparar estimadores.

7.2 Distribuições Amostrais e Teorema Central do Limite

A inferência estatística cuida de tomar **decisões** acerca de uma população, baseando-se na informação contida em uma amostra aleatória proveniente daquela população. Por exemplo, podemos estar interessados no volume médio de enchimento de uma lata de refrigerante. O volume médio de enchimento requerido na população é de 300 mililitros. Um engenheiro considera uma amostra aleatória de 25 latas e calcula o volume médio amostral de enchimento como $\overline{x} = 298,8$ mililitros. O engenheiro decidirá, provavelmente, que a média da população é μ = 300 mililitros, muito embora a média amostral tenha sido 298,8 mililitros, porque ele sabe que a média amostral é uma estimativa razoável de μ e que a média amostral de 298 mililitros é muito provável de ocorrer, mesmo se a média verdadeira da população for μ = 300 mililitros. De fato, se a média verdadeira for 300 mililitros, então os testes de 25 latas feitos repetidamente, talvez a cada cinco minutos, produziriam valores de $\overline{x}$ que variariam acima e abaixo de μ = 300 mililitros.

A ligação entre os modelos de probabilidade nos capítulos anteriores e os dados é feita como a seguir. Cada valor numérico nos dados é o valor observado de uma variável aleatória. Além disso, as variáveis aleatórias são geralmente consideradas independentes e distribuídas identicamente. Essas variáveis aleatórias são conhecidas como uma *amostra aleatória*.

Amostra Aleatória

As variáveis aleatórias $X_1, X_2, \ldots, X_n$ são uma **amostra aleatória** de tamanho n, se (a) os X_i's forem variáveis aleatórias independentes, e (b) cada X_i tiver a mesma distribuição de probabilidades.

Os dados observados são também referidos como uma *amostra aleatória*, porém o uso da mesma frase não deve causar qualquer confusão.

A suposição de uma amostra aleatória é extremamente importante. Se a amostra não for aleatória e sim baseada em julgamento, ou falhar de alguma outra maneira, então os métodos estatísticos não funcionarão de forma apropriada e levarão a decisões incorretas.

A finalidade principal em tomar uma amostra aleatória é obter informação sobre os parâmetros desconhecidos da população. Suponha, por exemplo, que desejamos chegar a uma conclusão acerca da proporção de pessoas nos Estados Unidos que preferem determinada marca de refrigerante. Seja p o valor desconhecido dessa proporção. É impraticável questionar cada indivíduo na população de modo a determinar o verdadeiro valor de p. Para fazer uma inferência em relação à proporção verdadeira p, um procedimento mais razoável seria selecionar uma amostra aleatória (de um tamanho apropriado) e usar a proporção observada $\hat{p}$, de pessoas nessa amostra que tenham escolhido a marca do refrigerante.

A proporção da amostra, $\hat{p}$, é calculada dividindo o número de indivíduos na amostra que preferem a marca do refrigerante pelo tamanho total, n, da amostra. Assim, $\hat{p}$, é uma função dos valores observados na amostra aleatória. Visto que muitas amostras aleatórias são possíveis a partir de uma população, o valor de $\hat{p}$, variará de amostra para amostra. Ou seja, $\hat{p}$, é uma variável aleatória. Tal variável aleatória é chamada de uma **estatística**.

Estatística

Uma **estatística** é qualquer função das observações em uma amostra aleatória.

Encontramos estatísticas anteriormente. Por exemplo, se $X_1, X_2, \ldots, X_n$ for uma amostra aleatória de tamanho n, então a **média da amostra** $\overline{X}$, a **variância da amostra** S^2 e o **desvio-padrão da amostra** S são estatísticas. Desde que uma estatística seja uma variável aleatória, ela tem uma distribuição de probabilidades.

Distribuição Amostral

A distribuição de probabilidades de uma estatística é chamada de uma **distribuição amostral**.

Por exemplo, a distribuição de probabilidades de $\overline{X}$ é chamada de **distribuição amostral da média**. A distribuição amostral de uma estatística depende da distribuição da população, do tamanho da amostra e do método de seleção da amostra. Apresentamos agora talvez a mais importante distribuição amostral. Outras distribuições amostrais e suas aplicações serão ilustradas extensivamente nos dois capítulos seguintes.

Considere a determinação da distribuição amostral da média $\overline{X}$ da amostra. Suponha que uma amostra aleatória de tamanho n seja retirada de uma população normal, com média μ e variância σ^2. Então, uma vez que as funções lineares de variáveis aleatórias distribuídas normal e independentemente são também distribuídas normalmente (Capítulo 5), concluímos que a média da amostra

$$\overline{X} = \frac{X_1 + X_2 + \cdots + X_n}{n}$$

tem uma distribuição normal com média

$$\mu_{\overline{X}} = \frac{\mu + \mu + \cdots + \mu}{n} = \mu$$

e variância

$$\sigma_{\overline{X}}^2 = \frac{\sigma^2 + \sigma^2 + \cdots + \sigma^2}{n^2} = \frac{\sigma^2}{n}$$

Se estivermos amostrando de uma população que tenha uma distribuição desconhecida de probabilidades, a distribuição amostral da média da amostra será aproximadamente normal, com média μ e variância σ^2/n, se o tamanho n da amostra for grande. Esse é um dos mais úteis teoremas em estatística, o chamado **teorema central do limite**. O enunciado é dado a seguir.

> **Teorema Central do Limite**
>
> Se $X_1, X_2, ..., X_n$ for uma amostra aleatória de tamanho n, retirada de uma população (finita ou infinita), com média μ e variância finita σ^2, e se $\overline{X}$ for a média da amostra, então a forma limite da distribuição de
>
> $$Z = \frac{\overline{X} - \mu}{\sigma/\sqrt{n}} \quad (7.1)$$
>
> quando $n \to \infty$, será a distribuição normal padrão.

É fácil demonstrar o teorema central do limite com um **experimento de simulação computacional**. Considere a distribuição lognormal na Figura 7.1. Essa distribuição tem parâmetros $\theta = 2$ (chamado de parâmetro de **localização**) e $\omega = 0{,}75$ (chamado de parâmetro de **escala**), resultando na média $\mu = 9{,}79$ e desvio-padrão $\sigma = 8{,}51$. Note que essa distribuição lognormal não parece muito com a distribuição normal; ela é definida somente para valores positivos da variável aleatória X e é desviada consideravelmente para a direita. Usamos um pacote computacional para retirar ao acaso 20 amostras a partir dessa distribuição, cada uma com tamanho $n = 10$. Os dados desse experimento de amostragem são mostrados na Tabela 7.1. A última linha nessa tabela é a média de cada amostra, $\overline{x}$.

A primeira coisa que notamos ao olhar os valores de $\overline{x}$ é que eles não são todos os mesmos. Essa é uma clara demonstração do ponto mencionado previamente de que qualquer estatística é uma variável aleatória. Se tivéssemos calculado qualquer estatística da amostra (s, a mediana da amostra, os quartis inferior, e superior ou um percentil), elas teriam variado de amostra para amostra porque elas são variáveis aleatórias. Tente isso e veja você próprio.

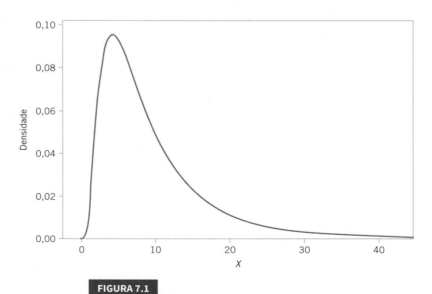

FIGURA 7.1

Uma distribuição lognormal com $\theta = 2$ e $\omega = 0{,}75$.

TABELA 7.1 Vinte Amostras de Tamanho $n = 10$ a Partir da Distribuição Lognormal da Figura 7.1

Obs	1	2	3	4	5	6	7	8	9	10
1	3,9950	8,2220	4,1893	15,0907	12,8233	15,2285	5,6319	7,5504	2,1503	3,1390
2	7,8452	13,8194	2,6186	4,5107	3,1392	16,3821	3,3469	1,4393	46,3631	1,8314
3	1,8858	4,0513	8,7829	7,1955	7,1819	12,0456	8,1139	6,0995	2,4787	3,7612
4	16,3041	7,5223	2,5766	18,9189	4,2923	13,4837	13,6444	8,0837	19,7610	15,7647
5	9,7061	6,7623	4,4940	11,1338	3,1460	13,7345	9,3532	2,1988	3,8142	3,6519
6	7,6146	5,3355	10,8979	3,6718	21,1501	1,6469	4,9919	13,6334	2,8456	14,5579
7	6,2978	6,7051	6,0570	8,5411	3,9089	11,0555	6,2107	7,9361	11,4422	9,7823
8	19,3613	15,6610	10,9201	5,9469	8,5416	19,7158	11,3562	3,9083	12,8958	2,2788
9	7,2275	3,7706	38,3312	6,0463	10,1081	2,2129	11,2097	3,7184	28,2844	26,0186
10	16,2093	3,4991	6,6584	4,2594	6,1328	9,2619	4,1761	5,2093	10,0632	17,9411
$\bar{x}$	9,6447	7,5348	9,5526	8,5315	8,0424	11,4767	7,8035	5,9777	14,0098	9,8727

Obs	11	12	13	14	15	16	17	18	19	20
1	7,5528	8,4998	2,5299	2,3115	6,1115	3,9102	2,3593	9,6420	5,0707	6,8075
2	4,9644	3,9780	11,0097	18,8265	3,1343	11,0269	7,3140	37,4338	5,5860	8,7372
3	16,7181	6,2696	21,9326	7,9053	2,3187	12,0887	5,1996	3,6109	3,6879	19,2486
4	8,2167	8,1599	15,5126	7,4145	6,7088	8,3312	11,9890	11,0013	5,6657	5,3550
5	9,0399	15,9189	7,9941	22,9887	8,0867	2,7181	5,7980	4,4095	12,1895	16,9185
6	4,0417	2,8099	7,1098	1,4794	14,5747	8,6157	7,8752	7,5667	32,7319	8,2588
7	4,9550	40,1865	5,1538	8,1568	4,8331	14,4199	4,3802	33,0634	11,9011	4,8917
8	7,5029	10,1408	2,6880	1,5977	7,2705	5,8623	2,0234	6,4656	12,8903	3,3929
9	8,4102	6,4106	7,6495	7,2551	3,9539	16,4997	1,8237	8,1360	7,4377	15,2643
10	7,2316	11,5961	4,4851	23,0760	10,3469	9,9330	8,6515	1,6852	3,6678	2,9765
$\bar{x}$	7,8633	11,3970	8,6065	10,1011	6,7339	9,3406	5,7415	12,3014	10,0828	9,1851

De acordo com o teorema central do limite, a distribuição da média amostral $\bar{x}$ é normal. A Figura 7.2 é um gráfico de probabilidade normal das médias $\bar{x}$ de 20 amostras a partir da Tabela 7.1. As observações se dispersam ao longo de uma linha reta, fornecendo evidências de que a distribuição da média da amostra é normal, embora a distribuição da população seja muito não normal. Esse tipo de experimento de amostragem pode ser usado para investigar a distribuição amostral de qualquer estatística.

A aproximação normal para $\bar{x}$ depende do tamanho n da amostra. A Figura 7.3(a) mostra a distribuição obtida para o arremesso de um único dado verdadeiro, com seis faces. As probabilidades são iguais a (1/6) para todos os valores obtidos: 1, 2, 3, 4, 5 ou 6. A Figura 7.3(b) mostra a distribuição das pontuações médias obtidas quando arremessando duas vezes, e as Figuras 7.3(c), 7.3(d) e 7.3(e) mostram as distribuições das pontuações obtidas quando arremessando três, cinco e dez vezes o dado, respectivamente. Note-se que, embora a população (um dado) esteja relativamente longe da normal, a distribuição das médias será aproximada razoavelmente bem pela distribuição normal, para amostras de tamanho tão pequeno quanto cinco. (As distribuições dos arremessos dos dados são discretas, enquanto a normal é contínua.)

O teorema central do limite é a razão básica pela qual muitas das variáveis aleatórias encontradas em engenharia e em ciências são distribuídas normalmente. A variável observada resulta de uma série de distúrbios básicos que agem juntos para criar um efeito central do limite.

Que tamanho de amostra é grande o suficiente de modo que o teorema central do limite pode ser aplicado? A resposta depende de quão próxima a distribuição original esteja da normal. Se a distribuição original for simétrica e unimodal (não muito longe da normal), o teorema central do limite se aplica para valores pequenos de n, digamos 4 ou 5. Se a população amostrada for muito diferente da normal, amostras maiores serão requeridas. Como regra geral, se $n > 30$, o teorema central do limite quase sempre se aplicará. As exceções a essa regra geral são relativamente raras. Na maioria dos casos encontrados na prática, essa regra geral é muito conservativa e o teorema central do limite se aplicará para tamanhos de amostra muito menores do que 30. Por exemplo, considere o exemplo dos dados na Figura 7.3.

O Exemplo 7.2 faz uso do teorema central do limite.

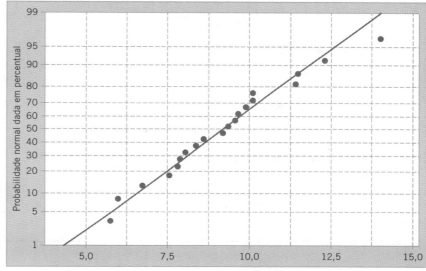

FIGURA 7.2

Gráfico de probabilidade normal das médias amostrais a partir da Tabela 7.1.

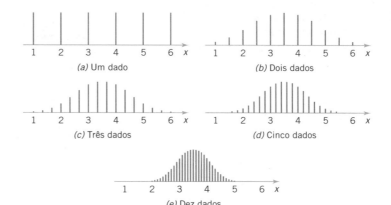

FIGURA 7.3

Distribuições das pontuações médias obtidas quando dados são arremessados.
Fonte: Adaptado, com permissão de Box, Hunter e Hunter (1978).

EXEMPLO 7.1 | Resistores

Uma companhia eletrônica fabrica resistores que têm uma resistência média de 100 ohms e um desvio-padrão de 10 ohms. A distribuição de resistências é normal. Encontre a probabilidade de uma amostra aleatória de $n = 25$ resistores ter uma resistência média menor que 95 ohms.

Note que a distribuição amostral de $\overline{X}$ é normal, com média $\mu_{\overline{X}} = 100$ ohms e desvio-padrão de

$$\sigma_{\overline{X}} = \frac{\sigma}{\sqrt{n}} = \frac{10}{\sqrt{25}} = 2$$

Consequentemente, a probabilidade desejada corresponde à área sombreada na Figura 7.4. Padronizando o ponto $\overline{X} = 95$ na Figura 7.4, encontramos que

$$z = \frac{95 - 100}{2} = -2,5$$

e desse modo,

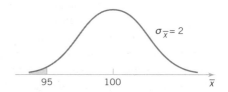

FIGURA 7.4

Probabilidade para o Exemplo 7.1.

$$P(\overline{X} < 95) = P(Z < -2,5)$$
$$= 0,0062$$

Conclusão Prática: Este exemplo mostra que, se a distribuição de resistências for normal com média 100 ohms e desvio-padrão de 10 ohms, então será um **evento raro** encontrar uma amostra aleatória de resistores com uma média amostral menor do que 95 ohms. Se isso realmente acontecer, porá em dúvida se a média verdadeira será na verdade 100 ohms ou se o desvio-padrão verdadeiro será mesmo 10 ohms.

EXEMPLO 7.2 | Teorema Central do Limite

Suponha que uma variável aleatória X tenha uma distribuição contínua uniforme

$$f(x) = \begin{cases} 1/2, & 4 \leq x \leq 6 \\ 0, & \text{caso contrário} \end{cases}$$

Encontre a distribuição da média amostral de uma amostra aleatória com tamanho $n = 40$.

A média e a variância de X são $\mu = 5$ e $\sigma^2 = (6-4)^2/12 = 1/3$. O teorema central do limite indica que a distribuição de $\overline{X}$ é aproximadamente normal, com média $\mu_{\overline{X}} = 5$ e variância $\sigma^2_{\overline{X}} = \sigma^2/n = 1/[3(40)] = 1/120$. As distribuições de X e $\overline{X}$ são mostradas na Figura 7.5.

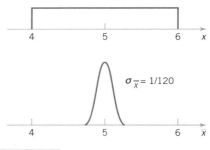

FIGURA 7.5
As distribuições de X e $\overline{X}$ para o Exemplo 7.2.

Agora considere o caso em que temos duas populações independentes. Considere que a primeira população tenha média μ_1 e variância σ_1^2 e a segunda população tenha uma média μ_2 e variância σ_2^2. Suponha que ambas as populações sejam distribuídas normalmente. Então, usando o fato de que combinações lineares de variáveis aleatórias normais sigam a distribuição normal (veja o Capítulo 5), podemos dizer que a distribuição amostral de $\overline{X}_1 - \overline{X}_2$ é normal, com média

$$\mu_{\overline{X}_1 - \overline{X}_2} = \mu_{\overline{X}_1} - \mu_{\overline{X}_2} = \mu_1 - \mu_2 \quad (7.2)$$

e variância

$$\sigma^2_{\overline{X}_1 - \overline{X}_2} = \sigma^2_{\overline{X}_1} + \sigma^2_{\overline{X}_2} = \frac{\sigma_1^2}{n_1} + \frac{\sigma_2^2}{n_2} \quad (7.3)$$

Se as duas populações não forem normalmente distribuídas, e se ambos os tamanhos da amostra n_1 e n_2 forem maiores que 30, podemos usar o teorema central do limite e considerar que $\overline{X}_1$ e $\overline{X}_2$ sigam aproximadamente distribuições normais independentes. Por conseguinte, a distribuição amostral de $\overline{X}_1 - \overline{X}_2$ será aproximadamente normal, com média e variância dadas pelas Equações 7.2 e 7.3, respectivamente. Se n_1 ou n_2 for menor que 30, então a distribuição amostral de $\overline{X}_1 - \overline{X}_2$ será aproximadamente normal, com média e variância dadas pelas Equações 7.2 e 7.3, desde que a população da qual a amostra é retirada não seja extremamente diferente da normal. Podemos sumarizar isso com a definição seguinte.

Distribuição Amostral Aproximada de uma Diferença nas Médias Amostrais

Se tivermos duas populações independentes, com médias μ_1 e μ_2 e variâncias σ_1^2 e σ_2^2, e se $\overline{X}_1$ e $\overline{X}_2$ forem as médias amostrais de duas amostras independentes de tamanhos n_1 e n_2 dessas populações, então a distribuição amostral de

$$Z = \frac{\overline{X}_1 - \overline{X}_2 - (\mu_1 - \mu_2)}{\sqrt{\sigma_1^2/n_1 + \sigma_2^2/n_2}} \quad (7.4)$$

será aproximadamente normal padrão, se as condições do teorema central do limite se aplicarem. Se as duas populações forem normais, então a distribuição amostral de Z será exatamente normal padrão.

7.3 Conceitos Gerais de Estimação Pontual

7.3.1 Estimadores Não Tendenciosos

Um estimador deve estar "perto", de algum modo, do valor verdadeiro do parâmetro desconhecido. Formalmente, dizemos que $\hat{\Theta}$ é um estimador não tendencioso de θ, se o valor esperado de $\hat{\Theta}$ for igual a θ. Isso é equivalente a dizer que a média da distribuição de probabilidades de $\hat{\Theta}$ (ou a média da distribuição amostral de $\hat{\Theta}$) é igual a θ.

Tendência de um Estimador

O estimador $\hat{\Theta}$ é um **estimador não tendencioso** para o parâmetro θ, se

$$E(\hat{\Theta}) = \theta \quad (7.5)$$

Se o estimador for tendencioso, então a diferença

$$E(\hat{\Theta}) - \theta \quad (7.6)$$

é chamada de **tendência** do estimador $\hat{\Theta}$.

No momento em que um estimador for não tendencioso, a tendência será zero; isto é, $E(\hat{\Theta}) - \theta = 0$.

EXEMPLO 7.3 | Média Amostral e Variância São Não Tendenciosas

Suponha que X seja uma variável aleatória com média μ e variância σ^2. Seja $X_1, X_2, \ldots, X_n$ uma amostra aleatória de tamanho n, de uma população representada por X. Mostre que a média da amostra $\overline{X}$ e a variância da amostra S^2 são estimadores não tendenciosos de μ e σ^2, respectivamente.

Primeiro, considere a média da amostra. Na Seção 5.5 do Capítulo 5, mostramos que $E(\overline{X}) = \mu$. Consequentemente, a média da amostra $\overline{X}$ é um estimador não tendencioso da média μ da população.

Considere agora a variância da amostra. Temos

$$E(S^2) = E\left[\frac{\sum_{i=1}^{n}(X_i - \overline{X})^2}{n-1}\right] = \frac{1}{n-1} E \sum_{i=1}^{n}(X_i - \overline{X})^2$$

$$= \frac{1}{n-1} E \sum_{i=1}^{n}(X_i^2 + \overline{X}^2 - 2\overline{X}X_i)$$

$$= \frac{1}{n-1} E\left(\sum_{i=1}^{n} X_i^2 - n\overline{X}^2\right)$$

$$= \frac{1}{n-1}\left[\sum_{i=1}^{n} E(X_i^2) - nE(\overline{X}^2)\right]$$

A última igualdade vem da equação para a média de uma função linear no Capítulo 5. Entretanto, uma vez que $E(X_i^2) = \mu^2 + \sigma^2$ e $E(\overline{X}^2) = \mu^2 + \sigma^2/n$, temos

$$E(S^2) = \frac{1}{n-1}\left[\sum_{i=1}^{n}(\mu^2 + \sigma^2) - n(\mu^2 + \sigma^2/n)\right]$$

$$= \frac{1}{n-1}(n\mu^2 + n\sigma^2 - n\mu^2 - \sigma^2) = \sigma^2$$

Logo, a variância da amostra S^2 é um estimador não tendencioso da variância σ^2 da população.

Embora S^2 seja não tendencioso para σ^2, S é um estimador tendencioso de σ. Para amostras grandes, a tendenciosidade é muito pequena. No entanto, há boas razões para usar S como um estimador de σ em amostras provenientes de distribuições normais, como veremos nos próximos três capítulos, quando discutiremos intervalos de confiança e teste de hipóteses.

Algumas vezes, há vários estimadores não tendenciosos do parâmetro amostral da população. Por exemplo, suponha uma amostra aleatória de tamanho $n = 10$, proveniente de uma população normal, e obtenha os dados $x_1 = 12,8$, $x_2 = 9,4$, $x_3 = 8,7$, $x_4 = 11,6$, $x_5 = 13,1$, $x_6 = 9,8$, $x_7 = 14,1$, $x_8 = 8,5$, $x_9 = 12,1$, $x_{10} = 10,3$. Agora, a média da amostra é

$$\overline{x} = \frac{12,8 + 9,4 + 8,7 + 11,6 + 13,1 + 9,8 + 14,1 + 8,5 + 12,1 + 10,3}{10}$$

$$= 11,04$$

a mediana da amostra é

$$\tilde{x} = \frac{10,3 + 11,6}{2} = 10,95$$

e uma média de 10 % truncada (obtida pelo descarte de 10 % dos valores menores e maiores da amostra antes de fazer a média) é

$$\overline{x}_{tr(10)} = \frac{8,7 + 9,4 + 9,8 + 10,3 + 11,6 + 12,1 + 12,8 + 13,1}{8}$$

$$= 10,98$$

Podemos mostrar que todas essas são estimativas não tendenciosas de μ. Uma vez que não há um estimador não tendencioso único, não podemos confiar somente na propriedade de não tendenciosidade para selecionar nosso estimador. Necessitamos de um método para selecionar um

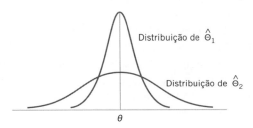

FIGURA 7.6

As distribuições amostrais de dois estimadores não tendenciosos $\hat{\Theta}_1$ e $\hat{\Theta}_2$.

entre os estimadores não tendenciosos. Sugerimos um método na próxima seção.

7.3.2 Variância de um Estimador Pontual

Suponha que $\hat{\Theta}_1$ e $\hat{\Theta}_2$ sejam estimadores não tendenciosos de θ. Isso indica que a distribuição de cada estimador está centralizada no valor verdadeiro de zero. Entretanto, as variâncias dessas distribuições podem ser diferentes. A Figura 7.6 ilustra a situação. Uma vez que $\hat{\Theta}_1$ tem uma variância menor do que $\hat{\Theta}_2$, é mais provável que o estimador $\hat{\Theta}_1$ produza uma estimativa mais próxima do valor verdadeiro de θ. Um princípio lógico de estimação, ao selecionar um entre os vários estimadores, é escolher o estimador que tiver variância mínima.

Estimador Não Tendencioso de Variância Mínima

Se considerarmos todos os estimadores não tendenciosos de θ, aquele com a menor variância será chamado de **estimador não tendencioso de variância mínima** (ENTVM).

De certo modo, o ENTVM é o mais provável, entre todos os estimadores não tendenciosos, para produzir uma estimativa $\hat{\theta}$ que seja próxima do valor verdadeiro de θ. Foi possível desenvolver uma metodologia para identificar o ENTVM em muitas situações práticas. Embora essa metodologia esteja além do escopo deste livro, apresentamos um resultado muito importante relativo à distribuição normal.

> Se $X_1, X_2, \ldots, X_n$ for uma amostra aleatória de tamanho n, proveniente de uma distribuição normal com média μ e variância σ^2, então a média da amostra $\overline{X}$ será o ENTVM para μ.

Nas situações em que não sabemos se um ENTVM existe, poderíamos ainda usar o princípio da variância mínima para escolher entre os estimadores competidores. Suponha, por exemplo, que desejamos estimar a média de uma população (não necessariamente uma população *normal*). Temos uma amostra aleatória de n observações $X_1, X_2, \ldots, X_n$ e desejamos comparar dois estimadores possíveis para μ: a média $\overline{X}$ da amostra e uma observação única proveniente da amostra, como X_i. Note que ambos, $\overline{X}$ e X_i, são estimadores não tendenciosos de μ; para a média da amostra, temos $V(\overline{X}_i) = \sigma^2/n$ do Capítulo 5, e a variância de qualquer observação é $V(X_i) = \sigma^2$. Visto que $V(\overline{X}_i) < V(X_i)$, para amostras de tamanho $n \geq 2$, concluiríamos que a média da amostra é um melhor estimador de μ do que uma única observação X_i.

7.3.3 Erro-Padrão: Reportando uma Estimativa Pontual

Quando o valor numérico ou estimativa de um parâmetro é reportado, geralmente é desejável dar alguma ideia da precisão da estimação. A medida da precisão normalmente empregada é o erro-padrão do estimador que está sendo usado.

> **Erro-Padrão de um Estimador**
>
> O **erro-padrão** de um estimador $\hat{\Theta}$ é o seu desvio-padrão, dado por $\sigma_{\hat{\Theta}} = \sqrt{V(\hat{\Theta})}$. Se o erro-padrão envolver parâmetros desconhecidos que possam ser estimados, então a substituição daqueles valores em $\sigma_{\hat{\Theta}}$ produz um **erro-padrão estimado**, denotado por $\hat{\sigma}_{\hat{\Theta}}$.

Algumas vezes, o erro-padrão estimado é denotado por $s_{\hat{\Theta}}$ ou $EP(\hat{\Theta})$.

Suponha que estejamos amostrando a partir de uma distribuição normal, com média μ e variância σ^2. Agora, a distribuição de $\overline{X}$ é normal, com média μ e variância σ^2/n; assim, o **erro-padrão** de $\overline{X}$ é

$$\sigma_{\overline{X}} = \frac{\sigma}{\sqrt{n}}$$

Se não conhecêssemos σ, mas substituíssemos o desvio-padrão S da amostra na equação anterior, então o **erro-padrão estimado** de $\overline{X}$ seria

$$EP(\overline{X}) = \hat{\sigma}_{\overline{X}} = \frac{S}{\sqrt{n}}$$

Quando o estimador seguir uma distribuição normal, como a situação anterior, poderemos estar razoavelmente confiantes de que o valor verdadeiro do parâmetro estará entre dois erros-padrão da estimativa. Uma vez que muitos estimadores pontuais são normalmente distribuídos (ou aproximadamente) para grandes valores de n, esse é um resultado muito útil. Mesmo em casos em que o estimador pontual não seja normalmente distribuído, podemos estabelecer que, desde que o estimador seja não tendencioso, a estimativa do parâmetro desviará do valor verdadeiro tanto quanto quatro erros-padrão no máximo 6 % do tempo. Desse modo, uma afirmativa muito conservativa é que o valor verdadeiro do parâmetro difere da estimativa por no máximo quatro erros-padrão.

EXEMPLO 7.4 | Condutividade Térmica

Um artigo no *Journal of Heat Transfer* (Trans. ASME, Sec. C, 96, 1974, p. 59) descreveu um novo método de medir a condutividade térmica de ferro Armco. Usando uma temperatura de 100 °F e uma potência de 550 watts, as 10 medidas seguintes de condutividade térmica (em Btu/h-ft-°F) foram obtidas:

41,60; 41,48; 42,34; 41,95; 41,86;

42,18; 41,72; 42,26; 41,81; 42,04

Uma estimativa pontual da condutividade térmica média a 100 °F e 550 watts é a média amostral ou

$$\overline{x} = 41,924 \text{ Btu/hr-ft-°F}$$

O erro-padrão da média amostral é $\sigma_{\overline{x}} = \sigma/\sqrt{n}$ e, uma vez que σ é desconhecido, podemos trocá-lo pelo desvio-padrão da amostra $s = 0,284$, de modo a obtermos o erro-padrão estimado de $\overline{X}$ como

$$EP(\overline{X}) = \hat{\sigma}_{\overline{X}} = \frac{s}{\sqrt{n}} = \frac{0,284}{\sqrt{10}} = 0,0898$$

Interpretação Prática: Observe que o erro-padrão é cerca de 0,2 % da média amostral. Isso implica que obtivemos uma estimativa pontual relativamente precisa da condutividade térmica. Se pudermos considerar que a condutividade térmica seja normalmente distribuída, então duas vezes o erro-padrão é $2\hat{\sigma}_{\overline{x}} = 2(0,0898) = 0,1796$ e estamos altamente confiantes de que a condutividade térmica média está no intervalo $41,924 \pm 0,1796$ ou entre 41,744 e 42,104.

7.3.4 Erro-Padrão pela Técnica *Bootstrap*

Em algumas situações, a forma de um estimador pontual é complicada e os métodos estatísticos padrão para encontrar seu erro-padrão são difíceis ou impossíveis de aplicar. Um exemplo desses estimadores é S, o estimador-padrão do desvio-padrão da população σ. Outros ocorrem com algumas das distribuições-padrão de probabilidade, tais como as distribuições exponencial e de Weibull. Uma técnica relativamente nova com **uso intensivo de computador**, *bootstrap*, pode ser usada para resolver esse problema.

Para explicar como a técnica *bootstrap* funciona, suponha que tenhamos uma variável aleatória X com uma função densidade de probabilidade conhecida, caracterizada por um parâmetro θ, digamos $f(x; \theta)$. Além disso, considere que tenhamos uma amostra de dados a partir dessa distribuição, $x_1, x_2, ..., x_n$, e que a estimativa de θ, baseada nos dados dessa amostra, seja $\hat{\theta} = 4{,}5$. O procedimento *bootstrap* usaria o computador para gerar **amostras pela técnica *bootstrap*** de forma aleatória a partir da distribuição de probabilidade $f(x; \theta = 4{,}5)$ e calcularia uma **estimativa *bootstrap*** $\hat{\theta}^B$. Esse processo é repetido n_B vezes, resultando em

Amostra gerada pela técnica *bootstrap* 1: $x_1^1, x_2^1, ..., x_n^1$,
Estimativa *bootstrap* $\hat{\theta}_1^B$

Amostra gerada pela técnica *bootstrap* 2: $x_1^2, x_2^2, ..., x_n^2$,
Estimativa *bootstrap* $\hat{\theta}_2^B$

$\vdots$

Amostra gerada pela técnica *bootstrap* n_B: $x_1^{n_B}, x_2^{n_B}, ..., x_n^{n_B}$,
Estimativa *bootstrap* $\hat{\theta}_{n_B}^B$

Tipicamente, o número de amostras geradas pela técnica *bootstrap* é $n_B = 100$ ou 200. A média da amostra das estimativas *bootstraps* é

$$\overline{\theta}^B = \frac{1}{n_B} \sum_{i=1}^{n_B} \hat{\theta}_i^B$$

O **erro-padrão *bootstrap*** de $\hat{\theta}$ é apenas o desvio-padrão da amostra das estimativas *bootstraps* $\hat{\theta}_i^B$ ou

$$EP_B(\hat{\theta}) = \sqrt{\frac{1}{n_B - 1} \sum_{i=1}^{n_B} (\hat{\theta}_i^B - \overline{\theta}^B)^2} \qquad (7.7)$$

Alguns autores usam n_B no denominador da Equação 7.7.

Em algumas situações dos problemas, a distribuição da variável aleatória não é conhecida. A técnica *bootstrap* pode ainda ser usada nessas situações. O procedimento é tratar a amostra de dados como uma população e retirar amostras delas a partir da técnica *bootstrap*. Assim, por exemplo, se tivermos uma amostra de 25 observações, retiraríamos n_B amostras *bootstraps* pela amostragem com reposição a partir da amostra original. Então, procederíamos como no exemplo precedente para calcular a estimativa *bootstrap* do erro-padrão para a estatística de interesse.

7.3.5 Erro Quadrático Médio de um Estimador

Algumas vezes é necessário usar um estimador tendencioso. Em tais casos, o erro quadrático médio do estimador pode ser importante. O **erro quadrático médio** de um estimador $\hat{\Theta}$ é o valor esperado do quadrado da diferença entre $\hat{\Theta}$ e θ.

Erro Quadrático Médio de um Estimador

O **erro quadrático médio de um estimador** $\hat{\Theta}$ do parâmetro θ é definido como

$$\text{EMQ}(\hat{\Theta}) = E(\hat{\Theta} - \theta)^2 \qquad (7.8)$$

O erro quadrático médio pode ser reescrito como segue:

$$\text{EMQ}(\hat{\Theta}) = E[\hat{\Theta} - E(\hat{\Theta})]^2 + [\theta - E(\hat{\Theta})]^2$$
$$= V(\hat{\Theta}) + (\text{tendência})^2$$

Ou seja, o erro quadrático médio de $\hat{\Theta}$ é igual à variância do estimador mais o quadrado da tendência. Se $\hat{\Theta}$ for um estimador

---

EXEMPLO 7.5 | Erro-Padrão pela Técnica *Bootstrap*

Um grupo de especialistas está investigando o ciclo de tempo para processar pedidos de empréstimo. A experiência dos especialistas com o processo informa-os de que o tempo de ciclo é distribuído normalmente com uma média de cerca de 25 horas. Uma recente amostra aleatória de 10 pedidos fornece o seguinte (em horas):

24,1514, 27,4145, 20,4000, 22,5151, 28,5152, 28,5611, 21,2489, 20,9983, 24,9840, 22,6245

O desvio-padrão amostral dessas observações é $s = 3{,}11407$. Queremos encontrar um erro-padrão *bootstrap* para o desvio-padrão amostral. Usamos um programa de computador para gerar $n_B = 200$ amostras pela técnica *bootstrap* a partir de uma distribuição normal, com uma média de 25 e um desvio-padrão de 3,11417. A primeira dessas amostras é

25,4274, 24,2272, 24,8565, 24,3458, 18,4343, 23,3179, 23,0699, 25,2876, 27,1541, 27,2932

das quais calculamos $s = 2{,}50635$. Depois de todas as 200 amostras serem geradas pela técnica *bootstrap*, a média das estimativas obtidas do desvio-padrão foi 3,03972 e a estimativa *bootstrap* do erro-padrão foi 0,5464. O erro-padrão é razoavelmente grande porque o tamanho da amostra aqui ($n = 10$) é razoavelmente pequeno.

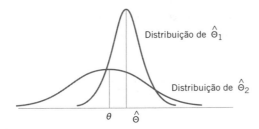

FIGURA 7.7

Estimador tendencioso $\hat{\Theta}_1$ que tem variância menor do que o estimador não tendencioso $\hat{\Theta}_2$.

não tendencioso de θ, o erro quadrático médio de $\hat{\Theta}$ será igual à variância de $\hat{\Theta}$.

O erro quadrático médio é um critério importante para comparar dois estimadores. Sejam $\hat{\Theta}_1$ e $\hat{\Theta}_2$ dois estimadores não tendenciosos do parâmetro θ e sejam EMQ($\hat{\Theta}_1$) e EMQ($\hat{\Theta}_2$) os erros médios quadráticos de $\hat{\Theta}_1$ e $\hat{\Theta}_2$. Então, a **eficiência relativa** de $\hat{\Theta}_2$ para $\hat{\Theta}_1$ é definida como

$$\frac{\text{EMQ}(\hat{\Theta}_1)}{\text{EMQ}(\hat{\Theta}_2)} \tag{7.9}$$

Se essa eficiência relativa for menor que 1, concluiremos que $\hat{\Theta}_1$ é um estimador mais eficiente de θ do que $\hat{\Theta}_2$, uma vez que ele tem menor erro quadrático médio.

Algumas vezes encontramos que estimadores tendenciosos são preferíveis em relação aos estimadores não tendenciosos, porque eles têm menor erro médio quadrático. Isto é, podemos ser capazes de reduzir consideravelmente a variância do estimador, introduzindo uma quantidade relativamente pequena de tendência. Desde que a redução na variância seja maior do que o quadrado da tendência, um estimador melhorado, do ponto de vista do erro médio quadrático, será obtido. Por exemplo, a Figura 7.7 mostra a distribuição de probabilidades de um estimador tendencioso $\hat{\Theta}_1$ que tem uma variância menor do que a do estimador não tendencioso $\hat{\Theta}_2$. Uma estimativa baseada em $\hat{\Theta}_1$ estaria, provavelmente, mais próxima do valor verdadeiro de θ do que estaria uma estimativa baseada em $\hat{\Theta}_2$. A análise de regressão linear (Capítulos 11 e 12) é um exemplo de uma área de aplicação em que estimadores tendenciosos são ocasionalmente utilizados.

Um estimador $\hat{\Theta}$, que tenha erro quadrático médio menor que ou igual ao erro quadrático médio de qualquer outro estimador, para todos os valores do parâmetro θ, é chamado de um estimador **ótimo** de θ. Estimadores ótimos raramente existem.

7.4 | Métodos de Estimação Pontual

As definições de não tendenciosidade e outras propriedades de estimadores não fornecem qualquer orientação acerca de como bons estimadores podem ser obtidos. Nesta seção, discutiremos métodos para obter estimadores pontuais: o método dos momentos e o método da máxima verossimilhança. Discutiremos também a estimação bayesiana de parâmetros. Estimativas de máxima verossimilhança são geralmente preferidas em relação às de momento porque elas têm melhores propriedades de eficiência. No entanto, estimadores de momento são algumas vezes mais fáceis de calcular. Ambos os métodos podem produzir estimadores pontuais não tendenciosos.

Momentos

Seja $X_1, X_2, \ldots, X_n$ uma amostra aleatória de distribuição de probabilidades $f(x)$, em que $f(x)$ pode ser uma função discreta de probabilidade ou uma função contínua de densidade de probabilidade. O k-ésimo **momento da população** (ou **momento de distribuição**) é $E(X^k)$, $k = 1, 2, \ldots$. O correspondente k-ésimo **momento da amostra** é $(1/n) \sum_{i=1}^{n} X_i^k$, $k = 1, 2, \ldots$

7.4.1 | Método dos Momentos

A ideia geral por trás do método dos momentos é igualar os **momentos da população**, que são definidos em termos de valores esperados, aos correspondentes **momentos da amostra**. Os momentos da população serão funções de parâmetros desconhecidos. Então essas equações são resolvidas para obter estimadores dos parâmetros desconhecidos.

Para ilustrar, o primeiro momento da população é $E(X) = \mu$ e o primeiro momento da amostra é $(1/n) \sum_{i=1}^{n} X_i = \overline{X}$. Assim, igualando os momentos da população e da amostra, encontramos que $\hat{\mu} = \overline{X}$. Ou seja, a média da amostra é o **estimador de momento** da média da população. No caso geral, os momentos da população serão funções dos parâmetros desconhecidos da distribuição, digamos, $\theta_1, \theta_2, \ldots, \theta_m$.

Estimadores de Momento

Seja $X_1, X_2, \ldots, X_n$ uma amostra aleatória de função de probabilidade ou de função densidade de probabilidade, com m parâmetros desconhecidos $\theta_1, \theta_2, \ldots, \theta_m$. Os **estimadores de momento** $\hat{\Theta}_1, \hat{\Theta}_2, \ldots, \hat{\Theta}_m$ são encontrados igualando os m primeiros momentos da população aos m primeiros momentos da amostra e resolvendo as equações resultantes para os parâmetros desconhecidos.

EXEMPLO 7.6 | Estimador de Momento da Distribuição Exponencial

Suponha que $X_1, X_2, \ldots, X_n$ seja uma amostra aleatória proveniente de uma distribuição exponencial, com parâmetro λ.

Agora, há somente um parâmetro para estimar; logo, temos de igualar $E(X)$ a $\overline{X}$. Para a exponencial, $E(X) = 1/\lambda$. Consequentemente, $E(X) = \overline{X}$ resulta em $1/\lambda = \overline{X}$; portanto, $\lambda = 1/\overline{X}$ é o estimador de momento de λ.

EXEMPLO 7.7 | Estimadores de Momento da Distribuição Normal

Suponha que $X_1, X_2, ..., X_n$ seja uma amostra aleatória proveniente de uma distribuição normal, com parâmetros μ e σ^2. Para a distribuição normal $E(X) = \mu$ e $E(X^2) = \mu^2 + \sigma^2$. Igualando $E(X)$ a $\overline{X}$ e $E(X^2)$ a $\frac{1}{n}\sum_{i=1}^{n} X_i^2$ resulta

$$\mu = \overline{X}, \qquad \mu^2 + \sigma^2 = \frac{1}{n}\sum_{i=1}^{n} X_i^2$$

A solução dessas equações fornece os estimadores de momento

$$\hat{\mu} = \overline{X}, \qquad \hat{\sigma}^2 = \frac{\sum_{i=1}^{n} X_i^2 - n\left(\frac{1}{n}\sum_{i=1}^{n} X_i\right)^2}{n} = \frac{\sum_{i=1}^{n}(X_i - \overline{X})^2}{n}$$

Conclusão Prática: Note-se que o estimador de momento de σ^2 não é um estimador não tendencioso.

EXEMPLO 7.8 | Estimadores de Momento da Distribuição Gama

Suponha que $X_1, X_2, ..., X_n$ seja uma amostra aleatória proveniente de uma distribuição gama, com parâmetros r e λ. Para a distribuição gama, $E(X) = r/\lambda$ e $E(X^2) = r(r+1)/\lambda^2$. Os estimadores de momento são encontrados resolvendo

$$r/\lambda = \overline{X}, \quad r(r+1)/\lambda^2 = \frac{1}{n}\sum_{i=1}^{n} X_i^2$$

Os estimadores resultantes são

$$\hat{r} = \frac{\overline{X}^2}{(1/n)\sum_{i=1}^{n} X_i^2 - \overline{X}^2} \qquad \hat{\lambda} = \frac{\overline{X}}{(1/n)\sum_{i=1}^{n} X_i^2 - \overline{X}^2}$$

Para ilustrar, considere o tempo necessário para os dados falharem, introduzido no Exemplo 7.6. Para esses dados, $\overline{x} = 21,65$ e $\sum_{i=1}^{8} x_i^2 = 6639,40$; logo, as estimativas de momento são

$$\hat{r} = \frac{(21,65)^2}{(1/8)6645,43 - (21,65)^2} = 1,29,$$

$$\hat{\lambda} = \frac{21,65}{(1/8)6645,43 - (21,65)^2} = 0,0598$$

Interpretação: Quando $r = 1$, a distribuição gama se reduz à distribuição exponencial. Uma vez que $\hat{r}$ é pouco maior do que a unidade, é bem possível que a distribuição gama ou exponencial forneça um modelo razoável para os dados.

Como exemplo, suponha que o tempo de falha de um módulo eletrônico usado em um controlador de motor de automóvel seja testado em uma temperatura elevada, de modo a acelerar o mecanismo de falha. O tempo de falha é exponencialmente distribuído. Oito unidades são selecionadas aleatoriamente e testadas, resultando nos seguintes tempos (em horas) de falha: $x_1 = 11,96$, $x_2 = 5,03$, $x_3 = 67,40$, $x_4 = 16,07$, $x_5 = 31,50$, $x_6 = 7,73$, $x_7 = 11,10$ e $x_8 = 22,38$. Porque $\overline{x} = 21,65$, a estimativa de momento de λ é $\hat{\lambda} = 1/\overline{x} = 1/21,65 = 0,0462$.

7.4.2 Método da Máxima Verossimilhança

Um dos melhores métodos de obter um estimador de um parâmetro é o método da máxima verossimilhança. Essa técnica foi desenvolvida na década de 1920 pelo famoso estatístico inglês, *Sir* R. A. Fisher. Como o nome implica, o estimador será o valor do parâmetro que maximiza a **função verossimilhança**.

Estimador de Máxima Verossimilhança

Considere X uma variável aleatória com distribuição de probabilidades $f(x, \theta)$, em que θ seja um único parâmetro desconhecido. Sejam $x_1, x_2, ..., x_n$ os valores observados na amostra aleatória de tamanho n. Então a **função verossimilhança** da amostra é

$$L(\theta) = f(x_1; \theta) \cdot f(x_2; \theta) \cdot \cdots \cdot f(x_n; \theta) \qquad (7.10)$$

Note que a função verossimilhança é agora uma função somente do parâmetro desconhecido θ. O **estimador de máxima verossimilhança** (EMV) de θ é o valor de θ que maximiza a função verossimilhança $L(\theta)$.

No caso de uma variável aleatória discreta, a interpretação da função verossimilhança é simples. A função verossimilhança da amostra $L(\theta)$ é apenas a probabilidade

$$P(X_1 = x_1, X_2 = x_2, ..., X_n = x_n)$$

Ou seja, $L(\theta)$ é apenas a probabilidade de obter os valores amostrais $x_1, x_2, ..., x_n$. Logo, no caso discreto, o estimador de máxima verossimilhança é um estimador que maximiza a probabilidade de ocorrência dos valores da amostra. Estimadores de máxima verossimilhança são geralmente preferidos aos estimadores de momento porque eles possuem boas propriedades de eficiência.

EXEMPLO 7.9 | EMV da Distribuição de Bernoulli

Seja X uma variável aleatória de Bernoulli. A função de probabilidade é

$$f(x;p) = \begin{cases} p^x(1-p)^{1-x}, & x = 0, 1 \\ 0, & \text{caso contrário} \end{cases}$$

em que p é o parâmetro a ser estimado. A função verossimilhança de uma amostra de tamanho n é

$$L(p) = p^{x_1}(1-p)^{1-x_1} p^{x_2}(1-p)^{1-x_2} \ldots p^{x_n}(1-p)^{1-x_n}$$
$$= \prod_{i=1}^{n} p^{x_i}(1-p)^{1-x_i} = p^{\sum_{i=1}^{n} x_i}(1-p)^{n-\sum_{i=1}^{n} x_i}$$

Observamos que, se $\hat{p}$ maximiza $L(p)$, então $\hat{p}$ também maximiza $\ln L(p)$. Assim,

$$\ln L(p) = \left(\sum_{i=1}^{n} x_i\right) \ln p + \left(n - \sum_{i=1}^{n} x_i\right) \ln(1-p)$$

Agora,

$$\frac{d \ln L(p)}{dp} = \frac{\sum_{i=1}^{n} x_i}{p} - \frac{\left(n - \sum_{i=1}^{n} x_i\right)}{1-p}$$

Igualando isso a zero e resolvendo para p, resulta em $\hat{p} = (1/n)\sum_{i=1}^{n} x_i$. Portanto, o estimador de máxima verossimilhança de p é

$$\hat{P} = \frac{1}{n}\sum_{i=1}^{n} X_i$$

Suponha que esse estimador tenha sido aplicado à seguinte situação: n itens são selecionados, ao acaso, de uma linha de produção, e cada item é julgado como defeituoso (estabelecemos, nesse caso, $x_i = 1$) ou não defeituoso (estabelecemos, nesse caso, $x_i = 0$). Então $\sum_{i=1}^{n} x_i$ é o número de unidades defeituosas na amostra, e $\hat{p}$ é a proporção defeituosa na amostra. O parâmetro p é a proporção defeituosa na população; parece, intuitivamente, bem razoável usar $\hat{p}$ como uma estimativa de p.

Embora a interpretação da função verossimilhança, dada anteriormente, esteja confinada ao caso de variável discreta, o método da máxima verossimilhança pode ser facilmente estendido para a distribuição contínua. Damos agora dois exemplos de estimação com máxima verossimilhança para distribuições contínuas.

É fácil ilustrar graficamente como o método da máxima verossimilhança funciona. A Figura 7.8(a) apresenta o logaritmo da função verossimilhança para o parâmetro exponencial do Exemplo 7.10, usando $n = 8$ observações do tempo de falha dadas em seguida ao Exemplo 7.5. É comum o logaritmo da função verossimilhança ser negativo. Encontramos que a estimativa de λ foi $\hat{\lambda} = 0{,}0462$. Do Exemplo 7.10, sabemos que essa é a estimativa da máxima verossimilhança. A Figura 7.8(a) mostra claramente que o logaritmo da função verossimilhança é maximizado em um valor de λ aproximadamente igual a 0,0462. Observe que o logaritmo da função verossimilhança é relativamente plano na região de máximo. Isso implica que o parâmetro não é estimado muito precisamente. Se o parâmetro fosse estimado precisamente, o logaritmo da função verossimilhança teria um pico muito pronunciado no valor máximo. O tamanho da amostra aqui é relativamente pequeno, o que deve, provavelmente, ter levado à imprecisão na estimação. Isso é ilustrado na Figura 7.8(b), em que plotamos a diferença nos logaritmos da verossimilhança para o máximo valor, considerando que os tamanhos da amostra foram $n = 8$, 20 e 40, mas que o tempo médio de falha da amostra permanece constante em $\overline{x} = 21{,}65$. Note-se quão inclinado o log da verossimilhança é para $n = 20$ em comparação com $n = 8$, e para $n = 40$ em comparação com ambos tamanhos menores de amostra.

O método da máxima verossimilhança pode ser usado em situações em que haja vários parâmetros desconhecidos, como $\theta_1, \theta_2, \ldots, \theta_k$ para estimar. Em tais casos, a função

---

EXEMPLO 7.10 | EMV da Distribuição Exponencial

Seja X exponencialmente distribuída com parâmetro λ. A função máxima verossimilhança de uma amostra aleatória de tamanho n, isto é, $X_1, X_2, \ldots, X_n$, é

$$L(\lambda) = \prod_{i=1}^{n} \lambda e^{-\lambda x_i} = \lambda^n e^{-\lambda \sum_{i=1}^{n} x_i}$$

O logaritmo da verossimilhança é

$$\ln L(\lambda) = n \ln \lambda - \lambda \sum_{i=1}^{n} x_i$$

Agora

$$\frac{d \ln L(\lambda)}{d\lambda} = \frac{n}{\lambda} - \sum_{i=1}^{n} x_i$$

e igualando esse último resultado a zero, obtemos

$$\hat{\lambda} = n/\sum_{i=1}^{n} X_i = 1/\overline{X}$$

Conclusão: Assim, o estimador de máxima verossimilhança de λ é a recíproca da média da amostra. Note-se que ele é idêntico ao estimador de momento.

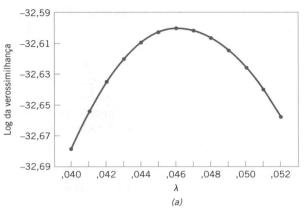
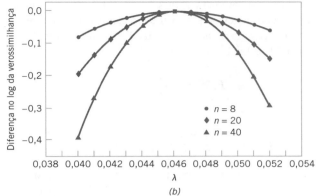

FIGURA 7.8

Log da verossimilhança para a distribuição exponencial, usando os dados de tempo de falha. (a) Log da verossimilhança, com $n = 8$ (dados originais). (b) Log da verossimilhança, se $n = 8$, 20 e 40.

EXEMPLO 7.11 | EMVs da Distribuição Normal para μ e σ^2

Seja X normalmente distribuída, com média μ e variância σ^2, em que μ e σ^2 são desconhecidos. A função verossimilhança para uma amostra aleatória de tamanho n é

$$L(\mu, \sigma^2) = \prod_{i=1}^{n} \frac{1}{\sigma\sqrt{2\pi}} e^{-(x_i - \mu)^2/(2\sigma^2)}$$

$$= \frac{1}{(2\pi\sigma^2)^{n/2}} e^{\frac{-1}{2\sigma^2} \sum_{i=1}^{n} (x_i - \mu)^2}$$

e

$$\ln L(\mu, \sigma^2) = -\frac{n}{2} \ln(2\pi\sigma^2) - \frac{1}{2\sigma^2} \sum_{i=1}^{n} (x_i - \mu)^2$$

Agora

$$\frac{\partial \ln L(\mu, \sigma^2)}{\partial \mu} = \frac{1}{\sigma^2} \sum_{i=1}^{n} (x_i - \mu) = 0$$

$$\frac{\partial \ln L(\mu, \sigma^2)}{\partial (\sigma^2)} = -\frac{n}{2\sigma^2} + \frac{1}{2\sigma^4} \sum_{i=1}^{n} (x_i - \mu)^2 = 0$$

As soluções para a equação anterior resultam nos estimadores de máxima verossimilhança

$$\hat{\mu} = \overline{X} \qquad \hat{\sigma}^2 = \frac{1}{n} \sum_{i=1}^{n} (X_i - \overline{X})^2$$

Conclusão: Novamente, os estimadores de máxima verossimilhança são iguais aos estimadores de momento.

---

verossimilhança é uma função dos k parâmetros desconhecidos $\theta_1, \theta_2,..., \theta_k$, e os estimadores $\{\hat{\Theta}_i\}$ de máxima verossimilhança seriam encontrados igualando as k derivadas parciais $\partial L(\theta_1, \theta_2,..., \theta_k)/\partial \theta_i$, $i = 1, 2, ..., k$, a zero e resolvendo o sistema resultante de equações.

Propriedades do Estimador de Máxima Verossimilhança Como notado previamente, o método da máxima verossimilhança é frequentemente o método de estimação que os estatísticos matemáticos preferem, porque ele é geralmente fácil de usar e produz estimadores com boas propriedades estatísticas. A seguir, resumimos essas propriedades.

Propriedades do Estimador de Máxima Verossimilhança

Sob as condições muito gerais e não restritivas, quando uma amostra de tamanho n for grande e se $\hat{\Theta}$ for um estimador de máxima verossimilhança do parâmetro θ, então

(1) $\hat{\Theta}$ é um estimador aproximadamente não tendencioso para $\theta [E(\hat{\Theta}) = \theta]$.

(2) A variância de $\hat{\Theta}$ é aproximadamente tão pequena quanto a variância que poderia ser obtida com qualquer outro estimador.

(3) $\hat{\Theta}$ tem uma distribuição normal aproximada.

As propriedades 1 e 2 estabelecem, essencialmente, que o estimador de máxima verossimilhança é aproximadamente um ENTVM. Esse é um resultado muito desejável que, acoplado ao fato de ser razoavelmente fácil de obter em muitas situações e ter uma distribuição normal assintótica ("assintótica" significa "quando n é grande"), explica por que a técnica de estimação de máxima verossimilhança é largamente utilizada. Para usar a estimação de máxima verossimilhança, lembre-se de que a distribuição da população tem de ser conhecida ou suposta.

Para ilustrar a "amostra-grande" ou a natureza assintótica das propriedades anteriores, considere o estimador de máxima verossimilhança para σ^2, a variância da distribuição normal, no Exemplo 7.11. É fácil mostrar que

$$E(\hat{\sigma}^2) = \frac{n-1}{n}\sigma^2$$

A tendência é

$$E(\hat{\sigma}^2) - \sigma^2 = \frac{n-1}{n}\sigma^2 - \sigma^2 = \frac{-\sigma^2}{n}$$

Pelo fato de a tendência ser negativa, $\hat{\sigma}^2$ tende a subestimar a variância verdadeira σ^2. Observe que a tendência se aproxima de zero, à medida que n aumenta. Consequentemente, $\hat{\sigma}^2$ é um estimador não tendencioso assintoticamente para σ^2.

Damos agora outra propriedade muito importante e útil de estimadores de máxima verossimilhança.

Propriedade da Invariância

Suponha que $\hat{\Theta}_1, \hat{\Theta}_2, ..., \hat{\Theta}_k$ sejam estimadores de máxima verossimilhança dos parâmetros $\theta_1, \theta_2, ..., \theta_k$. Então, o estimador de máxima verossimilhança de qualquer função $h(\theta_1, \theta_2, ..., \theta_k)$ desses parâmetros é a mesma função $h(\hat{\Theta}_1, \hat{\Theta}_2, ..., \hat{\Theta}_k)$ dos estimadores $\hat{\Theta}_1, \hat{\Theta}_2, ..., \hat{\Theta}_k$.

Complicações em Usar a Estimação da Máxima Verossimilhança Embora o método da máxima verossimilhança seja uma excelente técnica, algumas vezes complicações aparecem durante o seu uso. Por exemplo, não é sempre fácil maximizar a função verossimilhança, porque pode ser difícil resolver a equação ou equações obtida(s) de $dL(\theta)/d\theta = 0$. Além disso, nem sempre é possível usar diretamente métodos de cálculo para determinar o máximo de $L(\theta)$. Esses pontos são ilustrados nos dois exemplos seguintes.

7.4.3 Estimação Bayesiana de Parâmetros

Este livro usa métodos de inferência estatística, baseados na informação de dados da amostra. Na verdade, esses métodos interpretam probabilidades como frequências relativas. Algumas vezes, chamamos de **probabilidades objetivas** probabilidades que são interpretadas nessa maneira. Há outra abordagem para inferência estatística, chamada de abordagem **bayesiana**, que combina informação da amostra com outra informação que pode estar disponível antes de coletar a amostra. Nesta seção, ilustraremos brevemente como essa abordagem pode ser usada na estimação de parâmetros.

EXEMPLO 7.12

No caso da distribuição normal, os estimadores de máxima verossimilhança de μ e σ^2 foram $\hat{\mu} = \overline{x}$ e $\hat{\sigma}^2 = \sum_{i=1}^{n}(X_i - \overline{X})^2/n$, respectivamente. Para obter o estimador de máxima verossimilhança da função $h(\mu, \sigma^2) = \sqrt{\sigma^2} = \sigma$, substitua os estimadores e na função h, resultando em

$$\hat{\sigma} = \sqrt{\hat{\sigma}^2} = \left[\frac{1}{n}\sum_{i=1}^{n}(X_i - \overline{X})^2\right]^{1/2}$$

Conclusão: O estimador de máxima verossimilhança do desvio-padrão σ *não* é o desvio-padrão S da amostra.

EXEMPLO 7.13 | EMV da Distribuição Uniforme

Seja X distribuído uniformemente no intervalo 0 a a. Uma vez que a função densidade é $f(x) = 1/a$ para $0 \leq x \leq a$ e zero caso contrário, a função verossimilhança de uma amostra aleatória de tamanho n é

$$L(a) = \prod_{i=1}^{n}\frac{1}{a} = \frac{1}{a^n}$$

para

$$0 \leq x_1 \leq a, 0 \leq x_2 \leq a, \ldots, 0 \leq x_n \leq a$$

Note-se que a inclinação dessa função não é zero em qualquer lugar. Ou seja, desde que máx$(x_i) \leq a$, então a verossimilhança é $1/a^n$, que é positiva; porém, quando $a < $ máx(x_i), a verossimilhança cai a zero, conforme ilustrado na Figura 7.9. Por conseguinte, os métodos de cálculo não podem ser utilizados diretamente, pois o valor máximo da função verossimilhança ocorre em um ponto de descontinuidade. Entretanto, já que $d/da(a^{-n}) = -n/a^{n+1}$ é menor do que zero para todos os valores de $a > 0$, a^{-n} é

uma função decrescente de a. Isso implica que o máximo da função verossimilhança $L(a)$ ocorre no ponto inferior do contorno. A figura mostra claramente que poderíamos maximizar $L(a)$, estabelecendo $\hat{a}$ igual ao menor valor que poderia logicamente ser, que é máx(x_i). Claramente, a não pode ser menor do que a maior observação na amostra; assim, é razoável estabelecer $\hat{a}$ igual ao maior valor da amostra.

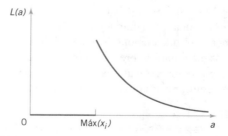

Figura 7.9

A função verossimilhança para a distribuição uniforme no Exemplo 7.13.

Suponha que a variável aleatória X tenha uma distribuição de probabilidades que seja função de um parâmetro θ. Escreveremos essa distribuição de probabilidades como $f(x|\theta)$. Essa notação implica que a forma exata da distribuição de X é condicional do valor assinalado para θ. A abordagem clássica para estimação consistiria em tomar uma amostra aleatória de tamanho n proveniente dessa distribuição e então substituir os valores x_i da amostra em um estimador para θ. Esse estimador poderia ter sido desenvolvido, usando a abordagem da máxima verossimilhança, por exemplo.

Suponha que tenhamos alguma informação adicional acerca de θ e que possamos sumarizar essa informação na forma de uma distribuição de probabilidades para θ, isto é, $f(\theta)$. Essa distribuição de probabilidades é frequentemente chamada de **distribuição anterior** para θ. Suponha que a média da anterior seja μ_0 e a variância seja σ_0^2. Esse é um conceito muito inovativo dentro dos limites do resto do livro, porque estamos agora vendo o parâmetro θ como uma variável aleatória. As probabilidades associadas com a distribuição anterior são frequentemente chamadas de **probabilidades subjetivas**, uma vez que elas geralmente refletem o grau de crença do analista em relação ao valor verdadeiro de θ. A abordagem bayesiana para estimação utiliza a distribuição anterior para θ, $f(\theta)$, e a distribuição de probabilidades conjuntas da amostra, ou seja, $f(x_1, x_2, ..., x_n|\theta)$, para encontrar a **distribuição posterior** para θ, digamos, $f(\theta|x_1, x_2, ..., x_n)$. Essa distribuição posterior contém informação proveniente tanto da amostra como da distribuição anterior para θ. De certo modo, ela expressa nosso grau de crença em relação ao valor verdadeiro de θ depois de observar os dados da amostra. É fácil conceitualmente encontrar a distribuição posterior. A distribuição conjunta de probabilidades da amostra $X_1, X_2, ..., X_n$ e do parâmetro θ (lembre-se de que θ é uma variável aleatória) é

$$f(x_1, x_2, ..., x_n, \theta) = f(x_1, x_2, ..., x_n|\theta) f(\theta)$$

e a distribuição marginal de $X_1, X_2, ..., X_n$ é

$$f(x_1, x_2, ..., x_n) = \begin{cases} \sum_{\theta} f(x_1, x_2, ..., x_n, \theta), & \theta \text{ discreto} \\ \int_{-\infty}^{\infty} f(x_1, x_2, ..., x_n, \theta)\, d\theta, & \theta \text{ contínuo} \end{cases}$$

Por conseguinte, a distribuição desejada é

$$f(\theta|x_1, x_2, ..., x_n) = \frac{f(x_1, x_2, ..., x_n, \theta)}{f(x_1, x_2, ..., x_n)}$$

Definimos o **estimador bayesiano** de θ como o valor θ que corresponde à média da distribuição posterior $f(\theta|x_1, x_2, ..., x_n)$.

Algumas vezes, a média da distribuição posterior de θ pode ser determinada facilmente. Como uma função de θ, $f(\theta|x_1, ..., x_n)$ é uma função densidade de probabilidade e $x_1, ..., x_n$ são apenas constantes. Pelo fato de θ entrar em $f(\theta|x_1, ..., x_n)$ somente por meio de $f(x_1, ..., x_n, \theta)$ se $f(x_1, ..., x_n, \theta)$ é reconhecida como uma função bem conhecida de probabilidade, a média posterior de θ pode ser deduzida a partir da distribuição bem conhecida sem integração ou mesmo cálculo de $f(x_1, ..., x_n)$.

EXEMPLO 7.14 | Estimador Bayesiano para a Média de uma Distribuição Normal

Seja $X_1, X_2, ..., X_n$ uma amostra aleatória proveniente da distribuição normal com média μ e variância σ^2, em que μ é desconhecido e σ^2 é conhecido. Considere que a distribuição anterior para μ seja normal, com média μ_0 e variância σ_0^2, ou seja,

$$f(\mu) = \frac{1}{\sqrt{2\pi}\sigma_0} e^{-(\mu-\mu_0)^2/(2\sigma_0^2)} = \frac{1}{\sqrt{2\pi\sigma_0^2}} e^{-(\mu^2 - 2\mu\mu_0 + \mu_0^2)/(2\sigma_0^2)}$$

A distribuição de probabilidades conjuntas da amostra é

$$f(x_1, x_2, ..., x_n|\mu) = \frac{1}{(2\pi\sigma^2)^{n/2}} e^{-(1/2\sigma^2) \sum_{i=1}^{n}(x_i - \mu)^2}$$
$$= \frac{1}{(2\pi\sigma^2)^{n/2}} e^{-(1/2\sigma^2)(\sum x_i^2 - 2\mu \sum x_i + n\mu^2)}$$

Assim, a distribuição de probabilidades conjuntas da amostra e μ é

$$f(x_1, x_2, ..., x_n, \mu) = \frac{1}{(2\pi\sigma^2)^{n/2}\sqrt{2\pi}\sigma_0}$$
$$\times e^{-(1/2)\left[(1/\sigma_0^2 + n/\sigma^2)\mu^2 - (2\mu_0/\sigma_0^2 + 2\sum x_i/\sigma^2)\mu + \sum x_i^2/\sigma^2 + \mu_0^2/\sigma_0^2\right]}$$
$$= e^{-(1/2)\left[\left(\frac{1}{\sigma_0^2} + \frac{1}{\sigma^2/n}\right)\mu^2 - 2\left(\frac{\mu_0}{\sigma_0^2} + \frac{\bar{x}}{\sigma^2/n}\right)\mu\right]} h_1(x_1, ..., x_n, \sigma^2, \mu_0, \sigma_0^2)$$

Elevando o expoente ao quadrado,

$$f(x_1, x_2, ..., x_n, \mu) =$$
$$e^{-(1/2)\left(\frac{1}{\sigma_0^2} + \frac{1}{\sigma^2/n}\right)\left[\mu - \left(\frac{(\sigma^2/n)\mu_0}{\sigma_0^2 + \sigma^2/n} + \frac{\bar{x}\sigma_0^2}{\sigma_0^2 + \sigma^2/n}\right)\right]^2} h_2(x_1, ..., x_n, \sigma^2, \mu_0, \sigma_0^2)$$

em que $h_i(x_1, ..., x_n, \sigma^2, \mu_0, \sigma_0^2)$ é uma função dos valores observados e dos parâmetros σ^2, μ_0 e σ_0^2.

Agora, uma vez que $f(x_1, ..., x_n)$ não depende de μ,

$$f(\mu|x_1, ..., x_n) =$$
$$e^{-(1/2)\left(\frac{1}{\sigma_0^2} + \frac{1}{\sigma^2/n}\right)\left[\mu - \left(\frac{(\sigma^2/n)\mu_0 + \sigma_0^2\bar{x}}{\sigma_0^2 + \sigma^2/n}\right)\right]} h_3(x_1, ..., x_n, \sigma^2, \mu_0, \sigma_0^2)$$

Isso é conhecido como uma função densidade de probabilidade normal com média posterior

$$\frac{(\sigma^2/n)\mu_0 + \sigma_0^2\bar{x}}{\sigma_0^2 + \sigma^2/n}$$

e variância posterior

$$\left(\frac{1}{\sigma_0^2} + \frac{1}{\sigma^2/n}\right)^{-1} = \frac{\sigma_0^2(\sigma^2/n)}{\sigma_0^2 + \sigma^2/n}$$

Consequentemente, a estimativa de Bayes de μ é uma média ponderada de μ_0 e $\bar{x}$. Para finalidades de comparação, note que a estimativa da máxima verossimilhança de μ é $\hat{\mu} = \bar{x}$.

Para ilustrar, suponha que temos uma amostra de tamanho $n = 10$, proveniente de uma distribuição normal, com média desconhecida μ e variância $\sigma^2 = 4$. Considere que a distribuição anterior para μ seja normal com média $\mu_0 = 0$ e variância $\sigma_0^2 = 1$. Se a média da amostra for 0,75, a estimativa de Bayes de μ será

$$\frac{(4/10)0 + 1(0,75)}{1 + (4/10)} = \frac{0,75}{1,4} = 0,536$$

Conclusão: Note-se que a estimativa de máxima verossimilhança de μ é $\bar{x} = 0,75$. A estimativa de Bayes está entre a estimativa de máxima verossimilhança e a média anterior.

Há uma relação entre o estimador de Bayes para um parâmetro e o estimador de máxima verossimilhança do mesmo parâmetro. Para amostras de grande tamanho, os dois são aproximadamente equivalentes. Em geral, a diferença entre os dois estimadores é pequena, comparada a $1/\sqrt{n}$. Em problemas práticos, um tamanho moderado de amostra produzirá aproximadamente a mesma estimativa, tanto pelo método de Bayes como pelo método da máxima verossimilhança, se os resultados da amostra forem consistentes com a informação anterior considerada. Se os resultados da amostra forem inconsistentes com as suposições anteriores, a estimativa de Bayes poderá diferir consideravelmente da estimativa de máxima verossimilhança. Nessas circunstâncias, se os resultados da amostra forem aceitos como corretos, a informação anterior terá de estar incorreta. A estimativa de máxima verossimilhança seria então a melhor para usar.

Se os resultados da amostra forem muito diferentes da informação anterior, o estimador de Bayes tenderá sempre a produzir uma estimativa que estará entre a estimativa de máxima verossimilhança e as suposições anteriores. Se houver mais inconsistência entre a informação anterior e a amostra, haverá mais diferença entre as duas estimativas.

Termos e Conceitos Importantes

Distribuição amostral
Distribuição anterior
Distribuição normal como a distribuição amostral da diferença em duas médias amostrais
Distribuição normal como a distribuição amostral de uma média amostral
Distribuição posterior
Erro-padrão e erro-padrão estimado de um estimador
Erro quadrático médio de um estimador
Estatística
Estimação de parâmetros
Estimador de Bayes
Estimador de máxima verossimilhança
Estimador de momento
Estimador não tendencioso
Estimador não tendencioso de mínima variância
Estimador pontual
Estimador *versus* estimativa
Função de verossimilhança
Inferência estatística
Método *bootstrap*
Momentos da amostra
Momentos da população ou da distribuição
Tendência em estimação de parâmetros
Teorema central do limite

CAPÍTULO 8

Intervalos Estatísticos para uma Única Amostra

OBJETIVOS DA APRENDIZAGEM

Depois de um cuidadoso estudo deste capítulo, você deve ser capaz de:

1. Construir intervalos de confiança para a média de uma distribuição normal, usando tanto o método da distribuição normal como o da distribuição t
2. Construir intervalos de confiança para a variância e o desvio-padrão de uma distribuição normal
3. Construir intervalos de confiança para a proporção de uma população
4. Usar um método geral de construção de um intervalo aproximado de confiança para um parâmetro
5. Construir intervalos de previsão para uma observação futura
6. Construir um intervalo de tolerância para uma distribuição normal
7. Explicar os três tipos de estimativas de intervalo: intervalos de confiança, intervalos de previsão e intervalos de tolerância

SUMÁRIO DO CAPÍTULO

8.1 Intervalo de Confiança para a Média de uma Distribuição Normal, Variância Conhecida

    8.1.1 Desenvolvimento do Intervalo de Confiança e Suas Propriedades Básicas

    8.1.2 Escolha do Tamanho da Amostra

    8.1.3 Limites Unilaterais de Confiança

    8.1.4 Método Geral para Deduzir um Intervalo de Confiança

    8.1.5 Intervalo de Confiança para μ, Amostra Grande

8.2 Intervalo de Confiança para a Média de uma Distribuição Normal, Variância Desconhecida

    8.2.1 Distribuição t

    8.2.2 Intervalo de Confiança t para μ

8.3 Intervalo de Confiança para a Variância e para o Desvio-Padrão de uma Distribuição Normal

SUMÁRIO DO CAPÍTULO (continuação)

8.4 Intervalo de Confiança para a Proporção de uma População, Amostra Grande

8.5 Roteiro para a Construção de Intervalos de Confiança

8.6 Intervalo de Confiança pela Técnica *Bootstrap*

8.7 Intervalos de Tolerância e de Previsão

8.7.1 Intervalo de Previsão para uma Observação Futura

8.7.2 Intervalo de Tolerância para uma Distribuição Normal

Introdução

Engenheiros estão frequentemente envolvidos em estimar parâmetros. Por exemplo, existe uma norma-padrão ASTM E23 que define uma técnica chamada de método *Charpy, com entalhe em V, para ensaio de impacto em barras entalhadas* de materiais metálicos. A energia de impacto é frequentemente usada para determinar se o material experimenta um estado de transição dúctil-frágil à medida que a temperatura diminui. Suponha que você tenha testado, com esse procedimento, uma amostra de 10 espécimes de um material particular. Você sabe que pode utilizar a média da amostra, $\overline{X}$, para estimar a verdadeira energia média de impacto, μ. Entretanto, sabemos também que a verdadeira energia média de impacto é improvável de ser exatamente igual à sua estimativa. Reportar os resultados de seu teste como um único número não é interessante, porque não existe algo inerente em $\overline{X}$ que forneça qualquer informação sobre quão perto ela está de μ. Sua estimativa poderia estar muito perto ou estar consideravelmente longe da média verdadeira. Uma maneira de evitar isso é reportar a estimativa em termos de uma faixa de valores plausíveis, chamada de **intervalo de confiança**. Um intervalo de confiança sempre especifica um nível de confiança, geralmente 90 %, 95 % ou 99 %, que é uma medida da confiabilidade do procedimento. Dessa maneira, se um intervalo de confiança de 95 % para a energia de impacto, baseado nos dados dos 10 espécimes, tiver um limite inferior de 63,84 J e um limite superior de 65,08 J, então podemos dizer que, no nível de 95 % de confiança, qualquer valor da energia de impacto *média* entre 63,84 J e 65,08 J é plausível. Por *confiabilidade*, queremos dizer que, se repetíssemos esse experimento muitas vezes, então 95 % de todas as amostras produziriam um intervalo de confiança que conteria a verdadeira energia de impacto média, e somente em 5 % do tempo o intervalo estaria errado. Neste capítulo, você aprenderá como construir intervalos de confiança e outros tipos úteis de intervalos em estatística para muitos tipos importantes de situações problemáticas.

No capítulo anterior, ilustramos como um parâmetro pode ser estimado a partir de dados de uma amostra. Entretanto, é importante entender quão boa é a estimativa obtida. Por exemplo, suponha que estimamos a viscosidade média de um produto químico como $\hat{\mu} = \overline{x} = 1000$. Agora, devido a uma variabilidade amostral, é raro ocorrer o caso em que a média verdadeira μ seja exatamente igual a $\overline{x}$. A estimativa pontual não diz sobre quão próximo $\hat{\mu}$ está de μ. É provável que a média do processo esteja entre 900 e 1100? Ou é provável que esteja entre 990 e 1010? A resposta a essas questões afeta nossas decisões em relação a esse processo. Limites que representam um intervalo de valores plausíveis para um parâmetro são exemplo de uma estimativa de intervalo. Surpreendentemente, é fácil determinar tais intervalos em muitos casos, e os mesmos dados que fornecem a estimativa pontual são tipicamente usados.

Uma estimativa de intervalo para um parâmetro de uma população é chamada de **intervalo de confiança**. Informação sobre a precisão de estimação é expressa pelo comprimento do intervalo. Um intervalo curto implica estimação precisa. Não podemos estar certos de que o intervalo contém o parâmetro verdadeiro desconhecido da população – usamos somente uma amostra proveniente da população completa para calcular a estimativa pontual e o intervalo. No entanto, o intervalo de confiança é construído de modo que tenhamos alta confiança de que ele contenha o parâmetro desconhecido da população. Intervalos de confiança são largamente utilizados em engenharia e nas ciências.

Um **intervalo de tolerância** é outro tipo importante de estimativa intervalar. Por exemplo, os dados de viscosidade de um produto químico devem ser considerados para serem distribuídos normalmente. Podemos preferir calcular os limites que delimitam 95 % dos valores de viscosidade. Para uma distribuição normal, sabemos que 95 % da distribuição está no intervalo

$$\mu - 1{,}96\sigma, \mu - 19{,}6\sigma$$

Entretanto, esse não é um intervalo útil de tolerância porque os parâmetros μ e σ são desconhecidos. Porém, necessitamos considerar o erro potencial em cada estimativa pontual de modo a formar um intervalo de tolerância para a distribuição. O resultado é um intervalo na forma

$$\overline{x} - ks,\ \overline{x} + ks$$

em que k é uma constante apropriada (maior do que 1,96 para considerar o erro de estimação). Como no caso de intervalo de confiança, não é certo que o intervalo de tolerância limite 95 % da distribuição, mas o intervalo é construído de modo que tenhamos alta confiança que ele limita. Intervalos de tolerância são largamente utilizados; como veremos subsequentemente, são fáceis de calcular para as distribuições normais.

Intervalos de confiança e de tolerância delimitam elementos desconhecidos de uma distribuição. Neste capítulo, você aprenderá a apreciar o valor desses intervalos. Um **intervalo de previsão** fornece limites em uma observação futura (ou mais observações futuras) a partir de uma população. Por exemplo, um intervalo de previsão poderia ser usado para delimitar uma única medida nova de viscosidade – outro intervalo útil. Com uma amostra grande, o intervalo de previsão para dados normalmente distribuídos tende ao intervalo de tolerância; porém, para amostra com tamanhos mais modestos, os intervalos de previsão e de tolerância são diferentes.

Mantenha clara a finalidade dos três tipos de estimativas intervalares:

- Um intervalo de confiança delimita os parâmetros da população ou da distribuição (tais como a viscosidade média).
- Um intervalo de tolerância delimita uma proporção selecionada de uma distribuição.
- Um intervalo de previsão delimita observações futuras provenientes da população ou da distribuição.

Nossa experiência mostra que é fácil confundir os três tipos de intervalos. Por exemplo, um intervalo de confiança é frequentemente reportado quando a situação do problema exige um intervalo de previsão.

8.1 Intervalo de Confiança para a Média de uma Distribuição Normal, Variância Conhecida

As ideias básicas de um intervalo de confiança (IC) são mais facilmente entendidas considerando inicialmente uma situação simples. Suponha que tenhamos uma população normal, com média desconhecida μ e variância conhecida σ^2. Isso é de alguma forma um cenário não realista porque tipicamente a média e a variância são desconhecidas. No entanto, em seções subsequentes apresentaremos intervalos de confiança para situações mais gerais.

8.1.1 Desenvolvimento do Intervalo de Confiança e Suas Propriedades Básicas

Suponha que $X_1, X_2, ..., X_n$ seja uma amostra aleatória proveniente de uma distribuição normal, com média desconhecida μ e variância conhecida σ^2. Dos resultados do Capítulo 5, sabemos que a média da amostra $\overline{X}$ é normalmente distribuída, com média μ e variância σ^2/n. Podemos *padronizar* $\overline{X}$ subtraindo a média e dividindo pelo desvio-padrão, que resulta na variável

$$Z = \frac{\overline{X} - \mu}{\sigma/\sqrt{n}} \qquad (8.1)$$

A variável aleatória Z tem uma distribuição normal padrão.

Uma estimativa de **intervalo de confiança** para μ é um intervalo da forma $l \leq \mu \leq u$, em que os extremos l e u são calculados a partir de dados da amostra. Uma vez que diferentes amostras produzirão diferentes valores de l e u, esses extremos são valores de variáveis aleatórias L e U, respectivamente. Suponha que possamos determinar valores de L e U de tal modo que a seguinte afirmação de probabilidade seja verdadeira:

$$P\{L \leq \mu \leq U\} = 1 - \alpha \qquad (8.2)$$

sendo $0 \leq \alpha \leq 1$. Há uma probabilidade de $1 - \alpha$ de selecionar uma amostra para a qual o IC conterá o valor verdadeiro de μ. Uma vez que tenhamos selecionado a amostra, de modo que $X_1 = x_1, X_2 = x_2, ..., X_n = x_n$, e calculado l e u, o intervalo de confiança resultante para μ é

$$l \leq \mu \leq u \qquad (8.3)$$

Os extremos ou limites l e u são chamados de **limites inferior** e **superior de confiança**, respectivamente, e $1 - \alpha$ é chamado de **coeficiente de confiança**.

Na situação do nosso problema, visto que $Z = (\overline{X} - \mu)/(\sigma/\sqrt{n})$ tem uma distribuição normal padrão, podemos escrever

$$P\left\{-z_{\alpha/2} \leq \frac{\overline{X} - \mu}{\sigma/\sqrt{n}} \leq z_{\alpha/2}\right\} = 1 - \alpha$$

Agora manipule as grandezas dentro das chaves: (1) multiplicando por $\sigma/\sqrt{n}$, (2) subtraindo $\overline{X}$ de cada termo, e (3) multiplicando por -1. Isso resulta em

$$P\left\{\overline{X} - z_{\alpha/2}\frac{\sigma}{\sqrt{n}} \leq \mu \leq \overline{X} + z_{\alpha/2}\frac{\sigma}{\sqrt{n}}\right\} = 1 - \alpha \qquad (8.4)$$

Esse é um *intervalo aleatório* porque os extremos $\overline{X} \pm Z_{\alpha/2}\sigma/\sqrt{n}$ envolvem a variável aleatória $\overline{X}$. Da consideração da Equação 8.4, os limites inferior e superior das desigualdades na Equação 8.4 são os limites inferior e superior de confiança, L e U, respectivamente. Isso leva à definição seguinte.

Intervalo de Confiança para a Média, com Variância Conhecida

Se $\overline{x}$ é a média amostral de uma amostra aleatória, de tamanho n, proveniente de uma população com variância conhecida σ^2, um intervalo com $100(1 - \alpha)\%$ de confiança para μ é dado por

$$\overline{x} - z_{\alpha/2}\sigma/\sqrt{n} \leq \mu \leq \overline{x} + z_{\alpha/2}\sigma/\sqrt{n} \qquad (8.5)$$

em que $z_{\alpha/2}$ é o ponto superior com $100\alpha/2\%$ da distribuição normal padrão.

EXEMPLO 8.1 | Transição de um Material Metálico

A norma-padrão ASTM E23 define métodos padronizados de testes para o impacto em barras entalhadas, feitas de materiais metálicos. A técnica Charpy V-notch (CVN) mede a energia de impacto e é frequentemente utilizada para determinar se um material experimenta ou não uma transição dúctil-frágil com decréscimo de temperatura. Dez medidas de energia (J) de impacto nos corpos de prova de aço A238, cortados a 60 °C, são: 64,1; 64,7; 64,5; 64,6; 64,5; 64,3; 64,6; 64,8; 64,2 e 64,3. Considere que a energia de impacto seja normalmente distribuída, com $\sigma = 1$ J. Queremos encontrar um IC de 95 % para μ, a energia média de impacto. As grandezas requeridas são: $z_{\alpha/2} = z_{0,025} = 1,96$, $n = 10$, $\sigma = 1$ e $\bar{x} = 64,46$. O IC resultante de 95 % é encontrado a partir da Equação 8.5, como segue:

$$\bar{x} - z_{\alpha/2}\frac{\sigma}{\sqrt{n}} \leq \mu \leq \bar{x} + z_{\alpha/2}\frac{\sigma}{\sqrt{n}}$$

$$64,46 - 1,96\frac{1}{\sqrt{10}} \leq \mu \leq 64,46 + 1,96\frac{1}{\sqrt{10}}$$

$$63,84 \leq \mu \leq 65,08$$

Interpretação Prática: Com base nos dados da amostra, uma faixa de valores altamente plausíveis para a energia média de impacto para o aço A238 a 60 °C é $63,84 \ J \leq \mu \leq 65,08 \ J$.

O desenvolvimento desse IC considerou que estamos amostrando a partir de uma população normal. O IC é bem robusto para essa suposição. Ou seja, desvios moderados da normalidade não são uma preocupação séria. Do ponto de vista prático, isso implica que um IC dito de 95 % deve ter uma confiança real de 93 % ou 94 %.

Interpretando um Intervalo de Confiança Como alguém interpreta um intervalo de confiança? No problema de estimação da energia de impacto do Exemplo 8.1, o IC de 95 % é $63,84 \leq \mu \leq 65,08$; assim, isso é uma tentativa de concluir, com 95 % de probabilidade, que μ está dentro desse intervalo. Entretanto, com uma pequena reflexão, é fácil ver que isso não está correto; o valor verdadeiro de μ é desconhecido e a afirmação $63,84 \leq \mu \leq 65,08$ é tanto correta (verdadeira, com probabilidade igual a 1), como incorreta (falsa, com probabilidade igual a 1). A interpretação correta está em compreender que um IC é um *intervalo aleatório*, visto que na afirmação de probabilidade definindo os extremos do intervalo (Equação 8.2) L e U são variáveis aleatórias. Consequentemente, a interpretação correta de um IC $100(1 - \alpha)$ % depende da visão de frequência relativa da probabilidade. Especificamente, no caso de um número infinito de amostras aleatórias for coletado e um intervalo de confiança $100(1 - \alpha)$ % para μ for calculado a partir de cada amostra, $100(1 - \alpha)$ % desses intervalos conterão o valor verdadeiro de μ.

A situação é ilustrada na Figura 8.1, que mostra vários intervalos de confiança $100(1 - \alpha)$ % para a média μ de uma distribuição normal. Os pontos no centro dos intervalos indicam a estimativa pontual de μ (isto é, $\bar{x}$). Note-se que um dos intervalos falha em conter o valor verdadeiro de μ. Se esse fosse um intervalo de confiança de 95 %, somente 5 % dos intervalos falhariam em conter μ.

Agora na prática, obtemos somente uma amostra aleatória e calculamos um intervalo de confiança. Uma vez que esse intervalo poderá conter ou não o valor verdadeiro de μ, não é razoável vincular um nível de probabilidade a esse evento específico. A afirmação apropriada é que o intervalo observado $[l, u]$ envolve o valor verdadeiro de μ, com *confiança* de $100(1 - \alpha)$. Essa afirmação tem uma interpretação de frequência; ou seja, não sabemos se a afirmação

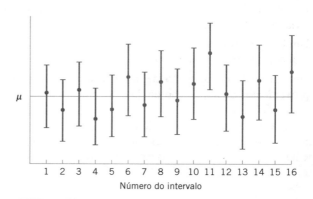

FIGURA 8.1

Construção repetida de um intervalo de confiança para μ.

é verdadeira para essa amostra específica, mas o *método* usado para obter o intervalo $[l, u]$ resulta em afirmações corretas $100(1 - \alpha)$ % das vezes.

Nível de Confiança e Precisão de Estimação Note-se, no Exemplo 8.1, que nossa escolha de 95 % para o nível de confiança foi essencialmente arbitrária. O que teria acontecido se tivéssemos escolhido um nível maior de confiança, como 99 %? De fato, não parece razoável que queiramos o nível maior de confiança? Para $\alpha = 0,01$, encontramos $z_{\alpha/2} = z_{0,01/2} = z_{0,005} = 2,58$, enquanto para $\alpha = 0,05$, $z_{0,025} = 1,96$. Assim, o *comprimento* do intervalo com 95 % de confiança é

$$2\left(1,96\sigma/\sqrt{n}\right) = 3,92\sigma/\sqrt{n}$$

enquanto o comprimento do IC de 99 % é

$$2\left(2,58\sigma/\sqrt{n}\right) = 5,16\sigma/\sqrt{n}$$

Logo, o IC de 99 % é maior do que o IC com 95 % de confiança. Essa é a razão para termos um nível maior de confiança no intervalo com 99 % de confiança. Em geral, para um tamanho fixo, n, de amostra e um desvio-padrão σ, quanto maior o nível de confiança, mais longo é o IC resultante.

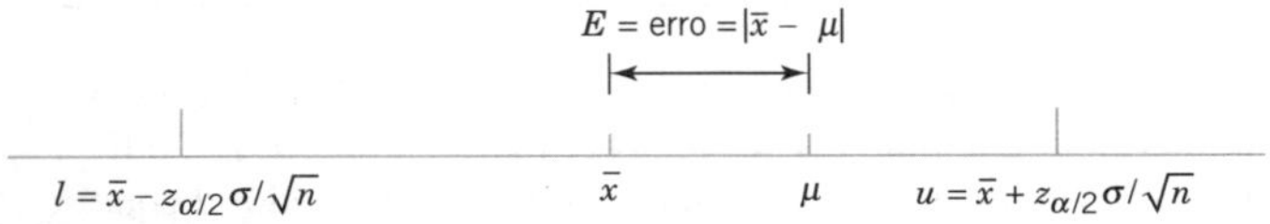

$$E = \text{erro} = |\bar{x} - \mu|$$

$$l = \bar{x} - z_{\alpha/2}\sigma/\sqrt{n} \qquad \bar{x} \qquad \mu \qquad u = \bar{x} + z_{\alpha/2}\sigma/\sqrt{n}$$

FIGURA 8.2

Erro em estimar μ com $\bar{x}$.

O comprimento de um intervalo de confiança é uma medida de *precisão* da estimação. Muitos autores definem a metade do comprimento do IC (em nosso caso, $z_{\alpha/2}\sigma/\sqrt{n}$) como o limite do erro de estimação do parâmetro. Da discussão precedente, vemos que essa precisão é inversamente relacionada com o nível de confiança. É desejável obtermos um intervalo de confiança que seja curto o suficiente para finalidades de tomada de decisão e que também tenha confiança adequada. Uma maneira de alcançar isso é escolhendo o tamanho da amostra n grande o suficiente para obter um IC de comprimento especificado com confiança prescrita.

8.1.2 Escolha do Tamanho da Amostra

A precisão do intervalo de confiança na Equação 8.5 é $2z_{\alpha/2}\sigma/\sqrt{n}$. Isso significa que, usando $\bar{x}$ para estimar μ, o erro $E = |\bar{x} - \mu|$ é menor do que ou igual a $z_{\alpha/2}\sigma/\sqrt{n}$, com $100(1 - \alpha)$ de confiança. Isso está mostrado graficamente na Figura 8.2. Em situações em que o tamanho da amostra pode ser controlado, podemos escolher n de modo que estejamos $100(1 - \alpha)$ % confiantes de que o erro na estimação de μ seja menor do que um limite especificado para o erro E. O tamanho apropriado da amostra é encontrado escolhendo n tal que $z_{\alpha/2}\sigma/\sqrt{n} = E$. A resolução dessa equação resulta na seguinte fórmula para n.

Tamanho da Amostra com Erro Especificado para a Média, Variância Conhecida

Se $\bar{x}$ for usada como uma estimativa de μ, podemos estar $100(1 - \alpha)$ % confiantes de que o erro $|\bar{x} - \mu|$ não excederá um valor especificado E quando o tamanho da amostra for

$$n = \left(\frac{z_{\alpha/2}\sigma}{E}\right)^2 \qquad (8.6)$$

Se o lado direito da Equação 8.6 não for um inteiro, o número deverá ser arredondado. Isso irá assegurar que o nível de confiança não cairá abaixo de $100(1 - \alpha)$ %. Note que $2E$ é o comprimento do intervalo de confiança resultante.

Note a relação geral entre o tamanho da amostra, o comprimento desejado do intervalo de confiança $2E$, o nível de confiança $100(1 - \alpha)$ e o desvio-padrão σ:

- À medida que o comprimento desejado do intervalo $2E$ diminui, o tamanho requerido n da amostra aumenta para um valor fixo de σ e confiança especificada.
- À medida que σ aumenta, o tamanho requerido n da amostra aumenta para um comprimento desejado fixo $2E$ e confiança especificada.
- À medida que o nível de confiança aumenta, o tamanho requerido n da amostra aumenta para um comprimento desejado fixo $2E$ e desvio-padrão σ.

8.1.3 Limites Unilaterais de Confiança

O intervalo de confiança na Equação 8.5 fornece os limites inferior e superior de confiança para μ. Dessa forma, ele fornece um IC bilateral. É também possível obter limites unilaterais de confiança para μ, estabelecendo $l = -\infty$ ou $u = \infty$ e trocando $z_{\alpha/2}$ por z_α.

Limites Unilaterais de Confiança para a Média, Variância Conhecida

O **limite superior** com $100(1 - \alpha)$ % **de confiança** para μ é

$$\mu \leq \bar{x} + z_\alpha \sigma/\sqrt{n} \qquad (8.7)$$

e o **limite inferior** com $100(1 - \alpha)$ % **de confiança** para μ é

$$\bar{x} - z_\alpha \sigma/\sqrt{n} \leq \mu \qquad (8.8)$$

8.1.4 Método Geral para Deduzir um Intervalo de Confiança

É fácil obter um método geral para encontrar um intervalo de confiança para um parâmetro desconhecido θ. Seja $X_1, X_2, ..., X_n$ uma amostra aleatória com n observações. Suponha que possamos encontrar uma estatística $g(X_1, X_2, ..., X_n; \theta)$ com as seguintes propriedades:

EXEMPLO 8.2 | Transição de Material Metálico

Para ilustrar o uso desse procedimento, considere o teste CVN, descrito no Exemplo 8.1, e suponha que quiséssemos determinar quantos espécimes teríamos de testar para assegurar que o IC de 95 % para μ para o aço A238, cortado a 60 °C, tivesse um comprimento de no máximo 1,0 J. Uma vez que o erro de estimação, E, é metade do comprimento do IC, para determinar n usamos a Equação 8.6, com $E = 0,5$, $\sigma = 1$ e $z_{\alpha/2} = 1,96$. O tamanho requerido de amostra é,

$$n = \left(\frac{z_{\alpha/2}\,\sigma}{E}\right)^2 = \left[\frac{(1,96)1}{0,5}\right]^2 = 15,37$$

e, visto que n tem de ser um inteiro, o tamanho requerido de amostra é $n = 16$.

EXEMPLO 8.3 | Limite Unilateral de Confiança

Os mesmos dados para o teste de impacto do Exemplo 8.1 são usados para construir um intervalo unilateral inferior com 95 % de confiança para a energia média de impacto. Lembre-se de que $\bar{x} = 64{,}46$, $\sigma = 1\ J$ e $n = 10$. O intervalo é

$$\bar{x} - z_\alpha \frac{\sigma}{\sqrt{n}} \leq \mu$$

$$64{,}46 - 1{,}64\, \frac{1}{\sqrt{10}} \leq \mu$$

$$63{,}94 \leq \mu$$

Interpretação Prática: O limite inferior para o intervalo bilateral no Exemplo 8.1 foi 63,84. Uma vez que $z_\alpha < z_{\alpha/2}$, o limite inferior de um intervalo unilateral é sempre maior do que o limite inferior de um intervalo bilateral de igual confiança. O intervalo unilateral não limita μ por cima, de modo que ele ainda atinge 95 % de confiança com um limite inferior levemente maior. Se nosso interesse está somente no limite inferior para μ, então o intervalo unilateral é preferido porque ele fornece igual confiança com um limite inferior maior. Similarmente, um limite unilateral superior é sempre menor do que um limite superior bilateral de igual confiança.

---

1. $g(X_1, X_2, \ldots, X_n; \theta)$ depende tanto da amostra como de θ.
2. A distribuição de probabilidades de $g(X_1, X_2, \ldots, X_n; \theta)$ não depende de θ ou de qualquer outro parâmetro desconhecido.

No caso considerado nesta seção, o parâmetro $\theta = \mu$. A variável aleatória $g(X_1, X_2, \ldots, X_n; \mu) = (\bar{X} - \mu)/(\sigma/\sqrt{n})$ satisfaz ambas as condições anteriores; ela depende da amostra e de μ, e tem uma distribuição normal padrão desde que σ seja conhecido. Agora, temos de encontrar as constantes C_L e C_U de modo que

$$P[C_L \leq g(X_1, X_2, \ldots, X_n; \theta) \leq C_U] = 1 - \alpha \quad (8.9)$$

Em razão da propriedade 2, C_L e C_U não dependem de θ. Em nosso exemplo, $C_L = -z_{\alpha/2}$ e $C_U = z_{\alpha/2}$. Finalmente, temos de manipular as desigualdades no enunciado de probabilidade, de modo que

$$P[L(X_1, X_2, \ldots, X_n) \leq \theta \leq U(X_1, X_2, \ldots, X_n)] = 1 - \alpha \quad (8.10)$$

Isso fornece $L(X_1, X_2, \ldots, X_n)$ e $U(X_1, X_2, \ldots, X_n)$ como os limites inferior e superior de confiança, definindo o intervalo de confiança de $100(1 - \alpha)$ para θ. A grandeza $g(X_1, X_2, \ldots, X_n; \theta)$ é frequentemente chamada de *grandeza pivotal*, visto que pivotamos essa grandeza na Equação 8.9 para produzir a Equação 8.10. Em nosso exemplo, manipulamos a grandeza pivotal $(\bar{X} - \mu)/(\sigma/\sqrt{n})$ para obter $L(X_1, X_2, \ldots, X_n) = \bar{X} - z_{\alpha/2}\sigma/\sqrt{n}$ e $U(X_1, X_2, \ldots, X_n) = \bar{X} + z_{\alpha/2}\sigma/\sqrt{n}$.

8.1.5 Intervalo de Confiança para μ, Amostra Grande

Consideramos que a distribuição de população seja normal com média desconhecida e desvio-padrão σ conhecido. Apresentamos agora um **IC para μ considerando amostra grande** que não requer essas suposições. Seja $X_1, X_2, \ldots, X_n$ uma amostra aleatória proveniente de uma população com média μ e variância σ^2 desconhecidas. Agora, se o tamanho da amostra n for grande, o teorema central do limite implica que $\bar{X}$ tem aproximadamente uma distribuição normal com média μ e variância σ^2/n. Logo, $Z = (\bar{X} - \mu)/(\sigma/\sqrt{n})$ tem aproximadamente uma distribuição normal padrão. Essa razão poderia ser usada como uma grandeza pivotal e manipulada como na Seção 8.1.1 para produzir um IC aproximado para μ. Entretanto, o desvio-padrão σ é desconhecido. Isso fica evidente quando n é grande; a troca de σ pelo desvio-padrão S da amostra tem pouco efeito na distribuição de Z. Isso leva ao seguinte resultado útil.

Intervalo de Confiança para a Média, Amostras Grandes

Quando n é grande, a grandeza

$$\frac{\bar{X} - \mu}{S/\sqrt{n}}$$

tem uma distribuição normal padrão aproximada. Consequentemente,

$$\bar{x} - z_{\alpha/2}\frac{s}{\sqrt{n}} \leq \mu \leq \bar{x} + z_{\alpha/2}\frac{s}{\sqrt{n}} \quad (8.11)$$

é um intervalo de confiança para μ para amostras grandes, com nível de confiança de aproximadamente $100(1 - \alpha)\%$.

A Equação 8.11 se mantém independente da forma da distribuição da população. Geralmente, n deveria ser no mínimo 40 para usar esse resultado de forma confiável. O teorema central do limite geralmente se mantém para $n \geq 30$, mas recomenda-se aqui um maior tamanho de amostra, visto que a troca de s por S em Z resulta em uma variabilidade adicional.

EXEMPLO 8.4 | Contaminação por Mercúrio

Um artigo no volume de 1993 da *Transactions of the American Fisheries Society* reportou os resultados de um estudo para investigar a contaminação por mercúrio em um peixe de boca grande. Uma amostra de peixes foi selecionada, proveniente de 53 lagos da Flórida, e mediu-se a concentração (em ppm) de mercúrio no tecido muscular. Os valores de concentração de mercúrio foram

1,230	1,330	0,040	0,044	1,200	0,270
0,490	0,190	0,830	0,810	0,710	0,500
0,490	1,160	0,050	0,150	0,190	0,770
1,080	0,980	0,630	0,560	0,410	0,730
0,590	0,340	0,340	0,840	0,500	0,340
0,280	0,340	0,750	0,870	0,560	0,170
0,180	0,190	0,040	0,490	1,100	0,160
0,100	0,210	0,860	0,520	0,650	0,270
0,940	0,400	0,430	0,250	0,270	

O sumário das estatísticas para esses dados está disposto a seguir.

Variável	N	Média	Mediana	Desvio-Padrão
Concentração	53	0,5250	0,4900	0,3486

Mínimo	Máximo	Q1	Q3
0,0400	1,3300	0,2300	0,7900

A Figura 8.3 apresenta o histograma e o gráfico de probabilidade normal dos dados de concentração de mercúrio. Ambos os gráficos indicam que a distribuição de concentração de mercúrio não é normal e é positivamente deslocada. Queremos achar um IC aproximado de 95 % para μ. Uma vez que $n > 40$, a suposição de normalidade não é necessária para usar a Equação 8.11. As grandezas requeridas são $n = 53$, $\bar{x} = 0,5250$, $s = 0,3486$ e $z_{0,025} = 1,96$. O IC aproximado de 95 % para μ é

$$\bar{x} - z_{0,025} \frac{s}{\sqrt{n}} \leq \mu \leq \bar{x} + z_{0,025} \frac{s}{\sqrt{n}}$$

$$0,5250 - 1,96 \frac{0,3486}{\sqrt{53}} \leq \mu \leq 0,5250 + 1,96 \frac{0,3486}{\sqrt{53}}$$

$$0,4311 \leq \mu \leq 0,6189$$

Interpretação Prática: Esse intervalo é razoavelmente largo, visto que há uma grande variabilidade nas medidas de concentração de mercúrio. Um maior tamanho de amostra teria produzido um intervalo mais curto.

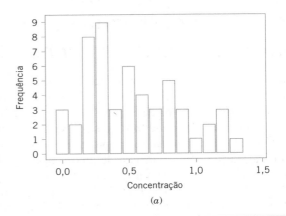

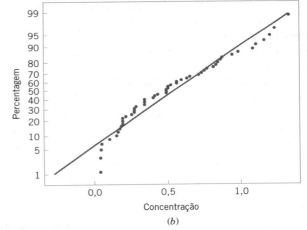

FIGURA 8.3

Concentração de mercúrio em um peixe de boca grande. (a) Histograma. (b) Gráfico de probabilidade normal.

Intervalo de Confiança para um Parâmetro, Amostra Grande O intervalo de confiança para μ, em amostras grandes, na Equação 8.11, é um caso especial de um resultado mais geral. Suponha que θ seja um parâmetro de uma distribuição de probabilidades e que $\hat{\Theta}$ seja um estimador de θ. Se $\hat{\Theta}$ (1) tiver uma distribuição normal aproximada, (2) for aproximadamente não tendencioso para θ, e (3) tiver um desvio-padrão $\sigma_{\hat{\Theta}}$ que pode ser estimado a partir de dados amostrais, então a grandeza $(\hat{\Theta} - \theta)/\sigma_{\hat{\Theta}}$ terá uma distribuição normal padrão aproximada. Logo, um IC aproximado para θ, no caso de amostras grandes, será dado por

Intervalo de Confiança Aproximado para Amostras Grandes

$$\hat{\theta} - z_{\alpha/2}\sigma_{\hat{\Theta}} \leq \theta \leq \hat{\theta} + z_{\alpha/2}\sigma_{\hat{\Theta}} \quad (8.12)$$

Estimadores de máxima verossimilhança geralmente satisfazem as três condições listadas anteriormente; assim, a Equação 8.12 é frequentemente usada quando $\hat{\Theta}$ é o estimador de máxima verossimilhança de θ. Finalmente, note que a Equação 8.12 pode ser usada, mesmo quando $\sigma_{\hat{\Theta}}$ é uma função de outros parâmetros desconhecidos (ou de θ). Essencialmente, tudo que se faz é usar os dados da amostra para calcular estimativas de parâmetros desconhecidos e substituí-las na expressão para $\sigma_{\hat{\Theta}}$.

8.2 Intervalo de Confiança para a Média de uma Distribuição Normal, Variância Desconhecida

Quando estamos construindo intervalos de confiança para a média μ de uma população quando σ^2 é conhecida, podemos usar os procedimentos da Seção 8.1.1. Esse IC é também aproximadamente válido (por causa do teorema central do limite), independentemente da população em foco ser ou não normal, desde que o tamanho da amostra seja grande (como $n \geq 40$). Como notado na Seção 8.1.5, podemos até lidar com o caso de variância desconhecida para a situação de amostra com tamanho grande. Entretanto, quando a amostra é pequena e σ^2 é desconhecida, temos de fazer uma suposição sobre a forma da distribuição em estudo de modo a obter um procedimento válido para o IC. Uma suposição razoável em muitos casos é que a distribuição sob consideração seja normal.

Muitas populações encontradas na prática são bem aproximadas pela distribuição normal; assim, essa suposição levará a procedimentos de intervalo de confiança de larga aplicabilidade. De fato, desvio moderado da normalidade terá um pequeno efeito na validade. Quando a suposição não for razoável, uma alternativa será usar procedimentos não paramétricos, que sejam válidos para qualquer distribuição em foco.

Suponha que a população de interesse tenha uma distribuição normal, com média μ e variância σ^2 desconhecidas. Considere que uma amostra aleatória de tamanho n, como X_1, X_2, ..., X_n, seja disponível, e sejam $\overline{X}$ e S^2 a média e a variância amostrais, respectivamente.

Desejamos construir um IC bilateral para μ. Se a variância σ^2 for conhecida, sabemos que $Z = (\overline{X} - \mu)/(\sigma/\sqrt{n})$ terá uma distribuição normal padrão. Quando σ^2 for desconhecida, um procedimento lógico será trocar σ pelo desvio-padrão da amostra S. A variável aleatória Z torna-se agora $T = (\overline{X} - \mu)/(S/\sqrt{n})$. Uma questão lógica é: qual o efeito na distribuição da variável aleatória T ao trocar σ por S? Se n for grande, a resposta a essa questão é "muito pouco" e podemos proceder com o uso do intervalo de confiança baseado na distribuição normal proveniente da Seção 8.1.5. No entanto, n é geralmente pequeno na maioria dos problemas de engenharia e, nessa situação, uma distribuição diferente tem de ser empregada para construir o IC.

8.2.1 Distribuição t

Distribuição t

Seja $X_1, X_2, ..., X_n$ uma amostra aleatória proveniente de uma distribuição normal, com média μ e variância σ^2 desconhecidas. A variável aleatória

$$T = \frac{\overline{X} - \mu}{S/\sqrt{n}} \qquad (8.13)$$

tem uma distribuição t, com $n - 1$ graus de liberdade.

A função densidade de probabilidade de t é

$$f(x) = \frac{\Gamma[(k+1)/2]}{\sqrt{\pi k}\,\Gamma(k/2)} \cdot \frac{1}{\left[(x^2/k) + 1\right]^{(k+1)/2}} \quad -\infty < x < \infty \qquad (8.14)$$

sendo k o número de graus de liberdade. A média e a variância da distribuição t são zero e $k/(k-2)$ (para $k > 2$), respectivamente.

Várias distribuições t são mostradas na Figura 8.4. A aparência geral da distribuição t é similar à da distribuição normal padrão, em que ambas as distribuições são simétricas e unimodais e o valor máximo da ordenada é alcançado quando a média $\mu = 0$. Entretanto, a distribuição t tem extremidades (caudas) mais espessas que a distribuição normal; ou seja, ela tem mais probabilidade nas extremidades (caudas) do que a distribuição normal. À medida que o número de graus de liberdade $k \to \infty$, a forma limite da distribuição t é a distribuição normal padrão. Geralmente, o número de graus de liberdade para t é o número de graus de liberdade associado ao desvio-padrão estimado.

A Tabela V do Apêndice A fornece *pontos percentuais* da distribuição t. Seja $t_{\alpha,k}$ o valor da variável aleatória T com k graus de liberdade acima do qual acharemos uma

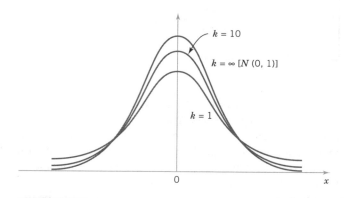

FIGURA 8.4

Funções densidade de probabilidade de várias distribuições t.

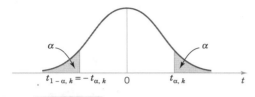

FIGURA 8.5

Pontos percentuais da distribuição t.

área (ou probabilidade) α. Logo, $t_{\alpha,k}$ é o ponto 100α % na extremidade superior da distribuição t com k graus de liberdade. Esse ponto percentual é mostrado na Figura 8.5. Na Tabela V do Apêndice A, os valores de α são os cabeçalhos da coluna, e os graus de liberdade estão listados na coluna esquerda. Para ilustrar o uso da tabela, note que o valor de t com 10 graus de liberdade, tendo uma área de 0,05 para a direita, é $t_{0,05,10} = 1,812$. Isto é,

$$P(T_{10} > t_{0,05,10}) = P(T_{10} > 1,812) = 0,05$$

Uma vez que a distribuição t é simétrica em torno de zero, temos que $t_{1-\alpha,n} = -t_{\alpha,n}$; ou seja, o valor de t tendo uma área de $1 - \alpha$ para a direita (e por conseguinte uma área de α para a esquerda) é igual ao negativo do valor t, que tem uma área α na extremidade direita da distribuição. Consequentemente, $t_{0,95;10} = -t_{0,05;10} = -1,812$. Finalmente, uma vez que $t_{\alpha,\infty}$ tem uma distribuição normal padrão, os valores familiares z_α aparecem na última linha da Tabela V do Apêndice A.

8.2.2 Intervalo de Confiança t para μ

É fácil encontrar um intervalo de confiança de $100(1 - \alpha)$ % para a média de uma distribuição normal com variância desconhecida, procedendo essencialmente como fizemos na Seção 8.1.1. Sabemos que a distribuição de $T = (\overline{X} - \mu)/(S/\sqrt{n})$ é t, com $n - 1$ graus de liberdade. Com $t_{\alpha/2,n-1}$ sendo o ponto superior $100\alpha/2$ % da distribuição t, com $n - 1$ graus de liberdade, podemos escrever:

$$P(-t_{\alpha/2,n-1} \leq T \leq t_{\alpha/2,n-1}) = 1 - \alpha$$

ou

$$P\left(-t_{\alpha/2,n-1} \leq \frac{\overline{X} - \mu}{S/\sqrt{n}} \leq t_{\alpha/2,n-1}\right) = 1 - \alpha$$

Rearranjando esta última equação, resulta em

$$P(\overline{X} - t_{\alpha/2,n-1}S/\sqrt{n} \leq \mu \leq \overline{X} + t_{\alpha/2,n-1}S/\sqrt{n}) = 1 - \alpha \quad (8.15)$$

Isso conduz à seguinte definição de intervalo bilateral de confiança com $100(1 - \alpha)$ % para μ.

Intervalo de Confiança para a Média de uma Distribuição Normal, Variância Desconhecida

Se $\overline{x}$ e s forem a média e o desvio-padrão de uma amostra aleatória proveniente de uma população normal, com variância desconhecida σ^2, então um intervalo de confiança de $100(1 - \alpha)$ % para a média μ é dado por

$$\overline{x} - t_{\alpha/2,n-1}s/\sqrt{n} \leq \mu \leq \overline{x} + t_{\alpha/2,n-1}s/\sqrt{n} \quad (8.16)$$

sendo $t_{\alpha/2,n-1}$ o ponto superior $100\alpha/2$ % da distribuição t, com $n - 1$ graus de liberdade.

A suposição por trás desse IC é de que estamos amostrando a partir de uma população normal. Entretanto, o IC baseado na distribuição t é relativamente insensível ou robusto a essa suposição. Uma boa prática geral é verificar a suposição de normalidade construindo um gráfico de probabilidade normal dos dados. Pequenos ou moderados desvios a partir da normalidade não são motivo para preocupação.

Limites unilaterais de confiança para a média de uma distribuição normal são também de interesse e são fáceis de usar. Simplesmente use apenas o limite de confiança inferior ou superior apropriado proveniente da Equação 8.16 e substitua $t_{\alpha/2,n-1}$ por $t_{\alpha,n-1}$.

EXEMPLO 8.5 | Adesão em uma Liga

Um artigo publicado no *Journal of Materials Engineering* ["Instrumented Tensile Adhesion Tests on Plasma Sprayed Thermal Barrier Coatings" (1989, Vol. 11, Nº 4, pp. 275-282)] descreve os resultados de testes de tração de adesivos em 22 corpos de prova da liga U-700. A carga no ponto de falha do corpo de prova é dada a seguir (em megapascal).

19,8	10,1	14,9	7,5	15,4	15,4
15,4	18,5	7,9	12,7	11,9	11,4
11,4	14,1	17,6	16,7	15,8	
19,5	8,8	13,6	11,9	11,4	

A média da amostra é $\overline{x} = 13,71$ e o desvio-padrão da amostra é $s = 3,55$. As Figuras 8.6 e 8.7 mostram um diagrama de caixa e um gráfico de probabilidade normal dos dados de testes de tração de adesivos, respectivamente. Esses gráficos fornecem um bom suporte para a suposição de que a população é normalmente distribuída. Queremos encontrar um IC de 95 % para μ. Visto que $n = 22$, temos $n - 1 = 21$ graus de liberdade para t; logo, $t_{0,025;21} = 2,080$. O IC resultante é

$$\overline{x} - t_{\alpha/2,n-1}s/\sqrt{n} \leq \mu \leq \overline{x} + t_{\alpha/2,n-1}s/\sqrt{n}$$
$$13,71 - 2,080(3,55)/\sqrt{22} \leq \mu \leq 13,71 + 2,080(3,55)/\sqrt{22}$$
$$13,71 - 1,57 \leq \mu \leq 13,71 + 1,57$$
$$12,14 \leq \mu \leq 15,28$$

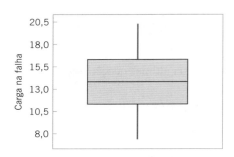

FIGURA 8.6
Diagrama de caixa e linha para os dados de carga de falha.

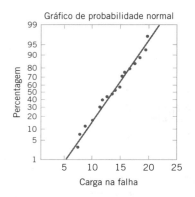

FIGURA 8.7
Gráfico de probabilidade normal dos dados de carga de falha.

Interpretação Prática: O IC é razoavelmente amplo porque há uma grande variabilidade nas medidas do teste de tração de adesivos. Uma amostra com tamanho maior teria levado a um intervalo mais curto.

Não é tão fácil selecionar o tamanho n da amostra para obter um comprimento especificado (ou precisão de estimação) para esse IC, como era para o caso de σ conhecido porque o comprimento do intervalo envolve s (que é desconhecido antes de os dados serem coletados), n e $t_{\alpha/2,n-1}$. Note-se que o percentil t depende do tamanho n da amostra. Consequentemente, um n apropriado pode somente ser obtido por meio de tentativa e erro. Os resultados disso dependerão, naturalmente, da confiabilidade de nossa "tentativa" para σ.

8.3 Intervalo de Confiança para a Variância e para o Desvio-Padrão de uma Distribuição Normal

Algumas vezes, são necessários intervalos de confiança para a variância ou desvio-padrão da população. Quando a população for modelada por uma distribuição normal, os testes e intervalos descritos nesta seção serão aplicáveis. O seguinte resultado fornece a base para construir esses intervalos de confiança.

Distribuição χ^2

Seja $X_1, X_2, \ldots, X_n$ uma amostra aleatória proveniente de uma distribuição normal, com média μ e variância σ^2, e seja S^2 a variância da amostra. Então a variável aleatória

$$X^2 = \frac{(n-1)S^2}{\sigma^2} \quad (8.17)$$

tem uma distribuição qui-quadrado (χ^2), com $n-1$ graus de liberdade.

A função densidade de probabilidade de uma variável aleatória χ^2 é

$$f(x) = \frac{1}{2^{k/2}\,\Gamma(k/2)} x^{(k/2)-1} e^{-x/2} \qquad x > 0 \quad (8.18)$$

em que k é o número de graus de liberdade. A média e a variância da distribuição χ^2 são k e $2k$, respectivamente. Várias distribuições qui-quadrado são mostradas na Figura 8.8. Observe que a variável aleatória qui-quadrado é não negativa e que a distribuição de probabilidades é deslocada para a direita. No entanto, à medida que k aumenta, a distribuição se torna mais simétrica. Quando $k \to \infty$, a forma limite da distribuição qui-quadrado é a distribuição normal.

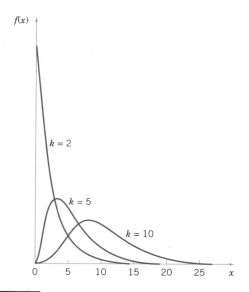

FIGURA 8.8
Funções densidade de probabilidade de várias distribuições χ^2.

Os *pontos percentuais* da distribuição χ^2 são fornecidos na Tabela IV do Apêndice A. Defina $\chi^2_{\alpha,k}$ como o ponto percentual ou valor da variável aleatória qui-quadrado, com k graus de liberdade, de modo tal que a probabilidade de χ^2 exceder esse valor seja α. Isto é,

$$P(X^2 > \chi^2_{\alpha,k}) = \int_{\chi^2_{\alpha,k}}^{\infty} f(u)\, du = \alpha$$

Essa probabilidade é mostrada como área sombreada na Figura 8.9(a). Para ilustrar o uso da Tabela IV, note que as áreas α são os cabeçalhos da coluna e os graus de liberdade k são dados na coluna esquerda. Por conseguinte, o valor com 10 graus de liberdade, tendo uma área (probabilidade) de 0,05 para a direita é $\chi^2_{0,05,10} = 18,31$. Esse valor é frequentemente chamado de ponto 5 % *superior* da distribuição qui-quadrado, com 10 graus de liberdade. Podemos escrever isso como um enunciado de probabilidade, conforme segue:

$$P(X^2 > \chi^2_{0,05,10}) = P(X^2 > 18,31) = 0,05$$

Contrariamente, um ponto 5 % *inferior* da distribuição qui-quadrado, com 10 graus de liberdade, deveria ser $\chi^2_{0,95,10} = 3,94$ (do Apêndice A). Ambos os pontos percentuais são mostrados na Figura 8.9(b).

A construção do IC de $100(1 - \alpha)$ % para σ^2 é direta. Uma vez que

$$X^2 = \frac{(n-1)S^2}{\sigma^2}$$

é qui-quadrado com $n - 1$ graus de liberdade, podemos escrever

$$P(\chi^2_{1-\alpha/2,n-1} \leq X^2 \leq \chi^2_{\alpha/2,n-1}) = 1 - \alpha$$

de modo que

$$P\left(\chi^2_{1-\alpha/2,n-1} \leq \frac{(n-1)S^2}{\sigma^2} \leq \chi^2_{\alpha/2,n-1}\right) = 1 - \alpha$$

Essa última equação pode ser rearranjada como

$$P\left(\frac{(n-1)S^2}{\chi^2_{\alpha/2,n-1}} \leq \sigma^2 \leq \frac{(n-1)S^2}{\chi^2_{1-\alpha/2,n-1}}\right) = 1 - \alpha$$

Isso conduz à seguinte definição do intervalo de confiança para σ^2.

Intervalo de Confiança para a Variância

Se s^2 for a variância amostral de uma amostra aleatória de n observações provenientes de uma população normal, com variância desconhecida σ^2, então um intervalo de confiança de $100(1 - \alpha)$ % para σ^2 será

$$\frac{(n-1)s^2}{\chi^2_{\alpha/2,n-1}} \leq \sigma^2 \leq \frac{(n-1)s^2}{\chi^2_{1-\alpha/2,n-1}} \quad (8.19)$$

em que $\chi^2_{\alpha/2,n-1}$ e $\chi^2_{1-\alpha/2,n-1}$ são os pontos percentuais superior e inferior $100\,\alpha/2$ % da distribuição qui-quadrado, com $n - 1$ graus de liberdade, respectivamente. Um intervalo de confiança para σ tem limites inferior e superior que são as raízes quadradas dos limites correspondentes na Equação 8.19.

Também é provável poder encontrar um limite inferior ou superior de confiança de $100(1 - \alpha)$ % para σ^2.

Limites Unilaterais de Confiança para a Variância

Os limites inferior e superior de confiança de $100(1 - \alpha)\%$ para σ^2 são

$$\frac{(n-1)s^2}{\chi^2_{\alpha,n-1}} \leq \sigma^2 \quad \text{e} \quad \sigma^2 \leq \frac{(n-1)s^2}{\chi^2_{1-\alpha,n-1}} \quad (8.20)$$

respectivamente.

Os ICs dados nas Equações 8.19 e 8.20 são menos robustos à suposição de normalidade. A distribuição de $(n-1)S^2/\sigma^2$ pode ser diferente da qui-quadrado, se a população suposta não for normal.

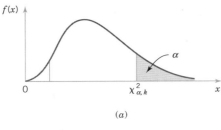

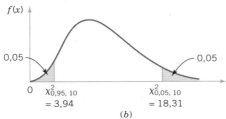

FIGURA 8.9

Ponto percentual da distribuição χ^2. (a) O ponto percentual $\chi^2_{\alpha,k}$ (b) O ponto percentual superior $\chi^2_{0,05,10} = 18,31$ e o ponto percentual inferior $\chi^2_{0,95,10} = 3,94$.

EXEMPLO 8.6 | Enchimento de Detergente

Uma máquina automática de enchimento é usada para encher garrafas com detergente líquido. Uma amostra aleatória de 20 garrafas resulta em uma variância amostral de volume de enchimento de $s^2 = 0{,}0153^2$ (onça fluida). Se a variância do volume de enchimento for muito grande, existirá uma proporção inaceitável de garrafas cujo enchimento não foi completo e cujo enchimento foi em demasia. Vamos considerar que o volume de enchimento seja distribuído de forma aproximadamente normal. Um intervalo superior de confiança de 95 % é encontrado a partir da Equação 8.20 conforme segue:

$$\sigma^2 \leq \frac{(n-1)s^2}{\chi^2_{0{,}95, 19}}$$

ou

$$\sigma^2 \leq \frac{(19)0{,}0153}{10{,}117} = 0{,}0287 \text{ (onça fluida)}^2$$

Essa última afirmação pode ser convertida em um intervalo de confiança para o desvio-padrão σ, extraindo a raiz quadrada de ambos os lados, resultando em

$$\sigma \leq 0{,}17$$

Interpretação Prática: Portanto, com um nível de confiança de 95 %, os dados indicam que o desvio-padrão do processo poderia ser tão grande quanto 0,17 onça fluida. O engenheiro ou o gerente de processos necessita agora determinar se um desvio-padrão dessa ordem poderia conduzir a um problema operacional com garrafas incompletas ou cheias em demasia.

8.4 Intervalo de Confiança para a Proporção de uma População, Amostra Grande

Frequentemente é necessário construir intervalos de confiança para a proporção de uma população. Por exemplo, suponha que uma amostra aleatória de tamanho n tenha sido retirada de uma grande (possivelmente infinita) população e que $X (\leq n)$ observações nessa amostra pertençam a uma classe de interesse. Então, $\widehat{P} = X/n$ é um estimador pontual da proporção da população p que pertence a essa classe. Observe-se que n e p são os parâmetros de uma distribuição binomial. Além disso, do Capítulo 4, sabemos que a distribuição amostral de $\widehat{P}$ é aproximadamente normal com média p e variância $p(1-p)/n$, se p não estiver muito próximo de 0 ou 1 e se n for relativamente grande. Tipicamente, para aplicar essa aproximação, necessitamos de que np e $n(1-p)$ sejam maiores do que ou igual a 5. Faremos uso da aproximação normal nesta seção.

Aproximação Normal para uma Proporção Binomial

Se n for grande, a distribuição de

$$Z = \frac{X - np}{\sqrt{np(1-p)}} = \frac{\widehat{P} - p}{\sqrt{\dfrac{p(1-p)}{n}}}$$

será aproximadamente normal padrão.

Para construir o intervalo de confiança para p, note que

$$P(-z_{\alpha/2} \leq Z \leq z_{\alpha/2}) \simeq 1 - \alpha$$

de modo que

$$P\left(-z_{\alpha/2} \leq \frac{\widehat{P} - p}{\sqrt{\dfrac{p(1-p)}{n}}} \leq z_{\alpha/2}\right) \simeq 1 - \alpha$$

Isso pode ser rearranjado como

$$P\left(\widehat{P} - z_{\alpha/2} \sqrt{\frac{p(1-p)}{n}} \leq p \leq \widehat{P} + z_{\alpha/2} \sqrt{\frac{p(1-p)}{n}}\right) \simeq 1 - \alpha \tag{8.21}$$

A grandeza $\sqrt{p(1-p)/n}$ na Equação 8.21 é chamada de *erro-padrão do estimador pontual* $\widehat{P}$. Isso foi discutido no Capítulo 7. Infelizmente, os limites superior e inferior do intervalo de confiança, obtidos da Equação 8.21, contêm o parâmetro desconhecido p. No entanto, como sugerido no final da Seção 8.1.5, uma solução satisfatória é trocar p por $\widehat{P}$ no erro-padrão, resultando em

$$P\left(\widehat{P} - z_{\alpha/2} \sqrt{\frac{\widehat{P}(1-\widehat{P})}{n}} \leq p \leq \widehat{P} + z_{\alpha/2} \sqrt{\frac{\widehat{P}(1-\widehat{P})}{n}}\right) \simeq 1 - \alpha \tag{8.22}$$

Isso conduz ao intervalo aproximado de confiança de $100(1 - \alpha)$ % para p.

Intervalo Aproximado de Confiança para uma Proporção Binomial

Se $\widehat{p}$ for a proporção de observações em uma amostra aleatória de tamanho n que pertença a uma classe de interesse, então um intervalo aproximado de confiança de $100(1 - \alpha)$ % para a proporção p da população que pertença a essa classe será

EXEMPLO 8.7 | Mancais de Eixos de Manivela

Em uma amostra aleatória de 85 mancais de eixos de manivelas de motores de automóveis, dez têm um acabamento de superfície que é mais rugoso do que as especificações permitidas. Consequentemente, uma estimativa pontual da proporção de mancais na população que excede a especificação de rugosidade é $\hat{p} = x/n = 10/85 = 0,12$. Um intervalo bilateral de confiança de 95 % para p é calculado da Equação 8.23 como

$$\hat{p} - z_{0,025} \sqrt{\frac{\hat{p}(1-\hat{p})}{n}} \leq p \leq \hat{p} + z_{0,025} \sqrt{\frac{\hat{p}(1-\hat{p})}{n}}$$

ou

$$0,12 - 1,96 \sqrt{\frac{0,12(0,88)}{85}} \leq p \leq 0,12 + 1,96 \sqrt{\frac{0,12(0,88)}{85}}$$

que simplifica para

$$0,0509 \leq p \leq 0,2243$$

Interpretação Prática: Esse é um IC amplo. Embora o tamanho da amostra não pareça ser pequeno ($n = 85$), o valor de $\hat{p}$ é razoavelmente pequeno, conduzindo a um grande erro-padrão para $\hat{p}$, o que contribui para o IC amplo.

$$\hat{p} - z_{\alpha/2} \sqrt{\frac{\hat{p}(1-\hat{p})}{n}} \leq p \leq \hat{p} + z_{\alpha/2} \sqrt{\frac{\hat{p}(1-\hat{p})}{n}} \quad (8.23)$$

em que $z_{\alpha/2}$ é o ponto $\alpha/2$ % superior da distribuição normal padrão.

Esse procedimento depende da adequação da aproximação binomial pela normal. Para ser razoavelmente conservativo, isso requer que np e $n(1 - p)$ sejam maiores do que ou igual a 5. Em situações em que essa aproximação seja inapropriada, particularmente nos casos em que n for pequeno, outros métodos têm de ser usados. Tabelas da distribuição binomial poderiam ser usadas para obter um intervalo de confiança para p. Entretanto, poderíamos também usar métodos numéricos, baseados na função binomial de probabilidade, que seriam implementados em *softwares*.

Escolha do Tamanho da Amostra Uma vez que $\hat{P}$ é o estimador pontual de p, podemos definir o erro na estimação de p por meio de $\hat{P}$, uma vez que $E = |p - \hat{P}|$. Observe que estamos aproximadamente $100(1 - \alpha)$ % confiantes de que esse erro seja menor do que $z_{\alpha/2}\sqrt{p(1-p)/n}$. Por exemplo, no Exemplo 8.7, estávamos 95 % confiantes de que a proporção da amostra $\hat{p} = 0,12$ diferia da proporção verdadeira p por uma quantidade que não excedia 0,07.

Em situações em que o tamanho da amostra puder ser selecionado, podemos escolher n de modo a estarmos $100(1 - \alpha)$ % confiantes de que o erro será menor do que algum valor especificado E. Se estabelecermos $E = z_{\alpha/2}\sqrt{p(1-p)/n}$ e resolvermos para n, o tamanho apropriado da amostra será como a seguir.

Tamanho de Amostra para um Erro Especificado em uma Distribuição Binomial

$$n = \left(\frac{z_{\alpha/2}}{E}\right)^2 p(1-p) \quad (8.24)$$

Uma estimativa de p é requerida para usar a Equação 8.24. Se uma estimativa $\hat{p}$ de uma amostra anterior for disponível, ela poderá ser substituída por p na Equação 8.24, ou talvez uma estimativa subjetiva possa ser feita. Se essas alternativas não forem satisfatórias, uma amostra preliminar pode ser retirada, $\hat{p}$ calculada, e então a Equação 8.24 usada para determinar quantas observações adicionais serão requeridas para estimar p com a exatidão desejada. Outra abordagem para escolher n usa o fato de que o tamanho da amostra a partir da Equação 8.24 sempre será um máximo para $p = 0,5$ [ou seja, $p(1 - p) \leq 0,25$, com a igualdade para $p = 0,5$], podendo isso ser usado para obter um limite superior para n. Em outras palavras, estamos no mínimo $100(1 - \alpha)$ % confiantes de que o erro em estimar p por meio de $\hat{P}$ seja menor do que E, se o tamanho da amostra for

$$n = \left(\frac{z_{\alpha/2}}{E}\right)^2 (0,25) \quad (8.25)$$

EXEMPLO 8.8 | Mancais de Eixos de Manivela

Considere a situação do Exemplo 8.7. Quão grande deverá ser a amostra, se quisermos estar 95 % confiantes de que o erro em usar $\hat{p}$ para estimar p é menor do que 0,05? Usando $\hat{p} = 0,12$ como estimativa inicial de p, encontramos, da Equação 8.24, que o tamanho requerido da amostra é

$$n = \left(\frac{z_{0,025}}{E}\right)^2 \hat{p}(1-\hat{p}) = \left(\frac{1,96}{0,05}\right)^2 0,12(0,88) \cong 163$$

Se quiséssemos estar *no mínimo* 95 % confiantes de que nossa estimativa $\hat{p}$ da proporção verdadeira p estivesse dentro de 0,05, independente do valor de p, então usaríamos a Equação 8.25 para encontrar o tamanho da amostra

$$n = \left(\frac{z_{0,025}}{E}\right)^2 (0,25) = \left(\frac{1,96}{0,05}\right)^2 (0,25) \cong 385$$

Interpretação Prática: Note-se que se tivéssemos a informação relativa ao valor de p, tanto a partir de uma amostra preliminar como de uma experiência passada, poderíamos usar uma amostra menor, embora mantendo a precisão desejada de estimação e o nível de confiança.

Limites Unilaterais de Confiança Podemos encontrar limites unilaterais aproximados de confiança para p por meio de uma simples modificação da Equação 8.23.

> **Limites Unilaterais Aproximados de Confiança para uma Proporção Binomial**
>
> Os limites aproximados inferior e superior de confiança de $100(1 - \alpha)\%$ são
>
> $$\hat{p} - z_\alpha \sqrt{\frac{\hat{p}(1-\hat{p})}{n}} \leq p \quad \text{e} \quad p \leq \hat{p} + z_\alpha \sqrt{\frac{\hat{p}(1-\hat{p})}{n}}$$
>
> (8.26)
>
> respectivamente.

Um Intervalo de Confiança Diferente para a Proporção Binomial Existe uma maneira diferente de construir um IC para uma proporção binomial em relação àquela abordagem tradicional da Equação 8.23. Começando com a Equação 8.22 e trocando as desigualdades por uma igualdade e resolvendo a equação quadrática resultante para p, resulta em

$$p = \frac{\hat{p} + \frac{z_{\alpha/2}^2}{2n} \pm z_{\alpha/2}\sqrt{\frac{\hat{p}(1-\hat{p})}{n} + \frac{z_{\alpha/2}^2}{4n^2}}}{1 + z_{\alpha/2}^2/n}$$

Isso implica que um IC bilateral para uma proporção p é dado, como a seguir:

$$UCL = \frac{\hat{p} + \frac{z_{\alpha/2}^2}{2n} + z_{\alpha/2}\sqrt{\frac{\hat{p}(1-\hat{p})}{n} + \frac{z_{\alpha/2}^2}{4n^2}}}{1 + z_{\alpha/2}^2/n}$$

(8.27)

$$LCL = \frac{\hat{p} + \frac{z_{\alpha/2}^2}{2n} - z_{\alpha/2}\sqrt{\frac{\hat{p}(1-\hat{p})}{n} + \frac{z_{\alpha/2}^2}{4n^2}}}{1 + z_{\alpha/2}^2/n}$$

O artigo de Agresti e Coull, em *The American Statistician* ("Approximate Better Than 'Exact' for Interval Estimation of a Binomial Proportion", 1998, Vol. 52, pp. 119-126), reportou que o nível de confiança real para o IC da Equação 8.27 está mais próximo do nível "anunciado" ou nominal para quase todos os valores de α e p do que para o IC tradicional na Equação 8.23. Os autores também reportam que esse novo intervalo pode ser usado com aproximadamente todos os tamanhos de amostra. Logo, os requerimentos que $n\hat{p} \geq 5$ ou 10 ou $n(1 - \hat{p}) \geq 5$ ou 10 não são muito importantes. Se o tamanho da amostra for grande, a grandeza $z_{\alpha/2}^2/(2n)$ será pequena relativamente a $\hat{p}$, $z_{\alpha/2}^2/(4n^2)$ será pequena relativamente a $\hat{p}(1-\hat{p})/n$, e $z_{\alpha/2}^2/n$ será pequena; assim, como resultado, o IC de Agresti-Coull na Equação 8.27 será reduzido ao IC tradicional dado na Equação 8.23.

8.5 Roteiro para a Construção de Intervalos de Confiança

A etapa mais difícil na construção de um intervalo de confiança é frequentemente a coincidência do cálculo apropriado com o objetivo do estudo. Casos comuns estão listados na Tabela 8.1, juntamente com a referência à seção que mostra o cálculo apropriado para um teste de intervalo de confiança. A Tabela 8.1 fornece um mapa simples para ajudar a selecionar a análise apropriada. Dois comentários básicos podem auxiliar a identificar a análise:

1. Determine o parâmetro (e a distribuição dos dados) que estará limitado pelo intervalo de confiança ou testado pela hipótese.
2. Verifique se outros parâmetros são conhecidos ou têm necessidade de serem estimados.

No Capítulo 9, estudaremos um procedimento intimamente relacionado com intervalos de confiança, chamado de *teste de hipóteses*. A Tabela 8.1 pode ser usada para aqueles procedimentos também. Esse guia será estendido para mais casos no Capítulo 10.

8.6 Intervalo de Confiança pela Técnica *Bootstrap*

Na Seção 7.3.4, vimos como uma técnica computacional intensiva, chamada de *bootstrap*, poderia ser usada para encontrar o erro-padrão estimado de uma estatística, isto é $\hat{\theta}$. A técnica *bootstrap* pode também ser usada para encontrar intervalos de confiança. Essa técnica pode ser útil em situações em que um IC "padrão" não esteja prontamente disponível. De modo a ilustrar a abordagem geral, vamos considerar um caso para o qual há um IC padrão, o IC de $100(1 - \alpha)\%$ para a média de uma distribuição normal com variância conhecida. Aqui, o parâmetro de interesse é a média da população μ, e a estatística que estima μ é a média da amostra $\overline{X}$. A grandeza $z_{\alpha/2}\sigma/\sqrt{n}$ é o percentil $100(1 - \alpha/2)$ da distribuição de $\hat{\theta}_i^B - \overline{\theta}^B$, $i = 1, 2, ..., n_B$, e pela mesma lógica, a grandeza $-z_{\alpha/2}\sigma/\sqrt{n}$ é o percentil $100(1 - \alpha/2)$ da distribuição de $\overline{X} - \mu$. Por conseguinte, o IC de $100(1 - \alpha/2)\%$ pode ser escrito como

$$P(\alpha/2^\text{o} \text{ percentil}) \leq \overline{X} - \mu \leq (1 - \alpha/2)^\text{o} \text{ percentil}) = 1 - \alpha/2$$

Essa equação pode ser rearranjada para

$$P(\overline{X} - (1 - \alpha/2^\text{o}) \text{ percentil} \leq \mu \leq \overline{X} + \alpha/2^\text{o} \text{ percentil}) = 1 - \alpha/2$$

Desse modo, o limite inferior de confiança é o $\overline{X} - (1 - \alpha/2)^\text{o}$ percentil da distribuição de $\overline{X} - \mu$ e o limite superior de confiança

TABELA 8.1 Guia para Construir Intervalos de Confiança e Fazer Testes de Hipóteses, Caso para uma Amostra

Parâmetro a Ser Limitado pelo Intervalo de Confiança ou Testado com uma Hipótese?	Símbolo	Outros Parâmetros?	Seção do Intervalo de Confiança	Seção do Teste de Hipóteses	Comentários
Média da distribuição normal	μ	Desvio-padrão σ conhecido	8.1	9.2	Amostra de grande tamanho é frequentemente tomada como $n \geq 40$
Média da distribuição arbitrária para amostra de grande tamanho	μ	Tamanho de amostra grande o suficiente para aplicar o teorema central do limite, sendo σ essencialmente conhecido	8.1.5	9.2.3	
Média da distribuição normal	μ	Desvio-padrão σ desconhecido e estimado	8.2	9.3	
Variância (ou desvio-padrão) da distribuição normal	σ^2	Média μ desconhecida e estimada	8.3	9.4	
Proporção de uma população	p	Nenhum	8.4	9.5	

é o $\overline{X} + \alpha/2^{\underline{o}}$ percentil da distribuição de $\overline{X} - \mu$. Quando esses percentis não puderem ser facilmente determinados para algum parâmetro arbitrário θ, eles poderão frequentemente ser estimados usando amostras *bootstraps*. O procedimento consistiria em tomar n_B amostras *bootstraps*, calcular as estimativas *bootstraps* $\hat{\theta}_1^B, \hat{\theta}_2^B, \ldots, \hat{\theta}_{n_B}^B$ e $\overline{\theta}^B$, então calcular as diferenças $\hat{\theta}_i^B - \overline{\theta}^B$, $i = 1, 2, \ldots, n_B$. A menor e a maior $\alpha/2$ dessas diferenças são as estimativas dos percentis requeridos para construir o IC pela técnica de *bootstsrap*.

8.7 Intervalos de Tolerância e de Previsão

8.7.1 Intervalo de Previsão para uma Observação Futura

Em algumas situações problemáticas, podemos estar interessados em prever uma observação futura de uma variável. Esse é um problema diferente de estimar a média daquela variável; logo, um intervalo de confiança não é apropriado. Nesta seção, mostraremos como obter um **intervalo de previsão** de $100(1 - \alpha)\%$ para um valor futuro de uma variável aleatória normal.

Suponha que $X_1, X_2, \ldots, X_n$ seja uma amostra aleatória proveniente de uma população normal. Desejamos prever o valor X_{n+1}, uma única observação **futura**. Uma previsão pontual de X_{n+1} é $\overline{X}$ a média da amostra. O erro de previsão é $X_{n+1} - \overline{X}$. O valor esperado do erro de previsão é

$$E(X_{n+1} - \overline{X}) = \mu - \mu = 0$$

e a variância do erro de previsão é

$$V(X_{n+1} - \overline{X}) = \sigma^2 + \frac{\sigma^2}{n} = \sigma^2 \left(1 + \frac{1}{n}\right)$$

uma vez que a observação futura, X_{n+1}, é independente da média da amostra corrente $\overline{X}$. O erro de previsão $X_{n+1} - \overline{X}$ é normalmente distribuído. Por conseguinte,

$$Z = \frac{X_{n+1} - \overline{X}}{\sigma\sqrt{1 + \frac{1}{n}}}$$

tem uma distribuição normal padrão. Trocando σ por S, resulta em

$$T = \frac{X_{n+1} - \overline{X}}{S\sqrt{1 + \frac{1}{n}}}$$

que tem uma distribuição t com $n - 1$ graus de liberdade. A manipulação de T, como fizemos previamente no desenvolvimento de um IC, conduz a um intervalo de previsão para uma observação futura X_{n+1}.

Intervalo de Previsão

Um **intervalo de previsão** de $100(1 - \alpha)\%$ para uma observação futura a partir de uma distribuição normal é dado por

$$\overline{x} - t_{\alpha/2, n-1} s \sqrt{1 + \frac{1}{n}} \leq X_{n+1} \leq \overline{x} + t_{\alpha/2, n-1} s \sqrt{1 + \frac{1}{n}}$$

(8.28)

O intervalo de previsão para X_{n+1} será sempre maior do que o intervalo de confiança para μ, pelo fato de haver mais variabilidade associada ao erro de previsão do que ao erro de

EXEMPLO 8.9 | Adesão em uma Liga

Reconsidere os testes de tração de adesivos nos corpos de prova da liga U-700, descritos no Exemplo 8.5. A carga na falha para $n = 22$ corpos de prova foi observada e encontramos $\bar{x} = 13{,}71$ e $s = 3{,}55$. O intervalo de confiança de 95 % para μ foi $12{,}4 \leq \mu \leq 15{,}28$. Planejamos testar um vigésimo terceiro corpo de prova. Um intervalo de confiança de 95 % para a carga na falha para esse corpo de prova é

$$\bar{x} - t_{\alpha/2,n-1}\, s\, \sqrt{1+\frac{1}{n}} \leq X_{n+1} \leq \bar{x} + t_{\alpha/2,n-1}\, s\, \sqrt{1+\frac{1}{n}}$$

$$13{,}71 - (2{,}080)3{,}55\sqrt{1+\frac{1}{22}} \leq X_{23} \leq 13{,}71$$
$$+ (2{,}080)3{,}55\sqrt{1+\frac{1}{22}}$$
$$6{,}16 \leq X_{23} \leq 21{,}26$$

Interpretação Prática: Note que o intervalo de previsão (IP) é consideravelmente maior do que o IC. Isso é porque o IC é uma estimativa de um parâmetro, enquanto o IP é uma estimativa de intervalo de uma única observação futura.

---

estimação. Isso é fácil de ver, porque o erro de previsão é a diferença entre duas variáveis aleatórias $(X_{n+1} - \bar{X})$, e o erro de estimação no IC é a diferença entre uma variável aleatória e uma constante $(\bar{X} - \mu)$. Quando n torna-se grande ($n \to \infty$), o comprimento do IC diminui a zero, tornando-se essencialmente o valor único μ; porém, o comprimento do intervalo de previsão se aproxima de $2z_{\alpha/2}\sigma$. Assim, quando n aumenta, a incerteza em estimar μ vai para zero, embora sempre haverá incerteza sobre o valor futuro X_{n+1}, mesmo quando não houver a necessidade de estimar qualquer um dos parâmetros de distribuição.

Notamos na Seção 8.2 que a distribuição t, baseada no IC para μ, é robusta à suposição de normalidade, quando n é pequeno. A implicação prática disso é que, embora tenhamos calculado um IC de 95 %, o nível real de confiança não será exatamente 95 %, mas sim muito próximo – talvez 93 % ou 94 %. Intervalos de previsão, por outro lado, são muito sensíveis à suposição de normalidade e a Equação 8.28 não deve ser usada, a menos que estejamos muito confortáveis com a suposição de normalidade.

8.7.2 Intervalo de Tolerância para uma Distribuição Normal

Considere uma população de processadores semicondutores. Suponha que a velocidade desses processadores tenha uma distribuição normal com média $\mu = 600$ megahertz e desvio-padrão $\sigma = 30$ megahertz. Então o intervalo de $600 - 1{,}96(30) = 541{,}2$ a $600 + 1{,}96(30) = 658{,}8$ megahertz engloba a velocidade de 95 % dos processadores nessa população, porque o intervalo de $-1{,}96$ a $1{,}96$ engloba 95 % da área sob a curva normal padrão. O intervalo de $\mu - z_{\alpha/2}\sigma$ a $\mu + z_{\alpha/2}\sigma$ é chamado de **intervalo de tolerância**.

Se μ e σ forem desconhecidos, podemos usar os dados provenientes de uma amostra aleatória de tamanho n para calcular $\bar{x}$ e s e então formar o intervalo $(\bar{x} - 1{,}96s, \bar{x} + 1{,}96s)$. Entretanto, por causa da variabilidade da amostragem em $\bar{x}$ e em s, é provável que esse intervalo contenha menos de 95 % dos valores na população. A solução para esse problema é trocar 1,96 por algum valor que fará a proporção da distribuição contida no intervalo 95 % conter algum nível de confiança. Felizmente, é fácil fazer isso.

> **Intervalo de Tolerância**
>
> Um **intervalo de tolerância** para capturar no mínimo γ % dos valores em uma distribuição normal, com nível de confiança de $100(1 - \alpha)$ %, é
>
> $$\bar{x} - ks,\ \bar{x} + ks$$
>
> sendo k um fator do intervalo de tolerância encontrado na Tabela XII do Apêndice A. Valores são dados para $\gamma = 90$ %, 95 % e 99 % e para 90 %, 95 % e 99 % de confiança.

Esse intervalo é muito sensível à suposição de normalidade. Os limites unilaterais de tolerância podem também ser calculados. Os fatores de tolerância para esses limites são também dados na Tabela XII do Apêndice A.

EXEMPLO 8.10 | Adesão em uma Liga

Vamos reconsiderar os testes de tração de adesivos, originalmente descritos no Exemplo 8.5. A carga na falha para $n = 22$ corpos de prova foi observada e encontramos que $\bar{x} = 13{,}71$ e $s = 3{,}55$. Queremos encontrar um intervalo de tolerância para a carga na falha que inclua 90 % dos valores na população com 95 % de confiança. Da Tabela XII do Apêndice A, o fator de tolerância k para $n = 22$, $\gamma = 0{,}90$ e 95 % de confiança é $k = 2{,}264$. O intervalo de tolerância desejado é

$$(\bar{x} - ks, \bar{x} + ks)$$

ou

$$[13{,}71 - (2{,}264)3{,}55;\ 13{,}71 + (2{,}264)3{,}55]$$

que reduz para $(5{,}67;\ 21{,}74)$.

Interpretação Prática: Podemos estar 95 % confiantes de que no mínimo 90 % dos valores de carga na falha para essa liga particular estão entre 5,67 e 21,74 megapascals.

Da Tabela XII do Apêndice A, observamos que quando $n \to \infty$, o valor de k vai para o valor de z associado com o nível desejado de adequação a uma distribuição normal. Por exemplo, se quisermos que 90 % da população caiam no intervalo bilateral de tolerância, k se aproxima de $z_{0,05} = 1,645$ quando $n \to \infty$. Note-se que, quando $n \to \infty$, um intervalo de previsão de $100(1 - \alpha)$ % para um valor futuro se aproxima de um intervalo de tolerância que contém $100(1 - \alpha)$ % da distribuição.

Termos e Conceitos Importantes

Coeficiente de confiança
Distribuição qui-quadrado
Distribuição t
Erro na estimação
Intervalo bilateral de confiança
Intervalo de confiança

Intervalo de confiança Agresti-Coull para uma proporção de uma população
Intervalo de confiança para a média de uma distribuição normal
Intervalo de confiança para a variância de uma distribuição normal
Intervalo de confiança para amostra grande

Intervalo de confiança para uma proporção da população
Intervalo de previsão
Intervalo de tolerância
Limites unilaterais de confiança
Nível de confiança

CAPÍTULO 9

Testes de Hipóteses para uma Única Amostra

OBJETIVOS DA APRENDIZAGEM

Depois de um cuidadoso estudo deste capítulo, você deve ser capaz de:

1. Estruturar problemas de engenharia de tomada de decisões, como realizar testes de hipóteses
2. Testar hipóteses para a média de uma distribuição normal, usando tanto um procedimento de teste Z como um de teste t
3. Testar hipóteses para a variância ou desvio-padrão de uma distribuição normal
4. Testar hipóteses para a proporção de uma população
5. Usar a abordagem do valor P para tomar decisões em testes de hipóteses
6. Calcular potência, probabilidade de erro tipo II e tomar decisões a respeito do tamanho da amostra em testes para médias, variâncias e proporções
7. Explicar e usar a relação entre intervalos de confiança e testes de hipóteses
8. Aplicar o teste qui-quadrado de adequação de ajuste para verificar suposições de distribuição
9. Aplicar testes de tabelas de contingência
10. Aplicar testes não paramétricos
11. Usar testes de equivalência
12. Combinar valores P

SUMÁRIO DO CAPÍTULO

9.1 Testes de Hipóteses

   9.1.1 Hipóteses Estatísticas

   9.1.2 Testes de Hipóteses Estatísticas

   9.1.3 Hipóteses Unilaterais e Bilaterais

   9.1.4 Valores P nos Testes de Hipóteses

   9.1.5 Conexão entre Testes de Hipóteses e Intervalos de Confiança

   9.1.6 Procedimento Geral para Testes de Hipóteses

SUMÁRIO DO CAPÍTULO (*continuação*)

9.2 Testes para a Média de uma Distribuição Normal, Variância Conhecida
  9.2.1 Testes de Hipóteses para a Média
  9.2.2 Erro Tipo II e Escolha do Tamanho da Amostra
  9.2.3 Teste para uma Amostra Grande

9.3 Testes para a Média de uma Distribuição Normal, Variância Desconhecida
  9.3.1 Testes de Hipóteses para a Média
  9.3.2 Erro Tipo II e Escolha do Tamanho da Amostra

9.4 Testes para a Variância e para o Desvio-Padrão de uma Distribuição Normal
  9.4.1 Testes de Hipóteses para a Variância
  9.4.2 Erro Tipo II e Escolha do Tamanho da Amostra

9.5 Testes para a Proporção de uma População
  9.5.1 Testes para uma Proporção, Amostra Grande
  9.5.2 Erro Tipo II e Escolha do Tamanho da Amostra

9.6 Tabela com um Sumário dos Procedimentos de Inferência para uma Única Amostra

9.7 Testando a Adequação de um Ajuste

9.8 Testes para a Tabela de Contingência

9.9 Procedimentos Não Paramétricos
  9.9.1 Teste dos Sinais
  9.9.2 Teste de Wilcoxon do Posto Sinalizado
  9.9.3 Comparação com o Teste t

9.10 Teste de Equivalência

9.11 Combinando Valores P

Introdução

Nos dois capítulos prévios, mostramos como um parâmetro de uma população pode ser estimado a partir de dados amostrais, usando tanto uma *estimativa pontual* (Capítulo 7) como um intervalo de valores prováveis, chamado de *intervalo de confiança* (Capítulo 8). Em muitas situações, um tipo diferente de problema é de interesse; existem duas afirmações competitivas acerca do valor de um parâmetro, e o engenheiro tem de determinar qual afirmação está correta. Por exemplo, suponha que um engenheiro esteja projetando um sistema de escape da tripulação de uma aeronave, que consiste em um assento de ejeção e um motor de foguete que energiza o assento. O motor de foguete contém um propelente. Para o assento de ejeção funcionar apropriadamente, o propelente deve ter uma taxa mínima de queima de 50 cm/s. Se a taxa de queima for muito baixa, o assento de ejeção poderá não funcionar apropriadamente, levando a uma ejeção não segura e possível injúria do piloto. Taxas maiores de queima podem implicar instabilidade no propelente ou um assento de ejeção muito potente, levando outra vez a uma possível injúria do piloto. Dessa maneira, a questão prática de engenharia que tem de ser respondida é: A taxa média de queima do propelente é igual a 50 cm/s ou é igual a algum outro valor (maior ou menor)? Esse tipo de questão pode ser respondido usando uma técnica estatística chamada de **teste de hipóteses**. Este capítulo foca os princípios básicos de teste de hipóteses e fornece as técnicas para resolver os tipos mais comuns de problemas de teste de hipóteses envolvendo uma única amostra de dados.

9.1 Testes de Hipóteses

9.1.1 Hipóteses Estatísticas

No capítulo anterior, ilustramos como construir uma estimativa de intervalos de confiança de um parâmetro a partir de dados amostrais. Entretanto, muitos problemas em engenharia requerem que decidamos qual das duas afirmações competitivas acerca do valor de algum parâmetro é verdadeira. As afirmações são chamadas de **hipóteses**, e o procedimento de tomada de decisão sobre a hipótese é chamado de **teste de hipóteses**. Esse é um dos mais úteis aspectos da inferência estatística, uma vez que muitos tipos de problemas de tomada de decisão, teste, ou experimentos no mundo da engenharia podem ser formulados como problemas de teste de hipóteses. Além disso, como veremos, há uma conexão muito íntima entre teste de hipóteses e intervalos de confiança.

Estimação de parâmetros com teste de hipóteses estatísticas e com intervalo de confiança é o método fundamental usado no estágio de análise de dados de um *experimento comparativo*, em que o engenheiro está interessado, por exemplo, em comparar a média de uma população com certo valor especificado. Esses experimentos comparativos simples são frequentemente encontrados na prática e fornecem boa base para problemas mais complexos de planejamento de experimentos, que serão discutidos nos Capítulos 13 e 14. Neste capítulo, discutiremos experimentos comparativos envolvendo uma única população, sendo nosso foco testar hipóteses relativas aos parâmetros da população.

Agora, damos uma definição formal de uma hipótese estatística.

> **Hipótese Estatística**
>
> Uma **hipótese estatística** é uma afirmação sobre os parâmetros de uma ou mais populações.

Já que usamos distribuições de probabilidades para representar populações, uma hipótese estatística pode também ser pensada como uma afirmação acerca da distribuição de probabilidades de uma variável aleatória. A hipótese geralmente envolverá um ou mais parâmetros dessa distribuição.

Por exemplo, considere o sistema de escape da tripulação descrito na introdução. Suponha que estejamos interessados na taxa de queima do propelente sólido. Agora, a taxa de queima é uma variável aleatória que pode ser descrita por uma distribuição de probabilidades. Suponha que nosso interesse esteja focado na taxa média de queima (um parâmetro dessa distribuição). Especificamente, estamos interessados em decidir se a taxa média de queima é ou não 50 centímetros por segundo. Podemos expressar isso formalmente como

$$H_0: \mu = 50 \text{ centímetros por segundo}$$
$$H_1: \mu \neq 50 \text{ centímetros por segundo} \quad (9.1)$$

A afirmação $H_0: \mu = 50$ centímetros por segundo na Equação 9.1 é chamada de **hipótese nula**, e a afirmação $H_1: \mu \neq 50$ centímetros por segundo é chamada de **hipótese alternativa**. Uma vez que a hipótese alternativa especifica valores de μ que poderiam ser maiores ou menores do que 50 centímetros por segundo, ela é chamada de **hipótese alternativa bilateral**. Em algumas situações, podemos desejar formular uma **hipótese alternativa unilateral**, como em

$$H_0: \mu = 50 \text{ centímetros por segundo}$$
$$H_1: \mu < 50 \text{ centímetros por segundo}$$

ou (9.2)

$$H_0: \mu = 50 \text{ centímetros por segundo}$$
$$H_1: \mu > 50 \text{ centímetros por segundo}$$

Sempre estabeleceremos a hipótese nula como uma reivindicação de igualdade. Entretanto, quando a hipótese alternativa for estabelecida com o sinal <, a reivindicação implícita na hipótese nula será ≥ e quando a hipótese alternativa for estabelecida com o sinal >, a reivindicação implícita na hipótese nula será ≤.

É importante lembrar que hipóteses são sempre afirmações sobre a população ou distribuição sob estudo, não afirmações sobre a amostra. O valor do parâmetro especificado da população na hipótese nula (50 centímetros por segundo no exemplo anterior) é geralmente determinado em uma das três maneiras. Primeiro, ele pode resultar de experiência passada ou de conhecimento do processo, ou mesmo de testes ou experimentos prévios. O objetivo então de teste de hipóteses é geralmente determinar se o valor do parâmetro variou. Segundo, esse valor pode ser determinado a partir de alguma teoria ou modelo relativo ao processo sob estudo. Aqui, o objetivo do teste de hipóteses é verificar a teoria ou modelo. Uma terceira situação aparece quando o valor do parâmetro da população resulta de considerações externas, tais como projeto ou especificações de engenharia, ou a partir de obrigações contratuais. Nessa situação, o objetivo usual do teste de hipóteses é obedecer ao teste.

Um procedimento levando a uma decisão acerca de uma hipótese particular é chamado de **teste de uma hipótese**. Procedimentos de teste de hipóteses se apoiam no uso de informações de uma amostra aleatória proveniente da população de interesse. Se essa informação for consistente com a hipótese, não rejeitaremos a hipótese; no entanto, se essa informação for inconsistente com a hipótese, concluiremos que a hipótese é falsa. Enfatizamos que a verdade ou falsidade de uma hipótese particular pode nunca ser conhecida com certeza, a menos que possamos examinar a população inteira. Isso é geralmente impossível em muitas situações práticas. Desse modo, um procedimento de teste de hipóteses deveria ser desenvolvido, tendo-se em mente a probabilidade de alcançar uma conclusão errada. Testar a hipótese envolve considerar uma amostra aleatória, computar uma **estatística de teste** a partir de dados amostrais e então usar a estatística de teste para tomar uma decisão a respeito da hipótese nula.

9.1.2 Testes de Hipóteses Estatísticas

Com o objetivo de ilustrar os conceitos gerais, considere o problema da taxa de queima do propelente, introduzido anteriormente. A hipótese nula corresponde à taxa média de queima ser igual a 50 centímetros por segundo, e a alternativa corresponde a essa taxa não ser igual a 50 centímetros por segundo. Ou seja, desejamos testar

$$H_0: \mu = 50 \text{ centímetros por segundo}$$
$$H_1: \mu \neq 50 \text{ centímetros por segundo}$$

Suponha que uma amostra de $n = 10$ espécimes seja testada e que a taxa média de queima da amostra $\bar{x}$ seja observada. A média amostral é uma estimativa da média verdadeira μ da população. Um valor da média amostral $\bar{x}$ que caia próximo ao valor da hipótese de $\mu = 50$ centímetros por segundo é uma evidência de que a média verdadeira μ é realmente 50 centímetros por segundo. Por outro lado, uma média amostral que seja consideravelmente diferente de 50 centímetros por segundo evidencia a validade da hipótese alternativa H_1. Assim, a média amostral é a estatística de teste nesse caso.

A média amostral pode assumir muitos valores diferentes. Suponha que, se $48,5 \leq \bar{x} \leq 51,5$, não rejeitaremos a hipótese nula $H_0: \mu = 50$ e, se $\bar{x} < 48,5$ ou $\bar{x} > 51,5$, rejeitaremos a hipótese nula em favor da hipótese alternativa $H_1: \mu \neq 50$. Isso é ilustrado na Figura 9.1. Os valores de $\bar{x}$ que forem menores do que 48,5 e maiores do que 51,5 constituem a **região crítica** para o teste, enquanto todos os valores que estejam no intervalo $48,5 \leq \bar{x} \leq 51,5$ formam uma região para a qual falharemos em rejeitar a hipótese nula. Por convenção, ela geralmente é chamada de **região de aceitação**. Os limites entre as regiões críticas e a região de aceitação são chamados de **valores críticos**. Em nosso exemplo, os valores críticos são 48,5 e 51,5. É comum estabelecer conclusões relativas à hipótese nula H_0. Logo, rejeitaremos H_0 em favor de H_1, se a estatística de teste cair na região crítica e falhar em rejeitar H_0 por sua vez.

Esse procedimento pode levar a duas conclusões erradas. Por exemplo, a taxa média verdadeira de queima do propelente poderia ser igual a 50 centímetros por segundo. Entretanto, para os espécimes de propelente, selecionados aleatoriamente, que são testados, poderíamos observar um valor de estatística de teste $\bar{x}$ que caísse na região crítica. Rejeitaríamos então a

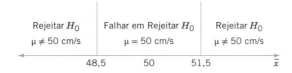

FIGURA 9.1

Critérios de decisão para testar H_0: $\mu = 50$ centímetros por segundo *versus* H_1: $\mu \neq 50$ centímetros por segundo.

hipótese nula H_0 em favor da alternativa H_1, quando, de fato, H_0 seria realmente verdadeira. Esse tipo de conclusão errada é chamado de **erro tipo I**.

> **Erro Tipo I**
>
> A rejeição da hipótese nula H_0 quando ela for verdadeira é determinada como **erro tipo I**.

Agora, suponha que a taxa média verdadeira de queima seja diferente de 50 centímetros por segundo, mesmo que a média amostral $\bar{x}$ caia na região de aceitação. Nesse caso, falharíamos em rejeitar H_0, quando ela fosse falsa e isso leva a outro tipo de erro.

> **Erro Tipo II**
>
> A falha em rejeitar a hipótese nula, quando ela é falsa, é classificada como **erro tipo II**.

Assim, testando qualquer hipótese estatística, quatro situações diferentes determinam se a decisão final está correta ou errada. Essas situações estão apresentadas na Tabela 9.1.

Pelo fato de a nossa decisão estar baseada em variáveis aleatórias, probabilidades podem ser associadas aos erros tipo I e tipo II na Tabela 9.1. A probabilidade de cometer o erro tipo I é denotada pela letra grega α.

> **Probabilidade de Erro Tipo I**
>
> $\alpha = P(\text{erro tipo I}) = P(\text{rejeitar } H_0 \text{ quando } H_0 \text{ for verdadeira})$
>
> (9.3)

Algumas vezes, a probabilidade do erro tipo I é chamada de **nível de significância**, ou **erro** α, ou **tamanho do teste**. No exemplo da taxa de queima de propelente, um erro tipo I ocorrerá quando $\bar{x} > 51{,}5$ ou $\bar{x} < 48{,}5$, quando a taxa média verdadeira de queima do propelente for $\mu = 50$ centímetros

TABELA 9.1 Decisões no Teste de Hipóteses

Decisão	H_0 É Verdadeira	H_0 É Falsa
Falhar em rejeitar H_0	Nenhum erro	Erro tipo II
Rejeitar H_0	Erro tipo I	Nenhum erro

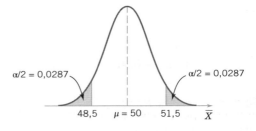

FIGURA 9.2

Região crítica para H_0: $\mu = 50$ *versus* H_1: $\mu \neq 50$ e $n = 10$.

por segundo. Suponha que o desvio-padrão da taxa de queima seja $\sigma = 2{,}5$ centímetros por segundo e que a taxa de queima tenha uma distribuição para a qual as condições do teorema central do limite se aplicam; logo, a distribuição da média amostral é aproximadamente normal, com média $\mu = 50$ e desvio-padrão $\sigma/\sqrt{n} = 2{,}5/\sqrt{10} = 0{,}79$. A probabilidade de cometer o erro tipo I (ou o nível de significância de nosso teste) é igual à soma das áreas sombreadas nas extremidades da distribuição normal na Figura 9.2. Podemos achar essa probabilidade como

$$\alpha = P(\bar{X} < 48{,}5 \text{ quando } \mu = 50)$$
$$+ P(\bar{X} > 51{,}5 \text{ quando } \mu = 50)$$

Os valores de z que correspondem aos valores críticos 48,5 e 51,5 são

$$z_1 = \frac{48{,}5 - 50}{0{,}79} = -1{,}90 \quad \text{e} \quad z_2 = \frac{51{,}5 - 50}{0{,}79} = 1{,}90$$

Logo,

$$\alpha = P(z < -1{,}90) + P(z > 1{,}90) = 0{,}0287 + 0{,}0287 = 0{,}0574$$

Essa é a probabilidade do erro tipo I. Isso implica que 5,74 % de todas as amostras aleatórias conduziriam à rejeição da hipótese H_0: $\mu = 50$ centímetros por segundo, quando a taxa média verdadeira de queima fosse realmente 50 centímetros por segundo.

Da inspeção da Figura 9.2, notamos que podemos reduzir α alargando a região de aceitação. Por exemplo, se considerarmos os valores críticos 48 e 52, o valor de α será

$$\alpha = P\left(z < -\frac{48 - 50}{0{,}79}\right) + P\left(z > \frac{52 - 50}{0{,}79}\right)$$
$$= P(z < -2{,}53) + P(z > 2{,}53)$$
$$= 0{,}0057 + 0{,}0057 = 0{,}0114$$

Poderíamos também reduzir α, aumentando o tamanho da amostra. Se $n = 16$, então $\sigma/\sqrt{n} = 2{,}5/\sqrt{16} = 0{,}625$; usando a região crítica original da Figura 9.1, encontramos

$$z_1 = \frac{48{,}5 - 50}{0{,}625} = -2{,}40 \quad \text{e} \quad z_2 = \frac{51{,}5 - 50}{0{,}625} = 2{,}40$$

Desse modo,

$$\alpha = P(Z < -2,40) + P(Z > 2,40)$$
$$= 0,0082 + 0,0082 = 0,0164$$

Na avaliação de um procedimento de teste de hipóteses, também é importante examinar a probabilidade de um erro tipo II, que denotaremos por β. Isto é,

> **Probabilidade de Erro Tipo II**
> β = P(erro tipo II)
> = P(falhar em rejeitar H_0 quando H_0 for falsa)   (9.4)

Para calcular β (algumas vezes chamado de **erro β**), temos de ter uma hipótese alternativa específica; ou seja, temos de ter um valor particular de μ. Por exemplo, suponha que seja importante rejeitar a hipótese nula H_0: μ$\overline{X}$ = 50 toda vez que a taxa média de queima μ seja maior do que 52 centímetros por segundo ou menor do que 48 centímetros por segundo. Poderíamos calcular a probabilidade de um erro tipo II, β, para os valores μ = 52 e μ = 48 e usar esse resultado para nos dizer alguma coisa acerca de como seria o desempenho do procedimento de teste. Especificamente, como o procedimento de teste funcionará, se desejarmos detectar, ou seja, rejeitar H_0, para um valor médio de μ = 52 ou μ = 48? Por causa da simetria, só é necessário avaliar um dos dois casos – encontrar a probabilidade de aceitar a hipótese nula H_0: μ = 50 centímetros por segundo, quando a média verdadeira for μ = 52 centímetros por segundo.

A Figura 9.3 nos ajuda a calcular a probabilidade do erro tipo II, β. A distribuição normal no lado esquerdo da Figura 9.3 é a distribuição da estatística de teste $\overline{X}$, quando a hipótese nula H_0: μ = 50 for verdadeira (ou seja, isso é o que se entende pela expressão "sujeita a H_0: μ = 50"). A distribuição normal no lado direito é a distribuição de $\overline{X}$, quando a hipótese alternativa for verdadeira e o valor da média for 52 (ou "sujeita a H_1: μ = 52"). Agora, um erro tipo II será cometido, se a média amostral $\overline{X}$ cair entre 48,5 e 51,5 (os limites da região crítica), quando μ = 52. Como visto na Figura 9.3, essa é apenas a probabilidade de 48,5 ≤ $\overline{X}$ ≤ 51,5, quando a média verdadeira for μ = 52, ou a área sombreada sob a distribuição normal centralizada em μ = 52. Consequentemente, referindo-se à Figura 9.3, encontra-se que

$$\beta = P(48,5 \le \overline{X} \le 51,5, \text{ quando } \mu = 52)$$

Os valores z, correspondentes a 48,5 e 51,5, quando μ = 52, são

$$z_1 = \frac{48,5 - 52}{0,79} = -4,43 \quad \text{e} \quad z_2 = \frac{51,5 - 52}{0,79} = -0,63$$

Logo,

$$\beta = P(-4,43 \le Z \le -0,63) = P(Z \le -0,63) - P(Z \le -4,43)$$
$$= 0,2643 - 0,0000 = 0,2643$$

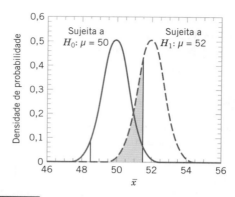

FIGURA 9.3
A probabilidade do erro tipo II, quando μ = 52 e n = 10.

Assim, se estivermos testando H_0: μ = 50 contra H_1: μ ≠ 50, com n = 10 e o valor verdadeiro da média for μ = 52, a probabilidade de falharmos em rejeitar a falsa hipótese nula é 0,2643. Por simetria, se o valor verdadeiro da média for μ = 48, o valor de β será também 0,2643.

A probabilidade de cometer o erro tipo II, β, aumenta rapidamente à medida que o valor verdadeiro de μ se aproxima do valor da hipótese feita. Por exemplo, veja a Figura 9.4, em que o valor verdadeiro da média é μ = 50,5 e o valor da hipótese é H_0: μ = 50. O valor verdadeiro de μ está muito perto de 50 e o valor para β é

$$\beta = P(48,5 \le \overline{X} \le 51,5, \text{ quando } \mu = 50,5)$$

Conforme mostrado na Figura 9.4, os valores de z correspondentes a 48,5 e 51,5, quando μ = 50,5 são

$$z_1 = \frac{48,5 - 50,5}{0,79} = -2,53 \quad \text{e} \quad z_2 = \frac{51,5 - 50,5}{0,79} = 1,27$$

Logo

$$\beta = P(-2,53 \le Z \le 1,27) = P(Z \le 1,27) - P(Z \le -2,53)$$
$$= 0,8980 - 0,0057 = 0,8923$$

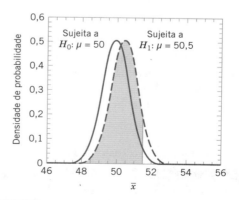

FIGURA 9.4
A probabilidade do erro tipo II, quando μ = 50,5 e n = 10.

Assim, a probabilidade do erro tipo II é muito maior para o caso em que a média verdadeira é 50,5 centímetros por segundo do que para o caso em que a média é 52 centímetros por segundo. Naturalmente, em muitas situações práticas, não estaríamos preocupados em cometer o erro tipo II se a média fosse "próxima" do valor utilizado na hipótese. Estaríamos muito mais interessados em detectar grandes diferenças entre a média verdadeira e o valor especificado na hipótese nula.

A probabilidade do erro tipo II também depende do tamanho da amostra n. Suponha que a hipótese nula seja $H_0: \mu = 50$ centímetros por segundo e que o valor verdadeiro da média seja $\mu = 52$. Se o tamanho da amostra for aumentado de $n = 10$ para $n = 16$, resulta a situação da Figura 9.5. A distribuição normal à esquerda é a distribuição de $\overline{X}$, quando a média $\mu = 50$, e a distribuição normal à direita é a distribuição de $\overline{X}$, quando $\mu = 52$. Conforme mostrado na Figura 9.5, a probabilidade do erro tipo II é

$$\beta = P(48,5 \leq \overline{X} \leq 51,5, \text{ quando } \mu = 52)$$

Quando $n = 16$, o desvio-padrão de $\overline{X}$ é $\sigma/\sqrt{n} = 2,5/\sqrt{16} = 0,625$, e os valores z correspondentes a 48,5 e 51,5, quando $\mu = 52$, são

$$z_1 = \frac{48,5 - 52}{0,625} = -5,60 \quad \text{e} \quad z_2 = \frac{51,5 - 52}{0,625} = -0,80$$

Desse modo,

$$\beta = P(-5,60 \leq Z \leq -0,80) = P(Z \leq -0,80) - P(Z \leq -5,60)$$
$$= 0,2119 - 0,0000 = 0,2119$$

Lembre-se de que, quando $n = 10$ e $\mu = 52$, encontramos que $\beta = 0,2643$; consequentemente, o aumento do tamanho da amostra resulta em uma diminuição na probabilidade de erro tipo II.

Os resultados desta seção e outros poucos cálculos similares estão sumarizados na tabela abaixo. Os valores críticos são ajustados para manter α igual para $n = 10$ e $n = 16$. Esse tipo de cálculo é discutido mais adiante no capítulo.

Os resultados nos retângulos não foram calculados no texto porque podem ser facilmente verificados pelo leitor. Essa apresentação e a discussão anterior revelam quatro pontos importantes:

1. O tamanho da região crítica, e consequentemente a probabilidade do erro tipo I, α, pode sempre ser reduzido por meio da seleção apropriada dos valores críticos.

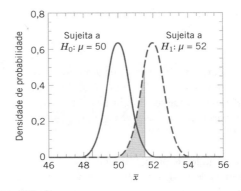

FIGURA 9.5

A probabilidade do erro tipo II, quando $\mu = 52$ e $n = 16$.

2. Os erros tipo I e tipo II estão relacionados. Uma diminuição na probabilidade de um tipo de erro sempre resulta em um aumento da probabilidade do outro, desde que o tamanho da amostra, n, não varie.
3. Um aumento no tamanho da amostra reduzirá β, desde que α seja mantido constante.
4. Quando a hipótese nula é falsa, β aumenta, à medida que o valor verdadeiro do parâmetro se aproxima do valor usado na hipótese nula. O valor de β diminui, à medida que aumenta a diferença entre a média verdadeira e o valor utilizado na hipótese.

Geralmente, o(a) analista controla a probabilidade α do erro tipo I quando ele ou ela seleciona os valores críticos. Assim, usualmente é fácil para o analista estabelecer a probabilidade de erro tipo I em (ou perto de) qualquer valor desejado. Uma vez que o analista pode controlar diretamente a probabilidade de rejeitar erroneamente H_0, sempre pensamos na rejeição da hipótese nula H_0 como uma *conclusão forte*.

Uma vez que podemos controlar a probabilidade de cometer um erro tipo I (ou nível de significância), uma questão lógica é que valor deve ser usado. A probabilidade do erro tipo I é uma medida de risco, especificamente o risco de concluir que a hipótese nula é falsa quando ela realmente não é. Assim, o valor de α deve ser escolhido para refletir as consequências (econômicas, sociais etc.) de rejeitar incorretamente a hipótese nula. Valores menores de α refletiriam consequências mais severas, e valores maiores de α seriam consistentes, com consequências menos severas. Frequentemente, isso é difícil de fazer, e o que tem evoluído muito na prática científica e de engenharia é usar o valor $\alpha = 0,05$ na maioria das situações, a menos que haja alguma informação disponível que indique que essa é uma escolha não apropriada. No problema do propelente

Região de Aceitação	Tamanho da Amostra	α	β em $\mu = 52$	β em $\mu = 50.5$
$48,5 < \overline{x} < 51,5$	10	0,0576	0,2643	0,8923
$48 < \overline{x} < 52$	10	0,0114	0,5000	0,9705
$48,81 < \overline{x} < 51,19$	16	0,0576	0,0966	0,8606
$48,42 < \overline{x} < 51,58$	16	0,0114	0,2515	0,9578

do foguete com $n = 10$, isso corresponderia aos valores críticos de 48,45 e 51,55.

> Um procedimento largamente usado em teste de hipóteses é utilizar um erro tipo I ou um nível de significância de $\alpha = 0,05$. Esse valor surgiu por meio de experiência e não pode ser apropriado para todas as situações.

Por outro lado, a probabilidade β do erro tipo II não é constante, mas depende do valor verdadeiro do parâmetro. Ela depende também do tamanho da amostra que tenhamos selecionado. Pelo fato de a probabilidade β do erro tipo II ser uma função do tamanho da amostra e da extensão com que a hipótese nula H_0 seja falsa, costuma-se pensar na aceitação de H_0 como uma *conclusão fraca*, a menos que saibamos que β seja aceitavelmente pequena. Consequentemente, em vez de dizer "aceitar H_0", preferimos a terminologia "falhar em rejeitar H_0". Falhar em rejeitar H_0 implica que não encontramos evidência suficiente para rejeitar H_0, ou seja, para fazer uma afirmação forte. Falhar em rejeitar H_0 não significa necessariamente que haja alta probabilidade de que H_0 seja verdadeira. Isso pode significar simplesmente que mais dados são requeridos para atingir uma conclusão forte, o que pode ter implicações importantes para a formulação das hipóteses.

Existe uma analogia útil entre teste de hipóteses e um julgamento por jurados. Em um julgamento, o réu é considerado inocente (isso é como considerar a hipótese nula verdadeira). Se forte evidência for encontrada do contrário, o réu é declarado culpado (rejeitamos a hipótese nula). Se não houver suficiente evidência, o réu é declarado não culpado. Isso não é o mesmo que provar a inocência do réu; assim, tal qual falhar em rejeitar a hipótese nula, essa é uma conclusão fraca.

Um importante conceito de que faremos uso é a potência de um teste estatístico.

> **Potência**
>
> A **potência** de um teste estatístico é a probabilidade de rejeitar a hipótese nula H_0, quando a hipótese alternativa for verdadeira.

A potência é calculada como $1 - \beta$, e a potência pode ser interpretada como *a probabilidade de rejeitar corretamente uma hipótese nula falsa*. Frequentemente, comparamos testes estatísticos por meio da comparação de suas propriedades de potência. Por exemplo, considere o problema da taxa de queima de propelente, quando estamos testando H_0: $\mu = 50$ centímetros por segundo contra H_1: $\mu \neq 50$ centímetros por segundo. Suponha que o valor verdadeiro da média seja $\mu = 52$. Quando $n = 10$, encontramos que $\beta = 0,2643$; logo, a potência desse teste é $1 - \beta = 1 - 0,2643 = 0,7357$, quando $\mu = 52$.

A potência é uma medida muito descritiva e concisa da *sensibilidade* de um teste estatístico, quando por sensibilidade entendemos a habilidade do teste de detectar diferenças. Nesse caso, a sensibilidade do teste para detectar a diferença entre a taxa média de queima de 50 centímetros por segundo e 52 centímetros por segundo é 0,7357. Isto é, se a média verdadeira for realmente 52 centímetros por segundo, esse teste rejeitará corretamente H_0: $\mu = 50$ e "detectará" essa diferença em 73,57 % das vezes. Se esse valor de potência for julgado como muito baixo, o analista poderá aumentar tanto α como o tamanho da amostra n.

9.1.3 Hipóteses Unilaterais e Bilaterais

Na construção de hipóteses, sempre vamos estabelecer a hipótese nula como uma igualdade, de modo que a probabilidade do erro tipo I, α, possa ser controlada em um valor específico. A hipótese alternativa tanto pode ser unilateral como bilateral, dependendo da conclusão a ser retirada se H_0 é rejeitada. Se o objetivo é fazer uma alegação envolvendo afirmações, tais como maior que, menor que, superior a, excede, no mínimo, e assim por diante, uma alternativa unilateral é apropriada. Se nenhuma direção é implicada pela alegação, ou se a alegação "não igual a" for feita, uma alternativa bilateral deve ser usada.

Em alguns problemas do mundo real, em que os procedimentos de testes unilaterais sejam indicados, é ocasionalmente difícil escolher uma formulação apropriada da hipótese alternativa. Por exemplo, suponha que um engarrafador de refrigerantes compre 10 garrafas de 10 onças de uma companhia de vidro. O engarrafador quer estar certo de que as garrafas satisfazem as especificações de pressão interna média ou resistência à explosão, que, para garrafas de 10 onças, a resistência mínima é de 200 psi. O engarrafador decidiu formular o procedimento de decisão para um lote específico de garrafas como um problema de teste de hipóteses. Há duas formulações possíveis para esse problema,

$$H_0: \mu = 200 \text{ psi} \qquad H_1: \mu > 200 \text{ psi} \qquad (9.5)$$

ou

$$H_0: \mu = 200 \text{ psi} \qquad H_1: \mu < 200 \text{ psi} \qquad (9.6)$$

> **EXEMPLO 9.1** | Taxa de Queima de um Propelente
>
> Considere o problema da taxa de queima de um propelente. Suponha que, se a taxa de queima for menor do que 50 centímetros por segundo, desejamos mostrar esse fato com uma conclusão forte. As hipóteses deveriam ser estabelecidas como
>
> $$H_0: \mu = 50 \text{ centímetros por segundo}$$
> $$H_1: \mu < 50 \text{ centímetros por segundo}$$
>
> Aqui, a região crítica está na extremidade inferior da distribuição de $\bar{X}$. Visto que a rejeição de H_0 é sempre uma conclusão forte, essa afirmação das hipóteses produzirá o resultado desejado se H_0 for rejeitado. Note-se que, embora a hipótese nula seja estabelecida com um sinal de igual, deve-se incluir qualquer valor de μ não especificado pela hipótese alternativa (ou seja, $\mu \leq 50$). Desse modo, falhar em rejeitar H_0 não significa $\mu = 50$ centímetros por segundo exatamente, mas somente que não temos evidência forte em suportar H_1.

Considere a formulação na Equação 9.5. Se a hipótese nula for rejeitada, as garrafas serão julgadas satisfatórias; se H_0 não for rejeitada, a implicação é que as garrafas não obedecem às especificações e não devem ser usadas. Como rejeitar H_0 é uma conclusão forte, essa formulação força o fabricante de garrafas a "demonstrar" que a resistência média à explosão das garrafas excede a especificação. Agora considere a formulação na Equação 9.6. Nessa situação, as garrafas serão julgadas satisfatórias, a menos que H_0 seja rejeitada. Ou seja, concluímos que as garrafas são satisfatórias, a menos que haja forte evidência do contrário.

Qual formulação é a correta? Aquela da Equação 9.5 ou da Equação 9.6? A resposta é "depende" do objetivo da análise. Para a Equação 9.5, há alguma probabilidade de que H_0 não seja rejeitada (isto é, decidiríamos que as garrafas não seriam satisfatórias), embora a média verdadeira seja levemente maior que 200 psi. Essa formulação implica que queremos que o fabricante de garrafas demonstre que o produto encontre ou exceda nossas especificações. Tal formulação poderia ser apropriada, se o fabricante tivesse experimentado dificuldade em encontrar as especificações no passado ou se as considerações de segurança do produto nos forçassem a manter firmemente a especificação de 200 psi. Por outro lado, para a formulação da Equação 9.6, há alguma probabilidade de que H_0 seja aceita e as garrafas julgadas satisfatórias, embora a média verdadeira seja levemente menor que 200 psi. Concluiríamos que as garrafas são insatisfatórias somente no caso de haver forte evidência de que a média não excederia 200 psi; ou seja, quando $H_0: \mu = 200$ psi fosse rejeitada. Essa formulação considera que estamos relativamente felizes com o desempenho passado do fabricante de garrafas e que pequenos desvios da especificação de $\mu \geq 200$ psi não são prejudiciais.

> Na formulação de hipóteses unilaterais, devemos lembrar que rejeitar H_0 é sempre uma conclusão forte. Consequentemente, devemos estabelecer uma afirmação acerca do que é importante para fazer uma conclusão forte na hipótese alternativa. Em problemas do mundo real, isso dependerá frequentemente de nosso ponto de vista e experiência com a situação.

9.1.4 Valores P nos Testes de Hipóteses

Uma maneira de reportar os resultados de um teste de hipóteses é estabelecer que a hipótese nula foi ou não foi rejeitada com um valor especificado de α, ou nível de significância. Isso é chamado de teste de **nível de significância fixo**.

A abordagem de nível de significância fixo para teste de hipóteses é muito interessante porque conduz diretamente aos conceitos de erro tipo II e potência, que são de valor considerável na determinação de tamanhos apropriados de amostras para usar em testes de hipóteses. Mas a abordagem de nível de significância fixo tem algumas desvantagens.

Por exemplo, no problema anterior, do propelente, podemos dizer que $H_0: \mu = 50$ foi rejeitada com um nível de significância de 0,05. Essa forma de conclusão é frequentemente inadequada, porque ela não dá ideia, a quem vai tomar a decisão, a respeito de se o valor calculado da estatística de teste estava apenas nas proximidades da região de rejeição ou se estava muito longe dessa região. Além disso, o estabelecimento dos resultados dessa maneira impõe o nível predefinido de significância aos outros usuários da informação. Essa abordagem pode ser insatisfatória, uma vez que algumas pessoas que vão tomar a decisão podem ficar desconfortáveis com os riscos implicados por α = 0,05.

Com o objetivo de evitar essas dificuldades, a abordagem do **valor P** tem sido largamente adotada na prática. O valor P é a probabilidade de que a estatística de teste assumirá um valor que é, no mínimo, tão extremo quanto o valor observado da estatística quando a hipótese nula for verdadeira. Assim, um valor P carrega muita informação sobre o peso da evidência contra H_0; logo, quem for tomar a decisão pode tirar uma conclusão com *qualquer* nível especificado de significância. Daremos agora uma definição formal de um valor P.

> **Valor P**
> O **valor P** é o menor nível de significância que conduz à rejeição da hipótese nula H_0, com os dados fornecidos.

É costume considerar a estatística de teste (e os dados) significativa quando a hipótese nula H_0 é rejeitada; logo, podemos pensar a respeito do valor P como o menor nível α em que os dados são significativos. Em outras palavras, o valor P é o **nível de significância observado**. Uma vez que o valor P seja conhecido, a pessoa que vai tomar a decisão pode determinar quão significativos são os dados, sem o analista de dados impor, formalmente, um nível pré-selecionado de significância.

Considere o teste bilateral de hipóteses para a taxa de queima

$$H_0: \mu = 50 \quad H_1: \mu \neq 50$$

com $n = 16$ e $\sigma = 2,5$. Suponha que a média amostral observada seja $\bar{x} = 51,3$ centímetros por segundo. A Figura 9.6 mostra uma região crítica para esse teste, com o valor crítico de $\bar{x} = 51,3$ e o valor simétrico de 48,7. O valor P do teste é a probabilidade acima de 51,3 mais a probabilidade abaixo de 48,7. O valor P é fácil de calcular depois de a estatística de teste ser observada. Neste exemplo,

$$\begin{aligned} \text{Valor } P &= 1 - P\left(48,7 < \overline{X} < 51,3\right) \\ &= 1 - P\left(\frac{48,7 - 50}{2,5/\sqrt{16}} < Z < \frac{51,3 - 50}{2,5/\sqrt{16}}\right) \\ &= 1 - P(-2,08 < Z < 2,08) \\ &= 1 - 0,962 = 0,038 \end{aligned}$$

O valor P nos diz que, se a hipótese nula $H_0 = 50$ for verdadeira, a probabilidade de obtermos uma amostra aleatória, cuja média seja no mínimo tão longe de 50 quanto de 51,3 (ou de 48,7), será igual a 0,038. Por conseguinte, uma média

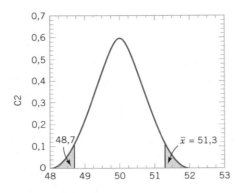

FIGURA 9.6

O valor P é a área da região sombreada, quando $\bar{x} = 51,3$.

amostral observada de 51,3 é um evento razoavelmente raro, se a hipótese nula H_0 for realmente verdadeira. Comparado com o nível de significância "padrão" de 0,05, nosso valor P observado é menor; desse modo, se estivéssemos usando um nível de significância fixo de 0,05, a hipótese nula seria rejeitada. De fato, a hipótese nula $H_0 = 50$ seria rejeitada em *qualquer* nível de significância maior que ou igual a 0,038. Isso ilustra a definição dada no boxe anterior: o valor P é o menor nível de significância que leva à rejeição de $H_0 = 50$.

Operacionalmente, uma vez calculado o valor P, tipicamente o comparamos a um nível de significância predefinido usado para tomar decisão. Geralmente, esse nível de significância predefinido é 0,05. No entanto, na apresentação de resultados e conclusões, é prática considerada padrão reportar o valor P observado, juntamente com a decisão que é feita em relação à hipótese nula.

Claramente, o valor P fornece uma medida da credibilidade da hipótese nula. Especificamente, ele é o risco de você tomar uma decisão incorreta ao rejeitar a hipótese nula H_0. O valor P *não* é a probabilidade de a hipótese nula ser falsa, nem é a probabilidade $1 - P$ de a hipótese nula ser verdadeira. A hipótese nula é verdadeira ou falsa (não há probabilidade associada a isso); desse modo, a interpretação apropriada do valor P é em termos do risco de rejeitar erroneamente a hipótese nula H_0.

Não é sempre fácil calcular o valor exato de P para um teste estatístico. No entanto, a maioria dos *softwares* modernos reporta os resultados dos problemas de testes de hipóteses em termos de valores P. Usaremos extensivamente a abordagem do valor P.

Mais sobre Valores P Temos observado que o procedimento para testar uma hipótese estatística consiste em retirar uma amostra aleatória da população, calcular uma estatística apropriada e usar a informação dessa estatística para decidir sobre a hipótese nula. Por exemplo, usamos a média da amostra na tomada de decisão. Uma vez que a média da amostra é uma variável aleatória, seu valor diferirá de amostra para amostra, significando que o valor P associado ao procedimento de teste será uma variável aleatória.

Ele também diferirá de amostra para amostra. Vamos usar um experimento computacional (uma simulação) para mostrar como o valor P se comporta quando a hipótese nula for verdadeira e quando ela for falsa.

Seja o teste com hipótese nula H_0: $\mu = 0$ contra a hipótese alternativa H_1: $\mu \neq 0$, quando estamos amostrando a partir de uma população normal com desvio-padrão $\sigma = 1$. Considere primeiro o caso em que a hipótese nula seja verdadeira e suponhamos que vamos testar as hipóteses precedentes usando um tamanho de amostra de $n = 10$. Escrevemos um *software* para simular a retirada de 10.000 amostras diferentes, ao acaso, de uma população normal, com $\mu = 0$ e $\sigma = 1$. Então, calculamos os valores P baseados nos valores das médias das amostras. A Figura 9.7 é um histograma dos valores P obtidos a partir da simulação. Note-se que o histograma dos valores P é relativamente uniforme ou plano ao longo do intervalo de 0 a 1. Verifica-se que apenas um pouco menos de 5 % dos valores P estão no intervalo de 0 a 0,05. Pode ser mostrado teoricamente que, se a hipótese nula for verdadeira, a distribuição de probabilidade do valor P é exatamente uniforme no intervalo de 0 a 1. Pelo fato de a hipótese nula ser verdadeira nessa situação, temos demonstrado, por simulação, que, quando um teste de nível de significância 0,05 for utilizado, a probabilidade de rejeitar erroneamente a hipótese nula será (aproximadamente) 0,05.

Agora, vamos ver o que acontece quando a hipótese nula é falsa. Mudamos a média da distribuição normal para $\mu = 1$ e repetimos o experimento da simulação computacional prévia, retirando outras 10.000 amostras e calculando os valores P. A Figura 9.8 é o histograma dos valores P simulados para essa situação. Note-se que esse histograma parece muito diferente daquele da Figura 9.7; há uma tendência para os valores P se empilharem próximos da origem com muito mais valores pequenos entre 0 e 0,05 do que no caso em que a hipótese nula foi verdadeira. Nem todos os valores P são menores do que 0,05; aqueles que excedem 0,05 representam os erros tipo II ou casos em que a hipótese nula não seja rejeitada no nível de significância de 0,05, embora a média verdadeira não seja 0.

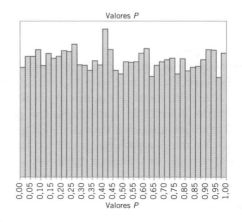

FIGURA 9.7

Uma simulação do valor P, quando H_0: $\mu = 0$ for verdadeira.

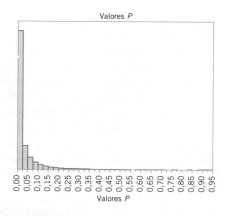

FIGURA 9.8

Uma simulação do valor P, quando µ = 1.

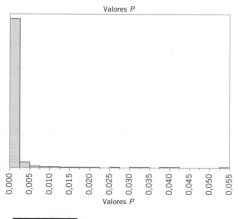

FIGURA 9.9

Uma simulação do valor P, quando µ = 2.

Finalmente, a Figura 9.9 mostra os resultados da simulação quando o valor verdadeiro da média for ainda maior; nesse caso, µ = 2. Os valores simulados de *P* são deslocados mais ainda em direção ao 0 e concentrados no lado esquerdo do histograma. Geralmente, à medida que se move para mais longe do valor hipotético, 0, a distribuição dos valores *P* se torna mais e mais concentrada perto do 0, e cada vez mais menos valores excederão 0,05. Ou seja, quanto mais longe a média estiver do valor especificado na hipótese nula, maior será a chance de que o procedimento de teste rejeitará corretamente a hipótese nula.

9.1.5 Conexão entre Testes de Hipóteses e Intervalos de Confiança

Existe uma relação íntima entre o teste de uma hipótese acerca de um parâmetro, ou seja, θ, e o intervalo de confiança para θ. Se [*l*, *u*] for um intervalo de confiança de 100(1 − α) % para o parâmetro θ, o teste com nível de significância α das hipóteses

$$H_0: \theta = \theta_0 \qquad H_1: \theta \neq \theta_0$$

conduzirá à rejeição de H_0 se e somente se θ_0 *não* estiver no IC [*l*, *u*] de 100(1 − α) %. Como uma ilustração, considere o sistema de escape do problema do propelente, com $\bar{x} = 51,3$, σ = 2,5 e *n* = 16. A hipótese nula H_0: µ = 50 foi rejeitada, usando α = 0,05. O IC bilateral de 95 % para µ pode ser calculado usando a Equação 8.7. Esse IC é $51,3 \pm 1,96(2,5/\sqrt{16})$, o que quer dizer $50,075 \leq \mu \leq 52,525$. Uma vez que o valor $\mu_0 = 50$ não está incluído nesse intervalo, a hipótese nula H_0: µ = 50 é rejeitada.

Embora testes de hipóteses e ICs sejam procedimentos equivalentes, visto que a tomada de decisão ou **inferência** sobre µ seja de interesse, cada um fornece, de algum modo, percepções diferentes. Por exemplo, o intervalo de confiança fornece uma faixa de valores prováveis para µ em um nível estabelecido de confiança, enquanto o teste de hipóteses é uma estrutura fácil para dispor os *níveis de risco*, tal como o valor *P* associado a uma decisão específica. Continuaremos a ilustrar a conexão entre os dois procedimentos ao longo de todo o texto.

9.1.6 Procedimento Geral para Testes de Hipóteses

Este capítulo desenvolve os procedimentos de testes de hipóteses para muitos problemas práticos. O uso da seguinte sequência de etapas na metodologia de aplicação de testes de hipóteses é recomendado.

1. **Parâmetro de interesse:** A partir do contexto do problema, identifique o parâmetro de interesse.
2. **Hipótese nula, H_0:** Estabeleça a hipótese nula H_0.
3. **Hipótese alternativa, H_1:** Especifique uma hipótese alternativa apropriada, H_1.
4. **Estatística de teste:** Determine uma estatística apropriada de teste.
5. **Rejeita H_0 se:** Estabeleça os critérios de rejeição para a hipótese nula.
6. **Cálculos:** Calcule quaisquer grandezas amostrais necessárias, substitua-as na equação para a estatística de teste e calcule esse valor.
7. **Conclusões:** Decida se H_0 deve ou não ser rejeitada e reporte isso no contexto do problema.

As etapas 1-4 devem ser completadas antes de se examinarem os dados amostrais. Essa sequência de etapas será ilustrada nas seções subsequentes.

Na prática, tal procedimento formal e (aparentemente) rígido não é sempre necessário. Geralmente, uma vez que o experimentalista (ou quem vai tomar a decisão) tenha decidido sobre a questão de interesse e tenha determinado o *planejamento de experimentos* (isto é, como os dados devem ser coletados, como as medidas devem ser feitas e quantas observações são necessárias), somente três etapas são realmente requeridas:

1. Especificar a estatística de teste a ser usada (tal como Z_0).
2. Especificar a localização da região crítica (bilateral, unilateral superior, ou unilateral inferior).
3. Especificar os critérios de rejeição (tipicamente, o valor de α ou o valor *P* no qual a rejeição deveria ocorrer).

Essas etapas são frequentemente completadas quase simultaneamente na resolução de problemas do mundo real, embora enfatizemos que é importante pensar cuidadosamente sobre cada etapa. Essa é a razão pela qual apresentamos e usamos o processo de sete etapas: parece reforçar o essencial da abordagem correta. Mesmo que você não use o processo toda vez para resolver problemas reais, ele é uma estrutura útil quando você está aprendendo o teste de hipóteses pela primeira vez.

Significância Estatística *Versus* Significância Prática
Notamos previamente que é muito útil reportar os resultados de um teste de hipóteses em termos do valor P, porque ele carrega mais informação que a simples afirmação "rejeita H_0" ou "falha em rejeitar H_0". Ou seja, a rejeição de H_0 com nível de significância igual a 0,05 será muito mais significativa se o valor da estatística de teste estiver bem na região crítica, excedendo em muito o valor crítico de 5 %, do que se ele estiver excedendo pouco esse valor.

Mesmo um valor pequeno de P pode ser difícil de interpretar do ponto de vista prático, quando estamos tomando decisões, pois, enquanto um valor pequeno de P indica **significância estatística** no sentido de que H_0 deve ser rejeitada em favor de H_1, o desvio real de H_0 que foi detectado pode ter pouca (se alguma) **significância prática** (engenheiros gostam de dizer "significância de engenharia"). Isso é particularmente verdade quando o tamanho da amostra n é grande.

Por exemplo, considere o problema da taxa de queima de propelente do Exemplo 9.1, em que testamos H_0: $\mu = 50$ centímetros por segundo *versus* H_1: $\mu_0 \neq 50$ centímetros por segundo, com $\sigma = 2,5$. Se supusermos que a taxa média é realmente 50,5 centímetros por segundo, então esse não será um desvio sério de H_0: $\mu = 50$ centímetros por segundo, no sentido de que, se a média realmente for 50,5 centímetros por segundo, não haverá efeito prático observável no desempenho do sistema de escape da aeronave. Em outras palavras, concluir que $\mu = 50$ centímetros por segundo quando ela é realmente 50,5 centímetros por segundo é um erro que não é caro e não tem significância prática. Para um tamanho de amostra razoavelmente grande, um valor verdadeiro de $\mu = 50,5$ centímetros por segundo conduzirá a um $\bar{x}$ da amostra que está perto de 50,5 centímetros por segundo e não queremos que esse valor de $\bar{x}$ proveniente da amostra resulte na rejeição de H_0. O quadro a seguir mostra o valor P para testar H_0: $\mu = 50$, quando observamos $\bar{x} = 50,5$ centímetros por segundo e a potência do teste com $\alpha = 0,05$, quando a média verdadeira é 50,5 para vários tamanhos n de amostra.

A coluna de valor P nesse quadro indica que, para tamanhos grandes de amostra, o valor amostral observado de $\bar{x} = 50,5$ fortemente sugere que H_0: $\mu = 50$ deve ser rejeitada, muito embora os resultados observados da amostra impliquem que, de um ponto de vista prático, a média verdadeira não difere muito do valor usado na hipótese $\mu_0 = 50$. A coluna de potência indica que se testarmos uma hipótese com um nível de significância fixo, α, e mesmo se houver pouca diferença prática entre a média verdadeira e o valor usado na hipótese, uma amostra de tamanho grande conduzirá, quase sempre, à rejeição de H_0. A moral dessa demonstração é clara:

> Seja cuidadoso ao interpretar os resultados do teste de hipóteses quando a amostra tiver tamanho grande, visto que qualquer pequeno desvio do valor usado na hipótese, μ_0, será provavelmente detectado, mesmo quando a diferença for de pouca ou nenhuma significância prática.

9.2 Testes para a Média de uma Distribuição Normal, Variância Conhecida

Nesta seção, vamos considerar teste de hipóteses acerca da média μ de uma única população normal, em que a variância da população σ^2 é conhecida. Consideraremos uma amostra aleatória $X_1, X_2, ..., X_n$ sendo retirada da população. Baseado em nossa discussão prévia, a média amostral $\bar{X}$ é um estimador não tendencioso de μ com variância σ^2/n.

9.2.1 Testes de Hipóteses para a Média

Suponha que desejamos testar as hipóteses

$$H_0: \mu = \mu_0 \qquad H_1: \mu \neq \mu_0 \qquad (9.7)$$

sendo μ_0 uma constante especificada. Temos uma amostra aleatória $X_1, X_2, ..., X_n$ proveniente de uma população normal. Visto que $\bar{X}$ tem uma distribuição normal (isto é, a *distribuição amostral* de $\bar{X}$ é normal) com média μ_0 e desvio-padrão $\sigma/\sqrt{n}$, se a hipótese nula for verdadeira poderemos calcular um valor P ou construir uma região crítica baseada no valor calculado da média amostral $\bar{X}$ como na Seção 9.1.2.

Tamanho de Amostra n	Valor P Quando $\bar{x} = 50,5$	Potência (em $\alpha = 0,05$) Quando $\mu = 50,5$ For Verdadeira
10	0,527	0,097
25	0,317	0,170
50	0,157	0,293
100	0,046	0,516
400	$6,3 \times 10^{-5}$	0,979
1000	$2,5 \times 10^{-10}$	1,000

É geralmente mais conveniente *padronizar* a média amostral e usar uma estatística de teste baseada na distribuição normal padrão. Ou seja, o procedimento de teste para H_0: $\mu = \mu_0$ usa a *estatística de teste*:

Estatística de Teste

$$Z_0 = \frac{\overline{X} - \mu_0}{\sigma/\sqrt{n}} \qquad (9.8)$$

Se a hipótese nula H_0: $\mu = \mu_0$ for verdadeira, então $E(\overline{X}) = \mu_0$, e a distribuição de Z_0 é a distribuição normal padrão [denotada por $N(0,1)$].

O procedimento de teste de hipóteses é dado a seguir. Tome uma amostra aleatória de tamanho n e calcule o valor da média amostral $\overline{x}$. Para testar a hipótese nula usando a abordagem de valor P, encontraríamos a probabilidade de observar um valor da média amostral que é no mínimo tão extrema quanto $\overline{x}$, dado que a hipótese nula é verdadeira. O valor z da variável normal padrão que corresponde a $\overline{x}$ é encontrado a partir da estatística de teste na Equação 9.8.

$$z_0 = \frac{\overline{x} - \mu_0}{\sigma/\sqrt{n}}$$

Em termos da função distribuição cumulativa normal padrão (FDC), a probabilidade que procuramos é $1 - \Phi(|z_0|)$. A razão pela qual o argumento da FDC normal padrão é $|z_0|$ é que o valor de z_0 poderia ser positivo ou negativo, dependendo da média amostral observada. Pelo fato de esse ser um teste bilateral, ele é somente metade do valor P. Consequentemente, para a hipótese alternativa bilateral, o valor P é

$$P = 2\left[1 - \Phi\left(|z_0|\right)\right] \qquad (9.9)$$

Isso é ilustrado na Figura 9.10(a).

Consideremos agora as alternativas unilaterais. Suponha que estamos testando

$$H_0: \mu = \mu_0 \qquad H_1: \mu > \mu_0 \qquad (9.10)$$

Novamente, suponha que tenhamos uma amostra aleatória de tamanho n e que a média amostral seja $\overline{x}$. Calculamos a estatística de teste a partir da Equação 9.8 e obtemos z_0. Uma vez que o teste é unilateral superior, somente valores de $\overline{x}$ que sejam maiores do que μ_0 são consistentes com a hipótese alternativa. Por conseguinte, o valor P seria a probabilidade de que a variável aleatória normal padrão fosse maior do que o valor da estatística de teste z_0. Esse valor P é calculado como

$$P = 1 - \Phi(z_0) \qquad (9.11)$$

Esse valor P é mostrado na Figura 9.10(b).

O teste unilateral inferior envolve as hipóteses

$$H_0: \mu = \mu_0 \qquad H_1: \mu < \mu_0 \qquad (9.12)$$

Suponha que tenhamos uma amostra aleatória de tamanho n e que a média amostral seja $\overline{x}$. Calculamos a estatística de teste a partir da Equação 9.8 e obtemos z_0. Uma vez que o teste é unilateral inferior, somente valores de $\overline{x}$ que sejam menores do que μ_0 são consistentes com a hipótese alternativa. Por conseguinte, o valor P seria a probabilidade de que a variável aleatória normal padrão fosse maior do que o valor da estatística de teste z_0. Esse valor P é calculado como

$$P = \Phi(z_0) \qquad (9.13)$$

conforme mostrado na Figura 9.10(c). A **distribuição de referência** para esse teste é a distribuição normal padrão. O teste é geralmente chamado de **teste z**.

Podemos também usar a abordagem de nível de significância fixo com o teste z. Tudo que temos de fazer é determinar onde colocar as regiões críticas para as hipóteses bilaterais e alternativas unilaterais. Primeiro considere a alternativa bilateral na Equação 9.10. Agora, se H_0: $\mu = \mu_0$ for verdadeira, a probabilidade será $1 - \alpha$ de que a estatística de teste Z_0 caia entre $-z_{\alpha/2}$ e $z_{\alpha/2}$, em que $z_{\alpha/2}$ é o ponto $100\alpha/2$ percentual da distribuição normal padrão. As regiões associadas com $z_{\alpha/2}$ e $-z_{\alpha/2}$ estão ilustradas na Figura 9.11(a). Note-se que a probabilidade é α de que a estatística de teste Z_0 caia na região $Z_0 > z_{\alpha/2}$ ou $Z_0 < -z_{\alpha/2}$, quando H_0: $\mu = \mu_0$ for verdadeira. Claramente, uma amostra produzindo

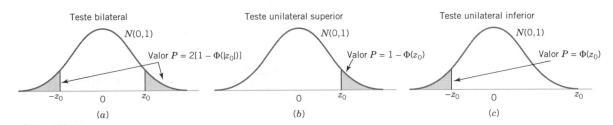

FIGURA 9.10

O valor P para um teste z. (a) A alternativa bilateral H_1: $\mu \neq \mu_0$. (b) A alternativa unilateral H_1: $\mu > \mu_0$. (c) A alternativa unilateral H_1: $\mu < \mu_0$.

um valor de estatística de teste que caia nas extremidades da distribuição de Z_0 seria não usual se $H_0: \mu = \mu_0$ fosse verdadeira; logo, isso é uma indicação de que H_0 é falsa. Assim, devemos rejeitar H_0 se o valor observado da estatística de teste z_0 for

$$z_0 > z_{\alpha/2} \qquad (9.14)$$

ou

$$z_0 < -z_{\alpha/2} \qquad (9.15)$$

e devemos falhar em rejeitar H_0 se

$$-z_{\alpha/2} \leq z_0 \leq z_{\alpha/2} \qquad (9.16)$$

As Equações 9.14 e 9.15 definem a **região crítica** ou **região de rejeição** para o teste. A probabilidade do erro tipo I para esse procedimento de teste é α.

Podemos também desenvolver os procedimentos de testes de nível de significância fixo para alternativas unilaterais. Considere o caso unilateral superior na Equação 9.10.

Na definição da região crítica para esse teste, observamos que um valor negativo da estatística de teste Z_0 nunca nos levaria a concluir que $H_0: \mu = \mu_0$ seria falsa. Por conseguinte, colocaríamos a região crítica na extremidade superior da distribuição normal padrão e rejeitaríamos H_0, se o valor calculado para z_0 fosse muito grande. Veja a Figura 9.11(b). Isto é, rejeitaríamos H_0 se

$$z_0 > z_\alpha \qquad (9.17)$$

Similarmente, para testar o caso unilateral inferior na Equação 9.12, calcularíamos a estatística de teste Z_0 e rejeitaríamos H_0 se o valor de z_0 fosse muito pequeno. Ou seja, a região crítica está na extremidade inferior da distribuição normal padrão, como mostrado na Figura 9.11(c), e rejeitaríamos H_0 se

$$z_0 < -z_\alpha \qquad (9.18)$$

É mais fácil entender a região crítica e o procedimento de teste, em geral, quando a estatística de teste é Z_0 e não $\overline{X}$. Entretanto, a mesma região crítica pode sempre ser escrita em termos do valor calculado da média da amostra $\overline{x}$. Um procedimento idêntico ao anterior é dado a seguir.

Rejeite $H_0: \mu = \mu_0$ se $\overline{x} > a$ ou $\overline{x} < b$

em que

$$a = \mu_0 + z_{\alpha/2}\sigma/\sqrt{n} \quad \text{e} \quad b = \mu_0 - z_{\alpha/2}\sigma/\sqrt{n}$$

Sumário de Testes para a Média, Variância Conhecida

Testando Hipóteses para a Média, Variância Conhecida (Testes Z)

Hipótese nula: $H_0: \mu = \mu_0$

Estatística de teste: $Z_0 = \dfrac{\overline{X} - \mu_0}{\sigma/\sqrt{n}}$

Hipótese Alternativa	Valor P	Critério de Rejeição para Testes com Níveis Fixos
$H_1: \mu \neq \mu_0$	Probabilidade acima de $|z_0|$ e probabilidade abaixo de $-|z_0|$, $P = 2[1 - \Phi(|z_0|)]$	$z_0 > z_{\alpha/2}$ ou $z_0 < -z_{\alpha/2}$
$H_1: \mu > \mu_0$	Probabilidade acima de z_0, $P = 1 - \Phi(z_0)$	$z_0 > z_\alpha$
$H_1: \mu < \mu_0$	Probabilidade abaixo de z_0, $P = \Phi(z_0)$	$z_0 < -z_\alpha$

Os valores P e regiões críticas para essas situações são mostrados nas Figuras 9.10 e 9.11.

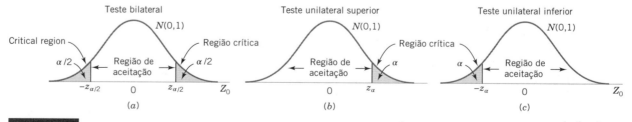

FIGURA 9.11

A distribuição de Z_0 quando $H_0: \mu = \mu_0$ for verdadeira, com região crítica para (a) a alternativa bilateral $H_1: \mu \neq \mu_0$, (b) a alternativa unilateral $H_1: \mu > \mu_0$, e (c) a alternativa unilateral $H_1: \mu < \mu_0$.

EXEMPLO 9.2 | Taxa de Queima de Propelente

Os sistemas de escape da tripulação de uma aeronave funcionam por causa de um propelente sólido. A taxa de queima desse propelente é uma característica importante do produto. As especificações requerem que a taxa média de queima tem de ser 50 centímetros por segundo. Sabemos que o desvio-padrão da taxa de queima é $\sigma = 2$ centímetros por segundo. O experimentalista decide especificar uma probabilidade do erro tipo I, ou nível de significância, de $\alpha = 0,05$. Ele seleciona uma amostra aleatória de $n = 25$ e obtém uma taxa média amostral de queima de $\bar{x} = 51,3$ centímetros por segundo. Que conclusões poderiam ser tiradas?

Podemos resolver esse problema por meio do procedimento de sete etapas, mencionado na Seção 9.1.6. Isso resulta em

1. **Parâmetro de interesse:** O parâmetro de interesse é μ, a taxa média de queima.
2. **Hipótese nula, H_0:** H_0: $\mu = 50$ centímetros por segundo.
3. **Hipótese alternativa, H_1:** H_1: $\mu \neq 50$ centímetros por segundo.
4. **Estatística de teste:** A estatística de teste é
$$z_0 = \frac{\bar{x} - \mu_0}{\sigma/\sqrt{n}}$$
5. **Rejeite H_0 se:** Rejeite H_0 se o valor P for menor do que 0,05. Para usar o teste com nível de significância fixo, os limites da região crítica seriam $z_{0,025} = 1,96$ e $-z_{0,025} = -1,96$.
6. **Cálculos:** Desde que $\bar{x} = 51,3$ e $\sigma = 2$,
$$z_0 = \frac{51,3 - 50}{2/\sqrt{25}} = 3,25$$
7. **Conclusão:** Como o valor $P = 2[1 - \Phi(3,25)] = 0,0012$, rejeitamos H_0: $\mu = 50$, com nível de significância de 0,05.

Interpretação Prática: Concluímos que a taxa média de queima difere de 50 centímetros por segundo, com base em uma amostra de 25 medidas. De fato, há forte evidência de que a taxa média de queima exceda 50 centímetros por segundo.

9.2.2 Erro Tipo II e Escolha do Tamanho da Amostra

Para o teste de hipóteses, o analista seleciona diretamente a probabilidade do erro tipo I. Entretanto, a probabilidade β do erro tipo II depende da escolha do tamanho da amostra. Nesta seção, vamos mostrar como calcular a probabilidade β do erro tipo II. Mostraremos também como selecionar o tamanho da amostra de modo a obter um valor especificado de β.

Encontrando a Probabilidade β do Erro Tipo II Considere a hipótese bilateral

$$H_0: \mu = \mu_0 \qquad H_1: \mu \neq \mu_0$$

Suponha que a hipótese nula seja falsa e que o valor verdadeiro da média seja $\mu = \mu_0 + \delta$, por exemplo, em que $\delta > 0$. O valor esperado da estatística de teste Z_0 é

$$E(Z_0) = \frac{E(\bar{X}) - \mu_0}{\sigma/\sqrt{n}} = \frac{(\mu_0 + \delta) - \mu_0}{\sigma/\sqrt{n}} = \frac{\delta\sqrt{n}}{\sigma}$$

Consequentemente, a distribuição de Z_0 quando H_1 for verdadeira será

$$Z_0 \sim N\left(\frac{\delta\sqrt{n}}{\sigma}, 1\right) \qquad (9.19)$$

A distribuição da estatística de teste Z_0, sujeita à hipótese nula H_0 e à hipótese alternativa H_1, é mostrada na Figura 9.9. A partir do exame dessa figura, notamos que, se H_1 for verdadeira, um erro tipo II será cometido somente se $-z_{\alpha/2} \leq Z_0 \leq z_{\alpha/2}$, em que $Z_0 \sim N(\delta\sqrt{n}/\sigma, 1)$. Ou seja, a probabilidade β do erro tipo II é a probabilidade de que Z_0 caia entre $-z_{\alpha/2}$ e $z_{\alpha/2}$, dado que H_1 é verdadeira. Essa probabilidade é mostrada como a porção sombreada da Figura 9.12. Expressada matematicamente, essa probabilidade é

Probabilidade de um Erro Tipo II para um Teste Bilateral para a Média, Variância Conhecida

$$\beta = \Phi\left(z_{\alpha/2} - \frac{\delta\sqrt{n}}{\sigma}\right) - \Phi\left(-z_{\alpha/2} - \frac{\delta\sqrt{n}}{\sigma}\right) \quad (9.20)$$

em que $\Phi(z)$ denota a probabilidade à esquerda de z na distribuição normal padrão. Observe que a Equação 9.20 foi obtida avaliando-se a probabilidade de Z_0 cair no intervalo $[-z_{\alpha/2}\ z_{\alpha/2}]$ quando H_1 fosse verdadeira. Além disso, note-se que a Equação 9.20 também se mantém se $\delta < 0$, por causa da simetria da distribuição normal. É também possível deduzir uma equação similar à Equação 9.20 para o caso da hipótese alternativa unilateral.

Fórmulas do Tamanho da Amostra Podem-se obter facilmente fórmulas que determinam o tamanho apropriado de uma amostra para obter um valor particular de β para um

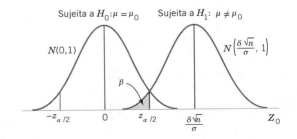

FIGURA 9.12

A distribuição de Z_0 sujeita a H_0 e H_1.

dado Δ e α. Para a hipótese alternativa bilateral, sabemos, a partir da Equação 9.20, que

$$\beta = \Phi\left(z_{\alpha/2} - \frac{\delta\sqrt{n}}{\sigma}\right) - \Phi\left(-z_{\alpha/2} - \frac{\delta\sqrt{n}}{\sigma}\right)$$

ou, se $\delta > 0$,

$$\beta \simeq \Phi\left(z_{\alpha/2} - \frac{\delta\sqrt{n}}{\sigma}\right) \qquad (9.21)$$

uma vez que $\Phi(-z_{\alpha/2} - \delta\sqrt{n}/\sigma) \cong 0$ quando δ for positivo. Seja z_β o percentil superior 100β da distribuição normal padrão. Então, $\beta = \Phi(-z_\beta)$. Da Equação 9.21,

$$-z_\beta \simeq z_{\alpha/2} - \frac{\delta\sqrt{n}}{\sigma}$$

ou

Tamanho da Amostra para um Teste Bilateral para a Média, Variância Conhecida

$$n \simeq \frac{(z_{\alpha/2} + z_\beta)^2 \sigma^2}{\delta^2} \quad \text{em que} \quad \delta = \mu - \mu_0 \qquad (9.22)$$

Se n não for um inteiro, a convenção é arredondar o tamanho da amostra para o maior inteiro mais próximo. Essa aproximação é boa quando $\Phi(-z_{\alpha/2} - \delta\sqrt{n}/\sigma)$ é pequena comparada a β. Para qualquer uma das hipóteses alternativas unilaterais, o tamanho da amostra requerido para produzir um erro especificado do tipo II, com probabilidade β, dados δ e α, é

Tamanho da Amostra para um Teste Unilateral para a Média, Variância Conhecida

$$n \simeq \frac{(z_\alpha + z_\beta)^2 \sigma^2}{\delta^2} \quad \text{em que} \quad \delta = \mu - \mu_0 \qquad (9.23)$$

Usando Curvas Características Operacionais Ao calcular o tamanho da amostra ou a probabilidade de erro tipo II, algumas vezes é mais conveniente usar as **curvas características operacionais (CO)** dos Gráficos VII*a* e VII*b* no Apêndice A. Essas curvas plotam β, como calculado pela Equação 9.20, contra um parâmetro d para vários tamanhos n de amostra. As curvas são dadas para $\alpha = 0,05$ e $\alpha = 0,01$. O parâmetro d é definido como

$$d = \frac{|\mu - \mu_0|}{\sigma} = \frac{|\delta|}{\sigma} \qquad (9.24)$$

de modo que um conjunto de curvas características pode ser usado para todos os problemas, independentemente dos valores de μ_0 e σ. Examinando as curvas características operacionais ou a Equação 9.20 e a Figura 9.9, notamos o seguinte:

1. Quanto mais longe o valor verdadeiro da média μ estiver de μ_0, menor será a probabilidade β do erro tipo II para um dado n e α. Isto é, vemos que para um tamanho de amostra e α especificados, grandes diferenças na média são mais fáceis de detectar do que em pequenas amostras.
2. Para um dado δ e α, a probabilidade β do erro tipo II diminui, à medida que n aumenta. Ou seja, para detectar uma diferença especificada δ na média, podemos tornar o teste mais potente aumentando o tamanho da amostra.

EXEMPLO 9.3 | Erro Tipo II para a Taxa de Queima de Propelente

Considere o problema do propelente de foguete do Exemplo 9.2. Suponha que a taxa verdadeira de queima seja de 49 centímetros/segundo. Qual é o valor de β para o teste bilateral, com $\alpha = 0,05$, $\sigma = 2$ e $n = 25$?

Aqui, $\delta = 1$ e $z_{\alpha/2} = 1,96$. Da Equação 9.20,

$$\beta = \Phi\left(1,96 - \frac{\sqrt{25}}{\sigma}\right) - \Phi\left(-1,96 - \frac{\sqrt{25}}{\sigma}\right)$$
$$= \Phi(-0,54) - \Phi(-4,46) = 0,295$$

Existe probabilidade de cerca de 0,3 de que essa diferença de 50 centímetros por segundo não seria detectada. Ou seja, probabilidade de cerca de 0,3 de que o teste falhará em rejeitar a hipótese nula quando a verdadeira taxa de queima for de 49 centímetros por segundo.

Interpretação Prática: Uma amostra de tamanho $n = 25$ parece razoável, mas não de grande potência $= 1 - \beta = 1 - 0,3 = 0,70$.

Suponha que o analista deseje planejar o teste de modo que, se a taxa média verdadeira de queima diferir de 50 centímetros por segundo, por não mais que 1 centímetro por segundo, o teste detectará isso (ou seja, rejeita H_0: $\mu = 50$) com alta probabilidade, digamos de 0,90. Agora, notamos que $\sigma = 2$, $\delta = 51 - 50 = 1$, $\alpha = 0,05$ e $\beta = 0,10$. Uma vez que $z_{\alpha/2} = z_{0,025} = 1,96$ e $z_\beta = z_{0,10} = 1,28$, o tamanho requerido da amostra para detectar esse desvio de H_0: $\mu = 50$ é encontrado pela Equação 9.22 como

$$n \simeq \frac{(z_{\alpha/2} + z_\beta)^2 \sigma^2}{\delta^2} = \frac{(1,96 + 1,28)^2 2^2}{(1^2)} \simeq 42$$

A aproximação é boa aqui, desde que $\Phi(-z_{\alpha/2} - \delta\sqrt{n}/\sigma) = \Phi(-1,96 - (1)\sqrt{42}/2) = \Phi(-5,20) \simeq 0$, que é pequena em relação a β.

Interpretação Prática: Para conseguir uma potência muito maior de 0,90, você necessitará de um tamanho de amostra consideravelmente grande, $n = 42$, em vez de $n = 25$.

EXEMPLO 9.4 | Erro Tipo II a Partir da Curva CO para a Taxa de Queima do Propelente

Considere o problema do propelente no Exemplo 9.2. Suponha que o analista esteja preocupado acerca da probabilidade do erro tipo II, se a taxa média verdadeira de queima for $\mu = 51$ centímetros por segundo. Podemos usar as curvas características operacionais para encontrar β. Note que $\delta = 51 - 50 = 1$, $n = 25$, $\sigma = 2$ e $\alpha = 0,05$. Então, usando a Equação 9.24, resulta

$$d = \frac{|\mu - \mu_0|}{\sigma} = \frac{|\delta|}{\sigma} = \frac{1}{2}$$

e, do Gráfico VIIa no Apêndice A, com $n = 25$, encontramos que $\beta = 0,30$. Ou seja, se a taxa média verdadeira de queima for $\mu = 51$ centímetros por segundo, então haverá aproximadamente 30 % de chance de que isso não seja detectado pelo teste, com $n = 25$.

EXEMPLO 9.5 | Tamanho da Amostra a Partir da Curva CO para a Taxa de Queima do Propelente

Mais uma vez, considere o problema do propelente no Exemplo 9.2. Suponha que o analista queira planejar o teste de modo que, se a taxa média verdadeira de queima diferir de 50 centímetros por segundo, por não mais que 1 centímetro por segundo, o teste detectará isso (ou seja, rejeitará H_0: $\mu = 50$) com uma probabilidade alta, como 0,90. Esse é exatamente o mesmo requerimento do Exemplo 9.3, em que usamos a Equação 9.22 para encontrar o tamanho requerido da amostra como $n = 42$. As curvas características operacionais podem também ser usadas para encontrar o tamanho da amostra para esse teste. Visto que $d = |\mu - \mu_0|/\sigma = 1/2$, $\alpha = 0,05$ e $\beta = 0,10$, encontramos, a partir do Gráfico VIIa do Apêndice A, que o tamanho requerido para a amostra é aproximadamente $n = 40$. Esse valor é muito próximo àquele calculado pela Equação 9.22.

Em geral, as curvas características operacionais envolvem três parâmetros: β, d, e n. Dados dois quaisquer desses parâmetros, o valor do terceiro pode ser determinado. Existem duas aplicações típicas dessas curvas:

1. Para um dado n e d, encontre β (conforme ilustrado no Exemplo 9.4). Esse tipo de problema é frequentemente encontrado quando o analista está preocupado acerca da sensibilidade de um experimento já realizado, ou quando o tamanho da amostra é restrito por fatores econômicos ou outros.
2. Para um dado β e d, encontre n. Isso foi ilustrado no Exemplo 9.5. Esse tipo de problema é geralmente encontrado quando o analista tem a oportunidade de selecionar o tamanho da amostra no início do experimento.

Curvas características operacionais são dadas nos Gráficos VIIc e VIId do Apêndice A, para alternativas unilaterais. Se a hipótese alternativa for H_1: $\mu > \mu_0$ ou H_1: $\mu < \mu_0$, a escala da abscissa nesses gráficos será

$$d = \frac{|\mu - \mu_0|}{\sigma} \quad (9.25)$$

Usando o Computador Muitos *softwares* estatísticos calcularão tamanhos de amostra e probabilidades de erro tipo II. Para ilustrar, eis alguns cálculos típicos computacionais para o problema da taxa de queima de propelente:

Potência e Tamanho da Amostra

```
Teste Z para uma amostra
Testando média = 0 (versus ≠ 0)
Calculando a potência para média = 0 + diferença
Alfa = 0,05  Sigma = 2
Diferença        Tamanho da Amostra       Potência Alvo       Potência Real
    1                   43                    0,9000              0,9064
```

Potência e Tamanho da Amostra

```
Teste Z para uma amostra
Testando média = 0 (versus ≠ 0)
Calculando a potência para média = 0 + diferença
Alfa = 0,05  Sigma = 2
Diferença        Tamanho da Amostra       Potência Alvo       Potência Real
    1                   28                    0,7500              0,7536
```

Potência e Tamanho da Amostra
```
Teste Z para uma amostra
Testando média = 0 (versus ≠ 0)
Calculando a potência para média = 0 + diferença
Alfa = 0,05 Sigma = 2
Diferença        Tamanho da Amostra        Potência
    1                    25                  0,7054
```

Na primeira parte da saída disposta na tabela, trabalhamos o Exemplo 9.3 para encontrar o tamanho n da amostra que permitiria a detecção de uma diferença de 1 centímetro por segundo em relação a $\mu_0 = 50$, com potência de 0,9 e $\alpha = 0{,}05$. A resposta, $n = 43$, concorda muito bem com o valor calculado a partir da Equação 9.22 no Exemplo 9.3, que foi $n = 42$. A diferença é em razão de o *software* usar um valor de z_β que tem mais de dois decimais. A segunda parte da saída do computador reduz o requerimento de potência para 0,75. Note-se que o efeito é reduzir o tamanho requerido da amostra para $n = 28$. A terceira parte da saída é a solução para o Exemplo 9.4, em que desejamos determinar a probabilidade do erro tipo II de (β) ou a potência = $1 - \beta$ para o tamanho de amostra $n = 25$. Observe que o *software* calcula a potência como 0,7054, que concorda muito bem com a resposta obtida pela curva CO no Exemplo 9.4. Geralmente, no entanto, os cálculos do computador serão mais acurados que os valores da leitura visualizada a partir da curva CO.

9.2.3 Teste para uma Amostra Grande

Desenvolvemos o procedimento de teste para a hipótese nula H_0: $\mu = \mu_0$ considerando que a população fosse distribuída normalmente e que σ^2 fosse conhecida. Em muitas, senão na maioria, das situações práticas, σ^2 será desconhecida. Além disso, não podemos estar certos de que a população seja bem modelada por uma distribuição normal. Nessas situações, se n for grande ($n \geq 40$), o desvio-padrão s da amostra poderá substituir σ nos procedimentos de teste, tendo pouco efeito. Dessa maneira, embora tenhamos dado um teste para a média de uma distribuição normal, com σ^2 conhecida, ele pode ser facilmente convertido em um *procedimento de teste para amostra grande no caso de σ^2 desconhecida*, que seja válido, independentemente da forma da distribuição da população. Esse teste para amostra grande se baseia no teorema central do limite, tal qual o intervalo de confiança para μ no caso de amostra grande, que foi apresentado no capítulo prévio. O tratamento exato do caso em que a população é normal, com σ^2 sendo desconhecida e n sendo pequeno, envolve o uso da distribuição t, e será analisado na próxima seção.

9.3 Testes para a Média de uma Distribuição Normal, Variância Desconhecida

9.3.1 Testes de Hipóteses para a Média

Consideremos agora o caso de **teste de hipóteses** para a média de uma população com *variância desconhecida*, σ^2.

A situação é similar àquela da Seção 8.2, em que consideramos um *intervalo de confiança* para a média na mesma situação. Como naquela seção, a validade do procedimento de teste descreverá testes para a suposição de que a distribuição da população seja no mínimo aproximadamente normal. O resultado importante sobre o qual o procedimento de teste se baseia é que, se $X_1, X_2, \ldots, X_n$ for uma amostra aleatória proveniente de uma distribuição normal, com μ e σ^2, a variável aleatória

$$T = \frac{\overline{X} - \mu}{S/\sqrt{n}}$$

terá uma distribuição t com $n-1$ graus de liberdade. Lembre-se de que usamos esse resultado na Seção 8.2 para criar o intervalo de confiança t para μ. Agora, considere o teste de hipóteses

$$H_0: \mu = \mu_0 \qquad H_1: \mu \neq \mu_0$$

Usaremos a estatística de teste.

Estatística de Teste

$$T_0 = \frac{\overline{X} - \mu_0}{S/\sqrt{n}} \qquad (9.26)$$

Se a hipótese nula for verdadeira, T_0 terá uma distribuição t com $n-1$ graus de liberdade. Quando conhecemos a distribuição da estatística de teste quando H_0 é verdadeira (isso é frequentemente chamado de **distribuição de referência** ou de **distribuição nula**), podemos calcular o valor P dessa distribuição; ou, se usarmos a abordagem de nível de significância fixo, poderemos localizar a região crítica para controlar a probabilidade do erro tipo I em um nível desejado.

Para testar $H_0: \mu = \mu_0$ contra a alternativa bilateral $H_1: \mu \neq \mu_0$, o valor da estatística de teste t_0 na Equação 9.26 é calculado e o valor P é encontrado a partir da distribuição t com $n-1$ graus de liberdade (denotado por T_{n-1}). Visto que o teste é bilateral, o valor P é a soma das probabilidades das duas extremidades da distribuição t. Veja a Figura 9.13(a). O valor P é a probabilidade acima de $|t_0|$ mais a probabilidade abaixo. Como a distribuição t é simétrica em torno do zero, uma maneira simples de escrever isso é

$$P = 2P(T_{n-1} > |t_0|) \qquad (9.27)$$

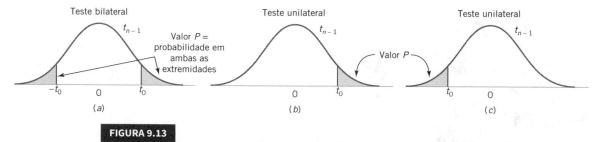

FIGURA 9.13

Calculando o valor P para um teste t: (a) $H_1: \mu \neq \mu_0$; (b) $H_1: \mu > \mu_0$; (c) $H_1: \mu < \mu_0$.

Um valor P pequeno é evidência contra H_0; logo, se P possui um valor suficientemente pequeno (tipicamente < 0,05), rejeite a hipótese nula.

Para hipóteses alternativas unilaterais,

$$H_0: \mu = \mu_0 \qquad H_1: \mu > \mu_0 \qquad (9.28)$$

calculamos a estatística de teste t_0 da Equação 9.26 e calculamos o valor P como

$$P = P(T_{n-1} > t_0) \qquad (9.29)$$

Para a outra alternativa unilateral,

$$H_0: \mu = \mu_0 \qquad H_1: \mu < \mu_0 \qquad (9.30)$$

calculamos o valor P como

$$P = P(T_{n-1} < t_0) \qquad (9.31)$$

As Figuras 9.13(b) e 9.13(c) mostram como esses valores P são calculados.

Softwares estatísticos calculam e apresentam os valores P. Entretanto, trabalhando manualmente problemas, é útil ser capaz de encontrar o valor P para um **teste t**. Uma vez que a tabela t na Tabela V do Apêndice A contém somente 10 valores críticos para cada distribuição t, é geralmente impossível a determinação do valor P exato a partir dessa tabela. Felizmente, é fácil encontrar os limites inferiores e superiores do valor P usando essa tabela.

Para ilustrar, suponha que estejamos conduzindo um teste t unilateral superior (logo, $H_1: \mu > \mu_0$) com 14 graus de liberdade. Os valores críticos relevantes da Tabela II do Apêndice A são dados a seguir.

Valor crítico:	0,258	0,692	1,345	1,761	2,145
	2,624	2,977	3,326	3,787	4,140
Área da extremidade:	0,40	0,25	0,10	0,05	0,025
	0,01	0,005	0,0025	0,001	0,0005

Depois de calcular a estatística de teste, encontramos que $t_0 = 2,8$. Agora, $t_0 = 2,8$ está entre dois valores tabelados, 2,624 e 2,977. Desse modo, o valor P tem de estar entre 0,01 e 0,005.

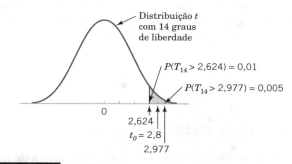

FIGURA 9.14

Valor **P** para $t_0 = 2,8$; um teste unilateral superior é mostrado estar entre 0,005 e 0,01.

Veja a Figura 9.14. Esses são efetivamente os limites superior e inferior para o valor P.

Isso ilustra o procedimento para um teste unilateral superior. Se o teste fosse unilateral inferior, mudaria apenas o sinal de t_0 e se procederia como antes. Lembre-se de que, para um teste bilateral, o nível de significância associado a um valor crítico particular é duas vezes a área correspondente à extremidade no cabeçalho da coluna. Esse fato tem de ser levado em consideração quando calculamos o limite para o valor P. Por exemplo, suponha que $t_0 = 2,8$ para uma alternativa bilateral baseada em 14 graus de liberdade. O valor da estatística de teste $t_0 > 2,624$ (correspondendo a $\alpha = 2 \times 0,01 = 0,02$) e $t_0 < 2,977$ (correspondendo a $\alpha = 2 \times 0,005 = 0,01$), de modo que os limites inferior e superior para o valor P seriam $0,01 < P < 0,02$ para esse caso.

Alguns programas estatísticos podem ajudar a calcular valores P. Por exemplo, muitos *softwares* comerciais têm a capacidade de encontrar probabilidades cumulativas a partir de muitas distribuições padrões de probabilidade, incluindo a distribuição t. Simplesmente entre com o valor da estatística de teste t_0, juntamente com o número apropriado de graus de liberdade. Então, o *software* mostrará a probabilidade $P(T_v \leq t_0)$, em que v é o número de graus de liberdade para a estatística de teste t_0. A partir da probabilidade cumulativa, o valor P pode ser determinado.

O teste t para uma única amostra, que acabamos de descrever, pode também ser conduzido usando a abordagem de **nível de significância fixo**. Considere a hipótese alternativa bilateral. A hipótese nula seria rejeitada se o valor da estatística de teste t_0 caísse na região crítica definida pelos pontos percentuais inferior e superior $\alpha/2$ % da distribuição t com $n - 1$ graus de liberdade. Ou seja, rejeite H_0 se

$$t_0 > t_{\alpha/2, n-1} \quad \text{ou} \quad t_0 < -t_{\alpha/2, n-1}$$

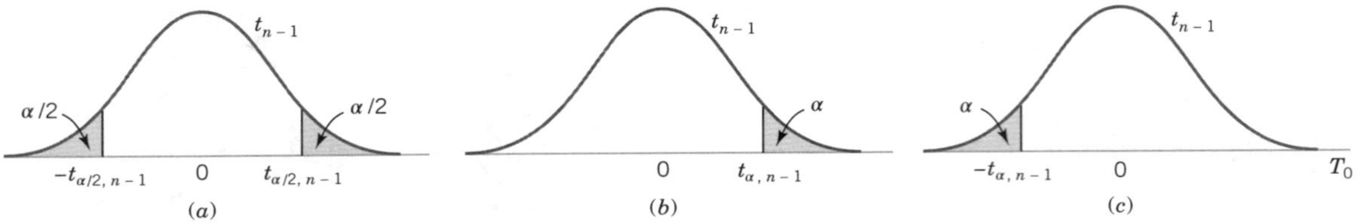

FIGURA 9.15

A distribuição de T_0 quando H_0: $\mu = \mu_0$ é verdadeira, com região crítica para (a) H_1: $\mu \neq \mu_0$; (b) H_1: $\mu > \mu_0$; (c) H_1: $\mu < \mu_0$.

Para testes unilaterais, a localização da região crítica é determinada pela direção que a desigualdade na hipótese alternativa "aponta". Portanto, se a alternativa for H_1: $\mu > \mu_0$, rejeite H_0 se

$$t_0 > t_{\alpha,n-1}$$

e, se a alternativa for H_1: $\mu < \mu_0$, rejeite H_0 se

$$t_0 < -t_{\alpha,n-1}$$

A Figura 9.15 fornece as localizações dessas regiões críticas.

Sumário para Testes *t*, uma Amostra

Testando Hipóteses da Média Aritmética de uma Distribuição Normal, com Variância Desconhecida

Hipótese nula: H_0: $\mu = \mu_0$

Estatística de teste: $T_0 = \dfrac{\overline{X} - \mu_0}{S/\sqrt{n}}$

Hipótese Alternativa	Valor P	Critério de Rejeição para Testes com Níveis Fixos
H_1: $\mu \neq \mu_0$	Probabilidade acima de $|t_0|$ e probabilidade abaixo de $-|t_0|$	$t_0 > t_{\alpha/2,n-1}$ ou $t_0 < -t_{\alpha/2,n-1}$
H_1: $\mu > \mu_0$	Probabilidade acima de t_0	$t_0 > t_{\alpha,n-1}$
H_1: $\mu < \mu_0$	Probabilidade abaixo de t_0	$t_0 < -t_{\alpha,n-1}$

Os cálculos dos valores P e as localizações das regiões críticas para essas situações são mostrados nas Figuras 9.13 e 9.15, respectivamente.

EXEMPLO 9.6 | Projeto do Taco de Golfe

A disponibilidade crescente de materiais leves com alta resistência tem revolucionado o projeto e a fabricação de tacos de golfe, particularmente os direcionadores. Tacos com cabeças ocas e faces muito finas podem resultar em tacadas muito mais longas, especialmente para jogadores com habilidades modestas. Isso é causado parcialmente pelo "efeito mola" que a face fina impõe à bola. Bater na bola de golfe com a cabeça do taco e medir a razão entre a velocidade de saída da bola e a velocidade de chegada pode quantificar esse efeito mola. A razão de velocidades é chamada de *coeficiente de restituição do taco*. Um experimento foi feito, em que 15 tacos direcionadores, produzidos por determinado fabricante de tacos, foram selecionados ao acaso e seus coeficientes de restituição foram medidos. No experimento, bolas de golfe foram atiradas a partir de um canhão de ar, de modo que a velocidade de chegada e a taxa de giro da bola poderiam ser precisamente controladas. É de interesse determinar se há evidência (com $\alpha = 0,05$) que suporte a afirmação de que o coeficiente médio de restituição excede 0,82. As observações seguem.

0,8411	0,8191	0,8182	0,8125	0,8750
0,8580	0,8532	0,8483	0,8276	0,7983
0,8042	0,8730	0,8282	0,8359	0,8660

A média e o desvio-padrão da amostra são $\overline{x} = 0,83725$ e $s = 0,02456$. O gráfico de probabilidade normal dos dados na Figura 9.16 suporta o pressuposto de que o coeficiente médio de restituição é normalmente distribuído. Uma vez que o objetivo do experimentalista é demonstrar que o coeficiente médio de restituição excede 0,82, uma hipótese alternativa unilateral é apropriada.

A solução, usando o procedimento de sete etapas para o teste de hipóteses, é dada a seguir:

1. **Parâmetro de interesse:** O parâmetro de interesse é o coeficiente médio de restituição, μ.
2. **Hipótese nula:** $H_0: \mu = 0{,}82$.
3. **Hipótese alternativa:** $H_1: \mu > 0{,}82$. Queremos rejeitar H_0 se o coeficiente médio de restituição exceder 0,82.
4. **Estatística de teste:** A estatística de teste é

$$t_0 = \frac{\overline{x} - \mu_0}{S/\sqrt{n}}$$

5. **Rejeite H_0 se:** Rejeite H_0 se o valor P for menor do que 0,05.
6. **Cálculos:** Já que $\overline{x} = 0{,}83725$, $s = 0{,}02456$, $\mu_0 = 0{,}82$ e $n = 15$, temos

$$t_0 = \frac{0{,}83725 - 0{,}82}{0{,}02456/\sqrt{15}} = 2{,}72$$

7. **Conclusões:** Na Tabela II do Apêndice A, vimos, para uma distribuição t com 14 graus de liberdade, que $t_0 = 2{,}72$ cai entre dois valores: 2,624, para o qual $\alpha = 0{,}01$, e 2,977, para o qual $\alpha = 0{,}005$. Pelo fato de esse ser um teste unilateral, sabemos que o valor P está entre esses dois valores; ou seja, $0{,}005 < P < 0{,}01$.

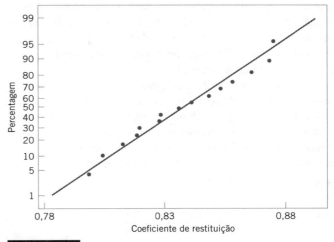

FIGURA 9.16

Gráfico de probabilidade normal do coeficiente dos dados de restituição.

Consequentemente, uma vez que $P < 0{,}05$, rejeitamos H_0 e concluímos que o coeficiente médio de restituição excede 0,82.

Interpretação Prática: Existe forte evidência para concluir que o coeficiente médio de restituição excede 0,82.

Normalidade e o Teste t O desenvolvimento do teste t admite que a população, da qual a amostra aleatória foi retirada, seja normal. Essa suposição é necessária para deduzir formalmente a distribuição t como a distribuição de referência para a estatística de teste na Equação 9.26. Pelo fato de poder ser difícil identificar a forma de uma distribuição baseada em uma amostra pequena, uma questão lógica a perguntar é quão importante é a suposição. Estudos têm investigado isso. Felizmente, estudos têm encontrado que o teste t é relativamente insensível à suposição de normalidade. Se a população que deu origem à amostra for razoavelmente simétrica e unimodal, o teste t funcionará satisfatoriamente. O nível de significância exato não coincide com o nível "anunciado"; por exemplo, os resultados podem ser significativos em um nível de 6 % ou 7 % em vez de 5 %. Isso não é geralmente um problema sério na prática. Um gráfico de probabilidade normal dos dados amostrais, conforme ilustrado na Figura 9.16 para os dados do taco de golfe, é geralmente uma boa maneira de verificar a adequação da suposição de normalidade. Somente desvios severos da normalidade que sejam evidentes no gráfico devem ser motivo para preocupação.

Muitos *softwares* realizam o teste t para uma amostra. Um resultado típico para o Exemplo 9.6 é mostrado a seguir.

Observe-se que o *software* calcula tanto a estatística de teste T_0 como o limite inferior de confiança de 95 % para o coeficiente de restituição. O valor P reportado é 0,008. Pelo fato de o limite inferior de confiança de 95 % exceder 0,82, rejeitaríamos a hipótese de que $H_0: \mu = 0{,}82$ e concluiríamos que a hipótese alternativa $H_1: \mu > 0{,}82$ é verdadeira.

9.3.2 Erro Tipo II e Escolha do Tamanho da Amostra

A probabilidade do erro tipo II para testes na média de uma distribuição normal com variância desconhecida dependerá da distribuição da estatística de teste na Equação 9.26, quando a hipótese nula $H_0: \mu = \mu_0$ for falsa. Quando o valor verdadeiro da média for $\mu = \mu_0 + \delta$, a distribuição para T_0 será chamada de distribuição não central t, com $n - 1$ graus de liberdade e parâmetro de não centralidade $\delta\sqrt{n}/\sigma$. Perceba que, se $\delta = 0$, então a distribuição t não centralizada se reduz à usual *distribuição t central*. Consequentemente, o erro tipo II da alternativa bilateral (por exemplo) seria

$$\beta = P(-t_{\alpha/2, n-1} \leq T_0 \leq t_{\alpha/2, n-1} \mid \delta \neq 0)$$
$$= P(-t_{\alpha/2, n-1} \leq T_0' \leq t_{\alpha/2, n-1})$$

T para uma Amostra
Teste de µ = 0,82 vs. µ > 0,82

Variável	N	Média	Desvio-Padrão	Erro-Padrão da Média	Limite inferior de 95 %	T	Valor P
COR	15	0,83725	0,02456	0,00634	0,82608	2,72	0,008

em que T'_0 denota a variável aleatória não central t. Encontrar a probabilidade de erro tipo II, β, para o teste t envolve determinar a probabilidade contida entre dois pontos na distribuição não central t. Por causa de a variável aleatória não central t não ter uma função de densidade bem comportada, essa integração tem de ser feita numericamente.

Felizmente, essa tarefa desagradável já foi feita e os resultados estão resumidos em uma série de curvas C.O. nos Gráficos VII*e*, VII*f*, VII*g* e VII*h* do Apêndice A que plotam β para o teste t contra um parâmetro d para vários tamanhos n de amostra. As curvas são fornecidas para alternativas bilaterais nos gráficos VII*e* e VII*f*. O fator de escala da abscissa d nesses gráficos é definido como

$$d = \frac{|\mu - \mu_0|}{\sigma} = \frac{|\delta|}{\sigma} \qquad (9.32)$$

Para uma alternativa unilateral $\mu > \mu_0$ ou $\mu < \mu_0$, usamos os gráficos VII*g* e VII*h* com

$$d = \frac{|\mu - \mu_0|}{\sigma} = \frac{|\delta|}{\sigma} \qquad (9.33)$$

Notamos que d depende do parâmetro desconhecido σ^2. Podemos evitar essa dificuldade de várias maneiras. Em alguns casos, podemos usar os resultados de um experimento prévio ou informação anterior para fazer uma estimativa inicial grosseira de σ^2. Se estivermos interessados em avaliar o desempenho do teste depois de os dados terem sido coletados, poderemos usar a variância da amostra s^2 para estimar σ^2. Se não houver experiência prévia que possa ser usada para estimar σ^2, definiremos então a diferença na média d que desejamos detectar relativa a σ. Por exemplo, se desejarmos detectar uma pequena diferença na média, poderemos usar um valor de $d = |\delta|/\sigma \le 1$ (por exemplo), enquanto, se estivermos interessados em detectar somente diferenças moderadamente grandes na média, poderemos selecionar $d = |\delta|/\sigma = 2$ (por exemplo). Ou seja, é o valor da razão $|\delta|/\sigma$ que é importante na determinação do tamanho da amostra. Se for possível especificar o tamanho relativo da diferença nas médias que estamos interessados em detectar, então um valor apropriado de d poderá geralmente ser selecionado.

Alguns *softwares* podem também fazer os cálculos da potência e do tamanho da amostra para o teste t no caso de uma amostra. A seguir, são apresentados vários cálculos baseados no problema do teste do taco de golfe.

Potência e Tamanho da Amostra
Teste t para uma amostra
Testando média = 0 (versus média > 0)
Calculando a potência para média = 0 + diferença
Alfa = 0,05 Sigma = 0,02456

Diferença	Tamanho da Amostra	Potência
0,02	15	0,9117

Potência e Tamanho da Amostra
Teste t para uma amostra
Testando média = 0 (versus média > 0)
Calculando a potência para média = 0 + diferença
Alfa = 0,05 Sigma = 0,02456

Diferença	Tamanho da Amostra	Potência
0,01	15	0,4425

Potência e Tamanho da Amostra
Teste t para uma amostra
Testando média = 0 (versus média > 0)
Calculando a potência para média = 0 + diferença
Alfa = 0,05 Sigma = 0,02456

Diferença	Tamanho da Amostra	Potência Alvo	Potência Real
0,01	39	0,8000	0,8029

EXEMPLO 9.7 | Tamanho de Amostra para o Projeto do Taco de Golfe

Considere o problema do teste do taco de golfe do Exemplo 9.6. Se o coeficiente médio de restituição exceder 0,82 por uma diferença de 0,02, o tamanho da amostra de $n = 15$ é adequado para assegurar que H_0: $\mu = 0,82$ será rejeitada com probabilidade de no mínimo 0,8?

Para resolver este problema, usaremos o desvio-padrão da amostra $s = 0,02456$ para estimar σ. Então $d = |\delta|/\sigma =$ 0,02/0,02456 = 0,81. Pelas curvas características operacionais do Gráfico VII*g* do Apêndice A (para $\alpha = 0,05$), com $d = 0,81$ e $n = 15$, encontramos que $\beta = 0,10$, aproximadamente. Desse modo, a probabilidade de rejeitar H_0: $\mu = 0,82$, se a média verdadeira excedê-la por 0,02, é aproximadamente $1 - \beta = 1 - 0,10 = 0,90$, e concluímos que o tamanho da amostra de $n = 15$ é adequado para fornecer a sensibilidade desejada.

Na primeira porção do resultado, o *software* reproduz a solução para o Exemplo 9.7, verificando que um tamanho de amostra de $n = 15$ é adequado para fornecer potência de no mínimo 0,8, se o coeficiente médio de restituição exceder 0,82 por no mínimo 0,02. No meio da seção de saída, usamos o *software* para calcular a potência para detectar uma diferença entre μ e $\mu_0 = 0,82$ de 0,01. Note-se que, com $n = 15$, a potência cai consideravelmente para 0,4425. A porção final da saída é o tamanho da amostra requerido para uma potência de no mínimo 0,8, se a diferença entre μ e μ_0 de interesse for realmente 0,01. Um n muito maior é requerido para detectar essa diferença menor.

9.4 Testes para a Variância e para o Desvio-Padrão de uma Distribuição Normal

Algumas vezes, são necessários testes de hipóteses e intervalos de confiança para a variância ou o desvio-padrão da população. Quando a população for modelada por uma distribuição normal, os testes e intervalos descritos nesta seção serão aplicáveis.

9.4.1 Testes de Hipóteses para a Variância

Suponha que desejemos testar a hipótese de que a variância de uma população normal σ^2 seja igual a um valor específico, como σ_0^2, ou, equivalentemente, que o desvio-padrão σ seja igual a σ_0. Seja $X_1, X_2, \ldots, X_n$ uma amostra aleatória de n observações, proveniente dessa população. Para testar

$$H_0: \sigma^2 = \sigma_0^2 \qquad H_1: \sigma^2 \neq \sigma_0^2 \qquad (9.34)$$

usaremos a estatística de teste:

Estatística de Teste

$$\chi_0^2 = \frac{(n-1)S^2}{\sigma_0^2} \qquad (9.35)$$

Se a hipótese nula $H_0: \sigma^2 = \sigma_0^2$ for verdadeira, então a estatística de teste χ_0^2, definida na Equação 9.35, segue a distribuição qui-quadrado, com $n - 1$ graus de liberdade. Essa é uma distribuição de referência para esse procedimento de teste. De modo a executar um teste de nível de significância fixo, tomaríamos uma amostra aleatória proveniente da população de interesse, calcularíamos χ_0^2, o valor da estatística de teste χ_0^2, e a hipótese $H_0: \sigma^2 = \sigma_0^2$ seria rejeitada se

$$\chi_0^2 > \chi_{\alpha/2, n-1}^2 \quad \text{ou se} \quad \chi_0^2 > \chi_{1-\alpha/2, n-1}^2$$

em que $\chi_{\alpha/2, n-1}^2$ e $\chi_{1-\alpha/2, n-1}^2$ são os pontos superior e inferior $100\alpha/2$ % da distribuição qui-quadrado, com $n - 1$ graus de liberdade, respectivamente. A Figura 9.17(a) mostra a região crítica.

A mesma estatística de teste é usada para as hipóteses alternativas unilaterais. Para as hipóteses unilaterais

$$H_0: \sigma^2 = \sigma_0^2 \qquad H_1: \sigma^2 > \sigma_0^2 \qquad (9.36)$$

rejeitaríamos H_0 se $\chi_0^2 > \chi_{\alpha, n-1}^2$, enquanto, para as outras hipóteses unilaterais,

$$H_0: \sigma^2 = \sigma_0^2 \qquad H_1: \sigma^2 < \sigma_0^2 \qquad (9.37)$$

rejeitaríamos H_0 se $\chi_0^2 < \chi_{\alpha-1, n-1}^2$. As regiões críticas unilaterais são mostradas nas Figuras 9.17(b) e 9.17(c).

Testes para a Variância de uma Distribuição Normal

Hipótese nula: $\quad H_0: \sigma^2 = \sigma_0^2$

Estatística de teste: $\chi_0^2 = \dfrac{(n-1)S^2}{\sigma_0^2}$

Hipótese Alternativa	Critérios de Rejeição
$H_1: \sigma^2 \neq \sigma_0^2$	$\chi_0^2 > \chi_{\alpha/2, n-1}^2$ ou $\chi_0^2 < \chi_{1-\alpha/2, n-1}^2$
$H_1: \sigma^2 > \sigma_0^2$	$\chi_0^2 > \chi_{\alpha, n-1}^2$
$H_1: \sigma^2 < \sigma_0^2$	$\chi_0^2 < \chi_{1-\alpha, n-1}^2$

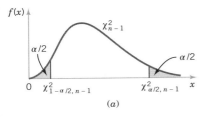 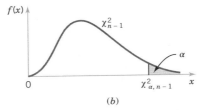 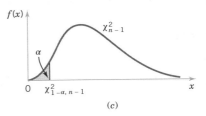

FIGURA 9.17
Distribuição de referência para o teste de $H_0: \sigma^2 = \sigma_0^2$, com valores da região crítica para (a) $H_1: \sigma^2 \neq \sigma_0^2$, (b) $H_1: \sigma^2 > \sigma_0^2$, e (c) $H_1: \sigma^2 < \sigma_0^2$.

EXEMPLO 9.8 | Enchimento Automático

Uma máquina de enchimento automático é usada para encher garrafas com detergente líquido. Uma amostra aleatória de 20 garrafas resulta em uma variância amostral de volume de enchimento de $s^2 = 0,0153$ (onça fluida)^2. Se a variância do volume de enchimento exceder 0,01 (onça fluida)^2, existirá uma proporção inaceitável de garrafas cujo enchimento não foi completo e cujo enchimento foi em demasia. Há evidência nos dados da amostra sugerindo que o fabricante tem um problema com garrafas cheias com falta ou excesso de detergente? Use $\alpha = 0,05$ e considere que o volume de enchimento tenha uma distribuição normal.

O uso do procedimento das sete etapas resulta no seguinte:
1. **Parâmetro de interesse:** O parâmetro de interesse é a variância da população σ^2
2. **Hipótese nula:** $H_0: \sigma^2 = 0,01$
3. **Hipótese alternativa:** $H_1: \sigma^2 > 0,01$
4. **Estatística de teste:** A estatística de teste é $\chi_0^2 = \dfrac{(n-1)s^2}{\sigma_0^2}$
5. **Rejeite H_0 se:** Use $\alpha = 0,05$ e rejeite H_0 se $\chi_0^2 > \chi_{0,05;19}^2 = 30,14$
6. **Cálculos:** $\chi_0^2 = \dfrac{19(0,0153)}{0,01} = 29,07$
7. **Conclusões:** Uma vez que $\chi_0^2 = 29,07 < \chi_{0,05;19}^2 = 30,14$, concluímos que não há evidência forte de que a variância no volume de enchimento excede 0,01 (onça fluida)^2. Logo, não há forte evidência de um problema com enchimento de garrafas realizado incorretamente.

Podemos também utilizar a abordagem do valor P. Usando a Tabela III do Apêndice A, é fácil colocar limites no valor P de um **teste qui-quadrado**. Da inspeção da tabela, encontramos que $\chi_{0,10;19}^2 = 27,20$ e $\chi_{0,05;19}^2 = 30,14$. Visto que $27,20 < 29,07 < 30,14$, concluímos que o valor P para o teste no Exemplo 9.8 está no intervalo $0,05 <$ valor $P < 0,10$.

O valor P para um teste unilateral inferior seria encontrado como a área (probabilidade) na extremidade inferior da distribuição qui-quadrado à esquerda (ou abaixo) do valor calculado da estatística de teste χ_0^2. Para a alternativa bilateral, encontre a área da extremidade associada ao valor calculado da estatística de teste e dobre-a para obter o valor P.

Alguns *softwares* farão o teste para a variância de uma distribuição normal descrita nesta seção. A saída para o Exemplo 9.8 é dada a seguir.

Lembre-se de que dissemos que o teste t é relativamente robusto à suposição de estarmos amostrando a partir de uma distribuição normal. O mesmo não é verdade para o teste qui-quadrado para a variância. Mesmo desvios moderados da normalidade podem resultar na estatística de teste da Equação 9.35 tendo uma distribuição que é muito diferente da qui-quadrado.

9.4.2 Erro Tipo II e Escolha do Tamanho da Amostra

Curvas características operacionais para os testes qui-quadrado na Seção 9.4.1 são fornecidas nos Gráficos VI*i* até VI*n* do Apêndice A, para $\alpha = 0,05$ e $\alpha = 0,01$. Para a hipótese alternativa bilateral da Equação 9.34, os Gráficos VII*i* e VII*j* plotam β contra um parâmetro na abscissa

$$\lambda = \frac{\sigma}{\sigma_0} \qquad (9.38)$$

para vários tamanhos n de amostra, em que σ denota o valor verdadeiro do desvio-padrão. Os Gráficos VI*k* e VII*l* são para a alternativa unilateral $H_1: \sigma^2 > \sigma_0^2$; já os Gráficos VII*m* e VII*n* são para a outra alternativa unilateral $H_1: \sigma^2 < \sigma_0^2$. No uso desses gráficos, pensamos em σ como o valor do desvio-padrão que desejamos detectar.

Essas curvas podem ser usadas para avaliar o erro β (ou potência) associado a um teste particular. Alternativamente, elas podem ser usadas para *planejar* um teste; ou seja, para determinar qual tamanho da amostra é necessário para detectar um valor particular de σ que difira do valor σ_0 utilizado na hipótese.

Teste e IC para uma Variância

```
Hipótese nula              Sigma ao quadrado = 0,01
Hipótese alternativa       Sigma ao quadrado > 0,01
Estatística

N            DP              Variância
20           0,124           0,0153

Intervalos de Confiança Unilaterais de 95 %

Limite Inferior para o DP      Limite Inferior para a Variância
0,098                          0,0096

Testes

Qui-Quadrado      GL        Valor P
29,07             19        0,065
```

EXEMPLO 9.9 | Tamanho de Amostra para o Enchimento Automático

Considere o problema do enchimento das garrafas do Exemplo 9.8. Se a variância do processo de enchimento exceder 0,01 (onça fluida)², então muitas garrafas não serão cheias completamente. Dessa forma, o valor da hipótese do desvio-padrão é $\sigma_0 = 0,10$. Suponha que, se o desvio-padrão verdadeiro do processo de enchimento excedesse esse valor em 25 %, gostaríamos de detectar isso com uma probabilidade de no mínimo 0,80. O tamanho da amostra de $n = 20$ é adequado?

Para resolver este problema, note-se que requeremos

$$\lambda = \frac{\sigma}{\sigma_0} = \frac{0,125}{0,10} = 1,25$$

Esse é o parâmetro da abscissa para o Gráfico VII*k*. Considerando esse gráfico, com $n = 20$ e $\lambda = 1,25$, encontramos que $\beta \cong 0,6$. Por conseguinte, há somente cerca de 40 % de chance de a hipótese nula ser rejeitada, se o desvio-padrão verdadeiro for realmente tão alto quanto $\sigma = 0,125$ onça fluida.

De modo a reduzir o erro β, uma amostra de maior tamanho tem de ser usada. A partir da curva característica operacional, com $\beta = 0,20$ e $\lambda = 1,25$, concluímos que $n = 75$, aproximadamente. Assim, se quisermos que o teste tenha o desempenho requerido, o tamanho da amostra tem de ser, no mínimo, de 75 garrafas.

9.5 Testes para a Proporção de uma População

Frequentemente, é necessário testar hipóteses para a proporção de uma população. Por exemplo, suponha que uma amostra aleatória de tamanho n tenha sido retirada de uma grande (possivelmente infinita) população e que $X (\leq n)$ observações nessa amostra pertençam a uma classe de interesse. Então, $\hat{P} = X/n$ é um estimador pontual da proporção p da população que pertence a essa classe. Note-se que n e p são os parâmetros de uma distribuição binomial. Além disso, do Capítulo 7, sabemos que a distribuição amostral de $\hat{P}$ será aproximadamente normal com média p e variância $p(1-p)/n$, se p não estiver muito próximo de 0 ou 1 e se n for relativamente grande. Tipicamente, para aplicar essa aproximação, necessitamos que np e $n(1-p)$ sejam maiores do que ou iguais a 5. Fornecemos um teste para amostras grandes que usa a aproximação da distribuição binomial pela normal.

9.5.1 Testes para uma Proporção, Amostra Grande

Em muitos problemas de engenharia, estamos preocupados com uma variável aleatória que siga a distribuição binomial. Por exemplo, considere um processo de produção que fabrica itens que são classificados como aceitáveis ou defeituosos. É geralmente razoável modelar a ocorrência de defeitos com a distribuição binomial, em que o parâmetro binomial p representa a proporção de itens defeituosos produzidos. Consequentemente, muitos problemas de decisão em engenharia incluem teste de hipóteses para p.

Vamos considerar o teste

$$H_0: p = p_0 \qquad H_1: p \neq p_0 \qquad (9.39)$$

Um teste aproximado, baseado na aproximação da binomial pela normal, será dado. Como notado anteriormente, esse procedimento aproximado será válido, desde que p não esteja extremamente próximo de 0 ou 1, nem o tamanho da amostra seja relativamente grande. Seja X o número de observações em uma amostra aleatória de tamanho n que pertence à classe associada a p. Então, se a hipótese nula $H_0: p = p_0$ for verdadeira, teremos $X \sim N[np_0, np_0(1-p_0)]$, aproximadamente. Para testar $H_0: p = p_0$, calcule a estatística de teste.

Estatística de Teste

$$Z_0 = \frac{X - np_0}{\sqrt{np_0(1-p_0)}} \qquad (9.40)$$

Determine o valor P. Uma vez que a estatística de teste segue uma distribuição normal padrão se H_0 for verdadeira, o valor P é calculado exatamente como o valor P para os testes z da Seção 9.2. Logo, para a hipótese alternativa bilateral, o valor P é a soma da probabilidade da distribuição normal padrão acima de $|z_0|$ e da probabilidade abaixo do valor negativo $-|z_0|$, ou

$$P = 2\left[1 - \Phi(|z_0|)\right]$$

Para uma hipótese alternativa unilateral $H_0: p > p_0$, o valor P é a probabilidade acima de z_0, ou

$$P = 1 - \Phi(z_0)$$

e para uma hipótese alternativa unilateral $H_0: p < p_0$, o valor P é a probabilidade abaixo de z_0, ou

$$P = \Phi(z_0)$$

Podemos também fazer um teste de nível de significância fixo. Para a hipótese alternativa bilateral, rejeitaríamos $H_0: p = p_0$, se

$$z_0 > z_{\alpha/2} \quad \text{ou} \quad z_0 < -z_{\alpha/2}$$

Regiões críticas para hipóteses alternativas unilaterais seriam construídas da maneira usual.

170 Estatística Aplicada e Probabilidade para Engenheiros

Testes Aproximados para uma Proporção Binomial

Testando Hipóteses para uma Proporção Binomial

Hipótese nula: $H_0: p = p_0$

Estatística de teste: $Z_0 = \dfrac{X - np_0}{\sqrt{np_0(1 - p_0)}}$

Hipótese Alternativa	Valor P	Critério de Rejeição para Testes com Níveis Fixos
$H_1: p \neq p_0$	Probabilidade acima de $|z_0|$ e probabilidade abaixo de $-|z_0|$, $P = 2[1 - \Phi(z_0)]$	$z_0 > z_{\alpha/2}$ ou $z_0 < -z_{\alpha/2}$
$H_1: p > p_0$	Probabilidade acima de z_0, $P = 1 - \Phi(z_0)$	$z_0 > z_\alpha$
$H_1: p < p_0$	Probabilidade abaixo de t_0, $P = \Phi(z_0)$	$z_0 < -z_\alpha$

EXEMPLO 9.10 | Controlador de Motor de Automóveis

Um fabricante de semicondutores produz controladores usados em aplicações no motor de automóveis. O consumidor requer que a fração defeituosa em uma etapa crítica de fabricação não exceda 0,05 e que o fabricante demonstre capacidade de processo nesse nível de qualidade, usando $\alpha = 0,05$. O fabricante de semicondutores retira uma amostra aleatória de 200 aparelhos e encontra que quatro deles são defeituosos. O fabricante pode demonstrar capacidade de processo para o consumidor?

Podemos resolver este problema, usando o procedimento das sete etapas do teste de hipóteses, como segue:

1. **Parâmetro de interesse:** O parâmetro de interesse é a fração defeituosa do processo, p.
2. **Hipótese nula:** $H_0: p = 0,05$
3. **Hipótese alternativa:** $H_1: p < 0,05$
   Essa formulação do problema permitirá ao fabricante fazer uma afirmativa forte sobre a capacidade do processo, se a hipótese nula $H_0: p = 0,05$ for rejeitada.
4. **Estatística de teste:** A estatística de teste é (da Equação 9.40):

$$z_0 = \dfrac{x - np_0}{\sqrt{np_0(1 - p_0)}}$$

sendo $x = 4$, $n = 200$ e $p_0 = 0,05$.

5. **Rejeite H_0 se:** Rejeite H_0: $p = 0,05$ se o valor p for menor do que 0,05.
6. **Cálculos:** A estatística de teste é

$$z_0 = \dfrac{4 - 200(0,05)}{\sqrt{200(0,05)(0,95)}} = -1,95$$

7. **Conclusões:** Uma vez que $z_0 = -1,95$, o valor P é $\Phi(-1,95) = 0,0256$; assim, rejeitamos H_0 e concluímos que a fração defeituosa do processo, p, é menor do que 0,05.

Interpretação Prática: Concluímos que o processo é capaz.

Outra forma da estatística de teste, Z_0, na Equação 9.40 é ocasionalmente encontrada. Note-se que, se X for o número de observações em uma amostra aleatória de tamanho n que pertence a uma classe de interesse, então $\hat{P} = X/n$ é a proporção amostral que pertence àquela classe. Agora, divida o numerador e o denominador de Z_0 na Equação 9.40 por n, resultando em

$$Z_0 = \dfrac{X/n - p_0}{\sqrt{p_0(1 - p_0)/n}} \quad \text{ou} \quad Z_0 = \dfrac{\hat{P} - p_0}{\sqrt{p_0(1 - p_0)/n}} \quad (9.41)$$

Essa equação apresenta a estatística de teste em termos da proporção amostral, em vez do número de itens X na amostra que pertence à classe de interesse.

Softwares podem ser usados para fazer o teste de uma proporção binomial. A seguinte saída mostra os resultados típicos para o Exemplo 9.10.

Teste e IC para uma Proporção

Teste de $p = 0,05$ vs $p < 0,05$

Amostra	X	N	p da mostra	Limite de Confiança Superior de 95 %	Valor Z	Valor P
1	4	200	0,020000	0,036283	-1,95	0,026

Essa saída mostra também um limite unilateral superior de confiança de 95 % para P. Na Seção 8.4, mostramos como os ICs para uma proporção binomial são calculados. Quando o tamanho da amostra é pequeno, isso pode ser inadequado.

Testes para Amostras Pequenas para uma Proporção Binomial Testes para uma proporção quando o tamanho n da amostra é pequeno são baseados na distribuição binomial e não na aproximação pela normal da distribuição binomial.

De modo a ilustrar, suponha que desejemos testar $H_0: p = p_0$ versus $H_0: p < p_0$. Seja X o número de sucessos na amostra. O valor P para esse teste seria encontrado a partir da extremidade inferior de uma distribuição binomial com parâmetros n e p_0. Especificamente, o valor P seria a probabilidade de que uma variável aleatória binomial, com parâmetros n e p_0, fosse menor do que ou igual a X. Valores P para teste unilateral superior e alternativa bilateral são calculados similarmente.

Muitos *softwares* calculam o valor P exato para um teste binomial. A saída a seguir contém os resultados para o valor P exato para o Exemplo 9.10.

Teste de $p = 0{,}05$ vs $p < 0{,}05$

Amostra	X	N	p da mostra	Limite de Confiança Superior de 95 %	Valor P Exato
1	4	200	0,020000	0.045180	0,026

O valor P é o mesmo que aquele reportado para a aproximação normal, porque o tamanho da amostra é razoavelmente grande. Note-se que o IC é diferente daquele encontrado usando a aproximação normal.

9.5.2 Erro Tipo II e Escolha do Tamanho da Amostra

Para os testes na Seção 9.5.1, será possível obter equações exatas para o erro β aproximado. Suponha que p seja o valor verdadeiro da proporção da população. O erro β aproximado para a alternativa bilateral $H_1: p \neq p_0$ é

$$\beta = \Phi\left(\frac{p_0 - p + z_{\alpha/2}\sqrt{p_0(1-p_0)/n}}{\sqrt{p(1-p)/n}}\right)$$
$$- \Phi\left(\frac{p_0 - p - z_{\alpha/2}\sqrt{p_0(1-p_0)/n}}{\sqrt{p(1-p)/n}}\right) \quad (9.42)$$

Se a alternativa for $H_1: p < p_0$, então

$$\beta = 1 - \Phi\left(\frac{p_0 - p - z_{\alpha}\sqrt{p_0(1-p_0)/n}}{\sqrt{p(1-p)/n}}\right) \quad (9.43)$$

enquanto se a alternativa for $H_1: p > p_0$,

$$\beta = \Phi\left(\frac{p_0 - p + z_{\alpha}\sqrt{p_0(1-p_0)/n}}{\sqrt{p(1-p)/n}}\right) \quad (9.44)$$

Essas equações podem ser resolvidas para encontrar o tamanho n aproximado da amostra, que fornece um teste de nível α, que tem um risco especificado β. As equações para o tamanho da amostra são

Tamanho Aproximado de Amostra para um Teste Bilateral para a Proporção Binomial

$$n = \left[\frac{z_{\alpha/2}\sqrt{p_0(1-p_0)} + z_{\beta}\sqrt{p(1-p)}}{p - p_0}\right]^2 \quad (9.45)$$

para uma alternativa bilateral e para uma alternativa unilateral:

Tamanho Aproximado de Amostra para um Teste Unilateral para a Proporção Binomial

$$n = \left[\frac{z_{\alpha}\sqrt{p_0(1-p_0)} + z_{\beta}\sqrt{p(1-p)}}{p - p_0}\right]^2 \quad (9.46)$$

EXEMPLO 9.11 | Erro Tipo II para o Controlador do Motor de Automóvel

Considere o fabricante de semicondutores do Exemplo 9.10. Suponha que a fração defeituosa de seu processo seja realmente $p = 0{,}03$. Qual é o erro β para esse teste de capacidade de processo, que usa $n = 200$ e $\alpha = 0{,}05$?

O erro β pode ser calculado usando a Equação 9.43, conforme a seguir.

$$\beta = 1 - \Phi\left[\frac{0{,}05 - 0{,}03 - (1{,}645)\sqrt{0{,}05(0{,}95)/200}}{\sqrt{0{,}03(1 - 0{,}03)/200}}\right]$$
$$= 1 - \Phi(-0{,}44) = 0{,}67$$

Assim, a probabilidade é cerca de 0,7 de o fabricante de semicondutores falhar em concluir que o processo seja capaz, se a fração verdadeira defeituosa do processo for $p = 0{,}03$ (3 %). Ou seja, a potência do teste contra essa alternativa particular é somente cerca de 0,3. Isso parece ser um grande erro β (ou baixa potência), porém a diferença entre $p = 0{,}05$ e $p = 0{,}03$ é razoavelmente pequena e o tamanho da amostra $n = 200$ não é particularmente grande.

Suponha que o fabricante de semicondutores estivesse disposto a aceitar o erro β tão grande quanto 0,10, se o valor verdadeiro da fração defeituosa do processo fosse $p = 0{,}03$. Se o fabricante continuar a usar $\alpha = 0{,}05$, que tamanho de amostra seria requerido?

O tamanho requerido da amostra pode ser calculado a partir da Equação 9.46, como segue:

$$n = \left[\frac{1{,}645\sqrt{0{,}05(0{,}95)} + 1{,}28\sqrt{0{,}03(0{,}97)}}{0{,}03 - 0{,}05} \right]^2 \simeq 832$$

em que usamos $p = 0{,}03$ na Equação 9.46.

Conclusão: Note-se que $n = 832$ é um tamanho muito grande de amostra. Entretanto, estamos tentando detectar um desvio razoavelmente pequeno do valor da hipótese nula $p_0 = 0{,}05$.

Alguns *softwares* farão também os cálculos de potência e de tamanho de amostra para o teste Z, considerando uma amostra para uma proporção. O resultado típico para os controladores dos motores testados no Exemplo 9.10 é dado a seguir.

Potência e Tamanho da Amostra

```
Teste para uma proporção
Testando proporção = 0,05 (versus < 0,05)
Alfa = 0,05

Proporção      Tamanho da
Alternativa    Amostra       Potência
3,00E-02       200           0,3287
```

Potência e Tamanho da Amostra

```
Teste para uma Proporção
Testando proporção = 0,05 (versus < 0,05)
Alfa = 0,05

Proporção      Tamanho da    Potência    Potência
Alternativa    Amostra       Alvo        Real
3,00E-02       833           0,9000      0,9001
```

Potência e Tamanho da Amostra

```
Teste para uma proporção
Testando proporção = 0,05 (versus < 0,05)
Alfa = 0,05

Proporção      Tamanho da    Potência    Potência
Alternativa    Amostra       Alvo        Real
3,00E-02       561           0,7500      0,75030
```

A primeira parte da saída mostra o cálculo da potência baseado na situação descrita no Exemplo 9.11, em que a proporção verdadeira é realmente 0,03. O cálculo da potência pelo computador concorda com os resultados da Equação 9.43 no Exemplo 9.11. A segunda parte da saída calcula o tamanho necessário da amostra para uma potência de 0,9 ($\beta = 0{,}1$), se $p = 0{,}03$. Novamente, os resultados concordam muito bem com aqueles obtidos a partir da Equação 9.46. A porção final da tabela apresenta o tamanho da amostra que seria necessário se $p = 0{,}03$, e o requerimento de potência é relaxado para 0,75. Note-se que o tamanho de amostra igual a $n = 561$ é ainda bem alto porque a diferença entre $p = 0{,}05$ e $p = 0{,}03$ é razoavelmente pequena.

9.6 Tabela com um Sumário dos Procedimentos de Inferência para uma Única Amostra

A tabela no Apêndice C apresenta um sumário de todos os procedimentos de inferência para uma única amostra apresentados nos Capítulos 8 e 9. A tabela contém o enunciado da hipótese nula, a estatística de teste, as várias hipóteses alternativas, os critérios para rejeitar H_0 e as fórmulas para construir o intervalo bilateral de confiança de $100(1 - \alpha)$ %. Também seria útil se referir à Tabela 8.1 que fornece um guia para identificar o tipo de problema com a informação no Apêndice C.

9.7 Testando a Adequação de um Ajuste

Os procedimentos de testes de hipóteses que discutimos nas seções prévias são projetados para problemas em que a população ou a distribuição de probabilidades seja conhecida e as hipóteses envolvam os parâmetros da distribuição. Outro tipo de hipótese é frequentemente encontrado: Não conhecemos a distribuição sob consideração da população e desejamos testar a hipótese de que uma distribuição particular será satisfatória como modelo para uma população. Por exemplo, podemos desejar testar a hipótese de que a população seja normal.

Discutimos previamente uma técnica gráfica muito útil para esse problema, chamada de **plotagem de probabilidade**, e ilustramos como ela foi aplicada para o caso de uma distribuição normal. Nesta seção, descreveremos um procedimento formal de **teste de adequação de ajuste**, baseado na distribuição qui-quadrado.

O procedimento de teste requer uma amostra aleatória de tamanho n, proveniente da população cuja distribuição de probabilidades é desconhecida. Essas n observações são arranjadas em um histograma de frequências, tendo k intervalos de classe. Seja O_i a frequência observada no i-ésimo intervalo de classe. A partir da distribuição de probabilidades utilizada na hipótese, calculamos a frequência esperada no i-ésimo intervalo de classe, denotada como E_i. A estatística de teste é

Estatística de Teste para Adequação de Ajuste

$$\chi_0^2 = \sum_{i=1}^{k} \frac{(O_i - E_i)^2}{E_i} \qquad (9.47)$$

Pode-se mostrar que, se a população seguir a distribuição utilizada na hipótese, χ_0^2 terá, aproximadamente, uma distribuição qui-quadrado com $k - p - 1$ graus de liberdade, em que p representa o número de parâmetros da distribuição utilizada na hipótese, estimados pelas estatísticas amostrais. Essa aproximação melhora, à medida que n aumenta. Deveríamos rejeitar a hipótese nula de que a distribuição da população é a distribuição utilizada na hipótese, se a estatística de teste fosse muito grande. Por conseguinte, o valor P seria a probabilidade sujeita à distribuição qui-quadrado com $k - p - 1$ graus de liberdade acima do valor calculado da estatística de teste χ_0^2 ou $P = P(\chi_{k-p-1}^2 > \chi_0^2)$. Para um teste com nível fixo, rejeitaríamos a hipótese de que a distribuição da população é a distribuição utilizada na hipótese, se o valor calculado da estatística de teste fosse $\chi_0^2 > \chi_{\alpha,k-p-1}^2$.

Um ponto a ser notado na aplicação desse procedimento de teste se refere à magnitude das frequências esperadas. Se essas frequências esperadas forem muito pequenas, então a estatística de teste χ_0^2 não refletirá o desvio entre o observado e o esperado, mas somente a pequena magnitude das frequências esperadas. Não há concordância geral relativa ao valor mínimo das frequências esperadas, mas valores de 3, 4 e 5 são largamente utilizados como mínimos. Alguns escritores sugerem que uma frequência esperada poderia ser tão pequena quanto 1 ou 2, desde que a maioria delas excedesse 5. Se uma frequência esperada for muito pequena, ela poderá ser combinada com a frequência esperada em um intervalo de classe adjacente. As frequências observadas correspondentes seriam então combinadas também, e k seria reduzido de 1. Intervalos de classe não necessitam ter a mesma largura.

Agora, apresentamos dois exemplos do procedimento de teste.

EXEMPLO 9.12 | Defeitos em uma Placa de Circuito Impresso – Distribuição de Poisson

Supõe-se que o número de defeitos nas placas de circuito impresso siga a distribuição de Poisson. Uma amostra aleatória de $n = 60$ placas impressas foi coletada e o número de defeitos, observado.

Número de Defeitos	Frequência Observada
0	32
1	15
2	9
3	4

A média da distribuição de Poisson considerada neste exemplo é desconhecida e deve ser estimada a partir dos dados da amostra. A estimativa do número médio de defeitos por placa é a média amostral, isto é, $(32 \cdot 0 + 15 \cdot 1 + 9 \cdot 2 + 4 \cdot 3)/60 = 0,75$. A partir da distribuição de Poisson com parâmetro 0,75, podemos calcular p_i, a probabilidade teórica utilizada na hipótese, associada ao i-ésimo intervalo de classe. Uma vez que cada intervalo de classe corresponde a um número particular de defeitos, podemos encontrar p_i como a seguir.

$$p_1 = P(X = 0) = \frac{e^{-0,75}(0,75)^0}{0!} = 0,472$$

$$p_2 = P(X = 1) = \frac{e^{-0,75}(0,75)^1}{1!} = 0,354$$

$$p_3 = P(X = 2) = \frac{e^{-0,75}(0,75)^2}{2!} = 0,133$$

$$p_4 = P(X \geq 3) = 1 - (p_1 + p_2 + p_3) = 0,041$$

As frequências esperadas são calculadas pela multiplicação do tamanho da amostra $n = 60$ vezes as probabilidades p_i. Ou seja, $E_i = np_i$. As frequências esperadas são:

Número de Defeitos	Probabilidade	Frequência Esperada
0	0,472	28,32
1	0,354	21,24
2	0,133	7,98
3 (ou mais)	0,041	2,46

Já que a frequência esperada na última célula é menor do que 3, combinamos as duas últimas células:

Número de Defeitos	Frequência Observada	Frequência Esperada
0	32	28,32
1	15	21,24
2 (ou mais)	13	10,44

O procedimento de sete etapas para o teste de hipóteses pode agora ser aplicado, usando $\alpha = 0,05$, conforme segue:

1. **Parâmetro de interesse:** A variável de interesse é a forma da distribuição de defeitos nas placas de circuito impresso.
2. **Hipótese nula:** H_0: A forma da distribuição de defeitos é Poisson.
3. **Hipótese alternativa:** H_1: A forma da distribuição de defeitos não é Poisson.
4. **Estatística de teste:** A estatística de teste é

$$\chi_0^2 = \sum_{i=1}^{k} \frac{(O_i - E_i)^2}{E_i}$$

5. **Rejeite H_0 se:** Uma vez que a média da distribuição de Poisson foi estimada, a estatística precedente qui-quadrado terá $k - p - 1 = 3 - 1 - 1 = 1$ graus de liberdade. Considere, se o valor P for menor do que 0,05.

6. Cálculos:

$$\chi_0^2 = \frac{(32 - 28{,}32)^2}{28{,}32} + \frac{(15 - 21{,}24)^2}{21{,}24} + \frac{(13 - 10{,}44)^2}{10{,}44}$$
$$= 2{,}94$$

7. Conclusões: Encontramos, a partir da Tabela III do Apêndice A, que $\chi_{0{,}10;1}^2 = 2{,}71$ e $\chi_{0{,}05;1}^2 = 3{,}84$. Uma vez que $\chi_0^2 = 2{,}94$ está entre esses valores, concluímos que o valor P está entre 0,05 e 0,10. Por conseguinte, uma vez que o valor P é maior do que 0,05, somos incapazes de rejeitar a hipótese nula de que a distribuição de defeitos nas placas de circuito impresso é Poisson. O valor P exato calculado a partir de um *software* é 0,0864.

EXEMPLO 9.13 | Distribuição de Suprimento de Energia Distribuição Contínua

Um engenheiro de produção está testando um suprimento de energia em um *notebook*. Usando $\alpha = 0{,}05$, ele deseja determinar se a voltagem de saída é adequadamente descrita por uma distribuição normal. A partir de uma amostra aleatória de $n = 100$ unidades, o engenheiro obtém estimativas amostrais da média e do desvio-padrão como $\bar{x} = 5{,}04$ V e $s = 0{,}08$ V.

Uma prática comum na construção de intervalos de classe para a distribuição de frequências usada no teste de adequação de ajuste de qui-quadrado é escolher os limites das células de modo que as frequências esperadas $E_i = np_i$ sejam iguais para todas as células. Para usar esse método, desejamos escolher os limites das células $a_0, a_1, \ldots, a_k$ para as k células de modo que todas as probabilidades

$$p_i = P(a_{i-1} \leq X \leq a_i) = \int_{a_{i-1}}^{a_i} f(x)\, dx$$

sejam iguais. Suponha que decidamos usar $k = 8$ células. Para a distribuição normal padrão, os intervalos que dividem a escala em oito segmentos igualmente prováveis são (0; 0,32), (0,32; 0,675), (0,675; 1,15), (1,15, ∞) e seus quatro intervalos "imagem no espelho" no outro lado do zero. Para cada intervalo $p_i = 1/8 = 0{,}125$; logo, as frequências esperadas das células são $E_i = np_i = 100(0{,}125) = 12{,}5$. A tabela completa de frequências observadas e esperadas é dada a seguir.

Intervalo de Classe	Frequência Observada o_i	Frequência Esperada E_i
$x < 4{,}948$	12	12,5
$4{,}948 \leq x < 4{,}986$	14	12,5
$4{,}986 \leq x < 5{,}014$	12	12,5
$5{,}014 \leq x < 5{,}040$	13	12,5
$5{,}040 \leq x < 5{,}066$	12	12,5
$5{,}066 \leq x < 5{,}094$	11	12,5
$5{,}094 \leq x < 5{,}132$	12	12,5
$5{,}132 \leq x$	14	12,5
Totais	100	100

O limite do primeiro intervalo de classe é $\bar{x} - 1{,}15s = 4{,}948$. O segundo intervalo de classe é [$\bar{x} - 1{,}15s, \bar{x} - 0{,}675s$], e assim por diante. Podemos aplicar o procedimento das sete etapas do teste de hipóteses para esse problema.

1. **Parâmetro de interesse:** A variável de interesse está na forma da distribuição de voltagem do suprimento de energia.
2. **Hipótese nula:** H_0: A forma da distribuição é normal.
3. **Hipótese alternativa:** H_1: A forma da distribuição não é normal.
4. **Estatística de teste:** A estatística de teste é

$$\chi_0^2 = \sum_{i=1}^{k} \frac{(O_i - E_i)^2}{E_i}$$

5. **Rejeite H_0 se:** Uma vez que os dois parâmetros na distribuição normal tenham sido estimados, a estatística qui-quadrado anterior terá $k - p - 1 = 8 - 2 - 1 = 5$ graus de liberdade. Consequentemente, rejeitaremos H_0 se $\chi_0^2 > \chi_{0{,}05;5}^2 = 11{,}07$.
6. **Cálculos:**

$$\chi_0^2 = \sum_{i=1}^{k} \frac{(o_i - E_i)^2}{E_i} = \frac{(12 - 12{,}5)^2}{12{,}5} + \frac{(14 - 12{,}5)^2}{12{,}5}$$
$$+ \cdots + \frac{(14 - 12{,}5)^2}{12{,}5} = 0{,}64$$

7. **Conclusões:** Já que $\chi_0^2 = 0{,}64 < \chi_{0{,}05;5}^2 = 11{,}07$, somos incapazes de rejeitar H_0 e não há evidência forte para indicar que a voltagem de saída não seja normalmente distribuída. O valor P para a estatística qui-quadrado $\chi_0^2 = 0{,}64$ é $P = 0{,}9861$.

9.8 Testes para a Tabela de Contingência

Muitas vezes, os n elementos de uma amostra proveniente de uma população podem ser classificados de acordo com dois critérios diferentes. É então interessante saber se os dois métodos de classificação são estatisticamente **independentes**; por exemplo, podemos considerar a população de engenheiros se graduando e podemos desejar determinar se o salário inicial é independente das disciplinas acadêmicas. Considere que o primeiro método de classificação tenha r níveis e que o segundo método tenha c níveis. Seja O_{ij} a frequência observada para o nível i do primeiro método de classificação e nível j para o segundo método de classificação. Os dados, em geral, aparecem como na Tabela 9.2. Tal tabela é geralmente chamada de **tabela de contingência** $r \times c$.

Estamos interessados em testar a hipótese de que os métodos linha-coluna de classificação são independentes. Se rejeitarmos essa hipótese, concluiremos que haverá alguma interação entre os dois critérios de classificação. Os procedimentos exatos de teste são difíceis de obter, porém uma estatística de teste aproximada é válida para n grande. Seja p_{ij} a probabilidade de um elemento selecionado aleatoriamente cair na ij-ésima célula, dado que as duas classificações são independentes. Então $p_{ij} = u_i v_j$, em que u_i é a probabilidade de um elemento selecionado aleatoriamente cair na linha classe i e v_j é a probabilidade de um elemento selecionado aleatoriamente cair na coluna classe j. Agora, supondo independência, os estimadores de u_i e v_j são

$$\hat{u}_i = \frac{1}{n} \sum_{j=1}^{c} O_{ij} \qquad \hat{v}_j = \frac{1}{n} \sum_{i=1}^{r} O_{ij} \qquad (9.48)$$

TABELA 9.2 Tabela de Contingência $r \times c$

		Colunas			
		1	2	...	c
Linhas	1	O_{11}	O_{12}	...	O_{1c}
	2	O_{21}	O_{22}	...	O_{2c}
	⋮	⋮	⋮	⋮	⋮
	r	O_{r1}	O_{r2}	...	O_{rc}

Logo, a frequência esperada de cada célula é

$$E_{ij} = n\hat{u}_i \hat{v}_j = \frac{1}{n} \sum_{j=1}^{c} O_{ij} \sum_{i=1}^{r} O_{ij} \qquad (9.49)$$

Assim, para n grande, a estatística

$$\chi_0^2 = \sum_{i=1}^{r} \sum_{j=1}^{c} \frac{(O_{ij} - E_{ij})^2}{E_{ij}} \qquad (9.50)$$

tem uma distribuição aproximada qui-quadrado com $(r-1)(c-1)$ graus de liberdade, se a hipótese nula for verdadeira. Devemos rejeitar a hipótese de independência, se o valor da estatística de teste χ_0^2 for muito grande. O valor P seria calculado como a probabilidade além de χ_0^2 para a distribuição $\chi_{(r-1)(c-1)}^2$ ou $P = P(\chi_{(r-1)(c-1)}^2 > \chi_0^2)$. Para um teste com nível fixo, rejeitaríamos a hipótese de independência se o valor observado da estatística de teste χ_0^2 excedesse $\chi_{\alpha,(r-1)(c-1)}^2$.

EXEMPLO 9.14 | Preferência para Plano de Saúde

Uma companhia tem de escolher entre três planos de saúde. O gerente deseja saber se a preferência para os planos é independente da classificação do trabalho e quer utilizar $\alpha = 0{,}05$. As opiniões de uma amostra aleatória de 500 empregados são mostradas na Tabela 9.3.

TABELA 9.3 Dados Observados para o Exemplo 9.14

	Plano de Saúde			
Classificação do Trabalho	1	2	3	Totais
Trabalhadores assalariados	160	140	40	340
Trabalhadores horistas	40	60	60	160
Totais	200	200	100	500

Para encontrar as frequências esperadas, temos primeiro de calcular $\hat{u}_1 = (340/500) = 0{,}68$, $\hat{u}_2 = (160/500) = 0{,}32$, $\hat{v}_1 = (200/500) = 0{,}40$, $\hat{v}_2 = (200/500) = 0{,}40$ e $\hat{v}_3 = (100/500) = 0{,}20$. As frequências esperadas podem agora ser calculadas a partir da Equação 9.49. Por exemplo, o número esperado de trabalhadores assalariados favoráveis ao plano de saúde 1 é

$$E_{11} = n\hat{u}_1 \hat{v}_1 = 500(0{,}68(0{,}40)) = 136$$

As frequências esperadas são mostradas na Tabela 9.4.

TABELA 9.4 Frequências Esperadas para o Exemplo 9.14

	Plano de Saúde			
Classificação do Trabalho	1	2	3	Totais
Trabalhadores assalariados	136	136	68	340
Trabalhadores horistas	64	64	32	160
Totais	200	200	100	500

O procedimento de sete etapas para o teste de hipóteses pode agora ser aplicado a este problema.

1. **Parâmetro de interesse:** A variável de interesse é a preferência do empregado entre os planos de saúde.

2. **Hipótese nula:** H_0: A preferência é independente da classificação de trabalho assalariado *versus* horista.
3. **Hipótese alternativa:** H_1: A preferência não é independente da classificação de trabalho assalariado *versus* horista.
4. **Estatística de teste:** A estatística de teste é

$$\chi_0^2 = \sum_{i=1}^{r} \sum_{j=1}^{c} \frac{(O_{ij} - E_{ij})^2}{E_{ij}}$$

5. **Rejeite H_0 se:** Usaremos um teste com nível de significância fixo, com $\alpha = 0{,}05$. Logo, tendo em vista que $r = 2$ e $c = 3$, os graus de liberdade para qui-quadrado são $(r-1)(c-1) = (1)(2) = 2$ e rejeitaríamos H_0 se $\chi_0^2 > \chi_{0,05;5}^2 = 5{,}99$.

6. **Cálculos:**

$$\chi_0^2 = \sum_{i=1}^{2} \sum_{j=1}^{3} \frac{(O_{ij} - E_{ij})^2}{E_{ij}}$$

$$= \frac{(160-136)^2}{136} + \frac{(140-136)^2}{136} + \frac{(40-68)^2}{68}$$
$$+ \frac{(40-64)^2}{64} + \frac{(60-64)^2}{64} + \frac{(60-32)^2}{32}$$
$$= 49{,}63$$

7. **Conclusões:** Uma vez que $\chi_0^2 = 49{,}63 > \chi_{0,05;5}^2 = 5{,}99$, rejeitamos a hipótese de independência e concluímos que a preferência para planos de saúde não é independente da classificação de trabalho. O valor P para $\chi_0^2 = 49{,}63$ é $P = 1{,}671 \times 10^{-11}$. (Esse valor foi calculado a partir de um *software*.) Uma análise mais aprofundada seria necessária para explorar a natureza da associação entre esses fatores. Pode ser útil examinar a tabela das frequências observadas menos as frequências esperadas.

O uso da tabela de contingência de duas vias, para testar a independência entre duas variáveis de classificação em uma amostra proveniente de uma única população de interesse, é somente uma aplicação dos métodos da tabela de contingência. Outra situação comum ocorre quando existem r populações de interesse e cada população é dividida nas mesmas c categorias. Uma amostra é então tomada da i-ésima população, e as contagens são colocadas nas colunas apropriadas da i-ésima linha. Nessa situação, queremos investigar se as proporções, nas c categorias, são ou não as mesmas para todas as populações. A hipótese nula nesse problema estabelece que as populações são **homogêneas** com relação às categorias. Por exemplo, quando houver somente duas categorias, tais como sucesso e falha, defeitos e não defeitos, e assim por diante, então o teste para homogeneidade é realmente um teste da igualdade dos r parâmetros binomiais. O cálculo das frequências esperadas, a determinação dos graus de liberdade e o cálculo da estatística qui-quadrado para o teste de homogeneidade são idênticos ao teste de independência.

9.9 Procedimentos Não Paramétricos

A maioria dos procedimentos de testes de hipóteses e de intervalo de confiança, discutidos nos capítulos prévios, está baseada na suposição de que estamos trabalhando com amostras aleatórias provenientes de populações normais. Tradicionalmente, chamamos esse procedimento de métodos **paramétricos** pelo fato de eles serem baseados em uma família paramétrica particular de distribuições – nesse caso, a normal. Alternativamente, algumas vezes dizemos que esses procedimentos não são livres de distribuição, visto que eles dependem da suposição de normalidade. Felizmente, a maioria desses procedimentos é relativamente insensível a leves desvios de normalidade. Em geral, os testes t e F e os intervalos de confiança t terão níveis reais de significância ou níveis de confiança que diferem dos níveis nominais ou anunciados escolhidos pelo experimentalista, embora a diferença entre os níveis reais e os anunciados seja geralmente bastante pequena quando a população em foco não for muito diferente da normal.

Nesta seção, vamos descrever procedimentos chamados *métodos não paramétricos* e *livres da distribuição*, e não faremos, geralmente, suposições a respeito da distribuição da população em estudo, a menos que ela seja contínua. Esses procedimentos têm nível de significância real α ou nível de confiança de $100(1 - \alpha)$ % para muitos tipos diferentes de distribuições. Esses procedimentos têm considerável atrativo. Uma de suas vantagens é que os dados não necessitam ser quantitativos, porém podem ser categóricos (tal como sim ou não, defeituoso ou não defeituoso), ou dados ordenados. Outra vantagem é que procedimentos não paramétricos são geralmente muito rápidos e fáceis de fazer.

Os procedimentos descritos nesta seção são alternativas aos procedimentos paramétricos t e F, descritos anteriormente. Consequentemente, é importante comparar o desempenho dos métodos paramétricos e não paramétricos, sujeito às suposições de populações normais e não normais. Em geral, procedimentos não paramétricos não utilizam toda a informação fornecida pela amostra. Como resultado, um procedimento não paramétrico será menos eficiente do que o procedimento paramétrico correspondente quando a população em questão for normal. Essa perda de eficiência é refletida por uma necessidade de um tamanho maior de amostra para o procedimento não paramétrico do que o requerido pelo procedimento paramétrico, de modo a encontrar a mesma potência. Por outro lado, essa perda de eficiência não é geralmente grande, e frequentemente a diferença no tamanho da amostra é muito pequena. Quando as distribuições em estudo não forem aproximadamente normais, os métodos não paramétricos terão muito a oferecer. Eles constantemente fornecem melhoria considerável sobre os métodos paramétricos baseados na teoria da normalidade. Geralmente, se os métodos paramétricos e não paramétricos forem aplicados a um problema particular, devemos usar o procedimento paramétrico, por ser mais eficiente.

Outra abordagem que pode ser usada é **transformar** os dados originais, ou seja, tomar os logaritmos, raízes quadradas, ou a recíproca, e então analisar os dados transformados usando a técnica paramétrica. Um gráfico de probabilidade normal funciona frequentemente bem para verificar se a transformação teve sucesso. Quando essa abordagem tem sucesso, geralmente ela é preferida ao uso de uma técnica não paramétrica. No entanto, algumas vezes, transformações não são satisfatórias. Isto é, nenhuma transformação faz com que as observações amostrais pareçam muito próximas de uma amostra proveniente de uma população normal. Uma situação em que isso acontece é quando os dados estão na forma de **postos** (*ranks*). Essas situações ocorrem frequentemente na prática. Por exemplo, um conjunto de juízes pode ser usado para avaliar 10 formulações diferentes de um refrigerante em relação à qualidade total, sendo atribuído à "melhor" formulação o posto 1, à "próxima melhor" formulação o posto 2, e assim por diante. É improvável que os dados categorizados satisfaçam a suposição de normalidade. Transformações podem também não ser satisfatórias. Muitos métodos não paramétricos envolvem a análise de postos e consequentemente são diretamente adequados para esse tipo de problema.

9.9.1 Teste dos Sinais

O **teste dos sinais** é usado para testar hipóteses a respeito da **mediana** $\tilde{\mu}$ de uma distribuição contínua. A mediana de uma distribuição é um valor da variável aleatória X tal que exista uma probabilidade de 0,5 de um valor observado de X ser menor do que ou igual à mediana, e a probabilidade é 0,5 de um valor observado de X ser maior do que ou igual à mediana. Ou seja, $P(X \leq \tilde{\mu}) = P(X \geq \tilde{\mu}) = 0,5$.

Uma vez que a distribuição normal é simétrica, a média de uma distribuição normal é igual à mediana. Por conseguinte, o teste dos sinais pode ser usado para testar hipóteses acerca da média de uma distribuição normal. Esse é o mesmo problema para o qual usamos o teste t. Em breve, na Seção 9.9.3, discutiremos os méritos relativos dos dois procedimentos. Note-se que, embora o teste t tenha sido designado para amostras provenientes de uma distribuição normal, o teste dos sinais é apropriado para amostras provenientes de qualquer distribuição contínua. Assim, o teste dos sinais é um procedimento não paramétrico.

Suponha que as hipóteses sejam

$$H_0: \tilde{\mu} = \tilde{\mu}_0 \qquad H_1: \tilde{\mu} < \tilde{\mu}_0 \qquad (9.51)$$

O procedimento de teste é fácil de descrever. Suponha que X_1, X_2, ..., X_n seja uma amostra aleatória proveniente da população de interesse. Forme as diferenças

$$X_i - \tilde{\mu}_0 \qquad i = 1, 2, \ldots, n \qquad (9.52)$$

Agora, se a hipótese nula $H_0: \tilde{\mu} = \tilde{\mu}_0$ for verdadeira, qualquer diferença $X_i - \tilde{\mu}_0$ será igualmente provável de ser positiva ou negativa. Um teste estatístico apropriado é o número dessas diferenças que são positivas, isto é, R^+. Consequentemente, para testar a hipótese nula, estamos realmente testando que o número de sinais mais é um valor de uma variável aleatória binomial que tem o parâmetro $p = 1/2$. Um valor P para o número observado de sinais mais r^+ pode ser calculado diretamente da distribuição binomial. Por exemplo, testando as hipóteses na Equação 9.51, rejeitaremos H_0 em favor de H_1 somente se a proporção de sinais mais for suficientemente menor do que $1/2$ (ou equivalentemente, quando o número observado de sinais mais for muito pequeno). Dessa forma, se o valor P calculado

$$P = P\left(R^+ \leq r^+ \text{ em que } p = \frac{1}{2}\right)$$

for menor do que ou igual a algum nível pré-selecionado de significância, α, rejeitaremos H_0 e concluiremos que H_1 é verdadeira.

Para testar as outras hipóteses unilaterais

$$H_0: \tilde{\mu} = \tilde{\mu}_0 \qquad H_1: \tilde{\mu} > \tilde{\mu}_0 \qquad (9.53)$$

rejeitaremos H_0 em favor de H_1, somente se o número observado de sinais mais, ou seja, r^+, for grande ou, equivalentemente, quando se quer que a fração observada de sinais mais seja significativamente maior do que $1/2$. Desse modo, se o valor P calculado

$$P = P\left(R^+ \geq r^+ \text{ em que } p = \frac{1}{2}\right)$$

for menor do que α, rejeitaremos H_0 e concluiremos que H_1 é verdadeira.

A alternativa bilateral pode também ser testada. Se as hipóteses forem

$$H_0: \tilde{\mu} = \tilde{\mu}_0 \qquad H_1: \tilde{\mu} \neq \tilde{\mu}_0 \qquad (9.54)$$

deveremos então rejeitar $H_0: \tilde{\mu} = \tilde{\mu}_0$, quando a proporção de sinais mais for significativamente diferente (menor que ou maior que) de $1/2$. Isso é equivalente ao número observado de sinais mais r^+ ser suficientemente grande ou suficientemente pequeno. Assim, se $r^+ < n/2$, o valor P será

$$P = 2P\left(R^+ \leq r^+ \text{ em que } p = \frac{1}{2}\right)$$

e se $r^+ > n/2$, o valor P será

$$P = 2P\left(R^+ \geq r^+ \text{ em que } p = \frac{1}{2}\right)$$

Se o valor P for menor do que algum nível pré-selecionado α, rejeitaremos H_0 e concluiremos que H_1 é verdadeira.

EXEMPLO 9.15 | Teste dos Sinais para a Resistência Cisalhante de um Propelente

Montgomery, Peck e Vining (2012) reportam um estudo sobre um motor de foguete, fabricado ligando-se dois tipos de propelentes, um iniciador e um mantenedor, que estão, juntos, dentro de um cilindro metálico. A resistência cisalhante da ligação entre os dois tipos de propelentes é uma característica importante. Os resultados do teste dos 20 motores selecionados aleatoriamente estão na Tabela 9.5. Gostaríamos de testar a hipótese de que a mediana da resistência cisalhante é de 2000 psi, usando α = 0,05.

Este problema pode ser resolvido usando o procedimento de sete etapas de teste de hipóteses:

1. **Parâmetro de interesse:** O parâmetro de interesse é a mediana da distribuição da resistência cisalhante do propelente.
2. **Hipótese nula:** H_0: $\tilde{\mu}$ = 2000 psi.
3. **Hipótese alternativa:** H_1: $\tilde{\mu} \neq$ 2000 psi.
4. **Estatística de teste:** A estatística de teste é o número observado das diferenças mais na Tabela 9.5 ou r^+ = 14.
5. **Rejeite H_0 se:** Rejeitaremos H_0 se o valor P correspondente a r^+ = 14 for menor do que ou igual a α = 0,05.
6. **Cálculos:** Uma vez que r^+ = 14 é maior do que $n/2 = 20/2 = 10$, calculamos o valor P a partir de

$$P = 2P\left(R^+ \geq 14 \text{ em que } p = \frac{1}{2}\right)$$
$$= 2\sum_{r=14}^{20} \binom{20}{r} (0,5)^r (0,5)^{20-r} = 0,1153$$

7. **Conclusões:** Já que P = 0,1153 não é menor do que α = 0,05, não podemos rejeitar a hipótese nula de que a mediana da resistência de cisalhamento é de 2000 psi. Outra maneira de dizer isso é que o número observado de sinais mais r^+ = 14 não foi nem grande nem pequeno o suficiente para indicar que a mediana da resistência de cisalhamento tenha sido diferente de 2000 psi, com um nível de significância α = 0,05.

TABELA 9.5 Dados da Resistência Cisalhante de um Propelente

Observação i	Resistência Cisalhante x_i	Diferenças x_i − 2000	Sinal
1	2158,70	+158,70	+
2	1678,15	−321,85	−
3	2316,00	+316,00	+
4	2061,30	+61,30	+
5	2207,50	+207,50	+
6	1708,30	−291,70	−
7	1784,70	−215,30	−
8	2575,10	+575,10	+
9	2357,90	+357,90	+
10	2256,70	+256,70	+
11	2165,20	+165,20	+
12	2399,55	+399,55	+
13	1779,80	−220,20	−
14	2336,75	+336,75	+
15	1765,30	−234,70	−
16	2053,50	+53,50	+
17	2414,40	+414,40	+
18	2200,50	+200,50	+
19	2654,20	+654,20	+
20	1753,70	−246,30	−

É também possível construir uma tabela de valores críticos para o teste dos sinais. Essa tabela está na Tabela VIII do Apêndice A. O uso dessa tabela para a hipótese alternativa bilateral na Equação 9.54 é simples. Como antes, seja R^+ o número das diferenças $(X_i - \tilde{\mu}_0)$ que são positivas e seja R^- o número dessas diferenças que são negativas. Seja $R = \min(R^+, R^-)$. A Tabela VIII do Apêndice A apresenta valores críticos r_α^* para o teste dos sinais que asseguram P (erro tipo I) = P (rejeitar H_0 quando H_0 for verdadeira) = α, para α = 0,01, α = 0,05 e α = 0,10. Se o valor observado da estatística de interesse for $r \leq r_\alpha^*$, então a hipótese nula H_0: $\tilde{\mu} = \tilde{\mu}_0$ deverá ser rejeitada.

Para ilustrar como essa tabela é usada, consulte os dados da Tabela 9.5, que foram usados no Exemplo 9.15. Agora, r^+ = 14 e r^- = 6; logo, $r = \min(14, 6) = 6$. Da Tabela VIII do Apêndice A, com n = 20 e α = 0,05, encontramos que $r_{0,05}^*$ = 5. Uma vez que r = 6 não é menor do que nem igual ao valor crítico $r_{0,05}^*$ = 5, não podemos rejeitar a hipótese nula de que a mediana da resistência de cisalhamento seja 2000 psi.

Podemos também usar a Tabela VIII do Apêndice A para o teste dos sinais, quando uma hipótese alternativa unilateral for apropriada. Quando a hipótese alternativa for H_1: $\tilde{\mu} > \tilde{\mu}_0$, rejeitaremos H_0: $\tilde{\mu} = \tilde{\mu}_0$, se $r^- \leq r_\alpha^*$; se a alternativa for H_1: $\tilde{\mu} > \tilde{\mu}_0$, rejeitaremos H_0: $\tilde{\mu} = \tilde{\mu}_0$ se $r^+ \leq r_\alpha^*$. O nível de significância de um teste unilateral é metade do valor para um teste bilateral. A Tabela VIII do Apêndice A mostra os níveis de significância unilaterais nos topos das colunas imediatamente abaixo dos níveis bilaterais.

Finalmente, note-se que quando uma estatística de teste tiver uma distribuição discreta, tal como R tem no teste dos sinais, pode ser impossível escolher um valor crítico de r_α^* que apresente um nível de significância exatamente igual a α. A abordagem utilizada na Tabela VIII do Apêndice A é escolher r_α^* de modo a resultar um α que esteja próximo, tanto quanto possível, do nível de significância anunciado α.

Empates no Teste dos Sinais Uma vez que a população em estudo seja considerada contínua, há uma probabilidade nula de que encontremos um "empate", isto é, um valor de X_i exatamente igual a $\tilde{\mu}_0$. Entretanto, isso pode algumas vezes acontecer na prática, por causa da maneira pela qual os dados são coletados. Quando empates ocorrem, eles devem ser excluídos, e o teste dos sinais, aplicado aos dados restantes.

A Aproximação Normal Quando $p = 0{,}5$, a distribuição binomial é bem aproximada por uma distribuição normal, quando n for no mínimo 10. Assim, já que a média da binomial é np e a variância é $np(1-p)$, a distribuição de R^+ é aproximadamente normal, com média $0{,}5n$ e variância $0{,}25n$, quando n for moderadamente grande. Por conseguinte, nesses casos, a hipótese nula $H_0: \tilde{\mu} = \tilde{\mu}_0$ pode ser testada, usando a estatística.

Aproximação Normal para a Estatística do Teste dos Sinais

$$Z_0 = \frac{R^+ - 0{,}5n}{0{,}5\sqrt{n}} \qquad (9.55)$$

A abordagem do valor P poderia ser usada para tomar decisão. A abordagem de nível de significância fixo poderia ser usada.

A alternativa bilateral seria rejeitada se o valor observado da estatística de teste $|z_0| > z_{\alpha/2}$ e se as regiões críticas da alternativa unilateral fossem escolhidas de modo a refletir o sentido da alternativa. (Se a alternativa for $H_1: \tilde{\mu} > \tilde{\mu}_0$, rejeite H_0, se $z_0 > z_\alpha$, por exemplo.)

Erro Tipo II para o Teste dos Sinais O teste dos sinais controlará a probabilidade do erro tipo I, com um nível anunciado α para testar a hipótese nula $H_0: \tilde{\mu} = \tilde{\mu}_0$ para qualquer distribuição contínua. Como com qualquer procedimento de teste de hipóteses, é importante investigar a probabilidade de um erro tipo II, β. O teste deve ser capaz de detectar efetivamente desvios da hipótese nula e uma boa medida dessa efetividade é o valor de β para desvios que sejam importantes. Um pequeno valor de β implica um procedimento efetivo de teste.

Na determinação de β, é importante perceber não somente que um valor particular de $\tilde{\mu}$, ou seja, $\tilde{\mu}_0 + \Delta$, tem de ser usado, mas também que a **forma** da distribuição em estudo afetará os cálculos. Para ilustrar, suponha que a distribuição em questão seja normal com $\sigma = 1$ e que estejamos testando a hipótese $H_0: \tilde{\mu} = 2$ contra $H_1: \tilde{\mu} > 2$. (Já que $\tilde{\mu} = \mu$ na distribuição normal, isso é equivalente a testar que a média seja igual a 2.) Suponha que seja importante detectar um desvio de $\tilde{\mu} = 2$ para $\tilde{\mu} = 3$. A situação é ilustrada graficamente na Figura 9.18(a). Quando a hipótese alternativa é verdadeira ($H_1: \tilde{\mu} = 3$), a probabilidade de que a variável aleatória X seja menor do que ou igual ao valor 2 é

$$P(X \leq 2) = P(Z \leq -1) = \Phi(-1) = 0{,}1587$$

Suponha que tenhamos uma amostra aleatória de tamanho 12. Com o nível de $\alpha = 0{,}05$, a Tabela VIII do Apêndice A indica que rejeitaríamos $H_0: \tilde{\mu} = 2$ se $r^- \leq r^*_{0{,}05} = 2$. Consequentemente, β é a probabilidade de não rejeitarmos $H_0: \tilde{\mu} = 2$ quando, de fato, $\tilde{\mu} = 3$ ou

$$\beta = 1 - \sum_{x=0}^{2} \binom{12}{x}(0{,}1587)^x (0{,}8413)^{12-x} = 0{,}2944$$

Se a distribuição de X tivesse sido exponencial em vez de normal, a situação seria como aquela mostrada na Figura 9.18(b), e a probabilidade de que a variável aleatória X fosse menor do que ou igual ao valor $x = 2$, quando $\tilde{\mu} = 3$

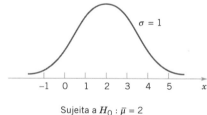
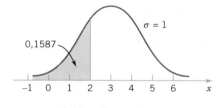

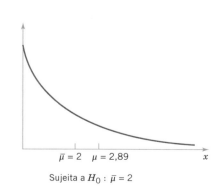

FIGURA 9.18

Cálculo de β para o teste dos sinais. (a) Distribuições normais. (b) Distribuições exponenciais.

(note-se que quando a mediana de uma distribuição exponencial é 3, a média é 4,33), seria

$$P(X \leq 2) = \int_0^2 \frac{1}{4,33} e^{-\frac{1}{4,33}x} dx = 0,3699$$

Nesse caso,

$$\beta = 1 - \sum_{x=0}^{2} \binom{12}{x} (0,3699)^x (0,6301)^{12-x} = 0,8794$$

Dessa maneira, β para o teste dos sinais depende não somente do valor alternativo de $\tilde{\mu}$, mas também da área à direita do valor especificado na hipótese nula sujeita à distribuição de probabilidades da população. Essa área é altamente dependente da forma daquela distribuição particular de probabilidades. Neste exemplo, β é grande; logo, é baixa a habilidade do teste para detectar esse desvio da hipótese nula com o tamanho atual de amostra.

9.9.2 Teste de Wilcoxon do Posto Sinalizado

O teste dos sinais usa somente os sinais mais e menos das diferenças entre as observações e a mediana $\tilde{\mu}_0$ (ou os sinais mais e menos das diferenças entre as observações no caso emparelhado). Ele não leva em consideração o tamanho ou a magnitude dessas diferenças. Frank Wilcoxon projetou um procedimento de teste que usa a direção (sinal) e a magnitude. Esse procedimento, chamado de **teste de Wilcoxon do posto sinalizado**, será discutido e ilustrado nesta seção.

O teste de Wilcoxon do posto sinalizado se aplica ao caso de **distribuições contínuas simétricas**. Sob essas suposições, a média é igual à mediana e podemos usar esse procedimento para testar a hipótese nula de que $\mu = \mu_0$.

Procedimento do Teste Estamos interessados em testar H_0: $\mu = \mu_0$ contra as alternativas usuais. Considere que $X_1, X_2, ..., X_n$ seja uma amostra aleatória, proveniente de uma distribuição contínua e simétrica, com média (e mediana) μ. Faça o cálculo das diferenças $X_i - \mu_0$, $i = 1, 2, ..., n$. Ordene as diferenças absolutas $|X_i - \mu_0|$, $i = 1, 2, ..., n$ em ordem crescente e então forneça aos postos os sinais das diferenças correspondentes. Seja W^+ a soma dos postos positivos e W^- o valor absoluto da soma dos postos negativos, e seja $W = \min(W^+, W^-)$. A Tabela IX do Apêndice A contém os valores críticos de W, ou seja, w_α^*. Se a hipótese alternativa for H_1: $\mu \neq \mu_0$, então, quando o valor observado da estatística for $w \leq w_\alpha^*$, a hipótese nula H_0: $\mu = \mu_0$ será rejeitada. A Tabela IX do Apêndice A fornece níveis de significância de $\alpha = 0,10$; $\alpha = 0,05$; $\alpha = 0,02$; $\alpha = 0,01$ para o teste bilateral.

Para testes unilaterais, quando a alternativa for H_1: $\mu > \mu_0$, rejeite H_0: $\mu = \mu_0$, se $w^- \leq w_\alpha^*$, e quando a alternativa for H_1: $\mu < \mu_0$, rejeite H_0: $\mu = \mu_0$, se $w^+ \leq w_\alpha^*$. Os níveis de significância para os testes unilaterais fornecidos na Tabela IX do Apêndice A são $\alpha = 0,05$; 0,025; 0,01 e 0,005.

EXEMPLO 9.16 | Teste de Wilcoxon do Posto Sinalizado para a Resistência Cisalhante de um Propelente

Vamos ilustrar o teste de Wilcoxon do posto sinalizado, aplicando-o aos dados da resistência cisalhante de um propelente provenientes da Tabela 9.5. Considere que a distribuição em foco seja contínua e simétrica. O procedimento de sete etapas é aplicado como a seguir.

1. **Parâmetro de interesse:** O parâmetro de interesse é a média (ou mediana) da distribuição da resistência cisalhante do propelente.
2. **Hipótese nula:** H_0: $\mu = 2000$ psi.
3. **Hipótese alternativa:** H_1: $\mu \neq 2000$ psi.
4. **Estatística de teste:** A estatística de teste é $w = \min(w^+, w^-)$.
5. **Rejeite H_0 se:** Rejeitaremos H_0 se $w \leq w_{0,05}^* = 52$, da Tabela IX do Apêndice A.
6. **Cálculos:** Os postos com os sinais provenientes da Tabela 9.5 são mostrados na tabela a seguir.

    A soma dos postos positivos é $w^+ = (1 + 2 + 3 + 4 + 5 + 6 + 11 + 13 + 15 + 16 + 17 + 18 + 19 + 20) = 150$, e a soma dos valores absolutos dos postos negativos é $w^- = (7 + 8 + 9 + 10 + 12 + 14) = 60$. Logo,

    $$w = \min(150, 60) = 60$$

7. **Conclusões:** Visto que $w = 60$ não é nem menor do que nem igual ao valor crítico $w_{0,05} = 52$, não podemos rejeitar a hipótese nula, de que a média (ou mediana, já que a população é considerada simétrica) da resistência cisalhante seja de 2000 psi.

Observação	Diferença $x_i - 2000$	Posto Sinalizado
16	+53,50	+1
4	+61,30	+2
1	+158,70	+3
11	+165,20	+4
18	+200,50	+5
5	+207,50	+6
7	+215,30	−7
13	−220,20	−8
15	−234,70	−9
20	−246,30	−10
10	+256,70	+11
6	−291,70	−12
3	+316,00	+13
2	−321,85	−14
14	+336,75	+15
9	+357,90	+16
12	+399,55	+17
17	+414,40	+18
8	+575,10	+19
19	+654,20	+20

Empates no Teste de Wilcoxon do Posto Sinalizado

Em razão de a população em foco ser contínua, empates são teoricamente impossíveis, embora eles ocorram algumas vezes na prática. Se várias observações tiverem a mesma magnitude absoluta, a elas será atribuída a média dos postos que receberiam, se elas diferissem levemente uma da outra.

Aproximação para Amostras Grandes

Se o tamanho da amostra for moderadamente grande, como $n > 20$, então poderá ser mostrado que W^+ (ou W^-) tem aproximadamente uma distribuição normal com média

$$\mu_{W^+} = \frac{n(n+1)}{4}$$

e variância

$$\sigma^2_{W^+} = \frac{n(n+1)(2n+1)}{24}$$

Por conseguinte, um teste de $H_0: \mu = \mu_0$ pode estar baseado na seguinte estatística:

Aproximação Normal para a Estatística de Wilcoxon para o Posto Sinalizado

$$Z_0 = \frac{W^+ - n(n+1)/4}{\sqrt{n(n+1)(2n+1)/24}} \quad (9.56)$$

Uma região crítica apropriada para as hipóteses bilaterais e unilaterais pode ser escolhida a partir de uma tabela da distribuição normal padrão.

9.9.3 Comparação com o Teste t

Se a população em foco fosse normal, tanto o teste dos sinais como o teste t poderiam ser usados para testar a hipótese acerca da mediana da população. Sabe-se que o teste t tem o menor valor possível de β entre todos os testes que têm nível de significância α para a alternativa unilateral e para testes com regiões críticas simétricas para a alternativa bilateral; logo, ele é superior ao teste dos sinais no caso da distribuição normal. Quando a distribuição da população for simétrica e não normal (mas com média finita), o teste t terá um valor menor de β (ou uma potência maior) do que o teste dos sinais, a menos que a distribuição tenha extremidades muito alongadas quando comparadas às da normal. Dessa forma, o teste dos sinais é geralmente considerado o procedimento de teste para a mediana, em vez de ser um sério competidor para o teste t. O teste de Wilcoxon do posto sinalizado é preferível em relação ao teste dos sinais e se compara bem com o teste t para distribuições simétricas. Ele pode ser útil em situações em que uma transformação nas observações não produz uma distribuição que seja razoavelmente próxima da normal.

9.10 Teste de Equivalência

Teste estatístico de hipóteses é uma das técnicas mais úteis de inferência estatística. Entretanto, ele trabalha somente em uma direção; ou seja, ele começa com uma afirmação que se supõe verdadeira (a hipótese nula H_0) e tenta contestá-la em favor da hipótese alternativa H_1. A afirmação forte acerca da hipótese alternativa é feita quando a hipótese nula é rejeitada. Esse procedimento trabalha bem em muitas, mas não em todas as situações.

De modo a ilustrar, considere uma situação em que estamos tentando qualificar um novo fornecedor de um componente que usamos na fabricação de nosso produto. O fornecedor atual produz esses componentes com uma resistência média padrão de 80 ohms. Se o novo fornecedor puder prover os componentes com a mesma resistência média, vamos qualificá-los. Ter uma segunda fonte para esse componente é algo considerado importante, visto ser esperado um rápido aumento na demanda de nosso produto em um futuro próximo. Assim, o segundo fornecedor será necessário para atingir o aumento antecipado na demanda. A fórmula tradicional do teste de hipóteses

$$H_0: \mu = 80 \qquad H_1: \mu \neq 80$$

não é realmente satisfatória. Somente se rejeitarmos a hipótese nula, teremos uma conclusão forte. Com certeza, queremos estabelecer a hipótese como

$$H_0: \mu \neq 80 \qquad H_1: \mu = 80$$

Esse tipo de afirmação hipotética é chamado de **teste de equivalência**. Admitimos que o novo fornecedor seja diferente do padrão, a menos que tenhamos uma evidência forte para rejeitar essa afirmação. A maneira pela qual esse teste de equivalência é executado é testar os dois conjuntos seguintes de hipóteses alternativas unilaterais:

$$H_0: \mu = 80 + \delta \qquad H_1: \mu < 80 + \delta$$

e

$$H_0: \mu = 80 - \delta \qquad H_1: \mu > 80 - \delta$$

em que δ é chamado de **banda de equivalência**, que é um limite prático dentro do qual o desempenho médio (aqui, a resistência) é considerado como o mesmo que o padrão. O intervalo $80 \pm \delta$ é chamado de **intervalo de equivalência**. O primeiro conjunto de hipóteses é um teste da média que mostra que a diferença entre a média e o padrão é significativamente menor do que o limite superior de equivalência do intervalo. O segundo conjunto de hipóteses é um teste da média que mostra que a diferença entre a média e o padrão é significativamente maior do que o limite inferior de equivalência. Vamos aplicar ambos os testes à mesma amostra de dados, levando a um teste de equivalência que é algumas vezes chamado de **dois testes unilaterais** (em inglês, **TOST** – *two one-sided tests*).

EXEMPLO 9.17

Suponha que tenhamos uma amostra aleatória de $n = 50$ componentes provenientes do novo fornecedor. A resistência é aproximadamente distribuída normalmente e a média e o desvio-padrão (em ohms) da amostra são $\bar{x} = 79,98$ e $s = 0,10$. A média da amostra está perto do valor-padrão de 80 ohms. Suponha que nosso erro de medida seja aproximadamente 0,01 ohm. Decidiremos que, se o novo fornecedor tiver uma resistência média que esteja dentro de 0,05 do padrão de 80, não haverá diferença prática de desempenho. Logo, $\delta = 0,05$. Observe que escolhemos a banda de equivalência maior do que o erro usual ou esperado de medida para a resistência. Queremos agora testar as hipóteses.

$$H_0: \mu = 80,05 \qquad H_1: \mu < 80,05$$

e

$$H_0: \mu = 79,95 \qquad H_1: \mu > 79,95$$

Considere o teste do primeiro conjunto de hipóteses. É fácil demonstrar que o valor da estatística de teste é $t_0 = -4,95$ e o valor P é menor do que 0,01. Por conseguinte, concluímos que a resistência média seja menor do que 80,05. Para o segundo conjunto de hipóteses, a estatística de teste é $t_0 = 2,12$ e o valor P é menor do que 0,025; logo, a resistência média é significativamente maior do que 79,95 e significativamente menor do que 80,05. Dessa maneira, temos evidências suficientes para concluir que o novo fornecedor produz componentes que são equivalentes àqueles produzidos pelo fornecedor atual, uma vez que a média está dentro do intervalo $\pm 0,05$ ohm.

O teste de equivalência tem muitas aplicações, incluindo o problema de qualificação de fornecedor ilustrado aqui, a fabricação de medicamentos genéricos e a qualificação de novos equipamentos. O experimentalista tem de decidir o que define equivalência. As questões que devem ser consideradas são:

1. Especificação da banda de equivalência. O parâmetro δ deve ser maior do que o típico erro de medida. Uma boa regra prática é que δ deve ser, no mínimo, três vezes o típico erro de medida.
2. A banda de equivalência deve ser bem menor do que a variação usual do processo.
3. A banda de equivalência deve ser bem menor do que as especificações do produto ou do processo. As especificações geralmente definem a adequação ao uso.
4. A banda de equivalência deve estar relacionada com o desempenho funcional real; ou seja, que diferença pode ser tolerada antes de o desempenho ser reduzido?

9.11 Combinando Valores P

Testar vários conjuntos de hipóteses que se relacionam com um problema de interesse ocorre razoavelmente de forma frequente em engenharia e em muitas disciplinas científicas. Por exemplo, suponha que estamos desenvolvendo uma nova fibra sintética para ser usada na fabricação de colete corporal para agentes militares e policiais. Essa fibra precisa exibir alta resistência à ruptura (no mínimo 100 lb/in²) para que o novo produto trabalhe apropriadamente. O laboratório de desenvolvimento de engenharia produz várias bateladas ou lotes dessa fibra; uma amostra aleatória de três espécimes da fibra foi tirada de cada lote, sendo esses espécimes testados. Para cada lote, as hipóteses são

$$H_0: \mu = 100 \qquad H_1: \mu > 100$$

Os lotes de desenvolvimento são pequenos e o teste é destrutivo; assim, os tamanhos da amostra são também pequenos.

Depois que os seis lotes foram produzidos, os valores P desses seis testes de hipóteses independentes foram 0,105; 0,080; 0,250; 0,026; 0,650; e 0,045. Dados os valores P, suspeitamos que o novo material vá ser satisfatório, mas os tamanhos da amostra são pequenos e seria útil se combinássemos os resultados de todos os seis testes para determinar se o novo material será aceitável. A combinação de resultados de vários estudos ou experimentos é chamada algumas vezes de **metanálise**, uma técnica que tem sido usada em muitos campos, incluindo monitoramento público da saúde, testes clínicos de novos dispositivos ou tratamentos médicos, ecologia e genética. Um método que pode ser usado para combinar esses resultados é combinar todos os valores P individuais em uma única estatística para a qual o valor P pode ser calculado. Esse procedimento foi desenvolvido por R. A. Fisher.

Seja P_i o valor P para o i-ésimo conjunto de hipóteses, $i = 1, 2, \ldots, m$. A estatística de teste é

$$\chi_0^2 = -2 \sum_{i=1}^{m} \ln(P_i)$$

A estatística de teste χ_0^2 segue uma distribuição qui-quadrado com $2m$ graus de liberdade. Um valor P pode ser calculado para o valor observado dessa estatística. Um pequeno valor P levaria à rejeição das hipóteses nulas compartilhadas e a uma conclusão de que os dados combinados suportam a alternativa.

Como exemplo, a estatística de teste χ_0^2 para os seis testes descritos é

$$\chi_0^2 = -2[\ln(0,105) + \ln(0,080) + \ln(0,250) + \ln(0,026) \\ + \ln(0,650) + \ln(0,045)] = 26,6947$$

com $2m = 2(6) = 12$ graus de liberdade. O valor P para essa estatística é $0,005 < P < 0,01$, um valor muito pequeno, que leva à rejeição da hipótese nula. Em outras palavras, a informação combinada de todos os seis testes fornece evidência de que a resistência média da fibra excede 100 lb/in².

O método de Fisher não requer que todas as hipóteses nulas sejam as mesmas. Algumas aplicações envolvem muitos conjuntos de hipóteses que não têm a mesma hipótese nula. Nessas situações, a hipótese alternativa é considerada como aquela em que pelo menos uma das hipóteses nulas é falsa. O método de Fisher foi desenvolvido nos anos 1920. Desde então, um número de outras técnicas tem sido proposto. Para uma boa discussão desses métodos alternativos, juntamente com os comentários sobre adequação e potência, veja o artigo de Piegorsch e Bailer ["Combining Information", *Wiley Interdisciplinary Reviews*: *Computational Statistics*, 2009, Vol. 1(3), pp. 354-360].

Termos e Conceitos Importantes

α e β
Aproximação da normal para testes não paramétricos
Combinação de valores P
Conexão entre testes de hipóteses e intervalos de confiança
Curvas características operacionais (CO)
Determinação do tamanho de amostra para testes de hipóteses
Distribuição de amostragem
Distribuição de referência para uma estatística de teste
Distribuição nula
Distribuições contínuas simétricas
Erros tipo I e tipo II
Estatística de teste
Hipótese alternativa

Hipótese nula
Hipóteses
Hipóteses alternativas unilaterais e bilaterais
Hipóteses estatísticas
Inferência
Intervalo de confiança
Métodos não paramétricos e métodos livres de distribuição
Nível de significância de um teste
Nível fixo de significância
Nível observado de significância
Paramétrico
Postos
Potência de um teste estatístico
Região crítica para um teste estatístico
Região de aceitação
Região de rejeição

Significância estatística *versus* significância prática
Tabela de contingência
Teste de equivalência
Teste de hipóteses
Teste de Wilcoxon do posto sinalizado
Teste dos sinais
Teste para adequação de ajuste
Teste para homogeneidade
Teste para independência
Testes qui-quadrado
Teste t
Teste z
Valor P
Valores críticos

CAPÍTULO 10

Inferência Estatística para Duas Amostras

OBJETIVOS DA APRENDIZAGEM

Depois de um cuidadoso estudo deste capítulo, você deve ser capaz de:

1. Estruturar, como testes de hipóteses, experimentos comparativos envolvendo duas amostras
2. Testar hipóteses e construir intervalos de confiança para a diferença de médias de duas distribuições normais
3. Testar hipóteses e construir intervalos de confiança para a razão das variâncias ou dos desvios padrão de duas distribuições normais
4. Testar hipóteses e construir intervalos de confiança para a diferença de proporções de duas populações
5. Usar a abordagem do valor P para tomar decisões em testes de hipóteses
6. Calcular a potência, a probabilidade de erro tipo II e tomar decisões em relação a tamanhos de amostra para testes de médias, variâncias e proporções considerando duas amostras
7. Explicar e usar a relação entre intervalos de confiança e testes de hipóteses

SUMÁRIO DO CAPÍTULO

10.1 Inferência para a Diferença de Médias de Duas Distribuições Normais, Variâncias Conhecidas

10.1.1 Testes de Hipóteses para a Diferença de Médias, Variâncias Conhecidas

10.1.2 Erro Tipo II e Escolha do Tamanho da Amostra

10.1.3 Intervalo de Confiança para a Diferença de Médias, Variâncias Conhecidas

10.2 Inferência para a Diferença de Médias de Duas Distribuições Normais, Variâncias Desconhecidas

10.2.1 Testes de Hipóteses para a Diferença de Médias, Variâncias Desconhecidas

10.2.2 Erro Tipo II e Escolha do Tamanho da Amostra

10.2.3 Intervalo de Confiança para a Diferença de Médias, Variâncias Desconhecidas

SUMÁRIO DO CAPÍTULO (*continuação*)

10.3 Um Teste Não Paramétrico para a Diferença entre Duas Médias

10.3.1 Descrição do Teste de Wilcoxon da Soma dos Postos Sinalizados

10.3.2 Aproximação para Amostras Grandes

10.3.3 Comparação com o Teste *t*

10.4 Teste *t* Pareado

10.5 Inferência para as Variâncias de Duas Distribuições Normais

10.5.1 Distribuição *F*

10.5.2 Testes de Hipóteses para a Razão de Duas Variâncias

10.5.3 Erro Tipo II e Escolha do Tamanho da Amostra

10.5.4 Intervalo de Confiança para a Razão de Duas Variâncias

10.6 Inferência de Proporções de Duas Populações

10.6.1 Testes para a Diferença nas Proporções de uma População, Amostras Grandes

10.6.2 Erro Tipo II e Escolha do Tamanho da Amostra

10.6.3 Intervalo de Confiança para a Diferença de Proporções de Populações

10.7 Tabela com um Sumário e Roteiros dos Procedimentos de Inferência para Duas Amostras

---

A segurança da água potável é um sério problema de saúde pública. Um artigo publicado em *Arizona Republic*, em 27 de maio de 2001, relatou uma contaminação por arsênio em uma amostra de água de 10 comunidades na região metropolitana de Phoenix e em 10 comunidades rurais do Arizona. Os dados mostraram notáveis diferenças na concentração de arsênio, variando de três partes por bilhão (ppb) a 48 ppb. Existem algumas questões importantes sugeridas por esse artigo. Há uma diferença real entre as concentrações de arsênio na região de Phoenix e nas comunidades rurais do Arizona? Quão grande é essa diferença? Ela é grande o suficiente para requerer uma ação por parte das agências estaduais do serviço de saúde pública para corrigir o problema? Os níveis relatados de concentração de arsênio são grandes o suficiente para constituir um risco de saúde pública?

Algumas dessas questões podem ser respondidas por métodos estatísticos. Se pensarmos a respeito das comunidades metropolitanas de Phoenix como uma população e as comunidades rurais do Arizona como uma segunda população, poderíamos determinar se existe diferença estatisticamente significativa na concentração média de arsênio entre as duas populações, testando a hipótese de que as duas médias, ou seja, μ_1 e μ_2 são diferentes. Essa é uma extensão relativamente simples dos procedimentos do Capítulo 9 para testes de hipóteses para uma amostra, aplicados agora para duas amostras. Podemos usar também um intervalo de confiança para estimar a diferença entre as duas médias, isto é, $\mu_1 - \mu_2$.

O problema da concentração de arsênio é um exemplo muito comum de vários problemas em engenharia e em ciências que envolvem estatística. Algumas das questões podem ser respondidas pela aplicação de ferramentas estatísticas apropriadas, enquanto outras questões podem ser respondidas usando conhecimento e *expertise* científicos e de engenharia para responder satisfatoriamente.

10.1 Inferência para a Diferença de Médias de Duas Distribuições Normais, Variâncias Conhecidas

Os dois capítulos anteriores apresentaram testes de hipóteses e intervalos de confiança para o parâmetro de uma única população (a média μ, a variância σ^2 ou uma proporção p). Este capítulo estende aqueles resultados para o caso de duas populações independentes.

A situação geral é mostrada na Figura 10.1. A população 1 tem média μ_1 e variância σ_1^2, enquanto a população 2 tem média μ_2 e variância σ_2^2. Inferências serão baseadas em duas amostras aleatórias de tamanhos n_1 e n_2, respectivamente. Ou seja, $X_{11}, X_{12}, ..., X_{1n_1}$ é uma amostra aleatória de n_1 observações provenientes da população 1 e $X_{21}, X_{22}, ..., X_{2n_2}$ é uma amostra aleatória de n_2 observações provenientes da população 2. A maioria das aplicações práticas dos procedimentos deste capítulo aparece no contexto de **experimentos comparativos** simples, em que o objetivo é estudar a diferença nos parâmetros das duas populações.

Engenheiros e cientistas estão frequentemente interessados em comparar duas condições diferentes para determinar se cada condição produz um efeito significativo no resultado. Essas condições são algumas vezes chamadas de **tratamentos**. O Exemplo 10.1 ilustra tal experimento; os dois tratamentos diferentes são duas formulações de tinta, e a resposta é o tempo de secagem. A finalidade do estudo é determinar se a nova formulação resulta em um efeito significativo — redução do tempo de secagem. Nessa situação, o desenvolvedor do produto (experimentalista) associa dez espécimes de teste a uma formulação e dez espécimes de teste a outra. Depois, as tintas são aplicadas aos espécimes de teste, em uma ordem aleatória, até que todos os 20 espécimes sejam pintados. Esse é um exemplo de **experimento completamente aleatorizado**.

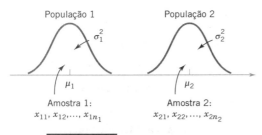

FIGURA 10.1

Duas populações independentes.

Quando uma significância estatística é observada em um experimento aleatorizado, o experimentalista pode estar confiante na conclusão de que foi a diferença nos tratamentos que resultou na diferença da resposta. Ou seja, podemos estar confiantes de que uma relação de **causa e efeito** foi encontrada.

Por vezes, os objetos a serem usados na comparação não são atribuídos aleatoriamente aos tratamentos. Por exemplo, a edição de setembro de 1992 de *Circulation* (uma publicação científica da área médica, publicada pela American Heart Association) relata um estudo relacionando altos níveis de ferro no corpo com o risco crescente de ataque cardíaco. O estudo, feito na Finlândia, rastreou 1931 homens, durante cinco anos, e mostrou um efeito estatisticamente significativo de níveis crescentes de ferro na incidência de ataques cardíacos. Nesse estudo, a comparação não foi feita selecionando aleatoriamente uma amostra de homens e então atribuindo a alguns um tratamento com "nível baixo de ferro" e a outros um tratamento com "nível alto de ferro". Os pesquisadores apenas rastrearam os indivíduos ao longo do tempo. Lembre-se, do Capítulo 1, que esse tipo de estudo é chamado de **estudo de observação**.

É difícil identificar causalidade em estudos de observação, porque a diferença estatisticamente significativa observada na resposta entre os dois grupos pode ter sido causada por algum outro fator (ou grupo de fatores) fundamental que não foi equalizado pela aleatoriedade, e não pelos tratamentos. Por exemplo, a diferença no risco de ataque cardíaco poderia ser atribuída à diferença nos níveis de ferro ou a outros fatores fundamentais que formam uma explicação razoável para os resultados observados – tais como níveis de colesterol ou hipertensão.

Nesta seção, consideraremos as inferências estatísticas para a diferença de médias $\mu_1 - \mu_2$ de duas distribuições normais, em que as variâncias σ_1^2 e σ_2^2 são conhecidas. As suposições para esta seção são resumidas a seguir.

Suposições para Inferência com Duas Amostras

(1) $X_{11}, X_{12}, \ldots, X_{1n_1}$ é uma amostra aleatória proveniente da população 1.

(2) $X_{21}, X_{22}, \ldots, X_{2n_2}$ é uma amostra aleatória proveniente da população 2.

(3) As duas populações representadas por X_1 e X_2 são independentes.

(4) Ambas as populações são normais.

Um estimador lógico de $\mu_1 - \mu_2$ é a diferença das médias amostrais $\overline{X}_1 - \overline{X}_2$. Baseando-se nas propriedades de valores esperados,

$$E(\overline{X}_1 - \overline{X}_2) = E(\overline{X}_1) - E(\overline{X}_2) = \mu_1 - \mu_2$$

e a variância de $\overline{X}_1 - \overline{X}_2$ é

$$V(\overline{X}_1 - \overline{X}_2) = V(\overline{X}_1) + V(\overline{X}_2) = \frac{\sigma_1^2}{n_1} + \frac{\sigma_2^2}{n_2}$$

Baseando-se nas suposições e nos resultados precedentes, podemos estabelecer o seguinte.

A grandeza

$$Z = \frac{\overline{X}_1 - \overline{X}_2 - (\mu_1 - \mu_2)}{\sqrt{\dfrac{\sigma_1^2}{n_1} + \dfrac{\sigma_2^2}{n_2}}} \quad (10.1)$$

tem uma distribuição $N(0, 1)$.

Esse resultado será usado para formar testes de hipóteses e intervalos de confiança para $\mu_1 - \mu_2$. Essencialmente, podemos pensar $\mu_1 - \mu_2$ como um parâmetro θ, sendo seu estimador dado por $\hat{\Theta} = \overline{X}_1 - \overline{X}_2$, com variância $\sigma_{\hat{\Theta}}^2 = \sigma_1^2/n_1 + \sigma_2^2/n_2$. Se θ_0 for o valor da hipótese nula, especificado para θ, então à estatística de teste será $(\hat{\Theta} - \theta_0)/\sigma_{\hat{\Theta}}$. Note o quão similar isso é em comparação à estatística de teste para uma única média usada na Equação 9.8 do Capítulo 9.

10.1.1 Testes de Hipóteses para a Diferença de Médias, Variâncias Conhecidas

Consideraremos agora testes de hipóteses para a diferença nas médias $\mu_1 - \mu_2$ de duas populações normais. Suponha que estejamos interessados em testar a diferença de médias $\mu_1 - \mu_2$ sendo igual a um valor especificado Δ_0. Assim, a hipótese nula será estabelecida como $H_0: \mu_1 - \mu_2 = \Delta_0$. Obviamente, em muitos casos, especificaremos $\Delta_0 = 0$, de modo a testar a igualdade de duas médias (ou seja, $H_0: \mu_1 = \mu_2$). A estatística apropriada de teste será encontrada trocando $\mu_1 - \mu_2$ na Equação 10.1 por Δ_0: essa estatística de teste terá uma distribuição normal padrão sujeita a H_0. Ou seja, a distribuição normal padrão é a *distribuição de referência* para a estatística de teste. Suponha que a hipótese alternativa seja $H_1: \mu_1 - \mu_2 \neq \Delta_0$. Agora, um valor amostral de $\overline{x}_1 - \overline{x}_2$, que seja consideravelmente diferente de Δ_0, é uma evidência de que H_1 é verdadeira. Em razão de Z_0 ter a distribuição $N(0,1)$ quando H_0 for verdadeira, calcularemos o valor P como a soma das probabilidades além do valor da estatística de teste z_0 e $-z_0$ na distribuição normal padrão. Ou seja, $P = 2[1 - \Phi(|z_0|)]$. Isso é exatamente o que fizemos no caso do teste z para uma amostra. Se quisermos fazer um teste de nível de significância fixo, deveremos tomar $-z_{\alpha/2}$ e $z_{\alpha/2}$ como os limites da região crítica, exatamente como fizemos no caso do teste z para uma única amostra. Isso dará um teste com um nível de significância α. Valores P ou regiões críticas para as alternativas unilaterais serão localizadas similarmente. Resumimos, formalmente, esses resultados a seguir.

Testes para a Diferença de Médias, Variâncias Conhecidas

Hipótese nula: $H_0: \mu_1 - \mu_2 = \Delta_0$

Estatística de teste:
$$Z_0 = \frac{\overline{X}_1 - \overline{X}_2 - \Delta_0}{\sqrt{\dfrac{\sigma_1^2}{n_1} + \dfrac{\sigma_2^2}{n_2}}} \quad (10.2)$$

Hipóteses Alternativas	Valor P	Critério de Rejeição para Testes com Níveis Fixos
$H_1: \mu_1 - \mu_2 \neq \Delta_0$	Probabilidade acima de $|z_0|$ e probabilidade abaixo de $-|z_0|$, $P = 2[1 - \Phi(|z_0|)]$	$z_0 > z_{\alpha/2}$ ou $z_0 < -z_{\alpha/2}$
$H_1: \mu_1 - \mu_2 > \Delta_0$	Probabilidade acima de z_0, $P = 1 - \Phi(z_0)$	$z_0 > z_\alpha$
$H_1: \mu_1 - \mu_2 < \Delta_0$	Probabilidade abaixo de z_0, $P = \Phi(z_0)$	$z_0 < -z_\alpha$

EXEMPLO 10.1 | Tempo de Secagem de uma Tinta

Uma pessoa que desenvolve produtos está interessada em reduzir o tempo de secagem do zarcão. Duas formulações de tinta são testadas: a formulação 1 tem uma química-padrão, e a formulação 2 tem um novo ingrediente que deve reduzir o tempo de secagem. Da experiência, sabe-se que o desvio-padrão do tempo de secagem é igual a oito minutos, e essa variabilidade inerente não deve ser afetada pela adição do novo ingrediente. Dez espécimes são pintados com a formulação 1, e outros dez espécimes são pintados com a formulação 2. Os 20 espécimes são pintados em uma ordem aleatória. Os tempos médios de secagem das duas amostras são $\overline{x}_1 = 121$ minutos e $\overline{x}_2 = 112$ minutos, respectivamente. Quais as conclusões que o idealizador de produtos pode tirar sobre a eficiência do novo ingrediente, usando $\alpha = 0,05$?

Aplicamos o procedimento das sete etapas para resolver esse problema, conforme mostrado a seguir:

1. **Parâmetro de interesse:** A grandeza de interesse é a diferença nos tempos médios de secagem, $\mu_1 - \mu_2$ e $\Delta_0 = 0$.
2. **Hipótese nula:** $H_0: \mu_1 - \mu_2 = 0$ ou $H_0: \mu_1 = \mu_2$.
3. **Hipótese alternativa:** $H_1: \mu_1 > \mu_2$. Queremos rejeitar H_0 se o novo ingrediente reduzir o tempo médio de secagem.
4. **Estatística de teste:** A estatística de teste é
$$z_0 = \frac{\overline{x}_1 - \overline{x}_2 - 0}{\sqrt{\dfrac{\sigma_1^2}{n_1} + \dfrac{\sigma_2^2}{n_2}}}$$
em que $\sigma_1^2 = \sigma_2^2 = (8)^2 = 64$ e $n_1 = n_2 = 10$.
5. **Rejeite H_0 se:** Rejeite $H_0: \mu_1 = \mu_2$, se o valor P for menor que 0,05.
6. **Cálculos:** Uma vez que $\overline{x}_1 = 121$ minutos e $\overline{x}_2 = 112$ minutos, a estatística de teste é
$$z_0 = \frac{121 - 112}{\sqrt{\dfrac{(8)^2}{10} + \dfrac{(8)^2}{10}}} = 2,52$$
7. **Conclusão:** Já que $z_0 = 2,52$, o valor P é $P = 1 - \Phi(2,52) = 0,0059$; logo, rejeitamos H_0, com $\alpha = 0,05$.

Interpretação Prática: Concluímos que a adição do novo ingrediente à tinta reduz significativamente o tempo de secagem. Essa é uma conclusão forte.

Quando as variâncias das populações são desconhecidas, as variâncias das amostras, s_1^2 e s_2^2, podem ser substituídas na Equação 10.2 da estatística de teste, de maneira que produza um *teste para amostra grande* para a diferença de médias. Esse procedimento também funcionará quando as populações não forem necessariamente normalmente distribuídas. No entanto, tanto n_1 quanto n_2 devem exceder 40 para esse teste para amostra grande ser válido.

10.1.2 Erro Tipo II e Escolha do Tamanho da Amostra

Uso das Curvas Características Operacionais As curvas características operacionais (CO) nos Gráficos VII*a*, VII*b*, VII*c* e VII*d* do Apêndice podem ser usadas para avaliar o erro da probabilidade do tipo II para as hipóteses na Equação 10.2.

Essas curvas são também úteis na determinação do tamanho da amostra. As curvas são fornecidas para $\alpha = 0{,}05$ e $\alpha = 0{,}01$. Para a hipótese alternativa bilateral, d é a escala na abscissa da curva característica operacional nos gráficos VII*a* e VII*b*, em que

$$d = \frac{|\mu_1 - \mu_2 - \Delta_0|}{\sqrt{\sigma_1^2 + \sigma_2^2}} = \frac{|\Delta - \Delta_0|}{\sqrt{\sigma_1^2 + \sigma_2^2}} \qquad (10.3)$$

e tem-se de escolher tamanhos iguais da amostra, ou seja, $n = n_1 = n_2$. As hipóteses alternativas unilaterais requerem o uso dos gráficos VII*c* e VII*d*. Para as alternativas unilaterais $H_1: \mu_1 - \mu_2 > \Delta_0$ ou $H_1: \mu_1 - \mu_2 < \Delta_0$, a escala da abscissa é dada por

$$d = \frac{|\mu_1 - \mu_2 - \Delta_0|}{\sqrt{\sigma_1^2 + \sigma_2^2}} = \frac{|\Delta - \Delta_0|}{\sqrt{\sigma_1^2 + \sigma_2^2}}$$

É comum encontrar problemas em que os custos de coleta de dados diferem substancialmente entre duas populações ou que a variância de uma população seja bem maior que a outra. Nesses casos, empregamos frequentemente tamanhos desiguais de amostra. Se $n_1 \neq n_2$, as curvas características operacionais podem ser usadas com um valor *equivalente* de n, calculado a partir de

$$n = \frac{\sigma_1^2 + \sigma_2^2}{\sigma_1^2/n_1 + \sigma_2^2/n_2} \qquad (10.4)$$

Se $n_1 \neq n_2$ e se seus valores forem fixados previamente, a Equação 10.4 será usada diretamente para calcular n, sendo as curvas características operacionais usadas com um d especificado de modo a obter β. Se conhecermos d e for necessário determinar n_1 e n_2 para obter um β especificado, β^*, então estimaremos n_1 e n_2, calcularemos n pela Equação 10.4 e entraremos nas curvas com o valor especificado de d para encontrarmos β. Se $\beta = \beta^*$, então os valores iniciais de n_1 e n_2 serão satisfatórios. Se $\beta \neq \beta^*$, então ajustes nos valores de n_1 e n_2 serão feitos e o processo será repetido.

Fórmulas para Tamanho de Amostra É sempre possível obter fórmulas para calcular diretamente os tamanhos de amostras. Suponha que a hipótese nula $H_0: \mu_1 - \mu_2 = \Delta_0$ seja falsa e que a diferença verdadeira nas médias seja $\mu_1 - \mu_2 = \Delta$, sendo $\Delta > \Delta_0$. Podem-se encontrar fórmulas para o tamanho requerido de amostra com a finalidade de obter um valor específico do erro de probabilidade tipo II, β, para uma dada diferença Δ de médias e com um nível de significância α.

Por exemplo, primeiro escrevemos a expressão para o erro β para a alternativa bilateral, que é

$$\beta = \Phi\left(z_{\alpha/2} - \frac{\Delta - \Delta_0}{\sqrt{\dfrac{\sigma_1^2}{n_1} + \dfrac{\sigma_2^2}{n_2}}}\right) - \Phi\left(-z_{\alpha/2} - \frac{\Delta - \Delta_0}{\sqrt{\dfrac{\sigma_1^2}{n_1} + \dfrac{\sigma_2^2}{n_2}}}\right)$$

A dedução para o tamanho da amostra é muito similar ao caso de uma única amostra, apresentado na Seção 9.2.2.

Tamanho de Amostra para um Teste Bilateral para a Diferença de Médias com $n_1 = n_2$, Variâncias Conhecidas

Para a hipótese alternativa bilateral, com nível de significância α, o tamanho das amostras, $n_1 = n_2 = n$, necessário para detectar uma diferença verdadeira de Δ nas médias, com potência de, no mínimo, $1 - \beta$, é

$$n \simeq \frac{(z_{\alpha/2} + z_\beta)^2 (\sigma_1^2 + \sigma_2^2)}{(\Delta - \Delta_0)^2} \qquad (10.5)$$

Essa aproximação será válida quando $\Phi\left(-z_{\alpha/2} - (\Delta - \Delta_0)\sqrt{n}/\sqrt{\sigma_1^2 + \sigma_2^2}\right)$ for pequena comparada a β.

Tamanho de Amostra para um Teste Unilateral para a Diferença de Médias com $n_1 = n_2$, Variâncias Conhecidas

Para uma hipótese alternativa unilateral, com nível de significância α, o tamanho das amostras, $n_1 = n_2 = n$, necessário para detectar uma diferença verdadeira de Δ ($\neq \Delta_0$) nas médias, com potência de, no mínimo, $1 - \beta$ é

$$n = \frac{(z_\alpha + z_\beta)^2 (\sigma_1^2 + \sigma_2^2)}{(\Delta - \Delta_0)^2} \qquad (10.6)$$

sendo Δ a diferença verdadeira entre as médias de interesse. Então, seguindo um procedimento similar àquele usado para obter a Equação 9.17, a expressão para β pode ser obtida para o caso em que $n = n_1 = n_2$.

EXEMPLO 10.2 | Tempo de Secagem de uma Tinta, Tamanho de Amostra a partir das Curvas CO

Considere o experimento do tempo de secagem da tinta do Exemplo 10.1. Se a diferença verdadeira nos tempos de secagem for tão grande quanto dez minutos, encontre os tamanhos requeridos da amostra, de modo a detectar essa diferença com probabilidade de, no mínimo, 0,90.

O valor apropriado do parâmetro da abscissa é (desde que $\Delta_0 = 0$ e $\Delta = 10$)

$$d = \frac{|\mu_1 - \mu_2|}{\sqrt{\sigma_1^2 + \sigma_2^2}} = \frac{10}{\sqrt{8^2 + 8^2}} = 0{,}88$$

e desde que a probabilidade de detecção ou a potência do teste tem de ser no mínimo 0,9, com $\alpha = 0{,}05$, encontramos, no gráfico VII*c* do Apêndice, que $n = n_1 = n_2 \cong 11$.

EXEMPLO 10.3 | Tamanho de Amostra para o Tempo de Secagem de uma Tinta

Para ilustrar o uso dessas equações de tamanho de amostra, considere a situação descrita no Exemplo 10.1 e suponha que se a diferença verdadeira dos tempos de secagem for tão grande quanto dez minutos, queremos detectar isso com uma probabilidade de, no mínimo, 0,90. Sujeito à hipótese nula, $\Delta_0 = 0$. Temos uma hipótese alternativa unilateral com $\Delta = 10$, $\alpha = 0,05$ (assim, $z_\alpha = z_{0,05} = 1,645$) e, desde que a potência seja 0,9, $\beta = 0,10$ (assim, $z_\beta = z_{0,10} = 1,28$). Logo, podemos encontrar o tamanho requerido da amostra, a partir da Equação 10.6, como se segue:

$$n = \frac{(z_\alpha + z_\beta)^2 (\sigma_1^2 + \sigma_2^2)}{(\Delta - \Delta_0)^2} = \frac{(1,645 + 1,28)^2 [(8)^2 + (8)^2]}{(10 - 0)^2} \approx 11$$

Esse é exatamente o mesmo resultado obtido quando empregamos as curvas CO.

10.1.3 Intervalo de Confiança para a Diferença de Médias, Variâncias Conhecidas

O intervalo de confiança de $100(1 - \alpha)$ % para a diferença das duas médias $\mu_1 - \mu_2$, quando as variâncias forem conhecidas, poderá ser encontrado diretamente a partir dos resultados dados anteriormente nesta seção. Lembre-se de que $X_{11}, X_{12}, \ldots, X_{1n_1}$ é uma amostra aleatória de n_1 observações, proveniente da primeira população, e $X_{21}, X_{22}, \ldots, X_{2n_2}$ é uma amostra aleatória de n_2 observações, proveniente da segunda população. A diferença nas médias das amostras $\overline{X}_1 - \overline{X}_2$ é um estimador de $\mu_1 - \mu_2$ e

$$Z = \frac{\overline{X}_1 - \overline{X}_2 - (\mu_1 - \mu_2)}{\sqrt{\dfrac{\sigma_1^2}{n_1} + \dfrac{\sigma_2^2}{n_2}}}$$

terá uma distribuição normal padrão se as duas populações forem normais, ou terá uma distribuição aproximadamente normal padrão se as condições do teorema central do limite se aplicarem, respectivamente. Isso implica que $P(-z_{\alpha/2} \leq Z \leq z_{\alpha/2}) = 1 - \alpha$ ou

$$P\left[-z_{\alpha/2} \leq \frac{\overline{X}_1 - \overline{X}_2 - (\mu_1 - \mu_2)}{\sqrt{\dfrac{\sigma_1^2}{n_1} + \dfrac{\sigma_2^2}{n_2}}} \leq z_{\alpha/2}\right] = 1 - \alpha$$

Isso pode ser rearranjado como

$$P\left(\overline{X}_1 - \overline{X}_2 - z_{\alpha/2}\sqrt{\dfrac{\sigma_1^2}{n_1} + \dfrac{\sigma_2^2}{n_2}} \leq \right.$$

$$\left. \mu_1 - \mu_2 \leq \overline{X}_1 - \overline{X}_2 + z_{\alpha/2}\sqrt{\dfrac{\sigma_1^2}{n_1} + \dfrac{\sigma_2^2}{n_2}}\right) = 1 - \alpha$$

Por conseguinte, o intervalo de confiança de $100(1 - \alpha)$ % para $\mu_1 - \mu_2$ é definido como se segue.

Intervalo de Confiança para a Diferença de Médias, Variâncias Conhecidas

Se $\overline{x}_1$ e $\overline{x}_2$ forem as médias de duas amostras aleatórias independentes de tamanhos n_1 e n_2, provenientes de populações com variâncias conhecidas σ_1^2 e σ_2^2, respectivamente, então um **intervalo de confiança** de $100(1 - \alpha)$ % **para** $\mu_1 - \mu_2$ é

$$\overline{x}_1 - \overline{x}_2 - z_{\alpha/2}\sqrt{\dfrac{\sigma_1^2}{n_1} + \dfrac{\sigma_2^2}{n_2}} \leq$$

$$\mu_1 - \mu_2 \leq \overline{x}_1 - \overline{x}_2 + z_{\alpha/2}\sqrt{\dfrac{\sigma_1^2}{n_1} + \dfrac{\sigma_2^2}{n_2}} \quad (10.7)$$

sendo $z_{\alpha/2}$ o ponto percentual superior $\alpha/2$ da distribuição normal padrão.

O nível de confiança $1 - \alpha$ é exato quando as populações são normais. Para populações não normais, o nível de confiança é aproximadamente válido para amostras de tamanho grande.

A Equação 10.7 pode também ser usada como um *IC para amostra grande* para a diferença na média, quando σ_1^2 e σ_2^2 forem desconhecidos, substituindo s_1^2 e s_2^2 pelas variâncias da população. Para isso ser um procedimento válido, ambos os tamanhos de amostra, n_1 e n_2, devem exceder 40.

EXEMPLO 10.4 | Resistência à Tensão no Alumínio

Testes de resistência à tensão foram feitos em dois tipos diferentes de estruturas de alumínio. Essas estruturas foram usadas na fabricação das asas de um avião comercial. De experiências passadas com o processo de fabricação dessas estruturas e com o procedimento de testes, os desvios-padrão das resistências à tensão são considerados conhecidos. Os dados obtidos são os seguintes: $n_1 = 10$, $\overline{x}_1 = 87,6$, $\sigma_1 = 1$, $n_2 = 12$, $\overline{x}_2 = 74,5$, $\sigma_2 = 1,5$.

Se μ_1 e μ_2 denotarem as resistências médias verdadeiras à tensão para os dois tipos da estrutura, então podemos achar um intervalo de confiança de 90 % para a diferença na resistência média $\mu_1 - \mu_2$, conforme se segue:

$$\bar{x}_1 - \bar{x}_2 - z_{\alpha/2} \sqrt{\frac{\sigma_1^2}{n_1} + \frac{\sigma_2^2}{n_2}} \leq \mu_1 - \mu_2 \leq \bar{x}_1 - \bar{x}_2$$
$$+ z_{\alpha/2} \sqrt{\frac{\sigma_1^2}{n_1} + \frac{\sigma_2^2}{n_2}}$$

$$87{,}6 - 74{,}5 - 1{,}645 \sqrt{\frac{(1)^2}{10} + \frac{(1{,}5)^2}{12}} \leq \mu_1 - \mu_2 \leq 87{,}6 - 74{,}5$$
$$+ 1{,}645 \sqrt{\frac{(1^2)}{10} + \frac{(1{,}5)^2}{12}}$$

Desse modo, o intervalo de confiança de 90 % para a diferença na resistência média à tensão (em quilogramas por milímetro quadrado) é

$12{,}22 \leq \mu_1 - \mu_2 \leq 13{,}98$ (em quilogramas por milímetro quadrado)

Interpretação Prática: Note que o intervalo de confiança não inclui o zero, implicando que a resistência média da estrutura 1 (μ_1) excede a resistência média da estrutura 2 (μ_2). De fato, podemos estabelecer que estamos 90 % confiantes de que a resistência média à tensão da estrutura 1 excede a resistência média da estrutura 2 por um valor entre 12,22 e 13,98 quilogramas por milímetro quadrado.

Escolha do Tamanho da Amostra Se os desvios-padrão σ_1 e σ_2 forem conhecidos (pelo menos aproximadamente) e os dois tamanhos das amostras n_1 e n_2 forem iguais ($n_1 = n_2 = n$), então poderemos determinar o tamanho requerido das amostras, de modo que o erro em estimar $\mu_1 - \mu_2$ por $\bar{x}_1 - \bar{x}_2$ será menor do que E, com uma confiança de $100(1 - \alpha)$ %. O tamanho requerido da amostra de cada população é

Tamanho de Amostra para um Intervalo de Confiança para a Diferença de Médias, Variâncias Conhecidas

$$n = \left(\frac{z_{\alpha/2}}{E}\right)^2 (\sigma_1^2 + \sigma_2^2) \qquad (10.8)$$

Lembre-se de arredondar para mais se n não for um inteiro. Isso assegurará que o nível de confiança não cairá abaixo de $100(1 - \alpha)$ %.

Limites Unilaterais de Confiança Limites unilaterais de confiança para $\mu_1 - \mu_2$ podem também ser obtidos. Um limite superior de confiança de $100(1 - \alpha)$ % para $\mu_1 - \mu_2$ é

Limite Unilateral Superior de Confiança

$$\mu_1 - \mu_2 \leq \bar{x}_1 - \bar{x}_2 + z_\alpha \sqrt{\frac{\sigma_1^2}{n_1} + \frac{\sigma_2^2}{n_2}} \qquad (10.9)$$

e um limite inferior de confiança de $100(1 - \alpha)$ % é

Limite Unilateral Inferior de Confiança

$$\bar{x}_1 - \bar{x}_2 - z_\alpha \sqrt{\frac{\sigma_1^2}{n_1} + \frac{\sigma_2^2}{n_2}} \leq \mu_1 - \mu_2 \qquad (10.10)$$

10.2 Inferência para a Diferença de Médias de Duas Distribuições Normais, Variâncias Desconhecidas

Agora, estendemos os resultados da seção anterior para a diferença de médias de duas distribuições da Figura 10.1, quando as variâncias de ambas as distribuições, σ_1^2 e σ_2^2, forem desconhecidas. Se os tamanhos da amostra n_1 e n_2 excederem 40, então os procedimentos para a distribuição normal na Seção 10.1 poderão ser aplicados. Entretanto, quando pequenas amostras são retiradas, consideramos que as populações sejam normalmente distribuídas e baseamos nossos testes de hipóteses e intervalos de confiança na distribuição t. Isso coincide felizmente com o caso da inferência na média de uma única amostra com variância desconhecida.

10.2.1 Testes de Hipóteses para a Diferença de Médias, Variâncias Desconhecidas

Consideraremos agora testes de hipóteses para a diferença de médias $\mu_1 - \mu_2$ de duas distribuições normais, em que as variâncias σ_1^2 e σ_2^2 sejam desconhecidas. Uma estatística t será usada para testar essas hipóteses. Como notado anteriormente e na Seção 9.3, a suposição de normalidade é requerida com a finalidade de desenvolver o procedimento de teste. Porém, desvios moderados da normalidade não afetam negativamente o procedimento. Duas situações diferentes têm de ser tratadas. No primeiro caso, supomos que as variâncias das duas distribuições normais sejam desconhecidas, porém iguais; isto é, $\sigma_1^2 = \sigma_2^2 = \sigma^2$. No segundo caso, consideramos que σ_1^2 e σ_2^2 sejam desconhecidas e não necessariamente iguais.

Caso 1: $\sigma_1^2 = \sigma_2^2 = \sigma^2$ Suponha que tenhamos duas populações normais independentes, com médias desconhecidas μ_1 e μ_2 e variâncias desconhecidas, porém iguais, $\sigma_1^2 = \sigma_2^2 = \sigma^2$. Desejamos testar

$$H_0: \mu_1 - \mu_2 = \Delta_0$$
$$H_1: \mu_1 - \mu_2 \neq \Delta_0 \quad (10.11)$$

Seja $X_{11}, X_{12}, \ldots, X_{1n_1}$ uma amostra aleatória de n_1 observações, proveniente da primeira população, e seja $X_{21}, X_{22}, \ldots, X_{2n_2}$ uma amostra aleatória de n_2 observações, proveniente da segunda população. Sejam $\overline{X}_1, \overline{X}_2, S_1^2, S_2^2$ as médias e as variâncias das amostras, respectivamente. O valor esperado da diferença de médias das amostra $\overline{X}_1 - \overline{X}_2$ é $E(\overline{X}_1 - \overline{X}_2) = \mu_1 - \mu_2$; assim, $\overline{X}_1 - \overline{X}_2$ é um estimador não tendencioso da diferença de médias. A variância de $\overline{X}_1 - \overline{X}_2$ é

$$V(\overline{X}_1 - \overline{X}_2) = \frac{\sigma^2}{n_1} + \frac{\sigma^2}{n_2} = \sigma^2 \left(\frac{1}{n_1} + \frac{1}{n_2} \right)$$

Parece razoável combinar as duas variâncias das amostras S_1^2 e S_2^2 para formar um estimador de σ^2. O *estimador combinado* (*pooled estimator*) de σ^2 é definido como se segue.

Estimador Combinado da Variância

O **estimador combinado** de σ^2, denotado por S_p^2, é definido por

$$S_p^2 = \frac{(n_1 - 1)S_1^2 + (n_2 - 1)S_2^2}{n_1 + n_2 - 2} \quad (10.12)$$

É fácil ver que o estimador combinado S_p^2 pode ser escrito como

$$S_p^2 = \frac{n_1 - 1}{n_1 + n_2 - 2} S_1^2 + \frac{n_2 - 1}{n_1 + n_2 - 2} S_2^2 = wS_1^2 + (1 - w)S_2^2$$

sendo $0 < w \leq 1$. Logo, S_p^2 é uma *média ponderada* das duas variâncias das amostras S_1^2 e S_2^2, em que os pesos w e $1 - w$ dependem dos dois tamanhos das amostras, n_1 e n_2. Obviamente, se $n_1 = n_2 = n$, então $w = 0{,}5$ e S_p^2 será exatamente igual à média aritmética entre S_1^2 e S_2^2. Se $n_1 = 10$ e $n_2 = 20$, então $w = 0{,}32$ e $1 - w = 0{,}68$. A primeira amostra contribui com $n_1 - 1$ graus de liberdade para S_p^2 e a segunda amostra contribui com $n_2 - 1$ graus de liberdade. Consequentemente, S_p^2 tem $n_1 + n_2 - 2$ graus de liberdade.

Agora, sabemos que

$$Z = \frac{\overline{X}_1 - \overline{X}_2 - (\mu_1 - \mu_2)}{\sigma \sqrt{\frac{1}{n_1} + \frac{1}{n_2}}}$$

tem uma distribuição $N(0, 1)$. Trocando σ por S_p temos o seguinte.

Dadas as suposições desta seção, a grandeza

$$T = \frac{\overline{X}_1 - \overline{X}_2 - (\mu_1 - \mu_2)}{S_p \sqrt{\frac{1}{n_1} + \frac{1}{n_2}}} \quad (10.13)$$

tem uma distribuição t, com $n_1 + n_2 - 2$ graus de liberdade.

O uso dessa informação para testar as hipóteses na Equação 10.11 é agora bem direto: simplesmente troque $\mu_1 - \mu_2$ por Δ_0 e a *estatística de teste* resultante tem uma distribuição t, com $n_1 + n_2 - 2$ graus de liberdade sujeita a $H_0: \mu_1 - \mu_2 = \Delta_0$. Consequentemente, a distribuição de referência para a estatística de teste é a distribuição t com $n_1 + n_2 - 2$ graus de liberdade. O cálculo dos valores P e a localização da região crítica para o teste com nível de significância fixo para ambas as alternativas unilateral e bilateral são equivalentes àqueles para o caso de uma amostra. Em razão de ser usada a estimativa combinada da variância, o procedimento é frequentemente chamado de **teste t combinado**.

Testes para a Diferença de Médias de Duas Distribuições Normais, Variâncias Desconhecidas e Iguais[1]

Hipótese nula: $H_0: \mu_1 - \mu_2 = \Delta_0$

Estatística de teste: $T_0 = \dfrac{\overline{X}_1 - \overline{X}_2 - \Delta_0}{S_p \sqrt{\dfrac{1}{n_1} + \dfrac{1}{n_2}}}$ (10.14)

Hipótese Alternativa	Valor P	Critério de Rejeição para Testes com Níveis Fixos
$H_1: \mu_1 - \mu_2 \neq \Delta_0$	Probabilidade acima de $|t_0|$ e probabilidade abaixo de $-|t_0|$	$t_0 > t_{\alpha/2, n_1+n_2-2}$ ou $t_0 < -t_{\alpha/2, n_1+n_2-2}$
$H_1: \mu_1 - \mu_2 > \Delta_0$	Probabilidade acima de t_0	$t_0 > t_{\alpha, n_1+n_2-2}$
$H_1: \mu_1 - \mu_2 < \Delta_0$	Probabilidade abaixo de t_0	$t_0 < -t_{\alpha, n_1+n_2-2}$

EXEMPLO 10.5 | Rendimento de um Catalisador

Dois catalisadores estão sendo analisados para determinar como eles afetam o rendimento médio de um processo químico. Especificamente, o catalisador 1 está correntemente em uso, mas o catalisador 2 é aceitável. Uma vez que o catalisador 2 é mais barato, ele deve ser adotado, desde que não mude o rendimento do processo. Um teste é feito em uma planta piloto, resultando nos dados mostrados na Tabela 10.1. A Figura 10.2 apresenta um gráfico de probabilidade normal e um *box-plot* (diagrama de caixa) comparativo dos dados das duas amostras. Há alguma diferença entre os rendimentos médios? Use $\alpha = 0,05$ e considere variâncias iguais.

TABELA 10.1 Dados do Rendimento dos Catalisadores, Exemplo 10.5

Número da Observação	Catalisador 1	Catalisador 2
1	91,50	89,19
2	94,18	90,95
3	92,18	90,46
4	95,39	93,21
5	91,79	97,19
6	89,07	97,04
7	94,72	91,07
8	89,21	92,75
	$\bar{x}_1 = 92,255$	$\bar{x}_2 = 92,733$
	$s_1 = 2,39$	$s_2 = 2,98$

A solução, usando o procedimento das sete etapas para o teste de hipóteses, é dada a seguir:

1. **Parâmetro de interesse:** Os parâmetros de interesse são μ_1 e μ_2, o rendimento médio do processo usando os catalisadores 1 e 2, respectivamente. Queremos saber se $\mu_1 - \mu_2 = 0$.
2. **Hipótese nula:** $H_0: \mu_1 - \mu_2 = 0$ ou $H_0: \mu_1 = \mu_2$
3. **Hipótese alternativa:** $H_1: \mu_1 \neq \mu_2$
4. **Estatística de teste:** A estatística de teste é

$$t_0 = \frac{\bar{x}_1 - \bar{x}_2 - 0}{s_p \sqrt{\dfrac{1}{n_1} + \dfrac{1}{n_2}}}$$

5. **Rejeite H_0 se:** Rejeite H_0 se o valor P for menor que 0,05.
6. **Cálculos:** Da Tabela 10.1, temos $\bar{x}_1 = 92,255$, $s_1 = 2,39$, $n_1 = 8$, $\bar{x}_2 = 92,733$, $s_2 = 2,98$, $n_2 = 8$. Consequentemente,

$$s_p^2 = \frac{(n_1-1)s_1^2 + (n_2-1)s_2^2}{n_1+n_2-2} = \frac{(7)(2,39)^2 + 7(2,98)^2}{8+8-2} = 7,30$$

$$s_p = \sqrt{7,30} = 2,70$$

e

$$t_0 = \frac{\bar{x}_1 - \bar{x}_2}{2,70\sqrt{\dfrac{1}{n_1}+\dfrac{1}{n_2}}} = \frac{92,255 - 92,733}{2,70\sqrt{\dfrac{1}{8}+\dfrac{1}{8}}} = -0,35$$

7. **Conclusões:** Já que $|t_0| = 0,35$, encontramos da Tabela V do Apêndice que $t_{0,40;14} = 0,258$ e $t_{0,25;14} = 0,692$. Por conseguinte, visto que $0,258 < 0,35 < 0,692$, concluímos que os limites inferior e superior para o valor P são $0,50 < P < 0,80$. Dessa maneira, uma vez que o valor P excede $\alpha = 0,05$, a hipótese nula não pode ser rejeitada.

Interpretação Prática: No nível de significância de 0,05, não temos evidência forte para concluir que o catalisador 2 resulta em um rendimento médio que difere do rendimento médio quando o catalisador 1 é empregado.

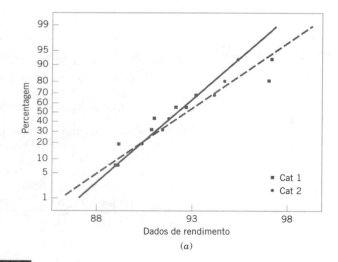
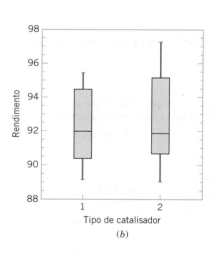

FIGURA 10.2

Gráfico de probabilidade normal e diagrama de caixa comparativo para os dados de rendimento do catalisador do Exemplo 10.5. (a) Gráfico de probabilidade normal, (b) *box-plot* (diagramas de caixa).

A seguir, um típico resultado para um teste *t* para duas amostras e para o procedimento de intervalo de confiança para o Exemplo 10.5:

Teste *T* e IC para Duas Amostras: Catalisador 1 *Versus* Catalisador 2

```
        N    Média    DP    EP da média
Cat 1   8    92,26    2,39    0,84
Cat 2   8    92,73    2,99    1,1


Diferença = μCat1 - μCat2
Estimativa para a diferença: -0,48
IC de 95% para a diferença: (-3,37; 2,42)
Teste T da diferença = 0 (vs ≠): Valor T =
 -0,35 Valor P = 0,730 GL = 14
DP Combinado = 2,70
```

Note que os resultados numéricos são essencialmente os mesmos dos cálculos manuais do Exemplo 10.5. O valor *P* é reportado como $P = 0,73$. O IC bilateral para $\mu_1 - \mu_2$ também é reportado. Daremos a fórmula para o cálculo de IC na Seção 10.2.3. A Figura 10.2 mostra o gráfico da probabilidade normal das duas amostras dos dados de rendimento e os diagramas de caixa comparativos. Os gráficos de probabilidade normal indicam que não há problema com a suposição de normalidade ou com a suposição de variâncias iguais. Além disso, ambas as linhas retas têm inclinações similares, fornecendo alguma verificação da suposição de variâncias iguais. Os diagramas de caixa comparativos indicam que não há diferença óbvia nos dois catalisadores, embora o catalisador 2 tenha uma variabilidade levemente maior.

Caso 2: $\sigma_1^2 \neq \sigma_2^2$ Em algumas situações, não é razoável considerar que as variâncias desconhecidas σ_1^2 e σ_2^2 sejam iguais.

Não existe um valor exato disponível da estatística *t* de modo a usá-la para testar $H_0: \mu_1 - \mu_2 = \Delta_0$ nesse caso. No entanto, um resultado aproximado pode ser aplicado.

Caso 2: Estatística de Teste para a Diferença de Médias, Variâncias Desconhecidas e Consideradas Não Iguais

Se $H_0: \mu_1 - \mu_2 = \Delta_0$ for verdadeira, então a estatística

$$T_0^* = \frac{\overline{X}_1 - \overline{X}_2 - \Delta_0}{\sqrt{\dfrac{S_1^2}{n_1} + \dfrac{S_2^2}{n_2}}} \quad (10.15)$$

será distribuída aproximadamente como *t*, com graus de liberdade dados por

$$v = \frac{\left(\dfrac{s_1^2}{n_1} + \dfrac{s_2^2}{n_2}\right)^2}{\dfrac{(s_1^2/n_1)^2}{n_1 - 1} + \dfrac{(s_2^2/n_2)^2}{n_2 - 1}} \quad (10.16)$$

Se *v* não for um número inteiro, arredonde para o menor inteiro mais próximo.

Consequentemente, se $\sigma_1^2 \neq \sigma_2^2$ as hipóteses sobre as diferenças de médias das duas distribuições normais são testadas como no caso das variâncias iguais, exceto que T_0^* é usado como a estatística de teste e $n_1 + n_2 - 2$ é trocado por *v* na determinação do grau de liberdade para o teste.

O teste *t* combinado é muito sensível à suposição de variâncias iguais (assim como o procedimento de IC da seção 10.2.3). O teste *t* para duas amostras, considerando que $\sigma_1^2 \neq \sigma_2^2$ é um procedimento mais seguro, a menos que se esteja certo sobre a suposição de igualdade de variâncias.

EXEMPLO 10.6 | Arsênio em Água Potável

A concentração de arsênio em suprimentos públicos de água potável é um risco potencial de saúde. Um artigo publicado em *Arizona Republic* (27 de maio de 2001) relatou as concentrações, em partes por bilhão (ppb), de arsênio em água potável para dez comunidades metropolitanas de Phoenix e dez comunidades rurais do Arizona. Eis os dados:

Phoenix Metropolitana (PM)	**Arizona Rural (AR)**
($\overline{x}_1 = 12,5$, $s_1 = 7,63$)	($\overline{x}_2 = 27,5$, $s_2 = 15,3$)
Phoenix, 3	Rimrock, 48
Chandler, 7	Goodyear, 44
Gilbert, 25	New River, 40
Glendale, 10	Apache Junction, 38
Mesa, 15	Buckeye, 33
Paradise Valley, 6	Nogales, 21
Peoria, 12	Black Canyon City, 20
Scottsdale, 25	Sedona, 12
Tempe, 15	Payson, 1
Sun City, 7	Casa Grande, 18

Desejamos determinar se há alguma diferença nas concentrações médias de arsênio entre as comunidades metropolitanas de Phoenix e as comunidades rurais do Arizona. A Figura 10.3 mostra um gráfico de probabilidade normal para as duas amostras de concentração de arsênio. A suposição de normalidade parece

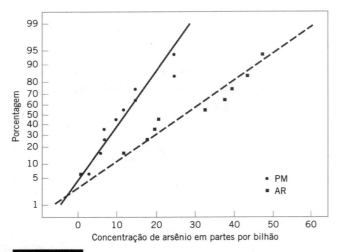

FIGURA 10.3
Gráfico de probabilidade normal para os dados de concentração de arsênio.

bem razoável, porém uma vez que as inclinações das duas linhas retas são muito diferentes, é improvável que as variâncias das populações sejam as mesmas.

Aplicando o procedimento das sete etapas, temos:

1. **Parâmetro de interesse:** Os parâmetros de interesse são as concentrações médias de arsênio para as duas regiões geográficas, μ_1 e μ_2. Estamos interessados em determinar se $\mu_1 - \mu_2 = 0$.
2. **Hipótese nula:** $H_0: \mu_1 - \mu_2 = 0$ ou $H_0: \mu_1 = \mu_2$
3. **Hipótese alternativa:** $H_1: \mu_1 \neq \mu_2$
4. **Estatística de teste:** A estatística de teste é

$$t_0^* = \frac{\bar{x}_1 - \bar{x}_2 - 0}{\sqrt{\frac{s_1^2}{n_1} + \frac{s_2^2}{n_2}}}$$

5. **Rejeite H_0 se:** Os graus de liberdade para t_0^* são encontrados a partir da Equação 10.16 como

$$v = \frac{\left(\frac{s_1^2}{n_1} + \frac{s_2^2}{n_2}\right)^2}{\frac{(s_1^2/n_1)^2}{n_1-1} + \frac{(s_2^2/n_1)^2}{n_2-1}} = \frac{\left[\frac{(7,63)^2}{10} + \frac{(15,3)^2}{10}\right]^2}{\frac{[(7,63)^2/10]^2}{9} + \frac{[(15,3)^2/10]^2}{9}}$$
$$= 13,2 \simeq 13$$

Logo, considerando $\alpha = 0,05$ e um teste com nível de significância fixo, rejeitaríamos $H_0: \mu_1 = \mu_2$ se $t_0^* > t_{0,025;13} = 2,160$ ou se $t_0^* < -t_{0,025;13} = -2,160$.

6. **Cálculos:** Usando os dados amostrais, temos

$$t_0^* = \frac{\bar{x}_1 - \bar{x}_2}{\sqrt{\frac{s_1^2}{n_1} + \frac{s_2^2}{n_2}}} = \frac{12,5 - 27,5}{\sqrt{\frac{(7,63)^2}{10} + \frac{(15,3)^2}{10}}} = -2,77$$

7. **Conclusões:** Já que $t_0^* = -2,77 < t_{0,025;13} = -2,160$, rejeitamos a hipótese nula.

Interpretação Prática: Há uma forte evidência para concluir que a concentração média de arsênio na água potável da zona rural do Arizona seja diferente da concentração média de arsênio na água potável da área metropolitana de Phoenix. Aliás, a concentração média de arsênio é maior nas comunidades rurais do Arizona. O valor P para esse teste é aproximadamente $P = 0,016$.

Em geral, a saída computacional para esse exemplo é:

Teste *T* e IC para Duas Amostras: PM *Versus* AR

```
              N     Média      DP
PM           10     12,50     7,63
AR           10     27,50    15,3
Diferença = μPM - μAR
Estimativa para a diferença: -15,00
IC de 95% para a diferença: (-26,71; -3,29)
  Teste T da diferença = 0 (vs ≠ ):
Valor T = -2,77  Valor P = 0,016  GL = 13
```

Os resultados numéricos gerados pelo computador coincidem exatamente com os cálculos do Exemplo 10.6. Note que o IC bilateral de 95 % para $\mu_1 - \mu_2$ é também reportado. Discutiremos seu cálculo na Seção 10.2.3; no entanto, note que o intervalo não inclui o zero. Na verdade, o limite superior do intervalo de confiança de 95 % é $-3,29$ ppb, bem abaixo de zero, e a diferença média observada é $\bar{x}_1 - \bar{x}_2 = 12,5 - 27,5 = -15$ ppb.

10.2.2 Erro Tipo II e Escolha do Tamanho da Amostra

As curvas características operacionais nos Gráficos VII*e*, VII*f*, VII*g* e VII*h* do Apêndice são aplicadas para avaliar o erro tipo II quando $\sigma_1^2 = \sigma_2^2 = \sigma^2$. Infelizmente, quando $\sigma_1^2 \neq \sigma_2^2$, a distribuição de T_0^* será desconhecida se a hipótese nula for falsa, não existindo curvas características operacionais disponíveis para esse caso.

Para a alternativa bilateral $H_1: \mu_1 - \mu_2 = \Delta \neq \Delta_0$, quando $\sigma_1^2 = \sigma_2^2 = \sigma^2$ e $n_1 = n_2 = n$, os Gráficos VII*e* e VII*f* são usados com

$$d = \frac{|\Delta - \Delta_0|}{2\sigma} \quad (10.17)$$

sendo Δ a diferença verdadeira entre as médias que são de interesse. Para usar essas curvas, temos de entrar com o tamanho da amostra $n^* = 2n - 1$. Para a hipótese alternativa unilateral, usamos os Gráficos VII*g* e VII*h* e definimos d e Δ como na Equação 10.17. Nota-se que o parâmetro d é uma função de σ, que é desconhecido. Como no teste t para uma única amostra, podemos ter de confiar em uma estimativa anterior de σ ou usar

EXEMPLO 10.7 | Chocolate e Saúde Cardiovascular

Um artigo publicado em *Nature* (v. 48, p. 1013, 2003,) descreveu um experimento em que indivíduos consumiram diferentes tipos de chocolate para determinar o efeito de comer chocolate sobre uma medida de saúde cardiovascular. Consideraremos os resultados para somente chocolate amargo e chocolate ao leite. No experimento, 12 indivíduos comeram 100 gramas de chocolate amargo e 200 gramas de chocolate ao leite, um tipo de chocolate por dia, e, depois de uma hora, a capacidade antioxidante total de seus plasmas sanguíneos foi medida em um ensaio. Os indivíduos consistiram em sete mulheres e cinco homens, com uma faixa média de idades de 32,2 ± 1 anos, um peso médio de 65,8 ± 3,1 kg e índice médio de massa corpórea de 21,9 ± 0,4 kg/m². A seguir, dados similares aos reportados no artigo.

Chocolate Amargo	Chocolate ao Leite
118,8, 122,6, 115,6, 113,6,	102,1, 105,8, 99,6, 102,7,
119,5, 115,9, 115,8, 115,1,	98,8, 100,9, 102,8, 98,7,
116,9, 115,4, 115,6, 107,9	94,7, 97,8, 99,7, 98,6

Há evidência para sustentar a hipótese de que consumir chocolate amargo produz um nível médio maior de capacidade antioxidante total do plasma sanguíneo quando comparado ao chocolate ao leite? Seja μ_1 a capacidade antioxidante média do plasma sanguíneo resultante do consumo de chocolate amargo e μ_2 a capacidade antioxidante média do plasma sanguíneo resultante do consumo de chocolate ao leite. As hipóteses que desejamos para o teste são

$$H_0: \mu_1 = \mu_2$$
$$H_1: \mu_1 > \mu_2$$

Os resultados da aplicação do teste t combinado para esse experimento são dados a seguir:

Teste *T* para Duas Amostras para Amargo *Versus* ao Leite

```
              Média da
         N    Amostra    DP
Amargo   12   116,06    3,53
Ao Leite 12   100,19    2,89

Diferença = µAmargo - µLeite = 15,87
Teste T da diferença nas médias = 0 (vs µAmargo >
   µLeite):
Valor T = 12,05  Valor P < 0,001
GL = 22   Desvio-padrão Combinado = 3,2257
```

Uma vez que o valor P é tão pequeno (< 0,001), a hipótese nula seria rejeitada. Forte evidência corrobora a hipótese de que consumir chocolate amargo produz um maior nível médio de capacidade antioxidante total do plasma sanguíneo quando comparado ao chocolate ao leite.

uma estimativa subjetiva. De modo alternativo, podemos definir as diferenças na média que desejamos detectar relativas a σ.

Muitos *softwares* fazem os cálculos de potência e de tamanho de amostra para o teste t com duas amostras (variâncias iguais). A saída típica do Exemplo 10.8 é dada a seguir:
Os resultados concordam razoavelmente bem com os resultados obtidos a partir da curva CO.

Potência e Tamanho de Amostra

```
Teste t para duas amostras
Testando média 1 = média 2 (versus ≠)
Calculando potência para média 1 = média 2 +
   diferença
Alfa = 0,05   Sigma = 2,7

          Tamanho da   Potência   Potência
Diferença  Amostra      Alvo       Real
   4         10        0,8500     0,8793
```

EXEMPLO 10.8 | Tamanho de Amostra para o Rendimento do Catalisador

Considere o experimento do catalisador no Exemplo 10.5. Suponha que, se o catalisador 2 produzir um rendimento médio que difira 4,0 % do rendimento médio do catalisador 1, gostaríamos de rejeitar a hipótese nula com probabilidade de, no mínimo, 0,85. Que tamanho de amostra é requerido?

10.2.3 Intervalo de Confiança para a Diferença de Médias, Variâncias Desconhecidas

Caso 1: $\sigma_1^2 = \sigma_2^2 = \sigma^2$ Para desenvolver o intervalo de confiança para a diferença de médias $\mu_1 - \mu_2$ quando ambas as variâncias forem iguais, note que a distribuição da estatística

$$T = \frac{\overline{X}_1 - \overline{X}_2 - (\mu_1 - \mu_2)}{S_p \sqrt{\frac{1}{n_1} + \frac{1}{n_2}}} \quad (10.18)$$

é a distribuição t, com $n_1 + n_2 - 2$ graus de liberdade. Consequentemente, $P(-t_{\alpha/2,n_1+n_2-2} \leq T \leq t_{\alpha/2,n_1+n_2-2}) = 1 - \alpha$. Agora, a substituição da Equação 10-18 para T e a manipulação das grandezas dentro do enunciado de probabilidade conduzirão ao intervalo de confiança de $100(1-\alpha)$ % para $\mu_1 - \mu_2$.

Usando $s_p = 2,70$ como uma estimativa grosseira do desvio-padrão comum σ, temos $d = |\Delta|/2\sigma = |4,0|/[(2)(2,70)] = 0,74$. Do Gráfico VIIe no Apêndice, com $d = 0,74$ e $\beta = 0,15$, encontramos $n^* = 20$, aproximadamente. Dessa forma, uma vez que $n^* = 2n - 1$,

$$n = \frac{n^* + 1}{2} = \frac{20 + 1}{2} = 10,5 \simeq 11 \text{ (aproximadamente)}$$

e usaríamos tamanhos de amostras de $n_1 = n_2 = n = 11$.

Caso 1: Intervalo de Confiança para a Diferença de Médias, Variâncias Desconhecidas e Iguais

Se $\bar{x}_1, \bar{x}_2, s_1^2$ e s_2^2 forem as médias e as variâncias amostrais de duas amostras aleatórias de tamanhos n_1 e n_2, respectivamente, provenientes de duas populações normais independentes, com variâncias desconhecidas, porém iguais, então um intervalo de confiança de $100(1-\alpha)\%$ para a diferença de médias $\mu_1 - \mu_2$ será

$$\bar{x}_1 - \bar{x}_2 - t_{\alpha/2, n_1+n_2-2} s_p \sqrt{\frac{1}{n_1} + \frac{1}{n_2}} \leq$$

$$\mu_1 - \mu_2 \leq \bar{x}_1 - \bar{x}_2 + t_{\alpha/2, n_1+n_2-2} s_p \sqrt{\frac{1}{n_1} + \frac{1}{n_2}} \quad (10.19)$$

em que $s_p = \sqrt{[(n_1-1)s_1^2 + (n_2-1)s_2^2]/(n_1+n_2-2)}$ é a estimativa combinada do desvio-padrão comum da população e $t_{\alpha/2, n_1+n_2-2}$ é o ponto percentual superior $\alpha/2$ da distribuição t, com $n_1 + n_2 - 2$ graus de liberdade.

Caso 2: $\sigma_1^2 \neq \sigma_2^2$ Em muitas situações, não é razoável supor que $\sigma_1^2 \neq \sigma_2^2$. Quando essa suposição não for garantida, podemos ainda encontrar um intervalo de confiança de $100(1-\alpha)\%$ para $\mu_1 - \mu_2$, usando o fato de

$T^* = [\bar{X}_1 - \bar{X}_2 - (\mu_1 - \mu_2)]/\sqrt{S_1^2/n_1 + S_2^2/n_2}$ ser distribuído aproximadamente como t, com v graus de liberdade, dados pela Equação 10.16. A expressão do IC segue.

Caso 2: Intervalo de Confiança Aproximado para a Diferença de Médias, Variâncias Desconhecidas e Diferentes

Se $\bar{x}_1, \bar{x}_2, s_1^2$ e s_2^2 forem as médias e as variâncias de duas amostras aleatórias de tamanhos n_1 e n_2, respectivamente, provenientes de duas populações normais independentes, com variâncias desconhecidas e desiguais, então um intervalo de confiança de $100(1-\alpha)\%$ para a diferença de médias $\mu_1 - \mu_2$ é

$$\bar{x}_1 - \bar{x}_2 - t_{\alpha/2, v} \sqrt{\frac{s_1^2}{n_1} + \frac{s_2^2}{n_2}} \leq$$

$$\mu_1 - \mu_2 \leq \bar{x}_1 - \bar{x}_2 + t_{\alpha/2, v} \sqrt{\frac{s_1^2}{n_1} + \frac{s_2^2}{n_2}} \quad (10.20)$$

em que v é dado pela Equação 10.16 e $t_{\alpha/2, v}$ é o ponto percentual superior $\alpha/2$ da distribuição t, com v graus de liberdade.

EXEMPLO 10.9 | Hidratação do Cimento

Um artigo publicado em *Hazardous Waste and Hazardous Materials* (v. 6, 1989) reportou os resultados de uma análise do peso de cálcio em cimento padrão e em cimento contendo chumbo. Níveis reduzidos de cálcio indicariam que o mecanismo de hidratação do cimento estaria bloqueado, permitindo à água atacar várias localizações em sua estrutura. Dez amostras de cimento padrão tiveram um teor médio percentual em peso de cálcio de $\bar{x}_1 = 90,0$, com um desvio-padrão amostral de $s_1 = 5,0$, enquanto 15 amostras do cimento com chumbo tiveram um teor médio percentual em peso de cálcio de $\bar{x}_2 = 87,0$, com um desvio-padrão amostral de $s_2 = 4,0$.

Consideraremos que o teor percentual em peso de cálcio seja normalmente distribuído e encontraremos o intervalo de confiança de 95% para a diferença de médias, $\mu_1 - \mu_2$, para os dois tipos de cimento. Além disso, consideraremos que ambas as populações tenham o mesmo desvio-padrão.

A estimativa combinada do desvio-padrão comum é encontrada usando a Equação 10.12, conforme se segue:

$$s_p^2 = \frac{(n_1-1)s_1^2 + (n_2-1)s_2^2}{n_1+n_2-2} = \frac{9(5,0)^2 + 14(4,0)^2}{10+15-2} = 19,52$$

Logo, a estimativa combinada do desvio-padrão comum é $s_p = \sqrt{19,52} = 4,4$. O intervalo de confiança de 95% é encontrado usando a Equação 10.19:

$$\bar{x}_1 - \bar{x}_2 - t_{0,025;23} s_p \sqrt{\frac{1}{n_1} + \frac{1}{n_2}} \leq \mu_1 - \mu_2$$

$$\leq \bar{x}_1 - \bar{x}_2 + t_{0,025;23} s_p \sqrt{\frac{1}{n_1} + \frac{1}{n_2}}$$

ou substituindo os valores das amostras e usando $t_{0,025;23} = 2,069$,

$$90,0 - 87,0 - 2,069(4,4)\sqrt{\frac{1}{10} + \frac{1}{15}} \leq \mu_1 - \mu_2$$

$$\leq 90,0 - 87,0 + 2,069(4,4)\sqrt{\frac{1}{10} + \frac{1}{15}}$$

que reduz para

$$-0,72 \leq \mu_1 - \mu_2 \leq 6,72$$

Interpretação Prática: Note que o intervalo de confiança de 95% inclui o zero; assim, nesse nível de confiança não podemos concluir que haja uma diferença entre as médias. Dizendo de outra forma, não há evidência de que o cimento contendo chumbo tenha afetado o percentual médio em peso de cálcio; desse modo, não podemos afirmar que a presença de chumbo afete esse aspecto do mecanismo de hidratação, com um nível de 95% de confiança.

10.3 Um Teste Não Paramétrico para a Diferença entre Duas Médias

Suponha que tenhamos duas populações contínuas independentes X_1 e X_2, com médias μ_1 e μ_2, mas não estejamos dispostos a considerar que elas sejam (aproximadamente) normais. Entretanto, podemos considerar que as distribuições de X_1 e X_2 sejam contínuas e tenham a mesma forma e dispersão, diferindo apenas (possivelmente) em suas localizações. O **teste de Wilcoxon da soma dos postos** pode ser usado para testar a hipótese $H_0: \mu_1 = \mu_2$. Esse procedimento é algumas vezes chamado de teste de Mann-Whitney, embora a estatística de teste de Mann-Whitney seja geralmente expressa de uma forma diferente.

10.3.1 Descrição do Teste de Wilcoxon da Soma dos Postos Sinalizados

Sejam $X_{11}, X_{12}, \ldots, X_{1n_1}$ e $X_{21}, X_{22}, \ldots, X_{2n_2}$ duas amostras aleatórias independentes de tamanhos $n_1 \leq n_2$, provenientes das populações contínuas X_1 e X_2, descritas anteriormente. Desejamos testar as hipóteses

$$H_0: \mu_1 = \mu_2 \qquad H_1: \mu_1 \neq \mu_2$$

O procedimento de teste é dado a seguir. Arrume todas as $n_1 + n_2$ observações em ordem crescente de magnitude e atribua postos a elas. Se duas ou mais observações tiverem empatadas (idênticas), então use a média dos postos que teria sido atribuída se as observações diferissem.

Seja W_1 a soma dos postos na amostra menor (1) e defina W_2 como a soma dos postos na outra amostra. Então,

$$W_2 = \frac{(n_1 + n_2)(n_1 + n_2 + 1)}{2} - W_1 \qquad (10.21)$$

Agora, se as médias das amostras não diferirem, esperaremos que a soma dos postos seja aproximadamente igual para ambas as amostras depois de ajustar a diferença em seu tamanho. Consequentemente, se as somas das ordens diferirem consideravelmente, concluiremos que as médias não são iguais.

A Tabela X do Apêndice contém o valor crítico das somas dos postos para $\alpha = 0,05$ e $\alpha = 0,01$, considerando a alternativa bilateral dada anteriormente. Veja a Tabela X do Apêndice com os tamanhos apropriados de amostra n_1 e n_2, podendo-se obter o valor crítico w_α. A hipótese nula $H_0: \mu_1 = \mu_2$ é rejeitada em favor de $H_1: \mu_1 < \mu_2$ se os valores observados w_1 ou w_2 forem menores que ou iguais ao valor crítico tabelado w_α.

O procedimento pode também ser usado para alternativas unilaterais. Se a alternativa for $H_1: \mu_1 < \mu_2$, rejeite H_0 se $w_1 \leq w_\alpha$; para $H_1: \mu_1 > \mu_2$, rejeite H_0 se $w_2 \leq w_\alpha$. Para esses testes unilaterais, os valores críticos tabelados de w_α correspondem a níveis de significância de $\alpha = 0,025$ e $\alpha = 0,005$.

10.3.2 Aproximação para Amostras Grandes

Quando n_1 e n_2 são moderadamente grandes, como maiores que oito, a distribuição de w_1 pode ser bem aproximada pela distribuição normal com média

$$\mu_{W_1} = \frac{n_1(n_1 + n_2 + 1)}{2}$$

EXEMPLO 10.10 | Tensão Axial

A tensão média axial nos membros sob tensão usados em uma estrutura de um avião está sendo estudada. Duas ligas estão sendo investigadas. A liga 1 é um material tradicional, e a liga 2 é uma nova liga de alumínio-lítio, que é muito mais leve que o material-padrão. Dez corpos de prova de cada tipo de liga são testados, e a tensão axial é medida. Os dados da amostra são arrumados na Tabela 10.2. Considerando $\alpha = 0,05$, desejamos testar a hipótese de que as médias das duas distribuições de tensão são idênticas.

TABELA 10.2 Tensão Axial para Duas Ligas de Alumínio-Lítio

Liga 1		Liga 2	
3238 psi	3254 psi	3261 psi	3261 psi
3195	3229	3187	3215
3246	3225	3209	3226
3190	3217	3212	3240
3204	3241	3258	3234

Aplicaremos o procedimento de teste de hipóteses em sete etapas a esse problema:

1. **Parâmetro de interesse:** Os parâmetros de interesse são as médias das duas distribuições de tensão axial.
2. **Hipótese nula:** $H_0: \mu_1 = \mu_2$
3. **Hipótese alternativa:** $H_1: \mu_1 \neq \mu_2$
4. **Estatística de teste:** Usaremos a estatística de teste de Wilcoxon da soma dos postos na Equação 10.21.

$$w_2 = \frac{(n_1 + n_2)(n_1 + n_2 + 1)}{2} - w_1$$

5. **Rejeite H_0 se:** Uma vez que $\alpha = 0,05$ e $n_1 = n_2 = 10$, a Tabela X do Apêndice fornece o valor crítico como $w_{0,05} = 78$. Se w_1 ou w_2 forem menores do que ou iguais a $w_{0,05} = 78$, rejeitaremos $H_0: \mu_1 = \mu_2$.

6. **Cálculos:** Os dados da Tabela 10.2 são analisados em ordem crescente, e os postos definidos como se segue:

Número da Liga	Tensão Axial	Posto
2	3187 psi	1
1	3190	2
1	3195	3
1	3204	4
2	3209	5
2	3212	6
2	3215	7
1	3217	8
1	3225	9
2	3226	10
1	3229	11
2	3234	12
1	3238	13
2	3240	14
1	3241	15
1	3246	16
2	3248	17
1	3254	18
2	3258	19
2	3261	20

A soma dos postos para a liga 1 é

$$w_1 = 2 + 3 + 4 + 8 + 9 + 11 + 13 + 15 + 16 + 18 = 99$$

e para a liga 2,

$$w_2 = \frac{(n_1 + n_2)(n_1 + n_2 + 1)}{2} - w_1$$
$$= \frac{(10 + 10)(10 + 10 + 1)}{2} - 99$$
$$= 111$$

7. **Conclusões:** Uma vez que nem w_1 tampouco w_2 são menores que ou iguais a $w_{0,05} = 78$, não podemos rejeitar a hipótese nula de que ambas as ligas exibem a mesma tensão média axial.

Interpretação Prática: Os dados não demonstram que há uma liga superior para essa aplicação particular.

e variância

$$\sigma^2_{W_1} = \frac{n_1 n_2 (n_1 + n_2 + 1)}{12}$$

Por conseguinte, para n_1 e $n_2 > 8$, poderíamos usar

Aproximação Normal para a Estatística de Wilcoxon da Soma dos Postos

$$Z_0 = \frac{W_1 - \mu_{W_1}}{\sigma_{W_1}} \qquad (10.22)$$

como uma estatística, e a região crítica apropriada seria $|z_0| > z_{\alpha/2}$, $z_0 > z_\alpha$ ou $z_0 < -z_\alpha$, dependendo se o teste for um teste bilateral, unilateral superior ou unilateral inferior.

10.3.3 Comparação com o Teste t

No Capítulo 9, discutimos a comparação do teste t com o teste de Wilcoxon do posto sinalizado. Os resultados para o problema de duas amostras são idênticos ao caso de uma amostra. Em outras palavras, quando a suposição de normalidade é correta, o teste de Wilcoxon da soma dos postos é aproximadamente 95 % tão eficiente quanto o teste t em grandes amostras. Por outro lado, independentemente da forma das distribuições, o teste da soma dos postos sempre será, no mínimo, 86 % tão eficiente. A eficiência do teste de Wilcoxon relativa ao teste t é geralmente alta se a distribuição em foco tiver extremidades mais longas que a normal, porque o comportamento do teste t é muito dependente da média da amostra, que é bem instável em distribuições com extremidades longas.

10.4 Teste t Pareado

Um caso especial de testes t para duas amostras da Seção 10.2 ocorre quando as observações nas duas populações de interesse são coletadas em *pares*. Cada par de observações, como (X_{1j}, X_{2j}), é tomado sob condições homogêneas, mas essas condições podem mudar de um par para outro. Por exemplo, suponha que estejamos interessados em comparar dois tipos diferentes de ponteiras para uma máquina de teste de dureza. Essa máquina pressiona, com uma força conhecida, a ponteira no corpo de prova metálico. Medindo a profundidade da depressão causada pela ponteira, a dureza do espécime pode ser determinada. Se vários espécimes forem selecionados ao acaso, metade com a ponteira 1 e metade com a ponteira 2, e se o teste t independente ou combinado da Seção 10.2 for aplicado, os resultados do teste poderão ser errôneos. Os espécimes metálicos poderiam ter sido cortados a partir de um estoque de barras que tivessem sido produzidas em diferentes aquecimentos ou poderiam ser não homogêneos de algum outro modo, o que poderia afetar a dureza. Então, a diferença observada entre as leituras de dureza média para os dois tipos de ponteiras também inclui as diferenças de dureza entre os espécimes.

Um procedimento experimental mais poderoso é coletar os dados em pares, isto é, fazer duas leituras de dureza em cada espécime, uma com cada ponteira. O procedimento de teste consistiria então em analisar as *diferenças* entre as leituras de dureza em cada espécime. Se não houver diferença entre as ponteiras, então a média das diferenças deverá ser zero. Esse procedimento de teste é chamado de **teste *t* pareado**.

Seja $(X_{11}, X_{21}), (X_{12}, X_{22}), ..., (X_{1n}, X_{2n})$ um conjunto de n observações pareadas, em que consideramos que a média e a variância da população representada por X_1 sejam μ_1 e σ_1^2 e a média e a variância da população representada por X_2 sejam μ_2 e σ_2^2. Defina as diferenças entre cada par de observações como $D_j = X_{1j} - X_{2j}$, $j = 1, 2, ..., n$. As D_js são consideradas como distribuídas normalmente, com média

$$\mu_D = E(X_1 - X_2) = E(X_1) - E(X_2) = \mu_1 - \mu_2$$

e variância σ_D^2; assim, testar hipóteses acerca da diferença entre μ_1 e μ_2 pode ser feito por meio do teste t para μ_D, considerando uma amostra. Especificamente, testar $H_0: \mu_1 - \mu_2 = \Delta_0$ contra $H_1: \mu_1 - \mu_2 \neq \Delta_0$ é equivalente a testar

$$H_0: \mu_D = \Delta_0$$
$$H_1: \mu_D \neq \Delta_0 \qquad (10.23)$$

A estatística de teste é dada a seguir.

Teste *t* Pareado

Hipótese nula: $H_0: \mu_D = \Delta_0$

Estatística de teste: $T_0 = \dfrac{\overline{D} - \Delta_0}{S_D/\sqrt{n}}$ (10.24)

Hipótese Alternativa	Valor *P*	Critério de Rejeição para Testes com Níveis Fixos
$H_1: \mu_D \neq \Delta_0$	Probabilidade acima de $|t_0|$ e probabilidade abaixo de $-|t_0|$,	$t_0 > t_{\alpha/2, n-1}$ ou $t_0 < -t_{\alpha/2, n-1}$
$H_1: \mu_D > \Delta_0$	Probabilidade acima de t_0,	$t_0 > t_{\alpha, n-1}$
$H_1: \mu_D < \Delta_0$	Probabilidade abaixo de t_0,	$t_0 < -t_{\alpha, n-1}$

EXEMPLO 10.11 | Resistência para Vigas de Aço

Um artigo publicado em *Journal of Strain Analysis for Engineering Design* ("Model Studies on Plate Girders", v. 18, n. 2, p. 111-117, 1983) compara vários métodos para prever a resistência ao cisalhamento em vigas planas de aço. Dados para dois desses métodos, os procedimentos de Karlsruhe e Lehigh, quando aplicados a nove vigas específicas, são mostrados na Tabela 10.3. Desejamos determinar se há qualquer diferença (na média) entre os dois métodos.

O procedimento de sete etapas é aplicado a seguir:

1. **Parâmetro de interesse:** O parâmetro de interesse é a diferença na resistência média ao cisalhamento entre os dois métodos, ou seja $\mu_D = \mu_1 - \mu_2 = 0$.
2. **Hipótese nula:** $H_0: \mu_D = 0$
3. **Hipótese alternativa:** $H_1: \mu_D \neq 0$
4. **Estatística de teste:** A estatística de teste é

$$t_0 = \frac{\overline{d}}{s_d/\sqrt{n}}$$

5. **Rejeite H_0 se:** Rejeite H_0 se o valor *P* for < 0,05.

TABELA 10.3 Previsões de Resistências para Nove Vigas Planas de Aço (Carga Prevista/Carga Observada)

Viga	Método de Karlsruhe	Método de Lehigh	Diferença d_j
S1/1	1,186	1,061	0,125
S2/1	1,151	0,992	0,159
S3/1	1,322	1,063	0,259
S4/1	1,339	1,062	0,277
S5/1	1,200	1,065	0,135
S2/1	1,402	1,178	0,224
S2/2	1,365	1,037	0,328
S2/3	1,537	1,086	0,451
S2/4	1,559	1,052	0,507

6. **Cálculos:** A média e o desvio-padrão amostrais das diferenças d_j são $\bar{d} = 0{,}2739$ e $s_d = 0{,}1350$; logo, a estatística de teste é

$$t_0 = \frac{\bar{d}}{s_d/\sqrt{n}} = \frac{0{,}2739}{0{,}1350/\sqrt{9}} = 6{,}08$$

7. **Conclusões:** Uma vez que $t_{0{,}0005;8} = 5{,}041$ e o valor da estatística de teste $t_0 = 6{,}08$ excedem esse valor, o valor P é menor que $2(0{,}0005) = 0{,}001$. Consequentemente, concluímos que os métodos de previsão da resistência fornecem resultados diferentes.

Interpretação Prática: Especificamente, os dados indicam que o método de Karlsruhe produz, em média, previsões maiores para a resistência que o método de Lehigh. Essa é uma conclusão forte.

T Pareado para Karlsruhe-Lehigh

	N	Média	DP	EP da Média
Karlsruhe	9	1,34011	0,14603	0,04868
Lehigh	9	1,06322	0,05041	0,01680
Diferença	9	0,276889	0,135027	0,045009

IC de 95% para a diferença média: (0,173098; 0,380680)
Teste T da diferença de médias = 0 (vs ≠ 0): valor T = 6,15, valor P = 0,000

Na Equação 10.24, $\bar{D}$ é a média amostral das n diferenças $D_1, D_2, \ldots, D_n$ e S_D é o desvio-padrão amostral dessas diferenças.

Softwares podem fazer o teste t pareado. Um resultado típico para o Exemplo 10.11 é mostrado no boxe acima.

Os resultados essencialmente concordam com os cálculos manuais. Além dos resultados de teste de hipóteses, a maioria dos *softwares* reporta um IC bilateral para a diferença entre médias. Esse IC foi encontrado construindo-se um IC para uma única amostra para μ_D. Daremos os detalhes posteriormente.

Comparações Pareadas *Versus* Não Pareadas Na realização de um experimento comparativo, o investigador pode algumas vezes escolher entre o experimento pareado e o experimento com duas amostras (não pareados). Se n medidas devem ser feitas em cada população, a estatística t para duas amostras é

$$T_0 = \frac{\bar{X}_1 - \bar{X}_2 - \Delta_0}{S_p\sqrt{\frac{1}{n} + \frac{1}{n}}}$$

que seria comparada a t_{2n-2} e, naturalmente, a estatística t pareada é

$$T_0 = \frac{\bar{D} - \Delta_0}{S_D/\sqrt{n}}$$

que seria comparada a t_{n-1}. Já que

$$\bar{D} = \sum_{j=1}^{n} \frac{D_j}{n} = \sum_{j=1}^{n} \frac{(X_{1j} - X_{2j})}{n} = \sum_{j=1}^{n} \frac{X_{1j}}{n} - \sum_{j=1}^{n} \frac{X_{2j}}{n} = \bar{X}_1 - \bar{X}_2$$

os numeradores de ambas as estatísticas são idênticos. Entretanto, o denominador do teste t para duas amostras é baseado na suposição de que X_1 e X_2 são *independentes*. Em muitos experimentos pareados, uma forte correlação positiva ρ existe entre X_1 e X_2. Desse modo, pode ser mostrado que

$$V(\bar{D}) = V(\bar{X}_1 - \bar{X}_2 - \Delta_0)$$
$$= V(\bar{X}_1) + V(\bar{X}_2) - 2\,\text{cov}(\bar{X}_1, \bar{X}_2) = \frac{2\sigma^2(1-\rho)}{n}$$

supondo que ambas as populações X_1 e X_2 tenham idênticas variâncias σ^2. Além disso, S_D^2/n estima a variância de $\bar{D}$. Toda vez que existir uma correlação positiva intrapares, o denominador para o teste t pareado será menor do que o denominador do teste t para duas amostras. Isso pode fazer com que o teste t para duas amostras subestime consideravelmente a significância dos dados, se for aplicado incorretamente a amostras pareadas.

Embora o pareamento leve frequentemente a um valor menor da variância de $\bar{X}_1 - \bar{X}_2$, ele tem uma desvantagem – ou seja, o teste t pareado conduz a uma perda de $n-1$ graus de liberdade em comparação ao teste t para duas amostras. Geralmente, sabemos que aumentando os graus de liberdade de um teste aumenta a potência contra quaisquer valores alternativos fixados do parâmetro.

Assim, como decidimos conduzir o experimento? Devemos ou não parear as observações? Embora não haja uma resposta geral a essa questão, podemos dar algumas regras baseadas na discussão anterior.

1. Se as unidades experimentais forem relativamente homogêneas (σ pequeno) e a correlação intrapares (*within*) for pequena, o ganho na precisão atribuído ao pareamento

será compensado pela perda de graus de liberdade; por conseguinte, o experimento com amostra independente deve ser usado.
2. Se as unidades experimentais forem relativamente heterogêneas (σ grande) e se houver uma grande correlação positiva intrapares (*within*), o experimento pareado deve ser usado. Em geral, esse caso ocorre quando as unidades experimentais forem as *mesmas* para ambos os tratamentos. Como no Exemplo 10.11, as mesmas vigas foram usadas para testar os dois métodos.

A implementação das regras requer ainda julgamento, porque σ e ρ nunca são conhecidos precisamente. Além disso, se o número de graus de liberdade for grande (como 40 ou 50), então a perda de $n - 1$ deles para parear pode não ser séria. No entanto, se o número de graus de liberdade for pequeno (como dez ou 20), então a perda de metade deles é potencialmente séria se não for compensada por um aumento na precisão proveniente do pareamento.

Intervalo de Confiança para μ_D Para construir o intervalo de confiança para $\mu_D = \mu_1 - \mu_2$, note que

$$T = \frac{\overline{D} - \mu_D}{S_D/\sqrt{n}}$$

segue a distribuição t, com $n - 1$ graus de liberdade. Logo, uma vez que $P(-t_{\alpha/2,n-1} \leq T \leq t_{\alpha/2,n-1}) = 1 - \alpha$, podemos substituir por T na expressão anterior e fazer as etapas necessárias para isolar $\mu_D = \mu_1 - \mu_2$ entre as desigualdades. Isso conduz ao seguinte intervalo de confiança de $100(1 - \alpha)$ % para $\mu_1 - \mu_2$.

Intervalo de Confiança para μ_D a Partir de Amostras Pareadas

Se $\overline{d}$ e s_D forem a média e o desvio-padrão amostrais da diferença de n pares aleatórios de medidas distribuídas normalmente, então um intervalo de confiança de $100(1 - \alpha)$ % para a diferença de médias $\mu_D = \mu_1 - \mu_2$ será

$$\overline{d} - t_{\alpha/2,n-1}\, s_D/\sqrt{n} \leq \mu_D \leq \overline{d} + t_{\alpha/2,n-1}\, s_D/\sqrt{n} \quad (10.25)$$

sendo $t_{\alpha/2,n-1}$ o ponto percentual superior $\alpha/2$ % da distribuição t, com $n - 1$ graus de liberdade.

Esse intervalo de confiança é válido também para o caso em que $\sigma_1^2 \neq \sigma_2^2$, porque S_D^2 estima $\sigma_D^2 = V(X_1 - X_2)$. Também, para amostras grandes (como $n \geq 30$ pares), a suposição explícita de normalidade é desnecessária por causa do teorema central do limite.

Comparações da Abordagem Não Paramétrica com a Pareada Ambos os testes dos sinais e de Wilcoxon do posto sinalizado, discutidos na Seção 9.9, podem ser aplicados a observações pareadas. No caso do teste dos sinais, a hipótese nula é aquela da mediana das diferenças ser igual a zero (ou seja, $H_0: \mu_D = 0$). O teste de Wilcoxon do posto sinalizado é para a hipótese nula que a média das diferenças é igual a zero. Os procedimentos são aplicados para as diferenças observadas, conforme descrito nas Seções 9.9.1 e 9.9.2.

EXEMPLO 10.12 | Carros Estacionados Paralelamente

O periódico *Human Factors* ["Relative Controllability of Dissimilar Cars" (v. 4, n. 6, p. 375-380, 1962)] publicou um estudo em que se pediu a $n = 14$ pessoas para estacionarem dois carros, de forma paralela, tendo barras de direção e raios de giro muito diferentes. O tempo em segundos para cada pessoa foi registrado, sendo apresentado na Tabela 10.4. Da coluna das diferenças observadas, calculamos $\overline{d} = 1,21$ e $s_D = 12,68$. O intervalo de confiança de 90 % para $\mu_D = \mu_1 - \mu_2$ é encontrado a partir da Equação 10.25 conforme se segue:

$$\overline{d} - t_{0,05;13}\, s_D/\sqrt{n} \leq \mu_D \leq \overline{d} + t_{0,05;13}\, s_D/\sqrt{n}$$
$$1,21 - 1,771(12,68)/\sqrt{14} \leq \mu_D \leq 1,21 + 1,771(12,68)/\sqrt{14}$$
$$-4,79 \leq \mu_D \leq 7,21$$

Note que o intervalo de confiança para μ_D inclui o zero. Isso implica que, com um nível de confiança de 90 %, os dados não confirmam a afirmação de que os dois carros têm diferentes tempos médios, μ_1 e μ_2, para estacionar. Ou seja, o valor $\mu_D = \mu_1 - \mu_2 = 0$ é consistente com os dados observados.

TABELA 10.4 Tempo em Segundos para Estacionar Dois Automóveis Paralelamente

Indivíduo	Automóvel 1(x_{1j})	Automóvel 2(x_{2j})	Diferença (d_j)
1	37,0	17,8	19,2
2	25,8	20,2	5,6
3	16,2	16,8	−0,6
4	24,2	41,4	−17,2
5	22,0	21,4	0,6
6	33,4	38,4	−5,0
7	23,8	16,8	7,0
8	58,2	32,2	26,0
9	33,6	27,8	5,8
10	24,4	23,2	1,2
11	23,4	29,6	−6,2
12	21,2	20,6	0,6
13	36,2	32,2	4,0
14	29,8	53,8	−24,0

10.5 Inferência para as Variâncias de Duas Distribuições Normais

Introduziremos agora testes e intervalos de confiança para as variâncias de duas populações mostradas na Figura 10.1. Consideraremos ambas as populações como normais. Os procedimentos de teste de hipóteses e de intervalos de confiança são relativamente sensíveis à suposição de normalidade.

10.5.1 Distribuição F

Suponha que duas populações normais independentes sejam de interesse, sendo desconhecidas as médias, μ_1 e μ_2, e as variâncias, σ_1^2 e σ_2^2, da população. Desejamos testar as hipóteses relativas à igualdade das duas variâncias, isto é, $H_0: \sigma_1^2 = \sigma_2^2$. Suponha que tenhamos disponíveis duas amostras aleatórias de tamanho n_1, proveniente da população 1, e de tamanho n_2, proveniente da população 2. Sejam S_1^2 e S_2^2 as variâncias das amostras. Desejamos testar as hipóteses

$$H_0: \sigma_1^2 = \sigma_2^2$$
$$H_1: \sigma_1^2 \neq \sigma_2^2 \qquad (10.26)$$

O desenvolvimento de um procedimento de teste para essas hipóteses requer uma nova distribuição de probabilidades, a distribuição F. A variável aleatória F é definida como a razão de duas variáveis aleatórias independentes qui-quadrado, cada uma dividida pelo seu número de graus de liberdade. Ou seja,

$$F = \frac{W/u}{Y/v}$$

sendo W e Y variáveis aleatórias independentes qui-quadrado, com u e v graus de liberdade, respectivamente. Agora, estabelecemos formalmente a distribuição amostral de F.

Sejam W e Y variáveis aleatórias independentes qui-quadrado, com u e v graus de liberdade, respectivamente. Então, a razão

$$F = \frac{W/u}{Y/v} \qquad (10.27)$$

tem a função densidade de probabilidade

$$f(x) = \frac{\Gamma\left(\frac{u+v}{2}\right)\left(\frac{u}{v}\right)^{u/2} x^{(u/2)-1}}{\Gamma\left(\frac{u}{2}\right)\Gamma\left(\frac{v}{2}\right)\left[\left(\frac{u}{v}\right)x + 1\right]^{(u+v)/2}}, \quad 0 < x < \infty$$

(10.28)

e é dita seguir a distribuição F com u graus de liberdade no numerador e v graus de liberdade no denominador. É geralmente abreviada como $F_{u,v}$.

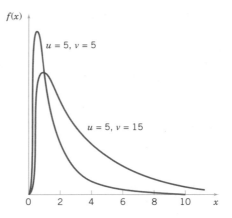

FIGURA 10.4

Funções densidade de probabilidade de duas distribuições F.

A média e a variância da distribuição F são $\mu = v/(v-2)$ para $v > 2$ e

$$\sigma^2 = \frac{2v^2(u+v-2)}{u(v-2)^2(v-4)}, \qquad v > 4 \qquad (10.29)$$

Duas distribuições F são mostradas na Figura 10.4. A variável aleatória F é positiva e a distribuição é desviada para a direita. A distribuição F parece muito similar à distribuição qui-quadrado; entretanto, os dois parâmetros u e v fornecem flexibilidade extra em relação à forma.

Os pontos percentuais da distribuição F são dados na Tabela VI do Apêndice. Seja $f_{\alpha,u,v}$ o ponto percentual da distribuição F, com u graus de liberdade no numerador e v graus de liberdade no denominador, de tal modo que a probabilidade de a variável aleatória F exceder esse valor seja

$$P(F > f_{\alpha,u,v}) = \int_{f_{\alpha,u,v}}^{\infty} f(x)\, dx = \alpha$$

Isso é ilustrado na Figura 10.5. Por exemplo, se $u = 5$ e $v = 10$, encontraremos da Tabela V do Apêndice que

$$P(F > f_{0,05;5;10}) = P(F_{5;10} > 3,33) = 0,05$$

Isto é, os 5 % acima de $F_{5;10}$ é $f_{0,05;5;10} = 3,33$.

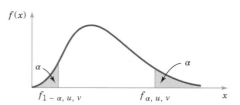

FIGURA 10.5

Pontos percentuais superior e inferior da distribuição F.

A Tabela VI contém somente pontos percentuais na extremidade superior (para valores selecionados de $f_{\alpha,u,v}$ para $\alpha \leq 0,25$) da distribuição F. Os pontos percentuais na extremidade inferior, $f_{1-\alpha,u,v}$, podem ser encontrados como se segue.

Encontrando os Pontos da Extremidade Inferior da Distribuição F

$$f_{1-\alpha,u,v} = \frac{1}{f_{\alpha,v,u}} \qquad (10.30)$$

Por exemplo, para encontrar o ponto percentual na extremidade inferior, $f_{0,95;5;10}$, note que

$$f_{0,95;5;10} = \frac{1}{f_{0,05;10;5}} = \frac{1}{4,74} = 0,211$$

10.5.2 Testes de Hipóteses para a Razão de Duas Variâncias

Um procedimento de teste de hipóteses para a igualdade de duas variâncias é baseado no seguinte resultado.

Distribuição da Razão de Variâncias Amostrais Provenientes de Duas Distribuições Normais

Seja $X_{11}, X_{12}, \ldots, X_{1n_1}$ uma amostra aleatória proveniente de uma população normal, com média μ_1 e variância σ_1^2. Seja $X_{21}, X_{22}, \ldots, X_{2n_2}$ uma amostra aleatória proveniente de uma população normal, com média μ_2 e variância σ_2^2. Considere que ambas as populações normais sejam independentes. Sejam S_1^2 e S_2^2 as variâncias das amostras. Então a razão

$$F = \frac{S_1^2/\sigma_1^2}{S_2^2/\sigma_2^2}$$

tem uma distribuição F, com $n_1 - 1$ graus de liberdade no numerador e $n_2 - 1$ graus de liberdade no denominador.

Esse resultado é baseado nos fatos de que $(n_1 - 1)S_1^2/\sigma_1^2$ é uma variável aleatória qui-quadrado com $n_1 - 1$ graus de liberdade, de que $(n_2 - 1)S_2^2/\sigma_2^2$ é uma variável aleatória qui-quadrado com $n_2 - 1$ graus de liberdade e de que as duas populações normais são independentes. Claramente, sujeito à hipótese nula $H_0: \sigma_1^2 = \sigma_2^2$, a razão $F_0 = S_1^2/S_2^2$ tem uma distribuição F_{n_1-1,n_2-1}. Isso é a base do seguinte procedimento de teste.

Testes para a Razão de Variâncias de Duas Distribuições Normais

Hipótese nula: $\qquad H_0: \sigma_1^2 = \sigma_2^2$

Estatística de teste: $\quad F_0 = \dfrac{S_1^2}{S_2^2} \qquad (10.31)$

Hipótese Alternativa	Critério de Rejeição
$H_1: \sigma_1^2 \neq \sigma_2^2$	$f_0 > f_{\alpha/2,n_1-1,n_2-1}$ ou $f_0 < f_{1-\alpha/2,n_1-1,n_2-1}$
$H_1: \sigma_1^2 > \sigma_2^2$	$f_0 > f_{\alpha,n_1-1,n_2-1}$
$H_1: \sigma_1^2 < \sigma_2^2$	$f_0 < f_{1-\alpha,n_1-1,n_2-1}$

As regiões críticas para esses testes com nível de significância fixo são mostradas na Figura 10.6. Lembre-se de que esse procedimento é relativamente sensível à suposição de normalidade.

Valores P para o Teste F A abordagem do valor P pode também ser considerada com testes F. Com o objetivo de mostrar como fazer isso, considere o teste unilateral superior. O valor P é a área (probabilidade) abaixo da distribuição F com $n_1 - 1$ e $n_2 - 1$ graus de liberdade, que está além do valor calculado da estatística de teste f_0. A Tabela IV do Apêndice A pode ser usada para obter os limites superior e inferior para o valor P. Por exemplo, considere o teste F com 9 graus de liberdade no numerador e 14 graus de liberdade no denominador, para o qual $f_0 = 3,05$. Da Tabela IV do Apêndice A, encontramos que $f_{0,05;9;14} = 2,65$ e $f_{0,025;9;14} = 3,21$. Logo, uma vez que $f_0 = 3,05$ está entre os dois valores, o valor P está entre 0,05 e 0,025; ou seja, $0,025 < P < 0,05$. O valor P para o teste unilateral inferior seria encontrado similarmente, embora, visto que a Tabela IV do Apêndice A contém apenas os pontos superiores da distribuição F, a Equação 10.31 teria

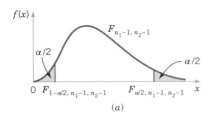
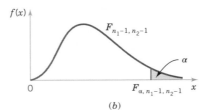
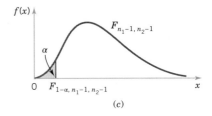

FIGURA 10.6

A distribuição F para o teste de $H_0: \sigma_1^2 = \sigma_2^2$, com valores da região crítica para (a) $H_1: \sigma_1^2 \neq \sigma_2^2$, (b) $H_1: \sigma_1^2 > \sigma_2^2$ e (c) $H_1: \sigma_1^2 < \sigma_2^2$.

EXEMPLO 10.13 | Variabilidade em Pastilhas de Semicondutores

Camadas de óxidos em pastilhas de semicondutores são atacadas com uma mistura de gases, de modo a atingir a espessura apropriada. A variabilidade na espessura dessas camadas de óxidos é uma característica crítica da pastilha. Uma baixa variabilidade é desejada para as etapas subsequentes do processo. Duas misturas diferentes de gases estão sendo estudadas para determinar se uma delas é superior na redução da variabilidade de espessura das camadas de óxido. Dezesseis pastilhas são atacadas com cada gás. Os desvios-padrão da espessura de óxido são $s_1 = 1,96$ angstroms e $s_2 = 2,13$ angstroms, respectivamente. Há qualquer evidência que indique ser um gás preferível em relação ao outro? Use um teste com nível fixo, considerando $\alpha = 0,05$.

O procedimento de sete etapas para o teste de hipóteses pode ser aplicado a esse problema conforme se segue:

1. **Parâmetro de interesse:** Os parâmetros de interesse são as variâncias, σ_1^2 e σ_2^2, da espessura das camadas de óxido. Consideraremos que a espessura de óxido seja uma variável aleatória normal para ambas as misturas de gases.
2. **Hipótese nula:** $H_0: \sigma_1^2 = \sigma_2^2$
3. **Hipótese alternativa:** $H_1: \sigma_1^2 \neq \sigma_2^2$
4. **Estatística de teste:** A estatística de teste é dada pela Equação 10.31:

$$f_0 = \frac{s_1^2}{s_2^2}$$

5. **Rejeite H_0 se:** Uma vez que $n_1 = n_2 = 16$ e $\alpha = 0,05$, rejeitaremos $H_0: \sigma_1^2 = \sigma_2^2$ se $f_0 > f_{0,025;15;15} = 2,86$ ou se $f_0 < f_{0,975;15;15} = 1/f_{0,025;15;15} = 1/2,86 = 0,35$. Veja a Figura 10.6(a).
6. **Cálculos:** $s_1^2 = (1,96)^2 = 3,84$ e $s_2^2 = (2,13)^2 = 4,54$, a estatística de teste é

$$f_0 = \frac{s_1^2}{s_2^2} = \frac{3,84}{4,54} = 0,85$$

7. **Conclusões:** Uma vez que $f_{0,975;15;15} = 0,35 < 0,85 < f_{0,025;15;15} = 2,86$, não podemos rejeitar a hipótese nula $H_0: \sigma_1^2 = \sigma_2^2$ com um nível de significância de 0,05.

Interpretação Prática: Não há evidência forte para indicar um gás que resulte em uma variância menor da espessura de óxido.

---

de ser usada para encontrar os pontos inferiores necessários. Para o teste bilateral, os limites obtidos a partir de um teste unilateral seriam dobrados de modo a obter o valor P.

Com a finalidade de ilustrar o cálculo dos limites para o valor P para um teste F bilateral, reconsidere o Exemplo 10.13. O valor calculado da estatística de teste nesse exemplo é $f_0 = 0,85$. Esse valor cai na extremidade inferior da distribuição $F_{15;15}$. O ponto da extremidade inferior que tem 0,25 de probabilidade à esquerda dele é $f_{0,75;15;15} = 1/f_{0,25;15;15} = 1/1,43 = 0,70$. Visto que $0,70 < 0,85$, a probabilidade que está à esquerda de 0,85 excede 0,25. Por conseguinte, concluiríamos que o valor P para $f_0 = 0,85$ é maior que $2(0,25) = 0,5$; assim, não existe evidência suficiente para rejeitar a hipótese nula. Isso é consistente com as conclusões originais do Exemplo 10.13. O valor P real é 0,7570. Esse valor foi obtido a partir de uma calculadora da qual encontramos que $P(F_{15;15} \leq 0,85) = 0,3785$ e $2(0,3785) = 0,7570$. Um *software* pode também ser usado para calcular as probabilidades requeridas.

Alguns *softwares* farão o teste F para a igualdade de duas variâncias de distribuições normais independentes. A saída do *software* é mostrada a seguir.

Um *software* também fornece intervalos de confiança para as variâncias individuais. Esses são intervalos de confiança originalmente dados na Equação 8.19, exceto que um "ajuste" de Bonferroni foi aplicado para tornar o nível de confiança para ambos os intervalos simultaneamente, no mínimo, iguais a 95 %. Isso consiste em usar $\alpha/2 = 0,05/2 = 0,025$ para construir os intervalos individuais. Isto é, cada intervalo de confiança individual é um IC de 97,5 %. Na Seção 10.5.4, mostraremos como construir um IC para a *razão* de duas variâncias.

10.5.3 Erro Tipo II e Escolha do Tamanho da Amostra

Os gráficos VIIo, VIIp, VIIq e VIIr do Apêndice fornecem as curvas características operacionais para o teste F dado na Seção 10.5.1 para $\alpha = 0,05$ e $\alpha = 0,01$, considerando $n_1 = n_2 = n$. Os gráficos VIIo e VIIp são usados com as hipóteses alternativas bilaterais. Eles plotam β contra o parâmetro da abscissa

$$\lambda = \frac{\sigma_1}{\sigma_2} \qquad (10.32)$$

para vários $n_1 = n_2 = n$. Os gráficos VIIq e VIIr são usados para as hipóteses alternativas unilaterais.

Teste para Variâncias Iguais

```
Intervalos de confiança de Bonferroni, de 95%, para desvios-padrão
  Amostra        N        Inferior           DP         Superior
       1        16         1,38928      1,95959          3,24891
       2        16         1,51061      2,13073          3,53265
Teste F (Distribuição Normal)
Estatística de Teste = 0,85; valor P = 0,750
```

EXEMPLO 10.14 | Tamanho de Amostra para a Variabilidade em Pastilhas de Semicondutores

Para o problema de ataque ao óxido das pastilhas de semicondutores no Exemplo 10.13, suponha que para um gás o desvio-padrão da espessura da camada de óxido tenha sido metade do desvio-padrão da espessura de óxido quando usando o outro gás. Se desejarmos detectar tal situação com probabilidade de, no mínimo, 0,80, você acha adequado o tamanho de amostra de $n_1 = n_2 = 20$?

Note que se um desvio-padrão for metade do outro, então

$$\lambda = \frac{\sigma_1}{\sigma_2} = 2$$

Referindo-se ao Gráfico VIIo do Apêndice, com $n_1 = n_2 = 20$ e $\lambda = 2$, encontramos $\beta \cong 0,20$. Por conseguinte, se $\beta \cong 0,20$, a potência do teste (que é a probabilidade de a diferença nos desvios-padrão ser detectada pelo teste) é 0,80, concluindo assim que os tamanhos de amostra $n_1 = n_2 = 20$ são adequados.

10.5.4 Intervalo de Confiança para a Razão de Duas Variâncias

Para encontrar o intervalo de confiança para σ_1^2/σ_2^2, lembre-se de que a distribuição amostral de

$$F = \frac{S_2^2/\sigma_2^2}{S_1^2/\sigma_1^2}$$

é uma distribuição F, com $n_2 - 1$ e $n_1 - 1$ graus de liberdade. Logo, $P(f_{1-\alpha/2, n_2-1, n_1-1} \leq F \leq f_{\alpha/2, n_2-1, n_1-1}) = 1 - \alpha$. A substituição de F e a manipulação das desigualdades conduzirão a um intervalo de confiança de $100(1 - \alpha)$ % para σ_1^2/σ_2^2.

Intervalo de Confiança para a Razão de Variâncias de Duas Distribuições Normais

Se S_1^2 e S_2^2 forem as variâncias de amostras aleatórias de tamanhos n_1 e n_2, respectivamente, provenientes de duas populações normais independentes, com variâncias desconhecidas σ_1^2 e σ_2^2, então um intervalo de confiança de $100(1 - \alpha)$ % para a razão σ_1^2/σ_2^2 será

$$\frac{s_1^2}{s_2^2} f_{1-\alpha/2, n_2-1, n_1-1} \leq \frac{\sigma_1^2}{\sigma_2^2} \leq \frac{s_1^2}{s_2^2} f_{\alpha/2, n_2-1, n_1-1} \quad (10.33)$$

em que $f_{\alpha/2, n_2-1, n_1-1}$ e $f_{1-\alpha/2, n_2-1, n_1-1}$ são os pontos percentuais $\alpha/2$ superior e inferior da distribuição F, com $n_2 - 1$ graus de liberdade no numerador e $n_1 - 1$ graus de liberdade no denominador, respectivamente. Um intervalo de confiança para a razão de dois desvios-padrão pode ser obtido, extraindo a raiz quadrada da Equação 10.33.

Assim como no procedimento de teste de hipóteses, esse IC é relativamente sensível à suposição de normalidade.

10.6 Inferência de Proporções de Duas Populações

Consideraremos agora o caso em que há dois parâmetros binomiais de interesse, como p_1 e p_2, e desejamos obter inferências acerca dessas proporções. Apresentaremos, para amostras grandes, os procedimentos de teste de hipóteses e de intervalo de confiança, baseados na aproximação da binomial pela normal.

EXEMPLO 10.15 | Acabamento de Superfície de uma Liga de Titânio

Uma companhia fabrica propulsores para uso em motores de turbinas a jato. Uma das operações envolve dar um acabamento, esmerilhando determinada superfície de um componente feito com liga de titânio. Dois processos diferentes para esmerilhar podem ser usados, podendo produzir peças com iguais rugosidades médias na superfície. O engenheiro de produção deseja selecionar o processo que gere a menor variabilidade de rugosidade da superfície. Uma amostra aleatória de $n_1 = 11$ peças, proveniente do primeiro processo, resulta em um desvio-padrão de $s_1 = 5,1$ micropolegadas. Uma amostra aleatória de $n_2 = 16$ peças, proveniente do segundo processo, resulta em um desvio-padrão de $s_2 = 4,7$ micropolegadas. Encontraremos um intervalo de confiança de 90 % para a razão de dois desvios-padrão σ_1/σ_2.

Considerando que os dois processos sejam independentes e que a rugosidade na superfície seja normalmente distribuída, podemos aplicar a Equação 10.33 como se segue:

$$\frac{s_1^2}{s_2^2} f_{0,95;15;10} \leq \frac{\sigma_1^2}{\sigma_2^2} \leq \frac{s_1^2}{s_2^2} f_{0,05;15;10}$$

$$\frac{(5,1)^2}{(4,7)^2} 0,39 \leq \frac{\sigma_1^2}{\sigma_2^2} \leq \frac{(5,1)^2}{(4,7)^2} 2,85$$

ou fazendo os cálculos e extraindo a raiz quadrada,

$$0,678 \leq \frac{\sigma_1}{\sigma_2} \leq 1,832$$

Note que usamos a Equação 10.30 para achar $f_{0,95;15;10} = 1/f_{0,05;10;15} = 1/2,54 = 0,39$.

Interpretação Prática: Uma vez que esse intervalo de confiança inclui a unidade, não podemos afirmar que os desvios-padrão da rugosidade da superfície para os dois processos sejam diferentes com um nível de confiança de 90 %.

10.6.1 Testes para a Diferença nas Proporções de uma População, Amostras Grandes

Suponha que as duas amostras aleatórias independentes, de tamanhos n_1 e n_2, sejam retiradas de duas populações e que X_1 e X_2 sejam os números de observações que pertencem à classe de interesse nas amostras 1 e 2, respectivamente. Além disso, considere que a aproximação da binomial pela normal seja aplicada a cada população, de modo que os estimadores das proporções das populações $P_1 = X_1/n_1$ e $P_2 = X_2/n_2$ tenham distribuições normais aproximadas. Estamos interessados em testar as hipóteses

$$H_0: p_1 = p_2 \qquad H_1: p_1 \neq p_2$$

A estatística

Estatística de Teste para a Diferença das Proporções de Duas Populações

$$Z = \frac{\widehat{P}_1 - \widehat{P}_2 - (p_1 - p_2)}{\sqrt{\dfrac{p_1(1-p_1)}{n_1} + \dfrac{p_2(1-p_2)}{n_2}}} \qquad (10.34)$$

é distribuída aproximadamente como a normal padrão, sendo a base de um teste para $H_0: p_1 = p_2$. Especificamente, se a hipótese nula $H_0: p_1 = p_2$ for verdadeira, então usando o fato de que $p_1 = p_2 = p$, a variável aleatória

$$Z = \frac{\widehat{P}_1 - \widehat{P}_2}{\sqrt{p(1-p)\left(\dfrac{1}{n_1} + \dfrac{1}{n_2}\right)}}$$

será distribuída aproximadamente $N(0, 1)$. Um estimador do parâmetro comum p é

$$\widehat{P} = \frac{X_1 + X_2}{n_1 + n_2}$$

A estatística de teste para $H_0: p_1 = p_2$ será, então,

$$Z_0 = \frac{\widehat{P}_1 - \widehat{P}_2}{\sqrt{\widehat{P}(1-\widehat{P})\left(\dfrac{1}{n_1} + \dfrac{1}{n_2}\right)}}$$

Isso conduz aos procedimentos de testes descritos a seguir.

Testes Aproximados para a Diferença de Proporções de Duas Populações

Hipótese nula: $H_0: p_1 = p_2$

Estatística de teste: $Z_0 = \dfrac{\widehat{P}_1 - \widehat{P}_2}{\sqrt{\widehat{P}(1-\widehat{P})\left(\dfrac{1}{n_1} + \dfrac{1}{n_2}\right)}}$ (10.35)

Hipótese Alternativa	Valor P	Critério de Rejeição para Testes com Níveis Fixos
$H_1: p_1 \neq p_2$	Probabilidade acima de $|z_0|$ e probabilidade abaixo de $-|z_0|$, $P = 2[1 - \Phi(|z_0|)]$	$z_0 > z_{\alpha/2}$ ou $z_0 < -z_{\alpha/2}$
$H_1: p_1 > p_2$	Probabilidade acima de z_0, $P = 1 - \Phi(z_0)$	$z_0 > z_\alpha$
$H_1: p_1 < p_2$	Probabilidade abaixo de z_0, $P = \Phi(z_0)$	$z_0 < -z_\alpha$

EXEMPLO 10.16 | Erva-de-são-joão

Extratos de erva-de-são-joão são largamente usados para tratar depressão. Um artigo publicado na edição de 18 de abril de 2001 da revista *Journal of the American Medical Association* ("Effectiveness of St. John's Wort on Major Depression: A Randomized Controlled Trial") comparou a eficácia de um extrato-padrão de erva-de-são-joão com um placebo em 200 pacientes diagnosticados com depressão unipolar. Pacientes foram designados aleatoriamente em dois grupos: um grupo recebeu a erva-de-são-joão e o outro recebeu placebo. Depois de oito semanas, 19 dos pacientes tratados com placebo mostraram melhoria, enquanto 27 daqueles tratados com a erva-de-são-joão melhoraram. Há alguma razão para acreditar que a erva-de-são-joão seja efetiva no tratamento de depressão unipolar? Use $\alpha = 0,05$.

O procedimento de sete etapas para o teste de hipóteses conduz aos seguintes resultados:

1. **Parâmetro de interesse:** Os parâmetros de interesse são p_1 e p_2, as proporções de pacientes que melhoraram depois do tratamento com erva-de-são-joão (p_1) ou com o placebo (p_2).
2. **Hipótese nula:** $H_0: p_1 = p_2$
3. **Hipótese alternativa:** $H_1: p_1 > p_2$

4. **Estatística de teste:** A estatística de teste é

$$z_0 = \frac{\hat{p}_1 - \hat{p}_2}{\sqrt{\hat{p}(1-\hat{p})\left(\frac{1}{n_1} + \frac{1}{n_2}\right)}}$$

sendo $\hat{p}_1 = 27/100 = 0,27$, $\hat{p}_2 = 19/100 = 0,19$, $n_1 = n_2 = 100$ e

$$\hat{p} = \frac{x_1 + x_2}{n_1 + n_2} = \frac{19 + 27}{100 + 100} = 0,23$$

5. **Rejeite H_0 se:** Rejeite H_0: $p_1 = p_2$ se o valor P for menor que 0,05.

6. **Cálculos:** O valor da estatística de teste é

$$z_0 = \frac{0,27 - 0,19}{\sqrt{0,23(0,77)\left(\frac{1}{100} + \frac{1}{100}\right)}} = 1,34$$

7. **Conclusões:** Uma vez que $z_0 = 1,34$, o valor P é $P = [1 - \Phi(1,34)] = 0,09$; logo, não podemos rejeitar a hipótese nula.

Interpretação Prática: Não há evidência suficiente para confirmar que a erva-de-são-joão seja efetiva no tratamento de depressão unipolar.

A tabela seguinte mostra a saída típica de um *software* para o procedimento de teste de hipóteses e de IC para proporções. Note que o IC de 95% para $p_1 - p_2$ inclui o zero. A equação para construir o IC será dada na Seção 10.6.3.

Teste e IC para Duas Proporções

```
Amostra      X       N     p para a amostra
   1        27      100         0,270
   2        19      100         0,190

Estimativa para p₁ - p₂: 0,08
IC de 95% para p₁ - p₂: (-0,0361186; 0,196119)
Teste para p₁ - p₂ = 0 (vs ≠ 0): Z = 1,35
Valor P = 0,177
```

10.6.2 Erro Tipo II e Escolha do Tamanho da Amostra

O cálculo do erro β para o teste de H_0: $p_1 = p_2$, para amostra grande, é de algum modo mais complicado em relação ao caso com uma única amostra. O problema é que o denominador da estatística de teste Z_0 é uma estimativa do desvio-padrão de $\hat{P}_1 - \hat{P}_2$ sujeito à suposição de que $p_1 = p_2 = p$. Quando H_0: $p_1 = p_2$ for falsa, o desvio-padrão de $\hat{P}_1 - \hat{P}_2$ será

$$\sigma_{\hat{P}_1 - \hat{P}_2} = \sqrt{\frac{p_1(1-p_1)}{n_1} + \frac{p_2(1-p_2)}{n_2}} \quad (10.36)$$

Erro Tipo II Aproximado para um Teste Bilateral para a Diferença de Proporções de Duas Populações

Se a hipótese alternativa for bilateral, o erro β será

$$\beta = \Phi\left[\frac{z_{\alpha/2}\sqrt{\overline{pq}(1/n_1 + 1/n_2)} - (p_1 - p_2)}{\sigma_{\hat{P}_1 - \hat{P}_2}}\right]$$

$$-\Phi\left[\frac{-z_{\alpha/2}\sqrt{\overline{pq}(1/n_1 + 1/n_2)} - (p_1 - p_2)}{\sigma_{\hat{P}_1 - \hat{P}_2}}\right] \quad (10.37)$$

em que

$$\overline{p} = \frac{n_1 p_1 + n_2 p_2}{n_1 + n_2} \quad \text{e} \quad \overline{q} = \frac{n_1(1-p_1) + n_2(1-p_2)}{n_1 + n_2}$$

sendo $\sigma_{\hat{P}_1 - \hat{P}_2}$ dado pela Equação 10.36.

Erro Tipo II Aproximado para um Teste Unilateral para a Diferença de Proporções de Duas Populações

Se a hipótese alternativa for H_1: $p_1 > p_2$,

$$\beta = \Phi\left[\frac{z_\alpha \sqrt{\overline{pq}(1/n_1 + 1/n_2)} - (p_1 - p_2)}{\sigma_{\hat{P}_1 - \hat{P}_2}}\right] \quad (10.38)$$

e se a hipótese alternativa for H_1: $p_1 < p_2$,

$$\beta = 1 - \Phi\left[\frac{-z_\alpha \sqrt{\overline{pq}(1/n_1 + 1/n_2)} - (p_1 - p_2)}{\sigma_{\hat{P}_1 - \hat{P}_2}}\right] \quad (10.39)$$

Para um par especificado de valores de p_1 e p_2, podemos encontrar os tamanhos das amostras $n_1 = n_2 = n$ para um teste de tamanho α e um erro β tipo II especificado.

Tamanho Aproximado de Amostra para um Teste Bilateral para a Diferença de Proporções de Populações

Para uma alternativa bilateral, o tamanho comum da amostra é

$$n = \frac{\left[z_{\alpha/2}\sqrt{(p_1 + p_2)(q_1 + q_2)/2} + z_\beta\sqrt{p_1 q_1 + p_2 q_2}\right]^2}{(p_1 - p_2)^2} \quad (10.40)$$

sendo $q_1 = 1 - p_1$ e $q_2 = 1 - p_2$.

Para uma alternativa unilateral, troque $z_{\alpha/2}$ na Equação 10.40 por z_α.

10.6.3 Intervalo de Confiança para a Diferença de Proporções de Populações

O intervalo de confiança tradicional para $p_1 - p_2$ pode ser encontrado diretamente pelo fato de sabermos que

$$Z = \frac{\hat{P}_1 - \hat{P}_2 - (p_1 - p_2)}{\sqrt{\dfrac{p_1(1-p_1)}{n_1} + \dfrac{p_2(1-p_2)}{n_2}}}$$

é uma variável aleatória normal padrão. Assim, $P(-z_{\alpha/2} \leq Z \leq z_{\alpha/2}) \cong 1 - \alpha$; logo, podemos substituir Z nessa última expressão e usar uma abordagem similar àquela empregada anteriormente para encontrar um intervalo bilateral aproximado de confiança de $100(1 - \alpha)$ % para $p_1 - p_2$.

> **Intervalo Aproximado de Confiança para a Diferença de Proporções de Populações**
>
> Se $\hat{p}_1$ e $\hat{p}_2$ forem as proporções amostrais de observações em duas amostras aleatórias e independentes, de tamanhos n_1 e n_2 que pertençam a uma classe de interesse, então um intervalo aproximado de confiança de $100(1 - \alpha)$% nas proporções verdadeiras $p_1 - p_2$ será
>
> $$\hat{p}_1 - \hat{p}_2 - z_{\alpha/2}\sqrt{\frac{\hat{p}_1(1-\hat{p}_1)}{n_1} + \frac{\hat{p}_2(1-\hat{p}_2)}{n_2}}$$
> $$\leq p_1 - p_2 \leq \hat{p}_1 - \hat{p}_2 + z_{\alpha/2}\sqrt{\frac{\hat{p}_1(1-\hat{p}_1)}{n_1} + \frac{\hat{p}_2(1-\hat{p}_2)}{n_2}}$$
>
> (10.41)
>
> sendo $z_{\alpha/2}$ o ponto percentual superior $100\alpha/2$ da distribuição normal padrão.

O IC na Equação 10.41 é aquele **tradicional**, dado geralmente para uma diferença nas proporções binomiais. Entretanto, o nível real de confiança para esse intervalo pode ser desviado substancialmente do valor nominal ou enunciado. Logo, quando queremos um IC de 95 % (por exemplo) e usamos $z_{0,025} = 1,96$ na Equação 10.41, o nível de confiança real que teremos pode diferir de 95 %. Essa situação pode ser melhorada por um simples ajuste no procedimento: adicione um sucesso e uma falha aos dados de cada amostra e então calcule

$$\tilde{p}_1 = \frac{x_1 + 1}{n_1 + 2} \quad \text{e} \quad \tilde{n}_1 = n_1 + 2$$

$$\tilde{p}_2 = \frac{x_2 + 1}{n_2 + 2} \quad \text{e} \quad \tilde{n}_2 = n_2 + 2$$

Então troque $\hat{p}_1$, $\hat{p}_2$, n_1 e n_2 por $\tilde{p}_1$, $\tilde{p}_2$, $\tilde{n}_1$ e $\tilde{n}_2$ na Equação 10.41.

Para ilustrar como isso funciona, reconsidere os dados de mancais para eixos de manivela do Exemplo 10.17. Usando o procedimento precedente, encontramos que

$$\tilde{p}_1 = \frac{x_1 + 1}{n_1 + 2} = \frac{10 + 1}{85 + 2} = 0,1264 \quad \text{e}$$

$$\tilde{n}_1 = n_1 + 2 = 85 + 2 = 87$$

$$\tilde{p}_2 = \frac{x_2 + 1}{n_2 + 2} = \frac{8 + 1}{85 + 2} = 0,1034 \quad \text{e}$$

$$\tilde{n}_2 = n_2 + 2 = 85 + 2 = 87$$

Se agora trocarmos $\hat{p}_1$, $\hat{p}_2$, n_1 e n_2 por $\tilde{p}_1$, $\tilde{p}_2$, $\tilde{n}_1$ e $\tilde{n}_2$ na Equação 10.41, encontraremos que o novo IC melhorado é $-0,0730 \leq p_1 - p_2 \leq 0,1190$, que é similar ao IC tradicional encontrado no Exemplo 10.17. O comprimento do intervalo tradicional é 0,1840, e o comprimento do novo e

---

EXEMPLO 10.17 | Mancais Defeituosos

Considere o processo descrito no Exemplo 8.7 sobre a fabricação de mancais para eixos de manivela. Suponha que uma modificação seja feita no processo de acabamento da superfície e que, subsequentemente, obtenha-se uma segunda amostra aleatória de 85 eixos. O número de eixos defeituosos nessa segunda amostra é 8. Por conseguinte, uma vez que $n_1 = 85$, $\hat{p}_1 = 10/85 = 0,1176$, $n_2 = 85$, $\hat{p}_2 = 8/85 = 0,0941$, podemos obter, a partir da Equação 10.41, um intervalo aproximado de confiança de 95 % para a diferença da proporção de mancais defeituosos produzidos pelos dois processos, conforme se segue:

$$\hat{p}_1 - \hat{p}_2 - z_{0,025}\sqrt{\frac{\hat{p}_1(1-\hat{p}_1)}{n_1} + \frac{\hat{p}_2(1-\hat{p}_2)}{n_2}} \leq p_1 - p_2$$
$$\leq \hat{p}_1 - \hat{p}_2 + z_{0,025}\sqrt{\frac{\hat{p}_1(1-\hat{p}_1)}{n_1} + \frac{\hat{p}_2(1-\hat{p}_2)}{n_2}}$$

ou

$$0,1176 - 0,0941 - 1,96\sqrt{\frac{0,1176(0,8824)}{85} + \frac{0,0941(0,9059)}{85}}$$
$$\leq p_1 - p_2 \leq 0,1176 - 0,0941$$
$$+ 1,96\sqrt{\frac{0,1176(0,8824)}{85} + \frac{0,0941(0,9059)}{85}}$$

Isso simplifica para

$$-0,0685 \leq p_1 - p_2 \leq 0,1155$$

Interpretação Prática: Esse intervalo de confiança inclui o zero; assim, com base nos dados das amostras, parece improvável que mudanças feitas no processo de acabamento da superfície tenham reduzido a proporção de mancais com eixos defeituosos sendo produzidos.

TABELA 10.5 Roteiro para Construir Intervalos de Confiança e Testes de Hipóteses, para o Caso de Duas Amostras

Função dos Parâmetros a Serem Limitados pelo Intervalo de Confiança ou Testados com uma Hipótese	Símbolo	Outros Parâmetros?	Seção do Intervalo de Confiança	Seção do Teste de Hipóteses	Comentários
Diferença de médias de duas distribuições normais	$\mu_1 - \mu_2$	Desvios-padrão conhecidos, σ_1 e σ_2	10.1.3	10.1.1	
Diferença de médias de duas distribuições arbitrárias, para amostras com tamanhos grandes	$\mu_1 - \mu_2$	Tamanhos de amostra, grandes o suficiente de modo que σ_1 e σ_2 são essencialmente conhecidos	10.1.3	10.1.1	Tamanho grande de amostra é frequentemente considerado como n_1 e $n_2 \geq 40$
Diferença de médias de duas distribuições normais	$\mu_1 - \mu_2$	Desvios-padrão σ_1 e σ_2 são desconhecidos e considerados iguais	10.2.3	10.2.1	Caso 1: $\sigma_1 = \sigma_2$
Diferença de médias de duas distribuições normais	$\mu_1 - \mu_2$	Desvios-padrão σ_1 e σ_2 são desconhecidos e considerados NÃO iguais	10.2.3	10.2.1	Caso 2: $\sigma_1 \neq \sigma_2$
Diferença de médias de duas distribuições normais em uma análise pareada	$\mu_D = \mu_1 - \mu_2$	Desvios-padrão de diferenças são desconhecidos	10.4	10.4	Análise pareada calcula diferenças e usa o método de uma amostra para inferência na diferença média
Razão de variâncias de duas distribuições normais	σ_1^2/σ_2^2	Médias μ_1 e μ_2 desconhecidas e estimadas	10.5.4	10.5.2	
Diferença de Proporções de duas populações	$p_1 - p_2$	Nenhum	10.6.3	10.6.1	Aproximação da distribuição binomial pela normal usada para os testes e intervalos de confiança

melhorado intervalo é 0,1920. O intervalo levemente maior é provavelmente um reflexo do fato de que a cobertura do intervalo melhorado está mais próxima ao nível anunciado de 95 %. Entretanto, porque esse IC também inclui zero, as conclusões seriam as mesmas independentemente de qual IC fosse usado.

10.7 Tabela com um Sumário e Roteiros dos Procedimentos de Inferência para Duas Amostras

A tabela nas páginas finais do livro resume todos os procedimentos dados neste capítulo sobre a inferência para duas amostras. A tabela contém os enunciados de hipótese nula, as estatísticas de teste, os critérios para rejeição das várias hipóteses alternativas e as fórmulas para construção dos intervalos de confiança de $100(1 - \alpha)\%$.

O roteiro para selecionar a fórmula apropriada do intervalo de confiança ou o método do teste de hipóteses para problemas com uma amostra foi apresentado na Tabela 8.1. Na Tabela 10.5, estendemos o roteiro para problemas com duas amostras. Os comentários principais estabelecidos anteriormente também se aplicam aqui (exceto que, em geral, aplicamos conclusões a uma função dos parâmetros de cada etapa, tal como a diferença de médias):

1. Determine a função dos parâmetros (e a distribuição dos dados) que deve ser limitada pelo intervalo de confiança ou testada pela hipótese.
2. Verifique se outros parâmetros são conhecidos ou necessários de serem estimados (e se quaisquer suposições são feitas).

Termos e Conceitos Importantes

Curvas características operacionais
Determinação do tamanho de amostra para testes de hipóteses e intervalos de confiança
Distribuição de referência para uma estatística de teste
Estatística de teste
Estudo de observação
Experimento completamente aleatorizado
Experimentos comparativos
Hipótese estatística
Hipóteses alternativas unilateral e bilateral
Hipóteses nula e alternativa
Intervalos de confiança para diferenças e razões
Região crítica para um teste estatístico
Teste de Wilcoxon da soma dos postos
Teste t combinado
Teste t pareado
Tratamentos
Valor P

CAPÍTULO 11

Regressão Linear Simples e Correlação

OBJETIVOS DA APRENDIZAGEM

Depois de um cuidadoso estudo deste capítulo, você deve ser capaz de:

1. Usar regressão linear simples para construir modelos empíricos para dados científicos e de engenharia
2. Entender como o método de mínimos quadrados é usado para estimar os parâmetros em um modelo de regressão linear
3. Analisar resíduos para determinar se o modelo de regressão é um ajuste adequado para os dados ou para ver se quaisquer suposições em foco são violadas
4. Testar hipóteses estatísticas e construir intervalos de confiança para os parâmetros de regressão
5. Usar o modelo de regressão para prever uma observação futura e construir um intervalo adequado de previsão para a observação futura
6. Aplicar o modelo de correlação
7. Usar transformações simples para encontrar um modelo de regressão linear

SUMÁRIO DO CAPÍTULO

11.1 Modelos Empíricos

11.2 Regressão Linear Simples

11.3 Propriedades dos Estimadores de Mínimos Quadrados

11.4 Testes de Hipóteses na Regressão Linear Simples

    11.4.1 Uso de Testes t

    11.4.2 Abordagem de Análise de Variância para Testar a Significância da Regressão

11.5 Intervalos de Confiança

    11.5.1 Intervalos de Confiança para os Coeficientes Linear e Angular

    11.5.2 Intervalo de Confiança para a Resposta Média

11.6 Previsão de Novas Observações

11.7 Adequação do Modelo de Regressão

    11.7.1 Análise Residual

    11.7.2 Coeficiente de Determinação (R^2)

11.8 Correlação

11.9 Regressão para Variáveis Transformadas

11.10 Regressão Logística

O acidente do ônibus espacial *Challenger*, ocorrido em janeiro de 1986, foi resultado da falha em *O-rings* usados para selar juntas no motor do foguete. Essa falha ocorreu em razão de temperaturas extremamente baixas do ambiente na hora do lançamento. Antes do lançamento, havia dados sobre a ocorrência de falha no *O-ring* e sobre a temperatura correspondente para os 24 lançamentos anteriores ou sobre fogo estático do motor. Neste capítulo, veremos como construir um modelo estatístico relacionando a probabilidade de falha no *O-ring* com a temperatura. Esse modelo fornece uma medida do risco associado ao lançamento do ônibus a baixas temperaturas, ocorrido quando *Challenger* foi lançado.

11.1 Modelos Empíricos

Muitos problemas em engenharia e ciências envolvem explorar as relações entre duas ou mais variáveis. Por exemplo, a pressão de um gás em um recipiente está relacionada com a temperatura, a velocidade da água em um canal aberto está relacionada com a largura do canal, e o deslocamento de uma partícula em certo tempo está relacionado com sua velocidade. Nesse último exemplo, se d_0 for o deslocamento da partícula a partir da origem no tempo $t = 0$ e v for a velocidade, então o deslocamento no tempo t é $d_t = d_0 + vt$. Esse é um exemplo de uma relação linear **determinística**, porque (sem considerar os erros de medida) o modelo prevê perfeitamente o deslocamento.

Entretanto, existem muitas situações em que a relação entre variáveis não é determinística. Por exemplo, o consumo de energia elétrica (y) de uma casa está relacionado com o tamanho da casa (x, em metros quadrados), mas é improvável que seja uma relação determinística. Similarmente, o consumo de combustível (y) de um automóvel está relacionado com o peso (x) do veículo, mas a relação não é determinística. Em ambos os exemplos, o valor da resposta de interesse y (consumo de energia, consumo de combustível) não pode ser previsto perfeitamente a partir do conhecimento do x correspondente. É possível, para diferentes automóveis, haver consumos diferentes de combustível, mesmo que eles tenham o mesmo peso, e é possível que diferentes casas usem diferentes quantidades de eletricidade, mesmo se elas têm o mesmo tamanho.

A coleção de ferramentas estatísticas que são usadas para modelar e explorar relações entre variáveis que estão relacionadas de maneira não determinística é chamada de **análise de regressão**. Pelo fato de problemas desse tipo ocorrerem tão frequentemente em muitos ramos da engenharia e da ciência, a análise de regressão é uma das ferramentas estatísticas mais utilizadas. Neste capítulo, apresentaremos a situação em que há somente uma variável independente ou preditor x e a relação com a resposta y é considerada linear. Embora isso pareça ser um cenário simples, existem muitos problemas práticos que caem nessa estrutura.

Por exemplo, em um processo químico, suponha que o rendimento do produto esteja relacionado com a temperatura de operação do processo. A análise de regressão pode ser usada para construir um modelo para prever o rendimento em um dado nível de temperatura. Esse modelo pode também ser usado para otimização de processos, tal como encontrar o nível de temperatura que maximiza o rendimento, ou para finalidades de controlar um processo.

Como ilustração, considere os dados na Tabela 11.1. Nessa tabela, y é a pureza do oxigênio produzido em um processo químico de destilação, e x é a percentagem de hidrocarbonetos presentes no condensador principal da unidade de destilação. A Figura 11.1 apresenta um **diagrama de dispersão** dos dados da Tabela 11.1. Esse é apenas um gráfico no qual cada par (x_i, y_i) é representado como um ponto plotado em um sistema bidimensional de coordenadas. Esse diagrama de dispersão foi produzido por um computador; selecionamos uma opção que mostre diagramas de pontos das variáveis x e y nas margens superior e direita do gráfico, respectivamente, tornando fácil a visualização das distribuições das variáveis individuais (diagramas de caixa ou histogramas também poderiam ter sido selecionados). A inspeção desse diagrama de dispersão indica que, embora nenhuma curva simples passe exatamente através de todos os pontos, há uma forte indicação de que os pontos repousam aleatoriamente dispersos em torno de uma linha reta. Por conseguinte, é provavelmente razoável considerar que a média da variável aleatória Y esteja relacionada com x pela seguinte relação linear:

$$E(Y|x) = \mu_{Y|x} = \beta_0 + \beta_1 x$$

em que os coeficientes angular e linear da linha são chamados de **coeficientes de regressão**. Embora a média de Y seja uma função linear de x, o valor real observado, y, não cai exatamente na linha reta. A maneira apropriada de generalizar isso para um modelo linear probabilístico é considerar que o valor esperado de Y seja uma função linear de x, mas que, para um valor fixo de x, o valor real de Y seja determinado pela função do valor médio (o modelo linear) mais um termo de erro aleatório, digamos

$$Y = \beta_0 + \beta_1 x + \epsilon \qquad (11.1)$$

sendo ϵ o termo de erro aleatório. Chamaremos esse modelo de **modelo de regressão linear simples**, porque ele tem apenas uma variável independente ou **regressor**. Por vezes, um modelo como esse aparecerá a partir de uma relação teórica. Em outras, não teremos conhecimento teórico entre x e y, e a escolha do modelo será baseada na inspeção de um diagrama de dispersão, tal como aquele que fizemos com os dados de pureza do oxigênio. Pensamos então no modelo de regressão como um **modelo empírico**.

Para ganhar mais conhecimento do modelo, suponha que possamos fixar o valor de x e observe o valor da variável aleatória Y. Agora, se o valor de x for fixado, o componente aleatório ϵ no lado direito do modelo na Equação 11.1 determina as propriedades de Y. Suponha que a média e a variância de ϵ sejam 0 e σ^2, respectivamente. Então,

$$E(Y|x) = E(\beta_0 + \beta_1 x + \epsilon) = \beta_0 + \beta_1 x + E(\epsilon) = \beta_0 + \beta_1 x$$

Note que essa é a mesma relação que escrevemos inicialmente de forma empírica, a partir da inspeção do diagrama de dispersão da Figura 11.1. A variância de Y, dado x, é

$$V(Y|x) = V(\beta_0 + \beta_1 x + \epsilon) = V(\beta_0 + \beta_1 x) + V(\epsilon)$$
$$= 0 + \sigma^2 = \sigma^2$$

Assim, o modelo verdadeiro de regressão, $\mu_{Y|x} = \beta_0 + \beta_1 x$ é uma linha de valores médios; ou seja, a altura da linha de regressão em qualquer valor de x é apenas o valor esperado

TABELA 11.1 Níveis de Oxigênio e de Hidrocarbonetos

Número da Observação	Nível de Hidrocarboneto $x(\%)$	Pureza $y(\%)$
1	0,99	90,01
2	1,02	89,05
3	1,15	91,43
4	1,29	93,74
5	1,46	96,73
6	1,36	94,45
7	0,87	87,59
8	1,23	91,77
9	1,55	99,42
10	1,40	93,65
11	1,19	93,54
12	1,15	92,52
13	0,98	90,56
14	1,01	89,54
15	1,11	89,85
16	1,20	90,39
17	1,26	93,25
18	1,32	93,41
19	1,43	94,98
20	0,95	87,33

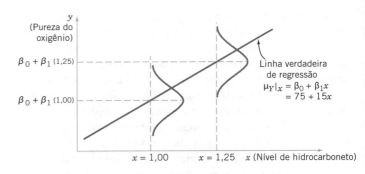

FIGURA 11.2

A distribuição de Y para certo valor de x, para os dados da pureza do oxigênio-hidrocarbonetos.

de Y para aquele x. O coeficiente angular, β_1, pode ser interpretado como a mudança na média de Y para uma mudança unitária em x. Além disso, a variabilidade de Y, em um valor particular de x, é determinada pela variância do erro σ^2. Isso implica que há uma distribuição de valores de Y em cada x e que a variância dessa distribuição é a mesma em cada x.

Por exemplo, suponha que o verdadeiro modelo de regressão, relacionando a pureza do oxigênio com o nível de hidrocarboneto, seja $\mu_{Y|x} = 75 + 15x$ e suponha que a variância seja $\sigma^2 = 2$. A Figura 11.2 ilustra essa situação. Note que usamos uma distribuição normal para descrever uma variação aleatória em σ^2. Uma vez que σ^2 é a soma de uma constante $\beta_0 + \beta_1 x$ (a média) e uma variável aleatória distribuída aleatoriamente, Y é uma variável aleatória distribuída normalmente. A variância σ^2 determina a variabilidade nas observações Y da pureza de oxigênio. Assim, quando σ^2 for pequena, os valores observados de Y cairão perto da linha, e quando σ^2 for grande, os valores observados de Y poderão se desviar consideravelmente da linha. Em razão de σ^2 ser constante, a variabilidade em Y, em qualquer valor de x, é a mesma.

O modelo de regressão descreve a relação entre a pureza de oxigênio Y e o nível de hidrocarboneto x. Desse modo, para qualquer valor do nível de hidrocarboneto, a pureza do oxigênio tem uma distribuição normal, com média $75 + 15x$ e variância 2. Por exemplo, se $x = 1,25$, então Y tem um valor médio $\mu_{Y|x} = 75 + 15(1,25) = 93,75$ e variância 2.

Na maioria dos problemas reais, os valores dos coeficientes angular e linear (β_0, β_1) e a variância do erro σ^2 não serão conhecidos e devem ser estimados a partir dos dados da amostra. Então, essa equação (ou modelo) ajustada de regressão é normalmente usada na previsão de observações futuras de Y ou para estimar a resposta média em um nível particular de x. Para ilustrar, um engenheiro químico pode estar interessado em estimar a pureza média de oxigênio produzido, quando o nível de hidrocarboneto for $x = 1,25$ %. Este capítulo discutirá tais procedimentos e aplicações para o modelo de regressão linear simples. O Capítulo 12 discutirá os modelos de regressão linear múltipla, que envolvem mais de um regressor.

Nota Histórica *Sir* Francis Galton foi o primeiro a usar o termo **análise de regressão** em um estudo das alturas de pais (x) e filhos (y). Galton ajustou uma linha de mínimos

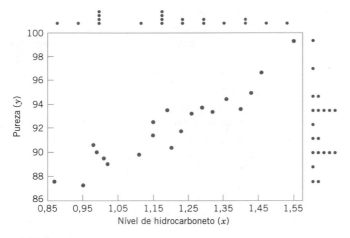

FIGURA 11.1

Diagrama de dispersão da pureza de oxigênio *versus* nível de hidrocarbonetos da Tabela 11.1.

quadrados e a usou para prever a altura dos filhos a partir da altura dos pais. Ele encontrou que, se a altura dos pais fosse acima da média, a altura dos filhos seria também acima da média, mas não tanto quanto era a altura dos pais em relação à média. Um efeito similar foi observado para alturas abaixo da média. Ou seja, a altura dos filhos "regrediu" em direção à média. Consequentemente, Galton se referiu à linha dos mínimos quadrados como uma **linha de regressão**.

Abusos da Regressão A regressão é largamente utilizada e frequentemente mal-empregada; vários abusos comuns na regressão serão brevemente mencionados aqui. Deve-se tomar cuidado na seleção de variáveis que serão usadas para construir equações de regressão e para determinar a forma do modelo. É possível desenvolver relações estatísticas significativas entre as variáveis que não estejam completamente relacionadas em um sentido **causal**. Por exemplo, devemos tentar relacionar a tensão cisalhante de pontos de solda com o número de espaços vazios em um estacionamento para visitantes. Uma linha reta pode até aparecer para fornecer um bom ajuste dos dados, mas a relação não é razoável para confiar. Você não pode aumentar a tensão na solda bloqueando os espaços para estacionar. Uma forte associação observada entre as variáveis não implica necessariamente que exista uma relação de causa entre aquelas variáveis. Esse tipo de efeito é encontrado com certa frequência em análise de dados de retrospectiva e mesmo em estudos de observação. *Planejamento de experimentos* é a única maneira de determinar relações de causa e efeito.

Relações de regressão são válidas somente para valores do regressor dentro da faixa dos dados originais. A relação linear que temos tentado considerar pode ser válida sobre toda a faixa original de *x*, mas pode ser improvável que ela seja mantida se extrapolarmos, isto é, se usarmos valores de *x* além daquela faixa. Em outras palavras, à medida que nos movemos além da faixa de valores de R^2 para a qual os dados foram coletados, tornamo-nos menos certos acerca da validade do modelo adotado. Modelos de regressão não são necessariamente válidos para finalidades de extrapolação.

Agora, isso não significa *nunca extrapole*. Há muitas situações com problemas em ciência e em engenharia em que a extrapolação de um modelo de regressão é a única maneira de abordar o problema. No entanto, há uma grande advertência para *ser cauteloso*. Uma extrapolação modesta pode ser perfeitamente certa em muitos casos, porém uma grande extrapolação quase sempre não produzirá resultados aceitáveis.

11.2 Regressão Linear Simples

O caso de regressão linear simples considera um único regressor ou preditor *x* e uma variável dependente ou **variável de resposta** *Y*. Suponha que a relação verdadeira entre *Y* e *x* seja uma linha reta e que a observação *Y* em cada nível de *x* seja uma variável aleatória. Como notado previamente, o valor esperado de *Y* para cada valor de *x* é

$$E(Y|x) = \beta_0 + \beta_1 x$$

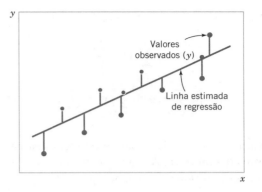

FIGURA 11.3

Desvios dos dados em relação ao modelo estimado de regressão.

sendo o coeficiente linear β_0 e o coeficiente angular β_1 coeficientes desconhecidos da regressão. Consideramos que cada observação, *Y*, possa ser descrita pelo modelo

$$Y = \beta_0 + \beta_1 x + \epsilon \qquad (11.2)$$

em que ϵ é um erro aleatório com média zero e variância (desconhecida) σ^2. Os erros aleatórios correspondendo a diferentes observações são também considerados variáveis aleatórias não correlacionadas.

Suponha que tenhamos *n* pares de observações (x_1, y_1), (x_2, y_2), ..., (x_n, y_n). A Figura 11.3 mostra um diagrama típico de dispersão dos dados observados e uma candidata para a linha estimada de regressão. As estimativas de β_0 e β_1 devem resultar em uma linha que seja (em algum sentido) o "melhor ajuste" para os dados. O cientista alemão Karl Gauss (1777-1855) propôs estimar os parâmetros β_0 e β_1 na Equação 11.2 de modo a minimizar a soma dos quadrados dos desvios verticais na Figura 11.3.

Chamamos esse critério para estimar os coeficientes de regressão de método dos **mínimos quadrados**. Usando a Equação 11.2, podemos expressar as *n* observações na amostra como

$$y_i = \beta_0 + \beta_1 x_i + \epsilon_i, \qquad i = 1, 2, \ldots, n \qquad (11.3)$$

sendo a soma dos quadrados dos desvios das observações em relação à linha verdadeira de regressão dada por

$$L = \sum_{i=1}^{n} \epsilon_i^2 = \sum_{i=1}^{n} (y_i - \beta_0 - \beta_1 x_i)^2 \qquad (11.4)$$

Os estimadores de mínimos quadrados de β_0 e β_1, isto é $\hat{\beta}_0$ e $\hat{\beta}_1$, têm de satisfazer

$$\left. \frac{\partial L}{\partial \beta_0} \right|_{\hat{\beta}_0, \hat{\beta}_1} = -2 \sum_{i=1}^{n} \left(y_i - \hat{\beta}_0 - \hat{\beta}_1 x_i \right) = 0$$

$$\left. \frac{\partial L}{\partial \beta_1} \right|_{\hat{\beta}_0, \hat{\beta}_1} = -2 \sum_{i=1}^{n} \left(y_i - \hat{\beta}_0 - \hat{\beta}_1 x_i \right) x_i = 0 \qquad (11.5)$$

A simplificação dessas duas equações resulta em

$$n\hat{\beta}_0 + \hat{\beta}_1 \sum_{i=1}^{n} x_i = \sum_{i=1}^{n} y_i$$

$$\hat{\beta}_0 \sum_{i=1}^{n} x_i + \hat{\beta}_1 \sum_{i=1}^{n} x_i^2 = \sum_{i=1}^{n} y_i x_i \quad (11.6)$$

As Equações 11.6 são chamadas de **equações normais dos mínimos quadrados**. A solução para as equações normais resulta nos estimadores de mínimos quadrados $\hat{\beta}_0$ e $\hat{\beta}_1$.

Estimativas de Mínimos Quadrados

As **estimativas de mínimos quadrados** dos coeficientes angular e linear no modelo de regressão linear simples são

$$\hat{\beta}_0 = \bar{y} - \hat{\beta}_1 \bar{x} \quad (11.7)$$

$$\hat{\beta}_1 = \frac{\sum_{i=1}^{n} y_i x_i - \frac{\left(\sum_{i=1}^{n} y_i\right)\left(\sum_{i=1}^{n} x_i\right)}{n}}{\sum_{i=1}^{n} x_i^2 - \frac{\left(\sum_{i=1}^{n} x_i\right)^2}{n}} \quad (11.8)$$

em que $\bar{y} = (1/n) \sum_{i=1}^{n} y_i$ e $\bar{x} = (1/n) \sum_{i=1}^{n} x_i$.

A **linha de regressão ajustada** ou **estimada** é, consequentemente,

$$\hat{y} = \hat{\beta}_0 + \hat{\beta}_1 x \quad (11.9)$$

Note que cada par de observações satisfaz a relação

$$y_i = \hat{\beta}_0 + \hat{\beta}_1 x_i + e_i, \quad i = 1, 2, \ldots, n$$

sendo $e_i = y_i - \hat{y}_i$ chamado de **resíduo**. O resíduo descreve o erro no ajuste do modelo para a i-ésima observação y_i. Mais adiante neste capítulo, usaremos os resíduos para fornecer informação acerca da adequação do modelo ajustado.

Em termos de notação, é ocasionalmente conveniente dar símbolos especiais ao numerador e denominador da Equação 11.8. Tendo os dados $(x_1, y_1), (x_2, y_2), \ldots, (x_n, y_n)$, seja

$$S_{xx} = \sum_{i=1}^{n} (x_i - \bar{x})^2 = \sum_{i=1}^{n} x_i^2 - \frac{\left(\sum_{i=1}^{n} x_i\right)^2}{n} \quad (11.10)$$

e

$$S_{xy} = \sum_{i=1}^{n} (y_i - \bar{y})(x_i - \bar{x}) = \sum_{i=1}^{n} x_i y_i - \frac{\left(\sum_{i=1}^{n} x_i\right)\left(\sum_{i=1}^{n} y_i\right)}{n}$$

$$(11.11)$$

EXEMPLO 11.1 | Pureza de Oxigênio

Ajustaremos um modelo de regressão linear simples aos dados de pureza de oxigênio da Tabela 11.1. As seguintes grandezas podem ser computadas:

$$n = 20 \quad \sum_{i=1}^{20} x_i = 23{,}92 \quad \sum_{i=1}^{20} y_i = 1.843{,}21$$

$$\bar{x} = 1{,}1960 \quad \bar{y} = 92{,}1605$$

$$\sum_{i=1}^{20} y_i^2 = 170.044{,}5321 \quad \sum_{i=1}^{20} x_i^2 = 29{,}2892$$

$$\sum_{i=1}^{20} x_i y_i = 2.214{,}6566$$

$$S_{xx} = \sum_{i=1}^{20} x_i^2 - \frac{\left(\sum_{i=1}^{20} x_i\right)^2}{20} = 29{,}2892 - \frac{(23{,}92)^2}{20} = 0{,}68088$$

e

$$S_{xy} = \sum_{i=1}^{20} x_i y_i - \frac{\left(\sum_{i=1}^{20} x_i\right)\left(\sum_{i=1}^{20} y_i\right)}{20}$$

$$= 2.214{,}6566 - \frac{(23{,}92)(1.843{,}21)}{20} = 10{,}17744$$

Logo, as estimativas de mínimos quadrados dos coeficientes angular e linear são

$$\hat{\beta}_1 = \frac{S_{xy}}{S_{xx}} = \frac{10{,}17744}{0{,}68088} = 14{,}94748$$

e

$$\hat{\beta}_0 = \bar{y} - \hat{\beta}_1 \bar{x} = 92{,}1605 - (14{,}94748)1{,}196 = 74{,}28331$$

O modelo ajustado da regressão linear simples (com os coeficientes tendo três casas decimais) é

$$\hat{y} = 74{,}283 + 14{,}947x$$

Esse modelo é plotado na Figura 11.4, juntamente com os dados da amostra.

Interpretação Prática: Usando o modelo de regressão do Exemplo 11.1, esperaríamos uma pureza do oxigênio de $\hat{y} = 89{,}23\%$, quando o nível de hidrocarboneto fosse $x = 1{,}00\%$. A pureza de 89,23 % pode ser interpretada como uma estimativa da pureza média da população verdadeira, quando $x = 1{,}00\%$, ou como uma estimativa de uma nova observação, quando $x = 1{,}00\%$. Essas estimativas estão, naturalmente, sujeitas a erros; ou seja, é improvável que uma futura observação da pureza seja exatamente 89,23 %, quando o nível de hidrocarboneto for 1,00 %. Nas seções subsequentes, veremos como usar intervalos de confiança e de previsão para descrever o erro na estimação proveniente de um modelo de regressão.

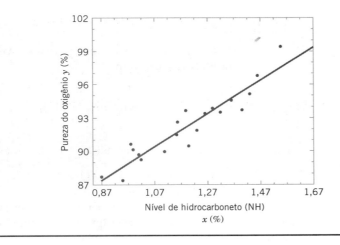

FIGURA 11.4

Diagrama de dispersão da pureza do oxigênio, *y*, *versus* o nível de hidrocarboneto, *x*, e o modelo de regressão $\hat{y} = 74{,}283 + 14{,}947x$.

Softwares são largamente usados nos modelos de regressão. Esses programas consideram, em geral, mais casas decimais nos cálculos. A Tabela 11.2 mostra uma parte de uma saída de um *software* para esse problema. As estimativas $\hat{\beta}_0$ e $\hat{\beta}_1$ estão realçadas. Nas seções subsequentes, daremos explicações para as outras informações fornecidas nessa saída do computador.

Estimando σ^2 Há realmente outro parâmetro desconhecido em nosso modelo de regressão, σ^2 (a variância do termo do erro ε). Os resíduos, $e_i = y_i - \hat{y}_i$, são usados no cálculo da estimativa de σ^2. A soma dos quadrados dos resíduos, frequentemente chamada de **soma dos quadrados dos erros**, é

$$SQ_E = \sum_{i=1}^{n} e_i^2 = \sum_{i=1}^{n} (y_i - \hat{y}_i)^2 \quad (11.12)$$

Podemos mostrar que o valor esperado da soma dos quadrados dos erros é $E(SQ_E) = (n-2)\sigma^2$. Por conseguinte, um **estimador não tendencioso** de σ^2 é

Estimador de Variância

$$\hat{\sigma}^2 = \frac{SQ_E}{n-2} \quad (11.13)$$

Calcular SQ_E usando a Equação 11.12 seria razoavelmente tedioso. Uma fórmula mais conveniente de cálculo para SQ_E pode ser encontrada substituindo-se $\hat{y}_i = \hat{\beta}_0 + \hat{\beta}_1 x_i$ na Equação 11.12 e simplificando. A fórmula resultante de cálculo é

$$SQ_E = SQ_T - \hat{\beta}_1 S_{xy} \quad (11.14)$$

em que $SQ_T = \sum_{i=1}^{n}(y_i - \bar{y})^2 = \sum_{i=1}^{n} y_i^2 - n\bar{y}^2$ é a soma total dos quadrados da variável resposta *y*. Fórmulas como essa são apresentadas na Seção 11.4. A soma dos quadrados dos erros e a estimativa de σ^2 para os dados de pureza do oxigênio, $\hat{\sigma}^2 = 1{,}18$, são realçadas na saída do *software* na Tabela 11.2.

TABELA 11.2 Saída do Pacote Computacional para os Dados de Pureza do Oxigênio no Exemplo 11.1

Pureza = 74,3 + 14,9 NH

Preditor	Coeficiente	EP do Coeficiente	T	P
Constante	74,283 ← $\hat{\beta}_0$	1,593	46,62	0,000
Nível de Hidrocarboneto	14,947 ← $\hat{\beta}_1$	1,317	11,35	0,000
S = 1,087	R^2 = 87,7 %		R^2 ajustado = 87,1 %	

Análise de Variância

Fonte	GL	SQ	MQ	F	P
Regressão	1	152,13	152,13	128,86	0,000
Erro Residual	18	21,25 ← SQ_E	1,18 ← $\hat{\sigma}^2$		
Total	19	173,38			

Valores Previstos para as Novas Observações

Novas Observações	Ajuste	EP do Ajuste	IC de 95 %	IP de 95 %
1	89,231	0,354	(88,486, 89,975)	(86,830, 91,632)

Valores dos Preditores para as Novas Observações

Novas Observações	Nível de Hidrocarboneto
1	1,00

11.3 Propriedades dos Estimadores de Mínimos Quadrados

As propriedades estatísticas dos estimadores de mínimos quadrados, $\hat{\beta}_0$ e $\hat{\beta}_1$, podem ser facilmente descritas. Lembre-se de que temos considerado o termo do erro, ϵ, no modelo $Y = \beta_0 + \beta_1 x + \epsilon$ como uma variável aleatória com média zero e variância σ^2. Uma vez que os valores de x são fixos, Y é uma variável aleatória com média $\mu_{Y|x} = \beta_0 + \beta_1 x$ e variância σ^2. Consequentemente, os valores de $\hat{\beta}_0$ e $\hat{\beta}_1$ dependem dos valores observados dos y; assim, os estimadores de mínimos quadrados dos coeficientes de regressão podem ser vistos como variáveis aleatórias. Investigaremos a tendenciosidade e as propriedades da variância dos estimadores de mínimos quadrados, $\hat{\beta}_0$ e $\hat{\beta}_1$.

Considere primeiro $\hat{\beta}_1$. Pelo fato de $\hat{\beta}_1$ ser uma combinação linear das observações Y_i, podemos usar as propriedades de expectativa para mostrar que o valor esperado de $\hat{\beta}_1$ é

$$E(\hat{\beta}_1) = \beta_1 \qquad (11.15)$$

Desse modo, $\hat{\beta}_1$ é um **estimador não tendencioso** do coeficiente angular verdadeiro β_1.

Considere agora a variância de $\hat{\beta}_1$. Já que temos suposto $V(\epsilon_i) = \sigma^2$, segue que $V(Y_i) = \sigma^2$. Pelo fato de $\hat{\beta}_1$ ser uma combinação linear das observações Y_i, os resultados na Seção 5.7 podem ser aplicados para mostrar que

$$V(\hat{\beta}_1) = \frac{\sigma^2}{S_{xx}} \qquad (11.16)$$

Para o coeficiente linear, podemos mostrar de maneira similar que

$$E(\hat{\beta}_0) = \beta_0 \quad \text{e} \quad V(\hat{\beta}_0) = \sigma^2 \left[\frac{1}{n} + \frac{\overline{x}^2}{S_{xx}} \right] \qquad (11.17)$$

Logo, $\hat{\beta}_0$ é um estimador não tendencioso do coeficiente linear β_0. A covariância das variáveis aleatórias $\hat{\beta}_0$ e $\hat{\beta}_1$ não é zero. Pode ser mostrado que $\text{cov}(\hat{\beta}_0, \hat{\beta}_1) = -\sigma^2 \overline{x}/S_{xx}$.

A estimativa de σ^2 poderia ser usada nas Equações 11.16 e 11.17 para fornecer estimativas da variância dos coeficientes angular e linear. Chamamos as raízes quadradas dos estimadores das variâncias resultantes de **erros-padrão estimados** dos coeficientes angular e linear, respectivamente.

Erros-padrão Estimados

Em uma regressão linear simples, o **erro-padrão estimado dos coeficientes angular** e **linear** são

$$ep(\hat{\beta}_1) = \sqrt{\frac{\hat{\sigma}^2}{S_{xx}}} \quad \text{e} \quad ep(\hat{\beta}_0) = \sqrt{\hat{\sigma}^2 \left[\frac{1}{n} + \frac{\overline{x}^2}{S_{xx}} \right]}$$

respectivamente, em que $\hat{\sigma}^2$ é calculada a partir da Equação 11.13.

A saída do *software* na Tabela 11.2 reporta os erros-padrão estimados dos coeficientes angular e linear sob o título da coluna EP do Coeficiente.

11.4 Testes de Hipóteses na Regressão Linear Simples

Uma importante parte da verificação da adequação de um modelo de regressão linear é a realização de um teste estatístico de hipóteses, em relação aos parâmetros do modelo, e a construção de certos intervalos de confiança. Testes de hipóteses na regressão linear simples serão discutidos nesta seção, e a Seção 11.5 apresentará métodos para construir intervalos de confiança. Para testar as hipóteses sobre os coeficientes angular e linear do modelo de regressão, temos de fazer a suposição adicional de que a componente do erro no modelo, ϵ, seja distribuída normalmente. Assim, as suposições completas são de que os erros são normal e independentemente distribuídos com média zero e variância σ^2, abreviadamente $N(0, \sigma^2)$.

11.4.1 Uso de Testes *t*

Suponha que desejemos testar a hipótese de o coeficiente angular ser igual a uma constante, como $\beta_{1,0}$. As hipóteses apropriadas são

$$H_0: \beta_1 = \beta_{1,0} \qquad H_1: \beta_1 \neq \beta_{1,0} \qquad (11.18)$$

em que consideramos uma alternativa bilateral. Uma vez que os erros ϵ_i são $N(0, \sigma^2)$, segue diretamente que as observações Y_i são $N(\beta_0 + \beta_1 x_i, \sigma^2)$. Agora $\hat{\beta}_1$ é uma combinação linear das variáveis aleatórias normais independentes e, consequentemente, $\hat{\beta}_1$ é $N(\beta_1, \sigma^2/S_{xx})$, usando propriedades tendenciosas e de variância do coeficiente angular, discutidas na Seção 11.3. Em adição, $(n-2)\hat{\sigma}^2/\sigma^2$ tem uma distribuição qui-quadrado, com $n-2$ graus de liberdade, sendo $\hat{\beta}_1$ independente de $\hat{\sigma}^2$. Como resultado daquelas propriedades, a estatística

Estatística de Teste

$$T_0 = \frac{\hat{\beta}_1 - \beta_{1,0}}{\sqrt{\hat{\sigma}^2/S_{xx}}} \qquad (11.19)$$

segue a distribuição t com $n-2$ graus de liberdade sujeito a H_0: $\beta_1 = \beta_{1,0}$. Rejeitaremos H_0: $\beta_1 = \beta_{1,0}$ se

$$|t_0| > t_{\alpha/2, n-2} \qquad (11.20)$$

sendo t_0 calculado a partir da Equação 11.19. O denominador da Equação 11.19 é o erro-padrão do coeficiente angular; então, podemos escrever a estatística de teste como

$$T_0 = \frac{\hat{\beta}_1 - \beta_{1,0}}{ep(\hat{\beta}_1)}$$

Um procedimento similar pode ser usado para testar hipóteses sobre o coeficiente linear. Para testar

$$H_0: \beta_0 = \beta_{0,0} \qquad H_1: \beta_0 \neq \beta_{0,0} \qquad (11.21)$$

usaremos a estatística

$$T_0 = \frac{\hat{\beta}_0 - \beta_{0,0}}{\sqrt{\hat{\sigma}^2 \left[\frac{1}{n} + \frac{\bar{x}^2}{S_{xx}}\right]}} = \frac{\hat{\beta}_0 - \beta_{0,0}}{ep(\hat{\beta}_0)} \qquad (11.22)$$

e rejeitaremos a hipótese nula se o valor calculado dessa estatística de teste, t_0, for tal que $|t_0| > t_{\alpha/2, n-2}$. Note que o denominador da estatística de teste na Equação 11.22 é o erro-padrão do coeficiente linear.

Um caso especial muito importante das hipóteses da Equação 11.18 é

$$H_0: \beta_1 = 0 \qquad H_1: \beta_1 \neq 0 \qquad (11.23)$$

Essas hipóteses se relacionam com a **significância da regressão**. Falhar em rejeitar H_0: $\beta_1 = 0$ é equivalente a concluir que não há relação linear entre x e Y. Essa situação é ilustrada na Figura 11.5. Note que isso pode implicar que x seja de pouco valor em explicar a variação em Y e que o melhor estimador de Y para qualquer x seja $\hat{y} = \bar{Y}$ [Figura 11.5(a)] ou que a relação verdadeira entre x e Y não seja linear [Figura 11.5(b)]. De modo alternativo, se H_0: $\beta_1 = 0$ for rejeitada, isso implica que x é importante para explicar a variabilidade em Y (veja a Figura 11.6). Rejeitar H_0: $\beta_1 = 0$ pode significar que o modelo de linha reta seja adequado [Figura 11.6(a)] ou que, embora haja um efeito linear de x, melhores resultados poderiam ser obtidos com a adição de termos polinomiais de maiores ordens em x [Figura 11.6(b)].

11.4.2 Abordagem de Análise de Variância para Testar a Significância da Regressão

Um método chamado **análise de variância** pode ser usado para testar a significância da regressão. O procedimento divide a variância total na variável de resposta em componentes significativas, como base para o teste. A **identidade de análise de variância** é dada a seguir:

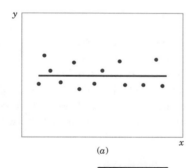
(a)
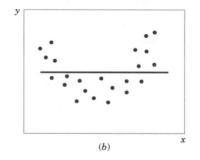
(b)

FIGURA 11.5

A hipótese H_0: $\beta_1 = 0$ não é rejeitada.

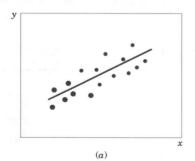
(a)
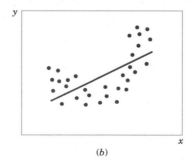
(b)

FIGURA 11.6

A hipótese H_0: $\beta_1 = 0$ é rejeitada.

EXEMPLO 11.2 | Testes dos Coeficientes da Pureza do Oxigênio

Testaremos a significância da regressão usando o modelo para os dados de pureza do oxigênio do Exemplo 11.1. As hipóteses são

$$H_0: \beta_1 = 0 \qquad H_1: \beta_1 \neq 0$$

e usaremos $\alpha = 0{,}01$. Do Exemplo 11.1 e da Tabela 11.2, temos

$$\hat{\beta}_1 = 14{,}947, \qquad n = 20, \qquad S_{xx} = 0{,}68088, \qquad \hat{\sigma}^2 = 1{,}18$$

logo, a estatística t na Equação 10.20 se torna

$$t_0 = \frac{\hat{\beta}_1}{\sqrt{\hat{\sigma}^2/S_{xx}}} = \frac{\hat{\beta}_1}{ep(\hat{\beta}_1)} = \frac{14{,}947}{\sqrt{1{,}18/0{,}68088}} = 11{,}35$$

Interpretação Prática: Já que o valor de referência de t é $t_{0{,}005;18} = 2{,}88$, o valor da estatística de teste está bem inserido na região crítica, implicando que $H_0: \beta_1 = 0$ deve ser rejeitada. Existe uma forte evidência para corroborar essa afirmação. O valor P para esse teste é $P \cong 1{,}23 \times 10^{-9}$. Ele foi obtido manualmente com uma calculadora.

A Tabela 11.2 apresenta uma saída típica de um *software* para esse problema. Note que o valor da estatística t para o coeficiente angular é calculado como 11,35 e que o valor P reportado é $P = 0{,}000$. O *software* reporta também a estatística t para testar a hipótese $H_0: \beta_0 = 0$. Essa estatística é calculada a partir da Equação 11.22, com $\beta_{0,0} = 0$, como $t_0 = 46{,}62$. Claramente, então, a hipótese de que o coeficiente linear é zero é rejeitada.

Identidade de Análise de Variância

$$\sum_{i=1}^{n}(y_i - \overline{y})^2 = \sum_{i=1}^{n}(\hat{y}_i - \overline{y})^2 + \sum_{i=1}^{n}(y_i - \hat{y}_i)^2 \quad (11.24)$$

Os dois componentes do lado direito da Equação 11.24 medem, respectivamente, a quantidade da variabilidade em y_i, em face da linha de regressão, e a variação residual deixada sem explicação pela linha de regressão. Geralmente chamamos $SQ_E = \sum_{i=1}^{n}(y_i - \hat{y}_i)^2$ de **soma dos quadrados dos erros** e $SQ_R \sum_{i=1}^{n}(\hat{y}_i - \overline{y})^2$ de **soma dos quadrados da regressão**. Simbolicamente, a Equação 11.24 pode ser escrita como

$$SQ_T = SQ_R + SQ_E \quad (11.25)$$

sendo $SQ_T = \sum_{i=1}^{n}(y_i - \overline{y})^2$ a **soma total corrigida dos quadrados** de y. Na Seção 11.2, notamos que $SQ_E = SQ_T - \hat{\beta}_1 S_{xy}$ (veja a Equação 11.14); logo, uma vez que $SQ_T = \hat{\beta}_1 S_{xy} + SQ_E$, observamos que a soma dos quadrados da regressão na Equação 11.25 é $SQ_R = \hat{\beta}_1 S_{xy}$. A soma total dos quadrados SQ_T tem $n - 1$ graus de liberdade e SQ_R e SQ_E têm 1 e $n - 2$ graus de liberdade, respectivamente.

Podemos mostrar que $E[SQ_E/(n-2)] = \sigma^2$, $E(SQ_R) = \sigma^2 + \beta_1^2 S_{xx}$ e que SQ_E/σ^2 e SQ_R/σ^2 são variáveis aleatórias independentes qui-quadrado, com $n - 2$ e 1 graus de liberdade, respectivamente. Dessa maneira, se a hipótese nula $H_0: \beta_1 = 0$ for verdadeira, a estatística

Teste para Significância da Regressão

$$F_0 = \frac{SQ_R/1}{SQ_E/(n-2)} = \frac{MQ_R}{MQ_E} \quad (11.26)$$

segue a distribuição $F_{1,n-2}$ e rejeitaremos H_0 se $f_0 > f_{\alpha;1;n-2}$. As grandezas $MQ_R = SQ_R/1$ e $MQ_E = SQ_E/(n-2)$ são chamadas de **médias quadráticas**. Em geral, uma média quadrática é sempre calculada dividindo uma soma dos quadrados por seu número de graus de liberdade. O procedimento de teste é geralmente arrumado em uma **tabela de análise de variância**, tal qual a Tabela 11.3.

TABELA 11.3 Análise de Variância para Testar a Significância da Regressão

Fonte de Variação	Soma dos Quadrados	Graus de Liberdade	Média Quadrática	F_0
Regressão	$SQ_R = \hat{\beta}_1 S_{xy}$	1	MQ_R	MQ_R/MQ_E
Erro	$SQ_E = SQ_T - \hat{\beta}_1 S_{xy}$	$n - 2$	MQ_E	
Total	SQ_T	$n - 1$		

EXEMPLO 11.3 | ANOVA para a Pureza de Oxigênio

Usaremos a abordagem de análise de variância para testar a significância da regressão usando os dados de pureza do oxigênio do Exemplo 11.1. Lembre-se de que $SQ_T = 173{,}38$, $\hat{\beta}_1 = 14{,}947$, $S_{xy} = 10{,}17744$ e $n = 20$. A soma dos quadrados em razão da regressão é

$$SQ_R = \hat{\beta}_1 S_{xy} = (14{,}947)10{,}17744 = 152{,}13$$

e a soma dos quadrados do erro é

$$SQ_E = SQ_T - SQ_R = 173{,}38 - 152{,}13 = 21{,}25$$

A análise de variância para testar $H_0: \beta_1 = 0$ está resumida na saída computacional na Tabela 11.2. A estatística de teste é $f_0 = MQ_R/MQ_E = 152{,}13/1{,}18 = 128{,}86$, para a qual encontramos o valor P como $P \cong 1{,}23 \times 10^{-9}$; logo, concluímos que β_1 não é zero.

Há frequentemente poucas diferenças na terminologia entre os *softwares*. Por exemplo, às vezes, a soma dos quadrados da regressão é chamada de soma dos quadrados do "modelo", e a soma dos quadrados do erro é chamada de soma dos quadrados dos "resíduos".

Note que o procedimento de análise de variância para testar a significância da regressão é equivalente ao teste t na Seção 11.4.1. Ou seja, ambos os procedimentos conduzirão às mesmas conclusões. Isso é fácil de demonstrar começando com a estatística de teste t na Equação 11.19 com $\beta_{1,0} = 0$, como

$$T_0 = \frac{\hat{\beta}_1}{\sqrt{\hat{\sigma}^2/S_{xx}}} \qquad (11.27)$$

Elevando ao quadrado ambos os lados da Equação 11.27 e usando o fato de $\hat{\sigma}^2 = MQ_E$, tem-se

$$T_0^2 = \frac{\hat{\beta}_1^2 S_{xx}}{MQ_E} = \frac{\hat{\beta}_1 S_{xy}}{MQ_E} = \frac{MQ_R}{MQ_E} \qquad (11.28)$$

Observe que T_0^2 na Equação 11.28 é idêntico a F_0 na Equação 11.26. É verdade, em geral, que o quadrado de uma variável aleatória t, com v graus de liberdade, seja uma variável aleatória F, com 1 e v graus de liberdade no numerador e no denominador, respectivamente. Assim, o teste usando T_0 é equivalente ao teste baseado em F_0. Note, no entanto, que o teste t é, de algum modo, mais flexível, visto que ele permite testar tanto uma hipótese alternativa unilateral quanto bilateral, enquanto o teste F é restrito a uma alternativa bilateral.

11.5 Intervalos de Confiança

11.5.1 Intervalos de Confiança para os Coeficientes Angular e Linear

Em adição às estimativas dos coeficientes angular e linear, é possível obter estimativas do **intervalo de confiança** desses parâmetros. A largura desses intervalos de confiança é uma medida da qualidade global da linha de regressão. Se os termos do erro, ε_i, no modelo de regressão forem normal e independentemente distribuídos, então

$$(\hat{\beta}_1 - \beta_1)\bigg/\sqrt{\hat{\sigma}^2/S_{xx}} \quad \text{e} \quad (\hat{\beta}_0 - \beta_0)\bigg/\sqrt{\hat{\sigma}^2\left[\frac{1}{n} + \frac{\overline{x}^2}{S_{xx}}\right]}$$

são ambos distribuídos como variáveis aleatórias t com $n - 2$ graus de liberdade. Isso conduz à seguinte definição de intervalos de confiança de $100(1 - \alpha)\%$ para os coeficientes angular e linear:

Intervalos de Confiança para os Parâmetros

Sob a suposição de que as observações sejam normal e independentemente distribuídas, um **intervalo de confiança** de $100(1 - \alpha)\%$ para o coeficiente angular β_1 na regressão linear simples é

$$\hat{\beta}_1 - t_{\alpha/2, n-2}\sqrt{\frac{\hat{\sigma}^2}{S_{xx}}} \leq \beta_1 \leq \hat{\beta}_1 + t_{\alpha/2, n-2}\sqrt{\frac{\hat{\sigma}^2}{S_{xx}}} \quad (11.29)$$

Similarmente, um **intervalo de confiança** de $100(1 - \alpha)\%$ para o coeficiente linear β_0 é

$$\hat{\beta}_0 - t_{\alpha/2, n-2}\sqrt{\hat{\sigma}^2\left[\frac{1}{n} + \frac{\overline{x}^2}{S_{xx}}\right]}$$

$$\leq \beta_0 \leq \hat{\beta}_0 + t_{\alpha/2, n-2}\sqrt{\hat{\sigma}^2\left[\frac{1}{n} + \frac{\overline{x}^2}{S_{xx}}\right]}$$

$$(11.30)$$

EXEMPLO 11.4 | Intervalo de Confiança para o Coeficiente Angular da Pureza do Oxigênio

Encontraremos um intervalo de confiança de 95 % para o coeficiente angular da linha de regressão, usando os dados no Exemplo 11.1. Lembre-se de que $\hat{\beta}_1 = 14{,}947$, $S_{xx} = 0{,}68088$ e $\hat{\sigma}^2 = 1{,}18$ (veja a Tabela 11.2). Então, da Equação 11.29 encontramos

$$\hat{\beta}_1 - t_{0{,}025; 18}\sqrt{\frac{\hat{\sigma}^2}{S_{xx}}} \leq \beta_1 \leq \hat{\beta}_1 + t_{0{,}025; 18}\sqrt{\frac{\hat{\sigma}^2}{S_{xx}}}$$

ou

$$14{,}947 - 2{,}101\sqrt{\frac{1{,}18}{0{,}68088}} \leq \beta_1 \leq 14{,}947$$
$$+ 2{,}101\sqrt{\frac{1{,}18}{0{,}68088}}$$

Isso simplifica para

$$12{,}181 \leq \beta_1 \leq 17{,}713$$

Interpretação Prática: Esse IC não inclui o zero; logo, existe uma forte evidência (para $\alpha = 0{,}05$) de que o coeficiente angular não seja zero. O IC é razoavelmente estreito ($\pm 2{,}766$) porque a variância do erro é razoavelmente pequena.

11.5.2 Intervalo de Confiança para a Resposta Média

Um intervalo de confiança pode ser construído a partir da resposta média, em um valor especificado de x, como x_0. Esse é um intervalo de confiança em torno de $E(Y|x_0) = \mu_{Y|x_0}$, sendo frequentemente chamado de um intervalo de confiança em torno da linha de regressão. Uma vez que $E(Y|x_0) = \mu_{Y|x_0} = \beta_0 + \beta_1 x_0$, a partir do modelo ajustado, podemos obter uma estimativa pontual de Y em $x = x_0 (\mu_{Y|x_0})$ como

$$\hat{\mu}_{Y|x_0} = \hat{\beta}_0 + \hat{\beta}_1 x_0$$

Agora $\mu_{Y|x_0}$ é um estimador pontual não tendencioso de $\mu_{Y|x_0}$, visto que $\hat{\beta}_0$ e $\hat{\beta}_1$ são estimadores não tendenciosos de β_0 e β_1. A variância de $\mu_{Y|x_0}$ é

$$V(\hat{\mu}_{Y|x_0}) = \sigma^2 \left[\frac{1}{n} + \frac{(x_0 - \bar{x})^2}{S_{xx}}\right]$$

Esse último resultado vem do fato que $\hat{\mu}_{Y|x_0} = \bar{y} + \hat{\beta}_1(x_0 - \bar{x})$ e $\text{cov}(\bar{Y}, \hat{\beta}_1) = 0$. Também, $\mu_{Y|x_0}$ é normalmente distribuída porque $\hat{\beta}_1$ e $\hat{\beta}_0$ são normalmente distribuídos e, se usarmos $\hat{\sigma}^2$ como uma estimativa de σ^2, será fácil mostrar que

$$\frac{\hat{\mu}_{Y|x_0} - \mu_{Y|x_0}}{\sqrt{\hat{\sigma}^2 \left[\frac{1}{n} + \frac{(x_0 - \bar{x})^2}{S_{xx}}\right]}}$$

tem uma distribuição t com $n-2$ graus de liberdade. Isso conduz à seguinte definição de intervalo de confiança:

Intervalo de Confiança para a Resposta Média

Um **intervalo de confiança** de $100(1-\alpha)\%$ **para a resposta média** no valor de $x = x_0$, ou seja $\mu_{Y|x_0}$, é dado por

$$\hat{\mu}_{Y|x_0} - t_{\alpha/2, n-2} \sqrt{\hat{\sigma}^2 \left[\frac{1}{n} + \frac{(x_0 - \bar{x})^2}{S_{xx}}\right]}$$

$$\leq \mu_{Y|x_0} \leq \hat{\mu}_{Y|x_0} + t_{\alpha/2, n-2} \sqrt{\hat{\sigma}^2 \left[\frac{1}{n} + \frac{(x_0 - \bar{x})^2}{S_{xx}}\right]}$$

(11.31)

sendo $\mu_{Y|x_0} = \hat{\beta}_0 + \hat{\beta}_1 x_0$ calculado a partir do modelo ajustado de regressão.

Observe que a largura do intervalo de confiança para $\mu_{Y|x_0}$ é uma função do valor especificado para x_0. A largura do intervalo é mínima para $x_0 = \bar{x}$ e alarga à medida que $|x_0 - \bar{x}|$ aumenta.

11.6 Previsão de Novas Observações

Uma aplicação importante de um modelo de regressão é prever novas ou futuras observações Y, correspondentes a um valor especificado do regressor x. Se x_0 for o valor de interesse do regressor, então

$$\hat{Y}_0 = \hat{\beta}_0 + \hat{\beta}_1 x_0 \qquad (11.32)$$

será a **estimativa** do novo ou futuro valor da resposta Y_0.

EXEMPLO 11.5 | Intervalo de Confiança para a Resposta Média da Pureza do Oxigênio

Para os dados do Exemplo 11.1, construiremos um intervalo de confiança de 95% em torno da resposta média. O modelo ajustado é $\hat{\mu}_{Y|x_0} = 74{,}283 + 14{,}947 x_0$, e o intervalo de confiança de 95% para $\mu_{Y|x_0}$ é encontrado da Equação 11.31 como

$$\hat{\mu}_{Y|x_0} \pm 2{,}101 \sqrt{1{,}18 \left[\frac{1}{20} + \frac{(x_0 - 1{,}1960)^2}{0{,}68088}\right]}$$

Suponha que estejamos interessados em prever a pureza média do oxigênio quando $x_0 = 1{,}00\%$. Então

$$\hat{\mu}_{Y|x_{1,00}} = 74{,}283 + 14{,}947(1{,}00) = 89{,}23$$

e o intervalo de confiança de 95% é

$$89{,}23 \pm 2{,}101 \sqrt{1{,}18 \left[\frac{1}{20} + \frac{(1{,}00 - 1{,}1960)^2}{0{,}68088}\right]}$$

ou

$$89{,}23 \pm 0{,}75$$

Por conseguinte, o intervalo de confiança de 95% para $\mu_{Y|1,00}$ é

$$88{,}48 \leq \mu_{Y|1,00} \leq 89{,}98$$

Esse é um IC razoavelmente estreito.

A maioria dos *softwares* fará também esses cálculos. Consulte a Tabela 11.2. O valor previsto de y em $x = 1{,}00$ é mostrado juntamente com o IC de 95% para a média de y nesse nível de x.

Repetindo esses cálculos para vários valores de x_0, podemos obter limites de confiança para cada valor correspondente de $\mu_{Y|x_0}$. A Figura 11.7 apresenta o diagrama de dispersão com o modelo ajustado e os correspondentes limites de confiança de 95%, plotados como linhas inferior e superior. O nível de confiança de 95% se aplica apenas ao intervalo obtido a um valor de x e não ao conjunto inteiro de valores de x. Note que a largura do intervalo de confiança para $\mu_{Y|x_0}$ aumenta à medida que $|x_0 - \bar{x}|$ aumenta.

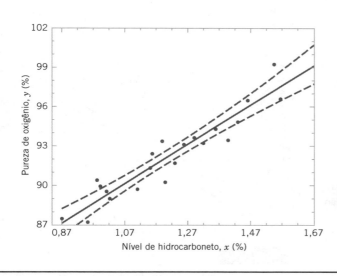

FIGURA 11.7
Diagrama de dispersão dos dados de pureza de oxigênio do Exemplo 11.1, com a linha ajustada de regressão e os limites de confiança de 95 % para $\mu_{Y|x_0}$.

Agora pense em obter uma estimativa do intervalo para essa futura observação Y_0. Essa nova observação é independente das observações usadas para desenvolver o modelo de regressão. Consequentemente, o intervalo de confiança para $\mu_{Y|x_0}$ na Equação 11.31 é inapropriado, uma vez que ele está baseado somente nos dados usados para ajustar o modelo de regressão. O intervalo de confiança em torno de $\mu_{Y|x_0}$ se refere à resposta média verdadeira em $x = x_0$ (isto é, um parâmetro da população) e não às futuras observações.

Seja Y_0 a observação futura em $x = x_0$ e seja $\hat{Y}_0$, dado pela Equação 11.32, o estimador de Y_0. Note que o erro na previsão

$$e_{\hat{p}} = Y_0 - \hat{Y}_0$$

é uma variável aleatória distribuída normalmente, com média zero e variância

$$V(e_{\hat{p}}) = V(Y_0 - \hat{Y}_0) = \sigma^2 \left[1 + \frac{1}{n} + \frac{(x_0 - \bar{x})^2}{S_{xx}} \right]$$

pelo fato de Y_0 ser independente de $\hat{Y}_0$. Se usarmos $\hat{\sigma}^2$ para estimar σ^2, podemos mostrar que

$$\frac{Y_0 - \hat{Y}_0}{\sqrt{\hat{\sigma}^2 \left[1 + \frac{1}{n} + \frac{(x_0 - \bar{x})^2}{S_{xx}} \right]}}$$

tem uma distribuição t com $n - 2$ graus de liberdade. A partir disso, podemos desenvolver a seguinte definição de **intervalo de previsão**:

Intervalo de Previsão

Um **intervalo de previsão** de $100(1 - \alpha)$ % **para uma observação futura** Y_0, em certo valor x_0, é dado por

$$\hat{y}_0 - t_{\alpha/2, n-2} \sqrt{\hat{\sigma}^2 \left[1 + \frac{1}{n} + \frac{(x_0 - \bar{x})^2}{S_{xx}} \right]}$$

$$\leq Y_0 \leq \hat{y}_0 + t_{\alpha/2, n-2} \sqrt{\hat{\sigma}^2 \left[1 + \frac{1}{n} + \frac{(x_0 - \bar{x})^2}{S_{xx}} \right]}$$

(11.33)

O valor $\hat{Y}_0$ é calculado a partir do modelo de regressão $\hat{Y}_0 = \hat{\beta}_0 + \hat{\beta}_1 x_0$.

Note que o intervalo de previsão tem largura mínima em $x_0 = \bar{x}$ e alarga quando $|x_0 - \bar{x}|$ aumenta. Comparando a Equação 11.33 com a Equação 11.31, observamos que o intervalo de previsão no ponto x_0 é sempre mais largo que o intervalo de confiança em x_0. Isso resulta porque o intervalo de previsão depende tanto do erro do modelo ajustado como do erro associado às futuras observações.

EXEMPLO 11.6 | Intervalo de Previsão para a Pureza do Oxigênio

Para ilustrar a construção de um intervalo de previsão, suponha que usemos os dados no Exemplo 11.1 para encontrar um intervalo de previsão de 95 % para a próxima observação da pureza de oxigênio em $x_0 = 1,00$ %. Usando a Equação 11.33 e lembrando, do Exemplo 11.5, que $\hat{Y}_0 = 89,23$, encontramos que o intervalo de previsão é

$$89{,}23 - 2{,}101\sqrt{1{,}18\left[1 + \frac{1}{20} + \frac{(1{,}00 - 1{,}1960)^2}{0{,}68088}\right]}$$
$$\leq Y_0 \leq 89{,}23 + 2{,}101\sqrt{1{,}18\left[1 + \frac{1}{20} + \frac{(1{,}00 - 1{,}1960)^2}{0{,}68088}\right]}$$

que simplifica para

$$86{,}83 \leq Y_0 \leq 91{,}63$$

Esse é um intervalo de previsão razoavelmente estreito.

Um *software* típico também calcula os intervalos de previsão. Consulte a saída na Tabela 11.2. O IP de 95 % para a observação futura em $x_0 = 1{,}00$ é mostrado no quadro.

Repetindo os cálculos anteriores para diferentes valores de x_0, podemos obter os intervalos de previsão de 95 %, mostrados graficamente na Figura 11.8 por meio das linhas superior e inferior em torno do modelo ajustado de regressão. Observe que esse gráfico mostra também os limites de confiança de 95 % para $\mu_{Y|x_0}$ calculado no Exemplo 11.5. Ele ilustra que os limites de previsão são sempre mais largos que os limites de confiança.

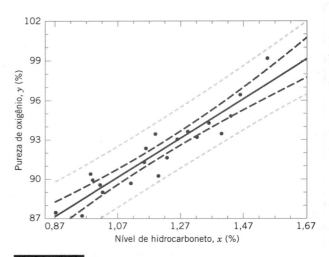

FIGURA 11.8

Diagrama de dispersão dos dados de pureza de oxigênio do Exemplo 11.1 com a linha ajustada de regressão e os limites de previsão (linhas mais externas) de 95 %, e os limites de confiança de 95 % para $\mu_{Y|x_0}$.

11.7 Adequação do Modelo de Regressão

Ajustar um modelo de regressão requer várias **suposições**. A estimação dos parâmetros do modelo requer a suposição de que os erros sejam variáveis aleatórias não correlacionadas, com média zero e variância constante. Testes de hipóteses e estimação do intervalo requerem que os erros sejam normalmente distribuídos. Em adição, consideramos que a ordem do modelo esteja correta; isto é, se ajustarmos um modelo de regressão linear simples, então estamos supondo que o fenômeno se comporte realmente de maneira linear ou de primeira ordem.

O analista deve sempre duvidar da validade dessas suposições e conduzir análises para examinar a adequação do modelo que se está testando. Nesta seção, discutiremos métodos úteis a esse respeito.

11.7.1 Análise Residual

Os **resíduos** de um modelo de regressão são $e_i = y_i - \hat{y}_i$, $i = 1, 2, \ldots, n$, em que y_i é uma observação real e $\hat{y}_i$ é o valor ajustado correspondente, proveniente do modelo de regressão. A análise dos resíduos é frequentemente útil na verificação da suposição de que os erros sejam distribuídos de forma aproximadamente normal, com variância constante, assim como na determinação da utilidade dos termos adicionais no modelo.

Como uma verificação aproximada da normalidade, o experimentalista pode construir um histograma de frequência dos resíduos ou um **gráfico de probabilidade normal dos resíduos**. Muitos *softwares* produzem um gráfico de probabilidade normal dos resíduos e, uma vez que os tamanhos das amostras na regressão são frequentemente muito pequenos para um histograma ser significativo, o método de plotar a probabilidade normal é preferido. É necessário julgamento para avaliar a anormalidade de tais gráficos. (Veja a discussão do método do "lápis gordo" na Seção 6.7.)

Podemos também **padronizar** os resíduos calculando $d_i = e_i/\sqrt{\hat{\sigma}^2}$, $i = 1, 2, \ldots, n$. Se os erros forem distribuídos normalmente, então aproximadamente 95 % dos resíduos padronizados devem cair no intervalo (−2, +2). Os resíduos que estiverem bem fora desse intervalo podem indicar a presença de um *outlier*, ou seja, uma observação que não é típica dos demais dados. Várias regras têm sido propostas para descartar *outliers*. Entretanto, às vezes eles fornecem informações de interesse para experimentalistas sobre circunstâncias não usuais, não devendo assim ser automaticamente descartados. Para mais discussão sobre *outliers*, consulte Montgomery, Peck e Vining (2012).

É frequentemente útil plotar os resíduos (1) em uma sequência temporal (se conhecida), (2) contra os valores de $\hat{y}_i$ e (3) contra a variável independente x. Esses gráficos geralmente se parecem com um dos quatro padrões gerais de comportamento mostrados na Figura 11.9. O padrão (a), na Figura 11.9, representa a situação ideal, enquanto os padrões (b), (c) e (d) representam anomalias. Se os resíduos aparecerem como em (b), a variância das observações pode estar crescendo com o tempo ou com a magnitude de y_i ou x_i. Transformação de dados na resposta y é frequentemente usada para eliminar esse problema. As transformações largamente usadas para estabilizar a variância incluem o uso de $\sqrt{y}$, $\ln y$ ou $1/y$ como a resposta. Consulte Montgomery, Peck e Vining (2012) para mais detalhes relativos aos métodos para selecionar uma transformação apropriada. Gráficos de resíduos contra $\hat{y}_i$ e x_i que pareçam com (c) também indicam desigualdade de variância. Gráficos residuais que pareçam com (d) indicam modelo não adequado; isto é, termos de ordens maiores devem ser adicionados ao modelo, uma transformação sobre a variável x ou a variável y (ou ambas) deve ser considerada, ou outros regressores devem ser considerados.

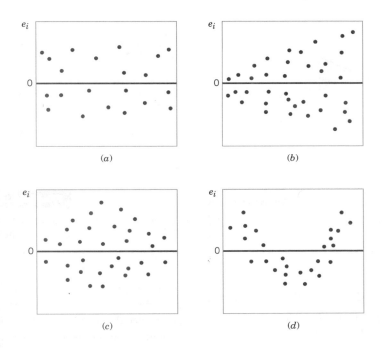

FIGURA 11.9

Padrões de comportamento para gráficos dos resíduos. (a) Satisfatório, (b) Funil, (c) Arco duplo, (d) Não linear.
[Adaptada de Montgomery, Peck e Vining (2012).]

EXEMPLO 11.7 | Resíduos da Pureza do Oxigênio

O modelo de regressão para os dados de pureza de oxigênio no Exemplo 11.1 é $\hat{y} = 74{,}283 + 14{,}947x$. A Tabela 11.4 apresenta os valores observados e previstos de y, para cada valor de x proveniente desse conjunto de dados, juntamente com o resíduo correspondente. Esses valores foram calculados usando um computador e mostram o número típico de casas decimais na saída do computador.

Um gráfico de probabilidade normal dos resíduos é mostrado na Figura 11.10. Visto que os resíduos caem aproximadamente ao longo de uma linha reta na figura, concluímos que não há um sério desvio da normalidade. Os resíduos são também plotados contra os valores previstos $\hat{y}_i$ na Figura 11.11 e contra os níveis de hidrocarbonetos x_i na Figura 11.12. Esses gráficos não indicam nenhuma inadequação séria do modelo.

TABELA 11.4 Dados de Pureza de Oxigênio do Exemplo 11.1, Valores Previstos $\hat{y}$ e Resíduos

	Nível de Hidrocarboneto, x	Pureza de Oxigênio, y	Valor Previsto, $\hat{y}$	Resíduo, $e = y - \hat{y}$		Nível de Hidrocarboneto, x	Pureza de Oxigênio, y	Valor Previsto, $\hat{y}$	Resíduo, $e = y - \hat{y}$
1	0,99	90,01	89,081	0,929	11	1,19	93,54	92,071	1,469
2	1,02	89,05	89,530	−0,480	12	1,15	92,52	91,473	1,047
3	1,15	91,43	91,473	−0,043	13	0,98	90,56	88,932	1,628
4	1,29	93,74	93,566	0,174	14	1,01	89,54	89,380	0,160
5	1,46	96,73	96,107	0,623	15	1,11	89,85	90,875	−1,025
6	1,36	94,45	94,612	−0,162	16	1,20	90,39	92,220	−1,830
7	0,87	87,59	87,288	0,302	17	1,26	93,25	93,117	0,133
8	1,23	91,77	92,669	−0,899	18	1,32	93,41	94,014	−0,604
9	1,55	99,42	97,452	1,968	19	1,43	94,98	95,658	−0,678
10	1,40	93,65	95,210	−1,560	20	0,95	87,33	88,483	−1,153

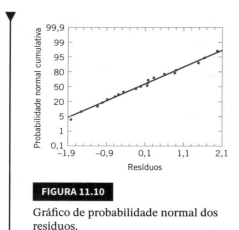

FIGURA 11.10
Gráfico de probabilidade normal dos resíduos.

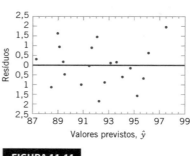

FIGURA 11.11
Gráfico dos resíduos *versus* pureza do oxigênio prevista, $\hat{y}$.

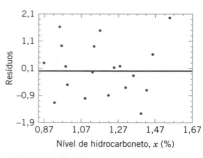

FIGURA 11.12
Gráfico dos resíduos *versus* nível de hidrocarboneto, x.

11.7.2 Coeficiente de Determinação (R^2)

Uma medida largamente usada para um modelo de regressão é a razão entre somas dos quadrados.

> **R^2**
>
> O coeficiente de determinação é
>
> $$R^2 = \frac{SQ_R}{SQ_T} = 1 - \frac{SQ_E}{SQ_T} \qquad (11.34)$$

O coeficiente é frequentemente usado para julgar a adequação de um modelo de regressão. Subsequentemente, veremos que, no caso onde X e Y serem variáveis aleatórias distribuídas conjuntamente, R^2 será o quadrado do coeficiente de correlação entre X e Y. Da análise de variância nas Equações 11.24 e 11.25, $0 \leq R^2 \leq 1$. Frequentemente, referimo-nos a R^2 como a quantidade de variabilidade nos dados explicada ou considerada pelo modelo de regressão. Para o modelo de regressão da pureza do oxigênio, temos $R^2 = SQ_R/SQ_T = 152,13/173,38 = 0,877$; isto é, o modelo explica 87,7 % da variabilidade dos dados.

A estatística R^2 deve ser usada com cuidado, porque é sempre possível fazer R^2 ser unitário adicionando simplesmente termos suficientes ao modelo. Por exemplo, podemos obter um ajuste "perfeito" para os n pontos com um polinômio de grau $n - 1$. Em geral, R^2 aumentará se adicionarmos uma variável ao modelo, porém isso não necessariamente implica que o novo modelo seja superior ao antigo. A menos que a soma dos quadrados dos erros no novo modelo seja reduzida por uma quantidade igual à média quadrática dos erros do modelo original, o novo modelo terá uma média quadrática dos erros maior do que o modelo antigo, em função da perda de 1 grau de liberdade no erro. Assim, o novo modelo será realmente pior do que o antigo. A magnitude de R^2 é também impactada pela dispersão da variável x. Quanto maior a dispersão, geralmente maior será o valor de R^2.

Há várias interpretações incorretas a respeito de R^2. Em geral, R^2 não mede a magnitude do coeficiente angular da linha de regressão. Um grande valor de R^2 não implica um coeficiente angular pronunciado. Além disso, R^2 não mede a adequação do modelo, uma vez que ele pode ser artificialmente aumentado por meio da adição, ao modelo, de termos polinomiais de ordens superiores em x. Mesmo se y e x estiverem relacionados de uma maneira não linear, R^2 será frequentemente grande. Por exemplo, R^2 para a equação de regressão na Figura 11.6(b) será relativamente grande, embora a aproximação linear seja pobre. Finalmente, mesmo que R^2 seja grande, isso não implica necessariamente que o modelo de regressão forneça previsões exatas de futuras observações.

11.8 Correlação

Nosso desenvolvimento da análise de regressão tem suposto que x seja uma variável matemática, medida com erro desprezível, e que Y seja uma variável aleatória. Muitas aplicações da análise de regressão envolvem situações em que ambas as variáveis, X e Y, sejam aleatórias. Nessas situações, geralmente é considerado que as observações (X_i, Y_i), $i = 1, 2, \ldots, n$ sejam variáveis aleatórias distribuídas conjuntamente, obtidas a partir da distribuição $f(x, y)$.

Por exemplo, suponha que desejemos desenvolver um modelo de regressão relacionando a tensão cisalhante de soldas de topo com o diâmetro da solda. Nesse exemplo, o diâmetro da solda não pode ser controlado. Selecionaremos aleatoriamente n soldas de topo e observaremos um diâmetro (X_i) e uma resistência (Y_i) para cada. Consequentemente, (X_i, Y_i) são variáveis aleatórias distribuídas conjuntamente.

Consideramos que a distribuição conjunta de X_i e Y_i seja uma distribuição normal bidimensional apresentada no Capítulo 5, e que μ_Y e σ_Y^2 sejam a média e a variância de Y, μ_X e σ_X^2 sejam a média e a variância de X e ρ seja o coeficiente de correlação entre Y e X. Lembre-se de que o **coeficiente de correlação** é definido como

$$\rho = \frac{\sigma_{XY}}{\sigma_X \sigma_Y} \qquad (11.35)$$

sendo σ_{XY} a covariância entre Y e X.

A distribuição condicional de Y para um dado valor de $X = x$ é

$$f_{Y|x}(y) = \frac{1}{\sqrt{2\pi}\sigma_{Y|x}} \exp\left[-\frac{1}{2}\left(\frac{y - \beta_0 - \beta_1 x}{\sigma_{Y|x}}\right)^2\right] \quad (11.36)$$

em que

$$\beta_0 = \mu_Y - \mu_X \rho \frac{\sigma_Y}{\sigma_X} \quad (11.37)$$

$$\beta_1 = \frac{\sigma_Y}{\sigma_X} \rho \quad (11.38)$$

e a variância da distribuição condicional de Y dado $X = x$ é

$$\sigma_{Y|x}^2 = \sigma_Y^2(1 - \rho^2) \quad (11.39)$$

Ou seja, a distribuição condicional de Y dado $X = x$ é normal com média

$$E(Y|x) = \beta_0 + \beta_1 x \quad (11.40)$$

e variância $\sigma_{Y|x}^2$. Desse modo, a média da distribuição condicional de Y dado $X = x$ é um modelo de regressão linear simples. Além disso, há uma relação entre o coeficiente de correlação ρ e a inclinação β_1. Da Equação 11.38, vemos que se $\rho = 0$, então $\beta_1 = 0$, implicando que não há regressão de Y em X. Isto é, o conhecimento de X não nos ajuda a prever Y.

O método da máxima verossimilhança pode ser usado para estimar os parâmetros β_0 e β_1. Pode ser mostrado que os estimadores de máxima verossimilhança daqueles parâmetros são

$$\hat{\beta}_0 = \overline{Y} - \hat{\beta}_1 \overline{X} \quad (11.41)$$

e

$$\hat{\beta}_1 = \frac{\sum_{i=1}^{n} Y_i(X_i - \overline{X})}{\sum_{i=1}^{n}(X_i - \overline{X})^2} = \frac{S_{XY}}{S_{XX}} \quad (11.42)$$

Notamos que os estimadores dos coeficientes angular e linear nas Equações 11.41 e 11.42 são idênticos àqueles dados pelo método dos mínimos quadrados, no caso em que X era considerado uma variável matemática. Ou seja, o modelo de regressão com as variáveis Y e X, distribuídas normal e conjuntamente, é equivalente ao modelo com X considerado como uma variável matemática. Isso acontece porque as variáveis aleatórias Y dado $X = x$ são normal e independentemente distribuídas, com média $\beta_0 + \beta_1 x$ e variância constante $\sigma_{Y|x}^2$. Esses resultados também se manterão para qualquer distribuição conjunta de Y e X, tal que a distribuição condicional de Y dado X seja normal.

É possível inferir sobre o coeficiente de correlação ρ nesse modelo. O estimador de ρ é o **coeficiente de correlação da amostra**

$$\hat{\rho} = \frac{\sum_{i=1}^{n} Y_i(X_i - \overline{X})}{\left[\sum_{i=1}^{n}(X_i - \overline{X})^2 \sum_{i=1}^{n}(Y_i - \overline{Y})^2\right]^{1/2}} = \frac{S_{XY}}{(S_{XX} SQ_T)^{1/2}}$$

$$(11.43)$$

Note que

$$\hat{\beta}_1 = \left(\frac{SQ_T}{S_{XX}}\right)^{1/2} \hat{\rho} \quad (11.44)$$

de modo que o coeficiente angular $\hat{\beta}_1$ é somente o coeficiente de correlação da amostra $\hat{\rho}$ multiplicado por um fator de escala que é a raiz quadrada da "dispersão" dos valores de Y dividido pela "dispersão" dos valores de X. Assim, $\hat{\beta}_1$ e $\hat{\rho}$ estão intimamente relacionados, embora eles forneçam informações um pouco diferentes. O coeficiente de correlação $\hat{\rho}$ da amostra mede a associação linear entre Y e X, enquanto $\hat{\beta}_1$ mede a mudança prevista na média de Y para uma mudança unitária em X. No caso de uma variável matemática x, $\hat{\rho}$ não tem significado porque o valor de $\hat{\rho}$ depende da escolha do espaçamento de x. Podemos escrever também, da Equação 11.44,

$$\hat{\rho}^2 = \hat{\beta}_1^2 \frac{S_{XX}}{SQ_T} = \frac{\hat{\beta}_1 S_{XY}}{SQ_T} = \frac{SQ_R}{SQ_T}$$

que é justamente o coeficiente de determinação. Ou seja, o coeficiente de determinação R^2 é apenas o quadrado do coeficiente de correlação entre Y e X.

Com frequência, é útil testar as hipóteses

$$H_0: \rho = 0 \qquad H_1: \rho \neq 0 \quad (11.45)$$

A estatística apropriada de teste para essas hipóteses é

Estatística de Teste para Correlação Zero

$$T_0 = \frac{\hat{\rho}\sqrt{n-2}}{\sqrt{1 - \hat{\rho}^2}} \quad (11.46)$$

que tem uma distribuição t com $n - 2$ graus de liberdade se H_0: $\rho = 0$ for verdadeira. Por conseguinte, rejeitaremos a hipótese nula se $|t_0| > t_{\alpha/2, n-2}$. Esse teste é equivalente ao teste de hipóteses H_0: $\beta_1 = 0$, dado na Seção 11.5.1. Essa equivalência vem diretamente da Equação 11.46.

O procedimento de teste para as hipóteses

$$H_0: \rho = \rho_0 \qquad H_1: \rho \neq \rho_0 \quad (11.47)$$

em que $\rho_0 \neq 0$ é um pouco mais complicado. Para amostras moderadamente grandes ($n \geq 25$), a estatística

$$Z = \text{Arctgh } \hat{\rho} = \frac{1}{2} \ln \frac{1+\hat{\rho}}{1-\hat{\rho}} \quad (11.48)$$

é distribuída de forma aproximadamente normal, com média e variância

$$\mu_Z = \text{Arctgh } \rho = \frac{1}{2} \ln \frac{1+\rho}{1-\rho} \quad \text{e} \quad \sigma_Z^2 = \frac{1}{n-3}$$

respectivamente. Logo, para testar a hipótese $H_0: \rho = \rho_0$, podemos usar a estatística de teste:

$$Z_0 = (\text{Arctgh } \hat{\rho} - \text{Arctgh } \rho_0)(n-3)^{1/2} \quad (11.49)$$

e rejeitar $H_0: \rho = \rho_0$ se o valor da estatística de teste na Equação 11.49 for tal que $|z_0| > z_{\alpha/2}$.

Também é possível construir um intervalo aproximado de confiança de $100(1 - \alpha)$ % para ρ, usando a transformação na Equação 11.48. O intervalo aproximado de confiança de $100(1 - \alpha)$ % é

Intervalo de Confiança para um Coeficiente de Correlação

$$\text{tgh}\left(\text{arctgh } \hat{\rho} - \frac{z_{\alpha/2}}{\sqrt{n-3}}\right) \leq \rho \leq \text{tgh}\left(\text{arctgh } \hat{\rho} + \frac{z_{\alpha/2}}{\sqrt{n-3}}\right)$$

(11.50)

sendo tgh $u = (e^u - e^{-u})/(e^u + e^{-u})$.

EXEMPLO 11.8 | Resistência à Tração de um Fio Colado

No Capítulo 1 (Seção 1.3), é descrita uma aplicação de análise de regressão em que um engenheiro, em uma planta de montagem de semicondutores, está pesquisando a relação entre a resistência à tração de um fio colado e dois fatores: comprimento do fio e altura da garra. Nesse exemplo, consideraremos somente um dos fatores: o comprimento do fio. Uma amostra aleatória de 25 unidades é selecionada e testada, sendo a resistência à tração do fio colado e o comprimento do fio observados para cada unidade. Os dados são mostrados na Tabela 1.2. Consideramos que a resistência à tração e o comprimento do fio sejam distribuídos normal e conjuntamente.

A Figura 11.13 mostra um diagrama de dispersão da resistência do fio colado *versus* o comprimento do fio. Apresentamos os diagramas de caixa para cada variável individual no diagrama de dispersão. Há evidência de uma relação linear entre as duas variáveis.

A seguir, é mostrada uma saída típica computacional para ajustar um modelo de regressão linear simples aos dados.

Agora, $S_{xx} = 698{,}56$ e $S_{xy} = 2027{,}7132$, sendo o coeficiente de correlação igual a

$$\hat{\rho} = \frac{S_{xy}}{[S_{xx} SQ_T]^{1/2}} = \frac{2027{,}7132}{[(698{,}560)(6105{,}9)]^{1/2}} = 0{,}9818$$

Note que $\hat{\rho}_2 = (0{,}9818)^2 = 0{,}9640$ (que é reportado na saída computacional) ou que aproximadamente 96,40 % da variabilidade na resistência à tração são explicados pela relação linear com o comprimento do fio.

Suponha agora que desejemos testar a hipótese

$$H_0: \rho = 0 \qquad H_1: \rho \neq 0$$

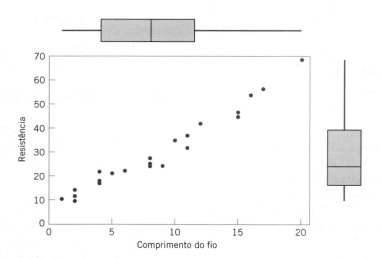

FIGURA 11.13

Diagrama de dispersão da resistência de um fio colado *versus* comprimento do fio.

com $\alpha = 0{,}05$. Podemos calcular a estatística t da Equação 11.46 como

$$t_0 = \frac{\hat{\rho}\sqrt{n-2}}{\sqrt{1-\hat{\rho}^2}} = \frac{0{,}9818\sqrt{23}}{\sqrt{1-0{,}9640}} = 24{,}8$$

Essa estatística é calculada também na saída de um *software* como um teste de $H_0: \beta_1 = 0$. Uma vez que $t_{0{,}025;23} = 2{,}069$, rejeitamos H_0 e concluímos que o coeficiente de correlação é $\rho \neq 0$.

Finalmente, podemos construir um intervalo aproximado de confiança de 95 % para ρ a partir da Equação 11.50. Uma vez que arctgh = arctgh $0{,}9818 = 2{,}3452$, a Equação 11.50 se torna

$$\text{tgh}\left(2{,}3452 - \frac{1{,}96}{\sqrt{22}}\right) \leq \rho \leq \text{tgh}\left(2{,}3452 + \frac{1{,}96}{\sqrt{22}}\right)$$

que se reduz a

$$0{,}9585 \leq \rho \leq 0{,}9921$$

```
Resistência = 5,11 + 2,90 Comprimento
Preditor        Coef    EP do Coef.    T        P
Constante       5,115   1,146          4,46     0,000
Comprimento     2,9027  0,1170         24,80    0,000
S = 3,093       R² = 96,4%     R² ajustado = 96,2%
Soma dos Quadrados do Erro de Previsão (SQEP) = 272,144    R² (prev.) = 95,54%
Análise de Variância
Fonte       GL      SQ         MQ        F         P
Regressão    1     5885,9     5885,9    615,08    0,000
Erro        23      220,1        9,6
  Residual
Total       24     6105,9
```

11.9 Regressão para Variáveis Transformadas

Ocasionalmente encontramos que o modelo de regressão da linha reta $Y = \beta_0 + \beta_1 x + \varepsilon$ não é apropriado porque a função verdadeira de regressão não é linear. Por vezes, a não linearidade é visualmente determinada a partir do diagrama de dispersão e, em outras, em razão de experiência anterior ou da teoria em questão, sabemos de antemão que o modelo não é linear. Ocasionalmente, um diagrama de dispersão exibirá uma relação aparentemente não linear entre Y e x. Em algumas dessas situações, uma função não linear pode ser expressa como uma linha reta, usando uma transformação adequada. Tais modelos não lineares são chamados de **intrinsecamente lineares**.

Como exemplo de um modelo não linear que seja intrinsecamente linear, considere a função exponencial

$$Y = \beta_0 e^{\beta_1 x} \varepsilon$$

Essa função é intrinsecamente linear, uma vez que ela pode ser transformada em uma linha reta por uma transformação logarítmica

$$\ln Y = \ln \beta_0 + \beta_1 x + \ln \varepsilon$$

Essa transformação requer que os termos transformados do erro, $\ln \varepsilon$, sejam normal e independentemente distribuídos, com média 0 e variância σ^2.

Outra função intrinsecamente linear é

$$Y = \beta_0 + \beta_1 \left(\frac{1}{x}\right) + \varepsilon$$

Usando a transformação recíproca $z = 1/x$, o modelo é linearizado para

$$Y = \beta_0 + \beta_1 z + \varepsilon$$

Por vezes, várias transformações podem ser empregadas conjuntamente para linearizar uma função. Por exemplo, considere a função

$$Y = \frac{1}{\exp(\beta_0 + \beta_1 x + \varepsilon)}$$

Fazendo $Y^* = 1/Y$, temos a forma linearizada

$$\ln Y^* = \beta_0 + \beta_1 x + \varepsilon$$

Para exemplos de ajuste desses modelos, consulte Montgomery, Peck e Vining (2012) ou Myers (1990).

Transformações podem ser muito úteis em muitas situações em que a relação verdadeira entre a resposta Y e o regressor x não seja bem aproximada por uma linha reta. A utilidade de uma transformação é ilustrada no exemplo seguinte.

EXEMPLO 11.9 | Energia Eólica

Um engenheiro pesquisador está investigando o uso de um moinho de vento para gerar eletricidade. Ele coletou dados da saída de corrente contínua (CC) desse moinho de vento e a velocidade correspondente do vento. Os dados estão na Figura 11.14 e listados na Tabela 11.5.

A inspeção do diagrama de dispersão indica que a relação entre a saída CC (y) e a velocidade do vento (x) pode ser não linear. Entretanto, ajustamos inicialmente um modelo linear. O modelo de regressão é

$$\hat{y} = 0{,}1309 + 0{,}2411\,x$$

O sumário das estatísticas para esse modelo é: $R^2 = 0{,}8745$, $MQ_E = \hat{\sigma}^2 = 0{,}0557$ e $F_0 = 160{,}26$ (o valor P é $< 0{,}0001$).

Um gráfico dos resíduos versus $\hat{y}_i$ é mostrado na Figura 11.15. Esse gráfico dos resíduos indica a inadequação do modelo e implica que a relação linear não capturou todas as informações da variável velocidade do vento. Note que a curvatura, que foi aparente no diagrama de dispersão da Figura 11.14, é muito amplificada nos gráficos dos resíduos. Claramente, algumas outras formas de modelos têm de ser consideradas.

Devemos considerar inicialmente o uso de um modelo quadrático tal como

$$y = \beta_0 + \beta_1 x + \beta_2 x^2 + \varepsilon$$

de modo a considerar a curvatura aparente. No entanto, o diagrama de dispersão da Figura 11.14 sugere que, à medida que a velocidade do vento aumenta, a saída da CC se aproxima de um limite superior de aproximadamente 2,5. Isso é também consistente com a teoria de operação de moinho de vento. Uma vez que o modelo quadrático eventualmente se curvará para baixo quando a velocidade do vento aumentar, ele não seria apropriado para esses dados. Um modelo mais razoável para os dados de moinho de vento que incorpora uma assintótica para cima seria

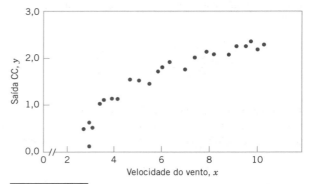

FIGURA 11.14

Gráfico da saída de CC, y, versus velocidade do vento, x, para os dados do moinho de vento.

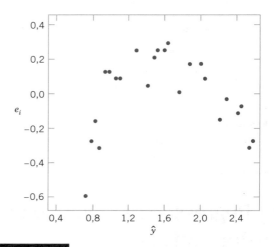

FIGURA 11.15

Gráfico dos resíduos, e_i, versus os valores ajustados, $\hat{y}_i$, para os dados do moinho de vento.

TABELA 11.5 Valores Observados y_i e Variável Regressora x_i

Número da Observação, i	Velocidade do Vento (mph), x_i	Saída de CC, y_i	Número da Observação, i	Velocidade do Vento (mph), x_i	Saída de CC, y_i
1	5,00	1,582	14	5,80	1,737
2	6,00	1,822	15	7,40	2,088
3	3,40	1,057	16	3,60	1,137
4	2,70	0,500	17	7,85	2,179
5	10,00	2,236	18	8,80	2,112
6	9,70	2,386	19	7,00	1,800
7	9,55	2,294	20	5,45	1,501
8	3,05	0,558	21	9,10	2,303
9	8,15	2,166	22	10,20	2,310
10	6,20	1,866	23	4,10	1,194
11	2,90	0,653	24	3,95	1,144
12	6,35	1,930	25	2,45	0,123
13	4,60	1,562			

$$y = \beta_0 + \beta_1 \left(\frac{1}{x}\right) + \varepsilon$$

A Figura 11.16 é um diagrama de dispersão com a variável transformada $x' = 1/x$. Esse gráfico parece linear, indicando que a transformação recíproca é apropriada. O modelo ajustado de regressão é

$$\hat{y} = 2{,}9789 - 6{,}9345\, x'$$

O resumo das estatísticas para esse modelo é $R^2 = 0{,}9800$, $MQ_E = \hat{\sigma}^2 = 0{,}0089$ e $F_0 = 1128{,}43$ (o valor P é $< 0{,}0001$).

Um gráfico dos resíduos do modelo transformado *versus* $\hat{y}$ é mostrado na Figura 11.17. Esse gráfico não revela nenhum problema sério em relação à desigualdade de variância. O gráfico de probabilidade normal, mostrado na Figura 11.18, fornece uma indicação moderada de que os erros são provenientes de uma distribuição com extremidades mais pesadas que a normal (note a leve curva para cima e para baixo nos extremos). Esse gráfico de probabilidade normal tem os valores de z plotados no eixo horizontal. Uma vez que não há forte sinal de inadequação do modelo, concluímos que o modelo transformado é satisfatório.

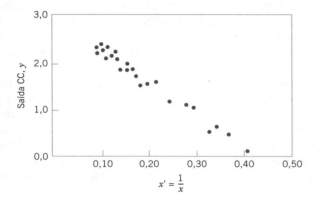

FIGURA 11.16
Gráfico da saída de CC *versus* $x' = 1/x$ para os dados do moinho de vento.

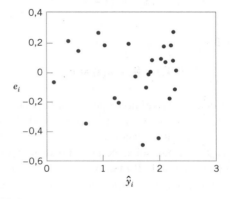

FIGURA 11.17
Gráfico dos resíduos *versus* os valores ajustados, $\hat{y}_i$, para o modelo transformado para os dados do moinho de vento.

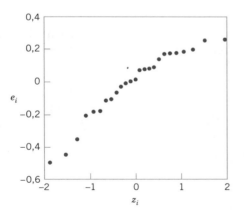

FIGURA 11.18
Gráfico de probabilidade normal dos resíduos para o modelo transformado para os dados do moinho de vento.

11.10 Regressão Logística

A regressão linear frequentemente funciona muito bem quando a variável de resposta é **quantitativa**. Consideraremos agora a situação em que a variável de resposta pode ter somente dois valores possíveis, 0 e 1. Esses valores poderiam ser atribuídos arbitrariamente a partir da observação de uma resposta **qualitativa**. Por exemplo, a resposta poderia ser o resultado de um teste elétrico funcional em um dispositivo semicondutor para o qual os resultados são tanto um "sucesso", que significa que o dispositivo está funcionando apropriadamente, como uma "falha", que poderia ser causada por um curto-circuito, por um circuito aberto ou por algum outro problema funcional.

Suponha que o modelo tenha a forma

$$Y_i = \beta_0 + \beta_1 x_i + \varepsilon_i \qquad (11.51)$$

e a variável de resposta Y_i tenha os valores 0 ou 1. Consideraremos que a variável de resposta Y_i seja uma **variável aleatória de Bernoulli**, com distribuição de probabilidades como se segue:

Y_i	Probabilidade
0	$P(Y_i = 1) = \pi_i$
1	$P(Y_i = 0) = 1 - \pi_i$

Agora, uma vez que $E(\varepsilon_i) = 0$, o valor esperado da variável de resposta é

$$E(Y_i) = 1(\pi_i) + 0(1 - \pi_i) = \pi_i$$

Isso implica que

$$E(Y_i) = \beta_0 + \beta_1 x_i = \pi_i$$

Isso significa que a variável de resposta, dada pela função de resposta $E(Y_i) = \beta_0 + \beta_1 x_i$, é somente a probabilidade de que a variável de resposta tenha o valor 1.

Há alguns problemas substanciais com o modelo de regressão na Equação 11.51. Primeiro, note que, se a resposta for binária, os termos do erro ε_i podem somente ter dois valores; isto é,

$$\varepsilon_i = 1 - (\beta_0 + \beta_1 x_i) \text{ quando } Y_i = 1$$
$$\varepsilon_i = -(\beta_0 + \beta_1 x_i) \text{ quando } Y_i = 0$$

Consequentemente, os erros nesse modelo não podem ser aceitos como normais. Em segundo lugar, a variância dos erros não é constante, uma vez que

$$\sigma^2_{Y_i} = E[Y_i - (Y_i)]^2$$
$$= (1 - \pi_i)^2 \pi_i + (0 - \pi_i)^2 (1 - \pi_i)$$
$$= \pi_i (1 - \pi_i)$$

Note que essa última expressão é apenas

$$\sigma^2_{y_i} = E(Y_i)[1 - E(Y_i)]$$

uma vez que $E(Y_i) = \beta_0 + \beta_1 x_i = \pi_i$. Isso indica que a variância das observações (que é a mesma variância dos erros, porque $\varepsilon_i = Y_i - \pi_i$, sendo π_i uma constante) é uma função da média. Finalmente, existe uma restrição na função de resposta, visto que

$$0 \le E(Y_i) = \pi_i \le 1$$

Essa restrição pode causar sérios problemas com a escolha de uma **função de resposta linear**, como consideramos inicialmente na Equação 11.51. Poderia ser possível ajustar um modelo para os dados para os quais os valores previstos da resposta estariam fora do intervalo 0 a 1.

Geralmente, quando a variável de resposta é binária, existe uma evidência empírica considerável, indicando que a forma da função da resposta deve ser não linear. Uma função monotonicamente crescente (ou decrescente) em forma de S (ou em forma de S ao contrário), tal como mostrada na Figura 11.19, é geralmente empregada. Essa função é chamada de **função de resposta logit**, tendo a forma

$$E(Y) = \frac{\exp(\beta_0 + \beta_1 x)}{1 + \exp(\beta_0 + \beta_1 x)} \qquad (11.52)$$

$$E(Y) = \frac{1}{1 + \exp[-(\beta_0 + \beta_1 x)]} \qquad (11.53)$$

Em **regressão logística**, consideramos que $E(Y)$ esteja relacionado com x pela função logit. É fácil mostrar que

$$\frac{E(Y)}{1 - E(Y)} = \exp(\beta_0 + \beta_1 x) \qquad (11.54)$$

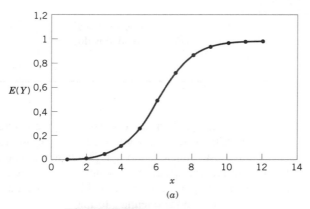
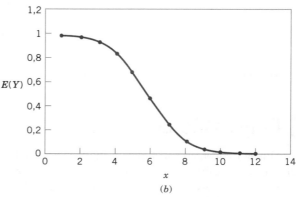

FIGURA 11.19

Exemplos da função de resposta logística. (a) $E(Y) = 1/(1 + e^{-6,0-1,0x})$, (b) $E(Y) = 1/(1 + e^{-6,0+1,0x})$.

A grandeza na Equação 11.54 é chamada de **chances** (*odds*). Ela tem uma interpretação direta: se a razão de chances for igual a 2 para um valor particular de x, isso significa que um sucesso é duas vezes mais provável que uma falha naquele valor do regressor x. Note que o logaritmo natural da razão de chances é uma função linear da variável regressora. Por conseguinte, o coeficiente angular β_1 é a variação no logaritmo das chances que resulta a partir do aumento de uma unidade em x. Isso significa que a razão de chances varia de e^{β_1} quando x aumenta uma unidade.

Os parâmetros nesse modelo de regressão logística são geralmente estimados pelo método da máxima verossimilhança. Para detalhes do procedimento, consulte Montgomery, Peck e Vining (2012). O *software* ajustará modelos de regressão logística e fornecerá informações úteis sobre a qualidade do ajuste.

Ilustraremos a regressão logística usando os dados sobre a temperatura de lançamento e falha do *O-ring* para os 24 lançamentos de ônibus espaciais antes do desastre da *Challenger* em janeiro de 1986. Existem seis *O-rings* usados no arranjo do motor do foguete para selar juntas. A tabela seguinte apresenta as temperaturas de lançamento. O 1 na coluna "Falha no *O-Ring*" indica que no mínimo ocorreu uma falha no *O-ring* naquele lançamento.

Temperatura	Falha no *O-Ring*
53	1
56	1
57	1
63	0
66	0
67	0
67	0
67	0
68	0
69	0
70	0
70	1
70	1
70	1
72	0
73	0
75	0
75	1
76	0
76	0
78	0
79	0
80	0
81	0

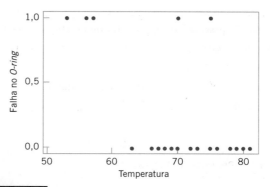

FIGURA 11.20

Diagrama de dispersão das falhas do *O-ring* em função da temperatura de lançamento de 24 voos de ônibus espacial.

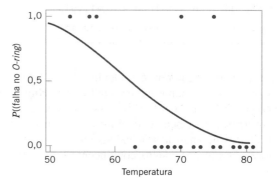

FIGURA 11.21

Probabilidade de falha no *O-ring versus* temperatura no lançamento (com base em um modelo de regressão logística).

A Figura 11.20 é um diagrama de dispersão dos dados. Note que falhas tendem a ocorrer em temperaturas mais baixas. O ajuste do modelo de regressão logística a esses dados, a partir de um *software* comercial, é mostrado no quadro seguinte. (Tanto o Minitab quanto o JMP possuem excelente capacidade para ajustar modelos de regressão logística.)

O modelo ajustado de regressão logística é

$$\hat{y} = \frac{1}{1 + \exp[-(10{,}875 - 0{,}17132x)]}$$

O erro-padrão da inclinação $\hat{\beta}_1$ é $ep(\hat{\beta}_1) = 0{,}08344$. Para amostras grandes, $\hat{\beta}_1$ tem uma distribuição normal aproximada e, assim, $\hat{\beta}_1 / ep(\hat{\beta}_1)$ pode ser comparado à distribuição normal padrão para testar $H_0: \beta_1 = 0$. Um *software* faz esse teste. O valor P é 0,04, indicando que a temperatura tem um efeito significativo na probabilidade de falha do *O-ring*. A razão de chances é 0,84; logo, o aumento de um grau na temperatura reduz as chances de falha por 0,84. A Figura 11.21 mostra o modelo ajustado de regressão logística. O aumento acentuado na probabilidade de falha no *O-ring* é muito evidente nesse gráfico. A temperatura real no lançamento do *Challenger* era 31 °F. Esse valor está bem fora da faixa de outras temperaturas de lançamento; assim, nosso modelo de regressão logística não é apropriado para fornecer previsões altamente acuradas

Regressão Logística Binária: Falha no *O-Ring* versus Temperatura

```
Função de Ligação: Logit
Informação da Resposta
Variável            Valor   Contagem
Falha no O-Ring       1        7       (Evento)
                      0       17
                    Total     24
Tabela de Regressão Logística
                                                    Razão de      IC de 95%
Preditor      EP do Coef.    Coef        Z       P   Chances    Inferior   Superior
Constante       10,875      5,703      1,91   0,057
Temperatura     -0,17132    0,08344   -2,05   0,040    0,84       0,72       0,99
Logaritmo da Verossimilhança = -11,515
Teste que todas as inclinações são iguais a zero: G = 5,944, GL = 1, Valor P = 0,015
```

naquela temperatura, porém é evidente que um lançamento a 31 °F é quase certo resultar em uma falha no *O-ring*.

É interessante notar que todos esses dados estavam disponíveis **antes** do lançamento. Entretanto, engenheiros foram incapazes de analisar eficientemente os dados e usá-los para fornecer um argumento convincente aos comandantes da NASA contra o lançamento da *Challenger*. Mesmo uma análise de regressão simples dos dados teria fornecido uma base quantitativa forte para esse argumento. Esse é um dos exemplos mais dramáticos que aponta *por que engenheiros e cientistas necessitam de um forte conhecimento em técnicas estatísticas básicas.*

Termos e Conceitos Importantes

Análise de Regressão
Chances
Coeficiente de correlação
Coeficiente de determinação
Coeficientes de regressão
Erros-padrão do modelo de regressão linear simples
Função de resposta logit
Gráfico de probabilidade normal dos resíduos
Gráficos dos resíduos
Intervalo de confiança para a resposta média

Intervalo de confiança para o coeficiente angular
Intervalo de confiança para o coeficiente linear
Intervalo de previsão para uma observação futura
Linha de regressão
Médias quadráticas
Mínimos quadrados
Modelo empírico
Modelo intrinsecamente linear
Outlier
Razão de chances
Regressão logística

Regressor
Resíduos
Significância da regressão
Soma dos quadrados dos erros
Soma dos quadrados da regressão
Soma total corrigida dos quadrados
Tabela de análise de variância
Testes estatísticos para os parâmetros do modelo
Transformações
Variável de resposta

CAPÍTULO 12

Regressão Linear Múltipla

OBJETIVOS DA APRENDIZAGEM

Depois de um cuidadoso estudo deste capítulo, você deve ser capaz de:

1. Usar as técnicas de regressão linear múltipla para construir modelos para dados de engenharia e científicos
2. Entender como o método de mínimos quadrados é usado para ajustar modelos de regressão múltipla
3. Avaliar a adequação do modelo de regressão
4. Testar hipóteses e construir intervalos de confiança para os coeficientes de regressão
5. Usar o modelo de regressão para estimar a resposta média e para fazer previsões e construir intervalos de confiança e de previsão
6. Construir modelos de regressão com termos polinomiais
7. Usar variáveis indicativas para modelar regressores categóricos
8. Usar a regressão em etapas e outras técnicas de construção de modelos, com o objetivo de selecionar o conjunto apropriado de variáveis para um modelo de regressão

SUMÁRIO DO CAPÍTULO

12.1 Modelo de Regressão Linear Múltipla

  12.1.1 Introdução

  12.1.2 Estimação dos Parâmetros por Mínimos Quadrados

  12.1.3 Abordagem Matricial para a Regressão Linear Múltipla

  12.1.4 Propriedades dos Estimadores de Mínimos Quadrados

12.2 Testes de Hipóteses para a Regressão Linear Múltipla

  12.2.1 Teste para a Significância da Regressão

  12.2.2 Testes para os Coeficientes Individuais de Regressão e Subconjuntos de Coeficientes

12.3 Intervalos de Confiança para a Regressão Linear Múltipla

  12.3.1 Intervalos de Confiança para os Coeficientes Individuais de Regressão

  12.3.2 Intervalo de Confiança para a Resposta Média

SUMÁRIO DO CAPÍTULO (continuação)

12.4 Previsão de Novas Observações

12.5 Verificação da Adequação do Modelo

    12.5.1 Análise Residual

    12.5.2 Observações Influentes

12.6 Aspectos da Modelagem por Regressão Múltipla

    12.6.1 Modelos Polinomiais de Regressão

    12.6.2 Regressores Categóricos e Variáveis Indicativas

    12.6.3 Seleção de Variáveis e Construção de Modelos

    12.6.4 Multicolinearidade

Este capítulo generaliza a regressão linear simples para uma situação em que há mais de uma variável preditiva ou regressora. Essa situação ocorre frequentemente na ciência e em engenharia. No Capítulo 1, por exemplo, fornecemos dados sobre a resistência à tração de um fio colado em um semicondutor e ilustramos sua relação com o comprimento do fio e com a altura da garra. Entender a relação entre a resistência e as outras duas variáveis pode fornecer uma visão para o engenheiro quando o semicondutor é projetado, ou para o pessoal da fabricação que monta a garra no semicondutor. Usamos um modelo de **regressão linear** múltipla para relacionar o comprimento do fio com a altura da garra. Existem muitos exemplos de tais relações: a vida de uma ferramenta de corte está relacionada com: a velocidade do corte e o ângulo da ferramenta; a satisfação do paciente em um hospital está relacionada com a idade do paciente, o tipo de procedimento realizado e o período de permanência; e a economia de combustível de um veículo está relacionada com o tipo de veículo (carro *versus* caminhão), o deslocamento do motor, a potência, o tipo de transmissão e o peso do veículo. Modelos de regressão múltipla fornecem uma visão das relações entre essas variáveis que podem ter importantes implicações práticas.

Neste capítulo, mostramos como ajustar modelos de regressão linear múltipla, como fazer os testes estatísticos e os procedimentos de confiança que são análogos àqueles para regressão linear simples, e como verificar a adequação do modelo. Mostraremos também como modelos, tendo termos polinomiais nas variáveis regressoras, são apenas modelos de regressão linear múltipla. Discutiremos ainda alguns aspectos da construção de um bom modelo de regressão a partir de uma coleção de regressores candidatos.

12.1 Modelo de Regressão Linear Múltipla

12.1.1 Introdução

Muitas aplicações da análise de regressão envolvem situações em que há mais de um regressor ou variável preditiva. Um modelo de regressão que contenha mais de um regressor é chamado de **modelo de regressão múltipla**.

Como um exemplo, suponha que o rendimento da gasolina de um veículo dependa do peso do veículo e da cilindrada do motor. Um modelo de regressão múltipla que pode descrever essa relação é

$$Y = \beta_0 + \beta_1 x_1 + \beta_2 x_2 + \epsilon \quad (12.1)$$

em que Y representa o rendimento, x_1 representa o peso, x_2 representa a cilindrada do motor e ϵ é um termo de erro aleatório. Esse é um modelo de regressão linear múltipla com dois regressores. O termo *linear* é usado porque a Equação 12.1 é uma função linear dos parâmetros desconhecidos β_0, β_1 e β_2.

O modelo de regressão na Equação 12.1 descreve um plano no espaço tridimensional de Y, x_1 e x_2. A Figura 12.1(a) mostra esse plano para o modelo de regressão

$$E(Y) = 50 + 10x_1 + 7x_2$$

em que temos considerado que o valor esperado do termo do erro é zero; isto é, $E(\epsilon) = 0$. O parâmetro β_0 é a **interseção** do plano. Por vezes, chamamos β_1 e β_2 de **coeficientes parciais de regressão**, porque β_1 mede a variação esperada em Y por unidade de variação em x_1, quando x_2 é mantido constante, e β_2 mede a variação esperada em Y por unidade de variação em x_2, quando x_1 é mantido constante. A Figura 12.1(b) mostra uma curva de nível (*contour plot*) do modelo de regressão — ou seja, linhas de $E(Y)$ constante, como uma função de x_1 e x_2. Note que as linhas de nível nesse gráfico são retas.

Em geral, a variável dependente ou de resposta, Y, pode estar relacionada com k variáveis independentes ou regressoras. O modelo

$$Y = \beta_0 + \beta_1 x_1 + \beta_2 x_2 + \cdots + \beta_k x_k + \epsilon \quad (12.2)$$

é chamado de *modelo de regressão linear múltipla com k variáveis regressoras*. Os parâmetros β_j, $j = 0, 1, \ldots, k$, são chamados de *coeficientes de regressão*. Esse modelo descreve um hiperplano no espaço $k + 1$-dimensional de Y e as variáveis regressoras $\{x_j\}$. O parâmetro β_j representa a variação esperada na resposta Y por unidade de variação unitária em x_j, quando todos os outros regressores restantes x_i ($i \neq j$) forem mantidos constantes.

Modelos de regressão linear múltipla são frequentemente usados como funções de aproximações. Em outras palavras, a verdadeira relação funcional entre Y e $x_1, x_2, \ldots, x_k$ é desconhecida; porém, em certas faixas das variáveis independentes, o modelo de regressão linear é uma aproximação adequada.

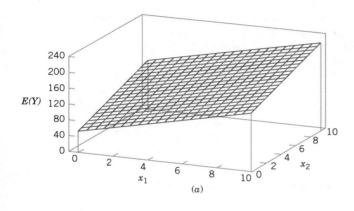

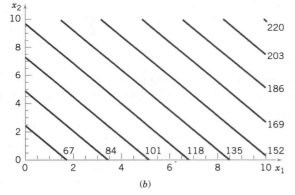

FIGURA 12.1

(a) O plano de regressão para o modelo $E(Y) = 50 + 10x_1 + 7x_2$.
(b) O gráfico de curvas de nível (*contour plot*).

Modelos que sejam mais complexos na estrutura do que a Equação 12.2 podem frequentemente ainda ser analisados por técnicas de regressão linear múltipla. Por exemplo, considere o modelo polinomial cúbico com uma variável regressora.

$$Y = \beta_0 + \beta_1 x + \beta_2 x^2 + \beta_3 x^3 + \epsilon \quad (12.3)$$

Se fizermos $x_1 = x$, $x_2 = x^2$, $x_3 = x^3$, então a Equação 12.3 pode ser escrita como

$$Y = \beta_0 + \beta_1 x_1 + \beta_2 x_2 + \beta_3 x_3 + \epsilon \quad (12.4)$$

que é um modelo de regressão linear múltipla com três variáveis regressoras.

Modelos que incluem efeitos de **interação** podem também ser analisados pelos métodos de regressão linear múltipla. Efeitos de interação são muito comuns. Por exemplo, a quilometragem de um veículo pode ser impactada por uma interação entre o peso do veículo e o deslocamento do motor. Uma interação entre duas variáveis pode ser representada por um termo de produto cruzado no modelo, tal como

$$Y = \beta_0 + \beta_1 x_1 + \beta_2 x_2 + \beta_{12} x_1 x_2 + \epsilon \quad (12.5)$$

Se fizermos $x_3 = x_1 x_2$ e $\beta_3 = \beta_{12}$, então a Equação 12.5 pode ser escrita como

$$Y = \beta_0 + \beta_1 x_1 + \beta_2 x_2 + \beta_3 x_3 + \epsilon$$

que é um modelo de regressão linear múltipla.

As Figuras 12.2(a) e (b) mostram o gráfico tridimensional do modelo de regressão

$$Y = 50 + 10x_1 + 7x_2 + 5x_1 x_2$$

e as curvas de nível bidimensionais correspondentes. Observe que, embora esse seja um modelo de regressão linear, a forma da superfície gerada pelo modelo é não linear. Em geral, **qualquer modelo de regressão que seja linear nos parâmetros (os β), independentemente da forma da superfície que ele gere, é um modelo de regressão linear**.

A Figura 12.2 fornece uma boa interpretação gráfica de uma interação. Geralmente, a interação implica que o efeito produzido pela variação de uma variável (x_1, por exemplo) depende do nível da outra variável (x_2). Por exemplo, a Figura 12.2 mostra que a variação de x_1 de 2 a 8 produz uma variação muito menor em $E(Y)$ quando $x_2 = 2$ do que quando $x_2 = 10$. Efeitos de interação ocorrem frequentemente no estudo e na análise de sistemas reais, sendo os métodos de regressão uma das técnicas que podemos usar para descrevê-los.

Como exemplo final, considere o modelo de segunda ordem com interação

$$Y = \beta_0 + \beta_1 x_1 + \beta_2 x_2 + \beta_{11} x_1^2 + \beta_{22} x_2^2 + \beta_{12} x_1 x_2 + \epsilon \quad (12.6)$$

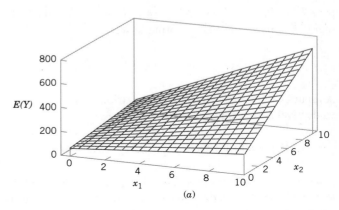

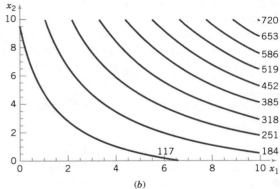

FIGURA 12.2

(a) Gráfico tridimensional do modelo de regressão. (b) O gráfico das curvas de nível.

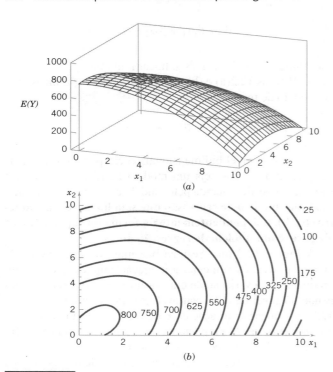

FIGURA 12.3
(a) Gráfico tridimensional do modelo de regressão $E(Y) = 800 + 10x_1 + 7x_2 - 8,5x_1^2 - 5x_2^2 + 4x_1x_2$. (b) Gráfico das curvas de nível.

Se fizermos $x_3 = x_1^2$, $x_4 = x_2^2$, $x_5 = x_1x_2$, $\beta_3 = \beta_{11}$, $\beta_4 = \beta_{22}$ e $\beta_5 = \beta_{12}$, então a Equação 12.6 pode ser escrita como um modelo de regressão linear múltipla conforme se segue:

$$Y = \beta_0 + \beta_1 x_1 + \beta_2 x_2 + \beta_3 x_3 + \beta_4 x_4 + \beta_5 x_5 + \epsilon$$

A Figura 12.3(a) e (b) mostra o gráfico tridimensional e a curva de nível correspondente para

$$E(Y) = 800 + 10x_1 + 7x_2 - 8,5x_1^2 - 5x_2^2 + 4x_1x_2$$

Esses gráficos indicam que a variação esperada em Y quando x_1 for variado por uma unidade (por exemplo) é uma função de ambos x_1 e x_2. Os termos quadráticos e de interação nesse modelo produzem uma função com forma de morro. Dependendo dos valores dos coeficientes de regressão, o modelo de segunda ordem com interação é capaz de considerar uma ampla variedade de formas; assim, ele é um modelo muito flexível de regressão.

12.1.2 Estimação dos Parâmetros por Mínimos Quadrados

O método dos mínimos quadrados pode ser usado para estimar os coeficientes de regressão no modelo de regressão múltipla, Equação 12.2. Suponha que $n > k$ observações sejam disponíveis e seja x_{ij} a i-ésima observação ou nível da variável x_j. As observações são

$$(x_{i1}, x_{i2}, \ldots, x_{ik}, y_i), \quad i = 1, 2, \ldots, n \text{ e } n > k$$

É costume apresentar os dados para regressão múltipla em uma tabela tal qual a Tabela 12.1.

Cada observação $(x_{i1}, x_{i2}, \ldots, x_{ik}, y_i)$ satisfaz o modelo na Equação 12.2, ou

$$\begin{aligned} y_i &= \beta_0 + \beta_1 x_{i1} + \beta_2 x_{i2} + \ldots + \beta_k x_{ik} + \epsilon_i \\ &= \beta_0 + \sum_{j=1}^{k} \beta_j x_{ij} + \epsilon_i \quad i = 1, 2, \ldots, n \end{aligned} \quad (12.7)$$

A função dos mínimos quadrados é

$$L = \sum_{i=1}^{n} \epsilon_i^2 = \sum_{i=1}^{n} \left(y_i - \beta_0 - \sum_{j=1}^{k} \beta_j x_{ij} \right)^2 \quad (12.8)$$

Queremos minimizar L com relação a $\beta_0, \beta_1, \ldots, \beta_k$. As **estimativas de mínimos quadrados** de $\beta_0, \beta_1, \ldots, \beta_k$ têm de satisfazer

$$\left. \frac{\partial L}{\partial \beta_0} \right|_{\hat{\beta}_0, \hat{\beta}_1, \ldots, \hat{\beta}_k} = -2 \sum_{i=1}^{n} \left(y_i - \hat{\beta}_0 - \sum_{j=1}^{k} \hat{\beta}_j x_{ij} \right) = 0 \quad (12.9\text{a})$$

e

$$\left. \frac{\partial L}{\partial \beta_j} \right|_{\hat{\beta}_0, \hat{\beta}_1, \ldots, \hat{\beta}_k} = -2 \sum_{i=1}^{n} \left(y_i - \hat{\beta}_0 - \sum_{j=1}^{k} \hat{\beta}_j x_{ij} \right) x_{ij}$$

$$= 0 \quad j = 1, 2, \ldots, k \quad (12.9\text{b})$$

Simplificando a Equação 12.9, obtemos as equações **normais de mínimos quadrados**

$$\begin{aligned} n\hat{\beta}_0 + \hat{\beta}_1 \sum_{i=1}^{n} x_{i1} + \hat{\beta}_2 \sum_{i=1}^{n} x_{i2} + \cdots + \hat{\beta}_k \sum_{i=1}^{n} x_{ik} &= \sum_{i=1}^{n} y_i \\ \hat{\beta}_0 \sum_{i=1}^{n} x_{i1} + \hat{\beta}_1 \sum_{i=1}^{n} x_{i1}^2 + \hat{\beta}_2 \sum_{i=1}^{n} x_{i1} x_{i2} + \cdots + \hat{\beta}_k \sum_{i=1}^{n} x_{i1} x_{ik} &= \sum_{i=1}^{n} x_{i1} y_i \\ \vdots \qquad \vdots \qquad \vdots \qquad \vdots \qquad \vdots \\ \hat{\beta}_0 \sum_{i=1}^{n} x_{ik} + \hat{\beta}_1 \sum_{i=1}^{n} x_{ik} x_{i1} + \hat{\beta}_2 \sum_{i=1}^{n} x_{ik} x_{i2} + \cdots + \hat{\beta}_k \sum_{i=1}^{n} x_{ik}^2 &= \sum_{i=1}^{n} x_{ik} y_i \end{aligned}$$

(12.10)

TABELA 12.1 Dados para Regressão Linear Múltipla

y	x_1	x_2	$\cdots$	x_k
y_1	x_{11}	x_{12}	$\cdots$	x_{1k}
y_2	x_{21}	x_{22}	$\cdots$	x_{2k}
$\vdots$	$\vdots$	$\vdots$		$\vdots$
y_n	x_{n1}	x_{n2}	$\cdots$	x_{nk}

Note que há $p = k + 1$ equações normais, uma para cada um dos coeficientes desconhecidos de regressão. A solução para as equações normais será os estimadores de mínimos quadrados dos coeficientes de regressão, $\hat{\beta}_0, \hat{\beta}_1, \ldots, \hat{\beta}_k$. As equações normais podem ser resolvidas por qualquer método apropriado para resolver um sistema de equações lineares.

12.1.3 Abordagem Matricial para a Regressão Linear Múltipla

No ajuste de um modelo de regressão múltipla, é muito mais conveniente expressar as operações matemáticas usando **notação matricial**. Suponha que haja k variáveis regressoras e

---

EXEMPLO 12.1 | Resistência à Adesão de um Fio

No Capítulo 1, usamos os dados da resistência à tração de um fio colado, em um processo de fabricação de semicondutores, do comprimento do fio e da altura da garra, para ilustrar a construção de um modelo empírico. Usaremos os mesmos dados, repetidos por conveniência na Tabela 12.2, e mostraremos os detalhes de estimar os parâmetros do modelo. Um gráfico tridimensional de dispersão dos dados é apresentado na Figura 1.15. A Figura 12.4 mostra uma matriz de gráficos bidimensionais de dispersão dos dados. Esses gráficos podem ser úteis na visualização das relações entre variáveis em um conjunto de dados multivariáveis. Por exemplo, o gráfico indica que há uma forte relação linear entre a resistência e o comprimento do fio.

Especificamente, ajustaremos o modelo de regressão linear múltipla

$$Y = \beta_0 + \beta_1 x_1 + \beta_2 x_2 + \varepsilon$$

em que Y = resistência à tração, x_1 = comprimento do fio e x_2 = altura da garra. Dos dados na Tabela 12.2, calculamos

$$n = 25, \sum_{i=1}^{25} y_i = 725{,}82, \sum_{i=1}^{25} x_{i1} = 206, \sum_{i=1}^{25} x_{i2} = 8294$$

$$\sum_{i=1}^{25} x_{i1}^2 = 2396, \sum_{i=1}^{25} x_{i2}^2 = 3.531.848, \sum_{i=1}^{25} x_{i1}x_{i2} = 77.177$$

$$\sum_{i=1}^{25} x_{i1}y_i = 8.008{,}47, \sum_{i=1}^{25} x_{i2}y_i = 274.816{,}71$$

Para o modelo $Y = \beta_0 + \beta_1 x_1 + \beta_2 x_2 + \varepsilon$, as equações normais 12.10 são

$$n\hat{\beta}_0 + \hat{\beta}_1 \sum_{i=1}^{n} x_{i1} + \hat{\beta}_2 \sum_{i=1}^{n} x_{i2} = \sum_{i=1}^{n} y_{i1}$$

$$\hat{\beta}_0 \sum_{i=1}^{n} x_{i1} + \hat{\beta}_1 \sum_{i=1}^{n} x_{i1}^2 + \hat{\beta}_2 \sum_{i=1}^{n} x_{i1}x_{i2} = \sum_{i=1}^{n} x_{i1}y_{i1}$$

$$\hat{\beta}_0 \sum_{i=1}^{n} x_{i2} + \hat{\beta}_1 \sum_{i=1}^{n} x_{i1}x_{i2} + \hat{\beta}_2 \sum_{i=1}^{n} x_{i2}^2 = \sum_{i=1}^{n} x_{i2}y_i$$

TABELA 12.2 Dados de Adesão de um Fio

Número da Observação	Resistência à Tração y	Comprimento do Fio x_1	Altura da Garra x_2	Número da Observação	Resistência à Tração y	Comprimento do Fio x_1	Altura da Garra x_2
1	9,95	2	50	14	11,66	2	360
2	24,45	8	110	15	21,65	4	205
3	31,75	11	120	16	17,89	4	400
4	35,00	10	550	17	69,00	20	600
5	25,02	8	295	18	10,30	1	585
6	16,86	4	200	19	34,93	10	540
7	14,38	2	375	20	46,59	15	250
8	9,60	2	52	21	44,88	15	290
9	24,35	9	100	22	54,12	16	510
10	27,50	8	300	23	56,63	17	590
11	17,08	4	412	24	22,13	6	100
12	37,00	11	400	25	21,15	5	400
13	41,95	12	500				

Substituindo as somas calculadas nas equações normais, obtemos

$$25\hat{\beta}_0 + 206\hat{\beta}_1 + 8294\hat{\beta}_2 = 725{,}82$$
$$206\hat{\beta}_0 + 2396\hat{\beta}_1 + 77.177\hat{\beta}_2 = 8.008{,}47$$
$$8294\hat{\beta}_0 + 77.177\hat{\beta}_1 + 3.531.848\hat{\beta}_2 = 274.816{,}71$$

A solução desse conjunto de equações é

$$\hat{\beta}_0 = 2{,}26379, \quad \hat{\beta}_1 = 2{,}74427, \quad \hat{\beta}_2 = 0{,}01253$$

Por conseguinte, a equação ajustada de regressão é

$$\hat{y} = 2{,}26379 + 2{,}74427x_1 + 0{,}01253x_2$$

Interpretação Prática: Essa equação pode ser usada para prever a resistência à tração para pares de valores das variáveis regressoras, comprimento do fio (x_1) e altura da garra (x_2). Esse é essencialmente o mesmo modelo de regressão dado na Seção 1.3. A Figura 1.16 mostra um gráfico tridimensional do plano dos valores previstos, $\hat{y}$, gerados a partir dessa equação.

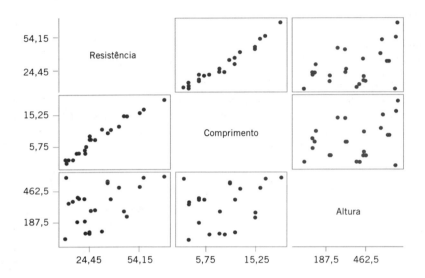

FIGURA 12.4
Matriz de gráficos de dispersão gerados por computador para os dados de resistência à tração de um fio colado da Tabela 12.2.

---

n observações, $(x_{i1}, x_{i2}, \ldots, x_{ik}, y_i)$, $i = 1, 2, \ldots, n$, e que o modelo relacionando os regressores com a resposta seja

$$y_i = \beta_0 + \beta_1 x_{i1} + \beta_2 x_{i2} + \ldots + \beta_k x_{ik} + \epsilon_i \quad i = 1, 2, \ldots, n$$

Esse modelo é um sistema de n equações, que pode ser expresso na notação matricial como

$$\mathbf{y} = \mathbf{X}\boldsymbol{\beta} + \boldsymbol{\epsilon} \tag{12.11}$$

em que

$$\mathbf{y} = \begin{bmatrix} y_1 \\ y_2 \\ \vdots \\ y_n \end{bmatrix} \quad \mathbf{X} = \begin{bmatrix} 1 & x_{11} & x_{12} & \ldots & x_{1k} \\ 1 & x_{21} & x_{22} & \ldots & x_{2k} \\ \vdots & \vdots & \vdots & & \vdots \\ 1 & x_{n1} & x_{n2} & \ldots & x_{nk} \end{bmatrix} \quad \boldsymbol{\beta} = \begin{bmatrix} \beta_0 \\ \beta_1 \\ \vdots \\ \beta_k \end{bmatrix} \quad \text{e} \quad \boldsymbol{\epsilon} = \begin{bmatrix} \epsilon_1 \\ \epsilon_2 \\ \vdots \\ \epsilon_n \end{bmatrix}$$

Em geral, $\mathbf{y}$ é um vetor ($n \times 1$) das observações, $\mathbf{X}$ é uma matriz ($n \times p$) dos níveis das variáveis independentes (considerando que o coeficiente linear seja sempre multiplicado por um valor constante – unitário), $\boldsymbol{\beta}$ é um vetor ($p \times 1$) dos coeficientes de regressão e $\boldsymbol{\epsilon}$ é um vetor ($n \times 1$) dos erros aleatórios. A matriz $\mathbf{X}$ é frequentemente chamada de **matriz modelo**.

Desejamos encontrar o vetor dos estimadores de mínimos quadrados, $\hat{\boldsymbol{\beta}}$, que minimiza

$$L = \sum_{i=1}^{n} \epsilon_i^2 = \boldsymbol{\epsilon}'\boldsymbol{\epsilon} = (\mathbf{y} - \mathbf{X}\boldsymbol{\beta})'(\mathbf{y} - \mathbf{X}\boldsymbol{\beta})$$

O estimador de mínimos quadrados $\hat{\boldsymbol{\beta}}$ é a solução para $\boldsymbol{\beta}$ nas equações

$$\frac{\partial L}{\partial \boldsymbol{\beta}} = 0$$

Não daremos os detalhes da obtenção das derivadas. No entanto, as equações resultantes que têm de ser resolvidas são

Equações Normais

$$\mathbf{X}'\mathbf{X}\hat{\boldsymbol{\beta}} = \mathbf{X}'\mathbf{y} \tag{12.12}$$

As Equações 12.12 são as equações normais de mínimos quadrados na forma matricial. Elas são idênticas à forma escalar das equações normais dadas anteriormente nas Equações 12.10. Com o objetivo de resolver as equações normais, multiplique ambos os lados das Equações 12.12 pelo inverso de **X'X**. Consequentemente, a estimativa de mínimos quadrados de β é

Estimativa de Mínimos Quadrados de β

$$\hat{\boldsymbol{\beta}} = (\mathbf{X'X})^{-1}\mathbf{X'y} \qquad (12.13)$$

Observe que há $p = k + 1$ equações normais para $p = k + 1$ incógnitas (os valores de $\hat{\beta}_0, \hat{\beta}_1, \ldots, \hat{\beta}_k$). Além disso, a matriz **X'X** é sempre não singular, como foi considerado anteriormente, de modo que, para inverter essas matrizes, os métodos descritos nos livros-texto sobre determinantes e matrizes podem ser usados para encontrar $(\mathbf{X'X})^{-1}$. Na prática, os cálculos de regressão múltipla são quase sempre realizados em um computador.

É fácil ver que a forma matricial das equações normais é idêntica à forma escalar. Escrevendo a Equação 12.12 em detalhes, obtemos

$$\begin{bmatrix} n & \sum_{i=1}^{n} x_{i1} & \sum_{i=1}^{n} x_{i2} & \cdots & \sum_{i=1}^{n} x_{ik} \\ \sum_{i=1}^{n} x_{i1} & \sum_{i=1}^{n} x_{i1}^2 & \sum_{i=1}^{n} x_{i1}x_{i2} & \cdots & \sum_{i=1}^{n} x_{i1}x_{ik} \\ \vdots & \vdots & \vdots & & \vdots \\ \sum_{i=1}^{n} x_{ik} & \sum_{i=1}^{n} x_{ik}x_{i1} & \sum_{i=1}^{n} x_{ik}x_{i2} & \cdots & \sum_{i=1}^{n} x_{ik}^2 \end{bmatrix} \begin{bmatrix} \hat{\beta}_0 \\ \hat{\beta}_1 \\ \vdots \\ \hat{\beta}_k \end{bmatrix} = \begin{bmatrix} \sum_{i=1}^{n} y_i \\ \sum_{i=1}^{n} x_{i1}y_i \\ \vdots \\ \sum_{i=1}^{n} x_{ik}y_i \end{bmatrix}$$

Se a multiplicação matricial indicada for feita, resultará a forma escalar das equações normais (ou seja, Equação 12.10). Nessa forma, é fácil ver que **X'X** é uma matriz simétrica $(p \times p)$ e **X'y** é um vetor coluna $(p \times 1)$. Note a estrutura especial da matriz **X'X**. Os elementos da diagonal de **X'X** são as somas dos quadrados dos elementos nas colunas de **X**, e os elementos fora da diagonal são as somas dos produtos cruzados dos elementos nas colunas de X. Além disso, note que

---

EXEMPLO 12.2 | Resistência à Adesão de um Fio com Notação Matricial

No Exemplo 12.1, ilustramos o ajuste do modelo de regressão múltipla

$$y = \beta_0 + \beta_1 x_1 + \beta_2 x_2 + \epsilon$$

em que y é a resistência à tração de um fio colado, x_1 é o comprimento do fio, e x_2 é a altura da garra. As 25 observações estão na Tabela 12.2. Usaremos agora a abordagem matricial para ajustar o modelo de regressão a esses dados. A matriz **X** e o vetor **y** para esse modelo são

$$\mathbf{X} = \begin{bmatrix} 1 & 2 & 50 \\ 1 & 8 & 110 \\ 1 & 11 & 120 \\ 1 & 10 & 550 \\ 1 & 8 & 295 \\ 1 & 4 & 200 \\ 1 & 2 & 375 \\ 1 & 2 & 52 \\ 1 & 9 & 100 \\ 1 & 8 & 300 \\ 1 & 4 & 412 \\ 1 & 11 & 400 \\ 1 & 12 & 500 \\ 1 & 2 & 360 \\ 1 & 4 & 205 \\ 1 & 4 & 400 \\ 1 & 20 & 600 \\ 1 & 1 & 585 \\ 1 & 10 & 540 \\ 1 & 15 & 250 \\ 1 & 15 & 290 \\ 1 & 16 & 510 \\ 1 & 17 & 590 \\ 1 & 6 & 100 \\ 1 & 5 & 400 \end{bmatrix} \quad \mathbf{y} = \begin{bmatrix} 9{,}95 \\ 24{,}45 \\ 31{,}75 \\ 35{,}00 \\ 25{,}02 \\ 16{,}86 \\ 14{,}38 \\ 9{,}60 \\ 24{,}35 \\ 27{,}50 \\ 17{,}08 \\ 37{,}00 \\ 41{,}95 \\ 11{,}66 \\ 21{,}65 \\ 17{,}89 \\ 69{,}00 \\ 10{,}30 \\ 34{,}93 \\ 46{,}59 \\ 44{,}88 \\ 54{,}12 \\ 56{,}63 \\ 22{,}13 \\ 21{,}15 \end{bmatrix}$$

A matriz **X'X** é

$$\mathbf{X'X} = \begin{bmatrix} 1 & 1 & \cdots & 1 \\ 2 & 8 & \cdots & 5 \\ 50 & 110 & \cdots & 400 \end{bmatrix} \begin{bmatrix} 1 & 2 & 50 \\ 1 & 8 & 110 \\ \vdots & \vdots & \vdots \\ 1 & 5 & 400 \end{bmatrix}$$

$$= \begin{bmatrix} 25 & 206 & 8.294 \\ 206 & 2.396 & 77.177 \\ 8.294 & 77.177 & 3.531.848 \end{bmatrix}$$

e o vetor **X'y** é

$$\mathbf{X'y} = \begin{bmatrix} 1 & 1 & \cdots & 1 \\ 2 & 8 & \cdots & 5 \\ 50 & 110 & \cdots & 400 \end{bmatrix} \begin{bmatrix} 9{,}95 \\ 24{,}45 \\ \vdots \\ 21{,}15 \end{bmatrix} = \begin{bmatrix} 725{,}82 \\ 8.008{,}47 \\ 274.816{,}71 \end{bmatrix}$$

As estimativas de mínimos quadrados são encontradas, a partir da Equação 12.13, como

$$\hat{\boldsymbol{\beta}} = (\mathbf{X'X})^{-1}\mathbf{X'y}$$

ou

$$\begin{bmatrix} \hat{\beta}_0 \\ \hat{\beta}_1 \\ \hat{\beta}_2 \end{bmatrix} = \begin{bmatrix} 25 & 206 & 8.294 \\ 206 & 2.396 & 77.177 \\ 8.294 & 77.177 & 3.531.848 \end{bmatrix}^{-1} \begin{bmatrix} 725{,}82 \\ 8.008{,}37 \\ 274.11{,}31 \end{bmatrix}$$

$$= \begin{bmatrix} 0{,}214653 & -0{,}007491 & -0{,}000340 \\ -0{,}007491 & 0{,}001671 & -0{,}000019 \\ -0{,}000340 & -0{,}000019 & +0{,}0000015 \end{bmatrix} \begin{bmatrix} 725{,}82 \\ 8.008{,}47 \\ 274.811{,}31 \end{bmatrix}$$

$$= \begin{bmatrix} 2{,}26379143 \\ 2{,}74426964 \\ 0{,}01252781 \end{bmatrix}$$

Dessa maneira, o modelo ajustado de regressão, com os coeficientes de regressão arredondados para cinco casas decimais, é dado por

$$\hat{y}_1 = 2{,}26379 + 2{,}74427x_1 + 0{,}01253x_2$$

Esse resultado é idêntico àquele obtido no Exemplo 12.1.

Esse modelo de regressão pode ser usado para prever valores da resistência à tração para vários valores do comprimento do fio (x_1) e da altura da garra (x_2). Podemos também obter os *valores ajustados* $\hat{y}_1$ substituindo cada observação (x_{i1}, x_{i2}), $i = 1, 2, \ldots, n$ na equação. Por exemplo, a primeira observação é $x_{11} = 2$ e $x_{12} = 50$, sendo o valor ajustado igual a

$$\hat{y}_1 = 2{,}26379 + 2{,}74427x_{11} + 0{,}01253x_{12}$$
$$= 2{,}26379 + 2{,}74427(2) + 0{,}01253(50) = 8{,}38$$

O valor observado correspondente é $y_1 = 9{,}95$. O *resíduo* correspondente à primeira observação é

$$e_1 = y_1 - \hat{y}_1 = 9{,}95 - 8{,}38 = 1{,}57$$

A Tabela 12.3 apresenta todos os 25 valores ajustados $\hat{y}_1$ e os resíduos correspondentes. Os valores ajustados e os resíduos são calculados com a mesma exatidão que os dados originais.

TABELA 12.3 Observações, Valores Ajustados e Resíduos

Número de Observação	y_i	$\hat{y}_i$	$e_i = y_i - \hat{y}_i$	Número da Observação	y_i	$\hat{y}_i$	$e_i = y_i - \hat{y}_i$
1	9,95	8,38	1,57	14	11,66	12,26	−0,60
2	24,45	25,60	−1,15	15	21,65	15,81	5,84
3	31,75	33,95	−2,20	16	17,89	18,25	−0,36
4	35,00	36,60	−1,60	17	69,00	64,67	4,33
5	25,02	27,91	−2,89	18	10,30	12,34	−2,04
6	16,86	15,75	1,11	19	34,93	36,47	−1,54
7	14,38	12,45	1,93	20	46,59	46,56	0,03
8	9,60	8,40	1,20	21	44,88	47,06	−2,18
9	24,35	28,21	−3,86	22	54,12	52,56	1,56
10	27,50	27,98	−0,48	23	56,63	56,31	0,32
11	17,08	18,40	−1,32	24	22,13	19,98	2,15
12	37,00	37,46	−0,46	25	21,15	21,00	0,15
13	41,95	41,46	0,49				

os elementos de $\mathbf{X}'\mathbf{y}$ são as somas dos produtos cruzados das colunas de $\mathbf{X}$ e das observações $\{y_i\}$.

O modelo ajustado de regressão é

$$\hat{y}_i = \hat{\beta}_0 + \sum_{j=1}^{k} \hat{\beta}_j x_{ij} \quad i = 1, 2, \ldots, n \quad (12.14)$$

Na notação matricial, o modelo ajustado é

$$\hat{\mathbf{y}} = \mathbf{X}\hat{\boldsymbol{\beta}}$$

A diferença entre a observação y_i e o valor ajustado $\hat{y}_i$ é um **resíduo**, digamos $e_i = y_i - \hat{y}_i$. O vetor ($n \times 1$) dos resíduos é denotado por

$$\mathbf{e} = \mathbf{y} - \hat{\mathbf{y}} \quad (12.15)$$

Computadores são quase sempre usados no ajuste de modelos de regressão múltipla. A Tabela 12.4 apresenta uma saída computacional para o modelo de regressão de mínimos quadrados para os dados da resistência à tração do fio. A parte superior da tabela contém as estimativas numéricas dos coeficientes de regressão. O computador calcula também várias outras grandezas que refletem informações importantes acerca do modelo de regressão. Nas seções subsequentes, definiremos e explicaremos as grandezas nessa saída.

Estimando σ^2 Como em regressão linear simples, é importante estimar σ^2, a variância do termo do erro ε, em um modelo de regressão múltipla. Lembre-se de que, em regressão linear simples, a estimativa de σ^2 foi obtida dividindo-se a soma dos quadrados dos resíduos por $n - 2$. Agora, há dois parâmetros no modelo de regressão linear simples. Logo, na regressão linear múltipla com p parâmetros, um estimador lógico para σ^2 é

Estimador de Variância

$$\hat{\sigma}^2 = \frac{\sum_{i=1}^{n} e_i^2}{n-p} = \frac{SQ_E}{n-p} \quad (12.16)$$

TABELA 12.4 Saída Computacional para a Regressão Múltipla para os Dados da Resistência à Tração de um Fio Colado

Análise de Regressão: Resistência *versus* Comprimento, Altura

Resistência = 2,26 + 2,74 Comprimento + 0,0125 Altura

Preditor	Coeficiente	EP do Coef.	T	P	FIV
Constante $\hat{\beta}_0 \rightarrow$	2,264	1,060	2,14	0,044	
Comprimento $\hat{\beta}_1 \rightarrow$	2,74427	0,09352	29,34	0,000	1,2
Altura $\hat{\beta}_2 \rightarrow$	0,012528	0,002798	4,48	0,000	1,2

S = 2,288 R^2 = 98,1 % R^2 (ajustado) = 97,9 %
SQEP = 156,163 R^2 (prev) = 97,44 %

Análise de Variância

Fonte	GL	SQ	MQ	F	P
Regressão	2	5990,8	2995,4 ← $\hat{\sigma}^2$	572,17	0,000
Erro Residual	22	115,2	5,2		
Total	24	6105,9			

Fonte	GL	SQ Seq
Comprimento	1	5885,9
Altura	1	104,9

Valores Previstos para Novas Observações

Novas Obs.	Ajuste	EP do Ajuste	IC de 95 %	IP de 95 %
1	27,663	0,482	(26,663, 28,663)	(22,814, 32,512)

Valores dos Preditores para as Novas Observações

Novas Obs.	Comprimento	Altura
1	8,00	275

Esse é um **estimador não tendencioso** de σ^2. Como em regressão linear simples, a estimativa de σ^2 é geralmente obtida a partir da análise de variância para o modelo de regressão. O numerador da Equação 12.16 é chamado de erro ou de soma dos quadrados dos resíduos, e o denominador $n - p$ é chamado de graus de liberdade do erro ou do resíduo.

Podemos encontrar uma fórmula para calcular SQ_E como se segue:

$$SQ_E = \sum_{i=1}^n (y_i - \hat{y})^2 = \sum_{i=1}^n e_i^2 = \mathbf{e}'\mathbf{e}$$

Substituindo $\mathbf{e} = \mathbf{y} - \hat{\mathbf{y}} = \mathbf{y} - \mathbf{X}\hat{\boldsymbol{\beta}}$ na equação anterior, obtemos

$$SQ_E = \mathbf{y}'\mathbf{y} - \hat{\boldsymbol{\beta}}\mathbf{X}'\mathbf{y} = 27.178,5316 - 27.063,3581$$
$$= 115,174 \qquad (12.17)$$

A Tabela 12.4 mostra que a estimativa de σ^2 para o modelo de regressão da resistência à tração do fio colado é $\hat{\sigma}^2 = 115,2/22 = 5,2364$. A saída computacional arredonda a estimativa para $\hat{\sigma}^2 = 5,2$.

12.1.4 Propriedades dos Estimadores de Mínimos Quadrados

As propriedades estatísticas dos estimadores de mínimos quadrados $\hat{\beta}_0, \hat{\beta}_1, \ldots, \hat{\beta}_k$ podem ser facilmente encontradas, sujeitas a certas suposições sobre os termos do erro $\epsilon_1, \epsilon_2, \ldots, \epsilon_n$ no modelo de regressão. Paralelamente às suposições feitas no Capítulo 11, consideramos que os erros ε_i sejam estatisticamente independentes, com média zero e variância σ^2. Sob essas suposições, os estimadores de mínimos quadrados $\hat{\beta}_0, \hat{\beta}_1, \ldots, \hat{\beta}_k$ são estimadores não tendenciosos dos coeficientes de regressão $\hat{\beta}_0, \hat{\beta}_1, \ldots, \hat{\beta}_k$. Essa propriedade pode ser mostrada na equação seguinte:

$$\begin{aligned}E(\hat{\boldsymbol{\beta}}) &= E[(\mathbf{X'X})^{-1}\mathbf{X'Y}]\\ &= E[(\mathbf{X'X})^{-1}\mathbf{X'}(\mathbf{X\boldsymbol{\beta}} + \boldsymbol{\epsilon})]\\ &= E[(\mathbf{X'X})^{-1}\mathbf{X'X\boldsymbol{\beta}} + (\mathbf{X'X})^{-1}\mathbf{X'}\boldsymbol{\epsilon}]\\ &= \boldsymbol{\beta}\end{aligned}$$

já que $E(\boldsymbol{\epsilon}) = \mathbf{0}$ e $(\mathbf{X'X})^{-1}\mathbf{X'X} = \mathbf{I}$, a matriz identidade. Assim, $\hat{\boldsymbol{\beta}}$ é um estimador não tendencioso de $\boldsymbol{\beta}$.

As variâncias dos $\hat{\boldsymbol{\beta}}$ são expressas em termos dos elementos da inversa da matriz $\mathbf{X'X}$. A inversa de $\mathbf{X'X}$ vezes a constante σ^2 representa a **matriz de covariância** dos coeficientes de regressão $\hat{\boldsymbol{\beta}}$. Os elementos da diagonal de $\sigma^2(\mathbf{X'X})^{-1}$ são as variâncias de $\hat{\beta}_0, \hat{\beta}_1, \ldots, \hat{\beta}_k$ e os elementos fora da diagonal dessa matriz são as covariâncias. Por exemplo, se tivermos $k = 2$ regressores, tal como no problema da resistência à tração, então

$$\mathbf{C} = (\mathbf{X'X})^{-1} = \begin{bmatrix} C_{00} & C_{01} & C_{02}\\ C_{10} & C_{11} & C_{12}\\ C_{20} & C_{21} & C_{22}\end{bmatrix}$$

que é simétrica ($C_{10} = C_{01}$, $C_{20} = C_{02}$ e $C_{21} = C_{12}$) porque $(\mathbf{X'X})^{-1}$ é simétrica, tendo-se

$$V(\hat{\beta}_j) = \sigma^2 C_{jj}, \qquad j = 0, 1, 2$$
$$\mathrm{cov}(\hat{\beta}_i, \hat{\beta}_j) = \sigma^2 C_{ij}, \qquad i \neq j$$

Em geral, a matriz de covariância de $\hat{\boldsymbol{\beta}}$ é uma matriz simétrica ($p \times p$), cujo jj-ésimo elemento é a variância de $\hat{\beta}_j$ e cujo i,j-ésimo elemento é a covariância entre $\hat{\beta}_i$ e $\hat{\beta}_j$; ou seja,

$$\mathrm{cov}(\hat{\boldsymbol{\beta}}) = \sigma^2(\mathbf{X'X})^{-1} = \sigma^2\mathbf{C}$$

As estimativas das variâncias desses coeficientes de regressão são obtidas trocando σ^2 por uma estimativa. Quando σ^2 for trocado por sua estimativa $\hat{\sigma}^2$, a raiz quadrada da variância estimada do j-ésimo coeficiente de regressão é chamada de **erro-padrão estimado** de $\hat{\beta}_j$ ou $ep(\hat{\beta}_j) = \sqrt{\hat{\sigma}^2 C_{jj}}$. Esses erros-padrão são uma medida útil da **precisão de estimação** para os coeficientes de regressão; erros-padrão pequenos implicam boa precisão.

Softwares de regressão múltipla geralmente apresentam esses erros-padrão. Por exemplo, a saída do programa na Tabela 12.4 reporta $ep(\hat{\beta}_0) = 1{,}060$, $ep(\hat{\beta}_1) = 0{,}09352$ e $ep(\hat{\beta}_2) = 0{,}002798$. A estimativa da inclinação (coeficiente angular) é cerca de duas vezes a magnitude de seu erro-padrão e $\hat{\beta}_1$ e β são consideravelmente maiores que $ep(\hat{\beta}_1)$ e $ep(\hat{\beta}_2)$. Isso implica precisão razoável de estimação, embora os parâmetros β_1 e β_2 sejam estimados muito mais precisamente do que a interseção ou coeficiente linear (isso é usual em regressão múltipla).

12.2 Testes de Hipóteses para a Regressão Linear Múltipla

Nos problemas de regressão linear múltipla, certos testes de hipóteses relativos aos parâmetros do modelo são úteis na medida da sua adequação. Nesta seção, descreveremos vários procedimentos importantes de testes de hipóteses. Como no caso da regressão linear simples, testes de hipóteses requerem que os termos do erro ε_i no modelo de regressão sejam normal e independentemente distribuídos, com média zero e variância σ^2.

12.2.1 Teste para a Significância da Regressão

O teste para a significância da regressão é um teste para determinar se existe uma relação linear entre a variável de resposta y e um subconjunto de regressores $x_1, x_2, \ldots, x_k$. As hipóteses apropriadas são

Hipóteses para o Teste de ANOVA

$$H_0: \beta_1 = \beta_2 = \cdots = \beta_k = 0$$
$$H_0: \beta_j \neq 0 \text{ para no mínimo um } j \qquad (12.18)$$

A rejeição de $H_0: \beta_1 = \beta_2 = \ldots = \beta_k = 0$ implica que, no mínimo, uma das variáveis regressoras $x_1, x_2, \ldots, x_k$ contribui significativamente para o modelo.

O teste para a significância da regressão é uma generalização do procedimento usado na regressão linear simples. A soma total dos quadrados SQ_T é dividida em uma soma dos quadrados em razão do modelo ou da regressão e em uma soma dos quadrados em razão do erro,

$$SQ_T = SQ_R + SQ_E$$

Agora, se $H_0: \beta_1 = \beta_2 = \ldots = \beta_k = 0$ for verdadeira, então SQ_R/σ^2 será uma variável aleatória qui-quadrado, com k graus de liberdade. Note que o número de graus de liberdade para essa variável qui-quadrado é igual ao número de variáveis regressoras no modelo. Podemos também mostrar que SQ_E/σ^2 é uma variável aleatória qui-quadrado, com $n - p$ graus de liberdade e que SQ_E e SQ_R são independentes. A estatística de teste para $H_0: \beta_1 = \beta_2 = \ldots = \beta_k = 0$ é

Estatística de Teste para ANOVA

$$F_0 = \frac{SQ_R/k}{SQ_E/(n-p)} = \frac{MQ_R}{MQ_E} \qquad (12.19)$$

Devemos rejeitar H_0 se o valor calculado da estatística de teste na Equação 12.19, f_0, for maior do que $f_{\alpha,k,n-p}$. O procedimento é geralmente resumido em uma tabela de análise de variância, como a Tabela 12.5.

TABELA 12.5   Análise de Variância para Testar a Significância da Regressão na Regressão Múltipla

Fonte de Variação	Soma dos Quadrados	Graus de Liberdade	Média Quadrática	f_0
Regressão	SQ_R	k	MQ_R	MQ_R/MQ_E
Erro ou resíduo	SQ_E	$n-p$	MQ_E	
Total	SQ_T	$n-1$		

Uma fórmula de cálculo para SQ_R pode ser encontrada facilmente. Agora, uma vez que $SQ_T = \sum_{i=1}^{n} y_i^2 - \left(\sum_{i=1}^{n} y_i\right)^2/n = \mathbf{y'y} - \left(\sum_{i=1}^{n} y_i\right)^2/n$, podemos escrever a Equação 12.19 como

$$SQ_E = \mathbf{y'y} - \frac{\left(\sum_{i=1}^{n} y_i\right)^2}{n} - \left[\hat{\boldsymbol{\beta}}'\mathbf{X'y} - \frac{\left(\sum_{i=1}^{n} y_i\right)^2}{n}\right]$$

ou

$$SQ_E = SQ_T - SQ_R \quad (12.20)$$

Desse modo, a soma dos quadrados da regressão é

$$SQ_R = \hat{\boldsymbol{\beta}}'\mathbf{X'y} - \frac{\left(\sum_{i=1}^{n} y_i\right)^2}{n} \quad (12.21)$$

A maioria dos *softwares* de regressão múltipla fornece, em sua saída, o teste de significância da regressão. A parte intermediária da Tabela 12.4 é a saída computacional para esse exemplo. Compare as Tabelas 12.4 e 12.6 e observe a equivalência, descontando o arredondamento. O valor P é arredondado para zero na saída do computador.

EXEMPLO 12.3 | ANOVA para a Resistência à Adesão de um Fio

Testaremos a significância da regressão (com $\alpha = 0{,}05$) usando os dados da resistência à tração de um fio colado do Exemplo 12.1. A soma total dos quadrados é

$$SQ_T = \mathbf{y'y} - \frac{\left(\sum_{i=1}^{n} y_i\right)^2}{n}$$
$$= 27.178{,}5316 - \frac{(725{,}82)^2}{25}$$
$$= 6105{,}9447$$

A regressão ou a soma dos quadrados do modelo é calculada a partir da Equação 12.21 como se segue:

$$SQ_R = \hat{\boldsymbol{\beta}}'\mathbf{X'y} - \frac{\left(\sum_{i=1}^{n} y_i\right)^2}{n}$$
$$= 27.063{,}3581 - \frac{(725{,}82)^2}{25} = 5990{,}7712$$

e pela subtração

$$SQ_E = SQ_T - SQ_R = \mathbf{y'y} - \hat{\boldsymbol{\beta}}'\mathbf{X'y} = 115{,}1716$$

A análise de variância é mostrada na Tabela 12.6. Para testar H_0: $\beta_1 = \beta_2 = 0$, calculamos a estatística

$$f_0 = \frac{MQ_R}{MQ_E} = \frac{2995{,}3856}{5{,}2352} = 572{,}17$$

Uma vez que $f_0 > f_{0{,}05;2{,}22} = 3{,}44$ (ou já que o valor P é consideravelmente menor do que $\alpha = 0{,}05$), rejeitamos a hipótese nula e concluímos que a resistência à tração está relacionada linearmente com o comprimento do fio ou a altura da garra, ou com ambos.

Interpretação Prática: A rejeição de H_0 não implica necessariamente que a relação encontrada seja um modelo apropriado para prever a resistência à tração como uma função do comprimento do fio ou da altura da garra. Mais testes de adequação do modelo são requeridos antes de ficarmos confortáveis em usar esse modelo na prática.

TABELA 12.6   Teste de Significância da Regressão

Fonte de Variação	Soma dos Quadrados	Graus de Liberdade	Média Quadrática	f_0	Valor P
Regressão	5990,7712	2	2995,3856	572,17	1.08E-19
Erro ou resíduo	115,1735	22	5,2352		
Total	6105,9447	24			

R^2 e R^2 Ajustado Podemos usar também o **coeficiente de determinação múltipla** R^2 como uma estatística global para avaliar o ajuste do modelo. Computacionalmente,

$$R^2 = \frac{SQ_R}{SQ_T} = 1 - \frac{SQ_E}{SQ_T} \qquad (12.22)$$

Para os dados de resistência à tração de um fio colado, encontramos que $R^2 = SQ_R/SQ_T = 5990{,}7712/6105{,}9447 = 0{,}9811$. Desse modo, o modelo responde por cerca de 98 % da variabilidade na resposta da resistência à tração (veja a saída computacional na Tabela 12.4). A estatística R^2 é, de algum modo, problemática como uma medida da qualidade do ajuste para um modelo de regressão múltipla, uma vez que ela sempre aumenta quando a variável é adicionada a um modelo.

Com a finalidade de ilustrar, considere o ajuste do modelo para os dados de resistência à tração de um fio colado do Exemplo 11.8. Esse foi um modelo de regressão linear simples, com x_1 = comprimento do fio como o regressor. O valor de R^2 para esse modelo é $R^2 = 0{,}9640$. Consequentemente, a adição de x_2 = altura da garra ao modelo aumenta R^2 por $0{,}9811 - 0{,}9640 = 0{,}0171$, uma quantidade muito pequena. Uma vez que R^2 sempre aumenta quando um regressor é adicionado, pode ser difícil julgar se o aumento está nos dizendo qualquer coisa útil acerca do novo regressor. É particularmente difícil interpretar um pequeno aumento, tal como o observado nos dados de resistência à tração.

Muitos usuários de regressão preferem usar uma estatística R^2 **ajustado**:

R^2 Ajustado

$$R^2_{\text{adj}} = 1 - \frac{SQ_E/(n-p)}{SQ_T/(n-1)} \qquad (12.23)$$

Uma vez que $SQ_E/(n-p)$ é a média quadrática do erro ou do resíduo e $SQ_T/(n-p)$ é uma constante, R^2_{ajustado} somente aumentará quando uma variável for adicionada ao modelo, se a nova variável reduzir a média quadrática do erro. Note que, para o modelo de regressão múltipla para os dados de resistência à tração, $R^2_{\text{ajustado}} = 0{,}979$ (veja a saída na Tabela 12.4), enquanto no Exemplo 11.8 o R^2 ajustado para o modelo de uma variável é $R^2_{\text{ajustado}} = 0{,}962$. Logo, concluiríamos que a adição ao modelo de x_2 = altura da garra resulta em uma redução significativa na variabilidade não explicada na resposta.

A estatística R^2 ajustado penaliza essencialmente o analista pela adição de termos ao modelo. É uma maneira fácil de se resguardar contra **ajustes em excesso**; ou seja, a inclusão de regressores que não são realmente úteis. Consequentemente, é muito útil comparar e avaliar modelos competitivos de regressão.

12.2.2 Testes para os Coeficientes Individuais de Regressão e Subconjuntos de Coeficientes

Estamos frequentemente interessados em testar hipóteses para os coeficientes individuais de regressão. Tais testes são úteis na determinação do valor potencial de cada uma das variáveis regressoras no modelo de regressão. Por exemplo, o modelo pode ser mais efetivo com a inclusão de variáveis adicionais ou talvez com a retirada de um ou mais regressores atualmente no modelo.

A hipótese para testar se um coeficiente individual de regressão, como β_j, é igual a um valor β_{j0} é

$$H_0: \beta_j = \beta_{j0} \qquad H_1: \beta_j \neq \beta_{j0} \qquad (12.24)$$

A estatística de teste para essa hipótese é

$$T_0 = \frac{\hat{\beta}_j - \beta_{j0}}{\sqrt{\hat{\sigma}^2 C_{jj}}} = \frac{\hat{\beta}_j - \beta_{j0}}{se(\hat{\beta}_j)} \qquad (12.25)$$

em que C_{jj} é o elemento da diagonal de $(\mathbf{X'X})^{-1}$ correspondente a $\hat{\beta}_j$. Observe que o denominador da Equação 12.24 é o erro-padrão do coeficiente $\hat{\beta}_j$. A hipótese nula $H_0: \beta_j = \beta_{j0}$ será rejeitada se $|t_0| > t_{\alpha/2, n-p}$. Isso é chamado de **teste parcial** ou **marginal**, porque o coeficiente de regressão $\hat{\beta}_j$ depende de todos os outros regressores x_i ($i \neq j$) que estão no modelo. Será dito mais sobre isso no exemplo seguinte.

Um caso especial importante da hipótese anterior ocorre para $\beta_j = 0$. Se $H_0: \beta_j = 0$ não for rejeitada, isso indicará que o regressor x_j pode ser retirado do modelo. A adição de uma variável a um modelo de regressão sempre aumenta a soma dos quadrados da regressão e diminui a soma dos quadrados do erro (essa é a razão pela qual R^2 sempre aumenta quando uma variável é adicionada). Temos de decidir se o aumento na soma dos quadrados da regressão é grande o suficiente para justificar o uso da variável adicional no modelo. Além disso, a adição de uma variável não importante ao modelo pode realmente aumentar a média quadrática do erro, indicando que a adição de tal variável tornou realmente mais pobre o ajuste do modelo aos dados (essa é a razão pela qual R^2_{ajustado} é uma medida melhor do ajuste global do modelo do que R^2 comum).

EXEMPLO 12.4 | Teste para o Coeficiente da Resistência à Adesão de um Fio

Considere os dados sobre a resistência à tração de um fio e suponha que queiramos testar a hipótese de o coeficiente de regressão para x_2 (altura da garra) ser igual a zero. As hipóteses são

$$H_0: \beta_2 = 0 \qquad H_1: \beta_2 \neq 0$$

O elemento da diagonal principal da matriz $(\mathbf{X'X})^{-1}$ correspondente a $\hat{\beta}_2$ é $C_{22} = 0{,}0000015$; assim, a estatística t na Equação 12.25 é

$$t_0 = \frac{\hat{\beta}_2}{\sqrt{\hat{\sigma}^2 C_{22}}} = \frac{0{,}01253}{\sqrt{(5{,}2352)(0{,}0000015)}} = 4{,}477$$

Note que usamos a estimativa de σ^2, reportada com quatro casas decimais, na Tabela 12.6. Já que $t_{0{,}025;22} = 2{,}074$, rejeitamos H_0: $\beta_2 = 0$ e concluímos que a variável x_2 (altura da garra) contribui significativamente para o modelo. Poderíamos ter usado também um valor P para tirar conclusões. O valor P para $t_0 = 4{,}477$ é $P = 0{,}0002$; logo, com $\alpha = 0{,}05$, rejeitaríamos a hipótese nula.

Interpretação Prática: Note que esse teste mede a contribuição marginal ou parcial de x_2, dado que x_1 está no modelo. Ou seja, o teste t mede a contribuição da adição da variável x_2, altura da garra, para o modelo que já contém x_1, comprimento do fio. A Tabela 12.4 mostra o valor gerado pelo computador do teste t calculado. O *software* apresenta o teste t estatístico com duas casas decimais. Observe que o computador produz um teste t para cada coeficiente de regressão no modelo. Esses testes t indicam que ambos os regressores contribuem para o modelo.

EXEMPLO 12.5 | Teste Unilateral para o Coeficiente da Resistência à Adesão de um Fio

Há um interesse no efeito da altura da garra sobre a resistência. Isso pode ser avaliado pela magnitude do coeficiente da altura da garra. Para concluir que o coeficiente da altura da garra excede 0,01, as hipóteses se tornam

$$H_0: \beta_2 = 0{,}01 \qquad H_1: \beta_2 > 0{,}01$$

Para tal teste, um *software* pode ajudar muito o trabalho árduo. Necessitamos somente arranjar as peças. Da saída na Tabela 12.4, $\hat{\beta}_2 = 0{,}012528$ e o erro-padrão de $\hat{\beta}_2 = 0{,}002798$. Por conseguinte, a estatística t é

$$t_0 = \frac{0{,}012528 - 0{,}01}{0{,}002798} = 0{,}9035$$

com 22 graus de liberdade (graus de liberdade do erro). Da Tabela IV do Apêndice A, $t_{0{,}25;22} = 0{,}686$ e $t_{0{,}1;22} = 1{,}321$. Logo, o valor P pode ser limitado como $0{,}1 <$ valor $P < 0{,}25$. Não se pode concluir que o coeficiente excede 0,01 nos níveis comuns de significância.

Há outra maneira de testar a contribuição de uma variável regressora individual para o modelo. Essa abordagem determina o aumento na soma dos quadrados da regressão, obtido pela adição de uma variável x_j (por exemplo) ao modelo, dado que outras variáveis x_i ($i \neq j$) já estão incluídas na equação de regressão.

O procedimento usado para fazer isso é chamado de **teste geral de significância da regressão** ou **método da soma extra dos quadrados**. Esse procedimento pode ser usado também para investigar a contribuição de um *subconjunto* de variáveis regressoras ao modelo. Considere o modelo de regressão com k variáveis regressoras

$$\mathbf{y} = \mathbf{X}\boldsymbol{\beta} + \boldsymbol{\epsilon} \qquad (12.26)$$

em que $\mathbf{y}$ é $(n \times 1)$, $\mathbf{X}$ é $(n \times p)$, $\boldsymbol{\beta}$ é $(p \times 1)$, $\boldsymbol{\epsilon}$ é $(n \times 1)$ e $p = k + 1$. Gostaríamos de determinar se o subconjunto de variáveis regressoras $x_1, x_2, \ldots, x_r$ ($r < k$), como um todo, contribui significativamente para o modelo de regressão. Divida o vetor dos coeficientes de regressão conforme se segue:

$$\boldsymbol{\beta} = \begin{bmatrix} \boldsymbol{\beta}_1 \\ \boldsymbol{\beta}_2 \end{bmatrix} \qquad (12.27)$$

em que $\boldsymbol{\beta}_1$ é $(r \times 1)$ e $\boldsymbol{\beta}_2$ é $[(p - r) \times 1]$. Desejamos testar as hipóteses

Hipóteses para o Teste Geral de Regressão

$$H_0: \boldsymbol{\beta}_1 = \mathbf{0} \qquad H_1: \boldsymbol{\beta}_1 \neq \mathbf{0} \qquad (12.28)$$

sendo $\mathbf{0}$ um vetor de zeros. O modelo pode ser escrito como

$$\mathbf{y} = \mathbf{X}\boldsymbol{\beta} + \boldsymbol{\epsilon} = \mathbf{X}_1\boldsymbol{\beta}_1 + \mathbf{X}_2\boldsymbol{\beta}_2 + \boldsymbol{\epsilon} \qquad (12.29)$$

em que $\mathbf{X}_1$ representa as colunas de $\mathbf{X}$ associadas com $\boldsymbol{\beta}_1$ e $\mathbf{X}_2$ representa as colunas de $\mathbf{X}$ associadas com $\boldsymbol{\beta}_2$.

Para o **modelo completo** (incluindo tanto $\boldsymbol{\beta}_1$ como $\boldsymbol{\beta}_2$), sabemos que $\hat{\boldsymbol{\beta}} = (\mathbf{X}'\mathbf{X})^{-1}\mathbf{X}'\mathbf{y}$. Em adição, a soma dos quadrados da regressão para todas as variáveis, incluindo a interseção, é

$$SQ_R(\boldsymbol{\beta}) = \hat{\boldsymbol{\beta}}'\mathbf{X}'\mathbf{y} \qquad (p = k + 1 \text{ graus de liberdade})$$

e

$$MQ_E = \frac{\mathbf{y}'\mathbf{y} - \hat{\boldsymbol{\beta}}\mathbf{X}'\mathbf{y}}{n - p}$$

$SQ_R(\boldsymbol{\beta})$ é chamada de soma dos quadrados da regressão em razão de $\boldsymbol{\beta}$. Para encontrar a contribuição dos termos em $\boldsymbol{\beta}_1$ para a regressão, ajuste o modelo considerando a hipótese nula $H_0: \boldsymbol{\beta}_1 = \mathbf{0}$ como verdadeira. O **modelo reduzido** é encontrado da Equação 12.29 como

$$\mathbf{y} = \mathbf{X}_2\boldsymbol{\beta}_2 + \boldsymbol{\epsilon} \qquad (12.30)$$

A estimativa de mínimos quadrados de $\boldsymbol{\beta}_2$ é $\hat{\boldsymbol{\beta}}_2 = (\mathbf{X}_2'\mathbf{X}_2)^{-1}\mathbf{X}_2'\mathbf{y}$ e

$$SQ_R(\boldsymbol{\beta}_2) = \hat{\boldsymbol{\beta}}_2\mathbf{X}_2'\mathbf{y} \quad (p - r \text{ graus de liberdade}) \qquad (12.31)$$

A soma dos quadrados da regressão em função de $\boldsymbol{\beta}_1$, dado que $\boldsymbol{\beta}_2$ já está no modelo, é

$$SQ_R(\boldsymbol{\beta}_1|\boldsymbol{\beta}_2) = SQ_R(\boldsymbol{\beta}) - SQ_R(\boldsymbol{\beta}_2) \qquad (12.32)$$

Essa soma dos quadrados tem r graus de liberdade. Às vezes, é chamada de soma extra dos quadrados em razão de $\boldsymbol{\beta}_1$. Note que $SQ_R(\boldsymbol{\beta}_1|\boldsymbol{\beta}_2)$ é o aumento na soma dos quadrados da regressão em face da inclusão das variáveis $x_1, x_2, ..., x_r$ no modelo. Agora, $SQ_R(\boldsymbol{\beta}_1|\boldsymbol{\beta}_2)$ é independente de MQ_E, podendo a hipótese nula $\boldsymbol{\beta}_1 = \mathbf{0}$ ser testada pela estatística.

Estatística *F* para o Teste Geral de Regressão

$$F_0 = \frac{SQ_R(\boldsymbol{\beta}_1|\boldsymbol{\beta}_2)/r}{MQ_E} \qquad (12.33)$$

Se o valor calculado da estatística de teste for $f_0 > f_{\alpha,r,n-p}$, rejeitaremos H_0, concluindo que, no mínimo, um dos parâmetros em $\boldsymbol{\beta}_1$ não é zero e, consequentemente, no mínimo, uma das variáveis $x_1, x_2, ..., x_r$ em $\mathbf{X}_1$ contribui significativamente para o modelo de regressão. Alguns autores chamam o teste na Equação 12.33 de **teste *F* parcial**.

O teste *F* parcial é muito útil. Podemos usá-lo para medir a contribuição de cada regressor individual x_j, como se ele fosse a última variável adicionada ao modelo, calculando

$$SQ_R(\beta_j|\beta_0, \beta_1, ..., \beta_{j-1}, \beta_{j+1}, ..., \beta_k), \qquad j = 1, 2, ..., k$$

Esse é o aumento na soma dos quadrados da regressão em razão da adição de x_j ao modelo que já inclui $x_1, ..., x_{j-1}, x_{j+1}, ..., x_k$. O teste *F* parcial é um procedimento mais geral em que podemos medir o efeito de conjuntos de variáveis. O teste *F* parcial desempenha um papel importante na *construção do modelo* – isto é, na busca do melhor conjunto de variáveis regressoras para usar no modelo.

Se um teste *F* parcial for aplicado para uma única variável, ele será equivalente ao teste *t*. De modo a ver isso, considere a saída computacional para a regressão dos dados da resistência à tração de um fio colado na Tabela 12.4. Logo abaixo do sumário de análise de variância nessa tabela, a grandeza marcada como "SQ Seq" mostra a soma dos quadrados obtida ajustando somente x_1 (5885,9) e a soma dos quadrados obtida ajustando x_2 depois de x_1 (104,9). Na nossa notação, essas somas são referidas como $SQ_R(\beta_1|\beta_0)$ e

EXEMPLO 12.6 | Teste Geral de Regressão para a Resistência à Adesão de um Fio

Considere os dados da resistência à tração de um fio colado no Exemplo 12.1. Investigaremos a contribuição de duas novas variáveis, x_3 e x_4, ao modelo, usando a abordagem do teste *F* parcial. As novas variáveis são explicadas no final deste exemplo. Ou seja, desejamos testar

$$H_0: \beta_3 = \beta_4 = 0 \qquad H_1: \beta_3 \neq 0 \text{ ou } \beta_4 \neq 0$$

Para testar essa hipótese, necessitamos da soma extra dos quadrados, em função de β_3 e β_4 ou

$$SQ_R(\beta_4, \beta_3|\beta_2, \beta_1, \beta_0) = SQ_R(\beta_4, \beta_3, \beta_2, \beta_1, \beta_0) - SQ_R(\beta_2, \beta_1, \beta_0)$$
$$= SQ_R(\beta_4, \beta_3, \beta_2, \beta_1, |\beta_0) - SQ_R(\beta_2, \beta_1, |\beta_0)$$

No Exemplo 12.3, calculamos

$$SQ_R(\beta_2, \beta_1, |\beta_0) = \boldsymbol{\beta}'\mathbf{X}'\mathbf{y} - \frac{\left(\sum_{i=1}^{n} y_i\right)^2}{n}$$
$$= 5990{,}7712 \quad \text{(2 graus de liberdade)}$$

Também, a Tabela 12.4 mostra a saída computacional para o modelo com somente x_1 e x_2 como preditores. Na análise da tabela de variância, podemos ver que $SQ_R = 5990{,}8$ e isso concorda com nossos cálculos. Na prática, a saída do computador seria usada para obter essa soma dos quadrados.

Se ajustarmos o modelo $Y = \beta_0 + \beta_1 x_1 + \beta_2 x_2 + \beta_3 x_3 + \beta_4 x_4$, poderemos usar a mesma fórmula matricial. De forma alternativa, podemos olhar SQ_R da saída do computador para esse modelo. A tabela de análise de variância para esse modelo é mostrada na Tabela 12.7 e vemos que

$$SQ_R(\beta_4, \beta_3, \beta_2, \beta_1|\beta_0) = 6024{,}0 \quad \text{(4 graus de liberdade)}$$

Por conseguinte,

$$SQ_R(\beta_4, \beta_3|\beta_2, \beta_1, \beta_0) = 6024{,}0 - 5990{,}8$$
$$= 33{,}2 \quad \text{(2 graus de liberdade)}$$

Esse é o aumento na soma dos quadrados da regressão em razão da adição de x_3 e x_4 a um modelo já contendo x_1 e x_2. Para testar H_0, calculamos a estatística de teste

$$f_0 = \frac{SQ_R(\beta_4, \beta_3|\beta_2, \beta_1, \beta_0)/2}{MQ_E} = \frac{33{,}2/2}{4{,}1} = 4{,}05$$

Observe que a MQ_E do modelo completo, usando x_1, x_2, x_3 e x_4, é usada no denominador da estatística de teste. Uma vez que $f_{0{,}05;2;20} = 3{,}49$, rejeitamos H_0 e concluímos que, no mínimo, uma das novas variáveis contribui significativamente para o modelo. Análise e testes adicionais serão necessários para refinar o modelo e determinar se uma ou ambas as variáveis x_3 e x_4 são importantes.

O mistério das novas variáveis pode agora ser explicado. Elas são os preditores originais, comprimento do fio e altura da garra, elevados ao quadrado. Isto é, $x_3 = x_1^2$ e $x_4 = x_2^2$. Um teste para termos quadráticos é um uso comum de testes *F* parciais. Com essa informação e os dados originais para x_1 e x_2, você pode usar um *software* para reproduzir esses cálculos. Regressão múltipla permite que modelos sejam estendidos de tal maneira simples que o significado real de x_3 e x_4 nem mesmo entrou no procedimento de teste.

TABELA 12.7 Análise de Regressão: y *versus* x1, x2, x3, x4

A equação de regressão é y = 5,00 + 1,90 x1 + 0,0151 x2 + 0,0460 x3 − 0,000008 x4

Preditor	Coef.	EP do Coef.	T	P
Constante	4,996	1,655	3,02	0,007
x1	1,9049	0,3126	6,09	0,000
x2	0,01513	0,01051	1,44	0,165
x3	0,04595	0,01666	2,76	0,012
x4	−0,00000766	0,00001641	−0,47	0,646

S = 2,02474 R^2 = 98,75 % R^2(ajustado) = 98,4 %

Análise de Variância

Fonte	GL	SQ	MQ	F	P
Regressão	4	6024,0	1506,0	367,35	0,000
Erro residual	20	82,0	4,1		
Total	24	6105,9			

Fonte	GL	SQ Seq.
x1	1	5885,9
x2	1	104,9
x3	1	32,3
x4	1	0,9

$SQ_R(\beta_2, \beta_1|\beta_0)$, respectivamente. Consequentemente, para testar $H_0: \beta_2 = 0$ e $H_1: \beta_2 \neq 0$, o teste F parcial é

$$f_0 = \frac{SQ_R(\beta_2|\beta_1, \beta_0)/1}{MQ_E} = \frac{104,92}{5,24} = 20,2$$

em que MQ_E é a média quadrática do resíduo na saída do computador na Tabela 12.4. Essa estatística deve ser comparada a uma distribuição F com 1 e 22 graus de liberdade no numerador e no denominador, respectivamente. Da Tabela 12.4, o teste t para a mesma hipótese é $t_0 = 4,48$. Note que $t_0^2 = (4,48)^2 = 20,07 = f_0$, exceto por erros de arredondamento. Além disso, o quadrado de uma variável aleatória t com v graus de liberdade é uma variável aleatória F, com 1 e v graus de liberdade. Consequentemente, o teste t fornece um método equivalente para testar a contribuição de uma única variável ao modelo. Uma vez que o teste t é normalmente fornecido pela saída de um *software*, ele é o método preferido para testar uma única variável.

12.3 Intervalos de Confiança para a Regressão Linear Múltipla

12.3.1 Intervalos de Confiança para os Coeficientes Individuais de Regressão

Em modelos de regressão múltipla, é frequentemente útil construir estimativas de intervalos de confiança para os coeficientes de regressão $\{\beta_j\}$. O desenvolvimento de um procedimento para obter esses intervalos de confiança requer que os erros $\{\epsilon_i\}$ sejam normal e independentemente distribuídos, com média zero e variância σ^2. Essa é a mesma suposição requerida no teste de hipóteses. Logo, as observações $\{Y_i\}$ são normal e independentemente distribuídas, com média $\beta_0 + \sum_{j=1}^{k} \beta_j x_{ij}$ e variância σ^2. Uma vez que o estimador de mínimos quadrados $\hat{\boldsymbol{\beta}}$ é uma combinação linear das observações, segue que $\hat{\boldsymbol{\beta}}$ é normalmente distribuído com vetor médio β e matriz de covariância $\sigma^2(\mathbf{X'X})^{-1}$. Então, cada uma das estatísticas

$$T = \frac{\hat{\beta}_j - \beta_j}{\sqrt{\hat{\sigma}^2 C_{jj}}} \qquad j = 0, 1, \ldots, k \qquad (12.34)$$

tem uma distribuição t, com $n - p$ graus de liberdade, sendo C_{jj} o jj-ésimo elemento da matriz $(\mathbf{X'X})^{-1}$ e $\hat{\sigma}^2$ a estimativa da variância do erro, obtida da Equação 12.16. Isso conduz ao intervalo de confiança de $100(1 - \alpha)$ % para o coeficiente de regressão $\beta_j, j = 0, 1, \ldots, k$.

Intervalo de Confiança para um Coeficiente de Regressão

Um **intervalo de confiança** de $100(1 - \alpha)$ % **para o coeficiente de regressão** $\beta_j, j = 0, 1, \ldots, k$ no modelo de regressão linear múltipla é dado por

$$\hat{\beta}_j - t_{\alpha/2, n-p}\sqrt{\hat{\sigma}^2 C_{jj}} \leq \beta_j \leq \hat{\beta}_j + t_{\alpha/2, n-p}\sqrt{\hat{\sigma}^2 C_{jj}} \quad (12.35)$$

Pelo fato de $\sqrt{\hat{\sigma}^2 C_{jj}}$ ser o erro-padrão do coeficiente de regressão $\hat{\beta}_j$, escreveríamos também a fórmula de IC como $\hat{\beta}_j - t_{\alpha/2, n-p} ep(\hat{\beta}_j) \leq \beta_j \leq \hat{\beta}_j + t_{\alpha/2, n-p} ep(\hat{\beta}_j)$.

EXEMPLO 12.7 | Intervalo de Confiança para a Resistência à Adesão de um Fio

Construiremos um intervalo de confiança de 95 % para o parâmetro β_1 no problema da resistência à tração de um fio colado. A estimativa pontual de β_1 é $\hat{\beta}_1 = 2{,}74427$, em que o elemento da diagonal de $(\mathbf{X'X})^{-1}$ correspondente a β_1 é $C_{11} = 0{,}001671$. A estimativa de σ^2 é $\hat{\sigma}^2 = 5{,}2352$, sendo $t_{0{,}025;22} = 2{,}074$. Consequentemente, o IC de 95 % para β_1 é calculado a partir da Equação 12.35 como

$$2{,}74427 - (2{,}074)\sqrt{(5{,}2352)(,001671)} \leq \beta_1$$
$$\leq 2{,}74427 + (2{,}074)\sqrt{(5{,}2352)(,001671)}$$

que reduz para

$$2{,}55029 \leq \beta_1 \leq 2{,}93825$$

Além disso, um *software* pode ser usado para ajudar a calcular esse intervalo de confiança. Da saída da regressão na Tabela 10.4, $\hat{\beta}_1 = 2{,}74427$ e erro-padrão de $\hat{\beta}_1$ é igual a 0,0935. Esse erro-padrão é o multiplicador da constante da tabela *t* no intervalo de confiança. Ou seja, $0{,}0935 = \sqrt{(5{,}2352)(0{,}001671)}$. Consequentemente, todos os números estão disponíveis na saída do computador para construir o intervalo e esse é o método típico usado na prática.

12.3.2 Intervalo de Confiança para a Resposta Média

Podemos obter também um intervalo de confiança para a resposta média em determinado ponto, digamos $x_{01}, x_{02}, ..., x_{0k}$. Para estimar a resposta média nesse ponto, defina o vetor

$$\mathbf{x}_0 = \begin{bmatrix} 1 \\ x_{01} \\ x_{02} \\ \vdots \\ x_{0k} \end{bmatrix}$$

A resposta média nesse ponto é $E(Y|\mathbf{x}_0) = \mu_{Y|\mathbf{x}_0} = \mathbf{x}'_0\boldsymbol{\beta}$ que é estimada por

$$\hat{\mu}_{Y|\mathbf{x}_0} = \mathbf{x}'_0\hat{\boldsymbol{\beta}} \qquad (12.36)$$

Esse estimador é não tendencioso, uma vez que $E(\mathbf{x}'_0\hat{\boldsymbol{\beta}}) = \mathbf{x}'_0\boldsymbol{\beta} = E(Y|\mathbf{x}_0) = \mu_{Y|\mathbf{x}_0}$ e a variância de $\mu_{Y|\mathbf{x}_0}$ é

$$V(\hat{\mu}_{Y|\mathbf{x}_0}) = \sigma^2\mathbf{x}'_0(\mathbf{X'X})^{-1}\mathbf{x}_0 \qquad (12.37)$$

Um IC de $100(1-\alpha)$ % para $\mu_{Y|\mathbf{x}_0}$ pode ser construído a partir da estatística

$$\frac{\hat{\mu}_{Y|\mathbf{x}_0} - \mu_{Y|\mathbf{x}_0}}{\sqrt{\hat{\sigma}^2\mathbf{x}'_0(\mathbf{X'X})^{-1}\mathbf{x}_0}} \qquad (12.38)$$

Intervalo de Confiança para a Resposta Média

Para um modelo de regressão linear múltipla, um **intervalo de confiança** de $100(1-\alpha)$ % **para a resposta média** no ponto $x_{01}, x_{02}, ..., x_{0k}$ é

$$\hat{\mu}_{Y|\mathbf{x}_0} - t_{\alpha/2,n-p}\sqrt{\hat{\sigma}^2\mathbf{x}'_0(\mathbf{X'X})^{-1}\mathbf{x}_0} \leq \mu_{Y|\mathbf{x}_0}$$
$$\leq \hat{\mu}_{Y|\mathbf{x}_0} + t_{\alpha/2,n-p}\sqrt{\hat{\sigma}^2\mathbf{x}'_0(\mathbf{X'X})^{-1}\mathbf{x}_0} \qquad (12.39)$$

A Equação 12.39 é um IC em torno do plano de regressão (ou hiperplano). Ela é a generalização da Equação 11.32 para a regressão múltipla.

12.4 Previsão de Novas Observações

Um modelo de regressão pode ser usado para prever novas ou **futuras observações** para a variável de resposta *Y*,

EXEMPLO 12.8 | Intervalo de Confiança para a Resposta Média da Resistência à Adesão de um Fio

O engenheiro no Exemplo 12.1 gostaria de construir um IC de 95 % para a resistência média à tração de um fio, com o comprimento do fio $x_1 = 8$ e a altura da garra $x_2 = 275$. Consequentemente,

$$\mathbf{x}_0 = \begin{bmatrix} 1 \\ 8 \\ 275 \end{bmatrix}$$

A resposta média estimada nesse ponto é encontrada, da Equação 12.36, como

$$\hat{\mu}_{Y|\mathbf{x}_0} = \mathbf{x}'_0\hat{\boldsymbol{\beta}} = \begin{bmatrix} 1 & 8 & 275 \end{bmatrix}\begin{bmatrix} 2{,}26379 \\ 2{,}74427 \\ 0{,}01253 \end{bmatrix} = 27{,}66$$

A variância de $\hat{\mu}_{Y|\mathbf{x}_0}$ é estimada por

$$\hat{\sigma}^2\mathbf{x}'_0(\mathbf{X'X})^{-1}\mathbf{x}_0 = 5{,}2352 \begin{bmatrix} 1 & 8 & 275 \end{bmatrix}$$
$$\begin{bmatrix} ,214653 & -,007491 & -,000340 \\ -,007491 & ,001671 & -,000019 \\ -,000340 & -,000019 & ,0000015 \end{bmatrix}\begin{bmatrix} 1 \\ 8 \\ 275 \end{bmatrix}$$
$$= 5{,}2352(0{,}0444) = 0{,}23244$$

Desse modo, um IC de 95 % para a resistência média à tração nesse ponto é encontrado, da Equação 12.39, como

$$27{,}66 - 2{,}074\sqrt{0{,}23244} \le \mu_{Y|x_0} \le 27{,}66 + 2{,}074\sqrt{0{,}23244}$$

que reduz a

$$26{,}66 \le \mu_{Y|x_0} \le 28{,}66$$

Alguns *softwares* fornecerão estimativas da média para um ponto de interesse $\mathbf{x}_0$ e o IC associado. A Tabela 12.4 mostra a saída computacional para o Exemplo 12.8. Ambas as estimativas da média e do IC de 95 % são fornecidas.

correspondendo a valores particulares das variáveis independentes, digamos $x_{01}, x_{02}, \ldots, x_{0k}$. Se $\mathbf{x}_0' = [1, x_{01}, x_{02}, \ldots, x_{0k}]$, então uma estimativa da futura observação Y_0 no ponto $x_{01}, x_{02}, \ldots, x_{0k}$ é

$$\hat{y}_0 = \mathbf{x}_0'\hat{\boldsymbol{\beta}} \qquad (12.40)$$

Intervalo de Previsão

Um intervalo de previsão de $100(1 - \alpha)$ % para essa futura observação é

$$\hat{y}_0 - t_{\alpha/2, n-p}\sqrt{\hat{\sigma}^2(1 + \mathbf{x}_0'(\mathbf{X'X})^{-1}\mathbf{x}_0)}$$
$$\le Y_0 \le \hat{y}_0 + t_{\alpha/2, n-p}\sqrt{\hat{\sigma}^2(1 + \mathbf{x}_0'(\mathbf{X'X})^{-1}\mathbf{x}_0)} \quad (12.41)$$

Esse intervalo de previsão é uma generalização do intervalo de previsão dado na Equação 11.33 para uma observação futura na regressão linear simples. Se você comparar a Equação 12.41 para o intervalo de previsão com a expressão para o intervalo de confiança para a média, Equação 12.39, você observará que o intervalo de previsão é sempre mais largo do que o intervalo de confiança. O intervalo de confiança expressa o erro na estimação da média de uma distribuição, enquanto o intervalo de previsão expressa o erro na previsão de uma observação futura da distribuição no ponto $\mathbf{x}_0$. Ele tem de incluir o erro na estimação da média naquele ponto, assim como a variabilidade inerente na variável aleatória Y no mesmo valor $\mathbf{x} = \mathbf{x}_0$.

Além disso, alguém pode querer prever a média de vários valores de Y, digamos m, todos no mesmo valor $\mathbf{x} = \mathbf{x}_0$. Uma vez que a variância de uma média amostral é σ^2/m, a Equação 12.41 é modificada como a seguir. Troque a constante 1 sob a raiz quadrada por $1/m$, de modo a refletir a variabilidade mais baixa na média de m observações. Isso resulta em um intervalo mais estreito.

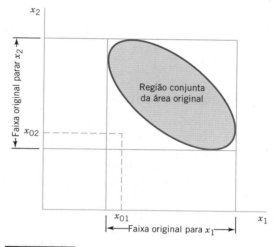

FIGURA 12.5

Um exemplo de extrapolação em regressão múltipla.

Na previsão de novas observações e na estimação da resposta média em um dado ponto $x_{01}, x_{02}, \ldots, x_{0k}$, temos de ser cuidadosos na **extrapolação** além da região contendo as observações originais. É bem possível que um modelo que ajuste bem na região dos dados originais não ajuste de forma satisfatória fora daquela faixa. Em regressão múltipla, é frequentemente fácil extrapolar inadvertidamente, uma vez que os níveis das variáveis $(x_{i1}, x_{i2}, \ldots, x_{ik})$, $i = 1, 2, \ldots, n$, definem conjuntamente a região contendo os dados. Como exemplo, considere a Figura 12.5 que ilustra a região contendo as observações para um modelo de regressão com duas variáveis. Note que o ponto (x_{01}, x_{02}) está dentro das faixas de ambas as variáveis regressoras x_1 e x_2, porém está fora da região realmente englobada pelas observações originais. Eventualmente, ela é chamada de **extrapolação disfarçada**. Assim, a previsão do valor de uma nova observação ou a estimação da resposta média nesse ponto é uma extrapolação do modelo original de regressão.

EXEMPLO 12.9 | Intervalo de Confiança para a Resistência à Adesão de um Fio

Suponha que o engenheiro no Exemplo 12.1 deseje construir um intervalo de previsão de 95 % para a resistência média à tração de um fio colado, quando o comprimento do fio for $x_1 = 8$ e a altura da garra for $x_2 = 275$. Note que $\mathbf{x}_0' = [1\ 8\ 275]$ e a estimativa pontual da resistência à tração é $\hat{y}_0 = \mathbf{x}_0'\hat{\boldsymbol{\beta}} = 27{,}66$. Também, no Exemplo 12.8, calculamos $\mathbf{x}_0'(\mathbf{X'X})^{-1}\mathbf{x}_0 = 0{,}04444$. Por conseguinte, da Equação 12.41, temos

$$27{,}66 - 2{,}074\sqrt{5{,}2352(1 + 0{,}0444)}$$
$$\le Y_0 \le 27{,}66 + 2{,}074\sqrt{5{,}2352(1 + 0{,}0444)}$$

sendo o intervalo de previsão de 95 %

$$22{,}81 \le Y_0 \le 32{,}51$$

Note que o intervalo de previsão é mais largo que o intervalo de confiança para a resposta média no mesmo ponto (calculado no Exemplo 12.8). A saída computacional na Tabela 12.4 mostra também esse intervalo de previsão.

EXEMPLO 12.10 | Resíduos para a Resistência à Adesão de um Fio

Os resíduos para o modelo do Exemplo 12.1 são mostrados na Tabela 12.3. Um gráfico de probabilidade normal desses resíduos é mostrado na Figura 12.6. Nenhum desvio sério da normalidade é aparentemente óbvio, embora os dois maiores resíduos ($e_{15} = 5,84$ e $e_{17} = 4,33$) não caiam extremamente perto de uma linha reta desenhada através dos resíduos restantes.

12.5 Verificação da Adequação do Modelo

12.5.1 Análise Residual

Os **resíduos** do modelo de regressão múltipla, definidos por $e_i = y_i - \hat{y}$, desenvolvem um importante papel no julgamento da adequação do modelo, da mesma forma que para a regressão linear simples. Como observado na Seção 11.7.1, vários gráficos de resíduos são frequentemente úteis; eles estão ilustrados no Exemplo 12.10. É útil também plotar os resíduos contra variáveis que não estejam presentes no modelo, mas que sejam possíveis candidatas à inclusão no modelo. Padrões de comportamento nesses gráficos indicam que o modelo pode ser melhorado pela adição das variáveis candidatas.

Os resíduos são plotados contra $\hat{y}$ na Figura 12.7 e contra x_1 e x_2 nas Figuras 12.8 e 12.9, respectivamente.[1] Os dois maiores resíduos, e_{15} e e_{17}, são aparentes. A Figura 12.8 fornece alguma indicação de que o modelo subestima a resistência à tração para arranjos com fios curtos ($x_1 \leq 6$) e com fios longos ($x_1 \geq 15$) e superestima a resistência para arranjos com fios de comprimento intermediário ($7 \leq x_1 \leq 14$). A mesma impressão é obtida da Figura 12.7. Ou a relação entre a resistência e o comprimento do fio não é linear (requerendo que um termo envolvendo x_1^2, por exemplo, seja adicionado ao modelo) ou outras variáveis regressoras, não presentes no modelo, afetaram a resposta.

[1]Há outros métodos, descritos em Montgomery, Peck e Vining (2012) e Myers (1990), que plotam uma versão modificada dos resíduos, chamados de **resíduos parciais**, contra cada regressor. Esses gráficos de resíduos parciais são úteis para mostrar a relação entre a resposta y e cada regressor individual.

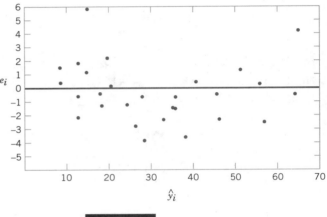

FIGURA 12.7

Gráfico dos resíduos contra $\hat{y}$.

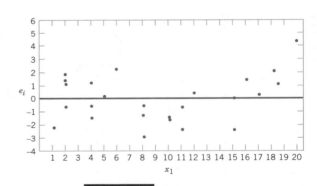

FIGURA 12.8

Gráfico dos resíduos contra x_1.

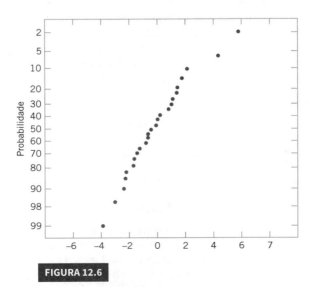

FIGURA 12.6

Gráfico de probabilidade normal dos resíduos.

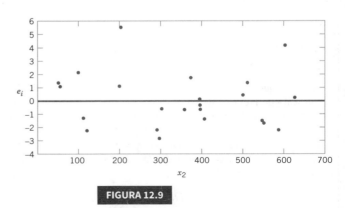

FIGURA 12.9

Gráfico dos resíduos contra x_2.

Os **resíduos padronizados**

Resíduos Padronizados

$$d_i = \frac{e_i}{\sqrt{MQ_E}} = \frac{e_i}{\sqrt{\hat{\sigma}^2}} \qquad (12.42)$$

são frequentemente mais úteis do que os resíduos normais, quando se estima a magnitude residual. Para o exemplo da resistência à adesão de um fio, os resíduos padronizados correspondentes a e_{15} e e_{17} são $d_{15} = 5{,}84/\sqrt{5{,}2352} = 2{,}55$ e $d_{17} = 4{,}33/\sqrt{5{,}2352} = 1{,}89$, que não parecem ser excepcionalmente grandes. Uma inspeção dos dados não revela nenhum erro na coleta das observações 15 e 17, nem há nenhuma razão para descartar ou modificar esses dois pontos.

No exemplo da resistência à adesão do fio, usamos os resíduos padronizados $d_i = e_i/\sqrt{\hat{\sigma}^2}$ como uma medida da magnitude residual. Alguns analistas preferem plotar resíduos padronizados em vez de resíduos normais, porque os resíduos padronizados são escalonados de modo que seus desvios-padrão sejam aproximadamente iguais a um. Consequentemente, resíduos grandes (que podem indicar possíveis *outliers* ou observações não usuais) serão mais óbvios a partir da inspeção dos gráficos residuais.

Muitos *softwares* de regressão calculam outros tipos de resíduos escalonados. Um dos mais populares é o **resíduo na forma de Student**.

Resíduos na Forma de Student

$$r_i = \frac{e_i}{\sqrt{\hat{\sigma}^2(1 - h_{ii})}} \qquad i = 1, 2, \ldots, n \qquad (12.43)$$

em que h_{ii} é o i-ésimo elemento da diagonal da matriz

$$\mathbf{H} = \mathbf{X}(\mathbf{X}'\mathbf{X})^{-1}\mathbf{X}'$$

A matriz **H** é ocasionalmente chamada de **matriz chapéu**, uma vez que

$$\hat{\mathbf{y}} = \mathbf{X}\hat{\boldsymbol{\beta}} = \mathbf{X}(\mathbf{X}'\mathbf{X})^{-1}\mathbf{X}'\mathbf{y} = \mathbf{H}\mathbf{y}$$

Logo, **H** transforma os valores observados de **y** em um vetor de valores ajustados $\hat{\mathbf{y}}$.

Uma vez que cada linha da matriz **X** corresponde a um vetor, digamos $\mathbf{x}'_i = [1, x_{i1}, x_{i2}, \ldots, x_{ik}]$, outra maneira de escrever os elementos da diagonal da matriz chapéu é

Elementos da Diagonal da Matriz Chapéu

$$h_{ii} = \mathbf{x}'_i(\mathbf{X}'\mathbf{X})^{-1}\mathbf{x}_i \qquad (12.44)$$

Observe que além de σ^2, h_{ii} é a variância do valor ajustado $\hat{y}_i$. As grandezas h_{ii} foram usadas no cálculo do intervalo de confiança para a resposta média na Seção 12.3.2.

Sob as suposições usuais de que os erros do modelo são independentemente distribuídos, com média zero e variância σ^2, podemos mostrar que a variância do i-ésimo resíduo e_i é

$$V(e_i) = \sigma^2(1 - h_{ii}), \qquad i = 1, 2, \ldots, n$$

Além disso, os elementos h_{ii} têm de cair no intervalo $0 < h_{ii} \leq 1$. Isso implica que os resíduos padronizados estão abaixo da magnitude residual verdadeira; assim, os resíduos na forma de Student seriam uma melhor estatística para avaliar os *outliers* em potencial.

Com a finalidade de ilustrar, considere as duas observações identificadas nos dados da resistência à adesão de um fio (Exemplo 12.10) como tendo resíduos que podem ser excepcionalmente grandes, observações 15 e 17. Os resíduos padronizados são

$$d_{17} = \frac{e_{15}}{\sqrt{\hat{\sigma}^2}} = \frac{5{,}84}{\sqrt{5{,}2352}} = 2{,}55 \quad \text{e}$$

$$d_{17} = \frac{e_{17}}{\sqrt{MQ_E}} = \frac{4{,}33}{\sqrt{5{,}2352}} = 1{,}89$$

Agora, $h_{15,15} = 0{,}0737$ e $h_{17,17} = 0{,}2593$; logo, os resíduos na forma de Student são

$$r_{15} = \frac{e_{15}}{\sqrt{\hat{\sigma}^2(1 - h_{15,15})}} = \frac{5{,}84}{\sqrt{5{,}2352(1 - 0{,}0737)}} = 2{,}65$$

e

$$r_{17} = \frac{e_{17}}{\sqrt{\hat{\sigma}^2(1 - h_{17,17})}} = \frac{4{,}33}{\sqrt{5{,}2352(1 - 0{,}2593)}} = 2{,}20$$

Note que os resíduos na forma de Student são maiores do que os resíduos padronizados correspondentes. No entanto, os resíduos na forma de Student não são ainda tão grandes para nos causar uma séria preocupação sobre os possíveis *outliers*.

12.5.2 Observações Influentes

Quando usamos regressão múltipla, ocasionalmente encontramos algum subconjunto de observações excepcionalmente influentes. Por vezes, essas observações influentes estão relativamente longe da vizinhança onde o resto dos dados foi coletado. Uma situação hipotética para duas variáveis é mostrada na Figura 12.10, em que uma observação no espaço x está distante do resto dos dados. A disposição dos pontos no espaço x é importante na determinação das propriedades do modelo. Por exemplo, o ponto (x_{i1}, x_{i2}) na Figura 12.10 pode exercer muita influência na determinação de R^2, nas estimativas dos coeficientes de regressão e na magnitude da média quadrática dos erros.

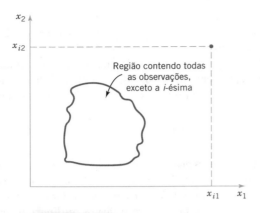

FIGURA 12.10

Um ponto que está longe no espaço x.

Fórmula da Distância de Cook

$$D_i = \frac{r_i^2}{p} \frac{h_{ii}}{(1-h_{ii})} \qquad i = 1, 2, \ldots, n \qquad (12.45)$$

Da Equação 12.45, vemos que D_i consiste no quadrado do resíduo na forma de Student, que reflete quão bem o modelo ajusta a i-ésima observação y_i [lembre-se de que $r_i = e_i/\sqrt{\hat{\sigma}^2(1-h_{ii})}$] e um componente que mede quão longe aquele ponto está do resto dos dados [$h_{ii}/(1-h_{ii})$ é uma medida da distância do i-ésimo ponto a partir do centroide dos $n-1$ pontos restantes]. Um valor de $D_i > 1$ indicaria que o ponto é influente. Cada componente de D_i (ou ambos) pode contribuir para um grande valor.

12.6 Aspectos da Modelagem por Regressão Múltipla

Nesta seção, discutiremos brevemente outros aspectos da construção de modelos de regressão múltipla. Eles incluem termos polinomiais, variáveis categóricas, construção de modelos e regressores correlacionados.

12.6.1 Modelos Polinomiais de Regressão

Gostaríamos de examinar os pontos influentes de modo a determinar se eles controlam muitas propriedades do modelo. Se esses pontos influentes forem pontos "ruins", ou errôneos de algum modo, então eles devem ser eliminados. Por outro lado, pode não haver algo errado com esses pontos; porém, no mínimo, gostaríamos de determinar se eles produzem ou não resultados consistentes com o resto dos dados. Em qualquer evento, mesmo se um ponto influente for válido, se ele controlar importantes propriedades do modelo, gostaríamos de saber isso, uma vez que ele poderia ter um impacto no uso do modelo.

Montgomery, Peck e Vining (2012) e Myers (1990) descrevem vários métodos de detecção de observações influentes. Um excelente diagnóstico é a medida da distância ao quadrado entre a estimativa usual de mínimos quadrados de $\boldsymbol{\beta}$, baseada em todas as n observações, e a estimativa obtida quando o i-ésimo ponto for removido, digamos $\hat{\boldsymbol{\beta}}_{(i)}$. A **medida da distância de Cook** é

Distância de Cook

$$D_i = \frac{(\hat{\boldsymbol{\beta}}_{(i)} - \hat{\boldsymbol{\beta}})' \mathbf{X}'\mathbf{X}(\hat{\boldsymbol{\beta}}_{(i)} - \hat{\boldsymbol{\beta}})}{p\hat{\sigma}^2} \qquad i = 1, 2, \ldots, n$$

Claramente, se o i-ésimo ponto for influente, sua remoção resultará em $\hat{\boldsymbol{\beta}}_{(i)}$ variando consideravelmente do valor $\boldsymbol{\beta}$. Logo, um grande valor de D_i implica que o i-ésimo ponto é influente. A estatística D_i é realmente calculada usando

O modelo linear $\mathbf{Y} = \mathbf{X}\boldsymbol{\beta} + \boldsymbol{\varepsilon}$ é um modelo geral que pode ser usado para ajustar qualquer relação que seja **linear nos parâmetros desconhecidos $\boldsymbol{\beta}$**. Isso inclui a importante classe de **modelos de regressão polinomial**. Por exemplo, o polinômio de segundo grau em uma variável

$$Y = \beta_0 + \beta_1 x + \beta_{11} x^2 + \varepsilon \qquad (12.46)$$

e o polinômio de segundo grau em duas variáveis

$$Y = \beta_0 + \beta_1 x_1 + \beta_2 x_2 + \beta_{11} x_1^2 + \beta_{22} x_2^2 + \beta_{12} x_1 x_2 + \varepsilon \quad (12.47)$$

são modelos de regressão linear.

Modelos de regressão polinomial são largamente usados quando a resposta é curvilínea, porque os princípios gerais da regressão múltipla podem ser aplicados. O Exemplo 12.12 ilustra alguns dos tipos de análises que podem ser feitas.

EXEMPLO 12.11 | Distâncias de Cook para a Resistência à Adesão de um Fio

A Tabela 12.8 lista os valores das diagonais da matriz chapéu h_{ii} e a medida da distância de Cook D_i para os dados da resistência à tração de um fio colado no Exemplo 12.1. Para ilustrar os cálculos, considere a primeira observação:

$$D_1 = \frac{r_1^2}{p} \cdot \frac{h_{11}}{(1-h_{11})} = \frac{\left[e_1/\sqrt{MQ_E(1-h_{11})}\right]^2}{p} \cdot \frac{h_{11}}{(1-h_{11})}$$

$$= \frac{\left[1{,}57/\sqrt{5{,}2352(1-0{,}1573)}\right]^2}{3} \cdot \frac{0{,}1573}{(1-0{,}1573)}$$

$$= 0{,}035$$

A medida da distância de Cook D_i não identifica, nos dados, quaisquer observações potencialmente influentes, uma vez que nenhum valor de D_i excede a unidade.

TABELA 12.8 Diagnóstico de Pontos Influentes para Dados da Resistência à Tração de um Fio Colado

Observações i	h_{ii}	Medida da Distância de Cook D_i	Observações i	h_{ii}	Medida da Distância de Cook D_i
1	0,1573	0,035	14	0,1129	0,003
2	0,1116	0,012	15	0,0737	0,187
3	0,1419	0,060	16	0,0879	0,001
4	0,1019	0,021	17	0,2593	0,565
5	0,0418	0,024	18	0,2929	0,155
6	0,0749	0,007	19	0,0962	0,018
7	0,1181	0,036	20	0,1473	0,000
8	0,1561	0,020	21	0,1296	0,052
9	0,1280	0,160	22	0,1358	0,028
10	0,0413	0,001	23	0,1824	0,002
11	0,0925	0,013	24	0,1091	0,040
12	0,0526	0,001	25	0,0729	0,000
13	0,0820	0,001			

EXEMPLO 12.12 | Painéis Laterais de Aviões

Os painéis laterais para o interior de um avião são feitos em uma prensa de 1500 toneladas. O custo da unidade de fabricação varia com o tamanho do lote de produção. Os dados mostrados a seguir fornecem o custo médio por unidade (em centenas de dólares) para esse produto (y) e o tamanho do lote de produção (x). O diagrama de dispersão, mostrado na Figura 12.11, indica que um polinômio de segundo grau pode ser apropriado.

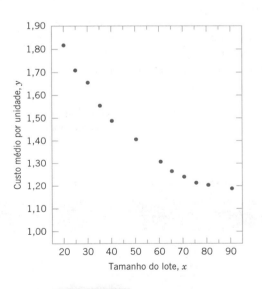

FIGURA 12.11

Dados para o Exemplo 12.12.

y	1,81	1,70	1,65	1,55	1,48	1,40
x	20	25	30	35	40	50

y	1,30	1,26	1,24	1,21	1,20	1,18
x	60	65	70	75	80	80

Ajustaremos o modelo

$$Y = \beta_0 + \beta_1 x + \beta_{11} x^2 + \varepsilon$$

O vetor **y**, a matriz **X** e o vetor **β** são dados a seguir

$$\mathbf{y} = \begin{bmatrix} 1,81 \\ 1,70 \\ 1,65 \\ 1,55 \\ 1,48 \\ 1,40 \\ 1,30 \\ 1,26 \\ 1,24 \\ 1,21 \\ 1,20 \\ 1,18 \end{bmatrix} \quad \mathbf{X} = \begin{bmatrix} 1 & 20 & 400 \\ 1 & 25 & 625 \\ 1 & 30 & 900 \\ 1 & 35 & 1225 \\ 1 & 40 & 1600 \\ 1 & 50 & 2500 \\ 1 & 60 & 3600 \\ 1 & 65 & 4225 \\ 1 & 70 & 4900 \\ 1 & 75 & 5625 \\ 1 & 80 & 6400 \\ 1 & 90 & 8100 \end{bmatrix} \quad \boldsymbol{\beta} = \begin{bmatrix} \beta_0 \\ \beta_1 \\ \beta_2 \end{bmatrix}$$

A resolução das equações normais $\mathbf{X'X}\hat{\boldsymbol{\beta}} = \mathbf{X'y}$ fornece o modelo ajustado.

$$\hat{y} = 2,19826629 - 0,02252236x + 0,00012507x^2$$

Conclusões: O teste para a significância da regressão é mostrado na Tabela 12.9. Uma vez que $f_0 = 1762,3$ é significante a 1 %, concluímos que, no mínimo, um dos parâmetros β_1 e β_{11} não seja zero. Além disso, os testes padrões para a adequação do modelo não revelam nenhum comportamento incomum, e concluímos que esse é um modelo razoável para os dados de custo do painel lateral.

TABELA 12.9 Teste para Significância da Regressão para o Modelo de Segundo Grau

Fonte de Variação	Soma dos Quadrados	Graus de Liberdade	Média Quadrática	f_0	Valor P
Regressão	0,52516	2	0,26258	1762,28	2.12E-12
Erro	0,00134	9	0,00015		
Total	0,5265	11			

No ajuste polinomial, geralmente gostamos de usar o **modelo de menor grau** que seja consistente com os dados. Nesse exemplo, parece lógico investigar a possibilidade de retirar o termo quadrático do modelo. Isto é, gostaríamos de testar

$$H_0: \beta_{11} = 0 \quad H_1: \beta_{11} \neq 0$$

O teste geral de significância da regressão pode ser usado para testar essa hipótese. Necessitamos determinar a "soma extra dos quadrados" em razão de β_{11} ou

$$SQ_R(\beta_{11} \mid \beta_1, \beta_0) = SQ_R(\beta_1, \beta_{11} \mid \beta_0) - SQ_R(\beta_1 \mid \beta_0)$$

Da Tabela 12.10, temos a soma dos quadrados $SQ_R(\beta_1, \beta_{11}|\beta_0) = 0,52516$. Para encontrar $SQ_R(\beta_1|\beta_0)$, ajustamos um modelo de regressão linear simples aos dados originais, resultando

$$\hat{y} = 1,90036313 - 0,00910056x$$

Pode ser facilmente verificado que a soma dos quadrados da regressão para esse modelo é

$$SQ_R(\beta_1|\beta_0) = 0,4942$$

Consequentemente, a soma extra dos quadrados em razão de β_{11}, dado que β_1 e β_0 estão no modelo, é

$$SQ_R(\beta_{11}|\beta_1, \beta_0) = SQ_R(\beta_1, \beta_{11}|\beta_0) - SQ_R(\beta_1|\beta_0)$$
$$= 0,5252 - 0,4942 = 0,031$$

A análise de variância, com o teste de $H_0: \beta_{11} = 0$ incorporado ao procedimento, é mostrada na Tabela 12.10. Note que o termo quadrático contribui significativamente para o modelo.

12.6.2 Regressores Categóricos e Variáveis Indicativas

Os modelos de regressão apresentados nas seções anteriores foram baseados nas variáveis **quantitativas**, ou seja, variáveis que são medidas em uma escala numérica. Por exemplo, variáveis tais como temperatura, pressão, distância e voltagem são variáveis quantitativas. Ocasionalmente, necessitamos incorporar **variáveis categóricas** em um modelo de regressão. Por exemplo, suponha que uma das variáveis em um modelo de regressão seja o operador que esteja associado a cada observação y_i. Considere que somente dois operadores estejam envolvidos. Podemos desejar conferir níveis diferentes aos dois operadores para considerar a possibilidade de que cada operador possa ter um efeito diferente na resposta.

O método usual de considerar diferentes níveis de uma variável qualitativa é usar **variáveis indicativas**. Por exemplo, para introduzir o efeito de dois operadores diferentes em um modelo de regressão, poderíamos definir uma variável indicativa como se segue:

$$x = \begin{cases} 0 \text{ se a observação é do operador 1} \\ 1 \text{ se a observação é do operador 2} \end{cases}$$

TABELA 12.10 Análise de Variância para o Exemplo 12.12, Mostrando o Teste para $H_0: \beta_{11} = 0$

Fonte de Variação	Soma dos Quadrados	Graus de Liberdade	Média Quadrática	f_0	Valor P
Regressão	$SQ_R(\beta_1, \beta_{11}|\beta_0) = 0,52516$	2	0,26258	1767,40	2.09E-12
Linear	$SQ_R(\beta_1|\beta_0) = 0,49416$	1	0,49416	2236,12	7.13E-13
Quadrática	$SQ_R(\beta_{11}|\beta_0, \beta_1) = 0,03100$	1	0,03100	208,67	1.56E-7
Erro	0,00133	9	0,00015		
Total	0,5265	11			

EXEMPLO 12.13 | Acabamento de Superfície

Um engenheiro mecânico está investigando o acabamento na superfície de partes metálicas produzidas em um torno mecânico e sua relação com a velocidade (em revoluções por minuto) do torno. Os dados são mostrados na Tabela 12.11. Note que os dados foram coletados usando dois tipos diferentes de ferramentas de corte. Uma vez que o tipo da ferramenta de corte provavelmente afeta o acabamento da superfície, ajustaremos o modelo

$$Y = \beta_0 + \beta_1 x_1 + \beta_2 x_2 + \varepsilon$$

sendo Y o acabamento da superfície, x_1 a velocidade do torno, em revoluções por minuto, e x_2 uma variável indicativa, denotando o tipo da ferramenta de corte usada; isto é,

$$x_2 = \begin{cases} 0, \text{ para a ferramenta tipo 302} \\ 1, \text{ para a ferramenta tipo 416} \end{cases}$$

Os parâmetros nesse modelo podem ser facilmente interpretados. Se $x_2 = 0$, então o modelo se torna

$$Y = \beta_0 + \beta_1 x_1 + \varepsilon$$

TABELA 12.11 Dados de Acabamento da Superfície

Número da Observação, i	Acabamento da Superfície y_i	RPM	Tipo de Ferramenta de Corte
1	45,44	225	302
2	42,03	200	302
3	50,10	250	302
4	48,75	245	302
5	47,92	235	302
6	47,79	237	302
7	52,26	265	302
8	50,52	259	302
9	45,58	221	302
10	44,78	218	302
11	33,50	224	416
12	31,23	212	416
13	37,52	248	416
14	37,13	260	416
15	34,70	243	416
16	33,92	238	416
17	32,13	224	416
18	35,47	251	416
19	33,49	232	416
20	32,29	216	416

que é um modelo de linha reta, com coeficiente angular β_1 e coeficiente linear β_0. Entretanto, se $x_2 = 1$, o modelo se torna

$$Y = \beta_0 + \beta_1 x_1 + \beta_2 (1) + \varepsilon = (\beta_0 + \beta_2) + \beta_1 x_1 + \varepsilon$$

que é um modelo de linha reta, com coeficiente angular β_1 e coeficiente linear $\beta_0 + \beta_2$. Dessa forma, o modelo $Y = \beta_0 + \beta_1 x_1 + \beta_2 x_2 + \varepsilon$ implica que o acabamento da superfície está relacionado linearmente com a velocidade do torno e que o coeficiente angular β_1 não depende do tipo usado de ferramenta de corte. Entretanto, o tipo de ferramenta de corte afeta o coeficiente linear, e β_2 indica a variação no coeficiente linear associada à mudança no tipo de ferramenta de 302 para 416.

A matriz **X** e o vetor **y** para esse problema são dados a seguir:

$$x = \begin{bmatrix} 1 & 225 & 1 \\ 1 & 200 & 1 \\ 1 & 250 & 1 \\ 1 & 245 & 1 \\ 1 & 235 & 1 \\ 1 & 237 & 1 \\ 1 & 265 & 1 \\ 1 & 259 & 1 \\ 1 & 221 & 1 \\ 1 & 218 & 1 \\ 1 & 224 & 1 \\ 1 & 212 & 1 \\ 1 & 248 & 1 \\ 1 & 260 & 1 \\ 1 & 243 & 1 \\ 1 & 238 & 1 \\ 1 & 224 & 1 \\ 1 & 251 & 1 \\ 1 & 232 & 1 \\ 1 & 216 & 1 \end{bmatrix} \quad y = \begin{bmatrix} 45,44 \\ 42,03 \\ 50,10 \\ 48,75 \\ 47,92 \\ 47,79 \\ 52,26 \\ 50,52 \\ 45,58 \\ 44,78 \\ 33,50 \\ 31,23 \\ 37,52 \\ 37,13 \\ 34,70 \\ 33,92 \\ 32,13 \\ 35,47 \\ 33,49 \\ 32,29 \end{bmatrix}$$

O modelo ajustado é

$$\hat{y} = 14{,}27620 + 0{,}14115 x_1 - 13{,}28020 x_2$$

Conclusões: A análise de variância para esse modelo é mostrada na Tabela 12.12. Observe que a hipótese $H_0: \beta_1 = \beta_2 = 0$ (significância da regressão) seria rejeitada em qualquer nível razoável de significância, pelo fato de o valor P ser muito pequeno. Essa tabela também contém as somas dos quadrados

$$SQ_R = SQ_R(\beta 1, \beta 2 \mid \beta 0) = SQ_R(\beta 1 \mid \beta 0) + SQ_R(\beta 2) \beta 1, \beta 0)$$

de modo que um teste da hipótese $H_0: \beta_2 = 0$ pode ser feito. Uma vez que essa hipótese é também rejeitada, concluímos que o tipo de ferramenta tem um efeito no acabamento da superfície.

TABELA 12.12 Análise de Variância

Fonte de Variação	Soma dos Quadrados	Graus de Liberdade	Média Quadrática	f_0	Valor P
Regressão	1012,0595	2	506,0297	1103,69	1.02E-18
$SQ_R(\beta_1\|\beta_0)$	130,6091	1	130,6091	284,87	4.70E-12
$SQ_R(\beta_2\|\beta_1, \beta_0)$	881,4504	1	881,4504	1922,52	6.24E-19
Erro	7,7943	17	0,4585		
Total	1019,8538	19			

Em geral, uma variável qualitativa com r níveis pode ser modelada por $r-1$ variáveis indicativas, que recebem o valor de 0 ou 1. Assim, se houver três operadores, os diferentes níveis serão considerados pelas variáveis indicativas definidas conforme se segue:

x_1	x_2	
0	0	se a observação é do operador 1
1	0	se a observação é do operador 2
0	1	se a observação é do operador 3

Variáveis indicativas são também referidas como variáveis **mudas** (*dummy variables*). O seguinte exemplo [de Montgomery, Peck e Vining (2012)] ilustra alguns dos usos de variáveis indicativas.

É possível também usar variáveis indicativas para investigar se o tipo de ferramenta afeta os coeficientes angular e linear. Considere o modelo

$$Y = \beta_0 + \beta_1 x_1 + \beta_2 x_2 + \beta_3 x_1 x_2 + \varepsilon$$

sendo x_2 a variável indicativa. Agora, se o tipo 302 de ferramenta for usada, $x_2 = 0$ e o modelo será

$$Y = \beta_0 + \beta_1 x_1 + \varepsilon$$

Se o tipo 416 for usado, $x_2 = 1$ e o modelo se tornará

$$Y = \beta_0 + \beta_1 x_1 + \beta_2 + \beta_3 x_1 + \varepsilon = (\beta_0 + \beta_2) + (\beta_1 + \beta_3)x_1 + \varepsilon$$

Note que β_2 é a mudança no coeficiente linear e que β_3 é a mudança no coeficiente angular produzida por uma mudança no tipo de ferramenta.

Outro método de análise desses dados é ajustar separadamente os modelos de regressão aos dados para cada tipo de ferramenta. No entanto, a abordagem de variável indicativa tem várias vantagens. Primeira, somente um modelo de regressão tem de ser ajustado. Segunda, pela combinação dos dados de ambos os tipos de ferramenta, são obtidos mais graus de liberdade para o erro. Terceira, testes de ambas as hipóteses nos parâmetros β_2 e β_3 são apenas casos especiais do método da soma extra dos quadrados.

12.6.3 Seleção de Variáveis e Construção de Modelos

Um problema importante em muitas aplicações da análise de regressão envolve selecionar o conjunto de variáveis regressoras a ser usado no modelo. Com frequência, experiência prévia ou considerações teóricas em foco podem ajudar o analista a especificar o conjunto de variáveis regressoras a ser usado em uma situação particular. Geralmente, no entanto, o problema consiste em selecionar um conjunto apropriado de regressores a partir de um conjunto que inclua provavelmente todas as variáveis importantes, mas estamos certos de que nem todos os regressores candidatos são necessários para modelar adequadamente a resposta Y.

Em tal situação, estamos interessados na **seleção de variáveis**; ou seja, filtrar as variáveis candidatas para obter um modelo de regressão que contenha o "melhor" subconjunto de variáveis regressoras. Gostaríamos de que o modelo final contivesse variáveis regressoras suficientes de modo que ele desempenhasse satisfatoriamente o uso pretendido do modelo (previsão, por exemplo). Por outro lado, para manter os custos mínimos de manutenção e tornar o modelo fácil de usar, gostaríamos de que o modelo usasse o menor número possível de variáveis regressoras. O compromisso entre esses objetivos conflitantes é frequentemente chamado de encontrar a "melhor" equação de regressão. No entanto, na maioria dos problemas, nenhum modelo simples de regressão é "melhor" em termos dos vários critérios de avaliação que foram propostos. Geralmente, necessita-se de uma grande dose de julgamento e experiência com o sistema sendo modelado para selecionar um conjunto apropriado de variáveis regressoras para uma equação de regressão.

Nenhum único algoritmo produzirá sempre uma boa solução para o problema de selecionar variáveis. A maioria dos procedimentos atualmente disponíveis são técnicas de busca e, para executar satisfatoriamente, elas requerem interação com o analista por meio de seu julgamento. Agora, descreveremos brevemente algumas das técnicas mais populares de seleção de variáveis. Consideremos que haja K regressores candidatos, $x_1, x_2, \ldots, x_k$, e uma única variável de resposta y. Todos os modelos incluirão um termo de interseção β_0, de modo que o modelo com *todas* as variáveis incluídas tenham $K + 1$ termos. Além disso, a forma funcional de cada variável candidata (por exemplo, $x_1 = 1/x$, $x_2 = \ln x$ etc.) é considerada correta.

Todas as Regressões Possíveis Essa abordagem requer que o analista ajuste todas as equações de regressão envolvendo uma variável candidata, todas as equações de regressão envolvendo duas variáveis candidatas, e assim por diante. Então, essas equações são avaliadas de acordo com alguns critérios adequados para selecionar o "melhor" modelo de regressão. Se houver K regressores candidatos, haverá 2^K equações totais para serem examinadas. Por exemplo, se $K = 4$, haverá $2^4 = 16$ equações possíveis de regressão; enquanto se $K = 10$, haverá $2^{10} = 1024$ equações possíveis de regressão. Consequentemente, o número de equações a ser examinado aumenta rapidamente à medida que cresce o número de variáveis candidatas. Entretanto, há alguns algoritmos computacionais muito eficientes disponíveis para todas as regressões possíveis, sendo largamente implementados em *softwares* estatísticos; logo, é um procedimento muito prático, a menos que o número de regressores candidatos seja razoavelmente grande. Procure por uma opção tal como regressão de "Melhores Subconjuntos".

Vários critérios podem ser usados para avaliar e comparar os diferentes modelos obtidos de regressão. Um critério comumente usado está baseado no valor de R^2 ou no valor do R^2, $R^2_{ajustado}$. Basicamente, o analista continua a aumentar o número de variáveis no modelo até o aumento em que R^2 ou $R^2_{ajustado}$ seja pequeno. Frequentemente, encontraremos que o $R^2_{ajustado}$ estabilizará e realmente começará a diminuir quando o número de variáveis no modelo aumentar. Geralmente, o modelo que maximiza $R^2_{ajustado}$ é considerado um bom candidato para a melhor equação de regressão. Uma vez que podemos escrever $R^2_{ajustado} = 1 - \{MQ_E / [SQ_T/(n-1)]\}$ e $SQ_T/(n-1)$ é uma constante, o modelo que maximiza o valor de $R^2_{ajustado}$ também minimiza o erro quadrático médio; logo, esse é um critério bem atrativo.

Outro critério para avaliar modelos de regressão é a **estatística C_p**, que é uma medida do erro quadrático médio total para o modelo de regressão. Definimos o erro quadrático médio total padronizado para o modelo de regressão como

$$\Gamma_p = \frac{1}{\sigma^2} \sum_{i=1}^{n} E[\hat{Y}_i - E(Y_i)]^2$$

$$= \frac{1}{\sigma^2} \left\{ \sum_{i=1}^{n} [E(Y_i) - E(\hat{Y}_i)]^2 + \sum_{i=1}^{n} V(\hat{Y}_i) \right\}$$

$$= \frac{1}{\sigma^2} [(\text{tendenciosidade})^2 + \text{variância}]$$

Usamos o erro quadrático médio a partir do modelo *completo* com $K + 1$ termos como uma estimativa de σ^2, ou seja,

$\hat{\sigma}^2 = MQ_E(K + 1)$. Então, um estimador de Γ_p é [consulte Montgomery, Peck e Vining (2012) para os detalhes]:

Estatística C_p

$$C_p = \frac{SQ_E(p)}{\hat{\sigma}^2} - n + 2p \qquad (12.48)$$

Se o modelo com p termos tiver tendenciosidade negligenciável, então pode ser mostrado que

$$E(C_p | \text{tendenciosidade nula}) = p$$

Logo, os valores de C_p para cada modelo de regressão sob consideração deverão ser avaliados relativos a p. As equações de regressão que tenham tendenciosidade negligenciável terão valores de C_p próximos de p, enquanto aqueles com tendenciosidade significativa terão valores de C_p significativamente maiores do que p. Escolhemos então como a "melhor" equação de regressão um modelo com um valor *mínimo* de C_p ou um modelo com um valor de C_p ligeiramente maior, que não contenha tanta tendenciosidade (isto é, $C_p \cong p$).

A **estatística SQEP** pode também ser usada para avaliar modelos de regressão que competem entre si. SQEP é um acrônimo para **soma dos quadrados do erro de previsão** e é definida como a soma dos quadrados das diferenças entre cada observação y_i e o valor previsto correspondente, baseando-se no ajuste de um modelo aos $n - 1$ *pontos restantes*, ou seja, $\hat{y}_{(i)}$. Desse modo, SQEP fornece uma medida do desempenho do modelo em prever *novos* dados, ou os dados que não foram usados para ajustar o modelo de regressão. A fórmula que calcula SQEP é

Soma dos Quadrados do Erro de Previsão (SQEP)

$$\text{SQEP} = \sum_{i=1}^{n} (y_i - \hat{y}_{(i)})^2 = \sum_{i=1}^{n} \left(\frac{e_i}{1 - h_{ii}} \right)^2$$

sendo $e_i = y_i - \hat{y}_i$ o resíduo usual. Por conseguinte, SQEP é fácil de calcular a partir dos resultados da regressão padrão de mínimos quadrados. Modelos que têm valores pequenos de SQEP são preferidos.

EXEMPLO 12.14 | Qualidade do Vinho

A Tabela 12.13 apresenta dados sobre o teste de sabor de 38 marcas de vinho *pinot noir* [os dados foram publicados primeiro em um artigo de Kwan, Kowalski e Skogenboe em *Journal of Agricultural and Food Chemistry* (v. 27, 1979), e também aparecem como um dos conjuntos de dados padrões do Minitab]. A variável resposta é y = qualidade, e desejamos encontrar a "melhor" equação de regressão que relaciona qualidade com os outros cinco parâmetros.

TABELA 12.13 Dados da Qualidade do Vinho

	x_1 Claridade	x_2 Aroma	x_3 Corpo	x_4 Sabor	x_5 Afinação	x_6 Qualidade
1	1,0	3,3	2,8	3,1	4,1	9,8
2	1,0	4,4	4,9	3,5	3,9	12,6
3	1,0	3,9	5,3	4,8	4,7	11,9
4	1,0	3,9	2,6	3,1	3,6	11,1
5	1,0	5,6	5,1	5,5	5,1	13,3
6	1,0	4,6	4,7	5,0	4,1	12,8
7	1,0	4,8	4,8	4,8	3,3	12,8
8	1,0	5,3	4,5	4,3	5,2	12,0
9	1,0	4,3	4,3	3,9	2,9	13,6
10	1,0	4,3	3,9	4,7	3,9	13,9
11	1,0	5,1	4,3	4,5	3,6	14,4
12	0,5	3,3	5,4	4,3	3,6	12,3
13	0,8	5,9	5,7	7,0	4,1	16,1
14	0,7	7,7	6,6	6,7	3,7	16,1
15	1,0	7,1	4,4	5,8	4,1	15,5
16	0,9	5,5	5,6	5,6	4,4	15,5
17	1,0	6,3	5,4	4,8	4,6	13,8
18	1,0	5,0	5,5	5,5	4,1	13,8
19	1,0	4,6	4,1	4,3	3,1	11,3
20	0,9	3,4	5,0	3,4	3,4	7,9
21	0,9	6,4	5,4	6,6	4,8	15,1
22	1,0	5,5	5,3	5,3	3,8	13,5
23	0,7	4,7	4,1	5,0	3,7	10,8
24	0,7	4,1	4,0	4,1	4,0	9,5
25	1,0	6,0	5,4	5,7	4,7	12,7
26	1,0	4,3	4,6	4,7	4,9	11,6
27	1,0	3,9	4,0	5,1	5,1	11,7
28	1,0	5,1	4,9	5,0	5,1	11,9
29	1,0	3,9	4,4	5,0	4,4	10,8
30	1,0	4,5	3,7	2,9	3,9	8,5
31	1,0	5,2	4,3	5,0	6,0	10,7
32	0,8	4,2	3,8	3,0	4,7	9,1
33	1,0	3,3	3,5	4,3	4,5	12,1
34	1,0	6,8	5,0	6,0	5,2	14,9
35	0,8	5,0	5,7	5,5	4,8	13,5
36	0,8	3,5	4,7	4,2	3,3	12,2
37	0,8	4,3	5,5	3,5	5,8	10,3
38	0,8	5,2	4,8	5,7	3,5	13,2

A Figura 12.12 é a matriz de gráficos de dispersão para os dados da qualidade de vinho. Notamos que há algumas indicações de possíveis relações lineares entre qualidade e os regressores, porém não há uma impressão visual óbvia de quais regressores seriam apropriados. A Tabela 12.14 lista a saída de um *software* com todas as regressões possíveis. Nessa análise, pedimos ao *software* para apresentar as três melhores equações para cada tamanho de subconjunto. Note que o *software* reporta os valores de R^2, $R^2_{ajustado}$, C_p e $S = \sqrt{MQ_E}$ para cada modelo. Da Tabela 12.14, vemos que a equação com as três variáveis $x_2 =$ aroma, $x_4 =$ sabor e $x_5 =$ afinação produz a equação com o mínimo C_p, enquanto o modelo com quatro variáveis, que adiciona $x_1 =$ claridade aos três regressores anteriores, resulta em máximo $R^2_{ajustado}$ (ou mínima MQ_E). O modelo com três variáveis é

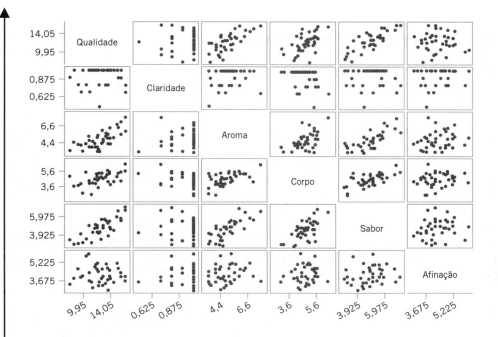

FIGURA 12.12
Matriz de gráficos de dispersão do software para os dados de qualidade do vinho.

TABELA 12.14 Saída Computacional para Todas as Regressões Possíveis para os Dados da Qualidade do Vinho

```
Regressão dos Melhores Subconjuntos: Qualidade versus Claridade, Aroma, ...
A Resposta é Qualidade
                                                       C
                                                       l
                                                       a
                                                       r                               A
                                                       i                               f
                                                       d           A     C     S       i
                                                       a           r     o     a       n
                                                       d           o     r     b       a
                                                       a           m     p     o       ç
                                                       d           a     o     r       ã
Variáveis    R²      R² (ajustado)    Cp      S        e                               o
    1       62,4        61,4          9,0   1,2712
    1       50,0        48,6         23,2   1,4658           X
    1       30,1        28,2         46,0   1,7335                        X
    2       66,1        64,2          6,8   1,2242                              X     X
    2       65,9        63,9          7,1   1,2288           X                  X
    2       63,3        61,2         10,0   1,2733     X                        X     X
    3       70,4        67,8          3,9   1,1613           X                  X     X
    3       68,0        65,2          6,6   1,2068     X                        X     X
    3       66,5        63,5          8,4   1,2357                        X     X     X
    4       71,5        68,0          4,7   1,1568     X     X                  X     X
    4       70,5        66,9          5,8   1,1769           X            X     X     X
    4       69,3        65,6          7,1   1,1996     X                  X     X     X
    5       72,1        67,7          6,0   1,1625     X     X            X     X     X
```

$$\hat{y} = 6{,}47 + 0{,}580x_2 + 1{,}20x_4 - 0{,}602x_5$$

e o modelo com quatro variáveis é

$$\hat{y} = 4{,}99 + 1{,}79\,x_1 + 0{,}530\,x_2 + 1{,}26\,x_4 - 0{,}659\,x_5$$

Esses modelos deveriam agora ser avaliados a fundo, usando os gráficos dos resíduos e outras técnicas discutidas anteriormente no capítulo, com o objetivo de ver se cada modelo é satisfatório com relação às suposições básicas e determinar se um deles é preferível. Percebe-se que os gráficos de resíduos não revelam nenhum grande problema com cada modelo. O valor de SQEP para o modelo com três variáveis é 56,0524 e para o modelo com quatro variáveis é 60,3327. Uma vez que SQEP é menor no modelo com três regressores e uma vez que ele é o modelo com o menor número de preditores, ele seria a escolha preferida.

Regressão em Etapas Provavelmente, a técnica mais amplamente utilizada de seleção de variáveis é a **regressão em etapas**. O procedimento constrói iterativamente uma sequência de modelos de regressão pela adição ou remoção de variáveis em cada etapa. O critério para adicionar ou remover uma variável em qualquer etapa é geralmente expresso em termos de um teste F parcial. Seja f_{entra} o valor da variável aleatória F para adicionar uma variável ao modelo, e seja f_{sai} o valor da variável aleatória F para remover uma variável do modelo. Temos de ter $f_{entra} \geq f_{sai}$ e geralmente $f_{entra} = f_{sai}$.

A regressão em etapas começa formando um modelo com uma variável, usando uma variável regressora que tenha a mais alta correlação com a variável de resposta Y. Essa variável será também o regressor produzindo a maior estatística F. Por exemplo, suponha que nessa etapa, x_1 seja selecionada. Na segunda etapa, as K – 1 variáveis candidatas restantes são examinadas, e a variável para a qual a estatística parcial F

$$F_j = \frac{SQ_R(\beta_j|\beta_1,\beta_0)}{MQ_E(x_j,x_1)} \qquad (12.49)$$

é um máximo é adicionada à equação, desde que $f_j > f_{entra}$. Na Equação 12.49, $MQ_E(x_j, x_1)$ denota a média quadrática do erro para o modelo contendo x_1 e x_j. Suponha que esse procedimento indique que x_2 deverá ser adicionada ao modelo. Agora, o algoritmo de regressão em etapas determina se a variável x_1 adicionada na primeira etapa deverá ser removida. Isso é feito pelo cálculo da estatística F

$$F_1 = \frac{SQ_R(\beta_1|\beta_2,\beta_0)}{MQ_E(x_1,x_2)} \qquad (12.50)$$

Se o valor calculado $f_1 < f_{sai}$, a variável x_1 será removida; caso contrário, ela será retida e tentaremos adicionar um regressor ao modelo contendo ambos x_1 e x_2.

Em geral, em cada etapa examina-se o conjunto dos regressores candidatos restantes, e o regressor com a maior estatística parcial F entra, desde que o valor observado de f exceda f_{entra}. Então, a estatística F parcial para cada regressor no modelo é calculada, e o regressor com o menor valor observado de F é removido se o f observado $< f_{sai}$. O procedimento continua até que nenhum outro regressor possa ser adicionado ou removido do modelo.

A regressão em etapas é quase sempre feita com o uso de um programa de computador. O analista exerce controle sobre o procedimento por meio da escolha de f_{entra} e f_{sai}. Alguns *softwares* de regressão em etapas requerem que os valores numéricos sejam especificados para f_{entra} e f_{sai}. Uma vez que o número de graus de liberdade para MQ_E depende do número de variáveis no modelo, que varia de etapa a etapa, um valor fixo de f_{entra} e f_{sai} causa uma variação das taxas de erro tipo I e tipo II. Alguns *softwares* permitem ao analista especificar os níveis do erro tipo I para f_{entra} e f_{sai}. Entretanto, o nível "informado" de significância não é o nível verdadeiro, porque a variável selecionada é aquela que maximiza (ou minimiza) a estatística F parcial naquele estágio. Por vezes, é útil experimentar diferentes valores de f_{entra} e f_{sai} (ou diferentes taxas informadas do erro tipo I) em diferentes corridas, de modo a ver se isso afeta substancialmente a escolha do modelo final.

Seleção Progressiva O procedimento de **seleção progressiva** é uma variação da regressão em etapas e está baseado no princípio de que os regressores devem ser adicionados ao modelo um de cada vez até que não haja mais regressores candidatos que produzam um aumento significativo na soma dos quadrados da regressão. Isto é, variáveis são adicionadas uma de cada vez desde que seu valor F parcial exceda f_{entra}. A seleção progressiva é uma simplificação da regressão em etapas que omite o teste F parcial para remoção das variáveis do modelo que foram adicionadas em etapas anteriores. Essa é uma potencial deficiência da seleção progressiva; isto é, o procedimento não explora o efeito que a adição de um regressor na etapa corrente tem nos regressores adicionados nas etapas anteriores. Note que, se tivéssemos que aplicar a seleção progressiva aos dados da qualidade de vinho, obteríamos exatamente os mesmos resultados que obtivemos com a regressão em etapas no Exemplo 12.15, uma vez que a regressão em etapas terminou sem retirar uma variável.

Eliminação Regressiva O algoritmo de **eliminação regressiva** começa com todos os K regressores candidatos no modelo. Então o regressor com menor estatística F parcial será removido, se essa estatística F for insignificante; ou seja, se $f < f_{sai}$. A seguir, o modelo com K – 1 regressores é ajustado, e o próximo regressor para potencial eliminação é encontrado. O algoritmo termina quando nenhum regressor a mais pode ser eliminado.

A Tabela 12.16 mostra a saída computacional para a eliminação regressiva aplicada aos dados da qualidade de vinho. O valor de α para remover uma variável é α = 0,10. Note que esse procedimento remove Corpo na etapa 1 e, então, Claridade na etapa 2, terminando com o modelo de três variáveis encontrado previamente.

EXEMPLO 12.15 | Regressão em Etapas para a Qualidade do Vinho

A Tabela 12.15 apresenta a saída computacional para a regressão em etapas para os dados da qualidade do vinho. O *software* usa os valores fixos a para a entrada e saída de variáveis. O nível padrão é α = 0,15 para ambas as decisões. A saída na Tabela 12.15 usa o valor padrão. Note que as variáveis entraram na ordem Sabor (etapa 1), Afinação (etapa 2) e Aroma (etapa 3) e que nenhuma variável foi removida. Como nenhuma outra variável poderia entrar mais, o algoritmo então terminou. Esse é o modelo com três variáveis encontrado pelo método de todas as regressões, que resulta em um valor mínimo de C_p.

TABELA 12.15 — Saída Computacional para a Regressão em Etapas para os Dados da Qualidade do Vinho

```
Regressão em Etapas: Qualidade versus Claridade, Aroma, ...
Alfa para Entrar: 0,15 Alfa-para-Remover: 0,15
A Resposta é Qualidade de 5 preditores, com N = 38
```

Etapa	1	2	3
Constante	4,941	6,912	6,467
Sabor	1,57	1,64	1,20
Valor T	7,73	8,25	4,36
Valor P	0,000	0,000	0,000
Afinação		−0,54	−0,60
Valor T		−1,95	−2,28
Valor P		0,059	0,029
Aroma			0,58
Valor T			2,21
Valor P			0,034
S	1,27	1,22	1,16
R^2	62,42	66,11	70,38
R^2 (ajustado)	61,37	64,17	67,76
C_p	9,0	6,8	3,9

Alguns Comentários sobre a Seleção Final do Modelo

Ilustramos diferentes abordagens para selecionar as variáveis na regressão linear múltipla. O modelo final obtido a partir de qualquer procedimento de construção de modelo deve ser submetido a verificações usuais de adequação, tais como análise residual, teste de falta de ajuste e exame dos efeitos de pontos que influenciam. O analista pode considerar também o aumento do conjunto original de variáveis candidatas, por meio da introdução dos termos cruzados, dos termos polinomiais, ou de outras transformações das variáveis originais que possam melhorar o modelo. A maior crítica aos métodos de seleção de variáveis, tal como a regressão em etapas, é que o analista pode concluir que há uma equação "melhor" de regressão. Geralmente, esse não é o caso, porque vários modelos igualmente bons podem frequentemente ser usados. Uma maneira de evitar esse problema é usar várias técnicas diferentes de construção do modelo e ver se diferentes modelos resultaram. Por exemplo, encontramos o mesmo modelo para os dados da qualidade de vinho, usando a regressão em etapas, a seleção progressiva e a eliminação regressiva. O mesmo modelo foi também um dos dois melhores encontrados a partir de todas as regressões possíveis. Os resultados dos métodos de seleção de variáveis frequentemente não concordam; logo, isso é uma boa indicação de que o modelo com três variáveis é a melhor equação de regressão.

Se o número de regressores candidatos não for muito grande, o método de todas as regressões possíveis é recomendado. Geralmente recomendamos usar os critérios de avaliação de mínimos valores de MQ_E e de C_p, em conjunção com esse procedimento. A abordagem de todas as regressões possíveis pode encontrar a "melhor" equação de regressão relativamente a esses critérios, enquanto os métodos tipo etapas não oferecem tal segurança. Além disso, o procedimento de todas as regressões possíveis não é distorcido pelas dependências entre os regressores, como são os métodos tipo etapas.

12.6.4 Multicolinearidade

Em problemas de regressão múltipla, esperamos encontrar dependências entre a variável de resposta Y e os regressores x_j. Na maioria dos problemas de regressão, no entanto, encontramos que há também dependências entre as variáveis regressoras x_j. Em situações onde essas dependências forem fortes, dizemos que existe **multicolinearidade**. A multicolinearidade pode ter sérios efeitos nas estimativas dos coeficientes de regressão e na aplicabilidade geral do modelo estimado.

Os efeitos de multicolinearidade podem ser facilmente demonstrados. Os elementos da diagonal da matriz $C = (\mathbf{X'X})^{-1}$ podem ser escritos como

$$C_{jj} = \frac{1}{(1 - R_j^2)} \quad j = 1, 2, \ldots, k$$

sendo R_j^2 o coeficiente de determinação múltipla, resultante da regressão de x_j nas outras $k - 1$ variáveis regressoras.

TABELA 12.16 Saída Computacional para a Eliminação Regressiva para os Dados da Qualidade do Vinho

```
Regressão em Etapas: Qualidade versus Claridade, Aroma, ...
Eliminação regressiva. Alfa-para-Remover: 0,1
A Resposta é Qualidade de 5 preditores, com N = 38
```

Etapa	1	2	3
Constante	3,997	4,986	6,467
Claridade	2,3	1,8	
Valor T	1,35	1,12	
Valor P	0,187	0,269	
Aroma	0,48	0,53	0,58
Valor T	1,77	2,00	2,21
Valor P	0,086	0,054	0,034
Corpo	0,27		
Valor T	0,82		
Valor P	0,418		
Sabor	1,17	1,26	1,20
Valor T	3,84	4,52	4,36
Valor P	0,001	0,000	0,000
Afinação	-0,68	-0,66	-0,60
Valor T	-2,52	-2,46	-2,28
Valor P	0,017	0,019	0,029
S	1,16	1,16	1,16
R^2	72,06	71,47	70,38
R^2 (ajustado)	67,69	68,01	67,76
C_p	6,0	4,7	3,9

Podemos pensar em R_j^2 como a medida da correlação entre x_j e os outros regressores. Claramente, quanto mais forte for a dependência linear de x_j nos regressores restantes, e, por conseguinte, mais forte a multicolinearidade, maior será o valor de R_j^2. Lembre-se de que $V(\hat{\beta}_j) = \sigma^2 C_{jj}$. Consequentemente, podemos dizer que a variância de $\hat{\beta}_j$ é "*inflada*" pela grandeza $(1 - R_j^2)^{-1}$. Dessa maneira, definimos o **fator de inflação da variância** para $\hat{\beta}_j$ como

Fator de Inflação da Variância (FIV)

$$FIV(\beta_j) = \frac{1}{(1 - R_j^2)} \quad j = 1, 2, \ldots, k \qquad (12.51)$$

Esses fatores são uma importante medida da extensão da presença de multicolinearidade. Se as colunas da matriz **X** do modelo são **ortogonais**, então os regressores são totalmente não correlacionados, e os fatores de inflação da variância serão todos unitários. Assim, qualquer FIV que exceda 1 indica algum nível de multicolinearidade nos dados.

Embora as estimativas dos coeficientes de regressão sejam muito imprecisas quando a multicolinearidade está presente, a equação do modelo ajustado pode ainda ser útil. Por exemplo, suponha que desejemos prever as novas observações para a resposta. Se essas previsões forem interpolações na região original do espaço x onde a multicolinearidade existe, então previsões satisfatórias serão frequentemente obtidas, porque, enquanto os β_j individuais podem ser pobremente estimados, a função $\sum_{j=1}^{k} \beta_j x_{ij}$ pode ser bem estimada. Por outro lado, se a previsão das novas observações requerer extrapolação além da região original do espaço x onde os dados foram coletados, normalmente esperaremos obter resultados pobres. Extrapolação requer geralmente boas estimativas dos parâmetros individuais do modelo.

Multicolinearidade aparece por várias razões. Ela ocorrerá quando o analista coletar dados, tal que uma restrição linear se mantenha aproximadamente entre as colunas da matriz **X**. Por exemplo, se quatro variáveis regressoras forem os componentes de uma mistura, então tal restrição sempre existirá porque a soma dos componentes é sempre constante. Geralmente, essas restrições não se mantêm exatamente, e o analista pode não saber que elas existem.

A presença de multicolinearidade pode ser detectada de várias maneiras. Duas das mais fáceis de se entender serão discutidas brevemente a seguir.

1. Os fatores de inflação da variância, definidos na Equação 12.51, são medidas muito úteis de multicolinearidade. Quanto maior for o fator de inflação da variância, mais severa será a multicolinearidade. Alguns autores sugeriram que, se qualquer fator de inflação da variância exceder 10, então a multicolinearidade será um problema. Outros autores consideram esse valor muito liberal e sugerem que os fatores de inflação da variância não devem exceder 4 ou 5. O *software* calcula os fatores de inflação da variância. A Tabela 12.4 apresenta a saída computacional da regressão múltipla para os dados da resistência à tração de um fio. Uma vez que FIV_1 e FIV_2 são pequenos, não há problema com multicolinearidade.
2. Se o teste F para significância da regressão for significativo, mas os testes para os coeficientes individuais de regressão não forem significativos, então a multicolinearidade pode estar presente.

Várias medidas para remediar têm sido propostas para resolver o problema de multicolinearidade. Com frequência, sugere-se aumentar os dados com novas observações especificamente projetadas para fragmentar as dependências lineares aproximadas que existem atualmente. Entretanto, às vezes, isso é impossível por razões econômicas ou por restrições físicas que relacionam o x_j. Outra possibilidade é remover certas variáveis do modelo, porém essa abordagem tem a desvantagem de descartar a informação contida nas variáveis removidas.

Uma vez que a multicolinearidade afeta principalmente a estabilidade dos coeficientes de regressão, parece útil estimar esses parâmetros por algum método que seja menos sensível à multicolinearidade do que o método original dos mínimos quadrados. Vários métodos foram sugeridos. Uma alternativa ao método original dos mínimos quadrados, **regressão corrigida** (*ridge regression*), pode ser útil no combate à multicolinearidade. Para mais detalhes sobre regressão corrigida, consulte Montgomery, Peck e Vining (2012).

Termos e Conceitos Importantes

Análise residual e verificação da adequação do modelo
Eliminação regressiva
Estatística C_p
Estatística SQEP
Extrapolação disfarçada
Fator de inflação de variância (FIV)
Inferência (teste e intervalo) para os parâmetros individuais do modelo
Intervalo de confiança para a resposta média
Intervalo de confiança para o coeficiente de regressão
Intervalo de previsão para uma observação futura
Matriz chapéu
Medida da distância de Cook
Método da soma extra dos quadrados
Modelo completo
Modelo de regressão múltipla
Modelo de regressão polinomial
Multicolinearidade
Observações influentes
Outliers
Parâmetros do modelo e sua interpretação em regressão múltipla
R^2
Regressão em etapas
Resíduos na forma de Student
Resíduos padronizados
Seleção de variáveis
Seleção progressiva
Significância da regressão
Teste de análise de variância em regressão múltipla
Teste parcial ou marginal
Todas as regressões possíveis
Variáveis categóricas
Variáveis indicativas

CAPÍTULO 13

Planejamento e Análise de Experimentos com um Único Fator: A Análise de Variância

OBJETIVOS DA APRENDIZAGEM

Depois de um cuidadoso estudo deste capítulo, você deve ser capaz de:

1. Planejar e conduzir experimentos de engenharia envolvendo um único fator com um número arbitrário de níveis
2. Entender como a análise de variância é usada para analisar os dados desses experimentos
3. Verificar a adequação do modelo com gráficos residuais
4. Usar procedimentos de comparação múltipla para identificar diferenças específicas entre médias
5. Tomar decisões acerca do tamanho da amostra em experimentos com um único fator
6. Entender a diferença entre fatores fixos e aleatórios
7. Estimar os componentes de variância em um experimento envolvendo fatores aleatórios
8. Entender o princípio de blocagem e como ele é usado para isolar o efeito de fatores relativos a ruídos
9. Planejar e conduzir experimentos envolvendo o planejamento com blocos completos aleatorizados

SUMÁRIO DO CAPÍTULO

13.1 Planejando Experimentos de Engenharia

13.2 Experimento Completamente Aleatorizado com um Único Fator
  13.2.1 Exemplo: Resistência à Tração
  13.2.2 Análise de Variância
  13.2.3 Comparações Múltiplas em Seguida à ANOVA
  13.2.4 Análise Residual e Verificação do Modelo
  13.2.5 Determinando o Tamanho da Amostra

13.3 Modelo com Efeitos Aleatórios
  13.3.1 Fatores Fixos *Versus* Aleatórios
  13.3.2 ANOVA e Componentes de Variância

13.4 Planejamento com Blocos Completos Aleatorizados
  13.4.1 Planejamento e Análise Estatística
  13.4.2 Comparações Múltiplas
  13.4.3 Análise Residual e Verificação do Modelo

Os experimentos são uma parte natural do processo de tomada de decisões em engenharia e em ciências. Suponha, por exemplo, que um engenheiro civil esteja investigando os efeitos de diferentes métodos de cura sobre a resistência à compressão do concreto. O experimento consistiria em fabricar vários corpos de prova de concreto usando cada um dos métodos de cura e, então, testar a resistência à compressão de cada espécime. Os dados desse experimento poderiam ser usados para determinar qual método de cura forneceria a máxima resistência média à compressão.

Se houver somente dois métodos de cura de interesse, esse experimento poderá ser projetado e analisado usando os métodos de hipóteses estatísticas para duas amostras, introduzidos no Capítulo 10. Ou seja, o experimentalista tem um único **fator** de interesse – métodos de cura – e há somente dois **níveis** do fator. Se o experimentalista estiver interessado em determinar qual método de cura produzirá a máxima resistência à compressão, o número de espécimes a testar poderá ser determinado a partir das curvas características no Apêndice VII, e o teste t poderá ser usado para decidir se as duas médias diferem.

Muitos experimentos com um único fator requerem que mais de dois níveis do fator sejam considerados. Por exemplo, o engenheiro civil pode querer investigar cinco métodos diferentes de cura. Neste capítulo, mostraremos como a **análise de variância** (frequentemente abreviada por ANOVA) pode ser usada para comparar médias quando existem mais de dois níveis de um único fator. Discutiremos também aleatorização das corridas experimentais e o papel importante que esse conceito desempenha na estratégia global da experimentação. No próximo capítulo, mostraremos como projetar e analisar experimentos com vários fatores.

13.1 Planejando Experimentos de Engenharia

As técnicas de planejamento de experimentos com base estatística são particularmente úteis no mundo da engenharia para resolver muitos problemas importantes: a descoberta de novos fenômenos básicos que podem levar a novos produtos e à comercialização de nova tecnologia, incluindo o desenvolvimento de novos produtos, novos processos e a melhoria de produtos e processos existentes. Por exemplo, considere o desenvolvimento de um processo novo. A maioria dos processos pode ser descrita em termos de muitas variáveis controláveis, tais como temperatura, pressão e taxa de alimentação. Usando experimentos planejados, engenheiros podem determinar qual subconjunto das variáveis de processos tem a maior influência no desempenho do processo. Os resultados de tal experimento podem conduzir a:

- Melhor rendimento do processo
- Redução na variabilidade do processo e uma melhor obediência aos requerimentos nominais ou alvos
- Redução nos tempos de projeto e de desenvolvimento
- Redução nos custos de operação

Os métodos de planejamento de experimentos são úteis também em atividades de projeto de engenharia, em que novos produtos sejam desenvolvidos e produtos já existentes sejam melhorados. Algumas aplicações de experimentos planejados estatisticamente em projetos de engenharia incluem:

- Avaliação e comparação de configurações básicas de projeto
- Avaliação de materiais diferentes
- Seleção de parâmetros de projeto de modo que o produto trabalhe bem sob uma ampla variedade de condições de campo (ou de modo que o projeto seja robusto)
- Determinação dos parâmetros-chave do projeto de produtos que afetem o seu desempenho

O uso de planejamento de experimentos no projeto de engenharia pode resultar em produtos que sejam mais fáceis de fabricar, que tenham melhor desempenho no campo e melhor confiabilidade do que seus competidores, e em produtos que possam ser projetados, desenvolvidos e produzidos em menos tempo.

Experimentos planejados são geralmente empregados *sequencialmente*. Isto é, o primeiro experimento com um sistema complexo (talvez um processo de fabricação), que tenha muitas variáveis controláveis, é frequentemente um *experimento exploratório (screening experiment)* projetado para determinar que variáveis são mais importantes. Experimentos subsequentes são usados para refinar essa informação e determinar quais ajustes são requeridos nessas variáveis críticas, de modo a melhorar o processo. Finalmente, o objetivo do experimentalista é a *otimização*; ou seja, determinar quais os níveis resultantes das variáveis críticas no melhor desempenho do processo.

Os métodos estatísticos introduzidos neste capítulo e no Capítulo 14 são essenciais para um bom experimento. *Todos os experimentos são planejados*; infelizmente, alguns deles são mal planejados e, como resultado, recursos valiosos são usados de maneira ineficiente. Experimentos estatisticamente planejados tornam possíveis a eficiência e a economia no processo experimental, e o uso de métodos estatísticos no exame de dados resulta na *objetividade científica* ao tirar conclusões.

13.2 Experimento Completamente Aleatorizado com um Único Fator

13.2.1 Exemplo: Resistência à Tração

Um fabricante de papel está interessado em melhorar a resistência do produto à tração. A engenharia de produto presume que a resistência à tração seja uma função da concentração da madeira de lei na polpa e que a faixa prática de interesse das concentrações de madeira de lei esteja entre 5 e 20 %. Um grupo de engenheiros responsáveis pelo estudo decide investigar quatro níveis de concentração de madeira de lei: 5 %, 10 %, 15 % e 20 %. Eles decidem fabricar seis corpos de prova, para cada nível de concentração, usando uma planta piloto. Todos

TABELA 13.1 Resistência (psi) à Tração do Papel

Concentração de Madeira de Lei (%)	1	2	3	4	5	6	Totais	Médias
5	7	8	15	11	9	10	60	10,00
10	12	17	13	18	19	15	94	15,67
15	14	18	19	17	16	18	102	17,00
20	19	25	22	23	18	20	127	21,17
							383	15,96

os 24 corpos de prova são testados, em uma ordem aleatória, em um equipamento de teste de laboratório. Os dados desse experimento são mostrados na Tabela 13.1.

Esse é um exemplo de um experimento completamente aleatorizado com um único fator e quatro níveis do fator. Os níveis de um fator são, por vezes, chamados de **tratamentos**, e cada tratamento tem seis observações ou **replicatas** (ou **réplicas**). O papel da **aleatorização** nesse experimento é extremamente importante. Ao fazer a aleatoriedade da ordem das 24 corridas, o efeito de qualquer variável de ruído que possa influenciar a resistência observada à tração é aproximadamente balanceado. Por exemplo, suponha que haja um efeito de aquecimento da máquina de teste de tração, ou seja, quanto mais tempo a máquina estiver ligada, maior a resistência observada à tração. Se todas as 24 corridas fossem feitas em ordem crescente de concentração de madeira de lei (isto é, se todos os seis corpos de prova com concentração de 5 % fossem testados primeiro, seguidos por todos os seis corpos de prova com concentração de 10 % etc.), então quaisquer diferenças observadas na resistência à tração poderiam ser também resultantes do efeito de aquecimento. O papel da aleatoriedade para identificar casualidade foi discutido na Seção 10.1.

É importante analisar graficamente os dados de um experimento planejado. A Figura 13.1 apresenta diagramas de caixa da resistência à tração para os quatro níveis de concentração. Essa figura indica que a variação da concentração de madeira de lei tem um efeito sobre a resistência à tração; especificamente, maiores concentrações de madeira produzem maiores resistências observadas à tração. Além disso, a distribuição da resistência à tração, em um nível particular de concentração de madeira de lei, é razoavelmente simétrica, e a variabilidade na resistência à tração não altera significativamente à medida que a concentração de madeira de lei varia.

A interpretação gráfica dos dados é sempre útil. Diagramas de caixa mostram a variabilidade das observações *dentro* (*within*) de um tratamento (nível do fator) e a variabilidade *entre* (*between*) os tratamentos. Discutiremos agora como os dados de um experimento aleatorizado com um único fator podem ser analisados estatisticamente.

13.2.2 Análise de Variância

Suponha que tenhamos a níveis diferentes de um único fator que desejamos comparar. Por vezes, cada nível do fator é

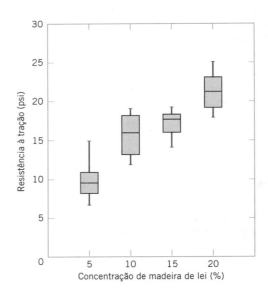

FIGURA 13.1

Diagramas de caixa para os dados de concentração de madeira de lei.

chamado de um **tratamento**, um termo muito geral que pode ser associado às aplicações iniciais da metodologia de planejamento de experimentos em ciências agrárias. A *resposta* para cada um dos a tratamentos é uma variável aleatória. Os dados observados aparecem na Tabela 13.2. Uma entrada na Tabela 13.2, digamos y_{ij}, representa a j-ésima observação sujeita ao i-ésimo tratamento. Inicialmente, consideraremos o caso em que haja um número igual de observações, n, em cada um dos a tratamentos.

Podemos descrever as observações na Tabela 13.2 pelo *modelo linear estatístico*

$$Y_{ij} = \mu + \tau_i + \varepsilon_{ij} \begin{cases} i = 1, 2, \ldots, a \\ j = 1, 2, \ldots, n \end{cases} \quad (13.1)$$

em que Y_{ij} é uma variável aleatória denotando a ij-ésima observação, μ é um parâmetro comum a todos os tratamentos, chamado de **média global**, τ_i é um parâmetro associado ao i-ésimo tratamento, chamado de **efeito do i-ésimo tratamento**, e ε_{ij} é um componente do erro aleatório. Consideraremos que os erros ε_{ij} sejam normal e independentemente

TABELA 13.2 Dados Típicos para um Experimento com um Único Fator

Tratamento	Observações				Totais	Médias
1	y_{11}	y_{12}	$\cdots$	y_{1n}	$y_{1.}$	$\bar{y}_{1.}$
2	y_{21}	y_{22}	$\cdots$	y_{2n}	$y_{2.}$	$\bar{y}_{2.}$
$\vdots$	$\vdots$	$\vdots$	$\vdots$	$\vdots$	$\vdots$	$\vdots$
a	y_{a1}	y_{a2}	$\cdots$	y_{an}	$y_{a.}$	$\bar{y}_{a.}$
					$y_{..}$	$\bar{y}_{..}$

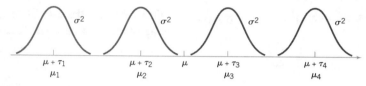

FIGURA 13.2
Demonstração do modelo para o experimento completamente aleatorizado com um único fator.

---

distribuídos, com média zero e variância σ^2. Note que o modelo poderia ter sido escrito como

$$Y_{ij} = \mu_i + \varepsilon_{ij} \begin{cases} i = 1, 2, \ldots, a \\ j = 1, 2, \ldots, n \end{cases}$$

sendo $\mu_i = \mu + \tau_i$ a média do *i*-ésimo tratamento. Nessa forma do modelo, vemos que cada tratamento define uma população que tem média μ_i, consistindo na média global μ mais um efeito τ_i decorrente daquele tratamento particular. Assim, cada tratamento pode ser pensado como uma população normal com média μ_i e variância σ^2. Veja a Figura 13.2.

Além disso, uma vez que requeremos que as observações sejam tomadas em uma ordem aleatória e que o ambiente (frequentemente chamado de *unidades experimentais*), em que os tratamentos são usados, seja tão uniforme quanto possível, esse planejamento experimental é chamado de **planejamento completamente aleatorizado** (PCA).

Consideramos que o experimentalista escolha especificamente os a tratamentos. Nessa situação, desejamos testar as hipóteses acerca das médias dos tratamentos e estimar os efeitos dos tratamentos. Isso é chamado de **modelo com efeitos fixos**.

Nesta seção, desenvolveremos a **análise de variância** (**ANOVA**) para o modelo com efeitos fixos. A análise de variância não é nova para nós; ela foi usada previamente na apresentação da análise de regressão. Entretanto, mostraremos nesta seção como ela pode ser usada para testar a igualdade dos efeitos dos tratamentos. Os efeitos dos tratamentos τ_i são geralmente definidos como desvios da média global μ, de modo que

$$\sum_{i=1}^{a} \tau_i = 0 \qquad (13.2)$$

Estamos interessados em testar a igualdade das médias dos a tratamentos, $\mu_1, \mu_2, \ldots, \mu_a$. Usando a Equação 13.2, encontramos que isso é equivalente a testar as hipóteses

$$H_0: \tau_1 = \tau_2 = \cdots = \tau_a = 0$$

$$H_1: \tau_i \neq 0 \text{ para pelo menos um } i \qquad (13.3)$$

Logo, se a hipótese nula for verdadeira, cada observação consistirá na média global μ mais uma concepção do componente do erro aleatório ε_{ij}. Dito de outra forma, todas as N observações são tomadas de uma distribuição normal, com média μ e variância σ^2. Por conseguinte, se a hipótese nula for verdadeira, a mudança nos níveis do fator não tem efeito na resposta média.

A análise de variância divide a variabilidade total nos dados da amostra em dois componentes. Então, o teste de hipóteses na Equação 13.3 é baseado na comparação das duas estimativas independentes da variância da população. Seja $y_{i.}$ o total das observações sujeitas ao *i*-ésimo tratamento e $\bar{y}_{i.}$ a média das observações sujeitas ao *i*-ésimo tratamento. De modo similar, seja $y_{..}$ o total global de todas as observações e $\bar{y}_{..}$ a média global de todas as observações. Expressando matematicamente,

$$y_{i.} = \sum_{j=1}^{n} y_{ij} \qquad \bar{y}_{i.} = y_{i.}/n \qquad i = 1, 2, \ldots, a$$

$$y_{..} = \sum_{i=1}^{a}\sum_{j=1}^{n} y_{ij} \qquad \bar{y}_{..} = y_{..}/N \qquad (13.4)$$

sendo $N = an$ o número total de observações. Assim, o subscrito "ponto" implica soma no subscrito que ele representa.

A variabilidade total nos dados é descrita pela **soma total dos quadrados**

$$SQ_T = \sum_{i=1}^{a} \sum_{j=1}^{n} (y_{ij} - \bar{y}..)^2$$

A divisão da soma total dos quadrados é dada pela seguinte definição.

> **Identidade da Soma dos Quadrados, ANOVA: Experimento com um Único Fator**
>
> A **identidade da soma dos quadrados** é
>
> $$\sum_{i=1}^{a} \sum_{j=1}^{n} (y_{ij} - \bar{y}..)^2 = n \sum_{i=1}^{a} (\bar{y}_{i\cdot} - \bar{y}..)^2 + \sum_{i=1}^{a} \sum_{j=1}^{n} (y_{ij} - \bar{y}_{i\cdot})^2$$
>
> (13.5)
>
> ou, simbolicamente,
>
> $$SQ_T = SQ_{\text{Tratamentos}} + SQ_E \quad (13.6)$$
>
> e graus de liberdade que podem ser divididos como
>
> $$an - 1 = a - 1 + a(n - 1)$$
>
> ou
>
> $$gl_{\text{Total}} = gl_{\text{Tratamentos}} + gl_{\text{Erro}}$$

A identidade na Equação 13.5 mostra que a variabilidade total nos dados pode ser dividida em uma soma dos quadrados das diferenças entre as médias dos tratamentos e a média global, chamada de **soma dos quadrados dos tratamentos**, denotada por $SQ_{\text{Tratamentos}}$, e em uma soma dos quadrados das diferenças entre as observações dentro de um tratamento e a média dos tratamentos, chamada de **soma dos quadrados do erro**, denotada por SQ_E. As diferenças entre as médias observadas nos tratamentos e a média global medem as diferenças entre os tratamentos, enquanto diferenças entre as observações dentro de um tratamento e a média dos tratamentos podem resultar somente do erro aleatório.

Há também uma divisão do número de graus de liberdade na Equação 13.6 que corresponde à identidade da soma dos quadrados. Ou seja, existem $an = N$ observações; assim, SQ_T tem $an - 1$ graus de liberdade. Há a níveis do fator; logo, $SQ_{\text{Tratamentos}}$ tem $a - 1$ graus de liberdade. Finalmente, dentro de qualquer tratamento, há n réplicas fornecendo $n - 1$ graus de liberdade para estimar o erro experimental. Uma vez que existem a tratamentos, temos $a(n - 1)$ graus de liberdade para o erro.

A razão

$$MQ_{\text{Tratamentos}} = \frac{SQ_{\text{Tratamentos}}}{a - 1}$$

é chamada de **médias dos quadrados para os tratamentos** e a **média dos quadrados para o erro** é

$$MQ_E = \frac{SQ_E}{a(n - 1)}$$

Pelo exame dos valores esperados de $MQ_{\text{Tratamentos}}$ e de MQ_E, podemos ganhar considerável discernimento na maneira como a análise de variância funciona. Isso nos conduzirá a uma estatística apropriada para testar a hipótese de nenhuma diferença entre as médias dos tratamentos (ou todos $\tau_i = 0$).

> **Valor Esperado das Somas dos Quadrados: Experimento com um Único Fator**
>
> O valor esperado da soma dos quadrados dos tratamentos é
>
> $$E(MQ_{\text{Tratamentos}}) = \sigma^2 + \frac{n \sum_{i=1}^{a} \tau_i^2}{a - 1}$$
>
> e o valor esperado da soma dos quadrados é
>
> $$E(MQ_E) = \sigma^2$$

Podemos mostrar também que $MQ_{\text{Tratamentos}}$ e MQ_E são independentes. Consequentemente, podemos mostrar que se a hipótese nula H_0 for verdadeira, a razão

> **ANOVA – Teste F**
>
> $$F_0 = \frac{SQ_{\text{Tratamentos}}/a(n-1)}{SQ_E/[a(n-1)]} = \frac{MQ_{\text{Tratamentos}}}{MQ_E} \quad (13.7)$$

terá uma distribuição F com $a - 1$ e $a(n - 1)$ graus de liberdade. Além disso, do valor esperado da média dos quadrados, sabemos que MQ_E é um estimador não tendencioso de σ^2. Também, sob a hipótese nula, $MQ_{\text{Tratamentos}}$ é um estimador não tendencioso de σ^2. No entanto, se a hipótese nula for falsa, então o valor esperado de $MQ_{\text{Tratamentos}}$ será maior do que σ^2. Por conseguinte, sob a hipótese alternativa, o valor esperado do numerador da estatística de teste (Equação 13.7) é maior do que o valor esperado do denominador. Consequentemente, devemos rejeitar H_0 se a estatística for grande. Isso implica uma região crítica unilateral superior. Dessa forma, rejeitaremos H_0 se $f_0 > f_{\alpha, a-1, a(n-1)}$, sendo f_0 o valor calculado de F_0 pela Equação 13.7.

Os cálculos para esse procedimento de teste são geralmente resumidos em uma forma tabular, conforme mostrado na Tabela 13.3. Ela é chamada de **tabela de análise de variância** (ou **ANOVA**).

Pode também ser útil construir intervalos de confiança (IC) de 95 % para cada média do tratamento individual. A média do i-ésimo tratamento é definida como

$$\mu_i = \mu + \tau_i \qquad i = 1, 2, \ldots, a$$

TABELA 13.3 Análise de Variância para um Experimento com um Único Fator: Modelo de Efeitos Fixos

Fonte de Variação	Soma dos Quadrados	Graus de Liberdade	Média dos Quadrados	F_0
Tratamentos	$SQ_{Tratamentos}$	$a-1$	$MQ_{Tratamentos} = \dfrac{SQ_{Tratamentos}}{a-1}$	$\dfrac{MQ_{Tratamentos}}{MQ_E}$
Erro	SQ_E	$a(n-1)$	$MQ_{Erro} = \dfrac{SQ_{Erro}}{a(n-1)}$	
Total	SQ_T	$an-1$		

EXEMPLO 13.1 | ANOVA para a Resistência à Tração

Considere o experimento da resistência à tração do papel, descrito na Seção 13.2.1. Esse experimento é um planejamento completamente aleatorizado. Podemos usar a análise de variância para testar a hipótese de que diferentes concentrações de madeira de lei não afetam a resistência média à tração do papel. As hipóteses são

$$H_0: \tau_1 = \tau_2 = \tau_3 = \tau_4 = 0$$

$$H_1: \tau_i \neq 0 \quad \text{para, no mínimo, um } i$$

Usaremos $\alpha = 0{,}01$. As somas dos quadrados para a análise de variância são calculadas como se segue:

$$SQ_T = 512{,}96$$

$$SQ_{Tratamentos} = 382{,}79$$

$$SQ_E = SQ_T - SQ_{Tratamentos} = 512{,}96 - 382{,}79 = 130{,}17$$

A ANOVA é resumida na Tabela 13.4. Uma vez que $f_{0{,}01;3{,}20} = 4{,}94$, rejeitamos H_0 e concluímos que a concentração de madeira de lei na polpa afeta significativamente a resistência média do papel. Podemos encontrar também um valor P para essa estatística de teste conforme dado a seguir:

$$P(F_{3,20} > 19{,}60) \simeq 3{,}59 \times 10^{-6}$$

Um *software* é usado aqui para obter a probabilidade. Já que o valor P é consideravelmente menor que $\alpha = 0{,}01$, temos uma forte evidência para concluir que H_0 não é verdadeira.

Interpretação Prática: Existe uma forte evidência para concluir que a concentração de madeira de lei tem um efeito na resistência à tração. Entretanto, a ANOVA não nos diz quais níveis de concentração de madeira de lei resultam em diferentes médias da resistência à tração. Veremos na Seção 13.2.3 como responder a essa questão.

TABELA 13.4 ANOVA para os Dados de Resistência à Tração

Fonte de Variação	Soma dos Quadrados	Graus de Liberdade	Média dos Quadrados	f_0	Valor P
Concentração de madeira de lei	382,79	3	127,60	19,60	3,59 E-6
Erro	130,17	20	6,51		
Total	512,96	23			

Um estimador pontual de μ_i é $\hat{\mu}_i = \overline{Y}_{i\cdot}$. Agora, se considerarmos que os erros sejam normalmente distribuídos, cada média de tratamento será distribuída normalmente com média μ_i e variância σ^2/n. Assim, se σ^2 fosse conhecida, poderíamos usar a distribuição normal para construir um IC. Usando MQ_E como um estimador de σ^2, basearíamos o IC na distribuição t uma vez que

$$T = \frac{\overline{Y}_{i\cdot} - \mu_i}{\sqrt{MQ_E/n}}$$

tem uma distribuição t com $a(n-1)$ graus de liberdade. Isso conduz à seguinte definição de intervalo de confiança.

Intervalo de Confiança para uma Média de Tratamento

Um intervalo de confiança de $100(1-\alpha)\,\%$ para a média do i-ésimo tratamento, μ_i, é

$$\overline{y}_{i\cdot} - t_{\alpha/2, a(n-1)} \sqrt{\frac{MQ_E}{n}} \leq \mu_i \leq \overline{y}_{i\cdot} + t_{\alpha/2, a(n-1)} \sqrt{\frac{MQ_E}{n}}$$

(13.8)

Por exemplo, para madeira de lei a 20 %, a estimativa pontual da média é $\overline{y}_4 = 21{,}167$, $MQ_E = 6{,}51$ e $t_{0{,}025;20} = 2{,}086$, de modo que o IC de 95 % é

$$\bar{y}_{4\cdot} \pm t_{0{,}025;20}\sqrt{MQ_E/n} = 21{,}167 \pm (2{,}086)\sqrt{6{,}51/6}$$

ou

$$19{,}00 \text{ psi} \le \mu_4 \le 23{,}34 \text{ psi}$$

É também de interesse encontrar intervalos de confiança para a diferença nas médias de dois tratamentos, como $\mu_i - \mu_j$. O estimador pontual de $\mu_i - \mu_j$ é $\bar{Y}_{i\cdot} - \bar{Y}_{j\cdot}$ e a variância desse estimador é

$$V(\bar{Y}_{i\cdot} - \bar{Y}_{j\cdot}) = \frac{\sigma^2}{n} + \frac{\sigma^2}{n} = \frac{2\sigma^2}{n}$$

Agora, se usarmos MQ_E para estimar σ^2, então

$$T = \frac{\bar{Y}_{i\cdot} - \bar{Y}_{j\cdot} - (\mu_i - \mu_j)}{\sqrt{2MQ_E/n}}$$

terá uma distribuição t com $a(n-1)$ graus de liberdade. Por conseguinte, um IC para $\mu_i - \mu_j$ pode ser baseado na distribuição T.

Intervalo de Confiança para uma Diferença nas Médias dos Tratamentos

Um intervalo de confiança de $100(1-\alpha)\%$ para a diferença nas médias de dois tratamentos $\mu_i - \mu_j$ é

$$\bar{y}_{i\cdot} - \bar{y}_{j\cdot} - t_{\alpha/2, a(n-1)}\sqrt{\frac{2MQ_E}{n}}$$

$$\le \mu_i - \mu_j \le \bar{y}_{i\cdot} - \bar{y}_{j\cdot} + t_{\alpha/2, a(n-1)}\sqrt{\frac{2MQ_E}{n}} \quad (13.9)$$

Um IC de 95 % para a diferença nas médias $\mu_3 - \mu_2$ é calculado a partir da Equação 13.9 conforme se segue:

$$\bar{y}_{3\cdot} - \bar{y}_{2\cdot} \pm t_{0{,}025;20}\sqrt{2MQ_E/n}$$

$$= 17{,}00 - 15{,}67 \pm (2{,}086)\sqrt{2(6{,}51)/6}$$

ou

$$-1{,}74 \le \mu_3 - \mu_2 \le 4{,}40$$

Uma vez que o IC inclui o zero, concluímos que não há diferença na resistência média à tração nos dois níveis particulares da concentração de madeira de lei

Experimento Desbalanceado Em alguns experimentos com um único fator, o número de observações sujeitas a cada tratamento pode ser diferente. Dizemos então que o planejamento está **desbalanceado**. Nessa situação, pequenas modificações têm de ser feitas nas fórmulas das somas dos quadrados. Seja n_i o número das observações sujeitas ao tratamento i ($i = 1, 2, \ldots, a$) e seja $N = \sum_{i=1}^{a} n_i$ o número total de observações. As fórmulas de cálculo de SQ_T e $SQ_{\text{Tratamentos}}$ são mostradas na seguinte definição:

Fórmulas de Cálculo para ANOVA: Fator Único com Amostras de Tamanhos Desiguais

Eis as fórmulas de cálculo das somas dos quadrados para a ANOVA, com amostras de tamanhos diferentes, n_i, em cada tratamento:

$$SQ_T = \sum_{i=1}^{a}\sum_{j=1}^{n_i} y_{ij}^2 - \frac{y_{\cdot\cdot}^2}{N} \quad (13.10)$$

$$SQ_{\text{Tratamentos}} = \sum_{i=1}^{a} \frac{y_{i\cdot}^2}{n_i} - \frac{y_{\cdot\cdot}^2}{N}$$

e

$$SQ_E = SQ_T - SQ_{\text{Tratamentos}}$$

Escolher um planejamento balanceado tem duas vantagens importantes. Primeira, a ANOVA é relativamente insensível a pequenos desvios da suposição de igualdade de variâncias, se as amostras tiverem o mesmo tamanho. Esse não é o caso para amostras de tamanhos diferentes. Segunda, a potência do teste é maximizada, se as amostras tiverem o mesmo tamanho.

13.2.3 Comparações Múltiplas em Seguida à ANOVA

Quando a hipótese nula $H_0: \tau_1 = \tau_2 = \ldots \tau_a = 0$ é rejeitada na ANOVA, sabemos que algumas das médias dos tratamentos ou níveis dos fatores são diferentes. Entretanto, a ANOVA não identifica quais médias são diferentes. Métodos para investigar isso são chamados de **métodos de comparações múltiplas**. Muitos desses procedimentos estão disponíveis. Aqui, descrevemos um muito simples: o **método de Fisher da mínima diferença significativa** (MDS)[1] e um método gráfico. Montgomery (2017) apresenta esse e outros métodos e fornece uma discussão comparativa.

O método MDS de Fisher compara todos os pares de médias com as hipóteses nulas $H_0: \mu_i = \mu_j$ (para todo $i \ne j$), usando a estatística t

$$t_0 = \frac{\bar{y}_{i\cdot} - \bar{y}_{j\cdot}}{\sqrt{\dfrac{2MQ_E}{n}}}$$

---

[1] Em inglês, esse método é conhecido como LSD, *least significant difference*. (N. de T.)

Considerando uma hipótese alternativa bilateral, o par de médias μ_i e μ_j seria declarado significativamente diferente se

$$|\bar{y}_{i\cdot} - \bar{y}_{j\cdot}| > \text{MDS}$$

em que MDS, a mínima diferença significativa, é

Mínima Diferença Significativa para Comparações Múltiplas

$$\text{MDS} = t_{\alpha/2, a(n-1)} \sqrt{\frac{2MQ_E}{n}} \qquad (13.11)$$

Se as amostras tiverem tamanhos diferentes em cada tratamento, a MDS será definida como

$$\text{MSD} = t_{\alpha/2, N-a} \sqrt{MQ_E \left(\frac{1}{n_i} + \frac{1}{n_j} \right)}$$

Comparação Gráfica de Médias É fácil comparar graficamente médias de tratamentos em seguida à análise de variância. Suponha que o fator tenha a níveis e que $\bar{y}_{1\cdot}, \bar{y}_{2\cdot}, ..., \bar{y}_{a\cdot}$ sejam as médias observadas para esses níveis do fator. Cada média do tratamento tem um desvio-padrão $\sigma/\sqrt{n}$, sendo σ o desvio-padrão de uma observação individual. Se todas as médias dos tratamentos forem iguais, as médias $\bar{y}_{i\cdot}$ se comportariam como se fossem um conjunto de observações retiradas ao acaso de uma distribuição normal, com média μ e desvio-padrão $\sigma/\sqrt{n}$.

Visualize essa distribuição normal como capaz de ser deslizada ao longo de um eixo abaixo do qual as médias dos tratamentos, $\bar{y}_{1\cdot}, \bar{y}_{2\cdot}, ..., \bar{y}_{a\cdot}$ são plotadas. Se todas as médias dos tratamentos forem iguais, deverá existir alguma posição para essa distribuição em que seja óbvio que os valores de $\bar{y}_{i\cdot}$ tenham sido retirados da mesma distribuição. Se esse não for o caso, então os valores de $\bar{y}_{i\cdot}$ que não pareçam ter sido retirados dessa distribuição, estarão associados aos tratamentos que produzem respostas médias diferentes.

A única falha nessa lógica é que σ não é conhecido. Entretanto, podemos usar $\sqrt{MQ_E}$, proveniente da análise de variância, para estimar σ. Isso implica que, na elaboração do gráfico, uma distribuição t deve ser usada em vez de uma distribuição normal; porém, já que a distribuição t parece muito com a normal, esquematizar uma curva normal, que tenha uma largura de aproximadamente $6\sqrt{MQ_E/n}$ unidades, funcionará, geralmente, muito bem.

A Figura 13.4 mostra esse arranjo para o experimento da concentração de madeira de lei do Exemplo 13.1. O desvio-padrão dessa distribuição normal é

$$\sqrt{MQ_E/n} = \sqrt{6,51/6} = 1,04$$

Se visualizarmos o deslizamento dessa distribuição ao longo do eixo horizontal, notaremos que não há localização para a distribuição que sugira que todas as quatro observações (as médias plotadas) sejam valores típica e aleatoriamente selecionados daquela distribuição. Isso, naturalmente, deveria ser esperado, porque a análise de variância indicou que as médias diferem e o diagrama na Figura 13.4 é apenas uma representação gráfica dos resultados da análise de variância. A figura indica que o tratamento 4 (madeira de lei com 20 %) produz

EXEMPLO 13.2

Aplicaremos o método MDS de Fisher ao experimento da concentração de madeira de lei. Há $a = 4$ médias, $n = 6$, $MQ_E = 6,51$ e $t_{0,025;20} = 2,086$. As médias dos tratamentos são

$\bar{y}_{1\cdot} = 10,00$ psi $\qquad \bar{y}_{2\cdot} = 15,67$ psi
$\bar{y}_{3\cdot} = 17,00$ psi $\qquad \bar{y}_{4\cdot} = 21,17$ psi

O valor da MDS é MDS $= t_{0,025;20}\sqrt{2MQ_E/n} = 2,086\sqrt{2(6,51)/6} = 3,07$. Por conseguinte, qualquer par de médias de tratamentos que difira por mais de 3,07 implica que o par correspondente de médias dos tratamentos será diferente. As comparações entre as médias observadas dos tratamentos são dadas a seguir:

4 vs. 1 $= 21,17 - 10,00 = 11,17 > 3,07$
4 vs. 2 $= 21,17 - 15,67 = 5,50 > 3,07$
4 vs. 3 $= 21,17 - 17,00 = 4,17 > 3,07$
3 vs. 1 $= 17,00 - 10,00 = 7,00 > 3,07$
3 vs. 2 $= 17,00 - 15,67 = 1,33 < 3,07$
2 vs. 1 $= 15,67 - 10,00 = 5,67 > 3,07$

Conclusões: Dessa análise, vemos que existem diferenças significativas entre todos os pares de médias, exceto 2 e 3. Isso implica que 10 e 15 % de concentração de madeira de lei produzem, aproximadamente, a mesma resistência à tração e que todos os outros níveis testados de concentração produzem diferentes resistências à tração. É frequentemente útil desenhar um gráfico das médias dos tratamentos, tal como o da Figura 13.3, com as médias que *não* são diferentes sublinhadas. Esse gráfico revela claramente os resultados do experimento e mostra que madeira de lei a 20 % produz a máxima resistência à tração.

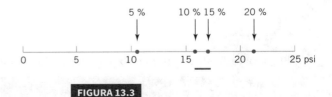

FIGURA 13.3

Resultados do método MDS de Fisher.

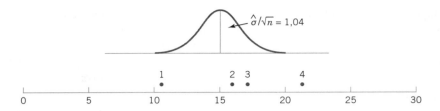

FIGURA 13.4

Médias da resistência à tração do experimento da concentração de madeira de lei, em relação à distribuição normal, com desvio-padrão $\sqrt{MQ_E/n} = \sqrt{6,51/6} = 1,04$.

papel com resistência média à tração maior do que os outros tratamentos, e o tratamento 1 (madeira de lei com 5 %) resulta na menor tração média em relação aos outros tratamentos. As médias dos tratamentos 2 e 3 (madeira de lei com 10 % e 15 %, respectivamente) não diferem.

Esse procedimento simples é uma técnica grosseira, mas muito efetiva, de comparação múltipla. Ele trabalha bem em muitas situações.

13.2.4 Análise Residual e Verificação do Modelo

A análise de variância considera que as observações sejam normal e independentemente distribuídas, com a mesma variância para cada tratamento ou nível do fator. Essas suposições devem ser verificadas por meio do exame dos resíduos. Um **resíduo** é a diferença entre uma observação y_{ij} e seu valor estimado (ou ajustado) a partir do modelo estatístico que está sendo estudado, denotado como $\hat{y}_{ij}$. Para o planejamento completamente aleatorizado $\hat{y}_{ij} = \bar{y}_{i\cdot}$, com cada resíduo sendo

$$e_{ij} = y_{ij} - \bar{y}_{i\cdot}$$

Essa é a diferença entre uma observação e a média correspondente observada do tratamento. A Tabela 13.5 apresenta os resíduos para o experimento a respeito da resistência à tração do papel. O uso de $\bar{y}_{i\cdot}$ para calcular cada resíduo essencialmente remove, dos dados, o efeito da concentração de madeira de lei; consequentemente, os resíduos contêm informação sobre a variabilidade não explicada.

A suposição de normalidade pode ser verificada pela construção de um *gráfico de probabilidade normal* dos resíduos. Para verificar a suposição de igualdade de variâncias em cada nível do fator, plote os resíduos contra os níveis do fator e compare a dispersão dos resíduos. É também útil plotar os resíduos contra $\bar{y}_{i\cdot}$ (por vezes, chamado de *valor ajustado*); a variabilidade nos resíduos não deve depender de jeito algum do valor de $\bar{y}_{i\cdot}$. A maioria dos *softwares* estatísticos constrói esses gráficos quando requisitados. Quando um padrão de comportamento aparece nesses gráficos, sugere-se geralmente a necessidade de uma transformação, isto é, analisar os dados sob uma métrica diferente. Por exemplo, se a variabilidade nos resíduos aumentar com $\bar{y}_{i\cdot}$, uma transformação tal como log y ou $\sqrt{y}$ deve ser considerada. Em alguns problemas, a dependência da dispersão dos resíduos com a média observada $\bar{y}_{i\cdot}$ é uma informação muito importante. Pode ser desejável selecionar o nível do fator que resulta na resposta máxima; no entanto, esse nível pode também causar mais variação na resposta, de corrida a corrida.

A suposição de independência pode ser verificada plotando-se os resíduos contra o tempo ou a ordem da corrida na qual o experimento foi realizado. Um padrão de comportamento nesse gráfico, como sequências de resíduos positivos e negativos, pode indicar que as observações não são independentes. Isso sugere que o tempo ou a ordem da corrida é importante ou que as variáveis que variam com o tempo são importantes e não foram incluídas no planejamento de experimentos.

A Figura 13.5(a) mostra um gráfico de probabilidade normal dos resíduos provenientes do experimento de resistência à tração do papel. As Figuras 13.5(b) e 13.5(c) apresentam os resíduos plotados contra os níveis do fator e o valor ajustado $\bar{y}_{i\cdot}$, respectivamente. Esses gráficos não revelam nenhuma inadequação do modelo ou problema não usual com as suposições.

TABELA 13.5 Resíduos para o Experimento da Resistência à Tração

Concentração de Madeira de Lei (%)			Resíduos			
5	−3,00	−2,00	5,00	1,00	−1,00	0,00
10	−3,67	1,33	−2,67	2,33	3,33	−0,67
15	−3,00	1,00	2,00	0,00	−1,00	1,00
20	−2,17	3,83	0,83	1,83	−3,17	−1,17

Capítulo 13 | Planejamento e Análise de Experimentos com um Único Fator: A Análise de Variância

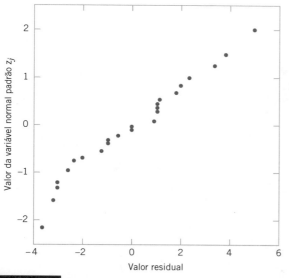

FIGURA 13.5(a)

Gráfico da probabilidade normal dos resíduos do experimento da concentração de madeira de lei.

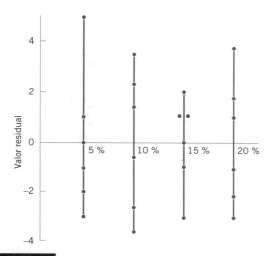

FIGURA 13.5(b)

Gráfico dos resíduos *versus* os níveis do fator (concentração de madeira de lei).

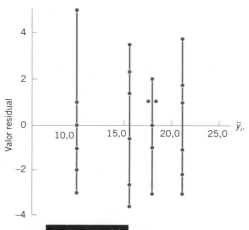

FIGURA 13.5(c)

Gráfico dos resíduos *versus* $\bar{y}_{i\cdot}$.

13.2.5 Determinando o Tamanho da Amostra

Em qualquer problema de planejamento de experimentos, a escolha do tamanho da amostra ou do número de réplicas a usar é importante. **Curvas características operacionais** (**CO**) podem ser usadas para guiar essa seleção. Lembre-se de que a curva característica operacional é um gráfico da probabilidade de um erro tipo II (β), para vários tamanhos de amostra, contra valores dos parâmetros sob teste. As curvas características operacionais podem ser usadas para determinar quantas réplicas são necessárias para atingir a sensibilidade adequada.

A potência do teste da ANOVA é

$$1 - \beta = P(\text{Rejeitar } H_0 \mid H_0 \text{ é falsa})$$
$$= P(F_0 > f_{\alpha, a-1, a(n-1)} \mid H_0 \text{ é falsa}) \quad (13.12)$$

Com o objetivo de avaliar essa afirmação de probabilidade, necessitamos conhecer a distribuição da estatística de teste F_0 se a hipótese nula for falsa. Uma vez que a ANOVA compara várias médias, a hipótese nula pode ser falsa em diferentes maneiras. Por exemplo, possivelmente $\tau_1 > 0$, $\tau_2 = 0$, $\tau_3 < 0$ e assim por diante. Pode ser mostrado que a potência para ANOVA na Equação 13.12 depende dos τ_i somente por meio da função

$$\Phi^2 = \frac{n \sum_{i=1}^{a} \tau_i^2}{a\sigma^2}$$

Consequentemente, hipóteses alternativas para os τ_i podem ser usadas para calcular Φ^2 e isso, por sua vez, pode ser usado para calcular a potência. Especificamente, pode ser mostrado que, se H_0 for falsa, a estatística $F_0 = MQ_{\text{Tratamentos}}/MQ_E$ terá uma **distribuição F não central**, com $a - 1$ e $n(a - 1)$ graus de liberdade e um parâmetro de não centralidade que depende de Φ^2. Em vez de tabelas para a distribuição F não central, curvas características operacionais são usadas para avaliar β definido na Equação 13.12. Essas curvas plotam β contra Φ.

Curvas CO estão disponíveis para $\alpha = 0{,}05$ e $\alpha = 0{,}01$ e para vários valores de graus de liberdade para o numerador (denotado por ν_1) e denominador (denotado por ν_2). A Figura 13.6 fornece curvas CO representativas: uma para $a = 4$ ($\nu_1 = 3$) e uma para $a = 5$ ($\nu_1 = 4$) tratamentos. Note que para cada valor de a há curvas para $\alpha = 0{,}05$ e $\alpha = 0{,}01$.

No uso das curvas operacionais, temos de definir a diferença nas médias que desejamos detectar em termos de $\sum_{i=1}^{a} \tau_i^2$.

Também, a variância do erro σ^2 é geralmente desconhecida. Em tais casos, temos de escolher razões de $\sum_{i=1}^{a} \tau_i^2 / \sigma^2$ que desejamos detectar. De forma alternativa, se uma estimativa de σ^2 for disponível, pode-se trocar σ^2 por essa estimativa. Por exemplo, se estivermos interessados na sensibilidade de um experimento que já tenha sido feito, podemos usar MQ_E como a estimativa de σ^2.

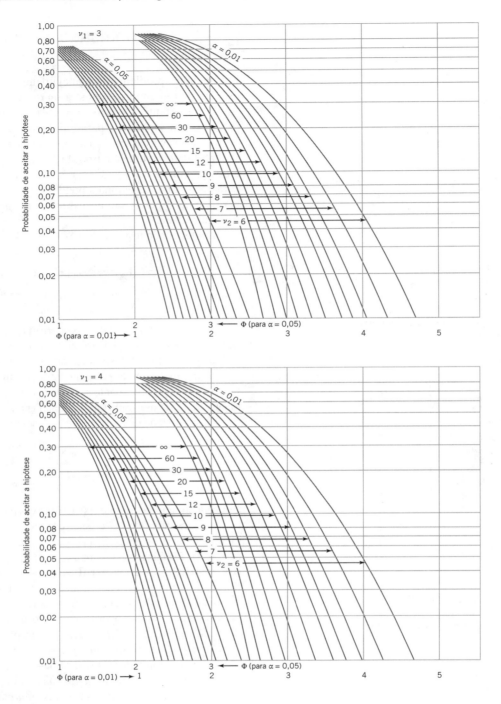

FIGURA 13.6

Duas curvas características operacionais para a análise de variância para o modelo de efeitos fixos. As curvas superiores são para quatro tratamentos e as curvas inferiores são para cinco tratamentos.

EXEMPLO 13.3

Suponha que cinco médias estejam sendo comparadas em um experimento completamente aleatorizado, com $\alpha = 0,01$. O experimentalista gostaria de saber quantas réplicas ele deve rodar, se for importante rejeitar H_0 com probabilidade de, no mínimo, 0,90, se $\sum_{i=1}^{5} \tau_i^2/\sigma^2 = 5,0$. O parâmetro Φ^2 é, nesse caso,

$$\Phi^2 = \frac{n\sum_{i=1}^{a}\tau_i^2}{a\sigma^2} = \frac{n}{5}(5) = n$$

e para a curva característica operacional no caso de $v_1 = a - 1 = 5 - 1 = 4$ e $v_2 = a(n-1) = 5(n-1)$ graus de liberdade do erro, consulte a curva inferior da Figura 13.6. Como uma primeira tentativa, use $n = 4$ réplicas. Isso resulta $\Phi^2 = 4$, $\Phi = 2$ e $v_2 = 5(3) = 15$ graus de liberdade do erro. Consequentemente, da Figura 13.6, encontramos que $\beta \simeq 0{,}38$. Logo, a potência do teste é aproximadamente $1 - \beta = 1 - 0{,}38 = 0{,}62$, que é menor do que a requerida 0,90. Concluímos, assim, que $n = 4$ réplicas não é um número suficiente. Procedendo de uma maneira similar, podemos construir a seguinte tabela:

n	Φ^2	Φ	$a(n-1)$	β	Potência = $(1-\beta)$
4	4	2,00	15	0,38	0,62
5	5	2,24	20	0,18	0,82
6	6	2,45	25	0,06	0,94

Conclusões: Desse modo, no mínimo $n = 6$ réplicas têm de ser corridas de modo a obter um teste com a potência requerida.

13.3 Modelo com Efeitos Aleatórios

13.3.1 Fatores Fixos *Versus* Aleatórios

Em muitas situações, o fator de interesse tem um grande número de níveis possíveis. O analista está interessado em obter conclusões a respeito da população inteira de níveis do fator. Se o experimentalista selecionar aleatoriamente a desses níveis provenientes da população de níveis do fator, então dizemos que o fator é um **fator aleatório**. Pelo fato de os níveis do fator realmente usados no experimento terem sido escolhidos aleatoriamente, as conclusões alcançadas serão válidas para a população inteira de níveis do fator. Consideraremos que a população dos níveis do fator seja de tamanho infinito, ou seja, grande o suficiente para ser considerada infinita. Note que essa é uma situação muito diferente daquela que encontramos no caso de efeitos fixos, em que as conclusões se aplicam somente para os níveis dos fatores usados no experimento.

13.3.2 ANOVA e Componentes de Variância

O modelo estatístico linear é

$$Y_{ij} = \mu + \tau_i + \varepsilon_{ij} \begin{cases} i = 1, 2, \ldots, a \\ j = 1, 2, \ldots, n \end{cases} \quad (13.13)$$

em que os efeitos dos tratamentos τ_i e os erros ε_{ij} são variáveis aleatórias independentes. Note que o modelo é idêntico na estrutura ao caso dos efeitos fixos; porém, os parâmetros têm uma interpretação diferente. Se a variância dos efeitos dos tratamentos τ_i for σ_τ^2, por independência, a variância da resposta será

$$V(Y_{ij}) = \sigma_\tau^2 + \sigma^2 \quad (13.14)$$

As variâncias σ_τ^2 e σ^2 são chamadas de **componentes de variância** e o modelo, Equação 13.14, é chamado de **modelo de componentes de variância** ou de **modelo de efeitos aleatórios**. Para testar as hipóteses nesse modelo, consideramos que os erros ε_{ij} sejam normal e independentemente distribuídos, com média zero e variância σ^2 e que os efeitos dos tratamentos τ_i sejam normal e independentemente distribuídos, com média zero e variância σ_τ^2*.

*A suposição de que $\{\tau_i\}$ sejam variáveis aleatórias independentes implica que a suposição usual de $\sum_{i=1}^{n} \tau_i$ do modelo de efeitos fixos não se aplica ao modelo de efeitos aleatórios.

Para o modelo de efeitos aleatórios, não tem sentido testar a hipótese de que os efeitos individuais dos tratamentos sejam zero. É mais apropriado testar a hipótese sobre σ_τ^2. Especificamente,

$$H_0: \sigma_\tau^2 = 0 \qquad H_1: \sigma_\tau^2 > 0$$

Se $\sigma_\tau^2 = 0$, todos os tratamentos serão idênticos; porém, se $\sigma_\tau^2 > 0$, existe variabilidade entre os tratamentos.

A decomposição da ANOVA da variabilidade total é ainda válida; ou seja,

$$SQ_T = SQ_{\text{Tratamentos}} + SQ_E \quad (13.15)$$

Entretanto, os valores esperados das médias dos quadrados para os tratamentos e para o erro são um pouco diferentes em relação ao caso dos efeitos fixos.

Valores Esperados das Médias dos Quadrados: Efeitos Aleatórios

No modelo de efeitos aleatórios para um único fator, experimento completamente aleatorizado, o valor esperado da média dos quadrados para os tratamentos é

$$E(MQ_{\text{Tratamentos}}) = E\left(\frac{SQ_{\text{Tratamentos}}}{a-1}\right) = \sigma^2 + n\sigma_\tau^2 \quad (13.16)$$

e o valor esperado da média dos quadrados para o erro é

$$E(MQ_E) = E\left[\frac{SQ_E}{a(n-1)}\right] = \sigma^2 \quad (13.17)$$

A partir do exame do valor esperado da média dos quadrados, é claro que tanto MQ_E como $MQ_{\text{Tratamentos}}$ estimarão σ^2, quando $H_0: \sigma_\tau^2 = 0$ for verdadeira. Além disso, MQ_E e $MQ_{\text{Tratamentos}}$ são independentes. Consequentemente, a razão

$$F_0 = \frac{MQ_{\text{Tratamentos}}}{MQ_E} \quad (13.18)$$

é uma variável aleatória F com $a - 1$ e $a(n-1)$ graus de liberdade, quando H_0 for verdadeira. A hipótese nula seria rejeitada com um nível de significância de α, se o valor calculado da estatística de teste $f_0 > f_{\alpha, a-1, a(n-1)}$.

O procedimento de cálculo e a construção da tabela da análise de variância para o modelo de efeitos aleatórios são idênticos ao caso do modelo de efeitos fixos. As conclusões, no entanto, são bem diferentes porque elas se aplicam à população inteira de tratamentos.

Geralmente, queremos também estimar os componentes de variância (σ^2 e σ_τ^2) no modelo. O procedimento que usaremos para estimar σ^2 e σ_τ^2 é chamado de **método de análise de variância**, porque ele usa a informação na tabela da análise de variância. Ele não requer a suposição de normalidade nas observações. O procedimento consiste em igualar o valor esperado da média dos quadrados a seus valores observados na tabela de ANOVA e em determinar os componentes de variância. Quando igualamos as médias dos quadrados observadas e esperadas no modelo de efeitos aleatórios, classificado como univariável, obtemos

$$MQ_{\text{Tratamentos}} = \sigma^2 + n\sigma_\tau^2 \quad \text{e} \quad MQ_E = \sigma^2$$

Logo, os estimadores dos componentes de variância são

Estimativas dos Componentes de Variância

e

$$\hat{\sigma}^2 = MQ_E \tag{13.19}$$

$$\hat{\sigma}_\tau^2 = \frac{MQ_{\text{Tratamentos}} - MQ_E}{n} \tag{13.20}$$

Ocasionalmente, o método da análise de variância produz uma estimativa negativa de um componente de variância. Uma vez que os componentes de variância são, por definição, não negativos, uma estimativa negativa de um componente de variância é algo perturbador. Uma ação é aceitar a estimativa e usá-la como evidência de que o valor verdadeiro do componente de variância é zero, considerando que a variação amostral conduziu à estimativa negativa. Enquanto essa abordagem tiver apelo intuitivo, ela perturbará as propriedades estatísticas de outras estimativas. Outra alternativa é reestimar o componente de variância negativo, com um método que sempre resulte em estimativas não negativas. Outra possibilidade ainda é considerar a estimativa não negativa como evidência de que o modelo linear considerado esteja incorreto, requerendo um estudo do modelo e suas suposições a fim de encontrar um modelo apropriado.

Esse exemplo ilustra uma importante aplicação da análise de variância – o isolamento de diferentes fontes de variabilidade em um processo de fabricação. Problemas de variabilidade excessiva nos parâmetros críticos funcionais ou nas propriedades aparecem frequentemente nos programas de melhoria de qualidade. Por exemplo, no caso anterior de resistência do tecido, a média do processo é estimada como $\bar{y} = 95{,}45$ psi e o desvio-padrão do processo é estimado como $\hat{\sigma}_y = \sqrt{\hat{V}(Y_{ij})} = \sqrt{8{,}86} = 2{,}98$ psi. Se a resistência fosse distribuída aproximadamente de forma normal, então a distribuição de resistência na saída do produto pareceria como a distribuição normal mostrada na Figura 13.7(a). Se o limite

EXEMPLO 13.4 | Fabricação Têxtil

No livro *Planejamento e Análise de Experimentos* (*Design and Analysis of Experiments*), (8. ed., Wiley, 2012), D. C. Montgomery descreve um experimento com um único fator envolvendo o modelo de efeitos aleatórios, em que uma companhia têxtil tece um tecido em um grande número de teares. A companhia está interessada na variabilidade da resistência à tração, que ocorre entre os teares. Para investigar essa variabilidade, um engenheiro da fábrica seleciona, ao acaso, quatro teares e faz quatro determinações de resistências nas amostras de tecido, escolhidas ao acaso, provenientes de cada tear. Os dados são mostrados na Tabela 13.6 e a ANOVA está resumida na Tabela 13.7.

TABELA 13.6 Dados de Resistência

Tear	\multicolumn{4}{c}{Observações}	Total	Média
	1	2	3	4		
1	98	97	99	96	390	97,5
2	91	90	93	92	366	91,5
3	96	95	97	95	383	95,8
4	95	96	99	98	388	97,0
					1527	95,45

TABELA 13.7 Análise de Variância para os Dados de Resistência

Fonte de Variação	Soma dos Quadrados	Graus de Liberdade	Média dos Quadrados	f_0	Valor P
Teares	89,19	3	29,73	15,68	1,88 E-4
Erro	22,75	12	1,90		
Total	111,94	15			

A partir da análise de variância, concluímos que os teares na planta diferem significativamente em sua habilidade de produzir tecidos com resistência uniforme. Os componentes de variância são estimados como $\hat{\sigma}^2 = 1{,}90$ e

$$\hat{\sigma}_\tau^2 = \frac{29{,}73 - 1{,}90}{4} = 6{,}96$$

Desse modo, a variância da resistência no processo de fabricação é estimada como

$$\hat{V}(Y_{ij}) = \hat{\sigma}_\tau^2 + \hat{\sigma}^2 = 6{,}96 + 1{,}90 = 8{,}86$$

Conclusão: A maioria dessa variabilidade é atribuída a diferenças entre os teares.

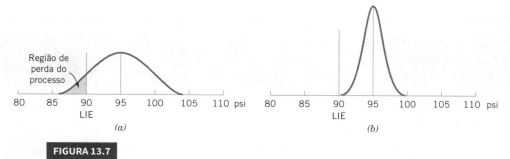

FIGURA 13.7 A distribuição da resistência do tecido. (a) Processo atual, (b) processo melhorado.

inferior de especificação (LIE[3]) na resistência for 90 psi, então uma proporção substancial da saída do processo é **sucata** (*fallout*) – isto é, material defeituoso que tem de ser vendido como de segunda qualidade. Essa sucata está diretamente relacionada com o excesso de variabilidade resultante das diferenças entre os teares. A variabilidade no desempenho dos teares poderia ser causada por uma montagem defeituosa, uma manutenção insuficiente, uma supervisão inadequada, operadores mal treinados, e assim por diante. O engenheiro ou gerente responsável pela melhoria de qualidade tem de identificar e remover essas fontes de variabilidade do processo. Se isso puder ser feito, então a variabilidade na resistência será muito reduzida, sendo talvez tão baixa quanto $\hat{\sigma}_Y = \sqrt{\hat{\sigma}^2} = \sqrt{1{,}90} = 1{,}38$ psi, conforme mostrado na Figura 13.7(b). Nesse processo melhorado, a redução da variabilidade na resistência diminuiu muito a sucata, resultando em um custo menor, em uma maior qualidade, em um consumidor mais satisfeito e uma posição competitiva melhorada para a companhia.

13.4 Planejamento com Blocos Completos Aleatorizados

13.4.1 Planejamento e Análise Estatística

Em muitos problemas de planejamento de experimentos, é necessário planejar o experimento de modo que a variabilidade proveniente de um fator de ruído (*nuisance factor*) possa ser controlada. Em um exemplo anterior com testes *t*, dois métodos diferentes foram usados para prever a resistência ao cisalhamento em vigas planas de aço. Pelo fato de cada viga ter (potencialmente) resistência diferente e essa variabilidade na tração não ser de interesse direto, planejamos o experimento usando os dois métodos de teste em cada viga e, então, comparando, com zero, a diferença média nas leituras da resistência em cada viga, usando o teste *t* emparelhado. O teste *t* emparelhado é um procedimento para comparar duas médias de tratamentos, quando todas as corridas experimentais não podem ser feitas sob condições homogêneas. De maneira alternativa, podemos ver o teste *t* emparelhado como um método para reduzir o ruído de fundo no experimento, por meio da blocagem de um efeito do **fator de ruído**. O bloco é o fator de ruído e, nesse caso, o fator de ruído são os espécimes da viga de aço usados no experimento.

O planejamento com blocos aleatorizados é uma extensão do teste *t* emparelhado para situações em que o fator de interesse tem mais de dois níveis; ou seja, mais de dois tratamentos têm de ser comparados. Por exemplo, suponha que três métodos pudessem ser usados para avaliar as leituras da resistência em vigas planas de aço. Podemos pensar nesses métodos como três tratamentos, digamos t_1, t_2 e t_3. Se usarmos quatro vigas como as unidades experimentais, então um **planejamento com blocos completos aleatorizados** (**PBCA**) apareceria conforme mostrado na Figura 13.8. O planejamento é chamado de um PBCA porque cada bloco é grande o suficiente para manter todos os tratamentos e porque a designação atual de cada um dos três tratamentos dentro de cada bloco é feita aleatoriamente. Uma vez conduzido o experimento, os dados são registrados em uma tabela, tal como a mostrada na Tabela 13.8. As observações nessa tabela, como y_{ij}, representam a resposta obtida quando o método *i* é usado na viga *j*.

O procedimento geral para um PBCA consiste em selecionar *b* blocos e rodar uma réplica completa do experimento em cada bloco. A Tabela 13.9 mostra os dados que resultam da corrida de um PBCA para investigar um único fator com *a* níveis e *b* blocos. Haverá *a* observações (uma por nível do fator) em cada bloco, e a ordem em que essas observações são corridas é designada aleatoriamente dentro do bloco.

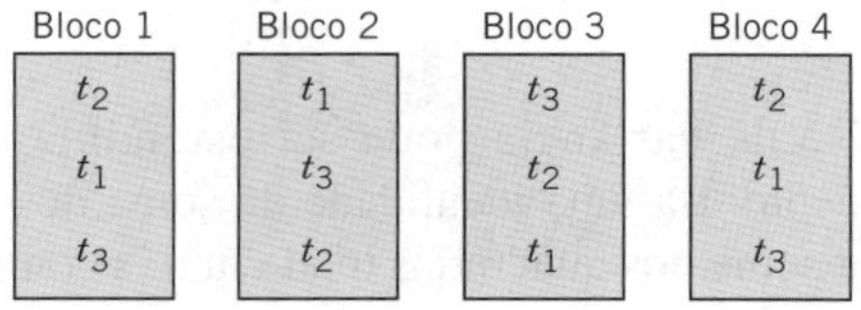

FIGURA 13.8 Planejamento com blocos completos aleatorizados.

TABELA 13.8 Planejamento com Blocos Completos Aleatorizados

Tratamentos (Método)	Bloco (Viga) 1	2	3	4
1	y_{11}	y_{12}	y_{13}	y_{14}
2	y_{21}	y_{22}	y_{23}	y_{24}
3	y_{31}	y_{32}	y_{33}	y_{34}

---
[3] LSL em inglês. (N. de T.)

TABELA 13.9 Planejamento com Blocos Completos Aleatorizados com a Tratamentos e b Blocos

Tratamentos	Blocos 1	2	...	b	Totais	Médias
1	y_{11}	y_{12}	...	y_{1b}	$y_{1\cdot}$	$\bar{y}_{1\cdot}$
2	y_{21}	y_{22}	...	y_{2b}	$y_{2\cdot}$	$\bar{y}_{2\cdot}$
⋮	⋮	⋮	...	⋮	⋮	⋮
a	y_{a1}	y_{a2}	...	y_{ab}	$y_{a\cdot}$	$\bar{y}_{a\cdot}$
Totais	$y_{\cdot 1}$	$y_{\cdot 2}$	...	$y_{\cdot b}$	$y_{\cdot\cdot}$	
Médias	$\bar{y}_{\cdot 1}$	$\bar{y}_{\cdot 2}$	...	$\bar{y}_{\cdot b}$		$\bar{y}_{\cdot\cdot}$

Descreveremos agora a análise estatística para o PBCA. Suponha que um único fator com a níveis seja de interesse e que o experimento seja corrido em b blocos. As observações podem ser representadas pelo *modelo linear estatístico*.

$$Y_{ij} = \mu + \tau_i + \beta_j + \epsilon_{ij} \begin{cases} i = 1, 2, \ldots, a \\ j = 1, 2, \ldots, b \end{cases} \quad (13.21)$$

sendo μ a média global, τ_i o efeito do i-ésimo tratamento, β_j o efeito do j-ésimo bloco e ϵ_{ij} o termo do erro aleatório, considerado ser distribuído normal e independentemente, com média zero e variância σ^2. Além disso, os efeitos dos tratamentos e dos blocos são definidos como desvios da média global, de modo que $\sum_{i=1}^{a} \tau_i = 0$ e $\sum_{j=1}^{b} \beta_j = 0$. Esse é o mesmo tipo de definição usada para experimentos completamente aleatorizados na Seção 13.2. Consideramos também que tratamentos e blocos não interagem. Em outras palavras, o efeito do tratamento i é o mesmo, independentemente de qual bloco (ou blocos) seja testado. Estamos interessados em testar a igualdade dos efeitos dos tratamentos. Isto é,

$$H_0: \tau_1 = \tau_2 = \cdots = \tau_a = 0$$

$$H_1: \tau_i \neq 0 \text{ pelo menos um } i$$

A análise de variância pode ser estendida ao PBCA. O procedimento usa uma identidade da soma dos quadrados que divide a soma dos quadrados total em três componentes.

Identidade da Soma dos Quadrados, ANOVA: Experimento com Bloco Completo Aleatorizado

A identidade da soma dos quadrados para o planejamento com blocos completos aleatorizados é

$$\sum_{i=1}^{a}\sum_{j=1}^{b}(y_{ij}-\bar{y}_{\cdot\cdot})^2 = b\sum_{i=1}^{a}(\bar{y}_{i\cdot}-\bar{y}_{\cdot\cdot})^2 + a\sum_{j=1}^{b}(\bar{y}_{\cdot j}-\bar{y}_{\cdot\cdot})^2$$
$$+ \sum_{i=1}^{a}\sum_{j=1}^{b}(y_{ij}-\bar{y}_{\cdot j}-\bar{y}_{i\cdot}+\bar{y}_{\cdot\cdot})^2$$

$$(13.22)$$

ou, simbolicamente,

$$SQ_T = SQ_{\text{Tratamentos}} + SQ_{\text{Blocos}} + SQ_E$$

Além disso, os graus de liberdade podem ser divididos como

$$ab - 1 = (a-1) + (b-1) + (a-1)(b-1)$$

ou

$$gl_{\text{Total}} = gl_{\text{Tratamentos}} + gl_{\text{Blocos}} + gl_{\text{Erro}}$$

Para o planejamento com blocos aleatorizados, as médias dos quadrados relevantes são

$$MQ_{\text{Tratamentos}} = \frac{SQ_{\text{Tratamentos}}}{a-1}$$

$$MQ_{\text{Blocos}} = \frac{SQ_{\text{Blocos}}}{b-1}$$

$$MQ_E = \frac{SQ_E}{(a-1)(b-1)}$$

Os valores esperados dessas médias dos quadrados são mostrados a seguir:

Valores Esperados das Médias dos Quadrados: Experimento com Bloco Completo Aleatorizado

$$MQ_{\text{Tratamentos}} = \sigma^2 + \frac{b\sum_{i=1}^{a}\tau_i^2}{a-1}$$

$$MQ_{\text{Blocos}} = \sigma^2 + \frac{a\sum_{j=1}^{b}\beta_j^2}{b-1}$$

$$MQ_E = \sigma^2$$

TABELA 13.10 — ANOVA para um Planejamento com Blocos Completos Aleatorizados

Fonte de Variação	Soma dos Quadrados	Graus de Liberdade	Média dos Quadrados	F_0
Tratamentos	$SQ_{Tratamentos}$	$a-1$	$SQ_{Tratamentos} = \dfrac{SQ_{Tratamentos}}{a-1}$	$\dfrac{SQ_{Tratamentos}}{SQ_E}$
Blocos	SQ_{Blocos}	$b-1$	$SQ_{Blocos} = \dfrac{SQ_{Blocos}}{b-1}$	
Erro	SQ_E (por subtração)	$(a-1)(b-1)$	$SQ_{Erro} = \dfrac{SQ_{Erro}}{(a-1)(b-1)}$	
Total	SQ_T	$ab-1$		

Consequentemente, se a hipótese nula H_0 for verdadeira de modo que todos os efeitos do tratamento $\tau_i = 0$, $MQ_{Tratamentos}$ será um estimador não tendencioso de σ^2, enquanto se H_0 for falsa, $MQ_{Tratamentos}$ superestimará σ^2. A média dos quadrados do erro é sempre um estimador não tendencioso de σ^2. Para testar a hipótese nula de que os efeitos dos tratamentos sejam todos iguais a zero, calculamos a razão

$$F_0 = \frac{MQ_{Tratamentos}}{MQ_E} \quad (13.23)$$

que terá uma distribuição F, com $a-1$ e $(a-1)(b-1)$ graus de liberdade, se a hipótese nula for verdadeira. Rejeitaríamos a hipótese nula, com um nível de significância α, se o valor calculado da estatística de teste na Equação 13.23 fosse $f_0 > f_{\alpha,a-1,(a-1)(b-1)}$.

Na prática, calculamos SQ_T, $SQ_{Tratamentos}$ e SQ_{Blocos} e, então, obtemos a soma dos quadrados do erro, SQ_E, por subtração. As fórmulas apropriadas de cálculo são dadas a seguir.

Fórmulas de Cálculo para ANOVA: Experimento com Bloco Aleatorizado

As fórmulas de cálculo para as somas dos quadrados na análise de variância para um PBCA são

$$SQ_T = \sum_{i=1}^{a}\sum_{j=1}^{b} y_{ij}^2 - \frac{y_{..}^2}{ab} \quad (13.24)$$

$$SQ_{Tratamentos} = \frac{1}{b}\sum_{i=1}^{a} y_{i.}^2 - \frac{y_{..}^2}{ab} \quad (13.25)$$

$$SQ_{Blocos} = \frac{1}{a}\sum_{j=1}^{b} y_{.j}^2 - \frac{y_{..}^2}{ab} \quad (13.26)$$

e

$$SQ_E = SQ_T - SQ_{Tratamentos} - SQ_{Blocos}$$

Os cálculos são geralmente organizados em uma tabela ANOVA, tal como mostrado na Tabela 13.10. Geralmente, um *software* será usado para fazer a análise de variância para um PBCA.

Quando a Blocagem É Necessária? Suponha que um experimento seja conduzido como um PBCA e que a blocagem não tenha sido realmente necessária. Há ab observações e $(a-1)(b-1)$ graus de liberdade para o erro. Se o experimento tiver sido realizado como um planejamento completamente aleatorizado com um único fator, com b replicatas, teríamos de ter $a(b-1)$ graus de liberdade para o erro. Por conseguinte, a blocagem custou $a(b-1) - (a-1)(b-1) = b-1$ graus de liberdade para o erro. Essa perda em graus de liberdade aumenta o valor

---

EXEMPLO 13.5 | Resistência do Tecido

Um experimento foi feito para determinar o efeito de quatro produtos químicos diferentes sobre a resistência de um tecido. Esses produtos químicos são usados como parte do processo de acabamento, sob prensagem permanente. Cinco amostras de tecido foram selecionadas e um PBCA foi corrido, testando cada tipo de produto químico uma vez, em uma ordem aleatória, em cada amostra de tecido. Os dados são mostrados na Tabela 13.11. Testaremos as diferenças nas médias, usando uma ANOVA com $\alpha = 0{,}01$.

As somas dos quadrados para a análise de variância são calculadas como se segue:

$$SQ_T = 25{,}69 \quad SQ_{Tratamentos} = 18{,}04 \quad SQ_{Blocos} = 6{,}69$$

$$SQ_E = SQ_T - SQ_{Blocos} - SQ_{Tratamentos}$$
$$= 25{,}69 - 6{,}69 - 18{,}04 = 0{,}9$$

A ANOVA é resumida na Tabela 13.12. Uma vez que $f_0 = 75{,}13 > f_{0{,}01;3;12} = 5{,}95$ (pelo *software*, o valor P é $4{,}79 \times 10^{-8}$), concluímos que existe uma diferença significativa nos tipos de produtos químicos, desde que seu efeito na resistência seja considerado.

TABELA 13.11 Dados da Resistência do Tecido – Planejamento com Blocos Completos Aleatorizados

Tipo de Produto Químico	Amostra de Tecido 1	2	3	4	5	Totais dos Tratamentos $y_{i.}$	Médias dos Tratamentos $\bar{y}_{i.}$
1	1,3	1,6	0,5	1,2	1,1	5,7	1,14
2	2,2	2,4	0,4	2,0	1,8	8,8	1,76
3	1,8	1,7	0,6	1,5	1,3	6,9	1,38
4	3,9	4,4	2,0	4,1	3,4	17,8	3,56
Totais dos Blocos $y_{.j}$	9,2	10,1	3,5	8,8	7,6	39,2($y_{..}$)	
Médias dos Blocos $\bar{y}_{.j}$	2,30	2,53	0,88	2,20	1,90		1,96($\bar{y}_{..}$)

TABELA 13.12 Análise de Variância para um Planejamento com Blocos Completos Aleatorizados

Fonte de Variação	Soma dos Quadrados	Graus de Liberdade	Média dos Quadrados	f_0	Valor P
Tipos de produtos químicos (tratamentos)	18,04	3	6,01	75,13	4,79 E-8
Amostras de tecido (blocos)	6,69	4	1,67		
Erro	0,96	12	0,08		
Total	25,69	19			

crítico da distribuição F na Equação 13.23. Em consequência, para detectar um efeito de tratamento, são necessárias diferenças maiores em suas médias. Assim, uma vez que a perda de graus de liberdade no erro é geralmente pequena, se houver uma chance razoável de que os efeitos do bloco possam ser importantes, o experimentalista deve usar o PBCA.

Por exemplo, considere o experimento descrito no Exemplo 13.5 como um experimento com um único fator e sem blocagem. Teríamos então 16 graus de liberdade para o erro. No PBCA, há 12 graus de liberdade para o erro. Logo, a blocagem custou somente 4 graus de liberdade, o que é uma perda muito pequena, considerando o possível ganho na informação que seria alcançada se os efeitos dos blocos forem realmente importantes. O efeito dos blocos no Exemplo 13.5 é grande e, se não tivéssemos formado os blocos, SQ_{Blocos} teria sido incluído na soma dos quadrados do erro para a análise completamente aleatorizada. Isso teria resultado em uma MQ_E muito maior, tornando mais difícil detectar diferenças nos tratamentos. Como uma regra geral, quando estiver em dúvida com relação à importância do efeito do bloco, o experimentalista deve formar blocos e apostar que o efeito do bloco existe. Se o experimentalista estiver errado, a leve perda nos graus de liberdade do erro terá um efeito desprezível, a menos que o número de graus de liberdade seja muito pequeno.

13.4.2 Comparações Múltiplas

Quando a ANOVA indica que existe uma diferença entre as médias dos tratamentos, pode haver a necessidade de realizar testes subsequentes para isolar as diferenças específicas. Qualquer método de comparação múltipla, tal como o método MDS de Fisher, poderia ser usado para essa finalidade. Ilustraremos o método MDS de Fisher. As quatro médias dos tipos de produtos químicos do Exemplo 13.5 são:

$$\bar{y}_{1.} = 1{,}14 \quad \bar{y}_{2.} = 1{,}76 \quad \bar{y}_{3.} = 1{,}38 \quad \bar{y}_{4.} = 3{,}56$$

Cada média dos tratamentos usa $b = 5$ observações (uma de cada bloco). Usaremos $\alpha = 0{,}05$; logo, $t_{0{,}025;12} = 2{,}179$. Consequentemente, o valor da MDS é

$$\text{MDS} = t_{0{,}025;12}\sqrt{\frac{2MQ_E}{b}} = 2{,}179\sqrt{\frac{2(0{,}08)}{5}} = 0{,}39$$

Qualquer par de médias dos tratamentos que difira por 0,39 ou mais indicará que o par de médias dos tratamentos é significativamente diferente. As comparações são mostradas a seguir:

$$4 \text{ vs. } 1 = \bar{y}_{4.} - \bar{y}_{1.} = 3{,}56 - 1{,}14 = 2{,}42 > 0{,}39$$
$$4 \text{ vs. } 3 = \bar{y}_{4.} - \bar{y}_{3.} = 3{,}56 - 1{,}38 = 2{,}18 > 0{,}39$$
$$4 \text{ vs. } 2 = \bar{y}_{4.} - \bar{y}_{2.} = 3{,}56 - 1{,}76 = 1{,}80 > 0{,}39$$
$$2 \text{ vs. } 1 = \bar{y}_{2.} - \bar{y}_{1.} = 1{,}76 - 1{,}14 = 0{,}62 > 0{,}39$$
$$2 \text{ vs. } 3 = \bar{y}_{2.} - \bar{y}_{3.} = 1{,}76 - 1{,}38 = 0{,}38 < 0{,}39$$
$$3 \text{ vs. } 1 = \bar{y}_{3.} - \bar{y}_{1.} = 1{,}38 - 1{,}14 = 0{,}24 < 0{,}39$$

FIGURA 13.9

Resultados do método MDS de Fischer.

A Figura 13.9 apresenta os resultados na forma gráfica. Os pares sublinhados das médias *não* são diferentes. O procedimento MDS indica que o produto químico tipo 4 resulta em resistências significativamente diferentes daquelas dos outros três tipos. Os produtos químicos tipos 2 e 3 não diferem, assim como os tipos 1 e 3. Pode haver uma pequena diferença na resistência entre os tipos 1 e 2.

13.4.3 Análise Residual e Verificação do Modelo

Em qualquer experimento planejado, é sempre importante examinar os resíduos e verificar a violação das suposições básicas que poderiam invalidar os resultados. Comumente, os resíduos para o PBCA são apenas as diferenças entre os valores observados e os valores estimados (ou ajustados) pelo modelo estatístico, $e_{ij} = y_{ij} - \hat{y}_{ij}$, sendo os valores ajustados

$$\hat{y}_{ij} = \bar{y}_{i\cdot} + \bar{y}_{\cdot j} - \bar{y}_{\cdot\cdot}$$

O valor ajustado representará a estimativa da resposta média quando o *i*-ésimo tratamento for corrido no *j*-ésimo bloco. Os resíduos do experimento do tipo de produto químico são mostrados na Tabela 13.13.

As Figuras 13.10(a)-(d) apresentam os gráficos importantes dos resíduos para o experimento. Esses gráficos residuais são geralmente construídos por meio de *softwares*. Quando tratados com os quatro produtos químicos, há indicação de que a amostra de tecido (bloco) 3 tem maior variabilidade na resistência em comparação com as outras amostras. O produto químico tipo 4, que fornece a maior resistência, tem também um pouco mais de variabilidade nesse quesito. Experimentos subsequentes podem ser necessários para confirmar essas descobertas, se elas forem potencialmente importantes.

TABELA 13.13 Resíduos do Planejamento com Blocos Completos Aleatorizados

Tipo de Produto Químico	Amostra de Tecido				
	1	2	3	4	5
1	−0,18	−0,10	0,44	−0,18	0,02
2	0,10	0,08	−0,28	0,00	0,10
3	0,08	−0,24	0,30	−0,12	−0,02
4	0,00	0,28	−0,48	0,30	−0,10

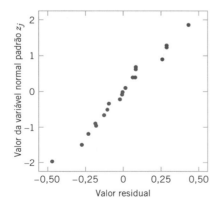

FIGURA 13.10(a)

Gráfico da probabilidade normal dos resíduos provenientes do planejamento com blocos completos aleatorizados.

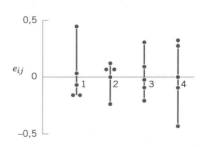

FIGURA 13.10(b)

Resíduos *versus* tratamento.

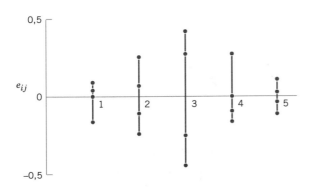

FIGURA 13.10(c)
Resíduos *versus* bloco.

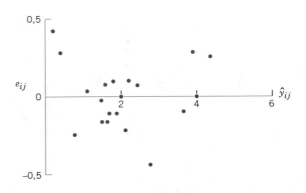

FIGURA 13.10(d)
Resíduos *versus* $\hat{y}_{ij}$.

Termos e Conceitos Importantes

Aleatorização
Análise de variância (ANOVA)
Análise residual e verificação do modelo
Blocagem
Comparação gráfica de médias
Componentes de variância
Componentes do modelo de variância
Curvas características operacionais
Erro quadrático médio
Fator aleatório
Fator de ruído
Média dos quadrados dos tratamentos
Método da mínima diferença significativa (MDS) de Fisher
Métodos de comparações múltiplas
Mínima diferença significativa
Modelo com efeitos de fatores aleatórios
Modelo com efeitos fixos
Níveis de um fator
Planejamento com bloco completo aleatorizado (PBCA)
Planejamento completamente aleatorizado (PCA)
Tratamento

CAPÍTULO 14

Planejamento de Experimentos com Vários Fatores

OBJETIVOS DA APRENDIZAGEM

Depois de um cuidadoso estudo deste capítulo, você deve ser capaz de:

1. Planejar e conduzir experimentos de engenharia envolvendo vários fatores usando a abordagem de planejamento fatorial
2. Saber como analisar e interpretar efeitos principais e interações
3. Entender como a ANOVA é usada para analisar os dados desses experimentos
4. Verificar a adequação do modelo com gráficos residuais
5. Saber como usar o planejamento fatorial com dois níveis
6. Entender como fazer um planejamento fatorial com dois níveis e blocos
7. Planejar e conduzir planejamentos fatoriais fracionários com dois níveis
8. Usar pontos centrais para testar a curvatura em planejamentos fatoriais com dois níveis
9. Usar a metodologia de superfície de resposta para experimentos de otimização de processos

SUMÁRIO DO CAPÍTULO

14.1 Introdução

14.2 Experimentos Fatoriais

14.3 Experimentos Fatoriais com Dois Fatores
  14.3.1 Análise Estatística
  14.3.2 Verificação da Adequação do Modelo
  14.3.3 Uma Observação por Célula

14.4 Experimentos Fatoriais em Geral

14.5 Planejamentos Fatoriais 2^k
  14.5.1 Planejamento 2^2
  14.5.2 Planejamento 2^k para $k \geq 3$ Fatores

14.6 Réplica Única do Planejamento 2^k

14.7 Adição de Pontos Centrais a um Planejamento 2^k

14.8 Blocagem e Superposição no Planejamento 2^k

14.9 Uma Meia-Fração do Planejamento 2^k

14.10 Frações Menores: o Fatorial Fracionário 2^{k-p}

14.11 Planejamentos e Métodos de Superfície de Resposta

Carotenoides são pigmentos solúveis em gordura que existem naturalmente em frutas e vegetais e são recomendados em dietas saudáveis. Um carotenoide bem conhecido é o betacaroteno. A astaxantina, outro carotenoide, é um forte antioxidante comercialmente produzido. Um exercício mais adiante, neste capítulo, descreve um experimento publicado na revista *Biotechnology Progress* para promover a produção de astaxantina. Sete variáveis foram consideradas importantes na produção: densidade do fluxo de fótons e concentrações de nitrogênio, de fósforo, de magnésio, de acetato, de ferro e de NaCl. Foi importante estudar não só os efeitos desses fatores, mas também os efeitos de combinações sobre a produção. Mesmo com somente um nível superior e inferior para cada variável, um experimento que usa todas as combinações possíveis requer $2^7 = 128$ testes. Existem algumas desvantagens em um experimento tão grande, e uma questão é se uma fração do conjunto completo de testes pode ser selecionada para fornecer a informação mais importante sobre os efeitos dessas variáveis em bem menos corridas. O exemplo usou um conjunto surpreendentemente pequeno de 16 corridas (16/128 = 1/8). O projeto e a análise de experimentos desse tipo são o foco deste capítulo. Tais experimentos são amplamente usados em todo desenvolvimento moderno de engenharia e em estudos científicos.

14.1 Introdução

Um **experimento** é somente um teste ou uma série de testes. Experimentos são feitos em todas as disciplinas científicas e de engenharia e constituem uma importante maneira de aprendermos sobre como sistemas e processos funcionam. A validade das conclusões que são tiradas de um experimento depende, em grande parte, de como o experimento foi conduzido. Consequentemente, o **planejamento** do experimento desenvolve o papel principal na solução futura do problema que inicialmente o motivou.

Neste capítulo, focaremos nos experimentos com dois ou mais fatores que o experimentalista considera importantes. Um **experimento fatorial** é uma técnica poderosa para esse tipo de problema. Geralmente, em um planejamento fatorial de experimentos, tentativas (ou corridas) experimentais são feitas em todas as combinações dos níveis dos fatores. Por exemplo, se um engenheiro químico estiver interessado em investigar os efeitos do tempo de reação e da temperatura de reação sobre o rendimento de um processo, e se dois níveis do tempo (1 h e 1,5 h) e dois níveis da temperatura (125 e 150 °F) forem considerados importantes, então um planejamento fatorial consistirá em executar as corridas experimentais em cada uma das quatro combinações possíveis desses níveis do tempo e da temperatura de reação.

O planejamento de experimentos é uma ferramenta extremamente importante para engenheiros e cientistas interessados em melhorar o desempenho de um processo de fabricação. Ele também tem uma extensa aplicação no desenvolvimento de novos processos e no planejamento de novos produtos. Daremos agora alguns exemplos.

Experimento de Caracterização de um Processo Em um artigo publicado em *IEEE Transactions* ["Electronics Packaging Manufacturing" (v. 24, n. 4, p. 249-254, 2001)], os autores discutiram a mudança para uma solda livre de chumbo na tecnologia de montagem de uma superfície (TMS). TMS é um processo para arrumar componentes eletrônicos em uma placa de circuito impresso. A pasta de soldagem é impressa pelo estêncil na placa de circuito impresso. A máquina de impressão de estêncil possui rodos: a pasta rola em frente ao rodo e enche as aberturas do estêncil. O rodo desliza pela pasta nas aberturas à medida que se move sobre o estêncil. Uma vez completada a impressão, a placa é separada mecanicamente do estêncil. Os componentes eletrônicos são colocados nos depósitos, e a placa é aquecida de modo que a pasta volta a escoar para formar as juntas das soldas.

O processo terá algumas (talvez muitas) variáveis, e todas elas não serão igualmente importantes. A lista inicial de variáveis candidatas a serem incluídas em um experimento é construída pela combinação de conhecimento e informação sobre o processo de todos os membros do grupo. Por exemplo, engenheiros conduziram uma sessão de discussão (*brainstorming*) e convidaram o pessoal de fabricação com experiência em TMS para participar. TMS tem algumas variáveis que podem ser controladas. Elas são: (1) velocidade do rodo, (2) pressão do rodo, (3) ângulo do rodo, (4) rodo de metal ou de poli(uretano), (5) vibração do rodo, (6) tempo de retardo antes de o rodo levantar do estêncil, (7) velocidade de separação do estêncil, (8) abertura da impressão, (9) liga da pasta de soldagem, (10) pré-tratamento da pasta, (11) tamanho da partícula da pasta, (12) tipo de fluxo, (13) temperatura em que a pasta volta a escoar, (14) tempo em que a pasta volta a escoar e assim por diante.

Em adição a esses fatores controláveis, há vários outros aspectos que não podem ser facilmente controláveis em uma rotina de fabricação, incluindo (1) espessura da placa de circuito impresso, (2) tipos de componentes usados na placa e largura e comprimento da abertura, (3) disposição dos componentes na placa, (4) variação da densidade da pasta, (5) fatores ambientais, (6) desgaste do rodo, (7) limpeza, e assim por diante. Por vezes, chamamos os fatores incontroláveis de *ruídos*. Uma representação esquemática do processo é mostrada na Figura 14.1. Nessa situação, o engenheiro quer **caracterizar** o processo TMS, ou seja, determinar os fatores (os controláveis e incontroláveis) que afetam a ocorrência de defeitos nas placas de circuito impresso. Com o objetivo de determinar esses fatores,

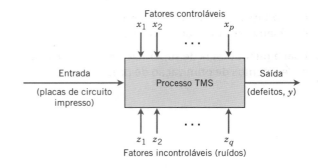

FIGURA 14.1

Experimento de soldagem contínua.

um experimento pode ser planejado para estimar a magnitude e a direção dos efeitos dos fatores. Ocasionalmente, chamamos tal experimento de **experimento exploratório** (*screening experiment*). A informação proveniente desse estudo de caracterização, ou do experimento de seleção, pode ajudar a determinar as variáveis críticas do processo, assim como a direção de ajuste para esses fatores, de modo a reduzir o número de defeitos.

Experimento de Otimização Em um experimento de caracterização, estamos interessados em determinar que fatores afetam a resposta. Uma próxima etapa lógica é determinar a região dos fatores importantes que conduz a uma resposta ótima. Por exemplo, se a resposta for dispendiosa, procuraremos uma região de custo mínimo. Isso conduz a um **experimento de otimização**.

Como ilustração, suponha que o rendimento de um processo químico seja influenciado pela temperatura de operação e pelo tempo de reação. Estamos no momento operando o processo a 155 °F e 1,7 hora de tempo de reação, tendo um rendimento atual em torno de 75 %. A Figura 14.2 mostra uma visão do espaço tempo-temperatura. Nesse gráfico, conectamos, com linhas, os pontos de rendimento constante. Essas linhas são os *contornos* de rendimento, e mostramos os contornos para 60, 70, 80, 90 e 95 % de rendimento. Para localizar o ótimo, podemos começar com um experimento fatorial, tal como aquele que descreveremos a seguir, com os dois fatores, tempo e temperatura, sendo corridos em dois níveis cada, a 10 °F e 0,5 hora acima e abaixo das condições operacionais atuais. Esse planejamento com dois fatores é mostrado na Figura 14.2. As respostas médias observadas nos quatro pontos do experimento (145 °F, 1,2 hora; 145 °F, 2,2 horas; 165 °F, 1,2 hora e 165 °F, 2,2 horas) indicam que devemos nos mover na direção geral de temperatura crescente e de tempo de reação decrescente para aumentar o rendimento. Umas poucas corridas adicionais poderiam ser feitas nessa direção, com o objetivo de localizar a região de rendimento máximo.

Um Exemplo de Planejamento de Produto Podemos também planejar experimentos para desenvolver novos produtos. Por exemplo, suponha que um grupo de engenheiros esteja desenvolvendo a dobradiça de uma porta de um automóvel. A característica do produto é o esforço de verificação ou a habilidade de manutenção do trinco que previna a oscilação da porta fechada quando o veículo estiver estacionado em uma subida. O mecanismo de verificação consiste em um feixe de molas e em um rolamento. Quando a porta estiver aberta, o rolamento se deslocará por meio de um arco, fazendo com que a mola seja comprimida. Para fechar a porta, a mola deve ser forçada de lado, criando assim o esforço de verificação. O grupo de engenheiros pensa que o esforço de verificação seja uma função dos seguintes fatores: (1) distância de deslocamento do rolamento, (2) altura da mola, do pivô à base, (3) distância horizontal do pivô à mola, (4) altura livre da mola de reforço e (5) altura livre da mola principal.

Os engenheiros podem construir um protótipo do mecanismo da dobradiça em que todos esses fatores podem ser variados ao longo de certas faixas. Uma vez que níveis apropriados para esses cinco fatores tenham sido identificados, um experimento pode ser projetado, consistindo em várias combinações dos níveis dos fatores, podendo o protótipo ser testado nessas combinações. Isso produzirá informações relativas a que fatores mais influenciam o esforço de verificação. Por meio da análise dessa informação, o projeto do trinco pode ser melhorado.

14.2 Experimentos Fatoriais

Quando vários fatores são de interesse em um experimento, um experimento fatorial deve ser usado. Como notado previamente, fatores são variados conjuntamente nesses experimentos. Assim, se houver dois fatores A e B, com a níveis do fator A e b níveis do fator B, cada réplica conterá todas as ab combinações de tratamentos.

> **Experimento Fatorial**
>
> Por um **experimento fatorial**, queremos dizer que, em cada tentativa completa ou réplica do experimento, todas as combinações possíveis dos níveis dos fatores são investigadas.

O efeito de um fator é definido como a variação na resposta, produzida pela mudança no nível do fator. Ele é chamado de um **efeito principal** porque ele se refere a fatores primários no estudo. Por exemplo, considere os dados da Tabela 14.1. Esse é o experimento fatorial com dois fatores A e B, cada um com dois níveis ($A_{inferior}$, $A_{superior}$ e $B_{inferior}$, $B_{superior}$).

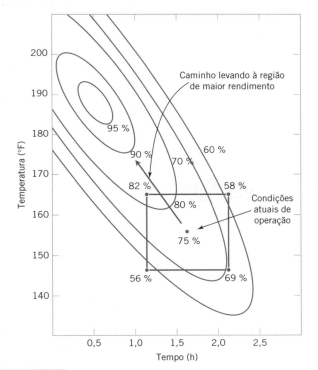

FIGURA 14.2

Gráfico de curvas de nível do rendimento como uma função do tempo e da temperatura de reação, ilustrando uma otimização de experimentos.

O efeito principal do fator A é a diferença entre a resposta média no nível superior de A e a resposta média no nível inferior de A, ou

$$A = \frac{30+40}{2} - \frac{10+20}{2} = 20$$

Ou seja, a variação no fator A do nível inferior para o nível superior faz a resposta média aumentar de 20 unidades. De modo similar, o efeito principal de B é

$$B = \frac{20+40}{2} - \frac{10+30}{2} = 10$$

Em alguns experimentos, a diferença na resposta entre os níveis de um fator não é a mesma em todos os níveis dos outros fatores. Quando isso ocorre, há uma **interação** entre os fatores. Por exemplo, considere os dados da Tabela 14.2. No nível inferior do fator B, o efeito de A é

$$A = 30 - 10 = 20$$

e no nível superior do fator B, o efeito de A é

$$A = 0 - 20 = -20$$

Uma vez que o efeito de A depende do nível escolhido para o fator B, há interação entre A e B.

Quando uma interação é grande, os efeitos principais correspondentes têm muito pouco significado prático. Por exemplo, usando os dados da Tabela 14.2, encontramos o efeito principal de A como

$$A = \frac{30+0}{2} - \frac{10+20}{2} = 0$$

e podemos ser tentados a concluir que não há efeito do fator A. No entanto, quando examinamos os efeitos de A em *diferentes níveis do fator B*, vimos que esse não foi o caso. O efeito do fator A depende dos níveis do fator B. Assim, o conhecimento da interação AB é mais útil que o conhecimento do efeito principal. Uma interação significante pode mascarar o significado dos efeitos principais. Consequentemente, quando a interação está presente, os efeitos principais dos fatores envolvidos na interação podem não ter muito significado.

É fácil estimar o efeito de interação nos experimentos fatoriais, como aqueles ilustrados nas Tabelas 14.1 e 14.2. Nesse tipo de experimento, quando ambos os fatores têm dois níveis, o efeito de interação AB é a diferença nas médias da diagonal. Isso representa metade da diferença entre os efeitos de A nos dois níveis de B. Por exemplo, na Tabela 14.1, encontramos o efeito de interação AB como

$$AB = \frac{20+30}{2} - \frac{10+40}{2} = 0$$

Assim, não há interação entre A e B. Na Tabela 14.2, o efeito de interação AB é

$$AB = \frac{20+30}{2} - \frac{10+0}{2} = 20$$

Como notamos antes, o efeito de interação nesses dados é muito grande.

O conceito de interação pode ser ilustrado graficamente de várias maneiras. A Figura 14.3 plota os dados da Tabela 14.1 contra os níveis de A para ambos os níveis de B. Note que as linhas de B_{inferior} e B_{superior} são aproximadamente paralelas, indicando que os fatores A e B não interagem significativamente. A Figura 14.4 apresenta um gráfico similar para os dados da

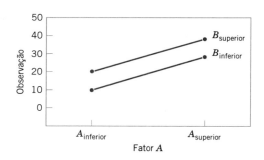

FIGURA 14.3

Experimento fatorial sem interação.

TABELA 14.1 Um Experimento Fatorial com Dois Fatores

| Fator A | Fator B ||
	B_{inferior}	B_{superior}
A_{inferior}	10	20
A_{superior}	30	40

TABELA 14.2 Um Experimento Fatorial com Interação

| Fator A | Fator B ||
	B_{inferior}	B_{superior}
A_{inferior}	10	20
A_{superior}	30	0

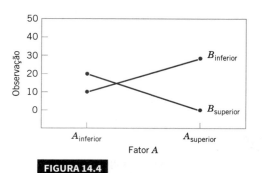

FIGURA 14.4

Experimento fatorial com interação.

Tabela 14.2. Nesse gráfico, as linhas de $B_{inferior}$ e $B_{superior}$ não são paralelas, indicando a interação entre os fatores A e B. Tais gráficos são chamados de *gráficos de interação entre dois fatores*. Eles são frequentemente úteis na apresentação dos resultados de experimentos, e muitos *softwares* usados para análise de dados a partir de experimentos planejados constroem esses gráficos automaticamente.

As Figuras 14.5 e 14.6 apresentam outra ilustração gráfica dos dados das Tabelas 14.1 e 14.2. Na Figura 14.5, mostramos um *gráfico tridimensional de superfície* dos dados da Tabela 14.1. Esses dados não contêm interação, e o gráfico de superfície é um plano repousando acima do espaço A-B. A inclinação do plano nas direções A e B é proporcional aos efeitos principais dos fatores para A e B, respectivamente. A Figura 14.6 é um gráfico de superfície dos dados da Tabela 14.2. Note que o efeito da interação nesses dados é "torcer" o plano, de modo que haja uma curvatura na função de resposta. **Experimentos fatoriais são a única maneira de descobrir interações entre as variáveis**.

Uma alternativa ao planejamento fatorial, que é (infelizmente) usada na prática, é mudar os fatores *um de cada vez* em vez de variá-los simultaneamente. De modo a ilustrar esse procedimento de um-fator-de-cada-vez, suponha que um engenheiro esteja interessado em encontrar os valores de temperatura e de pressão que maximizam o rendimento de um processo químico. Suponha que fixemos a temperatura em 155 °F (o nível atual de operação) e façamos cinco corridas em diferentes níveis de tempo; isto é, 0,5 h; 1 h; 1,5 h; 2 h e 2,5 h. Os resultados dessa série de corridas são mostrados na Figura 14.7. Essa figura indica que o rendimento máximo é encontrado em torno de 1,7 h do tempo de reação. Com a finalidade de otimizar a temperatura, o engenheiro fixa então o tempo em torno de 1,7 h (o ótimo aparente) e realiza cinco corridas em temperaturas diferentes, como 140, 150, 160, 170 e 180 °F. Os resultados dessa série de corridas são plotados na Figura 14.8. O rendimento máximo ocorre em torno de 155 °F. Por conseguinte, concluiríamos que executar o processo a 155 °F e com 1,7 hora seria o melhor conjunto de condições operacionais, resultando em rendimentos em torno de 75 %.

A Figura 14.9 mostra o gráfico das curvas de nível do rendimento como uma função da temperatura e do tempo, com os experimentos de um-fator-de-cada-vez superimpostos nos contornos. Claramente, essa abordagem de um-fator-de-cada-vez falhou dramaticamente aqui, uma vez que o rendimento ótimo verdadeiro é, no mínimo, 20 pontos maior e ocorre em tempos bem menores e em temperaturas maiores. A falha em descobrir a importância de tempos menores de reação é particularmente importante, uma vez que isso poderá ter impacto significativo no volume ou na capacidade de produção, no planejamento da produção, no custo de fabricação e na produtividade total.

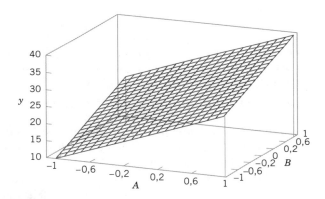

FIGURA 14.5

Gráfico tridimensional de superfície para os dados da Tabela 14.1, mostrando os efeitos principais dos dois fatores A e B.

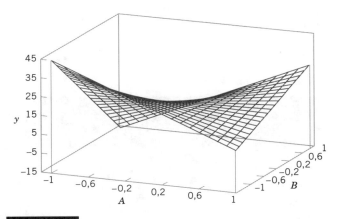

FIGURA 14.6

Gráfico tridimensional de superfície para os dados da Tabela 14.2, mostrando o efeito de interação entre A e B.

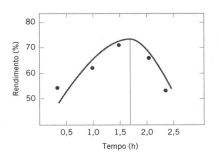

Figura 14.7

Rendimento *versus* tempo de reação, com temperatura constante em 155 °F.

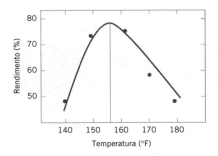

Figura 14.8

Rendimento ***versus*** temperatura, com tempo de reação constante em 1,7 hora.

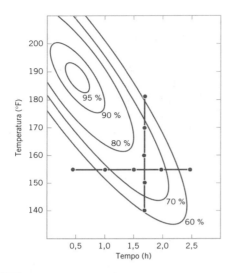

Figura 14.9

Experimento de otimização usando o método de um-fator-de-cada-vez.

A abordagem de um-fator-de-cada-vez falhou aqui porque ela não pôde detectar a interação entre a temperatura e o tempo. Experimentos fatoriais são a única maneira de detectar interações. Além disso, o método de um-fator-de-cada-vez é ineficiente. Ele necessitará de mais experimentos do que um planejamento fatorial e, como acabamos de ver, não há garantia de produzir resultados corretos.

14.3 Experimentos Fatoriais com Dois Fatores

O tipo mais simples de experimento fatorial envolve somente dois fatores, como A e B. Há a níveis do fator A e b níveis do fator B. Esse fatorial de dois fatores é mostrado na Tabela 14.3. O experimento tem n réplicas e cada réplica contém todas as ab combinações de tratamentos. A observação na ij-ésima célula para a k-ésima réplica é denotada por y_{ijk}. Na realização do experimento, as abn observações seriam corridas em uma **ordem aleatória**. Assim, como o experimento com um fator estudado no Capítulo 13, o fatorial com dois fatores é um *planejamento completamente aleatorizado*.

As observações podem ser descritas pelo modelo estatístico linear

$$Y_{ijk} = \mu + \tau_i + \beta_j + (\tau\beta)_{ij} + \epsilon_{ijk} \begin{cases} i = 1, 2, \ldots, a \\ j = 1, 2, \ldots, b \\ k = 1, 2, \ldots, n \end{cases} \quad (14.1)$$

sendo μ o efeito médio global, τ_i o efeito do i-ésimo nível do fator A, β_j o efeito do j-ésimo nível do fator B, $(\tau\beta)_{ij}$ o efeito de interação entre A e B e ε_{ijk} uma componente do erro aleatório, tendo uma distribuição normal, com média zero e variância σ^2. Estamos interessados em testar as hipóteses de nenhum efeito principal para o fator A, nenhum efeito principal para B e nenhum efeito de interação AB. Como no caso dos experimentos com um único fator do Capítulo 13, a análise de variância (ANOVA) será usada para testar essas hipóteses. Já que existem dois fatores no experimento, o procedimento de teste é, às vezes, chamado de análise de variância com dois fatores.

14.3.1 Análise Estatística

Suponha que os a fator níveis do A e os b níveis do fator B sejam especificamente escolhidos pelo experimentalista, e as inferências estão restritas somente a esses níveis. Nesse modelo, é comum definir os efeitos τ_i, β_j e $(\tau\beta)_{ij}$ como desvios da média, de modo que $\sum_{i=1}^{a}\tau_i = 0$, $\sum_{j=1}^{b}\beta_j = 0$, $\sum_{i=1}^{a}(\tau\beta)_{ij} = 0$ e $\sum_{j=1}^{b}(\tau\beta)_{ij} = 0$.

A **análise de variância** pode ser usada para testar hipóteses sobre os efeitos principais dos fatores A e B e a interação AB. Com o objetivo de apresentar a ANOVA, necessitaremos de alguns símbolos, alguns dos quais estão ilustrados na Tabela 14.3. Seja $y_{i..}$ o total das observações feitas no i-ésimo nível do fator A; $y_{.j.}$ denota o total das observações obtidas no j-ésimo nível do fator B; $y_{ij.}$ denota o total das observações na ij-ésima célula da Tabela 14.3 e $y_{...}$ denota o total global de todas as observações. Defina $\bar{y}_{i..}, \bar{y}_{.j.}, \bar{y}_{ij.}$ e $\bar{y}_{...}$ como as médias correspondentes às linhas, às colunas, às células e à média global. Isto é,

TABELA 14.3 Arranjo dos Dados para um Planejamento Fatorial com Dois Fatores

		Fator B					
		1	2	...	b	Totais	Médias
	1	$y_{111}, y_{112}, \ldots, y_{11n}$	$y_{121}, y_{122}, \ldots, y_{12n}$		$y_{1b1}, y_{1b2}, \ldots, y_{1bn}$	$y_{1..}$	$\bar{y}_{1..}$
Fator A	2	$y_{211}, y_{212}, \ldots, y_{21n}$	$y_{221}, y_{222}, \ldots, y_{22n}$		$y_{2b1}, y_{2b2}, \ldots, y_{2bn}$	$y_{2..}$	$\bar{y}_{2..}$
	⋮						
	a	$y_{a11}, y_{a12}, \ldots, y_{a1n}$	$y_{a21}, y_{a22}, \ldots, y_{a2n}$		$y_{ab1}, y_{ab2}, \ldots, y_{abn}$	$y_{a..}$	$\bar{y}_{a..}$
Totais		$y_{.1.}$	$y_{.2.}$		$y_{.b.}$	$y_{...}$	
Médias		$\bar{y}_{.1.}$	$\bar{y}_{.2.}$		$\bar{y}_{.b.}$		$\bar{y}_{...}$

Notação para Totais e Médias

$$y_{i..} = \sum_{j=1}^{b}\sum_{k=1}^{n} y_{ijk} \qquad \bar{y}_{i..} = \frac{y_{i..}}{bn} \qquad i = 1, 2, \ldots, a$$

$$y_{\cdot j\cdot} = \sum_{i=1}^{a}\sum_{k=1}^{n} y_{ijk} \qquad \bar{y}_{\cdot j\cdot} = \frac{y_{\cdot j\cdot}}{an} \qquad j = 1, 2, \ldots, b$$

$$y_{ij\cdot} = \sum_{k=1}^{n} y_{ijk} \qquad \bar{y}_{ij\cdot} = \frac{y_{ij\cdot}}{n} \qquad i = 1, 2, \ldots, a,$$
$$j = 1, 2, \ldots, b$$

$$y_{\ldots} = \sum_{i=1}^{a}\sum_{j=1}^{b}\sum_{k=1}^{n} y_{ijk} \qquad \bar{y}_{\ldots} = \frac{y_{\ldots}}{abn} \qquad i = 1, 2, \ldots, a$$

As hipóteses que testaremos são dadas a seguir:

H_0: $\tau_1 = \tau_2 = \ldots = \tau_a = 0$
H_1: no mínimo um $\tau_i \neq 0$ (nenhum efeito principal do fator A)

H_0: $\beta_1 = \beta_2 = \ldots = \beta_b = 0$
H_1: no mínimo um $\beta_j \neq 0$ (nenhum efeito principal do fator B)

H_0: $(\tau\beta)_{11} = (\tau\beta)_{12} = \ldots = (\tau\beta)_{ab} = 0$
H_1: no mínimo um $(\tau\beta)_{ij} \neq 0$ (nenhuma interação)

(14.2)

Como antes, a ANOVA testa essas hipóteses pela decomposição da variabilidade total dos dados em partes componentes, comparando então os vários elementos dessa decomposição. A variabilidade total é medida pela soma total dos quadrados das observações

$$SQ_T = \sum_{i=1}^{a}\sum_{j=1}^{b}\sum_{k=1}^{n} (y_{ijk} - \bar{y}_{\ldots})^2$$

sendo a decomposição da soma dos quadrados definida a seguir.

Identidade da Soma dos Quadrados, ANOVA: Dois Fatores

A *identidade da soma dos quadrados para a ANOVA com dois fatores* é

$$\sum_{i=1}^{a}\sum_{j=1}^{b}\sum_{k=1}^{n} (y_{ijk} - \bar{y}_{\ldots})^2 = bn\sum_{i=1}^{a} (\bar{y}_{i..} - \bar{y}_{\ldots})^2$$
$$+ an\sum_{j=1}^{b} (\bar{y}_{\cdot j\cdot} - \bar{y}_{\ldots})^2$$
$$+ n\sum_{i=1}^{a}\sum_{j=1}^{b} (\bar{y}_{ij\cdot} - \bar{y}_{i..} - \bar{y}_{\cdot j\cdot} + \bar{y}_{\ldots})^2$$
$$+ \sum_{i=1}^{a}\sum_{j=1}^{b}\sum_{k=1}^{n} (y_{ijk} - \bar{y}_{ij\cdot})^2 \qquad (14.3)$$

ou, simbolicamente,

$$SQ_T = SQ_A + SQ_B + SQ_{AB} + SQ_E \qquad (14.4)$$

e os graus de liberdade podem ser divididos como

$$abn - 1 = a - 1 + b - 1 + (a-1)(b-1) + ab(n-1)$$

ou

$$df_{\text{Total}} = df_A + df_B + df_{AB} + df_{\text{Erro}}$$

As Equações 14.3 e 14.4 estabelecem que a soma total dos quadrados, SQ_T, é dividida em uma soma dos quadrados para as linhas ou fator A (SQ_A), em uma soma dos quadrados para as colunas ou fator B (SQ_B), em uma soma dos quadrados para a interação entre A e B (SQ_{AB}) e em uma soma dos quadrados para o erro (SQ_E). Há um total de $abn - 1$ graus de liberdade. Os efeitos principais A e B têm $a - 1$ e $b - 1$ graus de liberdade, enquanto o efeito de interação AB tem $(a - 1)(b - 1)$ graus de liberdade. Dentro de cada uma das células ab na Tabela 14.3, há $n - 1$ graus de liberdade entre as n réplicas, podendo as observações, dentro de cada célula, diferir somente em função do erro aleatório. Consequentemente, há $ab(n - 1)$ graus de liberdade para o erro. Logo, os graus de liberdade são divididos de acordo com

$$abn - 1 = (a - 1) + (b - 1) + (a-1)(b-1) + ab(n-1)$$

Se dividirmos cada uma das somas quadráticas no lado direito da Equação 14.4 pelo número correspondente de graus de liberdade, obteremos as médias quadráticas para A, B, a interação e o erro:

$$MQ_A = \frac{SQ_A}{a-1} \qquad MQ_B = \frac{SQ_B}{b-1}$$

$$MQ_{AB} = \frac{SQ_{AB}}{(a-1)(b-1)} \qquad MQ_E = \frac{SQ_E}{ab(n-1)}$$

Considerando que os fatores A e B sejam fixos, não é difícil mostrar que os valores esperados das médias quadráticas são

Valores Esperados das Médias Quadráticas: Dois Fatores

$$E(MQ_A) = E\left(\frac{SQ_A}{a-1}\right) = \sigma^2 + \frac{bn\sum_{i=1}^{a}\tau_i^2}{a-1}$$

$$E(MQ_B) = E\left(\frac{SQ_B}{b-1}\right) = \sigma^2 + \frac{an\sum_{j=1}^{a}\beta_j^2}{b-1}$$

$$E(MQ_{AB}) = E\left(\frac{SQ_{AB}}{(a-1)(b-1)}\right) = \sigma^2 + \frac{n\sum_{i=1}^{a}\sum_{j=1}^{b}(\tau\beta)_{ij}^2}{(a-1)(b-1)}$$

$$E(MQ_E) = E\left(\frac{SQ_E}{ab(n-1)}\right) = \sigma^2$$

A partir da análise dos valores esperados dessas médias quadráticas, é claro que se as hipóteses nulas a respeito dos efeitos principais, $H_0: \tau_i = 0$, $H_0: \beta_j = 0$, e a hipótese a respeito das interações, $H_0: (\tau\beta)_{ij} = 0$, forem todas verdadeiras, todas as quatro médias quadráticas serão estimativas não tendenciosas de σ^2.

Para testar o fato de os efeitos dos fatores nas linhas serem iguais a zero ($H_0: \tau_i = 0$), de os efeitos dos fatores nas colunas serem iguais a zero ($H_0: \beta_j = 0$) e os efeitos de interação serem iguais a zero ($H_0: (\tau\beta)_{ij} = 0$), usaremos as razões

Teste *F* para os Efeitos

$$F_0 = \frac{MQ_A}{MQ_E} \qquad F_0 = \frac{MQ_B}{MQ_E} \qquad F_0 = \frac{MQ_{AB}}{MQ_E}$$

respectivamente. A primeira estatística tem uma distribuição F, com $a - 1$ e $ab(n - 1)$ graus de liberdade, se $H_0: \tau_i = 0$ for verdadeira. Essa hipótese nula será rejeitada com um nível de significância α, se $f_0 > f_{\alpha, a-1, ab(n-1)}$.

A segunda estatística tem uma distribuição F, com $b - 1$ e $ab(n - 1)$ graus de liberdade, se $H_0: \beta_j = 0$ for verdadeira. Essa hipótese nula é rejeitada com um nível de significância α, se $f_0 > f_{\alpha, b-1, ab(n-1)}$.

A última estatística para testar os efeitos de interação tem uma distribuição F, com $(a - 1)(b - 1)$ e $ab(n - 1)$ graus de liberdade, se a hipótese nula $H_0: (\tau\beta)_{ij} = 0$. Essa hipótese é rejeitada com um nível de significância α, se $f_0 > f_{\alpha, (a-1)(b-1), ab(n-1)}$.

Geralmente é melhor conduzir primeiro o teste para interação e então avaliar os efeitos principais. Se a interação não for significativa, a interpretação dos testes sobre os efeitos principais é direta. Entretanto, como notado anteriormente nesta seção, quando a interação for significativa, os efeitos principais dos fatores envolvidos na interação podem não ter muito valor prático interpretativo. O conhecimento da interação é geralmente mais importante que o conhecimento acerca dos efeitos principais.

As fórmulas de cálculo para as somas dos quadrados são facilmente obtidas, mas são tediosas se forem trabalhadas manualmente. Sugerimos usar *softwares* estatísticos. Os resultados são geralmente dispostos em uma tabela ANOVA, tal como a Tabela 14.4.

TABELA 14.4 Tabela de ANOVA para um Fatorial com Dois Fatores, Modelo de Efeitos Fixos

Fonte de Variação	Soma dos Quadrados	Graus de Liberdade	Média Quadrática	F_0
Tratamentos A	SQ_A	$a - 1$	$MQ_A = \dfrac{SQ_A}{a-1}$	$\dfrac{MQ_A}{MQ_E}$
Tratamentos B	SQ_B	$b - 1$	$MQ_B = \dfrac{SQ_B}{b-1}$	$\dfrac{MQ_B}{MQ_E}$
Interação	SQ_{AB}	$(a - 1)(b - 1)$	$MQ_{AB} = \dfrac{SQ_{AB}}{(a-1)(b-1)}$	$\dfrac{MQ_{AB}}{MQ_E}$
Erro	SQ_E	$ab(n - 1)$	$MQ_E = \dfrac{SQ_E}{ab(n-1)}$	
Total	SQ_T	$abn - 1$		

EXEMPLO 14.1 | Zarcão para Aviões

Zarcões para aviões são aplicados em superfícies de alumínio, por meio de dois métodos: imersão e aspersão. A finalidade do zarcão é melhorar a adesão da tinta, podendo ser aplicado em algumas peças usando qualquer método. O grupo de engenharia de processo responsável por essa operação está interessado em saber se três diferentes zarcões diferem nas suas propriedades de adesão. Um experimento fatorial foi realizado para investigar o efeito do tipo de zarcão e do método de aplicação na adesão da tinta. Três espécimes foram pintados com cada um dos zarcões, usando cada um dos métodos de aplicação.

Uma camada de tinta foi aplicada, e a força de adesão foi medida. Os dados do experimento são mostrados na Tabela 14.5. Os números nas células são os totais das células, y_{ij}. As somas dos quadrados requeridas para fazer a ANOVA são calculadas como se segue:

$$SQ_T = 10{,}72$$

$$SQ_{\text{tipos}} = 4{,}58$$

$$SQ_{\text{métodos}} = 4{,}91$$

$$SQ_{\text{interação}} = 0{,}24$$

TABELA 14.5 Dados da Força de Adesão

Tipo de Zarcão	Imersão	Aspersão	$y_{i..}$
1	4,0, 4,5, 4,3	5,4, 4,9, 5,6	28,7
2	5,6, 4,9, 5,4	5,8, 6,1, 6,3	34,1
3	3,8, 3,7, 4,0	5,5, 5,0, 5,0	27,0
$y_{.j.}$	40,2	49,6	89,8 = $y_{...}$

e

$$SQ_E = SQ_T - SQ_{tipos} - SQ_{métodos} - SQ_{interação}$$
$$= 10,72 - 4,58 - 4,91 - 0,24 = 0,99$$

A ANOVA está resumida na Tabela 14.6. O experimentalista decidiu usar α = 0,05. Uma vez que $f_{0,05;2;12}$ = 3,89 e $f_{0,05;1;12}$ = 4,75, concluímos que os efeitos principais tipo de zarcão e o método de aplicação afetam a força de adesão. Além disso, desde que 1,5 < $f_{0,05;2;12}$, não há indicação de interação entre esses fatores. A última coluna da Tabela 14.6 mostra o valor P para cada razão F. Note que os valores P para as duas estatísticas de teste para os efeitos principais são consideravelmente menores do que 0,05, enquanto o valor P para a estatística de teste para a interação é maior do que 0,05.

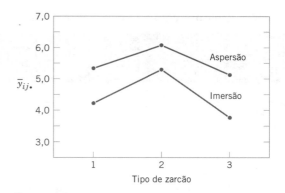

FIGURA 14.10

Gráfico da força média de adesão contra os tipos de zarcão, para ambos os métodos de aplicação.

Interpretação Prática: Um gráfico das médias da força de adesão {$\bar{y}_{ij.}$} contra os níveis do tipo de zarcão, para cada método de aplicação, é mostrado na Figura 14.10. A conclusão de nenhuma interação é óbvia nesse gráfico, porque as duas linhas são aproximadamente paralelas. Além disso, uma vez que um valor alto na resposta indica uma maior força de adesão, concluímos que a aspersão é o melhor método de aplicação e que o tipo 2 de zarcão é o mais efetivo.

TABELA 14.6 ANOVA para o Experimento do Zarcão para Aviões

Fonte de Variação	Soma dos Quadrados	Graus de Liberdade	Média Quadrática	f_0	Valor P
Tipos de zarcão	4,58	2	2,29	27,86	2,7 × E-5
Métodos de aplicação	4,91	1	4,91	59,70	4,7 × E-6
Interação	0,24	2	0,12	1,47	0,2621
Erro	0,99	12	0,08		
Total	10,72	17			

Testes nas Médias Individuais Quando ambos os fatores são fixos, podem-se fazer comparações entre as médias individuais de cada fator, usando qualquer técnica de comparação múltipla, tal como o método MDS de Fisher (descrito no Capítulo 13). Quando não houver interação, essas comparações podem ser feitas tanto usando as médias nas linhas, $\bar{y}_{i..}$, como as médias nas colunas, $\bar{y}_{.j.}$. No entanto, quando a interação for significativa, comparações entre as médias de um fator (como A) poderão estar mascaradas pela interação AB. Nesse caso, poderíamos aplicar um procedimento, tal como o método MDS de Fisher, para as médias do fator A, com o fator B estabelecido em um nível particular.

14.3.2 Verificação da Adequação do Modelo

Da mesma forma que nos experimentos com um único fator, discutidos no Capítulo 13, os resíduos de um planejamento fatorial desempenham um papel importante na verificação da *adequação de um modelo*. Os resíduos de um fatorial com dois fatores são

$$e_{ijk} = y_{ijk} - \bar{y}_{ij.}$$

Ou seja, os resíduos são somente a diferença entre as observações e as médias das células correspondentes.

A Tabela 14.7 apresenta os resíduos para os dados do zarcão do avião do Exemplo 14.1. O gráfico de probabilidade normal desses resíduos é mostrado na Figura 14.11(a). Esse gráfico tem extremidades que não caem exatamente ao longo de uma linha reta passando através do centro do gráfico, o que indica alguns problemas potenciais com a suposição de normalidade. Porém, o desvio da normalidade não parece ser grave. As Figuras 14.11(b) e 14.11(c) plotam os resíduos contra os níveis do tipo de zarcão e dos métodos de aplicação, respectivamente. Há alguma

TABELA 14.7 Resíduos para o Experimento do Zarcão do Avião do Exemplo 14.1

Tipo de Zarcão	Método de Aplicação					
	Imersão			Aspersão		
1	−0,27,	0,23,	0,03	0,10,	−0,40,	0,30,
2	0,30,	−0,40,	0,10	−0,27,	0,03	0,23
3	−0,03,	−0,13,	0,17	0,33,	−0,17,	−0,17,

indicação de que o tipo 3 de zarcão resulta em uma variabilidade levemente menor na força de adesão do que os outros dois tipos. O gráfico de resíduos contra os valores ajustados na Figura 14.11(d) não revelam nenhum diagnóstico de comportamento anormal.

14.3.3 Uma Observação por Célula

Em alguns casos envolvendo um experimento fatorial com dois fatores, podemos ter somente uma réplica – isto é, somente uma observação por célula. Nessa situação, há exatamente tantos parâmetros no modelo de análise de variância quantas são as observações, e o número de graus de liberdade do erro é igual a zero. Assim, não podemos testar as hipóteses a respeito dos efeitos principais e das interações, a menos que algumas suposições adicionais sejam feitas. Uma suposição possível é considerar o efeito de interação desprezível e usar a média quadrática da interação como a média quadrática do erro. Dessa maneira, a análise é equivalente à análise usada no planejamento com bloco aleatorizado. Essa suposição de nenhuma interação pode ser perigosa, e o experimentalista deve examinar cuidadosamente os dados e os resíduos para indicações de se a interação está ou não presente.

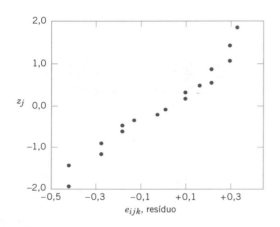

FIGURA 14.11(a)
Gráfico de probabilidade normal dos resíduos do Exemplo 14.1.

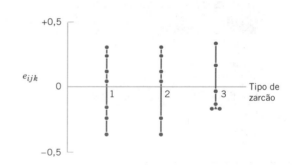

FIGURA 14.11(b)
Gráfico dos resíduos do experimento do zarcão para avião contra tipo de zarcão.

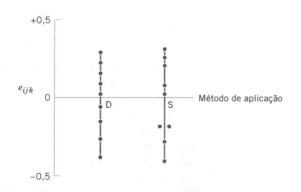

FIGURA 14.11(c)
Gráfico dos resíduos do experimento do zarcão para avião contra o método de aplicação.

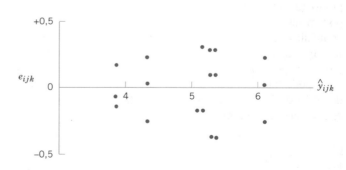

FIGURA 14.11(d)
Gráfico dos resíduos do experimento do zarcão para avião contra valores previstos $\hat{y}_{ijk}$.

TABELA 14.8 Tabela de Análise de Variância para o Modelo de Efeitos Fixos com Três Fatores

Fonte de Variação	Soma dos Quadrados	Graus de Liberdade	Média Quadrática	Valor Esperado da Média Quadrática	F_0
A	SQ_A	$a-1$	MQ_A	$\sigma^2 + \dfrac{bcn\sum \tau_i^2}{a-1}$	$\dfrac{MQ_A}{MQ_E}$
B	SQ_B	$b-1$	MQ_B	$\sigma^2 + \dfrac{acn\sum \beta_j^2}{b-1}$	$\dfrac{MQ_B}{MQ_E}$
C	SQ_C	$c-1$	MQ_C	$\sigma^2 + \dfrac{abn\sum \gamma_k^2}{c-1}$	$\dfrac{MQ_C}{MQ_E}$
AB	SQ_{AB}	$(a-1)(b-1)$	MQ_{AB}	$\sigma^2 + \dfrac{cn\sum\sum (\tau\beta)_{ij}^2}{(a-1)(b-1)}$	$\dfrac{MQ_{AB}}{MQ_E}$
AC	SQ_{AC}	$(a-1)(c-1)$	MQ_{AC}	$\sigma^2 + \dfrac{bn\sum\sum (\tau\gamma)_{ik}^2}{(a-1)(c-1)}$	$\dfrac{MQ_{AC}}{MQ_E}$
BC	SQ_{BC}	$(b-1)(c-1)$	MQ_{BC}	$\sigma^2 + \dfrac{cn\sum\sum (\beta\gamma)_{jk}^2}{(b-1)(c-1)}$	$\dfrac{MQ_{BC}}{MQ_E}$
ABC	SQ_{ABC}	$(a-1)(b-1)(c-1)$	MQ_{ABC}	$\sigma^2 + \dfrac{n\sum\sum\sum (\tau\beta\gamma)_{ijk}^2}{(a-1)(b-1)(c-1)}$	$\dfrac{MQ_{ABC}}{MQ_E}$
Erro	SQ_E	$abc(n-1)$	MQ_E	σ^2	
Total	SQ_T	$abcn-1$			

14.4 Experimentos Fatoriais em Geral

Muitos experimentos envolvem mais de dois fatores. Nesta seção, introduziremos o caso em que existem a níveis do fator A, b níveis do fator B, c níveis do fator C e assim por diante, arrumados em um experimento fatorial. Em geral, haverá $a \times b \times c \cdots \times n$ observações totais, se houver n réplicas do experimento completo.

Por exemplo, considere o *experimento com três fatores*, tendo o seguinte modelo:

$$Y_{ijkl} = \mu + \tau_i + \beta_j + \gamma_k + (\tau\beta)_{ij} + (\tau\gamma)_{ik}$$

$$+ (\beta\gamma)_{jk} + (\tau\beta\gamma)_{ijk} + \epsilon_{ijkl} \begin{cases} i = 1, 2, \ldots, a \\ j = 1, 2, \ldots, b \\ k = 1, 2, \ldots, c \\ l = 1, 2, \ldots, n \end{cases} \quad (14.5)$$

Note que o modelo contém três efeitos principais, três interações de segunda ordem, uma interação de terceira ordem e um termo de erro. A análise de variância é mostrada na Tabela 14.8. Note que deverá haver pelo menos duas réplicas ($n \geq 2$) para calcular a soma dos quadrados do erro. O teste F para os efeitos principais e para as interações é diretamente proveniente dos valores esperados das médias quadráticas. Essas razões seguem a distribuição F, sob as respectivas hipóteses nulas.

Obviamente, experimentos fatoriais com três ou mais fatores podem requerer muitas corridas, particularmente se alguns dos fatores tiverem vários (mais de dois) níveis. Esse ponto de vista nos conduz a uma classe de planejamentos fatoriais (considerados em uma seção adiante) com todos os fatores com dois níveis. Esses planejamentos são fáceis de estabelecer e analisar e, como veremos, eles podem ser usados como a base de muitos outros planejamentos experimentais úteis.

EXEMPLO 14.2 | Rugosidade de uma Superfície

Um engenheiro mecânico está estudando a rugosidade da superfície de uma peça usinada. Três fatores são de interesse: taxa de alimentação (A), profundidade do corte (B) e ângulo da ferramenta (C). Todos os três fatores têm dois níveis, e um planejamento fatorial foi feito com duas réplicas. Os dados são mostrados na Tabela 14.9.

A ANOVA está resumida na Tabela 14.10. Uma vez que os cálculos manuais da ANOVA são tediosos para os experimentos com três fatores, usamos um *software* para a solução deste problema. As razões F para todos os três efeitos principais e para as interações são formadas pela divisão da média quadrática do efeito de interesse pela média quadrática do erro. Como o experimentalista selecionou $\alpha = 0{,}05$, o valor crítico

TABELA 14.9 Dados Codificados da Rugosidade de uma Superfície

Taxa de Alimentação (A)	Profundidade do Corte (B)			
	0,064 centímetro		0,102 centímetro	
	15º	25º	15º	25º
50,8 centímetros por minuto	9	11	9	10
	7	10	11	8
76,2 centímetros por minuto	10	10	12	16
	12	13	15	14

TABELA 14.10 ANOVA

ANOVA

Fator	Níveis	Valores	
Alimentação	2	20	30
Profundidade	2	0,025	0,040
Ângulo	2	15	25

Análise de Variância para a Rugosidade

Fonte	GL	SQ	MQ	F	P
Alimentação	1	45,563	45,563	18,69	0,003
Profundidade	1	10,563	10,563	4,33	0,071
Ângulo	1	3,063	3,063	1,26	0,295
Alimentação*Profundidade	1	7,563	7,563	3,10	0,116
Alimentação*Ângulo	1	0,062	0,062	0,03	0,877
Profundidade*Ângulo	1	1,563	1,563	0,64	0,446
Alimentação*Profundidade*Ângulo	1	5,062	5,062	2,08	0,188
Erro	8	19,500	2,437		
Total	15	92,938			

para cada uma dessas razões F é $f_{0,05;1;8} = 5,32$. Alternativamente, poderíamos usar a abordagem do valor P. Os valores P para todas as estatísticas de teste são mostrados na última coluna da Tabela 14.10. A inspeção desses valores P é reveladora. Há um forte efeito principal da taxa de alimentação, já que a razão F está bem na região crítica. No entanto, existe alguma indicação de haver um efeito em razão da profundidade do corte, visto $P = 0,0710$ não ser muito maior que $\alpha = 0,05$. O próximo efeito maior é AB ou a interação entre a taxa de alimentação e a profundidade do corte. Muito provavelmente, tanto a taxa de alimentação como a profundidade de corte são variáveis importantes de processo.

Interpretação Prática: Mais experimentos devem estudar os fatores importantes em mais detalhes, de modo a melhorar a rugosidade da superfície.

14.5 Planejamentos Fatoriais 2^k

Planejamentos fatoriais são frequentemente usados nos experimentos envolvendo vários fatores em que é necessário estudar o efeito conjunto dos fatores sobre uma resposta. Entretanto, vários casos especiais do planejamento fatorial em geral são importantes pelo fato de eles serem largamente empregados em trabalhos de pesquisa e pelo fato de eles formarem a base de outros planejamentos de considerável valor prático.

O mais importante desses casos especiais é aquele de k fatores, cada um com somente dois níveis. Esses níveis podem ser quantitativos, tais como dois valores de temperatura, de pressão ou de tempo; ou eles podem ser qualitativos, tais como duas máquinas, dois operadores, os níveis "superior" e "inferior" de um fator, ou talvez a presença e ausência de um fator. Uma réplica completa de tal planejamento requer $2 \times 2 \times \ldots \times 2 = 2^k$ observações, sendo chamada de **planejamento fatorial 2^k**.

O planejamento 2^k é particularmente útil nos estágios iniciais de um trabalho experimental, quando provavelmente muitos fatores são investigados. Ele fornece o menor número de corridas para as quais os k fatores podem ser estudados em um planejamento fatorial completo. Como há somente dois níveis de cada fator, temos de supor que a resposta seja aproximadamente linear na faixa dos níveis dos fatores escolhidos.

14.5.1 Planejamento 2^2

O tipo mais simples de planejamento 2^k é o 2^2 – ou seja, dois fatores A e B, cada um com dois níveis. Geralmente pensamos sobre esses níveis como os níveis inferior e superior do fator. O planejamento 2^2 é mostrado na Figura 14.12. Note que o planejamento pode ser representado geometricamente como um quadrado, com $2^2 = 4$ corridas, ou combinações de tratamentos, formando os vértices do quadrado. No planejamento 2^2, é costume denotar os níveis inferior e superior dos fatores A e B pelos sinais − e +, respectivamente. Às vezes, isso é chamado de **notação geométrica** para o planejamento.

Uma notação especial é usada para marcar as combinações dos tratamentos. Em geral, uma combinação de tratamentos é representada por uma série de letras minúsculas. Se uma letra

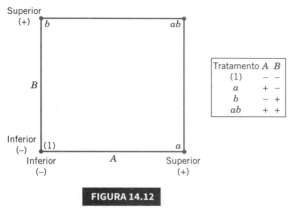

FIGURA 14.12

O planejamento fatorial 2^2.

estiver presente, o fator correspondente é corrido no nível superior naquela combinação de tratamento; se ela estiver ausente, o fator é corrido em seu nível inferior. Por exemplo, a combinação de tratamentos a indica que o fator A está no nível superior e o fator B está no nível inferior. A combinação de tratamentos com ambos os fatores no nível inferior é representada por (1). Essa notação será usada em toda a série de planejamentos 2^k. Por exemplo, a combinação de tratamentos em um 2^4, com A e C no nível superior e B e D no nível inferior, é denotada por ac.

Os efeitos de interesse no planejamento 2^2 são os efeitos principais A e B e o fator de interação de segunda ordem AB. Sejam as letras (1), a, b e ab os totais de todas as n observações tomadas nesses pontos dos planejamentos. É fácil estimar os efeitos desses fatores. Para estimar o efeito principal do fator A, devemos fazer a média das observações do lado direito do quadrado na Figura 14.12, estando A no nível superior, e subtrair desse valor a média das observações do lado esquerdo do quadrado, em que A está no nível inferior. De modo similar, o efeito principal de B é encontrado fazendo a média das observações no topo do quadrado, estando B no nível superior, e subtraindo a média das observações na parte inferior do quadrado, estando B no nível inferior.

Efeitos Principais dos Fatores: Planejamento 2^2

$$A = \bar{y}_{A+} - \bar{y}_{A-} = \frac{a+ab}{2n} - \frac{b+(1)}{2n} = \frac{1}{2n}[a+ab-b-(1)] \quad (14.6)$$

$$B = \bar{y}_{B+} - \bar{y}_{B-} = \frac{b+ab}{2n} - \frac{a+(1)}{2n} = \frac{1}{2n}[b+ab-a-(1)] \quad (14.7)$$

Finalmente, a interação AB é estimada tomando a diferença nas médias das diagonais na Figura 14.12, ou

Efeito de Interação AB: Planejamento 2^2

$$AB = \frac{ab+(1)}{2n} - \frac{a+b}{2n} = \frac{1}{2n}[ab+(1)-a-b] \quad (14.8)$$

As grandezas entre colchetes nas Equações 14.6, 14.7 e 14.8 são chamadas de **contrastes**. Por exemplo, o contraste de A é

$$\text{Contraste}_A = a + ab - b - (1)$$

Nessas equações, os coeficientes dos contrastes são sempre $+1$ ou -1. Uma tabela de sinais mais e menos, tal como a Tabela 14.11, pode ser usada para determinar o sinal de cada combinação de tratamento para um contraste particular. Os nomes das colunas para a Tabela 14.11 são os efeitos principais A e B, a interação AB e I, que representa o total. Os nomes das linhas são as combinações dos tratamentos. Note que os sinais na coluna AB são o produto de sinais das colunas A e B. Para gerar o contraste a partir dessa tabela, multiplique os sinais na coluna apropriada da Tabela 14.11 pelas combinações dos tratamentos listadas nas linhas e adicione. Por exemplo, contraste$_{AB} = [(1)] + [-a] + [-b] + [ab] = ab + (1) - a - b$.

Os contrastes são usados no cálculo das estimativas dos efeitos e nas somas dos quadrados para A, B e interação AB. Para qualquer planejamento 2^k com n réplicas, as estimativas dos efeitos são calculadas a partir de

Relação entre um Contraste e um Efeito

$$\text{Efeito} = \frac{\text{Contraste}}{n2^{k-1}} \quad (14.9)$$

e a soma dos quadrados de qualquer efeito é

Soma dos Quadrados para um Efeito

$$SQ = \frac{\text{Contraste}}{n2^k} \quad (14.10)$$

Existe um grau de liberdade associado a cada efeito (dois níveis menos um), de modo que a média quadrática do erro de cada efeito seja igual à soma dos quadrados. A análise de variância é completada pelo cálculo da soma total dos quadrados SQ_T (com $4n - 1$ graus de liberdade), como usual, e obtendo a

TABELA 14.11 Sinais para os Efeitos no Planejamento 2^2

Combinação dos Tratamentos	Fatores do Planejamento			
	I	A	B	AB
(1)	+	−	−	+
a	+	+	−	−
b	+	−	+	−
ab	+	+	+	+

soma dos quadrados do erro SQ_E (com $(4n-1)$ graus de liberdade) pela subtração.

Modelos e Análise Residual É fácil obter os resíduos a partir de um planejamento 2^k, por meio do ajuste de um **modelo de regressão** aos dados. Para o experimento do processo epitaxial, o modelo de regressão é

$$Y = \beta_0 + \beta_1 x_1 + \epsilon$$

já que a única variável ativa é o tempo de deposição, que é representado por uma variável codificada x_1. Os níveis inferior e superior do tempo de deposição são valores denotados por $x_1 = -1$ e $x_1 = +1$, respectivamente. Esse modelo ajustado por mínimos quadrados é

$$\hat{y} = 14{,}389 + \left(\frac{0{,}836}{2}\right) x_1$$

em que a interseção $\hat{\beta}_0$ é a média global de todas as 16 observações ($\bar{y}$) e a inclinação $\hat{\beta}_1$ é a metade da estimativa do efeito para o tempo de deposição. O coeficiente de regressão é metade da estimativa do efeito, visto que os coeficientes de regressão medem o efeito de uma variação unitária em x_1 sobre a média de Y e a estimativa do efeito está baseada na variação de duas unidades de -1 a $+1$.

EXEMPLO 14.3 | Processo Epitaxial

Um artigo publicado em *AT&T Technical Journal* (março/abril de 1986, Vol. 65, pp. 39-50) descreve a aplicação dos planejamentos fatoriais com dois níveis para fabricação de circuitos integrados. Uma etapa básica do processo nessa indústria é fazer crescer uma camada epitaxial em pastilhas polidas de silício. As pastilhas são montadas em uma base e posicionadas no interior de um recipiente em forma de sino. Vapores químicos são introduzidos por meio de bocais próximos ao topo do recipiente. A base é girada e calor, aplicado. Essas condições são mantidas até que a camada epitaxial esteja espessa o suficiente.

A Tabela 14.12 apresenta os resultados de um planejamento fatorial 2^2, com $n = 4$ réplicas, usando os fatores A = tempo de deposição e B = vazão de arsênio. Os dois níveis do tempo de deposição são $-$ = curto e $+$ = longo; os dois níveis da taxa de arsênio são $-$ = 55 % e $+$ = 59 %. A variável de resposta é a espessura (μm) da camada epitaxial. Podemos encontrar as estimativas dos efeitos, usando as Equações 14.6, 14.7 e 14.8, conforme se segue:

$$A = \frac{1}{2n}[a + ab - b - (1)]$$
$$= \frac{1}{2(4)}[59{,}299 + 59{,}156 - 55{,}686 - 56{,}081] = 0{,}836$$

$$B = \frac{1}{2n}[b + ab - a - (1)]$$
$$= \frac{1}{2(4)}[55{,}686 + 59{,}156 - 59{,}299 - 56{,}081] = -0{,}067$$

$$AB = \frac{1}{2n}[ab + (1) - a - b]$$
$$= \frac{1}{2(4)}[59{,}156 + 56{,}081 - 59{,}299 - 55{,}686] = 0{,}032$$

As estimativas numéricas dos efeitos indicam que o efeito do tempo de deposição é grande e tem uma direção positiva (aumentando o tempo de deposição, aumenta a espessura), uma vez que variando o tempo de deposição do nível inferior para o nível superior muda a espessura média da camada epitaxial por 0,836 μm. Os efeitos da vazão de arsênio (B) e da interação AB parecem pequenos.

A importância desses efeitos pode ser confirmada com a análise de variância. As somas dos quadrados para A, B e AB são calculadas como se segue:

$$SS_A = \frac{[a + ab - b - (1)]^2}{16} = \frac{[6{,}688]^2}{16} = 2{,}7956$$

$$SS_B = \frac{[b + ab - a - (1)]^2}{16} = \frac{[-0{,}538]^2}{16} = 0{,}0181$$

$$SS_{AB} = \frac{[ab + (1) - a - b]^2}{16} = \frac{[0{,}252]^2}{16} = 0{,}0040$$

$$SS_T = 14{,}037^2 + \cdots + 14{,}932^2 - \frac{(56{,}081 + \cdots + 59{,}156)^2}{16}$$
$$= 3{,}0672$$

Interpretação Prática: A análise de variância é resumida na Tabela 14.13 e confirma nossas conclusões obtidas pelo exame da magnitude e da direção dos efeitos. O tempo de deposição é o único fator que afeta significativamente a espessura da camada epitaxial. A partir da direção das estimativas dos efeitos, sabemos que tempos mais longos de deposição conduzem a camadas epitaxiais mais espessas. A metade superior da Tabela 14.13 é discutida a seguir.

TABELA 14.12 Planejamento 2^2 para o Experimento do Processo Epitaxial

Combinação dos Tratamentos	A	B	AB	Espessura (μm)				Total	Média
(1)	−	−	+	14,037	14,165	13,972	13,907	56,081	14,020
a	+	−	−	14,821	14,757	14,843	14,878	59,299	14,825
b	−	+	−	13,880	13,860	14,032	13,914	55,686	13,922
ab	+	+	+	14,888	14,921	14,415	14,932	59,156	14,789

TABELA 14.13 Análise de Variância para o Experimento do Processo Epitaxial

Termo	Efeito	Coeficiente	Erro-padrão do Coeficiente	t	Valor P
Constante		14,3889	0,03605	399,17	0,000
A	0,8360	0,4180	0,03605	11,60	0,00
B	−0,0672	−0,0336	0,03605	−0,93	0,38
AB	0,0315	0,0157	0,03605	0,44	0,67

Fonte de Variação	Soma dos Quadrados	Graus de Liberdade	Média Quadrática	f_0	Valor P
A (tempo de deposição)	2,7956	1	2,7956	134,40	0,00
B (vazão de arsênio)	0,0181	1	0,0181	0,87	0,38
AB	0,0040	1	0,0040	0,19	0,67
Erro	0,2495	12	0,0208		
Total	3,0672	15			

Um coeficiente relaciona um fator com a resposta e, com a análise de regressão, o interesse está centrado em se uma estimativa de coeficiente é ou não significativamente diferente de zero. Cada estimativa de efeito nas Equações 14.6 a 14.8 é a diferença entre duas médias (que denotamos, em geral, como $\bar{y}_+ - \bar{y}_-$). Em um experimento 2^k com n réplicas, metade das observações aparece em cada média, de modo que existem $n2^{k-1}$ observações em cada média. A estimativa do coeficiente associado, digamos $\hat{\beta}$, é igual à metade da estimativa do efeito associado; logo,

Relação entre um Coeficiente e um Efeito

$$\hat{\beta} = \frac{\text{efeito}}{2} = \frac{\bar{y}_+ - \bar{y}_-}{2} \quad (14.11)$$

O erro-padrão de $\hat{\beta}$ é igual à metade do erro-padrão do efeito e um efeito é simplesmente a diferença entre duas médias. Consequentemente,

Erro-padrão de um Coeficiente

$$\text{Erro-padrão } \hat{\beta} = \frac{\hat{\sigma}}{2}\sqrt{\frac{1}{n2^{k-1}} + \frac{1}{n2^{k-1}}} = \hat{\sigma}\sqrt{\frac{1}{n2^k}} \quad (14.12)$$

em que $\hat{\sigma}$ é estimado a partir da raiz quadrada da média quadrática do erro. Um teste t para um coeficiente pode também ser usado para testar a significância de um efeito. A estatística t para testar H_0: $\beta = 0$ em um experimento 2^k é

Estatística t para Testar se um Coeficiente é Zero

$$t = \frac{\hat{\beta}}{\text{Erro-padrão } \hat{\beta}} = \frac{(\bar{y}_+ - \bar{y}_-)/2}{\hat{\sigma}\sqrt{\frac{1}{n2^k}}} \quad (14.13)$$

com graus de liberdade iguais àqueles associados com a média quadrática do erro. Essa estatística é similar a um teste t para duas amostras, mas $\hat{\sigma}$ é estimado a partir da raiz quadrada da média quadrática do erro. A estimativa $\hat{\sigma}$ considera os tratamentos múltiplos em um experimento e geralmente difere da estimativa usada em um teste t para duas amostras.

Alguma álgebra pode ser usada para mostrar que, para um experimento 2^k, o quadrado da estatística t para o teste do coeficiente é igual à estatística F usada para o teste dos efeitos na análise de variância. Além disso, o quadrado de uma variável aleatória com uma distribuição t com d graus de liberdade possui uma distribuição F com o numerador igual a 1 grau de liberdade e o denominador igual a d graus de liberdade. Assim, o teste que compara o valor absoluto da estatística t à distribuição t é equivalente ao teste F da ANOVA, com exatamente o mesmo valor P, e cada método pode ser usado para testar um efeito.

Por exemplo, para o experimento do processo epitaxial no Exemplo 14.3, o efeito de A é 0,836. Logo, o coeficiente para A é $0,836/2 = 0,418$. Além disso, $\hat{\sigma}^2 = 0,0208$ a partir do erro quadrático médio na tabela de ANOVA. Consequentemente, o erro-padrão de um coeficiente é $\sqrt{0,0208/[4(2^2)]} = 0,03605$ e a estatística t para o fator A é $0,418/0,03605 = 11,60$. O quadrado da estatística t é $11,59^2 = 134,47$ e isso é igual à estatística F para o fator A na tabela ANOVA. A metade superior da Tabela 14.13 mostra os resultados para os outros coeficientes. Note que os valores P obtidos a partir do teste t são iguais àqueles da tabela ANOVA. A análise de um planejamento 2^k por meio de estimativas de coeficientes e de testes t é similar à abordagem usada na análise de regressão. Por conseguinte, deve ser mais fácil interpretar resultados a partir dessa perspectiva. *Softwares* geram frequentemente saídas nesse formato.

O modelo ajustado por mínimos quadrados pode ser usado para obter os valores previstos nos quatro pontos que formam os vértices dos quadrados no planejamento. Por exemplo, considere o ponto com baixo tempo de deposição ($x_1 = -1$) e baixa vazão de arsênio. O valor previsto é

$$\hat{y} = 14{,}389 + \left(\frac{0{,}836}{2}\right)(-1) = 13{,}971 \text{ μm}$$

e os resíduos para as quatro corridas naquele ponto do planejamento são

$$e_1 = 14{,}037 - 13{,}971 = 0{,}066$$
$$e_2 = 14{,}165 - 13{,}971 = 0{,}194$$
$$e_3 = 13{,}972 - 13{,}971 = 0{,}001$$
$$e_4 = 13{,}907 - 13{,}971 = -0{,}064$$

Os valores previstos restantes e os resíduos nos outros três pontos do planejamento são calculados de maneira similar.

Um gráfico de probabilidade normal desses resíduos é mostrado na Figura 14.13. Esse gráfico indica que um resíduo, $e_{15} = -0{,}392$, é um *outlier*. O exame das quatro corridas, com alto tempo de deposição e alta vazão de arsênio, revela que a observação $y_{15} = 14{,}415$ é consideravelmente menor do que as outras três observações naquela combinação de tratamento. Isso confere alguma evidência adicional à tentativa de conclusão de que a observação 15 é um *outlier*. Outra possibilidade é que algumas variáveis de processo afetam a *variabilidade* na espessura da camada epitaxial. Se pudéssemos descobrir quais variáveis produzem esse efeito, então poderíamos talvez ajustar essas variáveis a níveis que minimizariam a variabilidade na espessura da camada epitaxial. As Figuras 14.14 e

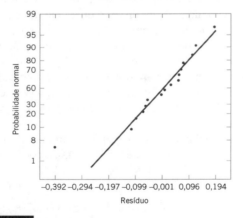

FIGURA 14.13

Gráfico da probabilidade normal de resíduos para o experimento do processo epitaxial.

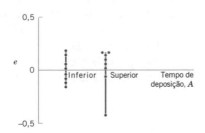

FIGURA 14.14

Gráfico de resíduos *versus* tempo de deposição.

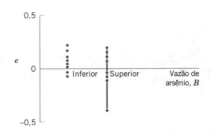

FIGURA 14.15

Gráfico de resíduos *versus* vazão de arsênio.

14.15 são gráficos dos resíduos contra tempo de deposição e vazão de arsênio, respectivamente. Exceto por aquele resíduo ocasionalmente grande, associado a y_{15}, não há forte evidência de que o tempo de deposição ou a vazão de arsênio influenciem a variabilidade na espessura da camada epitaxial.

A Figura 14.16 mostra o desvio-padrão da espessura da camada epitaxial em todas as quatro corridas no planejamento 2^2. Esses desvios-padrão foram calculados usando os dados na Tabela 14.12. Note que o desvio-padrão das quatro observações, com A e B no nível superior, é consideravelmente maior do que os desvios-padrão em qualquer um dos outros três pontos do planejamento. A maior parte dessa diferença é atribuída à medida ocasionalmente baixa da espessura associada a y_{15}. O desvio-padrão das quatro observações com A e B no nível inferior é também um pouco maior do que os desvios-padrão nas duas corridas restantes. Isso pode indicar que outras variáveis de processo não incluídas nesse experimento podem afetar a variabilidade na espessura da camada epitaxial. Outro experimento para estudar essa possibilidade, envolvendo outras variáveis de processo, poderia ser planejado e conduzido. (O trabalho original publicado na revista *AT&T Technical Journal* mostra que dois fatores adicionais, não considerados nesse exemplo, afetam a variabilidade do processo.)

14.5.2 Planejamento 2^k para $k \geq 3$ Fatores

Os métodos apresentados na seção anterior para planejamentos fatoriais com $k = 2$ fatores, cada um com dois

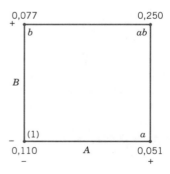

FIGURA 14.16

Desvio-padrão da espessura da camada epitaxial, nas quatro corridas no planejamento 2^2.

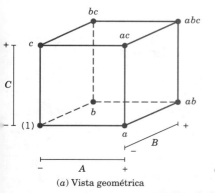

Corrida	A	B	C
1	−	−	−
2	+	−	−
3	−	+	−
4	+	+	−
5	−	−	+
6	+	−	+
7	−	+	+
8	+	+	+

(a) Vista geométrica

(b) A matriz de planejamento 2^3

FIGURA 14.17

Planejamento 2^3.

níveis, podem ser facilmente estendidos para mais de dois fatores. Por exemplo, considere $k = 3$ fatores, cada um com dois níveis. Esse planejamento é um planejamento fatorial 2^3 e tem oito corridas ou combinações de tratamentos. Geometricamente, o planejamento é um cubo, conforme mostrado na Figura 14.17(a), com oito corridas formando os vértices do cubo. A Figura 14.17(b) lista as oito corridas em uma tabela, com cada linha representando uma das corridas e os sinais − e + indicando os níveis inferior e superior para cada um dos três fatores. Eventualmente, essa tabela é chamada de **matriz de planejamento**. Esse planejamento permite que três efeitos principais (A, B e C) sejam estimados, juntamente com as interações de segunda ordem (AB, AC e BC) e de terceira ordem (ABC).

Os efeitos principais podem ser facilmente estimados. Lembre-se de que as letras minúsculas (1), a, b, ab, c, ac, bc e abc representam o total de todas as n réplicas em cada uma das oito corridas no planejamento. Como visto na Figura 14.18(a), o efeito principal A pode ser estimado calculando a média das quatro combinações de tratamentos no lado direito do cubo, em que A está no nível superior, e subtraindo dessa quantidade a média das quatro combinações de tratamento no lado esquerdo do cubo, em que A está no nível inferior. Isso fornece

$$A = \bar{y}_{A+} - \bar{y}_{A-} = \frac{a + ab + ac + abc}{4n} - \frac{(1) + b + c + bc}{4n}$$

Essa equação pode ser rearranjada como a seguir e, de maneira similar, determinamos os efeitos de B e C a partir das diferenças nas médias [Figura 14.18(a)].

Efeitos Principais dos Fatores: Planejamento 2^3

$$A = \bar{y}_{A+} - \bar{y}_{A-}$$
$$= \frac{1}{4n}[a + ab + ac + abc - (1) - b - c - bc]$$
$$B = \bar{y}_{B+} - \bar{y}_{B-}$$
$$= \frac{1}{4n}[b + ab + bc + abc - (1) - a - c - ac]$$
$$C = \bar{y}_{C+} - \bar{y}_{C-}$$
$$= \frac{1}{4n}[c + ac + bc + abc - (1) - a - b - ab]$$

Os efeitos de interação de segunda ordem podem ser facilmente calculados. Uma medida da interação AB é a diferença entre os efeitos médios de A nos dois níveis de B. Simbolicamente,

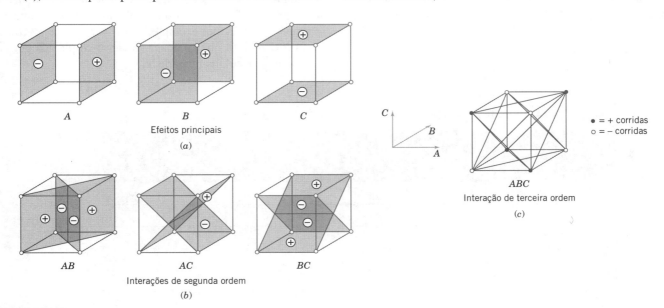

FIGURA 14.18

Apresentação geométrica de contrastes correspondendo aos efeitos principais e às interações no planejamento 2^3. (a) Efeitos principais. (b) Interações de segunda ordem. (c) Interação de terceira ordem.

B	Efeito Médio de A
Superior (+)	$\dfrac{[(abc - bc) + (ab - b)]}{2n}$
Inferior (−)	$\dfrac{\{(ac - c) + [a - (1)]\}}{2n}$
Diferença	$\dfrac{[abc - bc + ab - b - ac + c - a + (1)]}{2n}$

Por convenção, a interação AB é metade dessa diferença, e os efeitos de interação AC e BC são obtidos de maneira similar.

Efeitos da Interação de Segunda Ordem: Planejamento 2^3

$$AB = \frac{1}{4n}[abc - bc + ab - b - ac + c - a + (1)]$$

$$AC = \frac{1}{4n}[(1) - a + b - ab - c + ac - bc + abc]$$

$$BC = \frac{1}{4n}[(1) + a - b - ab - c - ac + bc + abc]$$

Poderíamos escrever o efeito AB como se segue:

$$AB = \frac{abc + ab + c + (1)}{4n} - \frac{bc + b + ac + a}{4n}$$

Nessa forma, a interação AB é facilmente vista como a diferença nas médias entre corridas em dois planos diagonais no cubo da Figura 14.18(b).

A interação ABC é definida como a diferença média entre a interação AB para os diferentes níveis de C. Assim,

$$ABC = \frac{1}{4n}\{[abc - bc] - [ac - c] - [ab - b] + [a - (1)]\}$$

ou

Efeito da Interação de Terceira Ordem: Planejamento 2^3

$$ABC = \frac{1}{4n}[abc - bc - ac + c - ab + b + a - (1)]$$

Como antes, podemos interpretar a interação ABC como a diferença nas duas médias. Se as corridas nas duas médias forem isoladas, elas definirão os vértices dos dois tetraedros que compreendem o cubo na Figura 14.18(c).

Nas equações para os efeitos, as grandezas entre colchetes são os contrastes nas combinações dos tratamentos. Uma tabela de sinais mais e menos pode ser desenvolvida a partir dos contrastes, resultando na Tabela 14.14. Os sinais para os efeitos principais são determinados diretamente a partir da matriz de teste na Figura 14.17(b). Uma vez que os sinais para as colunas dos efeitos principais tenham sido estabelecidos, os sinais para as colunas restantes podem ser obtidos pela multiplicação do efeito principal apropriado, linha por linha. Por exemplo, os sinais na coluna AB são os produtos dos sinais das colunas A e B em cada linha. O contraste para qualquer efeito pode ser facilmente obtido a partir dessa tabela.

A Tabela 14.14 tem várias propriedades interessantes:

1. Exceto para a coluna identidade I, cada coluna tem um número igual de sinais mais e menos.
2. A soma dos produtos dos sinais em quaisquer duas colunas é zero; isto é, as colunas na tabela são *ortogonais*.
3. A multiplicação de qualquer coluna pela coluna I deixa a coluna inalterada; ou seja, I é um *elemento identidade*.
4. O produto de quaisquer duas colunas resulta em uma coluna na tabela, por exemplo, $A \times B = AB$ e $AB \times ABC = A^2B^2C = C$, já que qualquer coluna multiplicada por ela mesma é a coluna identidade.

TABELA 14.14 Sinais Algébricos para Calcular os Efeitos no Planejamento 2^3

Combinação dos Tratamentos	I	A	B	AB	C	AC	BC	ABC
(1)	+	−	−	+	−	+	+	−
a	+	+	−	−	−	−	+	+
b	+	−	+	−	−	+	−	+
ab	+	+	+	+	−	−	−	−
c	+	−	−	+	+	−	−	+
ac	+	+	−	−	+	+	−	−
bc	+	−	+	−	+	−	+	−
abc	+	+	+	+	+	+	+	+

A estimativa de qualquer efeito principal ou interação em um planejamento 2^k é determinada pela multiplicação das combinações dos tratamentos na primeira coluna da tabela pelos sinais na coluna do efeito principal ou da interação correspondentes, pela adição do resultado de modo a produzir um contraste, e então pela divisão do contraste pela metade do número total de corridas no experimento.

Modelos e Análise Residual Podemos obter os resíduos de um planejamento 2^k, usando o método demonstrado anteriormente para o planejamento 2^2. Como exemplo, considere o experimento da rugosidade da superfície. Os três maiores efeitos foram A, B e a interação AB. O modelo de regressão usado para obter os valores previstos é

$$Y = \beta_0 + \beta_1 x_1 + \beta_2 x_2 + \beta_{12} x_1 x_2 + \epsilon$$

em que x_1 representa o fator A, x_2 representa o fator B e $x_1 x_2$ representa a interação AB. Os coeficientes de regressão β_1, β_2 e β_{12} são estimados como metade das estimativas dos efeitos correspondentes e β_0 é a média global. Por conseguinte,

$$\hat{y} = 11{,}0625 + \left(\frac{3{,}375}{2}\right) x_1 + \left(\frac{1{,}625}{2}\right) x_2 + \left(\frac{1{,}375}{2}\right) x_1 x_2$$
$$= 11{,}0625 + 1{,}6875 x_1 + 0{,}8125 x_2 + 0{,}6875 x_1 x_2$$

EXEMPLO 14.4 | Rugosidade da Superfície

Considere o experimento da rugosidade da superfície, originalmente descrito no Exemplo 14.2. Esse é um planejamento fatorial 2^3, nos fatores taxa de alimentação (A), profundidade do corte (B) e ângulo de corte (C), com $n = 2$ réplicas. A Tabela 14.15 apresenta os dados observados da rugosidade da superfície.

O efeito de A, por exemplo, é

$$A = \frac{1}{4n} [a + ab + ac + abc - (1) - b - c - bc]$$
$$= \frac{1}{4(2)} [22 + 27 + 23 + 30 - 16 - 20 - 21 - 18]$$
$$= \frac{1}{8} [27] = 3{,}375$$

e a soma dos quadrados para A é encontrada usando a Equação 14.10:

$$SQ_A = \frac{(\text{contraste}_A)^2}{n2^k} = \frac{(27)^2}{2(8)} = 45{,}5625$$

É fácil verificar que os outros efeitos são

$$B = 1{,}625$$
$$C = 0{,}875$$
$$AB = 1{,}375$$
$$AC = 0{,}125$$
$$BC = -0{,}625$$
$$ABC = 1{,}125$$

Examinando a magnitude dos efeitos, observa-se claramente que a taxa de alimentação (A) é dominante, seguida pela profundidade do corte (B) e pela interação AB, embora o efeito de interação seja relativamente pequeno. A análise de variância, resumida na Tabela 14.16, confirma nossa interpretação das estimativas dos efeitos.

O resultado do *software* para esse experimento é mostrado na Tabela 14.17. A parte superior da tabela apresenta as estimativas dos efeitos e os coeficientes de regressão para cada efeito fatorial. De modo a ilustrar, para o efeito principal da alimentação, o resultado reporta $t = 4{,}32$ (com 8 graus de liberdade) e $t^2 \doteq (4{,}32)^2 = 18{,}66$, que é aproximadamente igual à razão F para a alimentação reportada na Tabela 14.17 ($F = 18{,}69$). Essa razão F tem um grau de liberdade no numerador e oito graus de liberdade no denominador.

TABELA 14.15 Dados de Rugosidade da Superfície

Combinação dos Tratamentos	A	B	C	Rugosidade da Superfície	Totais
(1)	−1	−1	−1	9, 7	16
a	1	−1	−1	10, 12	22
b	−1	1	−1	9, 11	20
ab	1	1	−1	12, 15	27
c	−1	−1	1	11, 10	21
ac	1	−1	1	10, 13	23
bc	−1	1	1	10, 8	18
abc	1	1	1	16, 14	30

TABELA 14.16 Análise de Variância para o Experimento da Rugosidade da Superfície

Termo	Efeito	Coeficiente	Erro-padrão do Coeficiente	t	Valor P
Constante		11,0625	0,3903	28,34	0,000
A	3,3750	1,6875	0,3903	4,32	0,003
B	1,6250	0,8125	0,3903	2,08	0,071
C	0,8750	0,4375	0,3903	1,12	0,295
AB	1,3750	0,6875	0,3903	1,76	0,116
AC	0,1250	0,0625	0,3903	0,16	0,877
BC	−0,6250	−0,3125	0,3903	−0,80	0,446
ABC	1,1250	0,5625	0,3903	1,44	0,188

Fonte de Variação	Soma dos Quadrados	Graus de Liberdade	Média Quadrática	f_0	Valor P
A	45,5625	1	45,5625	18,69	0,002
B	10,5625	1	10,5625	4,33	0,071
C	3,0625	1	3,0625	1,26	0,295
AB	7,5625	1	7,5625	3,10	0,116
AC	0,0625	1	0,0625	0,03	0,877
BC	1,5625	1	1,5625	0,64	0,446
ABC	5,0625	1	5,0625	2,08	0,188
Erro	19,5000	8	2,4375		
Total	92,9375	15			

TABELA 14.17 Análise do *Software* para o Experimento da Rugosidade da Superfície

Efeitos Estimados e Coeficientes para a Rugosidade

Termo	Efeito	Coef.	Desvio-padrão do Coef.	T	P
Constante		11,0625	0,3903	28,34	0,000
Alimentação	3,3750	1,6875	0,3903	4,32	0,003
Profundidade	1,6250	0,8125	0,3903	2,08	0,071
Ângulo	0,8750	0,4375	0,3903	1,12	0,295
Alimentação*Profundidade	1,3750	0,6875	0,3903	1,76	0,116
Alimentação*Ângulo	0,1250	0,0625	0,3903	0,16	0,877
Profundidade*Ângulo	−0,6250	−0,3125	0,3903	−0,80	0,446
Alimentação*Profundidade*Ângulo	1,1250	0,5625	0,3903	1,44	0,188

Análise de Variância para a Rugosidade

Fonte	GL	SQ Seq	SQ ajustada	MQ ajustada	F	P
Efeitos principais	3	59,188	59,188	19,729	8,09	0,008
Interações de segunda ordem	3	9,187	9,187	3,062	1,26	0,352
Interações de terceira ordem	1	5,062	5,062	5,062	2,08	0,188
Erro residual	8	19,500	19,500	2,437		
Erro puro	8	19,500	19,500	2,437		
Total	15	92,938				

A parte inferior do resultado na Tabela 14.17 é um resumo da análise de variância, focando nos tipos de termos do modelo. Uma abordagem de modelo de regressão é usada na apresentação. Você pode achar útil rever a Seção 12.2.2, particularmente o material sobre o teste parcial F. A linha intitulada "efeitos principais", abaixo de Fonte, refere-se aos três efeitos principais: alimentação, profundidade e ângulo, cada um tendo um único grau de liberdade, dando um total de 3 na coluna intitulada "GL". A coluna com o nome "SQ Seq" (uma abreviação para soma sequencial dos quadrados) reporta de quanto a soma dos quadrados do modelo aumenta quando cada grupo de termos é adicionado a um modelo que contém os termos listados *acima* dos grupos. O primeiro número na coluna "SQ Seq" apresenta a soma dos quadrados do modelo para ajustar um modelo tendo somente os três efeitos principais. A linha marcada "Interações de Segunda Ordem" se refere a AB, AC e BC, sendo a soma sequencial dos quadrados reportada aqui como o aumento na soma dos quadrados do modelo, se os termos de interação forem adicionados a um modelo contendo somente os efeitos principais. Do mesmo modo, a soma sequencial dos quadrados para a interação de terceira ordem é o aumento na soma dos quadrados do modelo que resulta da adição do termo ABC a um modelo contendo todos os outros efeitos.

A coluna intitulada "SQ Ajustada" (uma abreviação para soma ajustada dos quadrados) reporta de quanto a soma dos quadrados do modelo aumenta quando cada grupo de termos é adicionado a um modelo contendo *todos* os outros termos. Agora, pelo fato de qualquer planejamento 2^k, com igual número de réplicas em cada célula, ser um **planejamento ortogonal**, resulta em que a soma ajustada dos quadrados será igual à soma sequencial dos quadrados. Consequentemente, os testes F para cada linha na análise de variância computacional na Tabela 14.17 estão testando a significância de cada grupo de termos (efeitos principais, interações de segunda ordem e interações de terceira ordem), como se eles fossem os últimos termos a serem incluídos no modelo. Claramente, somente os termos dos efeitos principais são significativos. Os testes t para os efeitos individuais dos fatores indicam que a taxa de alimentação e a profundidade do corte têm efeitos principais grandes, podendo haver alguma interação suave entre esses dois fatores. Logo, a saída do *software* está em concordância com os resultados dados anteriormentente.

Note que os coeficientes de regressão são apresentados na parte superior da Tabela 14.17. Os valores previstos seriam obtidos pela substituição dos níveis inferior e superior de A e B nessa equação. A fim de ilustrar isso, na combinação dos tratamentos em que A, B e C estiverem todos no nível inferior, o valor previsto será

$$\hat{y} = 11,0625 + 1,6875(-1) + 0,8125(-1)$$
$$+ 0,6875(-1)(-1) = 9,25$$

Visto que os valores observados nessa corrida são 9 e 7, os resíduos são $9 - 9,25 = -0,25$ e $7 - 9,25 = -2,25$. Os resíduos para as outras 14 corridas são obtidos similarmente.

Um gráfico de probabilidade normal dos resíduos é mostrado na Figura 14.19. Uma vez que os resíduos estão aproximadamente ao longo de uma linha reta, não suspeitamos de nenhum problema com a normalidade dos dados. Não há indicações de *outliers* graves. Seria útil também plotar os resíduos contra os valores previstos e contra cada um dos fatores A, B e C.

Projeção de Planejamentos 2^k Qualquer planejamento 2^k se reduzirá ou se projetará em outro planejamento 2^k com menos variáveis, se um ou mais dos fatores originais for(em) retirado(s). Por vezes, isso pode fornecer um discernimento adicional nos fatores restantes. Por exemplo, considere o experimento da rugosidade na superfície. Visto que o fator C e todas as suas interações são desprezíveis, podemos eliminar o fator C do planejamento. O resultado é a redução do cubo da Figura 14.17 em um quadrado no plano $A - B$; desse modo, cada uma das quatro corridas no novo planejamento terá quatro réplicas. Em geral, se retirarmos h fatores de modo que $r = k - h$ fatores permaneçam, o planejamento original 2^k com n réplicas resultará em um planejamento 2^r com $n2^h$ réplicas.

14.6 Réplica Única do Planejamento 2^k

À medida que o número de fatores cresce em um experimento fatorial, o número de efeitos que podem ser estimados também cresce. Por exemplo, um experimento 2^4 tem quatro efeitos principais, seis interações de segunda ordem, quatro interações de terceira ordem e uma interação de quarta ordem, enquanto um experimento 2^6 tem seis efeitos principais, 15 interações de segunda ordem, 20 interações de terceira ordem, 15 interações de quarta ordem, seis interações de quinta ordem e uma interação de sexta ordem. Em muitas situações, o **princípio da esparsidade dos efeitos** se aplica; ou seja, o sistema é geralmente dominado pelos efeitos principais e interações de ordens baixas.

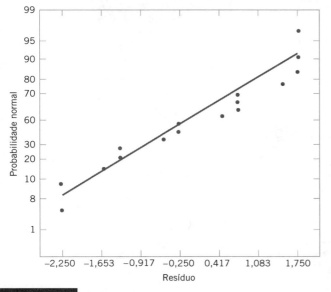

FIGURA 14.19

Gráfico de probabilidade normal dos resíduos do experimento da rugosidade na superfície.

As interações de terceira ordem e superiores são geralmente negligenciadas. Consequentemente, quando o número de fatores for moderadamente grande, como $k \geq 4$ ou 5, uma prática comum é rodar somente uma réplica do planejamento 2^k e, então, combinar as interações de ordens mais altas como uma estimativa do erro. Por vezes, uma única réplica de um planejamento 2^k é chamada de planejamento fatorial 2^k **sem réplicas**.

Quando se analisam dados provenientes de planejamentos fatoriais sem réplicas, interações reais de ordens altas existem ocasionalmente. O uso de uma média quadrática do erro, obtida pela combinação de interações de ordens altas, não é apropriado nesses casos. Um método simples de análise pode ser usado para superar esse problema. Construa um gráfico das estimativas dos efeitos em uma escala de probabilidade normal. Os efeitos que forem desprezíveis são normalmente distribuídos, com média zero e variância σ^2, e tenderão a cair ao longo de uma linha reta nesse gráfico, enquanto efeitos significativos não terão média zero e não repousarão ao longo de uma linha reta. Ilustraremos esse método no Exemplo 14.5.

Os resíduos do experimento no Exemplo 14.5 podem ser obtidos a partir do modelo de regressão

$$\hat{y} = 776{,}0625 - \left(\frac{101{,}625}{2}\right) x_1 + \left(\frac{306{,}125}{2}\right) x_4 - \left(\frac{153{,}625}{2}\right) x_1 x_4$$

Por exemplo, quando A e D estão no nível inferior, o valor previsto é

$$\hat{y} = 776{,}0625 - \left(\frac{101{,}625}{2}\right)(-1) + \left(\frac{306{,}125}{2}\right)(-1) - \left(\frac{153{,}625}{2}\right)(-1)(-1) = 597$$

EXEMPLO 14.5 | Tratamento por Plasma

Um artigo publicado em *Solid State Technology* ["Orthogonal Design for Process Optimization and Its Application in Plasma Etching" (maio de 1987, pp. 127-132)] descreve a aplicação de planejamentos fatoriais no desenvolvimento de um processo de ataque químico localizado sobre nitreto, por meio de uma sonda de plasma de pastilha única. O processo usa C_2F_6 como o gás reagente. É possível variar o escoamento do gás, a potência aplicada ao catodo, a pressão na câmara do reator e o espaçamento entre o anodo e o catodo (abertura). Muitas variáveis de resposta geralmente seriam de interesse nesse processo, mas, neste exemplo, focaremos na taxa de ataque do nitreto de silício.

Usaremos uma única réplica de um planejamento 2^4 para investigar esse processo. Já que é improvável que interações de terceira e quarta ordens sejam significativas, tentaremos combiná-las como uma estimativa do erro. Os níveis dos fatores usados no planejamento são mostrados a seguir:

	Fator do Planejamento			
Nível	Espaçamento (cm)	Pressão (mTorr)	Vazão de C_2F_6 (cm³ padrão/min)	Potência (W)
Inferior	0,80	450	125	275
Superior	12	550	200	325

TABELA 14.18 Planejamento 2^4 para o Experimento de Ataque por Plasma

A (Espaçamento)	B (Pressão)	C (Vazão de C_2F_6)	D (Potência)	Taxa de Ataque (Å/min)
−1	−1	−1	−1	550
1	−1	−1	−1	669
−1	1	−1	−1	604
1	1	−1	−1	650
−1	−1	1	−1	633
1	−1	1	−1	642
−1	1	1	−1	601
1	1	1	−1	635
−1	−1	−1	1	1037
1	−1	−1	1	749
−1	1	−1	1	1052
1	1	−1	1	868
−1	−1	1	1	1075
1	−1	1	1	860
−1	1	1	1	1063
1	1	1	1	729

A Tabela 14.18 apresenta os dados das 16 corridas do planejamento 2^4. Por exemplo, a estimativa do fator A é

$$A = \frac{1}{8}[a + ab + ac + abc + ad + abd + acd + abcd$$
$$- (1) - b - c - bc - d - bd - cd - bcd]$$
$$= \frac{1}{8}[669 + 650 + 642 + 635 + 749 + 868 + 860 + 729$$
$$- 550 - 604 - 633 - 601 - 1037 - 1052 - 1075$$
$$- 1063]$$
$$= -101,625$$

Assim, o efeito de aumentar o espaçamento entre o anodo e o catodo de 0,80 cm para 1,20 cm é diminuir a taxa de ataque químico por 101,625 angstroms por minuto.

É fácil verificar (usando um pacote computacional, por exemplo) que o conjunto completo das estimativas dos efeitos é

A	= $-101,625$	AD	=	$-153,625$
B	= $-1,625$	BD	=	$-0,625$
AB	= $-7,875$	ABD	=	$4,125$
C	= $7,375$	CD	=	$-2,125$
AC	= $-24,875$	ACD	=	$5,625$
BC	= $-43,875$	BCD	=	$-25,375$
ABC	= $-15,625$	$ABCD$	=	$-40,125$
D	= $306,125$			

O gráfico de probabilidade normal desses efeitos, a partir do experimento do ataque por plasma, é mostrado na Figura 14.20. Claramente, os efeitos principais de A e D e a interação AD são significativos, porque eles caem longe da linha que passa pelos outros pontos. A análise de variância resumida na Tabela 14.19 confirma essas afirmações. Note que na análise de variância combinamos as interações de terceira e quarta ordens para formar a média quadrática do erro. Se o gráfico de probabilidade normal tivesse indicado que qualquer uma dessas interações tivesse sido importante, elas não teriam sido incluídas no termo do erro.

Interpretação Prática: Uma vez que $A = -101,625$, o efeito de aumentar o espaçamento entre o catodo e o anodo é diminuir a taxa de ataque químico. Entretanto, $D = 306,125$; assim, a aplicação de potências mais elevadas causará um aumento na taxa de ataque químico. A Figura 14.21 é um gráfico da interação AD. Esse gráfico indica que o efeito de mudar a largura do espaçamento em potências baixas é pequeno, porém, aumentar o espaçamento em potências altas reduz significativamente a taxa de ataque. Altas taxas de ataque químico são obtidas em potências altas e larguras estreitas do espaçamento.

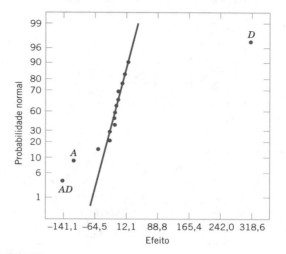

FIGURA 14.20

Gráfico de probabilidade normal de efeitos do experimento de ataque por plasma.

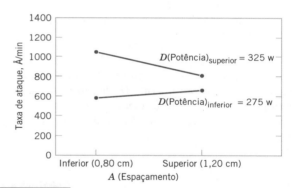

FIGURA 14.21

Interação AD (Espaçamento-Potência) do experimento de ataque por plasma.

TABELA 14.19 Análise de Variância para o Experimento de Ataque por Plasma

Termo	Efeito	Coeficiente	Erro-padrão do Coeficiente	t	Valor P
Constante		776,06	11,28	68,77	0,000
A	$-101,62$	$-50,81$	11,28	$-4,50$	0,006
B	$-1,62$	$-0,81$	11,28	$-0,07$	0,945
C	7,37	3,69	11,28	0,33	0,757
D	306,12	153,06	11,28	13,56	0,000
AB	$-7,88$	$-3,94$	11,28	$-0,35$	0,741
AC	$-24,88$	$-12,44$	11,28	$-1,10$	0,321
AD	$-153,62$	$-76,81$	11,28	$-6,81$	0,001
BC	$-43,87$	$-21,94$	11,28	$-1,94$	0,109
BD	$-0,63$	$-0,31$	11,28	$-0,03$	0,979
CD	$-2,13$	$-1,06$	11,28	$-0,09$	0,929

(*continua*)

TABELA 14.19 Análise de Variância para o Experimento de Ataque por Plasma (*continuação*)

Fonte de Variação	Soma dos Quadrados	Graus de Liberdade	Média Quadrática	f_0	Valor P
A	41.310,563	1	41.310,563	20,28	0,0064
B	10,563	1	10,563	<1	—
C	217,563	1	217,563	<1	—
D	374.850,063	1	374.850,063	183,99	0,0000
AB	248,063	1	248,063	<1	—
AC	2.475,063	1	2.475,063	1,21	0,3206
AD	94.402,563	1	94.402,563	46,34	0,0010
BC	7.700,063	1	7.700,063	3,78	0,1095
BD	1,563	1	1,563	<1	—
CD	18,063	1	18,063	<1	—
Erro	10.186,813	5	2.037,363		
Total	531.420,938	15			

e os quatro resíduos nessa combinação de tratamentos são

$$e_1 = 550 - 597 = -47 \quad e_2 = 604 - 597 = 7$$
$$e_3 = 633 - 597 = 36 \quad e_4 = 601 - 597 = 4$$

Os resíduos nas outras três combinações de tratamentos (*A* superior, *D* inferior), (*A* inferior, *D* superior) e (*A* superior, *D* superior) são obtidos similarmente. Um gráfico de probabilidade normal dos resíduos é mostrado na Figura 14.22. O gráfico é satisfatório.

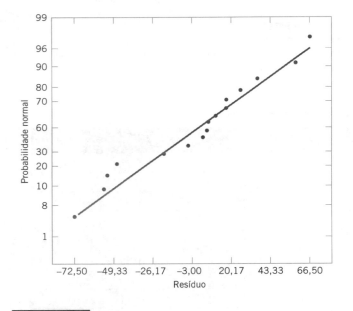

FIGURA 14.22

Gráfico de probabilidade normal dos resíduos do experimento de ataque por plasma.

14.7 Adição de Pontos Centrais a um Planejamento 2^k

Uma preocupação potencial no uso de planejamentos fatoriais com dois níveis é a suposição de linearidade nos efeitos dos fatores. Naturalmente, a linearidade perfeita é desnecessária, e o sistema 2^k trabalhará bem, mesmo quando a suposição de linearidade se mantiver apenas aproximadamente. No entanto, há um método de replicar certos pontos do fatorial 2^k que dará proteção contra curvatura, assim como permitirá uma estimativa independente do erro a ser obtido. O método consiste em adicionar **pontos centrais** ao planejamento 2^k. Esses consistem em n_c réplicas corridas no ponto $x_i = 0$ ($i = 1, 2, ..., k$). Uma razão importante para adicionar as corridas replicadas no centro do planejamento é que pontos centrais não repercutem nas estimativas usuais dos efeitos em um planejamento 2^k. Consideramos que os k fatores são quantitativos.

Para ilustrar a abordagem, considere um planejamento 2^2 com uma observação em cada um dos pontos fatoriais $(-, -)$, $(+, -)$, $(-, +)$ e $(+, +)$ e n_c observações nos pontos centrais $(0, 0)$. A Figura 14.23 ilustra a situação. Seja $\bar{y}_F$ a média das quatro corridas nos quatro pontos fatoriais e seja $\bar{y}_C$ a média das n_c corridas no ponto central. Se a diferença $\bar{y}_F - \bar{y}_C$ for pequena, os pontos centrais estarão no (ou próximo do) plano passando através dos pontos fatoriais, não havendo portanto curvatura. Por outro lado, se $\bar{y}_F - \bar{y}_C$ for grande, então a curvatura estará presente.

De maneira semelhante aos efeitos fatoriais, um teste para curvatura pode ser baseado em uma estatística F ou em uma estatística t equivalente. Uma soma dos quadrados, com um único grau de liberdade, para a curvatura é comparada com MQ_E para produzir a estatística F. Alternativamente, uma estatística t, similar àquela usada para comparar duas médias, pode ser calculada. Um coeficiente para a curvatura é definido como $\bar{y}_F - \bar{y}_C$ e σ é estimado pela raiz quadrada de MQ_E.

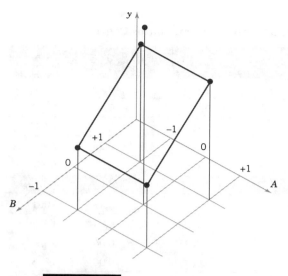

FIGURA 14.23

Planejamento 2^2 com pontos centrais.

Soma dos Quadrados para a Curvatura e a Estatística t

A soma dos quadrados para a curvatura é

$$SQ_{\text{Curvatura}} = \frac{n_F n_C (\bar{y}_F - \bar{y}_C)^2}{n_F + n_C} = \left(\frac{\bar{y}_F - \bar{y}_C}{\sqrt{\frac{1}{n_F} + \frac{1}{n_C}}}\right)^2$$

e a estatística t para testar a curvatura é

$$t = \frac{\bar{y}_F - \bar{y}_C}{\hat{\sigma}\sqrt{\frac{1}{n_F} + \frac{1}{n_C}}} \quad (14.14)$$

---

em que, em geral, n_F é o número de pontos do planejamento fatorial. A $SQ_{\text{Curvatura}}$ pode ser comparada com a média quadrática do erro para produzir o teste F para a curvatura. Note que, similar ao teste para os outros efeitos, o quadrado da estatística t é igual à estatística F.

Quando pontos são adicionados ao centro do planejamento 2^k, o modelo que podemos ter é

$$Y = \beta_0 + \sum_{j=1}^{k} \beta_0 x_j + \sum_{i<j}\sum \beta_{ij} x_i x_j + \sum_{j=1}^{k} \beta_{jj} x_j^2 + \epsilon$$

sendo os β_{jj} os efeitos quadráticos puros. O teste para curvatura realmente testa as hipóteses

$$H_0: \sum_{j=1}^{k} \beta_{jj} = 0 \qquad H_1: \sum_{j=1}^{k} \beta_{jj} \neq 0$$

Além disso, se os pontos fatoriais do planejamento não forem replicados, poderemos usar os n_C pontos centrais para construir uma estimativa de erro com $n_C - 1$ graus de liberdade.

14.8 Blocagem e Superposição no Planejamento 2^k

É frequentemente impossível rodar todas as observações em um planejamento fatorial 2^k sob condições homogêneas. **Blocagem** é a técnica de planejamento apropriada para essa situação geral. Entretanto, em muitas situações, o tamanho do bloco é menor do que o número de corridas na réplica completa. Nesses casos, **superposição** é um procedimento útil para rodar o planejamento 2^k em 2^p blocos, sendo o número de corridas em um bloco menor do que o número de combinações de tratamentos em uma réplica completa. A técnica faz com que certos efeitos de interação fiquem indistinguíveis dos blocos ou **superpostos com os blocos**. Ilustraremos superposição no planejamento fatorial 2^k em 2^p blocos, sendo $p < k$.

EXEMPLO 14.6 | Rendimento de um Processo

Um engenheiro químico está estudando a conversão percentual ou o rendimento de um processo. Há duas variáveis de interesse: o tempo e a temperatura de reação. Pelo fato de não ter certeza em relação à linearidade da região de exploração, o engenheiro decide conduzir um planejamento 2^2 (com uma única réplica de cada corrida fatorial), aumentado com cinco pontos centrais. O planejamento e os dados de rendimento são mostrados na Figura 14.24.

A Tabela 14.20 resume a análise de variância para esse experimento. A média quadrática do erro é calculada a partir dos pontos centrais, conforme se segue:

$$MQ_E = \frac{SQ_E}{n_C - 1} = \frac{\sum_{\text{Pontos centrais}} (y_i - \bar{y}_C)^2}{n_C - 1} = \frac{\sum_{i=1}^{5}(y_i - 40{,}46)^2}{4}$$

$$= \frac{0{,}1720}{4} = 0{,}0430$$

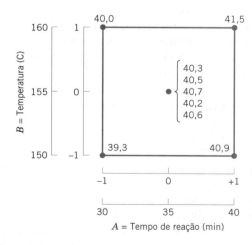

FIGURA 14.24

Planejamento 2^2 com cinco pontos centrais para o experimento do rendimento de um processo.

TABELA 14.20 Análise para o Experimento do Rendimento de um Processo com Pontos Centrais

Termo	Efeito	Coeficiente	Erro-padrão do Coeficiente	t	Valor P
Constante		40,4250	0,1037	389,89	0,000
A	1,5500	0,7750	0,1037	7,47	0,002
B	0,6500	0,3250	0,1037	3,13	0,035
AB	−0,0500	−0,0250	0,1037	−0,24	0,821
Ct Pt		−0,0350	0,1391	−0,25	0,814

Fonte de Variação	Soma dos Quadrados	Graus de Liberdade	Média Quadrática	f_0	Valor P
A (Tempo)	2,4025	1	2,4025	55,87	0,0017
B (Temperatura)	0,4225	1	0,4225	9,83	0,0350
AB	0,0025	1	0,0025	0,06	0,8237
(Curvatura)	0,0027	1	0,0027	0,06	0,8163
Erro	0,1720	4	0,0430		
Total	3,0022	8			

A média dos pontos na porção fatorial do planejamento é $\bar{y}_F = 40{,}425$, e a média dos pontos centrais é $\bar{y}_C = 40{,}46$. A diferença $\bar{y}_F - \bar{y}_C = 40{,}425 - 40{,}46 = -0{,}035$ parece ser pequena. A soma dos quadrados da curvatura na tabela da análise de variância é calculada pela Equação 14.14, como se segue:

$$SQ_{\text{Curvatura}} = \frac{n_F n_C (\bar{y}_F - \bar{y}_C)^2}{n_F + n_C} = \frac{(4)(5)(-0{,}035)^2}{4+5} = 0{,}0027$$

O coeficiente de curvatura é $\bar{y}_F - \bar{y}_C = -0{,}035$, e a estatística t para testar a curvatura é

$$t = \frac{-0{,}035}{\sqrt{0{,}043\left(\frac{1}{4}+\frac{1}{5}\right)}} = -0{,}25$$

Interpretação Prática: A análise de variância indica que ambos os fatores exibem efeitos principais significativos, que não há interação e que não há evidência de curvatura na resposta na região de exploração. Ou seja, a hipótese nula, $H_0: \sum_{j=1}^{k}\beta_{jj}=0$, não pode ser rejeitada.

Considere um planejamento 2^2. Suponha que cada uma das $2^2 = 4$ combinações de tratamentos requeira quatro horas de análises no laboratório. Dessa forma, dois dias são necessários para realizar o experimento. Se dias forem considerados como blocos, então temos de atribuir duas das quatro combinações de tratamento em cada dia.

Esse planejamento é mostrado na Figura 14.25. Note que o bloco 1 contém as combinações de tratamentos (1) e ab e que o bloco 2 contém a e b. Os contrastes para estimar os efeitos principais dos fatores A e B são

$$\text{Constraste}_A = ab + a - b - (1)$$

$$\text{Constraste}_B = ab + b - a - (1)$$

Observe que esses contrastes não são afetados pela blocagem, uma vez que em cada contraste há uma combinação de tratamentos mais e outra menos, provenientes de cada bloco. Ou seja, qualquer diferença entre o bloco 1 e o bloco 2 que aumente as leituras em um bloco por uma constante aditiva é cancelada. O contraste para a interação AB é

$$\text{Constraste}_{AB} = ab + (1)b - a - b$$

Uma vez que as duas combinações de tratamento com sinal mais, ab e (1), estão no bloco 1 e as duas com sinal menos, a e b, estão no bloco 2, o efeito do bloco e a interação AB são idênticas, isto é, AB é superposta com os blocos. A razão para isso é aparente da tabela de sinais mais e menos para o planejamento 2^2 mostrado na Tabela 14.11. Da tabela, vemos que todas as combinações de tratamentos que tenham um sinal mais em AB são atribuídas ao bloco 1, enquanto todas as combinações de tratamentos que tenham um sinal menos em AB são atribuídas ao bloco 2.

Esse esquema pode ser usado para superpor qualquer planejamento 2^k em dois blocos. Como segundo exemplo, considere o planejamento 2^3, corrido em dois blocos. Da tabela de sinais mais e menos, mostrada na Tabela 14.14, atribuímos as combinações de tratamentos que sejam menos na coluna ABC ao bloco 1 e aquelas que sejam mais na coluna ABC ao bloco 2. O planejamento resultante é mostrado na Figura 14.26.

Há um método mais geral de construir os blocos. O método emprega um **contraste de definição**, como

$$L = \alpha_1 x_1 + \alpha_2 x_2 + \cdots + \alpha_n x_n \quad (14.15)$$

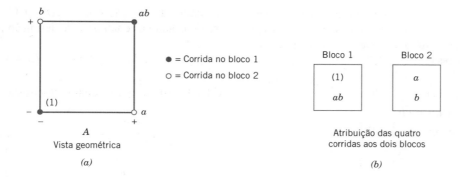

FIGURA 14.25

Planejamento 2^2 em dois blocos. (a) Vista geométrica. (b) Atribuição das quatro corridas aos dois blocos.

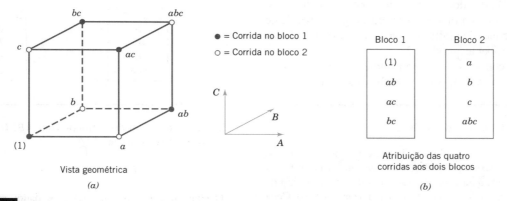

FIGURA 14.26

Planejamento 2^3 em dois blocos, com **ABC** superposto. (a) Vista geométrica. (b) Atribuição das oito corridas aos dois blocos.

sendo x_i o nível do i-ésimo fator aparecendo em uma combinação de tratamentos e α_i o expoente aparecendo no i-ésimo fator no efeito que deve ser superposto com blocos. Para o sistema 2^k, temos tanto $\alpha_i = 0$ ou 1 e $x_i = 0$ (nível inferior) ou $x_i = 1$ (nível superior). Combinações de tratamentos que produzam o mesmo valor de L (módulo 2) serão colocadas no mesmo bloco. Visto que os únicos valores possíveis de L (mod 2) são 0 e 1, isso atribuirá as 2^k combinações de tratamentos a exatamente dois blocos.

Como exemplo, considere o planejamento 2^3 com ABC superposto com blocos. Aqui, x_1 corresponde a A, x_2 corresponde a B, x_3 corresponde a C e $\alpha_1 = \alpha_2 = \alpha_3 = 1$. Logo, o contraste de definição que seria usado para superpor ABC com blocos é

$$L = x_1 + x_2 + x_3$$

Com a finalidade de atribuir as combinações de tratamentos aos dois blocos, substituímos as combinações de tratamentos no contraste de definição, conforme se segue:

(1): $L = 1(0) + 1(0) + 1(0) = 0 = 0 \pmod 2$
a: $L = 1(1) + 1(0) + 1(0) = 1 = 1 \pmod 2$
b: $L = 1(0) + 1(1) + 1(0) = 1 = 1 \pmod 2$
ab: $L = 1(1) + 1(1) + 1(0) = 2 = 0 \pmod 2$
c: $L = 1(0) + 1(0) + 1(1) = 1 = 1 \pmod 2$
ac: $L = 1(1) + 1(0) + 1(1) = 2 = 0 \pmod 2$
bc: $L = 1(0) + 1(1) + 1(1) = 2 = 0 \pmod 2$
abc: $L = 1(1) + 1(1) + 1(1) = 3 = 1 \pmod 2$

Assim, (1), ab, ac e bc são corridas no bloco 1, e a, b, c e abc são corridas no bloco 2. Esse mesmo planejamento é mostrado na Figura 14.26.

Um método simplificado é útil na construção desses planejamentos. O bloco contendo a combinação de tratamentos (1) é chamado de **bloco principal**. Qualquer elemento [exceto (1)] no bloco principal pode ser gerado pela multiplicação de dois outros elementos do bloco principal de módulo 2 nos expoentes. Por exemplo, considere o bloco principal do planejamento 2^3 com ABC superposto, mostrado na Figura 14.26. Note que

$$ab \cdot ac = a^2 bc = bc$$
$$ab \cdot bc = ab^2 c = ac$$
$$ac \cdot bc = abc^2 = ab$$

As combinações de tratamentos no outro bloco (ou blocos) podem ser geradas multiplicando um elemento do novo bloco por cada elemento do bloco principal de módulo 2 nos expoentes.

Para o planejamento 2^3 com ABC superposto, uma vez que o bloco principal é (1), ab, ac e bc, sabemos que a combinação de tratamentos b está no outro bloco. Desse modo, os elementos desse segundo bloco são

$$b \cdot (1) = b$$
$$b \cdot ab = ab^2 = a$$
$$b \cdot ac = abc$$
$$b \cdot bc = b^2c = c$$

É possível superpor o planejamento 2^k em quatro blocos de 2^{k-2} observações cada. Para construir o planejamento, dois efeitos são escolhidos para superpor com blocos, sendo obtidos seus contrastes de definição. Um terceiro efeito, a **interação generalizada** dos dois efeitos inicialmente escolhidos, é também superposto com blocos. A interação generalizada de dois efeitos é encontrada multiplicando suas respectivas letras e reduzindo os expoentes módulo 2.

Por exemplo, considere o planejamento 2^4 em quatro blocos. Se AC e BD forem superpostos com blocos, sua interação generalizada será $(AC)(BD) = ABCD$. O planejamento é construído usando os contrastes de definição para AC e BD:

$$L_1 = x_1 + x_3 \qquad L_2 = x_2 + x_4$$

É fácil verificar que os quatro blocos são

Bloco 1
$L_1 = 0, L_2 = 0$

| (1) |
| ac |
| bd |
| abcd |

Bloco 2
$L_1 = 1, L_2 = 0$

| a |
| c |
| abd |
| bcd |

Bloco 3
$L_1 = 0, L_2 = 1$

| b |
| abc |
| d |
| acd |

Bloco 4
$L_1 = 1, L_2 = 1$

| ab |
| bc |
| ad |
| cd |

EXEMPLO 14.7 | Desvio de um Míssil

Um experimento é realizado para investigar o efeito de quatro fatores sobre o desvio, em relação ao alvo, no disparo de um míssil atirado. Os quatro fatores são: tipo de alvo (A), tipo de rastreador (B), altitude do alvo (C) e distância ao alvo (D). Cada fator pode ser convenientemente testado em dois níveis e o sistema óptico de rastreamento permitirá medir o desvio no disparo, com a precisão de um pé. Dois operadores ou atiradores diferentes são usados no teste de voo e, já que há diferenças entre operadores, os engenheiros de teste decidiram conduzir o planejamento 2^4 em dois blocos com $ABCD$ superpostos. Assim, o contraste de definição é

$$L = x_1 + x_2 + x_3 + x_4$$

O planejamento experimental e os dados resultantes são mostrados na Figura 14.27. As estimativas dos efeitos, obtidas por um pacote computacional, são mostradas na Tabela 14.21. Um gráfico de probabilidade normal dos efeitos na Figura 14.28 revela que A (tipo de alvo), D (amplitude do alvo), AD e AC têm efeitos grandes. Uma análise de variância de confirmação,

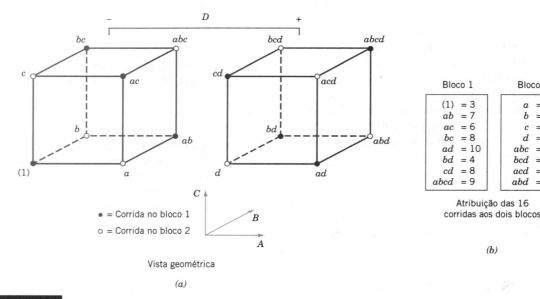

FIGURA 14.27

Planejamento 2^4 em dois blocos para o Exemplo 14.7. (a) Vista geométrica. (b) Atribuição das 16 corridas aos dois blocos.

combinando as interações de terceira ordem como erro, é mostrada na Tabela 14.22.

Interpretação Prática: Uma vez que as interações AC e AD são significativas, é lógico concluir que A (tipo de alvo), C (altitude do alvo) e D (distância ao alvo) têm efeitos importantes sobre o desvio e que há interações entre o tipo de alvo e altitude e tipo de alvo e distância. Note que o efeito $ABCD$ é tratado como blocos nessa análise.

TABELA 14.21 Estimativas dos Efeitos a Partir de uma Saída Computacional para o Experimento do Desvio de um Míssil

Efeitos Estimados e Coeficientes para a Distância

Termo	Efeito	Coeficiente
Constante		6,938
Bloco ($ABCD$)		0,063
A	2,625	1,312
B	0,625	0,313
C	0,875	0,438
D	1,875	0,938
AB	−0,125	−0,063
AC	−2,375	−1,187
AD	1,625	0,813
BC	−0,375	−0,188
BD	−0,375	−0,187
CD	−0,125	−0,062
ABC	−0,125	−0,063
ABD	0,875	0,438
ACD	−0,375	−0,187
BCD	−0,375	−0,187

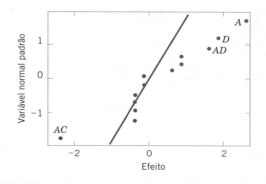

FIGURA 14.28

Gráfico de probabilidade normal dos efeitos para o Experimento do Desvio de um Míssil.

TABELA 14.22 Estimativas dos Efeitos a Partir de uma Saída Computacional para o Experimento do Desvio de um Míssil

Termo	Efeito	Coeficiente	Erro-padrão do Coeficiente	t	Valor P
Constante		6,938	0,2577	26,92	0,000
Bloco ($ABCD$)		0,063	0,2577	0,24	0,820
A	2,625	1,312	0,2577	5,09	0,007
B	0,625	0,313	0,2577	1,21	0,292
C	0,875	0,437	0,2577	1,70	0,165
D	1,875	0,938	0,2577	3,64	0,022
AB	−0,125	−0,062	0,2577	−0,24	0,820
AC	−2,375	−1,188	0,2577	−4,61	0,010
AD	1,625	0,813	0,2577	3,15	0,034
BC	−0,375	−0,187	0,2577	−0,73	0,507
BD	−0,375	−0,188	0,2577	−0,73	0,507
CD	−0,125	−0,063	0,2577	−0,24	0,820

(*continua*)

TABELA 14.22 Estimativas dos Efeitos a Partir de uma Saída Computacional para o Experimento do Desvio de um Míssil (*continuação*)

Fonte de Variação	Soma dos Quadrados	Graus de Liberdade	Média Quadrática	f_0	Valor P
Bloco ($ABCD$)	0,0625	1	0,0625	0,06	—
A	27,5625	1	27,5625	25,94	0,0070
B	1,5625	1	1,5625	1,47	0,2920
C	3,0625	1	3,0625	2,88	0,1648
D	14,0625	1	14,0625	13,24	0,0220
AB	0,0625	1	0,0625	0,06	—
AC	22,5625	1	22,5625	21,24	0,0100
AD	10,5625	1	10,5625	9,94	0,0344
BC	0,5625	1	0,5625	0,53	—
BD	0,5625	1	0,5625	0,53	—
CD	0,0625	1	0,0625	0,06	—
Erro ($ABC + ABD + ACD + BCD$)	4,2500	4	1,0625		
Total	84,9375	15			

Esse procedimento geral pode ser estendido à superposição do planejamento 2^k em 2^p blocos, sendo $p < k$. Comece selecionando p efeitos a serem superpostos, tal que nenhum efeito escolhido seja uma interação generalizada dos outros. Então, os blocos podem ser construídos a partir de p contrastes de definição $L_1, L_2, ..., L_p$, que estejam associados a esses efeitos. Em adição aos p efeitos escolhidos para serem superpostos, exatamente $2^p - p - 1$ efeitos adicionais são superpostos com blocos; essas são as interações generalizadas dos p efeitos originais escolhidos. Deve-se tomar cuidado para não superpor efeitos de interesse potencial.

Para mais informação sobre superposição no planejamento fatorial 2^k, consulte Montgomery (2017). Esse livro contém um roteiro para selecionar fatores para superpor com blocos, de modo que os efeitos principais e os termos de interação de ordem baixa não sejam superpostos. Em particular, o livro contém uma tabela de esquemas sugeridos de superposição para planejamentos com até sete fatores e uma faixa de tamanhos de bloco, algumas das quais tão pequenas quanto duas corridas.

14.9 Uma Meia-Fração do Planejamento 2^k

À medida que o número de fatores em um planejamento fatorial 2^k aumenta, o número requerido de corridas aumenta rapidamente. Por exemplo, um planejamento 2^5 requer 32 corridas. Nesse planejamento, somente 5 graus de liberdade correspondem aos efeitos principais e 10 graus de liberdade correspondem às interações de segunda ordem. Dezesseis dos 31 graus de liberdade são usados para estimar interações de ordens altas – ou seja, interações de terceira ordem e superiores. Frequentemente, há pouco interesse nessas interações de ordens altas, particularmente quando começamos a estudar um processo ou um sistema. Se pudermos considerar que certas interações de ordens altas são desprezíveis, então um **planejamento fatorial fracionário**, envolvendo menos corridas que um conjunto completo de 2^k corridas, poderá ser usado para obter informação sobre os efeitos principais e as interações de ordens baixas. Nesta seção, introduziremos as replicações fracionárias do planejamento 2^k.

Os fatoriais fracionários têm um uso importante nos *experimentos exploratórios* (*screening experiments*). Esses são experimentos em que muitos fatores são considerados, com a finalidade de identificar aqueles fatores (se algum) que têm efeitos grandes. Experimentos exploratórios são geralmente feitos nos estágios iniciais de um projeto, quando é provável que muitos dos fatores inicialmente considerados tenham pouco ou nenhum efeito na resposta. Os fatores que forem identificados como importantes serão, então, investigados mais profundamente em experimentos subsequentes.

Uma meia-fração do planejamento 2^k contém 2^{k-1} corridas, sendo o planejamento frequentemente chamado de fatorial fracionário 2^{k-1}. Como exemplo, considere o planejamento 2^{3-1} – isto é, uma meia-fração de 2^3. Esse planejamento tem somente quatro corridas, ao contrário do planejamento completo, que requer oito corridas. A tabela de sinais mais e menos para o planejamento 2^3 é mostrada na Tabela 14.23. Suponha que selecionemos as quatro combinações de tratamentos, a, b, c e abc como nossa meia-fração. Essas combinações de tratamentos são mostradas na metade superior da Tabela 14.23 e na Figura 14.29(a).

TABELA 14.23 Sinais Mais e Menos para o Planejamento Fatorial 2^3

Combinação de Tratamentos	I	A	B	C	AB	AC	BC	ABC
a	+	+	−	−	−	−	+	+
b	+	−	+	−	−	+	−	+
c	+	−	−	+	+	−	−	+
abc	+	+	+	+	+	+	+	+
ab	+	+	+	−	+	−	−	−
ac	+	+	−	+	−	+	−	−
bc	+	−	+	+	−	−	+	−
(1)	+	−	−	−	+	+	+	−

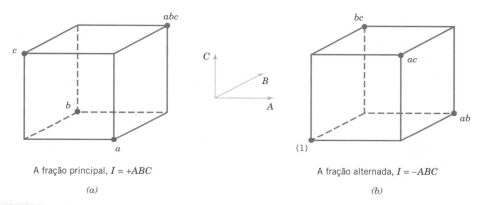

FIGURA 14.29

As meias-frações do planejamento 2^3. (a) A fração principal, $I = +ABC$. (b) A fração alternada, $I = -ABC$.

Note que o planejamento 2^{3-1} é formado selecionando-se somente aquelas combinações de tratamentos que resultam em sinal positivo para o efeito ABC. Logo, ABC é chamado de **gerador** dessa fração particular. Além disso, o elemento identidade I tem também o sinal mais para as quatro corridas; assim, chamamos

$$I = ABC$$

de **relação de definição** para o planejamento.

As combinações de tratamentos nos planejamentos 2^{3-1} resultam em três graus de liberdade associados aos efeitos principais. Da metade superior da Tabela 14.23, obtemos as estimativas dos efeitos principais como combinações lineares das observações, digamos

$$A = \tfrac{1}{2}[a - b - c + abc] \qquad B = \tfrac{1}{2}[-a + b - c + abc]$$

$$C = \tfrac{1}{2}[-a - b + c + abc]$$

Também é fácil verificar que as estimativas das interações de segunda ordem devem ser as seguintes combinações lineares das observações:

$$BC = \tfrac{1}{2}[a - b - c + abc] \qquad AC = \tfrac{1}{2}[-a + b - c + abc]$$

$$AB = \tfrac{1}{2}[-a - b + c + abc]$$

Dessa maneira, a combinação linear das observações na coluna A, ℓ_A, estima tanto o efeito de A como a interação BC. Ou seja, a combinação linear ℓ_A estima a soma desses dois efeitos $A + BC$. De modo similar, ℓ_B estima $B + AC$ e ℓ_C estima $C + AB$. Dois ou mais efeitos que tenham essa propriedade são chamados de **pares associados** (*aliases*). Em nosso planejamento 2^{3-1}, A e BC são pares associados, B e AC são pares associados e C e AB são pares associados. A associação é o resultado direto da replicação fracionária. Em muitas situações práticas, será possível selecionar a fração de modo que os efeitos principais e as interações de ordem baixa de interesse sejam associados somente com interações de ordem alta (que são provavelmente desprezíveis).

A estrutura associada para esse planejamento é encontrada usando a relação de definição $I = ABC$. A multiplicação de qualquer efeito pela relação de definição resulta nos pares associados para aquele efeito. Em nosso exemplo, o par associado de A é

$$A = A \cdot ABC = A^2BC = BC$$

visto que $A \cdot I = A$ e $A^2 = I$. Os pares associados de B e C são

$$B = B \cdot ABC = AB^2C = AC \quad \text{e}$$

$$C = C \cdot ABC = ABC^2 = AB$$

Suponha agora que tivéssemos escolhido a outra meia-fração; isto é, as combinações de tratamentos na Tabela 14.23 associadas ao sinal menos de ABC. Essas quatro corridas são mostradas na metade inferior da Tabela 14.23 e na Figura 14.29(b). A relação de definição para esse planejamento é $I = -ABC$. Os pares associados são $A = -BC$, $B = -AC$, e $C = -AB$. Assim, as estimativas de A, B e C que resultam dessa fração estimam realmente $A - BC$, $B - AC$ e $C - AB$. Na prática, geralmente não interessa qual meia-fração selecionamos. A fração com sinal mais na relação de definição é geralmente chamada de **fração principal** e a outra fração é geralmente chamada de **fração alternada**.

Note que, se tivéssemos escolhido AB como o gerador para o planejamento fatorial fracionário, $A = A \cdot AB = B$ e os dois efeitos principais de A e B estariam associados, o que, em geral, perde informação importante.

Às vezes, usamos **sequências** de planejamentos fatoriais fracionários para estimar os efeitos. Por exemplo, suponha que tivéssemos corrido a fração principal do planejamento 2^{3-1} com o gerador ABC. Desse planejamento, temos as seguintes estimativas dos efeitos:

$$\ell_A = A + BC \qquad \ell_B = B + AC \qquad \ell_C = C + AB$$

Suponha que estejamos dispostos a considerar nesse ponto que as interações de segunda ordem sejam desprezíveis. Se elas forem, o planejamento 2^{3-1} produzirá as estimativas dos três efeitos principais A, B e C. Entretanto, se depois de corrermos a fração principal estivermos incertos acerca das interações, será possível estimá-las correndo a fração alternada. A fração alternada produz as seguintes estimativas dos efeitos:

$$\ell'_A = A - BC \qquad \ell'_B = B - AC \qquad \ell'_C = C - AB$$

Podemos obter agora as estimativas não associadas dos efeitos principais e das interações de segunda ordem, pela adição e subtração das combinações lineares dos efeitos estimados nas duas frações individuais. Por exemplo, suponha que queiramos desacoplar A da interação de segunda ordem BC. Uma vez que $\ell_A = A + BC$ e $\ell'_A = A - BC$, podemos combinar essas estimativas dos efeitos como se segue:

$$\frac{1}{2}(\ell_A - \ell'_A) = \frac{1}{2}(A + BC + A - BC) = A$$

e

$$\frac{1}{2}(\ell_A - \ell'_A) = \frac{1}{2}(A + BC - A + BC) = BC$$

Para todos os três pares de estimativas de efeitos, obteríamos os seguintes resultados:

Efeito, i	de $1/2(l_i + l'_i)$	de $1/2(l_i + l'_i)$
$i = A$	$1/2\,(A + BC + A - BC) = A$	$1/2\,[A + BC - (A - BC)] = BC$
$i = B$	$1/2\,(B + AC + B - AC) = B$	$1/2\,[B + AC - (B - AC)] = AC$
$i = C$	$1/2\,(C + AB + C - AB) = C$	$1/2\,[C + AB - (C - AB)] = AB$

Logo, combinando a sequência de dois planejamentos fatoriais fracionários, podemos isolar os efeitos principais e as interações de segunda ordem. Essa propriedade faz o planejamento fatorial fracionário ser altamente útil em problemas experimentais, uma vez que podemos rodar sequências de experimentos pequenos e eficientes, combinar informações por meio de *vários* experimentos e tirar vantagem de aprender sobre o processo que estamos experimentando, à medida que continuamos. Essa é uma ilustração do conceito de experiência sequencial.

Um planejamento 2^{k-1} pode ser construído escrevendo as combinações dos tratamentos para um fatorial completo com $k - 1$ fatores, chamado de *planejamento básico*, e então adicionando o k-ésimo fator, identificando seus níveis superior e inferior com os sinais mais e menos da interação de mais alta ordem. Por conseguinte, um fatorial fracionário 2^{3-1} é construído escrevendo o planejamento básico como um fatorial 2^2 e então igualando o fator C com a interação $\pm AB$. Assim, para construir a fração principal, usaremos $C = +AB$ conforme se segue:

Planejamento Básico		Planejamento Fracionário		
2^2 Completo		2^{3-1}, $I = +ABC$		
A	B	A	B	$C = AB$
−	−	−	−	+
+	−	+	−	−
−	+	−	+	−
+	+	+	+	+

Para obter a fração alternada, igualamos a última coluna a $C = -AB$.

Gráfico de Probabilidade Normal dos Efeitos O gráfico de probabilidade normal é muito útil na verificação da significância de efeitos provenientes do planejamento fatorial fracionário, particularmente quando muitos efeitos devem ser estimados. Recomendamos, fortemente, examinar esse gráfico. A Figura 14.31 apresenta um gráfico de probabilidade normal dos efeitos obtido por um *software* para o Exemplo 14.8 sobre tratamento por plasma. Observe que os efeitos A e D e o efeito de interação AD claramente sobressaem nesse gráfico.

EXEMPLO 14.8 | Tratamento por Plasma

Para ilustrar o uso de uma meia-fração, considere o experimento do tratamento por plasma descrito no Exemplo 14.5. Suponha que decidamos usar o planejamento 2^{4-1}, com $I = ABCD$ para investigar os quatro fatores: espaçamento (A), pressão (B), vazão de C_2F_6 (C) e potência (D). Esse planejamento seria construído como o planejamento básico 2^3 nos fatores A, B e C e então estabelecendo os níveis do quarto fator $D = ABC$. O planejamento e as taxas resultantes de tratamento são mostrados na Tabela 14.24. O planejamento é mostrado graficamente na Figura 14.30.

Nesse planejamento, os efeitos principais estão associados às interações de terceira ordem; note que o par associado de A é

$$A \cdot I = A \cdot ABCD \quad \text{ou} \quad A = A^2 BCD = BCD$$

e similarmente $B = ACD$, $C = ABD$ e $D = ABC$. As interações de segunda ordem estão associadas entre si. Por exemplo, o par associado de AB é CD:

$$AB \cdot I = A \cdot ABCD \quad \text{ou} \quad AB = A^2 B^2 CD = CD$$

Os outros pares associados são $AC = BD$ e $AD = BC$.

As estimativas dos efeitos principais e de seus pares associados são encontradas usando as quatro colunas de sinais na Tabela 14.24. Por exemplo, da coluna A, obtemos o efeito estimado

$$\ell_A = A + BCD = \frac{1}{4}(-550 + 749 - 1052 + 650 - 1075 + 642 - 601 + 729) = -127{,}0$$

As outras colunas produzem

$$\ell_B = B + ACD = 4{,}0 \qquad \ell_C = C + ABD = 11{,}5$$

e

$$\ell_D = D + ABC = 290{,}5$$

Claramente, ℓ_A e ℓ_D são grandes e, se acreditarmos que as interações de terceira ordem são desprezíveis, os efeitos principais

TABELA 14.24 Planejamento 2^{4-1} com Relação de Definição $I = ABCD$

A	B	C	$D = ABC$	Combinação de Tratamentos	Taxa de Tratamento
−	−	−	−	(1)	550
+	−	−	+	ad	749
−	+	−	+	bd	1052
+	+	−	−	ab	650
−	−	+	+	cd	1075
+	−	+	−	ac	642
−	+	+	−	bc	601
+	+	+	+	$abcd$	729

A (espaçamento) e D (potência) afetam significativamente a taxa de tratamento.

As interações são estimadas formando as colunas AB, AC e AD e adicionando-as à tabela. Por exemplo, os sinais na coluna AB são +,−, −, +, +, −, −, + e essa coluna produz a estimativa

$$\ell_{AB} = AB + CD = \frac{1}{4}(550 - 749 - 1052 + 650 + 1075 - 642 - 601 + 729) = -10$$

Das colunas AC e AD, encontramos

$$\ell_{AC} = AC + BD = -25{,}50 \qquad \ell_{AD} = AD + BC = -197{,}50$$

A estimativa ℓ_{AD} é grande. A interpretação mais direta dos resultados é: uma vez que A e D são grandes, essa é a interação AD. Dessa forma, os resultados obtidos no planejamento 2^{4-1} concordam com os resultados do fatorial completo no Exemplo 14.5.

Interpretação Prática: Frequentemente, uma fração de um planejamento 2^k é satisfatória quando um experimento usa quatro ou mais fatores.

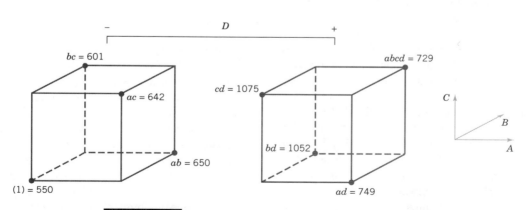

FIGURA 14.30

Planejamento 2^{4-1} para o experimento do tratamento por plasma.

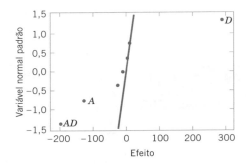

FIGURA 14.31

Gráfico de probabilidade normal dos efeitos para o experimento de tratamento por plasma no Exemplo 14.8.

Análise Residual Os resíduos podem ser obtidos a partir de um planejamento fatorial fracionário pelo método do modelo de regressão, mostrado anteriormente. Os resíduos devem ser analisados graficamente, conforme discutimos antes, de modo a verificar a validade das suposições do modelo em questão e a ganhar entendimento adicional da situação experimental.

Pontos Centrais Pontos centrais podem ser adicionados a planejamentos fatoriais fracionários pelas mesmas razões de antes, ou seja, para estimar a curvatura e fornecer uma estimativa do erro. A análise de curvatura compara $\bar{y}_F - \bar{y}_C$ a seu erro-padrão aplicando o mesmo cálculo usado nos experimentos do fatorial completo. A estimativa do erro pode ser baseada nas réplicas dos pontos centrais e complementada pelas somas dos quadrados dos efeitos não importantes provenientes do gráfico de probabilidade normal.

Projeção do Planejamento 2^{k-1} Se um ou mais fatores de uma meia-fração de um 2^k puder ser descartado, o planejamento se projetará em um planejamento fatorial completo. Por exemplo, a Figura 14.32 apresenta um planejamento 2^{3-1}. Note que esse planejamento se projetará em um fatorial completo em quaisquer dois dos três fatores originais. Assim, se pensarmos que, no máximo, dois dos três fatores são importantes, o planejamento 2^{3-1} é um excelente planejamento para identificar os fatores significativos. Essa **propriedade de projeção** é altamente útil na seleção de fatores, pois isso permite que fatores desprezíveis sejam eliminados, resultando em um experimento mais forte nos fatores ativos que restam.

No planejamento 2^{4-1} usado no experimento do tratamento químico por plasma no Exemplo 14.8, encontramos que dois dos quatro fatores (B e C) puderam ser descartados. Se eliminarmos esses dois fatores, as colunas restantes da Tabela 14.24 formarão um planejamento 2^2 nos fatores A e D, com duas réplicas. Esse planejamento é mostrado na Figura 14.33. Os efeitos principais de A e D e a forte interação de segunda ordem AD são claramente evidentes a partir desse gráfico.

Resolução de um Planejamento O conceito de **resolução** de um planejamento é uma maneira útil de catalogar planejamentos fatoriais fracionários de acordo com os

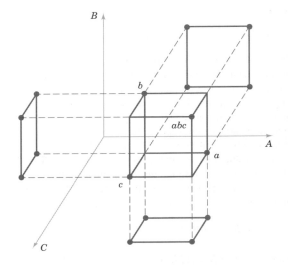

FIGURA 14.32

Projeção de um planejamento 2^{3-1} em três planejamentos 2^2.

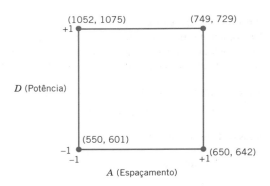

FIGURA 14.33

Planejamento 2^2 obtido pela eliminação dos fatores B e C do experimento de tratamento por plasma no Exemplo 14.8.

padrões de associação que eles produzem. Planejamentos de resolução III, IV e V são particularmente importantes. A seguir, estão as definições desses termos e um exemplo de cada.

1. *Planejamentos de Resolução III.* Esses são planejamentos em que nenhum efeito principal está associado a qualquer outro efeito principal, porém efeitos principais estão associados a interações de segunda ordem, e algumas interações de segunda ordem podem estar associadas entre si. O planejamento 2^{3-1}, com $I = ABC$, é um planejamento de resolução III. Geralmente empregamos um subscrito numeral romano para indicar a resolução do planejamento; logo, essa meia-fração é um planejamento 2^{3-1}_{III}.

2. *Planejamentos de Resolução IV.* Esses são planejamentos em que nenhum efeito principal está associado a qualquer outro efeito principal ou com interações de segunda ordem, porém interações de segunda ordem estão associadas entre si. O planejamento 2^{4-1}, com $I = ABCD$, usado no Exemplo 14.8, é um planejamento de resolução IV (2^{4-1}_{IV}).

3. *Planejamentos de Resolução V.* Esses são planejamentos em que nenhum efeito principal ou qualquer interação de segunda ordem estão associados a qualquer outro efeito principal ou com interações de segunda ordem, porém interações de segunda ordem estão associadas a interações de terceira ordem. Um planejamento 2^{5-1}, com $I = ABCDE$, é um planejamento de resolução V (2^{5-1}_V).

Planejamentos de resolução III e IV são particularmente úteis em experimentos de seleção de fatores. Um planejamento de resolução IV fornece boas informações acerca dos efeitos principais e alguma informação sobre todas as interações de segunda ordem.

14.10 Frações Menores: O Fatorial Fracionário 2^{k-p}

Embora o planejamento 2^{k-1} seja valioso em reduzir o número requerido de corridas para um experimento, encontramos frequentemente que frações menores fornecerão quase tanta informação útil até mesmo com maior economia. Em geral, um planejamento 2^k pode ser corrido em uma fração $1/2^p$, chamado de um planejamento fatorial fracionário 2^{k-p}. Desse modo, uma fração 1/4 é chamada de um planejamento 2^{k-2}, uma fração 1/8 é chamada de um planejamento 2^{k-3}, uma fração 1/16 é chamada de um planejamento 2^{k-4} e assim por diante.

Com o objetivo de ilustrar a fração 1/4, considere um experimento com seis fatores e suponha que o engenheiro esteja interessado, principalmente, nos efeitos principais, como também em conseguir alguma informação a respeito das interações de segunda ordem. Um planejamento 2^{6-1} iria requerer 32 corridas e necessitaríamos de 31 graus de liberdade para estimar os efeitos. Uma vez que há somente seis efeitos principais e 15 interações de segunda ordem, a meia-fração é ineficiente – ela requer muitas corridas. Suponha que consideremos uma fração 1/4 ou um planejamento 2^{6-2}. Esse planejamento contém 16 corridas e, com 15 graus de liberdade, permitirá que todos os seis efeitos principais sejam estimados, com alguma capacidade para examinar as interações de segunda ordem.

De modo a gerar esse planejamento, escreveremos um planejamento 2^4 nos fatores A, B, C e D, como o planejamento básico, e então adicionaremos duas colunas para E e F. Para encontrar as novas colunas, poderíamos selecionar os dois **geradores do planejamento**, $I = ABCE$ e $I = BCDF$.

Assim, a coluna E seria encontrada a partir de $E = ABC$ e a coluna F a partir de $F = BCD$. Em outras palavras, as colunas $ABCE$ e $BCDF$ são iguais à coluna identidade. No entanto, sabemos que o produto de quaisquer duas colunas na tabela de sinais mais e menos para um planejamento 2^k é apenas outra coluna na tabela. Portanto, o produto entre $ABCE$ e $BCDF$ ou $ABCE(BCDF) = AB^2C^2DEF = ADEF$ é também uma coluna identidade. Por conseguinte, a **relação completa de definição** para o planejamento 2^{6-2} é

$$I = ABCE = BCDF = ADEF$$

Referimo-nos a cada termo em uma relação de definição (tal como $ABCE$) como uma *palavra*. Para encontrar o par associado de qualquer efeito, simplesmente multiplicamos o efeito de cada palavra na relação de definição anterior. Por exemplo, o par associado de A é

$$A = BCE = ABCDF = DEF$$

As relações completas de associações para esse planejamento são mostradas na Tabela 14.25. Em geral, a resolução de um planejamento 2^{k-p} é igual ao número de letras na palavra mais curta na relação completa de definição. Logo, esse é um planejamento de resolução IV; efeitos principais estão associados a interações de terceira ordem e ordens mais altas, e interações de segunda ordem estão associadas entre si. Esse planejamento fornecerá boa informação sobre os efeitos principais e dará alguma ideia sobre a força das interações de segunda ordem. A construção e a análise do planejamento estão ilustradas no Exemplo 14.9.

TABELA 14.25 Estrutura de Associação para o Planejamento 2^{6-2}_{IV}, com $I = ABCE = BCDF = ADEF$

$A = BCE = DEF = ABCDF$	$AB = CE = ACDF = BDEF$
$B = ACE = CDF = ABDEF$	$AC = BE = ABDF = CDEF$
$C = ABE = BDF = ACDEF$	$AD = EF = BCDE = ABCF$
$D = BCF = AEF = ABCDE$	$AE = BC = DF = ABCDEF$
$E = ABC = ADF = BCDEF$	$AF = DE = BCEF = ABCD$
$F = BCD = ADE = ABCEF$	$BD = CF = ACDE = ABEF$
$ABD = CDE = ACF = BEF$	$BF = CD = ACEF = ABDE$
$ACD = BDE = ABF = CEF$	

EXEMPLO 14.9 | Moldagem por Injeção

Peças fabricadas em um processo de moldagem por injeção estão apresentando um encolhimento excessivo, que está causando problemas nas operações de montagem antes da área de moldagem por injeção. Em um esforço de reduzir o encolhimento, uma equipe de melhoria da qualidade decidiu usar um experimento planejado para estudar o processo de moldagem por injeção. A equipe investigou seis fatores – temperatura do molde (A), velocidade do parafuso (B), tempo de retenção (C), tempo do ciclo (D), tamanho do ponto de injeção (E) e pressão de retenção (F) – cada um com dois níveis, tendo como objetivo aprender como cada fator afeta o encolhimento e obter informações preliminares sobre como os fatores interagem.

A equipe decide usar um planejamento fatorial fracionário, com dois níveis e 16 corridas, para esses seis fatores. O planejamento é construído escrevendo um 2^4 como um planejamento básico nos fatores A, B, C e D e então estabelecendo $E = ABC$ e $F = BCD$, conforme discutido antes. A Tabela 14.26 mostra o planejamento, juntamente com o encolhimento observado ($\times 10$) para a peça-teste produzida, em cada uma das 16 corridas do planejamento.

TABELA 14.26 Planejamento 2_{IV}^{6-2} para o Experimento de Moldagem por Injeção

Corrida	A	B	C	D	E= ABC	F = BCD	Encolhimento Observado (×10)
1	−	−	−	−	−	−	6
2	+	−	−	−	+	−	10
3	−	+	−	−	+	+	32
4	+	+	−	−	−	+	60
5	−	−	+	−	+	+	4
6	+	−	+	−	−	+	15
7	−	+	+	−	−	−	26
8	+	+	+	−	+	−	60
9	−	−	−	+	−	+	8
10	+	−	−	+	+	+	12
11	−	+	−	+	+	−	34
12	+	+	−	+	−	−	60
13	−	−	+	+	+	−	16
14	+	−	+	+	−	−	5
15	−	+	+	+	−	+	37
16	+	+	+	+	+	+	52

Um gráfico de probabilidade normal das estimativas dos efeitos desse experimento é mostrado na Figura 14.34. Os únicos efeitos grandes são A (temperatura do molde), B (velocidade do parafuso) e a interação AB. Levando em consideração as relações de associações na Tabela 14.25, parece razoável tentar adotar essas conclusões. O gráfico da interação AB na Figura 14.35 mostra que o processo será insensível à temperatura, se a velocidade do parafuso estiver no nível inferior, mas será sensível à temperatura, se a velocidade do parafuso estiver no nível superior. Com a velocidade do parafuso no nível inferior, o processo deve produzir um encolhimento médio de cerca de 10 %, independentemente do nível escolhido de temperatura.

Com base nessa análise inicial, a equipe decide estabelecer a temperatura do molde e a velocidade do parafuso no nível inferior. Esse conjunto de condições deve reduzir o encolhimento médio das peças para cerca de 10 %. Entretanto, a variabilidade peça a peça no encolhimento é ainda um problema em potencial. De fato, o encolhimento médio pode ser reduzido adequadamente pelas modificações anteriores; no entanto, a variabilidade peça a peça no encolhimento ao longo da produção pode ainda causar problemas na montagem. Uma maneira de analisar esse fato é verificar se qualquer um dos fatores do processo afeta a variabilidade no encolhimento das peças.

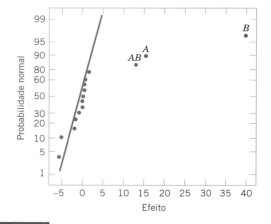

FIGURA 14.34

Gráfico de probabilidade normal dos efeitos para o experimento de moldagem por injeção.

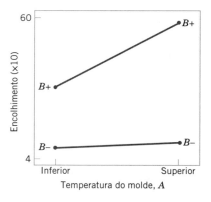

FIGURA 14.35

Gráfico da interação AB (temperatura do molde-velocidade do parafuso) para o experimento de moldagem por injeção.

A Figura 14.36 apresenta o gráfico de probabilidade normal dos resíduos. Esse gráfico parece satisfatório. Os gráficos de resíduos contra cada fator foram então construídos. Um desses gráficos, aquele para resíduos *versus* o fator C (tempo de retenção), é mostrado na Figura 14.37. O gráfico revela muito menos dispersão nos resíduos no tempo inferior do que no tempo superior de retenção. Esses resíduos foram obtidos da maneira usual, a partir de um modelo para prever encolhimento

$$\hat{y} = \hat{\beta}_0 + \hat{\beta}_1 x_1 + \hat{\beta}_2 x_2 + \hat{\beta}_{12} x_1 x_2 = 27{,}3125 + 6{,}9375 x_1 \\ + 17{,}8125 x_2 + 5{,}9375 x_1 x_2$$

sendo x_1, x_2 e $x_1 x_2$ as variáveis codificadas que correspondem aos fatores A e B e à interação AB. O modelo de regressão usado para produzir os resíduos remove essencialmente os efeitos de localização de A, B e AB provenientes dos dados; os resíduos contêm, consequentemente, informação sobre a variabilidade não explicada. A Figura 14.37 indica que há um padrão de comportamento na variabilidade e que a variabilidade no encolhimento das peças poderá ser menor quando o tempo de retenção estiver no nível inferior.

Interpretação Prática: A Figura 14.38 mostra os dados desse experimento projetados em um cubo nos fatores A, B e C. O encolhimento médio observado e a faixa observada de encolhimento são mostrados em cada vértice do cubo. Inspecionando essa figura, vemos que correr o processo com a velocidade do parafuso (B) no nível inferior é a chave para reduzir o encolhimento médio das peças. Se B estiver no nível inferior, virtualmente qualquer combinação de temperatura (A) e tempo de retenção (C) resultará em valores inferiores de encolhimento médio das peças. Entretanto, examinando as faixas dos valores de encolhimento em cada vértice do cubo, fica imediatamente claro que o estabelecimento do tempo de retenção (C) no nível inferior será a escolha mais apropriada, se desejarmos manter baixa a variabilidade peça a peça no encolhimento, durante uma corrida de produção.

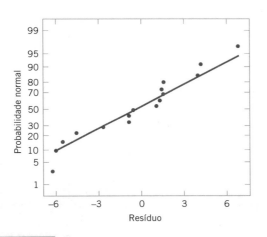

FIGURA 14.36
Gráfico de probabilidade normal dos resíduos para o experimento de moldagem por injeção.

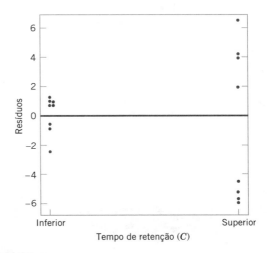

FIGURA 14.37
Resíduos *versus* tempo de retenção (C) para o experimento de moldagem por injeção.

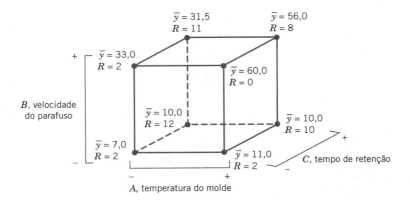

FIGURA 14.38
Encolhimento médio e faixa de encolhimento nos fatores A, B e C.

Os conceitos usados na construção do planejamento fatorial fracionário 2^{6-2} no Exemplo 14.9 podem ser estendidos à construção de qualquer planejamento fatorial fracionário 2^{k-p}. Em geral, um planejamento fatorial fracionário 2^k, contendo 2^{k-p} corridas, é chamado de uma fração $1/2^p$ do planejamento 2^k ou, mais simplesmente, um planejamento fatorial fracionário 2^{k-p}. Esses planejamentos requerem a seleção de p geradores independentes. A relação de definição para o planejamento consiste em p geradores, inicialmente escolhidos, e suas $2^p - p - 1$ interações generalizadas.

A estrutura de associação pode ser encontrada multiplicando cada coluna de efeito pela relação de definição. Cuidado deve ser tomado ao escolher os geradores, de modo que efeitos de interesse potencial não estejam associados entre si. Cada efeito tem $2^p - 1$ pares associados. Para valores moderadamente grandes de k, geralmente consideramos desprezíveis interações de ordens mais altas (como, terceira ou quarta, ou maior), simplificando significativamente a estrutura de associação.

É importante selecionar os p geradores para o planejamento fatorial fracionário 2^{k-p}, de tal maneira que obtenhamos as melhores relações possíveis de associação. Um critério razoável é selecionar os geradores, de modo que o planejamento 2^{k-p} resultante tenha a mais alta resolução possível. Montgomery (2017) apresenta uma tabela de geradores recomendados para os planejamentos fatoriais fracionários 2^{k-p} para $k \leq 15$ fatores e até $n \leq 128$ corridas. Uma parte dessa tabela é reproduzida aqui, na Tabela 14.27. Nessa tabela, os geradores são mostrados com as escolhas + ou –; a seleção de todos os geradores como + fornecerá uma fração principal, enquanto, se qualquer gerador for escolhido como –, o planejamento será uma das frações alternadas para a mesma família. Os geradores sugeridos nessa tabela resultarão em um planejamento da mais alta resolução possível.

Por exemplo, o planejamento 2^{7-4} é um planejamento com oito corridas, acomodando sete variáveis. Essa é uma fração 1/16 e é obtida escrevendo primeiro um planejamento 2^3 como o planejamento básico nos fatores A, B e C e, então, formando as quatro novas colunas a partir de $I = ABD$, $I = ACE$, $I = BCF$ e $I = ABCG$, conforme sugerido na Tabela 14.27. O planejamento está mostrado na Tabela 14.28.

A relação completa de definição do planejamento é encontrada multiplicando os geradores junto com dois, três e finalmente quatro de cada vez, produzindo

$I = ABD = ACE = BCF = ABCG = BCDE = ACDF$
$= CDG = ABEF = BEG = AFG = DEF = ADEG = CEFG$
$= BDFG = ABCDEFG$

O par associado de qualquer efeito principal é encontrado multiplicando aquele efeito por cada termo na relação de definição. Por exemplo, o par associado de A é

$A = BD = CE = ABCF = BCG = ABCDE = CDF = ACDG$
$= BEF = ABEG = FG = ADEF = DEG = ACEFG$
$= ABDFG = BCDEFG$

TABELA 14.27 Planejamentos Fatoriais Fracionários 2^{k-p} Selecionados

Número de Fatores k	Fração	Número de Corridas	Geradores do Planejamento	Número de Fatores k	Fração	Número de Corridas	Geradores do Planejamento
3	2^{3-1}_{III}	4	$C = \pm AB$		2^{7-3}_{IV}	16	$E = \pm ABC$
4	2^{4-1}_{IV}	8	$D = \pm ABC$				$F = \pm BCD$
5	2^{5-1}_{V}	16	$E = \pm ABCD$				$G = \pm ACD$
	2^{5-2}_{III}	8	$D = \pm AB$		2^{7-4}_{III}	8	$D = \pm AB$
			$E = \pm AC$				$E = \pm AC$
6	2^{6-1}_{VI}	32	$F = \pm ABCDE$				$F = \pm BC$
	2^{6-2}_{IV}	16	$E = \pm ABC$				$G = \pm ABC$
			$F = \pm BCD$	2^{8-2}_{V}		64	$G = \pm ABCD$
	2^{6-3}_{III}	8	$D = \pm AB$				$H = \pm ABEF$
			$E = \pm AC$	2^{8-3}_{IV}		32	$F = \pm ABC$
			$F = \pm BC$				$G = \pm ABD$
7	2^{7-1}_{VII}	64	$G = \pm ABCDEF$				$H = \pm BCDE$
	2^{7-2}_{IV}	32	$F = \pm ABCD$	2^{8-4}_{IV}		16	$E = \pm BCD$
			$G = \pm ABDE$				$F = \pm ACD$

(continua)

TABELA 14.27 Planejamentos Fatoriais Fracionários 2^{k-p} Selecionados (*continuação*)

Número de Fatores k	Fração	Número de Corridas	Geradores do Planejamento	Número de Fatores k	Fração	Número de Corridas	Geradores do Planejamento
			$G = \pm ABC$		2_{IV}^{10-5}	32	$K = \pm BCDE$
			$H = \pm ABD$				$E = \pm ABC$
9	2_{IV}^{9-2}	128	$H = \pm ACDFG$				$F = \pm BCD$
			$J = \pm BCEFG$				$G = \pm ACD$
	2_{IV}^{9-3}	64	$G = \pm ABCD$				$H = \pm ABD$
			$H = \pm ACEF$				$J = \pm ABCD$
			$J = \pm CDEF$		2_{III}^{10-6}	16	$K = \pm AB$
	2_{IV}^{9-4}	32	$F = \pm BCDE$	11			$G = \pm CDE$
			$G = \pm ACDE$				$H = \pm ABCD$
			$H = \pm ABDE$				$J = \pm ABF$
			$J = \pm ABCE$				$K = \pm BDEF$
	2_{III}^{9-5}	16	$E = \pm ABC$		2_{IV}^{11-5}	64	$L = \pm ADEF$
			$F = \pm BCD$				$F = \pm ABC$
			$G = \pm ACD$				$G = \pm BCD$
			$H = \pm ABD$				$H = \pm CDE$
			$J = \pm ABCD$				$J = \pm ACD$
10			$H = \pm ABCG$				$K = \pm ADE$
			$J = \pm ACDE$		2_{IV}^{11-6}	32	$L = \pm BDE$
	2_{V}^{10-3}	128	$K = \pm ACDF$				$E = \pm ABC$
			$G = \pm BCDF$				$F = \pm BCD$
			$H = \pm ACDF$				$G = \pm ACD$
			$J = \pm ABDE$				$H = \pm ABD$
	2_{IV}^{10-4}	64	$K = \pm ABCE$				$J = \pm ABCD$
			$F = \pm ABCD$				$K = \pm AB$
			$G = \pm ABCE$		2_{III}^{11-7}	16	$L = \pm AC$
			$H = \pm ABDE$				
			$J = \pm ACDE$				

Fonte: Montgomery (2012).

Esse planejamento é de resolução III, uma vez que o efeito principal está associado a interações de segunda ordem. Se considerarmos que todas as interações de terceira ordem e mais altas forem desprezíveis, os pares associados dos sete efeitos principais serão

$$\ell_A = A + BD + CE + FG$$
$$\ell_B = B + AD + CF + EG$$
$$\ell_C = C + AE + BF + DG$$
$$\ell_D = D + AB + CG + EF$$
$$\ell_E = E + AC + BG + DF$$
$$\ell_F = F + BC + AG + DE$$
$$\ell_G = G + CD + BE + AF$$

Esse planejamento 2_{III}^{7-4} é chamado de *fatorial fracionário saturado*, porque todos os graus de liberdade disponíveis são usados para estimar os efeitos principais. É possível combinar sequências desses fatoriais fracionários de resolução III de modo a separar os efeitos principais das interações de segunda ordem. O procedimento está ilustrado em Montgomery (2012).

TABELA 14.28 Planejamento Fatorial Fracionário 2^{7-3}_{III}

A	B	C	D= AB	E = AC	F = BCD	G = ABC
−	−	−	+	+	+	−
+	−	−	−	−	+	+
−	+	−	−	+	−	+
+	+	−	+	−	−	−
−	−	+	+	−	−	+
+	−	+	−	+	−	−
−	+	+	−	−	+	−
+	+	+	+	+	+	+

14.11 Planejamentos e Métodos de Superfície de Resposta

A metodologia da superfície de resposta, ou MSR, é uma coleção de técnicas matemáticas e estatísticas que são úteis para modelagem e análise nas aplicações em que a resposta de interesse seja influenciada por muitas variáveis e o objetivo seja **otimizar essa resposta**. Por exemplo, suponha que um engenheiro químico deseje encontrar os níveis de temperatura (x_1) e a concentração da alimentação (x_2) que maximizem o rendimento (y) de um processo. O rendimento de um processo é uma função dos níveis de temperatura e de concentração de alimentação, como

$$Y = f(x_1, x_2) + \epsilon$$

em que ϵ representa o ruído ou erro observado na resposta Y. Se denotarmos a resposta esperada por $E(Y) = f(x_1, x_2) = \eta$, então a superfície representada por

$$\eta = f(x_1, x_2)$$

é chamada de uma **superfície de resposta**.

Podemos representar graficamente a superfície de resposta conforme mostrado na Figura 14.39, sendo η plotado contra os níveis de x_1 e x_2. Note que a resposta é representada como um gráfico de superfície em um espaço tridimensional. Com o objetivo de visualizar a forma de uma superfície de resposta, frequentemente plotamos os contornos da superfície de resposta, como mostrado na Figura 14.40. No gráfico dos contornos, conhecido como gráfico das curvas de nível, linhas de resposta constante são desenhadas no plano x_1, x_2. Cada contorno corresponde a uma altura particular da superfície de resposta. O gráfico das curvas de nível é útil no estudo dos níveis de x_1 e x_2 que resultam nas mudanças na forma ou na altura da superfície de resposta.

Na maioria dos problemas de MSR, a forma da relação entre a resposta e as variáveis independentes é desconhecida. Assim, a primeira etapa na MSR é encontrar uma apro-

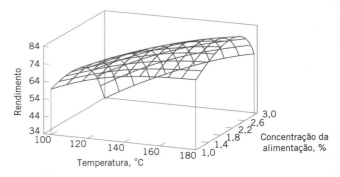

FIGURA 14.39

Uma superfície tridimensional de resposta, mostrando o rendimento esperado, como uma função da temperatura e da concentração de alimentação.

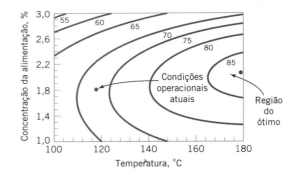

FIGURA 14.40

Curvas de nível da superfície de resposta da Figura 14.39.

ximação adequada para a relação verdadeira entre Y e as variáveis independentes. Geralmente, emprega-se um polinômio de baixo grau em alguma região das variáveis independentes. Se a resposta for bem modelada por uma função linear das variáveis independentes, então a função de aproximação será o **modelo de primeira ordem**

$$Y = \beta_0 + \beta_1 x_1 + \beta_2 x_2 + \cdots + \beta_k x_k + \epsilon \quad (14.16)$$

Se houver curvatura no sistema, então um polinomial de maior grau tem de ser usado, tal como o **modelo de segunda ordem**

$$Y = \beta_0 + \sum_{i=1}^{k}\beta_i x_i + \sum_{i=1}^{k}\beta_{ii} x_i^2 + \sum\sum_{i<j}\beta_{ij} x_i x_j + \epsilon \quad (14.17)$$

Muitos problemas de MSR utilizam uma ou ambas dessas aproximações polinomiais. Naturalmente, é improvável que um modelo polinomial seja uma aproximação razoável da relação funcional verdadeira sobre o espaço inteiro das variáveis independentes; porém, para uma região relativamente pequena, elas geralmente funcionarão muito bem.

O método dos mínimos quadrados, discutido nos Capítulos 11 e 12, é usado para estimar os parâmetros nas aproximações polinomiais. A análise de superfície de resposta é então feita em termos da superfície ajustada. Se a superfície ajustada for uma aproximação adequada da função verdadeira de resposta, a análise da superfície ajustada será aproximadamente equivalente à análise do sistema real.

MSR é um procedimento **sequencial**. Frequentemente, quando estivermos em um ponto na superfície de resposta longe do ótimo, como as condições operacionais atuais na Figura 14.40, há pouca curvatura no sistema, e o modelo de primeira ordem será apropriado. Nosso objetivo aqui é levar o experimentalista rápida e eficientemente à vizinhança geral do ótimo. Uma vez que a região do ótimo tenha sido encontrada, um modelo mais elaborado, tal como o modelo de segunda ordem, pode ser empregado, e uma análise pode ser feita para localizar o ótimo. Da Figura 14.40, vemos que a análise de uma superfície de resposta pode ser pensada como "subindo um morro", onde o topo do morro representa o ponto de resposta máxima. Se o ótimo verdadeiro for um ponto de resposta mínima, então podemos pensar como "descendo para um vale".

O objetivo futuro da MSR é determinar as condições operacionais ótimas para o sistema ou determinar uma região do espaço fatorial, em que as especificações operacionais sejam satisfeitas. Também, note que a palavra *ótimo* na MSR é usada em um sentido especial. Os procedimentos da MSR de "subir o morro" garantem convergência para somente um ótimo local.

Método da Ascendente de Maior Inclinação (*Steepest Ascent*) Frequentemente, a estimativa inicial das condições operacionais ótimas para o sistema estará longe do ótimo real. Em tais circunstâncias, o objetivo do experimentalista é mover-se rapidamente em direção à vizinhança geral do ótimo. Desejamos usar um procedimento experimental simples e eficiente economicamente. Quando estivermos longe do ótimo, geralmente consideramos um modelo de primeira ordem como uma aproximação adequada da superfície verdadeira em uma região pequena dos *x*.

O método da **ascendente de maior inclinação** é um procedimento para se mover sequencialmente ao longo do caminho ascendente de maior inclinação, ou seja, na direção de aumento máximo na resposta. Naturalmente, se a **minimização** for desejada, então estamos falando sobre o **método da descendente de maior inclinação**. O modelo ajustado de primeira ordem é

$$\widehat{y} = \widehat{\beta}_0 + \sum_{i=1}^{k}\widehat{\beta}_i x_i \quad (14.18)$$

e a superfície de resposta de primeira ordem, isto é, os contornos de $\widehat{y}$, é uma série de linhas paralelas, tal como aquelas mostradas na Figura 14.41. A direção da ascendente de maior inclinação é a direção em que $\widehat{y}$ cresce mais rapidamente. Essa direção é normal aos contornos da superfície ajustada de resposta. Geralmente, tomamos como o caminho ascendente de maior inclinação, a linha que passa pelo centro da região de interesse e que seja normal aos contornos da superfície ajustada. Logo, as etapas ao longo do caminho são proporcionais aos coeficientes de regressão $\{\widehat{\beta}_i\}$. O experimentalista determina o tamanho real da etapa, baseado no conhecimento do processo ou em outras considerações práticas.

Os experimentos são conduzidos ao longo do caminho ascendente de maior inclinação até que mais nenhum aumento seja observado na resposta. Então, um novo modelo de primeira ordem pode ser ajustado, uma nova direção da ascendente de maior inclinação é determinada e mais experimentos são conduzidos naquela direção, até que o experimentalista sinta que o processo está próximo do ótimo.

Análise de uma Superfície de Resposta de Segunda Ordem Quando o experimentalista estiver relativamente próximo do ótimo, um modelo de segunda ordem é geralmente requerido para aproximar a resposta, em face da curvatura

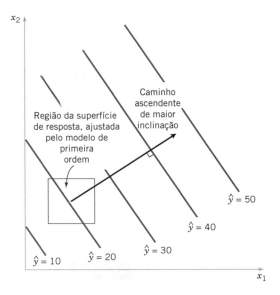

FIGURA 14.41

Superfície de resposta de primeira ordem e caminho ascendente de maior inclinação.

na verdadeira superfície de resposta. O modelo ajustado de segunda ordem é

$$\hat{y} = \hat{\beta}_0 + \sum_{i=1}^{k}\hat{\beta}_i x_i + \sum_{i=1}^{k}\hat{\beta}_{ii} x_i^2 + \sum\sum_{i<j}\hat{\beta}_{ij} x_i x_j$$

em que $\hat{\beta}$ denota a estimativa de mínimos quadrados de b. Nesta seção, mostraremos como usar esse modelo ajustado para encontrar o conjunto ótimo de condições operacionais para os x e para caracterizar a natureza da superfície de resposta.

EXEMPLO 14.10 | Ascendente de Maior Inclinação para o Rendimento de um Processo

No Exemplo 14.6, descrevemos um experimento sobre um processo químico em que dois fatores, tempo de reação (x_1) e temperatura de reação (x_2), afetavam a conversão percentual ou rendimento (Y). A Figura 14.24 mostra o planejamento 2^2 mais cinco pontos centrais usados nesse estudo. O engenheiro encontrou que ambos os fatores foram importantes, que não houve interação e que não houve curvatura na superfície de resposta. Por conseguinte, o modelo de primeira ordem

$$Y = \beta_0 + \beta_1 x_1 + \beta_2 x_2 + \epsilon$$

deve ser apropriado. Agora, a estimativa do efeito do tempo é 1,55 hora e a estimativa do efeito da temperatura é 0,65 °F; visto que os coeficientes de regressão $\hat{\beta}_1$ e $\hat{\beta}_2$ são iguais à metade das estimativas dos efeitos correspondentes, o modelo ajustado de primeira ordem é

$$\hat{y} = 40,44 + 0,775 x_1 + 0,325 x_2$$

As Figuras 14.42(a) e (b) mostram as curvas de nível e o gráfico tridimensional da superfície desse modelo. A Figura 14.42 mostra também a relação entre as **variáveis codificadas** x_1 e x_2 (que definiram os níveis inferior e superior dos fatores) e as variáveis originais, tempo (em minutos) e temperatura (em °F).

Examinando esses gráficos (ou o modelo ajustado), vemos que de modo a se mover para fora do centro do planejamento – o ponto ($x_1 = 0, x_2 = 0$) – ao longo do caminho ascendente de maior inclinação, moveríamos 0,775 unidade na direção x_1 para cada 0,325 unidade na direção x_2. Desse modo, o caminho ascendente de maior inclinação passa através do ponto ($x_1 = 0, x_2 = 0$) e tem uma inclinação 0,325/0,775. O engenheiro decide usar cinco minutos de tempo de reação como o tamanho básico do passo. Agora, cinco minutos de tempo de reação é equivalente a uma etapa na variável *codificada* x_1 de $\Delta x_1 = 1$. Consequentemente, as etapas ao longo do caminho ascendente de maior inclinação são $\Delta x_1 = 1,0000$ e $\Delta x_2 = (0,325/0,775)\Delta x_1 = 0,42$. Uma mudança de $\Delta x_2 = 0,42$ na variável codificada x_2 é equivalente a aproximadamente 2 °F na variável original da temperatura. Logo, o engenheiro se moverá ao longo do caminho ascendente de maior inclinação, aumentando o tempo de reação por cinco minutos e a temperatura por 2 °F. Uma observação real do rendimento será determinada em cada ponto.

Próximas Etapas: A Figura 14.43 mostra vários pontos ao longo do caminho ascendente de maior inclinação e os rendimentos realmente observados a partir do processo naqueles pontos. Nos pontos A-D, o rendimento observado aumenta de forma estável; porém, além do ponto D, o rendimento diminui. Logo, o ascendente de maior inclinação terminaria na vizinhança de 55 minutos de tempo de reação e de 163 °F, com uma conversão percentual observada de 67 %.

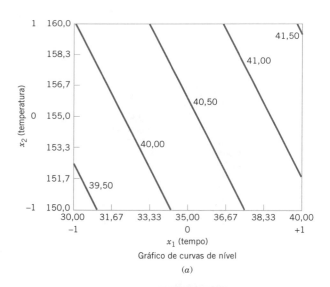

Gráfico de curvas de nível
(a)

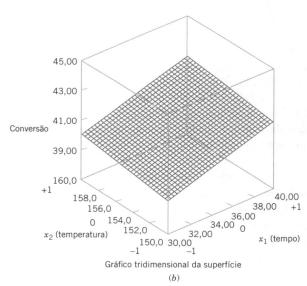

Gráfico tridimensional da superfície
(b)

FIGURA 14.42

Gráficos da superfície de resposta para o modelo de primeira ordem.

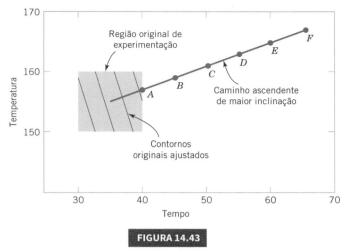

Ponto A: 40 minutos, 157 °F, y = 40,5
Ponto B: 45 minutos, 159 °F, y = 51,3
Ponto C: 50 minutos, 161 °F, y = 59,6
Ponto D: 55 minutos, 163 °F, y = 67,1
Ponto E: 60 minutos, 165 °F, y = 63,6
Ponto F: 65 minutos, 167 °F, y = 60,7

FIGURA 14.43
Experimento do caminho ascendente de maior inclinação.

EXEMPLO 14.11 | Planejamento Composto Central para o Rendimento de um Processo

Continuação do Exemplo 14.10

Considere o processo químico do Exemplo 14.10, em que o método da ascendente de maior inclinação terminou em um tempo de reação de 55 minutos e em uma temperatura de 163 °F. O experimentalista decide ajustar um modelo de segunda ordem nessa região. A Tabela 14.29 e a Figura 14.44 mostram o planejamento experimental, que consiste em um planejamento 2^2, centralizado em 55 minutos e 165 °F, cinco pontos centrais e quatro corridas ao longo dos eixos coordenados, chamados de *corridas axiais*. Esse tipo de planejamento é chamado de planejamento composto central (*central composite design*) e é muito popular para ajustar superfícies de resposta de segunda ordem.

Duas variáveis de resposta foram medidas durante essa fase do experimento: conversão (rendimento) percentual e viscosidade. O modelo quadrático de mínimos quadrados para a resposta rendimento é

TABELA 14.29 Planejamento Composto Central

Número da Observação	Tempo (minutos)	Temperatura (°F)	x_1	x_2	Resposta 1: Conversão (porcentagem)	Resposta 2: Viscosidade (mPa·s)
1	50	160	−1	−1	65,3	35
2	60	160	1	−1	68,2	39
3	50	170	−1	1	66,0	36
4	60	170	1	1	69,8	43
5	48	165	−1,414	0	64,5	30
6	62	165	1,414	0	69,0	44
7	55	158	0	−1,414	64,0	31
8	55	172	0	1,414	68,5	45
9	55	165	0	0	68,9	37
10	55	165	0	0	69,7	34
11	55	165	0	0	68,5	35
12	55	165	0	0	69,4	36
13	55	165	0	0	69,0	37

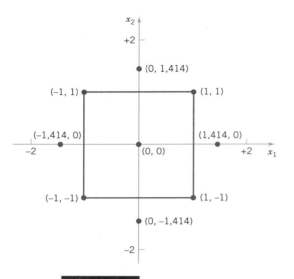

FIGURA 14.44

Planejamento composto central.

$$\hat{y} = 69{,}1 + 1{,}633x_1 + 1{,}083x_2 - 0{,}969x_1^2 - 1{,}219x_2^2 + 0{,}225x_1x_2$$

A análise de variância para esse modelo é mostrada na Tabela 14.30.

A Figura 14.45 mostra as curvas de nível da superfície de resposta e o gráfico tridimensional da superfície de resposta para esse modelo. Examinando-se esses gráficos, o rendimento máximo é cerca de 70 %, obtido aproximadamente em 60 minutos de tempo de reação e 167 °F.

A resposta viscosidade é adequadamente descrita pelo modelo de primeira ordem

$$\hat{y}_2 = 37{,}08 + 3{,}85x_1 + 3{,}10x_2$$

A Tabela 14.31 resume a análise de variância para esse modelo. A superfície de resposta é mostrada graficamente na Figura 14.46. Note que a viscosidade aumenta à medida que o tempo e a temperatura aumentam.

TABELA 14.30 Análise de Variância para o Modelo Quadrático, Resposta: Rendimento

Fonte de Variação	Soma dos Quadrados	Graus de Liberdade	Média Quadrática	f_0	Valor P
Modelo	45,89	5	9,178	14,93	0,0013
Resíduo	4,30	7	0,615		
Total	50,19	12			

Variável Independente	Coeficiente	Erro-Padrão do Coeficiente	t	Valor P
Interseção	69,100	0,351	197,1	
x_1	1,633	0,277	5,891	0,0006
x_2	1,083	0,277	3,907	0,0058
x_1^2	−0,969	0,297	−3,259	0,0139
x_2^2	−1,219	0,297	−4,100	0,0046
x_1x_2	0,225	0,392	0,574	0,5839

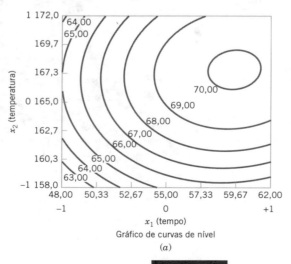

Gráfico de curvas de nível
(a)

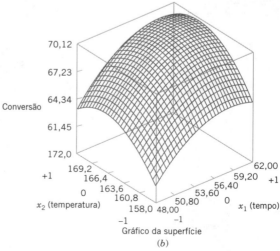

Gráfico da superfície
(b)

FIGURA 14.45

Gráficos da superfície de resposta para o rendimento.

TABELA 14.31 — Análise de Variância para o Modelo de Primeira Ordem, Resposta: Viscosidade

Fonte de Variação	Soma dos Quadrados	Graus de Liberdade	Média Quadrática	f_0	Valor P
Modelo	195,4	2	97,72	15,89	0,0008
Resíduo	61,5	10	6,15		
Total	256,9	12			

Variável Independente	Coeficiente	Erro-Padrão do Coeficiente	t	Valor P
Interseção	37,08	0,69	53,910	
x_1	3,85	0,88	4,391	0,0014
x_2	3,10	0,88	3,536	0,0054

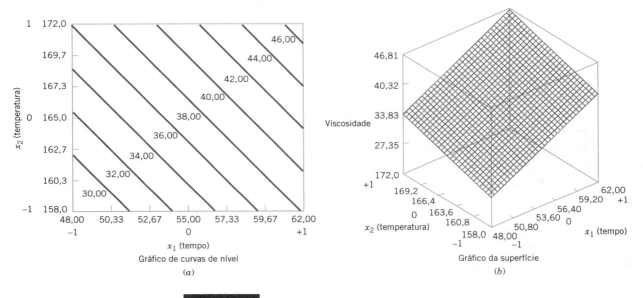

FIGURA 14.46

Gráficos da superfície de resposta para a viscosidade.

Interpretação Prática: Como na maioria dos problemas de superfície de resposta, o experimentalista nesse exemplo teve objetivos conflitantes em relação às duas respostas. O objetivo era maximizar o rendimento, porém a faixa aceitável para a viscosidade era $38 \leq y_2 \leq 42$. Quando houver somente poucas variáveis independentes, uma maneira fácil de resolver esse problema é sobrepor as superfícies de respostas para encontrar o ótimo. A Figura 14.47 mostra o gráfico da superposição de ambas as respostas, com os contornos $y_1 = 69\%$ de conversão, $y_2 = 38$ e $y_2 = 42$ ressaltados. As áreas sombreadas nesse gráfico identificam combinações não exequíveis de tempo e de temperatura. Esse gráfico mostra que várias combinações de tempo e temperatura serão satisfatórias.

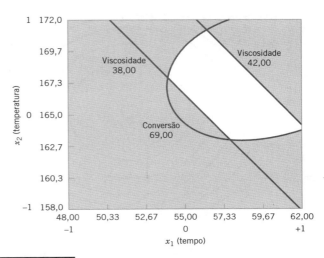

FIGURA 14.47

Sobreposição das superfícies de respostas para o rendimento e a viscosidade.

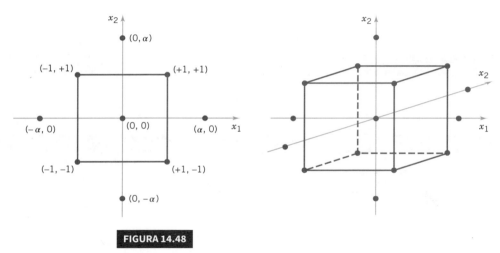

FIGURA 14.48

Planejamentos compostos centrais para $k = 2$ e $k = 3$.

O Exemplo 14.11 ilustra o uso de um **planejamento composto central** (PCC) para ajustar um modelo de superfície de resposta de segunda ordem. Esses planejamentos são largamente usados na prática porque eles são relativamente eficientes com respeito ao número de corridas requeridas. Em geral, um PCC com k fatores requer 2^k corridas fatoriais, $2k$ corridas axiais e, no mínimo, um ponto central (três a cinco pontos centrais são normalmente usados). Planejamentos para $k = 2$ e $k = 3$ fatores são mostrados na Figura 14.48.

O planejamento composto central pode se tornar **rotacionável** escolhendo-se apropriadamente o espaçamento axial α na Figura 14.48. Se o planejamento for rotacionável, o desvio-padrão da resposta prevista $\hat{y}$ será constante em todos os pontos que estiverem à mesma distância do centro do planejamento. Para rotabilidade, escolha $\alpha = (F)^{1/4}$, sendo F o número de pontos na porção fatorial do planejamento (geralmente, $F = 2^k$). Para o caso de $k = 2$ fatores, $\alpha = (2^2)^{1/4} = 1,414$, como foi usado no planejamento do Exemplo 14.11. A Figura 14.49 apresenta um gráfico das curvas de nível e um gráfico de superfície do desvio-padrão da previsão para o modelo quadrático usado para a resposta rendimento. Note que os contornos são círculos concêntricos, implicando que o rendimento é previsto com igual precisão para todos os pontos que estejam à mesma distância a partir do centro do planejamento. Também, como se poderia esperar, a precisão diminui com o aumento da distância a partir do centro do planejamento.

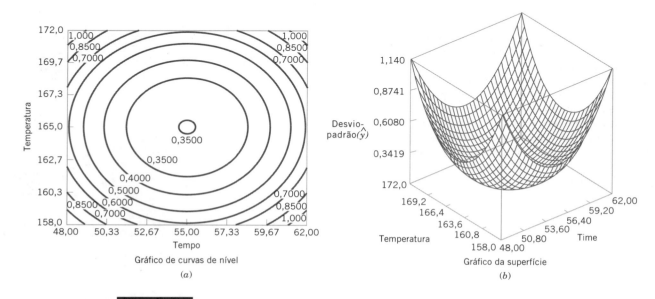

FIGURA 14.49

Gráficos de $\sqrt{V(\hat{y})}$ constante para um planejamento composto central rotacionável.

Termos e Conceitos Importantes

Análise de variância (ANOVA)
Análise residual
Ascendente (ou descendente) de maior inclinação
Blocagem e fatores de ruído
Contraste
Efeito principal
Experimento de otimização
Experimento exploratório
Experimento fatorial
Gerador
Gráfico de probabilidade normal dos efeitos dos fatores
Interação
Matriz de planejamento
Modelo de regressão
Pares associados
Planejamento composto central
Planejamento fatorial 2^k (planejamento fatorial com dois níveis)
Planejamento fatorial fracionário
Planejamento ortogonal
Pontos centrais
Propriedade da projeção
Relação completa de definição
Relação de definição
Resolução
Superposição
Superfície de resposta

CAPÍTULO 15

Controle Estatístico da Qualidade

OBJETIVOS DA APRENDIZAGEM

Depois de um cuidadoso estudo deste capítulo, você deve ser capaz de:

1. Entender o papel das ferramentas estatísticas na melhoria da qualidade
2. Entender os tipos diferentes de variabilidade, subgrupos racionais e como um gráfico de controle é usado para detectar causas atribuídas
3. Entender a forma geral de um gráfico de controle de Shewhart e como aplicar as regras das zonas (tais como as regras Western Electric) e entender a análise de comportamento para detectar causas atribuídas
4. Construir e interpretar gráficos de controle para variáveis, tais como $\bar{X}$, R, S e gráficos individuais
5. Construir e interpretar gráficos de controle para atributos, tais como gráficos P e U
6. Calcular e interpretar razões de capacidade de processo
7. Calcular o desempenho do CMC para um gráfico de controle de Shewhart
8. Construir e interpretar um gráfico de soma cumulativa e um gráfico de controle para a média móvel ponderada exponencialmente
9. Usar outras ferramentas para resolver problemas de controle estatístico de processo

SUMÁRIO DO CAPÍTULO

15.1 Melhoria da Qualidade e Estatística
    15.1.1 Controle Estatístico da Qualidade
    15.1.2 Controle Estatístico de Processo

15.2 Introdução aos Gráficos de Controle
    15.2.1 Princípios Básicos
    15.2.2 Projeto de um Gráfico de Controle
    15.2.3 Subgrupos Racionais
    15.2.4 Análise de Padrões nos Gráficos de Controle

15.3 Gráficos de Controle para $\bar{X}$ e R ou S

15.4 Gráficos de Controle para Medidas Individuais

15.5 Capacidade de Processo

15.6 Gráficos de Controle para Atributos
    15.6.1 Gráfico P (Gráfico de Controle para Proporções)
    15.6.2 Gráfico U (Gráfico de Controle para Defeitos por Unidade)

15.7 Desempenho dos Gráficos de Controle

SUMÁRIO DO CAPÍTULO (*continuação*)

15.8 **Gráficos Ponderados no Tempo**
    15.8.1 Gráfico de Controle para a Média Móvel Ponderada Exponencialmente
    15.8.2 Gráfico de Controle para Soma Cumulativa

15.9 **Outras Ferramentas para a Solução de Problemas de CEP**

15.10 **Teoria de Decisão**
    15.10.1 Modelos de Decisão
    15.10.2 Critérios de Decisão

15.11 **Implementando CEP**

Tigela de Bolinhas

O guru da qualidade, William Edwards Deming, conduziu um experimento simples em seus seminários com uma tigela de bolinhas. Muitas eram brancas, mas uma percentagem de bolinhas vermelhas estava misturada aleatoriamente na tigela. A um participante do seminário foi dada uma pá com orifícios, de modo que 50 bolinhas de cada vez pudessem ser retiradas da tigela. Somente era permitido ao participante usar a pá e selecionar as bolinhas brancas (múltiplas repetições com bolinhas repostas). As bolinhas vermelhas foram consideradas defeituosas. Naturalmente, isso era difícil de fazer, e cada retirada resultava em uma contagem de bolinhas vermelhas. Deming plotou a fração de bolinhas vermelhas de cada retirada e usou os resultados para fazer vários pontos. Como estava claro do cenário, esse processo está além da habilidade do participante de fazer simples melhorias. É o processo que precisa ser mudado (reduzir o número de bolinhas vermelhas), e isso é responsabilidade do gerente. Além disso, muitos processos de negócios têm esse tipo de característica, e é importante aprender dos dados se a variabilidade é comum, intrínseca ao processo, ou se alguma causa especial ocorreu. Essa distinção é importante para o tipo de controle de processo ou melhorias a serem aplicadas. Veja o exemplo de ajustes de controle no Capítulo 1. Gráficos de controle são ferramentas essenciais para entender a variabilidade de processos, e isso é o tópico principal deste capítulo.

15.1 Melhoria da Qualidade e Estatística

Hoje em dia, a qualidade de produtos e de serviços tem se tornado um importante fator de decisão na maioria dos negócios. Independentemente de o consumidor ser ou não um indivíduo, uma corporação, um programa de defesa militar ou uma loja de varejo, quando estiver tomando decisões de compra, estará propenso a considerar a qualidade com a mesma importância que o custo e o prazo de entrega. Consequentemente, a **melhoria da qualidade** tem se tornado uma preocupação importante para muitas corporações.

Qualidade significa **adequação ao uso**. Por exemplo, podemos comprar automóveis que esperamos estar livres de defeitos de fabricação e que devem prover transporte confiável e econômico; um varejista compra itens acabados, na esperança de que eles estejam embalados apropriadamente e organizados de modo a se ter fácil estocagem e disposição. Em outras palavras, todos os consumidores esperam que os produtos e serviços que eles compram satisfaçam suas exigências. Essas exigências definem a adequação para uso.

A qualidade, ou adequação ao uso, é determinada por meio da interação de **qualidade de projeto** e **qualidade de conformidade**. Por qualidade de projeto, queremos dizer os diferentes graus ou níveis de desempenho, de confiabilidade, de serviço e de função que são o resultado de decisões deliberadas de engenharia e de gerência. Por qualidade de conformidade, queremos dizer a **redução sistemática de variabilidade** e a **eliminação de defeitos** até que cada unidade produzida seja idêntica e livre de defeito.

Melhoria da qualidade significa uma qualidade melhor de projeto por meio de uma melhoria no conhecimento das exigências dos consumidores e pela **eliminação sistemática de desperdício**. Exemplos de desperdícios incluem perda e retrabalho na fabricação, inspeção e no teste, erros em documentos (tais como desenhos de engenharia, cheques, ordens de pagamento e planos), serviço de atendimento a consumidores, custos de garantia e o tempo requerido para repetir coisas que poderiam ter sido feitas direito desde a primeira vez. Um esforço bem-sucedido de melhoria da qualidade pode eliminar muito desse desperdício e conduzir a custos menores, produtividades maiores, consumidores mais satisfeitos, aumento da reputação dos negócios, maior participação de mercado e, por último, maiores lucros para a companhia.

Métodos estatísticos desempenham um papel vital na melhoria da qualidade. No planejamento e desenvolvimento de produtos, métodos estatísticos, incluindo experimentos planejados, podem ser usados para comparar diferentes materiais, componentes ou ingredientes, e ajudar a determinar as tolerâncias do sistema e dos componentes. Métodos estatísticos podem ser usados para determinar a capacidade de um processo de fabricação. O controle estatístico de processo pode ser usado para melhorar sistematicamente um processo pela redução da variabilidade. Testes de vida fornecem confiabilidade e outros dados de desempenho sobre o produto. Isso pode levar a novos e melhores projetos e produtos que tenham vidas úteis mais longas e menores custos operacionais e de manutenção. Métodos de regressão são frequentemente usados para determinar os indicadores-chave de processos relacionados com a satisfação dos consumidores. Isso capacita organizações a focarem nas medidas mais importantes dos processos. Neste capítulo, forneceremos uma introdução aos métodos básicos de controle estatístico da qualidade que, juntamente com planejamento de experimentos, formam a base de um esforço bem-sucedido de melhoria da qualidade.

15.1.1 Controle Estatístico da Qualidade

Este capítulo é sobre **controle estatístico da qualidade**, uma coleção de ferramentas essenciais nas atividades de melhoria da qualidade. O campo de controle estatístico da qualidade pode ser largamente definido como aqueles métodos estatísticos e de engenharia que são usados na medida, no monitoramento, no controle e na melhoria da qualidade. Controle estatístico da qualidade é um campo relativamente novo, datando dos anos 1920. Dr. Walter A. Shewhart, dos Laboratórios da Companhia Telefônica Bell (*Bell Telephone Laboratories*), foi um dos pioneiros do campo. Em 1924, ele escreveu um memorando mostrando um moderno gráfico de controle (ou carta de controle), uma das ferramentas básicas de controle estatístico de processo. Harold F. Dodge e Harry G. Romig, dois empregados do Sistema Bell (*Bell System*), proporcionaram muita informação essencial no desenvolvimento da amostragem com base estatística e métodos de inspeção. O trabalho desses três homens forma muito da base do campo moderno do controle estatístico da qualidade. A introdução desses métodos nas indústrias norte-americanas ocorreu durante a Segunda Guerra Mundial, e Dr. W. Edwards Deming e Dr. Joseph M. Juran foram cruciais na difusão de métodos de controle estatístico da qualidade desde então.

Os japoneses foram particularmente bem-sucedidos na aplicação dos métodos de controle estatístico da qualidade e usaram métodos estatísticos para ganhar vantagem significativa sobre seus competidores. Nos anos 1970, a indústria norte-americana sofreu bastante com a concorrência japonesa (e de outros países). Isso levou, por sua vez, a renovar o interesse em métodos de controle estatístico da qualidade nos Estados Unidos. Muito desse interesse está focado no *controle estatístico de processo* e no *planejamento de experimentos*. Várias companhias norte-americanas deram início a programas extensivos para implementar esses métodos na sua fabricação, na engenharia e em outras organizações comerciais.

15.1.2 Controle Estatístico de Processo

É impraticável inspecionar a qualidade em um produto, ele tem de ser feito corretamente já na primeira vez. O processo de fabricação tem, por conseguinte, de ser estável ou capaz de ser repetido e capaz de operar com pouca variabilidade ao redor do alvo ou dimensão nominal. O controle estatístico de processo em tempo real (*online*) é uma ferramenta essencial para encontrar a estabilidade de um processo e para melhorar sua capacidade por meio da redução da variabilidade.

É costume pensar sobre **controle estatístico de processo** (CEP) como um conjunto de ferramentas para **resolver problemas**, as quais podem ser aplicadas a qualquer processo. As ferramentas mais importantes de CEP são histograma, gráfico de Pareto, diagrama de causa e efeito, diagrama de concentração de defeitos, gráfico de controle, diagrama de dispersão e folha de verificação. O gráfico de controle é a mais poderosa das ferramentas de CEP.

15.2 Introdução aos Gráficos de Controle

15.2.1 Princípios Básicos

Em qualquer processo de produção, independentemente de quão bem projetado ou cuidadosamente mantido ele seja, certa quantidade de variabilidade inerente ou natural sempre existirá. Essa variabilidade natural ou "ruído de fundo" é o efeito cumulativo de muitas causas pequenas, essencialmente inevitáveis. Quando o ruído de fundo em um processo é relativamente pequeno, geralmente o consideramos em um nível aceitável de desempenho do processo. No âmbito de controle estatístico da qualidade, essa variabilidade natural é frequentemente chamada de "sistema estável de causas casuais". Um processo que esteja operando com somente **causas casuais** de variação presente é dito estar sob *controle estatístico*. Em outras palavras, as causas casuais são uma parte inerente do processo.

Outros tipos de variabilidade podem ocasionalmente estar presentes no resultado de um processo. Essa variabilidade nas características-chave da qualidade geralmente aparece de três fontes: máquinas não propriamente ajustadas, erros dos operadores, ou matérias-primas defeituosas. Em geral, tal variabilidade é grande quando comparada ao ruído de fundo, representando um nível inaceitável de desempenho de processo. Referimo-nos a essas fontes de variabilidade, que não são parte do padrão de causas casuais, como **causas atribuídas**. Um processo que esteja operando na presença de causas atribuídas é dito estar *fora de controle*.*

Os processos de produção operarão, com frequência, em um estado sob controle, produzindo produtos aceitáveis durante períodos relativamente longos de tempo. Ocasionalmente, no entanto, causas atribuídas ocorrerão, aparentemente ao acaso, resultando em um "deslocamento" para um estado fora de controle, em que uma grande proporção da saída do processo não atende aos requerimentos. Um objetivo importante de controle estatístico da qualidade é detectar rapidamente a ocorrência de causas atribuídas ou mudanças no processo, de modo que uma investigação do processo e uma ação corretiva possam ser empreendidas antes que muitas unidades não conformes sejam fabricadas. O **gráfico de controle** é uma técnica de monitoração em tempo real do processo, largamente usada para essa finalidade.

Lembre-se do seguinte fato do Capítulo 1. Ajustes às causas comuns de variação aumentam a variação de um processo, enquanto ações devem ser tomadas em resposta às causas atribuídas de variação. Gráficos de controle também podem ser usados para estimar parâmetros de um processo de produção

---

*A terminologia causas *casuais* e *atribuídas* foi desenvolvida por Dr. Walter A. Shewhart. Hoje em dia, alguns escritores usam causa *comum* em vez de causa *casual* e causa *especial* em vez de causa *atribuída*.

e, por meio dessa informação, determinar a capacidade de um processo de atingir as especificações. Além disso, o gráfico de controle pode fornecer informação que seja útil na melhoria de um processo. Finalmente, lembre-se de que o objetivo final de controle estatístico de processo é a *eliminação de variabilidade no processo*. Embora possa não ser possível eliminar completamente a variabilidade, o gráfico de controle ajuda a reduzi-la tanto quanto possível.

Um gráfico típico de controle é mostrado na Figura 15.1, que é uma disposição gráfica de uma característica da qualidade, que foi medida ou calculada a partir de uma amostra, em função do número da amostra ou do tempo. Frequentemente, as amostras são selecionadas em intervalos periódicos, tais como a cada poucos minutos ou a cada hora.

- O gráfico contém uma **linha central** (LC), que representa o valor médio da característica da qualidade correspondendo ao estado sob controle. (Ou seja, somente causas casuais estão presentes.)

- Duas outras linhas horizontais, chamadas de *limite superior de controle* (LSC) e de *limite inferior de controle* (LIC), são também mostradas no gráfico. Esses **limites de controle** são escolhidos de modo que, se o processo estiver sob controle, aproximadamente todos os pontos da amostra cairão entre eles.

Em geral, desde que os pontos estejam plotados dentro dos limites de controle, o processo é considerado estar sob controle, e nenhuma ação é necessária. Entretanto, um ponto que saia dos limites de controle é interpretado como evidência de que o processo está fora de controle, havendo necessidade de investigação e ação corretiva para encontrar e eliminar a causa atribuída ou causas responsáveis para esse comportamento. Os pontos da amostra no gráfico de controle são geralmente conectados com segmentos de linha reta, de modo que seja mais fácil visualizar como a sequência de pontos tem evoluído ao longo do tempo.

Mesmo que todos os pontos estejam dentro dos limites de controle, se eles se comportarem de maneira sistemática ou não aleatória, então isso é uma indicação de que o processo está fora de controle. Por exemplo, se 18 dos 20 últimos pontos estivessem acima da linha central, porém abaixo do limite superior de controle, e somente dois desses pontos estivessem abaixo da linha central, porém acima do limite inferior de controle, ficaríamos muito desconfiados de que alguma coisa estaria errada. Se o processo estiver sob controle, todos os pontos plotados deverão ter um padrão de comportamento essencialmente aleatório. Métodos planejados para encontrar sequências ou padrões não aleatórios podem ser aplicados aos gráficos de controle como uma ajuda na detecção de condições fora de controle. Determinado padrão de comportamento não aleatório geralmente aparece em um gráfico de controle por uma razão, e, se essa razão puder ser encontrada e eliminada, o desempenho do processo poderá ser melhorado.

Há uma forte conexão entre gráficos de controle e testes de hipóteses. Essencialmente, o gráfico de controle é uma série de testes da hipótese de que o processo está em um estado de controle estatístico. Um ponto situado dentro dos limites de controle é equivalente a falhar em rejeitar a hipótese de controle estatístico, e um ponto situado fora dos limites de controle é equivalente a rejeitar a hipótese de controle estatístico.

Podemos dar um *modelo* geral para um gráfico de controle. Seja W uma estatística da amostra que mede alguma característica da qualidade de interesse e suponha que a média de W seja μ_W e o desvio-padrão de W seja σ_W.*

Então a linha central, o limite superior de controle e o limite inferior de controle se tornam

Modelo de Gráfico de Controle

$$UCL = \mu_W + k\sigma_W$$
$$CL = \mu_W \qquad (15.1)$$
$$LCL = \mu_W - k\sigma_W$$

sendo k a "distância" dos limites de controle a partir da linha central, expressa em unidades de desvio-padrão. Uma escolha comum é $k = 3$. Essa teoria geral de gráficos de controle foi primeiramente proposta por Dr. Walter A. Shewhart, e os gráficos de controle desenvolvidos de acordo com esses princípios são frequentemente chamados de **gráficos de controle de Shewhart**.

O gráfico de controle é um instrumento para descrever exatamente o que se entende por controle estatístico; como tal, pode ser usado em uma variedade de maneiras. Em muitas aplicações, ele é usado para monitoração em tempo real de processo. Ou seja, dados da amostra são coletados e usados para construir o gráfico de controle e, se os valores amostrais de $\bar{x}$ (por exemplo) caírem dentro dos limites de controle e não exibirem nenhum padrão sistemático de comportamento, dizemos que o processo está sob controle no nível indicado pelo gráfico. Note que podemos estar interessados aqui em determinar *ambos*: se os dados passados vieram de um processo que estava sob controle e se as amostras futuras, provenientes desse processo, indicam controle estatístico.

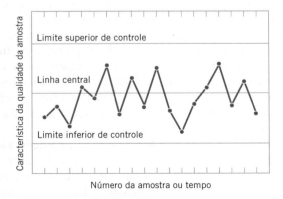

FIGURA 15.1

Gráfico típico de controle.

*Note que "sigma" se refere ao desvio-padrão da estatística plotada no gráfico (isto é, σ_W), e não ao desvio-padrão da característica da qualidade.

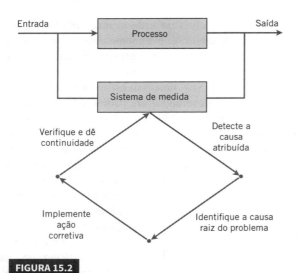

FIGURA 15.2 Melhoria de um processo, usando o gráfico de controle.

O uso mais importante de um gráfico de controle é *melhorar* o processo. A maioria dos processos não opera em um estado de controle estatístico. Por conseguinte, o uso rotineiro e cauteloso dos gráficos de controle identificará causas atribuídas. Se essas causas puderem ser eliminadas do processo, a variabilidade será reduzida e o processo será melhorado. Essa atividade de melhoria de um processo, usando gráficos de controle, é ilustrada na Figura 15.2. Note que o gráfico de controle somente *detectará* causas atribuídas. A *ação* do gerente, do operador e do engenheiro será geralmente necessária para eliminar a causa atribuída. É vital um plano de ação para responder aos sinais do gráfico de controle. Na identificação e na eliminação das causas atribuídas, é importante encontrar a **causa raiz** em foco do problema e atacá-la. Uma solução cosmética não resultará, em longo prazo, em nenhuma melhoria real do processo. O desenvolvimento de um sistema efetivo para ação corretiva é um componente essencial de uma implementação efetiva de CEP.

Podemos também usar o gráfico de controle como um *instrumento de estimação*. Isto é, a partir de um gráfico de controle que exiba controle estatístico, podemos estimar certos parâmetros de processo, tais como a média, o desvio-padrão e a fração não conforme. Essas estimativas podem então ser usadas para determinar a *capacidade* do processo para produzir produtos aceitáveis. Tais estudos de **capacidade de processo** têm impacto considerável em muitos problemas de decisão de gerência que ocorrem ao longo do ciclo do produto, incluindo decisões fazer-ou-comprar, melhorias da planta e de processo que reduzam a variabilidade do processo e concordâncias contratuais com consumidores ou fornecedores relacionados com a qualidade do produto. Tais estimativas serão discutidas em uma seção posterior.

Os gráficos de controle podem ser classificados em dois tipos gerais.

- Muitas características da qualidade podem ser medidas e expressas como números em alguma escala contínua de medida. Em tais casos, é conveniente descrever a característica da qualidade com uma medida de tendência central e uma medida de variabilidade. Gráficos de controle para tendência central e variabilidade são coletivamente chamados de **gráficos de controle para variáveis**. O gráfico $\overline{X}$ é o mais largamente usado para monitorar a tendência central, enquanto gráficos baseados na amplitude da amostra ou no desvio-padrão da amostra são usados para controlar a variabilidade do processo.

- Muitas características da qualidade não são medidas em uma escala contínua ou mesmo em uma escala quantitativa. Nesses casos, podemos julgar cada unidade do produto como conforme ou não conforme, com base no fato de possuir ou não certos atributos, ou podemos contar o número de não conformidades (defeitos) aparecendo em uma unidade do produto. Gráficos de controle para tais características da qualidade são chamados de **gráficos de controle para atributos**.

Os gráficos de controle têm tido uma longa história de uso na indústria. Há, no mínimo, cinco razões para sua popularidade:

1. **Gráficos de controle são uma técnica comprovada para melhoria da produtividade.** Um programa bem-sucedido de gráfico de controle reduzirá a perda ou retrabalho, que são os principais destruidores da produtividade em *qualquer* operação. Se você reduzir a perda e o retrabalho, então a produtividade aumenta, o custo diminui e a capacidade de produção (medida no número de itens *bons* por hora) aumenta.

2. **Gráficos de controle são efetivos na prevenção de defeitos.** O gráfico de controle ajuda a manter o processo sob controle, o que é consistente com a filosofia de "faça certo na primeira vez". Nunca é mais barato separar depois as unidades "boas" das unidades "ruins", em vez de fazer correto desde o início. Se você não tiver um controle efetivo de processo, você está pagando a alguém para fazer um produto não conforme.

3. **Gráficos de controle previnem ajustes desnecessários no processo.** Um gráfico de controle pode distinguir entre ruído de fundo e variação anormal; nenhum outro instrumento, incluindo um operador humano, é tão efetivo em fazer essa distinção. Se os operadores ajustarem o processo com base em testes periódicos não relacionados com um programa de gráfico de controle, eles frequentemente reagirão em demasia ao ruído de fundo e farão ajustes desnecessários. Esses ajustes desnecessários podem geralmente resultar em uma deterioração do desempenho do processo. Dito de outra forma, o gráfico de controle é consistente com a filosofia de "se ele não estiver quebrado, não o conserte".

4. **Gráficos de controle fornecem informação sobre diagnóstico.** Frequentemente, o padrão de comportamento dos pontos em um gráfico de controle conterá informação que tem valor de diagnóstico para um engenheiro ou operador experiente. Essa informação permite ao operador implementar uma mudança no processo que melhorará seu desempenho.

5. **Gráficos de controle fornecem informação sobre a capacidade de processo.** O gráfico de controle fornece informação sobre o valor de importantes parâmetros de processo e sua estabilidade ao longo do tempo. Isso permite fazer uma estimativa da capacidade de processo. Essa informação é de tremendo uso para projetistas de produto e processo.

Os gráficos de controle estão entre as ferramentas mais efetivas de controle gerencial, sendo importantes como controladores de custo e de materiais. A tecnologia computacional moderna tornou fácil a implementação de gráficos de controle em qualquer tipo de processo porque a coleção de dados e a análise podem ser feitas em um microcomputador ou em um terminal de rede local em tempo real no centro de trabalho.

15.2.2 Projeto de um Gráfico de Controle

Para ilustrar essas ideias, damos um exemplo simplificado de um gráfico de controle. Na fabricação de anéis de pistão de motores automotivos, o diâmetro interno dos anéis é uma característica crítica da qualidade. O diâmetro médio interno do anel no processo é 74 milímetros, e sabe-se que o desvio-padrão do diâmetro do anel é 0,01 milímetro. Um gráfico de controle para o diâmetro médio do anel é mostrado na Figura 15.3. A cada tantos minutos, uma amostra aleatória de cinco anéis é retirada, o diâmetro médio ($\bar{x}$) do anel da amostra é calculado e $\bar{x}$ é plotado no gráfico. Em razão de esse gráfico de controle utilizar a média $\bar{X}$ amostral, ele é geralmente chamado de um gráfico de controle $\bar{X}$. Note que todos os pontos caem dentro dos limites de controle, de modo que o gráfico indica que o processo está sob controle estatístico.

Considere como os limites de controle foram determinados. A média do processo é 74 milímetros, e o desvio-padrão do processo é $\sigma = 0,01$ milímetro. Agora, se amostras de tamanho $n = 5$ forem retiradas, o desvio-padrão da média amostral $\bar{X}$ será

$$\sigma_{\bar{X}} = \frac{\sigma}{\sqrt{n}} = \frac{0,01}{\sqrt{5}} = 0,0045$$

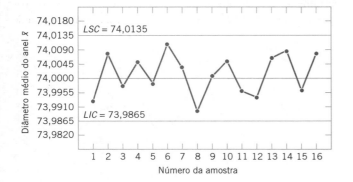

FIGURA 15.3

Gráfico de controle $\bar{X}$ para o diâmetro do anel do pistão.

Consequentemente, se o processo estiver sob controle com um diâmetro médio de 74 milímetros, usando o teorema central do limite para considerar que $\bar{X}$ seja distribuído de forma aproximadamente normal, esperaríamos que, aproximadamente, $100(1 - \alpha)$ % dos diâmetros médios $\bar{X}$ das amostras caíssem entre $74 + z_{\alpha/2}(0,0045)$ e $74 - z_{\alpha/2}(0,0045)$. Como discutido anteriormente, estamos acostumados a escolher a constante $z_{\alpha/2}$ como 3, de modo que os limites superior e inferior de controle se tornam

$$LSC = 74 + 3(0,0045) = 74,0135$$

e

$$LIC = 74 - 3(0,0045) = 73,9865$$

como mostrado no gráfico de controle. Esses são os limites de controle 3-sigma, referidos anteriormente. Note que o uso dos limites 3-sigma implica que $\alpha = 0,0027$; ou seja, a probabilidade de o ponto sair dos limites de controle quando o processo estiver sob controle é 0,0027. A largura dos limites de controle está inversamente relacionada com o tamanho n da amostra, para um dado múltiplo de sigma. A escolha dos limites de controle é equivalente a estabelecer a região crítica para o teste de hipóteses

$$H_0: \mu = 74 \qquad H_1: \mu \neq 74$$

sendo $\sigma = 0,01$ conhecido. Essencialmente, o gráfico de controle testa essa hipótese repetidamente, em diferentes pontos no tempo.

No projeto de um gráfico de controle, temos de especificar tanto o tamanho da amostra a usar como a frequência de amostragem. Em geral, amostras maiores tornarão mais fácil detectar pequenas mudanças no processo.

Temos também de determinar a frequência de amostragem. A situação mais desejável, do ponto de vista de detectar mudanças, seria retirar amostras grandes muito frequentemente. Entretanto, isso não é, em geral, economicamente viável. O problema geral é aquele de *alocar esforço de amostragem*. Isto é, retiramos pequenas amostras em curtos intervalos ou amostras maiores em intervalos mais longos. A prática corrente nas indústrias tende a favorecer amostras menores e mais frequentes, particularmente em processos de fabricação de alta produção ou onde muitos tipos de causas atribuídas possam ocorrer.

Além disso, à medida que sensores automáticos e a tecnologia de medição se desenvolvem, torna-se possível aumentar muito as frequências. Por último, cada unidade pode ser testada à medida que ela for fabricada. Essa capacidade não eliminará a necessidade de gráficos de controle porque o sistema de teste não prevenirá defeitos. Mais dados aumentarão a eficiência do controle de processo e aumentarão a qualidade.

Quando amostras preliminares são usadas para construir limites para os gráficos de controle, esses limites são costumeiramente tratados como valores tentativas. Logo, as estatísticas da amostra devem ser plotadas nos gráficos apropriados, e quaisquer pontos que excedam os limites de controle devem ser investigados. Se as causas atribuídas para esses pontos forem descobertas, elas devem ser eliminadas e novos limites para os gráficos de controle devem ser determinados. Dessa maneira, o processo pode ser finalmente trazido para controle estatístico, e suas capacidades inerentes podem ser estimadas. Outras mudanças na centralização e dispersão do processo podem ser então contempladas.

15.2.3 Subgrupos Racionais

Uma ideia fundamental no uso de gráficos de controle é coletar dados amostrais de acordo com o que Shewhart chamou de conceito de **subgrupo racional**. Geralmente, isso significa que subgrupos ou amostras devem ser selecionados de modo que, na medida do possível, a variabilidade das observações dentro de um subgrupo possa incluir toda a variabilidade casual ou natural e excluir a variabilidade atribuída. Então, os limites de controle representarão fronteiras para toda a variabilidade casual, excluindo a variabilidade atribuída. Por conseguinte, causas atribuídas tenderão a gerar pontos que estejam fora dos limites de controle, enquanto a variabilidade casual tenderá a gerar pontos que estejam dentro dos limites de controle.

Quando gráficos de controle são aplicados a processos de produção, a ordem horária de produção é uma base lógica para subgrupar racionalmente. Embora a ordem horária seja preservada, ainda é possível formar erroneamente subgrupos. Se algumas das observações no subgrupo forem retiradas no final de um turno de oito horas e as observações restantes forem retiradas no começo do próximo turno de oito horas, quaisquer diferenças entre os turnos são tratadas como variabilidade casual quando, na verdade, deveriam ser tratadas como variabilidade atribuída. Isso faz com que detectar diferenças entre turnos seja mais difícil. A ordem horária é frequentemente uma boa base para formar subgrupos, porque ela nos permite detectar causas atribuídas que ocorrem ao longo do tempo.

Na abordagem mais comum de subgrupos racionais, cada subgrupo consiste em unidades que foram produzidas ao mesmo tempo (ou tão próximas quanto possível). Essa abordagem é usada quando a finalidade primária do gráfico de controle é detectar mudanças no processo. Isso minimiza variabilidade por conta das causas atribuídas *dentro* (*within*) de uma amostra e maximiza a variabilidade *entre* (*between*) amostras, se causas atribuídas estiverem presentes. Ela também fornece estimativas melhores do desvio-padrão do processo no caso de gráficos de controle para variáveis. Essa abordagem de subgrupar racionalmente fornece essencialmente um "instantâneo" do processo em cada ponto no tempo onde a amostra é coletada.

Existem outras bases para formar subgrupos racionais. Por exemplo, suponha que um processo consista em várias máquinas que combinem sua saída em uma corrente comum. Se amostrarmos a partir dessa corrente comum de saída, será muito difícil detectar se algumas das máquinas estão ou não fora de controle. Uma abordagem lógica para subgrupar racionalmente aqui é aplicar técnicas de gráficos de controle à saída de cada máquina individual. Por vezes, esse conceito necessita ser aplicado a cabeçotes diferentes na mesma máquina, a diferentes estações de trabalho, a diferentes operadores, e assim por diante.

O conceito de subgrupo racional é muito importante. A seleção apropriada de amostras requer uma consideração cuidadosa do processo, com o objetivo de obter tanta informação útil quanto possível a partir da análise do gráfico de controle.

15.2.4 Análise de Padrões nos Gráficos de Controle

Um gráfico de controle pode indicar uma condição de fora de controle quando um ou mais pontos caírem além dos limites de controle ou quando os pontos plotados exibirem algum padrão não aleatório de comportamento. Por exemplo, considere o gráfico $\overline{X}$ mostrado na Figura 15.4. Embora todos os 25 pontos caiam dentro dos limites de controle, os pontos não indicam controle estatístico em razão de seu padrão de comportamento ser muito não aleatório na aparência. Especificamente, notamos que 19 dos 25 pontos estão abaixo da linha central, enquanto somente seis deles estão acima. Se os pontos forem verdadeiramente aleatórios, devemos esperar uma distribuição mais uniforme deles acima e abaixo da linha central. Observamos também que, depois do quarto ponto, cinco pontos em uma linha aumentam em magnitude. Esse arranjo de pontos é chamado de **corrida** (***run***). Uma vez que as observações estão crescendo, poderíamos chamá-las de uma *corrida para cima*; da mesma forma, uma sequência de pontos decrescentes é chamada de uma *corrida para baixo*. Esse gráfico de controle tem uma longa corrida para cima, que não é usual (começando com o quarto ponto), e uma longa corrida para baixo, que não é usual (começando com o 18º ponto).

Em geral, definimos uma *corrida* como uma sequência de observações do mesmo tipo. Em adição às corridas para cima e para baixo, poderíamos definir os tipos de observações como aquelas acima e abaixo da linha central, respectivamente, de modo que dois pontos em uma linha acima da linha central representariam uma corrida de comprimento 2.

Uma corrida de comprimento 8 ou mais pontos tem uma probabilidade muito baixa de ocorrência em uma amostra aleatória de pontos. Consequentemente, qualquer tipo de corrida de comprimento 8 ou mais é frequentemente tomado como um sinal de uma condição fora de controle. Por exemplo, 8 pontos consecutivos em um lado da linha central indicarão que o processo está fora de controle.

Embora corridas sejam uma importante medida de comportamento não aleatório de um gráfico de controle, outros tipos de padrões podem também indicar uma condição fora de

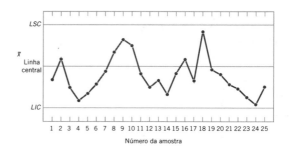

FIGURA 15.4

Gráfico de controle $\overline{X}$.

controle. Por exemplo, considere o gráfico $\overline{X}$ na Figura 15.5. Note que as médias amostrais plotadas exibem um comportamento cíclico, ainda que todas elas caiam dentro dos limites de controle. Tal padrão de comportamento pode indicar um problema com o processo, como fadiga do operador, entregas de matéria-prima e desenvolvimento de calor ou tensão. O resultado pode ser melhorado eliminando ou reduzindo as fontes de variabilidade que causam esse comportamento cíclico (veja a Figura 15.6). Na Figura 15.6, *LIE* e *LSE* denotam os limites inferior e superior de especificação do processo, respectivamente. Esses limites representam as fronteiras dentro das quais um produto aceitável tem de cair e são frequentemente baseados nas solicitações do consumidor.

O problema é **reconhecer o padrão de comportamento**, isto é, reconhecer os padrões sistemáticos ou não aleatórios no gráfico de controle e identificar a razão para esse comportamento. A habilidade para interpretar um padrão particular de comportamento em termos de causas atribuídas requer experiência e conhecimento do processo. Ou seja, temos não somente de conhecer os princípios estatísticos de gráficos de controle, mas também temos de ter um bom entendimento do processo.

O livro *Western Electric Handbook* (1956) sugere um conjunto de regras de decisão para detectar padrões não aleatórios de comportamento nos gráficos de controle. Especificamente, as **regras Western Electric** concluem que o processo está fora de controle, se:

1. Um ponto sair dos limites 3-sigma.
2. Dois de três pontos consecutivos caírem além do limite 2-sigma.
3. Quatro de cinco pontos consecutivos caírem a uma distância de 1-sigma ou além da linha central.
4. Oito pontos consecutivos caírem em um lado da linha central.

Na prática, essas regras são muito efetivas para aumentar a sensibilidade dos gráficos de controle. As regras 2 e 3 se aplicam a um lado da linha central de cada vez. Ou seja, um ponto acima do limite *superior* 2-sigma, seguido imediatamente por um ponto abaixo do limite *inferior* 2-sigma, não sinalizaria um alarme de fora de controle.

A Figura 15.7 mostra um gráfico de controle $\overline{X}$ para o processo do anel do pistão com limites 1-sigma, 2-sigma e 3-sigma, usados no procedimento *Western Electric*. Observe que esses limites internos (às vezes, chamados de **limites de advertência**) dividem o gráfico de controle em três zonas A, B e C, em cada lado da linha central. Por conseguinte, as regras *Western Electric* são ocasionalmente chamadas de **regras complementares** para os gráficos de controle. Note que os quatro últimos pontos caem na zona B ou além. Assim, uma vez que quatro dos cinco pontos consecutivos excedem o limite 1-sigma, o procedimento *Western Electric* concluirá que o padrão de comportamento é não aleatório, estando o processo fora de controle.

15.3 Gráficos de Controle para $\overline{X}$ e R ou S

Quando se lida com uma característica de qualidade que pode ser expressa como uma medida, é costume monitorar tanto o valor médio da característica de qualidade como sua variabilidade. O controle sobre a qualidade média é exercido pelo gráfico de controle para médias, geralmente chamado de gráfico $\overline{X}$. A variabilidade do processo pode ser controlada pelo gráfico da amplitude (**gráfico R**) ou pelo gráfico do desvio-padrão (**gráfico S**), dependendo de como o desvio-padrão da população seja estimado.

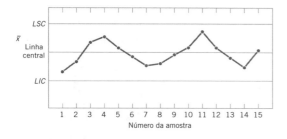

FIGURA 15.5

Gráfico $\overline{X}$ com um padrão cíclico de comportamento.

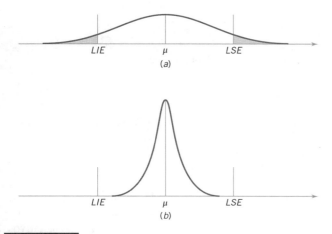

FIGURA 15.6

(a) Variabilidade com padrão cíclico de comportamento. (b) Variabilidade com padrão cíclico eliminado.

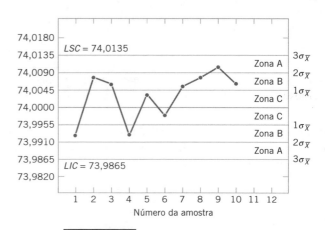

FIGURA 15.7

As regras das zonas *Western Electric*.

338 Estatística Aplicada e Probabilidade para Engenheiros

Geralmente estimamos parâmetros com base em amostras preliminares, retiradas quando o processo estava aparentemente sob controle. Recomendamos o uso de, no mínimo, 20 a 25 amostras preliminares. Suponha que m amostras preliminares estejam disponíveis, cada uma de tamanho n. Em geral, n será 4, 5 ou 6; essas amostras relativamente pequenas são amplamente usadas e frequentemente aparecem a partir da construção de subgrupos racionais. Seja $\overline{X}_i$ a média amostral para a i-ésima amostra. Então estimamos a média da população, μ, pela **média global**

$$\hat{\mu} = \overline{\overline{X}} = \frac{1}{m}\sum_{i=1}^{m}\overline{X}_i \quad (15.2)$$

Logo, podemos tomar $\overline{\overline{X}}$ como a linha central no gráfico de controle $\overline{X}$.

Podemos estimar σ a partir do desvio-padrão ou da amplitude das observações dentro de cada amostra. O tamanho da amostra é relativamente pequeno; assim, há pouca perda de eficiência em estimar σ a partir das amplitudes das amostras.

Gráficos de $\overline{X}$ e R Necessita-se da relação entre a amplitude R de uma amostra proveniente de uma população normal, com parâmetros conhecidos, e o desvio-padrão daquela população. Uma vez que R é uma variável aleatória, a grandeza $W = R/\sigma$, chamada de *amplitude relativa*, é também uma variável aleatória. A média e o desvio-padrão da distribuição de W são chamados de d_2 e d_3, respectivamente. Os valores de d_2 e d_3 dependem do tamanho n do subgrupo. Eles são calculados numericamente e disponíveis em tabelas ou *softwares*. Como $R = \sigma W$,

$$\mu_R = d_2\sigma \qquad \sigma_R = d_3\sigma \quad (15.3)$$

Seja R_i a amplitude da i-ésima amostra, e seja

$$\overline{R} = \frac{1}{m}\sum_{i=1}^{m}R_i \quad (15.4)$$

a amplitude média. Então, $\overline{R}$ é um estimador de μ_R e, da Equação 15.3, obtemos o seguinte.

Estimador de σ a partir do Gráfico R

Um estimador não tendencioso de σ é

$$\hat{\sigma} = \frac{\overline{R}}{d_2} \quad (15.5)$$

em que a constante d_2 é tabelada, para vários tamanhos de amostra, na Tabela XI do Apêndice A.

Desse modo, uma vez que tenhamos calculado os valores amostrais $\overline{\overline{x}}$ e $\overline{r}$, podemos usar como nossos limites superior e inferior de controle para o gráfico $\overline{X}$

$$LSC = \hat{\mu}_{\overline{X}} + 3\hat{\sigma}_{\overline{X}} = \hat{\mu} + \frac{3\hat{\sigma}}{\sqrt{n}} = \overline{\overline{x}} + \frac{3}{d_2\sqrt{n}}\overline{r}$$

$$LIC = \hat{\mu}_{\overline{X}} - 3\hat{\sigma}_{\overline{X}} = \hat{\mu} - \frac{3\hat{\sigma}}{\sqrt{n}} = \overline{\overline{x}} - \frac{3}{d_2\sqrt{n}}\overline{r}$$

(15.6)

Defina a constante

$$A_2 = \frac{3}{d_2\sqrt{n}} \quad (15.7)$$

Agora, o gráfico de controle $\overline{X}$ pode ser definido como se segue:

Gráfico de Controle $\overline{X}$ (a partir de $\overline{R}$)

A linha central e os limites superior e inferior de controle para o gráfico de controle $\overline{X}$ são

$$LSC = \overline{\overline{x}} + A_2\overline{r} \qquad LC = \overline{\overline{x}} \qquad LIC = \overline{\overline{x}} - A_2\overline{r} \quad (15.8)$$

em que a constante A_2 é tabelada, para vários tamanhos de amostra, na Tabela XI do Apêndice A.

Os parâmetros do gráfico R podem também ser facilmente determinados. A linha central será $\overline{R}$. Para determinar os limites de controle, necessitamos uma estimativa de σ_R, o desvio-padrão de R. Uma vez mais, considerando que o processo esteja sob controle, a distribuição da amplitude relativa, W, será útil. Podemos estimar da Equação 15.3 como

$$\hat{\sigma}_R = d_3\hat{\sigma} = d_3\frac{\overline{R}}{d_2} \quad (15.9)$$

e usaríamos como limites superior e inferior no gráfico R

$$LSC = \overline{r} + \frac{3d_3}{d_2}\overline{r} = \left(1 + \frac{3d_3}{d_2}\right)\overline{r}$$

$$LIC = \overline{r} - \frac{3d_3}{d_2}\overline{r} = \left(1 - \frac{3d_3}{d_2}\right)\overline{r}$$

(15.10)

Estabelecendo $D_3 = 1 - 3d_3/d_2$ e $D_4 = 1 + 3d_3/d_2$, obtemos a seguinte definição:

Gráfico R

A linha central e os limites superior e inferior de controle para o gráfico de controle R são

$$LSC = D_4\overline{r} \qquad LC = \overline{r} \qquad LIC = D_3\overline{r} \quad (15.11)$$

em que $\overline{r}$ é a amplitude média da amostra, e as constantes D_3 e D_4 são tabeladas, para vários tamanhos de amostra, na Tabela XI do Apêndice A.

O LIC para um gráfico R pode ser um número negativo. Nesse caso, é comum estabelecer LIC como igual a zero. Uma vez que os pontos plotados em um gráfico R não são negativos, nenhum ponto pode cair abaixo de um LIC igual a zero. Além disso, frequentemente estudamos o gráfico R primeiro, visto que, se a variabilidade do processo não for constante ao longo do tempo, os limites de controle calculados para o gráfico $\overline{X}$ podem ser mal interpretados.

Gráficos de $\overline{X}$ e S Em vez de se basear em gráficos de controle para amplitudes, uma abordagem mais moderna é calcular o desvio-padrão de cada subgrupo e plotar esses desvios-padrão para monitorar o desvio-padrão σ do processo. Esse gráfico é chamado de gráfico S. Quando um gráfico S é usado, é comum usar esses desvios-padrão para desenvolver limites de controle para o gráfico $\overline{X}$. Normalmente, o tamanho da amostra usado para subgrupos é pequeno (menos de 10) e, nesse caso, há geralmente pouca diferença no gráfico $\overline{X}$ gerado a partir de amplitudes ou desvios-padrão. Entretanto, uma vez que pacotes computacionais são frequentemente usados para implementar gráficos de controle, gráficos S são bem comuns. Os detalhes para construir esses gráficos são dados a seguir.

Na Seção 7.3, foi estabelecido que S é um estimador tendencioso de σ. Ou seja, $E(S) = c_4\sigma$, sendo c_4 uma constante que está próxima de, mas não igual a 1. Além disso, um cálculo similar àquele usado para $E(S)$ pode deduzir o desvio-padrão da estatística S com o resultado $\sigma\sqrt{1-c_4^2}$. Logo, a linha central e os limites de controle 3-sigma para S são

$$LIC = c_4\sigma - 3\sigma\sqrt{1-c_4^2} \quad LC = c_4\sigma$$
$$LSC = c_4\sigma + 3\sigma\sqrt{1-c_4^2} \quad (15.12)$$

Considere que haja m amostras preliminares disponíveis, cada uma com tamanho n, e seja S_i o desvio-padrão da i-ésima amostra. Defina

$$\overline{S} = \frac{1}{m}\sum_{i=1}^{m} S_i \quad (15.13)$$

Visto que $E(\overline{S}) = c_4\sigma$, obtém-se o seguinte.

Estimador de σ a partir do Gráfico S

Um estimador não tendencioso de σ

$$\hat{\sigma} = \overline{S}/c_4 \quad (15.14)$$

em que a constante c_4 é tabelada, para vários tamanhos de amostra, na Tabela XI do Apêndice A.

Quando um gráfico S é usado, a estimativa para σ na Equação 15.14 é comumente usada para calcular os limites de controle para um gráfico $\overline{X}$. Isso produz os seguintes limites de controle para um gráfico $\overline{X}$.

Gráfico de Controle $\overline{X}$ (a partir de $\overline{S}$)

$$LSC = \overline{\overline{x}} + 3\frac{\overline{s}}{c_4\sqrt{n}} \quad LC = \overline{\overline{x}} \quad LIC = \overline{\overline{x}} - 3\frac{\overline{s}}{c_4\sqrt{n}}$$
$$(15.15)$$

Em seguida, um gráfico de controle para desvios-padrão.

Gráfico S

$$LSC = \overline{s} + 3\frac{\overline{s}}{c_4}\sqrt{1-c_4^2} \quad LC = \overline{s}$$
$$LIC = \overline{s} - 3\frac{\overline{s}}{c_4}\sqrt{1-c_4^2} \quad (15.16)$$

O *LIC* para um gráfico S pode ser um número negativo; nesse caso, é comum estabelecê-lo igual a zero.

EXEMPLO 15.1 | Abertura de um Rotor

Uma peça componente de um motor de avião a jato é fabricada por um processo de moldagem. A abertura do rotor nessa moldagem é um importante parâmetro funcional da peça. Ilustraremos o uso de gráficos de controle $\overline{X}$, R e S para verificar a estabilidade estatística desse processo. A Tabela 15.1 apresenta 20 amostras de cinco peças cada uma. Os valores dados na tabela foram codificados pelo uso dos três últimos dígitos da dimensão; isto é, 31,6 deve ser 0,50316 polegada.

As grandezas $\overline{\overline{x}} = 33,3$ e $\overline{r} = 5,8$ aparecem na parte inferior da Tabela 15.1. O valor de A_2 para amostras de tamanho 5 é $A_2 = 0,577$ a partir da Tabela XI do Apêndice A. Então, os limites de controle iniciais para o gráfico de $\overline{X}$ são

$$\overline{\overline{x}} \pm A_2\overline{r} = 33,32 \pm (0,577)(5,8) = 33,32 \pm 3,35$$

ou

$$LSC = 36,67 \quad LIC = 29,97$$

Para o gráfico R, os limites de controle iniciais são

$$LSC = D_4\overline{r} = (2,115)(5,8) = 12,27$$
$$LIC = D_3\overline{r} = (0)(5,8) = 0$$

Os gráficos de controle $\overline{X}$ e R com esses limites de controle iniciais são mostrados na Figura 15.8. Note que as amostras 6, 8, 11 e 19 estão fora de controle no gráfico $\overline{X}$ e que a amostra 9 está fora de controle no gráfico R. (Esses pontos estão marcados com um "1" porque eles violam a primeira regra *Western Electric*.)

TABELA 15.1 Medidas de Abertura de um Rotor

Número da Amostra	x_1	x_2	x_3	x_4	x_5	$\bar{x}$	r	s
1	33	29	31	32	33	31,6	4	1,67332
2	33	31	35	37	31	33,4	6	2,60768
3	35	37	33	34	36	35,0	4	1,58114
4	30	31	33	34	33	32,2	4	1,64317
5	33	34	35	33	34	33,8	2	0,83666
6	38	37	39	40	38	38,4	3	1,14018
7	30	31	32	34	31	31,6	4	1,51658
8	29	39	38	39	39	36,8	10	4,38178
9	28	33	35	36	43	35,0	15	5,43139
10	38	33	32	35	32	34,0	6	2,54951
11	28	30	28	32	31	29,8	4	1,78885
12	31	35	35	35	34	34,0	4	1,73205
13	27	32	34	35	37	33,0	10	3,80789
14	33	33	35	37	36	34,8	4	1,78885
15	35	37	32	35	39	35,6	7	2,60768
16	33	33	27	31	30	30,8	6	2,48998
17	35	34	34	30	32	33,0	5	2,00000
18	32	33	30	30	33	31,6	3	1,51658
19	25	27	34	27	28	28,2	9	3,42053
20	35	35	36	33	30	33,8	6	2,38747
						$\bar{\bar{x}} = 33,32$	$\bar{r} = 5,8$	$\bar{s} = 2,345$

Para o gráfico S, o valor de $c_4 = 0,94$. Por conseguinte,

$$\frac{3\bar{s}}{c_4}\sqrt{1-c_4^2} = \frac{3(2,345)}{0,94}\sqrt{1-0,94^2} = 2,553$$

e os limites de controle iniciais são

$$LSC = 2,345 + 2,553 = 4,898$$
$$LIC = 2,345 - 2,553 = -0,208$$

O LIC é estabelecido igual a zero. Se $\bar{s}$ for usado para determinar os limites de controle para o gráfico $\bar{X}$,

$$\bar{\bar{x}} \pm \frac{3\bar{s}}{c_4\sqrt{n}} = 33,32 \pm \frac{3(2,345)}{0,94\sqrt{5}} = 33,32 \pm 3,35$$

e esse resultado é aproximadamente o mesmo proveniente de $\bar{r}$. O gráfico S é mostrado na Figura 15.9. Pelo fato de os limites de controle para o gráfico $\bar{X}$, calculados a partir de $\bar{s}$, estarem próximos daqueles provenientes de $\bar{r}$, o gráfico não será mostrado.

Suponha que todas essas causas atribuídas existam em razão de uma ferramenta defeituosa na área de moldagem. Devemos descartar essas cinco amostras e recalcular os limites para os gráficos $\bar{X}$ e R. Esses novos limites revistos são, para o gráfico $\bar{X}$,

$$LSC = \bar{\bar{x}} + A_2\bar{r} = 33,21 + (0,577)(5,0) = 36,10$$
$$LIC = \bar{\bar{x}} - A_2\bar{r} = 33,21 - (0,577)(5,0) = 30,33$$

e para o gráfico R,

$$LSC = D_4\bar{r} = (2,115)(5,0) = 10,57$$
$$LIC = D_3\bar{r} = (0)(5,0) = 0$$

Os gráficos de controle revistos são mostrados na Figura 15.10.

Interpretação Prática: Note que tratamos as 20 primeiras amostras preliminares como *dados de estimação*, com os quais estabelecemos os limites de controle. Esses limites podem agora ser usados para julgar o controle estatístico da produção futura. À medida que cada nova amostra se torne disponível, os valores de $\bar{x}$ e r devem ser calculados e plotados nos gráficos de controle. Pode ser desejável rever periodicamente os limites, mesmo que o processo permaneça estável. Os limites devem sempre ser revistos quando melhorias no processo são feitas.

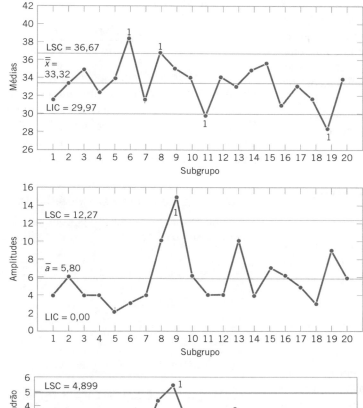

FIGURA 15.8

Gráficos de controle $\overline{X}$ e R para a abertura de um rotor.

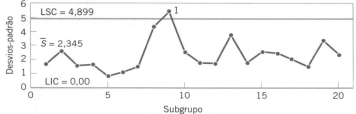

FIGURA 15.9

Gráfico de controle S para a abertura de um rotor.

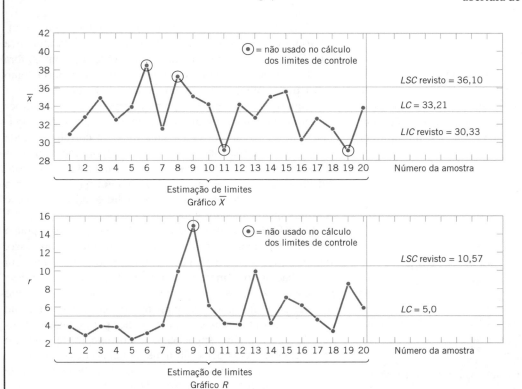

FIGURA 15.10

Gráficos de controle $\overline{X}$ e R para a abertura de um rotor, limites revistos.

Construção por Computador dos Gráficos de Controle $\overline{X}$ e R Muitos *softwares* constroem gráficos de controle $\overline{X}$ e R. As Figuras 15.8 e 15.10 mostram gráficos similares àqueles produzidos *softwares* para os dados da abertura de um rotor. *Softwares* geralmente permitem ao usuário selecionar qualquer múltiplo de sigma como a largura dos limites de controle e permitirá utilizar as regras *Western Electric* para detectar pontos fora de controle. O programa preparará também um relatório resumido, como o da Tabela 15.2, e excluirá os subgrupos do cálculo dos limites de controle.

15.4 Gráficos de Controle para Medidas Individuais

Em muitas situações, o tamanho da amostra usada para controle de processo é $n = 1$; ou seja, a amostra consiste em uma unidade individual. Alguns exemplos dessas situações são dados a seguir.

1. Inspeção automática e tecnologia de medição são usadas e cada unidade fabricada é analisada.
2. A taxa de produção é muito lenta, sendo inconveniente acumular amostras de tamanho $n > 1$ antes de serem analisadas.
3. Medidas repetidas no processo diferem somente em razão do erro no laboratório ou na análise, como em muitos processos químicos.
4. Em plantas de processo, como na fábrica de papel, medidas de alguns parâmetros, como a espessura do revestimento *sobre* o rolo, diferirão muito pouco, produzindo um desvio-padrão que será muito pequeno se o objetivo for controlar a espessura do revestimento *ao longo* do rolo.

Em tais situações, o **gráfico de controle para medidas individuais** (também chamado de **gráfico X**) é útil. O gráfico de controle para medidas individuais usa a **amplitude móvel** de duas observações sucessivas para estimar a variabilidade do processo. A amplitude móvel é definida como $AM_i = |X_i - X_{i-1}|$ e, para m observações, a amplitude móvel média é

$$\overline{AM} = \frac{1}{m-1} \sum_{i=2}^{m} |X_i - X_{i-1}|$$

TABELA 15.2	Relatório Resumido de um *Software* para os Dados de Abertura de um Rotor

Resultados do Teste para o Gráfico Xbarra
TESTE 1. Um ponto além de 3,00-sigma a partir da linha central.
O Teste Falhou nos pontos: 6 8 11 19
Resultados do Teste para o Gráfico R
TESTE 1. Um ponto além de 3,00-sigma a partir da linha central.
O Teste Falhou no ponto: 9

Um estimador de σ é

$$\hat{\sigma} = \frac{\overline{AM}}{d_2} = \frac{\overline{AM}}{1,128} \quad (15.17)$$

em que o valor de d_2 corresponde a $n = 2$ porque cada amplitude móvel é a amplitude entre duas observações consecutivas. Note que existem somente $m - 1$ amplitudes móveis. É também possível estabelecer um gráfico de controle para a amplitude móvel, usando D_3 e D_4 para $n = 2$. Os parâmetros para esses gráficos são definidos como se segue.

Gráfico de Controle para Medidas Individuais

A linha central e os limites superior e inferior de controle para o gráfico de controle para as medidas individuais são

$$LSC = \overline{x} + 3\frac{\overline{am}}{d_2} = \overline{x} + 3\frac{\overline{am}}{1,128}$$
$$LC = \overline{x} \quad (15.18)$$
$$LIC = \overline{x} - 3\frac{\overline{am}}{d_2} = \overline{x} - 3\frac{\overline{am}}{1,128}$$

e, para o gráfico de controle para amplitudes móveis,

$$LSC = D_4\overline{am} = 3,267\overline{am}$$
$$LC = \overline{am}$$
$$LIC = D_3\overline{am} = 0$$

Note que *LIC* para o gráfico da amplitude móvel é sempre zero, porque $D_3 = 0$ para $n = 2$. O procedimento é ilustrado no exemplo seguinte.

O gráfico para medidas individuais pode ser interpretado como um gráfico de controle comum $\overline{X}$. Uma mudança na média do processo resultará em um ponto (ou pontos) fora dos limites de controle ou em um padrão de comportamento consistindo em uma corrida em um lado da linha central.

Algum cuidado se deve ter na interpretação dos padrões de comportamento do gráfico da amplitude móvel. As amplitudes móveis estão correlacionadas, e essa correlação pode frequentemente induzir um padrão de comportamento de corridas ou ciclos no gráfico. As medidas individuais são consideradas não correlacionadas. No entanto, qualquer padrão aparente no gráfico de controle das medidas individuais deve ser investigado cuidadosamente.

O gráfico de controle para medidas individuais é pouco sensível a pequenos deslocamentos na média do processo. Por exemplo, se o tamanho do deslocamento na média for um desvio-padrão, o número médio de pontos para detectar essa mudança é 43,9. Esse resultado será mostrado mais adiante no capítulo. Enquanto o desempenho do gráfico de controle para medidas individuais é muito melhor para grandes deslocamentos, em muitas situações o deslocamento de interesse não é grande e uma detecção mais rápida do deslocamento é desejável. Nesses casos, recomendamos o *gráfico de controle da soma cumulativa* ou um *gráfico da média móvel ponderada exponencialmente* (discutidos na Seção 15.8).

EXEMPLO 15.2 | Concentração em um Processo Químico

A Tabela 15.3 mostra 20 observações da concentração na saída de um processo químico. As observações são retiradas em intervalos de uma hora. Se várias observações forem retiradas ao mesmo tempo, a leitura da concentração observada diferirá somente em função do erro de medida. Uma vez que o erro de medida é pequeno, somente uma observação é retirada a cada hora.

Com a finalidade de estabelecer o gráfico de controle para medidas individuais, note que a média amostral das 20 leituras de concentração é $\bar{x} = 99,1$ e que a média das amplitudes móveis das duas observações mostradas na última coluna da Tabela 15.3 é $\overline{am} = 2,59$. De modo a estabelecer o gráfico da amplitude móvel, notamos que $D_3 = 0$ e $D_4 = 3,267$ para $n = 2$. Logo, o gráfico da amplitude móvel tem linha central $\overline{am} = 2,59$, $LIC = 0$ e $LSC = D_4 \overline{am} = (3,267)(2,59) = 8,46$. O gráfico de controle é mostrado na parte inferior da Figura 15.11. Esse gráfico de controle foi construído por um *software*. Pelo fato de nenhum ponto exceder o limite superior de controle, podemos agora estabelecer o gráfico de controle para as medidas individuais de concentração. Se uma amplitude móvel de $n = 2$ observações for usada, $d_2 = 1,128$. Para os dados da Tabela 15.3, temos

$$LSC = \bar{x} + 3\,\frac{\overline{am}}{d_2} = 99,1 + 3\,\frac{2,59}{1,128} = 105,99$$

$$LC = \bar{x} = 99,1$$

$$LIC = \bar{x} - 3\,\frac{\overline{am}}{d_2} = 99,1 - 3\,\frac{2,59}{1,128} = 92,21$$

O gráfico de controle para medidas individuais de concentração e amplitudes móveis é mostrado na Figura 15.11. Não há indicação de uma condição fora de controle.

Interpretação Prática: Esses limites de controle calculados são usados para monitorar a produção futura.

TABELA 15.3 Medidas de Concentrações em um Processo Químico

Observação	Concentração x	Amplitude Móvel am	Observação	Concentração x	Amplitude Móvel am
1	102,0		12	98,7	2,6
2	94,8	7,2	13	101,1	2,4
3	98,3	3,5	14	98,4	2,7
4	98,4	0,1	15	97,0	1,4
5	102,0	3,6	16	96,7	0,3
6	98,5	3,5	17	100,3	3,6
7	99,0	0,5	18	101,4	1,1
8	97,7	1,3	19	97,2	4,2
9	100,0	2,3	20	101,0	3,8
10	98,1	1,9		$\bar{x} = 99,1$	$\overline{am} = 2,59$
11	101,3	3,2			

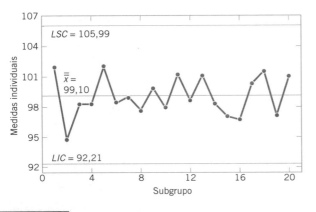
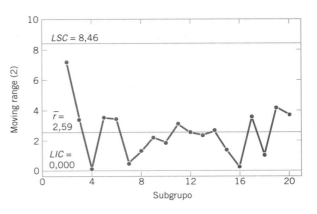

FIGURA 15.11

Gráficos de controle para medidas individuais e para a amplitude móvel, provenientes de um software, para os dados de concentração em um processo químico.

Algumas pessoas têm sugerido que limites mais estreitos do que 3-sigma sejam usados no gráfico para medidas individuais com o objetivo de aumentar sua habilidade de detectar pequenas mudanças no processo. Essa é uma sugestão perigosa, pois limites mais estreitos aumentarão dramaticamente os **alarmes falsos** de tal modo que os gráficos podem ser ignorados, tornando-se inúteis. Se você estiver interessado em detectar pequenas mudanças, use o gráfico de controle da soma cumulativa ou da média móvel ponderada exponencialmente explicados na Seção 15.8.

15.5 Capacidade de Processo

Geralmente é necessário obter alguma informação acerca da **capacidade de processo** – ou seja, o desempenho do processo quando ele estiver operando sob controle. Duas ferramentas gráficas, o **gráfico de tolerância** (ou gráfico de amarração) e o **histograma**, são úteis na estimação da capacidade de processo. O gráfico de tolerância para todas as 20 amostras, provenientes do processo de fabricação do rotor, é mostrado na Figura 15.12. As especificações da abertura do rotor são 0,5030 ± 0,0010 polegada. Em termos dos dados codificados, o limite superior de especificação é $LSE = 40$ e o limite inferior de especificação é $LIE = 20$; esses limites são mostrados no gráfico da Figura 15.12. Cada medida é plotada no gráfico de tolerância. Medidas provenientes do mesmo subgrupo são conectadas com linhas. O gráfico de tolerância é útil em revelar padrões de comportamento ao longo do tempo nas medidas individuais, ou pode ser mostrado que um valor particular de $\bar{x}$ ou r foi produzido por uma ou duas observações não usuais na amostra. Por exemplo, note as duas observações não usuais na amostra 9 e a única observação não usual na amostra 8. Note também que é apropriado plotar os limites de especificação no gráfico de tolerância, uma vez que ele é um gráfico de medidas individuais. **Nunca é apropriado plotar os limites de especificação em um gráfico de controle ou usar as especificações na determinação dos limites de controle**. Os limites de especificação e os limites de controle não são relacionados. Finalmente, note, da Figura 15.12, que o processo está correndo fora do centro da dimensão nominal de 30 (ou 0,5030 polegada).

O histograma para as medidas de abertura do rotor é mostrado na Figura 15.13. As observações das amostras 6, 8, 9, 11 e 19 (correspondendo aos pontos fora de controle nos gráficos $\bar{X}$ ou R) foram eliminadas desse histograma. A impressão geral do exame desse histograma é que o processo é capaz de encontrar a especificação, mas que ele está correndo fora do centro.

Outra maneira de expressar a capacidade de processo é em termos de um índice que seja definido como se segue.

Razão da Capacidade de Processo

A **razão da capacidade de processo** (*PCR, em inglês*) é

$$PCR = \frac{LSE - LIE}{6\sigma} \qquad (15.19)$$

O numerador de PCR é a largura das especificações. Os limites 3σ em cada lado da média do processo são às vezes chamados de **limites de tolerância naturais**, pelo fato de eles representarem os limites que um processo sob controle deve encontrar com a maioria das unidades produzidas. Em consequência, 6σ é frequentemente referido como a largura do processo. Para a abertura do rotor, em que nossa amostra tem tamanho 5, poderíamos estimar σ como

$$\hat{\sigma} = \frac{\bar{r}}{d_2} = \frac{5,0}{2,326} = 2,15$$

Por conseguinte, a PCR é estimada como

$$PCR = \frac{LSE - LIE}{6\hat{\sigma}} = \frac{40 - 20}{6(2,15)} = 1,55$$

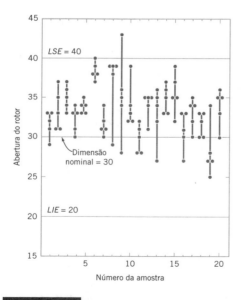

FIGURA 15.12

Diagrama de tolerância das aberturas do rotor.

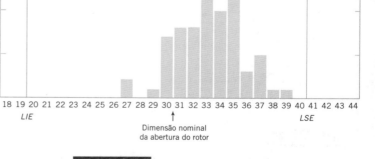

FIGURA 15.13

Histograma para a abertura do rotor.

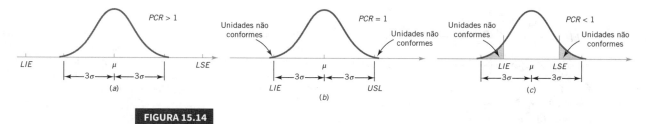

FIGURA 15.14

Fração não conforme do processo e razão da capacidade de processo (PCR).

A PCR tem uma interpretação natural: $(1/PCR)100\%$ é apenas a percentagem da largura das especificações usadas pelo processo. Assim, o processo de abertura do rotor usa aproximadamente $(1/1,55)100\% = 64,5\%$ da largura das especificações.

A Figura 15.14(a) mostra um processo para o qual a PCR excede a unidade. Uma vez que os limites de tolerância naturais do processo estão dentro das especificações, muito poucas unidades defeituosas ou não conformes serão produzidas. Se $PCR = 1$, como mostrado na Figura 15.14(b), mais unidades não conformes resultam. De fato, para um processo normalmente distribuído, se $PCR = 1$, a fração não conforme é $0,27\%$ ou 2700 **partes por milhão**. Finalmente, quando a PCR for menor do que a unidade, como na Figura 15.14(c), o processo é muito sensível ao resultado e um grande número de unidades não conformes será produzido.

A definição da PCR dada na Equação 15.19 considera implicitamente que o processo esteja centralizado na dimensão nominal. Se o processo for corrido fora do centro, sua **capacidade real** será menor do que indicado pela PCR. É conveniente pensar sobre PCR como uma medida de **capacidade potencial**; ou seja, a capacidade com um processo centralizado. Se o processo não estiver centralizado, então uma medida de capacidade real será frequentemente usada. Essa razão, chamada de PCR_k, é definida a seguir.

PCR_k

$$PCR_k = \min\left[\frac{LSE - \mu}{3\sigma}, \frac{\mu - LIE}{3\sigma}\right] \quad (15.20)$$

Na verdade, PCR_k é uma razão unilateral da capacidade de processo, que é calculada relativa ao limite de especificação mais próximo da média do processo. Para o processo de abertura do rotor, encontramos que a estimativa da razão da capacidade de processo PCR_k (depois de eliminar as amostras correspondentes aos pontos fora de controle) é

$$PCR_k = \min\left[\frac{LSE - \bar{\bar{x}}}{3\hat{\sigma}}, \frac{\bar{\bar{x}} - LIE}{3\hat{\sigma}}\right]$$
$$= \min\left[\frac{40 - 33,21}{3(2,15)} = 1,06, \frac{33,21 - 20}{3(2,15)} = 2,04\right] = 1,05$$

Note que, se $PCR = PCR_k$, o processo está centralizado na dimensão nominal. Uma vez que $PCR_k = 1,05$ para o processo de abertura do rotor e $PCR = 1,55$, o processo está obviamente ocorrendo fora do centro, como foi primeiro notado nas Figuras 15.10 e 15.13. Essa operação não centralizada foi finalmente acompanhada com uma ferramenta superdimensionada. A mudança da ferramenta resultou em uma melhoria substancial no processo.

As frações de saída não conforme abaixo do limite inferior de especificação e acima do limite superior de especificação são constantemente de interesse. Suponha que o resultado de um processo, distribuído normalmente e sob controle estatístico, seja denotado como X. As frações são determinadas a partir de

$$P(X < LIE) = P\left(Z < \frac{LIE - \mu}{\sigma}\right)$$

$$P(X > LSE) = P\left(Z > \frac{LSE - \mu}{\sigma}\right)$$

EXEMPLO 15.3 | Corrente Elétrica

Para um processo eletrônico de fabricação, uma corrente tem especificações de 100 ± 10 miliampères. A média μ e o desvio-padrão σ do processo são 107,0 e 1,5, respectivamente. A média do processo está mais perto de LSE. Por conseguinte,

$$PCR = \frac{110 - 90}{6(1,5)} = 2,22$$

e

$$PCR_k = \frac{110 - 107}{3(1,5)} = 0,67$$

O baixo valor de PCR_k indica que o processo está propenso a produzir correntes fora dos limites de especificações. A partir da distribuição normal na Tabela II do Apêndice A,

$$P(X < LIE) = P\left(Z < \frac{90-107}{1,5}\right) = P(Z < -11,33) \cong 0$$

$$P(X > LSE) = P\left(Z > \frac{110-107}{1,5}\right) = P(Z > 2) = 0,023$$

Interpretação Prática: A probabilidade de uma corrente ser menor do que *LIE* é aproximadamente zero. Entretanto, a probabilidade relativamente grande de exceder *LSE* é uma advertência de problemas potenciais com esse critério, mesmo se nenhuma das observações medidas na amostra preliminar exceder esse limite. A PCR_k melhoraria se a média do processo fosse centrada nas especificações em 100 miliampères.

Enfatizamos que o cálculo da fração não conforme considera que as observações sejam normalmente distribuídas e o processo esteja sob controle. Desvios da normalidade podem afetar seriamente os resultados. O cálculo deve ser interpretado como uma norma aproximada para o desempenho do processo. De modo a tornar a questão pior, μ e σ necessitam ser estimados a partir dos dados disponíveis e uma amostra de tamanho pequeno pode resultar em estimativas pobres que degradam mais o cálculo.

A Tabela 15.4 relaciona a fração defeituosa em **partes por milhão (PPM)** para um processo normalmente distribuído, sob controle, em relação ao valor de *PCR*. A tabela mostra PPM para um processo centralizado e para um com um deslocamento de $1,5\sigma$ na média do processo. Muitas companhias norte-americanas usam $PCR = 1,33$ como um alvo mínimo aceitável e $PCR = 1,66$ como um alvo mínimo para resistência, segurança ou características críticas.

Algumas companhias requerem que os processos internos e aqueles dos fornecedores atinjam uma $PCR_k = 2,0$. A Figura 15.15 ilustra um processo com $PCR = PCR_k = 2,0$. Considerando uma distribuição normal, o resultado não conforme para esse processo é 0,0018 parte por milhão. Um processo com $PCR_k = 2,0$ é referido como um **processo 6-sigma**, porque a distância a partir da média do processo até a especificação mais próxima é seis desvios-padrão. A razão pela qual tal capacidade grande de processo seja frequentemente requerida é que é difícil manter uma média do processo no centro das especificações por longos períodos de tempo. Um modelo comum usado para justificar a importância de um processo 6-sigma é ilustrado na Figura 15.15. Se a média do processo se deslocar do centro por 1,5 desvio-padrão, a PCR_k diminuirá para

$$PCR_k = \frac{LSE - \mu}{3\sigma} = \frac{6\sigma - 1,5\sigma}{3\sigma} = \frac{4,5\sigma}{3\sigma} = 1,5$$

TABELA 15.4 PCR Relacionado com o PPM para um Processo Distribuído Normalmente

PCR	PPM Média Centralizada	PPM Média Deslocada de $1,5\sigma$
0,5	133.614,4	501.349,9
0,67	44.431,2	305.249,8
0,75	24.448,9	226.715,8
1	2699,8	66.810,6
1,25	176,8	12.224,5
1,33	66,1	6387,2
1,5	6,8	1349,9
1,67	0,5	224,1
1,75	0,2	88,4
2	0,0	3,4

Considerando um processo distribuído normalmente, a fração não conforme do processo deslocado é **3,4 partes por milhão**. Por conseguinte, a média de um processo 6-sigma pode se deslocar de 1,5 desvio-padrão do centro das especificações e ainda manter uma fração não conforme mínima.

Além disso, algumas companhias americanas, particularmente a indústria automobilística, têm adotado a terminologia japonesa $C_p = PCR$ e $C_{pk} = PCR_k$. Em razão de C_p ter outro significado em estatística (em regressão múltipla), preferimos a notação tradicional PCR e PCR_k.

Repetimos que os cálculos da capacidade de processo são significativos somente para processos estáveis; isto é, processos que estejam sob controle. Uma razão da capacidade de processo indica se a variabilidade natural ou casual em um processo é ou não aceitável em relação às especificações.

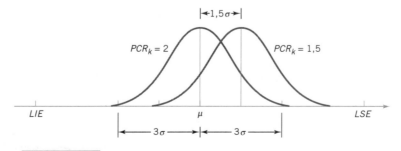

FIGURA 15.15

Deslocamento da média de um processo 6-sigma por 1,5 desvio-padrão.

15.6 Gráficos de Controle para Atributos

15.6.1 Gráfico P (Gráfico de Controle para Proporções)

Frequentemente, deseja-se classificar um produto como defeituoso ou não defeituoso, baseado na comparação com um padrão. Por exemplo, o diâmetro de um mancal de esferas pode ser verificado determinando-se se ele passa através de um medidor consistindo em orifícios circulares cortados em um molde. Esse tipo de medida seria muito mais simples do que medir diretamente o diâmetro com um instrumento, tal como o micrômetro. Gráficos de controle para atributos são usados nessas situações. Gráficos de controle para atributos requerem constantemente uma amostra de tamanho consideravelmente maior do que as correspondentes medidas para variáveis. Nesta seção, discutiremos o **gráfico de controle da fração defeituosa** ou **gráfico P**. Por vezes, o gráfico P é chamado de *gráfico de controle para a fração não conforme*.

A cada tempo de amostragem, uma amostra aleatória de n unidades é selecionada. Suponha que D seja o número de unidades defeituosas em uma amostra aleatória de tamanho n. Consideramos que D seja uma variável aleatória binomial, com parâmetro desconhecido p. A fração defeituosa

$$P = \frac{D}{n}$$

de cada amostra é plotada no gráfico. Além disso, da distribuição binomial, a variância da estatística P é

$$\sigma_P^2 = \frac{p(1-p)}{n}$$

Consequentemente, um gráfico P para a fração defeituosa poderia ser construído usando p como a linha central e os limites de controle em

$$LSC = p + 3\sqrt{\frac{p(1-p)}{n}} \qquad LIC = p - 3\sqrt{\frac{p(1-p)}{n}}$$

(15.21)

Entretanto, a verdadeira fração defeituosa do processo é quase sempre desconhecida e tem de ser estimada usando os dados das amostras preliminares.

Suponha que m amostras preliminares, cada uma de tamanho n, estejam disponíveis, e seja D_i o número de defeitos na i-ésima amostra. Então, $P_i = D_i/n$ é a fração defeituosa amostral na i-ésima amostra. A fração defeituosa média é

$$\overline{P} = \frac{1}{m}\sum_{i=1}^{m} P_i = \frac{1}{mn}\sum_{i=1}^{m} D_i \qquad (15.22)$$

Agora, $\overline{P}$ pode ser usada como um estimador de p nas fórmulas da linha central e dos limites de controle.

Gráfico P

A linha central e os limites superior e inferior de controle para o gráfico P são

$$LSC = \overline{p} + 3\sqrt{\frac{\overline{p}(1-\overline{p})}{n}} \qquad LC = \overline{p}$$

$$LIC = \overline{p} - 3\sqrt{\frac{\overline{p}(1-\overline{p})}{n}}$$

(15.23)

sendo $\overline{p}$ o valor observado da fração defeituosa média.

Esses limites de controle são baseados na aproximação da distribuição binomial pela normal. Quando p for pequena, a aproximação normal pode não ser sempre adequada. Em tais casos, podemos usar os limites de controle obtidos diretamente de uma tabela de probabilidades binomiais. Se $\overline{p}$ for pequena, o limite inferior de controle, obtido da aproximação normal, pode ser um número negativo. Se isso ocorrer, é comum considerar zero como o limite inferior de controle.

EXEMPLO 15.4 | Substrato Cerâmico

Desejamos construir um gráfico de controle da fração defeituosa para uma linha de produção de substrato cerâmico. Temos 20 amostras preliminares, cada uma de tamanho 100; o número dos defeitos em cada amostra é apresentado na Tabela 15.5. Considere que as amostras sejam numeradas na sequência de produção. Note que $\overline{p} = (800/2.000) = 0,40$; logo, os parâmetros iniciais para o gráfico de controle são

$$LSC = 0,40 + 3\sqrt{\frac{(0,40)(0,60)}{100}} = 0,55 \qquad LC = 0,40$$

$$LIC = 0,40 - 3\sqrt{\frac{(0,40)(0,60)}{100}} = 0,25$$

O gráfico de controle é mostrado na Figura 15.16. Todas as amostras estão sob controle. Se não estivessem, procuraríamos as causas atribuídas de variação e revisaríamos os limites. Esse gráfico pode ser usado para controlar a produção futura.

Interpretação Prática: Embora esse processo exiba controle estatístico, sua taxa de defeitos ($\overline{p} = 0,40$) é muito alta. Devemos considerar etapas apropriadas para investigar o processo de modo a determinar por que um número grande de unidades defeituosas está sendo produzido. Unidades defeituosas devem ser analisadas para determinar os tipos específicos de defeitos presentes. Uma vez que os tipos de defeitos sejam conhecidos, mudanças no processo devem ser investigadas para determinar seus impactos nos níveis dos defeitos. Experimentos planejados podem ser úteis nesse aspecto.

TABELA 15.5	Número de Defeitos em Amostras de 100 Substratos Cerâmicos		
Amostra	Número de Defeitos	Amostra	Número de Defeitos
1	44	11	36
2	48	12	52
3	32	13	35
4	50	14	41
5	29	15	42
6	31	16	30
7	46	17	46
8	52	18	38
9	44	19	26
10	48	20	30

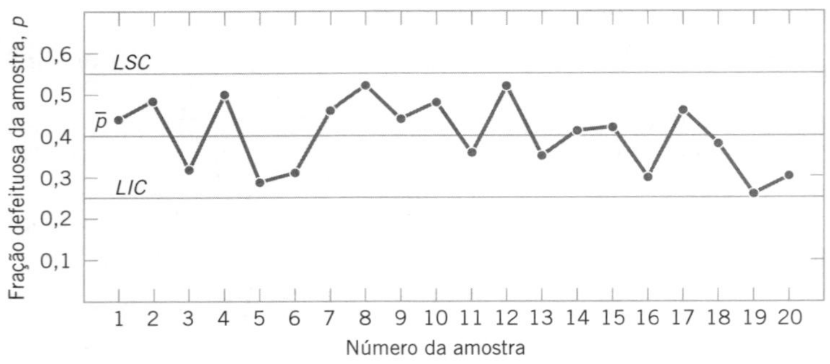

FIGURA 15.16 Gráfico P para um substrato cerâmico.

Softwares produzem também um **gráfico NP**. Esse é apenas um gráfico de controle $nP = D$, o número de defeitos em uma amostra. Os pontos, a linha central e os limites de controle para esse gráfico são apenas múltiplos (vezes n) dos elementos correspondentes de um gráfico P. O uso de um gráfico NP evita as frações existentes em um gráfico P, porém eles são equivalentes de algum modo.

15.6.2 Gráfico U (Gráfico de Controle para Defeitos por Unidade)

Eventualmente, é necessário monitorar o número de defeitos em uma unidade de produto em vez da fração defeituosa. Por exemplo, um hospital deve registrar o número de casos de infecção por mês ou um fabricante de semicondutores deve registrar o número de grandes partículas de contaminação por pastilha. Nessas situações, podemos usar o **gráfico de controle para os defeitos por unidade** ou o **gráfico U**. Se cada subgrupo consistir em n unidades e houver um total de C defeitos no subgrupo, então,

$$U = \frac{C}{n}$$

é o número médio de defeitos por unidade. Um gráfico U pode ser construído para tais dados.

Muitas situações de defeitos por unidade podem ser modeladas pela distribuição de Poisson. Suponha que o número de defeitos em uma unidade seja uma variável aleatória de Poisson, com parâmetro λ. A variância também é igual a λ. Cada ponto no gráfico é um valor observado de U, o número médio de defeitos por unidade, provenientes de uma amostra de n unidades. A média de U é λ e a variância de U é λ/n. Os limites de controle para o gráfico U, com λ conhecido, são:

$$LSC = \lambda + 3\sqrt{\frac{\lambda}{n}} \qquad LIC = \lambda - 3\sqrt{\frac{\lambda}{n}} \qquad (15.24)$$

Suponha que estejam disponíveis m amostras preliminares, cada uma de tamanho n, e seja C_i o número de defeitos na i-ésima amostra. Então, $U_i = C_i/n$ é o número médio de defeitos por unidade na i-ésima amostra. O estimador do número médio de defeitos por unidade é

$$\overline{U} = \frac{1}{m}\sum_{i=1}^{m} U_i = \frac{1}{mn}\sum_{i=1}^{m} C_i \qquad (15.25)$$

Agora, $\overline{U}$ pode ser usado como um estimador de λ nas fórmulas da linha central e dos limites de controle.

Gráfico U

A linha central e os limites superior e inferior de controle para o gráfico U são

$$LSC = \bar{u} + 3\sqrt{\frac{\bar{u}}{n}} \quad LC = \bar{u} \quad LIC = \bar{u} - 3\sqrt{\frac{\bar{u}}{n}} \quad (15.26)$$

sendo $\bar{u}$ o número médio de defeitos por unidade.

Esses limites de controle são baseados na aproximação da distribuição de Poisson pela normal. Quando λ é pequeno, a aproximação normal pode não ser sempre adequada. Em tais casos, podemos usar os limites de controle obtidos diretamente de uma tabela de probabilidades de Poisson. Se $\bar{u}$ for pequeno, o limite inferior de controle, obtido da aproximação normal, poderá ser um número negativo. Se isso ocorrer, é costume considerar o limite inferior de controle como zero.

EXEMPLO 15.5 | Placas de Circuito Impresso

Placas de circuito impresso são montadas por uma combinação de montagem manual e automática. Uma Tecnologia de Montagem da Superfície (TMS) é usada para fazer as conexões mecânicas e elétricas dos componentes na placa. A cada hora, cinco placas são selecionadas e inspecionadas para finalidades de controle de processo. O número de defeitos em cada amostra de cinco placas é anotado. Os resultados para 20 amostras são mostrados na Tabela 15.6.

A linha central para o gráfico U é

$$\bar{u} = \frac{1}{20}\sum_{i=1}^{20} u_i = \frac{32,0}{20} = 1,6$$

e os limites superior e inferior de controle são

$$LSC = \bar{u} + 3\sqrt{\frac{\bar{u}}{n}} = 1,6 + 3\sqrt{\frac{1,6}{5}} = 3,3$$

$$LIC = \bar{u} - 3\sqrt{\frac{\bar{u}}{n}} = 1,6 - 3\sqrt{\frac{1,6}{5}} < 0$$

O gráfico de controle é plotado na Figura 15.17. Pelo fato de LIC ser negativo, ele é estabelecido igual a zero. A partir do gráfico de controle na Figura 15.17, vemos que o processo está sob controle.

Interpretação Prática: Oito defeitos por grupo de cinco placas de circuito constituem um número alto (cerca de 8/5 = 1,6 defeito/placa), necessitando o processo de melhorias. É preciso fazer uma investigação dos tipos específicos de defeitos encontrados nas placas de circuitos impressos. Essa investigação geralmente sugerirá maneiras potenciais para melhoria do processo.

TABELA 15.6 Número de Defeitos nas Amostras de Cinco Placas de Circuito Impresso

Amostra	Número de Defeitos	Defeitos por Unidade u_i	Amostra	Número de Defeitos	Defeitos por Unidade u_i
1	6	1,2	11	9	1,8
2	4	0,8	12	15	3,0
3	8	1,6	13	8	1,6
4	10	2,0	14	10	2,0
5	9	1,8	15	8	1,6
6	12	2,4	16	2	0,4
7	16	3,2	17	7	1,4
8	2	0,4	18	1	0,2
9	3	0,6	19	7	1,4
10	10	2,0	20	13	2,6

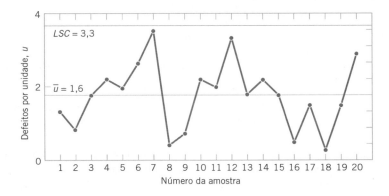

FIGURA 15.17

Gráfico U de defeitos por unidade nas placas de circuito impresso.

Softwares também produzem um **gráfico C**. Esse é apenas um gráfico de controle C, o total de defeitos em uma amostra. Os pontos, a linha central e os limites de controle para esse gráfico são apenas múltiplos (vezes n) dos elementos correspondentes de um gráfico U. O uso de um gráfico C evita as frações que podem ocorrer em um gráfico U, mas eles são equivalentes.

15.7 Desempenho dos Gráficos de Controle

A especificação dos limites de controle é uma das decisões críticas que tem de ser feita no projeto de um gráfico de controle. Pelo deslocamento dos limites de controle para mais longe da linha central, diminuímos o risco de um erro tipo I – ou seja, o risco de um ponto cair além dos limites de controle, indicando a condição de falta de controle quando nenhuma causa atribuída estiver presente. No entanto, o alargamento dos limites de controle aumentará também o risco de um erro tipo II – isto é, o risco de um ponto cair entre os limites de controle, quando o processo estiver realmente fora de controle. Se movermos os limites de controle para mais perto da linha central, o efeito oposto será obtido: o risco do erro tipo I é aumentado, enquanto o risco do erro tipo II é diminuído.

Os limites de controle no gráfico de controle de Shewhart são costumeiramente localizados, a partir da linha central, a uma distância de mais ou menos três desvios-padrão da variável plotada no gráfico. Ou seja, a constante k na Equação 15.1 deve ser estabelecida igual a 3. Esses limites são chamados de **limites de controle 3-sigma**.

Uma maneira de avaliar as decisões relativas ao tamanho da amostra e à frequência de amostragem é por meio do **comprimento médio de corrida** (CMC) do gráfico de controle. Essencialmente, o CMC é o número médio de pontos que têm de ser plotados antes de um ponto indicar uma condição fora de controle. Para qualquer gráfico de controle de Shewhart, o CMC pode ser calculado a partir da média de uma variável aleatória geométrica. Suponha que p seja a probabilidade de que qualquer ponto exceda os limites de controle. Então

Comprimento Médio de Corrida

$$CMC = \frac{1}{p} \quad (15.27)$$

Assim, para um gráfico $\overline{X}$ com limites 3-sigma, $p = 0,0027$ é a probabilidade de que um único ponto saia dos limites de controle, quando o processo estiver sob controle; logo

$$CMC = \frac{1}{p} = \frac{1}{0,0027} \cong 370$$

será o comprimento médio de corrida do gráfico $\overline{X}$, quando o processo estiver sob controle. Ou seja, mesmo se o processo permanecer sob controle, um sinal de fora de controle será gerado a cada 370 pontos, em média.

Considere o processo do anel do pistão, discutido na Seção 15.2.2, e suponha que estejamos amostrando a cada hora. Dessa maneira, teremos um **alarme falso** aproximadamente a cada 370 horas, em média. Suponha que estejamos usando um tamanho de amostra de $n = 5$ e que, quando o processo estiver fora de controle, a média se desloque para 74,0135 milímetros. Então, a probabilidade de que $\overline{X}$ caia entre os limites de controle da Figura 15.3 será igual a

$$P\,[73,9865 \leq \overline{X} \leq 74,0135 \text{ quando } \mu = ,74.0135]$$
$$= P\left[\frac{73,9865 - 74,0135}{0,0045} \leq Z \leq \frac{74,0135 - 74,0135}{0,0045}\right]$$
$$= P[-6 \leq Z \leq 0] = 0,5$$

Por conseguinte, p na Equação 15.27 é 0,50, e o CMC na condição de fora de controle é

$$CMC = \frac{1}{p} = \frac{1}{0,5} = 2$$

Ou seja, o gráfico de controle requererá, em média, duas amostras para detectar a mudança no processo; logo, passarão duas horas entre a mudança e sua detecção (*novamente em média*). Suponha que esse fato seja inaceitável, porque a produção dos anéis do pistão, com um diâmetro médio de 74,0135 milímetros, resultará em custos excessivos de perda, atrasando a montagem final do motor. Como podemos reduzir o tempo necessário para detectar a condição de fora de controle? Um método é amostrar com mais frequência. Por exemplo, se amostrarmos a cada meia hora, então somente uma hora passará (em média) entre a mudança e a sua detecção. A segunda possibilidade é aumentar o tamanho da amostra. Por exemplo, se usarmos $n = 10$, então os limites de controle na Figura 15.3 se estreitarão para 73,9905 e 74,0095. A probabilidade de $\overline{X}$ cair entre os limites de controle quando a média do processo for de 74,0135 milímetros será de aproximadamente 0,1, de modo que $p = 0,9$ e o CMC na condição de fora de controle será

$$CMC = \frac{1}{p} = \frac{1}{0,9} = 1,11$$

Desse modo, uma amostra de tamanho maior permitirá detectar a mudança cerca de duas vezes mais rápido do que a amostra anterior. Se se tornar importante detectar a mudança na primeira hora depois de ela ter ocorrido, dois projetos de gráficos de controle funcionarão:

Projeto 1	Projeto 2
Tamanho da amostra: $n = 5$	Tamanho da amostra: $n = 10$
Frequência de amostragem: a cada meia hora	Frequência de amostragem: a cada hora

A Tabela 15.7 fornece comprimentos médios de corrida para um gráfico $\overline{X}$ com limites de controle 3-sigma. Os comprimentos médios de corrida são calculados para mudanças na média do processo de 0 para $3,0\sigma$ e para amostras de tamanho

TABELA 15.7	Comprimento Médio de Corrida (CMC) para um Gráfico $\overline{X}$ com Limites de Controle 3-Sigma	
Magnitude do Deslocamento do Processo	**CMC $n=1$**	**CMC $n=4$**
0	370,4	370,4
0,5σ	155,2	43,9
1,0σ	43,9	6,3
1,5σ	15,0	2,0
2,0σ	6,3	1,2
3,0σ	2,0	1,0

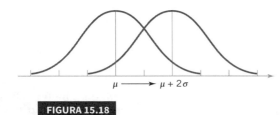

FIGURA 15.18

Deslocamento de 2σ na média do processo.

$n = 1$ e $n = 4$, usando $1/p$, sendo p a probabilidade de que um ponto saia dos limites de controle (com base em uma distribuição normal). A Figura 15.18 ilustra uma mudança de 2σ na média do processo.

15.8 Gráficos Ponderados no Tempo

Nas Seções 15.3 e 15.4, apresentamos os tipos básicos dos gráficos de controle de Shewhart. Uma grande desvantagem de qualquer gráfico de controle de Shewhart é que o gráfico é relativamente insensível a pequenas mudanças no processo, como algo da ordem de 1,5σ ou menos. Uma razão para esse desempenho relativamente pobre em detectar pequenas mudanças no processo é que o gráfico de Shewhart usa somente a informação no último ponto plotado e ignora a informação na sequência de pontos. Esse problema pode ser tratado, em alguma extensão, pela adição de critérios, como as regras *Western Electric*, ao gráfico de Shewhart. No entanto, o uso dessas regras reduz a simplicidade e a facilidade de interpretação do gráfico. Essas regras causariam também a queda do comprimento médio de corrida sob controle de um gráfico de Shewhart para um valor abaixo de 370. Esse aumento na taxa de alarme falso pode ter sérias consequências práticas.

Uma alternativa efetiva ao gráfico de controle de Shewhart é o **gráfico ponderado no tempo**, que integra dados ao longo de vários períodos de tempo. Tal gráfico tem um desempenho muito melhor (em termos de CMC) para detectar pequenos deslocamentos do que o gráfico de Shewhart; porém, ele não causa a queda substancial do CMC sob controle.

15.8.1 Gráfico de Controle para a Média Móvel Ponderada Exponencialmente

Dados coletados em uma ordem temporal são frequentemente utilizados no cálculo da média ao longo de vários períodos de tempo. Por exemplo, dados econômicos são geralmente apresentados como uma média ao longo dos quatro últimos trimestres. Ou seja, no tempo t, a média das quatro últimas medidas pode ser escrita como

$$\overline{x}_t = \frac{1}{4} x_t + \frac{1}{4} x_{t-1} + \frac{1}{4} x_{t-2} + \frac{1}{4} x_{t-3}$$

Essa média tem peso de 1/4, em cada uma das observações mais recentes, e de zero em observações mais antigas. Ela é chamada de **média móvel**, e, nesse caso, uma *janela* de tamanho 4 é usada. Uma média dos dados recentes é usada para suavizar o ruído nos dados para gerar uma estimativa melhor da média do processo do que somente a observação mais recente.

Para controle estatístico de processo, em vez de usar um tamanho fixo de janela, é útil colocar o maior peso na observação mais recente ou na média do subgrupo e então diminuir gradualmente o peso para observações mais antigas. Uma média desse tipo pode ser construída por uma diminuição multiplicativa nos pesos. Seja $0 < \lambda \leq 1$ uma constante e μ_0 o alvo do processo ou a média histórica. Suponha que amostras de tamanho $n \geq 1$ sejam coletadas e $\overline{x}_t$ seja a média da amostra no tempo t. A **média móvel ponderada exponencialmente** (MMPE) é

$$z_t = \lambda \overline{x}_t + \lambda(1-\lambda)\overline{x}_{t-1} + \lambda(1-\lambda)^2 \overline{x}_{t-2}$$
$$+ \cdots + \lambda(1-\lambda)^{t-1} \overline{x}_1 + (1-\lambda)^t \mu_0$$
$$= \sum_{k=0}^{t-1} \lambda(1-\lambda)^k \overline{x}_{t-k} + (1-\lambda)^t \mu_0$$

Cada observação mais antiga tem seu peso diminuído pelo fator $(1-\lambda)$. O peso no valor inicial μ_0 é selecionado de modo que os pesos somem 1. Ocasionalmente, a MMPE é chamada de **média geométrica**.

O valor de λ determina o compromisso entre a redução de ruído e a resposta a uma mudança na média. Por exemplo, as séries de pesos, quando $\lambda = 0,8$ são

$$0,8; 0,16; 0,032; 0,0064; 0,00128; \ldots$$

e quando $\lambda = 0,2$, os pesos são

$$0,2; 0,16; 0,128; 0,1024; 0,0819; \ldots$$

Quando $\lambda = 0,8$, os pesos diminuem rapidamente. A maioria dos pesos é colocada na observação mais recente, com modestas contribuições para a MMPE a partir de medidas mais antigas. Nesse caso, a MMPE não suaviza muito o ruído (portanto, os limites de controle são mais amplos), porém

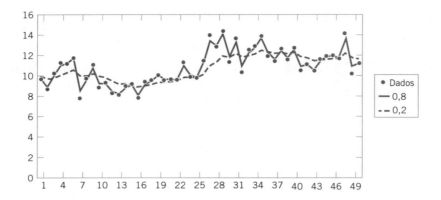

FIGURA 15.19

MMPEs com $\lambda = 0{,}8$ e $\lambda = 0{,}2$ mostram um compromisso entre uma curva suave e uma resposta a uma mudança.

responde a uma mudança na média. O resultado é um gráfico mais sensível a mudanças maiores (como o gráfico de Shewhart). No entanto, quando $\lambda = 0{,}2$, os pesos diminuem muito mais lentamente e a MMPE tem contribuições substanciais provenientes de observações mais recentes. Nesse caso, a MMPE suaviza mais o ruído (portanto, os limites de controle são mais estreitos), porém ela responde mais lentamente a uma mudança na média. O resultado é um gráfico mais sensível a mudanças menores. A Figura 15.19 apresenta uma série de observações com uma mudança na média no meio da série. Note que a MMPE com $\lambda = 0{,}2$ suaviza mais os dados, porém a MMPE com $\lambda = 0{,}8$ ajusta mais rapidamente a estimativa para a mudança na média.

Parece que é difícil calcular uma MMPE porque a cada tempo t uma nova média ponderada de todos os dados prévios é requerida. Entretanto, há um método fácil de calcular uma z_t baseando-se em uma equação recursiva simples. Seja $z_0 = \mu_0$. Então, pode ser mostrado que

Equação de Atualização de MMPE

$$z_t = \lambda \bar{x}_t + (1 - \lambda) z_{t-1} \qquad (15.28)$$

Consequentemente, somente um cálculo rápido é necessário a cada tempo t.

Para desenvolver um gráfico de controle a partir de MMPE, limites de controle são necessários para Z_t. Os limites de controle são definidos de uma maneira direta. Eles são colocados a três desvios-padrão em torno da média da estatística plotada Z_t. Isso segue a abordagem geral para um gráfico de controle na Equação 15.1. Um gráfico de controle MMPE pode ser aplicado a medidas individuais ou a médias dos subgrupos. Fórmulas aqui são desenvolvidas para o caso mais geral com uma média proveniente de um subgrupo de tamanho n. Para medidas individuais $n = 1$.

Uma vez que Z_t é uma função linear das observações independentes $X_1, X_2, \ldots, X_t$ (e μ_0), os resultados do Capítulo 5 podem ser usados para mostrar que

$$E(Z_t) = \mu_0 \quad \text{e} \quad V(Z_t) = \frac{\sigma^2}{n} \frac{\lambda}{2 - \lambda} \left[1 - (1 - \lambda)^{2t} \right]$$

sendo n o tamanho do subgrupo. Por conseguinte, um gráfico de controle MMPE usa estimativas de μ_0 e σ nas seguintes fórmulas:

Gráfico de Controle MMPE

$$LIC = \mu_0 - 3 \frac{\sigma}{\sqrt{n}} \sqrt{\frac{\lambda}{2 - \lambda} \left[1 - (1 - \lambda)^{2t} \right]}$$
$$LC = \mu_0 \qquad (15.29)$$
$$LSC = \mu_0 + 3 \frac{\sigma}{\sqrt{n}} \sqrt{\frac{\lambda}{2 - \lambda} \left[1 - (1 - \lambda)^{2t} \right]}$$

Note que os limites de controle não são de igual largura em torno da linha central. Os limites de controle são calculados a partir da variância de Z_t e ela muda com o tempo. No entanto, para t grande, a variância de Z_t converge para

$$\lim_{t \to \infty} V(Z_t) = \frac{\sigma^2}{n} \left(\frac{\lambda}{2 - \lambda} \right)$$

de modo que os limites de controle tendem a ser linhas paralelas em torno da linha central quando t aumenta.

Os parâmetros μ_0 e σ são estimados pelas mesmas estatísticas usadas nos gráficos de $\bar{X}$ ou X. Ou seja, para subgrupos

$$\hat{\mu}_0 = \bar{\bar{X}} \quad \text{e} \quad \hat{\sigma} = \bar{R}/d_2 \quad \text{ou} \quad \hat{\sigma} = \bar{S}/c_4$$

e para $n = 1$

$$\hat{\mu}_0 = \bar{X} \quad \text{e} \quad \hat{\sigma} = \overline{AM}/1{,}128$$

EXEMPLO 15.6 | MMPE para a Concentração de um Processo Químico

Considere os dados de concentração mostrados na Tabela 15.3. Construa um gráfico de controle MMPE, com $\lambda = 0,2$ e $n = 1$. Foi determinado que $\bar{x} = 99,1$ e $\overline{am} = 2,59$. Logo, $\hat{\mu}_0 = 99,1$ e $\hat{\sigma} = 2,59/1,128 = 2,30$. Os limites de controle para z_t são

$$LIC = 99,1 - 3(2,30)\sqrt{\frac{0,2}{2-0,2}\left[1-(1-0,2)^2\right]} = 98,19$$

$$LSC = 99,1 + 3(2,30)\sqrt{\frac{0,2}{2-0,2}\left[1-(1-0,2)^2\right]} = 100,01$$

Os primeiros poucos valores de z_t, juntamente com os limites de controle correspondentes, são

t	1	2	3	4	5
x_t	102	94,8	98,3	98,4	102
z_t	99,68	98,7	98,62	98,58	99,26
LIC	97,72	97,33	97,12	97	96,93
LSC	100,48	100,87	101,08	101,2	101,27

O gráfico gerado por programa computacional é mostrado na Figura 15.20. Note que os limites de controle se alargam à medida que o tempo aumenta, porém estabilizam rapidamente. Cada ponto está no interior de seu conjunto de limites de controle correspondentes, logo, não há sinais provenientes do gráfico.

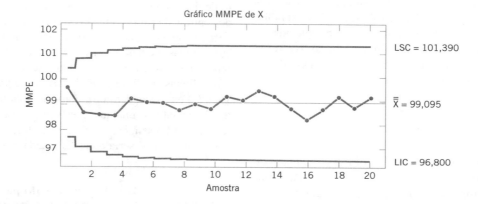

FIGURA 15.20 Gráfico de controle MMPE para os dados de concentração de um processo químico, provenientes de programa computacional.

Os pontos plotados em um gráfico MMPE não são independentes. Consequentemente, regras complementares não devem ser aplicadas a um gráfico de MMPE. A informação sobre a história dos dados que é considerada pelas regras complementares é incorporada, em larga extensão, à MMPE que é calculada a cada tempo t.

O valor de λ é geralmente escolhido a partir da faixa $0,1 < \lambda < 0,5$. Uma escolha comum é $\lambda = 0,2$. Valores menores para λ fornecem mais sensibilidade para pequenas mudanças e valores maiores ajustam melhor o gráfico para mudanças maiores. Esse desempenho pode ser visto nos comprimentos médios de corrida na Tabela 15.8. Esses cálculos são mais difíceis do que aqueles usados para os gráficos de Shewhart, sendo os detalhes omitidos. Aqui, $\lambda = 0,1$ e $0,5$ são comparados. O multiplicador do desvio-padrão, denotado por L na tabela, é ajustado de modo que o comprimento médio de corrida (CMC) seja igual a 500 para ambas as escolhas de λ. Isto é, os limites de controle são colocados em $E(Z_t) \pm L\sqrt{V(Z_t)}$, e L é escolhido de modo que CMC seja 500 em ambos os casos, sem uma mudança na média.

TABELA 15.8 Comprimentos Médios de Corrida para um Gráfico de Controle MMPE

Deslocamento na Média (múltiplo de $\sigma_{\bar{X}}$)	$\lambda = 0,5$ $L = 3,07$	$\lambda = 0,1$ $L = 2,81$
0	500	500
0,25	255	106
0,5	88,8	31,3
0,75	35,9	15,9
1	17,5	10,3
1,5	6,53	6,09
2	3,63	4,36
3	1,93	2,87

Os CMCs de MMPE na tabela indicam que o menor valor para λ é preferido quando a magnitude da mudança é pequena. Também, o desempenho de MMPE é em geral muito melhor do que os resultados para um gráfico de controle de Shewhart (na Tabela 15.7). Entretanto, esses são os resultados médios.

Quando a média do processo aumentar, z_t seria negativo e haveria alguma penalidade no desempenho antes de aumentar z_t para próximo a zero e, então, aumentá-lo mais para um sinal acima de LSC. Uma análise mais refinada pode ser usada para quantificar essa penalidade, porém a conclusão é que a penalidade MMPE é de moderada a pequena na maioria das aplicações.

15.8.2 Gráfico de Controle para Soma Cumulativa

Uma alternativa efetiva ao gráfico de controle de Shewhart é o **gráfico de controle da soma cumulativa (ou CUSUM)**. Esta seção ilustrará o uso do CUSUM para médias amostrais e medidas individuais. Também estarão disponíveis gráficos CUSUM para outras amostras estatísticas.

O gráfico CUSUM plota as somas cumulativas dos desvios dos valores amostrais em relação ao valor-alvo. Por exemplo, suponha que amostras de tamanho $n \geq 1$ sejam coletadas, e $\overline{X}_j$ seja a média da j-ésima amostra. Então, se μ_0 for o alvo da média do processo, o gráfico de controle da soma cumulativa será formado plotando a grandeza

$$S_i = \sum_{j=1}^{i}(\overline{X}_j - \mu_0) \qquad (15.30)$$

em função do número da amostra i. Agora, S_i é chamada de soma cumulativa até a i-ésima amostra, inclusive. Pelo fato de combinarem informação proveniente de *várias* amostras, os gráficos da soma cumulativa são mais efetivos que os gráficos de Shewhart para detectar pequenos deslocamentos no processo. Além disso, eles são particularmente efetivos com amostras de $n = 1$. Isso torna o gráfico de controle da soma cumulativa um bom candidato para uso nas indústrias químicas e de processos, cujos subgrupos racionais são frequentemente de tamanho 1, assim como na fabricação de peças com medida automática de cada peça e controle em tempo real usando um microcomputador diretamente na central de trabalho.

Se o processo permanecer sob controle no valor-alvo μ_0, a soma cumulativa definida na Equação 15.28 deve flutuar em torno de zero. Entretanto, se a média se deslocar para cima para algum valor $\mu_1 > \mu_0$, por exemplo, então um deslocamento para cima ou positivo se desenvolverá na soma cumulativa S_i. Por outro lado, se a média se deslocar para baixo para algum valor $\mu_1 < \mu_0$, então um deslocamento para baixo ou negativo em S_i se desenvolverá. Consequentemente, se uma tendência se desenvolver nos pontos plotados para cima ou para baixo, devemos considerar isso como uma evidência de que a média do processo tenha se deslocado, devendo ser feita uma busca da causa atribuída.

Essa teoria pode facilmente ser demonstrada pela aplicação da CUSUM aos dados de concentração do processo químico na Tabela 15.3. Uma vez que as leituras de concentração são medidas individuais, consideramos $\overline{X}_j = X_j$ no cálculo da CUSUM. Suponha que o valor-alvo para a concentração seja $\mu_0 = 99$. Então, a CUSUM é

$$S_i = \sum_{j=1}^{i}(X_j - 99) = (X_i - 99) + \sum_{j=1}^{i-1}(X_j - 99)$$
$$= (X_i - 99) + S_{i-1}$$

A Tabela 15.9 mostra os valores calculados, s_i, para essa CUSUM, em que o valor inicial da CUSUM, s_0, é tomado como zero. A Figura 15.21 plota a CUSUM a partir da última coluna da Tabela 15.9. Note que a CUSUM flutua em torno do valor zero.

O gráfico na Figura 15.21 não é um gráfico de controle porque ele não tem os limites de controle. Há duas abordagens gerais para imaginar limites de controle para CUSUMs. O mais antigo desses dois métodos é o procedimento da máscara V. Uma típica máscara V é mostrada na Figura 15.22(a). É um entalhe em forma de V em um plano, que pode ser colocado em diferentes localizações em um gráfico CUSUM. O procedimento de decisão consiste em colocar a máscara V em um gráfico de controle da soma cumulativa, com o ponto O no último valor de s_i e a linha OP paralela ao eixo horizontal. Se todas as somas cumulativas prévias, $s_1, s_2, \ldots, s_{i-1}$, repousarem dentro dos dois braços da máscara V, o processo está sob controle. Os braços são as linhas que fazem ângulos θ com segmento OP na Figura 15.22(a) e se estendem infinitamente ao longo do comprimento. No entanto, se qualquer s_i estiver fora dos braços da máscara, o processo será considerado estar fora de controle. No uso real, a máscara V seria aplicada a cada novo ponto no gráfico

TABELA 15.9 Cálculos da CUSUM para os Dados de Concentração do Processo Químico da Tabela 15.3

Observação, i	x_i	$x_i - 99$	$s_i = (x_i - 99) + s_{i-1}$
1	102,0	3,0	3,0
2	94,8	−4,2	−1,2
3	98,3	−0,7	−1,9
4	98,4	−0,6	−2,5
5	102,0	3,0	0,5
6	98,5	−0,5	0,0
7	99,0	0,0	0,0
8	97,7	−1,3	−1,3
9	100,0	1,0	−0,3
10	98,1	−0,9	−1,2
11	101,3	2,3	1,1
12	98,7	−0,3	0,8
13	101,1	2,1	2,9
14	98,4	−0,6	2,3
15	97,0	−2,0	0,3
16	96,7	−2,3	−2,0
17	100,3	1,3	−0,7
18	101,4	2,4	1,7
19	97,2	−1,8	−0,1
20	101,0	2,0	1,9

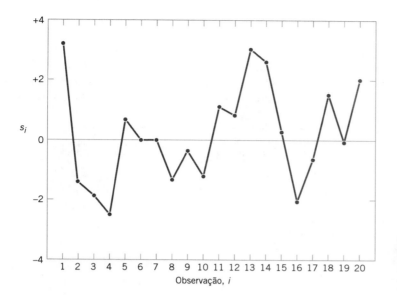

FIGURA 15.21
Gráfico da soma cumulativa para os dados de concentração.

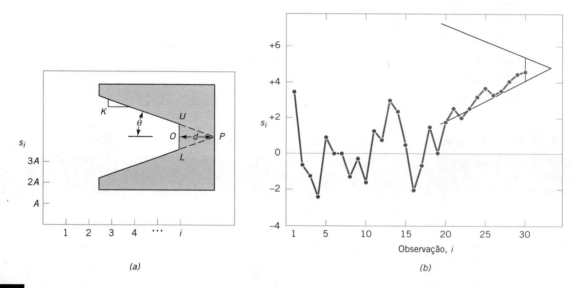

FIGURA 15.22
Gráfico de controle da soma cumulativa. (a) A máscara V e o escalonamento. (b) O gráfico de controle da soma cumulativa em operação.

CUSUM tão logo ele fosse plotado. No exemplo mostrado na Figura 15.22(b), um deslocamento para cima na média é indicado, uma vez que no mínimo um dos pontos antes da amostra 22 está agora no braço inferior da máscara, quando a máscara V estiver centralizada na trigésima observação. Se o ponto estiver acima do braço superior, uma mudança para baixo na média será indicada. Assim, a máscara V forma uma estrutura visual de referência similar aos limites de controle em um gráfico de controle comum de Shewhart. Para detalhes técnicos de projeto da máscara V, consulte Montgomery (2013).

Enquanto alguns *softwares* plotam as CUSUMs com o esquema de controle pela máscara V, sentimos que a outra abordagem para o controle por CUSUM, a **CUSUM tabular**, é superior. O procedimento tabular será particularmente atrativo quando a CUSUM for implementada em um computador.

Seja $S_H(i)$ uma CUSUM unilateral superior para o período i e seja $S_L(i)$ uma CUSUM unilateral inferior para o período i. Essas grandezas são calculadas a partir de

Gráfico de Controle CUSUM

$$s_H(i) = \max[0, \bar{x}_i - (\mu_0 + K) + s_H(i-1)] \quad (15.31)$$

e

$$s_L(i) = \max[0, (\mu_0 - K) - \bar{x}_i + s_L(i-1)] \quad (15.32)$$

em que os valores iniciais $s_H(0) = s_L(0) = 0$.

Nas Equações 15.31 e 15.32, K é chamado de **valor de referência**, geralmente escolhido em torno do meio do caminho entre o valor-alvo μ_0 e o valor da média correspondente ao estado de fora de controle, $\mu_1 = \mu_0 + \Delta$. Ou seja, K é cerca de metade do valor do deslocamento em que estamos interessados, ou

$$K = \frac{\Delta}{2}$$

Note que $S_H(i)$ e $S_L(i)$ acumulam desvios do valor-alvo que são maiores que K, com ambas as grandezas reajustadas para zero se tornando negativas. Se $S_H(i)$ ou $S_L(i)$ excederem uma

---

EXEMPLO 15.7 | CUSUM para a Concentração de um Processo Químico

Ilustraremos a CUSUM tabular aplicando-a aos dados da concentração de um processo químico da Tabela 15.9. O alvo do processo é $\mu_0 = 99$ e usaremos $K = 1$ como o valor de referência e $H = 10$ como o intervalo de decisão. As razões para essas escolhas serão explicadas mais adiante.

A Tabela 15.10 mostra o esquema da CUSUM tabular para os dados de concentração do processo químico. Para ilustrar os cálculos, note que

$$S_H(i) = \max[0, x_i - (\mu_0 + K) + S_H(i-1)]$$
$$= \max[0, x_i - (99+1) + S_H(i-1)]$$
$$= \max[0, x_i - (100) + S_H(i-1)]$$

$$S_L(i) = \max[0, (\mu_0 - K) - x_i + S_L(i-1)]$$
$$= \max[0, (99-1) - x_i + S_L(i-1)]$$
$$= \max[0, 98 - x_i + S_L(i-1)]$$

Logo, para a observação 1, as CUSUMs são

$$s_H(1) = \max[0, x_1 - 100 + s_H(0)]$$
$$= \max[0, 102.0 - 100 + 0] = 2.0$$

e

$$s_L(1) = \max[0, 98 - x_1 + s_L(0)]$$
$$= \max[0, 98 - 102.0 + 0] = 0$$

conforme mostrado na Tabela 15.10. As grandezas n_H e n_L na Tabela 15.10 indicam o número de períodos em que a CUSUM $s_H(i)$ ou $s_L(i)$ foram diferentes de zero. Observe que as CUSUMs nesse exemplo nunca excederam o intervalo de decisão $H = 10$. Concluímos então que o processo está sob controle.

Próximas Etapas: Os limites para os gráficos CUSUM podem ser usados para continuar a operar o gráfico de modo a monitorar as produções futuras.

TABELA 15.10 CUSUM Tabular para os Dados de Concentração de um Processo Químico

		CUSUM Superior				CUSUM Inferior	
Observação, i	x_i	$x_i - 100$	$s_H(i)$	n_H	$98 - x_i$	$s_L(i)$	n_L
1	102,0	2,0	2,0	1	−4,0	0,0	0
2	94,8	−5,2	0,0	0	3,2	3,2	1
3	98,3	−1,7	0,0	0	−0,3	2,9	2
4	98,4	−1,6	0,0	0	−0,4	2,5	3
5	102,0	2,0	2,0	1	−4,0	0,0	0
6	98,5	−1,5	0,5	2	−0,5	0,0	0
7	99,0	−1,0	0,0	0	−1,0	0,0	0
8	97,7	−2,3	0,0	0	0,3	0,3	1
9	100,0	0,0	0,0	0	−2,0	0,0	0
10	98,1	−1,9	0,0	0	−0,1	0,0	0
11	101,3	1,3	1,3	1	−3,3	0,0	0
12	98,7	−1,3	0,0	0	−0,7	0,0	0
13	101,1	1,1	1,1	1	−3,1	0,0	0
14	98,4	−1,6	0,0	0	−0,4	0,0	0
15	97,0	−3,0	0,0	0	1,0	1,0	1
16	96,7	−3,3	0,0	0	1,3	2,3	2
17	100,3	0,3	0,3	1	−2,3	0,0	0
18	101,4	1,4	1,7	2	−3,4	0,0	0
19	97,2	−2,8	0,0	0	0,8	0,8	1
20	101,0	1,0	1,0	1	−3,0	0,0	0

constante H, o processo está fora de controle. Essa constante H é geralmente chamada de **intervalo de decisão**.

Quando a CUSUM tabular indicar que o processo esteja fora de controle, devemos procurar a causa atribuída, adotar qualquer ação corretiva indicada e reiniciar as CUSUMs em zero. Pode ser útil obter uma estimativa da nova média do processo depois da mudança. Ela pode ser calculada a partir de

$$\hat{\mu} = \begin{cases} \mu_0 + K + \dfrac{s_H(i)}{n_H}, & \text{se } s_H(i) > H \\ \mu_0 - K - \dfrac{s_L(i)}{n_L}, & \text{se } s_L(i) > H \end{cases} \quad (15.33)$$

Igualmente, uma estimativa do tempo em que a causa atribuída ocorreu é, com frequência, considerada o tempo da amostra em que a CUSUM superior ou inferior (quaisquer que tenham sido assinaladas) tenha sido igual a zero.

É também útil apresentar gráficos das CUSUMs tabulares, ocasionalmente chamados de gráficos de *status* das CUSUMs. Eles são construídos plotando $s_H(i)$ e $s_L(i)$ contra o número da amostra. A Figura 15.23 mostra o gráfico de *status* CUSUM para os dados no Exemplo 15.7. Cada barra vertical representa o valor de $s_H(i)$ e $s_L(i)$ no período i. Com o intervalo de decisão plotado no gráfico, o gráfico de *status* CUSUM parece com um gráfico de controle de Shewhart. Plotamos também, como pontos sólidos no gráfico de *status* CUSUM, a estatística da amostra x_i para cada período. Isso frequentemente ajuda o usuário do gráfico de controle a visualizar o desempenho real do processo, que conduz a um valor particular da CUSUM.

A CUSUM tabular é projetada escolhendo-se os valores para o valor de referência K e o intervalo de decisão H. Recomendamos que esses parâmetros sejam selecionados de modo a fornecer bons valores para o comprimento médio de corrida. Há muitos estudos analíticos do desempenho de CMC para CUSUM. Com base nesses estudos, podemos dar algumas recomendações gerais para selecionar H e K. Defina $H = h\sigma_{\overline{X}}$ e $K = k\sigma_{\overline{X}}$, sendo $\sigma_{\overline{X}}$ o desvio-padrão da variável da amostra usada na formação da CUSUM (se $n = 1$, $\sigma_{\overline{X}} = \sigma_x$). O uso de $h = 4$ ou $h = 5$ e $k = 1/2$ geralmente fornecerá uma CUSUM que tem boas propriedades CMC contra uma mudança de cerca de $1\sigma_{\overline{X}}$ (ou $1\sigma_x$) na média do processo. Se mudanças muito maiores ou muito menores forem de interesse, estabeleça $k = \delta/2$, sendo δ o tamanho da mudança em unidades de desvio-padrão.

Para ilustrar quão bem as recomendações de $h = 4$ ou $h = 5$, com $k = 1/2$, funcionam, considere esses comprimentos médios de corrida na Tabela 15.11. Note que uma mudança de $1\sigma_{\overline{X}}$ seria detectada em 8,38 amostras (com $k = 1/2$ e $h = 4$) ou em 10,4

TABELA 15.11 Comprimentos Médios de Corridas para um Gráfico de Controle CUSUM, com $k = 1/2$

Deslocamento na Média (múltiplo de $\sigma_{\overline{X}}$)	$h = 4$	$h = 5$
0	168	465
0,25	74,2	139
0,50	26,6	38
0,75	13,3	17
1,00	8,38	10,4
1,50	4,75	5,75
2,00	3,34	4,01
2,50	2,62	3,11
3,00	2,19	2,57
4,00	1,71	2,01

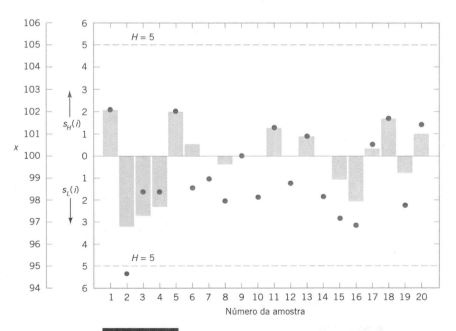

FIGURA 15.23

O gráfico de *status* CUSUM para o Exemplo 15.7.

amostras (com $k = 1/2$ e $h = 5$). Por comparação, a Tabela 15.8 mostra que um gráfico $\overline{X}$ iria requerer aproximadamente 43,9 amostras, em média, para detectar esse deslocamento.

Essas regras de projeto foram usadas para a CUSUM no Exemplo 15.7. Consideramos o desvio-padrão do processo como $\sigma = 2$. (Esse é um valor razoável; veja o Exemplo 15.2.) Então, com $k = 1/2$ e $h = 5$, usaríamos

$$K = k\sigma = \frac{1}{2}(2) = 1 \quad \text{e} \quad H = h\sigma = 5(2) = 10$$

no procedimento da CUSUM tabular.

Finalmente, devemos notar que os procedimentos suplementares, tais como as regras *Western Electric*, não podem ser seguramente aplicados ao gráfico CUSUM, porque valores sucessivos de $S_H(i)$ e $S_L(i)$ não são independentes. De fato, a CUSUM pode ser pensada como uma média ponderada, em que os pesos são estocásticos ou aleatórios. Na verdade, todos os valores da CUSUM são altamente correlacionados, fazendo, assim, com que as regras *Western Electric* forneçam excessivos alarmes falsos.

15.9 Outras Ferramentas para a Solução de Problemas de CEP

Embora o gráfico de controle seja uma ferramenta muito poderosa para investigar as causas de variação em um processo, ele é mais efetivo quando usado com outras ferramentas para resolver problemas de CEP. Nesta seção, ilustraremos algumas dessas ferramentas, usando os dados de defeitos em placas de circuito impresso do Exemplo 15.5.

A Figura 15.17 mostra um gráfico U para o número de defeitos em amostras de cinco placas de circuito impresso. O gráfico exibe controle estatístico, mas o número de defeitos tem de ser reduzido. O número médio de defeitos por placa é $8/5 = 1,6$ e esse nível de defeitos requer extensivo retrabalho.

A primeira etapa para resolver esse problema é construir um **diagrama de Pareto** dos tipos individuais de defeitos. O diagrama de Pareto, mostrado na Figura 15.24, indica que soldagem insuficiente e bolas de solda são os defeitos mais frequentemente encontrados, considerando $(109/160)100 = 68\%$ dos defeitos observados. Além disso, as cinco primeiras categorias de defeitos no gráfico de Pareto são todas relativas a defeitos relacionados com a solda. Isso aponta para o processo de soldagem contínua como uma oportunidade potencial para melhoria.

Para melhorar o processo de montagem na superfície, uma comissão, consistindo no operador, no supervisor de compra, no engenheiro de fabricação responsável pelo processo, e no engenheiro da qualidade, estuda as causas potenciais de defeitos de soldagem. Essas pessoas conduzem uma sessão de discussão (*brainstorming*) e produzem o **diagrama de causa e efeito**, mostrado na Figura 15.25. O diagrama de causa e efeito é largamente usado para mostrar as várias causas potenciais de defeitos em produtos e suas inter-relações. Ele é útil em resumir o conhecimento acerca do processo.

Como um resultado da sessão de discussão, a comissão identifica, por tentativa, as seguintes variáveis como potencialmente influenciáveis em criar os defeitos de soldagem: densidade relativa de fluxo, temperatura de refluxo, velocidade do rolo, ângulo do rolo, altura da pasta, pressão do rolo, método de carregamento da placa. Um experimento planejado estatisticamente poderia ser usado para investigar o efeito dessas sete variáveis nos defeitos de soldagem.

Além disso, a comissão construiu um **diagrama de concentração de defeitos** para o produto. Um diagrama de concentração de defeitos é apenas um esquema ou desenho do

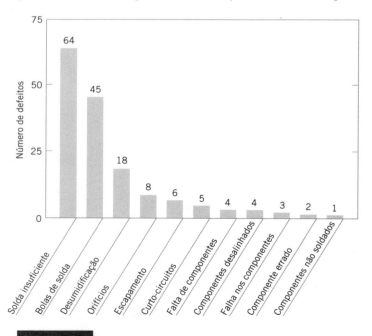

FIGURA 15.24

Diagrama de Pareto para defeitos nas placas de circuito impresso.

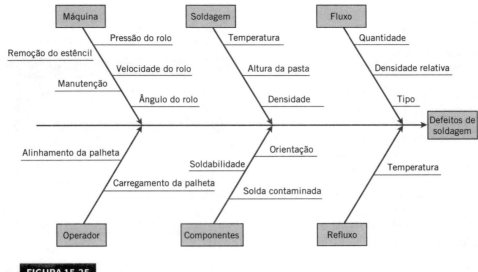

FIGURA 15.25
Diagrama de causa e efeito para o processo de soldagem na placa de circuito impresso.

produto, com os defeitos de maior ocorrência mostrados na peça. Esse diagrama é usado para determinar se defeitos ocorrem na mesma localização da peça. O diagrama de concentração de defeitos para a placa de circuito impresso é mostrado na Figura 15.26. Esse diagrama indica que a maioria dos defeitos de solda insuficiente está perto da borda frontal da placa. Mais investigações mostram que uma das palhetas usadas para carregar as placas foi dobrada, fazendo com que a borda frontal da placa tivesse um contato pobre com o rolo.

Quando a palheta defeituosa foi trocada, um experimento planejado foi usado para investigar as sete variáveis discutidas anteriormente. Os resultados desse experimento indicaram que vários desses fatores influenciaram e puderam ser ajustados para reduzir os defeitos de soldagem. Depois que os resultados do experimento foram implementados, a percentagem de juntas de solda requerendo retrabalho foi reduzida de 1 % para menos de 100 peças por milhão (0,01 %).

15.10 Teoria de Decisão

A melhoria da qualidade requer uma tomada de decisão na presença de incerteza tal qual muitas outras decisões de gerência

FIGURA 15.26
Diagrama de concentração de defeitos para uma placa de circuito impresso.

e de engenharia. Consequentemente, uma estrutura para caracterizar o problema de decisão em termos de ações, estados possíveis e probabilidades associadas é útil para comparar quantitativamente alternativas. **Teoria de decisão** é o estudo de modelos matemáticos de tomada de decisão. Ações são avaliadas e selecionadas com base em modelos e em critérios quantitativos.

15.10.1 Modelos de Decisão

Uma maneira simples de caracterizar decisões é em termos de ações, de estados com probabilidades e em resultados como custos (ou lucros). Uma decisão geralmente envolve um conjunto de ações possíveis

$$A = \{a_1, a_2, \ldots, a_K\}$$

Por exemplo, alguém pode comprar uma garantia estendida com a compra de um veículo (ação a_1) ou não (ação a_2).

As possíveis situações futuras são representadas por uma coleção de estados

$$S = \{s_1, s_2, \ldots, s_M\}$$

Um estado ocorre, mas não estamos certos do estado futuro no momento de nossa decisão. Por exemplo, um possível estado é aquele em que um reparo maior é requerido durante a garantia estendida; outro é aquele em que nenhum reparo é requerido.

Frequentemente, associamos uma probabilidade, por exemplo, p_m com cada estado s_m, de modo que $p_1 + p_2 + \ldots + p_M = 1$. As probabilidades são importantes e podem ser difíceis de estimar. Eventualmente, temos dados históricos a partir de desempenhos passados, podendo gerar estimativas. Em outros casos, temos de confiar na crença subjetiva de uma coleção de especialistas.

EXEMPLO 15.8 | Problema de Decisão de Garantia Estendida

De modo a decidir pela compra da garantia estendida para um veículo, usamos o seguinte modelo. As ações são:

a_1 = compra a garantia estendida
a_2 = não compra a garantia estendida

Admita que um dos três estados correspondendo a maior, menor ou nenhum reparo possa ocorrer durante o período de garantia. Os estados e as probabilidades associadas são

s_1 = maior reparo; probabilidade 0,1
s_2 = menor reparo; probabilidade 0,5
s_3 = nenhum reparo; probabilidade 0,4

TABELA 15.12 Tabela de Avaliação de Decisão

Probabilidades		0,1	0,5	0,4
Estados		s_1	s_2	s_3
Ações	a_1	R$ 200	R$ 200	R$ 200
	a_2	R$ 1200	R$ 300	R$ 0

Finalmente, os custos, C_{km}, podem ser apresentados em uma tabela de avaliação de decisão, em que cada linha é uma ação e cada coluna é um estado. Consideramos que os custos de cobertura da garantia estendida sejam R$ 200. A Tabela 15.12 relaciona, formalmente, o custo de cada ação e possível estado futuro.

O resultado é constantemente expresso em termos de custo econômico (ou lucro) que depende das ações e do estado em que ocorre. Seja

C_{km} = custo quando a ação a_k é selecionada e quando o estado s_m ocorre

Por exemplo, se comprarmos uma garantia estendida e nenhum reparo for requerido, nossa perda será somente o custo da garantia. Claramente, se não comprarmos a garantia e um reparo grande for necessário, nossa perda será o custo do reparo.

15.10.2 Critérios de Decisão

O resumo numérico do problema de decisão é apresentado com ações, estados e probabilidades, conforme ilustrado no Exemplo 15.8. Entretanto, a questão relativa à "melhor" ação ainda necessita ser respondida. Uma vez que o estado não é conhecido no momento da decisão, diferentes custos são possíveis. Diferentes critérios baseados nesses custos (e as probabilidades associadas) podem ser usados para selecionar uma ação. Entretanto, como mostramos, esses critérios nem sempre levam à mesma ação.

Devemos ser pessimistas e focarmos no pior estado possível para cada ação. Nessa abordagem, comparamos ações com base no custo máximo que pode ocorrer. Por exemplo, da Tabela 15.12, o custo máximo que ocorre para a ação a_1 é $\text{máx}_m C_{1m}$ = R$ 200 (independentemente do estado). Para a ação a_2, temos $\text{máx}_m C_{2m}$ = máx{1200, 300, 0} = R$ 1200. Um critério razoável é selecionar a ação que minimiza esse custo máximo e, nesse caso, a escolha é a_1. Em geral, essa abordagem seleciona a ação a_k para minimizar $\text{máx}_m C_{km}$.

Critério Minimáx

O critério **minimáx** seleciona a ação a_k que corresponde a

$$\min_k \max_m C_{km} \qquad (15.34)$$

O nome vem claramente do mínimo e do máximo que são calculados.

O critério minimáx foca no pior cenário possível (pessimista) e ignora as probabilidades associadas aos estados. Um estado com um alto custo para uma ação específica, mesmo se o estado for muito improvável, pode penalizar e eliminar a ação.

Um critério alternativo é focar no melhor cenário possível (otimista) entre os estados e ordenar as ações baseando-se no custo mínimo $\min_m C_{km}$.

Critério de Mínimo

O critério de **mínimo** seleciona a ação a_k que corresponde a

$$\min_k \min_m C_{km} \qquad (15.35)$$

Para o exemplo da garantia, $\min_m C_{1m}$ = 200 e $\min_m C_{2m}$ = 0; assim, a_2 é selecionado por esse critério.

O critério anterior ignora as probabilidades associadas aos estados. O critério do mais provável avalia uma ação baseada no custo do estado com a probabilidade mais provável.

Critério do Mais Provável

O critério **do mais provável** seleciona a ação que minimiza o custo do estado mais provável.

$$(15.36)$$

Para o exemplo da garantia, o estado mais provável é o de menor reparo. Baseado nesse estado, o custo associado a a_1 é R$ 200 e o custo associado a a_2 é R$ 300. Consequentemente, a_1 é escolhido por esse critério.

Um critério óbvio é o custo esperado. Aqui, associamos uma variável aleatória X_k com cada ação a_k. A distribuição da variável aleatória X_k consiste nos custos e nas probabilidades associadas para a ação a_k. O custo esperado de a_k é definido simplesmente como o valor esperado $E(X_k)$.

Critério do Custo Esperado

O critério **do custo esperado** seleciona o estado que minimiza o custo esperado.

$$(15.37)$$

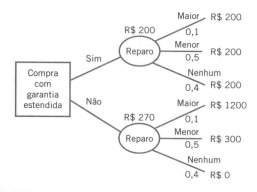

FIGURA 15.27

Árvore de decisão para o exemplo de garantia estendida, custo esperado de cada ação, mostrado acima dos nós circulares.

Para o exemplo da garantia, $E(X_1) = 200$ e $E(X_2) = 1200(0,1) + 300(0,5) + 0(0,4) = 270$. Consequentemente, o custo mínimo esperado é produzido pela ação a_1.

Um problema de decisão é frequentemente representado com um gráfico conhecido como uma **árvore de decisão**. Veja a Figura 15.27 para uma árvore de decisão do exemplo da garantia. Um quadrado denota um nó de decisão onde uma ação é selecionada. Cada arco de um nó de decisão representa uma ação. Cada arco de ação termina com um nó circular para indicar que um estado foi escolhido (fora de controle de quem toma a decisão) e os estados são representados pelos arcos dos nós circulares. Cada arco é marcado com a probabilidade do estado. O custo é mostrado no final desses arcos. Isso é a estrutura básica de um problema de decisão. A Figura 15.27, calculada a partir da Equação 15.37, mostra também o custo esperado acima de cada círculo. Baseando-se nos custos esperados, a ação

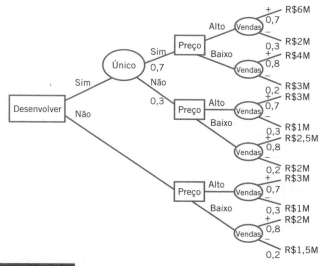

FIGURA 15.28

Árvore de decisão para o exemplo sobre desenvolver ou contratar.

a_1 é claramente preferida. Poderíamos trocar o custo esperado por outro critério discutido nesta seção para resumir as ações alternativas.

Em problemas mais complexos, há uma série de ações e estados (representados por retângulos e círculos, respectivamente, na árvore de decisão). As probabilidades estão associadas a cada estado e um custo está associado a cada caminho através da árvore. A Figura 15.28 fornece uma ilustração. Dado um critério, começamos no final de um caminho e aplicamos o critério para determinar a ação. Continuamos a análise a partir do final de um caminho até alcançarmos o nó inicial da ação da árvore. Isso é ilustrado no exemplo seguinte.

EXEMPLO 15.9 | Problema de Decisão sobre Desenvolver ou Contratar

Neste exemplo, a tarefa básica de decisão é estender para várias decisões. A árvore de decisão é mostrada na Fig. 15.28. A primeira decisão é se vai desenvolver um novo produto ou contratar um fornecedor. Isso é indicado pela caixa marcada como *Desenvolver?* Se um novo produto for desenvolvido, ele pode ser único, mas ele pode ser mais típico do que aquele atualmente disponível no mercado. Isso é indicado pelo círculo marcado como *Único?* Tanto para um novo produto quanto para um contratado, o preço necessita ser estabelecido. Aqui, a decisão é indicada por caixas marcadas com *Preço?* As escolhas podem ser *alto* ou *baixo*. Finalmente, as condições de mercado, quando o produto está disponível, podem ser favoráveis ou desfavoráveis para vendas, conforme indicado pelo círculo marcado como *Vendas*. Mercados favoráveis e desfavoráveis são indicados por arcos marcados com + e −, respectivamente.

A probabilidade de um arco é denotada pelo número abaixo dele. Por exemplo, a probabilidade de que um produto único seja desenvolvido é 0,7. Similarmente, as probabilidades de mercados favoráveis ou desfavoráveis são mostradas com as probabilidades correspondentes. Note que uma decisão de menor preço leva à maior probabilidade de um mercado favorável. Além disso,

a quantidade de reais mostrada na figura indica o lucro para a corporação pelo caminho correspondente através da árvore de decisão. Conforme mencionado previamente, deve-se basear sua decisão nos lucros (mais geralmente, ganhos) em vez dos custos. Em tal caso, o objetivo é maximizar os lucros.

Podemos estender o procedimento para um nó único de decisão, como se segue. Comece com a quantidade de reais nos nós terminais e trabalhe de volta através da árvore para avaliar uma decisão, baseando-se em um dos critérios. Pelo fato de trabalharmos com lucros neste exemplo, a abordagem pessimista é selecionar a decisão de maximizar o lucro mínimo. Por exemplo, suponha que um novo produto seja desenvolvido, que o resultado seja único e que o preço seja fixado alto. Os dois valores possíveis de preço são R$ 6M (milhões) e R$ 2M. A abordagem pessimista é valorizar a decisão para fixar o preço alto nesse caminho como R$ 2M. Similarmente, a decisão de fixar o preço baixo é valorizada em R$ 3M. Por conseguinte, a decisão ao longo desse caminho é fixar o preço baixo com o pior lucro possível de R$ 3M.

Da mesma maneira, suponha que um novo produto seja desenvolvido, que o resultado não seja único e que o preço seja fixado alto. Os dois valores possíveis de reais são R$ 3M e R$ 1M. A abordagem pessimista é valorizar a decisão de fixar o preço alto nesse caminho como R$ 1M. A decisão de definir o preço baixo é avaliada de forma pessimista em R$ 2M. Consequentemente, a decisão para desenvolver um novo produto pode resultar em um produto único (avaliado de forma pessimista como R$ 2M, com probabilidade de 0,7) ou um produto não único (avaliado de forma pessimista em R$ 1M). A visão pessimista é que a decisão de desenvolver um produto novo gere um lucro de R$ 1M.

Além disso, suponha que o produto não seja desenvolvido (mas contratado) e o preço seja fixado alto com o lucro pessimista de R$ 1M. Se o preço for fixado baixo, o lucro pessimista é de R$ 1,5M.

Consequentemente, a decisão do preço baseada nesse critério é estabelecer o preço baixo com um lucro pessimista de R$ 1,5M.

Finalmente, o lucro pessimista a partir da decisão de desenvolver ou não desenvolver um novo produto é R$ 1M e R$ 1,5M, respectivamente. Logo, baseando-se nesse critério, um novo produto não é desenvolvido.

Note que as probabilidades não entram nessa decisão. Isso foi mencionado anteriormente como uma das desvantagens do critério pessimista.

15.11 Implementando CEP

Os métodos de controle estatístico podem fornecer significante retorno àquelas companhias que possam implementá-los com sucesso. Embora o CEP pareça ser uma coleção de ferramentas baseadas em estatística para resolver problemas, para uma utilização bem-sucedida do CEP existe mais do que o simples aprendizado e uso dessas ferramentas. Envolvimento gerencial e compromisso com o processo de melhoria da qualidade são os componentes mais vitais do sucesso potencial de CEP. A gerência é um modelo de caráter; na organização, os outros a olharão como guia e como um exemplo. Um enfoque da comissão é também importante, visto ser geralmente difícil para uma única pessoa introduzir as melhorias em um processo. Muitas das "sete magníficas" ferramentas para resolver problemas são úteis na construção de uma comissão para melhorias, incluindo diagramas de causa e efeito, gráficos de Pareto e diagramas de concentração de defeitos. As ferramentas básicas para resolver problemas de CEP têm de se tornar largamente conhecidas e largamente usadas em toda a organização. Treinamento contínuo em CEP e melhoria da qualidade são necessários para atingir esse conhecimento largamente difundido das ferramentas.

O objetivo de um programa de melhoria da qualidade, baseado em CEP, é a melhoria contínua, em uma base semanal, quadrimestral e anual. CEP não é um programa a ser aplicado de uma única vez, quando o negócio estiver com problemas e for abandonado mais tarde. A melhoria da qualidade tem de se tornar parte da cultura da organização.

O gráfico de controle é uma ferramenta importante para a melhoria do processo. Processos não operam naturalmente em um estado sob controle, e o uso de gráficos de controle é uma etapa importante que tem de ser feita anteriormente em um programa de CEP para eliminar causas atribuídas, reduzir a variabilidade do processo e estabilizar o desempenho do processo. De modo a melhorar a qualidade e a produtividade, temos de começar a administrar fatos e dados e não apenas confiar no julgamento. Os gráficos de controle são uma parte importante dessa mudança na abordagem gerencial.

Na implementação de um amplo programa de CEP em uma companhia, temos encontrado que os seguintes elementos estão geralmente presentes em todos os esforços bem-sucedidos:

1. Liderança gerencial
2. Enfoque da comissão
3. Educação de empregados em todos os níveis
4. Ênfase na melhoria contínua
5. Mecanismo para reconhecimento do sucesso

Não podemos enfatizar sobremaneira a importância da liderança gerencial e do enfoque da comissão. A melhoria bem-sucedida da qualidade é uma atividade gerencial dirigida de "cima para baixo". É importante também medir o progresso e o sucesso e difundir o conhecimento desse sucesso em toda a organização. Quando melhorias bem-sucedidas forem comunicadas em toda a companhia, isso poderá prover motivação e incentivo para melhorar outros processos e tornar a melhoria contínua uma parte normal da maneira de fazer negócios.

A filosofia de **William Edwards Deming** fornece uma estrutura importante para implementar a melhoria da qualidade e da produtividade. A filosofia de Deming é resumida em seus 14 pontos para gerência. A adesão a esses princípios gerenciais tem sido um fator importante no sucesso industrial do Japão e continua a ser o catalisador naqueles esforços de melhoria da qualidade e da produtividade da nação. Essa filosofia está também agora se difundindo rapidamente no Ocidente. Os **14 pontos de Deming** são os seguintes:

1. **Crie uma constância de finalidade focalizada na melhoria de produtos e serviços.** Constantemente, tente melhorar o planejamento e o desempenho do produto. Investimento em pesquisa, desenvolvimento e inovação terão um retorno a longo prazo para a organização.
2. **Adote uma nova filosofia de rejeitar acabamento pobre, produtos defeituosos ou serviços ruins.** Custa tanto produzir uma unidade defeituosa quanto produzir uma boa (e, por vezes, mais). O custo de lidar com rejeitos, retrabalho e outras perdas criadas por defeitos é uma sangria enorme nos recursos da companhia.
3. **Não confie na inspeção em massa para "controlar" a qualidade.** Tudo que a inspeção pode fazer é descartar os itens defeituosos e, nesse ponto, é muito tarde porque já se paga para produzir esses itens defeituosos. A inspeção ocorre muito tarde no processo, é cara e frequentemente ineficiente. A qualidade resulta da prevenção de defeitos por meio da melhoria do processo e não da inspeção.
4. **Não faça negócios com os fornecedores com base somente no preço, mas também considere a qualidade.** Preço é uma medida significativa de um produto do fornecedor somente se ele for considerado em relação a uma medida de qualidade. Em outras palavras, o custo total do item tem de ser considerado e não apenas o preço de compra. Quando a qualidade é considerada, o menor licitante nem sempre é o fornecedor de baixo custo. Deve ser dada preferência aos fornecedores que usam métodos modernos de melhoria da qualidade em seus negócios e a quem pode demonstrar controle e capacidade de processo.

5. **Foque na melhoria contínua.** Tente constantemente melhorar o sistema de produção e de serviço. Envolva a força de trabalho nessas atividades e faça uso de métodos estatísticos, particularmente as ferramentas de resolução de problemas de CEP, discutidas na seção anterior.
6. **Pratique os métodos modernos de treinamento e invista no treinamento para todos os empregados.** Cada um deve ser treinado nos aspectos técnicos de seus trabalhos, assim como nos métodos modernos de melhoria da qualidade e da produtividade. O treinamento deve encorajar todos os empregados a praticar esses métodos todos os dias.
7. **Pratique métodos modernos de supervisão.** Supervisão não deve consistir meramente em vigilância passiva dos trabalhadores, mas deve ser focalizada na ajuda aos empregados em melhorar o sistema em que eles trabalham. O primeiro objetivo da supervisão deve ser melhorar o sistema de trabalho e o produto.
8. **Expulse o medo.** Muitos trabalhadores têm medo de fazer perguntas, reportar problemas ou apontar condições que sejam barreiras para a qualidade e a produção efetiva. Em muitas organizações, a perda econômica associada ao medo é grande; somente a gerência pode eliminar o medo.
9. **Quebre as barreiras entre as áreas funcionais do negócio.** O trabalho em equipe entre as diferentes unidades organizacionais é essencial para o desenvolvimento da qualidade efetiva e da melhoria da produtividade.
10. **Elimine alvos, lemas (*slogans*) e objetivos numéricos para a força de trabalho.** Um alvo, como "nenhum defeito", não tem utilidade sem um plano similar de como atingir esse objetivo. De fato, esses lemas e "programas" são geralmente contraproducentes. Trabalhe para melhorar o sistema e forneça informação sobre ele.
11. **Elimine cotas numéricas e padrões de trabalho.** Esses padrões têm sido historicamente estabelecidos sem ter relação com a qualidade. Padrões de trabalho são frequentemente sintomas de inabilidade do gerente em entender o processo de trabalho e em fornecer um sistema efetivo de gerência focado na melhoria desse processo.
12. **Remova as barreiras que desencorajam empregados a fazerem os seus trabalhos.** O gerente tem de ouvir as sugestões, os comentários e as reclamações dos empregados. A pessoa que está fazendo o trabalho é aquele que sabe mais sobre ele e geralmente tem ideias valiosas acerca de como fazer o processo funcionar mais efetivamente. A força de trabalho é um participante importante no negócio e não apenas um componente na barganha coletiva.
13. **Institua um programa continuado de treinamento e de educação para todos os empregados.** A educação em técnicas estatísticas simples e poderosas deve ser obrigatória para todos os empregados. O uso de ferramentas básicas para resolver problemas de CEP, particularmente o gráfico de controle, deve se tornar amplamente difundido na empresa. À medida que esses gráficos se tornarem largamente difundidos, e os empregados entenderem os seus usos, eles estarão mais propensos a procurar as causas da qualidade ruim e a identificar as melhorias do processo. A educação é uma maneira de fazer cada um compartilhar o processo de melhoria da qualidade.
14. **Crie uma estrutura na gerência que defenderá vigorosamente os 13 primeiros pontos.**

À medida que lemos os 14 pontos de Deming, notamos duas coisas. Primeiro, há uma forte ênfase em mudança. Segundo, o papel da gerência em guiar esse processo de mudança é de importância dominante. Mas, o que deve ser mudado e como esse processo de mudança deve ser começado? Por exemplo, se quisermos melhorar o rendimento de um processo de fabricação de um semicondutor, o que devemos fazer? É nessa área que os métodos estatísticos entram em cena mais frequentemente. Com a finalidade de melhorar o processo de semicondutor, temos de determinar quais fatores controladores no processo influenciam o número de unidades defeituosas produzidas. Para responder essa questão, temos de coletar dados e ver como o sistema reage a mudanças nas variáveis do processo. Métodos estatísticos, incluindo as técnicas de CEP e de planejamento de experimentos neste livro, podem contribuir para esse conhecimento.

Termos e Conceitos Importantes

14 pontos de Deming
Alarme falso
Amplitude móvel
Árvore de decisão
Capacidade de processo
Causas atribuídas
Causas casuais
Comprimento médio de corrida (CMC)
Controle estatístico da qualidade
Controle estatístico de processo (CEP)
Critério esperado de custo
Critério mais provável
Critério minimáx
Critério minimín
Diagrama de causa e efeito
Diagrama de concentração de defeitos
Diagrama de Pareto
Ferramentas para resolução de problemas
Gráfico C
Gráfico de controle
Gráfico de controle da fração defeituosa
Gráfico de controle da média móvel ponderada exponencialmente (MMPE)
Gráfico de controle da soma cumulativa (CUSUM)
Gráfico de controle de Shewhart
Gráfico de controle para medidas individuais (Gráfico X)
Gráfico NP
Gráfico P
Gráfico R
Gráfico S
Gráfico U
Gráfico $\overline{X}$
Gráficos de controle para atributos
Gráficos de controle para variáveis
Limites de advertência
Limites de controle
Limites de especificação
Limites de tolerância naturais
Linha central
Melhoria da qualidade
Processo 6-sigma
Razão de capacidade de processo (PCR, PCR_k)
Regras complementares
Regras *Western Electric*
Subgrupo racional
Teoria de decisão

Apêndices

Os Apêndices A a C (páginas 367 a 402) encontram-se integralmente *online*, disponíveis no site **www.grupogen.com.br**. Consulte a página de Material Suplementar após o Prefácio para detalhes sobre acesso e *download*.

Glossário

14 pontos de Deming Uma filosofia de gerência promovida por W. Edwards Deming que enfatiza a importância de mudança e da qualidade.

Adequação do ajuste Em geral, a concordância entre um conjunto de valores observados e um conjunto de valores teóricos que depende de alguma hipótese. O termo é frequentemente usado no ajuste de uma distribuição teórica a um conjunto de observações.

Adequação do modelo Adequabilidade de um modelo para uso em um experimento.

Alarme falso Um sinal proveniente de um gráfico de controle, quando nenhuma causa atribuída está presente.

Alarmes falsos geram interpretações negativas desnecessárias de gráficos de controle por causa de limites mais estreitos do que 3-sigma.

Aleatorização Tratamentos atribuídos aleatoriamente a unidades ou condições experimentais em um experimento. Isso é feito para reduzir a oportunidade para um tratamento ser favorecido ou desfavorecido (tendenciosidade) pelas condições de teste.

Amostra Qualquer subconjunto de elementos de uma população.

Amostra aleatória Uma amostra é dita aleatória se ela for selecionada de tal maneira que cada amostra possível tenha a mesma probabilidade de ser selecionada.

Amostras *bootstrap* Amostras geradas aleatoriamente pelo computador, a partir da distribuição de probabilidade.

Amplitude O maior menos o menor de um conjunto de dados. A amplitude é uma medida simples de variabilidade e é largamente usada em controle de qualidade.

Amplitude da amostra *Veja* Amplitude.

Amplitude do interquartil A diferença entre o terceiro e o primeiro quartil de uma amostra de dados. A amplitude interquartil é menos sensível a valores extremos que a amplitude usual da amostra.

Amplitude móvel O valor absoluto da diferença entre observações sucessivas nos dados ordenados no tempo. Usada para estimar a variação da chance em um gráfico individual de controle.

Análise de variância (ANOVA) Um método de decompor a variabilidade total de um conjunto de observações, medida como a soma dos quadrados das diferenças dessas observações em relação à sua média, em uma soma dos quadrados dos componentes que estão associados a fontes específicas definidas de variação.

Análise (e gráficos) residual Qualquer técnica que usa os resíduos, geralmente para investigar a adequação do modelo que foi usado para gerar os resíduos.

Aproximação normal. Um método para aproximar probabilidades para variáveis aleatórias binomial e de Poisson.

Axiomas da probabilidade Um conjunto de regras as quais devem ser seguidas pelas probabilidades definidas em um espaço amostral. *Veja* Probabilidade.

Banda de equivalência Limite prático dentro do qual o desempenho da média é considerado ser o mesmo que o padrão.

Bloco Em um planejamento de experimentos, um grupo de unidades experimentais ou materiais que é relativamente homogêneo. A finalidade de dividir unidades experimentais em blocos é produzir um planejamento experimental em que a variabilidade dentro dos blocos seja menor que a variabilidade entre os blocos. Isso permite que os fatores de interesse sejam comparados em um ambiente que tenha menor variabilidade que o experimento sem blocos.

Bloco principal O bloco que contém a combinação de tratamentos.

Bootstrap Técnica computacional intensiva que trata amostras de dados como uma população.

Capacidade de processo A capacidade de um processo para produzir um produto dentro dos limites de especificação. *Veja* Razão de capacidade de processo, Estudo de capacidade de processo, PCR e PCR_k.

Causa atribuída A porção da variabilidade em um conjunto de observações que pode ser registrada como causas específicas, tais como operadores, materiais ou equipamentos. Também chamada de causa especial.

Causa casual A porção da variabilidade em um conjunto de observações que é devido somente a forças aleatórias e que não pode ser creditada a fontes específicas, tais como operadores, materiais ou equipamentos. Também chamada de causa comum.

Causa e efeito Relação com uma ligação casual clara entre um evento e um resultado.

Causas casuais Variabilidade inerente ou natural.

Coeficiente de confiança A probabilidade $(1 - \alpha)$ associada a um intervalo de confiança expressando a probabilidade de que o intervalo estabelecido conterá o valor verdadeiro do parâmetro.

Coeficiente de correlação Uma medida adimensional da associação linear entre duas variáveis, geralmente estando no intervalo de -1 a $+1$, com zero indicando a ausência de correlação (porém não necessariamente a independência das duas variáveis).

Coeficiente de determinação *Veja* R^2.

Coeficiente de determinação múltipla *Veja* Coeficiente de determinação.

Coeficiente(s) de regressão O(s) parâmetro(s) em um modelo de regressão.

Coeficientes de regressão parcial Parâmetros que medem a mudança esperada em um modelo de regressão.

Com reposição Um método de selecionar amostras, em que itens são repostos entre sucessivas seleções.

Combinação Um subconjunto selecionado sem reposição de um conjunto usado para determinar o número de resultados em eventos e espaços amostrais.

Combinação linear Uma expressão construída a partir da soma de um conjunto de termos obtidos pela multiplicação de cada termo por uma constante.

Componente de variância Nos modelos de análise de variância envolvendo efeitos aleatórios, um dos objetivos é determinar quanta variabilidade pode ser associada com cada uma das fontes potenciais de variabilidade definida pelos experimentalistas. É costume se definir uma variância associada a cada uma dessas fontes. Essas variâncias, em certo sentido, se somam à variância total da resposta e são geralmente chamadas de componentes de variância.

Componentes de variância Os componentes individuais da variância total que são atribuídos a fontes específicas. Isso geralmente se refere a componentes individuais de variância surgindo de um modelo aleatório ou misturado de análise de variância.

Comprimento médio de corrida ou CMC O número médio de amostras tomadas na monitoração ou esquema de inspeção de um processo até que o esquema sinalize que o processo está operando a um nível diferente daquele no qual ele começou.

Confiança *Veja* Nível de confiança.

Contraste Uma função linear das médias dos tratamentos com coeficientes que totalizam zero. Um contraste é um resumo das médias dos tratamentos que é de interesse em um experimento.

Contraste de definição *Veja* Contraste.

Controle demasiado Outro nome para sobrecontrole.

Controle estatístico de processo (CEP) Um conjunto de ferramentas de resolução de problemas, baseado em dados, cujo objetivo é melhorar um processo.

Controle estatístico de qualidade Métodos estatísticos e de engenharia usados para medir, monitorar, controlar e melhorar a qualidade.

Controle excessivo Ajustes desnecessários feitos nos processos que aumentam os desvios em relação ao alvo.

Correção de continuidade. Um fator de correção usado para melhorar a aproximação das probabilidades binomiais por uma distribuição normal.

Correlação No uso mais geral, uma medida da interdependência entre os dados. O conceito pode incluir mais de duas variáveis. O termo é mais comumente usado em um estreito senso para expressar a relação entre variáveis quantitativas ou postos.

Corrida Arranjo de pontos em um padrão distinto.

Covariância Uma medida de associação entre duas variáveis aleatórias, obtida como o valor esperado do produto de duas variáveis aleatórias em torno de sua média; ou seja, $\mathrm{Cov}(X,Y) = E[(X - \mu_x)(Y - \mu_y)]$.

Critério de custo esperado Critério seleciona a ação para minimizar o custo esperado.

Critério mais provável Critério que seleciona a ação para minimizar o custo do estado mais provável.

Critério minimax Critério que seleciona a ação a partir do mínimo e do máximo, focando no pior cenário.

Critério minimin Critério que seleciona a ação a partir do minimin, focando no melhor cenário.

Curvas características operacionais (curvas CO) Um gráfico de probabilidade do erro tipo II *versus* alguma medida da extensão que afirma que a hipótese nula é falsa. Normalmente, uma curva CO é usada para representar cada tamanho de amostra de interesse.

Dados categóricos Dados consistindo em contagens ou observações que podem ser classificados em categorias. As categorias podem ser descritivas.

Desvio-padrão A raiz quadrada positiva da variância. O desvio-padrão é a medida mais largamente usada para expressar a variabilidade.

Desvio-padrão da amostra A raiz quadrada positiva da variância da amostra. O desvio-padrão da amostra é a medida mais largamente usada de variabilidade de dados amostrais.

Desvio-padrão da população *Veja* Desvio-padrão.

Desvio-padrão – variável aleatória contínua $\sigma = \sqrt{\sigma^2}$.

Diagrama de causa e efeito Um gráfico usado para organizar as várias causas potenciais de um problema. Também chamado de diagrama de espinha de peixe.

Diagrama de concentração de defeitos Uma ferramenta da qualidade que mostra graficamente a localização de defeitos em uma peça ou em um processo.

Diagrama de dispersão Um diagrama contendo as observações de duas variáveis, x e y. Cada observação é representada por um ponto mostrando suas coordenadas x–y. O diagrama de dispersão pode ser muito efetivo em revelar a variabilidade conjunta de x e y ou a natureza da relação entre elas.

Diagrama de Pareto Um gráfico de barras usado para classificar as causas de um problema.

Diagrama de ramo e folhas Um método de disposição dos dados em que o ramo corresponde a uma faixa de valores, e a folha representa o próximo dígito. É uma alternativa ao histograma, porém dispõe as observações individuais em vez de colocá-las em retângulos.

Distância de Cook Em regressão, a distância de Cook é uma medida da influência de cada observação individual sobre as estimativas dos parâmetros do modelo de regressão. Ela expressa a distância que o vetor das estimativas dos parâmetros do modelo com a i-ésima observação removida está a partir do vetor das estimativas dos parâmetros do modelo baseado em todas as observações. Valores grandes da distância de Cook indicam que a observação é influente.

Distribuição amostral A distribuição de probabilidades de uma estatística. Por exemplo, a distribuição amostral da média da amostra $\overline{X}$ é a distribuição normal.

Distribuição binomial Um experimento aleatório que consiste em n tentativas de Bernoulli, de modo que essas tentativas sejam independentes. Cada tentativa resulta em somente dois resultados possíveis, marcados como "sucesso" e "falha". A probabilidade de um sucesso em cada tentativa, denotado como p, continua constante.

Distribuição binomial negativa Uma generalização de uma distribuição geométrica em que a variável aleatória é o número de tentativas de Bernoulli necessário para obter r sucessos.

Distribuição bivariada A distribuição de probabilidades conjuntas de duas variáveis aleatórias.

Distribuição bivariada normal A distribuição conjunta de duas variáveis aleatórias normais.

Distribuição de frequências Um arranjo das frequências de observações em uma amostra ou população, de acordo com os valores que as observações assumem.

Distribuição de frequências relativas A frequência relativa de um evento é a proporção de vezes que o evento ocorreu em uma série de tentativas de um experimento aleatório.

Distribuição de Poisson A variável aleatória X que iguala o número de eventos em um processo de Poisson é uma variável aleatória de Poisson com parâmetro $0 < \lambda$.

Distribuição de probabilidade – variável aleatória contínua Uma função que fornece probabilidades na faixa de uma variável aleatória contínua.

Distribuição de probabilidades Para um espaço amostral, uma descrição do conjunto de resultados possíveis, juntamente com um método para determinar probabilidades. Para uma variável aleatória, uma distribuição de probabilidades é uma descrição da faixa, juntamente com um método para determinar probabilidades.

Distribuição de probabilidades conjuntas A distribuição de probabilidades para duas ou mais variáveis aleatórias em um experimento aleatório. *Veja* Função de probabilidade conjunta e Função densidade de probabilidade conjunta.

Distribuição de probabilidades marginais A distribuição de probabilidades de uma variável aleatória obtida por meio da distribuição de probabilidade conjunta de duas ou mais variáveis aleatórias.

Distribuição de Rayleigh Um caso especial da distribuição de Weibull quando o parâmetro de forma é 2.

Distribuição de referência A distribuição de uma estatística de teste quando a hipótese nula é verdadeira. Algumas vezes, uma distribuição de referência é chamada de distribuição nula da estatística de teste.

Distribuição gaussiana Outro nome para a distribuição normal, baseado na forte conexão de Karl F. Gauss para a distribuição normal; frequentemente usada em aplicações de física e de engenharia elétrica.

Distribuição geométrica Em uma série de tentativas de Bernoulli (tentativas independentes com probabilidade constante p de um sucesso), a variável aleatória X que iguala o número de tentativas até o primeiro sucesso é uma variável aleatória geométrica.

Distribuição hipergeométrica Distribuição em que um conjunto de N objetos contém K objetos classificados como sucessos, $N - K$ objetos classificados como falhas, e uma amostra com n objetos é selecionada aleatoriamente (sem reposição) a partir de N objetos, em que $K \leq N$ e $n \leq N$.

Distribuição lognormal A distribuição de X quando o expoente for uma variável aleatória W e W tiver uma distribuição normal.

Distribuição multinomial A distribuição de probabilidades conjuntas de variáveis aleatórias que conta o número de resultados em cada uma das k classes em um experimento aleatório, com uma série de tentativas independentes com probabilidade constante de cada classe em cada tentativa. Ela generaliza uma distribuição binomial.

Distribuição nula Em um teste de hipóteses, a distribuição da estatística de teste quando a hipótese nula é considerada verdadeira.

Distribuição posterior A distribuição de probabilidades para um parâmetro em uma análise bayesana calculado a partir de uma distribuição prévia e a distribuição condicional dos dados para um certo parâmetro.

Distribuição prévia A distribuição inicial de probabilidades considerada para um parâmetro em uma análise bayesana.

Distribuição qui-quadrado Um caso especial da distribuição gama, em que $\lambda = \frac{1}{2}$ e r é igual a um dos valores $\frac{1}{2}$, 1, 3/2, 2, ...

Distribuição t Distribuição da variável aleatória definida como a razão de duas variáveis aleatórias independentes. O numerador é uma variável aleatória normal padrão, e o denominador é a raiz quadrada de uma variável aleatória qui-quadrado dividida por seu número de graus de liberdade.

Distribuição uniforme discreta Em que uma variável aleatória X, se cada um dos n valores na sua faixa, $x_1, x_2, ..., x_n$, tiver igual probabilidade.

Dois testes unilaterais (DTU) Faça dois testes para a mesma amostra de dados.

Efeito principal Uma estimativa do efeito de um fator (ou variável) que expressa, independentemente, a mudança na resposta devido a uma mudança naquele fator, sem considerar os outros fatores que podem estar presentes no sistema.

Eficiência relativa Comparação de 2 estimadores obtidos dividindo os erros quadráticos médios entre si.

Elemento identidade Um tipo especial de elemento de um conjunto que deixa outros elementos inalterados quando combinados com eles.

Eliminação regressiva Um método de seleção de variáveis em regressão que começa com todas as variáveis regressoras candidatas no modelo, eliminando um regressor insignificante de cada vez, até que só restem regressores significativos.

Equação normal dos mínimos quadrados Equação normal deduzida pelo método de mínimos quadrados.

Equações normais O conjunto de equações lineares simultâneas geradas na estimação de parâmetros pelo método dos mínimos quadrados.

Erro médio quadrático O valor esperado do desvio ao quadrado de um estimador em relação ao valor verdadeiro do parâmetro por ele estimado. O erro quadrático médio pode ser decomposto na variância do estimador mais o quadrado da tendenciosidade; isto é, $MSE(\hat{\Theta}) = E(\hat{\Theta}-\Theta)^2 = V(\hat{\Theta}) + [E(\hat{\Theta}) - \Theta]^2$.

Erro tipo I Em teste de hipóteses, um erro cometido ao rejeitar uma hipótese nula quando, na verdade, ela é verdadeira (também chamado de erro α).

Erro tipo II Em teste de hipóteses, um erro cometido ao falhar em rejeitar uma hipótese nula quando, na verdade, ela é falsa (também chamado de erro β).

Erro–padrão O desvio-padrão do estimador de um parâmetro. O erro-padrão é também o desvio-padrão da distribuição amostral do estimador de um parâmetro.

Erro-padrão *bootstrap* Desvio-padrão da amostra da estimativa de *bootstrap*.

Erro-padrão estimado Erro-padrão envolvendo parâmetros desconhecidos.

Espaço amostral O conjunto de todos os resultados possíveis de um experimento aleatório.

Estatística Um valor resumido calculado a partir de uma amostra de observações. Geralmente, uma estatística é um estimador de algum parâmetro de uma população.

Estatística. A ciência de coletar, analisar, interpretar e retirar conclusões a partir de dados.

Estatística C_p Uma medida do erro quadrático médio total para o modelo de regressão.

Estatística de teste Uma função de uma amostra de observações que fornece a base para testar uma hipótese estatística.

Estatística SQEP Em uma análise de regressão, é a soma dos quadrados do erro de previsão (SQEP). Despreze cada ponto e estime os parâmetros do modelo a partir dos dados restantes. Estime o ponto desprezado desse modelo. Restaure o ponto e então despreze o próximo ponto. Cada ponto é estimado uma vez e a soma dos quadrados desses erros é calculada.

Estimação de parâmetros O processo de estimação de parâmetros de uma população ou distribuição de probabilidades. Estimação de parâmetros, juntamente com testes de hipóteses, é uma das maiores técnicas de inferência estatística.

Estimador Um procedimento para produzir uma estimativa de um parâmetro de interesse. Um estimador é geralmente uma função de somente valores de dados amostrais; quando esses valores dos dados estão disponíveis, ele resulta em uma estimativa do parâmetro de interesse.

Estimador bayseano Um estimador para um parâmetro obtido a partir do método bayseano, que usa uma distribuição prévia para o parâmetro juntamente com a distribuição condicional dos dados uma vez fornecido o parâmetro para obter a distribuição posterior do parâmetro. O estimador é obtido a partir da distribuição posterior.

Estimador combinado Combinação de amostras geradas a partir do mesmo modelo, de modo a estimar uma variância.

Estimador de máxima verossimilhança. Um método de estimação de parâmetros que maximiza a função verossimilhança de uma amostra.

Estimador de mínimos quadrados Qualquer estimador obtido pelo método dos mínimos quadrados.

Estimador de momento Um método de estimar parâmetros igualando momentos da amostra a momentos da população. Uma vez que os momentos da população serão funções de parâmetros desconhecidos, isso resulta em equações que podem ser resolvidas para estimativas dos parâmetros.

Estimador não tendencioso Um estimador que tem seu valor esperado igual ao parâmetro que está sendo estimado é dito ser não tendencioso.

Estimador pontual *Veja* Estimador.

Estimador pontual não tendencioso *Veja* Estimador não tendencioso.

Estimador tendencioso *Veja* Estimador não tendencioso.

Estimativa *bootstrap* Estimativa calculada a partir de amostras *booststrap*.

Estimativa pontual Valor razoável de um parâmetro; um valor numérico único θ de uma estatística θ.

Estudo analítico Um estudo em que uma amostra de uma população é usada para fazer inferência para uma população futura. É necessário se considerar estabilidade. *Veja* Estudo numerativo.

Estudo de capacidade de processo Um estudo que coleta dados para estimar a capacidade de processo. *Veja* Capacidade de processo, Razão de capacidade de processo, PCR e PCR_k.

Estudo de observação Um sistema é observado e dados devem ser coletados, porém mudanças não são feitas no sistema. *Veja* Experimento.

Estudo enumerativo Um estudo no qual uma amostra proveniente de uma população é usada para fazer inferência para a população. *Veja* Estudo analítico.

Evento Um subconjunto de um espaço amostral.

Eventos mutuamente excludentes Uma coleção de eventos cujas interseções são vazias.

Experimento Uma série de testes em que mudanças são feitas no sistema sob estudo.

Experimento aleatório Um experimento que pode levar a diferentes resultados, muito embora seja repetido da mesma maneira toda vez.

Experimento comparativo Um experimento em que os tratamentos (condições experimentais), que devem ser estudados, são incluídos no experimento. Os dados do experimento são usados para avaliar os tratamentos.

Experimento de otimização Um experimento conduzido para melhorar (ou otimizar) um sistema ou processo. Considera-se que os fatores importantes sejam conhecidos.

Experimento exploratório Um experimento planejado e conduzido para a finalidade de explorar ou isolar um conjunto promissor de fatores para experimentos futuros. Muitos experimentos exploratórios são fatoriais fracionários, tais como os planejamentos fatoriais fracionários de dois níveis.

Experimento fatorial Um tipo de planejamento de experimentos em que cada nível de um fator é testado em combinação com cada nível de outro fator. Em geral, em um experimento fatorial, todas as possíveis combinações dos níveis dos fatores são testadas.

Experimento fatorial fracionário Um tipo de experimento fatorial em que nem todas as combinações possíveis de tratamentos são corridas. Isso é geralmente feito para reduzir o tamanho de um experimento com vários fatores.

Experimento planejado Um experimento em que os testes são planejados antes e os planos geralmente incorporam modelos estatísticos. *Veja* Experimento.

Extrapolação disfarçada Uma extrapolação é uma previsão em uma análise de regressão que é feita no ponto $(x_1, x_2, ..., x_k)$ que está fora da região dos dados usados para gerar o modelo. Extrapolação disfarçada ocorre quando não é óbvio que o ponto esteja fora da região. Isso pode ocorrer quando a multicolinearidade está presente nos dados usados para construir o modelo.

Fator aleatório Em uma análise de variância, um fator cujos níveis sejam escolhidos aleatoriamente a partir de alguma população de níveis do fator.

Fator de correção para população finita Um termo na fórmula para a variância de uma variável aleatória hipergeométrica.

Fator de ruído Um fator que influencia provavelmente a variável de resposta, porém não tem qualquer interesse no presente estudo. Quando os níveis do fator de ruído podem ser controlados, a blocagem é a técnica de planejamento e é costumeiramente usada para remover seu efeito.

Fator fixo Na análise de variância, um fator ou efeito é considerado fixo se todos os níveis de interesse para aquele fator são incluídos no experimento. Conclusões são então válidas somente acerca desse conjunto de níveis, embora, quando o fator é quantitativo, costume-se ajustar o modelo aos dados para interpolar entre esses níveis.

Fatores de aumento de variância Grandezas usadas em regressão múltipla de modo a avaliar a extensão de multicolinearidade (ou dependência linear próxima) em regressores. O fator de aumento de variância para o i-ésimo regressor, FAV_i, pode ser definido como $FAV = [1/(1 - R_i^2)]$, em que R_i^2 é o coeficiente de determinação obtido quando x_i é regredido sobre as outras variáveis regressoras. Assim, quando x_i é aproximadamente linearmente dependente em um subconjunto dos outros regressores, R_i^2 estará perto da unidade e o valor correspondente do fator de aumento da variância será grande. Valores dos fatores de aumento da variância que excedem 10 são geralmente tomados como um sinal de que a multicolinearidade está presente.

Fatorial fracionário saturado Planejamento em que todos os graus de liberdade disponíveis são usados para estimar os efeitos principais.

Fração alternada A fração com o sinal negativo em uma relação de definição.

Fração de tratamento A fração com o sinal positivo em uma relação de definição.

Função de potência Uma função que descreve as relações entre a potência de um teste estatístico, o tamanho da amostra e o valor do parâmetro de interesse.

Função de probabilidade Uma função que fornece probabilidades para os valores na faixa de uma variável aleatória discreta.

Função de probabilidade condicional A função de probabilidade da distribuição de probabilidades condicionais de uma variável aleatória discreta.

Função de probabilidade conjunta Uma função usada para calcular probabilidades para duas ou mais variáveis aleatórias discretas.

Função densidade de probabilidade Uma função usada para calcular probabilidades e para especificar a distribuição de probabilidades de uma variável aleatória contínua.

Função densidade de probabilidade condicional A função densidade de probabilidade da distribuição de probabilidades condicionais de uma variável aleatória contínua.

Função densidade de probabilidade conjunta Uma função usada para calcular as probabilidades para duas ou mais variáveis aleatórias contínuas.

Função densidade de probabilidade marginal A função densidade de probabilidade de uma variável aleatória contínua obtida por meio da distribuição de probabilidades conjuntas de duas ou mais variáveis aleatórias.

Função distribuição cumulativa Para uma variável aleatória X, a função de X definida como $P(X \leq x)$ que é usada para especificar a distribuição de probabilidades.

Função gama Uma função usada na função densidade de probabilidade de uma variável aleatória gama que pode ser considerada para estender fatoriais.

Função geradora Uma função que é usada para determinar propriedades da distribuição de probabilidades de uma variável aleatória. *Veja* Função geradora de momento.

Função geradora de momento Uma função que é usada para determinar propriedades (tais como momentos) da distribuição de probabilidades de uma variável aleatória. É o valor esperado de $\exp(tX)$. *Veja* Função geradora e Momento.

Função linear de variáveis aleatórias Uma variável aleatória que é definida como uma função linear de muitas variáveis aleatórias.

Função verossimilhança Suponha que as variáveis aleatórias $X_1, X_2, ..., X_n$ tenham uma distribuição conjunta dada por $f(x_1, x_2, ..., x_n; \theta_1, \theta_2, ..., \theta_p)$ em que os θ sejam parâmetros desconhecidos. Essa distribuição conjunta, considerada uma função dos θ para x fixados, é chamada de função verossimilhança.

Gerador Efeitos em um planejamento fatorial fracionário que são usados para construir os testes experimentais usados no experimento. Os geradores também definem os pares associados.

Gradiente ascendente (ou descendente) Uma estratégia para uma série de testes de modo a otimizar uma resposta usada juntamente com os modelos de superfície de resposta.

Gráfico C Um gráfico de controle para atributo que expressa o número total de defeitos por unidade em um subgrupo. Similar ao gráfico de defeitos por unidade ou gráfico U.

Gráfico de blocos (ou gráfico de blocos e linhas) Uma disposição gráfica de dados em que a caixa contém os 50 % dos dados intermediários (a faixa de interquartil) com a mediana dividindo-a, e as linhas se estendendo para os valores menores e maiores (ou algum limite inferior e limite superior definidos).

Gráfico de controle Uma disposição gráfica usada para monitorar um processo. Geralmente, consiste em uma linha central horizontal, correspondendo ao valor de controle do parâmetro que está sendo monitorado, e de limites inferior e superior de controle. Os limites de controle são determinados por critérios estatísticos e não são arbitrários e nem são relativos a limites de especificação. Se os pontos amostrais caem dentro dos limites de controle, o processo é dito estar sob controle ou livre de causas atribuídas. Pontos além dos limites de controle indicam um processo fora de controle; isto é, causas atribuídas estão provavelmente presentes. Isso sinaliza a necessidade de encontrar e remover as causas atribuídas.

Gráfico de controle da soma cumulativa (CUSUM) Um gráfico de controle em que o ponto plotado no tempo t é a soma dos desvios medidos em relação a um valor alvo para todas as estatísticas até o tempo t.

Gráfico de controle de defeitos por unidade *Veja* Gráfico U.

Gráfico de controle de Shewhart Um tipo específico de gráfico de controle, desenvolvido por Walter A. Shewhart. Normalmente, cada ponto plotado é um resumo estatístico calculado a partir de dados em um subgrupo racional. *Veja* Gráfico de controle.

Gráfico de controle para a fração defeituosa *Veja* Gráfico P.

Gráfico de controle para atributos Qualquer gráfico de controle para uma variável aleatória discreta. *Veja* Gráficos de controle para variáveis.

Gráfico de controle para variáveis Qualquer gráfico de controle para uma variável aleatória contínua. *Veja* Gráfico de controle para atributos.

Gráfico de Pareto Um gráfico de barras usado para classificar as causas de um problema.

Gráfico de probabilidade normal Um gráfico construído especialmente para uma variável x (geralmente na abscissa), no qual a escala de y (geralmente na ordenada) é feita de modo que o gráfico da distribuição normal cumulativa seja uma linha reta.

Gráfico de tolerância Uma ferramenta gráfica mostrando todos os dados de tolerância.

Gráfico NP Um gráfico de controle para atributo que plota o total de unidades defeituosas em um subgrupo. Similar ao gráfico de fração defeituosa ou gráfico P.

Gráfico P Um gráfico de controle para atributo que plota a proporção de unidades defeituosas em um subgrupo. Também chamado de gráfico de controle de fração defeituosa. Similar ao gráfico NP.

Gráfico R Um gráfico de controle que plota a amplitude das medidas em um subgrupo que é usado para monitorar a variância do processo.

Gráfico S Um gráfico de controle que plota o desvio-padrão das medidas em um subgrupo de modo a monitorar a variância do processo.

Gráfico tridimensional de superfície Gráfico mostrando resultados de experimentos em três dimensões.

Gráfico U Um gráfico de controle para atributo que plota o número médio de defeitos por unidade em um subgrupo. Também chamado de gráfico de controle de defeitos por unidade. Similar ao gráfico C.

Gráfico $\overline{X}$ Um gráfico de controle que plota a média das medidas em um subgrupo que é usado para monitorar a média do processo.

Gráficos de interação de dois fatores Gráficos mostrando interações nos resultados de experimentos com dois fatores.

Gráficos individuais de controle Um gráfico de controle de Shewhart, em que cada ponto plotado é uma medida individual, em vez de uma estatística resumida. *Veja* Gráfico de controle, Gráfico de controle de Shewhart.

Grande Média Equação para estimar a média da população.

Graus de liberdade O número de comparações independentes que podem ser feitas entre os elementos de uma amostra. O termo é análogo ao número de graus de liberdade para um objeto em um sistema dinâmico, que é igual ao número de coordenadas independentes requerido para determinar o movimento do objeto.

Hipótese (como em hipótese estatística) Uma afirmação acerca dos parâmetros de uma distribuição de probabilidades ou de um modelo, ou uma afirmação acerca da forma de uma distribuição de probabilidades.

Hipótese alternativa Em um teste estatístico de hipóteses, essa é a hipótese diferente daquela que está sendo testada. A hipótese alternativa contém condições realizáveis, enquanto a hipótese nula especifica condições que estão sob teste.

Hipótese alternativa bilateral Uma hipótese diferente daquela que está sendo testada, em que existe algum efeito.

Hipótese alternativa unilateral Uma hipótese diferente daquela que está sendo testada, em que o resultado é fixado *a priori*.

Hipótese estatística Uma afirmação acerca dos parâmetros de uma ou mais populações.

Hipótese nula Esse termo geralmente relaciona uma hipótese particular que está sob teste, diferentemente da hipótese alternativa (que define outras condições que são factíveis, porém não estão sendo testadas). A hipótese nula determina a probabilidade do erro tipo I para o procedimento de teste.

Histograma Uma disposição de dados univariados que usa retângulos proporcionais em área às frequências de classes, de modo a exibir visivelmente as características dos dados, como localização, variabilidade e forma.

Homogêneo As proporções em c categorias são as mesmas que para todas as r populações.

IC de Agresti-Coul Maneira alternativa de construir um intervalo de confiança da proporção binomial, a partir da abordagem tradicional proposta por Agresti e Coull em 1998.

IC para amostra grande Intervalo de confiança para a diferença na média em que as variâncias das populações são desconhecidas.

Identidade da soma dos quadrados Partição da soma total dos quadrados.

Independência Uma propriedade de um modelo de probabilidade e de dois (ou mais) eventos que permite que a probabilidade da interseção seja calculada como o produto das probabilidades.

Inferência Conclusão de uma análise estatística. Geralmente se refere à conclusão de um teste de hipóteses ou a uma estimativa de intervalo.

Inferência estatística *Veja* Inferência.

Influência, ponto influente Um ponto não usual em sua localização no espaço x que pode influenciar.

Interação Em experimentos fatoriais, dois fatores interagem se o efeito de uma variável é diferente em níveis diferentes das outras variáveis. Em geral, quando variáveis operam independentemente uma das outras, elas não exibem interação.

Intervalo aleatório Pontos finais envolvem uma variável aleatória.

Intervalo de confiança Se for possível escrever um enunciado de probabilidade na forma $P(L \leq \theta \leq U) = 1 - \alpha$ em que L e U são funções somente de dados da amostra e θ é um parâmetro, então o intervalo entre L e U é chamado de intervalo de confiança (ou um intervalo de confiança de $100(1 - \alpha)$ %). A interpretação é que a afirmação do parâmetro θ se encontrar no intervalo será verdadeira $100(1 - \alpha)$ % das vezes que tal afirmação for feita.

Intervalo de confiança de $100(1 - \alpha)$ % para μ Uma afirmação que contém μ que será verdadeira $100(1 - \alpha)$ % das vezes em que a afirmação for feita.

Intervalo de confiança de $100(1 - \alpha)$ % para σ^2 Uma afirmação que contém σ^2 que será verdadeira $100(1 - \alpha)$ % das vezes em que a afirmação for feita.

Intervalo de equivalência Intervalo mais ou menos δ.

Intervalo de previsão O intervalo entre um conjunto de limites superior e inferior associado a um valor previsto designado para mostrar, em uma base de probabilidades, a faixa de erro associado com a previsão.

Intervalo de tolerância Um intervalo que contém uma proporção especificada de uma população com um nível estabelecido de confiança.

Limite de controle 3-σ Limites de controle para o gráfico de controle de Shewhart, localizados a uma distância de mais ou menos 3 desvios-padrão da estatística.

Limites de advertência Linhas horizontais adicionadas a um gráfico de controle (em adição aos limites de controle) que são usadas para tornar o gráfico mais sensível a causas atribuídas.

Limites de confiança, inferior e superior Pontos finais de um intervalo de confiança.

Limites de controle. *Veja* Gráfico de controle.

Limites de especificação Números que definem a região de medida para aceitar um produto. Geralmente, há um limite superior e um limite inferior, porém limites unilaterais podem também ser usados.

Limites naturais de tolerância Um conjunto de limites simétricos que são três vezes o desvio-padrão da média do processo.

Limites unilaterais de confiança Somente os limites inferior e superior de confiança são usados para um intervalo de confiança.

Linha central Uma linha horizontal em um gráfico de controle, localizada no valor que estima a média da estatística plotada no gráfico. *Veja* Gráfico de controle.

Linha (ou curva) de regressão Um gráfico de um modelo de regressão, geralmente com a resposta y na ordenada e o regressor x na abscissa.

Matrix do modelo A matriz X; uma matriz $(n \times p)$ dos níveis das variáveis independentes.

Matriz chapéu Em regressão múltipla, a matriz $\mathbf{H} = \mathbf{X}(\mathbf{X'X})^{-1}\mathbf{X'}$. Essa é a matriz de projeção que mapeia o vetor de valores observados das respostas em um vetor de valores ajustados por $\hat{\mathbf{y}} = \mathbf{X}(\mathbf{X'X})^{-1}\mathbf{X'y} = \mathbf{Hy}$.

Matriz de planejamento Uma matriz que fornece os testes que devem ser conduzidos em um experimento.

Média A média geralmente se refere tanto ao valor esperado de uma variável aleatória como à média aritmética de um conjunto de dados.

Média - função de uma variável aleatória contínua $E[h(X)] = \int_{-\infty}^{\infty} h(x)f(x)dx$.

Média - variável aleatória contínua
$$\mu = E(X) = \int_{-\infty}^{\infty} xf(x)dx$$

Média condicional A média da distribuição de probabilidades condicionais de uma variável aleatória.

Média da amostra A média aritmética das observações em uma amostra. Se as observações são $x_1, x_2, ..., x_n$, então a média da amostra é $(1/n)\sum_{i-1}^{n} x_i^k$. A média da amostra é geralmente denotada por $\bar{x}$.

Média global Parâmetro comum a todos os tratamentos.

Média móvel ponderada exponencialmente (MMPE) Equação para calcular fatores de ponderação que diminuem exponencialmente.

Média ponderada Média das variâncias das duas amostras, em que os pesos dependem dos dois tamanhos de amostra.

Média quadrática Em geral, uma média quadrática é determinada dividindo-se a soma dos quadrados pelo número de graus de liberdade associado à soma dos quadrados.

Mediana A mediana de um conjunto de dados é aquele valor que divide os dados em duas metades iguais. Quando o número de observações é par, isto é $2n$, é costume definir a mediana como a média entre o n-ésimo e o $(n + 1)$-ésimo valores, devidamente ordenados. A mediana pode também ser definida para uma variável aleatória. Por exemplo, no caso de uma variável aleatória contínua X, a mediana M pode ser definida como
$$\int_{-\infty}^{M} f(x)dx = \int_{M}^{\infty} f(x)dx = 1/2.$$

Mediana da amostra A mediana de um conjunto de dados é aquele valor que divide os dados em duas metades iguais. Quando o número de observações é par, isto é $2n$, é costume definir a mediana como a média entre o n-ésimo e o $(n + 1)$-ésimo valores, devidamente ordenados. A mediana pode também ser definida para uma variável aleatória. Por exemplo, no caso de uma variável aleatória contínua X, a mediana M pode ser definida como
$$\int_{-\infty}^{M} f(x)dx = \int_{M}^{\infty} f(x)dx = 1/2.$$

Medida de distância, medida de distância de Cook Equação de diagnóstico para detectar observações que influenciam.

Melhoria da qualidade Um aspecto de gerenciar a qualidade, um conjunto de diretrizes para assegurar que uma organização, produto ou serviço é consistente.

Meta-análise A combinação de resultados a partir de vários estudos ou experimentos para análise.

Método da mínima diferença significativa de Fisher (LSD) Uma série de testes de hipóteses par a par das médias dos tratamentos em um experimento, de modo a determinar que pares de médias diferem.

Método da soma extra dos quadrados Um método usado na análise de regressão para conduzir um teste de hipóteses para a contribuição adicional de uma ou mais variáveis a um modelo.

Métodos de comparações múltiplas Métodos para investigar que médias são diferentes.

Métodos paramétricos Baseados em uma família paramétrica particular de distribuições.

Mínimos quadrados (método dos) Um método de estimação de parâmetros em que os parâmetros de um sistema são estimados pela minimização da soma dos quadrados das diferenças entre os valores observados e os valores previstos ou ajustados do sistema.

Modelo de efeitos fixos *Veja* Fator fixo.

Modelo de regressão múltipla Um modelo de regressão que contém mais de uma variável regressora.

Modelo de regressão polinomial Modelos lineares de regressão que são equações que usam polinômios.

Modelo empírico Um modelo para relacionar uma resposta a um ou mais regressores ou fatores, que é desenvolvido a partir de dados obtidos do sistema.

Modelo intrinsecamente linear Em uma análise de regressão, uma função não linear que pode ser expressa como uma função linear, depois de uma transformação linear apropriada, é chamada de intrinsecamente linear.

Modelo mecanicista Um modelo desenvolvido de conhecimento teórico ou experiência, em contraste com um modelo desenvolvido a partir de dados. *Veja* Modelos empíricos.

Momento O valor esperado de uma função de uma variável aleatória, tal que $E(X - c)^r$, para c e r constantes. Quando $c = 0$, diz-se que o momento está em torno da origem. *Veja* Função geradora de momento.

Momento da amostra A grandeza $(1/n)\sum_{i=1}^{n} x_i^k$ é chamada do k-ésimo momento da amostra.

Momento em torno da origem O valor esperado de uma função de uma variável aleatória, tal que $E(X - c)^r$, para c e r constantes, quando $c = 0$.

Multicolinearidade Uma condição ocorrendo em regressão múltipla, em que alguns dos preditores ou variáveis regressoras são aproximadamente linearmente dependentes. Essa condição pode levar à instabilidade nas estimativas dos parâmetros do modelo de regressão.

Não replicado Um único experimento de uma planejamento 2^k.

Níveis de um fator As condições usadas para um fator em um experimento.

Nível de confiança Outro termo para o coeficiente de confiança.

Nível de significância Se a estatística de teste Z para uma hipótese e a distribuição de Z, quando a hipótese é verdadeira, são conhecidas, então podemos encontrar as probabilidades $P(Z \leq z_L)$ e $P(Z \geq z_U)$. A rejeição da hipótese é geralmente expressa em termos do valor observado de Z caindo fora do intervalo de z_L a z_U. As probabilidades $P(Z \leq z_L)$ e $P(Z \geq z_U)$ são geralmente escolhidas tendo pequenos valores, como 0,01; 0,025; 0,05; e 0,1, e são chamadas de nível de significância. Os níveis reais escolhidos são, de algum modo, arbitrários e são frequentemente expressos em percentagens, tal como nível de 5 % de significância.

Nível de significância fixo Abordagem para conduzir um teste t para uma única amostra, em que o valor da estatística de teste cai em uma região crítica.

Nível de significância observado *Veja* Valor P.

Observação influente Uma observação em uma análise de regressão que tem um grande efeito nos parâmetros estimados no modelo. A influência é medida pela mudança nos parâmetros quando a observação influente é incluída e excluída da análise.

Ortogonal Há vários significados relacionados, incluindo: o sentido matemático de perpendicular; a definição de que duas variáveis são ortogonais se elas são estatisticamente independentes; ou em planejamento de experimentos em que um planejamento é ortogonal se admitem-se estimativas estatisticamente independentes dos efeitos.

Outlier(s) Uma ou mais observações em uma amostra que esteja(m) tão longe do corpo principal dos dados, que dão origem à questão de se elas podem ser de outra população.

Padronização Transformação de uma variável aleatória normal que subtrai sua média e divide por seu desvio-padrão para gerar uma variável aleatória normal padrão.

Parâmetro de escala Um parâmetro que define a dispersão de uma amostra ou de uma distribuição de probabilidades.

Pares associados Em um experimento fatorial fracionário, quando certos fatores não podem ser estimados independentemente, eles são chamados de pares associados.

PCR Uma razão de capacidade de processo com o numerador igual à diferença entre os limites de especificações do produto e o denominador igual a seis vezes o desvio-padrão do processo. É dito medir a capacidade potencial do processo porque a média do processo não é considerada. *Veja* Capacidade de processo, Razão de capacidade de processo, Estudo de capacidade de processo, e PCR_k. Algumas vezes denotada como C_p em outras referências.

PCR_k Uma razão de capacidade de processo com o numerador igual à diferença entre o alvo do produto e o limite de especificação mais próximo e o denominador igual a três vezes o desvio-padrão do processo. É dito medir a capacidade real do processo porque a média do processo é considerada. *Veja* Capacidade de processo, Razão de capacidade de processo, Estudo de capacidade de processo, e PCR. Algumas vezes denotada como C_{pk} em outras referências.

Percentil O conjunto de valores que divide a amostra em 100 partes iguais.

Permutação Uma sequência ordenada dos elementos em um conjunto usado para determinar o número de resultados em eventos e espaços amostrais.

Planejamento com blocos completos aleatorizados Um tipo de planejamento de experimentos em que tratamentos ou níveis do fator são atribuídos aleatoriamente a blocos.

Planejamento (ou experimento) completamente aleatorizado Um tipo de planejamento experimental em que os tratamentos ou fatores do planejamento são atribuídos às unidades experimentais em uma maneira aleatória. Em experimentos planejados, um planejamento completamente aleatorizado resulta correndo todas as combinações de tratamentos em uma ordem aleatória.

Planejamento composto central (PCC) Um planejamento de superfície de resposta de segunda ordem em k variáveis, consistindo em um fatorial com dois níveis, $2k$ corridas axiais e um ou mais pontos centrais. A porção fatorial com dois níveis de um PCC pode ser um planejamento fatorial fracionário, quando k é grande. O PCC é o planejamento mais amplamente usado para ajustar um modelo de segunda ordem.

Planejamento fatorial fracionário *Veja* Experimento fatorial fracionário.

Planejamento ortogonal *Veja* Ortogonal.

Pontos centrais Corridas no centro geométrico de um planejamento.

População ou momentos de distribuição O valor esperado de uma função de uma variável aleatória, tal que $E(X - c)^r$, para c e r constantes. Quando $c = 0$, diz-se que o momento está em torno da origem. *Veja* Função geradora de momento.

População Qualquer coleção finita ou infinita de unidades ou objetos individuais.

Posto No contexto de dados, o posto de uma simples observação é seu número ordinal quando todos os dados são ordenados de acordo com algum critério, tal como sua magnitude.

Potência A potência de um teste estatístico é a probabilidade do teste rejeitar a hipótese nula quando a hipótese nula é na verdade falsa. Assim, a potência é igual a um menos a probabilidade do erro tipo II.

Princípio da escassez de efeitos O sistema é geralmente dominado pelos efeitos principais e as interações de ordens baixas.

Probabilidade Uma medida numérica entre 0 e 1 atribuída a eventos em um espaço amostral. Números altos indicam que o evento é mais provável de ocorrer. *Veja* Axiomas da probabilidade.

Probabilidade condicional A probabilidade de um evento dado que o experimento aleatório produz um resultado em outro evento.

Processo de Poisson Um experimento aleatório com eventos que ocorrem em um intervalo e satisfaz as seguintes suposições. O intervalo pode ser parcionado em subintervalos tal que seja zero a probabilidade de mais de um evento ocorrer em um subintervalo; a probabilidade de um evento em um subintervalo é proporcional ao comprimento do subintervalo e o evento em cada subintervalo é independente de outros subintervalos.

Processo seis-sigma Originalmente usado para descrever um processo com a média no mínimo seis desvios-padrão a partir dos limites de especificação mais próximos. Agora, ele tem sido usado para descrever qualquer processo com uma taxa de defeito de 3,4 partes por milhão.

Propagação de erro Uma análise de como a variância da variável aleatória, que representa a saída de um sistema, depende das variâncias das entradas. Uma fórmula existe quando a saída é uma função linear das entradas e a fórmula é simplificada se as entradas são consideradas independentes.

Propriedade de falta de memória Uma propriedade de um processo de Poisson. A probabilidade de uma contagem em um intervalo depende somente do comprimento do intervalo (e não do ponto inicial do intervalo). Uma propriedade similar se mantém para uma série de tentativas de Bernoulli. A probabilidade de um sucesso em um número especificado de tentativas depende somente do número de tentativas (e não da tentativa inicial).

Propriedade de projeção Um planejamento que projeta para um fatorial completo em quaisquer dois dos três fatores originais.

Propriedade reprodutiva da distribuição normal Uma combinação linear de variáveis aleatórias normais independentes é uma variável aleatória normal.

Quartis Os três valores de uma variável que a divide em quatro partes iguais. O valor central é geralmente chamado de mediana e os valores inferior e superior são geralmente chamados de quartis inferior e superior, respectivamente.

R^2 Uma grandeza usada em modelos de regressão para medir a proporção da variabilidade total na resposta considerada pelo modelo. Computacionalmente, $R^2 = SQ_{Regressão}/SQ_{Total}$ e grandes valores de R^2 (próximos a um) são considerados bons. Entretanto, é possível ter grandes valores de R^2 e o modelo não ser satisfatório. R^2 é também chamado de coeficiente de determinação (ou coeficiente de determinação múltipla na regressão múltipla).

R^2 ajustado Uma variação da estatística R^2 que compensa o número de parâmetros em um modelo de regressão. Essencialmente, o ajuste é uma penalidade pelo aumento do número de parâmetros no modelo.

Razão de capacidade de processo Uma razão que relaciona a largura dos limites de especificação do produto e medidas de desempenho do processo. Usada para quantificar a capacidade do processo para produzir produtos dentro das especificações. *Veja* Capacidade de processo, Estudo de capacidade de processo, PCR e PCR_k.

Razão de probabilidades A probabilidade é igual à razão de duas probabilidades. Em regressão logística, o logaritmo da probabilidade é modelado como uma função linear dos regressores. Dados os valores para os regressores em um ponto, a probabilidade pode ser calculada. A razão de probabilidades é a probabilidade em um ponto dividida pela probabilidade em outro ponto.

Reconhecimento de padrão Reconhecendo padrões sistemáticos ou não aleatórios nos gráficos de controle.

Região crítica No teste de hipóteses, essa é a porção do espaço amostral de uma estatística de teste que levará à rejeição da hipótese nula.

Região de aceitação Em um teste de hipóteses, uma região no espaço amostral da estatística de teste, tal que se a estatística de teste cair em seu interior, a hipótese nula não pode ser rejeitada. Essa terminologia é usada porque a rejeição de H_0 é sempre uma conclusão forte, e a aceitação de H_0 é geralmente uma conclusão fraca.

Região de rejeição Em um teste de hipóteses, essa é a região no espaço amostral da estatística de teste que conduz à rejeição da hipótese nula quando a estatística de teste cai nessa região.

Regra da multiplicação Para probabilidade, uma fórmula usada para determinar a probabilidade da interseção de dois (ou mais) eventos. Para técnicas de contagem, uma fórmula usada para determinar o número de maneiras para completar uma operação a partir do número de maneiras para completar as etapas sucessivas.

Regra da probabilidade total Dada uma coleção de eventos mutuamente excludentes, cuja união é o espaço amostral, a probabilidade de um evento pode ser escrita como a soma de probabilidades das interseções do evento com os membros dessa coleção.

Regra de adição Uma fórmula usada para determinar a probabilidade da união de dois (ou mais) eventos, a partir das probabilidades dos eventos e sua(s) interseção(ões).

Regras complementares Um conjunto de regras aplicadas aos pontos plotados nos gráficos de controle de Shewhart, que é usado para tornar o gráfico mais sensível às causas atribuídas. *Veja* Gráfico de controle, Gráfico de controle de Shewhart.

Regras Western Electric Um conjunto específico de regras complementares que foram desenvolvidas na Western Electric Corporation. *Veja* Regras complementares.

Regressão corrigida (*ridge regression*) Um método para ajustar um modelo de regressão tendo como objetivo superar os problemas associados com o uso do método padrão dos mínimos quadrados, quando há um problema com multicolinearidade nos dados.

Regressão em etapas e métodos relacionados Um método de selecionar variáveis para inclusão em um modelo de regressão. Ele opera introduzindo as variáveis candidatas, uma de cada vez (como na seleção progressiva) e então tentando removê-las seguindo cada etapa progressiva.

Regressão logística. Um modelo de regressão que é usado para modelar uma resposta categórica. Para uma resposta binária (0,1), o modelo assume que o logaritmo da razão de probabilidades (para zero e um) é linearmente relacionado com as variáveis regressoras.

Relação de definição Um subconjunto de efeitos em um planejamento fatorial fracionário que define os pares associados no planejamento.

Relação linear Correlação entre 2 variáveis ou 2 conjuntos de dados.

Replicatas Uma das repetições independentes de uma ou mais combinações de tratamentos em um experimento.

Resíduo Geralmente é a diferença entre o valor observado e o valor previsto de alguma variável. Por exemplo, em regressão, um resíduo é a diferença entre o valor observado da resposta e o correspondente valor previsto obtido pelo modelo de regressão.

Resíduo na forma de Student Na regressão, o resíduo na forma de Student é calculado pela divisão do resíduo normal pelo seu desvio-padrão exato, produzindo um conjunto de resíduos escalonados que têm, exatamente, desvio-padrão igual a um.

Resíduo padronizado Na regressão, o resíduo padronizado é calculado pela divisão do resíduo normal pela raiz quadrada da média residual dos quadrados. Isso produz resíduos escalonados que têm, aproximadamente, variância igual a um.

Resolução Uma medida da gravidade de associação em um planejamento fatorial fracionário. Comumente consideramos planejamentos com resolução III, IV e V.

Resposta (variável de) A variável dependente em um modelo de regressão ou a variável observada de saída em um experimento planejado.

Resultado Um elemento de um espaço amostral.

Seleção de variáveis Problema de selecionar um subconjunto de variáveis para um modelo a partir de uma lista de candidatos que contém toda ou quase toda informação útil a respeito da resposta nos dados.

Seleção progressiva Um método de selecionar variáveis na regressão, em que variáveis são inseridas, uma de cada vez, no modelo até que nenhuma outra variável que contribua significativamente para o modelo possa ser encontrada.

Sem reposição Um método de selecionar amostras, em que itens *não* são repostos entre sucessivas seleções.

Séries temporais Um conjunto de observações ordenadas tomadas em pontos no tempo.

Significância No teste de hipóteses, um efeito é dito significativo se o valor da estatística de teste estiver na região crítica.

Significância estatística *Veja* Significância.

Significância prática Pouca ou nenhuma significância em eventos reais; também significância de engenharia.

Soma dos quadrados da regressão A porção da soma dos quadrados total atribuída ao modelo que foi ajustado aos dados.

Soma dos quadrados do erro Em análise de variância, essa é a porção da variabilidade total responsável pelo componente aleatório nos dados. Geralmente, é baseada na replicação de observações em certas combinações de tratamentos no experimento. É algumas vezes chamada de soma residual dos quadrados, embora esse seja realmente um termo melhor para usar somente quando a soma dos quadrados é baseada no que sobra de um processo de ajuste de modelo e não na replicação.

Soma dos quadrados do erro de previsão *Veja* Estatística SQEP.

Soma dos quadrados do tratamento Em análise de variância, essa é a soma dos quadrados que considera a variabilidade na variável de resposta devido aos tratamentos diferentes que tenham sido aplicados.

Soma dos quadrados total A equação que descreve a variabilidade total dos dados.

Subgrupo racional Uma amostra de dados selecionados de modo a, na medida do possível, incluir fontes casuais de variação e excluir fontes especiais de variação.

Superfície de resposta Quando uma resposta y depende de uma função de k variáveis quantitativas $x_1, x_2, ..., x_k$, os valores da resposta podem ser vistos como uma superfície em $k + 1$ dimensões. Essa superfície é chamada de uma superfície de resposta. A metodologia de superfície de resposta é um subconjunto de planejamento de experimentos voltada para aproximar essa superfície com um modelo e para usar o modelo resultante para otimizar o sistema ou o processo.

Superfície do logaritmo natural da verossimilhança Superfície de um gráfico gerado pelo logaritmo natural da verossimilhança.

Superposição Quando um experimento fatorial é corrido em blocos e os blocos são muito pequenos para conter uma replicata completa do experimento, pode-se correr uma fração da replicata em cada bloco; porém, isso resulta em perda de informação em alguns efeitos. Esses efeitos são ligados ou superpostos com os blocos. Em geral, quando dois fatores variados de modo que seus efeitos individuais não podem ser determinados separadamente, seus efeitos são ditos ser superpostos.

Superposição com blocos *Veja* Superposição.

Tabela de contingência Um arranjo tabular expressando a designação de membros de um conjunto de dados de acordo com duas ou mais categorias ou critérios de classificação.

Técnicas de contagem Fórmulas usadas para determinar o número de elementos em espaços amostrais e eventos.

Tendenciosidade Um efeito que distorce sistematicamente um resultado estatístico ou uma estimativa, fazendo com que ele(a) não represente a verdadeira grandeza de interesse.

Tentativas de Bernoulli Sequências de tentativas independentes com somente dois resultados, geralmente, chamados de "sucesso" e "falha", em que a probabilidade de sucesso permanece constante.

Teorema central do limite A forma mais simples do teorema central do limite estabelece que a soma de **n** variáveis aleatórias distribuídas independentemente tenderá a ser normalmente distribuída quando **n** se torna grande. É uma condição necessária e suficiente que nenhuma das variâncias das variáveis aleatórias individuais seja grande em comparação a sua soma. Há mais formas gerais do teorema central que permitem variâncias infinitas e variáveis aleatórias correlacionadas e há uma versão multivariada do teorema.

Teorema de Bayes Uma equação para uma probabilidade condicionada, como $P(A|B)$, em termos da probabilidade condicional reversa $P(B|A)$.

Teoria de decisão Estudo de modelos matemáticos para tomada de decisão.

Teste com nível de significância fixo Teste de hipóteses com critério definido para uma hipótese alternativa.

Teste de equivalência Teste de hipóteses que usa dois conjuntos de hipóteses alternativas unilaterais para testar equivalência.

Teste de hipóteses Qualquer procedimento usado para testar uma hipótese estatística.

Teste de homogeneidade Em uma tabela de contingência bidimensional (r por c), ele testa se as proporções nas c categorias são as mesmas para todas as r populações.

Teste de independência Em uma tabela de contingência bidirecional (r por c), ele testa se as categorias nas linhas e nas colunas são independentes.

Teste de Wilcoxon da soma dos postos Um teste não paramétrico para a igualdade de médias em duas populações. É algumas vezes chamado de teste de Mann-Whitney.

Teste de Wilcoxon do posto sinalizado Um teste, livre de distribuição, da igualdade de parâmetros de localização de duas distribuições pensadas idênticas a princípio. É uma alternativa ao teste t de duas amostras para populações não normais.

Teste dos sinais Um teste estatístico baseado nos sinais de certas funções das observações e não nas suas magnitudes.

Teste geral da significância da regressão *Veja* Método da soma extra dos quadrados.

Teste para amostra grande As variâncias das amostras são substituídas na estatística de teste em que as variâncias das populações são desconhecidas.

Teste parcial; também chamado de teste marginal Coeficiente de regressão depende de todas as outras variáveis regressoras em um modelo.

Teste qui-quadrado Qualquer teste de significância baseado na distribuição qui-quadrado. Os testes qui-quadrados mais comuns são: (1) testando hipóteses acerca da variância ou desvio-padrão de uma distribuição normal e (2) testando a adequação do ajuste de uma distribuição teórica a dados amostrais.

Teste t Qualquer teste de significância baseado na distribuição t. Os testes t mais comuns são: (1) teste de hipóteses para a média de uma distribuição normal com variância desconhecida; (2) teste de hipóteses para a média de duas distribuições normais e (3) teste de hipóteses para os coeficientes individuais de regressão.

Teste t combinado Uma hipótese para comparar a média de duas populações com as variâncias consideradas iguais.

Teste t pareado Dados coletados em pares são analisados durante um procedimento de teste para testar as diferenças.

Teste z Teste para uma distribuição normal padrão.

Todas as regressões (subconjuntos) possíveis Um método de seleção de variáveis para a regressão, que examina todos os subconjuntos possíveis de variáveis regressoras candidatas. Algoritmos computacionais eficientes têm sido desenvolvidos para implementar todas as regressões possíveis.

Tratamento Em planejamento de experimentos, um tratamento é um nível específico de um fator de interesse. Assim, se esse fator for a temperatura, os tratamentos são os níveis específicos de temperatura usados no experimento.

Valor esperado O valor esperado de uma variável aleatória X é sua média a longo prazo ou um valor médio. No caso contínuo, o valor esperado de X é $E(X) = \int_{-\infty}^{\infty} x f(x) dx$, em que $f(x)$ é a função densidade da variável aleatória X.

Valor P O nível de significância exato de um teste estatístico; isto é, a probabilidade de obter um valor da estatística de teste que seja no mínimo tão extremo quanto aquele observado quando a hipótese nula é verdadeira.

Valor z Valor associado com uma probabilidade obtida pela padronização de X.

Valor(es) crítico(s) O valor de uma estatística correspondente a um nível de significância estabelecido, determinado a partir da distribuição amostral. Por exemplo, se $P(Z \geq z_{0,05}) = P(Z \geq 1,96) = 0,05$, então $z_{0,05} = 1,96$ é o valor crítico de z no nível de significância igual a 0,05.

Variância Uma medida de variabilidade definida como o valor esperado do quadrado da variável aleatória em torno da média.

Variância – variável aleatória contínua

$$\sigma^2 = V(X) = \int_{-\infty}^{\infty} (x - \mu)^2 f(x) dx$$

$$= \int_{-\infty}^{\infty} x^2 f(x) dx - \mu^2$$

Variância condicional A variância da distribuição de probabilidades condicionais de uma variável aleatória.

Variância da amostra Uma medida de variabilidade de dados amostrais, definida como $S^2 = [1/(n-1)] \sum_{i=1}^{n} (x_i - \overline{x})^2$, em que $\overline{x}$ é a média da amostra.

Variância da população *Veja* Variância.

Variância mínima do estimador não tendencioso (VMENT) O estimador não tendencioso com variância diminuída.

Variáveis de controle Variáveis em um processo ou experimento que pode ser controlado.

Variável aleatória Uma função que atribui um número real para cada resultado no espaço amostral de um experimento aleatório.

Variável aleatória beta A variável aleatória X com uma função densidade de probabilidade com parâmetros $\alpha > 0$ e $\beta > 0$.

Variável aleatória binomial Uma variável aleatória discreta que é igual ao número de sucessos em um número fixo de tentativas de Bernoulli.

Variável aleatória contínua Uma variável aleatória com um intervalo (tanto finito como infinito) de números reais para sua faixa.

Variável aleatória contínua uniforme Uma variável aleatória contínua com faixa de um intervalo finito e uma função densidade de probabilidade constante.

Variável aleatória de Erlang Uma variável aleatória contínua que é a soma de um número fixo de variáveis aleatórias independentes exponenciais.

Variável aleatória de Poisson Uma variável aleatória discreta que é o número de eventos que ocorrem em um processo de Poisson.

Variável aleatória de Weibull Uma variável aleatória contínua que é frequentemente utilizada para modelar o tempo até a falha de um sistema físico. Os parâmetros da distribuição são flexíveis o suficiente para que a função densidade de probabilidade possa assumir diferentes formas.

Variável aleatória discreta Uma variável aleatória com uma faixa finita (ou infinita contável).

Variável aleatória exponencial. Uma variável aleatória contínua que representa o tempo entre eventos em um processo de Poisson.

Variável aleatória gama Uma variável aleatória que generaliza uma variável aleatória de Erlang para valores não inteiros do parâmetro r.

Variável aleatória geométrica Uma variável aleatória discreta que é o número de tentativas de Bernoulli até que um sucesso ocorra.

Variável aleatória hipergeométrica Uma variável aleatória discreta que é o número de sucessos obtidos a partir de uma amostra retirada sem reposição de populações finitas.

Variável aleatória lognormal Uma variável aleatória contínua com distribuição de probabilidades igual àquela de $\exp(W)$ para uma variável aleatória normal W.

Variável aleatória normal Uma variável aleatória contínua que é a mais importante em estatística porque ela resulta do teorema central do limite. *Veja* Teorema central do limite.

Variável aleatória normal padrão Uma variável aleatória normal com média zero e variância um, que tem sua função distribuição cumulativa tabelada na Tabela II do Apêndice A.

Variável(is) indicativa(s) Variáveis que são valores numéricos atribuídos para identificar os níveis de uma resposta qualitativa ou categórica. Por exemplo, uma resposta com dois níveis categóricos (sim e não) poderia ser representada com uma variável indicadora assumindo valores 0 e 1.

Índice Alfabético

A
Abertura de um rotor, 339
Abordagem
  bayesiana, 126
  matricial para a regressão linear
    múltipla, 237
  não paramétrica, 201
  pareada, 201
Abusos da regressão, 213
Acabamento de superfície, 255
  de uma liga de titânio, 205
Acidente do ônibus espacial *Challenger*, 211
Adequação
  ao uso, 331
  do modelo de regressão, 222
Adesão em uma liga, 137, 144
Adição de pontos centrais a um
  planejamento 2^k, 306
Ajuste(s), 8
  em excesso, 244
Alarmes falsos, 344, 350
Aleatorização, 5, 20, 266
Alimentação de dados (*inputs*), 14
Amostra(s), 4
  aleatórias, 25, 26, 114
  de população, 96
  grande, 134
  pela técnica *bootstrap*, 121
Amostragem
  com reposição, 20, 27
  sem reposição, 20, 46
Amplitude
  da amostra, 98
  móvel, 342
  relativa, 338
Análise
  de experimentos com um único fator, 264
  de padrões nos gráficos de controle, 336
  de regressão, 2, 211, 212
  de variância (ANOVA), 217, 264, 265, 266,
    267, 288
    e componentes de variância, 275
    para a pureza de oxigênio, 218
    para a resistência
      à adesão de um fio, 243
      à tração, 269
    para o experimento do zarcão para
      aviões, 291
    para um planejamento com blocos
      completos aleatorizados, 279
    teste F, 268
  estatística, 288
  residual, 222, 250, 272, 281, 316
Aproximação
  da distribuição
    binomial pela normal, 61, 62
    de Poisson pela normal, 61, 63
  normal, 179
    para a estatística
      de Wilcoxon para o posto sinalizado, 181
      do teste dos sinais, 179
    para uma proporção binomial, 140

  para amostras grandes, 181, 197
  pela normal, 61
Área dos retângulos, 103
Arsênio em água potável, 193
Ascendente de maior inclinação para o
  rendimento de um processo, 324
Atrasos nas mensagens, 16
Axiomas de probabilidade, 20, 22

B
Banda de equivalência, 181
Blocagem, 279
  no planejamento 2^k, 307
Bloco principal, 309
Bootstrap, 121

C
Cálculo(s)
  de distribuição normal, 58
  de s^2, 98
  para falhas no fio, 49
Câmera *flash*, 15
Canal digital, 34, 35, 37, 38, 40, 42, 44, 86, 87
Capacidade
  de processo, 334, 344
  potencial, 345
  real, 345
Carotenoides, 284
Carros estacionados paralelamente, 201
Causa(s)
  atribuídas, 332
  casuais, 332
  e efeito, 5, 186
  raiz, 334
Células, 102
Censo, 4
CEP, 9
Chocolate, 195
Ciência de dados, 2
Circuito
  avançado, 29
  em série, 28
  paralelo, 29
Coeficiente(s), 297
  binomial, 41
  de correlação
    da amostra, 108, 225
    de Pearson, 109
  de determinação, 224
    múltipla R^2, 244
  de regressão, 211
  de restituição do taco, 164
  parciais de regressão, 234
  zero, 297
Coleta de dados de engenharia, 4
Combinação(ões), 19
  de valores P, 182
  linear, 89
Comparação(ões)
  gráfica de médias, 271

  múltiplas, 280
    em seguida à anova, 270
  não pareadas, 200
  pareadas, 200
Complemento de um evento, 17
Componente(s)
  aleatório, 14
  de variância, 275
Comprimento médio de corrida, 350
Computador, 161
Concentração em um processo químico, 343
Condutividade térmica, 120
Confiabilidade, 130
Conjunto redundante de discos
  independentes (RAID), 33
Construção
  de intervalos de confiança, 142
  de modelos, 256
  por computador dos gráficos de controle
    x e r, 342
Contaminação
  de pastilhas, 34, 43
  de semicondutores, 27
  por mercúrio, 135
Contraste, 295
  de definição, 308
Controlador de motor de automóveis, 170
Controle
  estatístico, 332
  da qualidade, 330, 332
  de processo, 9, 332
  excessivo, 8
Correção de continuidade, 61
Correlação, 84, 85, 86, 210, 224
  entre variáveis aleatórias normais
    bivariadas, 88
  zero, 89
Corrente
  distribuída normalmente, 60
  elétrica, 53, 54, 55, 345
  uniforme, 56
Corrida(s), 336
  axiais, 325
  para baixo, 336
  para cima, 336
Covariância, 84
Critério(s)
  de decisão, 360
  de mínimo, 360
  do custo esperado, 360
  do mais provável, 360
  minimáx, 360
Curvas características operacionais, 160,
  187, 273
Custo competitivo, 15

D
Dados, 5
  da resistência do tecido, 280
  de engenharia, 4
  multivariados, 104, 106

Índice Alfabético

Defeitos em uma placa de circuito impresso, 173
Deming, W. Edwards, 7, 331, 362
  14 pontos de, 362
Densidade de probabilidade conjunta, 81
Departamento de emergência hospitalar (DEH), 2
Desempenho dos gráficos de controle, 350
Desenvolvimento do intervalo de confiança, 131
Desgaste de mancal, 68
Destilação acetona-álcool butílico, 4
Desvio de um míssil, 310
Desvio-padrão
  da amostra, 97, 114
  da população, 98
  variável aleatória discreta, 36, 43
Detergente, 140
Diagnóstico médico, 30
Diagrama(s)
  de caixa, 105
  de causa e efeito, 358
  de concentração de defeitos, 358
  de dispersão, 106, 107, 211
  de Pareto, 104, 358
  de pontos, 3, 96
  de ramo e folhas, 99
  de tolerância, 344
  de Venn, 17, 18
  em forma de árvore, 16, 25
  ordenado de ramo e folhas, 100
  sequenciais temporais, 106
Diâmetro do orifício, 53
Dimensões usinadas, 81, 82
Diodos a *laser*, 21
Dispersão, 3
Disposição de placa de circuito impresso, 20
Distância de Cook, 252
  para a resistência à adesão de um fio, 252
Distribuição(ões)
  amostral, 113, 114
    aproximada da diferença nas médias amostrais, 118
    da média, 115
  anterior, 127
  beta, 69
  binomial, 39, 40
    negativa, 42, 44, 84, 90
  bivariada, 74
  condicional de variáveis aleatórias normais bivariadas, 88
  conjuntas comuns, 86
  contínua(s)
    simétricas, 180
    uniforme, 55, 56
  da razão de variâncias amostrais provenientes de duas distribuições normais, 203
  de Erlang, 66
  de frequências
    e histograma, 102, 103
    relativas, 102
  de Poisson, 48, 49, 173
  de probabilidades, 33, 51, 52
    condicionais, 83
    e independência, 77
    conjuntas, 72, 73
      para duas variáveis aleatórias, 73
      para mais de duas variáveis aleatórias, 81
    marginais, 74, 75, 83
  de Raleigh, 68
  de referência, 157, 162, 186
  de suprimento de energia distribuição contínua, 174
  de um subconjunto de variáveis aleatórias, 83
  de uma soma de variáveis aleatórias de Poisson, 94
  de Weibull, 68
  discreta uniforme, 38
  exponencial, 63, 64
  F, 202
    não central, 273
  gama, 66, 67
  gaussiana, 56
  geométrica, 42
  hipergeométrica, 45, 46
  lognormal, 68, 69
  marginal, 75
    de variáveis aleatórias normais bivariadas, 88
  multinomial de probabilidades, 86, 87
  normal, 56, 57
    bivariada, 87
    padrão, 58
  nula, 162
  posterior, 127
  qui-quadrado, 68
  t, 136
  χ^2, 138
Dois testes unilaterais, 181

E

Efeito(s), 295, 297
  de interação, 286
    AB, 295
    de segunda ordem, 300
    de terceira ordem, 300
  do i-ésimo tratamento, 266
  principais dos fatores, 295
  planejamento 2^3, 299
  principal, 285
Eficiência relativa, 122
Elementos da diagonal da matriz chapéu, 251
Eliminação
  de defeitos, 331
  de variabilidade no processo, 333
  regressiva, 260
  sistemática de desperdício, 331
Empates no teste
  de Wilcoxon do posto sinalizado, 181
  dos sinais, 178
Enchimento
  automático, 168
  de detergente, 140
Energia eólica, 228
Equação(ões)
  de atualização de média móvel ponderada exponencialmente, 352
  normais de mínimos quadrados, 214, 236
Erro(s)
  α, 149
  de amostragem, 4
  quadrático médio de um estimador, 121
  tipo I, 149
  tipo II, 149
    a partir da curva CO para a taxa de queima do propelente, 161
    aproximado para um teste bilateral para a diferença de proporções de duas populações, 207
    e escolha do tamanho da amostra, 159, 165, 168, 171, 187, 194, 204, 207
    para a taxa de queima de propelente, 160
    para o controlador do motor de automóvel, 171
    para o teste dos sinais, 179
Erro-padrão
  de um coeficiente, 297
  estimado, 120, 242, 216
  pela técnica *bootstrap*, 121
  reportando uma estimativa pontual, 120
Erva-de-são-joão, 206
Escala, 115
Escolha do tamanho da amostra, 133, 141
Esforço de amostragem, 335
Espaço amostral, 14, 15
  contínuo, 15
  discreto, 15, 20
Especificações da câmera, 16
Estágios de usinagem, 26
Estatística, 2, 96, 113, 114
  C, 257
  de teste, 148, 157, 162, 167, 169, 216
    para a diferença
      das proporções de duas populações, 206
      de médias, variâncias desconhecidas e consideradas não iguais, 193
  de teste
    para adequação de ajuste, 172
    para ANOVA, 242
    para correlação zero, 225
  descritiva, 95, 96
  F para o teste geral de regressão, 246
  melhoria da qualidade e, 331
  SQEP, 257
  t, 297
Estimação
  bayesiana de parâmetros, 126
  de parâmetros, 98, 113
  dos parâmetros por mínimos quadrados, 236
  pontual, 118
    de parâmetros e distribuições amostrais, 112
Estimador(es)
  bayesiano, 127
  para a média de uma distribuição normal, 127
  combinado da variância, 191
  de máxima verossimilhança, 123, 126
    da distribuição
      de Bernoulli, 124
      exponencial, 124
      normal para μ e σ^2, 125
      uniforme, 126
  de mínimos quadrados, 216, 241
  de momento, 122
    da distribuição
      exponencial, 122
      gama, 123
      normal, 123
  de variância, 215, 241
  de σ a partir do gráfico r, 338
  não tendencioso, 118, 215, 216, 241
    de variância mínima, 119
  ótimo, 122
  pontual, 113

Estimativa(s), 220
  bootstrap, 121
  de mínimos quadrados, 214, 236
    de β, 239
  dos componentes de variância, 276
  pontual, 113, 147
Estudo
  analítico, 9
  de observação, 5, 186
  enumerativo, 9
  retrospectivo, 4
Eventos, 14, 16, 17
  mutuamente
    excludentes, 18, 23
    exclusivos, 18
Expansão binomial, 40
Experimento(s), 284
  aleatório, 14
  com três fatores, 293
  comparativo, 5, 147, 185
  completamente aleatorizado, 185
    com um único fator, 265
  de caracterização de um processo, 284
  de otimização, 285
  de simulação computacional, 115
  desbalanceado, 270
  exploratório, 265, 285, 312
  fatorial, 6, 285, 287
    com dois fatores, 288
    com interação, 286
    em geral, 293
    fracionário, 6
  planejado, 5, 265
  sequencialmente, 265
Extrapolação, 249
  disfarçada, 249

F

Fabricação têxtil, 276
Faixa
  interquartil, 101, 105
  retangular para (X, Y), 80
Falha(s)
  e defeitos na superfície, 25
  em um fio, 48
  em um processador, 66
Fator(es) aleatório, 275
  de correção para população finita, 47
  de inflação da variância, 262
  de interesse, 265
  de ruído, 277
  fixo, 275
Fatorial fracionário
  2^{k-p}, 317
  saturado, 321
Ferramentas para a solução de problemas
  de CEP, 358
Flashes de câmeras, 45
Fontes potenciais de variabilidade, 3
Fora de controle, 332
Força
  de adesão, 291
  de remoção de um conector, 3
Forma geral da distribuição, 103
Fórmula(s)
  da distância de Cook, 252
  de cálculo para ANOVA
    experimento com bloco aleatorizado, 279
    fator único com amostras de tamanhos
      desiguais, 270
  do tamanho da amostra, 159

Fração(ões)
  alternada, 314
  menores, 317
  principal, 314
Frequência
  cumulativa, 103
  relativa, 20
Função(ões)
  de distribuição cumulativa, 35, 36, 54, 68
  de probabilidade, 33, 34
    conjunta, 73, 74
    marginal, 76
  de resposta
    linear, 230
    logit, 230
  de uma variável aleatória
    contínua, 91, 92
    discreta, 91
  densidade de probabilidade, 52, 54
    condicional, 78
    conjunta, 74, 78, 81
    marginal, 82
    normal variada, 87
  gama, 66
  geradora de momento, 92
    para variável aleatória
      binomial, 93
      normal, 93
  gerais de variáveis aleatórias, 90
  lineares de variáveis aleatórias, 89
    normais independentes, 91
  verossimilhança, 123

G

Galton, Francis, 212
Geradores do planejamento, 317
Gráfico(s)
  c, 350
  da média móvel ponderada
    exponencialmente, 342
  de amarração, 344
  de caixa e linhas (*box-plot*), 105
  de controle, 9, 332
    ajustes desnecessários no processo, 334
    da fração defeituosa, 347
    da soma cumulativa, 342
    de Shewhart, 333
    informação sobre
      a capacidade de processo, 335
      diagnóstico, 334
    melhoria da produtividade, 334
    para a média móvel ponderada
      exponencialmente, 351
    para atributos, 334, 347
    para defeitos por unidade, 348
    para medidas individuais, 342
    para proporções, 347
    para soma cumulativa (CUSUM), 354
    para a concentração de um processo
      químico, 356
    tabular, 355
    para variáveis, 334
    para x e r ou s, 337
    prevenção de defeitos, 334
  de frequência cumulativa, 103
  de interação entre dois fatores, 287
  de Pareto, 104
  de probabilidade, 109, 110
    normal, 110, 272
    dos efeitos, 314
    dos resíduos, 222

de séries temporais, 7, 106
  de tolerância, 344
  de x e r, 338
  de x e s, 339
  digiponto, 106
  np, 348
  p, 347
  ponderado no tempo, 351
  r, 337, 338
  s, 337
  u, 348
  x, 342
Grau(s)
  de crença, 20
  de liberdade, 98

H

Hidratação do cimento, 196
Hidrocarbonetos, 212
Hipercubo, 6
Hipótese(s), 5, 147
  alternativa
    bilateral, 148, 152
    unilateral, 148, 152
  estatística, 147
  nula, 148
  para o teste
    de ANOVA, 242
    geral de regressão, 245
Histograma, 52, 102, 103, 344

I

Identidade da soma dos quadrados,
  ANOVA
  dois fatores, 289
  experimento com
    bloco completo aleatorizado, 278
    único fator, 268
Identidade de análise de variância, 217, 218
Implementando CEP, 362
Independência, 27, 80, 83, 89
  dois eventos, 28
  múltiplos eventos, 28
Inferência
  com duas amostras, 186
  de proporções de duas populações, 205
  estatística, 4, 11, 113
    para duas amostras, 184
  para a diferença de médias de duas
    distribuições normais
    variâncias
      conhecidas, 185
      desconhecidas, 190
  para as variâncias de duas distribuições
    normais, 202
Informação, 5
Inspeção de fabricação, 22
Instrumento de estimação, 334
Interação, 235, 286
  entre os fatores, 6
  generalizada, 310
Interferência, 8
Interpretações de probabilidade, 20
Interseção, 234
  de dois eventos, 17
  de eventos, 26
Intervalo(s)
  aleatório, 131
  aproximado de confiança para
    a diferença de proporções de
    populações, 208
  uma proporção binomial, 140

de classe, 102
　com larguras desiguais, 103
de confiança, 130, 131, 132, 147, 209, 219
　aproximado para
　　amostras grandes, 135
　　diferença de médias, variâncias
　　　desconhecidas e diferentes, 196
　de Agresti-Coull, 142
　diferente para a proporção binomial, 142
　para a diferença de médias, variâncias
　　conhecidas, 189
　　desconhecidas, 195
　　e iguais, 196
　para a diferença de proporções de
　　populações, 208
　para a média, 134
　　com variância conhecida, 131
　　de uma distribuição normal, variância
　　　desconhecida, 136, 137
　para a proporção de uma população,
　　amostra grande, 140
　para a razão de
　　duas variâncias, 205
　　variâncias de duas distribuições
　　　normais, 205
　para a regressão linear múltipla, 247
　para a resistência à adesão de um fio,
　　248, 249
　para a resposta média, 220 248
　　da pureza do oxigênio, 220
　　da resistência à adesão de um fio, 248
　para a variância, 138, 139
　para coeficientes
　　angular da pureza do oxigênio, 219
　　angular e linear, 219
　　de correlação, 226
　　de regressão, 247
　　individuais de regressão, 247
　para desvio-padrão de uma distribuição
　　normal, 138
　para uma diferença nas médias dos
　　tratamentos, 270
　para uma média de tratamento, 269
　para um parâmetro, 135, 219
　para μ, 134, 201
　pela técnica *bootstrap*, 142
　t para μ, 137
　testes de hipóteses e, 155
de decisão, 357
de equivalência, 181
de previsão, 131, 143, 221, 249
　para a pureza do oxigênio, 221
de tolerância, 130, 143, 144
estatísticos para uma única amostra, 129

L

Largura de uma distribuição normal, 58
Laser semicondutor, 69
Lei(s)
　de Ohm, 4
　de probabilidade, 14
　dos gases ideais, 4
Limite(s)
　de advertência, 337
　de controle, 333
　　3-sigma, 350
　de tolerância naturais, 344
　inferior
　　de controle, 9, 333
　　e superior de confiança, 131
　superior de controle, 9, 333
　unilaterais
　　aproximados de confiança para uma
　　　proporção binomial, 142
　　de confiança, 133, 134, 137, 142
　　　para a média, variância conhecida, 133
　　　para a variância, 139
Linha
　central, 333
　do gráfico de controle, 9
　de regressão, 212
　　ajustada ou estimada, 214
Localização, 3, 115

M

Mancais
　de eixos de manivela, 141
　defeituosos, 208
Marketing, 37
Matriz
　de covariância, 242
　de planejamento, 299
　dos diagramas de dispersão, 107
　modelo, 238
Maxwell, James, 52
Mecanismo de falha, 109
Média
　amostral e variância não tendenciosas, 119
　condicionais, 79
　da amostra, 96
　　x, 114
　da população, 98
　de distribuição
　　conjunta, 76, 83
　　normal, variância conhecida, 131
　de uma função linear, 89
　distribuição multinomial, 87
　dos quadrados
　　para o erro, 268
　　para os tratamentos, 268
　geométrica, 351
　global, 266, 338
　móvel, 351
　　para a concentração de um processo
　　　químico, 353
　　ponderada exponencialmente, 351
　variável aleatória
　　contínua, 55
　　discreta, 35, 36
Mediana, 177
　da amostra, 100
Medida(s)
　da distância de Cook, 252
　de abertura de um rotor, 340
　de associação linear, 109
Meia fração, 7
　do planejamento 2^k, 312
Melhoria da qualidade, 331
Mercúrio, 135
Método(s)
　científico, 2
　da ascendente de maior inclinação, 323
　da descendente de maior inclinação, 323
　da máxima verossimilhança, 123
　da soma extra dos quadrados, 245
　de análise de variância, 275
　de comparações múltiplas, 270
　de engenharia, 2
　de estimação pontual, 122
　de Fisher da mínima diferença
　　significativa, 270
　dos momentos, 122
　geral para deduzir um intervalo de
　　confiança, 133
　livres da distribuição, 176
　não paramétricos, 176
　simplificado para cálculo de s^2, 98
Mínima diferença significativa para
　comparações múltiplas, 271
Minimização, 323
Mínimos quadrados, 11
Moda da amostra, 101
Modelagem por regressão múltipla, 252
Modelo(s)
　com efeitos
　　aleatórios, 275
　　fixos, 267
　completo, 245
　conceitual de réplicas repetidas do
　　experimento aleatório, 20
　de componentes de variância, 275
　de decisão, 359
　de efeitos aleatórios, 275
　de gráfico de controle, 333
　de menor grau, 254
　de primeira ordem, 322
　de probabilidade, 11
　de regressão, 11, 222
　　aos dados, 296
　　linear
　　　múltipla, 234
　　　simples, 211
　　polinomial, 252
　de segunda ordem, 323
　e análise residual, 296, 301
　empírico, 10, 211
　linear estatístico, 266, 278
　mecanicista, 9, 10
　polinomiais de regressão, 252
　reduzido, 245
Moldagem por injeção, 317
Momentos
　da amostra, 122
　da população, 122
　em torno da origem, 92
Multicolinearidade, 261

N

Nível(is)
　de confiança, 132
　de significância, 149
　　fixo, 153, 163
　　observado, 153
　dos fatores, 5, 265
Normalidade, 165
Norma-padrão ASTM E23, 130
Notação, 30
　geométrica, 294
　matricial, 237
　para totais e médias, 289
Número
　de intervalos de classe, 102
　de linhas com vozes, 39
　serial, 38

O

Objetividade científica, 265
Observação por célula, 292

Ordem aleatória, 288
Otimização, 265
Outliers, 5, 105, 222, 251, 298
Overcontrol, 8
Oxigênio, 212

P

Padrão de comportamento, 337
Padronização
 de x, 59
 probabilidade, 59
 variável aleatória normal, 59
Painéis laterais de aviões, 253
Palavra, 317
Pares associados (*aliases*), 313
Partes por milhão, 345, 346
Partículas de contaminação, 33
Pastilhas de supercondutores, 23
Peça(s)
 moldada por injeção, 89
 provenientes de fornecedores, 47
Pensamento estatístico, 2
Percentis, 100
Permutações, 19
 de objetos similares, 19
 de subconjuntos, 19
 lineares, 19
pH, 24
Placa de circuito impresso, 19, 349
Planejamento(s)
 2^2, 294, 295
 2^3, 299, 300
 2^k para $k \geq 3$ fatores, 298
 básico, 314
 com blocos completos aleatorizados, 277
 completamente aleatorizado, 267, 288
 composto central, 328
  para o rendimento de um processo, 325
  rotacionável, 328
 de experimentos, 155, 213, 265, 284, 332
  com um único fator, 264
  com vários fatores, 283
 de produto, 285
 de resolução
  III, 316
  IV, 316
  V, 317
 e análise estatística, 277
 e métodos de superfície de resposta, 322
 fatorial
  2^k, 294
   sem réplicas, 304
  fracionário, 312
Plasma, tratamento por, 304, 315
Plotagem de probabilidade, 172
Plotando os dados, 96
Poluição orgânica, 41
Pontos
 centrais ao planejamento 2^k, 306
 percentuais da distribuição χ^2, 139
População(ões), 4
 conceitual, 96
 hipotética, 96
 homogêneas, 176
Postos (*ranks*), 177
Potência de um teste estatístico, 152
Precisão de estimação, 132, 242
Preferência para plano de saúde, 175
Princípio da esparsidade dos efeitos, 303

Probabilidade(s), 2, 11, 13, 20
 como uma razão de volumes, 82
 condicional, 24, 25, 78
 de erro
  tipo I, 149
  tipo II, 150
  para um teste bilateral para a média, variância conhecida, 159
 de uma união, 21
 de um evento, 21
 objetivas, 126
 subjetivas, 127
Problema
 de decisão
  de garantia estendida, 360
  sobre desenvolver ou contratar, 361
 de teste de hipóteses
  para duas amostras, 5
  para uma única amostra, 5
Procedimento(s)
 de inferência para
  duas amostras, 209
  uma única amostra, 172
 geral para testes de hipóteses, 155
 não paramétricos, 176
 paramétricos, 176
Processo
 6-sigma, 346
 ao longo do tempo, 7
 de Poisson, 49, 63
 epitaxial, 296
 estável, 9
Programação de um hospital, 19
Projeção de planejamentos
 2^k, 303
 2^{k-1}, 316
Projeto(s)
 de um gráfico de controle, 335
 de um *site* na internet, 18
 do taco de golfe, 164
 RAID
  5, 33
  6, 33
Propagação de erros, 90
Proporção de linhas com vozes, 39
Propriedade(s)
 da invariância, 126
 de falta de memória, 43, 44, 65
 de funções geradoras de momento, 94
 de projeção, 316
 de singularidade, 93
 do estimador de máxima verossimilhança, 125
 reprodutiva da distribuição normal, 90
Pureza de oxigênio, 214

Q

14 pontos de Deming, 362
Qualidade
 de conformidade, 331
 de projeto, 331
Quartis, 100

R

R^2, 244
 ajustado, 244
Razão da capacidade de processo, 344
Rede
 de computadores, 15
 de telefonia, 15

Redução sistemática de variabilidade, 331
Região
 crítica, 148
 de aceitação, 148
Regra(s)
 complementares, 337
 da multiplicação, 26
  para técnicas de contagem, 18
 da probabilidade total, 26
  dois eventos, 27
  múltiplos eventos, 27
 de adição, 22
 Western Electric, 337
Regressão
 corrigida, 263
 em etapas P, 260
  para a qualidade do vinho, 260
 linear
  múltipla, 233, 234
  simples, 210, 213
 logística, 229
 para variáveis transformadas, 227
Regressor(es), 211
 categóricos, 254
Relação
 completa de definição, 317
 de definição, 313
 linear, 86
  determinística, 211
Rendimento
 de um catalisador, 192
 de um processo, 307
 químico, 101
Réplica, 266
 única do planejamento 2^k, 303
Replicatas, 266
Resíduo(s), 214, 222, 250, 272
 da pureza do oxigênio, 223
 na forma de Student, 251
 padronizados, 251
 para a resistência à adesão de um fio, 250
 parciais, 250
Resistência
 à adesão de um fio, 237
  com notação matricial, 239
 à tensão no alumínio, 189
 à tração, 265
 do fio colado, 10, 226
 de uma liga, 100
 do tecido, 279
 para vigas de aço, 199
Resistores, 117
Resposta
 qualitativa, 229
 quantitativa, 229
Resultados, 15
 igualmente prováveis, 21
Resumos numéricos de dados, 96
Rugosidade de uma superfície, 293, 301
Ruídos, 284

S

Saúde cardiovascular, 195
Segurança da água potável, 185
Seleção
 de variáveis, 256
 final do modelo, 261
 progressiva, 260
Semicondutores, 27

Sensibilidade de um teste estatístico, 152
Sequência(s), 314
  temporal, 106
Série temporal, 7, 106
Shewhart, Walter A., 332
Significância
  da regressão, 217, 218
  estatística, 156
  prática, 156
Sinais para os efeitos no planejamento 2^2, 295
Sistema de comunicação, 15
Soma
  dos quadrados
    dos erros, 215, 257, 268
    dos tratamentos, 268
    para a curvatura e a estatística t, 307
    para um efeito, 295
  total
    corrigida dos quadrados, 218
    dos quadrados, 268
Subgrupo racional, 336
Substrato cerâmico, 347
Sucata, 277
Supercondutores, 23
Superfície de resposta, 322
Superposição no planejamento 2^k, 307
Suposições, 222

T

Tabela
  de análise de variância (ou ANOVA), 268
  de contingência, 175
Tamanho da amostra, 273
  a partir da curva CO para a taxa de queima do propelente, 161
  aproximado para um teste bilateral para a diferença de proporções de populações, 207
  com erro especificado
    em uma distribuição binomial, 141
    para a média, variância conhecida, 133
  para a variabilidade em pastilhas de semicondutores, 205
  para o enchimento automático, 169
  para o projeto do taco de golfe, 166
  para o rendimento do catalisador, 195
  para o tempo de secagem de uma tinta, 189
  para um intervalo de confiança para a diferença de médias, variâncias conhecidas, 190
  para um teste
    bilateral
      para a diferença de médias com $n_1 = n_2$, variâncias conhecidas, 188
      para a média, variância conhecida, 160
      para a proporção binomial, 171
    unilateral
      para a diferença de médias com $n_1 = n_2$, variâncias conhecidas, 188
      para a média, variância conhecida, 160
      para a proporção binomial, 171
Tamanho do teste, 149
Tampering, 8
Taxa
  de queima de um propelente, 152, 159
  de refluxo, 4
Técnicas de contagem, 18
Tempo(s)
  de acesso a um servidor, 75, 77
  de reação, 55
  de recarga
    de *flash*, 33
    de uma câmera, 17
  de resposta de um celular, 73
  de secagem de uma tinta, 187, 188
  de vida de componentes, 82
Tendência, 106
  de um estimador, 118
Tensão axial, 197
Tentativa de Bernoulli, 39
Teorema
  central do limite, 12, 56, 114, 115, 116, 118
  de Bayes, 29, 30
Teoria
  cinética dos gases, 52
  de decisão, 359
Teste(s)
  aproximados para uma proporção binomial, 170
  de adequação de ajuste, 172
  de equivalência, 181
  de hipóteses, 5, 113, 147, 148, 209
    e intervalos de confiança, 155
    na regressão linear simples, 216
    para a diferença de médias
      variâncias conhecidas, 186, 187
      variâncias desconhecidas, 190
    para a média, 156, 162
    para a razão de duas variâncias, 203
    para a regressão linear múltipla, 242
    para a variância, 167
    para uma única amostra, 146
  de Wilcoxon
    da soma dos postos sinalizados, 197
    do posto sinalizado, 180
    para a resistência cisalhante de um propelente, 180
  do *flash* de câmeras, 33
  dos coeficientes da pureza do oxigênio, 218
  dos sinais, 177
    para a resistência cisalhante de um propelente, 178
  e IC para uma proporção, 170
  F, 203, 268
    para os efeitos, 290
    parcial, 246
  geral de
    regressão para a resistência à adesão de um fio, 246
    significância da regressão, 245
  não paramétrico para a diferença entre duas médias, 197
  nas médias individuais, 291
  para a diferença nas proporções de uma população, amostras grandes, 206
  para amostras pequenas para uma proporção binomial, 170
  para a média
    variância conhecida, 158
    de uma distribuição normal, variância conhecida, 156
    desconhecida, 162
  para a proporção de uma população, 169
  para a significância da regressão, 242
  para a tabela de contingência, 175
  para a variância
    de uma distribuição normal, 167
    e para o desvio-padrão de uma distribuição normal, 167
  para o(s) coeficiente(s)
    da resistência à adesão de um fio, 244
    individuais de regressão e subconjuntos de coeficientes, 244
  para significância da regressão, 218
  para uma amostra grande, 162
  para uma proporção, amostra grande, 169
  qui-quadrado, 168
  t, 165, 181, 198, 216
    pareado, 198, 199
  unilateral para o coeficiente da resistência à adesão de um fio, 245
  z, 157
Transição de um material metálico, 132, 133
Transportes, 2
Tratamentos, 185, 266
Três ou mais eventos, 23

U

União
  de dois eventos, 17
  de eventos, 21
Unidades experimentais, 267
Uso
  de computador, 64
  intensivo de computador, 121

V

Valor(es)
  ajustado, 272
  críticos, 148
  de referência, 356
  esperado, 55
    das médias dos quadrados
      dois fatores, 289
      efeitos aleatórios, 275
      experimento com bloco completo aleatorizado, 278
    das somas dos quadrados, experimento com um único fator, 268
    de uma função de
      duas variáveis aleatórias, 84
      uma variável aleatória contínua, 55
      variável aleatória discreta, 36
  P, 153, 154
    combinando, 182
    nos testes de hipóteses, 153
    para o teste F, 203
  z, 59, 61
Variabilidade, 2, 3, 97, 298
  cíclica, 106
  em pastilhas de semicondutores, 204
  na força de remoção de um conector, 3
Variação(ões)
  deliberadas ou propositais, 5
  do processo, 8
  nas saídas (*outputs*), 14
Variância(s)
  condicionais, 79
  da amostra, 97
  s^2, 114
  da população, 98
  de distribuição
    conjunta, 76, 83
    multinomial, 87
  de uma função linear, 89
  de um estimador pontual, 119
  variável aleatória
    contínua, 55
    discreta, 35, 36

Variável(is)
  aleatória(s), 3, 30
    beta, 70
    contínua, 31, 51, 52
      uniforme, 56
    de Bernoulli, 230
    de Erlang, 66
    de Poisson, 49
    de Weibull, 68
    discreta, 31, 33
    exponencial, 64
    gama, 67
    geométrica, 42
    lognormal, 69
    normal, 56
      padrão, 58, 59
    independentes, 80, 81
      normais bivariadas, 89
    categóricas, 254
    codificadas, 324
    de resposta, 213
    indicativas, 254
    mudas, 256
    quantitativas, 254
  Verificação
    da adequação do modelo, 250, 291
    de suposições, 109
    do modelo, 272, 281
Vida de bateria, 110
Vinho, qualidade do, 257
Visitas a emergências de hospitais, 17

W
Whisker, 105

Z
Zarcão para aviões, 290